CONCEITOS FUNDAMENTAIS DE NEUROCIÊNCIA

CEM BILHÕES DE NEURÔNIOS?

3ª Edição

CONCEITOS FUNDAMENTAIS DE NEUROCIÊNCIA

CEM BILHÕES DE NEURÔNIOS?

3ª Edição

ROBERTO LENT

*Professor Emérito do Instituto de Ciências Biomédicas,
Universidade Federal do Rio de Janeiro.
Pesquisador do Instituto D'Or de Ensino e Pesquisa.*

*O encarte – mini-atlas de neuroanatomia deste livro, em formato digital,
encontra-se disponível para o leitor.*

Rio de Janeiro • São Paulo
2022

| EDITORA ATHENEU | São Paulo | — Rua Maria Paula, 123 – 18º andar
Tel.: (11) 2858-8750
E-mail: atheneu@atheneu.com.br |
| | Rio de Janeiro — | Rua Bambina, 74
Tel.: (21) 3094-1295
E-mail: atheneu@atheneu.com.br |

IMAGEM DA CAPA: Vista superior de um encéfalo humano com suas regiões corticais representadas por esferas (nós) e suas conexões representadas por linhas (elos). Modelagem matemática chamada conectoma. Imagem gentilmente cedida por Diego Szczupak.

ILUSTRAÇÃO DA CONTRACAPA: Flavio Dealmeida

CAPA: Paulo Verardo

PRODUÇÃO EDITORIAL/DIAGRAMAÇÃO: Fernando Palermo

ILUSTRAÇÃO: Simone Mendes e Christian Monnerat

CIP-BRASIL. CATALOGAÇÃO NA PUBLICAÇÃO
SINDICATO NACIONAL DOS EDITORES DE LIVROS, RJ

L586c
3. ed.

Lent, Roberto, 1948-
Conceitos fundamentais de neurociência. Cem bilhões de neurônios?/Roberto Lent. - 3. ed. - Rio de Janeiro : Atheneu, 2022.
: il. ; 28 cm.

Inclui bibliografia e índice
ISBN 978-65-5586-520-2

1. Neurociências. 2. Sistema nervoso. 3. Neurônios. I. Título.

| 22-77624 | CDD: 612.8 |
| | CDU: 612.8 |

Meri Gleice Rodrigues de Souza - Bibliotecária - CRB-7/6439

09/05/2022   11/05/2022

LENT, R.
Conceitos Fundamentais de Neurociência. Cem Bilhões de Neurônios?– 3ª Edição

© *Direitos reservados à EDITORA ATHENEU – Rio de Janeiro, São Paulo, 2022.*

Para Cilene, minha luz

AGRADECIMENTOS

ALBERTO A. RASIA-FILHO
Professor titular da Universidade Federal do Rio Grande do Sul

ANA CLAUDIA FRIZZO
Professora associada da Universidade Estadual Paulista Julio de Mesquita Filho

ANA MARIA BLANCO MARTINEZ
Professora titular da Faculdade de Medicina da Universidade Federal do Rio de Janeiro

ANDRZEJ LOESCH
Pesquisador do University College London

ANNA CAROLINA FONSECA
Aluna do Instituto de Ciências Biomédicas da Universidade Federal do Rio de Janeiro

ANNA LETYCIA
Artista plástica

ANTONIO CARLOS CAMPOS DE CARVALHO
Professor titular do Instituto de Biofísica Carlos Chagas Filho da Universidade Federal do Rio de Janeiro

ANTONIO HENRIQUE AMARAL
Artista plástico

AUGUSTO BUCHWEITZ
Professor do Instituto do Cérebro da Pontifícia Universidade Católica do Rio Grande do Sul

BECHARA KACHAR
Pesquisador-chefe do National Institutes on Deafness and other Communication Disorders, EUA

BRIAN WANDELL
Professor do Departamento de Psicologia da Universidade Stanford, EUA

BRUNA VALERIO GOMES
Aluna de Pós-Graduação do Instituto de Ciências Biomédicas da Universidade Estadual de Campinas

CARLOS EDUARDO ROCHA-MIRANDA
Professor titular do Instituto de Biofísica Carlos Chagas Filho da Universidade Federal do Rio de Janeiro (in memoriam)

CARLOS VERGARA
Artista plástico

CAULOS
Artista plástico

CILENE VIEIRA LENT
Editora

CHRISTOPHER COHAN
Professor da Universidade do Estado de Nova York, EUA

CHRISTIAN MONNERAT
Ilustrador

CHRISTINA MAEDA TAKYIA
Professora associada do Instituto de Ciências Biomédicas da Universidade Federal do Rio de Janeiro

CRISTINA GUATIMOSIM
Professora adjunta do Instituto de Ciências Biológicas da Universidade Federal de Minas Gerais

DANIEL MARTINS DE SOUZA
Professor associado da Universidade Estadual de Campinas

DANIELA UZIEL
Professora associada da Faculdade de Farmácia da Universidade Federal do Rio de Janeiro

DIEGO SZCZUPAK
Pesquisador da Universidade de Pittsburgh, EUA

DONG-JING ZOU
Professor do Departamento de Ciências Biológicas da Universidade Columbia, EUA

ELIANE VOLCHAN
Professora titular do Instituto de Biofísica Carlos Chagas Filho da Universidade Federal do Rio de Janeiro

ERIKA C. RODRIGUES
Neurocientista do Instituto D'Or de Pesquisa e Ensino

FABIO PAPES
Professor adjunto do Instituto de Biologia da Universidade Estadual de Campinas

FABRICIO PAMPLONA
Pesquisador convidado da Universidade Federal da Integração Latino-americana

FERNANDA TOVAR MOLL
Pesquisadora do Instituto D'Or de Pesquisa e Ensino

FLAVIA CARVALHO ALCANTARA GOMES
Professora titular do Instituto de Ciências Biomédicas da Universidade Federal do Rio de Janeiro

FLAVIA LIMA
Professora associada do Instituto de Ciências Biomédicas da Universidade Federal do Rio de Janeiro

FRANCISCO SCLIAR
Representante do pintor Carlos Scliar

FRANZ KRACJBERG
Artista plástico

GRACE SCHENATTO PEREIRA MORAES
Professora associada da Universidade Federal de Minas Gerais

GUSTAVO ROSA
Artista plástico

HEIDI HOFER
Professora do Centro para a Ciência Visual da Universidade de Rochester, EUA

ISRAEL TEOLDO
Professor associado da Universidade Federal de Viçosa

IVAN IZQUIERDO
Professor titular da Pontifícia Universidade Católica do Rio Grande do Sul (in memoriam)

IVANEI BRAMATI
Físico-médico do Instituto D'Or de Pesquisa e Ensino

JAIME ARAUJO VIEIRA NETO
Médico da Rede D'Or de Hospitais

JAN NORA HOKOÇ
Professora aposentada do Instituto de Biofísica Carlos Chagas Filho da Universidade Federal do Rio de Janeiro

JANAÍNA BRUSCO
Faculdade de Medicina da Universidade de São Paulo em Ribeirão Preto

JEAN-CHRISTOPHE HOUZEL
Professor associado do Instituto de Ciências Biomédicas da Universidade Federal do Rio de Janeiro

JESUS LANDEIRA FERNANDES
Professor titular da Pontifícia Universidade Católica do Rio de Janeiro

JOÃO RICARDO SATO
Professor associado da Universidade Federal do ABC

JOHN MORRIS
Pesquisador do Wellcome Department of Cognitive Neurology, Londres, Inglaterra

JOICE STIPURSKY
Professora associada do Instituto de Ciências Biomédicas da Universidade Federal do Rio de Janeiro

JORGE E. MOREIRA
Professor associado da Faculdade de Medicina de Ribeirão Preto da Universidade de São Paulo

JORGE MARCONDES
Professor adjunto da Faculdade de Medicina da Universidade Federal do Rio de Janeiro

JORGE MOLL NETO
Pesquisador do Instituto D'Or de Pesquisa e Ensino

JOSÉ DONATO JUNIOR
Professor associado do Instituto de Ciências Biomédicas da Universidade de São Paulo

JOSÉ RENATO GOMES DE SOUZA
Ilustrador

JULIANA SOARES
Professora adjunta do Instituto de Biofísica Carlos Chagas Filho da Universidade Federal do Rio de Janeiro

KARIN COSTA CALAZA
Professora titular da Universidade Federal Fluminense

KARINA KARMIRIAN
Pesquisadora do Instituto D'Or de Ensino e Pesquisa

KERSTIN SCHMIDT
Professora titular do Instituto do Cérebro da Universidade Federal do Rio Grande do Norte

LEDA CATUNDA
Artista plástica

LEILA CHIMELLI
Pesquisadora do Instituto Estadual do Cérebro do Rio de Janeiro

LEONARDO FUKS
Professor adjunto da Escola de Música da Universidade Federal do Rio de Janeiro

LUCIANA NOGAROLI
Aluna de Doutorado do Programa de Ciências Morfológicas do Instituto de Ciências Biomédicas da Universidade Federal do Rio de Janeiro

LUCIANA ROMÃO
Professora adjunta do Instituto de Ciências Biomédicas da Universidade Federal do Rio de Janeiro

MARCELO FELIPE SANTIAGO
Professor adjunto do Instituto de Biofísica Carlos Chagas Filho da Universidade Federal do Rio de Janeiro

MARCO ROCHA CURADO
Aluno de mestrado do Programa de Ciências Morfológicas do Instituto de Ciências Biomédicas da Universidade Federal do Rio de Janeiro

MARILIA ZALUAR P. GUIMARÃES
Professora associada do Instituto de Ciências Biomédicas da Universidade Federal do Rio de Janeiro

MARIZ VAINZOF
Professora associada do Instituto de Biociências da Universidade de São Paulo

MARUCIA CHACUR
Professora associada do Instituto de Ciências Biomédicas da Universidade de São Paulo

MILTON M.B. COSTA
*Professor titular do Instituto de Ciências Biomédicas da Universidade Federal do Rio de Janeiro (*in memoriam*)*

MIRIAM STRUCHINER
Professora associada do Núcleo de Tecnologia Educacional da Universidade Federal do Rio de Janeiro

MYCHAEL LOURENÇO
Professor adjunto do Instituto de Bioquímica Médica Leopoldo de Meis da Universidade Federal do Rio de Janeiro

MONICA ROCHA
Professora associada do Instituto de Ciências Biomédicas da Universidade Federal do Rio de Janeiro

NATALIA MOTA
Professora substituta do Instituto de Psiquiatria e Medicina Legal da Universidade Federal do Rio de Janeiro

PATRICIA CASTELUCCI
Professora associada do Instituto de Ciências Biomédicas da Universidade de São Paulo

PATRICIA GARDINO
Professora aposentada do Instituto de Biofísica Carlos Chagas Filho da Universidade Federal do Rio de Janeiro

PATRICIA PESTANA GARCEZ
*Professora adjunta do Instituto de
Ciências Biomédicas da Universidade
Federal do Rio de Janeiro*

PETER SOMOGYI
*Pesquisador da Unidade de
Neurofarmacologia Anatômica do
Conselho Médico de Pesquisa, Inglaterra*

RICARDO GATTASS
*Professor emérito do Instituto de Biofísica
Carlos Chagas Filho da Universidade
Federal do Rio de Janeiro*

ROGERIO PANIZZUTTI
*Professor associado do Instituto de
Ciências Biomédicas e do Instituto de
Psiquiatria da Universidade Federal do
Rio de Janeiro*

RUBENS GERCHMAN
Artista plástico

SÉRGIO TEIXEIRA FERREIRA
*Professor titular do Instituto de
Bioquímica Médica da Universidade
Federal do Rio de Janeiro*

SHEILA NASCIMENTO SILVA
*Professora adjunta do Instituto de
Ciências Biomédicas da Universidade
Federal do Rio de Janeiro*

SIMONE MENDES
Ilustradora

SIRON FRANCO
Artista plástico

TANIA SALVINI
*Professora associada da Universidade
Federal de São Carlos*

THEO MARINS
*Pesquisador do Instituto D'Or de Pesquisa
e Ensino*

VIDAR GUNDERSEN
*Professor do Departamento de Anatomia
da Universidade de Oslo, Noruega*

VIVALDO MOURA-NETO
*Professor emérito do Instituto de Ciências
Biomédicas da Universidade Federal
do Rio de Janeiro*

VLADIMIR LAZAREV
*Pesquisador do Instituto Fernandes Figueira
da Fundação Oswaldo Cruz*

WALACE GOMES-LEAL
*Professor associado da Universidade Federal
do Oeste do Pará*

PREFÁCIO DA TERCEIRA EDIÇÃO

Temos agora em mãos uma nova edição do livro Cem Bilhões de Neurônios?*, com o qual o seu autor, Roberto Lent, nos brinda mais uma vez. Livro que já marcou a preferência de alunos, pesquisadores e professores interessados em saber mais sobre o sistema nervoso, chega agora em 3ª edição, atualizando os conceitos fundamentais de Neurociência. Mais uma vez, temos diante de nossos olhos ávidos de leitura os capítulos descrevendo partes do sistema nervoso central, do sistema nervoso periférico e, agora mais bem explorado, do sistema nervoso entérico.*

Lembro-me de dois outros excelentes livros dedicados ao sistema nervoso que Roberto produziu. Lembro-me de conversas a respeito de seu papel de divulgador da Ciência, quando nos encontramos na gastronômica Lyon, centro da França, em 1995, fim do inverno europeu. Ele lá, fazendo uma passagem pelo laboratório do INSERM, eu em Paris, no Collège de France. Em Lyon, nos encontramos num bistrô próximo ao anfiteatro romano Trois Gaules, almoçamos e brindamos à parceria criada com a minha migração para o então Departamento de Anatomia do Instituto de Ciências Biomédicas da UFRJ, onde ele já estava como professor titular. Foi uma boa conversa. Desenhamos um programa de atividades para o Departamento de Anatomia que surgira com um novo cenário planejado, então, por Roberto Lent. Uma anatomia para além de "origem-inserção", como se dizia no estudo da anatomia dos músculos. Buscando a função, a fisiologia e a origem celular das estruturas anatômicas.

Vamos encontrar nos livros de Roberto o pendor para conferir uma linguagem coloquial aos textos científicos, o que permite que mesmo os não iniciados possam se apaixonar pelos mistérios do cérebro. Nesta nova edição, encontraremos entre os seus temas uma atualização do conhecimento e da importância das células-tronco, capazes de formar os diferentes tecidos e órgãos e que aqui adquirem saliência mostrando-nos o quanto estão na origem da formação do cérebro e de outras estruturas que compõem o sistema nervoso.

Em um pequeno momento, porém importante, o livro comenta a formação do câncer no cérebro, dando-nos hoje a ideia de como é identificado e as dificuldades para enfrentá-lo. A abordagem das estruturas que compõem esse órgão é mais bem aprofundada agora, com a análise da imbricação de sinais de neuromediadores e citocinas que respondem aos sinais ambientais. Atualiza-nos sobre as demências, enfatizando a doença de Alzheimer, no que sabemos dela hoje, ou, ainda, o que temos sobre a epilepsia, a doença de Parkinson e várias outras.

Roberto Lent convidou um bom número de jovens cientistas, especialistas do Sistema Nervoso, que descrevem, em quadros individuais, os seus conhecimentos e estudos experimentais nos temas que lhes são caros. Os títulos dos capítulos são cativantes, como o Capítulo 2, Nascimento, Vida e Morte do Sistema Nervoso, *ou o Capítulo 4,* Os Chips Neurais *(para as sinapses), ou, ainda,* Os Sons do Mundo *(para o sistema auditivo). Na Parte 3, o Capítulo 11 se intitula* O Corpo se Move *para conversar sobre os movimentos, músculos e reflexos. Termina com o Capítulo 20, Mentes Emocionais, Mentes Racionais – estudando as bases neurais da emoção e da razão.*

Seguramente, os leitores apreciarão esta edição como já fizeram nas edições anteriores. A alegria e o prazer que os leitores encontrarão em estudar com este livro levarão a uma atividade muito mais intensa numa região do lóbulo parietal, onde se processa parcialmente a alegria. Experimentem essa sensação, leitoras e leitores.

Rio de Janeiro, setembro de 2022
Vivaldo Moura-Neto
Neurocientista, Professor emérito da UFRJ

APRESENTAÇÃO DA TERCEIRA EDIÇÃO

Fico coberto de espanto ao perceber que já se passaram mais de 20 anos após a publicação da 1ª edição deste livro. A Neurociência tornou-se um dos campos mais férteis e impactantes da ciência contemporânea pelo que tem revelado sobre a mente humana, seus caminhos e descaminhos. Já é possível abordar essa misteriosa entidade usando-se desde técnicas moleculares, que vão aos detalhes do funcionamento dos neurônios, até técnicas de hiperescaneamento cerebral, que registram a comunicação entre os cérebros de diferentes pessoas. Além disso, conseguimos relacioná-los com o comportamento, o pensamento e as emoções de todo dia. Esse múltiplo acesso abre caminho para entendermos os desvios do desenvolvimento do cérebro, os transtornos causados por impactos ambientais, outros de origem genética que se manifestam mais tarde, no início da vida adulta, e, ainda, os que surgem como consequência do envelhecimento. Com esse crescente acervo de dados, abrem-se caminhos para tratar as doenças neurológicas e psiquiátricas, para aperfeiçoar as técnicas de ensino-aprendizagem e para retardar os transtornos do envelhecimento.

Difícil dar conta desse progresso monumental em um simples livro. Na verdade, impossível. Meu objetivo, então, é aproximar as pessoas do cérebro e da neurociência. Desenvolver nelas a curiosidade por saber mais, buscar mais informações e, quem sabe, trilhar um caminho de pesquisa em neurociência, contribuindo ainda mais para essa espiral maravilhosa de dados que são gerados a cada minuto por pesquisas em todo o mundo. Meu livro é um livro didático? Sim, de certa forma procuro transmitir os conceitos mais básicos aos alunos das profissões da Saúde, da Medicina à Psicologia, da Enfermagem à Educação Física, da Fisioterapia à Biomedicina. Mas não só isso: ambiciono atrair a atenção dos engenheiros, profissionais de ciência de dados, linguistas e pedagogos. Os mecanismos que o cérebro utiliza cada vez são mais emulados para construir sistemas artificiais inteligentes e dotar as nossas máquinas e cidades de recursos tecnológicos inacreditáveis: carros sem motorista, câmeras que fazem reconhecimento facial, drones e a internet das coisas. Também ambiciono utilizar uma linguagem acessível que atraia o leitor de qualquer outra inclinação profissional. Um livro para todos.

Bem, essas são as intenções. Mas não garanto ter conseguido. Em todo caso, o texto foi atualizado até o que se conhece em 2022, novos quadros foram escritos por colegas com brilhante trajetória profissional em Neurociência, outros complementam a percepção de que a Neurociência está no nosso cotidiano. A bibliografia oferecida como referência de leitura complementar foi atualizada até este ano. Novas figuras foram incluídas. O Miniatlas de Neuroanatomia agora inclui nova imagens "estado da arte" em ressonância magnética. Agradeço a todos os que colaboraram com esta nova edição, listados nominalmente nos Agradecimentos. Agradeço especialmente ao meu colega e amigo de tantos anos, Vivaldo Moura-Neto, que escreveu o Prefácio. Minha reverência aos três neurocientistas que foram minhas referências de sempre: Carlos Eduardo Rocha-Miranda, meu orientador na fase de formação; Angelo

Machado, pioneiro da literatura de Neuroanatomia e membro ilustre de minhas bancas de mestrado, doutorado e professor titular; e Ivan Izquierdo, amigo e colega ilustre que nos deixou recentemente.

Tudo era para ter sido finalizado em 2020, mas a pandemia da Covid-19 nos invadiu e paralisou o mundo. Tudo ficou em suspenso, menos a mente humana. Não seria um vírus que nos impediria de continuar a produzir e comunicar ciência. Ele não conseguiu, tampouco, impedir que o meu livro, em terceira edição, fosse terminado e pudesse ajudar os interessados em conhecer os mistérios do cérebro. Sobrevivi ao vírus, e o meu livro também.

Primavera de 2022
Roberto Lent

PREFÁCIO DA SEGUNDA EDIÇÃO

Fui incumbido da muito agradável tarefa de escrever um prefácio para a nova edição de meu livro-texto de Neurociência predileto: a obra de Roberto Lent, Cem Bilhões de Neurônios?. Esta nova edição cumpre algo que acho uma verdadeira façanha: melhora um livro-texto que já era excelente. O Professor Roberto Lent, um dos mais destacados neurocientistas do Brasil, incorporou novos achados próprios e da literatura universal, acrescentou mais e melhores quadros aos que já tinha, reescreveu numerosos trechos e consolidou esta obra como o que eu julgo ser o melhor texto de Neurociência existente.

Está redigido num estilo claro, preciso, fácil e acessível, seguramente oriundo da longa e fértil experiência do autor e seus colaboradores na divulgação da Ciência e, em particular, da Neurociência, tarefa na qual têm sido incansáveis e enormemente efetivos. As figuras, que são de grande qualidade, superam as das edições anteriores e são de alto valor didático. O livro está redigido e construído de maneira que possa ser de utilidade a alunos e professores de diversos níveis (graduação, pós-graduação) de uma variedade de cursos (Medicina, Biologia, Biomedicina, Psicologia, Veterinária, Bioquímica, Enfermagem) e de diversas disciplinas (Neurociência, Fisiologia, Farmacologia, Anatomia, Bioquímica, Biologia Celular, Neurologia, Psiquiatria etc.).

Estão de parabéns o Prof. Roberto Lent e seus colaboradores e, mais ainda, os leitores da nova edição deste magnífico livro. Estes terão o prazer de viajar da maneira mais agradável e instrutiva possível pelo mundo da Neurociência moderna, guiados pela mão segura e amistosa de alguém que a conhece como poucos. Desejo, assim, aos leitores desta obra uma boa viagem por este maravilhoso mundo. Certamente, entre estes felizes viajeiros estarão os meus alunos de graduação e pós-graduação.

Porto Alegre, setembro de 2009
Ivan Izquierdo
Neurocientista, membro da Academia Brasileira de Ciências;
Foreign Associate, National Academy of Sciences, USA;
Membro da Academia de Ciencias Médicas da Argentina

APRESENTAÇÃO DA SEGUNDA EDIÇÃO

A Neurociência é uma das disciplinas mais dinâmicas e revolucionárias destas primeiras décadas do século 21. Novas informações, ideias, conceitos e tecnologias se sucedem vertiginosamente a cada dia, tornando os livros rapidamente obsoletos ou incompletos. Quem escreve nestas condições arrisca-se a ver o produto de seu trabalho ser superado em pouquíssimo tempo pela contribuição de outros autores.

Maior exemplo disso é a história deste livro, bem simbolizada por seu título. Escolhi, já na primeira edição, um título eufônico e menos sisudo que os títulos usuais em livros científicos: Cem Bilhões de Neurônios. *Entre essa primeira edição, lançada em 2000, e uma versão revista e ampliada publicada em 2002, Suzana Herculano-Houzel e eu iniciamos um projeto de pesquisa destinado a questionar o próprio título que eu havia escolhido. Quem diz que o cérebro humano tem de fato cem bilhões de células nervosas? Dessa pergunta surgiu uma técnica original inventada por Suzana, capaz de determinar com precisão a composição celular do cérebro e de regiões cerebrais mais restritas. A técnica do fracionador isotrópico, como a denominamos, foi então validada no rato e utilizada para contar neurônios e células gliais de roedores, insetívoros e primatas, inclusive os seres humanos. Pudemos, com ela, abordar diversos dogmas da Neurociência e contribuir para revertê-los ou ajustá-los a dados mais precisos.*

No caso do cérebro humano, estudamos um pequeno grupo de indivíduos do sexo masculino com idades entre 50 e 70 anos e encontramos uma média de 86 bilhões de neurônios e um número equivalente de células gliais. E agora? O que fazer com o título do livro? Ainda não temos certeza da generalidade do número que encontramos. Será que as mulheres têm igual número? E o que dizer de indivíduos mais jovens e mais velhos que a faixa que estudamos? Estamos abordando essas questões ativamente, e talvez na terceira edição já possamos confirmar ou negar a cifra que é título do livro. Por enquanto, a alternativa que me pareceu mais válida foi assumir a incerteza e adicionar um ponto de interrogação ao título. Por isso o livro se chama agora Cem Bilhões de Neurônios?, *com ponto de interrogação.*

Esta nova edição foi totalmente reescrita e atualizada, com novas figuras e outras redesenhadas. Encartado no meio, o leitor pode encontrar um miniatlas de Neuroanatomia, cujas estruturas são indicadas ao longo do texto para melhor identificação. Novos quadros foram escritos por um time de jovens neurocientistas brasileiros, a bibliografia ao final de cada capítulo foi atualizada e um CD com as figuras gravadas foi adicionado à contracapa traseira para que os interessados possam utilizá-las livremente em aulas, seminários e conferências.

Minha expectativa é que o leitor interessado nas coisas do cérebro e da mente encontre neste novo Cem Bilhões de Neurônios? *uma fonte de informações fidedigna, fácil de ler e entender e, quem sabe, divertida. Além disso, minha coluna mensal na revista eletrônica* Ciência Hoje On Line *(http://www.cienciahoje. org.br/colunas/bilhoes-de-neuronios) poderá servir como fonte de atualização permanente.*

Verão de 2010
Roberto Lent

PREFÁCIO DA PRIMEIRA EDIÇÃO

Dentro das Ciências Biomédicas, o termo Neurociência é relativamente recente. O seu emprego atual, adotado neste livro, corresponde à necessidade de integrar as contribuições das diversas áreas da pesquisa científica e das ciências clínicas para a compreensão do funcionamento do sistema nervoso. Os atuais estudiosos do seu órgão máximo, o cérebro, por exemplo, sabem que, para compreendê-lo, há que se derrubar as barreiras das disciplinas tradicionais, a neuroanatomia, a neurofisiologia, a neurologia, a psicologia, para mencionar apenas algumas das divisões que foram sendo criadas, em grande parte, para caracterizar os métodos de estudo. Essa tendência fica muito evidente nas obras científicas recentes, que tratam das funções mais complexas desse órgão, como as emoções e a consciência, nas quais seus autores sentem a necessidade de apoiar os principais conceitos em evidências provenientes de diversas áreas. Com esse mesmo espírito, o Professor Roberto Lent adotou o conceito de Neurociência para este livro-texto, Cem Bilhões de Neurônios, *dirigido ao aprendizado do sistema nervoso em nível de graduação. No conteúdo de seus capítulos, o leitor irá verificar a preocupação que o autor teve para com a aplicação do princípio da multidisciplinaridade do tema, entendendo-se como tal não a mera descrição de informações provenientes de diversas disciplinas, mas a cuidadosa tessitura de dados que se inter-relacionam para permitir que o conhecimento brote.*

Outra originalidade desta obra, que merece ser destacada, tem suas prováveis raízes nas atividades de divulgação de ciência da carreira do autor. Ao longo do texto, à guisa de uma pausa para permitir a consolidação do aprendizado, há breve textos (Quadros) referentes ao que acabou de ser exposto, numa linguagem menos técnica, mais de divulgação. Essas pausas são de grande valor para encorajar o leigo a conquistar algum conhecimento do tema, que, por mais complexo que seja, sempre pode ser reduzido à sua expressão mais simples. Corroborando esse mesmo sentido está o valor estético e didático das ilustrações, que colaboram para tornar a leitura de um livro-texto uma experiência prazerosa.

Ao descrever o plano geral desta obra, por ocasião da solicitação de apoio à Academia Brasileira de Ciências, o Professor Lent havia pretendido incluir, acompanhando o texto, dispositivos muito originais para contornar alguns dos problemas comuns a todos os livros didáticos, tais como a diversidade de formação dos diferentes leitores, as distintas motivações dos que buscam o aprendizado e a curta sobrevida dos conceitos mais sagrados. Para tanto, pretendia apoiar-se no instrumental da informática, com a produção de um CD-ROM que permitisse direcionar o estudo de problemas elaborados para cada uma das profissões biomédicas e a criação de um site *com informações que manteriam o texto atualizado. Entendo que há planos para a continuação do projeto, encerrada a etapa de lançamento, o que é algo a desejar para um futuro próximo, tendo em vista o potencial didático desses procedimentos para o aprendizado da matéria. Contudo, é importante assinalar que já a presente etapa se constitui numa obra completa e pioneira no ensino da Neurociência neste país.*

Carlos Eduardo Rocha-Miranda
Neurocientista, Vice-presidente da Academia Brasileira de Ciências

APRESENTAÇÃO DA PRIMEIRA EDIÇÃO
– REVISTA E ATUALIZADA

A primeira edição destes Conceitos Fundamentais de Neurociência *foi publicada no início de 2002 e felizmente foi bem recebida por meus colegas, pelos alunos e pelo público em geral. Recebi comentários, críticas e sugestões e pude agora incorporá-los a esta edição revista e atualizada que a Editora Atheneu traz a público. O texto foi inteiramente revisto, várias figuras foram modificadas para se tornarem mais claras e a bibliografia sugerida ao final de cada capítulo foi ampliada com referências mais recentes. Penso que o livro se tornou agora mais "redondo" e espero que possa continuar a ser útil a todos os que se interessam pelo Sistema Nervoso por curiosidade ou obrigação profissional.*

Mas vejam como são as coisas da Ciência, como é realmente vertiginoso e apaixonante o ritmo de aquisição de novos conhecimentos que a prática científica propicia e como são surpreendentes os caminhos a que ela nos conduz. Logo após a publicação do livro, minha colega Suzana Herculano-Houzel, com seu agudo espírito crítico, interessou-se em investigar a origem desse número tão eufônico que a literatura científica consagrou e que sintetiza tão bem a complexidade do cérebro humano: Cem Bilhões de Neurônios. *De que modo se obteve esse dado? Como se pôde contar o número de neurônios do cérebro? Haveria variações entre indivíduos? Entre homens e mulheres? Suzana foi às fontes, pesquisou artigos originais de anos atrás, outros mais recentes, e qual não foi a nossa surpresa quando constatamos que, embora todos os textos admitissem que esse era o número absoluto de neurônios do cérebro humano, não apresentavam evidência segura dele, simplesmente porque a técnica que utilizavam de quantificação por amostragem era altamente imperfeita quando aplicada ao mais complexo dos órgãos, no qual cada milímetro cúbico se apresenta extremamente heterogêneo e diverso. Assim, a estimativa prevalente – cem bilhões de neurônios – era baseada em técnica imprecisa, e era bem possível que não estivesse correta! Determinada a encontrar uma resposta a essa questão, Suzana propôs um método novo, original e preciso, para medir de maneira confiável o número de células cerebrais. Decidimos, então, constituir uma equipe de pesquisa no Departamento de Anatomia da UFRJ, com o objetivo de testar a técnica em animais de laboratório e partir para a contagem do cérebro humano.*

Neste momento em que escrevo, o trabalho já vai a meio. A nova técnica de contagem mostrou-se confiável, e os dados preliminares nos trouxeram uma grande surpresa: o número de neurônios cerebrais é menor do que se supunha nos animais e no homem. No homem, ao que parece, só o cerebelo apresenta quase todos os bilhões de neurônios que a literatura científica atribui ao cérebro todo!

Os próximos meses nos trarão a resposta segura a esse problema. Suspeito, entretanto, que a próxima edição deste livro já não poderá envergar mais o eufônico título Cem Bilhões de Neurônios...

Primavera de 2003
Roberto Lent

SUMÁRIO

PARTE 1 – NEUROCIÊNCIA CELULAR

1 **Primeiros Conceitos da Neurociência** *3*
Uma apresentação do sistema nervoso

2 **Nascimento, Vida e Morte do Sistema Nervoso** *33*
Desenvolvimento embrionário, maturação pós-natal,
envelhecimento e morte do sistema nervoso

3 **As Unidades do Sistema Nervoso** *75*
Forma e função de neurônios e gliócitos

4 **Os *Chips* Neurais** *111*
Processamento de informação e transmissão
de mensagens por meio das sinapses

5 **Os Neurônios se Transformam** *145*
Bases biológicas da neuroplasticidade

6 **Os Detectores do Ambiente** *183*
Receptores sensoriais e a transdução:
primeiros estágios para a percepção

PARTE 2 – NEUROCIÊNCIA SENSORIAL

7 **Os Sentidos do Corpo** *223*
Estrutura e função do sistema somestésico

8 **Os Sons do Mundo** *259*
Estrutura e função do sistema auditivo

9 **Visão das Coisas** *291*
Estrutura e função do sistema visual

XXIII

10 Os Sentidos Químicos *331*
Estrutura e função dos sistemas olfatório,
gustatório e outros sistemas de detecção química

ENCARTE

Miniatlas de Neuroanatomia *359*

PARTE 3 – NEUROCIÊNCIA DOS MOVIMENTOS

11 O Corpo se Move *377*
Movimentos, músculos e reflexos

12 O Alto Comando Motor *413*
Estrutura e função dos sistemas supramedulares
de comando e controle da motricidade

PARTE 4 – NEUROCIÊNCIA DOS ESTADOS CORPORAIS

13 Macro e Microambiente do Sistema Nervoso *461*
Espaços, cavidades, liquor e circulação sanguínea
do sistema nervoso

14 O Organismo sob Controle *495*
O sistema nervoso autônomo e o controle
das funções orgânicas

15 Motivação para Sobreviver *527*
Hipotálamo, homeostasia e o controle
dos comportamentos motivados

16 A Consciência Regulada *567*
Os níveis de consciência e os seus mecanismos
de controle. O ciclo vigília-sono e outros ritmos biológicos

PARTE 5 – NEUROCIÊNCIA DAS FUNÇÕES MENTAIS

17 **As Portas da Percepção** *603*
As bases neurais da percepção e da atenção

18 **Pessoas com História** *637*
As bases neurais da memória e da aprendizagem

19 **A Linguagem e os Hemisférios Especialistas** *675*
A neurobiologia da linguagem e das funções lateralizadas

20 **Mentes Emocionais, Mentes Racionais** *713*
As bases neurais da emoção e da razão

Índice Remissivo *751*

SUMÁRIO DOS QUADROS

Quadro 1.1 – Neurociências, Neurocientistas 6

Quadro 1.2 – Neuroproteômica: Tão Divertida Quanto Tocar Bateria 8
Daniel Martins de Souza

Quadro 1.3 – A Geometria do Sistema Nervoso 12

Quadro 1.4 – Quebrando Dogmas: Quantos Neurônios Tem um Cérebro? 18

Quadro 1.5 – Seres Humanos Reinventados 23

Quadro 1.6 – Da Bolsa de Valores para a Escola 26
João Ricardo Sato

Quadro 2.1 – *Bugs* no Cérebro 50
Patricia P. Garcez

Quadro 2.2 – Um Horizonte para a Síndrome de Down 62

Quadro 2.3 – Envelhecimento e Demência: Desvendando um Quebra-Cabeças 70
Mychael Lourenço

Quadro 3.1 – Neurônios Adivinhos 78

Quadro 3.2 – Microglia, para o Bem e para o Mal 104
Flavia Lima

Quadro 4.1 – Como se Estudam as Sinapses e os Receptores? 117

Quadro 4.2 – Ligados nos (Endo)Canabinoides 136
Marilia Zaluar P. Guimarães e Fabricio A. Pamplona

Quadro 5.1 – Novos Neurônios no Cérebro Adulto: um Tipo Especial
de Neuroplasticidade 174
Walace Gomes-Leal

Quadro 5.2 – A Força do Treinamento Cerebral 178

Quadro 6.1 – A Engenharia da Natureza 203

Quadro 6.2 – Órgãos Receptores com Defeito 210

Quadro 6.3 – De Olho na Pesquisa: Trajetória de uma Cientista da Retina 212
Karin da Costa Calaza

Quadro 7.1 – Dor: Palavra Curta, Significado Grande 229
Marucia Chacur

Quadro 7.2 – Avanços à Flor da Pele 248

Quadro 8.1 – Poluição Sonora 267

Quadro 8.2 – O Que o Ouvido Escuta, o Cérebro Aprende 272
Ana Claudia Frizzo

Quadro 8.3 – Seu Cérebro Ouve Emoções 286

Quadro 9.1 – Ligando os Pontos e Formando uma Gestalt no Córtex Visual 308
Kerstin Schmidt

Quadro 9.2 – Neurônios Humanos Seguem Metas Visuais 320

Quadro 10.1 – Homens e Mulheres, Diferentes Olfatos? 334

Quadro 10.2 – *Trekking* Científico Rumo ao Misterioso Órgão Vomeronasal 338
Fabio Papes

Quadro 10.3 – Anosmia e Ageusia: Sequelas da Covid-19 346

Quadro 10.4 – Os Nervos Cranianos 349

Quadro 11.1 – A Prosa entre o Neurônio Motor e as Fibras Musculares 390
Cristina Guatimosim

Quadro 11.2 – Sensores Artificiais para Amputados 400

Quadro 12.1 – Piramidal e Extrapiramidal: A Queda dos Velhos Sistemas 419

Quadro 12.2 – Em Busca da Modulação do Próprio Cérebro 436
Erika C. Rodrigues

Quadro 12.3 – O Cérebro dos Batuqueiros 442

Quadro 13.1 – Neuroimagem por Ressonância Magnética 474
Jorge Moll Neto e Ivanei E. Bramati

Quadro 13.2 – Das Células-Tronco aos Troncos Vasculares 488
Joice Stipursky

Quadro 14.1 – Como Estudar o Segundo Cérebro? 506
Patricia Castelucci

Quadro 14.2 – Nosso Segundo Cérebro Conversa com Bactérias..................509

Quadro 15.1 – O Hipotálamo em Foco: em Busca dos Fatores Reguladores
do Metabolismo 550
José Donato Junior

Quadro 15.2 – A Excitação Sexual é Igual no Cérebro de Homens e Mulheres?....................554

Quadro 16.1 – As Ondas do Encéfalo.................................584

Quadro 16.2 – Sonhos Lúcidos..588

Quadro 16.3 – Catadora de Sonhos...................................590
Natalia Mota

Quadro 17.1 – Algoritmos para Emoções Faciais 606

Quadro 17.2 – O Caso do Pintor Indiferente 621

Quadro 17.3 – Esforço Cognitivo no Futebol: Dentro e Fora das Quatro Linhas 626
Israel Teoldo

Quadro 18.1 – O Cérebro e a Memória Social..........................644
Grace Schenatto Pereira Moraes

Quadro 18.2 – Os Neurônios da Memória Saem do Esquecimento.........................663

Quadro 19.1 – O Corpo Caloso de Albert Einstein 694

Quadro 19.2 – Ciência e Resiliência: Probabilidade, o Sobrenatural de Almeida
e a Neurociência da Leitura no Brasil......................700
Augusto Buchweitz

Quadro 19.3 – Alegrias e Dores de Ser Canhoto.......................710

Quadro 20.1 – O Cérebro Interfere na Emoção de Comprar 717

Quadro 20.2 – Do Divã ao Laboratório: o Que os Ratos Cariocas Revelam
sobre os Transtornos de Ansiedade......................730
J. Landeira-Fernandes

Quadro 20.3 – Videogames para Mudar o Cérebro 740
Rogerio Panizzutti

XXIX

PARTE 1

NEUROCIÊNCIA CELULAR

Primeiros Conceitos da Neurociência
Uma Apresentação do Sistema Nervoso

1

Figura de Milton Dacosta (1954), óleo sobre tela

Saber o Principal

Resumo

Sistema nervoso central e sistema nervoso periférico são as duas principais divisões do sistema nervoso. O primeiro reúne as estruturas situadas dentro do crânio e da coluna vertebral, enquanto o segundo reúne aquelas distribuídas pelo organismo. Ambos são constituídos por dois tipos celulares principais: neurônios e gliócitos.

O neurônio é a principal unidade sinalizadora do sistema nervoso e exerce as suas funções com a participação dos gliócitos. É uma célula cuja morfologia está adaptada para as funções de transmissão e processamento de sinais: tem muitos prolongamentos próximos ao corpo celular (os dendritos), que funcionam como antenas para os sinais de outros neurônios, e um prolongamento longo que leva as mensagens do neurônio para sítios distantes (o axônio).

Os neurônios comunicam-se por intermédio de estruturas chamadas sinapses, que consistem, cada uma delas, em uma zona de contato entre dois neurônios, ou entre um neurônio e uma célula muscular. A sinapse é o *chip* do sistema nervoso; é capaz não só de transmitir mensagens entre duas células, mas também de blo-queá-las ou modificá-las inteiramente: realiza um verdadeiro processamento de informação.

O impulso nervoso é o principal sinal de comunicação do neurônio, um pulso elétrico gerado pela membrana, rápido e invariante, que se propaga com enorme velocidade ao longo do axônio. Ao chegar à extremidade do axônio, o impulso nervoso provoca a emissão de uma mensagem química que leva a informação – intacta ou modificada – para a célula seguinte.

Neuroglia (ou simplesmente, glia) é o conjunto de células não neuronais, os gliócitos, tão numerosos quanto os neurônios no cérebro como um todo e que desempenham funções de infraestrutura, mas também de processamento de informação: nutrem, dão sustentação mecânica, controlam o metabolismo dos neurônios, ajudam a construir o tecido nervoso durante o desenvolvimento, funcionam como células imunitárias e, de certo modo, regulam a transmissão sináptica entre os neurônios.

No sistema nervoso, os neurônios são agrupados em grandes conjuntos com identidade funcional. Isso faz que as diferentes funções sejam localizadas em regiões restritas, embora haja uma enorme conectividade e interação entre elas. Cada região faz a sua parte, contribuindo para a integração funcional do conjunto. Quando conversamos com alguém, ao mesmo tempo vemos (visão), falamos (linguagem), conservamos a nossa postura (motricidade), temos emoções e memórias etc. Cada uma dessas funções é executada por uma parte do sistema nervoso, mas todas as partes operam coordenadamente. Essa é a versão contemporânea da teoria da localização de funções no sistema nervoso.

HÁ VÁRIAS MANEIRAS DE VER O CÉREBRO

Há muitas maneiras de ver o cérebro, como há muitas maneiras de ver o mundo. Um astrônomo, por exemplo, pensa na Terra como uma esfera azulada que se move em torno de seu próprio eixo e em torno do Sol. A Terra inteira é parte de um gigantesco conjunto de objetos semelhantes espalhados pelo cosmos. O modo de ver de um geólogo é diferente: ele vê a Terra como uma esfera mineral constituída por diversas camadas de matéria sobrepostas umas às outras e dotadas de um lento mas constante movimento tangencial. Já o biólogo pensa apenas na camada mais externa da Terra, aquela que aloja os milhões de formas vivas vegetais e animais existentes em nosso planeta. Um modo de ver não é menos verdadeiro que o outro. Cada um privilegia a sua abordagem, mas é preciso reconhecer que a Terra existe igualmente como planeta, objeto mineral e macroecossistema. E de inúmeros outros modos.

Também o sistema nervoso e o cérebro, em particular, podem ser estudados de várias maneiras, todas verdadeiras e igualmente importantes (Quadro 1.1). Podemos encará-lo como um objeto desconhecido, mas capaz de produzir comportamento e consciência, e assim nos dedicar a estudar apenas essas propriedades (ditas "emergentes") do sistema nervoso. É o modo de ver dos psicólogos. Podemos também vê-lo como um conjunto de células que se tocam por meio de finos prolongamentos, formando trilhões de complexos circuitos intercomunicantes. É a visão dos neurobiólogos celulares. Alternativamente, podemos pensar apenas nos sinais elétricos produzidos pelos neurônios como elementos de comunicação, como fazem os eletrofisiologistas. Ou, então, nas reações químicas que ocorrem entre as moléculas existentes dentro e fora das células nervosas, como raciocinam os neuroquímicos. E assim por diante. Como se vê, são muitos os modos (também chamados *níveis*) de existência do sistema nervoso, abordados especificamente pelos diferentes especialistas. E seriam ainda muitos mais se considerássemos os pontos de vista não científicos.

Os estudiosos têm discutido muito acerca desses níveis de existência do sistema nervoso, quase sempre acreditando na prevalência de um deles em detrimento dos demais. O mais comum era acreditar que os fenômenos de cada nível poderiam ser mais bem explicados pelo nível inferior: os fenômenos psicológicos seriam, assim, reduzidos a suas manifestações fisiológicas, os fenômenos fisiológicos reduzidos a suas manifestações celulares e os fenômenos celulares a suas manifestações moleculares. Tudo, então, se resumiria às interações entre as moléculas componentes do sistema nervoso. Uma frase típica dessa abordagem é: "a consciência é uma propriedade das moléculas do cérebro". Hoje está claro que essa atitude reducionista não é uma boa explicação, embora possa ser um bom método de estudo. Os níveis de existência do sistema nervoso não são uns "consequências" dos outros; coexistem simultaneamente, em paralelo. A grande sabedoria consiste em reconhecer a existência simultânea desses diversos níveis, buscando as suas áreas de interface e confluência para estudar como um nível pode influenciar a operação do nível vizinho. Assim, poderíamos analisar as alucinações visuais de um esquizofrênico, por exemplo, investigando desde o conjunto de proteínas que as suas células expressam (Quadro 1.2) até a atividade espontânea das regiões do cérebro que processam a visão nesses pacientes, independente de estimulação do mundo externo. Sendo resultante da hiperatividade dessas regiões visuais, poderíamos avaliar como se processa a transmissão sináptica entre os neurônios dessas regiões e com isso chegar a medicamentos que diminuam a excitabilidade dos seus neurônios, ajudando a controlar as alucinações.

Neste capítulo introdutório, faremos um "sobrevoo" por esses vários níveis. Isso significa que eles serão considerados de um modo muito geral, apenas para os apresentar. Em cada capítulo subsequente, o tema específico será abordado também levando em conta esses níveis, mas com maior profundidade. O objetivo agora é uma primeira apresentação do nosso objeto de estudo – o sistema nervoso – desde a sua estrutura macroscópica (o nível anatômico), a organização microscópica (o nível histológico) até a forma dos seus constituintes unitários, as células e as organelas subcelulares (o nível celular). Você verá como esses níveis se sobrepõem amplamente, o que torna obrigatório levar consideração todos eles (ou muitos deles) para formar uma ideia realista do funcionamento do cérebro. Depois disso, seremos apresentados também às funções neurais mais abstratas e caracteristicamente humanas, como a memória, a linguagem e a percepção (o nível psicológico), outras mais concretas e mais frequentes entre os animais, como a motricidade e as sensações (o nível fisiológico), e ainda outras típicas das células e suas interações moleculares (o nível bioquímico ou microfisiológico). Neste capítulo, como ao longo do livro inteiro, a ideia será sempre analisar o sistema nervoso sob diferentes ângulos, como ele realmente existe nos animais e no homem.

O SISTEMA NERVOSO VISTO A OLHO NU

Se você examinar pela primeira vez o sistema nervoso de um vertebrado, logo concluirá que ele tem partes situadas dentro do crânio e da coluna vertebral e outras distribuídas por todo o organismo (Figura 1.1). As primeiras recebem o nome coletivo de sistema nervoso central (SNC), e as últimas, de sistema nervoso periférico (SNP). É no sistema nervoso central que está a maioria das células nervosas, seus prolongamentos e os contatos que fazem entre si. No

Saiba Mais

Quadro 1.1
Neurociências, Neurocientistas

O que chamamos simplificadamente "Neurociência" é, na verdade, "Neurociências". No plural. Se é assim, quais são elas? E quem são os profissionais que lidam com elas?

Há muitos modos de classificá-las, de acordo com os níveis de abordagem que mencionamos no início do capítulo. Um modo simples, porém esquemático, seria considerar cinco grandes disciplinas neurocientíficas. A *Neurociência molecular* tem como objeto de estudo as diversas moléculas de importância funcional no sistema nervoso e suas interações. Pode ser também chamada Neuroquímica ou Neurobiologia molecular. A *Neurociência celular* aborda as células que formam o sistema nervoso, sua estrutura e sua função. Pode ser chamada também de Neurocitologia ou Neurobiologia celular. A *Neurociência sistêmica* considera populações de células nervosas situadas em diversas regiões do sistema nervoso, que constituem sistemas funcionais como o visual, o auditivo, o motor etc. Quando apresenta uma abordagem mais morfológica, é chamada Neuro-histologia ou Neuroanatomia, e, quando lida com aspectos funcionais, é chamada Neurofisiologia. A *Neurociência comportamental* dedica-se a estudar as estruturas neurais que produzem comportamentos e outros fenômenos psicológicos como o sono, os comportamentos sexuais, emocionais e muitos outros. É às vezes conhecida também como Psicofisiologia ou Psicobiologia. A *Neurociência cognitiva* trata das capacidades mentais mais complexas, geralmente típicas do ser humano, como a linguagem, a autoconsciência, a memória etc. Pode ser também chamada de Neuropsicologia. E a *Neurociência Social* aborda as interações entre pessoas, em diversos ambientes, em particular a Educação, campo chamado por alguns *Neuroeducação* ou *Neurociência Educacional*. É claro que os limites entre essas disciplinas não são nítidos, o que nos obriga a saltar de um nível a outro, ou seja, de uma disciplina a outra, sempre que tentamos compreender o funcionamento do sistema nervoso.

Os profissionais que lidam com o sistema nervoso são de dois tipos: os neurocientistas, cuja atividade é a pesquisa científica em Neurociência; e os profissionais da saúde em neuropsiquiatria e especialidades afins, cujo objetivo é preservar e restaurar o desempenho funcional do sistema nervoso. Os neurocientistas geralmente estudam em alguma faculdade de biologia, ciências biomédicas ou ciências da saúde, depois cursam um programa de pós-graduação voltado especificamente para o sistema nervoso e finalmente são admitidos como professores universitários ou pesquisadores de instituições científicas não universitárias. Seu trabalho é financiado por recursos governamentais ou privados, e os resultados que obtêm são publicados em revistas científicas especializadas. Você conhecerá alguns deles ao longo deste livro. Já os profissionais da saúde incluem médicos (especialmente os neurologistas, neurocirurgiões e psiquiatras), psicólogos, fisioterapeutas, fonoaudiólogos, enfermeiros etc. Sua formação passa pelas faculdades correspondentes e às vezes inclui alguns anos de residência ou especialização. Alguns desses profissionais se voltam também para a pesquisa científica básica ou clínica.

Recentemente, outros profissionais têm se interessado pelo sistema nervoso; é o caso dos engenheiros, especialmente aqueles voltados para as ciências da computação. Isso porque os computadores e alguns robôs mais modernos têm a arquitetura projetada de acordo com conceitos originados das Neurociências. Também os artistas gráficos e programadores visuais têm se aproximado das Neurociências, pois necessitam dominar conceitos modernos sobre a percepção visual das cores, do movimento etc. Da mesma forma, os educadores e pedagogos estão interessados em saber como o sistema nervoso exerce a capacidade de selecionar e armazenar informações, atributo importante dos processos de aprendizagem. Considera-se que uma importante propriedade do sistema nervoso – chamada neuroplasticidade, a capacidade que o cérebro tem de apresentar mudanças funcionais e estruturais por influência do ambiente externo – está na base dos processos educacionais.

Tanto na pesquisa científica como nas demais profissões, o trabalho se beneficia muito da interação multidisciplinar, envolvendo várias das disciplinas citadas. Na verdade, a multidisciplinaridade torna-se cada vez mais indispensável, pois o sistema nervoso tem vários níveis de existência, como já vimos, e compreendê-lo exige múltiplas abordagens. É por isso que as equipes de saúde dos hospitais são geralmente multiespecializadas, e é por isso também que os trabalhos científicos modernos em Neurociência envolvem a colaboração de diferentes especialistas.

Primeiros Conceitos da Neurociência

▶ **Figura 1.1.** O sistema nervoso central do homem aloja a maioria dos neurônios e está contido no interior da **caixa craniana**[A] (o encéfalo) e da coluna vertebral (a **medula espinhal**[A]). Já o sistema nervoso periférico é constituído de uma menor proporção de neurônios, mas apresenta uma extensa rede de fibras nervosas espalhadas por quase todos os órgãos e tecidos do organismo. No desenho, apenas a metade esquerda foi representada, por simplicidade.

sistema nervoso periférico ficam relativamente poucas células, mas um grande número de prolongamentos chamados fibras nervosas, agrupados em filetes alongados chamados nervos[G].

▶ O Sistema Nervoso Periférico

Os nervos, principais componentes do sistema nervoso periférico, podem ser encontrados em quase todas as partes do corpo. Seguindo o trajeto de um nervo qualquer, percebe-se que uma extremidade termina em um determinado órgão, enquanto a extremidade oposta se insere no sistema nervoso central por meio de orifícios no crânio e na coluna vertebral. Essa constatação permite supor – como fizeram os primeiros anatomistas – que os nervos são "cabos de conexão" entre o sistema nervoso central e os órgãos. No início, pensou-se – erradamente – que a mensagem nervosa

era transmitida pelo fluxo de um líquido no interior dos nervos. Depois se esclareceu que a mensagem consistia em impulsos elétricos conduzidos pela superfície das fibras ao longo dos nervos. Em seu trajeto, alguns filetes nervosos se separam do nervo, outros se juntam a ele. Isso ocorre não porque as fibras nervosas individuais se ramifiquem ao longo do nervo, mas porque grupos delas saem ou entram no tronco principal*. Geralmente, perto do sistema nervoso central os nervos são mais calibrosos, pois contêm maior número de fibras. Próximo aos locais de terminação nos órgãos, como muitos filetes vão se separando no caminho, eles ficam mais finos. Nesse ponto é que as fibras nervosas individuais se ramificam profusamente até que cada ramo termine em estruturas microscópicas especializadas.

Nem só de nervos é formado o sistema nervoso periférico. Existem células nervosas agrupadas em *gânglios*[G] situados nas proximidades do sistema nervoso central (Figura 1.2), ou próximo e até mesmo dentro das paredes das vísceras. Muitas fibras nervosas que constituem os nervos têm sua origem em neurônios ganglionares. Outras fibras têm origem em células nervosas situadas dentro do sistema nervoso central.

A organização morfológica do SNP é bastante complexa e característica de cada espécie. Em cada animal, podem ser centenas ou mais de filetes nervosos com origens, trajetos e locais de terminação próprios, cada um deles com nomes específicos para sua identificação. O estudo minucioso da morfologia dos nervos e dos gânglios é relevante para os profissionais da saúde das diferentes especialidades. Os cirurgiões gerais e os fisioterapeutas precisam conhecer detalhes dos trajetos dos nervos e da localização dos gânglios em todo o corpo humano. Os cirurgiões-dentistas e os fonoaudiólogos concentram-se na cabeça e no pescoço. O estudo topográfico da anatomia dos nervos e gânglios não é objeto deste capítulo. O fundamental aqui é compreender os grandes conceitos estruturais do sistema nervoso periférico. Maiores detalhes se encontram nos capítulos subsequentes.

Esquematicamente, os nervos se dividem em *espinhais*, quando se unem ao SNC por orifícios na coluna vertebral (Figura 1.2), e *cranianos*, quando o fazem por orifícios existentes no crânio. As duas classes podem veicular informações sensitivas ou motoras, somáticas ou viscerais. Muitos nervos são mistos, isto é, carreiam mais de um desses tipos funcionais de informação. Como os nervos são formados por fibras, e estas são, na verdade, prolongamentos de neurônios, é fundamental conhecer a localização dos corpos celulares destes. As fibras dos nervos espinhais podem ter sua origem em neurônios situados dentro da medula, ou

---

[G] *Termo constante do glossário ao final do capítulo.*
[A] *Estrutura encontrada no* Miniatlas de Neuroanatomia *(p. 359).*

* *Embora não se ramifiquem durante o trajeto no interior dos nervos, as fibras nervosas podem se ramificar – às vezes bastante – quando atingem os seus alvos na pele, nos órgãos e dentro do cérebro.*

NEUROCIÊNCIA CELULAR

Neurociência em Movimento

Quadro 1.2
Neuroproteômica: Tão Divertida Quanto Tocar Bateria

▶ Daniel Martins de Souza*

Meu laboratório na Universidade Estadual de Campinas (UNICAMP) estuda a bioquímica e os aspectos moleculares de doenças psiquiátricas. Com as últimas urgências virais – Zika vírus e a COVID-19 –, abordamos o papel desses vírus no cérebro humano. A principal ferramenta que usamos chama-se "proteômica", que nos permite entender as mensagens do genoma para os cérebros das pessoas afetadas pela esquizofrenia e pela depressão, por exemplo. Nossa maior motivação: os distúrbios psiquiátricos, que são as doenças mais debilitantes da humanidade. Uma pessoa com esquizofrenia, distúrbio bipolar ou depressão perde, em média, 30 anos de sua vida de maneira improdutiva, não só do ponto de vista econômico, mas, principalmente, social. A maior parte delas não estuda ou trabalha e se relaciona muito pobremente com amigos e familiares.

Comecei a estudar a esquizofrenia durante o doutorado, mas o início mesmo como cientista-aprendiz foi aos 19 anos no curso de Biologia na UNICAMP. Trabalhava durante o dia e estudava à noite. Ao final do primeiro ano, deixei o emprego e me embrenhei na iniciação científica, no laboratório dos Profs. José Camillo Novello e Sérgio Marangoni. Foi com o então aluno de doutorado Marcus Smolka que descobri a proteômica. Estudávamos o proteoma da bactéria *Xylella fastidiosa*, mas eu achava que deveria aplicar essa valiosa ferramenta no estudo de doenças humanas. Sempre alimentei a esperança de usar meu conhecimento para melhorar a vida das pessoas. Assim, entrei em contato com o Prof. Emmanuel Dias-Neto, que veio a ser meu orientador de doutorado. Propusemos à Fundação de Amparo à Pesquisa do Estado de São Paulo (FAPESP) um projeto de estudos de proteoma e transcriptoma do cérebro de pacientes com esquizofrenia, que mantenho como minha linha de pesquisa até hoje. Após o doutorado, passei 6 anos na Europa, entre Alemanha e Inglaterra, e senti a necessidade de trazer de volta ao Brasil o que tinha aprendido. Assim, retornei à UNICAMP em 2014, agora como professor. Curiosamente, acabei por herdar o laboratório onde iniciei minha carreira na IC, com a aposentadoria do Prof. Marangoni.

Mas, enfim, o que é proteômica? É a ciência que estuda o proteoma, que, por sua vez, é o conjunto de proteínas produzidas por uma célula, tecido ou organismo, em um dado tempo, sob uma dada condição. Pode ser definida mais simplificadamente como "a contraparte proteica total do genoma". Só que o genoma é relativamente estável, enquanto o proteoma é dinâmico, alterando-se frente a diferentes condições e estímulos. Logo, o estudo global dessas alterações representa uma forma de investigar processos em sistemas vivos, para melhor entender o seu funcionamento ao nível molecular.

Por definição, a proteômica é uma ferramenta adequada para o estudo de doenças humanas multifatoriais, permitindo entender os respectivos processos biológicos e moleculares de maneira integrada, pela identificação de vias bioquímicas desreguladas (Figura 1). Ainda, proteínas encontradas com expressão alterada em tecidos doentes podem servir como biomarcadores** clinicamente relevantes. A principal ferramenta analítica usada para análises proteômicas é a espectrometria de massas, que permite uma análise minuciosa de milhares de proteínas e peptídeos separados geralmente por cromatografia líquida. Uma vez com as proteínas "em mãos", outras ferramentas podem ser empregadas para decifrar o envolvimento delas em suas vias bioquímicas e também nos processos biológicos dos quais participam. Torna-se possível organizar e conectar milhares de proteínas numa história compreensível, ajudando-nos a descobrir o seu papel numa determinada doença, como visto na Figura 1.

Eu amo o que faço e sou muito realizado com minha profissão. Fazendo o que amo, não sinto que trabalho, mas que me divirto diariamente. É tão divertido quanto praticar meus *hobbies* como jogar handebol ou mesmo tocar bateria (Figura 2). Ser cientista, na verdade, é a profissão mais fácil que existe. Somos, como seres humanos, cientistas por natureza. Bebês aplicam o método científico quando jogam suas chupetas repetidas vezes no chão; as pessoas aplicam, de maneira precisa, o método científico quando querem

---

* Professor associado de Bioquímica da Universidade Estadual de Campinas (UNICAMP).

** Biomarcador é um produto (uma molécula biológica qualquer) de um dado organismo que indique um determinado estado de saúde, doença, eficácia ou ineficácia de tratamento etc).

avaliar se o carro rende melhor com álcool ou gasolina. A única diferença que um cientista profissional tem é um diploma e uma formação específica para sua área.

Cientistas descobrem. E, ao descobrir, são tomados por um sentimento indescritível, pois estão compreendendo a natureza. É contemplador.

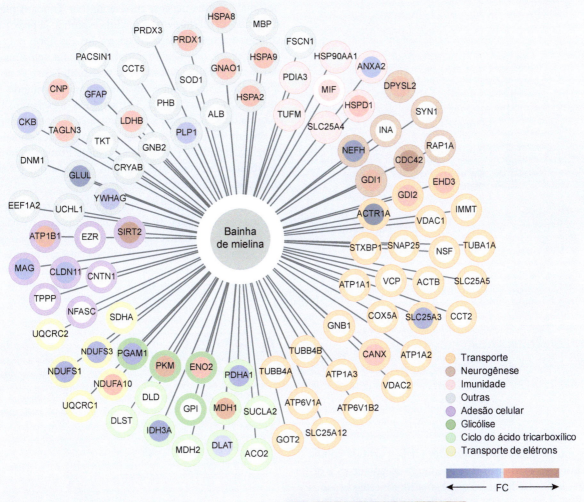

▶ **Figura 1.** *Proteínas alteradas nos cérebros de pacientes com esquizofrenia: suas conexões com a bainha de mielina e os processos biológicos aos quais estão associadas. Modificado de Martins-de-Souza D et al. World Journal of Biological Psychiatry. 2021. Doi: 10.1080/15622975.2020.1789217.*

◀ **Figura 2.** *Cientistas também se divertem. Um dos hobbies preferidos de Daniel Martins de Souza.*

Figura 1.2. Os nervos do sistema nervoso periférico podem emergir diretamente do encéfalo (nervos cranianos, exemplificados em **A**), inervando órgãos e tecidos da cabeça. Ou então emergem de cada segmento da medula (nervos espinhais, exemplificados em **B**), formando os nervos periféricos que se espalham por todo o corpo (**C**).

mais calibroso. Na altura da axila, algumas fibras do nervo mediano se separam e depois se juntam a outras vindas de regiões diferentes. Isso acontece várias vezes, como se vê na Figura 1.3. Esse conjunto intrincado de fascículos[G] e nervos que se encontram e se separam chama-se plexo, e este que estamos descrevendo recebe o nome de plexo braquial. Alguns nervos, entretanto, não formam plexos, dirigindo-se diretamente à medula espinhal. Já próximas à coluna vertebral, onde se aloja a medula, as fibras nervosas que emergem do plexo braquial aproximam-se da medula por meio de orifícios na coluna vertebral. Nesse ponto, as fibras sensitivas se separam das motoras formando dois grupos de *raízes* (Figura 1.3A), sendo as dorsais sensitivas e as ventrais, motoras. Logo à entrada das raízes dorsais se encontram os chamados gânglios das raízes dorsais ou gânglios espinhais (Figura 1.3A), onde ficam situados os neurônios sensitivos que recebem o tato, a dor e outras sensações vindas do membro superior.

Os nervos cranianos têm organização semelhante à dos nervos espinhais, mas são mais complexos e variáveis que estes. Suas terminações distribuem-se geralmente (mas nem sempre) nas diferentes partes da cabeça, de onde vão se juntando em filetes mais e mais calibrosos até constituir os nervos propriamente ditos. Quando contêm fibras sen-

então em gânglios distribuídos fora dela, perto da coluna vertebral. No caso das fibras dos nervos cranianos[A], a organização é semelhante, só que os neurônios estão situados em núcleos[G] do encéfalo ou em gânglios situados fora dele, nas proximidades do crânio.

De onde vêm, por onde passam e onde terminam os nervos espinhais? Vamos acompanhar, a título de exemplo, a organização de um dos nervos que inervam as diversas regiões do membro superior (Figura 1.3). *Inervar* significa ramificar-se profusamente em um território específico do corpo, seja para comandar os músculos, seja para veicular as sensações de tato, dor e outras, provenientes dos tecidos dessa região. Cada uma das muitas fibras nervosas sensitivas que inervam os diferentes tecidos dos dedos e da mão, por exemplo (Figura 1.3B), vai se juntando a outras em filetes nervosos que vão ficando mais e mais calibrosos. Na altura do punho, os filetes já constituem um feixe calibroso que recebe o nome de nervo mediano. O nervo mediano passa pelo antebraço e pelo braço, agregando muitas fibras sensitivas e motoras dessas regiões e, assim, tornando-se mais e

Figura 1.3. Os nervos periféricos espinhais, como o mediano, são formados por inúmeras fibras nervosas compactadas. Na sua inserção central, eles se separam em finos fascículos que se abrem em leque, formando as raízes (**A**) que se ligam à medula espinhal. Ao longo do trajeto, os nervos também se separam em fascículos que podem formar plexos, como o braquial, ou dispersar-se em diferentes territórios de inervação. Nos dedos da mão, por exemplo (**B**), muitos filetes vão se separando do tronco principal e cada fibra nervosa finalmente se ramifica em uma diminuta região terminal.

PRIMEIROS CONCEITOS DA NEUROCIÊNCIA

sitivas, os nervos cranianos ligam-se a gânglios que são homólogos aos espinhais, onde se alojam os corpos celulares dessas fibras. Em face dos dobramentos e irregularidades do encéfalo, que não apresenta a estrutura tubular típica da medula, os nervos cranianos não se dividem em raízes dorsais e ventrais, como os espinhais. Penetram no crânio por meio de orifícios específicos (chamados forames) e, depois, entram no encéfalo em diferentes pontos. Você pode encontrar maiores detalhes sobre os nervos cranianos no Miniatlas de Neuroanatomia (p. 359).

Por analogia com algumas máquinas, o sistema nervoso periférico pode ser compreendido como um conjunto de sensores, cabos e *chips*. Os sensores distribuem-se por todos os tecidos do organismo: pele, músculos, ossos e articulações, vísceras e outros tecidos. Sua função é captar as várias formas de energia (= informação) produzidas no ambiente ou no próprio organismo e traduzi-las para a linguagem que o sistema nervoso entende: impulsos bioelétricos. Os sensores recebem o nome de *receptores sensoriais* e ficam de algum modo ligados às fibras nervosas que constituem os nervos. Estes últimos são os cabos cuja função é conduzir os impulsos elétricos gerados pelos receptores até o sistema nervoso central. Os cabos também conduzem informações no sentido oposto: impulsos elétricos produzidos no sistema nervoso central são levados aos músculos esqueléticos e cardíacos, aos músculos das paredes das vísceras e às glândulas. Lá, os impulsos são transformados em ações que liberam energia: contração muscular ou secreção glandular. Finalmente, não devemos pensar que o SNP tem função exclusivamente condutora. Ele possui também *chips* capazes de processar informação como pequenos computadores. Esses *chips* são os contatos entre neurônios situados nos gânglios sensitivos, já mencionados (gânglios espinhais), e nos gânglios motores ou secretomotores, situados em várias vísceras. Este é o tema do Capítulo 4.

O SISTEMA NERVOSO CENTRAL

Sistema nervoso central (SNC) é um termo muito geral que reúne todas as estruturas neurais situadas dentro do crânio[A] e da coluna vertebral. É onde se situa grande parte dos neurônios dos animais. Inicialmente, é necessário que você

consiga "visualizar" em três dimensões as relações entre as grandes divisões do SNC para, posteriormente, esmiuçar em detalhes a estrutura de regiões menores e mais restritas. Essa tarefa só pode ser conseguida com o auxílio de ilustrações, pelo estudo repetido de peças anatômicas ou por meio de programas ou aplicativos de neuroanatomia (Quadro 1.3).

Pode-se dividir o SNC, segundo critérios exclusivamente anatômicos, em grandes partes que obedecem a uma hierarquia "vertical" de complexidade, conforme a Tabela 1.1.

Denomina-se *encéfalo* a parte do SNC contida no interior da caixa craniana, e *medula espinhal* a parte que continua a partir do encéfalo no interior do canal da coluna vertebral (Figura 1.4). A medula tem uma forma aproximadamente cilíndrica ou tubular, no centro da qual existe um canal estreito cheio de líquido; apresenta funções motoras e sensitivas, principalmente, relacionadas com o controle imediato do funcionamento do corpo. Já o encéfalo possui uma forma irregular, cheia de dobraduras e saliências, o que permite reconhecer nele diversas subdivisões. As funções do encéfalo são bastante mais complexas que as da medula espinhal, possibilitando toda a capacidade cognitiva e afetiva dos seres humanos e as funções correlatas de que os animais não humanos são capazes. A cavidade interna do encéfalo acompanha aproximadamente a sua forma heterogênea, constituindo diferentes câmaras cheias de líquido, os *ventrículos*[A]. Essa forma heterogênea do encéfalo se deve ao enorme crescimento que sofre a porção cranial do tubo neural primitivo (o primórdio embrionário do SNC), muito mais exuberante do que a porção caudal, que dá origem à medula. Podem-se, então, reconhecer três partes do encéfalo: o cérebro[*], constituído por dois hemisférios justapostos e separados por um sulco profundo (Figura 1.4A); o cerebelo[A], um "cérebro" em miniatura, também constituído por dois hemisférios, mas sem um claro sulco de separação (Figura 1.4B); e o tronco encefálico, uma estrutura em forma de haste que se continua com a medula espinhal inferiormente, escondendo-se por baixo do cere-

---

* Tecnicamente, o termo cérebro *não deve ser confundido com* encéfalo, *já que aquele é apenas uma parte deste último. Frequentemente, no entanto, se usa o termo* cérebro *coloquialmente como sinônimo de* encéfalo *para permitir maior naturalidade e comunicação na linguagem.*

Tabela 1.1. Classificação Hierárquica das Grandes Estruturas Neuroanatômicas

SNC							
Encéfalo							Medula espinhal
Cérebro		Diencéfalo	Cerebelo		Tronco encefálico		
Telencéfalo		Diencéfalo	Córtex cerebelar	Núcleos profundos	Mesencéfalo	Ponte	Bulbo
Córtex cerebral	Núcleos da base						

Saiba Mais

Quadro 1.3
A Geometria do Sistema Nervoso

Para compreender a estrutura tridimensional do sistema nervoso é preciso visualizá-lo mentalmente, e para isso é preciso conhecer certos pontos, linhas e planos usados como referência, as chamadas referências anatômicas. A Figura 1 mostra as principais referências anatômicas para o sistema nervoso de um cão, e a Figura 2, as que são usadas para o de um homem. No caso do cão, se o vemos de lado, tudo que está mais próximo ao focinho é dito *rostral* ou *anterior*, enquanto o que está mais para trás é dito *caudal* ou *posterior*. Do mesmo modo, tudo que está para baixo é dito *ventral* ou *inferior*, enquanto o que está para cima é *dorsal* ou *superior*. A nomenclatura acompanha a posição do corpo do animal, que, por ser quadrúpede, possui um sistema nervoso organizado ao longo de um plano paralelo ao chão. Os termos, neste caso, originam-se das partes do corpo do animal: o rosto, a cauda, o ventre e o dorso. Essas referências são todas relativas e dependem de planos móveis posicionados de diferentes modos. O plano *coronal* (ou frontal) pode ser movido para frente e para trás e permite definir o que é rostral e o que é caudal. Por convenção, pode-se escolher um determinado plano coronal para ser o plano zero e fazer referência aos demais, segundo seu afastamento do plano zero, em milímetros. Um segundo plano é o *horizontal*, que pode ser movido para cima e para baixo, definindo, portanto, o que é dorsal e o que é ventral. Igualmente, pode-se considerar um determinado plano horizontal o plano zero e fazer referência aos demais em função de seu afastamento em milímetros. O plano móvel perpendicular aos dois primeiros chama-se *parassagital* (não ilustrado na figura). Neste caso, o plano zero é o que passa exatamente pelo meio do sistema nervoso, dividindo-o em duas metades semelhantes. Esse plano recebe o nome especial de *sagital*. As estruturas que se situam próximo à linha média, onde está o plano sagital, são ditas *mediais*, enquanto as que estão mais para os lados são ditas *laterais*. Em relação ao plano sagital, se estivermos considerando um dos lados como referência (seja o direito ou o esquerdo), as estruturas situadas nesse mesmo lado são chamadas *ipsilaterais* (ou homolaterais), enquanto aquelas situadas no lado oposto são chamadas *contralaterais*. A maioria das áreas do sistema nervoso central que comandam os músculos do lado direito, por exemplo, encontra-se no lado esquerdo. Diz-se então que o comando motor, neste caso, é contralateral.

▶ **Figura 1.** *Planos de referência para o sistema nervoso de um animal quadrúpede.*

No caso do homem, que é bípede, a cabeça e os olhos apresentam-se inclinados 90º em relação ao corpo (Figura 2). Assim, para o encéfalo, as referências são as mesmas utilizadas para os mamíferos quadrúpedes. É mais comum, entretanto, utilizar os termos superior e inferior em vez de dorsal e ventral. Para a medula, as convenções são diferentes por conta do ângulo de 90º entre ela e o encéfalo. Anterior, no caso da medula humana, é sinônimo de ventral, enquanto posterior é sinônimo de dorsal. Por sua vez, as estruturas mais próximas da cabeça são ditas *superiores*, e aquelas mais próximas das pernas são ditas *inferiores*. O plano móvel que as define é chamado *transverso*. O plano sagital e os planos parassagitais, assim como suas referências associadas (medial e lateral), são os mesmos para o encéfalo e para a medula do homem e dos animais.

A criação de um sistema de referências tridimensionais para o sistema nervoso tem uma aplicação muito importante para os médicos neurologistas, neurocirurgiões e neurorradiologistas. É fácil compreender por quê. Imagine, por exemplo, um tumor situado no interior do encéfalo. Como retirá-lo sem atingir as estruturas vizinhas? Inicialmente, a equipe médica precisa localizá-lo aproximadamente mediante o estudo dos sintomas que o paciente apresenta, e mais precisamente pelas imagens que o mostram de forma direta. Em tempos recentes, essas imagens passaram a ser tomográficas (do grego *tomos* = corte, fatia), isto é, passaram a representar cortes virtuais do sistema nervoso, reconstruídos pelo computador em planos semelhantes aos descritos anteriormente[A]. O tumor, assim, pode ter as suas bordas delimitadas e localizadas com coordenadas tridimensionais milimétricas. Em seguida, os cirurgiões precisam chegar ao tumor para removê-lo. Mas como, se o tecido é opaco? As coordenadas tridimensionais (chamadas estereotáxicas) do tumor são utilizadas, então, para inserir instrumentos cirúrgicos capazes de possibilitar a remoção do tumor com o mínimo de lesão às estruturas vizinhas.

▶ **Figura 2.** *Planos de referência para o sistema nervoso humano.*

belo e por dentro do cérebro superiormente (Figura 1.4C). No cérebro, a superfície enrugada cheia de giros[G] e sulcos[G] é o córtex cerebral, região em que estão representadas as funções neurais e psíquicas mais complexas. Grandes regiões do cérebro, de delimitação às vezes pouco precisa, são os chamados lobos (Figura 1.4C): frontal, parietal, occipital, temporal e insular[A] (este último situado em uma dobra mais profunda de cada hemisfério, portanto invisível por fora). É difícil delimitar as funções dos lobos, já que reúnem muitas regiões de funções diferentes. Mas, de um modo bem geral*, podemos dizer que o lobo frontal reúne funções cognitivas e relacionadas com a memória, além do comando e controle motor; o lobo parietal reúne as funções de reconhecimento espacial corporal e extracorporal, sejam táteis ou visuais; o lobo occipital é caracteristicamente visual, uma função de enorme importância para os mamíferos; o lobo temporal aloja a audição e a compreensão da fala, além de uma enorme área dedicada à memória; e o lobo da ínsula apresenta funções ligadas às emoções e à motivação. No interior dos hemisférios estão os núcleos da base (às vezes chamados impropriamente** de gânglios da base) e o diencéfalo[A], invisíveis ao exame superficial. Os núcleos da base são controladores de comandos motores e comportamentais, e o diencéfalo apresenta-se principalmente como um estágio preliminar de processamento sensorial, antes do córtex cerebral entrar em ação. No cerebelo, a superfície é também enrugada, mas os giros são chamados "folhas" e os sulcos conhecidos como "fissuras". Semelhantemente ao cérebro, no interior dos hemisférios cerebelares estão os núcleos profundos, invisíveis ao exame de superfície. Ficam no cerebelo muitos circuitos de controle da motricidade, da postura e da cognição motora. O tronco encefálico também se subdivide (Figura 1.4D): o mesencéfalo é a parte mais rostral dele, que se continua com o diencéfalo bem no centro do cérebro; a ponte[A] é uma estrutura intermediária; e o bulbo[A] ou medula oblonga é a parte mais caudal, que se continua com a medula espinhal. É do tronco encefálico que emerge a maioria dos nervos cranianos mencionados anteriormente. Assim, o tronco encefálico "canaliza" grande parte das interações do cérebro com o corpo e deste com o mundo externo.

À primeira vista, os hemisférios cerebrais parecem idênticos, simétricos, mas, na verdade, são sutilmente distintos, do ponto de vista morfológico, e enormemente distintos, do ponto de vista funcional. A anatomia é ligeiramente diferente, mas, quando se analisam os circuitos que as regiões formam entre si, identificam-se diferenças entre o lado esquerdo e o direito, a começar pelo fato de que representam ou controlam a metade oposta do corpo e do mundo externo. É na fisiologia, no entanto, que as diferenças se tornam gigantescas, no caso do cérebro humano, pois o hemisfério esquerdo apresenta especializações funcionais diferentes das do hemisfério direito. Muitos simplificam essa especialização hemisférica dizendo que o hemisfério esquerdo é o "cérebro da razão" e o hemisfério direito é o "cérebro da emoção", mas, na verdade, a especialização hemisférica é bastante mais complexa do que essa visão simplista sugere.

O cirurgião que abre o crânio de um indivíduo vivo e anestesiado para operar o encéfalo depara-se, primeiro, com um conjunto de membranas que formam um saco fechado cheio de líquido, onde o encéfalo praticamente flutua. A mesma disposição é encontrada na medula. As membranas são as meninges, e o líquido que elas contêm é o liquor, ou líquido cefalorraquidiano. Esse colchão líquido que envolve o sistema nervoso central protege-o mecanicamente contra traumatismos que possam atingir a cabeça e também contribui para a sua nutrição e a manutenção do meio bioquímico ótimo para o funcionamento neural. Ao ultrapassar as meninges, o cirurgião visualiza o encéfalo, que tem uma cor rosada devido à extensa rede de capilares sanguíneos do tecido e uma consistência gelatinosa e delicada pela ausência de estruturas fibrosas como em outros órgãos (Figura 1.5A). Na superfície, podem-se ver os ramos maiores dos vasos sanguíneos cerebrais com seu trajeto tortuoso e sua dinâmica pulsátil. É bem diferente o que vê o estudante de anatomia quando disseca o crânio de um cadáver, cujos tecidos são quimicamente preservados pelo uso de substâncias fixadoras como o formol (Figura 1.5B). Neste caso, o liquor e o sangue são substituídos pelo fixador. Os grandes vasos podem ser ainda visíveis (não na Figura 1.5B), de cor escura, enquanto a consistência do tecido encefálico é mais sólida e sua cor, mais esbranquiçada ou amarelada.

Um estudante de anatomia pode remover o cérebro e a medula para estudá-los melhor. Pode, ainda, cortá-los em fatias, segundo diferentes planos de corte, para ver o seu interior (Figura 1.6). Nesse caso, verá os ventrículos e também os núcleos[G] e tratos[G] que compõem o telencéfalo, o diencéfalo e o tronco encefálico. Ao examinar com cuidado as fatias, verá algumas regiões mais escuras e outras mais claras. As mais escuras receberam dos primeiros anatomistas o nome de substância ou matéria cinzenta (que na linguagem comum é dita massa cinzenta), e as mais claras, o nome de substância ou matéria branca. A substância branca[A], como se verá adiante, é uma região de maior concentração de fibras nervosas, muitas delas possuindo um envoltório gorduroso esbranquiçado que lhe dá o tom. A substância cinzenta[A], ao contrário, possui maior concentração de células nervosas e menor quantidade do envoltório gorduroso. No córtex cerebral e no córtex cerebelar, a substância cinzenta é externa e a substância branca é interna. Em outras regiões, como na medula espinhal, ocorre o oposto: a substância cinzenta é interna em relação à substância branca.

---

*Bem geral mesmo, porque os lobos são regiões muito extensas que têm participação em um grande número de funções neurais muito diversas.

**Impropriamente, porque não são de fato gânglios aquelas bolinhas de neurônios situadas fora do SNC.

PRIMEIROS CONCEITOS DA NEUROCIÊNCIA

▶ **Figura 1.4.** Os dois hemisférios cerebrais podem ser vistos de cima (**A**) ou de trás (**B**). O cerebelo e o tronco encefálico são visualizados por trás (**B**) ou de lado (**C**). E, quando o encéfalo é dividido ao meio no plano sagital (**D**), veem-se algumas das estruturas internas, como os ventrículos e a face medial dos hemisférios cerebrais, e estruturas parcialmente encobertas pelos hemisférios e o cerebelo, como o mesencéfalo, a ponte e o bulbo.

▶ **Figura 1.5.** O encéfalo vivo tem aspecto diferente do encéfalo fixado em formol. Em **A**, vemos a superfície do córtex cerebral de um indivíduo vivo, tal como se apresenta em um campo cirúrgico. Pode-se ver uma das membranas de cobertura, com aspecto leitoso à esquerda e acima, bem como os vasos sanguíneos que irrigam o córtex cerebral. Em **B**, foto de um encéfalo fixado, com as membranas e os vasos removidos. Foto **A** cedida por Jorge Marcondes, do Serviço de Neurocirurgia do Hospital Universitário Clementino Fraga Filho da UFRJ.

15

Neurociência Celular

▶ **Figura 1.6.** As estruturas internas do encéfalo podem ser mais bem observadas em cortes, como no plano indicado no desenho à esquerda. Nesses cortes (**A** e **B**) pode-se diferenciar a substância cinzenta da substância branca do córtex cerebral, assim como os ventrículos e outras estruturas. A foto **B** foi tirada de um encéfalo fixado, em plano próximo ao desenhado em **A**. Foto cedida por Leila Chimelli, do Laboratório de Neuropatologia do Instituto Estadual do Cérebro, Rio de Janeiro.

O SISTEMA NERVOSO VISTO AO MICROSCÓPIO

São limitadas as possibilidades de compreensão da organização estrutural do sistema nervoso se ficamos restritos à observação macroscópica, por isso é necessário estudar a estrutura microscópica do tecido nervoso. Esse, aliás, foi um passo histórico da maior importância para a Neurociência, ocorrido ao final do século XIX, que possibilitou identificar as unidades estruturais e funcionais do sistema nervoso – o *neurônio* e o *gliócito* (ou célula glial).

Para estudar o sistema nervoso ao microscópio é preciso preparar o tecido adequadamente, o que é feito pelos histologistas e citologistas, e também pelos patologistas, estes interessados nas alterações estruturais do sistema nervoso doente. Embora muitas observações possam ser feitas no homem após a morte, a maioria requer técnicas especiais que, por razões éticas, só podem ser realizadas em animais. O tecido neural deve ser primeiramente preservado com substâncias fixadoras. Depois, retira-se um pequeno bloco da região a ser estudada e este é cortado em aparelhos especiais chamados micrótomos, de modo a obter fatias (cortes) muito finas, com alguns micrômetros de espessura (lembrar que 1 micrômetro, ou 1 μm, equivale a 0,001 mm), ou até menos, se a intenção for utilizar um microscópio eletrônico.

Esse procedimento permite obter a transparência necessária para que o tecido possa ser atravessado pelo feixe de luz do microscópio (ou feixe de elétrons, no caso do microscópio eletrônico). Embora os cortes sejam transparentes, os elementos do tecido só podem ser vistos se forem tratados com corantes específicos que os destaquem do resto da preparação. Isso é feito a seguir, e os cortes são então montados em lâminas de vidro ou gratículas especiais para a observação ao microscópio (Figura 1.7). As variantes técnicas são inúmeras e permitem marcar seletivamente diferentes células, organelas subcelulares e até mesmo moléculas específicas. Igualmente, inúmeros tipos de microscópios disponíveis atualmente permitem uma grande variedade de formas de observação do tecido nervoso. Além disso, aumentos bem maiores podem ser obtidos utilizando-se o microscópio eletrônico em vez do microscópio óptico.

▶ O Neurônio

Classicamente se considerava o neurônio (Figura 1.8) a unidade morfofuncional fundamental do sistema nervoso, e o gliócito, a unidade de apoio. Isso porque se verificou que a célula nervosa produz e veicula diminutos sinais elétricos que são verdadeiros *bits* de informação, capazes de codificar tudo o que percebemos a partir do mundo exterior e do interior do organismo, os comandos que damos aos efetuadores

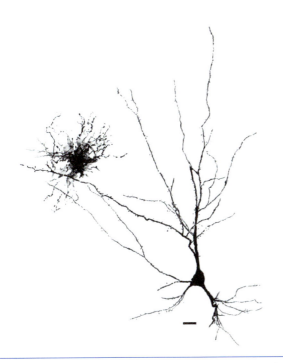

▶ **Figura 1.7.** No tecido nervoso, neurônios e gliócitos coexistem de um modo que favorece a sua interação funcional. A figura mostra um neurônio de tipo piramidal (abaixo, à direita) no núcleo cortical da amígdala humana ladeado por um astrócito (acima, à esquerda). O tecido foi processado em corte histológico pelo tradicional método de Golgi, o mesmo que Cajal utilizou. Barra de escala: 20 *m*m. Foto cedida por Alberto A. Rasia-Filho e Kétlin Guerra. Modificado de Vásquez et al. *Journal of Comparative Neurology. 2018*;526:2776-2801.

do nosso corpo (como os músculos e as glândulas) e tudo o que sentimos e pensamos a partir de nossa atividade mental. Por essa visão clássica, o gliócito seria encarregado apenas de alimentar e garantir a saúde do neurônio. A importância dessas células de apoio, entretanto, cresceu muito em tempos recentes, depois que se constatou que elas lidam com sinais também, embora de tipos diferentes – sinais químicos de orientação do crescimento e da migração dos neurônios durante o desenvolvimento, de comunicação entre eles durante a vida adulta, de defesa e reconhecimento na vigência de situações patológicas e outras funções. Constatou-se mesmo que os gliócitos interferem na comunicação entre os neurônios, podendo, assim, modificar o conteúdo da informação transmitida.

Sendo unidades funcionais de informação, os neurônios operam em grandes conjuntos, e não isoladamente. Há uma tendência geral na evolução – embora com exceções – de selecionar animais com cérebros cada vez maiores, dotados de um número de neurônios e gliócitos cada vez maior. Provavelmente isso ocorre porque, sendo dotados de maior número de neurônios e gliócitos, os animais tornam-se capazes de comportamentos mais ricos e mais adaptados aos diferentes ambientes que encontram na Terra. Veja, no Quadro 1.4, como se pode estimar o número de neurônios das diversas espécies de animais e descobrir as regras de acréscimo de unidades celulares no desenvolvimento e na evolução.

▶ **Figura 1.8.** Há muitos tipos de neurônios. A figura mostra apenas dois exemplos: um neurônio piramidal (**A**) e um neurônio estrelado (**B**) do córtex cerebral de um macaco e de um rato, respectivamente. Em **B**, pode-se ver também um capilar cerebral, na metade inferior da ilustração. Foto **A** cedida por Juliana Soares, do Instituto de Biofísica Carlos Chagas Filho da UFRJ; **B**, por Marco Rocha Curado, do Instituto de Ciências Biomédicas da UFRJ.

Neurociência em Movimento

Quadro 1.4
Quebrando Dogmas: Quantos Neurônios Tem um Cérebro?

▶ Roberto Lent

Durante a elaboração da primeira edição deste livro, minha colega Suzana Herculano-Houzel, na época iniciando sua carreira profissional de neurocientista, questionou o título que eu havia pensado para o livro: *Cem Bilhões de Neurônios*. Quais as evidências para esse número? – perguntou. A pergunta instigante me pegou de jeito: embora todos os livros e artigos admitissem esse número, não conseguimos encontrar quem houvesse contado de fato o número absoluto de células existentes no sistema nervoso.

Discutimos intensamente e concluímos que a razão para essa falta de dados quantitativos absolutos consistia na dificuldade técnica de se estimar o número de células cerebrais por amostragem, já que o tecido nervoso é bastante heterogêneo e as amostras acabam contendo números muito pouco representativos. Suzana acabou inventando um método elegante e eficiente para resolver o problema, que chamamos *fracionador isotrópico*.

A heterogeneidade de densidades celulares no cérebro poderia ser contornada transformando quimiomecanicamente o tecido em uma "sopa de núcleos". A "sopa" – produzida passando-se o tecido nervoso em uma espécie de pilão e misturando-a constantemente – apresentaria uma densidade muito mais homogênea, permitindo realizar a contagem de amostras com maior precisão. E, como cada célula só tem um núcleo, contando núcleos contamos células. Além disso, os núcleos dos neurônios podiam ser diferenciados dos demais pela reação imunocitoquímica para uma proteína especificamente neuronal. Testamos o método em ratos, e ele funcionou!

Daí para frente, uma profícua linha de pesquisa se desenvolveu no laboratório, rendendo resultados surpreendentes e questionando uma série de dogmas até então inabalados. O primeiro deles era a concepção de que o córtex cerebral seria o pináculo da evolução – a

▶ **Figura 1.** *Utilizando a técnica do fracionador isotrópico, foi possível estimar com precisão o número de neurônios e gliócitos do cérebro humano. Modificado de Azevedo FAC et al. Journal of Comparative Neurology. 2009;513:530-541.*

PRIMEIROS CONCEITOS DA NEUROCIÊNCIA

região do cérebro que mais havia se desenvolvido ao longo do tempo. Os dados para esse conceito eram baseados nas medidas de volume (ou massa) das diferentes regiões cerebrais em diversas espécies – quanto maior o cérebro, maior a proporção do seu volume ocupada pelo córtex. Contando neurônios, entretanto, verificamos que o campeão na verdade é o cerebelo[A], cujo crescimento evolutivo (em número de neurônios) revelou-se bem maior que o do córtex cerebral. Em termos numéricos, inclusive, o cérebro humano não apresenta especial crescimento em relação aos demais primatas – sua composição quantitativa é o que seria de se esperar para um primata com um cérebro pesando 1,3 kg... E o cerebelo, modestamente, aloja quase 80% dos neurônios do cérebro humano!

O segundo dogma que abordamos foi a relação entre o número de neurônios e o número de gliócitos. Os livros eram quase unânimes: "o cérebro tem pelo menos 10 vezes mais gliócitos do que neurônios". Verificamos que essa relação até que se aproxima da que encontramos para o córtex cerebral (um neurônio para cada seis gliócitos), mas não para o cérebro como um todo (1:1) e muito menos para o cerebelo (cinco neurônios para cada gliócito).

Um terceiro dogma da literatura neurocientífica abordava o modo pelo qual – durante a evolução e ao longo do desenvolvimento – o cérebro cresce de tamanho. Considerava-se que isso ocorre pela adição de módulos gerados na vida embrionária, cada um deles com um número constante de neurônios, independentemente da espécie ou da região considerada. No córtex cerebral, aceitava-se como verdadeiro o número fixo de 150 mil neurônios em cada coluna com área de 1 mm^2 na superfície. Contando neurônios com o novo método, entretanto, constatamos uma variação de três vezes entre diversas espécies de macacos. Aprendemos que os módulos existem, mas não têm número constante de neurônios...

Por fim, chegamos a um veredito sobre o real número de neurônios do cérebro humano (Figura 1). Analisando encéfalos de homens entre 50 e 70 anos de idade, encontramos um número médio de 86 bilhões de neurônios, 15% menos que o número mágico de 100 bilhões. A descoberta colocou-me um dilema: devo ou não devo mudar o título do livro? Já estava decidido a mudar, quando lembrei de um perfeito álibi para manter esse título eufônico. A composição celular do cérebro de pessoas mais jovens talvez leve de volta à composição absoluta do sistema nervoso humano aos 100 bilhões de neurônios... Será?

Esses conjuntos de neurônios associados formam os chamados *circuitos neurais*. Por exemplo, as células nervosas da retina, que captam as imagens formadas pela luz do ambiente, só se tornam capazes de propiciar a visão se veicularem os sinais elétricos que geram em resposta à luz, para outros neurônios localizados na própria retina e, depois, no cérebro. Cada um deles realiza uma pequena parte do trabalho cooperativo que, ao final, nos possibilitará ler um livro, ver um filme ou admirar uma tela de pintura. Do mesmo modo, não são apenas os neurônios da medula espinhal que inervam os músculos, os únicos envolvidos na realização do movimento. Antes de chegar até eles, os sinais elétricos de comando muscular percorrem numerosos circuitos de programação, preparação e controle da ação muscular, cujo resultado poderá ser o recital de um pianista, a carta que escrevemos ou o drible de um jogador de futebol. Os circuitos neurais serão amplamente estudados ao longo do livro, em praticamente todos os capítulos. Nesta fase, entretanto, consideraremos o neurônio isoladamente, apenas para apresentar sua estrutura e suas propriedades fundamentais.

Como toda célula, o neurônio possui uma membrana plasmática que envolve um citoplasma contendo organelas que desempenham diferentes funções: o núcleo, repositório do material genético; as mitocôndrias, usinas de energia para o funcionamento celular; o retículo endoplasmático, sistema de cisternas onde ocorrem a síntese e o armazenamento de substâncias que participam do metabolismo celular; e muitas outras. O que diferencia os neurônios das demais células do organismo animal é a sua morfologia adaptada para o processamento de informações e, também, a variedade de seus tipos morfológicos.

A Figura 1.9 apresenta uma coleção de tipos de neurônios encontrados em diferentes locais do sistema nervoso (confira também a Figura 1.8). Pode-se observar que o *corpo neuronal* ou soma apresenta grande número de prolongamentos, ramificados múltiplas vezes como pequenos arbustos; são os *dendritos*, palavra de origem grega que significa "pequenos ramos de árvore". É por intermédio dos dendritos que cada neurônio recebe as informações provenientes dos demais neurônios a que se associa. O grande número de dendritos é útil à célula nervosa, pois permite multiplicar a área disponível para receber as informações aferentes[G].

Observando os prolongamentos que emergem do soma, percebe-se que um deles é mais longo e fino, ramificando-se pouco no trajeto e muito na sua porção terminal: é o *axônio*, ou fibra nervosa. Cada neurônio tem um único axônio, e é por ele que saem as informações eferentes[G] dirigidas às outras células de um circuito neural. A saída de informação da célula é concentrada no axônio, mas deve ser veiculada a muitos outros neurônios do circuito. É por essa razão que o axônio se ramifica profusamente na sua porção terminal, formando um telodendro (palavra de origem grega para

Neurociência Celular

▶ **Figura 1.9.** Os neurônios só podem ser vistos ao microscópio geralmente depois que se retira um pequeno pedaço do encéfalo (acima, à esquerda), levando-o ao micrótomo para obter cortes bem finos. Estes podem ser corados com substâncias fluorescentes ou corantes visíveis à iluminação comum para mostrar os neurônios com suas formas variadas na disposição dos dendritos e do axônio (acima, à direita). Os desenhos abaixo representam neurônios de diversos tipos morfológicos, localizados em diferentes regiões do sistema nervoso: pseudounipolar (**A**), estrelado (**B**), de Purkinje (**C**), unipolar (**D**) e piramidal (**E**). A foto, ilustrando neurônios do córtex cerebral de um macaco, foi cedida por Juliana Soares, do Instituto de Biofísica Carlos Chagas Filho, UFRJ.

"ramos distantes") com inúmeros botões de contato com os dendritos das células seguintes. Axônios de neurônios semelhantes muitas vezes se associam em tratos ou feixes[G] no SNC e em nervos no SNP. Essas estruturas são verdadeiros cabos de comunicação entre neurônios situados em diferentes regiões neurais. Neles, o essencial é conduzir sinais com a maior velocidade possível*. Por isso muitas fibras nervosas se associam a certas células gliais que estabelecem em torno da fibra uma espessa camada isolante chamada bainha de mielina (Figura 1.10), que possibilita a condução ultrarrápida dos sinais elétricos produzidos pelos neurônios.

A região de contato entre o terminal de uma fibra nervosa e um dendrito ou o corpo (mais raramente, um outro axônio) de uma segunda célula chama-se *sinapse*, que constitui uma região especializada fundamental para o processamento da informação pelo sistema nervoso. Na sinapse, os sinais elétricos que chegam a um neurônio nem sempre passam sem alteração: muitas vezes são bloqueados, parcial ou completamente, ou então multiplicados. Isso significa que esse é um local de decisão no sistema nervoso, onde a informação não é apenas transferida de uma célula a outra, mas transformada nessa passagem. Além disso, como cada neurônio recebe milhares de sinapses, toda essa volumosa

---

* Para se ter uma ideia, em muitos axônios a velocidade de condução dos sinais elétricos dos neurônios pode atingir cerca de 120 m/s, o equivalente a mais de 400 km/h. Isso significa que os neurônios motores da medula espinhal podem enviar um impulso de comando para os músculos de seu polegar em aproximadamente 0,008 s, ou 8 milésimos de segundo

Primeiros Conceitos da Neurociência

▶ **Figura 1.10.** Da mesma forma que os neurônios, os gliócitos também apresentam formas variadas quando vistos ao microscópio. Os astrócitos e os oligodendrócitos têm somas maiores, por isso fazem parte da chamada macroglia. Os oligodendrócitos têm poucos prolongamentos, e cada um deles forma uma espiral de membrana em torno dos axônios, a bainha de mielina. Os microgliócitos – em conjunto, chamados microglia – são os representantes do sistema imunitário no sistema nervoso.

informação* pode ser combinada (integrada, como dizem os neurocientistas) para orientar os sinais que o neurônio enviará adiante. Você pode encontrar informações mais detalhadas sobre isso no Capítulo 4.

A mais importante das propriedades da célula nervosa, todos admitem, é a produção de sinais elétricos que funcionam como unidades (*bits*) de informação. Isso é possível porque a membrana plasmática do neurônio é excitável. Como se pode supor, a membrana plasmática de qualquer célula separa dois compartimentos diferentes: o intracelular e o extracelular. Dado que a composição iônica desses compartimentos é distinta, existe uma diferença de potencial elétrico entre os dois lados da membrana, que se mantém relativamente constante durante a vida da célula. O interior da célula é negativo em relação ao exterior. No caso da célula nervosa, como também da muscular, certos estímulos externos, ou mesmo produzidos dentro da própria célula, podem provocar a abertura de canais moleculares embutidos na membrana, que deixam passar seletivamente certos íons de fora para dentro e outros de dentro para o meio extracelular. Os canais se abrem bruscamente e logo depois se fecham outra vez. Quando isso ocorre, a diferença de potencial entre um lado e outro da membrana muda de valor, e até mesmo inverte a sua polaridade transitoriamente: o interior passa a ser positivo em relação ao exterior. Tudo se passa em poucos milésimos de segundo, pois a polaridade da membrana volta rapidamente ao seu estado normal.

Esse rapidíssimo fenômeno bioelétrico característico da célula nervosa é conhecido como impulso nervoso ou potencial de ação (obtenha maiores informações sobre o impulso nervoso no Capítulo 3). Como tudo ocorre muito rapidamente, o neurônio pode produzir várias centenas de impulsos em cada segundo, e a distribuição deles no tempo serve como código de comunicação, pois pode ser modificada a cada momento de acordo com as necessidades. Esses impulsos são produzidos no corpo do neurônio e conduzidos ao longo do axônio até a sua porção terminal, onde poderão determinar fenômeno semelhante no neurônio seguinte.

Os neurônios da medula espinhal que comandam um músculo do braço, por exemplo, disparam um grande número de potenciais de ação a cada segundo, quando a necessidade obriga a uma forte contração muscular. O número cai se for necessária uma contração mais fraca. Os impulsos são originados dentro da medula, onde estão os

---

* *Mais dados numéricos intrigantes para você: sabe-se que o sistema nervoso central humano tem cerca de 86 bilhões (10^{10}) de neurônios e acredita-se que cada um deles receba cerca de 10 mil (10^4) sinapses, em média. Isso significa que podem existir, no nosso sistema nervoso, aproximadamente 860.000.000.000.000 ($8,6 \times 10^{14}$ ou 86 trilhões) de circuitos neurais! Veja o Quadro 1.4 sobre alguns desses números.*

corpos celulares, mas emergem pelas fibras que formam os nervos espinhais e por elas são conduzidos até o músculo correspondente. Diz-se, neste caso, que os impulsos nervosos dos neurônios motores da medula *codificam* a força muscular. De modo semelhante, o mesmo processo ocorre para outras funções neurais, como a percepção de intensidade luminosa ou da tonalidade de um som, a secreção de uma certa quantidade de hormônio, a emissão de palavras faladas, um comportamento de raiva ou de medo, e assim por diante.

Desse modo, os impulsos nervosos são considerados sinais de um código, palavras de uma linguagem, ou unidades de informação. E essa fantástica capacidade de produzi-los é justamente encarada como a principal propriedade dos neurônios.

▶ A Neuroglia

Glia é um termo que provém do grego e significa cola. Neuroglia (ou neuróglia, como preferem alguns) seria "cola neural". Isso porque os primeiros histologistas consideraram que as células da neuroglia – os gliócitos – desempenhariam papel de agregação e sustentação entre os neurônios. O conceito não está de todo errado à luz dos conhecimentos atuais, mas hoje se sabe que as funções dos gliócitos são muito mais complexas e fundamentais que essa.

Os gliócitos são tão numerosos quanto os neurônios no cérebro como um todo (Quadro 1.4) e apresentam também diferentes tipos morfológicos (Figura 1.10). O corpo celular geralmente é menor que o dos neurônios, e o núcleo ocupa grande proporção dele. Do corpo emergem inúmeros prolongamentos que se enovelam e ramificam-se nas proximidades. Os gliócitos não apresentam axônios. Seus prolongamentos podem contactar capilares sanguíneos, células nervosas e outros gliócitos, estabelecendo entre eles uma "ponte" metabólica. Podem também englobar sinapses, formando cápsulas de isolamento delas em relação ao meio extracelular. Nesses casos, considera-se que os gliócitos participam da regulação da concentração de íons, nutrientes e mensageiros químicos nas proximidades do neurônio. Frequentemente, prolongamentos de gliócitos enrolam-se em torno de fibras nervosas para formar a bainha de mielina, já mencionada, importante na condução dos impulsos nervosos. Finalmente, certos gliócitos são, na verdade, representantes do sistema imunitário no sistema nervoso. Assim, desempenham funções de proteção contra agentes agressores, de absorção de partes dos neurônios que eventualmente se degeneram,e até de arcabouço para a regeneração de fibras nervosas em casos de lesão.

OS CIRCUITOS NEURAIS E O SEU FUNCIONAMENTO

São inúmeros, e de incrível variedade funcional e estrutural, os circuitos que os neurônios estabelecem entre si. A morfologia desses circuitos já há muito tem sido estudada em animais de experimentação e, mais recentemente, também em seres humanos. Mas a pergunta mais importante é: de que modo esses circuitos funcionam? Como são capazes de propiciar o funcionamento complexo do sistema nervoso? E mais: poderão algum dia ser "recriados" em condições artificiais? Veja sobre isso o Quadro 1.5.

Tomemos um primeiro exemplo. De que modo você pode verificar o significado de um termo existente no glossário deste capítulo? Primeiro, você identifica o símbolo [G] ao lado da palavra desconhecida, utilizando os circuitos visuais, aqueles que envolvem neurônios da retina. Esses neurônios se comunicam com certas regiões do cérebro por uma cadeia de sinapses, que rapidamente detectam a forma do símbolo e o associam à palavra "glossário". Depois de chegar ao significado do símbolo, você aciona os neurônios das regiões mais frontais do cérebro, onde se origina a sua "curiosidade" por compreender a palavra desconhecida. Nova cadeia de sinapses leva a informação a neurônios do córtex cerebral que comandam os movimentos do corpo, e estes planejam os movimentos dos dedos que são necessários para virar as páginas até o final do capítulo, onde fica o glossário. O comando final para os movimentos é produzido pelos neurônios posicionados na medula espinhal, na altura do pescoço, cujos axônios emergem do sistema nervoso central em direção ao braço, à mão e aos dedos. Os músculos correspondentes fazem o trabalho e você vira as páginas até o glossário.

Um segundo exemplo. Distraído na leitura deste capítulo, subitamente você ouve o barulho de uma freada de automóvel seguida de um estrondo. Você leva um susto, seu coração dispara e você se pergunta se terá ocorrido um acidente de trânsito e se alguém se feriu. Como ocorreram esses fenômenos em você? Neste caso, tudo começou no seu ouvido, que foi capaz de transformar em impulsos nervosos as vibrações do ar correspondentes aos sons que você ouviu. Um circuito de neurônios conectando os seus ouvidos com as regiões temporais do cérebro permitiu que você percebesse perfeitamente os sons, e mais: que você os comparasse com o "catálogo de sons" armazenado em sua memória e os identificasse como barulhos de freada e de uma batida. Os circuitos da audição e da memória estendem-se também a outras regiões cerebrais relacionadas com as emoções, e você apresenta reações corporais correspondentes, bem como os sentimentos negativos provocados por um acidente desse

PRIMEIROS CONCEITOS DA NEUROCIÊNCIA

Neurociência do Cotidiano

Quadro 1.5
Seres Humanos Reinventados*

Frankenstein, o livro da escritora inglesa Mary Shelley, do século XIX, já não tão conhecido pelas gerações atuais, virou sinônimo de monstro, embora fosse, na verdade, o nome do cientista que criou o monstro e o monstro não fosse tão monstruoso antes de ser rejeitado pelos homens. Para os critérios atuais, o romance é até meio bisonho, mas expressa com contundência uma questão recorrente da Ciência: seremos algum dia capazes de criar um ser humano artificial?

Entre os cientistas da computação, a meta é emular ao máximo as capacidades humanas por meio de máquinas inteligentes. Entre os biólogos, a criação artificial de um homem é vista com ceticismo. Os filósofos morrem de rir.

Na última virada do século, o debate esquentou com a criação de organismos geneticamente modificados (lembram da ovelha Dolly?) e a manipulação de células-tronco que hoje podem até gerar minicérebros humanos.

O fato é que estamos longe de conseguir criar um ser humano artificial, como fez o personagem Viktor Frankenstein, criado por Shelley. Será??

A revista *Science* publicou recentemente um artigo de pesquisadores alemães e japoneses que nos leva a repensar o assunto. Eles identificaram um gene regulador do desenvolvimento do córtex cerebral humano e usaram um vírus para inseri-lo em embriões de micos. Micos, aqueles macaquinhos que vemos pululando perto de nossas janelas buscando o alimento que lhes falta na mata urbana.

O gene utilizado é expresso em células progenitoras de neurônios humanos que vão habitar camadas do córtex cerebral responsáveis por integrar os sentidos com a cognição, permitindo-nos avaliar o significado das sensações que vêm do ambiente. Pois bem. Os embriões com o gene humano foram implantados no útero de fêmeas receptoras e quietinhos se desenvolveram durante 100 dias, correspondentes a 4 meses de gestação humana. Os pesquisadores então compararam os cérebros dos micos transgênicos com os de micos normais.

Eram bem diferentes. Em vez de pequenos e lisos, apresentavam-se maiores e com aquelas dobraduras – giros e sulcos – características dos macacos maiores, como nós. A microestrutura celular, mais complexa também. Haviam construído micos com cérebros "humanizados"!

Bem, o trabalho parou aí, mas abriu um mundo de indagações e possibilidades. Se lhes for permitido nascer, os miquinhos sobreviverão com seus cérebros maiores? Se sobreviverem, chegarão à idade adulta? Se chegarem, terão capacidades cognitivas mais complexas que as de seus semelhantes? Se tiverem, serão essas capacidades funcionalmente normais ou supranormais?

Livre pensar é só pensar, dizia Millor Fernandes, portanto podemos pensar que a fantasia de Mary Shelley está posta novamente. Os pesquisadores foram capazes de imitar em laboratório a evolução que levou os primatas, ao longo de milhões de anos, a transformar-se em espécies mais e mais complexas até o *Homo sapiens*.

Os computadores inteligentes podem ser controlados. Poderão sê-lo também os macacos humanizados, homens reinventados?

Texto baseado em artigo originalmente publicado em O Globo e O Globo Online em 13/8/2020 (coluna e blog A hora da Ciência)

Referência

Heide M et al. Human-specific ARHGAPP11B increases size and folding of primate neocortex in the fetal marmoset. *Science*. 2020;369: 546-550.

tipo. Essas mesmas regiões cerebrais "emocionais" acionam neurônios que comandam seu corpo, em especial o coração, o que o faz bater aceleradamente.

Desses dois exemplos cotidianos podemos tirar conclusões importantes. Há neurônios de diferentes funções: visuais, motores, auditivos, neurônios que produzem emoções, outros que comandam os músculos e os órgãos como o coração, neurônios da memória, outros que produzem pensamentos e vontades. Neurônios para tudo! E mais: os conjuntos funcionais de neurônios são, na verdade, subespecializados, ou seja, entre os neurônios visuais há aqueles que detectam cores, os que detectam movimento de algo no campo visual, os que sinalizam as linhas de contraste da borda dos objetos, e assim por diante. O mesmo para os neurônios auditivos: alguns detectam sons graves, outros, sons agudos, outros sinalizam sons musicais (cuja frequência é modulada de uma determinada maneira que identificamos como "música"). Até mesmo os neurônios mais complexos, como aqueles que participam das emoções, são especializados: alguns respondem a estímulos negativos e provocam tristeza, angústia, medo e demais emoções com essa valência, enquanto outros respondem a estímulos positivos e motivam sentimentos de amor, amizade, prazer etc. A cada dia que passa, os neurocientistas descrevem um tipo diferente de neurônio participante de cada uma das infinitas capacidades que o cérebro nos propicia.

O estudo funcional dos neurônios, individualmente ou em grupos, pode ser realizado em animais experimentais ou mesmo em seres humanos, neste caso em situações terapêuticas que envolvem alguma neurocirurgia. Como os neurônios produzem atividade elétrica, que na verdade representa a sua função informacional, é possível captá-la utilizando finíssimos fios metálicos ou micropipetas de vidro contendo uma solução iônica e amplificá-la com uma aparelhagem eletrônica ligada a computadores de alto desempenho. Podendo registrar a atividade elétrica de um neurônio (ou vários), os neurocientistas tratam de descobrir qual o melhor modo de fazê-lo(s) disparar impulsos nervosos. Por exemplo: se querem saber se um neurônio é visual, estimulam o sujeito experimental (animal ou homem) com formas projetadas em uma tela defronte aos olhos; se querem estudar um neurônio motor, observam o seu disparo correlacionando-o aos movimentos que o animal executa. Os neurônios relacionados a funções mais complexas são estudados por meio de engenhosos experimentos que levam os sujeitos experimentais a realizar tarefas complicadas como lembrar-se de um objeto, falar alguma frase ou emitir um som vocal característico, ser tomado por uma forte emoção, realizar um movimento composto, e assim por diante. O estudo eletrofisiológico de neurônios isolados levou ao estudo de conjuntos multineuronais relacionados a funções complexas, o que, pela análise dos padrões de atividade, tem possibilitado visualizar o desenvolvimento futuro de neuropróteses ou próteses inteligentes (Figura 1.11) movidas pelo "pensamento" da pessoa.

▶ **Figura 1.11.** Neste experimento (**A**), tudo começa com o pensamento do indivíduo para comandar um determinado movimento (1). A seguir, as vias descendentes (2) levam o comando neural até os músculos do coto (3), que se contraem. O eletromiograma da contração muscular é registrado pelo eletródio em espiral em torno do braço (4), integrado pelos sensores miniaturizados (5), e transferido por telemetria à unidade de controle (6), que envia o comando adequado à prótese adaptada ao coto do braço (7) e, na sequência, o movimento da prótese é realizado (8). A radiografia ao lado (**B**) mostra os sensores e o eletrodo em espiral. Modificado de Salminger S et al. *Science Robotics*. 2019;4: eaaw6306.

Esse tipo de abordagem é essencialmente reducionista, pois pretende inferir as propriedades funcionais de uma região cerebral com milhões de neurônios interconectados a partir das propriedades de cada um ou de um pequeno grupo deles. Apesar, no entanto, dessa aparente impropriedade teórica, a estratégia tem possibilitado grandes avanços na compreensão do funcionamento do sistema nervoso. Como mencionamos anteriormente, foram descobertos neurônios envolvidos em uma lista inumerável de funções.

Esses e muitos outros estudos científicos tornaram irretorquível, nos dias de hoje, a concepção de que as funções mentais são o resultado da atividade coordenada de populações neuronais agrupadas em regiões restritas do cérebro. Cada um dos neurônios tem um papel analítico determinado, se se tratar de uma função sensorial, ou um papel executor muito específico, no caso de uma função motora. Como os neurônios se conectam profusamente, a atividade de um deles influencia a atividade de milhares de outras células, por isso fica evidente que os caminhos que a atividade neural percorre pelos múltiplos circuitos neurais existentes em uma região podem variar muito a cada momento. Daí se origina a espantosa variabilidade do comportamento, especialmente do comportamento humano. O estudo dinâmico dos circuitos em funcionamento pode ser realizado atualmente por técnicas de ressonância magnética funcional. Mais que isso, pode-se atualmente estudar a interação dos circuitos entre cérebros diferentes usando-se outras técnicas mais portáteis e simples que a neuroimagem por ressonância (Quadro 1.6).

AS GRANDES FUNÇÕES NEURAIS

Mas, afinal, tendo essa organização tão complexa, de que modo o sistema nervoso, considerado como um todo, funciona? Como as suas funções estão representadas no tecido cerebral?

A história da Neurociência registra um confronto recorrente entre defensores de concepções opostas. Em um campo de discussão, de um lado ficavam os globalistas (ou *holistas**, como muitas vezes se diz) e, de outro, os localizacionistas. Neste caso, discutia-se se as funções neurais estariam representadas simultaneamente em todas – ou pelo menos em muitas – regiões cerebrais, ou, então, se cada uma delas estaria representada em uma região específica. Em um campo de discussão distinto, de um lado se colocavam os espiritualistas, de outro, os materialistas (muitas vezes chamados reducionistas). Os primeiros consideravam que as funções mais complexas, como o pensamento, a emoção, a memória e outras tantas, mesmo tendo relações com o cérebro, seriam, no entanto, emergentes, ou seja, obedece-

riam a uma lógica própria, independente dele. Os últimos argumentavam que todas as funções psicológicas seriam originadas da atividade cerebral. Essa discussão de natureza filosófica se estende até os dias de hoje, restando ainda por serem resolvidos muitos de seus aspectos. O autor deste livro considera que os localizacionistas e os materialistas têm apresentado melhores argumentos do que os seus opositores e que suas teses constituem explicações mais sólidas para os dados obtidos pela experimentação científica. É provável, no entanto, que a virtude esteja no meio termo, como se diz. Assim, as funções cognitivas e afetivas mais complexas se originam do cérebro, como os dados experimentais demonstram maciçamente, mas não se pode negar que o fluxo dessas funções obedeça a uma lógica própria, também acessível ao conhecimento científico.

▶ A Localização das Funções

Um bom exemplo – mas não o único – de localização cerebral de uma função neuropsicológica complexa, típica do homem, é a linguagem. Já no século passado, neurologistas europeus descreveram casos de pacientes que haviam perdido a capacidade de falar (afásicos, segundo a terminologia atual) e cujos cérebros, observados após a morte, apresentavam sinais de lesão em uma região restrita do hemisfério cerebral esquerdo (Figura 1.12). Além disso, foram identificados a seguir outros pacientes que haviam perdido a capacidade de compreender a fala de seus interlocutores, embora fossem capazes de falar razoavelmente. Esses doentes apresentavam lesões cerebrais também restritas ao hemisfério esquerdo, mas situadas em regiões diferentes, mais posteriores. Concluiu-se que a expressão da linguagem (a fala propriamente dita) estaria representada no lobo[G] frontal do hemisfério esquerdo, enquanto a compreensão da linguagem estaria representada na parte posterior do lobo temporal desse mesmo hemisfério. Recentemente esse quadro se modificou, pois foram encontrados pacientes com alterações sutis da linguagem, como a expressão de aspectos afetivos (emocionais) que a acompanham, relacionados com a expressão facial e a gesticulação, que conferem afetividade à fala. Os cérebros desses pacientes apresentaram lesões restritas em regiões semelhantes às descritas por Broca, só que no hemisfério direito. Você encontrará maiores detalhes sobre a localização da linguagem no Capítulo 19.

O trabalho de mais de um século dos neurologistas que estudaram o efeito de lesões no cérebro sobre a linguagem permitiu concluir que os vários componentes dessa função estão representados em regiões cerebrais circunscritas. A lógica desses trabalhos, entretanto, admitia que, se o desaparecimento de uma região cerebral produzisse um déficit funcional, então essa região seria, em condições normais, a "sede" dessa função. Essa lógica deixava de considerar que, após uma lesão, o cérebro poderia se reorganizar de algum modo, com outras regiões passando a participar da função.

---

* *Termo derivado da palavra grega* holos, *que significa* todo, conjunto.

NEUROCIÊNCIA CELULAR

Questão de Método

Quadro 1.6
Da Bolsa de Valores para a Escola

▶ João Ricardo Sato*

Formei-me em Estatística pela Universidade de São Paulo e desde a graduação tive interesse por *séries temporais*, que descrevem como os sistemas mudam ao longo do tempo. Meu principal foco era a área financeira, em particular o mercado de ações. Durante o doutorado me interessei por aplicações na área médica no Hospital das Clínicas de São Paulo, quando percebi que o arcabouço teórico dessas séries poderia ser útil para o desenvolvimento de métodos analíticos de dados de ressonância magnética funcional (RMf). Esta modalidade de neuroimagem é frequentemente utilizada para a compreensão dos processos cerebrais envolvidos em funções cognitivas e suas patologias. Estagiando no Instituto de Psiquiatria do King's College London, apliquei técnicas de neuroimagem para identificar os substratos neurais de transtornos mentais. Neste percurso, percebi que a infância e a adolescência são períodos de grande vulnerabilidade para o início de transtornos psiquiátricos. Assim, passei a integrar o Instituto Nacional de Psiquiatria do Desenvolvimento que estuda uma grande coorte de escolares no Brasil por meio de técnicas de neuroimagem, genética e avaliações psicométricas. O contato com a Psicologia do Desenvolvimento, com profissionais da Educação e com as crianças (incluindo meus próprios filhos) despertou em mim um forte interesse pelas interfaces entre a Neurociência e a Educação. O aspecto mais atraente nessa ponte transdisciplinar é o potencial de aplicações e contribuições de impacto para a sociedade brasileira, inclusive para corrigir os chamados neuromitos, que propõem práticas e produtos pedagógicos sem qualquer base científica. Desde 2016 atuo como coordenador do Núcleo Interdisciplinar de Neurociência Aplicada da Universidade Federal do ABC,

unidade estratégica vinculada à Reitoria que tem como principal foco de atuação a ponte entre Neurociência e Educação.

Nos últimos anos, passei a utilizar métodos experimentais em Neurociências que estão mais próximos da área aplicada. Apesar de a RMf ser hoje a técnica com melhor poder de investigação da função do cérebro *in vivo*, o alto custo e limitações dos protocolos de exame (necessidade de restrição de movimentos do voluntário, ruído desagradável etc.) restringem o seu uso para responder a problemas que envolvem situações mais realistas. Em outras palavras, tocar um instrumento musical, realizar uma prática esportiva, assistir a uma aula etc. não são tarefas que possam ser realizadas dentro de um escâner de RM. Assim, comecei a utilizar a espectroscopia funcional de infravermelho próximo (fNIRS), que permite a aquisição de dados em situações e ambientes mais parecidos com os da vida real.

Meu grupo tem trabalhado com técnicas de hiperescaneamento utilizando o fNIRS. Nesses experimentos, monitoramos a atividade cerebral de dois ou mais participantes simultaneamente enquanto interagem. Dessa forma, investigamos o fluxo de informação e a dependência da atividade cerebral das pessoas interagindo. Em um estudo de caso, ilustramos o uso dessa técnica com uma professora e uma aluna de 3 anos interagindo em um jogo de tabuleiro pelo qual a professora ensinava a criança a somar o resultado do lançamento de dois dados. Identificamos que, nesta situação, a atividade pré-frontal da criança estava correlacionada com a atividade na junção temporoparietal da professora, frequentemente identificada com processos que envolvem empatia e mentalização. Curiosamente, a análise desses dados envolve técnicas avançadas de séries temporais, similares àquelas que um dia apliquei no mercado financeiro. Em busca de aventuras, deixei a bolsa de valores, trabalhei em um hospital e agora vim para o chão da escola. Ainda há muito a se descobrir, e isso é fascinante.

Professor associado do Centro de Matemática, Computação e Cognição da Universidade Federal do ABC. Coordenador do Núcleo Interdisciplinar de Neurociência Aplicada. Correio eletrônico: joao.sato@ufabc.edu.br

Primeiros Conceitos da Neurociência

▶ **Figura 1.** *Ilustração de um experimento de hiperescaneamento utilizando o fNIRS, no qual professora e aluna interagem enquanto os sinais cerebrais de ambas são coletados.*

▶ **Figura 2.** *João Ricardo Sato ao lado de um modelo de touca de registro cerebral por fNIRS. Foto: Arquivo pessoal.*

▶ **Figura 1.12.** Monsieur Laborgne foi um paciente que possibilitou uma grande descoberta da Neurologia. Depois de um acidente vascular encefálico, Laborgne não conseguiu mais falar. Após sua morte, seu cérebro (à direita) foi estudado pelo neurologista francês Pierre-Paul Broca (1824-1880; foto à esquerda), que lançou a hipótese, hoje muitas vezes confirmada, de que a linguagem e muitas outras funções neurais são precisamente localizadas em regiões específicas do encéfalo.

Isso acontece com o cérebro dos cegos, por exemplo, cujas regiões visuais são gradativamente "invadidas" por circuitos que representam outros sentidos, como o tato e a audição. O mesmo ocorre com os surdos, com os amputados, com os pacientes portadores de lesões cerebrais. O déficit final, portanto, poderia não refletir exatamente a pura falta da região lesada, mas, sim, o resultado da reorganização estrutural e funcional do sistema. Essa desvantagem do tradicional método das lesões foi dirimida com o advento das técnicas de imagem do sistema nervoso. Essas técnicas permitem produzir imagens precisas das conexões cerebrais que passam pela substância branca do cérebro ligando as diversas regiões por meio de circuitos específicos. Além disso, permitem medir o fluxo sanguíneo cerebral ou o metabolismo neuronal de indivíduos normais, representando-os com cores diferentes para os diversos valores medidos (Figura 1.13). Tanto o fluxo sanguíneo como o metabolismo neuronal de cada região são proporcionais à atividade sinalizadora dos neurônios ali existentes, isto é, à produção e à veiculação de impulsos nervosos. Dessa forma, as cores mais "quentes" (amarelo, vermelho) representam as regiões mais ativas, e as "frias" (verde, azul), as regiões pouco ativas.

O procedimento consiste em provocar uma determinada função do indivíduo e analisar se essa atividade funcional específica "ilumina" uma, muitas ou todas as regiões cerebrais. Observou-se, por exemplo, em concordância com os estudos de pacientes com lesões, que a função do tato está representada em uma região bem demarcada do lobo parietal (Figura 7.10), que a função auditiva é realizada por um setor restrito do lobo temporal (Figura 8.10), que a visão é localizada no lobo occipital[A] (Figura 9.8), e assim por diante. Nesses estudos, o indivíduo não apresenta lesões, portanto experimentos como esse permitem concluir fortemente em favor da localização cerebral das funções neurais, mesmo as mais complexas entre as funções mentais, como é o caso

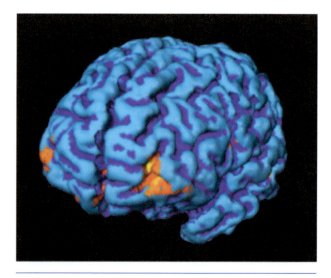

▶ **Figura 1.13.** A localização funcional pode hoje ser demonstrada em pessoas normais em vida por intermédio da ressonância magnética funcional. Essa técnica de imagem mostra as regiões mais ativas do cérebro quando o indivíduo é estimulado ou executa uma tarefa específica. Neste caso, o indivíduo foi solicitado a refletir sobre uma frase com implicações morais: a atividade neural correspondente ficou bem localizada no lobo frontal[A] em ambos os lados (áreas em vermelho e amarelo). Foto cedida por Jorge Moll Neto, do Instituto D'Or de Ensino e Pesquisa, Rio de Janeiro.

PRIMEIROS CONCEITOS DA NEUROCIÊNCIA

da linguagem e – ainda mais – de julgamentos emocionais ou morais (Figura 1.13). Experimentos desse tipo podem ser feitos facilmente, bastando solicitar ao indivíduo que reflita sobre uma frase que lhe é apresentada durante uma sessão de ressonância magnética funcional: "o aborto deve ser liberado", por exemplo, ou "os índios são seres inferiores". Ao julgar o conteúdo moral dessas frases (concordando ou discordando delas), o indivíduo emprega certas áreas cerebrais e não outras, e a sua localização é assim determinada. Esses experimentos permitiram identificar diferenças na localização das funções, dependentes do treinamento em certas atividades. É o caso dos músicos, dos matemáticos, dos malabaristas de circo, dos atletas. Seus cérebros – em virtude da plasticidade que apresentam – desenvolvem especializações funcionais características que expandem as funções treinadas em detrimento de outras funções não treinadas.

Experimentos como os descritos anteriormente são fortes evidências da tese dos localizacionistas de que o sistema nervoso funciona como um mosaico de regiões, cada uma encarregada de realizar uma determinada função. Isso não significa, é claro, que essas regiões operem isoladamente nem que sejam imutáveis e independentes da ação do ambiente ao longo da vida. Ao contrário, o grau de interação entre elas e com o ambiente é altíssimo, pois o número e a variedade de conexões neurais são muito grandes e diversos. E é natural que seja assim, pois não há função mental pura, mas sempre uma combinação muito complexa de ações fisiológicas e psicológicas em cada ato que os indivíduos realizam. Um exemplo bastaria para compreender esse aspecto. É só pensar em um professor que fala a seus alunos. Ao mesmo tempo em que articula as palavras, o professor olha e vê seus alunos, ouve o burburinho da sala e as perguntas, modula a respiração de acordo com o seu discurso, pensa no que vai dizer a seguir, lembra-se do que disse antes, busca na memória o que aprendeu durante sua carreira, move os olhos, a cabeça e o corpo em diferentes direções, gesticula de acordo com o que diz, e assim por diante. E, além do mais, modifica seus circuitos com o tempo e o treinamento pedagógico de anos de atividade. A lista não termina aqui e poderia ser aumentada indefinidamente.

Com a devida cautela, portanto (porque a lista aumenta a cada dia), pode-se considerar que o mosaico de funções cerebrais é algo parecido com o que está representado na Figura 1.14B. Se formos subdividindo as funções, o "grão" do mosaico ficará cada vez mais reduzido. Por isso, a Figura 1.14B deve ser considerada apenas um esquema aproximado e necessariamente incompleto. Observa-se, então, que o lobo occipital concentra as funções relacionadas à visão; o lobo temporal[A] representa a audição, aspectos elaborados da visão, a compreensão linguística e alguns aspectos da memória; o lobo parietal agrupa as funções de sensibilidade corporal e reconhecimento espacial; e o lobo frontal, as funções motoras, de expressão linguística, memória e funções de planejamento mental do comportamento.

Conclui-se de tudo isso que o sistema nervoso central – o cérebro em especial – é o grande maestro da mente e do comportamento humano. Com os seus numerosos circuitos neuronais e a participação essencial das células gliais, cada região cerebral executa em paralelo, a cada momento, a sua parte na coordenação de todas as nossas atividades do dia a dia. Nosso cérebro está em atividade permanente: não há regiões silenciosas ou "de reserva" – usamos todo o cérebro sempre. Algumas regiões, é claro, tornam-se mais ativas quando a sua função é mais requisitada, e até mesmo durante o sono o cérebro está em atividade. Os sonhos são uma prova disso.

A Neurociência é uma das disciplinas mais ricas e inovadoras da ciência moderna. Prepara-se para revelar um dos mistérios mais complexos da natureza: de que modo uma espécie peculiar de animais pôde se tornar capaz de pensar, planejar o futuro, guardar registro do passado remoto e intervir no meio ambiente com tanta intensidade (para o bem ou para o mal...) como o faz a espécie humana. A revelação dos mecanismos neurais da mente humana permitirá sonhar com a cura de doenças incapacitantes – neurológicas e psiquiátricas – que afligem tantos seres humanos. E também ampliar a um nível imprevisível as capacidades sensoriais e informacionais da humanidade pela invenção de máquinas e dispositivos inteligentes, capazes de realizar as nossas sofisticadas funções mentais e substituir-nos quando for necessário. Uma perspectiva desafiadora para o século XXI!

▶ **Figura 1.14.** No século XIX, os localizacionistas atribuíam ao cérebro funções imaginárias em locais imaginários (**A**), acreditando que elas causavam as irregularidades observadas no crânio, e mais: acreditando poder prever a personalidade de um indivíduo pela palpação craniana. Os mapas funcionais da atualidade (**B**) baseiam-se em dados científicos obtidos em animais experimentais e confirmados em seres humanos por meio do estudo de lesões e das técnicas de imagem funcional. **B** modificado de Nichols MJ e Newsome WT. *Nature*, 1999; 402 (suppl.):C35-C38.

GLOSSÁRIO

Aferente: adjetivo que qualifica um elemento que *chega* a um ponto de referência qualquer do sistema nervoso. Ver também *eferente*.

Corpo caloso: grande feixe de fibras nervosas que interliga os dois hemisférios cerebrais.

Degeneração walleriana: forma de degeneração de um axônio quando este é desconectado do corpo celular descoberta por Augustus Waller (1816-1870). O fenômeno progride da região da lesão até as regiões terminais, sendo por isso chamado também de *degeneração anterógrada*.

Eferente: adjetivo que qualifica um elemento que *sai* de um ponto de referência qualquer do sistema nervoso. Ver também aferente.

Fascículo: conjunto de fibras nervosas paralelas, menos calibroso que um nervo ou feixe.

Filete: conjunto de fibras nervosas paralelas, menos calibroso que um fascículo.

Gânglio: agrupamento periférico de neurônios, às vezes encapsulado, outras vezes embutido na parede das vísceras, com função sensitiva ou motora visceral. Alguns autores usam "gânglio" como sinônimo de núcleo.

Giro: dobradura do córtex cerebral de alguns animais delimitada por dois sulcos laterais. Também chamado circunvolução.

Lobo: uma das cinco divisões arbitrárias da superfície do cérebro: frontal, parietal, temporal, occipital e lobo da ínsula.

Nervo: conjunto de fibras nervosas agrupadas em paralelo, geralmente situado no sistema nervoso periférico, formando longos cordões revestidos de tecido conjuntivo.

Núcleo: agrupamento de neurônios do SNC identificável ao microscópio por suas características morfológicas e que geralmente tem uma única função.

Sulco: depressão estreita situada entre dois giros do córtex cerebral de alguns animais. Também chamado fissura.

Trato ou feixe: conjunto de fibras nervosas paralelas compactadas como em um nervo, porém embutidas no interior do sistema nervoso central, sem o revestimento conjuntivo típico do nervo.

LEIA MAIS

▶ Leitura Básica

Herculano-Houzel S. Uma Breve História da Relação entre o Cérebro e a Mente. Capítulo 1 de *Neurociência da Mente e do Comportamento* (Lent R, coord.). Rio de Janeiro: Guanabara-Koogan 2008, pp. 1-17. *Abordagem histórica da Neurociência.*

Lent R. A Estrutura do Sistema Nervoso. Capítulo 2 de *Neurociência da Mente e do Comportamento* (Lent R, coord.). Rio de Janeiro: Guanabara-Koogan, 2008, pp. 19-43. *Texto conciso sobre as bases da neuroanatomia e neuro-histologia.*

Kandel ER et al. (org.). O encéfalo e o comportamento. In: Kandel ER, Hudspeth AJ. *Princípios de Neurociência.* 5ª ed. trad., 2014, pp. 5-18. *Texto introdutório que aborda as várias visões sobre a relação entre o cérebro e a mente.*

Kandel ER, Barres BA, Hudspeth AJ. As células nervosas, os circuitos neurais e o comportamento. In: ER. Kandel et al. (org.) *Princípios de Neurociência* . 5ª ed. trad., 2014, pp. 19-34. *Resumo conceitual sobre a forma e a função das células componentes do sistema nervoso.*

Bear MF, Connors BW, Paradiso MA. Neurociências: Passado, Presente e Futuro. In: *Neurociências: Desvendando o Sistema Nervoso.* 4ª ed. trad, Porto Alegre: Artmed, 2017. pp. 3-21. *Texto introdutório de conotação histórica sobre o sistema nervoso e a disciplina que o estuda.*

▶ Leitura Complementar

Clássicos

Spurzheim JG. *Phrenology, or the Doctrine of the Mind.* Londres: Knight, (3ª ed.), 1825.

Lashley KS. *Brain Mechanisms and Intelligence: A Quantitative Study of Injuries to the Brain.* Chicago: University of Chicago Press, 1929.

Sherrington C. *The Integrative Action of the Nervous System* (2ª ed.). Cambridge: Cambridge University Press, 1947.

Shepherd GM. *Foundations of the Neuron Doctrine.* Oxford: Oxford University Press, 1991.

Albright TD, Jessell TM, Kandel ER, Posner MI. Neural science: a century of progress and the mysteries that remain. *Neuron* 2000; 25 Suppl: S1-S5.

Kosik KS. Beyond phrenology, at last. *Nature Reviews Neuroscience* 2003; 4:234-239.

▶ Recentes

Fuchs T. Ethical issues in neuroscience. *Current Opinion in Psychiatry* 2006; 19:600-607.

Herculano-Houzel S, Collins CE, Wong P, Kaas JH, Lent R. The basic non-uniformity of the cerebral cortex. *Proceedings of the National Academy of Sciences of the USA*, 2008; 105:12593-12598.

Churchland PS, Phil B. The significance of neuroscience for philosophy. *Functional Neurology*, 2008:175-178.

Azevedo FAC, Carvalho LRB, Grinberg LT, Farfel JM, Ferretti R, Lent R, et al. Eighty-five billion neurons and an equivalent number of glial cells make the human brain an isometrically scaled-up primate brain. *Journal of Comparative Neurology*, 2009; 513:532-541.

Lent R, Azevedo FA, Andrade-Moraes CH, Pinto AV. How many neurons do you have? Some dogmas of quantitative neuroscience under revision. *European Journal of Neuroscience*, 2012; 35:1-9.

Shi Y, Toga AW. Connectome imaging for mapping human brain pathways. *Molecular Psychiatry*, 2017; 22:1230-1240.

Nordin AD, Rymer WZ, Biewener AA, Schwartz AB, Chen D, Horak FB. Biomechanics and neural control of movement, 20 years later: what have we learned and what has changed? *Journal of Neuroengineering and Rehabilitation,* 2017; 14:91.

Brockington G, Balardini JB, Morais GAZ, Malheiros A, Lent R, Moura LM, Sato JR. From the laboratory to the classroom: The potential of functional near-infrared spectroscopy in educational neuroscience. *Frontiers in Psychology*, 2018; 9:1840

Salminger S, Sturma A, Hofer C, Evangelista M, Perrin M, Bergmeister KD, et al. Long-term implanto f intramuscular sensors and nerve transfers for wireless controlo f robotic Arms in above-elbow amputees. *Science Robotics*, 2019; 4:eaaw6306

Kögel J, Schmid JR, Jox RJ, Friedrich O. Using brain-computer interfaces: a scoping review of studies employing social research methods. *BMC Medical Ethics*, 2019; 20:18.

P. Eling, S. Finger. Franz Joseph Gall on the "deaf and dumb" and the complexities of mind. *Journal of the History of the Neurosciences*, 2020; 16:1-13.

2

Nascimento, Vida e Morte do Sistema Nervoso

Desenvolvimento Embrionário e Pós-natal, Envelhecimento e Morte do Sistema Nervoso

Maternidade, de Emiliano Di Cavalcanti (1949), óleo sobre tela

Saber o Principal

Resumo

O sistema nervoso transforma-se com o tempo, por isso o desenvolvimento embrionário e pós-natal, a infância, a adolescência, a maturidade, o envelhecimento e a morte são fenômenos sequenciais da sua existência.

A morfogênese do sistema nervoso representa a série de transformações morfológicas que ocorrem durante o desenvolvimento embrionário. O sistema nervoso surge muito cedo no embrião, como uma placa de células ectodérmicas que se proliferam e se transformam em um tubo cilíndrico. Este cresce, contorce-se e se transforma em uma estrutura composta de vesículas – protuberâncias que sobressaem ao tubo neural –, que são as precursoras das grandes regiões do sistema nervoso.

O desenvolvimento neural segue uma sucessão de etapas que conduzem à gradativa especialização dos neurônios juvenis, à sua agregação e à formação dos circuitos neurais entre eles. As células nervosas se dividem várias vezes, mas, em um certo momento, interrompem o ciclo celular, migram para seus locais de destino, adquirem suas características morfológicas, funcionais e químicas, emitem axônios que crescem até locais distantes do cérebro e do corpo e lá estabelecem sinapses. A finalização do desenvolvimento consiste na eliminação seletiva de neurônios, axônios e sinapses excedentes e, finalmente, na mielinização dos feixes, etapa que se estende até a adolescência. As células da neuroglia desenvolvem-se na sequência dos neurônios, como que completando a cada passo o desenvolvimento do cérebro.

Em paralelo a essa sequência biológica de eventos estabelecem-se gradativamente as funções do sistema nervoso humano: ainda dentro do útero, o feto começa a se mover e a indicar que capta informações sensoriais; depois, ao nascimento, alguns reflexos simples são logo associados e se tornam mais e mais complexos. Algumas capacidades cognitivas aparecem, e logo a linguagem permite um grande avanço psicológico da criança, que se estende em uma série intensiva de aquisições mentais, atravessando a turbulência da adolescência até a vida adulta.

O envelhecimento representa uma cadeia de transformações declinantes ou mesmo degenerativas que acabam por resultar na morte do sistema nervoso e do indivíduo. O cérebro envelhece por uma crescente dificuldade em sintetizar substâncias essenciais ao metabolismo e à função neuronal e pelo aparecimento de substâncias anômalas que agridem os neurônios e se depositam no tecido. Como consequência, o indivíduo apresenta sintomas cada vez mais acentuados de deficiências sensoriais, motoras e psicológicas.

Quando pensamos no sistema nervoso, geralmente o fazemos considerando-o adulto e já formado. Algo pronto e acabado. Como todas as estruturas biológicas, no entanto, ele se modifica muito ao longo do tempo de vida de um indivíduo. Surge de repente, a partir de uma única célula-ovo, sofre um explosivo crescimento que modifica inteiramente sua forma e sua função durante a vida embrionária, parece estável após o nascimento e durante a vida adulta (sem o ser realmente, pois muita coisa muda na microestrutura e no funcionamento dos circuitos neurais maduros) e lentamente declina, degenera e morre. O sistema nervoso humano, que surge de umas poucas células do embrião, chega a atingir centenas de bilhões de células na vida adulta, formando trilhões de circuitos de alta precisão. Como ocorre essa incrível transformação? De que modo as células-filhas vão se modificando e se especializando? Como os axônios de uma determinada população de neurônios conseguem encontrar seus alvos, situados a distância, para formar os circuitos corretos? Quem controla esses processos, o genoma ou o ambiente? E por que tudo isso acaba por degenerar e, finalmente, desaparecer com a morte?

São inúmeras as questões que podemos formular ao introduzir, no estudo do sistema nervoso, a dimensão *tempo*. Ao fazer isso, porém, devemos estar cientes de uma diferença importante: há o tempo dos indivíduos e o tempo das espécies. O primeiro caracteriza o estudo da neuroembriologia e é o tema deste capítulo. O segundo caracteriza o estudo da filogênese do sistema nervoso. A diferença é a escala. O tempo dos indivíduos varia muito com a espécie, mas raramente ultrapassa 200 anos, no caso dos animais. Já o tempo das espécies se estende para trás por muitos milhões de anos, desde que apareceram os primeiros seres unicelulares, e possivelmente alcançará outro tanto em direção ao futuro.

Neste capítulo, acompanharemos as mudanças morfológicas e funcionais que o sistema nervoso sofre desde que primeiro se forma no embrião até que atinge a maturidade no indivíduo adulto. A seguir, conheceremos os mecanismos celulares que determinam os fenômenos do desenvolvimento. É que não basta descrever as transformações: é preciso conhecer os seus determinantes. Os mecanismos celulares são determinantes do desenvolvimento biológico do sistema nervoso, e este, por sua vez, determina, em grande medida, o desenvolvimento das funções e capacidades neuropsicológicas do indivíduo. Depois, você acompanhará as transformações naturais que ocorrem no cérebro e nas funções neurais durante a vida adulta e o envelhecimento, até a morte. Do mesmo modo, conhecerá os mecanismos celulares que determinam esses processos neurodegenerativos.

DO OVO AO INDIVÍDUO ADULTO: A ESTRUTURA DO SISTEMA NERVOSO TRANSFORMA-SE RADICALMENTE

Depois que o espermatozoide penetra no óvulo, o zigoto[G] adquire sua plena carga genética e inicia as transformações que originarão o embrião e, depois, o indivíduo adulto. O primeiro fenômeno importante ocorre no dia seguinte à fecundação, ainda na trompa da mulher (Figura 2.1A), e consiste em uma série de divisões mitóticas a partir do zigoto até que se forma uma pequena esfera sólida composta de muitas células. Por analogia com uma amora, essa esfera foi chamada mórula. A mórula alcança o útero, continuando a se dividir (Figura 2.1A), e logo aparece uma cavidade no seu interior, chamada blastocele. A esfera agora se parece com uma bola oca. Nesta fase, recebe o nome de blástula e está prestes a implantar-se na parede uterina (Figura 2.1B). As células da blástula não param de dividir-se, mas proliferam mais em um dos polos, cuja parede se torna mais espessa. No final da 1ª semana de gravidez, a blástula está firmemente inserida na parede uterina, por isso passa a se chamar blastocisto (Figura 2.1C). Nessa ocasião, uma nova cavidade forma-se na sua parte mais espessa, a cavidade amniótica. Uma estrutura plana em forma de fita, constituída por dois folhetos de células, separa agora a cavidade amniótica da blastocele. O folheto mais interno é o *endoderma*, e o mais externo, o *ectoderma*. É este último que vai dar origem ao sistema nervoso. O conjunto dos dois folhetos é o embrião em sua forma mais precoce.

Na passagem da segunda para a 3ª semana de gravidez, em um certo ponto do ectoderma, as células proliferam mais intensamente e migram para dentro de um orifício que se forma nesse folheto, como a água que penetra em um ralo. Diz-se, então, que ocorre a invaginação do ectoderma, formando um terceiro folheto entre este e o endoderma, chamado *mesoderma* (Figura 2.1D). Neste ponto o embrião fica constituído por três folhetos justapostos, que podem ser vistos em corte na Figura 2.2.

O mesoderma exerce forte influência sobre o ectoderma que o cobre, agora chamado *neuroectoderma*, porque é a partir dele que se formará a quase totalidade do sistema nervoso. O resultado da interação do mesoderma com o neuroectoderma é que as células deste proliferam e se alongam, tornando-se cilíndricas. A região fica mais espessa e passa a ser chamada *placa neural* (Figura 2.2A, A1). As células continuam a se dividir e tornam-se prismáticas, causando, com isso, o dobramento da placa

---

[G] *Termo constante do glossário ao final do capítulo.*

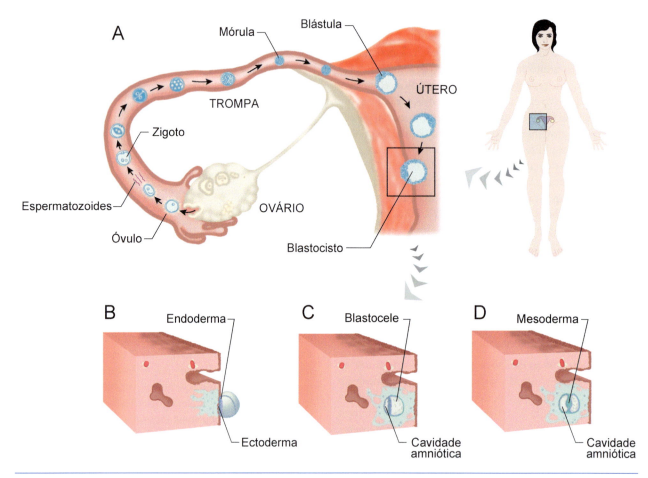

▶ **Figura 2.1.** Os estágios iniciais da embriogênese transcorrem em diferentes regiões do sistema reprodutor da mulher (pequeno retângulo no desenho de cima, à direita). Na ampliação em **A**, vê-se um esquema dos eventos que transcorrem entre a fecundação e a implantação do embrião no útero. O zigoto divide-se várias vezes a caminho do útero e o embrião finalmente "ancora" em algum ponto da parede uterina. A sequência de baixo mostra as transformações do embrião ao implantar-se (**B**), na fase de aparecimento da cavidade amniótica (**C**) e do surgimento dos três folhetos embrionários primordiais (**D**).

neural em torno de um sulco – o sulco neural (Figura 2.2B, B1). O dobramento da placa acentua-se gradativamente e ela acaba por fechar-se sobre si mesma, formando um tubo – o *tubo neural* (Figura 2.2C, C1, D, D1). No ponto de encontro dos lábios do sulco neural, quando o tubo está prestes a se formar, algumas células se destacam e constituem duas lâminas longitudinais, conhecidas como *cristas neurais* (Figura 2.6). A placa e, depois, o tubo e as cristas neurais podem ser considerados as mais precoces estruturas precursoras do sistema nervoso. O tubo neural irá formar o sistema nervoso central (SNC), enquanto a crista dará origem aos componentes do sistema nervoso periférico (SNP). Além disso, o canal no centro do tubo irá formar as cavidades do sistema nervoso adulto, entre elas os ventrículos cerebrais.

O embrião tem agora 1 mês de vida intrauterina. A formação de vários órgãos já se iniciou em paralelo à do sistema nervoso. O desenvolvimento deste pode ser acompanhado separadamente para facilitar a compreensão de suas transformações estruturais (Figuras 2.3 e 2.4). Logo que o tubo neural completa o seu fechamento, pode-se perceber que a extremidade cranial vai se dilatando, formando três "bolhas" conhecidas como *vesículas encefálicas primitivas*, resultantes da intensa proliferação das células dessa região. A vesícula mais anterior é chamada *prosencéfalo*; a do meio, *mesencéfalo*; e a mais posterior, *rombencéfalo* (Figura 2.4A). O espaço no interior das vesículas é ocupado por um fluido orgânico e dará origem aos ventrículos[A] cerebrais e aos canais de comunicação entre eles. Durante o segundo mês de gestação, o tubo encurva-se e as vesículas subdividem-se, passando a ser cinco (Tabela 2.1 e Figura 2.4B). O prosencéfalo forma o *telencéfalo* e o *diencéfalo*[A]. O mesencéfalo não se modifica muito, por isso continua sendo chamado assim. O rombencéfalo subdivide-se em *metencéfalo* e *mielencéfalo*. Para trás do mielencéfalo, o tubo neural

---

[A] *Estrutura encontrada no* Miniatlas de Neuroanatomia *(p. 359).*

NASCIMENTO, VIDA E MORTE DO SISTEMA NERVOSO

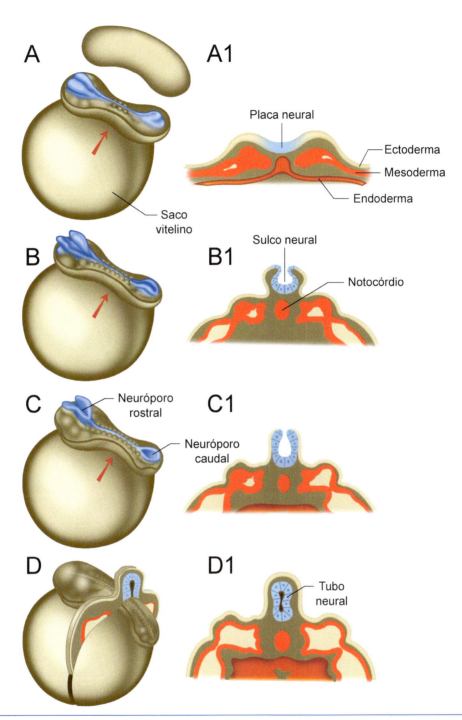

▶ **Figura 2.2.** Durante o primeiro mês de gestação, o embrião pode ser visto "de cima", abrindo-se a cavidade amniótica como se mostra em **A**. A formação do tubo neural a partir da placa neural pode ser acompanhada por esse mesmo ângulo (**A-D**) ou, então, em cortes que passam nos planos assinalados pelas setas vermelhas com um exemplo em **D** e que podem ser vistos à direita (**A1-D1**). O fechamento do tubo parece um zíper que se fecha do centro para as extremidades rostral (cranial) e caudal. Os últimos pontos a se fecharem são os neuróporos.

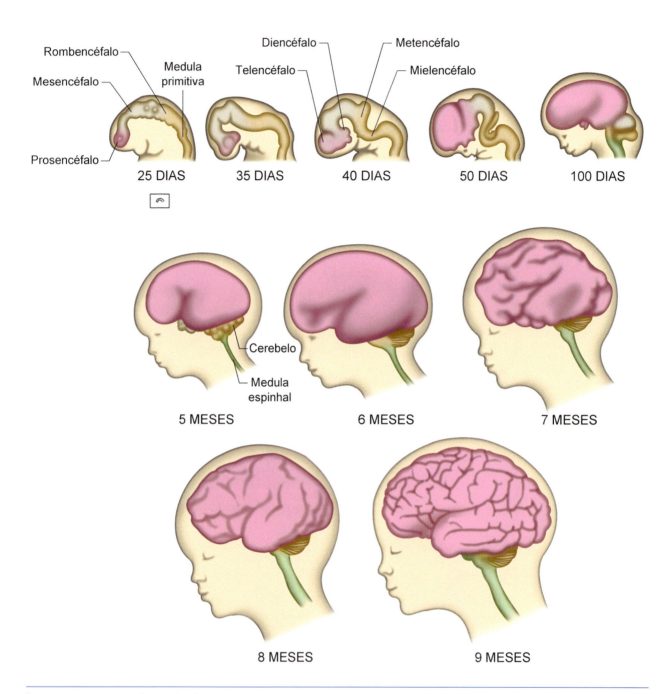

▶ **Figura 2.3.** Logo que o tubo neural se fecha, no final do primeiro mês de gestação, podem-se identificar as três vesículas primitivas que formam o sistema nervoso do embrião. Depois, o tubo vai se retorcendo, as vesículas crescem desigualmente e apenas no quarto mês o SNC do embrião começa a se parecer com o do adulto, embora o córtex cerebral e o cerebelo ainda não apresentem os giros e folhas que mais tarde se formarão. Note que os desenhos da fileira de cima estão feitos em uma escala muito ampliada em relação aos de baixo. Se a escala fosse a mesma, o embrião de 25 dias teria a dimensão ilustrada no pequeno quadro à esquerda. Aos 25 dias, o sistema nervoso do embrião não mede mais que 2 milímetros. Modificado de Cowan WM. *Scientific American*. 1979; 241: 112-133.

▶ **Figura 2.4.** A morfogênese do sistema nervoso central pode ser acompanhada desde o tubo neural e formação inicial das vesículas encefálicas e da medula espinhal primitiva (**A**), passando pela maior expansão das vesículas telencefálicas (**B**). Estas acabam por cobrir posteriormente as demais, que, por sua vez, subdividem-se nos primórdios das grandes regiões neurais do adulto (**C**).

NEUROCIÊNCIA CELULAR

Tabela 2.1. Vesículas Primitivas do Embrião e as Estruturas Anatômicas Principais do Indivíduo Adulto

Vesículas Primitivas		Estruturas Anatômicas	Cavidades
Prosencéfalo	Telencéfalo	Córtex cerebral	Ventrículos laterais
		Núcleos da base	
	Diencéfalo	Diencéfalo	3º Ventrículo
Mesencéfalo	Mesencéfalo	Mesencéfalo	Aqueduto cerebral
Rombencéfalo	Metencéfalo	Cerebelo	4º Ventrículo
		Ponte	
	Mielencéfalo	Bulbo	
Medula primitiva	Medula primitiva	Medula espinhal	Canal medular

continua cilíndrico, transformando-se gradativamente na medula espinhal primitiva, que depois originará a medula espinhal madura (Figura 2.4C).

É importante perceber que o conhecimento dessas transformações embrionárias contribui para entender a organização estrutural geral do SNC, descrita no Capítulo 1. É o que mostra a Tabela 2.1, que pode ser comparada com a Tabela 1.1, no capítulo anterior. Assim, a vesícula telencefálica cresce enormemente para os lados e para trás (Figura 2.4) e forma os dois hemisférios cerebrais, incluindo o córtex e os núcleos da base, que acabam cobrindo as estruturas mais posteriores. O diencéfalo e o mesencéfalo são as estruturas cobertas pelos hemisférios e se originam, respectivamente, da vesícula diencefálica e da vesícula mesencefálica do embrião. A vesícula metencefálica dá origem ao cerebelo[A] e à ponte[A]. O primeiro cresce para cima e acaba cobrindo esta última. O bulbo[A] é formado pela vesícula mielencefálica. Finalmente, a medula espinhal primitiva cresce por igual sem se modificar muito e dá origem à medula espinhal[A] do adulto.

Essas transformações morfogenéticas do sistema nervoso central, resultantes de intensa proliferação e deslocamentos celulares nas estruturas embrionárias precursoras, ocorrem durante os primeiros 4 meses de gestação na espécie humana (Figura 2.3), mas têm cronograma diferente, é claro, em outras espécies. As etapas iniciais, entretanto, são muito semelhantes entre todos os vertebrados. No embrião humano de 4 a 5 meses, as principais estruturas anatômicas estão já constituídas. O córtex cerebral e o córtex cerebelar, nessa fase, são lisos. Seu crescimento posterior adquire uma velocidade maior que o da caixa craniana, o que leva à formação das dobraduras que constituem os giros (folhas, no cerebelo) e os sulcos (fissuras, no cerebelo) (Figura 2.3). No caso da medula, ocorre o oposto. A coluna vertebral e o canal ósseo que aloja a medula se alongam mais do que esta, e o resultado é que a extremidade posterior acaba por localizar-se na altura das primeiras vértebras lombares no indivíduo adulto. Essa diferença de comprimento é que faz que os nervos raquidianos[G]

dos segmentos lombossacros tenham um trajeto oblíquo e até longitudinal (Figura 2.5), formando uma estrutura anatômica conhecida como cauda equina.

Enquanto se processa a morfogênese do SNC, tem lugar também a do sistema nervoso periférico. Na origem do SNP estão as cristas neurais (Figura 2.6A), que vão se formando lateralmente ao longo do tubo neural à medida que este se fecha. As cristas contêm células-tronco[G] e por isso participam também da formação de outros tecidos[G] que não fazem parte do sistema nervoso. É o caso da pele, cujas células pigmentadas – os melanócitos – têm origem nas cristas neurais. As células das cristas proliferam e migram ativamente, afastando-se do tubo neural. Ao longo do caminho, algumas se fixam em uma determinada região, agrupam-se e formam gânglios, enquanto as outras continuam a migração (Figura 2.6B). Assim são formados os gânglios espinhais e os gânglios autonômicos[G], cujas células logo em seguida emitem axônios compactados em fascículos, que constituem os nervos. As células da glia que formam a bainha de mielina da maioria dos nervos são também originadas da crista neural. Também a porção medular da glândula suprarrenal[G] tem essa origem embrionária.

❯ O Sistema Nervoso Embrionário Funciona?

Não existem muitos dados sobre o funcionamento do sistema nervoso durante o desenvolvimento embrionário e fetal, especialmente no que se refere ao cérebro humano. A razão é óbvia: é difícil investigar a criança no interior do útero materno. Os dados existentes provêm de imagens por ultrassom e do registro de sinais magnéticos do cérebro fetal captados externamente (magnetoencefalografia[G]). Recentemente, começou a tornar-se possível registrar a atividade neural de diferentes regiões cerebrais do feto por meio de ressonância magnética funcional. Ainda escassos, esses dados são bastante importantes para orientar inúmeras decisões de caráter ético que a sociedade discute

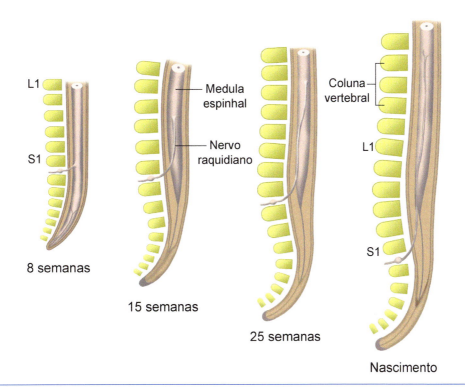

▶ **Figura 2.5.** A medula espinhal cresce menos que a coluna vertebral. O embrião de 8 semanas apresenta os nervos raquidianos de cada segmento medular alinhados com os segmentos vertebrais, entretanto o maior crescimento da coluna faz que os segmentos vertebrais se desalinhem gradativamente dos segmentos medulares. O resultado é que, ao nascimento, a medula do bebê termina na altura dos primeiros segmentos lombares, e o conjunto dos nervos raquidianos forma uma estrutura parecida com a cauda de um cavalo (cauda equina). O primeiro segmento lombar (L1) e o primeiro sacro (S1) são indicados como referência. A cauda equina não pode ser vista claramente no desenho, pois apenas um nervo foi representado para facilitar a compreensão.

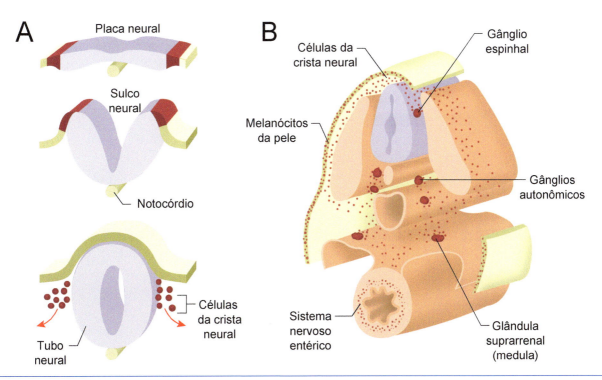

▶ **Figura 2.6. A.** As cristas neurais aparecem em cada lado a partir das células que ficam nas bordas de fusão (em vermelho) da placa neural, quando esta se dobra para formar o tubo neural. **B.** Imediatamente as células da crista neural (pequenas bolinhas vermelhas) migram por longas distâncias para formar diversos gânglios e outros órgãos e tecidos.

acaloradamente e que envolvem a determinação do "início da vida" ou do "início da consciência", relevantes para a utilização de células-tronco embrionárias humanas em procedimentos terapêuticos, e os critérios para adoção ou proibição do aborto.

A entrada em funcionamento de um órgão durante o desenvolvimento, inclusive o cérebro, raramente é abrupta e marcada e se caracteriza quase sempre por uma lenta transição (Figura 2.7). A formação do tubo neural ocorre durante a 3ª semana de gestação, e já na semana seguinte aparecem as vesículas primitivas que resultam da proliferação celular mais ativa na região rostral do embrião. Os primeiros sinais de atividade bioelétrica produzida pelos jovens neurônios surgem por volta da 6ª semana e consistem em impulsos de células isoladas, já que as sinapses – contatos funcionais entre os neurônios – começam a surgir muito mais tarde. Durante a 8ª e a 9ª semana ocorrem intensa proliferação e ativa migração das células. O córtex cerebral ainda é liso, sem as circunvoluções características do cérebro maduro, e os dois hemisférios cerebrais permanecem separados, já que a comissura anterior[A] e o corpo caloso[A] começam a se formar na 10ª e 12ª semanas, respectivamente. Os primeiros movimentos do feto podem ser sentidos pela mãe na altura da 13ª semana de gestação, sugerindo, no mínimo, a entrada em funcionamento dos músculos. Os primeiros sulcos corticais surgem por volta da 16ª semana, e logo a seguir começam a se formar as primeiras sinapses, indicando a formação dos circuitos neurais. Na 18ª semana surgem as primeiras respostas a estímulos mecânicos, sugerindo algum amadurecimento funcional das vias sensitivas. E nesse momento já se consegue detectar atividade sincronizada entre diferentes áreas cerebrais, indicando ativa comunicação entre elas. Na 23ª semana, o feto prematuro já é capaz de sobreviver fora do útero, desde que assistido em unidades hospitalares equipadas. Na 28ª semana, a formação de sinapses torna-se maior e já se conseguem registrar respostas cerebrais a sons externos, o que indica a entrada em funcionamento do sistema auditivo. Na 32ª semana o feto adquire a capacidade de controlar autonomamente a sua respiração e a temperatura corporal: a partir desse momento, bebês prematuros têm grande probabilidade de sobrevivência fora do útero.

ETAPAS E PRINCÍPIOS DO DESENVOLVIMENTO DO SISTEMA NERVOSO

O conhecimento sobre as transformações estruturais do sistema nervoso do embrião sugere-nos uma série de perguntas fundamentais. Como, de repente, o ectoderma transforma-se em neuroectoderma? De que modo as células do neuroectoderma ficam *comprometidas* com um destino neural? Ao migrar para seu local definitivo, como essas células encontram o caminho? E como sabem onde parar?

▶ **Figura 2.7.** Linha do tempo do desenvolvimento humano (em cinza, no centro), relacionada às etapas ontogenéticas morfofuncionais (acima), e histológicas (abaixo).

Quais os processos moleculares que comandam a aquisição das múltiplas formas das células nervosas e gliais? Quando os neurônios juvenis emitem seus axônios, como eles crescem? E como encontram seus alvos sinápticos?

Essas e muitas outras questões representam, atualmente, o motivo do trabalho dos neuroembriologistas, depois que se completou a fase histórica de observação das transformações estruturais que acabamos de descrever. Para respondê-las, pesquisadores de várias formações trabalham em cooperação, utilizando técnicas anatômicas, histológicas, histoquímicas, citológicas, bioquímicas e biofísicas. Muitos experimentos podem ser feitos utilizando-se embriões de animais mais simples que os mamíferos. Alguns são invertebrados, como é o caso de um pequeno verme nematoide chamado *Caenorhabditis elegans* e da mosquinha-das-frutas (*Drosophila melanogaster*), que têm fornecido informações importantes sobre a determinação genética da identidade celular.

Os invertebrados têm um sistema nervoso muito simples, com poucas células nervosas. Além disso, reproduzem-se rapidamente e em grande número, o que acelera a obtenção dos dados experimentais. Outros animais utilizados em embriologia são vertebrados não mamíferos: anfíbios, como as rãs e as salamandras (Figura 2.8), aves, como a galinha comum e a codorna, e, mais recentemente, mamíferos, em especial diversos camundongos mutantes produzidos em laboratório. Os embriões desses animais podem ser facilmente removidos do ovo ou do útero, manipulados de diversas maneiras e observados ao microscópio muitas vezes sem a necessidade de realizar cortes histológicos. Finalmente, têm-se desenvolvido bastante as técnicas de cultura de tecido embrionário. Neste caso, um fragmento de tecido nervoso é removido do embrião e cultivado em condições controladas: o desenvolvimento prossegue por vários dias e o pesquisador pode realizar experimentos sem se preocupar com a sobrevivência do embrião como um todo. Além disso, merece destaque o desenvolvimento da técnica de produção de células de pluripotência induzida (iPS, na sigla em inglês), que valeu o prêmio Nobel de Medicina ou Fisiologia ao cientista japonês Shinya Yamanaka em 2012. Essas células são originalmente adultas, obtidas da pele e de outros tecidos, e infectadas com vírus especiais que veiculam uma combinação de genes cuja expressão as faz regredir à condição de células-tronco. Após esse desenvolvimento "em marcha-a-ré", as células são conduzidas pelos pesquisadores a diferenciar-se em tipos celulares específicos, neurônios especialmente. Além disso, essas novas células em diferenciação podem ser levadas a associar-se em "minicérebros" que reproduzem, ainda que imperfeitamente, a morfologia microscópica do cérebro (Figura 2.8). Perceba que, como as células iPS são obtidas de tecidos de fácil acesso (até mesmo da urina!), tornou-se possível estudar diretamente o desenvolvimento de neurônios e gliócitos humanos! E mais, tornou-se possível estudar não apenas o desenvolvimento neural de indivíduos sadios, mas também o de pacientes com diversos transtornos neuropsiquiátricos: esquizofrênicos, autistas e muitos outros!

O trabalho dos neuroembriologistas ao longo das últimas décadas permitiu conhecer as etapas e os princípios do desenvolvimento do tecido nervoso. Essas etapas sucedem-se rapidamente até a constituição do indivíduo adulto, e apenas com intenção didática é que as podemos separar. São elas: (1) a determinação da identidade neural do neuroectoderma; (2) a proliferação celular controlada; (3) a migração das células jovens, resultando na formação das diferentes regiões do sistema nervoso; (4) a diferenciação celular, com a aquisição da forma e das propriedades das células maduras; (5) a formação dos circuitos neurais; e (6) a eliminação programada de células e circuitos extranumerários.

▶ Indução Neural: Uma Cadeia de Interações Celulares

Do que se disse já é possível perceber que, logo no início da formação do embrião, uma região do ectoderma transforma-se em neuroectoderma, dando início à neurulação[G]. Isso significa que essa região adquiriu identidade neural, isto é, que está agora comprometida com um destino neural. O restante do ectoderma dará origem às estruturas da pele. A pergunta que surge é: como ocorre a determinação da identidade neural do neuroectoderma? A resposta foi intrigante: todo o ectoderma se transformaria em neuroectoderma, se a maior parte dele não tivesse essa trajetória bloqueada por fatores naturais. O embrião seria um enorme cérebro sem corpo! É o que vamos ver a seguir.

A pergunta começou a ser respondida por dois pesquisadores alemães na década de 1920, Hans Spemann (1869-1941) e Hilde Mangold (1898-1924), pioneiros da embriologia experimental. Spemann foi o ganhador do prêmio Nobel de Medicina ou Fisiologia em 1935. Os dois pesquisadores tomaram embriões de anfíbios e, utilizando uma lupa, dissecaram de cada um deles um minúsculo pedaço da região precursora do mesoderma (Figura 2.8A). Em seguida transplantaram cada pedaço no ectoderma de outros embriões, longe da região precursora do mesoderma deles. Os embriões hospedeiros dos transplantes continuaram o seu desenvolvimento, com Spemann e Mangold a observá-los passo a passo. Diferente do que ocorre no desenvolvimento normal (Figura 2.8B), viram que, na região do transplante, formava-se uma segunda placa e, depois, um segundo tubo neural com os tecidos adjacentes, com a embriogênese prosseguindo até a formação de um animal "xifópago" aderido ao animal original (Figura 2.8C). Os pesquisadores concluíram que o tecido transplantado havia induzido de algum modo a transformação do ectoderma das proximidades em neuroectoderma, em paralelo ao

Neurociência Celular

▶ **Figura 2.8.** Os alemães Hans Spemann e Hilde Mangold foram pioneiros da embriologia experimental e ficaram famosos por seu experimento (**A**) de transplante de mesoderma do embrião de um anfíbio para uma região que normalmente seria ocupada pelo ectoderma em outro embrião. Em vez de dar origem a um girino normal (**B**), o mesoderma transplantado induz a transformação do ectoderma em neuroectoderma e o embrião desenvolve duas placas neurais, cresce e finalmente se transforma em dois animais "xifópagos", com dois sistemas nervosos e dois corpos fundidos (**C**). Atualmente, é possível acompanhar as primeiras etapas do desenvolvimento criando "minicérebros" a partir de células-tronco de pluripotência induzida (**D** e **E**). Os progenitores neurais aparecem em verde, usando um marcador específico, e os neurônios diferenciados aparecem em vermelho, usando outro marcador. O núcleo das células está em azul. **B** e **C** cedidas por DeRobertis EM [de DeRobertis EM. *Annual Reviews of Cellular and Developmental Biology*. 2004; 20: 285-308]. **D** e **E** gentilmente cedidas por Karina Karmirian, do Instituto D'Or de Pesquisa e Ensino.

mesoderma do próprio hospedeiro, que fazia o mesmo com o ectoderma adjacente. O fenômeno foi chamado indução neural e só ocorria para uma região específica do embrião doador (denominada, no anfíbio, lábio dorsal do blastóporo [Figura 2.8A]). Pela sua especificidade, a região indutora foi chamada "região organizadora", ou simplesmente "organizador". As perguntas seguintes surgiram imediatamente: Quais são os sinais indutores? Se são moléculas, como passam do organizador ao ectoderma? Como exercem a sua ação?

Apenas 70 anos depois do experimento de Spemann e Mangold essas perguntas simples começaram a ser respondidas. A primeira e impactante descoberta que se fez foi que a diferenciação neural é o caminho "normal" de todo o ectoderma. A conclusão foi tirada de experimentos em que células de ectoderma eram dissociadas e, em seguida, cultivadas em meio de cultura: nessas condições, todas se tornavam células neurais. Então, era lógico supor que as células ectodérmicas que não se tornariam *células neurais* disporiam de algum fator bloqueador dessa via de desenvolvimento. Dito e feito: experimentos subsequentes identificaram um grupo de proteínas do *ectoderma não neural* capazes de bloquear a neuralização (Figura 2.9). Essas moléculas já eram conhecidas por outras funções com o nome de proteínas morfogenéticas ósseas (BMPs, sigla criada a partir da expressão inglesa correspondente) e faziam parte de uma grande família de moléculas chamadas fatores tróficos transformantes (TGFs, sigla também criada a partir da expressão inglesa correspondente).

E o que fazem, então, os presumidos sinais indutores emitidos pela região organizadora? Já se sabe que eles bloqueiam os bloqueadores (Figura 2.9), isto é, suprimem o efeito das BMPs no ectoderma vizinho. Desse modo, a região da placa neural pode seguir a via neuralizante "normal" sem ser desviada pela ação das BMPs. Vários fatores indutores foram já identificados, destacando-se três: folistatina, noguina e cordina. Sua ação consiste em ligar-se às BMPs, inibindo sua atividade.

A neurulação, assim, consiste no direcionamento da expressão gênica das células ectodérmicas no sentido da síntese de proteínas específicas do tecido nervoso, que vão resultar na gradativa transformação dessas células precursoras em células neurais. Já vimos que esse direcionamento seria a via normal de todo o ectoderma, não fosse bloqueado pelas BMPs, exceto na região da placa neural, que recebe influência do mesoderma subjacente por meio dos fatores indutores capazes de suprimir a ação das BMPs. Fica clara a importância de um aspecto essencial para o destino das células durante a embriogênese: a sua posição. É preciso estar no lugar certo na hora certa. Esse princípio simples é verdadeiro também para a especificação regional do sistema nervoso do embrião, como veremos adiante.

A intensa interação entre células vizinhas por meio de moléculas sinalizadoras envolve diferentes elementos:

1. fatores morfogenéticos secretados (como as BMPs, por exemplo), que provocam, no interior de células adjacentes, uma cadeia de reações que leva à diferenciação numa certa direção;

2. fatores indutores difusíveis (por exemplo, cordina, noguina e folistatina), secretados por células próximas, que poderão atuar a distância sobre outras células, desviando sua diferenciação inicial;

3. receptores, isto é, moléculas situadas na superfície ou no interior das células sob diferenciação, moléculas essas cuja conformação é específica para reconhecer os fatores acima.

4. moléculas de transdução (certas enzimas, por exemplo), encarregadas das reações intracelulares que acabarão por influenciar a expressão gênica;

5. fatores de transcrição, que regulam a expressão gênica e, finalmente;

6. segmentos gênicos encarregados da síntese de proteínas específicas de cada tipo celular.

Esse conjunto de moléculas, uma verdadeira orquestra molecular, vai sendo acionado aos poucos, de modo a transformar o ectoderma em neuroectoderma, como vimos; depois, o neuroectoderma nas diversas vesículas embrionárias, e, a seguir, dentro dessas "macrorregiões", cada uma delas em um conjunto de "microrregiões" (nem tão "micro" assim...).

▶ **Figura 2.9.** Todo o ectoderma se tornaria neuroectoderma, não fosse a ação intercelular bloqueadora desse caminho ontogenético por parte das BMPs (**A**). Na região da placa neural, entretanto (**B**), o mesoderma subjacente libera fatores indutores que "bloqueiam os bloqueadores", fazendo que essa região se transforme gradativamente em tecido nervoso.

Estas últimas adquirem camadas ou sub-regiões, e dentro delas os vários tipos neuronais e gliais irão se diferenciar aos poucos. Esse complexo sistema de moléculas sinalizadoras torna mais e mais específicas as regiões neurais e os tipos de células que as compõem. É um bom exemplo de interação entre o meio extracelular e o controle da expressão gênica de cada célula durante o desenvolvimento.

A Explosiva Multiplicação Celular no Sistema Nervoso Embrionário: Quem Será Quem?

A partir da célula-ovo, o fenômeno mais típico, mais comum e mais espantoso da embriogênese é a proliferação celular: de uma só célula, surge todo o embrião. No sistema nervoso, a proliferação celular intensifica-se após a formação do tubo neural. A parede do tubo torna-se mais espessa, seu comprimento se alonga, o perfil adquire dobraduras e torções e, na região cranial, a forma cilíndrica original modifica-se inteiramente, com o surgimento das vesículas primitivas. Essas transformações morfogenéticas devem-se, em grande parte, à intensa atividade proliferativa por que passam as células precursoras dos neurônios e da neuróglia. Cada precursor atravessa rapidamente as etapas do ciclo[G] celular durante algumas horas, divide-se em duas células-filhas, e estas recomeçam novo ciclo. Isso é quase sempre verdade para os precursores da neuróglia, mas, no caso dos precursores neuronais, pode ocorrer que, das duas células-filhas, só uma recomece o ciclo celular. É o momento do nascimento do neurônio! A outra célula-filha (o futuro neurônio) interrompe o ciclo e inicia um longo movimento de migração para fora das proximidades do ventrículo. Desse modo, a parede do tubo neural, que inicialmente é formada por uma única camada de células, passa a ser constituída por várias camadas que, finalmente, originarão as regiões laminadas do sistema nervoso, como acontece no córtex cerebral.

Em outros locais diferentes do córtex, formam-se aglomerações de neurônios que não apresentam a disposição em camadas e que vão dar origem aos núcleos do sistema nervoso, como ocorre no diencéfalo, por exemplo. As células-filhas que interrompem o ciclo celular para migrar não reiniciam um novo ciclo, a não ser algumas delas, que permanecem em estado quiescente, mas capaz de, em algum momento, reiniciar a proliferação. Durante muitos anos, acreditou-se que o sistema nervoso não apresentava a mesma capacidade regenerativa dos demais tecidos porque os neurônios se tornam incapazes de proliferar. Essa é uma meia-verdade: a maioria dos neurônios adultos realmente é incapaz de proliferar. Recentemente, entretanto, constatou-se que o SNC de animais adultos apresenta células-tronco em alguns locais estratégicos, capazes de proliferar e gerar novos neurônios. Acendeu-se a esperança de que essas células multipotentes com capacidade proliferativa existam também nos seres humanos e possam se tornar elementos terapêuticos para promover a regeneração do tecido nervoso lesado.

Para os precursores neuronais, a intensa atividade proliferativa, seguida da interrupção do ciclo que precede a migração, chama-se *neurogênese* (Figura 2.10A). Do mesmo modo, chama-se *gliogênese* a fase de intensa proliferação dos precursores neurogliais. Como a maioria dos precursores neuronais em um certo momento interrompe a proliferação, pode-se identificar para cada um deles uma data de nascimento que marca a sua transformação em um neurônio juvenil pós-mitótico. Para os precursores neurogliais não se pode determinar o mesmo, já que as células da neuróglia, mesmo na vida adulta, mantêm a capacidade de proliferar.

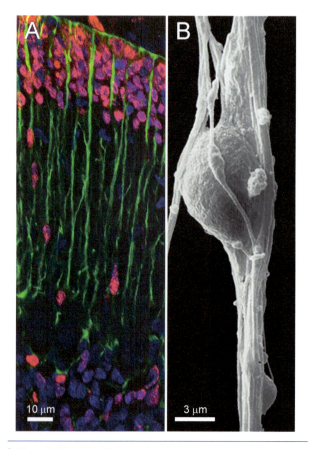

▶ **Figura 2.10.** Neurogênese e migração dos precursores neuronais do cerebelo. **A** mostra os prolongamentos da glia radial do cerebelo de um camundongo que orientam o trajeto migratório dos precursores. Os prolongamentos radiais estão marcados em verde, por meio de anticorpos fluorescentes capazes de reconhecer de forma específica a proteína acídica fibrilar glial. Todos os núcleos estão marcados em azul, e aqueles que completaram a neurogênese por meio da síntese de novo DNA aparecem em vermelho. Em **B**, pode-se ver um neurônio jovem migrante por translocação nuclear aderido a prolongamentos da glia radial, em uma cultura de células feita no laboratório e fotografada em microscópio eletrônico de varredura[G]. Fotos de Marcelo F. Santiago, do Instituto de Biofísica Carlos Chagas Filho da UFRJ.

NASCIMENTO, VIDA E MORTE DO SISTEMA NERVOSO

É inevitável supor que cada espécie deve ter um meio muito eficiente de controlar a proliferação dos precursores, isto é, o número de ciclos celulares dos precursores em cada região. Nada de espantar: cada ciclo celular duplica o número de células, o que significa que a multiplicação celular cresce em progressão geométrica. Logo, em algum momento é preciso interromper o ciclo: então, o exato número de células – neurônios e gliócitos – característico de cada região deve ser atingido, pelo menos parcialmente, por uma delicada regulação da proliferação celular nas zonas germinativas. De fato, há evidências de que as células das zonas germinativas a um certo ponto começam a produzir moléculas específicas reguladoras do ciclo celular, entre elas o glutamato e o ácido gama-aminobutírico (GABA), que mais tarde exercerão a função de neurotransmissores sinápticos. Essas moléculas passariam de uma célula a outra rapidamente por meio de junções comunicantes, sincronizando o ciclo celular de populações inteiras de precursores. De certo modo, essa sincronia na interrupção do ciclo celular dispara o movimento conjunto de milhares de neurônios recém-nascidos para longe da zona germinativa em direção aos seus locais definitivos. É o que vamos ver a seguir.

▶ Neurônios Migrantes: Nucleação e Formação de Camadas

Logo que a célula precursora de um neurônio para de se dividir, inicia-se um movimento migratório que leva o neurônio recém-nascido ao local definitivo onde se estabelecerá. Isso ocorre com as células do tubo neural, que formarão as estruturas do SNC. As células da crista neural, que formarão as estruturas do SNP, continuam a se dividir à medida que migram para os seus destinos finais. O neurônio recém-nascido pode migrar de diferentes maneiras. A mais frequente é a chamada locomoção: como um caracol que se move arrastando a própria concha, a célula migrante desloca-se arrastando o corpo celular. Um dos seus polos estende projeções de membrana para frente em uma determinada direção, formando um prolongamento-líder, e o corpo do neurônio segue atrás, puxando um prolongamento menor, caudal. Outro modo de deslocamento celular é chamado translocação nuclear: a célula apresenta prolongamentos em duas direções, geralmente ancorados nas duas superfícies do tubo neural, e o núcleo, juntamente com algumas organelas, desloca-se "por dentro" dos prolongamentos, reposicionando o corpo celular. Finalmente, quando um desses prolongamentos se solta, o que permanece pode "puxar" o corpo celular, que, então, desloca-se para uma posição diferente. As proteínas que compõem o citoesqueleto do neurônio (veja o Capítulo 3 para maiores detalhes sobre essas proteínas estruturais) são as grandes responsáveis pela migração neuronal do desenvolvimento, pois sofrem transformações que encurtam e alongam prolongamentos,

e movem o citoplasma, o núcleo e as demais organelas citoplasmáticas.

O cerebelo, no rombencéfalo, e o córtex cerebral, no prosencéfalo (Figura 2.11A), são as regiões mais bem conhecidas do sistema nervoso embrionário quanto ao fenômeno da migração neuronal. Tanto um quanto o outro apresentam camadas de neurônios bem definidas, cada uma delas com características morfológicas e funcionais distintas. O exemplo do prosencéfalo é ilustrativo dos mecanismos de formação dessas camadas. Durante a neurogênese, a parede da vesícula prosencefálica é bastante simples, constituída por uma camada única de células precursoras que se dividem sucessivamente (Figura 2.11C). Os histologistas identificam, logo a seguir, o aparecimento de uma segunda camada celular, a pré-placa cortical (Figura 2.11D). Em seguida, aparece uma nova camada de neurônios inseridos bem no meio da pré-placa: a placa cortical (Figura 2.11E). E logo depois a placa começa a se subdividir em sucessivas camadas de neurônios, típicas do córtex cerebral maduro (Figura 2.11F).

De que modo se formam, tão ordenadamente, todas essas camadas? O pesquisador americano Richard Sidman, no início dos anos 1960, descobriu que elas se formam pela migração dos neurônios juvenis. Sidman e seus colaboradores injetaram, na cavidade peritoneal de camundongas grávidas, uma pequena quantidade de timidina[G] marcada com um isótopo radioativo do hidrogênio. A timidina era absorvida pela circulação sanguínea abdominal e por essa via chegava aos capilares do cérebro, atravessando suas paredes para se distribuir por todo o tecido. Ocorre que, no tecido cerebral, só os precursores neuronais que se encontravam na fase S do ciclo celular (a fase de síntese de novo DNA) eram capazes de incorporar a timidina radioativa no novo DNA, e mais: só aqueles que se encontravam no seu último ciclo mantinham a quantidade de timidina radioativa originalmente captada, porque os demais, dividindo-se outras vezes, passavam a incorporar timidina não radioativa, diluindo a radioatividade do seu DNA. As injeções eram feitas em diferentes fases da gestação. Os filhotes marcados nasciam normalmente e, ao atingirem a maturidade, eram submetidos ao estudo histológico do seu córtex cerebral em busca da posição dos neurônios mais radioativos (marcados na sua data de nascimento). Posteriormente, o mesmo tipo de experimento passou a ser feito com outros marcadores, não radioativos, com os mesmos resultados.

Um exemplo da experiência de Sidman pode ser visto na Figura 2.10A, neste caso com um marcador não radioativo mais moderno. Sidman verificou que os neurônios marcados situados nas camadas profundas pertenciam a camundongos injetados em fases mais precoces do desenvolvimento do córtex e que os neurônios marcados das camadas superficiais pertenciam aos camundongos injetados em idades gestacionais posteriores. Ele concluiu que

▶ **Figura 2.11.** No telencéfalo do embrião (à esquerda em **A**), a formação do cérebro pode ser acompanhada passo a passo, tanto por imagem de ressonância magnética (à direita em **A**), como observando cortes histológicos ao microscópio (**B**). Inicialmente (**C**), o córtex cerebral primitivo apresenta-se como um epitélio pseudoestratificado, mostrando figuras mitóticas na base (em verde). Com a migração dos neurônios pós-mitóticos, começam a se formar as camadas primitivas: primeiro a pré-placa (**D**), depois a placa, a zona marginal e a subplaca (**E**) e, finalmente, as camadas definitivas (**F**) que se formam dentro da placa cortical. A imagem fetal foi gentilmente cedida por Fernanda Meirelles e Daniel Afonso, do Instituto D'Or de Pesquisa e Ensino.

as camadas corticais se formavam em sequência "inversa", as mais profundas primeiro, seguidas ordenadamente pelas mais superficiais. Além disso, concluiu que as camadas se formavam pela migração dos neurônios juvenis logo após a última divisão celular.

De que modo os neurônios migrantes encontram o trajeto certo até o seu destino final? Esta pergunta foi abordada inicialmente pelo neurobiólogo croata Pasko Rakic, trabalhando nos EUA. Rakic baseou-se na observação dos antigos histologistas de que bem precocemente o tubo neural apresenta uma paliçada de células de glia cujos prolongamentos se estendem da superfície ventricular à superfície pial (Figura 2.12): essas células são conhecidas pelo seu coletivo, *glia radial*, e dão origem, posteriormente, a astrócitos e neurônios. Rakic verificou, ao microscópio eletrônico, que os neurônios migrantes frequentemente se encontravam aderidos a um prolongamento da glia radial (Figura 2.12; Figura 2.10B) e propôs a hipótese de que a paliçada radial forneceria os trilhos ao longo dos quais deslizariam os neurônios migrantes. Deste modo posicionam-se os futuros neurônios piramidais do córtex cerebral, nascidos na zona ventricular: ascendem perpendicularmente à superfície, utilizando os prolongamentos da glia radial como guia. Esse tipo de migração ficou conhecido como *gliofílica* ou radial, e é característica da grande população de neurônios excitatórios do córtex cerebral, cujo neurotransmissor[G]

▶ **Fig. 2.12.** A parede do tubo neural (**A**) apresenta uma paliçada de prolongamentos radiais que pertencem a células muito precoces chamadas glias radiais (**B**, em rosa). Os prolongamentos radiais atuam como "trilhos" sobre os quais migram alguns dos neurônios pós-mitóticos juvenis (**B** e **C**, em amarelo). Nem todos os neurônios migrantes utilizam esses trilhos radiais: alguns migram obliquamente (tangencialmente) seguindo pistas ainda mal conhecidas. **D** mostra prolongamentos de glia radial no córtex cerebral de um camundongo recém-nascido. O citoesqueleto dos prolongamentos radiais está marcado em verde, e entre eles podem-se ver os núcleos dos neurônios juvenis marcados em vermelho. Fotos em **D** de Marcelo F. Santiago, do Instituto de Biofísica Carlos Chagas Filho da UFRJ.

principal é o glutamato. Você pode conhecer mais sobre neurotransmissores no Capítulo 4.

Outros experimentos comprovaram a ideia de Rakic, mas descobriram também casos de migração *não gliofílica* ou *tangencial,* cujos "trilhos" são ainda mal conhecidos. É o caso dos neurônios inibitórios do córtex e do bulbo olfatório[A], cujo neurotransmissor principal é o GABA, que nascem bem longe do seu destino final e migram por extensas distâncias dentro de túneis celulares ou seguindo bordas moleculares dispostas paralelamente à superfície. Na migração tangencial, após a longa jornada até as regiões onde vão se estabelecer, os neurônios inibitórios acabam por se distribuir numa espécie de mosaico em meio aos neurônios excitatórios, estabelecendo circuitos curtos nas proximidades. O resultado é uma complexa rede de circuitos excitatórios e inibitórios, que tem que ser extremamente bem balanceada para permitir o ótimo funcionamento das regiões neurais.

NEUROCIÊNCIA CELULAR

Grande esforço tem sido feito para identificar os sinais moleculares que regulam a migração dos neurônios juvenis. Alguns deles foram já identificados e são semelhantes aos que regulam o crescimento dos axônios, um tema abordado adiante. Há sinais de iniciação do movimento (motogênicos), outros que repelem os neurônios, outros, ainda, que os atraem, não só nos pontos de origem e de destino final, mas também ao longo do trajeto. No destino final, o neurônio encontra moléculas que "desligam" a sua maquinaria intracelular de movimento. Imagine a delicadeza e a precisão dessa orquestra molecular. As células presentes no trajeto devem ser capazes de sintetizar e secretar moléculas que formam a matriz extracelular, moléculas que ficam incrustadas na sua membrana, mas expostas ao exterior para o reconhecimento das células migrantes, e moléculas pequenas, difusíveis, que estabelecem um gradiente "percebido" pelos prolongamentos-líderes dos neurônios migrantes. Tudo na hora certa e no lugar certo. Essa precisa orquestração de sinais às vezes falha, por razões genéticas (mutações) ou ambientais (infecções virais), e o resultado é o aparecimento de defeitos no posicionamento dos neurônios, que resultam em doenças congênitas que podem provocar microcefalia, epilepsia, déficit mental, deficiências motoras e outros sintomas (Quadro 2.1)

No SNP, algumas células da crista neural encontram, a certa altura de seu trajeto, células mesodérmicas que vão formar a parte mais externa da glândula suprarrenal (chamada córtex). Nessa ocasião, param de migrar e associam-se a elas, formando a outra parte da glândula, mais profunda (a medula suprarrenal). Como as células do córtex suprarrenal são já capazes de secretar hormônios glicocorticoides, é provável que estes sejam os sinais de parada das células migrantes e, ao mesmo tempo, fatores indutores de sua transformação em células glandulares da medula suprarrenal, em vez de neurônios típicos. Outras células da crista neural se deslocam até o trato digestório que está em formação, incorporam-se às paredes e formam um complexo circuito de neurônios que vão compor uma rede muito importante chamada *sistema nervoso entérico* (SNE), que você reencontrará no Capítulo 14.

No córtex cerebral, os neurônios migrantes de cada camada param após ultrapassar os da camada antecedente, possivelmente pelo reconhecimento de um sinal molecular secretado por neurônios muito precoces que residem desde o início do desenvolvimento na camada mais superficial do córtex (chamadas células de Cajal-Retzius).

Nas regiões laminadas do sistema nervoso central (como os córtices cerebral e cerebelar, a retina e outras regiões), as camadas são formadas pela migração simultânea de conjuntos de neurônios juvenis que param em um certo local sincronizadamente. Nas regiões não laminadas (como no diencéfalo e no tronco encefálico), grupos de neurônios migrantes se agregam para formar os núcleos. É desse

---

Neurociência em Movimento

Quadro 2.1
Bugs no Cérebro

▶ **Patricia P. Garcez***

Quando entrei no curso de Biomedicina da UFRJ, procurava um estágio para pesquisar a malária. Pensava que, por ela ser uma doença negligenciada, eu poderia contribuir mais para o país. Só que me apaixonei pela Neurociência, e mais precisamente como uma única célula embrionária se multiplica em milhões de células diferenciadas que dão origem a órgãos tão complexos como o cérebro humano.

No início, senti-me traindo o propósito de contribuir com o estudo de doenças negligenciadas, mas me deixei levar pelo coração… ou melhor, pelo cérebro!

Desde a iniciação científica comecei a estudar como os neurônios são gerados, um processo conhecido como neurogênese. E, após nascerem, eles saem da camada proliferativa e migram em direção ao seu destino final para, enfim, diferenciarem-se, emitindo prolongamentos e formando conexões. Tudo isso ocorre em harmonia por conta de uma orquestra de expressão gênica que regula mecanismos intrínsecos aos neurônios e do microambiente em torno deles durante a embriogênese.

Diversos fatores podem, no entanto, perturbar o curso dessa orquestra do desenvolvimento cerebral. E foi assim que me interessei por estudar a microcefalia, uma grave condição em que o bebê nasce com o cérebro malformado, pelo menos duas vezes menor que o de indivíduos de mesma idade e sexo. Fui para um laboratório em Londres fazer um pós-doutorado que durou cinco anos a fim de entender os mecanismos moleculares da microcefalia provocada por mutações genéticas.

Em 2015, quando retornei ao Brasil, houve uma explosão de casos de microcefalia no Nordeste brasileiro. Foi aterrorizante, pois trata-se de uma malformação gravíssima e incurável: os pacientes acometidos seriam, em sua maioria, dependentes dos pais e do sistema de saúde para sempre. Foi tão grave, que a Organização Mundial da Saúde (OMS) declarou estado de emergência global de saúde pública, pois não se sabia qual agente estava

---

Professora adjunta do Instituto de Ciências Biomédicas da Universidade Federal do Rio de Janeiro. Correio eletrônico: ppgarcez@gmail.com

causando as malformações cerebrais. Havia o risco de esse fenômeno se alastrar para outros locais, o que demandava uma vigilância mundial.

A Ciência brasileira se organizou e conseguiu coordenar redes de pesquisa que puderam responder às principais dúvidas da sociedade. Conseguimos provar que era o vírus da Zika que provocava a microcefalia. Esse vírus era recém-chegado ao país, da mesma família do vírus da dengue e transmitido pelo mesmo mosquito, *Aedes aegypti*. Para desespero dos países não tropicais, onde em geral esses mosquitos não circulam, o vírus da Zika também é transmitido sexualmente, e houve casos de turistas que vieram para áreas tropicais, foram infectados e transmitiram o vírus para suas parceiras gestantes. Uma vez no ambiente materno, o vírus da Zika consegue passar a barreira placentária e atingir o embrião, infectando as células-tronco que geram os neurônios, impedindo a neurogênese e causando, assim, a microcefalia. Ainda não há tratamentos nem vacina no mercado para se prevenir a microcefalia causada por esse vírus. Assim, seguimos investigando essa doença. Um fato instigante sobre esse vírus é que ele tem capacidade oncolítica, ou seja, mata células tumorais! Uma das nossas pesquisas atuais consiste em entender os mecanismos moleculares pelos quais o vírus mata células-tronco que geram o glioblastoma. Será que o Zika pode ser a chave para o tratamento de pacientes com esse câncer terminal? Só fazendo mais Ciência é que saberemos essa resposta.

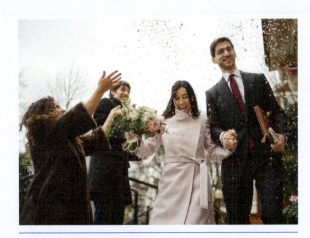

▸ **Figura 1.** Patricia P. Garcez no seu casamento em 2020.

▸ **Figura 2.** Corte de um cérebro de camundongo infectado com o vírus da Zika (em vermelho) apresentando células em processo de morte celular (em verde). Imagem de microscopia confocal feita pelas alunas Raiane Ferreira e Jessica Ferreira.

modo que se constituem as entidades citoarquitetônicas[G] características do sistema nervoso adulto, às quais se atribuem também consistência funcional, ou seja, participação coletiva numa mesma função.

▶ Diferenciação: Células Juvenis Viram Adultas

Já durante a migração, mas principalmente depois que os neurônios juvenis se estabelecem em seus locais definitivos, começa o processo conhecido como *diferenciação*. *A diferenciação tem aspectos morfológicos, bioquímicos e funcionais* e consiste na gradativa expressão dos fenótipos neuronais em cada um desses níveis. No plano morfológico, o corpo celular cresce em volume e vão se formando os prolongamentos dendríticos (Figura 2.13) até que a configuração de cada tipo celular esteja estabelecida, como é característico do adulto. Ao mesmo tempo, em um dos polos do soma de cada neurônio ocorre a emissão de um axônio, que cresce numa direção determinada para buscar alvos sinápticos próximos ou distantes. No nível bioquímico, as células começam a sintetizar as moléculas que garantirão a função neuronal madura, especialmente as enzimas que participam do metabolismo de neuromediadores[G]; as proteínas que compõem canais iônicos embutidos na membrana, participantes dos processos de produção de sinais elétricos, e muitas outras moléculas. Finalmente, no nível funcional, começam a aparecer e a amadurecer os diferentes sinais elétricos que serão utilizados pelos neurônios para gerar, receber e transmitir informações.

A diferenciação da neuroglia é semelhante, mas obedece a um curso temporal mais prolongado que o dos neurônios. As células de glia radial, mencionadas anteriormente, perdem seus prolongamentos radiais e se transformam em neurônios piramidais e em um tipo de gliócito de forma estrelada, o astrócito. Além disso, outros tipos gliais, como os oligodendrócitos, formam-se a partir de precursores que migram de longe, da região germinativa situada no telencéfalo ventral, e se espalham por todo o tecido nervoso. Gradativamente vai ocorrendo o amadurecimento bioquímico e funcional dos gliócitos e dos neurônios, de modo compatível com as funções de uns e de outros.

Conceitualmente, a diferenciação deve ser entendida como uma sequência ordenada de expressão de diferentes genes em cada tipo celular, que leva as células a produzirem as suas moléculas características e, assim, tornarem-se maduras (diferenciadas). Mas o que leva algumas células a se tornarem neurônios e outras a se tornarem gliócitos? E o que faz que alguns neurônios sejam piramidais e outros granulares? E, finalmente, de que modo ocorre a diferenciação regional por meio da qual se estabelecem as diferenças rostrocaudais e dorsoventrais do tubo neural?

Esses múltiplos caminhos da diferenciação tornam-se possíveis porque as células interagem entre si e com o meio extracelular: um certo grupo delas, em certo momento, passa a sintetizar e secretar uma molécula difusível que atua a distância sobre um outro grupo de células, levando-as a produzir sinais intracelulares (enzimas fosforilantes, fatores de transcrição e muitos outros), que acabam "ligando" ou

▶ **Figura 2.13.** Depois de migrarem, os neurônios juvenis começam a se diferenciar, isto é, a assumir a sua forma madura característica. São inicialmente células bipolares simples, adaptadas à migração. Depois emitem dendritos que se ramificam cada vez mais e um axônio que se alonga até o alvo. Na figura, apresenta-se como exemplo um neurônio piramidal do córtex cerebral, mas o processo é semelhante para quase todos os neurônios.

"desligando" certos genes, modificando, então, o padrão de expressão do genoma. O resultado é que esse segundo grupo de células passa a se diferenciar por um caminho distinto do primeiro. À medida que a quantidade de células vai aumentando, o número e a diversidade de interações celulares também crescem, e tudo vai ficando mais complexo e diversificado.

▶ Diferenciação Regional: Dorsal × Ventral, Rostral × Caudal

Os neurônios diferenciam-se individualmente, e cada um expressa as moléculas específicas para o seu funcionamento e para a aquisição de sua forma característica. Há, no entanto, como já citado, moléculas e características morfológicas comuns que reúnem neurônios em tipos celulares, e há tipos celulares que se reúnem em camadas, setores e regiões particulares do sistema nervoso. Quer dizer: existe uma diferenciação regional que estabelece características coletivas aos neurônios de cada região. É por isso que a área visual do córtex cerebral recebe informações originárias da retina, e não da orelha, e por essa razão os seus neurônios estão habilitados a processar cores, movimentos, formas, contrastes, cada um na sua especialidade. Da mesma forma, o córtex motor emite conexões para outras regiões motoras do cérebro, que acabam terminando nos músculos, e isso permite que seja capaz de controlar eficientemente os movimentos do corpo. Assim ocorre em todo o sistema nervoso, que apresenta um padrão regional bastante bem diferenciado e característico de cada espécie animal, responsável pelas diferentes funções neurais. A questão a examinar, então, é como, durante o desenvolvimento, processa-se essa diferenciação regional tão múltipla.

Necessariamente isso deve ocorrer por meio da interação entre as células em desenvolvimento e o seu genoma, e a investigação dessas interações levou à elucidação de alguns dos mecanismos moleculares que fazem o genoma expressar-se de um modo em alguns neurônios, de outro em outros neurônios; de uma maneira em certas regiões, de outra maneira em outras regiões.

O tubo neural apresenta dois principais eixos de diferenciação regional: dorsoventral e rostrocaudal. Um terceiro eixo, laterolateral, é simétrico em relação ao plano mediano. É fácil compreendê-los. Basta pensar nas diferenças entre a região ventral da medula espinhal, constituída principalmente por motoneurônios; a região intermédia com seus interneurônios; e a região dorsal, formada por neurônios sensoriais. Basta também lembrar as diferenças entre as vesículas embrionárias: o prosencéfalo, mais rostral, o mesencéfalo, intermediário, e o rombencéfalo, mais caudal. A pergunta que se propõe é a seguinte: de que modo o tubo neural, inicialmente homogêneo nesses dois eixos, transforma-se em uma estrutura com essas pronunciadas diferenças regionais?

Vejamos primeiro o que se passa no eixo dorsoventral (Figura 2.14). Já vimos que o tubo neural se forma pela invaginação da placa neural até que os lábios dorsais se unam na linha média e o ectoderma não neural recubra a estrutura cilíndrica assim formada (Figura 2.14 à esquerda). O mesoderma axial (notocórdio) fica bem abaixo da placa e, depois, do tubo neural. Duas regiões especializadas formam-se nesse processo: a placa do teto, na parte mais dorsal do tubo, e a placa do assoalho, na parte mais ventral – ambas compostas por futuras células gliais. Os neurônios juvenis que constituem o resto do tubo, de início semelhantes, logo se transformam em motoneurônios, ventralmente, e em interneurônios sensoriais, dorsalmente. Recentemente, revelou-se que essas transformações são comandadas por sinais moleculares de comunicação entre as células (Figura 2.14 à direita). O notocórdio produz uma proteína de nome intraduzível – *Sonic hedgehog** (SHH) – que se difunde em sentido dorsal pelo tubo neural. Mais tarde, a placa do assoalho passa também a produzir essa proteína. As células juvenis do tubo neural reconhecem a SHH e disso resultam sinais intracelulares que modificam a expressão gênica. Só que a natureza desses sinais varia com a concentração de SHH. Por isso, nas regiões mais ventrais, próximas da "fonte" dessa proteína sinalizadora, as células do tubo neural diferenciam-se em motoneurônios; nas regiões mais distantes, onde é mais baixa a concentração de SHH, as células diferenciam-se em interneurônios. As moléculas que produzem efeitos diferentes segundo a sua concentração são chamadas *morfógenos*.

Algo semelhante acontece dorsalmente, só que, neste caso, não se trata de um morfógeno, mas de uma família de proteínas já mencionadas: as BMPs. Como vimos, essas proteínas são produzidas e secretadas pelo ectoderma. Mais tarde (Figura 2.14), passam a ser produzidas também pela placa do teto. As diferentes BMPs se difundem em sentido ventral e são reconhecidas pelos neuroprecursores mais dorsais, que se diferenciam em distintos tipos de interneurônios, de acordo com o tipo de BMP que logram reconhecer.

O papel dessas duas moléculas indutoras e morfogenéticas está bem demonstrado para a medula espinhal primitiva, mas há evidências de que elas atuam também em níveis mais rostrais do tubo neural, no rombencéfalo, mesencéfalo e diencéfalo. Nesses casos, entretanto, a diversidade de moléculas envolvidas é maior, tornando mais complexo o processo.

_____

* *Hedgehog é o termo em inglês que denomina um mamífero insetívoro do gênero Tupaia. Foi utilizado para identificar uma família de genes que controlam o desenvolvimento embrionário regional na mosca* Drosophila *e que tem homólogos em vertebrados.* Sonic hedgehog *é um desses homólogos, denominado assim pelo seu descobridor em referência ao personagem de um videojogo famoso na década de 1990.*

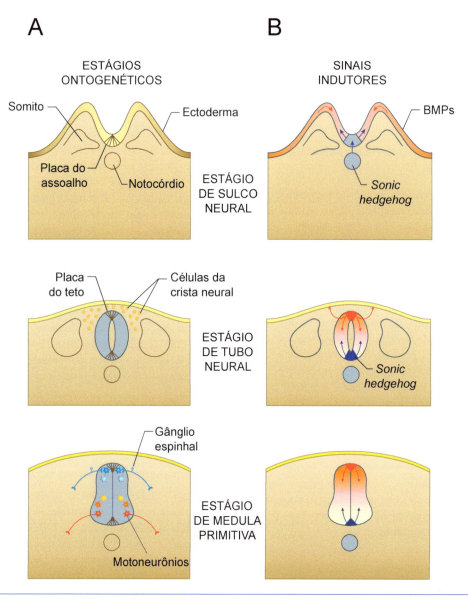

▶ **Figura 2.14.** Os esquemas à esquerda mostram três estágios bem precoces do desenvolvimento do sistema nervoso durante os quais ocorre a regionalização dorsoventral. Os esquemas à direita mostram os sinais moleculares correspondentes. Proteínas da família das BMPs são sinais dorsalizantes secretados pelo ectoderma e pela placa do teto do tubo neural, reconhecidos pelos neuroprecursores mais dorsais que vão originar neurônios sensoriais. Já a proteína *Sonic hedgehog* é um sinal ventralizante liberado pelo notocórdio e pela placa do assoalho do tubo neural, cuja concentração é "percebida" pelos neuroprecursores mais ventrais que vão originar os motoneurônios.

A diferenciação rostrocaudal do SNC embrionário, por sua vez, começa também na placa neural, junto com a indução (Figura 2.15A), porque os fatores indutores folistatina, noguina e cordina ativam genes rostrais, enquanto fatores diferentes ativam genes mais caudais. Entre estes últimos, destacam-se o FGF8* (um fator trófico, veja adiante) e um morfógeno de molécula surpreendentemente simples, o ácido retinoico. Assim, no estágio de placa neural, o SNC já está diferenciado em dois "compartimentos": um mais anterior, que dará origem aos neurônios e gliócitos do prosencéfalo, e outro mais posterior, que formará as demais vesículas.

Um pouco mais tarde, quando já está formado o tubo neural, os neurobiólogos do desenvolvimento observaram um fato curioso. O rombencéfalo apresenta intumescências periódicas visíveis ao microscópio, que foram chamadas rombômeros (Figura 2.15B). Cada rombômero reúne os neurônios precursores de um par de nervos cranianos, de modo semelhante aos segmentos espinhais, relacionados com um par de nervos espinhais cada um. Investigando a natureza dos genes e as respectivas proteínas de cada rombô-

---

[2] *Abreviatura, em inglês,* de fator de crescimento de fibroblastos 8.

Figura 2.15. A. A diferenciação rostrocaudal começa logo no início do desenvolvimento neural, já que os fatores indutores são diferentes nas regiões rostrais e caudais da placa neural. B. Mais tarde, o tubo neural apresenta segmentos (rombômeros r1, r2 etc.) que possuem padrões próprios de expressão (barras horizontais) dos genes homeóticos e suas proteínas (à esquerda, em C). A modificado de Tanabe Y, Jessell TM. *Science*. 1996;274:.1115-1123. B e C modificados de Lumsden A, Krumlauf R. *Science*. 1996;274:1109-1115.

mero, chegou-se à conclusão de que cada um tem um padrão característico (Figura 2.15B). Trata-se de genes homeóticos e suas proteínas, uma família de moléculas muito conservada ao longo da evolução, desde os invertebrados até o homem, e sempre relacionada com a determinação dos segmentos do eixo rostrocaudal do corpo. Os genes homeóticos dos rombômeros, desse modo, vão produzindo proteínas específicas que, por sua vez, conferem especificidade aos neurônios dos diferentes núcleos ao longo do tronco encefálico. Mas quem controla os genes homeóticos? Neste caso, o "culpado" parece ser novamente o ácido retinoico, mencionado anteriormente, secretado pelo mesoderma adjacente em concentrações diferentes, de acordo com o nível rostrocaudal: as diferentes concentrações provocam a expressão de genes homeóticos distintos.

Não se conseguiu reconhecer segmentos claramente visíveis ao microscópio no mesencéfalo e no prosencéfalo, mas foi possível identificar a expressão "segmentar" de genes homeóticos próprios e suas respectivas proteínas, possivelmente envolvidos com a diferenciação dos diversos setores e núcleos dessas regiões do SNC. Assim, foi possível estabelecer a generalidade de um princípio fundamental da diferenciação regional do SNC embrionário: fatores indutores e morfogenéticos mesodérmicos ativam genes homeóticos diferentes nos diversos níveis, e estes sintetizam proteínas que, aos poucos, vão tornando diferentes as células que inicialmente eram iguais, permitindo o aparecimento dos diversos núcleos com sua morfologia típica, seus neurônios e gliócitos característicos e suas conexões específicas.

▶ Novos Circuitos se Formam: Crescimento Axônico e Sinaptogênese

Ainda durante a migração, o neurônio juvenil pode emitir um axônio, que cresce ao longo de um trajeto preciso e consistente até a proximidade das células-alvo, com as quais estabelece contatos especializados. Esse processo é de grande importância, pois de sua correta ocorrência depende a precisão dos circuitos formados durante a embriogênese, o que garantirá o funcionamento adequado do sistema nervoso. A grande questão, neste caso, consiste em indagar de que modo os neurônios conseguem estabelecer conexões tão precisas. De que modo o axônio cresce? Como percorre o trajeto correto? Que pistas utiliza para encontrar os alvos certos? Dentro das regiões-alvo, como reconhece e estabelece contato com os neurônios certos? Para se ter uma ideia da magnitude desse problema ontogenético[G], basta lembrar que uma determinada população de neurônios da nossa medula – sempre e só aquela população – inerva o músculo flexor do nosso polegar direito – sempre ele, e só

Neurociência Celular

ele. Como eles "se encontram"? Outro exemplo pode ser retirado do sistema visual: certos neurônios do canto da retina mais próximo ao nariz veem apenas uma região restrita da porção mais lateral do campo visual, e esses neurônios formam uma cadeia de conexões[G] que alcança uma região muito restrita do córtex cerebral – sempre a mesma para todos os indivíduos da espécie.

O axônio emerge como um prolongamento do corpo celular e logo forma uma estrutura característica na sua extremidade, chamada *cone de crescimento* (Figura 2.16). O cone de crescimento foi descoberto em preparações histológicas pelo morfologista espanhol Santiago Ramón y Cajal no início do século XX, não só na ponta de axônios, mas também em dendritos. Modernamente, tem tido sua estrutura estudada ao microscópio eletrônico e seu comportamento dinâmico acompanhado mediante uma câmera de vídeo acoplada ao microscópio óptico, em preparações vivas de tecido nervoso embrionário e outros modelos experimentais. Esses estudos revelaram que o cone é a estrutura especializada em "conduzir" o crescimento do axônio ao longo do trajeto certo até o alvo, por isso não só ele possui uma ultraestrutura[G] especializada para movimentar-se (o citoesqueleto), como também sensores químicos capazes de reconhecer pistas presentes no microambiente no qual o axônio cresce.

A Figura 2.16 mostra que o cone apresenta finas protrusões com forma de dedos, unidas por membranas, como na pata de um pato. Os dedos são os *filopódios*, e são eles que "tateiam" o ambiente para reconhecer as pistas químicas. As membranas são os lamelipódios, que se movem como superfícies aderentes, propiciando o deslocamento do cone de crescimento. Os filopódios e lamelipódios contêm, internamente, finos filamentos (Figura 2.16A) de actina (Figura 2.16G), uma proteína do citoesqueleto[G] celular presente em todos os tecidos. Como a actina é uma proteína contrátil, a ela se deve a grande mobilidade do cone de crescimento (Figura 2.16A-D). Além disso, a região mais interna do cone possui um grande número de microtúbulos (Figura 2.16H), estruturas que vão se polimerizando para permitir o aumento do axônio seguindo o deslocamento do cone.

Desde o início do século XX, os neurobiólogos inventaram diferentes hipóteses para explicar como, durante o desenvolvimento, as conexões axônicas adquiriam tão alto grau de precisão. Uma delas, entretanto, teve aceitação mais forte por ter sido sustentada por muitas evidências experimentais e transformou-se numa teoria. É a teoria da *quimioafinidade* ou *quimioespecificidade*, criada nos anos 1940 pelo neurobiólogo norte-americano Roger Sperry (1913-1994), ganhador do prêmio Nobel de Medicina ou Fisiologia em 1981.

▶ **Figura 2.16.** Cones de crescimento de neurônios de um caramujo mantidos em cultura, isto é, em condições artificiais de laboratório. A morfologia é semelhante à dos cones que se formam dentro do sistema nervoso do embrião humano. A sequência de **A** a **D** mostra um cone submetido à ação de uma substância (depositada acima e à direita em **A** por uma micropipeta) que desorganiza os feixes de actina do citoesqueleto, provocando uma "curva" de trajeto para a esquerda. As fotos de **E** a **G** mostram a desorganização do citoesqueleto antes de a curva ocorrer (no local assinalado pelas setas), especialmente dos filamentos de actina (corados em verde, em **G**). A foto em **H** mostra grande quantidade de microtúbulos no centro do cone (corados em vermelho, em **H**). Fotos gentilmente cedidas por Christopher Cohan, da Universidade do Estado de Nova York, em Buffalo, EUA [Zhou et al. (2002) *Journal of Cell Biology*, vol. 157: pp.839-849].

Nascimento, Vida e Morte do Sistema Nervoso

Sperry utilizou o cérebro do sapo como modelo experimental (Figura 2.17A). Primeiro, cortou os nervos ópticos dos olhos de animais adultos anestesiados, exatamente no ponto em que eles cruzam a linha média, passando para o lado oposto do cérebro (Figura 2.17B). Como os animais de sangue frio são dotados de grande capacidade de regeneração axônica, diferentemente dos animais de sangue quente, os axônios retinianos cortados cresceram novamente em direção ao cérebro, reconstituindo o circuito interrompido, só que do mesmo lado, sem cruzar. Durante vários dias após a cirurgia, Sperry testou a visão dos animais pela sua capacidade de projetar a língua para capturar pequenos insetos que entram no campo visual. Obviamente, os animais recém-operados tornavam-se incapazes de realizar esse comportamento, estritamente dependente da visão.

Após um certo tempo, no entanto, Sperry verificou que os animais recuperavam essa capacidade visuomotora em função da chegada dos axônios regenerantes aos seus alvos cerebrais, só que o comportamento dos animais era agora invertido! Ao constatar a entrada de um inseto pelo lado esquerdo do campo visual, por exemplo, os animais projetavam a língua para o lado direito e vice-versa (Figura 2.17C). Sperry interpretou esse resultado do experimento imaginando (e depois demonstrando) que os axônios de cada região da retina haviam crescido novamente em direção às regiões correspondentes do cérebro, mas, como os lados estavam trocados, a região da retina que anteriormente via o lado esquerdo do campo agora passara a ver o lado direito e vice-versa. A existência de uma resposta comportamental significava que os axônios regenerantes haviam conseguido encontrar as regiões cerebrais que normalmente recebem da retina. O fato de que a resposta era invertida, entretanto, indicava que o mapa topográfico de projeção havia sido reconstituído, mas no lado errado do cérebro. Sperry extrapolou seus resultados para o desenvolvimento e postulou que os neurônios possuiriam marcas químicas altamente específicas, reconhecidas individualmente pelos axônios em crescimento.

A teoria da quimioespecificidade foi modificada em relação à formulação original de Sperry, mas tem hoje amplo apoio dos dados experimentais obtidos em animais de diferentes espécies, desde invertebrados até mamíferos. Já se conhecem diferentes pistas moleculares que influenciam o direcionamento dos cones de crescimento e, com isso, a formação dos circuitos neurais durante o desenvolvimento. De fato, hoje se sabe que o axônio em crescimento realiza um percurso específico por meio de um meio cheio de sinais moleculares que o vão orientando até alcançar o seu alvo, também específico. É como no trânsito das grandes cidades: há sinais para parar, para prosseguir, para virar à direita ou à esquerda, para regular a velocidade e para estacionar. Assim, também o cone de crescimento apresenta receptores moleculares na sua membrana que reconhecem as pistas existentes no meio. O cone, então, responde a elas: faz uma curva, acelera ou pausa, às vezes até realiza uma "marcha à ré". Os receptores são proteínas incrustadas na membrana do cone, geralmente com uma parte voltada para o exterior (a que reconhece a pista externa) e outra voltada para o citoplasma (que produz sinais intracelulares para modificar o movimento dos filopódios e do próprio cone). Entre os sinais intracelulares que o reconhecimento das

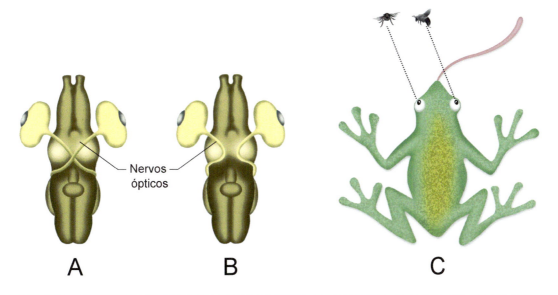

▶ **Figura 2.17.** Os experimentos do neurocientista americano Roger Sperry foram pioneiros, pois permitiram a formulação da hipótese da quimioespecificidade. Neste exemplo, uma rã, cujos nervos ópticos normalmente cruzam completamente para o lado oposto (**A**), era submetida a uma cirurgia de reorientação das vias visuais (**B**), após a qual os axônios da retina eram forçados a se regenerar para o mesmo lado. Os circuitos "reformados" atingiam o alvo correto, mas no lado trocado. Por consequência, a rã lançava a língua para o lado errado (**C**) ao visualizar um estímulo alimentício no seu campo visual.

pistas externas provoca nos cones, alguns causam a polimerização do citoesqueleto e a adição de membrana, o que resulta no alongamento do axônio e, muitas vezes, na formação de ramos colaterais.

A identidade molecular de inúmeras pistas para o crescimento axônico foi revelada recentemente. No entanto, verificou-se que uma mesma molécula sinalizadora pode ter ações distintas sobre diferentes axônios, dependendo do receptor que estes apresentem na membrana dos seus cones de crescimento. Mais importante que o tipo de molécula, portanto, é compreender os modos de ação dessas pistas sobre os cones (Figura 2.18). Um cone que emerge de um neurônio logo se defronta com uma matriz extracelular[G] de composição variada, contendo moléculas adesivas, promotoras ou até mesmo inibidoras do crescimento axônico (Figura 2.18A): as lamininas, a fibronectina e os proteoglicanos são algumas delas. A maioria dos cones possui as moléculas de membrana capazes de reconhecer essas pistas fixas do meio. As integrinas são as mais conhecidas, capazes de reconhecer as lamininas.

Ao prosseguir a sua navegação em direção ao alvo, o cone defronta-se também com diversas células ao longo do caminho, e estas apresentam proteínas de membrana que podem promover a sua adesão a elas (Figura 2.18B), direcionando seu crescimento ao longo de uma fileira de células, por exemplo: são as chamadas moléculas de adesão celular*. As moléculas de adesão dividem-se em duas grandes famílias: (1) as caderinas, glicoproteínas cuja ação depende da concentração de cálcio intracelular, reconhecidas por outras caderinas situadas no cone de crescimento (reconhecimento homofílico), e (2) as imunoglobulinas, proteínas semelhantes aos anticorpos do sistema imunitário, reconhecidas homofília ou heterofilicamente pelos cones de crescimento.

As moléculas situadas na membrana de células ou de outros axônios nem sempre, entretanto, promovem a adesão e o crescimento axônico. Algumas fazem justamente o contrário: provocam repulsão do cone de crescimento, fazendo que ele se afaste delas, e até mesmo causando o seu colapso temporário, o que leva à interrupção do seu movimento. É a chamada inibição ou repulsão de contato (Figura 2.18C). Finalmente, não só células, mas também outros axônios podem apresentar moléculas de adesão na sua membrana. Se esse for o caso, o cone adere a eles e o axônio passa a crescer junto com eles. O processo é denominado fasciculação (Figura 2.18D) e representa o mecanismo de formação dos fascículos, feixes, nervos e demais conjuntos de fibras nervosas do SNC e do SNP.

Os sinais moleculares que acabamos de descrever constituem o conjunto de pistas que atuam a curta distância, uma vez que estão todas integradas à membrana ou à matriz extracelular das fibras nervosas e células pelas quais passa o nosso axônio em crescimento. Existe, no entanto, outro grupo de pistas que atuam a longa distância. São geralmente secretadas pelas células situadas próximo ao trajeto do cone de crescimento, difundindo-se gradativamente para longe da fonte e, com isso, criando um gradiente[G] de concentração. O cone de crescimento é capaz de perceber esse gradiente. Alguns deles são atratores e fazem que o cone se aproxime (Figura 2.18E), enquanto outros são repulsores, fazendo que o cone se afaste (Figura 2.18F). Entre as moléculas quimioatratoras, as mais conhecidas são as netrinas, reconhecidas por receptores específicos de certos cones de crescimento. Entre as quimiorrepulsoras, destacam-se as semaforinas e as efrinas, reconhecidas também por receptores específicos da membrana de cones de crescimento. Não se deve considerar que essas moléculas sejam sempre atratoras ou sempre repulsoras. Já se demonstrou que tanto as netrinas como as semaforinas e as efrinas podem ser reconhecidas por receptores cuja ação é paralisar o movimento do cone e até mesmo fazê-lo mudar de direção e afastar-se.

Ao longo do desenvolvimento, algumas dessas moléculas começam a ser sintetizadas e a aparecer nas membranas ou ser secretadas justamente no momento em que o axônio se aproxima. Trata-se de uma perfeita articulação de eventos que resulta no direcionamento de cada população de axônios em crescimento para os seus alvos distantes (Figura 2.18).

Ao chegar à região-alvo, o cone de crescimento e toda a extremidade terminal do axônio em crescimento passam por um intenso processo de arborização, ou seja, ramificam-se profusamente (Figura 2.19). Ainda não se conhecem precisamente os mecanismos moleculares que comandam esse processo. Resulta da arborização terminal uma configuração típica de cada neurônio. Alguns formam árvores terminais densas e restritas, outros, no outro extremo, formam árvores esparsas, mas bastante extensas. Nesse momento do desenvolvimento começa a *sinaptogênese*, isto é, a formação de sinapses[G]. Em cada ramo aparecem pequenos botões que tocam os dendritos ou o corpo das células-alvo (os botões sinápticos). Nessas regiões de contato é estabelecida uma complexa maquinaria molecular que permite a comunicação entre os neurônios. Assim, quando se completa a formação das sinapses, as informações codificadas pelos impulsos nervosos podem ser transmitidas de uma célula a outra e o circuito começa a funcionar. Você pode obter maiores detalhes sobre as sinapses e a transmissão sináptica no Capítulo 4.

---

* O termo é muito usado, mas não é dos mais apropriados, pois, além de adesão, essas moléculas promovem também diversas reações intracelulares.

▶ **Figura 2.18.** No trajeto do cone de crescimento em direção ao seu alvo, são muitas as pistas de direcionamento com ação de curta distância. O cone de crescimento pode aderir a moléculas da matriz extracelular (MEC, em **A**) ou a moléculas situadas na membrana de células ao longo do caminho (**B**). Outras moléculas na membrana de outras células podem provocar o efeito contrário, repulsão. Neste caso, o cone se afasta (**C**). Finalmente, ao encontrar outros axônios, o cone pode aderir-se a eles e crescer junto, formando um feixe: é a chamada fasciculação (**D**). Outras pistas orientam também os cones de crescimento a longas distâncias. São geralmente moléculas difusíveis capazes de atrair (**E**) ou repelir o cone (**F**).

▶ **Figura 2.19.** Os axônios em crescimento buscam o seu território-alvo para arborizar perto das células pós-sinápticas. Alguns — como os neurônios do córtex cerebral que atravessam a linha média em busca do hemisfério oposto — ultrapassam o alvo (situado na altura do asterisco) crescendo para longe (**A**), mas emitem ramos colaterais que arborizam no lugar certo (**B**). No final (**C**), o ramo que cresceu demais é eliminado. Mais tarde, a árvore terminal dos axônios adultos se torna ainda mais focada no território cortical (**D**). **A-C** modificado de Hedin-Pereira C et al. *Cerebral Cortex*. 1999; 9:50-64. **D** modificado de Bahia CP et al. *Cerebral Cortex*. 2019;29:1460-1472.

▶ Formação das Antenas dos Neurônios

As antenas neuronais são os dendritos, que se originam a partir do soma, formando diversas arquiteturas bem específicas de cada tipo neuronal. As células gliais, principalmente os astrócitos, também possuem prolongamentos semelhantes, que, no entanto, não têm um nome específico como os dendritos neuronais. Como veremos no Capítulo 3, os dendritos funcionam como antenas porque recebem a maioria das sinapses que os neurônios enviam para outros por meio dos seus axônios.

Bem no início, os precursores neuronais revelam uma polarização que vai repercutir na formação dos dendritos. Enquanto migram em um certo sentido (p. ex., em direção à superfície do córtex cerebral em desenvolvimento), os jovens neurônios são "puxados" pelos prolongamentos-líderes. Já ao longo desse movimento, o axônio se forma e cresce no sentido oposto, conferindo uma forma bipolar a essas células (Figura 2.13). A seguir, enquanto o axônio continua a crescer em busca do seu alvo a distância, aparecem os prolongamentos dendríticos emergindo do corpo celular do neurônio. Em alguns casos, a polaridade se mantém, produzindo células piramidais no córtex cerebral, células de Purkinje no cerebelo e muitas outras. Em outros casos, porém, a polaridade não é tão acentuada e os dendritos se originam de todo o contorno do neurônio, dando-lhe um aspecto estrelado. E é esse mesmo o nome que se dá aos neurônios que têm essa morfologia no córtex, nos núcleos da base e em outras regiões.

A variedade de formas dos neurônios, entretanto, é imensa: há neurônios "carecas" (sem dendritos), neurônios com uma árvore dendrítica extremamente frondosa e muitos formatos intermediários entre esses extremos. Você vai ter oportunidade de conhecer muitos desses tipos ao longo dos próximos capítulos. Ocorre que, quanto mais frondosa é a árvore dendrítica, maior o número de sinapses que ela pode alojar, porque a superfície de membrana disponível para os axônios ancorarem é mais e mais extensa. Essas células frondosas podem alojar, cada uma delas, até 100 mil sinapses! Por outro lado, os neurônios "carecas" apresentam poucas sinapses, mas elas competem pouco entre si, e assim a eficiência da transmissão sináptica de cada uma é muito maior.

Para gerar as antenas dendríticas quase ao mesmo tempo que o axônio, a mesma orquestra de sinais moleculares entra em ação. Na fase de polarização inicial, as semaforinas desempenham papel importante, seja como atratoras ou como repulsoras do crescimento dendrítico. Os receptores das semaforinas – que lhes conferem a natureza atratora ou repulsora – se encontram distribuídos assimetricamente na membrana do neurônio em desenvolvimento, alguns na parte basal, outros na parte apical. Em outros casos, a polarização dos receptores não é tão nítida. O resultado é a repulsão do axônio em crescimento para longe, em um polo, seguida do crescimento dendrítico no outro polo ou ao redor de todo o soma, dependendo do grau de polarização dos receptores das semaforinas. O crescimento dos ramos dendríticos, no entanto, não é aleatório: por exemplo, cada um evita crescer no território de seus "irmãos", e por isso as árvores dendríticas são tão bem distribuídas no espaço tridimensional. Além disso, os dendritos de cada neurônio geralmente ocupam territórios próprios que não se misturam com o dos neurônios ao lado: cada qual no seu quadrado, formando um mosaico de arborizações, que, assim, podem receber os terminais axônicos para a formação de sinapses de um modo organizado. Existe um responsável já detectado para essa definição de territórios – o gene DSCAM*, cujos produtos proteicos são reconhecidos pelos neurônios do mesmo grupo, fazendo que seus dendritos mantenham uma certa distância dos dendritos homólogos. Experimentos de mutação ou deleção desse gene em modelos animais resultam em árvores dendríticas defeituosas, com os ramos crescendo uns sobre os outros sem o espalhamento territorial característico. Veja um pouco mais sobre isso no Quadro 2.2.

▶ Processos Regressivos: Eliminação e Morte Anunciada

Pouca gente imaginaria que as etapas ontogenéticas descritas até agora resultassem num excesso de neurônios, de circuitos neurais e de sinapses. No entanto, foi isso que descobriu o neuroembriologista alemão Viktor Hamburger (1900-2001) nos anos 1940, o que foi posteriormente confirmado por vários outros pesquisadores. Hamburger contava o número de células da medula de pintos de várias idades e descobriu que a quantidade crescia durante a embriogênese, mas decrescia bastante depois do nascimento. O mesmo ocorria com os neurônios dos gânglios espinhais. Ao implantar no embrião um membro extra (uma asa adicional, por exemplo), entretanto, o número de células mantinha-se elevado nos gânglios e nas regiões medulares correspondentes. O inverso acontecia após a remoção de um membro natural: o número de células caía mais que o normal. Hamburger concluiu que o desenvolvimento nor-

mal incluía uma fase de morte celular natural e que esta fase era de algum modo regulada pela quantidade de tecido-alvo presente no embrião.

Posteriormente, a bióloga italiana Rita Levi-Montalcini, colaboradora de Hamburger que trabalhava com ele nos EUA, postulou a existência de *fatores neurotróficos*, isto é, substâncias capazes de garantir a sobrevivência dos neurônios juvenis, sem as quais eles morreriam. Levi-Montalcini identificou o primeiro fator neurotrófico conhecido, exatamente o que atua sobre os neurônios dos gânglios espinhais, dando-lhe o nome de *fator de crescimento neural* (conhecido pela abreviatura NGF, do inglês *nerve growth factor*). Uma numerosa família de fatores neurotróficos está identificada atualmente, incluindo moléculas que atuam em diversos setores do sistema nervoso.

A identificação dos fatores neurotróficos seguiu-se à descoberta de que o fenômeno da morte celular natural ocorre em todo o sistema nervoso das diferentes espécies animais, desde os invertebrados até os mamíferos superiores e, provavelmente, também o homem. Nos invertebrados, entretanto, a morte celular é programada geneticamente e não é regulada pelos alvos como nos vertebrados. Nestes, pode ocorrer até mesmo o desaparecimento completo de um conjunto de neurônios de certas regiões, existentes em certas fases do desenvolvimento e inexistentes no adulto. Na maioria dos casos, entretanto, a morte celular é apenas parcial, e parece ser um mecanismo de ajuste numérico das populações de neurônios em relação aos seus alvos. Os fatores tróficos são produzidos pelos alvos e, talvez, também pelas fibras aferentes. São, então, secretados e logo reconhecidos e capturados pelos neurônios, que com eles fazem contato sináptico. No interior dos neurônios, atuam sobre o DNA, bloqueando um processo ativo de "suicídio" da célula chamado *apoptose*, efetivado pela síntese de enzimas cuja função é matar a célula. As células que projetam axônios para uma mesma região-alvo competem pelos neurônios com os quais estabelecerão contato. Aquelas que conseguem estabilizar suas sinapses obtêm suficiente quantidade de fatores neurotróficos do alvo e sobrevivem, mas as que não conseguem entram em apoptose e desaparecem.

A morte das células produzidas "em excesso" não é o único processo regressivo que se observa durante o desenvolvimento do sistema nervoso. Ocorre também a eliminação seletiva de axônios e de sinapses, ambos produzidos "em excesso" como os neurônios. A esse respeito, por exemplo, mostrou-se que mais de 70% dos axônios inter-hemisféricos do córtex do macaco recém-nascido desaparecem até a vida adulta (Figura 2.20A). O fenômeno não implica a morte dos neurônios correspondentes, mas apenas a retirada do axônio inter-hemisférico e a formação de ramos colaterais que se projetam ao hemisfério do mesmo lado em substituição àquele. Fenômenos semelhantes foram observados em outras regiões do sistema nervoso e

---

[4] *Abreviatura de* Down Syndrome Cell Adhesion Molecule*, que, como o nome sugere, tem relevância na patogenia da síndrome de* Down*, a trissomia do cromossomo 21.*

Neurociência Celular

Neurociência do Cotidiano

Quadro 2.2
Um Horizonte para a Síndrome de Down*

A síndrome de Down é um dos mais frequentes transtornos cognitivos de causa genética em todo o mundo. Estima-se que nasça uma criança com Down para cada mil nascidos vivos, e a probabilidade de ocorrência dessa condição aumenta com a idade da mãe. Há muito se sabe que as pessoas com Down apresentam um cromossomo a mais: o cromossomo 21. São, portanto, 200 a 300 genes a mais em todas as células, inclusive nos neurônios. Como os genes se expressam pela síntese de proteínas que vão atuar nas mais diversas funções celulares, a ocorrência de genes triplicados causa uma desregulação geral da quantidade e do funcionamento das proteínas nessas pessoas. Essa é uma das razões que tornam tão difícil desenvolver alternativas terapêuticas para mitigar os sintomas da síndrome de Down. Qual proteína seria responsável por tal sintoma?

Um novo caminho foi aberto por um grupo de pesquisadores americanos. Seguinte: a regulação da síntese e da degradação das proteínas, em todas as células, fica sob controle de um processo molecular chamado *resposta integrada ao estresse*. Toda vez que aparece uma anomalia no metabolismo das proteínas – proteínas demais, proteínas de menos, proteínas defeituosas –, uma sequência de reações é ativada, bloqueando temporariamente a síntese, religando-a depois... Se fosse possível demonstrar que a resposta integrada ao estresse está alterada em portadores da síndrome de Down, ficaria muito mais simples intervir artificialmente nesse canal de regulação do que em alguma das numerosas proteínas produzidas pelas centenas de genes do cromossomo a mais dessas pessoas.

Os pesquisadores utilizaram um mutante de camundongo que apresenta cromossomos a mais com 80% dos genes da síndrome de Down e déficits cognitivos assemelhados, principalmente na memória de longo prazo. Nesses animais, fizeram experimentos genéticos e bioquímicos para demonstrar que as regiões cerebrais responsáveis pela memória apresentam anomalias na regulação da expressão dos genes e, consequentemente, na síntese de proteínas. Além disso, realizaram experimentos funcionais registrando a ocorrência de alterações na transmissão de informações entre os neurônios e, finalmente, testes de comportamento para avaliar a memória de longo prazo.

E mais: alguns desses experimentos foram replicados no tecido cerebral de doadores falecidos e também em células da pele de doadores vivos, transformadas em neurônios por meio de técnicas de laboratório.

Tudo isso revelou que a resposta integrada ao estresse encontrava-se exacerbada nesses modelos de Down, mas que era possível interferir sobre ela, regulando-a artificialmente por meio de mutações gênicas provocadas e, também, utilizando substâncias inibidoras específicas. Ligando ou desligando a expressão gênica dos cromossomos extranumerários, os pesquisadores conseguiram reverter os fenômenos moleculares, celulares e cognitivos característicos da síndrome de Down.

E tem mais: sabe-se que as pessoas com Down têm maior propensão a apresentar a doença de Alzheimer precocemente. Não por acaso. Também nas doenças degenerativas, como é o Alzheimer, ocorre alteração da resposta integrada ao estresse, portanto o caminho terapêutico que acaba de ser aberto para a síndrome de Down pode potencialmente ser utilizado também em um grande número de condições neuropsiquiátricas que impactam forte e negativamente o bem-estar das pessoas.

Referência
Zhu PJ et al. Activation of the ISR mediates the behavioral and neurophysiological abnormalities in Down syndrome. *Science*, 2019;366: 843-849.

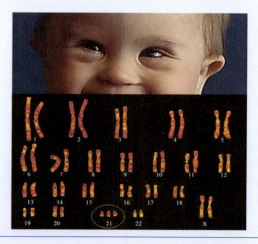

▶ **Figura 1.** Os 46 cromossomos humanos ocorrem aos pares e são identificados principalmente por números. Nos casos de síndrome de Down, em vez de duas unidades, o cromossomo 21 está representado por três.

*Texto baseado em artigo originalmente publicado em O Globo Online em 21/11/2019 (blog A hora da Ciência) em outras espécies. Em particular, deve-se mencionar que a contagem de sinapses indicou também que um número excessivo é atingido durante o desenvolvimento, seguindo-se uma fase declinante até a estabilização, próximo à vida adulta (Figura 2.20B). Esse fenômeno de eliminação seletiva de axônios e sinapses chama-se usualmente *poda neuronal*, em analogia ao corte dos galhos ou dos troncos das árvores.

Mielinização: Final do Desenvolvimento?

Não se pode determinar um momento preciso em que o sistema nervoso se torna adulto, isto é, o ponto final do desenvolvimento, mesmo porque o sistema continua a transformar-se, embora menos aceleradamente, durante toda a vida adulta. Geralmente, entretanto, considera-se que o processo da mielinização marca o estágio final de

▶ **Figura 2.20.** Ao final do desenvolvimento, ocorrem processos regressivos que envolvem a morte neuronal e a eliminação de axônios e sinapses. O gráfico **A** mostra a diminuição do número de axônios inter-hemisféricos após o nascimento. Nesse gráfico, o número de axônios de embriões de macacos em diferentes idades é representado pelos círculos, e a média encontrada no adulto é indicada pela barra horizontal. O gráfico **B** mostra o enorme aumento do número de sinapses que ocorre um pouco antes e depois do nascimento, seguido da lenta diminuição posterior, em uma região restrita do córtex cerebral. Neste caso, os diferentes símbolos representam contagens realizadas em diferentes animais. **A** modificado de LaMantia AS, Rakic P. *Journal of Neuroscience*. 1990;10: 2156-2175. **B** modificado de Rakic P et al. *Science*. 1986; 232:232-235.

maturação ontogenética do sistema nervoso. A mielina, como sabemos, é um material isolante (quimicamente constituído por lipídios ou gorduras) que faz parte da membrana de certas células da neuróglia, os oligodendrócitos. Em um certo momento, quando essa membrana glial toca as fibras nervosas, vai-se enrolando em torno delas (Figura 2.21) até formar uma espessa espiral que cobre a fibra toda, a não ser em alguns pontos (Figuras 3.5 e 3.17). Nem todas as fibras do sistema nervoso são mielinizadas, mas as que são possuem maiores velocidades de condução dos impulsos nervosos. A mielinização, portanto, é uma estratégia que permite adquirir maior eficiência na transmissão de informação. Veja o Capítulo 3 para mais informações sobre isso.

No cérebro humano, a mielinização pode atualmente ser acompanhada em vida por técnicas de neuroimagem por ressonância magnética capazes de revelar detalhes da composição da substância branca[A] cerebral. Essa técnica revelou que a mielinização se inicia nos grandes feixes de fibras do tronco encefálico, bem ao final da gestação e nos primeiros dias após o nascimento, ascendendo depois aos feixes diencefálicos e à parte posterior do corpo caloso (1 a 3 meses pós-natais), em seguida à cápsula interna[A] e ao restante do corpo caloso (na altura dos 6-8 meses), alcançando a substância branca dos hemisférios cerebrais ao final do primeiro ano de vida. A partir daí, acredita-se que o processo se prolongue lentamente até a puberdade em todas as regiões cerebrais. A última região a completar a mielinização no cérebro humano é o córtex pré-frontal, durante a adolescência. E, como o córtex pré-frontal é responsável pelo controle executivo do comportamento e da cognição, isso explica por que os adolescentes são muitas vezes impulsivos e desatentos: não conseguem controlar eficientemente ainda a liberação de comportamentos inadequados, têm dificuldade em focar a atenção na aprendizagem e outros fenômenos típicos dessa faixa etária.

▸ **Figura 2.21.** A mielinização marca o estágio final do desenvolvimento do sistema nervoso. Nesse processo, tipos especiais de gliócitos enrolam-se em torno das fibras nervosas, formando uma bainha isolante de mielina que contribui para o aumento da velocidade de propagação do impulso nervoso. As células de Schwann são os gliócitos que englobam axônios do SNP (**A**), e os oligodendrócitos são os que embainham axônios do SNC (**B**).

NASCIMENTO, VIDA E MORTE DO SISTEMA NERVOSO

DESENVOLVIMENTO CEREBRAL E DESENVOLVIMENTO PSICOLÓGICO

Um grande debate estabeleceu-se no século XX sobre o desenvolvimento psicológico das crianças e suas bases cerebrais. A questão era saber com que repertório de capacidades as crianças nascem e como se desenvolvem as capacidades psicológicas e cognitivas dos adultos. Além disso, como essa trajetória se relaciona com o desenvolvimento cerebral? Em outras palavras: quais de nossas capacidades mentais são inatas e quais são adquiridas pela experiência e pela interação social?

Dois grandes psicólogos destacaram-se nesse debate: o suíço Jean Piaget (1896-1980) e o bielorrusso Lev Vygotsky (1896-1934). Vygotsky dava grande ênfase às interações sociais, especialmente por meio da linguagem, argumentando que o desenvolvimento do pensamento humano é determinado pelas condições sociais, notadamente a educação. Piaget pensava de modo semelhante, porém, sendo biólogo de formação e mais longevo que Vygotsky, foi capaz de formular mais detalhadamente uma consistente teoria do desenvolvimento psicológico humano em relação ao seu desenvolvimento biológico. Ambos defenderam uma escola de pensamento sobre o desenvolvimento cognitivo e a aprendizagem que ficou conhecida como *construtivismo*.

De acordo com essa escola, o desenvolvimento psicológico da criança se dá por estágios bem definidos, a partir de um repertório inato de reflexos simples utilizados e modificados pela interação ativa com o ambiente, possibilitando, assim, a construção gradual da cognição adulta. O primeiro estágio é chamado *sensório-motor*, do nascimento aos 2 anos de idade, durante o qual a criança ainda não fala, mas utiliza seus reflexos inatos para explorar o mundo, agindo sobre ele com seu corpo (especialmente as mãos e a boca) e recebendo dele informações sensoriais. Os objetos são agarrados mediante reflexos de preensão palmar* e levados à boca por meio de reflexos de sucção relacionados com o ato de mamar. Objetos maiores que não podem ser agarrados (uma bola, uma caixa) podem, no entanto, ser empurrados, rolados ou derrubados, e os resultados dessa manipulação são assimilados e incorporados à memória na forma de aprendizagem. Outros objetos, ao serem manipulados (chaves, por exemplo), fazem barulho, e essa informação auditiva é assimilada para diferenciá-los da bola, da caixa. As conexões sensoriais e motoras do sistema nervoso do bebê, portanto, possibilitariam a assimilação de informações sobre o ambiente, associando-as e coordenando-as de modo cada vez mais complexo até que apareçam os primeiros elementos do pensamento, ajudados pela emergência da linguagem.

O segundo estágio é chamado *pré-operacional*, estendendo-se dos 2 aos 6 anos. A criança já fala e se locomove. Sua capacidade de interagir com o ambiente se amplia a cada dia e ela se torna capaz de criar "teorias" sobre as coisas, resultantes de suas associações: "a bola não quer parar", "o cachorro está zangado", "o sol está nos seguindo". O terceiro estágio é chamado *operacional concreto*, abrangendo dos 6 aos 12 anos, durante o qual a criança só raciocina mentalmente sobre situações que vivencia de forma concreta, sobre sua experiência de vida. *E*, finalmente, o quarto e último estágio, *operacional formal*, constitui-se a partir dos 12 anos com o raciocínio lógico abstrato, capaz de estabelecer relações sobre fenômenos imaginados.

Piaget construiu sua teoria dos estágios a partir de observações diretas que realizou em crianças, inclusive seus próprios filhos. Provavelmente por adotar essa abordagem observacional, e não experimental, não pôde revelar algumas capacidades que os bebês muito precoces já exibem, mas que só puderam ser evidenciadas recentemente, por intermédio de experimentos engenhosos que utilizam reações sutis provocadas por certos tipos controlados de estimulação. Por exemplo: pode-se medir o tempo que um bebê permanece olhando um certo objeto antes de desviar o olhar para outra direção. Quando o objeto já foi visto e se tornou familiar, o tempo do olhar torna-se mais breve e os olhos são rapidamente desviados para outro objeto. Se este for desconhecido, o bebê permanecerá olhando-o durante um tempo maior. Isso significa que consegue diferenciar entre ambos, e, se a diferença entre esses objetos for controlada pelo experimentador, é possível identificar quais características dos objetos são percebidas. Assim foi possível verificar que bebês recém-nascidos não têm apenas reflexos simples: são capazes de distinguir tamanho, forma e cor dos objetos já nos primeiros meses após o nascimento, bem como perceber profundidade, localizar sons no espaço, identificar sons complexos (como a voz da mãe, diferente da voz de outras mulheres da casa...) e até mesmo reconhecer diferenças melódicas e rítmicas de segmentos musicais simples. A percepção musical precoce dos bebês é tradicionalmente explorada pelos adultos de todas as culturas, que utilizam uma linguagem "cantada" quando se dirigem a eles.

Mais recentemente se descobriu que recém-nascidos são capazes de distinguir quantidades, algo que, segundo Piaget, dependeria estritamente de aprendizagem: por exemplo, diferenciam o número de biscoitos escondidos dentro de um recipiente, manifestando mais interesse por dois do que por um biscoito, e mais por três do que por dois ou um. E melhor ainda: computam também variáveis contínuas, como volumes: interessam-se mais por um biscoito grande do que por dois pequenos.

---

* *A preensão palmar consiste no fechamento firme da mão toda vez que a palma é estimulada com algum objeto.*

Apesar dessas recentes descobertas sobre as surpreendentes capacidades cognitivas das crianças pequenas, permanece válida a proposição de que o desenvolvimento cognitivo se dá em estágios, mediante a interação com o ambiente. Busca-se agora correlacionar a emergência das propriedades psicológicas humanas com as mudanças anatomofuncionais do sistema nervoso durante o desenvolvimento pós-natal, na expectativa de que essa correspondência psicofisiológica permita definir melhor os estágios (Figura 2.7). Acresce que já é possível registrar, em imagens de ressonância magnética funcional, a atividade cerebral de fetos dentro do útero. Isso confirmou que, com 15-18 semanas de gestação, o feto já se move sem, no entanto, apresentar ativação do córtex cerebral: os movimentos, portanto, são de origem muscular ou, talvez, movimentos reflexos originados na medula espinhal. Só próximo ao nascimento aparece atividade cerebral nas regiões motoras: talvez aí já haja alguma intencionalidade nos movimentos. As regiões corticais somestésicas, visuais e auditivas tornam-se ativas por volta da 30ª semana de gestação. Será que o feto humano sente dor? Não sabemos ainda com precisão, mas seria uma informação de grande relevância para obstetras e pediatras, bem como para as famílias e para os problemas éticos relacionados com a gestação e sua interrupção, necessária em alguns casos, mas sempre polêmica e delicada. Impressionante mesmo é o experimento que detectou uma influência do idioma materno (francês ou alemão) ouvido de dentro do útero. Bebês alemães apresentam um choro com acentuação tônica paroxítona, como é a língua alemã, enquanto bebês franceses choram com tônica oxítona, como é característico da língua francesa!

Depois do nascimento, um ponto de inflexão importante ocorre aos 2-3 meses de vida pós-natal, quando desaparecem alguns reflexos inatos (como a preensão palmar mencionada anteriormente). Acredita-se que isso se deva à inibição dos neurônios motores do tronco encefálico e da medula por parte do córtex cerebral e à entrada em funcionamento de grande contingente de interneurônios inibitórios nas diferentes regiões do SNC. A inibição do tronco encefálico pelo córtex provocaria também a diminuição do choro e o aparecimento do sorriso social, uma característica dessa idade.

Entre os 7 e os 12 meses ocorre outra transição importante: o surgimento da linguagem, possibilitado pelo aperfeiçoamento de um tipo de memória chamada operacional, que permite que a criança ligue mentalmente os eventos do presente em sequências temporais e possa, assim, emitir e compreender sons sequenciais significantes. Nessa fase ocorre a diferenciação dos neurônios das regiões frontais do cérebro, envolvidos com essas funções. O vocabulário aumenta, e isso coincide com a diferenciação dos neurônios das regiões temporais, especialmente da chamada *formação hipocampal*[A], uma área cerebral ligada à consolidação da memória (leia sobre a memória no Capítulo 18 e sobre a linguagem, no Capítulo 19).

O 2º ano de vida da criança é marcado pela aquisição de importantes competências: (1) compreensão plena e expressão da linguagem; (2) inferência sobre estados mentais e emocionais dos outros; (3) ajuste social (podem-se fazer certas coisas, mas outras não...); e (4) autoconsciência (também chamada metacognição). É escasso o conhecimento da base neural desses processos, mas algumas correlações podem ser feitas. Por exemplo: já nos referimos a que a mielinização dos feixes de fibras da substância branca começa no tronco encefálico nos primeiros meses, ascendendo ao diencéfalo e telencéfalo no final do primeiro ano. Além disso, aumenta bastante o número de sinapses no córtex cerebral a partir dos 2 anos de idade. Durante o 2º ano de vida, portanto, elevam-se a conectividade e a comunicação entre áreas corticais do mesmo hemisfério e entre os hemisférios por meio do corpo caloso. Presume-se que a crescente velocidade de propagação de impulsos em todo o cérebro propicie os progressos cognitivos que a criança apresenta.

Um desafio ainda inconcluso é como relacionar essas etapas propostas pelos psicólogos com as etapas neurobiológicas aferidas pelos neurocientistas. Segundo estes, pode-se falar em um *período pré-natal*, um *período pós-natal* imediato, um *período infantil* ou simplesmente *infância*, seguido da *adolescência*, na qual se inclui a *puberdade* (Figura 2.7). Durante o período pré-natal, o cérebro ainda é bastante imaturo e se encontra em processo de desenvolvimento muito incipiente, sendo suas funcionalidades ainda muito rudimentares: sensoriais e motoras, basicamente. Durante essa fase intrauterina, o cérebro vai gradualmente assumindo sua forma e tamanho definitivos, aparecendo os sulcos e giros, acompanhados da emergência da conectividade funcional entre as áreas cerebrais. Exames de imagem mostram o gradual crescimento da espessura do córtex cerebral, por exemplo, e o aparecimento de redes funcionais que vão depois se estabilizar. As etapas de proliferação celular, migração e crescimento axônico – descritas anteriormente – são intensas nessa fase.

O período pós-natal inclui o primeiro ano de vida do recém-nascido, durante o qual ele é inundado por uma avalanche de informações e estímulos provenientes do ambiente em que acabou de ingressar. De certo modo, essa etapa concebida pelos neurobiólogos coincide com o início da fase sensório-motora de Piaget: o bebê vai aos poucos integrando-se ao ambiente mediado pela mãe e pelos demais atores em sua volta. Acredita-se que nessa fase ocorra a formação das sinapses e sua regulação quantitativa. É também nessa fase que se iniciam alguns dos chamados períodos críticos, mais bem explicados no Capítulo 5. São fases de grande sensibilidade dos circuitos neurais, suscetíveis a influências moduladoras do ambiente. Durante a infância, esses períodos críticos continuam, cada um deles específico para uma esfera funcional particular: o período crítico da linguagem, por exemplo, possibilita à criança uma grande facilidade em aprender idiomas. É como se as áreas cerebrais correspondentes fossem, nesse período, particularmente capazes de organizar-se para decodificar os sons linguísticos e apreender o seu significado.

Mais um pouco, inicia-se a adolescência. A biologia do cérebro está bem amadurecida, mas ainda resta um desequilíbrio entre a mielinização de áreas cerebrais relacionadas com os chamados sistemas de recompensa (ah, o prazer!) e aquelas envolvidas com o controle executivo. O prazer é bom, mas deve ser submetido a controles de natureza social, cultural e pessoal – tudo o que o adolescente tem dificuldade de fazer, pois seu sistema de recompensa está devidamente mielinizado e operante, enquanto o controle inibitório propiciado pelas regiões pré-frontais do córtex cerebral ainda é imaturo, já que estas são ainda incompletamente mielinizadas. Trata-se de uma dissociação do desenvolvimento que causa o descontrole de muitos adolescentes, sua rebeldia e sua particular maneira de ver o mundo à sua volta. Em paralelo, a puberdade revoluciona o corpo, trazendo a sexualidade e o prazer correspondente, duas variáveis com as quais o adolescente deve aprender a lidar.

O TEMPO NÃO PARA: ENVELHECIMENTO E MORTE DO SISTEMA NERVOSO

▶ Por que Envelhecemos?

A ação do tempo sobre o sistema nervoso não se resume ao desenvolvimento embrionário e pós-natal. Lentamente, depois de atingir a maturidade, o sistema nervoso vai envelhecendo, um processo que se acentua mais tarde e resulta na morte simultânea do indivíduo e de seu cérebro. O envelhecimento, entretanto, não inclui necessariamente a ideia de "doença" e envolve uma multiplicidade de alterações tanto no cérebro como em todos os demais órgãos do corpo, resultantes da entropia[G] crescente que caracteriza todos os sistemas naturais.

Em todo o mundo, bem como no Brasil, a chamada "pirâmide demográfica" vai ficando de cabeça para baixo. Em todo o século XX, as crianças e jovens eram a maioria e formavam a base da pirâmide. No meio estavam os adultos e os velhos formavam o bico apontando para cima. A expectativa de vida não chegava aos 70 anos em 2000, mas atingirá os 80 em 2050. A pirâmide gradualmente vai se transformando em cilindro, e mais à frente em um vaso grego! O envelhecimento da população traz novos desafios para a ciência, em particular para a neurociência. Em que consiste esse fenômeno biológico inexorável? Será

geneticamente determinado? Em que medida depende do ambiente social? Como se podem mitigar as doenças da idade e aumentar a qualidade de vida dos idosos?

As causas do envelhecimento são ainda mal conhecidas, havendo, no entanto, hipóteses promissoras sob investigação. Como o tempo de vida de um indivíduo depende da espécie a que pertence, acredita-se que haja alguma determinação genética nesse processo. Assim, enquanto os seres humanos raramente ultrapassam 100 anos, as tartarugas podem atingir 2 séculos de vida. Por outro lado, animais como o camundongo e o rato não chegam a 2 anos. Isso indica que o tempo de vida dos animais é característico da espécie. O biólogo norte-americano Leonard Hayflick fez um experimento interessante a esse respeito: contou o número de vezes que os fibroblastos[G] humanos conseguem se dividir em placas de cultura de tecidos[G]. Constatou que os fibroblastos de indivíduos jovens se dividem mais do que os de indivíduos velhos. Depois, comparou os fibroblastos de diferentes espécies e verificou que os de camundongos se dividem menos vezes que os de humanos, e estes menos que os da tartaruga. Hayflick sugeriu a existência de um relógio biológico determinado geneticamente para cada espécie: esse relógio controlaria o tempo de vida das células e, consequentemente, dos indivíduos.

Outra hipótese postula a existência de redundância gênica, havendo múltiplos genes para cada fenótipo. O envelhecimento começaria com o esgotamento dos genes redundantes, causado por sucessivas mutações, espontâneas ou provocadas ao longo da vida, o que resultaria na degeneração funcional e morfológica típica da velhice. Recentemente, descobriu-se que, sempre que as células se dividem, as pontas de seus cromossomos – chamadas *telômeros* – encurtam-se um pouco (Figura 2.22). Como os telômeros são repetições de certas sequências de bases do DNA que protegem os cromossomos durante a divisão celular, o seu encurtamento pode levar as células à morte quando se dividem ou causar aberrações cromossômicas prejudiciais às funções celulares. As células podem produzir uma enzima que corrige o encurtamento dos telômeros – a telomerase. Não se sabe, entretanto, se a telomerase atua fisiologicamente, porque muitas vezes não é identificada em células normais, e, quando está presente em maior quantidade, provoca câncer, isto é, um comportamento proliferativo descontrolado.

Quaisquer que sejam as causas do envelhecimento, o fato é que o sistema nervoso é também atingido pela longevidade, o que provoca sua gradativa degeneração e, finalmente, o colapso funcional e a morte.

▶ O Cérebro do Idoso e o Idoso

O cérebro do indivíduo idoso apresenta claras diferenças morfológicas em relação ao do indivíduo jovem: o seu

Neurociência Celular

▶ **Figura 2.22.** Na falta da telomerase ocorre encurtamento dos telômeros, com sérias consequências para as células. Desprovidas de proteção nas extremidades dos cromossomos, as células são levadas à morte por instabilidade do DNA ou produzem-se aberrações cromossômicas pela fusão inadequada das pontas dos cromossomos durante a mitose. Em ambos os casos, aumenta a probabilidade de câncer, senescência dos tecidos e outras anomalias. Modificado de Artandi A. *New England Journal of Medicine*. 2006;355:1195-1197.

▶ **Figura 2.23.** O cérebro de um idoso portador da doença de Alzheimer (**B**) é menor que o de um indivíduo normal da mesma idade (**A**). Além disso, os giros são mais finos e os sulcos e ventrículos, mais alargados (**D** em comparação com **C**). Examinado ao microscópio, apresenta placas senis devidas ao acúmulo de certas proteínas anômalas, como as placas senis de β-amiloide (**E**), e produtos de degeneração celular não absorvidos, como os novelos neurofibrilares (**F**). Fotos cedidas por Leila Chimelli, do Instituto Estadual do Cérebro, no Rio de Janeiro.

tamanho é menor, em média, o que resulta em menor peso (Figura 2.23A, B). Alguns giros são mais finos e separados por sulcos mais abertos e profundos (Figura 2.23C, D). Os ventrículos e demais cavidades cerebrais são mais largos, o que resulta em menor espessura das regiões corticais. Esses sinais macroscópicos de atrofia podem ser identificados nos indivíduos vivos utilizando-se técnicas de imagem como a tomografia computadorizada[G] e a ressonância magnética[G] e, após a morte, pela inspeção direta do cérebro. Essa análise indica que as alterações não ocorrem igualmente em todo o cérebro: geralmente são maiores nas regiões frontais e temporais, justamente as que estão envolvidas com as funções cognitivas mais sofisticadas, que necessitam da memória para sua operação normal.

A observação ao microscópio frequentemente indica a presença, no espaço extracelular, de pequenos depósitos de material denso e fragmentos de neurônios formando as chamadas *placas senis* (Figura 2.23E). A presença de placas senis também foi observada em macacos idosos. Além disso, no cérebro humano, muitos neurônios apresentam no citoplasma verdadeiros novelos de neurofibrilas (Figura 2.23F), que representam a desorganização do citoesqueleto neuronal. A contagem do número de neurônios em diferentes regiões indica uma queda, ainda que pequena: calcula-se que, aos 90 anos, cerca de 10% dos neurônios do córtex cerebral foram perdidos, perfazendo uma taxa média hipotética de um neurônio perdido por segundo! É menor também a densidade sináptica (*i.e.*, o número de sinapses por unidade de volume cerebral). Nas diversas regiões da substância branca, o número de fibras mielínicas declina acentuadamente, podendo atingir 40% de perda aos 90 anos.

Uma análise ainda mais fina, em nível bioquímico, indica diminuição da quantidade de proteínas cerebrais, especialmente das enzimas que sintetizam e das que degradam neuromediadores, o que resulta em uma deficiência dessas substâncias tão importantes para a transmissão de mensagens no cérebro (Quadro 2.3). Além disso, ocorre diminuição do metabolismo de oxigênio no cérebro, provocada pela redução do fluxo sanguíneo, especialmente na substância cinzenta[A]. E aparecem também, sobretudo nas placas senis, peptídeos anômalos que possivelmente resultam da quebra de proteínas precursoras normais. O principal desses peptídeos anômalos que constituem as placas senis é o chamado β-amiloide. Os peptídeos de β-amiloide inicialmente são pequenos, chamados oligômeros[G]: nessa fase, atacam as sinapses, dificultando o seu funcionamento normal – é aí que começam os primeiros sintomas do declínio cognitivo que muitos idosos sofrem. Essas alterações tendem a se acentuar com o avanço da idade, mas esse curso varia muito em indivíduos diferentes de mesma idade. Os peptídeos tornam-se maiores, formando fibrilas que se depositam no tecido nervoso (as placas senis). O mesmo ocorre dentro dos neurônios, com a formação de emaranhados neurofibrilares que interferem negativamente na função neuronal

pela polimerização anômala da proteína Tau, que faz parte do citoesqueleto do neurônio. Quando essas alterações são muito pronunciadas, começam a provocar sintomas físicos e psicológicos, configurando um quadro de doença conhecido como *doença de Alzheimer* ou *demência senil*, a principal forma de demência dos idosos.

O idoso geralmente apresenta pequenos lapsos de memória, velocidade mais lenta de raciocínio e episódios passageiros de confusão que passam despercebidos ou são tolerados socialmente. Alguns pesquisadores chamam as capacidades cognitivas que os mais jovens possuem em abundância e os mais velhos perdem gradativamente de "inteligência fluida". Esta se diferencia da "inteligência cristalizada" dos mais velhos, que chamamos coloquialmente "sabedoria" e cujas características não se alteram muito com o envelhecimento. É o caso da memória remota, do vocabulário, da memória de procedimentos motores (quem aprende a escrever não esquece mais...). Os lapsos leves da idade podem constituir um quadro fronteiriço entre a normalidade e a doença, chamado comprometimento cognitivo leve. Podem permanecer estáveis, sem impactar a vida pessoal e social do indivíduo ou, então, evoluir para o agravamento, chegando à perda da memória e da razão – o quadro de demência que incapacita a pessoa e a torna dependente de cuidados de outros.

Fisicamente, o idoso pode apresentar dificuldades de locomoção, falta de equilíbrio, mãos trêmulas, insônia noturna com sonolência diurna e outras manifestações consideradas naturais da velhice. Na pessoa com mal de Alzheimer, entretanto, essas características acentuam-se subitamente e se transformam em sintomas. Os lapsos transformam-se em grandes e frequentes perdas de memória recente e pode ocorrer acentuada confusão mental que torna difícil, ou mesmo inviável, a convivência social. A saúde física do doente se deteriora porque o declínio súbito atinge também os demais sistemas orgânicos, tornando, muitas vezes, o indivíduo incapaz de locomover-se e realizar os atos motores mais simples da vida cotidiana. Outros sintomas e complicações associadas agravam o quadro e, em geral, após cerca de 7 a 10 anos ocorre finalmente a morte do indivíduo.

Acredita-se que com o avançar da idade o indivíduo passe a apresentar deficiências no controle genético da produção de proteínas estruturais, enzimas e fatores tróficos. Além disso, o envelhecimento atinge também os mecanismos de reparação molecular que as células possuem para corrigir defeitos no DNA, na conformação das proteínas e na compactação dos cromossomos, muitos deles provocados por fatores extrínsecos como agentes oxidantes, incidência de radiação, substâncias tóxicas. Essas deficiências bioquímicas, por sua vez, repercutem na sobrevivência e na função das células nervosas e da neuróglia, tornando mais

Neurociência Celular

Neurociência em Movimento

Quadro 2.3
Envelhecimento e Demência: Desvendando um Quebra-Cabeças

▶ Mychael Lourenço*

À medida que envelhecemos, uma constatação costuma vir à tona: nosso cérebro já não funciona tão bem quanto antes. De fato, episódios de esquecimento se tornam mais frequentes depois de algumas décadas de vida. É natural, portanto, que uma pessoa se pergunte se aqueles lapsos de memória apontam para um diagnóstico de doença de Alzheimer, que é a causa mais comum de demência.

Essas suspeitas não são de todo infundadas. A idade é um fator de risco relevante para diversas doenças neurodegenerativas que levam à demência. Casos de Alzheimer antes dos 65 anos são incomuns, mas, ao passo que a idade avança, o risco aumenta consideravelmente, sendo de aproximadamente um terço após os 85 anos de idade. Então, uma pergunta se põe: o que acontece no cérebro de algumas pessoas capaz de causar prejuízo de funcionamento das sinapses, neurodegeneração e demência? A resposta para essa pergunta não é nem simples nem completamente conhecida, mas a ciência já consegue oferecer algumas dicas.

O cérebro de pacientes com doença de Alzheimer apresenta, além de neurodegeneração, lesões neuropatológicas com acúmulo de agregados fibrilares do peptídeo beta-amiloide e da proteína tau, conhecidos, respectivamente, como placas amiloides e emaranhados neurofibrilares. Estes fatores foram, por muitos anos, apontados como as causas da perda cognitiva na doença de Alzheimer.

Avanços mais recentes, no entanto, mostraram que esse quebra-cabeça é muito mais complexo do que parecia. Embora placas amiloides e emaranhados neurofibrilares contribuam para a progressão da doença, sabe-se hoje que agregados solúveis (também chamados oligômeros) de beta-amiloide e tau são tóxicos nas fases iniciais da doença. Ademais, identificou-se que astrócitos e microgliócitos, células do cérebro que antes recebiam pouca atenção na doença de Alzheimer, são essenciais para processos neuroinflamatórios que levam à perda da capacidade de formar memórias adequadamente. Diversos estudos também apontam que alterações do metabolismo cerebral e corporal contribuem para produzir prejuízos de função cerebral e demência.

▶ **Figura 1.** Mychael Lourenço em passeio nos Jardins de Kensington, Londres, em férias.

---

*Neurocientista e Professor Adjunto do Instituto de Bioquímica Médica Leopoldo de Meis da Universidade Federal do Rio de Janeiro. Correio eletrônico: mychael@ufrj.br

▶ **Figura 2.** Processos neurodegenerativos e fatores de proteção na doença de Alzheimer.

Durante minha formação como neurocientista na Universidade Federal do Rio de Janeiro, tive a felicidade de poder contribuir com a identificação de mecanismos moleculares e a proposição de estratégias terapêuticas a partir de estudos em modelos animais. Como pesquisador e professor da UFRJ, minha motivação reside em investigar alvos moleculares que podem servir para a identificação de novos biomarcadores e terapias para a demência. A motivação é maior ainda em saber que vários cientistas brasileiros, como Sergio T. Ferreira, Fernanda G. De Felice, Lea Grinberg, entre outros, têm contribuído de forma relevante rumo à compreensão dos processos neurodegenerativos.

Ainda há bastante o que se entender até se chegar a abordagens diagnósticas e terapêuticas eficazes para a demência. É animador, no entanto, notar que estudos bastante recentes tenham apontado possíveis caminhos eficazes para o diagnóstico da doença de Alzheimer usando biomarcadores no sangue. Também já surgem evidências significativas de que intervenções multimodais no estilo de vida (o que inclui a prática regular de exercícios físicos, controle nutricional, prevenção de abuso de drogas, entre outros) reduzem o risco de Alzheimer ao longo da vida. Assim, as primeiras luzes começam a surgir ao fim do túnel para que, em um futuro não muito distante, todos possamos preservar nossas memórias e identidades por toda a vida.

NEUROCIÊNCIA CELULAR

difíceis a gênese, a condução e a transmissão de impulsos nervosos, muitas vezes impedindo a transmissão sináptica.

Deficitárias de proteínas essenciais e depositárias de substâncias anômalas, as células nervosas degeneram, acumulando fragmentos de organelas nos novelos intracelulares de neurofibrilas e finalmente rompendo-se e produzindo detritos que se aglomeram nas placas senis. O processo acentua-se porque tanto o sistema imunitário como a neuróglia – também atingidos pelo envelhecimento – tornam-se incapazes, nesses indivíduos, de estancar o processo ou, pelo menos, remover os detritos da degeneração. É esse conjunto de alterações que resulta na diminuição observada do número de neurônios em várias regiões do sistema nervoso e, possivelmente, também na queda generalizada do volume cerebral. Alguns dos sintomas, como as alterações de memória, devem-se ao fato de que determinados circuitos cerebrais se encontram particularmente atingidos pela doença, e esses são efetivos participantes dos mecanismos da memória. É o caso dos neurônios colinérgicos centrais, isto é, aqueles cujo neuromediador principal é a acetilcolina. Entre as regiões mais atingidas estão o hipocampo[A] e o córtex pré-frontal[A], reconhecidamente envolvidos com a consolidação da memória (Capítulo 18), além de outras funções neuropsicológicas.

Outros sintomas são comuns a outras doenças degenerativas da idade, como, por exemplo, a *doença de Parkinson.* Neste caso, aparecem alterações motoras (tremores, incoordenação e movimentos anormais) e o sinal patológico mais notável é a degeneração de neurônios dopaminérgicos (que utilizam a dopamina como neuromediador principal) localizados em regiões do cérebro que participam do controle da motricidade. Na doença de Parkinson, uma proteína chamada α-sinucleína muda de conformação e tende a se associar, formando oligômeros, de forma semelhante ao que ocorre na doença de Alzheimer. Estudos recentes vêm demonstrando o papel neurotóxico dos oligômeros de α-sinucleína na doença de Parkinson. Conheça mais detalhes sobre essa doença no Capítulo 12.

O quadro de saúde do idoso agrava-se aos poucos. Por uma razão ou por outra, o indivíduo termina incapaz de se locomover, e a inatividade motora contribui para o aparecimento de outras dificuldades: circulatórias, respiratórias, digestivas... O resultado final é a morte. Como diria a poetisa Edna Frigato: a vida é uma viagem com passagem só de ida...

Glossário

Autonômico: relativo ao sistema nervoso autônomo, parte do sistema nervoso que se encarrega das funções vegetativas, controlando a atividade de vísceras, vasos sanguíneos e glândulas. Maiores detalhes no Capítulo 14.

Bainha de mielina: fita espiralada disposta em torno de alguns axônios periféricos e centrais que tem função isolante e contribui para aumentar a velocidade de condução do impulso nervoso.

Células-tronco: células indiferenciadas capazes de proliferar e dar origem a múltiplos tipos celulares. São elementos essenciais na regeneração dos tecidos.

Ciclo celular: sequência de eventos entre duas mitoses durante a vida de uma célula. Consta das fases M (de mitose), da transição G1 (do inglês *gap*), da fase S (de síntese), em que ocorre replicação do material genético, e da segunda transição G2, seguida de nova mitose e, então, um novo ciclo.

Citoarquitetonia: conjunto de características morfológicas de cada região do sistema nervoso central que resultam da agregação de neurônios migrantes de origem embrionária similar.

Citoesqueleto: conjunto de estruturas tubulares e filamentares que dão forma às células e conferem motilidade à maioria delas. Veja detalhes no Capítulo 3.

Conexão: circuito neural formado por um neurônio, seu axônio e o neurônio com o qual estabelece contato. O mesmo que projeção.

Cultura de tecidos: técnica de manutenção de células vivas fora do organismo, em frascos contendo um fluido nutriente apropriado.

Entropia: grandeza termodinâmica que descreve a desordem de um sistema natural fechado. Também é chamada "flecha do tempo" para indicar que todo sistema só pode evoluir de uma configuração complexa e organizada para configurações mais simples e desorganizadas.

Fibroblasto: célula do tecido conjuntivo capaz de intensos movimentos ameboides.

Gradiente: diferença gradual entre uma extremidade e outra de um espaço qualquer quanto ao valor quantitativo de uma grandeza medida (concentração, voltagem, intensidade luminosa etc.).

Magnetoencefalografia: técnica de registro de sinais magnéticos produzidos pela atividade bioelétrica do cérebro e captados por sensores colocados no crânio, após o nascimento, ou na parede abdominal de gestantes, para análise pré-natal.

Matriz extracelular: conjunto de moléculas que formam uma verdadeira rede entre as células capaz de veicular sinais para a interação intercelular.

Microscópio eletrônico de varredura: tipo de equipamento que revela a superfície tridimensional de estruturas microscópicas mediante a deposição prévia de metais. Neste caso, o feixe de elétrons não atravessa a preparação, como acontece na microscopia de transmissão.

Nervo raquidiano: nervo formado pela convergência das raízes medulares dorsal e ventral antes de emergir da coluna vertebral para o organismo, quando passa a se chamar nervo espinhal.

Neuromediador: termo que se refere a toda substância sintetizada pelo neurônio, que atua na sinapse. Os neuromediadores podem ser neurotransmissores ou neuromoduladores. Maiores detalhes no Capítulo 4.

Neurotransmissor: substância de baixo peso molecular sintetizada pelo neurônio, armazenada em vesículas e liberada para o espaço extracelular com a função de transmitir informação entre um neurônio e outra célula.

Neurulação: sequência de eventos morfogenéticos que começa com a formação da placa neural e termina com o aparecimento do tubo neural.

Oligômero: molécula resultante da associação de moléculas iguais, os monômeros, em pequeno número. Quando o número de monômeros é maior, a resultante é chamada polímero.

Ontogênese: o mesmo que desenvolvimento. Pode-se referir ao período embrionário, fetal ou pós-natal.

Ressonância magnética: técnica de produção de imagens do interior do corpo baseada na reorientação molecular em resposta a um intenso campo magnético aplicado de fora. A imagem é obtida por computador, em fatias seriadas. Detalhes no Capítulo 13.

Sinapse: especialização morfológica que caracteriza as regiões de contato entre dois neurônios ou entre um neurônio e uma célula muscular, por onde passa a informação neural. Maiores detalhes no Capítulo 4.

Suprarrenal: glândula endócrina formada por um tecido externo de origem mesodérmica, chamado córtex, e um tecido interno chamado medula, de origem neuroectodérmica. O córtex secreta hormônios esteroides, e a medula secreta catecolaminas como a adrenalina.

Tecido: conjunto organizado de células de tipos específicos que fazem parte de um órgão. Ex.: tecido nervoso, tecido muscular, tecido conjuntivo.

Timidina: um dos quatro componentes (oligonucleotídeos) que formam o DNA. É específica do DNA e substituída pela uridina no RNA.

Tomografia computadorizada: técnica de imagem do corpo baseada na aplicação de finos raios X captados por sensores e processados por computador para a obtenção de imagens em fatias seriadas.

Ultraestrutura: estrutura interna da célula e suas organelas, visível apenas por meio dos grandes aumentos possibilitados pelo microscópio eletrônico.

Zigoto: célula única que origina o embrião, resultante da penetração do espermatozoide no óvulo, com a fusão das fitas simples do DNA dessas células e a formação da fita dupla característica das células diploides. Também chamada ovo ou célula-ovo.

Leia Mais

▶ Leitura Básica

Uziel D. O desenvolvimento do cérebro e do comportamento. Capítulo 5 de *Neurociência da Mente e do Comportamento* (Lent R, coord.), Rio de Janeiro: Guanabara-Koogan, 2008, pp. 89-110. Texto didático e bem ilustrado que abrange o desenvolvimento neural e comportamental dos mamíferos.

Jessell TM, Sanes JR. A estruturação do sistema nervoso. Capítulo 52 de *Princípios de Neurociências* (Kandel ER e cols., org.), 5ª ed. trad., Porto Alegre: Artmed, 2014; pp. 1015-1033. Texto aprofundado sobre a morfogênese do sistema nervoso.

Jessell TM, Sanes JR. Diferenciação e sobrevivência de células nervosas. Capítulo 53 de *Princípios de Neurociências* (Kandel ER e cols., org.), 5ª ed. trad., Porto Alegre: Artmed, 2014; pp. 1034-1053. Texto aprofundado sobre a histogênese do sistema nervoso.

Sanes JR, Jessell TM. Crescimento e direcionamento de axônios. Capítulo 54 de *Princípios de Neurociências* (Kandel ER e cols., org.), 5ª ed. trad., Porto Alegre: Artmed, 2014; pp. 1054-1074. Texto aprofundado sobre o crescimento e direcionamento de axônios no sistema nervoso em desenvolvimento.

Sanes JR, Jessell TM. O encéfalo que envelhece. Capítulo 59 de *Princípios de Neurociências* (Kandel ER e cols., org.), 5ª ed. trad., Porto Alegre: Artmed, 2014; pp. 1158-1173. Texto aprofundado sobre o envelhecimento neural.

Bear MF, Connors BW, Paradiso MA. Conectando o Encéfalo. Capítulo 23 de *Neurociências – Desvendando o Sistema Nervoso, 4ª ed.* trad., Porto Alegre: Artmed, 2017, pp. 783-821. Texto abrangente que cobre o desenvolvimento e a plasticidade do sistema nervoso.

Lent R. *O Cérebro Aprendiz. Neuroplasticidade e Educação.* Rio de Janeiro: Atheneu, 2018, 136 pp. Texto resumido sobre o neurodesenvolvimento e a neuroplasticidade e suas repercussões para a aprendizagem.

▶ Leitura Complementar

Clássicos

Spemann H. *Embryonic development and induction*. Nova York: Hafner, 1938.

Sperry RW. Chemoaffinity in the orderly growth of nerve fiber patterns and connections. *Proceedings of the National Academy of Sciences of the USA*. 1963; 50:703-710.

Levi-Montalcini R. The nerve growth factor 35 years later. *Science*. 1987; 237:1154-1162.

Hamburger V. History of the discovery of neuronal death in embryos. *Journal of Neurobiology*. 1992; 23:1116-1123.

Rubenstein JL, Martinez S, Shimamura K, Puelles L. The embryonic vertebrate forebrain: the prosomeric model. *Science*. 1994; 266:578-580.

McAllister AK, Lo DC, Katz LC. Neurotrophins regulate dendritic growth in developing visual cortex. *Neuron* 1995; 15:791-803.

Katz LC e Shatz CJ. Synaptic activity and the construction of cortical circuits. *Science*. 1996; 274:1133-1138.

Recentes

Hedin-Pereira C, de Moraes EC, Santiago MF, Mendez-Otero R, Lent R. Migrating neurons cross a reelin-rich territory to form an organized tissue out of embryonic cortical slices. *European Journal of Neuroscience*. 2000; 12:4536-4540.

Rakic P. Neurogenesis in adult primates. *Progress in Brain Research*. 2002; 138:3-14.

DeRobertis EM. Dorsal-ventral patterning and neural induction in Xenopus embryos. *Annual Reviews of Cellular and Developmental Biology*. 2004; 20:285-308.

Doetsch F e Hen R. Young and excitable: the function of new neurons in the adult mammalian brain. *Current Opinion in Neurobiology*. 2005; 15:121-128.

DeRobertis EM. Spemann's organizer and self-regulation in amphibian embryos. *Nature Reviews. Neuroscience*. 2006; 7:296-302.

Caviness VS, Bhide P, Nowakowski RS. Histogenetic processes leading to the laminated neocortex: migration is only part of the story. *Developmental Neuroscience*. 2008; 30:82-95.

Breunig JJ, Arellano JI, Macklis JD, Rakic P. Everything that glitters isn't gold: a critical review of postnatal neural precursor analyses. *Cell Stem Cell*. 2008; 1:612-627.

Chédotal A, Richards LJ. Wiring the brain: the biology of neuronal guidance. *Cold Spring Harbor Perspectives in Biology*. 2010; 2:a001917.

Ferreira ST, Lourenço MV, Oliveira MM, De Felice FG. Soluble amyloid-β oligomers as synaptotoxins leading to cognitive impairment in Alzheimer's disease. *Frontiers in Cellular Neuroscience*. 2015; 9:191.

Hu JS, Vogt D, Sandberg M, Rubenstein JL. Cortical interneuron development: a tale of time and space. *Development* 2017;144:3867-3878.

Clarke JR, Ribeiro FC, Frozza RL, De Felice FC, Lourenço MV. Metabolic dysfunction in Alzheimer's disease: From basic neurobiology to clinical approaches. *Journal of Alzheimers Disease*. 2018; 64(s1):S405-S426.

Bahia CP, Vianna-Barbosa RJ, Tovar-Moll F, Lent R. Terminal arbors of callosal axons undergo plastic changes in early-amputated rats. *Cerebral Cortex*. 2019: 29:1460-1472.

Obernier K, Alvarez-Buylla A. Neural stem cells: origin, heterogeneity and regulation in the adult mammalian brain. *Development*. 2019; 146:dev156059.

Molnár Z, Clowry GJ, Sestan N, Alzu'bi A, Bakken T, Hevner RF, Hüppi OS, Kostovic I, Rakic P, Anton ES, Edwards D, Garcez P, Hoerder-Suabedissen, Kriegstein A. New insights into the development of the human cerebral cortex. *Journal of Anatomy*. 2019; 235:432-451.

Ferreira RO, Garcez PP. Dissecting the toxic effects of Zika virus proteins on neural progenitor cells. *Neuron*. 2019; 101:989-991.

Jurkowski MP, Bettion L, Woo EK, Patten A, Yau S-Y, Gil-Mohapel J. Beyond the hippocampus and the SVZ: Adult neurogenesis throughout the brain. *Frontiers in Cellular Neuroscience*. 2020; 14:576444.

As Unidades do Sistema Nervoso
Forma e Função de Neurônios e Gliócitos

Capri, de Antonio Bandeira (1954), guache e nanquim sobre papel

Saber o Principal

Resumo

O sistema nervoso é constituído principalmente de neurônios e gliócitos, suas duas células principais. Ambas funcionam de modo integrado, formando circuitos neurônio-gliais que dão conta não só de processar as informações que vêm do ambiente externo e do meio interno, como também as que são geradas pelo próprio sistema nervoso. Tanto o neurônio quanto o gliócito são capazes de gerar sinais de informação: o primeiro, entretanto, é o único capaz de produzir sinais bioelétricos utilizados como unidades de informação para a extensa rede de intercomunicação que caracteriza o sistema nervoso.

O neurônio, portanto, é uma célula especializada, com vários prolongamentos para a recepção de sinais (dendritos) e um único para a emissão de sinais (axônio). Sua estrutura interna é semelhante à das demais células animais, com algumas peculiaridades próprias de sua natureza sinalizadora. Essa capacidade do neurônio é conferida por sua membrana plasmática, uma estrutura especializada na produção e na propagação de impulsos elétricos. Sua característica mais importante é a presença de diferentes tipos de canais iônicos, macromoléculas embutidas na membrana, capazes de permitir a passagem seletiva de íons para dentro e para fora do neurônio.

Numa situação hipotética de "repouso funcional", a membrana do neurônio apresentaria um estado elétrico constante chamado potencial de repouso. Como em todas as células, o interior é negativo em relação ao exterior, o que revela uma diferença de potencial mantida constante pelo contínuo fluxo de íons através da membrana. O sinal elétrico que o neurônio utiliza como unidade de informação é o impulso nervoso ou potencial de ação. Este é um episódio muito rápido de inversão da polaridade da membrana produzido pela abertura seletiva e consecutiva de canais de Na^+ e K^+, causando um caudaloso fluxo iônico através da membrana que provoca a inversão de sua polaridade elétrica. Como esse fenômeno elétrico é capaz de reproduzir-se em todos os pontos adjacentes da membrana, torna-se propagável ao longo do axônio e, portanto, conduzido de uma extremidade à outra do neurônio.

O segundo tipo celular do sistema nervoso é o gliócito, pertencente a uma família de células chamadas coletivamente de neuroglia ou simplesmente glia. A neuroglia é um conjunto polivalente de células não neuronais cujas características permitem operar dezenas de funções diferentes que contribuem direta ou indiretamente com o processamento de informações pelo sistema nervoso, seja modulando a transmissão sináptica entre neurônios, trocando sinais com eles, acelerando a propagação dos impulsos nervosos, regulando o fluxo sanguíneo local em função da atividade neuronal, orientando os deslocamentos celulares durante o desenvolvimento, atuando como células-tronco em certas regiões, participando dos mecanismos de defesa imunitária do sistema nervoso ou garantindo a infraestrutura metabólica para o funcionamento dos neurônios.

Talvez uma das características mais marcantes do tecido nervoso seja a extrema variedade – morfológica e funcional – das células nervosas. Há neurônios de todas as formas possíveis e imagináveis. Igualmente, há neurônios participando das mais diversas funções do organismo. Tomemos o exemplo do córtex cerebral e, dentro dele, para sermos mais restritos, consideremos a região auditiva, ou seja, aquela que recebe e interpreta as informações vindas dos ouvidos. A Figura 3.1A mostra um desenho feito pelo neuro-histologista espanhol Santiago Ramón y Cajal (1852-1934), no início do século XX, representando neurônios corados com sais de prata no córtex auditivo do gato, tal como vistos ao microscópio. Esse método, que permite visualizar a morfologia completa dos neurônios, é utilizado até hoje (Figura 3.1B). Observamos células cujos corpos têm a forma de pirâmides, outras que parecem estrelas ou pequenos grãos, outras, ainda, alongadas como os antigos fusos de tecelagem, e assim por diante. Alguns dos nomes que identificam esses neurônios foram criados com base na sua semelhança com esses objetos de observação comum: células piramidais, estreladas, granulares, fusiformes etc. Outras vezes receberam adjetivos descritivos de sua posição ou forma: horizontais, bipolares, multiformes. E, ainda, alguns foram associados aos nomes dos pesquisadores que primeiro os observaram: células de Cajal-Retzius, de Martinotti etc.

Recentemente, os neurobiólogos puderam conhecer muitas funções desses neurônios auditivos. Descobriram células que "percebem" tons simples, outras que só respondem a combinações de tons, outras, ainda, que preferem sons cuja frequência é modulada no tempo, e assim por diante. A especificidade funcional das células auditivas é tão grande, que já foram descobertos neurônios capazes de "perceber" sons complexos com significado comportamental, como sons de alerta, de agressão e de aproximação sexual, específicos de cada espécie animal. Se pensarmos que essa variedade funcional existe também em regiões visuais, olfativas, linguísticas, motoras etc., poderemos imaginar a extensão fantástica dessa multiplicidade de funções. Um bom exemplo está no Quadro 3.1.

▶ **Figura 3.1.** O histologista espanhol Santiago Ramón y Cajal foi um dos primeiros a identificar os diferentes tipos de neurônios utilizando o método desenvolvido por seu contemporâneo Camilo Golgi (1844-1926) e desenhando ele mesmo as células que observava ao microscópio. O desenho em **A** representa as células nervosas do córtex cerebral de um gato. As células A, B, C, F e G são piramidais de diferentes tamanhos, enquanto E, L e M são estreladas. Os axônios estão assinalados por diminutas letras **a**, e algumas das camadas corticais estão indicadas pelos números à esquerda. A fotografia em **B** mostra um neurônio piramidal de rato corado pelo método de Golgi. **A** reproduzido de S. Ramón y Cajal (1955) *Histologie du Système Nerveux de l'Homme & des Vertébrés*. Instituto Ramon y Cajal, Espanha. **B** cedida por Janaína Brusco, da Faculdade de Medicina da Universidade de São Paulo, em Ribeirão Preto.

NEUROCIÊNCIA CELULAR

Neurociência do Cotidiano

Quadro 3.1
Neurônios Adivinhos*

Hoje, como nunca dantes, passamos horas de cada dia ouvindo áudios ou assistindo a vídeos de diversas figuras que se pronunciam sobre tudo. O mundo entra por nossos sentidos. Não faltam *fake news*, essas nossas conhecidas. Nossa mente é consultada *on-line* sobre a veracidade ou a falsidade do que nos diz o interlocutor. Tentamos mentalmente interrogar o rosto, a voz, o franzir das sobrancelhas, a entonação do falante. Construímos uma hipótese sobre o conjunto percebido e com ela lidamos naquele momento, ou durante o tempo em que de algum modo ficamos em contato com o interlocutor.

Os neuropsicólogos chamam esse processo cognitivo de "teoria da mente". Algo impropriamente, porque, na verdade, é apenas uma "hipótese da mente". Sem qualquer certeza, imaginamos todo um perfil psicológico de nosso interlocutor e do conteúdo do que nos diz, que serve para orientar o nosso comportamento: desligar a TV, anuir com a cabeça, rir ou chorar, até votar.

O que os neurocientistas se perguntam é qual o mecanismo cerebral que nos permite realizar esse sofisticado feito psicológico. Um avanço importante foi publicado no início deste ano por um grupo de pesquisadores ligados ao Hospital Geral de Massachusetts. Foi a descoberta dos "neurônios adivinhos", como pensei eu mesmo em denominá-los. Neurônios do córtex cerebral que disparam sinais elétricos sempre que se tenta imaginar o que por dentro está pensando o interlocutor.

O grupo utilizou pacientes voluntários que se submetiam a cirurgias de implante de marca-passos cerebrais para controlar tremores patológicos. Essa cirurgia pode ser feita com o paciente acordado e consciente, sob anestesia local. Para identificar precisamente o sítio adequado do implante nas profundezas do cérebro, é preciso atravessar a região do córtex que se supõe responsável pela "teoria da mente". No trajeto, os pesquisadores registravam com finíssimos eletrodos a atividade elétrica de muitos neurônios, e para testá-los apresentavam ao voluntário áudios com pegadinhas simples que o faziam pensar.

Por exemplo: "João dá a Maria uma caixa de sapatos fechada com um livro dentro. O que Maria acha que há dentro da caixa?". A situação mais natural indicaria a resposta óbvia. Mas, pensamos, Maria pode ser esperta e responder outra coisa... Nesse momento, alguns neurônios dos voluntários disparavam sinais elétricos intensamente. Para frases banais, silêncio dos neurônios. Testes psicológicos comprovaram nos pacientes a busca mental de uma hipótese sobre o pensamento de Maria. O trabalho é muito bem controlado e os dados, bastante significativos. Fiquei convencido de que os neurônios adivinhos existem de fato no cérebro humano.

Conhecimento inútil, dirão alguns. Mas a ciência é surpreendente. O achado revela que a cultura e a educação chegam ao ponto ultrarreducionista de imprimir propriedades de altíssima complexidade a neurônios individuais. Resta saber como eles atuam em conjunto. E como eles podem errar tanto no julgamento que fazem sobre as verdades dos outros.

---

*Texto baseado em artigo originalmente publicado em O Globo e O Globo Online *em 6/5/2021 (coluna e blog* A hora da Ciência).

Referência

Jamali M et al. Single-neuronal predictions of others' beliefs in humans. *Nature*. 2021;591:610-614.

AS UNIDADES DO SISTEMA NERVOSO

Há, entretanto, uma importante propriedade que é comum a todos os tipos neuronais, e ela é um dos temas deste capítulo: a capacidade de gerar sinais elétricos que funcionam como unidades de informação. Praticamente todos os neurônios têm essa propriedade, e os impulsos elétricos que eles produzem os tornam verdadeiros microcomputadores que contêm e processam informações a respeito do ambiente externo ou interno, comandos para a ação muscular ou a ativação de glândulas e complexos códigos que veiculam pensamentos, memórias, emoções etc. Adiante veremos como os neurônios são capazes de produzir esses sinais.

O segundo tipo de células presentes no sistema nervoso compõe coletivamente a *neuroglia* (que alguns abreviam e chamam *glia*). Embora tenha menor variedade morfológica e funcional que os neurônios, sua importância não pode ser depreciada. Como os neurônios, os *gliócitos* ou células da glia (Figura 3.2) recebem também nomes descritivos de sua forma, ou denominações associadas a seus descobridores: astrócitos são os que se assemelham a astros celestes, segundo os primeiros histologistas a observá-los; oligodendrócitos são os que possuem poucos prolongamentos, como indicam as raízes gregas do termo (*oligos* significa "pouco"; *dendron* significa "ramo de árvore"). Até há bem pouco tempo acreditava-se que as células da glia participavam da "infraestrutura" do tecido nervoso, fornecendo um arcabouço de sustentação para os neurônios, conduzindo nutrientes do sangue para as células nervosas, controlando as concentrações de íons no meio extracelular, armazenando glicogênio, participando dos mecanismos de cicatrização e de defesa em caso de lesão ou infecção do tecido nervoso, fornecendo uma capa isolante aos axônios e desempenhando outras tantas funções relacionadas. Nos últimos anos, entretanto, revelou-se uma surpreendente participação dos gliócitos nos mecanismos de processamento de informação do sistema nervoso, em cooperação estreita com os neurônios. O próprio conceito de excitabilidade[G] tem sido redefinido por alguns especialistas, de modo a incluir os gliócitos, incapazes de produzir impulsos elétricos, mas capazes de influenciar fortemente os neurônios por meio de sinais químicos.

Os neurônios e os gliócitos operam coordenadamente. A separação de suas funções é apenas um recurso didático. A estreita cooperação entre as duas classes de células do tecido nervoso pode ser avaliada quando o tecido é agredido e lesado, pois nesses casos a glia contribui para bloquear ou diminuir a degeneração da célula nervosa e, às vezes, facilita a regeneração e a restauração funcional.

O NEURÔNIO É A PRINCIPAL UNIDADE SINALIZADORA DO SISTEMA NERVOSO

▶ A Forma e os Componentes da Célula Nervosa

Todo neurônio possui um corpo celular ou soma, onde estão concentradas as principais organelas intracelulares. O diâmetro do soma pode variar mais de 10 vezes de uma célula a outra, desde alguns micrômetros (μm) até cerca de 100 μm. As células granulares do cerebelo[A], por exemplo, têm cerca de 6 μm, enquanto as células de Purkinje, suas vizinhas, podem atingir 80 μm. Essas dimensões conferem aos neurônios, individualmente, volumes da ordem de 105 μm^3, que, no entanto, representam apenas uma minúscula fração do volume celular total, já que quase todos eles possuem longos e numerosos prolongamentos que emergem do soma. Os prolongamentos neuronais ou neuritos são o *axônio*, geralmente único, e um ou mais *dendritos*. Esses dois tipos de prolongamento conferem ao neurônio uma polaridade que é essencial à sua função.

▶ **Figura 3.2.** Cajal observou e desenhou também os gliócitos. Neste caso, estão representados os astrócitos (**C**) e os oligodendrócitos (**D**) do cerebelo. As células **B** são neurônios (conhecidos como células de Purkinje), com um axônio marcado pela letra **a**. Outros elementos estão assinalados por letras diferentes. Reproduzido de S. Ramón y Cajal (1955) *Histologie du Système Nerveux de l'Homme & des Vertébrés*. Instituto Ramon y Cajal, Espanha.

[G] *Termo constante do glossário ao final do capítulo.*

[A] *Estrutura encontrada no* Miniatlas de Neuroanatomia *(p. 359).*

Neurociência Celular

O axônio veicula a outras células os sinais de saída do neurônio, isto é, as informações que esse neurônio gera e conduz. Os dendritos, por sua vez, recebem as informações provenientes de outros neurônios. A região de contato entre um axônio e a célula seguinte é a *sinapse*, tema principal do próximo capítulo. Os neuritos (axônio e dendritos) expressam fortemente a extrema variedade morfológica das células nervosas. O axônio pode ser muito curto e simples, como o de um cone (Figura 3.3A), célula da retina especializada em captar a energia luminosa que penetra no olho. O axônio do cone tem poucos micrômetros de comprimento, e termina em uma intumescência muito simples. No outro extremo está o axônio de um tipo de motoneurônio da medula espinhal[A] (Figura 3.3B), que comanda os músculos dos pés: seu comprimento, no homem, pode atingir 1 metro (cerca de 20 mil vezes o diâmetro do soma), e ele se ramifica muitas vezes, comunicando-se com outros neurônios e com várias células musculares.

No lado dos dendritos, a variedade é também muito grande. O dendrito do cone, que mencionamos há pouco, é único e curto como o axônio (Figura 3.3A). Já os motoneurônios medulares possuem vários dendritos emergindo do soma. Cada um deles se ramifica várias vezes nas proximidades do corpo celular (Figura 3.3B), formando o que se conhece como árvore ou campo dendrítico, que, na verdade, compõe a região "receptiva" do neurônio, ou seja, aquela que recebe as informações dos outros neurônios. A Figura 1.9C (Capítulo 1) apresenta um exemplo extremo de complexidade dendrítica, o da célula de Purkinje do cerebelo, cuja árvore é tão ramificada, que permite o contato de 200 mil fibras aferentes! Essas numerosas variedades morfológicas das células nervosas não são casuais, mas, sim, representam adaptações da forma neuronal às diferentes funções exercidas pelos neurônios.

O neurônio, com seus prolongamentos, é uma unidade completamente envolvida por uma membrana que separa o compartimento intracelular do extracelular. Como veremos, essa separação não isola totalmente o interior do neurônio do meio extracelular. Muito pelo contrário, sua permeabilidade seletiva permite intensas trocas de íons entre esses dois compartimentos, e é exatamente essa propriedade que torna possível a geração e a propagação de sinais bioelétricos. A membrana plasmática aparece ao microscópio eletrônico como uma fita contínua que envolve a célula sem interrupções (Figura 3.4A). Examinando-a em grande aumento, os morfologistas verificaram que ela é constituída por três camadas (lâminas), sendo a camada central elétron-lúcida (transparente aos elétrons) e as duas de fora, elétron-densas (opacas ao feixe de elétrons). Essa constituição laminar reflete a estrutura molecular da membrana, que é formada por uma dupla paliçada de lipídios[G], dentro da qual flutuam proteínas[G] de diferentes tipos e funções (Figura 3.4B). Não é só a borda externa da célula nervosa que é envolvida por membrana. Como todas as células, o neurônio também possui um complexo sistema de cisternas envolvidas por membranas de constituição e estrutura muito semelhantes às da membrana plasmática. Essas cisternas têm como função gerenciar o tráfego interno das moléculas sintetizadas sob comando genético. Além disso, o núcleo e muitas organelas celulares são também delimitados por membrana com as mesmas características da membrana plasmática.

▶ **Figura 3.3.** Por meio dos desenhos de Cajal podemos comparar os cones da retina de um peixe (**A**), assinalados pela letra **a** e coloridos em vermelho, com os motoneurônios da medula espinhal de um pinto (**B**), indicados pelas letras **a**, também em vermelho. Outros elementos estão assinalados por letras diferentes e representados em preto. No desenho, o dendrito do cone aponta para cima, enquanto o axônio aponta para baixo. Já os dendritos dos motoneurônios emergem em todas as direções, e o axônio está assinalado pelas letras **h**. **A** modificado de S. Ramón y Cajal (1972) *The Structure of the Retina*. Charles C. Thomas, EUA. **B** modificado de S. Ramón y Cajal (1955) *Histologie du Système Nerveux de l'Homme & des Vertébrés*. Instituto Ramón y Cajal, Espanha.

AS UNIDADES DO SISTEMA NERVOSO

▶ **Figura 3.4.** Ao microscópio eletrônico (**A**), apenas parte do neurônio pode ser vista, porque a ampliação é muito grande e o corte que precisa ser feito é muito fino. A foto mostra um neurônio da retina de um macaco, vendo-se o seu grande núcleo (Nu) e um dendrito (De) emergindo do soma. A membrana plasmática (mp) envolve toda a célula, e sua estrutura trilaminar está representada esquematicamente em **B**, contendo uma proteína complexa (neste caso, um canal iônico) que flutua no seu interior. **A** cedida por Marilia Zaluar P. Guimarães e J. Nora Hokoç, respectivamente do Instituto de Ciências Biomédicas e do Instituto de Biofísica Carlos Chagas Filho da UFRJ.

O citoplasma e o núcleo compõem todo o interior da célula nervosa (Figura 3.4A). Não se deve imaginar que o citoplasma seja constituído exclusivamente de um líquido no qual flutuariam as organelas intracelulares. Sua constituição é bem mais complexa. Na verdade, o citoplasma é composto por um meio líquido denso (quase uma gelatina, chamada citosol) e por proteínas organizadas na forma de fibrilas que compõem o citoesqueleto. É o citoesqueleto que mantém a forma peculiar de cada neurônio. É ele também – pelo dinamismo de sua forma altamente mutável – que permite a grande mobilidade dos neurônios jovens durante o desenvolvimento, capazes que são de migrar das regiões germinativas para sítios distantes do organismo embrionário, além de emitir, alongar e retrair ativamente seus prolongamentos. Além disso, o citoesqueleto constitui um sistema de transporte de moléculas sinalizadoras, nutrientes, fatores tróficos[G] e até mesmo vesículas membranosas que se movem do soma até a extremidade dos neuritos e no sentido oposto.

O citoesqueleto compõe-se de três estruturas principais: os microtúbulos, os neurofilamentos (ou neurofibrilas) e os microfilamentos (Figura 3.5). Os microtúbulos (Figura 3.5A, B) são estruturas tubulares de 25-28 nanômetros de diâmetro (1 nm = 10^{-9} m) compostas por uma proteína estrutural chamada tubulina e outras associadas, conhecidas pela sigla MAP (do inglês *microtubule-associated proteins*). A segunda estrutura do citoesqueleto – o neurofilamento – tem dimensões um pouco menores que as do microtúbulo (cerca de 10 nm de diâmetro) e compõe-se de diferentes proteínas enroladas em trança (Figura 3.5C). Finalmente, bem mais finos são os microfilamentos, com cerca de 3-5 nm de diâmetro e uma estrutura mais simples composta por uma proteína chamada actina, que tem papel relevante nos movimentos celulares (Figura 3.5D). A importância do citoesqueleto pode ser avaliada ao considerarmos os graves distúrbios funcionais que podem surgir no cérebro dos indivíduos idosos portadores da demência de Alzheimer[G], cujas proteínas fibrilares apresentam alterações degenerativas e se acumulam desorganizadamente em novelos no citoplasma neuronal (Capítulo 2).

O citosol é como uma sopa proteica na qual se difunde uma multidão de macromoléculas diferentes, geralmente proteínas, em especial enzimas[G]. A maioria dessas proteínas é sintetizada sob o comando dos ácidos nucleicos[G] e usualmente se encontram no citosol em trânsito para serem incorporadas ao citoesqueleto, às organelas intracelulares e ao núcleo.

Entre as organelas que se localizam no soma dos neurônios, a maior é o núcleo. O núcleo é o local onde se aloja a maior parte (mas não a totalidade) do DNA e grande parte do RNA do neurônio. Pode ser facilmente identificável ao microscópio eletrônico (Figuras 3.4A e 3.6A), delimitado pela membrana ou envelope nuclear. A membrana nuclear, na verdade, forma um sistema de cisternas aplanadas, dispostas em placas separadas que se continuam com o retículo endoplasmático (Figura 3.6A e B). Os locais de separação entre as placas constituem amplos poros por meio dos quais ocorre intensa transferência de ácidos nucleicos e proteínas entre o núcleo e o citoplasma. Como a maioria dos neurônios dos indivíduos adultos torna-se incapaz de se dividir após uma certa etapa do desenvolvimento, o DNA

▶ **Figura 3.5.** Os elementos do citoesqueleto podem ser identificados ao microscópio eletrônico dentro de um axônio cortado transversalmente (**A**). A sua organização molecular foi decifrada por técnicas bioquímicas (**B-D**). Os microtúbulos são formados por 13 protofilamentos de tubulina formando um cilindro (**B**). Os neurofilamentos são constituídos por muitas unidades fibrilares mais finas, trançadas entre si (**C**), e os microfilamentos compõem-se de duas sequências helicoidais de moléculas globulares de actina (**D**). Foto **A** cedida por Ana M. B. Martinez, da Faculdade de Medicina da UFRJ.

nuclear encontra-se disperso dentro do núcleo (Figura 3.6A) e nunca se agrupa para formar os cromossomos tão característicos da célula em metáfase[G]. É no núcleo, entretanto, que ocorre a transcrição, isto é, a síntese de moléculas de RNA mensageiro (mRNA) que formam réplicas perfeitas de segmentos do DNA destinadas à síntese de proteínas. E é justamente através dos poros do envelope nuclear que os mRNAs passam para o citoplasma, onde se reúnem a pequenos grânulos chamados ribossomos. Os ribossomos vão se associar em sequência ao mRNA, formando os polissomos (Figura 3.6B), e vários destes se ligarão à superfície externa do retículo endoplasmático, dando-lhe um aspecto rugoso característico. Nos polissomos ocorre a tradução (Figura 3.6C), ou seja, a síntese de proteínas do neurônio. O retículo endoplasmático rugoso é muito pronunciado nos neurônios devido à intensa atividade de síntese proteica dessas células, e pode ser identificado em preparações histológicas coradas como grânulos de aspecto "tigroide" (assim os descreveram os histologistas do século passado!) cujo conjunto ficou conhecido como substância de Nissl (Figura 3.7).

Algumas proteínas recém-sintetizadas se difundem de volta ao núcleo, outras ficam no citosol para serem incorporadas às organelas citoplasmáticas, e um terceiro grupo é armazenado no interior do retículo para ser posteriormente transportado aos prolongamentos do neurônio e até secretado para o meio extracelular. Do retículo endoplasmático brotam pequenas vesículas que depois se fundem com outro sistema de cisternas citoplasmáticas que compõem o aparelho de Golgi. Deste brotam outras vesículas, que finalmente serão transportadas pelos microtúbulos do axônio e dos dendritos em direção às extremidades. O conteúdo desses sistemas de cisternas e vesículas é formado por enzimas que

AS UNIDADES DO SISTEMA NERVOSO

▶ **Figura 3.6.** A membrana nuclear é contínua com o sistema de cisternas do neurônio (setas vermelhas em **A**). As cisternas participam ativamente da síntese de proteínas. Os RNAs mensageiros (mRNA) são sintetizados no núcleo a partir do DNA (**B**) e exportados ao citoplasma, onde se associam aos ribossomos para formar os polissomos (**C**). É nestas estruturas que ocorre a síntese das proteínas citoplasmáticas, mitocondriais e vesiculares. Foto em **A** cedida por Ana Maria Blanco Martinez, da Faculdade de Medicina da UFRJ.

▶ **Figura 3.7.** A chamada substância de Nissl recebeu esse nome em homenagem ao psiquiatra alemão Franz Nissl (1859-1919), o primeiro a revelá-la utilizando anilinas. O método de Nissl foi aplicado pelos primeiros histologistas e ainda é rotineiramente utilizado. A célula em **A** é um neurônio do córtex do coelho desenhado por Cajal. Os corpúsculos de Nissl estão mostrados no citoplasma e apontados por Cajal com um círculo nomeado **d**. A foto em **B** mostra um neurônio corado pelo método de Nissl e fotografado ao microscópio óptico. Como o retículo endoplasmático rugoso não vai muito longe no axônio e nos dendritos, esse método não revela todo o neurônio, como o método de Golgi, mas, sim, apenas o corpo celular. Em compensação, cora todas as células do sistema nervoso, enquanto o método de Golgi revela apenas cerca de 1% delas, aleatoriamente. **A** reproduzido de S. R. Cajal (1955) *Histologie du Système Nerveux de l'Homme & des Vertébrés*. Instituto Ramón y Cajal, Espanha.

regulam a síntese de neuromediadores[G], pelos próprios neuromediadores e por componentes da membrana plasmática destinados aos neuritos, no interior dos quais ocorre menos síntese de proteínas. Do aparelho de Golgi brotam também pequenas organelas citoplasmáticas chamadas lisossomos, que contêm enzimas capazes de decompor as moléculas já utilizadas pela célula nas suas unidades menores para que estas possam ser reutilizadas na síntese de novas moléculas e, portanto, na renovação das organelas.

Duas outras organelas existentes no soma neuronal devem ser mencionadas. A primeira é a mitocôndria, muito importante para a vida de todas as células pelo fato de realizar a fixação do oxigênio e a síntese de moléculas de alta energia que irão alimentar as reações químicas necessárias à vida do neurônio. A segunda é o peroxissomo, uma organela semelhante ao lisossomo, mas que contém uma proteção contra o peróxido, subproduto altamente oxidante que resulta da degradação molecular. Acredita-se que as mitocôndrias e os peroxissomos sejam remanescentes evolutivos de microrganismos que um dia, no passado remoto, incorporaram-se à célula eucariota[G], criando com ela uma relação de interdependência que ficou preservada ao longo da evolução subsequente.

Os dendritos que emergem do soma neuronal muitas vezes formam uma verdadeira árvore em torno deste, que aumenta pronunciadamente a superfície da célula nervosa, tornando-a capaz de receber maior número de contatos provenientes de outros neurônios. Ainda maior aumento de área receptiva resulta das numerosas espinhas que existem nos ramos dendríticos de alguns tipos neuronais (Figura 3.8). As espinhas são pequenas projeções geralmente com uma esférula na extremidade, sobre as quais se formam contatos sinápticos (Figura 3.8D). Recentemente, tem-se atribuído às espinhas dendríticas grande importância funcional porque se verificou que elas constituem microcompartimentos privilegiados que concentram íons e pequenas moléculas influentes na transmissão de informação entre os neurônios. Além disso, o padrão de espinhas de um neurônio modifica-se dinamicamente com a aprendizagem e com certas doenças mentais, fazendo supor que elas desempenham um papel importante nas mais altas funções neurais.

Praticamente todos os componentes do soma neuronal estão presentes nos dendritos, especialmente naqueles mais calibrosos que emergem do soma. Nos ramos mais finos, diminui ou desaparece a substância de Nissl, assim como o aparelho de Golgi e os microtúbulos do citoesqueleto.

O axônio emerge do soma por uma região funcionalmente especializada chamada *segmento inicial* ou *zona de disparo*. Como veremos adiante, essa região é muito excitável, e é nela que aparece o impulso nervoso que será posteriormente conduzido ao longo do axônio na direção de sua extremidade. O axônio é uma parte do neurônio de grande importância pelo papel que exerce como condutor

dos impulsos nervosos. Historicamente, axônios de animais invertebrados (como as lulas), de enorme calibre, foram os modelos experimentais que possibilitaram a compreensão dos mecanismos moleculares geradores dos sinais elétricos neuronais. A membrana do axônio recebe o nome particular de axolema, embora sua estrutura e sua função não sejam muito diferentes daquelas dos dendritos. O mesmo se pode dizer do citoplasma, que no axônio recebe o nome particular de axoplasma. No axoplasma – como no citoplasma dos dendritos mais finos – não existe o retículo endoplasmático rugoso que constitui a substância de Nissl, por isso as técnicas histológicas comuns (chamadas técnicas de Nissl) revelam apenas os corpos celulares e os ramos dendríticos mais calibrosos (Figura 3.7), mas não os axônios. Num corte histológico corado pela técnica de Nissl, os feixes de fibras apresentam uma imagem "negativa", isto é, sem cor, mostrando-se apenas por contraste com as regiões que contêm os corpos celulares. O axoplasma, entretanto, contém mitocôndrias esparsas, vesículas em trânsito e microtúbulos, neurofilamentos e microfilamentos. Os microtúbulos são essenciais à concretização de uma importante função de comunicação entre o soma e as extremidades do axônio: o fluxo axoplasmático.

O fluxo axoplasmático é um movimento contínuo de moléculas ou de organelas membranosas que utilizam os microtúbulos como trilhos (Figura 3.9). Sua existência é de importância evidente, pois permite a comunicação química entre os dendritos, o soma e o axônio do neurônio, geralmente separados por distâncias bastante consideráveis. O fluxo pode partir do soma em direção às extremidades do axônio, caso em que se denomina fluxo anterógrado, ou então das extremidades em direção ao soma, caso em que se denomina fluxo retrógrado. O fluxo anterógrado tem três componentes. Um deles é mais rápido, transportando vesículas com movimentos saltatórios à velocidade média de cerca de 400 µm/dia. As vesículas ligam-se aos microtúbulos por meio de pontes de cinesina, uma proteína que as "empurra" para frente utilizando energia proveniente do metabolismo oxidativo, mas sem depender da síntese de proteínas que ocorre no soma. É por intermédio do fluxo anterógrado rápido que o soma alimenta as extremidades do axônio com as substâncias necessárias para sintetizar mais membrana. Isso é muito importante para axônios em crescimento, seja durante o desenvolvimento ou durante processos regenerativos, mas também ocorre em axônios adultos, que apresentam uma renovação contínua de suas membranas (*turnover*, como se diz no jargão técnico em inglês). Além disso, por meio do fluxo anterógrado rápido, os neuromediadores e outras moléculas utilizadas na comunicação intercelular chegam às extremidades do axônio, onde são secretadas para o meio extracelular. Os dois outros componentes do fluxo anterógrado são mais lentos e carreiam proteínas do citoesqueleto que serão utilizadas nos terminais: um deles se movimenta a 0,2-2,5 mm/dia,

AS UNIDADES DO SISTEMA NERVOSO

▶ **Figura 3.8.** As espinhas dendríticas são diminutas protrusões que emergem dos troncos dendríticos principais (**A**). A foto **A** representa uma célula preenchida com um corante fluorescente, vista ao microscópio óptico em baixo aumento. **B** ilustra uma região ampliada da árvore dendrítica, onde as setas assinalam algumas espinhas. A foto **C** mostra uma outra célula em grande ampliação, cuja membrana é corada por uma substância fluorescente e observada ao microscópio confocal[G]. Algumas espinhas dendríticas são apontadas pelas setas. A foto **D** mostra um corte ultrafino visto ao microscópio eletrônico[G], ilustrando uma sinapse (seta) de um terminal axônico (Ax) com uma espinha (E). Fotos **A** e **B** cedidas por Monica Rocha, do Instituto de Ciências Biomédicas da Universidade Federal do Rio de Janeiro; **C** e **D** cedidas por Jorge Moreira, da Faculdade de Medicina da Universidade de São Paulo, em Ribeirão Preto.

e o outro, com o dobro dessa velocidade. O fluxo axoplasmático retrógrado, por sua vez, utiliza também o sistema de microtúbulos como trilhos, carreando fragmentos de membrana e outras moléculas dentro de lisossomos para degradação ou reutilização no soma neuronal. A molécula motora, neste caso, é diferente e chama-se dineína.

Muitos axônios, tanto no sistema nervoso central como no sistema nervoso periférico, são envolvidos por uma cobertura isolante composta por lipídios e proteínas chamada bainha de mielina (Figura 3.5A). No SNC, a bainha de mielina é produzida pelos oligodendrócitos, e no SNP, pelas células de Schwann[G]. A diferença entre o SNC e o SNP quanto à bainha de mielina não se resume ao gliócito que a produz, mas se estende à sua composição molecular. Recentemente, descobriu-se que há proteínas na mielina central que bloqueiam o crescimento regenerativo de axônios lesados. Essas proteínas não existem na mielina periférica, e é isso que explica por que os axônios periféricos são capazes de regeneração, enquanto os axônios centrais não o são (ver o Capítulo 5 para mais detalhes sobre esse tema).

Os axônios podem emitir colaterais ao longo do seu trajeto, os quais se ramificam nas redondezas do próprio soma, ou mais à frente, em locais estratégicos (Figura 3.15). Na sua extremidade distal, já no alvo mais importante, o axônio pode se ramificar profusamente, formando uma arborização terminal chamada telodendro. Cada ramo do telodendro, por sua vez, forma múltiplos botões sinápticos que se encontram apostos aos dendritos ou ao soma de outros neurônios, formando as sinapses. Estas estruturas de comunicação entre neurônios são o tema do Capítulo 4. É

Neurociência Celular

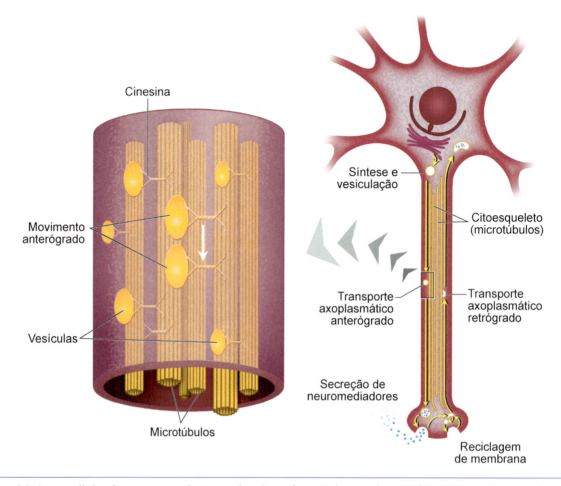

▶ **Figura 3.9.** Os microtúbulos são componentes do citoesqueleto do neurônio que desempenham papel importante no transporte de organelas e substâncias ao longo do axônio, nos dois sentidos: do soma ao terminal (transporte anterógrado) e vice-versa (transporte retrógrado). Na ponta do terminal axônico ocorre a liberação de neuromediadores por meio de um mecanismo que envolve a reciclagem da membrana. Os componentes necessários para essa reciclagem chegam ao terminal por meio do fluxo anterógrado. O detalhe à esquerda mostra vesículas sendo transportadas ao longo dos microtúbulos pela ação de uma proteína motora associada a eles, a cinesina.

importante perceber a relevância dessa "arquitetura axônica". Os colaterais que retornam às redondezas do soma podem enviar "cópias" da informação que segue adiante para os neurônios situados nas vizinhanças. Por outro lado, a informação principal deve ser conduzida e distribuída no alvo final daquele axônio para que a comunicação se complete.

▶ A Membrana e os Sinais Elétricos do Sistema Nervoso

Talvez seja um exagero dizer que a membrana é o constituinte mais importante do neurônio, já que muitos outros constituintes são essenciais à vida e ao funcionamento da célula nervosa, mas é certo, pelo menos, que a membrana do neurônio apresenta uma propriedade muito particular que o distingue da maioria das células do organismo. Essa propriedade – *excitabilidade* – permite que o neurônio produza, conduza e transmita a outros neurônios os sinais elétricos em código que constituem a linguagem do sistema nervoso.

A descoberta dessa propriedade dos neurônios – a capacidade de gerar sinais elétricos – foi feita ainda no século XIX pelo fisiologista alemão Emil DuBois-Reymond (1818-1896), antes mesmo de se conhecer a existência dos neurônios. Os mecanismos biofísicos subjacentes, entretanto, só foram revelados 100 anos depois. Desde o início se compreendeu que a bioeletrogênese não deveria depender dos elétrons, como nos circuitos elétricos comuns, mas de íons, as moléculas eletricamente carregadas tão frequentes dentro e fora das células. Cedo se compreendeu também que as correntes iônicas passavam através da membrana neuronal. Como explicar, no entanto, que isso ocorresse? Os íons biológicos são fortemente hidrofílicos e dificilmente conseguiriam atravessar um meio lipídico como é a membrana. Seria preciso imaginar a presença de poros ou canais na membrana que permitissem a passagem dos íons e, assim, possibilitassem a geração de sinais elétricos. Nem todos os íons, porém, atravessam a membrana neuronal. Na verdade, poucos deles conseguem passar. Logo, os canais iônicos

As Unidades do Sistema Nervoso

deveriam atuar como filtros de permeabilidade seletiva, permitindo que alguns íons passassem de fora para dentro e de dentro para fora da célula, enquanto outros seriam bloqueados em um dos dois compartimentos. O conceito de canais iônicos evoluiu até os tempos atuais e está no centro dos mecanismos moleculares que possibilitam a capacidade sinalizadora dos neurônios.

▶ Canais e Bombas de Íons

Canais iônicos são proteínas integrais de membrana, isto é, proteínas incrustadas na bicamada lipídica, que têm a capacidade de deixar passar íons de modo seletivo, continuamente ou em resposta a estímulos elétricos, químicos ou mecânicos. Os canais que deixam passar os íons continuamente são chamados *canais abertos*, e os que só abrem em resposta a estímulos específicos são chamados *canais controlados por comportas*. Tanto uns como os outros podem ser altamente específicos: há canais para cátions[G], como o sódio (Na^+), o potássio (K^+) e o cálcio (Ca^{++}), e canais para ânions[G], como o cloreto (Cl^-). Os canais controlados por comportas podem ser abertos por alterações da voltagem que existe naturalmente na membrana, entre o interior e o exterior da célula nervosa. Neste caso, são considerados *dependentes de voltagem*. Outros podem ser abertos por ação de substâncias específicas (ligantes) como neurotransmissores[G], neuromoduladores[G] e hormônios, e, neste caso, são considerados *dependentes de ligantes**. Diferentemente dos primeiros, os canais dependentes de ligantes são menos específicos quanto aos íons que deixam passar. Finalmente, outros canais são abertos por certos tipos de energia mecânica (estiramento, por exemplo) e radiante (como o calor) que incidem diretamente sobre a membrana.

Ao pensar em canais incrustados na membrana neuronal, capazes de deixar passar íons de modo seletivo e, assim, gerar sinais bioelétricos, algumas perguntas fundamentais se fazem necessárias. Qual a estrutura molecular desses canais iônicos? Como se abrem e como se fecham? Como deixam passar os íons? Como reconhecem os íons certos?

Comecemos pela estrutura molecular, já que ela, na verdade, pode iluminar as diversas propriedades funcionais dos canais. Tem sido possível conhecer detalhes da estrutura molecular dos canais dependentes de voltagem e de pelo menos um dos canais dependentes de ligantes, precisamente aquele que é aberto pelo neurotransmissor acetilcolina. Todos eles são glicoproteínas, geralmente formadas por subunidades, repetidas ou diferentes (Figura 3.10).

Para compreender melhor a complexa estrutura dos canais, seria interessante rever rapidamente a estrutura das moléculas proteicas. O nível mais simples de organização

das proteínas é a sua chamada *estrutura primária*, que não passa de uma fileira de aminoácidos ligados em ordem definida pelos ácidos nucleicos que os codificam. Só que essa fileira de aminoácidos raramente existe, na natureza, esticada como um arame, mas, sim, espiralada como uma mola: é a alfa-hélice, *estrutura secundária*. Os aminoácidos que compõem a alfa-hélice apresentam átomos carregados (íons) que se atraem e se repelem, levando a fita proteica a se enrolar para formar uma espiral e, depois, a espiral a se enrolar, formando uma espécie de novelo bem organizado – *estrutura terciária*. E ainda não acabou: os novelos se unem a outros e alguns juntos formam um conjunto bem complexo, a *estrutura quaternária*. Esse conjunto é a macromolécula que, neste caso que estamos descrevendo, chama-se canal iônico. As macromoléculas dos canais iônicos apresentam, em sua superfície externa, radicais que "gostam" de lipídios, o que facilita a sua incrustação na membrana celular. Além disso, as subunidades se organizam de um modo que deixa no centro uma espécie de poro, por onde passarão os íons. Finalmente, os poros apresentam, nas suas paredes, uma alça molecular (alça do poro), muito importante para conferir especificidade por um tipo de íon em especial. Por isso há canais de N^+, outros de K^+, e assim por diante.

O canal de Na^+ dependente de voltagem, por exemplo, é formado por uma subunidade de 270 mil dáltons[G] – ou 270 kDa – chamada α e duas subunidades menores com função reguladora (39 e 37 kDa) chamadas, respectivamente, ß1 e ß2. É a subunidade α que forma o poro por onde passam os íons, e sua estrutura secundária é apresentada na Figura 3.10A. Verificou-se que essa molécula é semelhante às que formam os canais de K^+ e Ca^{++}, o que sugere um parentesco genético entre elas. O canal de acetilcolina constitui um segundo exemplo, com 275 kDa, sendo formado por cinco subunidades parecidas. Reunidas, essas subunidades compõem a estrutura tridimensional do canal. A organização tridimensional dos canais iônicos pode ser revelada diretamente por uma técnica física chamada cristalografia de raios X (Figura 3.10B e C).

Como é muito difícil representar graficamente a complexa estrutura dos canais em três dimensões, geralmente eles são representados de modo estilizado, como se vê na Figura 3.10D. O posicionamento das subunidades que compõem o canal, dentro da membrana do neurônio, apresenta regiões (ou domínios, segundo a terminologia bioquímica) inteiramente contidas dentro da bicamada lipídica e regiões projetadas para o interior e o exterior da célula. O domínio intramembranar contém o poro de passagem dos íons e um segmento eletricamente carregado, sensível à voltagem da membrana (alça do poro). O domínio extracelular expõe certas regiões do canal à interação química com ligantes naturais (neurotransmissores, neuromoduladores e hormônios), assim como com substâncias que facilitam ou bloqueiam a passagem dos íons. É o caso, por exemplo, dos fármacos que bloqueiam especificamente os canais

---

* *Existem ainda os canais dependentes de ligantes e de voltagem ao mesmo tempo.*

▶ **Figura 3.10.** Os canais iônicos são proteínas geralmente formadas por subunidades. Estas, por sua vez, podem ser formadas por motivos moleculares, isto é, sequências proteicas repetitivas. **A** representa três subunidades do canal de Na+ dependente de voltagem, formadas por motivos repetitivos (em azul e violeta), unidos por sequências da mesma proteína que formam domínios intra e extracelulares. **B** e **C** representam a estrutura molecular tridimensional completa do canal de K+, sendo cada subunidade representada por uma cor diferente. **B** é uma vista lateral, **C** é uma vista superior, com o íon K+ representado dentro do canal. **D** é a representação estilizada de um canal, como empregamos neste livro. **B** e **C** modificados de Doyle DA et al. *Science*. 1998;280:69-77.

AS UNIDADES DO SISTEMA NERVOSO

dependentes de voltagem, muito utilizados no estudo experimental desses canais: a tetrodotoxina, bloqueadora do canal de Na^+, e o tetraetilamônio, bloqueador do canal de K^+. Já o domínio intracelular permite a ação de substâncias produzidas no interior do próprio neurônio que têm a capacidade de abrir ou fechar os canais, obedecendo a comandos intracelulares. É o caso dos nucleotídeos cíclicos como o AMPc e o GMPc*, bem como o íon Ca^{++}, que por isso recebem o nome genérico de segundos mensageiros (já que os "primeiros" seriam os ligantes atuantes pelo lado extracelular). As enzimas fosforilantes de proteínas (cinases) também podem entrar em ação em determinadas circunstâncias, adicionando um radical fosfato ao domínio intracelular do canal para provocar uma mudança de conformação estrutural que resulta em seu fechamento, abertura ou inativação.

E como passam os íons? A primeira ideia foi de que a seleção dos íons permeantes seria feita por suas dimensões. O íon Na^+, com 0,095 nm de diâmetro, atravessaria o canal de Na^+ livremente, mas o K^+, com 0,133 nm, seria bloqueado mecanicamente pelo próprio diâmetro do poro do canal. Como explicar, no entanto, a seletividade do canal de K^+, que não deixa passar o Na^+? Descobriu-se então que os cátions em solução são hidratados, isto é, são envolvidos por moléculas de água aderidas por força eletrostática. Hidratado, o íon Na^+ tem diâmetro maior que o íon K^+. Assim, seria possível explicar, pelo tamanho, a seletividade do canal de K^+, mas agora ficaríamos em dificuldade para explicar a seletividade do canal de Na^+. O conceito atual propõe a existência de interações específicas entre os íons e radicais existentes na parede do canal. Haveria um verdadeiro "filtro molecular" na região central do poro capaz de reconhecer e permitir a passagem apenas de uma espécie iônica para cada tipo de canal (Figura 3.11).

A energia que move os íons de um lado da membrana para o outro é eletroquímica. Verificou-se que as concentrações iônicas no citoplasma do neurônio diferem bastante das concentrações dos mesmos íons no meio extracelular. O meio extracelular é mais rico em sódio e cloreto (Figura 3.12A), enquanto o citoplasma é mais rico em potássio e proteínas com carga negativa (ânions orgânicos). Essas diferenças de concentração constituem o que se conhece por gradientes^G químicos e fornecem a energia potencial para o movimento iônico do compartimento mais concentrado para o de menor concentração. É o que acontece, por exemplo, quando um pingo de tinta azul cai em um copo d'água: inicialmente se forma um gradiente colorido do pingo (de azul mais forte) para as demais regiões do volume d'água (incolores), mas depois a tinta vai se difundindo até a concentração (e a cor da água) se tornar homogênea.

Abrindo-se um canal de passagem livre de Na^+ e Cl^- através da membrana, esses íons tendem a difundir-se para dentro da célula como a tinta no copo d'água, enquanto os íons K^+ tendem a sair da célula para o meio extracelular pelo mesmo mecanismo. Abrindo-se, entretanto, um canal específico para um tipo de íon (o K^+, por exemplo), só ele tende a se difundir de dentro para fora da célula (Figura 3.12B), porque está mais concentrado próximo à face interna do que à face externa da membrana. Como esses movimentos iônicos não são idênticos, acabam por estabelecer uma aglomeração de cátions em fina nuvem na superfície externa da membrana (Figura 3.12C), o que resulta no aparecimento de uma diferença de potencial elétrico através da membrana neuronal. É o que se chama gradiente elétrico, que se adiciona ao gradiente químico das concentrações. O gradiente elétrico, neste caso, opõe-se à passagem de mais K^+ de dentro para fora, já que as cargas positivas aglomeradas na face externa da membrana tendem a repelir esses cátions. O fluxo de K^+, assim, vai diminuindo até um ponto de equilíbrio. Na verdade, todos os canais iônicos abertos estão envolvidos nesse fenômeno, bem como os tipos iônicos correspondentes. A passagem efetiva dos íons através da membrana, portanto, depende de se saber qual dos gradientes fornece maior energia para o movimento iônico. Em conjunto, o gradiente químico e o gradiente elétrico somam-se algebricamente, formando o que se conhece como gradiente eletroquímico.

O conceito de gradiente eletroquímico permite explicar facilmente os movimentos iônicos através da membrana. Esta separa compartimentos diferentes quanto à concentração de íons. Por essa razão, abertos os canais para os íons Na^+, estes se difundem naturalmente de fora para dentro da célula, impulsionados pelo gradiente químico e pelo gradiente elétrico. No caso dos canais de K^+, o movimento tem sentido inverso, de dentro para fora da célula, pois predomina a força do gradiente químico sobre a "oposição" do gradiente elétrico. O mesmo ocorre para os íons Cl^-, que atravessam a membrana de fora para dentro do neurônio. Tudo se passa como se a membrana normalmente "represasse" as correntes iônicas e controlasse de forma precisa o fluxo mediante a seleção dos íons que passam pelos canais.

Os canais abertos têm funcionamento mais simples que os canais controlados por comportas. Estes últimos apresentam um problema para os biofísicos. Como explicar a abertura e o fechamento das comportas? A expressão "controle por comportas" não descreve exatamente o que se passa. Tem o sentido figurado de uma "represa", cujas comportas se abririam parcialmente para dar vazão ao fluxo iônico. Na verdade, os canais controlados por comportas apresentam uma propriedade típica das proteínas, chamada *alosteria*. Por meio desta propriedade, as proteínas podem assumir conformações moleculares diferentes, modificando sua disposição espacial. Quando assumem uma certa conformação, os canais não permitem

---

* *Monofosfatos cíclicos de adenosina e de guanosina, respectivamente.*

Neurociência Celular

Figura 3.11. Os dois compartimentos separados pela membrana plasmática (**A**) contêm íons hidratados (envoltos por uma nuvem de moléculas de água). Nessa condição (**B**), os íons interagem com a parte externa da membrana (região hidrofílica), mas não conseguem ultrapassar a parte interna (região hidrofóbica). Os canais iônicos fornecem uma via de passagem seletiva para os íons. Alguns canais como o de Na⁺ (**C**) possuem um "filtro molecular seletivo" no seu interior, na verdade um sítio de ligação para o Na⁺ que permite a sua passagem para o outro lado da membrana. Modificado de Kandel ER, Schwartz JH, Jessell TM. *Principles of Neural Science*. 4. ed. Nova York: McGraw-Hill, 2000.

a passagem dos íons através do poro central, quando, então, são ditos fechados.

Em certas condições, entretanto, as subunidades proteicas modificam-se espacialmente, passando a permitir o fluxo iônico. Esta mudança de conformação molecular pode ser provocada por mecanismos diferentes, segundo o tipo de canal. Nos canais dependentes de voltagem, uma alteração da diferença de potencial elétrico da membrana pode ser um estímulo disparador da mudança conformacional. Nos canais dependentes de ligantes, por outro lado, ocorre uma reação química não covalente do ligante (um neurotransmissor, por exemplo) com o domínio extracelular do canal. E, nos canais "mecânicos" e "térmicos", é necessário um estiramento da membrana ou uma alteração da temperatura local para provocar a abertura da comporta. Em todos os casos, o estímulo (voltagem, ligante ou outro) provoca uma mudança na estrutura terciária das subunidades do canal, o que resulta numa alteração também na estrutura quaternária, abrindo (ou fechando) o canal.

AS UNIDADES DO SISTEMA NERVOSO

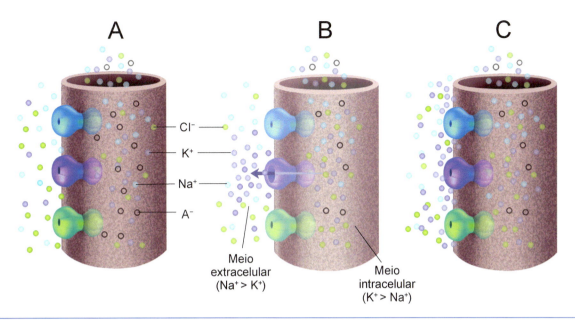

▶ **Figura 3.12. A**. O meio extracelular tem maior concentração de Na⁺ e Cl⁻, enquanto o meio intracelular tem maior concentração de K⁺ e ânions inorgânicos (A⁻). **B**. Quando os canais de um íon se abrem, por exemplo os de K⁺, estes íons deslocam-se movidos pelo seu gradiente químico, e as suas concentrações externa e interna tendem a se igualar. Isso não ocorre, entretanto, porque eles se aglomeram na borda externa da membrana formando uma fina camada positiva (**C**), o que cria um gradiente elétrico que tende a frear a saída de K⁺, estabilizando a situação.

O estudo experimental dos canais indicou que o comportamento dinâmico deles apresenta três estados funcionais distintos: (1) um estado de repouso, durante o qual o canal está fechado, mas pode ser ativado (aberto) a qualquer momento; (2) um estado ativo, durante o qual o canal está aberto, e por ele passa o fluxo iônico; e (3) um estado refratário, durante o qual está fechado e não pode ser ativado.

No estado ativo, um só canal pode deixar passar até 100 milhões de íons por segundo. Essa quantidade sugere que, mesmo em pequeno número, os canais iônicos podem ser bastante eficientes na geração de sinais elétricos pela membrana neuronal.

O conhecimento da estrutura molecular e a clonagem dos genes responsáveis pela "fabricação" dos canais iônicos têm permitido esclarecer certas doenças dos músculos e do sistema nervoso – as *canalopatias* – derivadas de mutações que causam defeitos moleculares nos canais e, consequentemente, distúrbios na produção de sinais elétricos por essas células e sérios sintomas nos seus portadores.

Outras macromoléculas muito importantes para o equilíbrio eletroquímico dos neurônios são as bombas iônicas. Não é difícil entender por que. A abertura dos canais iônicos, pelo simples vazamento dos canais abertos, e ainda mais do modo tão explosivo como acontece durante o impulso nervoso, deixaria a membrana com a sua polaridade normal completamente atrapalhada. Isso se não fosse a presença das bombas iônicas, proteínas também incrustadas na membrana que restauram a normalidade, trabalhando incessantemente. A bomba iônica mais conhecida é a que devolve para dentro os íons K⁺ que passaram para a face externa da membrana em troca de íons Na⁺ que passaram para dentro durante o impulso nervoso. A bomba de Na⁺/K⁺ é, na verdade, uma enzima, que transforma ATP^G em ADP^G, aproveitando a energia liberada por essa reação para transferir os íons. Essa foi a solução que a evolução encontrou para restaurar e manter as concentrações iônicas adequadas. Adiante você vai ver mais detalhes de como isso funciona.

▶ **Neurônios em Silêncio: O Potencial de Repouso**

Suponhamos a situação pouco comum de um neurônio em "silêncio", ou seja, inativo do ponto de vista da produção de sinais elétricos de informação. Um experimentador que inserisse uma minúscula pipeta condutora (microeletródo) dentro da célula observaria uma diferença de potencial constante entre as duas faces da membrana. Essa diferença de potencial é conhecida como *potencial de repouso* e reflete a separação de cargas elétricas entre a face externa e a face interna da membrana celular (Figura 3.13). Como vimos anteriormente, esta separação de cargas é mantida pela natureza isolante da bicamada lipídica que constitui a membrana e pelo gradiente químico entre os meios intra e extracelular. Aparecem então duas questões importantes: (1) como é gerado o potencial de repouso? e (2) como ele é mantido?

91

Imaginemos uma situação inicial hipotética em que ainda não estivesse estabelecido o potencial de repouso*, isto é, que a diferença de potencial através da membrana fosse igual a zero (Figura 13.13A). O íon K^+ seria empurrado pelo gradiente químico através dos seus canais abertos para fora da célula. Ao sair, produziria um gradiente elétrico de sentido oposto e tenderia a sair cada vez menos, até um ponto de equilíbrio no qual o interior da célula seria negativo em relação ao exterior, de um certo valor chamado potencial de equilíbrio do K^+. Pode-se calcular matematicamente o potencial de equilíbrio de cada íon utilizando uma equação concebida pelo físico-químico alemão Walther Nernst (1864-1941). No caso do íon potássio, o potencial de equilíbrio é geralmente igual a -75 mV. A medida do potencial de repouso do neurônio, entretanto, não coincide com esse valor, situando-se em torno de -60 a -70 mV. É preciso supor, então, que o potencial de repouso do neurônio seria gerado não só pelo K^+, mas também por outros íons. De fato, já sabemos que a membrana é também permeável ao Na^+ e ao Cl^- porque possui canais abertos para esses íons.

Assim, em nossa situação imaginária inicial de potencial zero, esses íons também seriam empurrados pelos seus gradientes químicos, só que de fora para dentro da célula (Figura 3.13A), porque a concentração deles é maior no meio extracelular. Igualmente, ao entrar, produziriam um gradiente elétrico de sentido oposto e tenderiam a passar cada vez menos, até o seu potencial de equilíbrio. O potencial de equilíbrio calculado para o Na^+ seria igual a +55 mV e, para o Cl^-, igual a -60 mV. O potencial de repouso naturalmente resultaria da combinação dos movimentos desses íons, que, como vimos, dependem da concentração de cada um deles e de sua permeabilidade através da membrana neuronal. Chegaríamos então a um potencial resultante da combinação dos potenciais de equilíbrio dos 3 íons principais. Pode-se calcular matematicamente esse potencial resultante utilizando-se uma segunda equação físico-química parecida com a de Nernst (equação de Goldman). O resultado bate precisamente com o valor medido de -60 a -70 mV, quando o microeletródio penetra a membrana (Figuras 13.13B e C). Além disso, as diferenças de permeabilidade entre os íons indicam que há mais canais abertos de K^+ no neurônio que canais de Na^+ e de Cl^-, e é por isso que o potencial de repouso é mais próximo do potencial de equilíbrio do K^+ do que do Na^+ e do Cl^-. Em outras células, a situação é diferente. É o caso dos astrócitos, por exemplo. Nessas células, o potencial de repouso medido é exatamente igual a -75 mV, o que nos leva a supor que elas só têm canais abertos de K^+. As medidas de permeabilidade iônica confirmam essa suposição.

Essa situação de equilíbrio que resulta no potencial de repouso na verdade ocorre em um espaço muito pequeno situado nas proximidades da face externa e da face interna da membrana neuronal. O gradiente eletroquímico, entretanto, reflete as diferenças de concentração iônica em todo o volume intracelular e em todo o volume extracelular. Isso significa que os fluxos iônicos transmembranares não se interrompem quando a situação de equilíbrio elétrico é atingida. Esse equilíbrio é dinâmico, e os movimentos iônicos continuam indefinidamente. Se isso é verdade, logo mudariam as concentrações relativas dentro e fora do neurônio e, consequentemente, mudaria também o gradiente eletroquímico. Como se explica que isso não ocorra?

Entra em cena um elemento importante: a ATPase de Na^+/K^+, apelidada comumente de "bomba de Na^+/K^+" (Figura 3.13). A bomba é uma molécula que faz parte de uma classe de proteínas integrais da membrana chamadas *transportadores ativos*, capazes, como o nome já diz, de translocar íons e moléculas pequenas de um lado a outro da membrana celular. A bomba é formada por duas subunidades diferentes: uma subunidade catalítica[G] que atravessa a membrana (subunidade α) e uma subunidade glicoproteica reguladora (β). A subunidade α tem sítios intracelulares de ligação para Na^+ e para uma molécula de alta energia, o ATP**, e sítios extracelulares específicos para o K^+. O ATP transfere fosfato para a subunidade α, em presença de Na^+ do lado de dentro e de K^+ do lado de fora. A energia dessa reação de fosforilação possibilita a exteriorização de três íons Na^+ em troca de dois íons K^+ levados ao interior do neurônio. Devemos perceber que esses movimentos iônicos se dão contra o gradiente eletroquímico, por isso precisam da energia química fornecida pelo ATP. Além disso, devemos considerar a relevância da bomba de Na^+/K^+ como um mecanismo de reposição automática das concentrações iônicas, mutáveis pelo fluxo passivo que ocorre constantemente através dos canais iônicos abertos. Estima-se que a bomba de Na^+/K^+ consuma cerca de 20% a 40% de toda energia consumida pelo cérebro, o que dá uma medida de sua importância. Uma outra bomba iônica – a bomba de Ca^{++} – encarrega-se da manutenção do gradiente de Ca^{++} a favor do meio extracelular, possibilitando a constância das concentrações extra e intracelulares desse íon no neurônio.

◗ Neurônios em Atividade: O Potencial de Ação

O que mais caracteriza o neurônio não é o potencial de repouso que, afinal, existe em todas as células vivas do reino animal e do reino vegetal. É o *potencial de ação* (PA), um

---

* Esta situação é irreal, pois não há célula viva sem potencial de repouso. Serve apenas como recurso didático para a compreensão da bioeletrogênese.

** Trifosfato de adenosina.

As Unidades do Sistema Nervoso

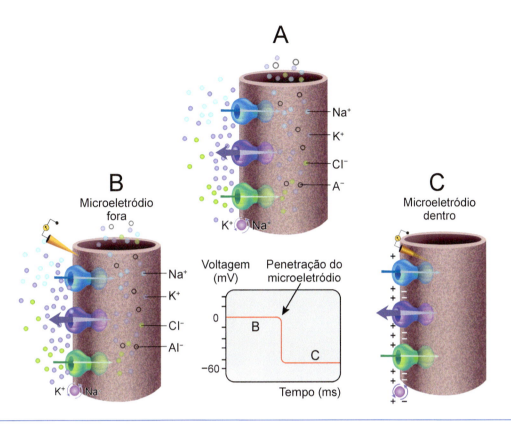

▶ **Figura 3.13. A**. O potencial de repouso existe porque o fluxo de K⁺ para fora do neurônio é grande, o de Na⁺ e Cl⁻ para dentro é pequeno e os ânions orgânicos (A⁻) permanecem "estacionários". A esfera maior, violeta claro, representa a bomba de Na⁺/K⁺. **B**. Quando um microeletródio está fora do neurônio, ele registra a diferença de potencial entre dois pontos isoelétricos, isto é, zero. **C**. Quando o eletródio é inserido através da membrana, capta a negatividade da face interna em relação à face externa, registrando uma diferença de potencial negativa. O gráfico mostra o registro de potencial zero antes do eletródio atravessar a membrana (**B**), o momento do transpasse (seta) e o registro de potencial negativo depois, quando o eletródio já está no interior do neurônio (**C**).

sinal elétrico muito rápido e de natureza digital, como o que os computadores produzem. Como nos computadores, o PA confere ao neurônio a capacidade de transmitir informação, já que o número de sinais emitidos em cada momento pode ser variado proporcionalmente a estímulos vindos de fora, ou mesmo a estímulos gerados dentro do neurônio.

Cientes de que lidavam com a unidade de código empregada pelo sistema nervoso, os biofísicos mostraram-se muito interessados, desde o início do século XX, em compreender a bioeletrogênese do PA, ou seja, os mecanismos envolvidos na sua geração.

Um primeiro problema a resolver era o de como registrar o fenômeno elétrico sem conhecer ainda seus determinantes biofísicos. Isso pôde ser conseguido utilizando o mesmo experimento realizado para registrar o potencial de repouso. Empregou-se um microeletródio inserido através da membrana no interior do neurônio, seja em seu soma ou no axônio. Na verdade, os primeiros pesquisadores envolvidos com essa questão utilizaram os chamados axônios gigantes de lula que, como em muitos invertebrados, apresentam grande calibre (cerca de 1 mm,

até 1.000 vezes mais largos que os axônios dos vertebrados). Se o microeletródio está posicionado em um axônio, e se este estiver desconectado do soma e for mantido artificialmente em um meio líquido apropriado, é preciso estimular a membrana com minúsculos choques elétricos para obter potenciais de ação. Se, entretanto, o experimento é realizado no soma de um neurônio íntegro, mantido artificialmente em cultura ou então dentro do SNC do animal, muitas vezes não é preciso estimulá-lo eletricamente, pois aparecem PAs espontaneamente na membrana.

Dois pesquisadores britânicos, Alan Hodgkin (1914-1998) e Andrew Huxley (1917-2012), destacaram-se muito nesses experimentos pioneiros e contribuíram fortemente para desvendar a bioeletrogênese do impulso elétrico do neurônio, sendo por isso contemplados com o prêmio Nobel de Fisiologia ou Medicina em 1963. Nos experimentos de Hodgkin e Huxley (Figura 3.14), um axônio gigante era removido da lula e mantido dentro de uma cubeta com líquido contendo íons e nutrientes. Um par de eletródios de estimulação era posicionado na superfície da membrana, em um ponto do axônio, e outro par era posicionado a uma certa distância, para registro dos fenômenos elétricos. No par de eletródios de registro, um deles era um microeletródio de ponta muito fina e podia ser inserido dentro do axônio através da membrana. Desse modo era possível registrar a diferença de potencial transmembranar (entre o axoplasma e o meio externo).

Hodgkin e Huxley observaram que, em condições de repouso, seus aparelhos de registro mostravam um potencial de repouso constante de −70 mV (Figura 3.14A). Quando aplicavam um estímulo elétrico à membrana, ocorria uma variação súbita e passageira desse valor. O potencial da membrana aproximava-se de zero rapidamente e o ultrapassava, tornando-se positivo em aproximadamente 40 a 50 mV (Figura 3.14B). Essa fase foi chamada despolarização. Em seguida, a despolarização parava e o potencial da membrana retornava rapidamente a um valor próximo ao de repouso (Figura 3.14C e D). Essa fase foi chamada repolarização. Tudo se passava em menos de 1 milissegundo!

A rapidez do fenômeno elétrico tornava quase impossível analisar sua gênese iônica. Hodgkin e Huxley, então, lançaram mão de uma técnica inventada alguns anos antes, capaz de "fixar" o potencial da membrana do axônio gi-

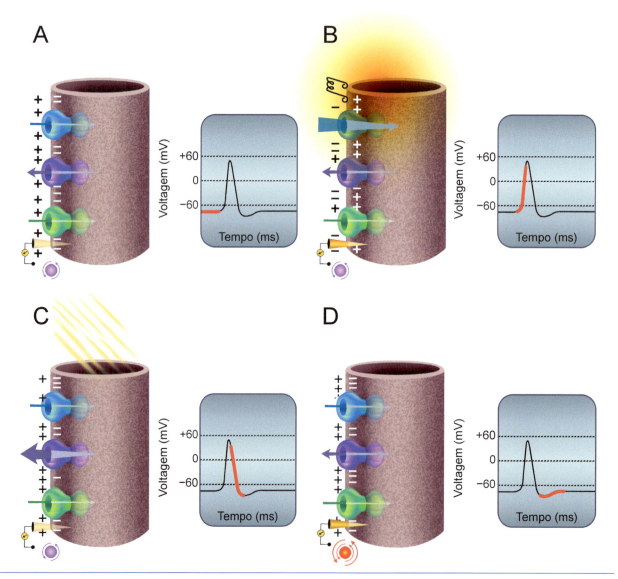

▶ **Figura 3.14.** O potencial de ação (PA) pode ser registrado por um microeletródio intracelular, do mesmo modo que o potencial de repouso. Inicialmente (**A**), aparece apenas o potencial de repouso, como mostra o segmento vermelho no traçado do PA. Quando se abrem os canais de Na⁺ (azuis), estes cátions difundem-se para o interior do neurônio (seta azul em **B**), despolarizando a membrana (observe o gráfico correspondente). A seguir (**C**), abrem-se os canais de K⁺ (roxos), e estes íons difundem-se para fora do neurônio (seta roxa em **C**), repolarizando a membrana até mais do que o "necessário". Para restabelecer o potencial de repouso (**D**), entra em ação a bomba de Na⁺/K⁺ (esfera vermelha), que restaura as concentrações iônicas iniciais. O registro completo do potencial de ação, tal como captado por um microeletródio intracelular, tem a forma mostrada pelos traçados em preto nos gráficos.

AS UNIDADES DO SISTEMA NERVOSO

gante em algum ponto de livre escolha entre −70 e +40mV, utilizando uma aparelhagem eletrônica especial. A técnica tem sido usada até hoje e ficou conhecida como fixação de voltagem. Com o potencial da membrana fixo no mesmo valor, tornou-se possível medir as correntes iônicas que atravessam a membrana. Os registros de medida, no entanto, combinavam os movimentos de todos os íons envolvidos no fenômeno, especialmente o Na^+ e o K^+. Seria necessário bloquear um deles para poder observar apenas o outro. Isso foi conseguido utilizando-se a tetrodotoxina (TTX), uma toxina bloqueadora dos canais de Na^+, e o tetraetilamônio (TEA), bloqueador dos canais de K^+.

Sob a ação do TEA e com o potencial da membrana fixado em 0 mV, registrava-se uma corrente rápida de fora para dentro, atribuída aos íons Na^+ (grande seta azul na Figura 3.14B). Sob a ação da TTX, entretanto, registrava-se uma corrente um pouco mais lenta, com polaridade inversa, isto é, com sentido de movimento de dentro para fora (seta roxa na Figura 3.14C). Quando o registro era feito sem nenhum dos bloqueadores, a curva obtida indicava uma composição das duas correntes iônicas. A certeza de que eram o Na^+ e o K^+ os íons envolvidos no PA veio da utilização de isótopos radioativos desses íons, que permitiu medir as concentrações de um lado e de outro da membrana (mediante a medida da radioatividade dos isótopos) antes e depois do experimento.

Concluiu-se que a fase de despolarização do PA era causada por uma súbita abertura dos canais de sódio dependentes de voltagem, que permitia um caudaloso movimento dos íons Na^+ para dentro do axônio durante menos de 1 milissegundo. Os canais de Na^+, então, tornavam-se inativos, o que fazia cessar em alguns milissegundos a corrente de sódio. A fase de repolarização do PA, entretanto, é mais rápida que a simples diminuição do fluxo de Na^+. A explicação é que nela entra em cena o potássio, cujos canais dependentes de voltagem se abrem um pouco depois que os do sódio. A saída de K^+ restaura a polaridade da membrana para os níveis de repouso, mas durante um certo tempo ela permanece inexcitável, incapaz de gerar outros PAs. Essa fase inexcitável chama-se período refratário e deve-se ao fato de que, após se abrirem, os canais iônicos passam ao estado inativo ou refratário, e não ao estado de repouso. Mais tarde os canais voltam ao estado de repouso e a membrana do axônio torna-se outra vez excitável. Além disso, a bomba de Na^+/K^+ encarrega-se de restaurar o gradiente eletroquímico original (Figura 13.14D).

Atualmente, consegue-se registrar a atividade elétrica de neurônios de mamíferos, o que confirma os experimentos e conclusões de Hodgkin e Huxley utilizando o axônio gigante da lula. Nos neurônios, os potenciais de ação são produzidos na região de emergência do axônio no corpo celular, conhecida por segmento inicial ou zona de disparo, já mencionada. Essa é uma região especializada que con-

tém uma alta densidade de canais iônicos dependentes de voltagem, o que lhe confere maior excitabilidade. Como consequência, o segmento inicial tem o mais baixo limiar de excitabilidade do neurônio, isto é, produz PAs quando seu potencial atinge −55 mV, ou seja, é despolarizado em apenas 10 mV. Isso contrasta com o corpo celular, cujo limiar é bem mais alto* (cerca de −45 mV). Essa particularidade do segmento inicial faz que nele esteja a origem natural dos PAs do neurônio e que estes sejam conduzidos não em direção ao soma, mas no sentido dos terminais telodêndricos do axônio.

Nos últimos anos, os mecanismos de gênese dos PAs têm sido estudados ao nível dos canais iônicos, já que se tornou possível registrar as correntes microscópicas que passam por um único canal com o emprego de uma técnica que ficou conhecida como fixação focal de voltagem (*patch clamp*, em inglês). Essa análise microscópica confirmou praticamente todas as conclusões de Hodgkin e Huxley e, além disso, permitiu conhecer com grande detalhe a interação entre os íons e a membrana na gênese dos sinais bioelétricos.

▶ A Propagação dos Sinais Elétricos dos Axônios

Depois do segmento inicial, que tem uma forma cônica, o axônio assume um formato cilíndrico e se estende como um tubo sinuoso pelo tecido nervoso até atingir as suas células-alvo (Figura 3.15). Ao longo de sua extensão, esse tubo pode se ramificar várias vezes. Alguns ramos, chamados colaterais, emergem próximo ao corpo celular e retornam às vizinhanças dele, formando contatos sinápticos com outros neurônios nessa região. Outros colaterais emergem mais distalmente e podem alcançar diferentes regiões do sistema nervoso, bem longe da posição do corpo celular de origem. Na extremidade de cada colateral, o axônio bifurca-se e ramifica-se várias vezes, formando uma ou mais arborizações terminais que podem ser bastante densas e profusas. É nas extremidades dos ramos dessas árvores terminais que se estabelecem as sinapses com as células-alvo. Alguns axônios, ao longo de sua extensão, podem estar envoltos por uma capa espiral de natureza predominantemente lipídica, chamada bainha de mielina. Outros axônios não a possuem. Essa capa tem propriedades isolantes, e sua ocorrência traz importantes consequências para a propagação do impulso nervoso, como será visto adiante.

É preciso, então, compreender de que modo o PA produzido no segmento inicial chega aos milhares de ramos terminais que se formam nos colaterais.

---

* *Parece uma incongruência dizer que -45 mV é "mais alto" que -55mV, mas o termo refere-se à distância entre o potencial de repouso (cerca de -65mV) e o potencial limiar, maior no primeiro caso (= 20 mV) do que no segundo (= 10 mV).*

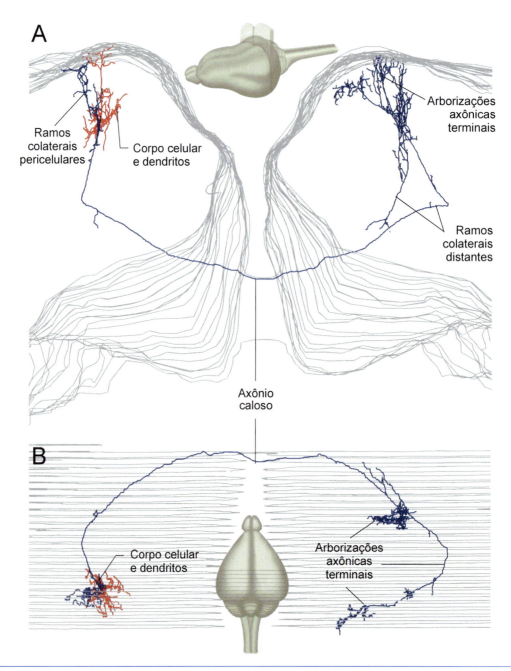

▶ **Figura 3.15.** É possível reconstruir um neurônio completo, a partir de cortes histológicos, usando-se um microscópio computadorizado. Neste exemplo obtido no rato, trata-se de um neurônio que projeta seu axônio para o hemisfério oposto através do corpo caloso[A]. Os cortes histológicos estão representados em cinza, o corpo celular e os dendritos, em vermelho, e o axônio, seus ramos colaterais e arborizações terminais estão representados em azul. **A** mostra uma vista coronal do axônio, indicada pelo pequeno encéfalo de cima. **B** mostra uma vista horizontal do mesmo axônio, como indica o pequeno encéfalo de baixo. Reconstruções cedidas por Jean-Christophe Houzel, do Instituto de Ciências Biomédicas, UFRJ.

As Unidades do Sistema Nervoso

A membrana do axônio amielínico e de seus ramos possui grande densidade de canais iônicos em todo o seu comprimento, sendo, portanto, bastante excitável. Quando se abrem os canais de Na⁺ da zona de disparo e surge um potencial de ação (Figura 3.16A), a membrana ali fica com polaridade oposta à das regiões vizinhas, uma delas situada mais próximo ao soma do neurônio e a outra, no lado oposto, na direção dos terminais. Isso significa que, além das correntes iônicas que atravessam a membrana, aparecerão correntes locais no axoplasma e no meio externo justaposto à superfície (setas pretas na Figura 3.16). Essas correntes locais, ao contrário do que poderia parecer, não são produzidas inteiramente pelo movimento "lateral" dos íons, mas pela transferência de suas cargas de uns aos outros, da mesma forma que ocorre com as correntes elétricas nos fios metálicos.

Para o lado do soma, cujo limiar de excitabilidade é mais alto, essas correntes locais não são suficientemente intensas para provocar a abertura dos canais iônicos dependentes de voltagem. Na outra direção, entretanto, a despolarização provocada pelas correntes locais é capaz de atingir o limiar mais facilmente, e um novo PA será disparado. O processo, então, repete-se nas regiões vizinhas situadas à frente, ou seja, na direção dos terminais, mas não naquelas situadas atrás. Por quê? A explicação está no período refratário. Embora o potencial de ambas as regiões vizinhas ao PA esteja igualmente próximo ao nível de repouso, os canais de trás das regiões excitadas estão em estado inativo porque a membrana dessa região acabou de produzir um PA, tornando-se inexcitável temporariamente. Ao contrário, os canais situados à frente estão em estado de repouso e a membrana da região está plenamente excitável.

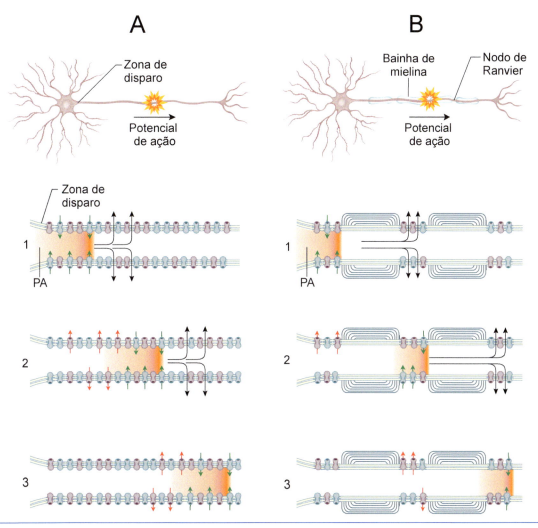

▸ **Figura 3.16.** A propagação do potencial de ação é mais lenta nos axônios amielínicos (em **A**) do que nos axônios mielínicos (em **B**). Como se pode ver nas sequências de 1 a 3 em **A** e **B**, em cada região onde ocorre um PA (1) as correntes de Na⁺ através da membrana (setas verdes) geram correntes locais dentro do axônio (setas pretas) que despolarizam a região vizinha até o limiar, provocando nela também um PA (2 e 3). Atrás da região ativa segue sempre a região de repolarização, onde atuam as correntes transmembranares de K⁺ (setas vermelhas em 2 e 3). Nos axônios mielínicos (**B**), os pontos "vizinhos" são os nodos de Ranvier, que estão separados por uma bainha isolante composta de mielina. Como só os nodos são excitados, tudo se passa como se os PAs "saltassem" de um nodo a outro, resultando em maior velocidade de propagação do impulso.

A repetição desse processo causa um aparente deslocamento do potencial de ação no sentido dos terminais, mas não no sentido oposto. O deslocamento é apenas aparente, porque não se trata do mesmo PA que "trafega" ao longo do axônio, mas, sim, de novos PAs que são produzidos em cada segmento vizinho da membrana do axônio. Tudo se passa como as luzes de um anúncio luminoso: não são elas que se deslocam, mas é a sequência com que são ligadas e desligadas que dá a impressão de deslocamento. Diz-se, por essa razão, que o potencial de ação é um fenômeno autorregenerativo ou autopropagável, isto é, algo que se multiplica em cada local vizinho da membrana cujo potencial é levado ao limiar pelas correntes locais.

Deve-se a essa propriedade autorregenerativa do potencial de ação o fato de que, nos pontos de bifurcação, ambos os ramos produzam PAs idênticos. Se a propagação fosse devida a um simples deslocamento do impulso nervoso, ele teria que "escolher" um dos trajetos em cada ponto de bifurcação ou, então, dividir-se em dois. A consequência seria que apenas um dos milhares de terminais sinápticos do axônio receberia o potencial de ação gerado no segmento inicial, ou, então, que todos eles receberiam potenciais de tamanho insignificante. Devido à autorregeneração do PA, ocorre, no entanto, justo o contrário: um PA gerado no segmento inicial do axônio chega igualmente a todos os seus ramos terminais com a mesma amplitude e a mesma forma da origem.

Como a propagação do PA depende das correntes locais que se movem no interior do axônio e no meio externo, a resistência elétrica desses meios determina a intensidade da corrente, como em qualquer circuito elétrico. A resistência do meio externo é muito baixa e varia pouco, já que o meio externo não se apresenta compartimentado e tem, por isso, grande volume total, pois se comunica por todo o organismo. Ao contrário, a resistência do axoplasma é mais alta e depende do calibre do axônio. Axônios mais calibrosos apresentam menor resistência axoplasmática às correntes locais. Isso significa que, sendo a resistência interna menor, será maior a intensidade das correntes, mais rapidamente se atingirá o limiar das regiões vizinhas para disparar o potencial de ação e, em consequência, será maior a velocidade de propagação do impulso nervoso. Axônios mais calibrosos, portanto, apresentam maior velocidade de propagação do PA. Essa propriedade explica a existência dos axônios gigantes dos invertebrados – o aumento do diâmetro axônico foi provavelmente uma adaptação evolutiva que permitiu maior rapidez na propagação das mensagens nervosas.

Foi possível atingir velocidades de propagação ainda maiores por meio de um segundo mecanismo adaptativo, este amplamente adotado pelos vertebrados. Alguns axônios se tornaram envoltos por uma espiral da membrana de certos gliócitos – as células de Schwann e os oligodendrócitos –, como se vê na Figura 3.17A (ver também a Figura 2.21). O envoltório espiral produzido por cada gliócito cobre cerca de 1 a 2 mm do comprimento do axônio. Segue-se um pequeno intervalo em que a membrana está exposta, e outra bainha de mielina ocupa o segmento seguinte. A região de intervalo entre as bainhas chama-se *nodo de Ranvier* (Figura 3.17B). Como a bainha de mielina representa um empilhamento espiral da membrana dos gliócitos e a membrana, como sabemos, é basicamente constituída por lipídios, resulta um envoltório altamente isolante que impede a ocorrência de correntes iônicas transmembranares. Além disso, nas fibras mielínicas, os canais iônicos se acumulam nos nodos de Ranvier (Figura 3.17C), tornando-os regiões de baixo limiar de excitabilidade. O potencial de ação gerado em um dos nodos produz uma corrente local do mesmo modo que nos axônios amielínicos. Diferentemente destes, entretanto, as correntes locais irão despolarizar apenas a membrana do nodo seguinte, onde aparecerá outro PA (Figura 3.16B). O nodo anterior não é excitado porque está em período refratário. O processo então se repete para frente, mas com velocidade muito maior, já que a excitação se dá de modo saltatório, ou seja, de nodo em nodo.

Outra consequência importante da propriedade autorregenerativa do potencial de ação é que suas características elétricas são idênticas em qualquer ponto da membrana de um axônio. A amplitude do PA será a mesma, bem como sua duração, e também a forma de onda que apresenta quando registrado em gráfico, características relativamente estáveis que refletem as propriedades físico-químicas da membrana, do citoplasma e do meio externo imediatamente adjacente ao neurônio e a seu axônio. Outra célula, entretanto, poderá apresentar propriedades ligeiramente diferentes, o que repercutirá nos parâmetros dos PAs que produz.

▶ O Potencial de Ação é uma Unidade de Código da Linguagem do Cérebro

Uma linguagem funciona por meio de um código de representação. Os idiomas, por exemplo, são códigos de representação de ideias que empregam letras como unidades, sendo elas agregadas em conjuntos de palavras, estas em frases, frases em parágrafos e assim por diante.

O cérebro opera com diferentes códigos, sendo um deles formado pelos potenciais de ação. Já vimos há pouco que o PA ocorre como consequência das propriedades físico-químicas do neurônio, tendo por isso sempre as mesmas características elétricas. A isso se deu o nome de *lei do tudo-ou-nada*, expressão que significa que o PA ocorrerá em um determinado local da membrana ou não ocorrerá de todo. Não há meio-termo. Nesse aspecto, o impulso nervoso se parece com os sinais elétricos digitais dos microcomputadores, representados pelos números 1 e 0, em que 1 significa presença do sinal e 0 significa sua ausência. Sendo assim tão simples, no entanto, como é possível que

AS UNIDADES DO SISTEMA NERVOSO

▶ **Figura 3.17. A.** Espirais de membrana das células de Schwann em torno do axônio formam a bainha de mielina, identificada em dois axônios cortados transversalmente e visualizados ao microscópio eletrônico de transmissão. Vê-se também o núcleo e o citoplasma de uma célula de Schwann. **B.** Um corte longitudinal permite identificar o nodo de Ranvier entre as bainhas de duas células de Schwann. **C.** A utilização de marcadores fluorescentes específicos permite reconhecer uma alta densidade de canais de Na$^+$ no nodo de Ranvier (em branco, no centro da foto). Fotografias cedidas por Ana M. B. Martinez, do Instituto de Ciências Biomédicas, UFRJ.

a linguagem do sistema nervoso tenha tamanha riqueza na representação de ideias e comportamentos?

A explicação é a seguinte: embora os parâmetros do PA não mudem em cada neurônio, o intervalo de tempo entre os PAs é altamente variável. Falar de intervalo entre PAs é o mesmo que falar de frequência, ou seja, do número de PAs que ocorrem em cada unidade de tempo. O intervalo, ou período, é o inverso da frequência. E é justamente a variação da frequência de disparo dos neurônios que lhes permite veicular, em código, diferentes mensagens. Você verá vários exemplos de codificação neural em frequência de PAs em diversos capítulos deste livro, mas poderá apreciar maiores detalhes dessa propriedade no Capítulo 6.

O GLIÓCITO É A CÉLULA POLIVALENTE DO SISTEMA NERVOSO

A primeira suposição dos cientistas do século XIX ao descobrirem a existência de uma numerosa população de células não neuronais no sistema nervoso foi de que essas células representavam o arcabouço de sustentação mecânica dos neurônios. Naquela ocasião, acreditava-se que formassem um sincício[G], por isso elas receberam o nome coletivo de *neuroglia*, que significa "cola neural". Essa função estrutural das células gliais já não é considerada tão importante, inclusive porque se descobriu a existência de uma matriz extracelular de composição molecular complexa e funções muito relevantes para as células neurais. Atualmente se conhecem inúmeras outras funções – de alta relevância – de que participam ativamente. Essa constatação coloca os gliócitos no papel de verdadeiros elementos polivalentes no sistema nervoso. De tal forma esse conceito evoluiu, que é crescente o número de neurocientistas que considera o tecido nervoso uma rede intercomunicante de células neuronais e gliais, sendo estas últimas muito mais do que mantenedoras da "saúde" dos neurônios, mas ativas participantes dos mecanismos de processamento de informação neural.

Considere as funções sumariadas a seguir e listadas na Tabela 3.1 para perceber que não é um exagero: os gliócitos participam da transmissão e do processamento de informações mediante a propagação de alta velocidade do impulso nervoso, da modulação da transmissão sináptica e da sincronização da atividade neuronal; têm ação hemodinâmica, mediando a regulação do fluxo sanguíneo local segundo a atividade neuronal e participando da seleção de substâncias que transitam entre o sangue e o tecido nervoso; atuam como células-tronco durante o desenvolvimento e até mesmo no adulto; orientam o posicionamento dos neurônios recém-nascidos durante o desenvolvimento; participam da regulação da secreção hormonal, especialmente da glândula hipófise; fazem parte das respostas imunitárias que o sistema nervoso oferece em condições de inflamação e trauma; protegem os neurônios de dano por excesso de aminoácidos excitatórios; participam da regeneração de axônios periféricos lesados; e regulam a produção e o fluxo do líquido cefalorraquidiano (liquor). Como se diz popularmente, as células gliais estão em todas.

▶ Os Tipos de Célula Glial

A classificação dos tipos celulares neurogliais que se aceita atualmente deve-se, em grande parte, a Ramón y Cajal, autor de extensas e detalhadas descrições sobre a estrutura fina dessas células. No sistema nervoso central, consideram-se duas grandes classes: a *macroglia* e a *microglia*, assim chamadas pelas dimensões de seus corpos celulares (Tabela 3.1). A macroglia (Figura 3.2) é formada

por *astrócitos*, *oligodendrócitos* e *células NG2*, recentemente descobertas*. Os três têm origem embrionária neuroectodérmica, como os neurônios (confira, a esse respeito, o Capítulo 2). A microglia, por outro lado, é formada por um conjunto homogêneo de células de origem mesodérmica, aparentadas às células do sistema imunitário em estrutura e função. O sistema nervoso periférico apresenta um tipo glial principal, as *células de Schwann*, originadas da crista neural do embrião, estrutura que dá origem não apenas a células neurais, mas também a células não neurais, como os melanócitos da pele e as células da medula adrenal. Além delas existem também *células-satélites* nos gânglios periféricos, de função pouco conhecida.

Outras células presentes em regiões mais específicas têm classificação incerta, não sendo facilmente afiliadas nem à macroglia nem à microglia do SNC e tampouco à glia do SNP.

---

* Por terem sido recém-descobertas, sua denominação ainda não se consolidou. Além de NG2, elas são conhecidas também como polidendrócitos, sinantócitos, células complexas e células precursoras de oligodendrócitos (neste caso, apenas durante o desenvolvimento).

Tabela 3.1. Funções dos Diferentes Tipos de Célula Glial

Tipo Celular		Funções
Macroglia	Astrócito	▶ Hiperemia funcional (regulação neurodependente do fluxo sanguíneo local ▶ Formação e manutenção da barreira hematoencefálica ▶ Célula-tronco durante e após o desenvolvimento ▶ Orientação do crescimento axônico durante o desenvolvimento ▶ Promoção de sinaptogênese durante e após o desenvolvimento ▶ Migração radial de neurônios durante o desenvolvimento ▶ Modulação da transmissão sináptica (comunicação glioneuronal bidirecional) ▶ Recaptação de glutamato, proteção antiexcitotóxica ▶ Proliferação (gliose) reativa ▶ Mobilização de outros gliócitos durante inflamação e/ou trauma ▶ Sincronização neuronal via junções comunicantes ▶ Modulação da secreção de hormônios pela neuro-hipófise (tanicitos e pituicitos)
	Oligodendrócito	▶ Mielinização durante o desenvolvimento ▶ Propagação do impulso nervoso em alta velocidade ▶ Regeneração axônica
	Célula NG2	▶ Células-tronco durante o desenvolvimento ▶ Controle do brotamento axônico nos nodos de Ranvier
Microglia	Microgliócito	Resposta imunitária (fagocitose, apresentação de antígenos)
Glia periférica	Célula de Schwann	▶ Mielinização durante o desenvolvimento ▶ Regeneração axônica
	Célula ganglionar satélite	Isolamento elétrico de neurônios?
Não classificadas	Ependimócito	▶ Regulação da troca de substâncias entre o sangue, o tecido nervoso e o líquido cefalorraquidiano (liquor) ▶ Formação do plexo coroide (estrutura especializada na produção de liquor) ▶ Participação no fluxo direcional de liquor ▶ Manutenção da barreira hematoliquórica
	Glia embainhante olfatória	▶ Mielinização ▶ Célula-tronco olfatória

As Unidades do Sistema Nervoso

Os *astrócitos* possuem prolongamentos muito numerosos que emergem do soma e se ramificam profusamente, formando uma densa arborização. Esses prolongamentos ocupam os meandros do espaço interneuronal, envolvendo sinapses e nodos de Ranvier, formando verdadeiras capas envoltórias dos capilares sanguíneos do sistema nervoso e constituindo o revestimento interno da parede das cavidades intracerebrais e das meninges (Figura 3.18). Essa distribuição extensa delimita territórios próprios de cada astrócito, com uma certa área de superposição com os astrócitos vizinhos, onde se dá a "conversa" entre eles. O território de um astrócito inclui milhares de sinapses e inúmeros vasos sanguíneos sobre os quais ele exerce influência, como veremos adiante.

Além de suas características morfológicas, os astrócitos têm sido identificados mais recentemente pela expressão de uma proteína que lhes é exclusiva, a chamada proteína acídica fibrilar glial (conhecida pela sigla GFAP, abreviada da denominação inglesa da molécula). A GFAP pode ser localizada no astrócito por meio de anticorpos monoclonais[G] fluorescentes ou coloridos e, assim, ser utilizada para reconhecer esse tipo celular (Figura 3.19A). Consiste em um dos componentes dos filamentos intermediários do citoesqueleto da célula, que são os responsáveis pela forma típica que ela assume. A intensidade de expressão de GFAP permite subclassificar os astrócitos: os que se situam na substância cinzenta[A] têm corpo celular irregular, possuem prolongamentos muito ramificados e apresentam intensa expressão de GFAP. São chamados astrócitos protoplasmáticos e expressam propriedades funcionais características, como um potencial de membrana muito negativo, correntes de K⁺ independentes de voltagem, pronunciada endocitose de glutamato e extenso acoplamento juncional com outras células. Os astrócitos localizados na substância branca[A] são mais alongados e menos ramificados, além de expressarem pouco GFAP; a eles reserva-se a denominação astrócitos fibrosos. Suas propriedades funcionais são distintas das dos protoplasmáticos, ou seja, têm potencial de membrana menos negativo, correntes de K⁺ e Na⁺ dependentes de voltagem, baixa interiorização de glutamato e desacoplamento juncional – exatamente o contrário dos protoplasmáticos. Nem todos os astrócitos apresentam expressão de GFAP, por essa razão esta molécula não pode ser considerada um marcador universal desse tipo celular.

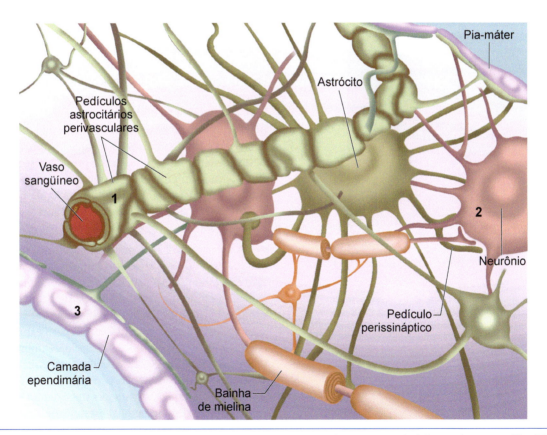

▶ **Figura 3.18.** Os astrócitos (em verde) têm múltiplas funções. Recobrem os vasos sanguíneos, participando da barreira hematoencefálica (1); envolvem as sinapses com pedículos que participam da reposição de íons e moléculas envolvidos na transmissão sináptica (2); ancoram-se na camada ependimária dos ventrículos e na pia-máter (3), participando da troca de moléculas entre o líquido cefalorraquidiano e o tecido nervoso. Outras funções dos astrócitos não estão ilustradas, como a sua capacidade de reação a traumatismos e o seu papel durante o desenvolvimento. Os neurônios estão representados em violeta, e os oligodendrócitos em laranja. Modificado de Kimelberg A, Noremberg R. *Scientific American*. 1989;260:66-72.

▶ **Figura 3.19.** No tecido nervoso, são três os principais subtipos de gliócitos, aqui separados apenas para mostrar suas diversas apresentações morfológicas. Em **A**, os astrócitos, em **B**, os oligodendrócitos e em **C**, os microgliócitos. Nas três imagens, todos os núcleos apresentam-se em azul, marcados com um intercalante de DNA conhecido como DAPI (diaminofenilindol). Diferentes marcadores fluorescentes citoplasmáticos específicos foram utilizados para identificar os subtipos em cada foto. No caso dos astrócitos (**A**), a fluorescência verde identifica a GFAP (proteína acídica fibrilar glial). No caso dos oligodendrócitos (**B**), um marcador (a enzima CNPase) está presente no citoplasma (em ciano) e outro (Olig2) no núcleo (em rosa por sobreposição com o azul do DAPI). E no caso dos microgliócitos (**C**), o marcador utilizado (em verde) é conhecido pela sigla de seu nome em inglês, IBA1. Fotos gentilmente cedidas por Flavia A. Gomes e Juliana Morgado (**A**), Bruna Valerio-Gomes (**B**) e Flavia Lima e Iohana Pagnocelli (**C**).

Os *oligodendrócitos* possuem também prolongamentos que emergem do soma, mas não tão numerosos e ramificados como os dos astrócitos. Os prolongamentos dos oligodendrócitos emitem expansões aplanadas (Figura 3.19B) que se enrolam em torno dos axônios centrais, formando as bainhas de mielina. Sua marca molecular característica é a proteína básica da mielina (MBP, do inglês *myelin basic protein*). Outros marcadores existem, como a enzima CNPase e um fator nuclear chamado Olig2 (Figura 3.19B). As bainhas de mielina, como vimos anteriormente, são elementos isolantes importantes que possibilitam o alcance de maiores velocidades de propagação do impulso nervoso ao longo dos axônios. A mielina produzida pelos oligodendrócitos possui constituição predominantemente lipídica, mas contém também proteínas específicas que podem ser utilizadas para identificar os oligodendrócitos seletivamente. A mielina central, produzida pelos oligodendrócitos, contém também moléculas proteicas que bloqueiam a capacidade regenerativa dos axônios centrais. A mielina periférica, entretanto, produzida pelas células de Schwann, não apresenta essas proteínas bloqueadoras, o que confere ao sistema nervoso periférico uma capacidade de regeneração capaz de recuperar lesões que atingem os nervos. Sobre a capacidade regenerativa dos neurônios, você pode consultar o Capítulo 5 para maiores informações.

As características funcionais dos oligodendrócitos são mais homogêneas que as dos astrócitos: enquanto estes "estão em todas", como comentamos antes, os oligodendrócitos (e também as células de Schwann) praticamente são especializados em formar e manter a bainha de mielina. Isso, entretanto, não diminui a sua importância, como se pode depreender das consequências devastadoras de certas doenças do sistema imunitário, nas quais ocorre a produção de anticorpos contra a mielina da própria pessoa e esta se desfaz gradualmente. São as doenças desmielinizantes, causadoras de uma gradual deterioração da capacidade motora do indivíduo, podendo levá-lo à morte por parada respiratória.

As *células NG2* representam um terceiro tipo macroglial, distinto tanto de astrócitos como de oligodendrócitos. Não expressam GFAP nem MBP, mas, sim, uma molécula de matriz extracelular conhecida pela sigla NG2 (neuroglicano-2), que lhes dá o nome. Verificou-se que existem nas substâncias branca e cinzenta em número expressivo, no córtex cerebral[A], hipocampo[A] e cerebelo[A]. Durante o desenvolvimento as células NG2 são células-tronco, dando origem a astrócitos e neurônios, mas permanecem como gliócitos na vida adulta, exercendo funções importantes. Uma delas é o controle do brotamento de ramos axônicos nos nodos de Ranvier, que separam os segmentos dos axônios cobertos por mielina. Recentemente, os neurocientistas produziram evidências de que, pelo menos no cerebelo e no hipocampo, as células NG2 recebem sinapses de neurônios. O significado dessas redes neurônio-gliais será comentado adiante.

AS UNIDADES DO SISTEMA NERVOSO

As *células de Schwann* são os principais gliócitos mielinizantes do SNP. Diferem dos oligodendrócitos pela produção de moléculas que favorecem a regeneração axônica, ao contrário destes últimos, que produzem moléculas inibidoras do crescimento axônico, com ação antirregenerativa. O Capítulo 5 relata melhor essas diferenças. Aparentadas às células de Schwann são as chamadas *células-satélites*, que envolvem os corpos dos neurônios ganglionares periféricos, presumivelmente para lhes fornecer um certo isolamento elétrico. Na fronteira entre o SNP e o SNC encontra-se a chamada *glia embainhante olfatória*, que fornece cobertura mielínica aos axônios olfatórios e que, além disso, tem propriedades de célula-tronco, sendo muito estudada recentemente pela possibilidade de sua utilização para fins terapêuticos.

Por fim, os *microgliócitos* têm corpo pequeno e alongado e poucos prolongamentos que se ramificam moderadamente. Houve sempre muita controvérsia acerca da sua origem (neuroectodérmica ou mesodérmica?), mas atualmente se consolidou a evidência de que têm origem mesodérmica, podendo penetrar no sistema nervoso pela corrente sanguínea. Considera-se também que os microgliócitos são representantes do sistema imunitário no sistema nervoso central, sendo capazes de fagocitose[G] e apresentação de antígenos, como os monócitos e os macrófagos presentes no sangue. Os microgliócitos podem ser identificados seletivamente no SNC por meio de técnicas específicas de coloração, ou pela reação com anticorpos monoclonais (Figura 3.19C). Apresentam-se em duas formas básicas: os microgliócitos ramificados, que são quiescentes, isto é, não proliferam nem atuam em processos patológicos, e os ameboides (ou macrófagos cerebrais), que têm atividade fagocítica e proliferam bastante na vigência de agressões e traumatismos do SNC. Mais sobre a microglia no Quadro 3.2.

▶ A Rede Neurônio-glial de Informação

Ninguém discutiria a afirmativa de que o sistema nervoso é constituído por uma rede de células que formam os circuitos neurais, quando essas células são identificadas como neurônios, no entanto sempre se negou que as células gliais participassem ativamente desses circuitos, a não ser como elementos acessórios e passivos. Atualmente, entretanto, acumulam-se as evidências de que os circuitos neurais são, na verdade, neurônio-gliais.

Classicamente, por exemplo, considerava-se o neurônio uma célula excitável, e a célula glial, inexcitável. A definição de excitabilidade envolvia apenas a capacidade de gerar impulsos bioelétricos, como é o caso dos neurônios (e das células musculares), mas logo se verificou que as células gliais, especialmente os astrócitos, embora de fato não produzam potenciais de ação ou potenciais sinápticos, geram correntes internas de Ca^{++} com alta capacidade de sinalização, utilizadas para ativar a expressão gênica dessas células e vias bioquímicas de diversos tipos.

Verificou-se também que essas "ondas de cálcio" se espraiam por todo o citoplasma do astrócito, surgindo espontaneamente ou provocadas por atividade neuronal: nesse momento, os astrócitos liberam moléculas sinalizadoras para o meio extracelular, que têm ação em outras células, inclusive nos neurônios. As moléculas liberadas são os chamados *gliotransmissores*, dois deles semelhantes aos neurotransmissores, o glutamato e o aspartato, e outros menos conhecidos, como o ATP, a taurina e a D-serina. Discute-se ainda o modo de liberação desses gliotransmissores, havendo quem defenda a liberação vesicular (Figura 3.20A), como ocorre nas sinapses químicas entre neurônios. Assim, os astrócitos são células que sinalizam a outras por intermédio de transmissores químicos; essa é uma parte da história. O circuito se fecha quando se constata que algumas células gliais – astrócitos e NG2 – recebem sinapses de axônios, podendo, assim, ser ativadas por estes (Figura 3.20B). A conclusão é de que as células gliais participam dos circuitos neurais junto com os neurônios, formando as redes neurônio-gliais, unidades de processamento de informação complexas, capazes de modular a transmissão sináptica entre os neurônios (Figura 3.21).

Mas não se esgota aí a participação funcional das células gliais no processamento da informação pelo sistema nervoso. Como você pode constatar lendo o Capítulo 4, as sinapses são os *chips* neurais: nelas a informação é transmitida, modificada, e até bloqueada, entre um neurônio e outro. Ocorre que muitas sinapses são envolvidas por astrócitos, cujas funções são: (1) interiorizar o excesso de neurotransmissor que emana da fenda sináptica, especialmente se este for excitatório (glutamato, por exemplo), potencial causador de excitotoxicidade que pode ser fatal ao neurônio; e (2) modular a transmissão sináptica, não apenas pelo controle da quantidade de neurotransmissor presente no intervalo entre os neurônios, mas também liberando seus próprios gliotransmissores e, assim, interferindo diretamente na mensagem interneuronal (Figura 3.21).

A comunicação entre os neurônios, desse modo, é fortemente influenciada por astrócitos e células NG2, mas também os oligodendrócitos, as células de Schwann e a glia embainhante olfatória participam, a seu modo, desse processo. Isso porque essas células são as produtoras e mantenedoras da bainha de mielina que, como vimos, é capaz de permitir maior velocidade de propagação do impulso nervoso ao longo dos axônios.

▶ O Fluxo Sanguíneo a Serviço da Função Neuronal

O fluxo sanguíneo, como todos sabem, é o principal fornecedor de nutrientes e oxigênio para o tecido nervoso. O que poucos sabem, no entanto, é que esse tecido conso-

NEUROCIÊNCIA CELULAR

Neurociência em Movimento

Quadro 3.2
Microglia, para o Bem e para o Mal

▶ **Flavia Lima***

Meu primeiro contato com as células da microglia veio durante o doutorado em Paris. Tudo começou um pouco antes, durante o mestrado no Instituto de Biofísica Carlos Chagas Filho da UFRJ, tendo como orientador o Prof. Vivaldo Moura-Neto. Naquela época, estudávamos fatores que poderiam modular a diferenciação das células gliais e sua consequente interação com os neurônios ao longo do desenvolvimento do sistema nervoso central. Se pouco se sabia sobre o desenvolvimento dos astrócitos, menos ainda se conhecia sobre as células da microglia. E foi durante o doutorado que surgiu o interesse em estudar especificamente este tipo de célula tão peculiar (Figura 1). Neste período fiquei dois anos no laboratório do Dr. Michel Mallat, o qual também passou a ser meu orientador, no Hospital Salpêtrière em Paris. Mostramos pela primeira vez que os hormônios tireoidianos tinham um papel-chave na regulação da sobrevivência e diferenciação das células microgliais.

Minha experiência com esses estudos iniciais sobre as células gliais foi fundamental quando, de volta ao Brasil, realizei um pós-doutorado no Instituto Ludwig de Pesquisa sobre o Câncer, então localizado em São Paulo, sob a supervisão da Dra. Vilma Martins. Investigamos a importância da proteína prion celular (até então pouco estudada no cérebro normal) na interação neurônio-glia durante o desenvolvimento e demonstramos que a falta desta proteína ou a sua superexpressão no cérebro poderia resultar em anomalias no desenvolvimento de células gliais e neuronais. Foi uma época bastante produtiva, pois, além dos trabalhos decorrentes deste estudo, meus dois filhos, João e Maria Clara, nasceram neste período (Figura 2).

De volta ao Rio de Janeiro, já como professora do Instituto de Ciências Biomédicas da UFRJ, estabeleci minha linha de pesquisa voltada especificamente para a micróglia. Desde então, eu e minha equipe temos estudado não só como essas células se desenvolvem e interagem com as demais células do cérebro, mas também quais fatores modulam a ativação da microglia e suas interações em contextos patológicos. O que me fascina nessas células é que são gliais, portanto secretoras, por exemplo, de neurotrofinas, e ao mesmo tempo macrófagos, capazes de fagocitar e secretar citocinas inflamatórias. A microglia participa do desenvolvimento neuronal regulando o crescimento axonal, a sinaptogênese e outros eventos. Já no cérebro adulto, dependendo do tipo de doença e do grau de severidade desta, a microglia pode responder de diferentes formas, para o bem ou para o mal, seja promovendo o reparo do tecido, seja induzindo degeneração no sítio da lesão.

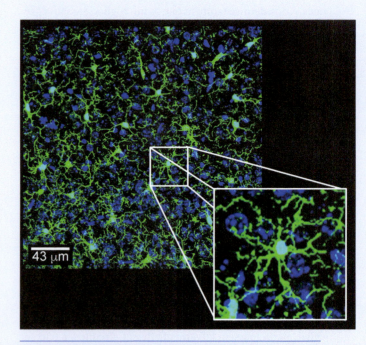

▶ **Figura 1.** Células microgliais no córtex cerebral de camundongo marcadas por imunofluorescência. A microglia foi marcada em verde com um anticorpo para Iba1, que é um marcador específico para microglia e macrófagos. Os núcleos foram marcados com DAPI (em azul). O corte coronal mostra células microgliais ramificadas, típicas do cérebro adulto. No detalhe, observamos uma célula ampliada. As imagens foram obtidas com um microscópio confocal. Fotografia cedida por Iohana B. Pagnoncelli do Laboratório de Biologia das Células Gliais, Instituto de Ciências Biomédicas, UFRJ.

---

* Professora associada do Instituto de Ciências Biomédicas da UFRJ. Correio eletrônico: flima@icb.ufrj.br.

As Unidades do Sistema Nervoso

No câncer, a microglia adquire um interessante fenótipo. Essas células são recrutadas para o sítio da lesão rapidamente, mas, em vez de combater o tumor, geralmente agem favorecendo o seu crescimento. Acredita-se que o tumor passa a controlar a microglia pela secreção de fatores, e esta, por sua vez, responde produzindo proteínas que induzem o tumor a crescer e a se espalhar pelo parênquima cerebral. Temos estudado esta interação microglia-tumor, buscando identificar os fatores produzidos durante a interação. Recentemente, mostramos que o lipídio bioativo LPA e a proteína STI1, secretados pela microglia, promovem proliferação e migração de células tumorais, levando ao crescimento e à invasão do tumor pelo parênquima cerebral. Nossa intenção é que, no futuro, esses fatores e suas vias de sinalização, devidamente identificados, possam servir como alvos terapêuticos no combate ao câncer.

▶ **Figura 2.** Flavia Lima com o marido e os filhos em 2020.

me muito mais oxigênio que os demais tecidos (Capítulo 13) e que isso se acentua em função da atividade neuronal. Quer dizer: quando ativamos fortemente uma certa região do cérebro – a região visual do córtex, por exemplo, que você está ativando ao ler esta página –, as células da região consomem grande quantidade de oxigênio. Para possibilitar esse consumo diferenciado, é preciso aumentar ligeiramente o fluxo sanguíneo da região visual, em correlação direta com a atividade neural de cada momento. O mesmo ocorre com todas as regiões do encéfalo e suas funções correspondentes.

Quem faz isso, pelo menos em parte, é o astrócito, cujos pedículos formam uma cobertura na parede dos vasos sanguíneos (Figura 3.18) e na outra ponta envolvem as sinapses, como vimos. Ao que se sabe, tudo funciona da seguinte maneira: os astrócitos são estimulados pelos neurotransmissores excitatórios produzidos pelos neurônios nas sinapses, pois possuem receptores específicos para eles em suas membranas. Resultam correntes de Ca^{++} que se espraiam por toda a célula, chegando aos pedículos perivasculares, onde são liberadas moléculas que provocam vasodilatação local nas arteríolas, possibilitando maior irrigação sanguínea. Esse fenômeno é conhecido como *hiperemia funcional*, ou seja, aumento do fluxo sanguíneo local correlacionado com a atividade funcional da região. É possível que os astrócitos não sejam os únicos atores nesse mecanismo, já que uma família de neurônios chamados nitridérgicos (produtores de óxido nítrico, um neurotransmissor gasoso com ação vasoativa) sabidamente também estabelece o vínculo entre a atividade funcional de cada região e o seu fluxo sanguíneo.

Essa função dos astrócitos é a base para importantes métodos de neuroimagem, especialmente a chamada ressonância magnética funcional (RMf), e você poderá encontrar mais detalhes sobre isso no Capítulo 13.

▶ Todo Apoio ao Desenvolvimento e à Regeneração

Durante o desenvolvimento, as células gliais ainda são relativamente imaturas, mas nem por isso deixam de exercer importantes funções, como se verifica lendo o Capítulo 2. Muitas delas são células-tronco, isto é, capazes de proliferar e originar astrócitos, oligodendrócitos e até mesmo neurônios: esse é o caso da glia radial e das células NG2 imaturas. Parte da capacidade multipotente dessas células persiste na vida adulta em locais específicos (o hipocampo, por exemplo), representando raros sítios de reposição neuronal, cuja função está ainda sendo estudada.

A glia radial, por sua disposição ortogonal no tubo neural, funciona como um verdadeiro trilho para a migração dos jovens neurônios recém-nascidos, que assim podem

105

Neurociência Celular

▶ **Figura 3.20. A** mostra uma possível sinapse entre um astrócito liberador de glutamato e um neurônio, no hipocampo. As setas apontam vesículas que presumivelmente contêm o neurotransmissor. **B** mostra uma possível sinapse (setas) entre um axônio do hipocampo e uma célula glial NG2, marcada com uma reação escura que a identifica. Foto **A** cedida por Vidar Gundersen, do Departamento de Anatomia da Universidade de Oslo. Foto **B** cedida por Peter Somogyi, da Unidade de Neurofarmacologia Anatômica do Conselho Médico de Pesquisa, Inglaterra.

posicionar-se nas suas camadas e nos núcleos adequados, onde irão diferenciar-se para exercer as suas funções. Outras células gliais, geralmente da linhagem astrocitária, ficam posicionadas em locais estratégicos do sistema nervoso em desenvolvimento e emitem moléculas sinalizadoras que orientam os axônios em crescimento e os neurônios migrantes, ajudando-os a encontrar os caminhos corretos e seus alvos finais.

Também é função conhecida dos astrócitos durante o desenvolvimento fornecer sinais químicos que propiciam a formação das sinapses. E, ao final desses estágios ontogenéticos, entram em ação as células embainhantes – oligodendrócitos e células de Schwann, principalmente – que identificam os axônios a serem "embainhados", envolvendo-os com as camadas de mielina, tão importantes para garantir uma velocidade adequada de propagação dos impulsos. Na vida adulta, as células de Schwann ajudam bastante a regeneração de fibras nervosas lesadas no sistema nervoso periférico, mas os oligodendrócitos e os astrócitos, muito pelo contrário, ao proliferarem nas redondezas de uma lesão, tudo o que fazem é produzir uma cicatriz glial que impede a regeneração dos axônios. Leia mais sobre isso no Capítulo 5.

▶ Uma Política de Fronteiras

As células gliais são também especializadas em garantir as fronteiras do tecido nervoso. A borda externa do SNC, por exemplo, é coberta por uma membrana conjuntiva chamada pia-máter, que é mantida em posição por uma paliçada de pedículos de astrócitos (Figura 3.18), uns ao lado dos outros. Acredita-se que esses pedículos mantenham uma barreira seletiva à comunicação química entre o líquido cefalorraquidiano (também chamado liquor), que banha o SNC completamente, e o tecido propriamente dito. Do lado de dentro do encéfalo e da medula, entretanto, ficam as cavidades – ventrículos[A], como são chamados – também cheias de liquor. Novamente, as paredes internas dos ventrículos são cobertas por um tipo especial de célula glial – o ependimócito – que "vigia" a fronteira interna do tecido nervoso. Os ependimócitos, durante a vida embrionária, enovelam-se com vasos sanguíneos em certas regiões, produzindo uma estrutura especialmente dedicada à produção de liquor. É o plexo coroide[A], sobre o qual você poderá obter mais informações no Capítulo 13.

Assim, as células da glia são encarregadas de manter as fronteiras do sistema nervoso, controlando o tráfego das substâncias que devem e não devem transitar entre o tecido nervoso, o liquor e também o sangue, como já vimos.

▶ Defesa e Ataque no Sistema Nervoso

Os astrócitos proliferam quando ocorrem lesões no tecido nervoso. Neste caso, multiplicam-se e se deslocam para as proximidades da lesão, formando uma cicatriz glial

As Unidades do Sistema Nervoso

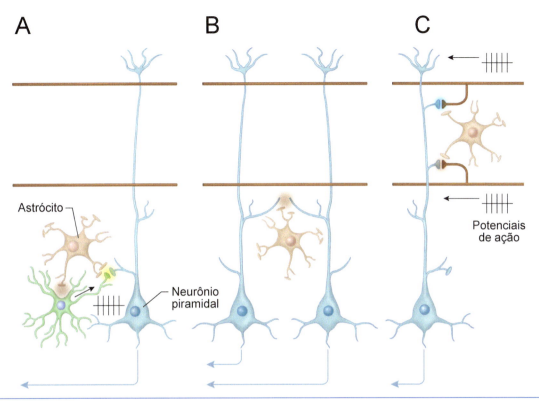

▶ **Figura 3.21.** Ao contrário do que se supunha há pouco tempo, os astrócitos participam do processamento da informação transmitida pelas sinapses. **A** mostra um circuito de retroação inibitória intermediado por um astrócito. A transmissão sináptica ("nuvem" em amarelo) de um interneurônio inibitório (verde) para um neurônio piramidal (azul) é reforçada por um astrócito (bege) que libera glutamato ("nuvem" em rosa) nas proximidades do corpo celular do interneurônio. Desta forma, a inibição do neurônio piramidal fica mais forte. No exemplo em **B**, os dois neurônios piramidais não estão conectados sinapticamente, mas são interligados por um astrócito, que os ativa sincronicamente liberando glutamato ("nuvem" em rosa). Em **C**, a ativação da sinapse ("nuvem" em marrom) provoca a síntese de ATP pelo astrócito interposto, que provoca inibição pré-sináptica na fibra vizinha ("nuvem" em azul). Modificado de Volterra A, Meldolesi J. *Nature Reviews Neuroscience*. 2005;6:626-640.

em seu redor. O processo chama-se gliose. Essa presença abundante de astrócitos em regiões de lesão constitui um análogo da reação inflamatória que ocorre em circunstâncias semelhantes em outros tecidos do organismo. Como os astrócitos são capazes de produzir fatores tróficos (como o NGF, mencionado no Capítulo 2), sendo também células apresentadoras de antígenos como os macrófagos e os monócitos do sangue, o resultado é duplo: os fatores tróficos liberados na região da lesão contribuem para a sobrevida dos neurônios atingidos, e os antígenos exteriorizados na membrana astrocítica provocam a ação defensiva de células do sistema imunitário (os linfócitos T). Por outro lado, a gliose reativa, tão abundante em regiões neurais inflamadas, produz uma verdadeira cicatriz glial, rica em moléculas da matriz extracelular como os proteoglicanos, que apresentam ação inibitória do crescimento neurítico. Assim, acabam "atrapalhando" um processo potencial de regeneração axônica do SNC lesado.

Os microgliócitos têm também papel importante nessa função defensiva do sistema nervoso. Em caso de necessidade, ocorre intensa entrada de monócitos do sangue no tecido nervoso e sua transformação em microgliócitos ameboides. Ocorre também a ativação dos microgliócitos ramificados, que passam a proliferar e assumem a forma ameboide. Então, esses verdadeiros macrófagos cerebrais exercem sua capacidade fagocítica, o que permite a interiorização de partículas de origem externa (no caso de lesões ou invasão de microrganismos) e de detritos resultantes da degeneração de neurônios e axônios. Além disso, produzem um coquetel de substâncias potencialmente citotóxicas (isto é, capazes de "agredir" células invasoras no caso de infecções), como radicais livres de oxigênio, proteases (enzimas proteolíticas) e citocinas pró-inflamatórias (mensageiras do sistema imunitário que desempenham grande número de funções relacionadas, entre outras coisas, com a proteção do sistema nervoso).

Glossário

Ácidos nucleicos: moléculas compostas por oligossacarídios, que constituem o material genético de todas as células. Os dois tipos básicos são o DNA, abreviatura em inglês de ácido desoxirribonucleico, e o RNA, de ácido ribonucleico.

ADP e ATP: abreviaturas de difosfato e trifosfato de adenosina, moléculas existentes em todas as células e cuja interconversão acumula ou libera a energia que alimenta muitas das reações bioquímicas intracelulares.

Ânion: íon de carga negativa.

Anticorpo monoclonal: proteína sintetizada por células do sistema imunitário capaz de ligar-se especificamente a alguma molécula natural ou exógena ao organismo.

Catálise: facilitação de uma reação química por uma substância (catalisador) que não se modifica com a reação. As enzimas são catalisadores biológicos.

Cátion: íon de carga positiva.

Célula de Schwann: célula da glia típica do sistema nervoso periférico que produz a cobertura mielínica dos axônios.

Dálton: unidade de massa molecular equivalente à massa de um próton. Abrevia-se Da.

Demência (doença) de Alzheimer: doença degenerativa característica de indivíduos idosos, que apresentam perda de memória, confusão mental e distúrbios motores, e que pode resultar na morte.

Enzima: proteína que tem a função de regular a velocidade das reações químicas orgânicas, geralmente as acelerando.

Eucarioto: organismo cujas células alojam o material genético em núcleos. Opõe-se a procarioto, organismo desprovido de núcleo, em que o material genético fica disperso no citoplasma. Os eucariotos podem ser uni ou multicelulares, mas os procariotos são sempre unicelulares (bactérias).

Excitabilidade: classicamente, é a propriedade fundamental das células nervosas e musculares caracterizada pela gênese e propagação de impulsos bioelétricos pela membrana plasmática. O conceito está sendo modificado atualmente, procurando-se incluir também os gliócitos, que produzem sinais químicos de informação aos neurônios, embora não produzam sinais bioelétricos.

Fagocitose: interiorização de partículas presentes no meio extracelular em vacúolos situados no citoplasma. Propriedade de algumas células do sistema imunitário, células de Kuffler do fígado e outras.

Fator trófico: substância capaz de interromper os processos de morte celular natural, possibilitando a sobrevivência do neurônio.

Gradiente: diferença gradual entre uma extremidade e outra de um espaço qualquer quanto ao valor quantitativo de uma grandeza medida (concentração, voltagem, intensidade luminosa etc.).

Lipídio: um dos constituintes químicos básicos dos seres vivos, pouco solúvel em água, formado por cadeias de unidades menores, os ácidos graxos. Também chamado gordura.

Metáfase: fase da divisão celular (mitose) em que os cromossomos, já contendo dupla quantidade de DNA (duas cromátides), dispõem-se no plano equatorial da célula. Seguem-se a separação das cromátides (telófase) e a clivagem da célula-mãe em duas células-filhas.

Microscópio confocal: tipo de microscópio óptico que forma imagens por meio de um feixe de luz a *laser*, permitindo grande acuidade de foco e eliminação da luz de fundo.

Microscópio eletrônico: tipo de microscópio que forma imagens por meio de um feixe de elétrons que atravessa a preparação. Permite visualizar em grandes ampliações a ultraestrutura das células.

Neuromodulador: substância sintetizada pelo neurônio que atua na sinapse alterando (modulando) a transmissão sináptica feita pelo neurotransmissor. Maiores detalhes no Capítulo 4.

Neurotransmissor: substância de baixo peso molecular sintetizada pelo neurônio, armazenada em vesículas e liberada para o espaço extracelular com a função de transmitir informação entre um neurônio e outra célula.

Proteína: um dos constituintes químicos básicos dos seres vivos sintetizado sob comando genético direto e formado por cadeias de elementos menores chamados aminoácidos.

Sincício: conjunto de células não individualizadas cujos núcleos habitam um mesmo citoplasma, associados em um mesmo envoltório de membrana. É o caso da fibra muscular esquelética.

AS UNIDADES DO SISTEMA NERVOSO

Leia Mais

▶ Leitura Básica

Moura-Neto V, Lent R. Como Funciona o Sistema Nervoso. In: Lent R (coord.) *Neurociência da Mente e do Comportamento.* Rio de Janeiro: Guanabara-Koogan, 2008, p. 61-88. Texto resumido sobre a fisiologia celular de neurônios e gliócitos.

Bear MF, Connors BW, Paradiso MA. *Neurociência – Desvendando o Sistema Nervoso.* 4ª ed. trad. Porto Alegre: Artmed, 2017, p. 23-54. Texto que cobre a diversidade morfofuncional do sistema nervoso, mas não o processamento de sinais dos neurônios.

Bear MF, Connors BW, Paradiso MA. *Neurociência – Desvendando o Sistema Nervoso.* 4ª ed. trad. Porto Alegre: Artmed, 2017, p. 55-79. Texto descritivo da bioeletrogênese do neurônio em repouso.

Bear MF, Connors BW, Paradiso MA. *Neurociência – Desvendando o Sistema Nervoso.* 4ª ed. trad. Porto Alegre: Artmed, 2017, p. 81-108. Texto dedicado à gênese e à condução do impulso nervoso.

Koester J, Siegelbaum SA. O potencial de membrana e as propriedades elétricas passivas dos neurônios. In: Kandel ER et al. (org.) *Princípios de Neurociências.* ,b Texto aprofundado sobre a bioeletrogênese do neurônio em repouso.

Koester J, Siegelbaum SA. Propagação de sinal: o potencial de ação. In: Kandel ER et al. (org.) *Princípios de Neurociências.* , Texto aprofundado sobre a gênese e a propagação do impulso nervoso.

▶ Leitura Complementar

Clássicos

Cajal SR. *Histology of the Nervous System of Man and Vertebrates* (trad.). Oxford, Inglaterra: Oxford University Press,1909, 1995.

Hodgkin AL e Katz B. The effect of sodium ions on the electrical activity of the giant axon of the squid. *Journal of Physiology.* 1949;108:37-77.

Fernandez-Moran H. EM observations on the structure of the myelinated nerve sheath. *Experimental Cell Research.* 1950;1:143-162.

Hodgkin AL e Huxley AF. A quantitative description of membrane current and its application to conduction and excitation in nerve. *Journal of Physiology.* 1952;117:500-544.

Brock LG, Coombs JS, Eccles JC. The recording of potentials from motoneurones with an intracellular electrode. *Journal of Physiology.* 1952;117:431-460.

Doyle DA, Cabral JM, Pfuetzner RA, Kuo A, Gulbis JM, Cohen SL et al. The structure of the potassium channel: Molecular basis of K^+ conduction and selectivity. *Science.* 1998;280:69-77.

Caterall WA. A 3D view of sodium channels. *Nature.* 2001;409:998-999.

Guillery RW. Relating the neuron doctrine to the cell theory: Should contemporary knowledge change our view of the neuron doctrine? *Brain Research Reviews.* 2007;55:411-421.

Recentes

Matias D, Balça-Silva J, da Graça GC, Wanjiru CM, Macharia LW, Nascimento CP, et al. Microglia/Astrocytes-Glioblastoma crosstalk: Crucial molecular mechanisms and microenvironmental factors. *Frontiers in Cellular Neuroscience.* 2018;12:235.

Williamson JM, Lyons DA. Myelin dynamics throughout life: An ever-changing landscape? *Frontiers in Cellular Neuroscience.* 2018;12:424.

Stratoulias V, Venero JL, Tremblay M-E, Joseph B. Microglial subtypes: diversity within the microglial community. *EMBO Journal.* 2019;38:3101997.

Diniz LP, Matias I, Siqueira M, Stipursky J, Gomes FCA. Astrocytes and the TGF-b1 pathway in healthy and diseased brain: a double-edged sword. *Molecular Neurobiology.* 2019;56:4653-4679.

Li L, Shi Y. When glia meet induced pluripotent stem cells (iPSCs). *Molecular and Cellular Neuroscience.* 2020;109:103565.

Franklin RJM, Frisén J, Lyons DA. Revisiting remyelination: Towards a consensus on the regeneration of CNS myelin. *Seminars in Cell and Developmental Biology,* 2020;S1084-9521(20)30157-9.

Winnubst J, Spruston N, Harris JA. Linking axon morphology to gene expression: a strategy for neuronal cell-type classification. *Current Opinion in Neurobiology.* 2020;65:70-76.

Xu Y, Jin M-Z, Yang Z-Y, Jin W-L. Microglia in neurodegenerative diseases. *Neural Regeneration Research.* 2021;16:270-280.

4

Os *Chips* Neurais
Processamento de Informação e Transmissão de Mensagens por Meio das Sinapses

Composição, de Milton Dacosta (1962), óleo sobre tela

Saber o Principal

Resumo

A sinapse é a unidade processadora de sinais do sistema nervoso. Trata-se da estrutura microscópica de contato entre um neurônio e outra célula por meio da qual se dá a transmissão de mensagens entre as duas. Ao serem transmitidas, as mensagens podem ser modificadas no processo de passagem de uma célula à outra, e é justamente nisso que reside a grande flexibilidade funcional do sistema nervoso.

Há dois tipos básicos de sinapses: as químicas e as elétricas. As sinapses elétricas – chamadas junções comunicantes – são sincronizadores celulares. Com estrutura mais simples, transferem correntes iônicas e até mesmo pequenas moléculas entre células acopladas. A transmissão é rápida e de alta fidelidade, por isso as sinapses elétricas são sincronizadoras da atividade neuronal. Por outro lado, têm baixa capacidade de modulação.

As sinapses químicas são verdadeiros *chips* biológicos porque podem modificar as mensagens que transmitem de acordo com inúmeras circunstâncias. Geram plasticidade e memória e sua estrutura é especializada no armazenamento de substâncias neurotransmissoras e neuromoduladoras que, liberadas no exíguo espaço entre a membrana pré e a membrana pós-sináptica, provocam, nesta última, alterações de potencial elétrico que poderão influenciar o disparo de potenciais de ação do neurônio pós-sináptico.

Uma sinapse isolada teria pouca utilidade, porque a capacidade de processamento de informação do sistema nervoso provém justamente da integração entre milhares de neurônios e entre as milhares de sinapses existentes em cada neurônio. Todas elas interagem: os efeitos excitatórios e inibitórios de cada uma delas sobre o potencial da membrana do neurônio pós-sináptico somam-se algebricamente, e o resultado dessa interação é que caracterizará a mensagem que emerge pelo axônio do segundo neurônio em direção a outras células.

Desde que se reconheceu, no final do século XIX, que o sistema nervoso é constituído por células distintas, tornou-se inevitável supor que os neurônios tinham de estar conectados de algum modo para que as informações que cada um deles gerasse ou recebesse pudessem ser transmitidas a outras células. O termo *sinapse*, definido como o local de contato entre dois neurônios, foi criado pelo eminente fisiologista britânico Charles Sherrington (1857-1952), detentor do prêmio Nobel de Fisiologia ou Medicina de 1932. Também a expressão *transmissão sináptica*, definida como a passagem de informação por meio da sinapse, foi criada por Sherrington. Esses conceitos, entretanto, permaneceram muitos anos como meras hipóteses sem comprovação. Somente a partir da década de 1950, com o uso mais frequente e sofisticado do microscópio eletrônico e das técnicas de registro dos sinais elétricos produzidos pelos neurônios, foi possível determinar experimentalmente as bases morfológicas e funcionais desses conceitos.

É preciso ter bem claro, antes de tudo, em que consiste a transmissão sináptica. Intuitivamente, poderíamos pensar que os potenciais de ação gerados em um neurônio e propagados ao longo do seu axônio são todos transmitidos sem alterações para o segundo neurônio. Assim, a transmissão sináptica seria simplesmente a passagem incondicional de informações entre os neurônios; no entanto, se esse fosse sempre o caso, não haveria necessidade da sinapse! Bastaria que as células nervosas formassem um sincício[G], como se pensava antes que o histologista espanhol Santiago Ramón y Cajal individualizasse o neurônio ao microscópio óptico. Desse modo, haveria continuidade entre as membranas dos neurônios e estaria garantida a passagem dos potenciais de ação por todos eles. A consequência dessa construção, entretanto, seria um sistema nervoso incapaz de "tomar decisões", isto é, de interpretar e modificar as informações que recebe; a espécie humana não teria atingido o desenvolvimento que atingiu, pois seu sistema nervoso seria incapaz de modificar e criar informações, isto é, de pensar.

Na verdade, embora haja exemplos de transmissão sináptica de tipo mais simples, como o que acabamos de mencionar, na maioria dos casos não é assim. Nem os potenciais de ação "passam" de uma célula à outra, nem o seu conteúdo de informação é transmitido sempre inalterado. A transmissão sináptica consiste em uma dupla conversão de códigos. A informação produzida pelo neurônio é veiculada eletricamente (na forma de potenciais de ação) até os terminais axônicos, e nesse ponto é transformada e transferida quimicamente para o neurônio conectado. A seguir, nova transformação: a informação química é decodificada pelo segundo neurônio e volta a ser veiculada eletricamente, com a gênese e a condução de outros potenciais de ação. Nessa dupla conversão, o conteúdo de informação que o primeiro neurônio veicula é quase sempre modificado, pois o número e a distribuição temporal dos potenciais de ação que o segundo neurônio produz tornam-se diferentes daqueles originados no primeiro neurônio.

Essa característica transformadora é justamente a propriedade mais importante da sinapse, pois é ela que confere ao sistema nervoso a sua enorme e diversificada capacidade de processamento de informação. A sinapse é um *chip* biológico, pois nela se realizam as computações de que os circuitos neurais são capazes – de filtragem, amplificação, adição, bloqueio e tantas outras. É claro que essa capacidade de processamento se enriquece quando as sinapses se associam. Cada neurônio, em média, recebe cerca de 10 mil sinapses, todas elas "processando", isto é, modificando as informações aferentes. O resultado final é a chamada *atividade* de cada neurônio, propriedade que lhe é específica e que difere bastante da atividade dos neurônios precedentes.

Neste capítulo estudaremos a estrutura das sinapses, seus mecanismos moleculares de funcionamento e a forma como muitas sinapses interagem em um neurônio. O estudo das sinapses é importante não apenas para a compreensão do processamento de informação pelo sistema nervoso; é essencial para o entendimento dos mecanismos de ação da maioria das substâncias neuroativas, desde aquelas utilizadas para recreação (muitas delas perigosas por causarem adicção) até as que são empregadas como medicamentos.

SINAPSES ELÉTRICAS: SINCRONIZADORES CELULARES

Uma das primeiras hipóteses sobre a transmissão sináptica foi a de que sua natureza seria elétrica. No entanto, a demonstração de que a transmissão química era majoritária no sistema nervoso da maioria dos animais, especialmente dos vertebrados, levou quase ao descrédito a ideia de que a transmissão elétrica pudesse mesmo existir.

Hoje se sabe que efetivamente existem sinapses elétricas no sistema nervoso central dos vertebrados, mais frequentemente durante o desenvolvimento, mas também na vida adulta. A estrutura dessas sinapses foi desvendada por intermédio do microscópio eletrônico e de outras técnicas, e predominou o nome *junção comunicante** para caracterizá-la, já que estruturas semelhantes com esse nome tinham sido identificadas em outros tecidos do organismo, como o fígado, a pele e o coração.

A junção comunicante é uma região de aproximação entre duas células (Figura 4.1A), onde as membranas ficam separadas por um espaço exíguo de cerca de 3 nm (3×10^{-9} m). A membrana dessa região, em ambas as células, possui canais especiais (os *conexons*), cada um deles formado por seis subunidades proteicas chamadas *conexinas*, que, em

---

[G] *Termo constante do glossário ao final do capítulo.*

* *Predomina na literatura de língua inglesa o termo* gap junction.

certas situações, acoplam-se quimicamente, formando verdadeiros poros de 2 nm de diâmetro (Figura 4.1B). Em comparação com outros canais iônicos, esse é um grande diâmetro, por isso, quando um *conexon* se acopla a outro situado na célula contígua, por eles passam várias espécies iônicas e até mesmo moléculas pequenas. E, quando todos os *conexons* da junção comunicante estão acoplados, diz-se, então, que as duas células estão acopladas. Nesse caso, quando uma das células entra em atividade, ou seja, produz potenciais de algum tipo, as correntes iônicas correspondentes passam diretamente, pelas junções comunicantes, para a outra célula. Não há intermediários químicos, por isso a transmissão é ultrarrápida, durando apenas centésimos de milissegundo.

A transmissão elétrica por meio das junções comunicantes pode ser controlada pelas células acopladas. O acoplamento pode ser "ligado" ou "desligado" pela variação de parâmetros metabólicos do citoplasma, como o pH[G] e a concentração de íons Ca^{++}, e até mesmo o potencial das membranas acopladas. Acredita-se que, nessas condições (queda do pH, elevação da concentração citoplasmática de Ca^{++} ou despolarização da membrana), os *conexons* das células ligadas pelas junções comunicantes "se reconhecem", ou seja, reagem quimicamente, o que muda sua conformação espacial, como o diafragma de uma câmera fotográfica antiga, abrindo-se para permitir a passagem de íons e moléculas. Nas células acopladas

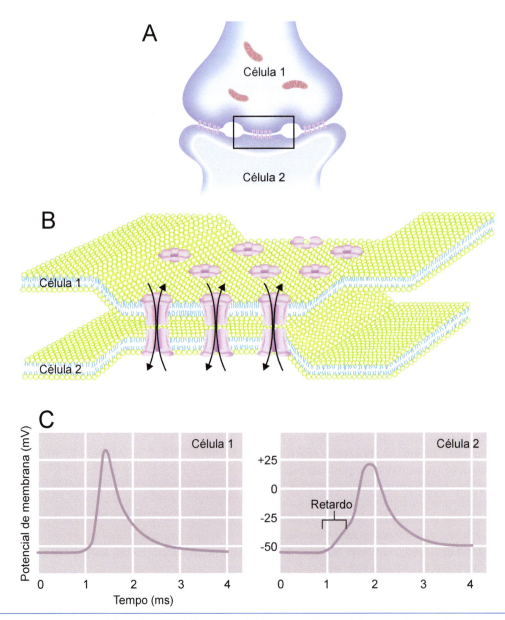

▶ **Figura 4.1.** As junções comunicantes (**A**) acoplam células elétrica e metabolicamente mediante o alinhamento de canais iônicos (conexons) que formam grandes poros (**B**). O acoplamento elétrico pode ser detectado registrando-se a passagem dos potenciais elétricos de uma célula à outra (**C**) com mínimo retardo "sináptico". **B** modificado de Furshpan EJ, Potter DD. *Journal of Physiology*. 1959;145:289-325.

114

OS CHIPS NEURAIS

não há propriamente processamento de informação: os potenciais gerados em uma delas passam quase sem alteração para a outra (Figura 4.1C). Além disso, na maioria dessas junções, é indiferente o sentido de passagem da informação, embora existam algumas junções comunicantes unidirecionais (chamadas *junções retificadoras*, por analogia com um dispositivo eletrônico que permite a passagem de corrente elétrica apenas em uma direção).

Se as sinapses elétricas são assim tão simples, isto é, incapazes de processar informação, habilitadas apenas a transmiti-la como uma cópia de uma célula a outra, qual a sua utilidade? Resposta: a rapidez de transmissão, que permite a sincronização de numerosas populações de células acopladas. No caso das células cardíacas, por exemplo, é necessário fazê-las contrair-se todas ao mesmo tempo para que o coração possa atuar como uma bomba e impulsionar o sangue adiante. No caso do sistema nervoso, o acoplamento e o desacoplamento das junções comunicantes são particularmente úteis durante o desenvolvimento, quando é preciso fazer que populações numerosas de neurônios juvenis iniciem sincronizadamente um determinado processo ontogenético. É o que acontece quando se inicia a migração, etapa que parece ser disparada pelo desacoplamento dos neuroblastos situados nas zonas germinativas. Também nos adultos, certas populações neuronais são acopladas, como é o caso de neurônios do tronco encefálico encarregados do controle do ritmo respiratório, uma função que requer o disparo sincronizado dos neurônios que comandam os músculos da respiração.

Nos animais invertebrados, cujo comportamento é mais simples e estereotipado, as sinapses elétricas são relativamente mais numerosas e desempenham papel relevante nos reflexos e nas ações motoras desses organismos. Já nos vertebrados predominam as sinapses químicas, cuja capacidade de processamento de informação permitiu maior complexidade funcional ao sistema nervoso.

SINAPSES QUÍMICAS: PROCESSADORAS DE SINAIS

▸ A Estrutura da Sinapse Química é Especializada no Processamento de Sinais

A ultraestrutura^G da sinapse química* é um exemplo interessante de integração entre estrutura e função na natureza.

Em primeiro lugar, o processo evolutivo, que presumivelmente ocorreu a partir das sinapses elétricas em direção às sinapses químicas, tornou vantajoso para o processamento de informações o aparecimento, entre dois neurônios adjacentes, de uma região especializada de contato por contiguidade, mas sem continuidade (Figura 4.2). O espaço entre as membranas nessa região é conhecido

---

* Deste ponto em diante, chamaremos a sinapse química simplesmente de sinapse.

▸ **Figura 4.2.** A ultraestrutura da sinapse pode ser visualizada ao microscópio eletrônico (**A**). Alguns dos seus componentes aparecem na foto e outros podem ser vistos no esquema em **B**. O esquema não reproduz exatamente as proporções reais. Fotomicrografia reproduzida de Peters A et al. *The Fine Structure of the Nervous System*. W. B. Saunders Co., EUA, 1976.

115

como *fenda sináptica* e mede 20-50 nm, bastante maior que o das junções comunicantes. Esse espaço é ocupado por uma matriz proteica adesiva que favorece não só a fixação das duas células, mas também a difusão de moléculas no interior da fenda. Como a transmissão sináptica é unidirecional, chamaremos a região sináptica da primeira célula de elemento *pré-sináptico* e a região sináptica da segunda célula de elemento *pós-sináptico*. O elemento pré-sináptico é geralmente um terminal axônico, e o elemento *pós-sináptico*, um dendrito. Veremos adiante, entretanto, que há muitas exceções a essa regra.

O terminal pré-sináptico tem como característica mais saliente a presença das *vesículas sinápticas*, pequenas esférulas de cerca de 50 nm de diâmetro, muito numerosas, que se aglomeram nas proximidades da membrana pré-sináptica. Outras esférulas são maiores (cerca de 100-200 nm) e o material em seu interior é elétron-denso, quando examinado ao microscópio eletrônico (Figura 4.2A). São chamadas, nesse caso, *grânulos secretores*, pois sua função é um tanto diferente da função das vesículas. Na membrana pré-sináptica, fixas pelo lado de dentro do terminal, existem pequenas estruturas de forma cônica ou piramidal chamadas *zonas ativas*. Finalmente, em alguns tipos de sinapses, a membrana pós-sináptica é mais espessa que as regiões mais afastadas da membrana da segunda célula. Todas essas estruturas situadas na sinapse alojam um exército de proteínas bastante especializadas que participam de cada etapa do mecanismo molecular da transmissão sináptica.

Vejamos, então, como essa estrutura especializada é capaz de realizar a transmissão de informações (confira como se estudam as sinapses no Quadro 4.1).

A informação que chega ao elemento pré-sináptico vem na forma de potenciais de ação propagados pelo axônio até os terminais. A seguir, como a larga fenda sináptica e a ausência de *conexons* impedem a passagem direta de correntes iônicas para a célula pós-sináptica, ocorre a conversão da informação elétrica conduzida pelos potenciais de ação em informação química. É que os potenciais de ação causam a liberação, na fenda sináptica, de uma certa quantidade de substância que geralmente está armazenada no interior das vesículas. Essa substância recebe o nome genérico de *neuromediador**. As moléculas do neuromediador, uma vez na fenda sináptica, difundem-se até a membrana pós-sináptica (Figura 4.2B), onde pode ocorrer: (1) a reconversão da informação química para informação de natureza elétrica, ou, então, (2) a transferência da informação química para uma cadeia de sinais moleculares no interior da célula. No primeiro caso, a ação do neuromediador pode resultar em um *potencial pós-sináptico* na membrana da segunda célula, que então altera a atividade elétrica de seu axônio, produzindo mais ou menos potenciais de ação propagados até uma terceira célula, onde o processo se repetirá. No segundo caso, o neuromediador aciona diferentes vias de sinalização molecular do neurônio pós-sináptico, sem necessariamente interferir na sua sinalização elétrica.

O primeiro caso descrito anteriormente é o mais frequente e típico no SNC. A dupla conversão de informação, do modo elétrico para o modo químico e outra vez para o modo elétrico, permite que haja interferência sobre o seu "conteúdo" na própria sinapse, o que se chama *modulação* da transmissão. Adiante, veremos como isso se passa. A modulação da transmissão sináptica ocorre na maioria das sinapses, mas não em todas. Na sinapse neuromuscular, por exemplo, aquela que põe em contato um axônio motor com uma célula muscular esquelética, é desejável que não haja falhas de transmissão: a cada comando motor é preciso que a célula muscular se contraia. Nesse caso, em condições normais, todo potencial de ação que chega ao terminal pré-sináptico resulta em liberação do neuromediador acetilcolina, e este inevitavelmente provoca um potencial pós-sináptico despolarizante na célula muscular, que então se contrai.

Nas sinapses entre neurônios, entretanto, na maioria das vezes o que se quer é um maior número de opções: aumentar, diminuir ou até mesmo bloquear a atividade do neurônio pós-sináptico. Neste caso, os potenciais de ação que chegam ao terminal pré-sináptico nem sempre provocam a liberação de neuromediador em quantidade capaz de provocar exatamente a mesma atividade no neurônio pós-sináptico. A informação que emerge de um neurônio quase sempre é diferente da que ele recebe de outro neurônio. Esse é justamente o grande passo adaptativo possibilitado pelo aparecimento da sinapse química na evolução em relação à sinapse elétrica: a capacidade de alterar (modular) a informação transmitida entre as células nervosas como um verdadeiro microcomputador biológico.

▶ Tipos Morfológicos e Funcionais de Sinapses

As sinapses apresentam variantes morfológicas e funcionais que permitem especializar bastante a sua ação. Quanto à função, por exemplo, elas podem ser *excitatórias* ou *inibitórias*. No primeiro caso, o resultado da transmissão é um potencial pós-sináptico despolarizante (Figura 4.3A, à esquerda) que tende a aproximar o potencial de repouso do nível limiar[G] da zona de disparo, onde se origina o potencial de ação, que logo é propagado ao longo do axônio (mais detalhes sobre a propagação no Capítulo 3). Fica, então,

---

* *Há uma certa confusão terminológica na literatura entre* neuromediador, *termo atualmente atribuído a qualquer substância que medeia informação sináptica, e* neurotransmissor, *termo usado inicialmente como sinônimo do primeiro, mas atualmente empregado de modo mais específico para qualificar um determinado tipo de neuromediador (Tabela 4.1).*

Os Chips Neurais

Questão de Método

Quadro 4.1
Como se Estudam as Sinapses e os Receptores?

A partir da década de 1950, vários pesquisadores realizaram experimentos importantes sobre a transmissão sináptica associando a farmacologia à bioquímica e à eletrofisiologia para compreender a transmissão da mensagem química pelo neuromediador e a gênese da nova mensagem elétrica na célula pós-sináptica. Inicialmente, esses experimentos consistiam na inserção de micropipetas de vidro na célula pós-sináptica e na colocação de eletródios de metal no neurônio pré-sináptico. Desse modo era possível estimular a fibra nervosa pré-sináptica, provocando nela PAs que se propagavam até o terminal. Os potenciais da membrana pós-sináptica podiam ser captados pela micropipeta de vidro, pois esta continha uma solução eletrolítica capaz de conduzir correntes iônicas. As interações bioquímicas que ocorriam na fenda sináptica eram analisadas colocando-se, na preparação, substâncias que "imitam" os efeitos do neuromediador (chamadas *agonistas*) ou outras que impedem a ação dos agonistas (denominadas *antagonistas*). Mais recentemente, esse trabalho passou a alcançar as dimensões moleculares, o que permitiu, em muitos casos, identificar e decifrar a estrutura química da molécula dos receptores, identificar e clonar os genes responsáveis pela síntese deles e elucidar as etapas bioquímicas desde a reação entre o neuromediador e o seu receptor até a gênese do potencial pós-sináptico correspondente.

Como a caracterização molecular dos receptores é feita utilizando-se agonistas e antagonistas, muitas vezes os tipos de receptores encontrados são classificados segundo os agonistas que têm. Um exemplo é o dos receptores colinérgicos: o da célula muscular esquelética é chamado *nicotínico*, pois seu agonista mais conhecido é a *nicotina*. No entanto, a nicotina não faz efeito no receptor colinérgico da célula muscular cardíaca, mas sim a muscarina, e é por isso que esse outro tipo de receptor colinérgico é chamado *muscarínico*.

---

mais fácil a ocorrência de potenciais de ação no neurônio pós-sináptico, e por isso se diz que ele foi excitado. No caso das sinapses inibitórias acontece o oposto: o resultado da transmissão é um potencial pós-sináptico hiperpolarizante (Figura 4.3A, à direita) que afasta o potencial de repouso do limiar da zona de disparo do neurônio. Fica mais difícil para o neurônio pós-sináptico, neste caso, produzir potenciais de ação. Por isso diz-se que ele foi inibido.

A eficácia funcional das sinapses, sejam elas inibitórias ou excitatórias, depende, em parte, do local do neurônio em que se localizam (Figura 4.3B). Por essa razão é importante classificar as sinapses, quanto à natureza de seus elementos, em *axodendríticas, axossomáticas, axoaxônicas, dendrodendríticas* e *somatossomáticas*. Como se pode inferir da terminologia, os três primeiros tipos conectam terminais axônicos, respectivamente, com um dendrito, o soma ou o próprio axônio do neurônio pós-sináptico. Os dois últimos tipos, mais raros, conectam dois dendritos e duas regiões do soma diretamente. Note que as sinapses axossomáticas tendem a ser mais eficazes que as axodendríticas, porque exercem sua ação mais perto da zona de disparo do neurônio, situada logo após o cone de implantação do axônio. Do mesmo modo, sinapses situadas na ponta dos dendritos tendem a ser menos eficazes que aquelas situadas na base deles, próximo ao soma. Nem sempre isso acontece, entretanto, porque há outros fatores que também influenciam a eficácia sináptica, como veremos mais adiante. A sinapse axoaxônica pode conectar um terminal axônico com outro: nesse caso, o primeiro axônio poderá influenciar diretamente a sinapse do segundo axônio com um terceiro neurônio!

Outra forma de classificar as sinapses diz respeito à sua morfologia (Figura 4.3A, ao centro). Sinapses *assimétricas* são aquelas cuja membrana pós-sináptica é mais espessa que a membrana pré-sináptica. Sinapses *simétricas*, obviamente, apresentam as duas membranas com espessura semelhante. Isso se deve à presença de um compósito proteico mais complexo nas primeiras, formando uma espessa densidade pós-sináptica que pode ser visualizada ao microscópio eletrônico (Figura 4.2A). Ocorre que as sinapses assimétricas geralmente apresentam vesículas sinápticas esféricas, enquanto as sinapses simétricas exibem vesículas achatadas. E mais: verificou-se que as assimétricas, com vesículas esféricas, são funcionalmente excitatórias e que as sinapses simétricas, com vesículas achatadas, são inibitórias. Essa correlação, evidentemente, deu um sentido maior à classificação morfológica.

Todos esses tipos de sinapses ocorrem no sistema nervoso central e no sistema nervoso periférico. Neste

▶ **Figura 4.3.** As sinapses (nos círculos vermelhos) podem apresentar diferentes tipos morfofuncionais. As sinapses assimétricas são excitatórias, e as simétricas são inibitórias (**A**). Tanto umas como as outras, entretanto, podem estar localizadas em dendritos, no soma ou em axônios (**B**).

último, entretanto, especial menção deve ser feita à sinapse (ou junção) neuromuscular, já mencionada. Essa é uma sinapse especializada, com morfologia particular cuja utilidade é garantir a eficácia do comando motor (Figura 4.4). A membrana pós-sináptica, que neste caso pertence à célula muscular, apresenta dobras juncionais que aumentam a área da fenda sináptica e possibilitam maior tempo de contato entre o neuromediador e as moléculas que o vão reconhecer. As zonas ativas, no terminal pré-sináptico, são alinhadas em fila bem defronte às dobras juncionais, permitindo que a liberação do neuromediador ocorra já na posição mais favorável à sua ação. A sinapse neuromuscular, por suas grandes dimensões e fácil acesso, foi utilizada com grande sucesso pelos primeiros pesquisadores como modelo experimental para desvendar os mecanismos da transmissão sináptica.

Outro comentário relativo ao SNP: em muitos casos, o axônio periférico termina mais longe, nas proximidades das células-alvo, e estabelece com elas sinapses modificadas, diferentes das que acabamos de descrever. O mecanismo de transmissão é semelhante, envolvendo vesículas, neuromediadores, potenciais sinápticos e tudo o mais, mas a membrana pós-sináptica fica a uma distância maior e, portanto, não há fenda sináptica propriamente dita. Isso faz que a transmissão seja mais difusa e lenta. Maiores detalhes podem ser encontrados no Capítulo 14.

TRANSMISSÃO SINÁPTICA

Já vimos que a transmissão sináptica envolve a conversão do impulso nervoso, de natureza elétrica, em uma mensagem química carreada por substâncias neuromediadoras, e depois novamente em impulsos elétricos já na célula pós-sináptica. As etapas da transmissão sináptica podem, então, ser resumidas do seguinte modo:

Os Chips Neurais

▶ **Figura 4.4.** A sinapse neuromuscular tem características estruturais especiais, visíveis ao microscópio eletrônico. As mais evidentes são as dobras juncionais da membrana pós-sináptica (muscular) e a presença da lâmina basal na fenda sináptica. Na foto em **A**, o terminal axônico está delineado em amarelo. Os filamentos contráteis da célula muscular são vistos à direita, embaixo. Na foto em **B**, a ampliação foi um pouco maior, tornando possível visualizar mais detalhes. Neste caso, os filamentos contráteis foram cortados obliquamente. Fotos cedidas por Jorge E. Moreira e Gabriel Arisi, do Departamento de Morfologia e Biologia Celular da Faculdade de Medicina de Ribeirão Preto (FMUSP).

1. síntese, transporte e armazenamento do neuromediador;
2. deflagração e controle da liberação do neuromediador na fenda sináptica;
3. difusão e reconhecimento do neuromediador pela célula pós-sináptica;
4. deflagração do potencial pós-sináptico ou uma sequência de reações bioquímicas intracelulares;
5. desativação do neuromediador.

Essas etapas, obviamente, dizem respeito a uma sinapse individual, mas é preciso considerar que cada célula recebe, em suas superfícies dendrítica e somática, dezenas de milhares de sinapses. O resultado final, em termos da atividade do neurônio pós-sináptico, depende da interação dos potenciais produzidos por todas essas sinapses, um processo conhecido como *integração sináptica*. Comecemos analisando o que ocorre em uma só sinapse.

▶ Os Veículos Químicos da Mensagem Nervosa

Até há bem pouco tempo se considerava ainda válida a chamada "lei de Dale", atribuída ao fisiologista britânico Henry Dale (1875-1968), detentor do prêmio Nobel de Fisiologia ou Medicina de 1936. Dale dizia que cada neurônio possui um e apenas um neuromediador e que o efeito que ele é capaz de produzir depende da célula pós-sináptica. Passou-se a usar um prefixo para os neurônios de acordo com o seu neuromediador: *colinérgicos*, aqueles que empregam a acetilcolina; *noradrenérgicos*, os que empregam a noradrenalina; *serotoninérgicos*, aqueles que usam a serotonina, e assim por diante. O neurônio motor – colinérgico – é excitatório porque a acetilcolina produz, na membrana da célula muscular esquelética, um potencial despolarizante. Já o neurônio que inerva o coração – também colinérgico – é inibitório porque a mesma acetilcolina produz, na membrana da célula muscular cardíaca, um efeito diferente, hiperpolarizante. Já veremos por quê.

Recentemente, a "lei de Dale" foi ultrapassada, pois se descobriu que um mesmo neurônio pode alojar diversas substâncias que atuam na transmissão sináptica. Isso levou a uma certa confusão terminológica que devemos esclarecer (acompanhe o texto consultando a Tabela 4.1). O nome clássico neurotransmisso*r* ficou reservado para as substâncias primeiro descobertas, todas de baixo peso molecular e cuja ação se exerce diretamente sobre a membrana pós-sináptica, quase sempre produzindo nela

119

um potencial pós-sináptico (excitatório ou inibitório). Manteve-se também o uso correspondente do sufixo *érgico*. Para as substâncias descobertas mais recentemente, criou-se o termo *neuromodulador*. Nesse caso, a variedade de tipos químicos e ação funcional é grande: muitas substâncias têm alto peso molecular (como os neuropeptídeos), outras são moléculas muito pequenas (como os gases óxido nítrico e monóxido de carbono) e seus mecanismos de ação são muito diversos. Quando se quer denominar os mensageiros sinápticos de um modo geral, é melhor utilizar o termo *neuromediador*. Conceitualmente, os diferentes neuromediadores de um neurônio interagem na sinapse: o neuromodulador influencia a ação do neurotransmissor sem modificá-la essencialmente, ou seja, modula a transmissão sináptica. Pode também ativar diferentes vias de sinalização molecular no neurônio pós-sináptico, influenciando a transmissão sináptica de modo bastante indireto. Veremos adiante como tudo isso é feito. Em alguns casos, pode-se dizer que um neurônio possui *cotransmissores* para indicar que emprega mais de uma substância ativa na membrana pós-sináptica.

Os neurotransmissores (mais de 100 descritos atualmente!) são de três tipos químicos: *aminoácidos, aminas* e *purinas*. Os neuromoduladores são *peptídeos, lipídios* e *gases* (Tabela 4.1). Essa diferença, entretanto, não é absoluta, pois há peptídeos que atuam como verdadeiros neurotransmissores, bem como aminoácidos e aminas que atuam como neuromoduladores.

Para que a sinapse funcione normalmente, ambos os neurônios (pré e pós-sináptico) devem manter um complexo sistema de síntese e armazenamento das substâncias relevantes à transmissão sináptica. O neurônio pré-sináptico, é claro, deve ser capaz de sintetizar seu neurotransmissor e os neuromoduladores. Essa síntese é geralmente feita por sistemas enzimáticos existentes no corpo celular

ou, então, no próprio terminal axônico (Figura 4.5). Os aminoácidos, por exemplo, estão normalmente disponíveis no citoplasma de todas as células do organismo, geralmente sintetizados a partir da glicose ou de proteínas decompostas em seus elementos constituintes. É o que ocorre com o glutamato e a glicina, valendo também para os neurônios. A exceção é o ácido gama-aminobutírico (GABA), sintetizado especificamente pelos terminais dos neurônios que o utilizam como neurotransmissor, a partir do glutamato (Figura 4.6).

As aminas são também sintetizadas no citoplasma do terminal sináptico, como o GABA. A acetilcolina, por exemplo, é sintetizada pela enzima colina-acetiltransferase a partir da colina proveniente da alimentação, ou resultante da degradação da própria ACh, e do acetato que o citoplasma normalmente possui (Figura 4.7A). As indolaminas* têm como principal representante a serotonina, que é sintetizada a partir de um aminoácido, o triptofano, utilizando uma cadeia de duas reações enzimáticas (Figura 4.7B). Finalmente, as catecolaminas, grupo que inclui a dopamina, a adrenalina e a noradrenalina, são sintetizadas em sequência a partir do aminoácido tirosina (Figura 4.7C), que é normalmente captado para o citoplasma do terminal, utilizando diferentes sistemas enzimáticos para cada etapa de síntese. O conhecimento das diferentes etapas de síntese dos neurotransmissores é especialmente importante para os neurologistas e psiquiatras, uma vez que algumas doenças atingem diretamente a síntese dos neurotransmissores. É o caso do parkinsonismo, uma doença de indivíduos idosos que produz distúrbios mo-

---

* *Os termos* indolamina *e* catecolamina *referem-se aos anéis aromáticos (indol e catecol) que caracterizam essas moléculas. Em conjunto, os dois grupos são conhecidos como* aminas biogênicas, *ou simplesmente* aminas.

Tabela 4.1. Alguns Neuromediadores mais Comuns

Neurotransmissores			Neuromoduladores		
Aminoácidos	**Aminas**	**Purinas**	**Peptídeos**	**Lipídios**	**Gases**
Ácido γ-aminobutírico (GABA)	Acetilcolina (ACh)	Adenosina	Gastrinas: gastrina, colecistocinina (CCK)	Endocanabinoides: anandamida, 2-araquidonoilglicerol (2AG)	Óxido nítrico (NO)
Glutamato (Glu)	Adrenalina ou epinefrina	Trifosfato de adenosina (ATP)	Hormônios da neuro-hipófise: vasopressina, ocitocina		Monóxido de carbono (CO)
Glicina (Gly)	Dopamina (DA)		Insulinas		Sulfeto de hidrogênio (H_2S)
Aspartato (Asp)	Histamina (H)		Opioides: encefalinas (Enk), endorfinas, dinorfinas, nociceptina		
	Noradrenalina ou norepinefrina (NA ou NE)		Secretinas: secretina, glucagon, peptídeo intestinal vasoativo (VIP)		
	Serotonina (5-HT)		Somatostatinas		
			Taquicininas: substância P (SP), substância K (SK)		

▸ **Figura 4.5. A**. Os neurotransmissores atravessam um ciclo que começa com a síntese de enzimas no citoplasma do neurônio. Segue-se o transporte axônico dessas enzimas até o terminal, a síntese e o armazenamento dos neurotransmissores em vesículas, e a liberação vinculada à chegada de potenciais de ação. O neurotransmissor então se difunde na fenda, pode ser aí desativado e as moléculas assim formadas, recaptadas como precursores para dentro do terminal, diretamente ou através de astrócitos posicionados ao redor das sinapses. **B**. Os neuropeptídeos são sintetizados a partir de proteínas precursoras, e transportados dentro de grânulos até o terminal, onde são armazenados e liberados quando necessário. Após a ação sináptica difundem-se e são depois inativados por degradação. **C**. Lipídios e gases são neuromediadores diferentes, porque não podem ser contidos dentro de vesículas, já que se difundem livremente através das membranas. Por isso, logo após a síntese enzimática, espalham-se em todas as direções, agindo sobre os elementos pós-sinápticos situados nas redondezas. Modificado de Purves D. et al. *Neuroscience*. 3ª. ed. Sunderland: Sinauer Associates, EUA, 2004.

tores porque certos neurônios dopaminérgicos do sistema nervoso perdem a capacidade de sintetizar dopamina (e posteriormente degeneram e morrem). É o caso também de certos tipos de depressão, que parecem atingir os mecanismos de síntese da serotonina e da noradrenalina em neurônios do SNC.

Já que muitas dessas moléculas são sintetizadas também por células não neuronais, e por alguns neurônios e não outros, o que as torna neurotransmissores é a capacidade que esses neurônios específicos têm de armazenar essas substâncias nas vesículas sinápticas, em cujo interior atingem concentrações muito altas. Por exemplo, cada vesícula colinérgica dos axônios motores contém cerca de 10 mil moléculas de acetilcolina!

Alguns neurotransmissores completam a sua síntese no interior das vesículas, mas outros são levados ao interior delas por moléculas transportadoras embutidas na membrana vesicular, com domínios voltados para fora e outros voltados para dentro. Essas moléculas transportadoras verdadeiramente "agarram" os neurotransmissores, "jogando-os" para dentro da vesícula. Trata-se de uma tarefa incrível e altamente dependente de energia química, porque ocorre contra o gradiente de concentração, levando o interior das vesículas a ficar absolutamente repleto de moléculas de neurotransmissor. Os neurônios glutamatérgicos são um bom exemplo: sintetizam glutamato como qualquer célula, mas se diferenciam pela presença de um transportador de glutamato na membrana das vesículas sinápticas. Em alguns

Neurociência Celular

▶ **Figura 4.6.** O glutamato e a glicina são sintetizados no citoplasma a partir de glicose ou de proteínas degradadas. O ácido gama-aminobutírico (GABA) é sintetizado no terminal axônico a partir do glutamato, por meio da enzima GAD, que retira uma de suas carboxilas.

neurônios noradrenérgicos, por outro lado, é a dopamina que é transportada para as vesículas, sendo utilizada no interior delas para sintetizar noradrenalina.

Ao contrário dos neurotransmissores, os neuromoduladores peptídicos são sintetizados no retículo endoplasmático rugoso do soma do neurônio (Figura 4.5B). Primeiramente são sintetizados precursores de grande peso molecular, verdadeiras proteínas. Estes são posteriormente "cortados" em moléculas menores no aparelho de Golgi, sendo algumas delas os peptídeos neuromoduladores. A partir do aparelho de Golgi formam-se os grânulos secretores já contendo os peptídeos e, ainda, precursores e enzimas, e eles são transportados pelo sistema de microtúbulos do axônio até o terminal. Não é incomum a presença de diferentes peptídeos nos mesmos grânulos. Os grânulos, além disso, não só possuem maiores dimensões do que as vesículas, mas diferem destas também por não apresentarem moléculas transportadoras na membrana.

Os neuromoduladores lipídicos e gasosos são peculiares, pois funcionam como mensageiros retrógrados (Figura 4.5C), sintetizados nos neurônios pós-sinápticos por enzimas especiais. Como têm a propriedade de atravessar livremente as membranas das organelas e a membrana neuronal, não podem ser armazenados em vesículas ou grânulos. Após a síntese (enzimática), difundem-se em todas as direções, penetram nos terminais pré-sinápticos e exercem sua ação neles imediatamente, seja por meio de receptores específicos (os lipídios) ou influenciando diretamente vias bioquímicas citoplasmáticas (os gases). Trabalhos recentes dos farmacologistas têm revelado que os neurotransmissores gasosos participam até das funções mais complexas que o sistema nervoso é capaz de coordenar.

▶ **O Potencial de Ação Comanda a Liberação dos Neuromediadores**

A seção precedente anunciou que ocorre na sinapse uma conversão entre a energia bioelétrica, representada pelos potenciais de ação que afluem ao terminal sináptico, e a energia química, representada pela quantidade de neuromediador liberada na fenda sináptica. É preciso agora analisar os mecanismos pelos quais se dá essa con-

122

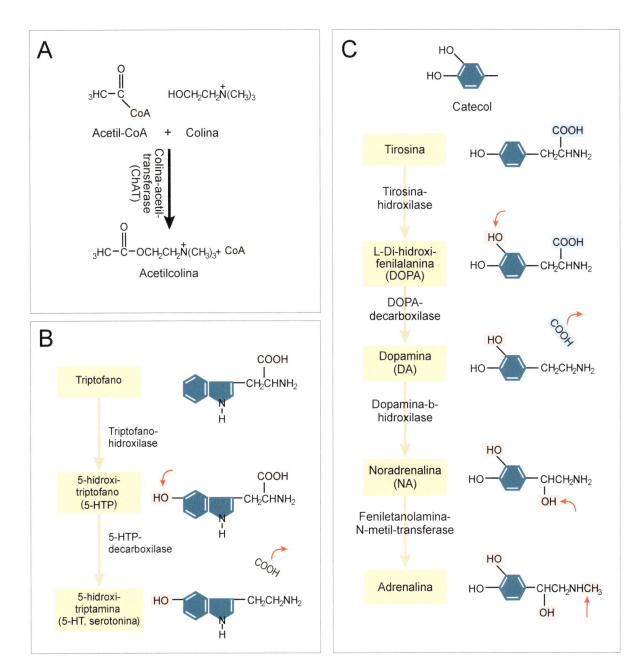

▶ **Figura 4.7. A**. A síntese da acetilcolina é realizada por uma só enzima, a partir de colina e acetilcoenzima A (acetil-CoA). **B**. A síntese de serotonina (5-HT) é realizada por uma cadeia de duas enzimas a partir do aminoácido triptofano. **C**. As catecolaminas são sintetizadas por uma cadeia de enzimas (duas para a dopamina, três para a noradrenalina e quatro para a adrenalina). Os neurônios dopaminérgicos só expressam as duas primeiras enzimas, os noradrenégicos, as três primeiras, e os adrenérgicos, todas elas.

versão, isto é, de que modo um potencial de ação é capaz de provocar a liberação do conteúdo das vesículas dentro da fenda sináptica.

Como se sabe, os potenciais de ação chegam ao terminal sináptico na forma de ondas super-rápidas de despolarização da membrana, que alcançam também a região onde se encontram as zonas ativas, aquelas pequenas estruturas cônicas existentes na face interna do terminal (Figura 4.8A). Constatou-se que toda a membrana do terminal, e especialmente a região que faz face com a membrana pós-sináptica, é muito rica em canais de Ca^{++} e que esses canais são dependentes de voltagem. Isso significa que a despolarização que ocorre durante os PAs (Figura 4.8B) provoca a abertura dos canais de Ca^{++} e a passagem desses íons em grande quantidade para o interior do terminal (Figura 4.8C), já que a concentração extracelular desse íon é milhares de vezes maior do que a concentração intracelular.

O fenômeno que se observa a seguir, causado pelo aumento súbito da concentração intracelular de Ca^{++}, é chamado *exocitose* e consiste na fusão da membrana das vesículas com a face interna da membrana do terminal sináptico (Figura 4.8D), especificamente nas zonas ativas, resultando na liberação do conteúdo das vesículas na fenda sináptica. As zonas ativas são relevantes nesse processo, porque funcionam como "docas" nas quais "ancoram" as vesículas, prontas para fundir-se com a membrana do terminal. Elas possuem uma maquinaria proteica sofisticada que captura as vesículas e promove a sua fusão com a membrana do terminal. Além disso, é justamente nas zonas ativas que ocorre maior concentração de canais de Ca^{++}.

Os neuromoduladores peptídicos, sintetizados no soma do neurônio e armazenados nos grânulos de secreção, são liberados de modo diferente dos neurotransmissores. É que os grânulos não "ancoram" facilmente nas zonas ativas.

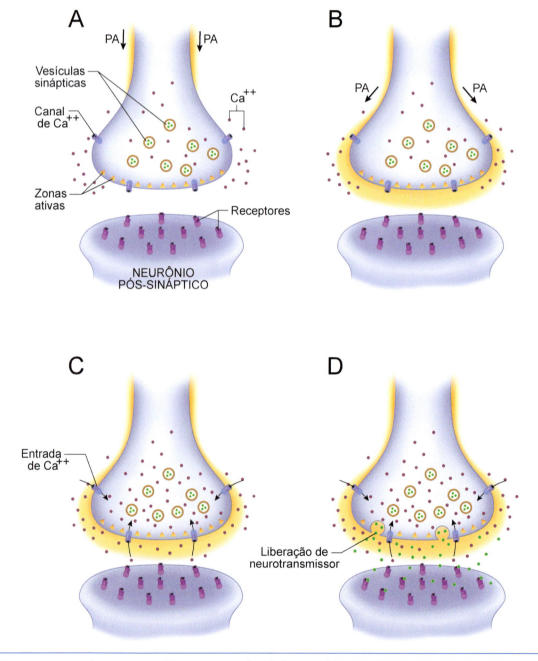

▶ **Figura 4.8.** As primeiras etapas da transmissão sináptica consistem na chegada do potencial de ação (PA) ao terminal axônico (**A** e **B**). Segue-se a abertura dos canais de Ca^{++} dependentes de voltagem (**C**), e a grande entrada de Ca^{++} que ocorre provoca a ancoragem das vesículas contendo neurotransmissor nas zonas ativas da membrana pré-sináptica (**D**). O resultado é a liberação do neurotransmissor na fenda sináptica.

Por essa razão, sua adesão à face interna da membrana do terminal é mais difícil, uma vez que é necessário atingir maior frequência[G] de PAs para elevar suficientemente os níveis de Ca^{++} até o ponto exigido para a ocorrência de exocitose. Além disso, em caso de alta atividade sináptica e consequente exaustão dos grânulos, a reposição é mais lenta, pois a síntese ocorre no soma do neurônio e depende do fluxo axoplasmático para o transporte até os terminais. Não é por acaso, portanto, que a mensagem sináptica transmitida pelos neurotransmissores é mais rápida, enquanto a que é veiculada pelos neuromoduladores é mais lenta.

Tanto maior será o número de vesículas e grânulos que sofrerão exocitose quanto mais prolongada for a despolarização provocada pelos PAs, ou seja, quanto maior a frequência dos PAs que chegam ao terminal. Baixas frequências provocam exocitose de poucas vesículas, e altas frequências provocam exocitose de mais vesículas e, também, de grânulos. Então, se o número de vesículas e grânulos que sofrerão exocitose é proporcional à frequência de PAs, conclui-se que esta variável determina, em última análise, a quantidade de moléculas de neurotransmissor e/ou neuromoduladores liberada na fenda sináptica. É importante salientar que esse processo de liberação, iniciado com a chegada dos PAs ao terminal, demora apenas uma fração de milissegundo!

Essa é a essência da conversão eletroquímica a que nos referimos há pouco. Trata-se de uma conversão que os informatas chamam "digital-analógica", já que consiste na "tradução" de um código digital[G] que tem como base a frequência de um sinal elétrico invariável (o PA), em um código analógico[G], baseado na variação da amplitude[G] de um sinal químico (a quantidade de moléculas de neurotransmissor). Veremos a seguir que ocorrerá uma segunda conversão de códigos, desta vez de sentido inverso ("análogo-digital"), na membrana pós-sináptica.

Você pode estar ponderando: se as vesículas e os grânulos se fundem com a membrana do terminal para propiciar a liberação de neuromediadores, com o tempo o terminal iria crescer de tamanho por adição de membrana, e, a julgar pelo número de vesículas e grânulos e pela grande atividade sináptica de alguns neurônios, rapidamente teríamos terminais gigantes no sistema nervoso... De fato, o acréscimo de membrana plasmática incorporada pela fusão de vesículas e grânulos ao terminal poderia significar um aumento de tamanho deste, não fora a ocorrência do fenômeno inverso, *endocitose*, que "devolve" ao citoplasma essa quantidade extra de membrana, permitindo a formação de novas vesículas, como se fosse um vídeo passado no sentido reverso. E mais: por meio da endocitose o terminal pode recaptar neurotransmissores, seus precursores e outras moléculas disponíveis no meio extracelular circundante. Esse mecanismo, no entanto, não vale para os grânulos, que são formados no corpo celular a partir

do aparelho de Golgi e contêm peptídeos sintetizados no retículo endoplasmático.

O que acontece em períodos de grande atividade do terminal sináptico? Primeiro, ao se esgotarem as vesículas e os grânulos existentes nas proximidades das zonas ativas, o terminal mobiliza aqueles que existem em uma espécie de "reserva", presos no citoesqueleto do axônio. Segundo, se mesmo assim prosseguir a fase de alta atividade e esgotarem-se também as vesículas e os grânulos de reserva, o terminal atravessa uma fase de fadiga e a transmissão diminui ou se interrompe até que sejam recompostas as reservas de neuromediador e de vesículas e grânulos sinápticos.

▶ Mensagem Transmitida: os Receptores e os Potenciais Sinápticos

Na maioria das vezes, o resultado final da ação do neuromediador é o aparecimento de uma alteração no potencial da membrana pós-sináptica, chamada *potencial pós-sináptico* ou simplesmente potencial sináptico. A pergunta fundamental que se propôs aos bioquímicos e eletrofisiologistas que primeiro estudaram a sinapse foi: de que modo o neuromediador provoca um potencial sináptico?

Pelo simples exercício da lógica, dever-se-ia supor que houvesse necessariamente algum tipo de reação química específica entre o neuromediador e a membrana pós-sináptica. Foi o que pensou, já em 1906, o farmacologista inglês John Langley (1852-1925) ao estudar a sensibilidade da célula muscular à nicotina e ao veneno curare: na membrana pós-sináptica deveriam existir "moléculas receptoras" específicas para essas substâncias, inexistentes em outras células.

De fato, desde essa época até hoje, o conceito de *receptor sináptico* não só se revelou verdadeiro como adquiriu precisão molecular. Receptor*, assim, é um complexo molecular de natureza proteica embutido geralmente na membrana pós-sináptica** e capaz de estabelecer uma ligação química específica com um neurotransmissor ou um neuromodulador. A reação química entre o neuromediador e o seu receptor é que provoca o potencial pós-sináptico (Figura 4.9).

Existem duas classes principais de receptores sinápticos (Tabela 4.2): (1) *ionotrópicos*, que são canais iônicos dependentes de ligantes[G]; e (2) *metabotrópicos*, cujos efeitos sobre o neurônio pós-sináptico são produzidos indiretamente por meio de uma proteína intracelular chamada proteína G ou

---

* *Não confundir* receptor molecular, *de que estamos tratando neste capítulo, com* receptor sensorial, *que abordamos no Capítulo 7. Embora os conceitos sejam muito diferentes, ambos são frequentemente denominados apenas pela palavra "receptor".*

** *Também existem receptores pré-sinápticos, bem como receptores intracelulares.*

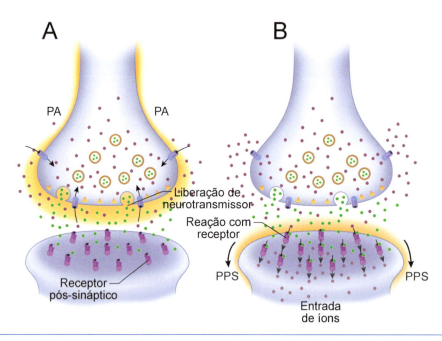

Figura 4.9. O neurotransmissor liberado na fenda sináptica difunde-se até os receptores situados na membrana pós-sináptica (**A**). Como muitos receptores são ao mesmo tempo canais iônicos, a reação do neurotransmissor com eles provoca a abertura dos canais e a entrada de cátions pela membrana pós-sináptica (**B**). Resulta um potencial pós-sináptico (PPS).

mediante ação enzimática intracelular efetuada pelo próprio receptor.

Como funcionam os receptores ionotrópicos? Seus ligantes, evidentemente, são os neuromediadores e substâncias quimicamente aparentadas com eles, capazes de reagir de modo mais ou menos específico com esses receptores. Quando o neuromediador atravessa a fenda sináptica e se liga ao receptor, sendo este o próprio canal iônico, a mudança de conformação tridimensional que essa reação química promove causará a abertura do canal e a passagem de íons através da membrana. Os receptores sinápticos podem não ser tão seletivos para o íon que atravessará a membrana quanto os canais iônicos dependentes de voltagem, por isso é comum a passagem de íons diferentes através do mesmo receptor. Se predominar o fluxo de Na^+ (de fora para dentro da célula), a ligação do mediador com o receptor provocará uma despolarização da membrana pós-sináptica e o receptor será, então, dito despolarizante ou excitatório, porque a despolarização aproxima a membrana do neurônio pós-sináptico do limiar de disparo de potenciais de ação (Figura 4.10A). O potencial sináptico correspondente é chamado *potencial pós-sináptico excitatório* (PPSE). Em contraste, se predominar o fluxo de Cl^- (também de fora para dentro da célula), ou de K^+ (de dentro para fora), a reação ligante-receptor provocará uma hiperpolarização e o receptor será, então, chamado hiperpolarizante ou inibitório, porque a hiperpolarização afasta o neurônio pós-sináptico do limiar, tornando mais difícil o aparecimento de PAs (Figura 4.10B). O potencial hiperpolarizante chama-se *potencial pós-sináptico inibitório* (PPSI).

Um bom exemplo de receptor ionotrópico despolarizante é o da sinapse neuromuscular (Figura 4.4). O neurotransmissor é a acetilcolina, e a molécula receptora – cuja identidade molecular já foi desvendada – alcança alta concentração nas bordas das dobras juncionais, em linha com as zonas ativas. Imediatamente após a chegada dos PAs aos terminais que inervam a célula muscular ocorre a liberação da acetilcolina na fenda sináptica. Seguindo o gradiente químico, a ACh difunde-se em direção à membrana pós-sináptica, onde é grande a probabilidade de encontrar moléculas de receptor. Nesse momento ocorre a ligação química da ACh com o receptor, este muda sua conformação espacial e torna-se um canal aberto. Passam, então, pelo receptor tanto Na^+ como K^+, mas, como predomina o primeiro, o resultado é a gênese de um PPSE na membrana da célula muscular. O receptor da célula muscular esquelética é chamado nicotínico (ACh-N), mas não é o único dos receptores colinérgicos. Um outro tipo é o receptor muscarínico (ACh-M), que se encontra na membrana das células musculares cardíacas. Esse receptor, ao contrário do primeiro, é do tipo metabotrópico, e seu efeito final é hiperpolarizante. Por essa razão, o efeito da acetilcolina sobre o coração é inibitório (reduz a frequência cardíaca). Os receptores colinérgicos muscarínicos ocorrem também nas sinapses neuroviscerais (como no trato gastroentérico, por exemplo) e em diversas regiões do SNC.

Os receptores colinérgicos ilustram bem a lógica da denominação dos receptores, que frequentemente recebem nomes derivados de substâncias agonistas[G] que podem rea-

Os Chips Neurais

▶ **Figura 4.10.** Quando se registra o potencial de membrana do terminal axônico com microeletródios (cones amarelos), sempre se capta um potencial de ação cuja forma de onda é semelhante em todos os neurônios (gráficos de cima em **A** e **B**). Mas quando se registra o potencial pós-sináptico que ocorre como consequência da transmissão sináptica, em alguns neurônios a resposta é despolarizante (gráfico de baixo em **A**) e o potencial pós-sináptico é dito excitatório (PPSE), enquanto em outros é hiperpolarizante (gráfico de baixo em **B**) e o potencial pós-sináptico é inibitório (PPSI). Isso resulta da combinação do neurotransmissor específico com o receptor correspondente, que no primeiro caso deixa passar cátions de fora para dentro da célula, e no segundo deixa passar Cl^- (ou K^+, no sentido contrário).

gir com eles em substituição ao neuromediador natural. É o caso do receptor colinérgico nicotínico, cujo nome deriva da nicotina, um alcaloide com ação agonista. Da mesma forma, o receptor muscarínico, cujo nome deriva da muscarina. Você verá adiante que o mesmo tipo de lógica orienta a nomenclatura de outros receptores.

Entre os receptores despolarizantes, talvez os mais importantes no SNC sejam aqueles que respondem ao glutamato, muito frequentes no cérebro dos animais. Acredita-se que cerca de metade das sinapses do SNC sejam glutamatérgicas, o que dá uma boa ideia de sua importância funcional. Entretanto, apesar dessa relevância, o excesso de ativação glutamatérgica é extremamente tóxico e pode provocar a morte dos neurônios pós-sinápticos. O tecido cerebral tem mecanismos para evitar essa ocorrência por intermédio dos astrócitos que envolvem as sinapses, capazes de capturar o excesso de glutamato para o seu citoplasma e inativá-lo lá dentro. Em circunstâncias patológicas, entretanto, como na epilepsia, a atividade glutamatérgica sai do controle e, quando não é equilibrada por meio de medicamentos, pode ocasionar séria perda neuronal para o indivíduo e consequências patológicas muito graves.

Há três tipos de receptores glutamatérgicos: três são ionotrópicos e um é metabotrópico (Tabela 4.2). Os ionotrópicos são diferenciados pela sua sensibilidade a substâncias agonistas e antagonistas[G]: o receptor do tipo NMDA é um canal para cátions em geral (Na^+, K^+ e Ca^{++}) que responde ao agonista glutamatérgico N-metil-D-aspartato (NMDA); os dois receptores do tipo não-NMDA são canais para Na^+ e K^+ apenas e respondem a agonistas distintos do NMDA. É comum esses três tipos de receptores glutamatérgicos atuarem em consonância. Os receptores não-NMDA são fortemente despolarizantes, atuam com rapidez e seu mecanismo é semelhante ao dos demais receptores ionotrópicos conhecidos. O receptor NMDA é mais complexo (Figura 4.11A): atua mais lentamente e despolariza pouco a membrana pós-sináptica. Além disso, apresenta as peculiaridades de ser também dependente de voltagem e de exigir a coparticipação da glicina com o glutamato para ser ativado. O aminoácido glicina, neste caso, é o cotransmissor do glutamato. Em condições de repouso, o canal apresenta-se bloqueado pela ligação constante de íons Mg^{++} na molécula do receptor, mas, quando a membrana se despolariza pela ação de outros receptores (p. ex., dos receptores não-N-MDA), o Mg^{++} é removido de seu sítio e o canal abre-se sob a ação de glutamato e glicina, permitindo o fluxo de cátions, que pode resultar em um PPSE ainda maior. Essa interação entre os receptores glutamatérgicos e entre os dois cotransmissores (Glu e Gly, suas abreviaturas oficiais) é um exemplo interessante de integração sináptica, tema que será analisado adiante.

Exemplos de receptores hiperpolarizantes são os que existem em certos neurônios do córtex cerebral, que recebem terminais pré-sinápticos GABAérgicos. Neste caso também existem tipos farmacológicos diferentes, que são denominados por letras subscritas (GABA$_A$, GABA$_B$ etc.) e diferenciados por seu mecanismo de ação, seus agonistas e antagonistas (Tabela 4.2). Os receptores GABA$_A$ e GABA$_C$ são ionotrópicos (Figura 4.11B), e o receptor GABA$_B$ é metabotrópico, entretanto todos são inibitórios. O GABA

Tabela 4.2. Principais Classes e Tipos de Receptores Sinápticos Encontrados no Sistema Nervoso*

Membranares Ionotrópicos	Membranares Metabotrópicos					Intracelulares
	Proteína G				Tirosina-cinase	
	Ação da proteína G sobre canais iônicos	Ação da proteína G por meio de segundos mensageiros			Ação enzimática citoplasmática do receptor	
		AMPc	DAG/IP3	Ác. araquidônico		
ACh-N (Na$^+$ e K$^+$)	ACh-M (K$^+$)	NA-β (Ca^{++})	Glu-m	H1, H2 e H3	Trk-A, Trk-B, Trk-C e p75	ESR-1, ESR-2, TR-β
GABA$_A$ e GABA$_C$ (Cl$^-$)	GABA$_B$ (K$^+$ ou Ca^{++})	NA-α$_2$ (K$^+$)	5-HT (Ca^{++})			
Glu-nNMDA (Na$^+$ e K$^+$) [2 subtipos]	O-μ, O-δ e O-κ	5-HT (K$^+$ e Ca^{++})	ACh-M (Ca^{++})			
Glu-NMDA (Na$^+$, K$^+$ e Ca^{++})		DA	ATP-A e ATP-P			
Gly (Cl$^-$)		ATP-A e ATP-P				
5-HT$_3$ (Na$^+$ e K$^+$)		CB1, CB2				
ATP-P$_{2X}$ (Na$^+$, K$^+$ e Ca^{++})						

*O número de receptores atualmente identificados é bastante superior ao listado nesta tabela, onde se apresentam apenas os mais conhecidos. ACh-M = colinérgicos muscarínicos; ACh-N = colinérgicos nicotínicos; ATP (A e P) = purinérgicos tipos A e P; ATP-P$_{2X}$ = purinérgicos tipo P$_{2X}$; CB1 e CB2 = endocanabinoides tipo 1 e 2; DA = dopaminérgicos; ESR = receptores para estrogênio; GABA$_A$ = GABAérgico tipo A; GABA$_B$ = GABAérgico tipo B; Glu-m = glutamatérgicos metabotrópicos; Glu-nNMDA = glutamatérgicos tipo não-NMDA; Glu-NMDA = glutamatérgicos tipo NMDA; Gly = glicinérgicos; H = histaminérgicos; NA-α = noradrenérgicos tipo α; NA-ß = noradrenérgico tipo ß; O = opioides; TR = receptores para hormônios tireoidianos; Trk = receptores tirosina-cinase; 5-HT = serotoninérgicos; 5-HT$_3$ = serotoninérgico tipo 3.

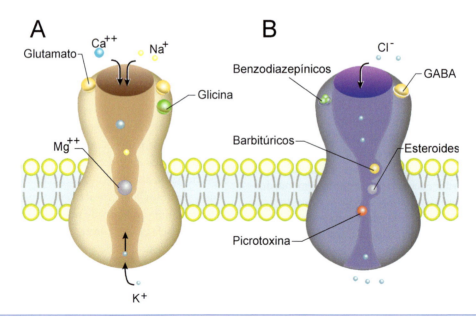

▸ **Figura 4.11.** Os principais receptores ionotrópicos do SNC são glutamatérgicos e GABAérgicos. **A** mostra um receptor glutamatérgico do tipo NMDA, com seus sítios de ligação para os dois cotransmissores (glutamato e glicina), e para o bloqueador Mg^{++}. **B** mostra o receptor GABA$_A$, com seus sítios de ligação para o neurotransmissor e para alguns de seus agonistas (esteroides, barbitúricos e benzodiazepínicos) e um antagonista (a picrotoxina).

contido nas vesículas sinápticas é liberado na fenda logo após a chegada dos PAs nos terminais, difunde-se seguindo o gradiente químico e liga-se aos receptores situados na membrana pós-sináptica. Os receptores $GABA_A$ e $GABA_C$ são canais de Cl^- e, ao mudarem de conformação, abrem-se à passagem desse íon para o interior do neurônio pós-sináptico, o que provoca o aparecimento de um PPSI na membrana pós-sináptica. O receptor $GABA_B$ será mencionado adiante.

Como funcionam os receptores metabotrópicos? Como eles não são canais iônicos, a transmissão da mensagem química é exercida indiretamente, isto é, mediante reações químicas intracelulares (Figura 4.12) que podem fosforilar canais iônicos independentes do receptor, situados nas regiões adjacentes da membrana, ou, então, provocar outros efeitos. Na maioria dos casos, essas reações intracelulares são iniciadas por uma molécula intermediária ancorada ao receptor pela face interna da membrana pós-sináptica, chamada *proteína G*, a "proteína que liga trifosfato de guanosina (GTP)". Na situação "de repouso", a proteína G tem três subunidades (α, β, e γ), com uma molécula de difosfato de guanosina (GDP) ligada à subunidade α (Figura 4.12A). Quando o neurotransmissor ou o neuromodulador mudam a conformação alostérica do receptor (Figura 4.12B), a proteína G libera o seu GDP e o substitui por um GTP retirado do citosol. A incorporação do GTP separa a subunidade α do complexo, e esta "desliza" internamente na membrana até encontrar, nas proximidades, outras proteínas integrais[G] da membrana (Figura 4.12C), que realizam diferentes funções. Estas últimas são chamadas proteínas efetoras, porque são elas que vão completar o efeito da transmissão sináptica, seja transformando a mensagem química em um potencial pós-sináptico, seja provocando reações bioquímicas diversas no neurônio pós-sináptico que influenciarão de maneira indireta a transmissão (Figura 4.12D).

No caso dos neurotransmissores, a proteína efetora ativada por subunidades da proteína G é frequentemente um canal iônico. Ocorre, então, que esse canal se abre e surge um potencial pós-sináptico. É isso que se passa nas sinapses de neurônios com as células cardíacas, que apresentam receptores colinérgicos muscarínicos: uma vez ligados à acetilcolina, eles ativam proteínas G cujas subunidades provocam a abertura de canais de K^+, abundantes na membrana das células musculares do coração (Figura 4.13). O fluxo de K^+, como sabemos, é hiperpolarizante, resultando em um potencial inibitório. Mecanismo semelhante ocorre com os receptores $GABA_B$ mencionados anteriormente: a proteína efetora é também um canal de K^+, e o resultado é o aparecimento de um PPSI no neurônio pós-sináptico.

Além do mecanismo, há uma diferença importante entre a operação dos receptores ionotrópicos e a dos metabotrópicos: a velocidade de ação. No primeiro caso, quando o neurotransmissor se liga ao receptor, em menos de 1 mi-

▶ **Figura 4.12.** Os receptores metabotrópicos atuam por meio de reações químicas intracelulares. Muitos empregam a proteína G para colocar em comunicação o receptor com a proteína efetora (**A**). Neste caso, quando o receptor é ativado pelo neurotransmissor (**B**), uma das subunidades da proteína G desliza na membrana até encontrar a proteína efetora (**C**), ativando-a por fosforilação (**D**). É a proteína efetora que irá ativar canais iônicos ou outras reações intracelulares.

lissegundo já aparece um potencial sináptico. No segundo, esse tempo estende-se a dezenas de milissegundos. A ação dos receptores metabotrópicos que utilizam segundos mensageiros (ver adiante) e dos que utilizam a tirosina-cinase é ainda mais lenta (minutos). E mais lenta ainda é a ação dos neuromediadores que atuam sobre receptores intracelulares, pois esses receptores frequentemente têm como

Neurociência Celular

▶ **Figura 4.13.** A inervação colinérgica do coração apresenta um exemplo de receptor metabotrópico cuja proteína efetora é um canal iônico. Neste caso (**A**), o neurotransmissor é a acetilcolina (ACh), o receptor é do tipo muscarínico e a proteína efetora é um canal de K⁺. O canal é ativado (**B**) pela subunidade α da proteína G ligada ao receptor.

função regular a expressão gênica para a síntese de proteínas, o que pode levar 1 hora ou mais. Assim, a ação desses neuromediadores pode nem mesmo chegar a ativar canais iônicos, e seu efeito torna-se altamente indireto por meio da regulação do metabolismo do neurônio pós-sináptico.

Não pense que existem receptores apenas na membrana pós-sináptica. Foram encontrados também receptores na membrana pré-sináptica, os chamados *autorreceptores*. São geralmente metabotrópicos, acoplados à proteína G, e, sendo ativados pelo próprio neuromediador liberado, servem para regular, dentro do terminal pré-sináptico, a sua liberação e também a sua síntese. Os autorreceptores foram encontrados nas sinapses neuroadrenérgicas do SNP situadas em diferentes órgãos do corpo, em sinapses dopaminérgicas do SNC, entre outras.

Nos últimos anos, descobriu-se que a mesma molécula receptora (especialmente no caso dos metabotrópicos que utilizam a proteína G) pode possuir mecanismos de ativação intracelular diferentes, ativados por substâncias exógenas distintas (agonistas, antagonistas e outros tipos). Esse fenômeno foi chamado *seletividade funcional* e aponta para uma complexidade maior do que se imaginava anteriormente na transmissão sináptica. Além disso, representa um desafio para os farmacologistas na busca de fármacos que ajam na via específica que produz sintomas de doenças, e não nas demais, que podem produzir efeitos colaterais indesejados.

▶ Natureza Quântica da Transmissão Sináptica

De tudo o que estudamos até o momento, podemos concluir que a função principal da maioria dos neurotransmissores consiste na reconversão da mensagem química em mensagem elétrica. A quantidade de neurotransmissor liberada na fenda, proporcional à frequência de PAs que afluem ao terminal, determinará, por sua vez, um PPS cuja amplitude será proporcional à quantidade de moléculas que atingem os receptores. Observe que *proporcional* é diferente de *igual* e que, além disso, o coeficiente de proporcionalidade que relaciona a frequência de PAs com a quantidade de neurotransmissor liberada não é necessariamente igual àquele que relaciona a quantidade de neurotransmissor que ativa a membrana pós-sináptica com a amplitude do PPS produzido no final da transmissão. Isso significa que a transmissão sináptica pode amplificar ou atenuar a mensagem original. Esta, portanto, pode ser modificada, o que é uma característica dos *chips* dos microcomputadores, mas não dos seus fios e conectores.

A visão da sinapse como um *chip* biológico, e não como um conector, surgiu cedo no estudo da transmissão sináptica, quando se verificou a dependência dos PPSs em relação à quantidade de neurotransmissor liberada. Logo se descobriu um fenômeno interessante: a natureza quântica da transmissão sináptica. A descoberta foi do fisiologista alemão Bernard Katz (1911-2003), ganhador do prêmio Nobel de Fisiologia ou Medicina em 1970. Katz registrava pequenos potenciais sinápticos na célula muscular, quando verificou que todos tinham amplitude múltipla de um valor unitário muito pequeno (menor que 1 mV), um verdadeiro *quantum*[G] (Figura 4.14). Sugeriu, então, que o potencial unitário (quântico) refletiria a quantidade de neurotransmissor contida em uma única vesícula sináptica e que por isso os PPSs registrados nos experimentos eram sempre múltiplos inteiros dele. Posteriormente, verificou-se que uma vesícula de acetilcolina na sinapse neuromuscular contém milhares de moléculas desse neurotransmissor* e que essa quantidade de moléculas, quando administrada à sinapse experimentalmente, provocava um potencial de amplitude inferior a 1 mV. Como é possível que a quantidade de neurotransmissor por vesícula sináptica seja regulável pelo neurônio, e também que ela varie de neurônio a neurônio e de neurotransmissor a neurotransmissor, não se pode depreender que o *quantum* sináptico seja uma grandeza constante e invariável.

---

* *Segundo alguns cálculos, cerca de 10 mil moléculas de ACh, mas é possível que esse número seja variável ou regulável em cada tipo de sinapse.*

Por outro lado, verificou-se também que um único PA na fibra nervosa provoca a liberação do conteúdo de cerca de 200 vesículas na sinapse neuromuscular, gerando um PPSE com amplitude de cerca de 50 mV. Esta característica da sinapse neuromuscular confere-lhe um alto "fator de segurança", índice que indica alta probabilidade de sucesso na transmissão sináptica. É natural que seja assim, pois é necessário que o motoneurônio permaneça sempre capaz de ativar, sem falha, a célula muscular. Quando o fator de segurança da sinapse neuromuscular cai, como acontece, por exemplo, em uma doença autoimune[G] chamada miastenia grave[G], a transmissão sináptica falha e os músculos respondem defeituosamente aos comandos do sistema nervoso.

Nas sinapses do SNC, a situação é bem diferente: cada PA pode liberar o conteúdo de uma única vesícula, o que resulta em um PPS de apenas cerca de 0,1 mV de amplitude. Uma variação de potencial tão pequena, entretanto, não é suficiente, por si só, para provocar a gênese de um PA no neurônio pós-sináptico. Isso significa que o fator de segurança das sinapses centrais é frequentemente baixo. Essa característica não é uma desvantagem, muito ao contrário. Obriga que as mensagens transmitidas no SNC envolvam muitas sinapses sobre um mesmo neurônio para que sejam convertidas em novas mensagens conduzidas por esse neurônio. A interação entre as muitas sinapses que incidem

▶ **Figura 4.14.** O experimento de Bernard Katz revelou que os potenciais pós-sinápticos são sempre múltiplos de um valor mínimo – quantum – que presumivelmente representa o efeito da liberação do conteúdo de uma única vesícula sináptica. Em **A**, oito registros de PPSs em uma sinapse neuromuscular após estímulos elétricos aplicados na fibra nervosa (linha vertical vermelha) mostram potenciais múltiplos de um valor quântico (Q). Em **B**, o número de observações de PPSs de diferentes amplitudes mostra maior incidência de potenciais unitários (Q), depois duplos (2Q), triplos (3Q) etc. **A** modificado de Liley AV. *Journal of Physiology*. 1956;133:571-587. **B** modificado de Boyd A, Martin AR. *Journal of Physiology*. 1956;132:74-91.

sobre um mesmo neurônio é a essência do desempenho do sistema nervoso como um sistema inteligente e será objeto de maiores comentários adiante.

▶ A Ação Silenciosa dos Neuromoduladores

Vimos até agora que a transmissão sináptica química consiste na liberação, pelo terminal axônico, de moléculas neurotransmissoras que atravessam a fenda sináptica e se ligam a receptores, provocando neles uma mudança conformacional. Como vimos, se os receptores forem, eles próprios, canais iônicos (receptores ionotrópicos), logo se produz um potencial na membrana da célula pós-sináptica. Vimos também que os receptores podem não ser, eles mesmos, canais iônicos, mas, sim, proteínas que ativam canais (receptores metabotrópicos). Neste caso, sua mudança de conformação pode ativar moléculas intermediárias (como a proteína G), que – direta ou indiretamente – terminarão influenciando canais iônicos próximos da membrana pós-sináptica, o que poderá resultar na produção de um potencial pós-sináptico. A transmissão sináptica não é tão rápida, mas ainda se completa em menos de 100 milissegundos.

Pode acontecer, no entanto, que a proteína G atue não sobre um canal iônico vizinho, mas sobre uma enzima que flutua na membrana pós-sináptica do mesmo modo que os canais e cuja função seja produzir um mensageiro químico intermediário que atue mais longe na membrana, ou mesmo no interior da célula pós-sináptica. A esse intermediário se dá o nome de *segundo mensageiro* (já que o primeiro é o próprio neuromediador). Nesse caso, a transmissão sináptica é mais lenta, podendo atingir tempos da ordem de 1 segundo ou mais. Ainda: a ação do segundo mensageiro pode ser a de ativar uma cascata enzimática envolvendo várias etapas até, finalmente, expressar-se como um potencial pós-sináptico. A transmissão então é muito lenta e difusa, podendo chegar a vários minutos. E mais ainda: a cascata enzimática disparada pela ativação do receptor pode produzir alterações metabólicas intracelulares que nem cheguem a provocar potenciais sinápticos, mas produzam alterações de longo prazo no desempenho funcional do neurônio, incluindo a síntese de novas proteínas pela ativação da expressão gênica.

Essa ampla escala de tempos de transmissão confere grande variabilidade às sinapses químicas. Quando esses processos ocorrem em tempos prolongados, fica sem sentido chamá-los de transmissão sináptica, já que, às vezes, seu efeito resulta em alterações difusas e sutis da excitabilidade do neurônio, mas não propriamente em uma mensagem elétrica nítida na forma de potenciais de ação. O nome que se reserva para esses casos, então, é *neuromodulação*. Como esse conceito é relativo e depende de um espectro contínuo de tempo, é claro que existe uma faixa intermediária em que o fenômeno sináptico pode ser considerado tanto transmissão como modulação.

Neuromoduladores, então, são as substâncias químicas liberadas na fenda sináptica cujas ações pós-sinápticas modulam, isto é, influenciam a ação mais rápida e eficiente dos neurotransmissores. Na Tabela 4.1, apresentamos alguns exemplos de neurotransmissores e neuromoduladores e, na Tabela 4.2, alguns dos receptores correspondentes. Geralmente, os neuromoduladores são peptídeos, lipídios e gases. No entanto, às vezes, a ação de um neurotransmissor sobre um determinado receptor é tão lenta, que ele opera mais como modulador do que como transmissor propriamente dito. É o caso da noradrenalina (NA) quando atua sobre receptores de um tipo particular chamado α_2 (Figura 4.15A). Esses receptores são numerosos em neurônios do SNC. Quando os PAs que trafegam pelos axônios noradrenérgicos causam a liberação de NA nos terminais e esta se liga aos receptores α_2, ocorrem a incorporação de GTP na proteína G e a separação da subunidade α. O efeito desta última, entretanto, pode ocorrer diretamente nos canais de cálcio ou indiretamente, inibindo uma enzima situada nas proximidades da membrana pós-sináptica, cuja função consiste em desfosforilar um composto de alta energia muito abundante no citosol, o ATP, transformando-o em monofosfato cíclico de adenosina ou AMP-cíclico (AMPc). Essa enzima é chamada *adenililciclase* e o seu produto é um dos segundos mensageiros mais bem conhecidos da transmissão sináptica química.

Acontece que a ação intracelular normal do AMPc consiste na ativação de outra enzima fosforilante chamada proteína-cinase A (PKA), que se encontra dissolvida no citoplasma. A ação fosforilante da PKA é exercida sobre os canais de K^+ da célula pós-sináptica, abrindo-os, e isso resulta no aumento do fluxo de K^+ e, consequentemente, na hiperpolarização do neurônio. Sob a ação da NA, entretanto, ocorre justamente o oposto. A adenililciclase é inibida, o que diminui a síntese de AMPc, reduzindo também a ação da PKA sobre os canais de K^+ do neurônio pós-sináptico. Resultado: estes permanecerão fechados, predominará ligeiramente o fluxo de Na^+ e ocorrerá uma pequena despolarização da membrana. O efeito final da NA sobre os receptores α_2, assim, é o de modular levemente a excitabilidade dos neurônios pós-sinápticos.

Bastante diferente é a ação da noradrenalina presente em alguns dos terminais nervosos que inervam o coração. Neste caso, ela atua sobre receptores de tipo β, que também empregam o AMPc como segundo mensageiro (Figura 4.15B). No entanto, a proteína G, aqui, atua diferentemente, provocando a ativação da adenililciclase, o aumento da produção de AMPc e, consequentemente, a ativação da PKA. Na célula muscular cardíaca, a PKA fosforila os canais de Ca^{++} dependentes de voltagem, abundantes na membrana. Ocorre despolarização seguida de contração dessa célula. O resultado final da ação dos terminais noradrenérgicos no coração é um aumento da frequência e da força dos batimentos cardíacos.

Os Chips Neurais

▶ **Figura 4.15.** Os axônios noradrenérgicos apresentam exemplos de receptores metabotrópicos, cujas proteínas efetoras são canais iônicos diferentes. **A** mostra a ação da noradrenalina (NA) sobre os receptores do tipo α_2, presentes na musculatura lisa dos vasos sanguíneos. O efeito da sinalização intracelular é a inibição da adenililciclase, provocando assim o fechamento de canais de K^+. Resultado: aumento da duração dos PPSEs. **B** mostra o exemplo oposto, em que a NA atua sobre receptores β, presentes no coração e nas vias respiratórias. A sinalização intracelular causa abertura dos canais de Ca^{++}, resultando no aumento de amplitude dos PPSEs.

Observe a lógica dos fenômenos sinápticos exemplificados anteriormente. A mensagem elétrica dos axônios noradrenérgicos que atuam em receptores α$_2$ sofre a ação de inúmeros processos bioquímicos intermediários e é por isso mais lenta, resultando indiretamente num ligeiro aumento de excitabilidade do neurônio pós-sináptico, mas raramente provoca o disparo de potenciais de ação no segmento inicial do axônio pós-sináptico. Outros axônios que fazem sinapse com esse mesmo neurônio, então, neste momento encontrarão a membrana ligeiramente despolarizada, o que facilitará a transmissão das mensagens que conduzem. O efeito da noradrenalina terá sido o de *modular* a transmissão sináptica de outros axônios. A sinapse noradrenérgica com receptores α2 não é a única que utiliza o AMPc como segundo mensageiro, mas a sequência geral dos mecanismos sinápticos moduladores do AMPc é semelhante na maioria dos casos.

Além disso, o AMPc não é o único segundo mensageiro. Outro bem conhecido é o *fosfoinositol*, de funcionamento mais complexo que o AMPc (Figura 4.16). Neste caso, a proteína G ativada pelo receptor liga-se a uma enzima integral da membrana pós-sináptica, diferente da adenililciclase: a fosfolipase C (PLC). O substrato desta enzima é um fosfolipídio que faz parte da estrutura da membrana, chamado difosfato de fosfatidilinositol ou PIP$_2$ (conhecido simplesmente como fosfoinositol). Sob ação da PLC, o PIP$_2$ divide-se em duas moléculas que atuam como segundos mensageiros: o diacilglicerol (DAG) e o trifosfato de inositol (IP3). O DAG é lipossolúvel e continua imerso na membrana do neurônio pós-sináptico, ativando nela a proteína-cinase C (PKC), uma enzima fosforilante que atua sobre diferentes substratos da membrana e do citoplasma, a maioria deles não relacionada com a transmissão sináptica, mas, sim, com o metabolismo neuronal. O outro segundo mensageiro que resulta da clivagem do PIP$_2$, o IP$_3$, é hidrossolúvel e, por essa razão, desliga-se da membrana e cai no citoplasma do neurônio pós-sináptico. Um de seus efeitos no citoplasma é ligar-se a receptores da membrana do retículo endoplasmático, provocando a saída de Ca^{++} de dentro do retículo para o citosol. O aumento do Ca^{++} citoplasmático, por sua vez, pode ativar diversas reações metabólicas no interior da célula, inclusive a abertura de canais iônicos da membrana, o que resulta finalmente em potenciais pós-sinápticos. Alguns receptores serotoninérgicos utilizam esta via de segundos mensageiros para responder à ligação da serotonina na fenda sináptica.

Ninguém imaginaria que o sistema nervoso empregasse gases como neuromoduladores. É exatamente isso, entretanto, que foi descoberto por diferentes pesquisadores, especialmente o farmacologista norte-americano Solomon Snyder. O óxido nítrico (NO), o monóxido de carbono (CO) e o sulfeto de hidrogênio (H$_2$S) são moléculas gasosas muito pequenas produzidas por enzimas específicas existentes em algumas células, a NO-sintase, a heme-oxigenase e a cistationina beta-sintase, respectivamente. A síntese desses gases aumenta quando ocorre ativação sináptica excitatória, especialmente mediada por glutamato por meio dos receptores tipo NMDA. Ao serem sintetizados, suas moléculas pequenas difundem-se imediatamente pelas membranas em todas as direções. Por

▶ **Figura 4.16.** *Alguns receptores para serotonina (5-HT) empregam como segundo mensageiro o trifosfato de inositol (ou IP$_3$), que se difunde no citosol até encontrar e fosforilar canais de cálcio no retículo endoplasmático liso, liberando Ca^{++}, que então terá diversos efeitos metabólicos, inclusive a ativação de canais iônicos.*

essa razão, não há possibilidade de contê-las em vesículas ou grânulos de secreção. Também por essa razão sua ação é pouco específica e não propriamente sináptica. Esses neuromoduladores transcelulares atuam não apenas nos elementos pós-sinápticos, mas também nos elementos pré-sinápticos ou mesmo em sinapses vizinhas, utilizando o monofosfato cíclico de guanosina (GMPc) como segundo mensageiro. Quando atuam retrogradamente (isto é, sobre os elementos pré-sinápticos), provocam uma facilitação da transmissão sináptica que causou a sua síntese e liberação. Cria-se um circuito de retroação positiva*, em que a ação dos neuromoduladores gasosos aumenta cada vez mais a transmissão sináptica que os origina, e esta cada vez mais a ação dos gases. Em função disso, tem-se admitido a hipótese de que esses neuromoduladores transcelulares estejam associados a processos moleculares ligados à memória.

Outra ação importante dos neuromoduladores gasosos é sobre o endotélio das arteríolas cerebrais, provocando a sua dilatação e, consequentemente, o aumento do fluxo sanguíneo nas regiões sinapticamente mais ativas. Esse vínculo entre a atividade neural e o fluxo sanguíneo é atualmente empregado como base para as técnicas modernas de imagem funcional, como a ressonância magnética. Você poderá encontrar mais detalhes sobre isso no Capítulo 13.

Após os gases, mais recentemente se identificou uma segunda família de neuromediadores não convencionais, os chamados endocanabinoides. Foram chamados assim porque são moléculas que atuam nos mesmos receptores sobre os quais atuam o Δ^9-tetra-hidrocanabinol e o canabidiol, princípios ativos da maconha (neste caso, chamados fitocanabinoides). Os endocanabinoides são, na verdade, ácidos graxos derivados dos lipídios da membrana plasmática, portanto não conseguem ser armazenados em vesículas, porque, quando são sintetizados, atravessam livremente as membranas celulares. Desse modo, têm ação retrógrada sobre receptores (chamados CB1 e CB2) localizados em terminais pré-sinápticos, influenciando a liberação dos seus neuromediadores. O GABA, por exemplo, é um dos neuromediadores cuja liberação pode ser inibida – em alguns locais do cérebro – pelos endocanabinoides. Veja mais sobre esse tema no Quadro 4.2.

▶ Fim da Transmissão Sináptica: o Botão de Desligar

A transmissão sináptica não seria eficiente se não houvesse um mecanismo ágil para "desligá-la". Isso porque o neuromediador permaneceria na fenda sináptica durante longos períodos, ligado ao receptor, e só lentamente, por difusão lateral, seria eliminado da fenda. Ocorreria permanência das ações sinápticas seguida de dessensibilização dos

receptores. Um mecanismo tão ágil e sofisticado no ligar seria lento e ineficaz no desligar.

A natureza selecionou dois mecanismos fundamentais para a interrupção da transmissão sináptica, além da difusão lateral já mencionada: (1) recaptação do neuromediador e (2) degradação enzimática do neuromediador.

A recaptação é possível porque a membrana dos terminais pré-sinápticos frequentemente possui proteínas transportadoras específicas para os neurotransmissores e neuromoduladores que produz. Com exceção da acetilcolina, identificaram-se moléculas transportadoras para praticamente todos os neurotransmissores conhecidos e alguns neuromoduladores. Além disso, também os astrócitos possuem moléculas transportadoras para certos neurotransmissores, particularmente os excitatórios, como o glutamato e o aspartato, mas também os inibitórios, como o GABA e a glicina. Este último, na verdade, constitui um importante mecanismo de proteção contra os efeitos tóxicos (chamados excitotóxicos) dos aminoácidos excitatórios, cuja ação descontrolada, como ocorre na epilepsia, pode levar à morte neuronal. Além disso, não há dúvida de que a remoção desses neurotransmissores da fenda sináptica pelos astrócitos, em condições normais, desempenha também uma função moduladora da transmissão sináptica, conferindo a essas células gliais um papel importante também no processamento da informação neural (veja mais sobre isso no Capítulo 3).

As moléculas transportadoras pertencem a uma mesma família, utilizam ATP para sua atividade e dependem da presença de cátions para funcionar. A recaptação dos neuromediadores é um mecanismo muito frequentemente influenciado por fármacos e drogas de abuso, e essa é a base molecular de suas ações maléficas ou benéficas. A cocaína, por exemplo, bloqueia a recaptação das aminas biogênicas em sinapses centrais. É o caso da dopamina presente em regiões neurais envolvidas na criação de emoções positivas: com a permanência da dopamina na fenda sináptica, seu efeito é prolongado, e é isso que causa o prazer que muitas drogas de recreação produzem. Nem tudo é felicidade, no entanto, pois a ação prolongada dos neurotransmissores pode causar efeitos contraproducentes, como a tolerância sináptica, que acaba resultando em adicção. Certos medicamentos antidepressivos, por outro lado, bloqueiam mais especificamente a recaptação de serotonina no córtex cerebral. E, nos casos em que há carência de serotonina, como na depressão, ocorre um desfecho benéfico em otimizar o efeito desse neurotransmissor "em falta".

O segundo mecanismo de desligamento sináptico é o da degradação enzimática, utilizado em sinapses colinérgicas, aminérgicas, histaminérgicas e peptidérgicas. O exemplo mais conhecido é o da sinapse neuromuscular. Em suas dobras juncionais, a membrana basal contém uma enzima – a *acetilcolinesterase* – que degrada a acetilcolina em

---

* *Do inglês* positive feedback.

NEUROCIÊNCIA CELULAR

Neurociência em Movimento

Quadro 4.2
Ligados nos (Endo)Canabinoides

▶ Marilia Zaluar P. Guimarães* e Fabricio A. Pamplona**

O termo endocanabinoide deve-se à *Cannabis sp.*, popularmente conhecida como maconha. A planta produz substâncias canabinoides (ou fitocanabinoides) e o nosso organismo produz endocanabinoides, que fazem parte da nossa fisiologia e modulam funções semelhantes às ativadas pela maconha. Estruturalmente, os endocanabinoides e os fitocanabinoides possuem muitas diferenças, porém têm em comum a capacidade de ativar receptores presentes no nosso corpo, particularmente abundantes em sinapses do nosso cérebro. O principal deles é o CB1, responsável pela maioria dos efeitos psicotrópicos da planta. O CB1 já foi muito estudado em relação a diversas funções neurais, como memória, apetite, dor, estresse, termorregulação, entre outras. De fato, considera-se que seja o mais abundante entre os receptores ligados à proteína G no cérebro!

Num congresso científico em 2009, começou nossa colaboração (Figura 1). Na época, um de nós (Fabricio) estudava uma molécula também endógena que pensava ser um modulador alostérico do receptor CB1. Mas o que seria um modulador alostérico e por que isso é importante? Os ligantes endógenos que ativam os receptores sinápticos (e agonistas em geral) interagem com uma parte do receptor que chamamos sítio ortostérico. Mediante essa interação, os agonistas promovem as mudanças conformacionais que ativam o receptor. Já os moduladores alostéricos interagem com outra região do receptor e afetam a interação dele com os ligantes do sítio ortostérico. E essa era a hipótese de partida – de que a lipoxina A4 (LXA4) afetaria a interação do CB1 com endocanabinoides (Figura 2).

Essa "suspeita" vinha de evidências *in vivo* mostrando que LXA4 exercia efeitos semelhantes aos dos canabinoides, como redução da dor e da temperatura, prevenidos por um antagonista dos receptores CB1. Em experimentos de ligação específica (*binding*) em membranas de cérebro de camundongo, vimos que a ligação da LXA4 aos receptores CB1 era muito fraca, mas que a presença conjunta da anandamida aumentava o deslocamento da sonda radioativa. Também verificamos que o receptor da LXA4 não participava desses fenômenos e que ela não afetava a degradação de anandamida. Faltava alguma peça importante nesse quebra-cabeça farmacológico.

Na época, um de nós (Marilia) tinha implementado um modelo de expressão de receptores em ovócitos de *Xenopus*, uma rã africana. São células grandes com grande capacidade de produção de proteínas que geram uma resposta funcional muito significativa. Ao injetá-las com os RNAs que codificam o CB1 e o canal de potássio ativado por proteína G, podíamos medir a atividade do receptor canabinoide por registro eletrofisiológico. Então, aplicamos anandamida a essas células e observamos uma corrente de potássio, como seria esperado pela ativação do CB1. Já a LXA4 sozinha não fazia nada, mas, ao ser coaplicada com a anandamida, aumentava muito a corrente deflagrada por esse endocanabinoide! Isso confirmou a hipótese de que a LXA4 agiria diretamente no CB1, causando modulação alostérica e aumentando

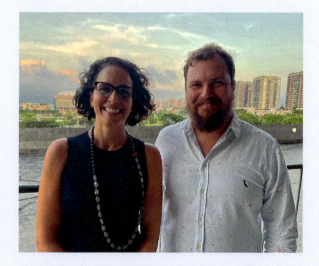

▶ **Figura 1** Marilia e Fabricio em 2022.

*Professora associada do Instituto de Ciências Biomédicas da UFRJ e Pesquisadora do Instituto D'Or de Pesquisa e Ensino. Correio eletrônico: mzpguima@gmail.com

** Professor convidado da Universidade Federal da Integração Latino-americana. Correio eletrônico fabriciopamplona@gmail.com

a atividade da anandamida. Revelou-se, então, que a sinalização endocanabinoide é ainda mais complexa, ou seja, que os efeitos da anandamida poderiam ser diferentes dependendo da quantidade de LXA4 presente. Na verdade, muito do que conhecemos como efeitos dos endocanabinoides pode dever-se a essa interação!

No futuro, talvez a LXA4 seja reconhecida como um tipo de coagonista do receptor CB1, só o tempo dirá. A novidade que descobrimos nos receptores canabinoides ocorre em outros receptores de neuromoduladores, e a modulação alostérica é, hoje, um tópico extremamente quente na farmacologia, pois pode representar uma maneira de realizar um "ajuste fino" da interação agonista-receptor.

duas moléculas diferentes, a colina e o acetato. Enquanto o acetato se difunde no meio extracelular para ser utilizado em diferentes vias bioquímicas, a colina é recaptada para o interior do terminal colinérgico por transportadores específicos e reutilizada na síntese de acetilcolina pela colina-acetiltransferase. Os peptídeos neuromoduladores, de ações sinápticas lentas e difusas, difundem-se lateralmente e são degradados por peptidases presentes no espaço extracelular, mas não localizadas especificamente nas sinapses. Além disso, os peptídeos não são recaptados, porque as membranas do neurônio, mesmo as dos grânulos de secreção, não possuem moléculas transportadoras específicas para eles. Essas características reforçam a natureza moduladora desses compostos.

INTEGRAÇÃO SINÁPTICA

Embora tenhamos descrito a transmissão sináptica individualmente, é fácil entender que a sinapse isolada é uma situação quase inexistente no sistema nervoso, sobretudo nos mamíferos superiores. Cada neurônio recebe sinapses de milhares de outros. Além disso, em cada sinapse muitas vezes operam vários mecanismos de transmissão e de modulação. Visto desse modo, recebendo sinapses de inúmeras regiões diferentes do sistema nervoso, o neurônio aparece como um verdadeiro computador, capaz de reunir potenciais sinápticos de diferentes origens e tipos, associá-los e só então elaborar uma resposta, um "pacote" de informações emitido por seu axônio. Essa computação de múltiplos sinais sinápticos chama-se *integração sináptica*.

▶ Cotransmissão e Coativação

Para compreender esse processo, vamos considerar um neurônio motor da medula espinhal[A], o mesmo que envia seu axônio ao músculo, encarregado de comandar a contração muscular por meio da sinapse neuromuscular que analisamos anteriormente. O motoneurônio está situado na ponta ventral da medula e apresenta abundante árvore dendrítica que se ramifica intensamente nas proximidades do corpo celular (Figura 4.17). A decisão de emitir potenciais de ação em direção ao músculo é tomada longe dos dendritos, na zona de disparo do axônio, a região de mais baixo limiar da membrana neuronal. Nessa região existe uma altíssima concentração de canais de Na^+ dependentes de voltagem. O corpo do motoneurônio é coberto por sinapses simétricas e assimétricas provenientes principalmente de interneurônios cujos somas se situam também dentro da medula. Por sua vez, os dendritos podem apresentar inúmeras espinhas, pequenos bastões curtos que emergem dos troncos dendríticos (veja como são as espinhas na Figura 3.8). Espinhas e troncos dendríticos do motoneurônio são também cobertos de sinapses assimétricas, provenientes de

▶ **Figura 2.** Esquema representando os achados do trabalho em relação à sinalização do CB1. No painel superior vê-se a ativação do CB1 na ausência da lipoxina A4 (LXA4). Neste caso, endocanabinoides como a anandamida ou fitocanabinoides ativam o receptor CB1, que por sua vez ativa a proteína G, que então ativa canais de potássio. Na presença da lipoxina (painel inferior) a ativação do CB1 pelos canabinoides é aumentada, causando um maior fluxo de potássio.

neurônios distantes, alguns deles sensitivos, situados nos gânglios espinhais adjacentes à medula, e outros motores, situados em diferentes níveis superiores do SNC.

Em cada momento da vida do indivíduo, esse motoneurônio deve "decidir" se dispara ou não potenciais de ação e que frequência deve empregar. Sua decisão definirá se a célula muscular que ele inerva vai se contrair ou não e em que medida. O motoneurônio deve tomar essa decisão em função do conjunto de informações que estiver recebendo das cerca de 10 mil sinapses que apresenta em sua membrana. Como ele consegue?

Suponhamos que em dado instante o músculo que o motoneurônio inerva recebe um estímulo qualquer – um toque que o estira levemente, por exemplo. O estímulo atinge as fibras sensitivas que se distribuem pelo tecido muscular e provoca nelas uma salva de PAs que são imediatamente conduzidos em direção à medula, onde terminam nas sinapses assimétricas existentes nas espinhas dendríticas. Já vimos que as sinapses assimétricas são excitatórias e, neste caso, empregam o glutamato como neurotransmissor. Se o estímulo for fraco e rápido, produzirá em poucas fibras sensitivas uma salva de PAs passageira e de baixa frequência, que será conduzida a poucas sinapses de nosso motoneurônio (Figura 4.18A). No SNC, o fator de segurança é geralmente baixo, o que significa que cada sinapse excitatória provoca a liberação de glutamato, a ativação dos receptores não-NMDA e uma despolarização pós-sináptica de poucos milivolts. Como o limiar da zona de disparo do motoneurônio está a cerca de 10-15 mV do potencial de repouso do soma, os receptores glutamatérgicos ativados não serão suficientes para disparar um só PA no motoneurônio.

Suponhamos agora que o estímulo se torne um pouco mais forte: o mesmo número de fibras sensitivas é atingido, mas cada uma delas produzirá uma salva de PAs de maior frequência (Figura 4.18B). O PPSE produzido em cada sinapse excitatória nas espinhas dendríticas é agora um pouco maior, já que desta vez há liberação de glutamato e glicina em maior quantidade, uma despolarização de maior amplitude e o recrutamento dos receptores NMDA pelo deslocamento dos íons Mg^{++} provocado pela alteração do potencial da membrana. A *cotransmissão* (utilização de dois neurotransmissores na mesma sinapse – neste caso glutamato e glicina) e a *coativação* de receptores diferentes (neste caso NMDA e não-NMDA) amplificam o potencial sináptico, e constituem tipos simples, mas eficazes, de integração sináptica.

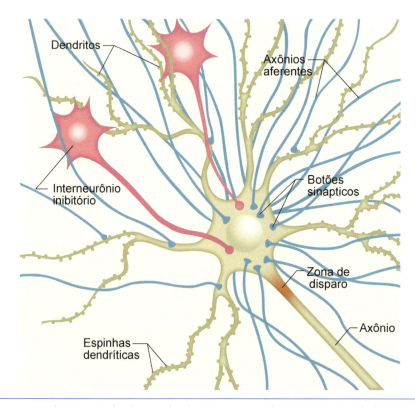

▶ **Figura 4.17.** Muitas vezes um neurônio tem que decidir se produzirá ou não potenciais de ação em sua zona de disparo. Faz isso com base nas informações que recebe de cerca de 10 mil sinapses de axônios aferentes vindos de neurônios longínquos ou de interneurônios situados nas proximidades, algumas excitatórias, outras inibitórias. A integração sináptica é justamente a computação de toda essa massa de informação, para definir como será a informação de saída do neurônio.

138

Os Chips Neurais

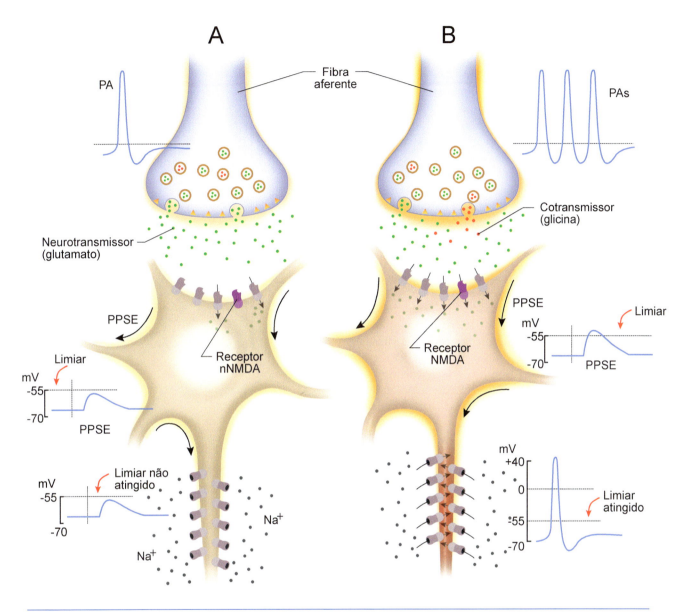

▶ **Figura 4.18.** A coativação é uma das formas de integração sináptica. **A** mostra a chegada de poucos potenciais de ação na fibra aferente (representados por apenas um PA), resultando na liberação de glutamato em pequena quantidade e assim um potencial pós-sináptico excitatório (PPSE) de baixa amplitude, insuficiente para atingir o limiar da zona de disparo. Em **B** ocorre a chegada de maior frequência de PAs, resultando na liberação de mais glutamato e também do cotransmissor glicina, o que provoca a ativação conjunta dos receptores nNMDA e dos receptores NMDA. Agora o PPSE é maior, atinge o limiar da zona de disparo, e provoca a gênese de alguns potenciais de ação no axônio.

Existem outros exemplos de cotransmissão no sistema nervoso, geralmente associando um neurotransmissor a um neuromodulador peptídico. A própria sinapse neuromuscular do motoneurônio pode ser lembrada a esse respeito, pois, além da ACh, libera um neuromodulador chamado *peptídeo relacionado com o gene da calcitonina* (conhecido pela sigla inglesa CGRP). O CGRP ativa a adenililciclase da célula muscular, e o AMPc sintetizado provoca o aumento da fosforilação enzimática de proteínas que participam da contração muscular. O resultado é o aumento da força de contração.

▶ **Interação entre Potenciais Sinápticos**

A força do estímulo incidente sobre o músculo, em nossa simulação, ainda não foi suficiente para provocar o aparecimento de muitos PAs no axônio de nosso motoneurônio hipotético (Figura 4.19A). Vamos então aumentá-la, tornando o estímulo ainda mais forte e duradouro. O resultado é uma salva de PAs de maior frequência nas fibras aferentes sensitivas (Figura 4.19B). Novamente, ocorrem liberação de glutamato e ativação dos receptores glutamatérgicos a cada PA que chega nos terminais sinápticos. Em cada vez, um pequeno PPSE aparece na membrana pós-sináptica. Cada um deles decai com um curso temporal característico da membrana daquele neurônio até o retorno ao potencial de repouso. Se, antes do retorno ao nível de repouso, ocorrer um outro PPSE, encontrará a membrana pós-sináptica ainda parcialmente despolarizada, e um PPSE maior resultará. Diz-se que houve, nesse caso, *somação temporal*. É comum a ocorrência de PPSEs sucessivos, com o aumento da frequência de PAs nas fibras sensitivas, consequente ao aumento da força do estímulo aplicada sobre o músculo. Um PPSE de maior amplitude, então, terá mais chance de se espalhar pelo soma e atingir o limiar da zona de disparo do axônio. É possível que, neste caso, haja a produção de PAs pelo motoneurônio, o que promoverá a contração do músculo estimulado.

Consideremos agora um aumento ainda maior da intensidade do estímulo aplicado no músculo (Figura 4.19C). Maior número de fibras é recrutado, resultando em maior número de sinapses excitatórias ativadas. Muitas dessas sinapses estão localizadas em espinhas dendríticas vizinhas. Em cada uma delas aparece um PPSE, e cada PPSE espalha-se pela membrana do dendrito e do soma neuronal. Se se tratasse de um só potencial, a distância entre as sinapses axodendríticas e a zona de disparo provocaria um decaimento da amplitude da despolarização, o que impediria que se atingisse o limiar de excitabilidade: não haveria PAs no axônio motor. O que ocorre, porém, é a *somação espacial* entre os PPSEs de sinapses vizinhas, porque cada um deles encontra a membrana ligeiramente despolarizada e a despolarização resultante é maior, permitindo a gênese de PAs na zona de disparo. Quando a ação sináptica excitatória é pequena, insuficiente para ativar o neurônio, diz-se que ele sofre *facilitação*, porque outros PPSEs poderão mais facilmente levar a membrana do segmento inicial do axônio ao limiar de disparo.

Até agora levamos em conta, em nossa simulação, apenas sinapses excitatórias, mas não podemos esquecer que os neurônios recebem também grande número de sinapses inibitórias, a maioria delas GABAérgicas e glicinérgicas. São as sinapses simétricas que predominam no corpo celular. Suponhamos, então, que é preciso impedir a contração muscular, apesar do estímulo aplicado sobre o músculo. Digamos que, se o músculo se contrair fortemente, o indivíduo perderá o equilíbrio e cairá. Regiões motoras supramedulares são então mobilizadas e enviam fortes salvas de PAs que trafegam por fibras inibitórias descendentes medula abaixo até o soma do nosso motoneurônio (Figura 4.20). Ao mesmo tempo, o estímulo no músculo terá provocado as salvas de PAs nas fibras sensitivas, que terão ativado os receptores glutamatérgicos já mencionados.

Os PPSEs somados espalham-se pelos dendritos, mas, quando chegam ao soma, enfrentam a ação das sinapses inibitórias glicinérgicas ali presentes: um forte fluxo de Cl⁻

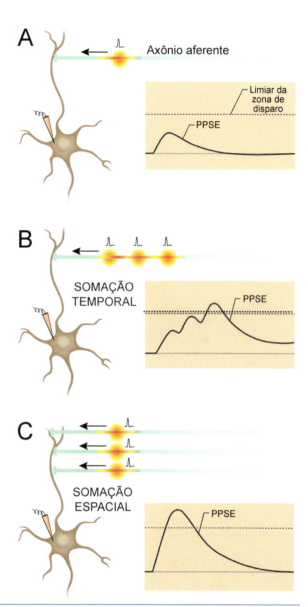

▸ **Figura 4.19.** A integração sináptica pode-se dar por somação temporal e/ou espacial. Em **A**, o potencial pós-sináptico excitatório (PPSE) é insuficiente para atingir o limiar da zona de disparo do neurônio. Em **B**, como a frequência de PAs é mais alta, os PPSEs somam-se e já atingem o limiar: o PPSE final resulta da soma algébrica dos PPSEs subsequentes na mesma sinapse (somação temporal). Em **C**, somam-se os PPSEs de sinapses próximas, produzindo um PPSE resultante de amplitude superior ao limiar da zona de disparo (somação espacial). Modificado de Bear M. et al. *Neuroscience: Exploring the Brain*. 3ª. ed. Lippincott Williams & Wilkins, EUA, 2007.

que pode resultar em um PPSI, ou seja, hiperpolarização da membrana pós-sináptica. Ocorre novamente somação espacial, só que de potenciais com sinais opostos. Trata-se de uma soma algébrica, portanto o resultado final pode ser apenas uma ligeira despolarização, insuficiente para atingir o limiar da zona de disparo. Houve, então, o bloqueio da informação motora que emergiria pelo axônio do motoneurônio.

Os Chips Neurais

▶ **Figura 4.20.** A integração de sinapses excitatórias e inibitórias (**A**) produz na zona de disparo do neurônio um potencial pós-sináptico resultante (**B**) que representa a soma algébrica dos PPSEs e PPSIs provocados pelas várias fibras aferentes. Modificado de Bear M. et al. *Neuroscience*: Exploring the Brain. 3ª. ed.. Lippincott Williams & Wilkins, EUA, 2007.

▶ A Topografia Sináptica

Podemos imaginar a complexidade do trabalho do neurônio se pensarmos que a cada momento entram em ação, simultaneamente, milhares de sinapses. Mais ainda se imaginarmos que, na medula, existem milhares de motoneurônios! Muitas dessas sinapses são excitatórias, outras tantas são inibitórias. Em cada pequena região da membrana dos dendritos e do soma estarão ocorrendo processos integrativos como os descritos anteriormente, e o resultado final da computação efetuada a cada momento leva o segmento inicial do axônio a "decidir" os parâmetros de sua atividade.

Ainda há, todavia, outro fator que deve ser levado em conta. A influência das sinapses depende de sua posição na "arquitetura" do neurônio. É fácil compreender. Uma sinapse excitatória situada na ponta de um dendrito precisa produzir um PPSE de grande amplitude para, ao menos, facilitar a zona de disparo, porque o espalhamento da despolarização pós-sináptica é passivo* e, portanto, decai em amplitude com a distância. Evidentemente, o problema é ainda maior quando o dendrito é longo. O oposto também é verdadeiro: uma sinapse situada no soma tem grande possibilidade de influenciar a zona de disparo devido à sua proximidade dela. É por isso que as sinapses inibitórias tendem a se localizar estrategicamente no corpo dos neurônios. Esta posição confere-lhes um alto poder de controle sobre a atividade neuronal.

Outra posição estratégica para a ação sináptica é o terminal. Sinapses axoaxônicas situadas no terminal sináptico controlam o nível de despolarização da membrana pré-sináptica. Ao chegarem ao terminal, os PAs podem encontrar uma membrana mais despolarizada: nesse caso, será maior a quantidade de neuromediador liberada na fenda. Ao contrário, podem encontrar uma membrana inibida: a liberação de neuromediador estará diminuída, ou mesmo bloqueada.

Essas diferenças de eficácia determinadas pela topografia sináptica são aproveitadas em muitos circuitos sinápticos do sistema nervoso. Por exemplo, no cerebelo[A], as células de Purkinje desta região rombencefálica possuem uma árvore dendrítica plana, mas muito densa (Figura 12.20), que se estende em direção à pia-máter. Um conjunto de fibras excitatórias provenientes de outras células cerebelares – as fibras paralelas – passa em grande número como fios elétricos passam pelos postes, fazendo sinapses com as extremidades dos dendritos. Outro conjunto de fibras excitatórias – as fibras trepadeiras – atinge o tronco dendrítico de baixo para cima e enrola-se pelos dendritos ao longo de seu comprimento. Em parte por sua arquitetura topográfica, as sinapses das fibras trepadeiras provocam fortíssimos PPSEs nas células de Purkinje, secundados por potenciais menos expressivos das sinapses das fibras paralelas. O resultado é o disparo de PAs no segmento inicial. Mas não é só isso: há sinapses inibitórias de grande eficácia posicionadas no soma da célula de Purkinje, constituindo intrincados emaranhados em forma de cesta em torno do corpo celular e limitando a frequência de disparo do segmento inicial.

Arranjo semelhante existe no córtex cerebral. As células piramidais possuem longos dendritos apicais que se estendem até próximo à pia-máter, além de dendritos basais que arborizam nos arredores do soma. As sinapses excitatórias concentram-se no tronco e nos ramos dendríticos, especialmente dos apicais, enquanto o soma recebe grande número de sinapses inibitórias, controladoras da saída final de informação pelo axônio.

---

* *Enquanto o potencial de ação não apresenta esse problema de decaimento por ser autorregenerativo (uma "explosão" a cada ponto da membrana, lembra?), os potenciais sinápticos são eletrotônicos, por isso vão perdendo energia (intensidade, voltagem) à medida que se distanciam da origem.*

141

▶ As Redes Sinápticas

Como já mencionamos, embora as sinapses tenham sido tratadas individualmente neste capítulo, para melhor explicar de que modo se dá a transmissão da informação entre elas não se pode perder de vista que as milhares de sinapses em cada mínimo volume de tecido neural se articulam de modo extremamente organizado, formando as *redes sinápticas*. Essas redes, também referidas como microcircuitos neurais, representam presentemente um importante foco de pesquisa em todo o mundo. Vários (e ambiciosos) projetos internacionais* tencionam conhecer em detalhe a arquitetura das redes sinápticas. Seu alvo de investigação é, por exemplo, desvendar todos os circuitos existentes dentro de uma coluna do córtex cerebral de ratos. Os pesquisadores já conseguem determinar o número de neurônios dentro de cada coluna, seus tipos e subtipos morfológicos e funcionais, bem como a correspondência entre eles. Por consequência, tentam identificar quais subtipos se conectam com quais outros dentro da coluna e que operações computacionais realizam por meio de suas conexões sinápticas.

Para se ter uma ideia da magnitude desse trabalho, o grupo de pesquisadores do Projeto Cérebro Azul conseguiu identificar cerca de 70 morfotipos de neurônios em cada coluna, reconstruindo em 3D sua morfologia dendrítica e axônica. Além disso, determinaram as características eletrofisiológicas de cada um deles: se disparam frequências constantes de potenciais de ação, frequências crescentes ou decrescentes, frequências aleatórias e outras características. Foram determinados, então, mais de 200 subtipos morfofuncionais, ou seja, neurônios com certas características morfológicas que disparam impulsos de modo definido e típico. Levantando a conectividade sináptica entre eles, podem agora simular digitalmente a troca e o processamento de informação entre eles, o que levou a prever matematicamente o número espantoso de 8 milhões de conexões sinápticas ativas em um único microcircuito desse tipo no córtex cerebral do rato (Figura 4.21).

A complexidade do processamento que ocorre dinamicamente ao longo do tempo nas redes sinápticas pode ser avaliada pelo seguinte exemplo. Imagine um único neurônio com suas 10 mil sinapses. Suponha que ele se encontra no seu córtex visual. Como você já sabe, algumas dessas sinapses são excitatórias, outras são inibitórias e, ainda outras, moduladoras. Você está distraído lendo e, em um determinado momento, seu irmão liga a TV para

▶ **Figura 4.21.** A reconstrução feita pelo Projeto Cérebro Azul, em um pequeno segmento do cérebro do rato, permite ter uma ideia da complexidade gigantesca das conexões cerebrais. Trata-se aqui apenas dos neurônios inibitórios, coloridos de acordo com suas especificidades funcionais de disparo de potenciais de ação. Modificado de Markram H, et al. *Cell.* 2015;163:456-492.

assistir a algum programa. Nesse momento, o neurônio do exemplo poderá ser "bombardeado" pelas sinapses excitatórias que trazem a imagem da TV, mas também pelas que trazem a informação que vem do livro. O que fazer? Você só conseguirá continuar a ler (e o seu neurônio a veicular para outras áreas corticais a informação correspondente) se predominar, naquele neurônio, a atividade das sinapses excitatórias provenientes da imagem retiniana do livro, e não da periferia visual onde se encontra a TV. Entram em cena as sinapses inibitórias, tentando interromper ou diminuir a influência da TV: o equilíbrio tem que ser favorável ao livro! Só se isso for obtido, a zona de disparo do axônio continuará a gerar potenciais de ação produzidos pela leitura.

Agora multiplique o único neurônio do exemplo por outros milhares – ou milhões – que participam da leitura via centro da retina e da visão periférica que capta todo o

---

* *O Projeto Cérebro Azul é conduzido na Suíça, e talvez seja o mais focado nos microcircuitos. Outros existem na União Europeia (Projeto Cérebro Humano), nos Estados Unidos (Projeto B.R.A.I.N.) e em consórcios de diversos países (Projeto Conectoma Humano), mais voltados para o estudo de circuitos determinados por técnicas de neuroimagem.*

campo visual, inclusive a TV. E leve em conta que todos eles recebem sinapses não apenas da visão, mas provenientes de regiões emocionais (detesto esse programa de TV!), sensoriais (o som está muito alto!), motoras (mantenha o relaxamento!) etc. etc. etc.... E mais: considere que esse exemplo foi dado para um segundo "congelado" de tempo, mas na vida real tudo ocorre em fluxo contínuo.

Vista assim, a tarefa das redes sinápticas soa impossível, não fosse a constatação de que somos realmente capazes de realizar essas funções continuamente em toda nossa vida.

Glossário

Agonista: substância que ativa o receptor de um determinado neurotransmissor.

Amplitude: grandeza que mede o tamanho de um potencial, avaliando, portanto, a quantidade de energia elétrica nele contida.

Antagonista: substância que inibe ou impede a ação de um determinado neurotransmissor.

Código digital: sistema de representação simbólica no qual o sinal (símbolo) é invariável e a representação das quantidades é obtida pela frequência de sua ocorrência.

Código analógico: sistema de representação simbólica no qual o sinal (símbolo) é variável e a representação das quantidades é obtida pela sua amplitude, isto é, o seu tamanho.

Doença autoimune: doença causada pela produção de anticorpos contra proteínas do próprio indivíduo, provocando interferência nas funções que elas desempenham normalmente.

Frequência: grandeza que mede o número de eventos que ocorrem durante um certo tempo. A frequência de PAs, por exemplo, é expressa como o número de PAs que passa na membrana por segundo.

Ligante: molécula de pequeno tamanho que se liga a outra maior durante reações bioquímicas de grande especificidade. Aplica-se a neurotransmissores, hormônios, substratos enzimáticos, medicamentos e outras substâncias.

Limiar: potencial da membrana a partir do qual uma despolarização provoca a deflagração de um potencial de ação. É mais baixo na zona de disparo do axônio, o que torna mais fácil e frequente a ocorrência de PAs nessa região.

Miastenia grave: doença na qual o organismo produz anticorpos contra o receptor colinérgico nicotínico, provocando falhas na transmissão neuromuscular que resultam em fraqueza muscular crescente, que pode levar à morte por parada respiratória.

pH: grandeza logarítmica que expressa a concentração de íons hidrogênio (H^+) em uma solução.

Proteínas integrais da membrana: moléculas proteicas que flutuam dentro da bicamada lipídica que constitui a membrana celular. Além das regiões imersas na bicamada, podem possuir um domínio citoplasmático, um domínio extracelular, ou ambos.

Quantum: unidade natural de energia, carga ou outra propriedade física.

Sincício: conjunto de núcleos celulares imersos no mesmo citoplasma, dentro de um mesmo envelope de membrana. As células musculares esqueléticas são sinciciais.

Ultraestrutura: aquela que só pode ser vista ao microscópio eletrônico, já que suas pequenas dimensões ultrapassam a resolução do microscópio óptico.

Leia Mais

▶ Leitura Básica

Bear MF, Connors BW, Paradiso MA. *Neurociência – Desvendando o Sistema Nervoso.* 4a ed. trad. Porto Alegre: Artmed, 2017. p. 109-142. Texto didático que abrange os mecanismos da transmissão sináptica.

Bear MF, Connors BW, Paradiso MA. *Neurociência – Desvendando o Sistema Nervoso.* 4a ed. trad. Porto Alegre: Artmed, 2017. p. 143-178. Texto que resume os conceitos básicos da farmacologia dos neurotransmissores.

Siegelbaum SA, Kandel ER. *Princípios de Neurociências.* 5ª ed. trad. Porto Alegre: McGraw-Hill-Artmed, 2014. p. 157-167. Texto resumido sobre os aspectos gerais das funções sinápticas.

Siegelbaum SA, Kandel ER, Yuste R. *Princípios de Neurociências.* 5ª ed. trad. Porto Alegre: McGraw-Hill-Artmed, 2014. p. 186-208. Texto descritivo das interações entre sinapses excitatórias e inibitórias.

Siegelbaum SA, Kandel ER, Südhof TC. *Princípios de Neurociências.* 5ª ed. trad. Porto Alegre: McGraw-Hill-Artmed, 2014. p. 230-255. Texto aprofundado sobre os mecanismos moleculares da neurotransmissão química.

▶ Leitura Complementar

Clássicos

Langley JN. On nerve endings and on special excitable substances in cells. *Proceedings of the Royal Society of London (Series B, Biological Sciences).* 1906;78:170-194.

Dale H. Pharmacology and nerve-endings. *Proceedings of the Royal Society of Medicine.* 1935;28:319-332.

Fatt P, Katz B. An analysis of the end-plate potential recorded with an intracellular electrode. *Journal of Physiology.* 1951;115:320-370.

Palay SL. The morphology of synapses in the central nervous system. *Experimental Cell Research.* 1958;5(Suppl.):275-293.

Furshpan EJ, Potter DD. Transmission at the giant motor synapses of the crayfish. *Journal of Physiology.* 1959;145:289-325.

Sakmann B. Elementary steps in synaptic transmission revealed by currents through single ion channels. *Neuron.* 1992;8:613-629.

Hille B. Modulation of ion-channel function by G-protein--coupled receptors. *Trends in Neuroscience.* 1994;17:531-536.

Bennett MV. Gap junctions as electrical synapses. *Journal of Neurocytology.* 1997;26:349-366.

Magee JC. Dendritic integration of excitatory synaptic input. *Nature Neuroscience Reviews.* 2000;1:181-190.

Haydon PG. Glia: listening and talking to the synapse. *Nature Neuroscience Reviews.* 2001;2:185-193.

Vautrin J, Barker JL. Presynaptic quantal plasticity: Katz's original hypothesis revisited. *Synapse.* 2003;47:184-199.

Recentes

Pamplona FA, Ferreira J, Menezes de Lima O, Duarte FS, Bento AF, Forner S, et al. Anti-inflammatory lipoxin A4 is an endogenous allosteric enhancer of CB1 cannabinoid receptor. *Proceedings of the National Academy of Sciences USA.* 2012;109:21134-21139.

Markram H, Muller E, Ramaswamy S, Reimann MW, et al. Reconstruction and simulation of neocortical microcircuitry. *Cell.* 2015;163:456-492.

Harris AL. Electrical coupling and its channels. *Journal of General Physiology.* 2018;150:1606-1639.

Farhy-Tselnicker, Allen NJ. Astrocytes, neurons, synapses: a tripartite view on cortical circuit development. *Neural Development.* 2018;13:7

Ishibashi M, Egawa K, Fukuda A. Diverse actions of astrocytes in GABAergic signaling. *International Journal of Molecular Sciences.* 2019;20:2964.

Popova NK, Kulikov AV, Naumenko VS. Spaceflight and brain plasticity: Spaceflight effects on regional expression of neurotransmitter systems and neurotrophic factor encoding genes. *Neuroscience and Biobehavioral Reviews.* 2020;119:396-405.

Kim J-H, Marton J, Ametamey SM, Cumming P. A review of molecular imaging of glutamate receptors. *Molecules.* 2020;25:4749.

Sabatini BL, Tian L. Imaging neurotransmitter and neuromodulator dynamics in vivo with genetically encoded indicators. *Neuron.* 2020;108:17-32.

Okabe S. Regulation of actin dynamics in dendritic spines: nanostructure, molecular mobility, and signaling mechanisms. *Molecular and Cellular Neurosciences.* 2020;109:103564.

Runge P, Cardoso C, de Chevigny A. Dendritic spine plasticity: Function and mechanisms. *Frontiers in Synaptic Neuroscience.* 2020;12:36.

Agostinho P, Madeira D, Dias L, Simões AP, Cunha RA, Canas PM. Purinergic signaling orchestrating neuron-glia communication. *Pharmacological Research.* 2020;105253.

Sanderson TM, Georgiou J, Collingridge GL, Illuminating relationships between the pre- and post-synapse. Frontiers in Neural Circuits. 2020;14:9.

Giaume C, Naus CC, Saez JC, Leybaert L. Glial connexins and pannexins in the healthy and diseased brain. *Physiological Reviews.* 2021;101:93-145.

5

Os Neurônios se Transformam
Bases Biológicas da Neuroplasticidade

Árvore, de Antonio Henrique Amaral (1991), óleo sobre tela

Saber o Principal

Resumo

As células do sistema nervoso não são imutáveis, como se pensava há algum tempo. Muito ao contrário, são dotadas de plasticidade. Isto significa que os neurônios podem modificar, de modo permanente ou pelo menos prolongado, a sua função e a sua forma em resposta a ações do ambiente externo. A plasticidade é maior durante o desenvolvimento e declina gradativamente, sem se extinguir, na vida adulta. Manifesta-se de várias formas: regenerativa, axônica, sináptica, dendrítica, somática, sistêmica e até transpessoal.

A regeneração consiste no recrescimento de axônios lesados. Ela é forte no sistema nervoso periférico, facilitada pelas células não neurais que compõem o microambiente dos tecidos do corpo, mas no sistema nervoso central é bloqueada pelas células gliais que produzem a mielina (os oligodendrócitos) e também pelos astrócitos, que produzem moléculas de diversos tipos capazes de inibir o crescimento dos axônios.

Os axônios podem reorientar os seus trajetos durante o desenvolvimento, e os terminais axônicos, reorganizar sua distribuição em resposta a diferentes estímulos ambientais. Trata-se da plasticidade axônica, máxima durante os períodos críticos do desenvolvimento, mas que parece ocorrer também, de modo limitado, na vida adulta. A plasticidade sináptica tem atraído grande interesse dos neurocientistas, pois pode ser a base celular e molecular de certos tipos de memória das pessoas adultas, e consiste no aumento ou na diminuição, prolongado(a) ou permanente, da eficácia da transmissão sináptica, podendo resultar na estabilização das sinapses existentes e, até mesmo, na formação de novas sinapses.

Os dendritos de neurônios sadios podem também reorganizar sua morfologia em resposta a estímulos ambientais. Essa é a plasticidade dendrítica, máxima durante os períodos críticos do desenvolvimento, que se manifesta nos troncos, ramos e espinhas dendríticas. Nos adultos, a plasticidade dendrítica parece se restringir às espinhas dendríticas, sede estrutural da plasticidade sináptica.

Pode-se considerar que a plasticidade somática seja a capacidade de regular a proliferação ou a morte de células nervosas. Nos mamíferos, somente o SNC embrionário é dotado de capacidade proliferativa, no entanto há regiões restritas do SNC adulto que mantêm a capacidade de proliferação, sendo esse fenômeno possivelmente um mecanismo adicional de plasticidade adulta.

No nível dos circuitos e redes cerebrais, pode haver extensa plasticidade em crianças e adultos, responsável pelo desenvolvimento de algumas funções mais que outras, sobretudo em resposta a treinamentos específicos e à educação em geral. A educação estruturada que maximiza a interação psicofisiológica entre pessoas (professor e alunos, por exemplo) pode ser considerada um exemplo de plasticidade transpessoal.

Um indivíduo dirige seu automóvel pela rua de uma grande cidade em um dia comum de semana. De repente, perde a direção e choca-se violentamente contra um muro. O motorista, sem ter o cinto de segurança afivelado, sofre fratura de crânio e perda de tecido cerebral. Seguem-se prolongado coma, lenta recuperação no hospital com a gradativa, mas incompleta, restauração das funções atingidas. Outro indivíduo presencia o fato. A visão do acidente impressiona-o fortemente, ao verificar os ferimentos do motorista. Nunca mais esquece o que viu. Um terceiro indivíduo lê no jornal que os cintos de segurança efetivamente protegem os motoristas, convence-se do que lê e passa a usá-lo.

O que haveria de semelhante nas três situações? Em cada caso, o ambiente externo influiu sobre o sistema nervoso de diferentes maneiras e com diferentes intensidades. No motorista vitimado, o acidente provocou uma lesão no cérebro. Na testemunha, a visão do acidente provocou uma forte impressão emocional, mas nenhum dano material ocorreu em seu cérebro. E o leitor do jornal simplesmente absorveu informações obtidas pela leitura e modificou seu comportamento de acordo com o que leu. Os cérebros desses três indivíduos responderam ao ambiente. Que terá ocorrido neles? De que modo se modificaram? Terá havido alterações identificáveis em seus neurônios?

A capacidade de adaptação do sistema nervoso, especialmente a dos neurônios, às mudanças nas condições do ambiente que ocorrem no dia a dia da vida dos indivíduos chama-se *neuroplasticidade*, ou simplesmente plasticidade, um conceito amplo que se estende desde a resposta a lesões traumáticas destrutivas até as sutis alterações resultantes dos processos de aprendizagem e memória. Toda vez que alguma forma de energia proveniente do ambiente de algum modo incide sobre o sistema nervoso, deixa nele alguma marca, isto é, modifica-o de alguma maneira. E como isso ocorre em todos os momentos da vida, a neuroplasticidade é uma característica marcante e constante da função neural.

▶ Os Tipos e Características da Neuroplasticidade

Uma primeira constatação que os neurocientistas fizeram a respeito da neuroplasticidade é que o seu grau varia com a idade do indivíduo. Durante o desenvolvimento ontogenético, o sistema nervoso é mais plástico, o que faz sentido, uma vez que o desenvolvimento é justamente a fase da vida do indivíduo em que tudo se constrói, tudo se molda de acordo com as informações do genoma e as influências do ambiente. Mesmo durante o desenvolvimento, há fases de maior plasticidade denominadas *períodos críticos*, nas quais o sistema nervoso do indivíduo é mais suscetível a transformações provocadas pelo ambiente externo. Depois que o organismo ultrapassa o desenvolvimento e atinge a maturidade, sua capacidade plástica diminui, ou pelo menos se modifica. Isso leva a concluir, então, que a plasticidade ontogenética difere da plasticidade adulta, sendo ambas os dois grandes tipos de manifestação dessa propriedade geral do sistema nervoso (Tabela 5.1). A plasticidade ontogenética confunde-se com o próprio desenvolvimento, pois seus mecanismos celulares são semelhantes aos mecanismos do desenvolvimento normal. Outros processos podem entrar em ação na plasticidade adulta, embora se saiba que em alguns casos ocorre uma reativação da expressão dos genes do desenvolvimento.

Quando falamos, entretanto, de modificações provocadas pelo ambiente, de que exatamente estamos falando? O que ocorre no sistema nervoso? Como ele se modifica? Eis aí uma questão que impressionou também, desde sempre, os neurocientistas que se dedicaram a estudar o assunto. Eles constataram que, em alguns casos, é possível identificar mudanças morfológicas resultantes das alterações ambientais: uma plasticidade morfológica (Tabela 5.1). São novos neurônios gerados numa dada região, outros que desaparecem por morte celular programada. São também novos circuitos neurais que se formam pela alteração do trajeto de fibras nervosas, uma nova configuração da árvore dendrítica do neurônio, ou modificações no número e na forma das sinapses e das espinhas dendríticas[G]. Em outros casos, no entanto, só foi possível identificar correlatos funcionais, sem alterações morfológicas evidentes: fala-se, então, em plasticidade funcional, geralmente ligada à atividade sináptica de um determinado circuito ou grupo de neurônios. Finalmente, é preciso considerar que essas mudanças estruturais e funcionais do sistema nervoso produzem efeitos no comportamento e no desempenho psicológico do indivíduo, o que obriga a admitir também uma plasticidade comportamental.

_____

[G] *Termo encontrado no glossário ao final do capítulo.*

NEUROCIÊNCIA CELULAR

Tabela 5.1. Tipos e Características da Neuroplasticidade

Segundo a Idade	Segundo a Manifestação	Segundo o Alvo	Segundo o Fenômeno Observado
Plasticidade ontogenética	Morfológica	Somática	Neurogênese, morte celular programada
		Axônica	Regeneração de fibras lesadas
			Brotamento e poda de fibras nervosas
			Regulação da mielinização
		Dendrítica	Ramificação dendrítica e brotamento de espinhas
		Sináptica	Sinaptogênese e poda sináptica
	Funcional	Neuronal	Parâmetros de atividade neuronal
		Sináptica	Fortalecimento e consolidação sináptica
	Comportamental	—	Aprendizagem, memória
Plasticidade adulta	Morfológica	Somática	Neurogênese, morte celular
		Axônica	Regeneração de fibras lesadas apenas no SNP
			Brotamento de terminais axônicos
		Dendrítica	Formação e desaparecimento de espinhas
		Sináptica	Formação e eliminação de sinapses
	Funcional	Sináptica	Habituação, sensibilização, LTP, LTD e outras
	Comportamental	—	Aprendizagem, memória

REGENERAÇÃO E RESTAURAÇÃO FUNCIONAL

Quando se fala em regeneração, geralmente se pensa em proliferação celular e recomposição do tecido lesado. É o que ocorre na maioria dos tecidos do organismo, que dispõem de um estoque de células-tronco capazes de proliferar e gerar os tipos celulares deficitários. O Capítulo 2 nos mostra, porém, que a capacidade proliferativa dos neurônios se esgota muito precocemente durante o desenvolvimento, com exceção de algumas regiões restritas do sistema nervoso central, que mantêm células-tronco capazes de proliferar durante a vida adulta. Mesmo nessas regiões que apresentam neurogênese adulta, no entanto, é limitada a possibilidade de reposição numérica da população neuronal quando ocorre uma lesão. Portanto, a perda de tecido neural após a fase proliferativa embrionária não resulta em retomada da proliferação, e qualquer resposta plástica depende dos neurônios sobreviventes e é de outra natureza. Quando um insulto ambiental incide sobre o tecido nervoso, pode atingir muitas células, mas não necessariamente todas, nem de forma idêntica. Entre as atingidas, as que tiverem o corpo celular lesado provavelmente morrerão, mas as que tiverem apenas os prolongamentos danificados podem regenerá-los. A regeneração neural, assim, deve ser vista como a capacidade de regeneração das populações neuronais cujos prolongamentos são atingidos por um insulto ambiental e consiste no recrescimento desses prolongamentos possibilitando a restauração – ainda que parcial – do circuito danificado.

▶ Regeneração Axônica Periférica: uma História de Sucesso

Há muito se sabe que os nervos periféricos lesados são suscetíveis de regeneração. A imprensa frequentemente veicula notícias sobre o reimplante de dedos ou membros amputados e descreve o trabalho do cirurgião reconectando vasos sanguíneos e nervos para que restabeleçam a vascularização e a inervação da parte reimplantada. Uma história de (relativo) sucesso.

De fato, as fibras nervosas do SNP são alvo frequente de lesões traumáticas, porque sua distribuição cobre toda a extensão do organismo. Quando ocorre um traumatismo, as fibras nervosas que constituem os nervos podem ser esmagadas sem que o nervo seja interrompido ou, então, completamente cortadas, quando há transecção do nervo. No primeiro caso, a regeneração é quase sempre bem-sucedida, havendo reinervação da região-alvo e apreciável recuperação funcional. No segundo, entretanto, a regeneração só ocorrerá sob intervenção médica, se um cirurgião conseguir

148

Os Neurônios se Transformam

unir as extremidades separadas do nervo para que as fibras regenerantes reencontrem os seus alvos e restabelecer as funções perdidas.

O que acontece quando há lesão? Como reagem os diferentes constituintes do neurônio lesado?

Nos indivíduos adultos, muitos corpos celulares geralmente sobrevivem à transecção do axônio. Isso é verdade tanto para os neurônios sensitivos, situados nos gânglios espinhais ao lado da coluna vertebral, quanto para os motores, localizados no corno ventral da medula. A sobrevivência do soma é fundamental, porque ocorrem sob seu comando os fenômenos que resultarão em recrescimento axônico, baseados na reexpressão de genes do desenvolvimento que normalmente têm sua ação interrompida no adulto. Outro aspecto essencial ao sucesso da regeneração axônica dos nervos periféricos é a existência de um microambiente propício ao crescimento axônico nas redondezas das fibras nervosas.

A lesão do nervo periférico geralmente envolve fibras mielinizadas e fibras não mielinizadas. A interrupção do axônio separa-o em dois cotos (Figura 5.1A): o coto distal[G], situado entre a lesão e o alvo denervado (um músculo, por exemplo), e o coto proximal[G], que permanece conectado ao corpo celular. O coto distal do axônio degenera, fragmentando-se gradualmente em pedaços menores (Figura 5.1B), talvez pela interrupção do aporte energético proveniente do soma, ou mesmo por ação de fatores intrínsecos ao próprio axônio. A mielina se desorganiza e também se fragmenta. Os produtos da degeneração do coto distal – tanto do axônio quanto da mielina – são então rapidamente removidos por células de Schwann e por macrófagos provenientes da corrente sanguínea. Ao mesmo tempo, as células de Schwann começam a proliferar em torno das estruturas em degeneração e posteriormente se tornam capazes de fabricar nova mielina (Figura 5.1C). Além disso, tanto elas quanto os macrófagos começam a sintetizar fatores neurotróficos e outras moléculas que se difundem nas redondezas, estimulando o crescimento do axônio lesado. Produzem também moléculas que irão compor a matriz extracelular, como a laminina, a fibronectina e outras, todas muito propícias ao crescimento do novo axônio.

O lado proximal da lesão também apresenta alterações morfológicas. No soma, à distância, aparecem sinais transitórios de sofrimento e regeneração, com alterações da substância de Nissl (o retículo endoplasmático rugoso do neurônio), que fica fragmentada e rarefeita, tornando o neurônio mais claro e cheio de vacúolos. Os patologistas conhecem esse fenômeno como cromatólise (Figura 5.1B). Logo o corpo celular se recupera e, em algumas horas, volta a apresentar uma morfologia normal. Inicia-se, então, um programa de expressão gênica semelhante ao que ocorre durante o desenvolvimento, e a maquinaria de síntese proteica recomeça a funcionar, agora com maior intensidade sob estímulo dos fatores neurotróficos secretados pelas células de Schwann. Isso permite gerar novos componentes de membrana para recompor o trajeto do axônio lesado, assim como organelas e estruturas do citoesqueleto do novo axônio. O coto proximal, então, não degenera. Ao contrário:

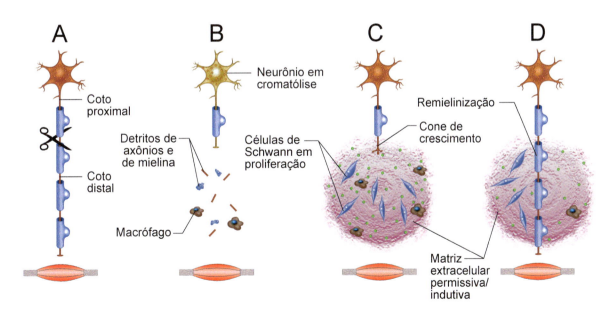

▶ **Figura 5.1.** Quando um axônio do SNP é cortado (**A**), pode ocorrer regeneração. Neste caso, o coto distal e a sua bainha de mielina degeneram, mas o coto proximal sobrevive, embora ocorram sinais de sofrimento (cromatólise) do corpo celular (**B**). Células do sangue invadem o tecido e provocam a proliferação de novas células de Schwann (**C**). Com a produção de matriz extracelular favorável ao crescimento axônico, forma-se um cone de crescimento na ponta do coto proximal, que se move em direção ao alvo, restabelecendo a conexão (**D**). O novo axônio é então remielinizado pelas novas células de Schwann. Modificado de Bähr M, Bonhoeffer F. *Trends in Neuroscience*. 1994;17:473-479.

149

a membrana lesada solda-se imediatamente e a ponta do coto logo se transforma em um cone de crescimento (Figura 5.1C), como nos estágios ontogenéticos precoces.

Para o cone de crescimento, um problema logo se coloca: como encontrar o rumo certo de crescimento e reinervar exatamente o alvo denervado? Os axônios lesados facilmente encontrarão os alvos se a lesão tiver ocorrido próximo a eles (Figura 5.1D). Quando a lesão ocorre à distância dos alvos, sem que haja interrupção completa do nervo, a estrutura degenerada do coto distal fornece um arcabouço para o crescimento regenerativo. Assim, os axônios regenerantes acabam por encontrar os seus alvos seguindo os fragmentos do coto distal degenerado e, ao final, formam sinapses funcionais capazes de restabelecer a função perdida. A regeneração se frustra, no entanto, quando a lesão do nervo é completa e distante dos alvos. Neste caso, os cones de crescimento dos axônios regenerantes perdem-se pelo caminho.

Geralmente, na prática médica, quando há lesão completa de um tronco nervoso calibroso, os cirurgiões aproveitam o coto distal e unem-no ao coto proximal com pontos de sutura no tecido conjuntivo envolvente, ou com minitubos que fornecem artificialmente ao coto proximal a estrutura-guia para o crescimento regenerativo dos axônios lesados. De forma experimental, estuda-se como estimular a regeneração utilizando diferentes substâncias e também células-tronco. Essa é uma linha de pesquisa de extrema importância para a medicina. Nas proximidades do alvo, as fibras regenerantes sensitivas restabelecem suas terminações receptoras e os axônios motores reconectam-se às células musculares, formando sinapses funcionantes.

▶ Regeneração Axônica Central: Inexistente ou Bloqueada?

A história de sucesso da plasticidade regenerativa das fibras nervosas periféricas não se repete no caso dos axônios do SNC, e essa diferença marcante constituiu um grande enigma desde os primeiros tempos da neurobiologia, que só agora começa a ser decifrado. A regeneração central inexiste ou é bloqueada por algum fator desconhecido?

Os primeiros observadores perceberam diferenças importantes entre os dois sistemas quanto a seu potencial regenerativo. Ao contrário do SNP, a lesão de axônios centrais provoca a morte de muitos dos neurônios atingidos. Os que sobrevivem, no entanto, não conseguem produzir reações regenerativas suficientes para garantir o crescimento dos cotos proximais ao longo do trajeto original, bem como a reinervação dos alvos e a recuperação funcional. O histologista espanhol Santiago Ramón y Cajal (1852-1934) observou a formação de cones de crescimento anômalos nos cotos proximais de axônios centrais lesados e qualificou essa regeneração incipiente como abortiva,

supondo que ela seria mesmo bloqueada por algum fator desconhecido. Como sempre, Cajal se antecipou ao seu tempo, propondo explicações que muitos anos depois se confirmaram.

A percepção dos cientistas sobre a capacidade plástica regenerativa do SNC de mamíferos adultos começou a mudar nos anos 1980, com os experimentos do argentino Albert Aguayo, que então trabalhava na Universidade McGill, no Canadá. O grupo de Aguayo utilizou ratos adultos submetidos à transecção do nervo óptico[A], que aloja as fibras nervosas que ligam a retina aos núcleos subcorticais responsáveis por algumas das funções visuais (Figura 5.2A). O nervo óptico é um bom modelo, pois a retina, apesar de estar situada fora do crânio, é uma parte do SNC, e não do SNP, como seria de se supor. Logo depois da interrupção do nervo óptico, então, Aguayo extraía do mesmo animal um longo segmento de um nervo periférico (o ciático, por exemplo), unia-o ao coto proximal do nervo óptico cortado e inseria a outra extremidade no colículo superior do mesencéfalo, um dos alvos das fibras retinianas cortadas (Figura 5.2B). Todo o trajeto do nervo periférico implantado no nervo óptico situava-se fora do crânio. Depois de alguns meses, os cientistas verificaram que as células ganglionares sobreviventes na retina atingida haviam conseguido regenerar seus axônios utilizando como guia o nervo ciático implantado. Os cones de crescimento regenerantes chegavam ao mesencéfalo pelo trajeto extracraniano, penetravam no tecido alguns micrômetros, mas logo interrompiam seu crescimento. Algumas sinapses chegavam a se formar na região-alvo e tornavam-se capazes de veicular informação visual proveniente da retina (Figura 5.2C).

Aguayo tirou duas importantes conclusões de seus experimentos: (1) os axônios centrais são capazes de regenerar por longas distâncias, desde que estejam em contato com o microambiente do SNP. Nessas condições, são capazes até mesmo de formar sinapses funcionais com seus alvos naturais, embora limitadamente; (2) o microambiente do SNC, por outro lado, não favorece o crescimento regenerativo dos axônios centrais, que se interrompe imediatamente, logo que estes saem do SNP e penetram no SNC. O que haveria no SNP capaz de favorecer a regeneração? E o que haveria no SNC atuando no sentido contrário?

Esses experimentos pioneiros levaram ao aquecimento da pesquisa sobre os fenômenos que ocorrem logo após a lesão de nervos ou feixes centrais (Figura 5.3A) e à busca dos mecanismos moleculares que promoveriam a inibição do crescimento axônico regenerativo. Verificou-se que ocorre intensa cromatólise dos neurônios axotomizados, seguida de degeneração e morte de muitos deles (Figuras 5.3B e C). É que os neurônios centrais são fortemente dependentes de fatores tróficos, que lhes faltam neste caso porque no SNC,

---

[A]*Estrutura encontrada no* Miniatlas de neuroanatomia *(p. 359).*

Os Neurônios se Transformam

▶ **Figura 5.2.** O experimento do grupo de Aguayo consistiu em seccionar o nervo óptico (**A**), depois implantar um segmento de nervo periférico no coto proximal (**B**). A seguir os pesquisadores conseguiram registrar potenciais de ação em neurônios do colículo superior reinervado, em resposta à estimulação luminosa através do olho (**C**). Modificado de Keirstead SA et al. *Science*. 1989;246:255-257.

diferentemente de no SNP, as células gliais que produzem a mielina – oligodendrócitos – não a produzem como as células de Schwann e os macrófagos.

Os cotos distais dos axônios lesados, assim como a sua mielina, tornam-se tortuosos e fragmentados. Entretanto, sua remoção do tecido é lenta, ao contrário do que ocorre no SNP, apesar da grande proliferação dos oligodendrócitos e dos astrócitos presentes nas redondezas (Figura 5.3B). Surgem também, possivelmente provenientes da corrente sanguínea, grandes quantidades de microgliócitos. Por intermédio de estudos utilizando culturas de células, verificou-se que esses gliócitos reativos não só não produzem as moléculas promotoras do crescimento axônico que aparecem no SNP (fatores tróficos, moléculas da matriz extracelular e outras), como liberam moléculas que fazem o contrário: inibem a regeneração.

Os oligodendrócitos sintetizam proteínas incorporadas à mielina central, que apresentam forte efeito inibitório do crescimento axônico. São conhecidas como proteínas *Nogo**, que, ao se ligarem a moléculas específicas posicionadas na membrana dos cotos proximais, disparam uma cadeia de reações intracelulares que terminam por imobilizar os cones de crescimento. Os astrócitos se associam ao bloqueio da regeneração, sintetizando moléculas da matriz extracelular diferentes das que as células de Schwann produzem. São os proteoglicanos, glicoproteínas com forte ação antirregenerativa. Resulta desse processo que a intensa proliferação e concentração glial nas redondezas da lesão, mais uma matriz extracelular hostil, formam uma verdadeira cicatriz que dificulta mecânica e quimicamente a progressão dos axônios regenerantes. Sob o efeito fortemente limitante de todos esses fatores, portanto, os cones de crescimento que se formam nos cotos proximais dos axônios centrais lesados não são capazes de crescer em busca dos alvos e se restringem às redondezas da lesão. Possivelmente, a falta de um conduto tubular organizado, como é o caso dos nervos periféricos, contribui ainda mais para o fracasso da regeneração.

A descoberta das moléculas antirregenerativas levou a uma indagação importante: por que o sistema nervoso central as produz, se a sua atuação parece ser tão fortemente desfavorável ao organismo? Como afirmamos no Capítulo 2, os gliócitos imaturos desempenham funções promotoras da migração neuronal e do crescimento axônico durante o desenvolvimento normal. Ao final da ontogênese, passam a apresentar ações opostas, com a expressão de moléculas inibidoras do crescimento axônico. A hipótese mais provável é que essas moléculas desempenhem uma função delimitadora das bordas permissíveis para o crescimento de fibras nervosas e a formação dos feixes no SNC. Inicialmente, seria necessário atrair e orientar os axônios em crescimento, mas no final do desenvolvimento seria preciso circunscrevê-los aos tratos e feixes, evitando ou diminuindo o extravio de axônios que pudessem "perder-se" no trajeto!

A descoberta das moléculas antirregenerativas abriu também novas esperanças para a medicina, uma vez que tornou possível tentar terapias farmacológicas que estimulem a regeneração, como a aplicação de anticorpos anti-Nogo ou antiproteoglicanos, e terapias celulares, como a deposição de células-tronco no local, capazes de sintetizar e liberar para o meio os fatores neurotróficos protetores dos neurônios lesados.

---

[1] *Acróstico da expressão inglesa* no go, *isto é, proibido avançar.*

151

▶ **Figura 5.3.** Quando um axônio do SNC é cortado (**A**), o neurônio pode degenerar (**B**) e morrer (**C**). No entanto, mesmo se sobreviver após um período de cromatólise (**B**), a regeneração axônica não é bem-sucedida porque os cones de crescimento dos cotos proximais encontram detritos celulares e de mielina, bem como diferentes células reativas e uma matriz extracelular desfavorável ao crescimento axônico que, em conjunto, criam um ambiente impróprio para o movimento dos cones regenerantes em direção aos neurônios-alvos. Modificado de Bähr M, Bonhoeffer F. *Trends in Neuroscience*. 1994;17:473-479.

PLASTICIDADE AXÔNICA

A plasticidade axônica de tipo regenerativo, como vimos anteriormente, ocorre como resultado de uma ação drástica do ambiente (uma lesão) sobre um axônio e se caracteriza pelo recrescimento do coto proximal do mesmo axônio. Para esse tipo de fenômeno usa-se normalmente o termo regeneração axônica. No entanto, as ações do ambiente podem provocar respostas plásticas de axônios não diretamente atingidos. Além disso, essas respostas, reunidas sob o termo genérico *plasticidade axônica*, podem ocorrer após ações sutis do ambiente, não necessariamente tão drásticas como as que provocam lesões.

A sensibilidade dos axônios em responder a ações indiretas do ambiente, ou seja, o grau de plasticidade que apresentam, depende da idade do animal, que reflete o estágio de desenvolvimento que o sistema nervoso atravessa. Como já mencionamos, para cada conjunto de axônios de uma dada espécie animal pode-se determinar um período de maior plasticidade, chamado período crítico. A plasticidade que ocorre durante o período crítico é, então, chamada plasticidade axônica ontogenética.

▶ Plasticidade Axônica Ontogenética

A plasticidade ontogenética dos axônios está documentada em alguns casos de malformações congênitas de indivíduos humanos, como ocorre com aqueles que nascem com defeitos ou mesmo ausência do corpo caloso[A] (Figura 5.4A), o calibroso feixe de fibras que liga os dois hemisférios cerebrais. Algum mecanismo ainda desconhecido impede o cruzamento desses axônios pela linha média durante a vida embrionária, mas as fibras nervosas mudam seu trajeto para formar feixes aberrantes que se dispõem longitudinalmente nos dois lados do cérebro e, também, cruzando o plano mediano via rotas alternativas (Figura 5.4B e C). Esta descoberta foi realizada pela neurocientista Fernanda Tovar-Moll à frente do nosso grupo de pesquisa na UFRJ e no Instituto D'Or usando, em indivíduos com disgenesia calosa, técnicas de neuroimagem por ressonância magnética e testes de neuropsicologia aplicados à transferência inter-hemisférica. Trocando em miúdos: você precisa do corpo caloso para dizer o nome de um objeto explorado por sua mão esquerda quando está de olhos fechados. Isso porque a informação tátil da mão esquerda vai para o seu hemisfério direito, enquanto a fala é processada pelo hemisfério esquerdo. Como é que o esquerdo vai saber o que se passa no direito? A transferência dessa informação é feita normalmente pelo corpo caloso ligando as áreas do córtex parietal posterior em ambos os hemisférios (Figura 5.4D), mas isso não ocorre nas pessoas cujo corpo caloso é seccionado cirurgicamente por razões médicas. Os pacientes com disgenesia calosa – ausência congênita do corpo caloso – não têm esse problema: conseguem dizer tranquilamente que a sua mão esquerda está apalpando um cubo de madeira... Como conseguem? Foi isso que descobrimos: durante o desenvolvimento, os axônios calosos que são impedidos de cruzar o plano mediano pelas vias usuais (por razões ainda desconhecidas) buscam e encontram outros caminhos para chegar ao hemisfério oposto, cruzando em locais distintos do cérebro (Figura 5.4E-G). E as fibras de trajeto alternativo são funcionais e comunicam a informação tátil entre os dois lados do cérebro!

A plasticidade axônica ontogenética foi diretamente demonstrada no sistema visual, ou seja, no conjunto de regiões do SNC envolvidas com a percepção de informações luminosas que chegam à retina, utilizando modelos animais do fenômeno chamado ambliopia (falta de visão tridimensional), que é provocado por um desalinhamento dos olhos durante um certo período crítico do desenvolvimento. Nesses modelos, é possível chegar aos detalhes microscópicos da plasticidade axônica ontogenética.

Acompanhe a breve descrição do sistema visual que se segue (ou veja o Capítulo 9, se quiser maiores detalhes) para entender melhor o fenômeno. Os neurônios que emergem de cada retina em direção ao cérebro fazem-no por intermédio do nervo óptico (Figura 5.5A). As fibras

▶ **Figura 5.4.** A imagem em **A** mostra vários fascículos de fibras do corpo caloso em um indivíduo normal, revelados por uma modalidade de ressonância magnética que reconstrói por computação gráfica os circuitos neurais (fascigrafia). As imagens em **B** e **C** apresentam os feixes aberrantes que se formam em indivíduos acalosos congênitos (respectivamente em violeta e em verde). O feixe longitudinal representado em amarelo, em **B**, é o feixe do cíngulo, que se apresenta morfologicamente normal nesses pacientes. As imagens em **D** mostram as áreas que estão em comunicação funcional no cérebro normal (em amarelo) e no cérebro acaloso (em verde). No cérebro acaloso (**E**) a transferência se faz pela comissura posterior (**F**), diferentemente do cérebro normal, que para isso utiliza o corpo caloso (**G**). **E** e **G** mostram os planos de corte apresentados em **F**. Imagens modificadas de Tovar-Moll F et al. *Cerebral Cortex*. 2007;17:531-541, e Tovar-Moll F et al. PNAS USA. 2014;111:7843-7848.

nervosas que constituem esse nervo terminam em vários locais, principalmente no tálamo[A], neste caso em um núcleo específico chamado geniculado lateral (GL). O GL dos mamíferos superiores apresenta camadas celulares organizadas (Figura 5.5B; veja também a Figura 9.8), e os axônios de cada olho arborizam em camadas específicas, separadamente. Em cada lado do cérebro há camadas que recebem do olho esquerdo e outras que recebem do olho direito, alternadamente. A informação proveniente de cada olho é, portanto, mantida separada no tálamo. O mesmo ocorre na chegada ao córtex visual, pois os axônios que emergem dos neurônios talâmicos em direção cortical formam arborizações separadas na camada 4 do córtex, dispostas alternadamente de acordo com a representação de cada olho (detalhe na Figura 5.5B). São as chamadas bandas, colunas ou domínios de dominância ocular (Figuras 9.13

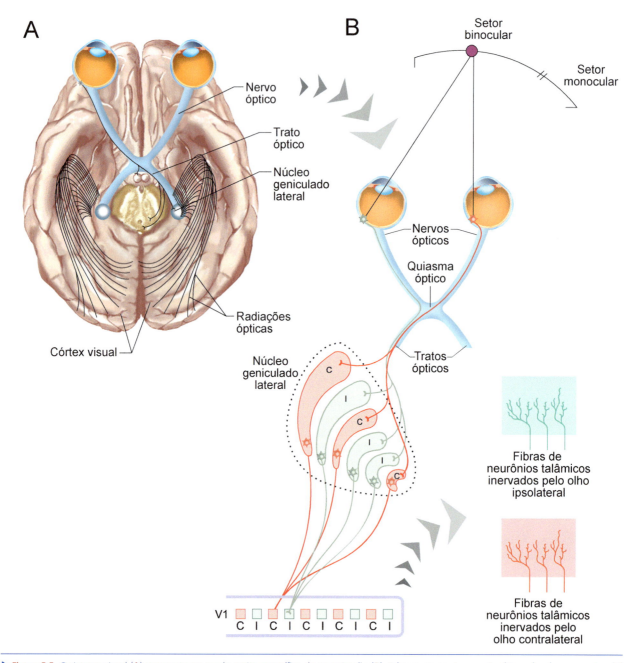

▶ **Figura 5.5.** O sistema visual (**A**) apresenta um modo muito específico de organização (**B**), tal que um ponto no setor binocular do campo visual é projetado sobre ambas as retinas, mas sua representação cerebral permanece separada nas lâminas do núcleo geniculado lateral do tálamo (contorno pontilhado), e nas bandas ou colunas de dominância ocular do córtex visual primário (V1[A]). C = contralateral; I = ipsolateral. Em cada coluna cortical (detalhe à direita) terminam apenas as fibras talâmicas que representam o mesmo hemicampo visual.

e 9.14). Essa organização independente das vias retinianas de cada olho, embora se forme precocemente durante o desenvolvimento, consolida-se mais tarde sob influência da experiência visual. Isso significa que a segregação binocular só se mantém normal se estiver sob controle funcional durante uma certa fase da infância, ou seja, se ambas as retinas se mantiverem recebendo estímulos luminosos provenientes do meio ambiente. Dito com outras palavras: o sistema é dotado de plasticidade ontogenética, porque se molda sob a influência do ambiente luminoso durante o desenvolvimento. Vejamos como isso ocorre.

As bandas de dominância ocular podem ser demonstradas por experimentos simples, que consistem na injeção de substâncias rastreadoras no olho ou no tálamo de gatos ou macacos (Figura 5.6). Essas substâncias são interiorizadas pelas células da retina ou do tálamo, chegam ao córtex visual levadas pelo fluxo axoplasmático anterógrado[G] e podem ser identificadas posteriormente pela sua radioatividade ou por reações químicas específicas que lhes conferem visibilidade ao microscópio. Como se pode ver na Figura 5.7 (foto inferior), uma das camadas do córtex visual aparece marcada por colunas brancas alternadas com colunas escuras. As colunas brancas são as regiões que apresentam o rastreador, transportado pelos axônios que veiculam as informações provenientes de um olho, e que se originam dos neurônios talâmicos correspondentes. As colunas escuras, não marcadas, indicam as regiões correspondentes ao olho oposto, que não recebeu o rastreador.

Se esse tipo de experimento é adequado para mostrar a posição dos axônios talâmicos de representação monocular no córtex visual, então seria possível visualizar como se formam essas conexões monoculares durante o desenvolvimento realizando experimento semelhante em animais recém-nascidos de diferentes idades. Esse experimento de fato foi feito e mostrou (Figura 5.7) que, nos animais muito jovens, antes mesmo da abertura dos olhos, as bandas já estão presentes, embora ainda não tão nítidas quanto nos adultos.

Com esse mesmo tipo de experimento, pode-se testar se e como a formação dos domínios de dominância ocular é influenciada pelo ambiente, isto é, se e como o mundo visual dos animais interfere sobre o crescimento dos axônios de representação monocular. Isso foi feito tomando-se animais recém-nascidos e realizando-se uma sutura permanente nas pálpebras de um dos olhos logo após o nascimento até a maturidade. Essa intervenção experimental – que de certa forma mimetiza o que ocorre com crianças portadoras de catarata[G] congênita – faz que o animal cresça sem acesso ao mundo visual pelo olho suturado, a não ser por alguma luminosidade que atravessa as pálpebras fechadas. A Figura 5.8 mostra o resultado desse experimento de privação monocular. Nos animais experimentais, as bandas corticais do olho que permanece aberto tornam-se mais largas

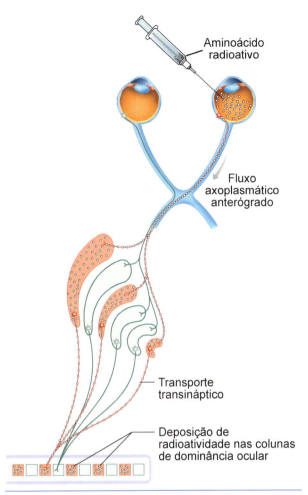

▶ **Figura 5.6.** Experimentos clássicos como este (descrito no texto) permitiram revelar as colunas de dominância ocular em gatos e macacos, através do transporte axoplasmático transináptico de proteínas radioativas (pontilhado) desde a retina até o córtex visual primário. Hoje os rastreadores utilizados são diferentes, não-radioativos e mais precisos na marcação dos axônios e seus alvos pós-sinápticos.

▶ **Figura 5.7.** Com a injeção de moléculas radioativas no olho de gatos de diferentes idades, é possível acompanhar o desenvolvimento das colunas de dominância ocular no córtex visual. Nos animais jovens, as colunas de dominância ocular podem ser identificadas, mas são menos nítidas do que nos animais adultos. As fotos representam cortes parassagitais através do córtex cerebral, e os pontos radioativos, representados em contraste negativo (branco), são tão numerosos que confluem. Modificado de LeVay S et al. *Journal of Comparative Neurology.* 1978;179:223-244.

155

(Figura 5.8C), e as do olho suturado tornam-se finas, às vezes praticamente virtuais (Figura 5.8D). É possível, assim, chegar às seguintes conclusões: (1) em condições normais, sob estimulação visual natural, os axônios de representação monocular de cada olho competem para manter o território cortical que ocuparam durante o desenvolvimento ontogenético, e, como apresentam condições equivalentes de estimulação visual, mantêm a ocupação de territórios do mesmo tamanho; (2) quando a estimulação visual é desequilibrada pela sutura palpebral, o olho estimulado "vence" a competição e ocupa a maior parte do território cortical. Em termos gerais, conclui-se que o desenvolvimento das bandas de dominância ocular está submetido à plasticidade ontogenética, porque é controlado pelo ambiente visual no qual se desenvolvem os animais. Em termos ainda mais gerais: ocorre plasticidade axônica ontogenética sempre que o ambiente influenciar de um modo ou de outro o desenvolvimento normal.

Permanece um problema. Os experimentos iniciais de rastreamento abordaram a plasticidade axônica ontogenética ainda de forma muito genérica. Não foram capazes de demonstrar diretamente alterações na morfologia dos axônios individuais sob influência do ambiente visual. Esse passo foi dado por pesquisadores que puderam marcar seletiva e individualmente os axônios talâmicos e suas terminações no córtex visual (Figura 5.9), acompanhando o seu desenvolvimento em várias etapas após o nascimento do animal. Verificaram que os axônios talamocorticais formavam arborizações mais extensas no recém-nascido, provavelmente superpostas às originadas do olho oposto. Gradualmente, entretanto, essas arborizações eram como que podadas por competição entre os dois olhos até se restringirem, no adulto, às dimensões de uma coluna de dominância ocular. Em animais submetidos à sutura monocular em período precoce do desenvolvimento, os axônios que recebiam informação visual do olho aberto mantinham as arborizações extensas e arborizavam ainda mais profusamente, enquanto aqueles conectados ao olho privado tornavam-se ralos e pouco arborizados. A conclusão agora pôde ser mais firme: os animais recém-nascidos estão submetidos à plasticidade axônica ontogenética, uma vez que *seus axônios se desenvolvem sob controle e influência do ambiente*.

Existe uma explicação para o fenômeno que vai aos detalhes moleculares. Quem detecta o desalinhamento interocular devido a estrabismo ou privação sensorial seria um grupo de neurônios inibitórios cujo neurotransmissor é o aminoácido GABA (ácido gama-aminobutírico). Trata-se, na verdade, de um grupo específico de neurônios GABAérgicos com o nome estranho de *células amplas com dendritos em cesta, ou*, mais simplesmente, *células em cesta*. Esse grupo de interneurônios[G] apresenta axônios horizontais que intercomunicam os domínios de dominância ocular e, ao que tudo indica, são aptos a detectar qualquer desequilíbrio interocular. O desequilíbrio se reflete no seu padrão de ati-

Animal normal

Animal privado: olho aberto marcado

Animal privado: olho suturado marcado

▶ **Figura 5.8.** As colunas de dominância ocular são na verdade bandas, melhor reveladas em cortes tangenciais (**A**). O padrão de um animal adulto normal é apresentado em **B**. Quando um olho é suturado na infância, o adulto apresenta um padrão diferente: as bandas do olho que permaneceu aberto tornam-se maiores (**C**) que as do olho suturado (**D**). **B**, **C** e **D** modificados de Hubel D et al. *Transactions of the Royal Society of London, Series B Biological Sciences*. 1977;278:377-409.

Os Neurônios se Transformam

▶ **Figura 5.9.** A plasticidade axônica ontogenética pode ser revelada quando se reconstrói a forma das arborizações terminais dos axônios que projetam ao córtex visual. O recém-nascido apresenta árvores terminais largas, que depois se tornam mais restritas no adulto. No adulto submetido a sutura monocular precoce (privação visual), os terminais correspondentes ao olho que permaneceu aberto são mais largos e densos que os do olho suturado. Modificado de Antonini A, Stryker MP. *Science*. 1993;260:1819-1821.

vação, isto é, no modo como irão inibir horizontalmente os neurônios piramidais dos domínios de dominância ocular.

Se o desequilíbrio entre excitação e inibição ocorrer durante o período crítico, os neurônios piramidais sofrerão alterações neuroquímicas envolvendo especialmente uma molécula da matriz extracelular chamada ativador de plasminogênio de tipo tissular (abreviadamente tPA, da sigla inglesa). O tPA transforma plasminogênio em plasmina, uma protease[G] que "dissolve" a matriz extracelular em torno dos dendritos dos neurônios piramidais, facilitando a motilidade das espinhas dendríticas, estruturas onde se formarão as sinapses provenientes dos axônios talâmicos que veiculam a informação vinda dos olhos. Onde houver atividade neural, então, haverá a formação e a consolidação de sinapses, ou seja, serão consolidados preferencialmente os circuitos do olho que permaneceu aberto, em vez daqueles correspondentes ao olho privado de visão. Ou, então, na situação normal, serão consolidados os circuitos do olho correspondente a cada domínio de dominância ocular, de forma equilibrada.

Outro aspecto importante a mencionar neste ponto é que a base biológica para a ação plástica do ambiente, nestes casos, é a fase de remodelagem dos axônios que ocorre normalmente durante o desenvolvimento. Os axônios têm grande capacidade de crescer (mecanismos progressivos) e também de regredir (mecanismos regressivos), tendo esses fenômenos, embora opostos, participação cooperativa na "lapidação" dos circuitos neurais. Também se percebe facilmente que, ao final dessas fases ontogenéticas, cessa a operação desses mecanismos e o grau de plasticidade decresce. É por isso que a plasticidade axônica do adulto é menos acentuada que a plasticidade ontogenética.

▶ Períodos Críticos

O estudo da plasticidade ontogenética levou à investigação dos períodos críticos para os vários componentes funcionais do sistema nervoso e para as diferentes espécies de animais, inclusive o homem. No caso do homem, desde o século XVIII, vários relatos e observações já apontavam a existência de uma fase na infância durante a qual a influência do ambiente é determinante para o estabelecimento das características fisiológicas e psicológicas do indivíduo. Você com certeza já ouviu falar de casos de "meninos selvagens", crianças encontradas na selva em companhia de animais, aparentemente sem contato prévio com outros seres humanos. Há pelo menos 40 desses casos bem descritos. Ressalta entre eles um traço comum: quanto mais tarde as crianças são encontradas e submetidas ao ensino de uma língua e de outras habilidades cognitivas, pior o seu desempenho. É como se a possibilidade de aprendizagem dessas habilidades se esgotasse durante a infância: os observadores desses casos descreveram os períodos críticos muito antes que eles fossem assim conceituados.

Há períodos críticos diferentes para as diversas funções. Para o desenvolvimento da linguagem humana, o período crítico parece estender-se até a adolescência (há alguma controvérsia nessa avaliação) e têm curso diferente para a discriminação de fonemas da língua a que a criança está exposta, a distinção de elementos da sintaxe e a identificação de diferentes vocábulos. Crianças portadoras de lesões corticais que atingem as regiões linguísticas são suscetíveis de considerável recuperação funcional quando as lesões ocorrem durante esses períodos críticos. Lesões semelhantes que atingem adolescentes ou adultos jovens provocam déficits de difícil recuperação.

Esses "experimentos não planejados" em seres humanos, é claro, não permitem controlar todas as variáveis envolvidas, todos os fatores que poderiam influenciar o desenvolvimento cerebral e psicológico. Por essa razão o estudo dos períodos críticos e da plasticidade ontogenética ganhou maior consistência quando passou a ser abordado por meio de experimentos com animais.

Etologistas e psicólogos estudaram o desenvolvimento de certos comportamentos sociais em aves e primatas e concluíram que alguns deles dependem de experiências interativas com outros membros da mesma espécie durante o período crítico. O canto de algumas aves só se estabelece se durante a infância elas o ouvirem de outras aves adultas da mesma espécie (veja sobre isso o Capítulo 19). O reconhecimento de indivíduos da mesma espécie e um adequado comportamento social, tanto em aves como em macacos, só se estabelecem se os animais puderem interagir com suas mães logo após o nascimento, sejam elas naturais ou adotivas.

Para os neurocientistas, o sistema visual tem representado um importante modelo para o estudo da plasticidade e dos períodos críticos. O período crítico do desenvolvimento dos circuitos binoculares, por exemplo, pôde ser determinado para o gato (entre o nascimento e o 4º mês de vida), para o macaco (até o 2º ano de vida do animal) e para o homem (até 10 anos de idade). Esses circuitos participam ativamente da visão estereoscópica ou tridimensional. Quando se formam defeituosamente, a criança terá um déficit de acuidade visual conhecido sob o nome de ambliopia, mencionado anteriormente. É o que acontece em crianças portadoras de catarata congênita ou estrabismo[G] que não sejam tratadas por cirurgia ou uso de lentes prismáticas durante o período crítico. Seu sistema visual apresentará circuitos binoculares defeituosos, possivelmente semelhantes aos que foram demonstrados nos animais submetidos às manipulações ambientais descritas anteriormente.

Os períodos críticos são como curvas em "U" invertido, que representam a sensibilidade plástica de cada função (Figura 5.10). A plasticidade aumenta ao longo do tempo, chegando a um pico em algum ponto da infância e declinando a seguir. É como se fossem "janelas de oportunidade" para o desenvolvimento ótimo de cada função, muito relevantes para a educação infantil, seja no âmbito da família ou da escola. Além disso, há considerável variação individual na curva dos períodos críticos: alguns são mais precoces, outros mais tardios ou prolongados, e outros, ainda, têm amplitude reduzida. Não apenas essa variabilidade se relaciona com as diferenças individuais (causa ou consequência?), como também pode estar na origem de transtornos psicológicos do desenvolvimento, como, por exemplo, o autismo.

▶ Plasticidade Axônica de Adultos: Brotamento Colateral?

A descoberta dos períodos críticos levou os investigadores à conclusão de que nos adultos não haveria plasticidade axônica, isto é, a capacidade de mudança dos circuitos neurais desapareceria depois de uma certa idade. Essa conclusão mostrou-se equivocada à luz de recentes observações experimentais.

Uma dessas observações originou-se de uma grande confusão com ingredientes políticos que envolveu um grupo de pesquisadores dos Institutos Nacionais de Saúde dos Estados Unidos. Certo número de macacos adultos havia sido submetido a uma cirurgia experimental em que as raízes dorsais da medula correspondentes aos membros superiores eram cortadas. Desprovidos completamente de informações somestésicas[G] dos braços, os animais estavam sendo mantidos em um dos biotérios da instituição quando estes foram invadidos por militantes radicais de movimentos de proteção aos direitos dos animais, que depois conseguiram a sustação judicial da pesquisa sob o argumento de maus-tratos infligidos aos macacos. O caso arrastou-se na Justiça durante mais de 10 anos, os macacos operados envelheceram e outro grupo de pesquisadores conseguiu finalmente autorização para a realização de uma nova pesquisa antes que os animais morressem.

A nova pesquisa, dirigida pelo fisiologista Michael Merzenich, consistiu em verificar se a região do córtex cerebral que normalmente receberia as informações provenientes do braço mantinha suas características funcionais, apesar da desenervação sensorial feita 10 anos antes. O grupo de pesquisadores surpreendeu-se com a descoberta de que a região cerebral que representava o braço passara a conter uma nova representação da face. A face dos macacos, então, havia adquirido uma dupla área de representação no córtex cerebral. As conclusões de Merzenich foram as seguintes: (1) os circuitos axônicos que normalmente veiculariam informações do braço não foram capazes de regenerar após a interrupção das raízes dorsais correspondentes; (2) os circuitos axônicos que veiculavam informações da face – não atingidos diretamente pela cirurgia – apresentaram plasticidade, passando a ocupar as regiões cerebrais anteriormente dedicadas ao braço; e, portanto, (3) o cérebro de animais adultos seria dotado de plasticidade axônica.

Outra observação interessante, sugestiva da ocorrência de plasticidade axônica no cérebro de indivíduos adultos, foi feita pelo nosso grupo de pesquisa na Universidade Federal do Rio de Janeiro e no Instituto D'Or, ao estudar a fisiologia sensorial de indivíduos com membros amputados. Sabia-se de longa data que esses indivíduos apresentavam uma condição estranha, até então mal explicada, chamada síndrome do membro-fantasma, por meio da qual continuavam a

▶ **Figura 5.10. A.** Os períodos críticos variam segundo cada etapa do desenvolvimento, até a vida adulta. São representados em forma de U invertido, mas não se sabe exatamente o curso temporal exato de cada um. **B.** Os períodos críticos variam também de um indivíduo a outro, em torno de uma curva média considerada típica. Modificado de Lent R. *O Cérebro Aprendiz*, Editora Atheneu, 2018. p. 78.

apresentar sensações (até mesmo dor!) provenientes do membro amputado, como se ele ainda estivesse presente. As primeiras tentativas para explicar esse estranho fenômeno atribuíam as sensações-fantasmas à cicatriz da cirurgia de amputação. No entanto, a anestesia do coto, obtida por meios farmacológicos ou mesmo cirúrgicos, não eliminava essas sensações. Utilizamos técnicas de neuroimagem por ressonância magnética para avaliar a representação cortical da sensibilidade tátil das regiões corporais vizinhas ao membro amputado. Em um indivíduo que havia sofrido amputação da perna vários meses antes (Figura 5.11A), encontramos alterações da microestrutura do corpo caloso (Figura 5.11B) e verificamos que a estimulação do coto com uma escovinha provocava extensa atividade neural no hemisfério desaferentado (Figura 5.11C) e atividade alterada após a estimulação das regiões intactas (Figura 5.11C).

Uma explicação para a síndrome do membro-fantasma já tinha sido proposta pelo fisiologista indiano Vilayanur Ramachandran, com base na hipótese de ocorrência de plasticidade axônica. Em algum ponto do sistema somestésico dos indivíduos amputados, os axônios que estariam normalmente representando apenas a coxa ou o quadril se estenderiam às regiões de representação da perna amputada, já que estas se tornam inativas após terem sido desaferentadas[G]. De acordo com essa hipótese, haveria brotamento colateral, ou seja, o aparecimento de ramos colaterais nos axônios das regiões não atingidas pela amputação, e o seu crescimento em direção às regiões cerebrais "vazias", que anteriormente recebiam informações das regiões amputadas. É possível imaginar, entretanto, uma explicação alternativa: as regiões corporais vizinhas poderiam ser normalmente interconectadas, sendo essas conexões mantidas "silenciosas" sob constante inibição. Com o desaparecimento dos circuitos axônicos do membro amputado, a inibição seria removida e as conexões, antes silenciosas, entrariam em funcionamento. Essa hipótese foi apoiada pela evidência que obtivemos de que o corpo caloso dos indivíduos amputados apresentava sinais de desmielinização (Figura 5.11B), o que, sendo o corpo caloso um feixe fortemente inibitório da atividade cortical, poderia explicar a expansão de atividade das regiões corticais que representavam o quadril, a coxa e o coto amputado dos pacientes.

E mais: a evidência de que a plasticidade axônica explicaria esse fenômeno veio com o estudo de modelos animais. Estudando os axônios calosos de ratos amputados por meio de rastreadores axônicos semelhantes àqueles utilizados para o sistema visual, supradescritos, foi possível verificarmos que não apenas eles apresentavam diminuição da mielinização, mas que também tinham suas arborizações terminais expandidas no hemisfério oposto. Ficou claro, pois, que a plasticidade axônica pode modificar bastante a funcionalidade cortical quando ocorrem lesões ou simples desequilíbrios fisiológicos, seja pelo brotamento terminal ou por fenômenos de sentido oposto, como a desmielinização.

PLASTICIDADE DENDRÍTICA

Como antenas receptoras das informações transmitidas pelas sinapses de um neurônio a outro, os dendritos são candidatos potenciais à ocorrência de plasticidade estrutural, morfológica. De fato, existem muitas evidências de que essa suposição seja verdadeira. No entanto, apenas as espinhas dendríticas são sujeitas à plasticidade nos animais adultos enquanto nos animais em desenvolvimento, tanto elas quanto os próprios troncos dendríticos podem ser modificados por ação do ambiente.

▶ Plasticidade Dendrítica Ontogenética

O desenvolvimento dendrítico parece depender – pelo menos parcialmente – de um plano geral codificado no genoma do neurônio, porque, quando se separam neurônios imaturos do tecido nervoso embrionário, dissociando-os uns dos outros e cultivando-os no laboratório, ainda assim eles permanecem capazes de desenvolver suas árvores dendríticas de modo semelhante ao normal. A expressão das instruções genéticas, entretanto, é característica de cada tipo de neurônio, e é por isso que há neurônios com morfologia dendrítica tão distinta no SN. O plano geral do desenvolvimento dendrítico consiste em determinar, por

159

▶ **Figura 5.11.** A estimulação com um pincel de certas regiões do corpo de indivíduos amputados provoca neles a sensação "fantasma" de que o membro ausente é que foi estimulado: um notável exemplo de plasticidade em adultos. **A** mostra os locais estimulados (em verde) nas pernas de um indivíduo amputado da perna esquerda. **B** apresenta imagens de ressonância magnética com alterações da microestrutura identificadas no corpo caloso. **C** mostra imagens de ressonância magnética funcional do cérebro, na qual se percebe a desorganização da topografia corporal no hemisfério contrário ao lado amputado (desaferentado). Há atividade mais extensa no lado desaferentado (à esquerda) quando se estimula o coto; pouca atividade no lado "normal" quando se estimula a coxa do membro intacto; e atividade bilateral quando se estimula o pé intacto. Modificado de Simões E et al. *Journal of Neuroscience*. 2012;32:3211-3220.

exemplo, se um neurônio será piramidal, tendo então um longo dendrito apical que arboriza na superfície do córtex cerebral. O ambiente é capaz de interferir nesse plano geral sem modificar a natureza piramidal do neurônio. No entanto, pode determinar alterações no número, no comprimento e na disposição espacial das ramificações dendríticas, bem como na quantidade e na densidade de espinhas.

Evidências de que isso é possível foram produzidas há vários anos por experimentos do neurocientista brasileiro Rafael Linden e seu colega inglês Hugh Perry. Eles fizeram pequenos cortes com bisturi na retina de ratos recém-nascidos, interrompendo os axônios de algumas células ganglionares[G]. Como as ganglionares recém-nascidas axotomizadas morrem, eles puderam criar uma região totalmente desprovida dessas células, mas apresentando outras cujos axônios não foram atingidos. Depois de algumas semanas, estudaram a morfologia dendrítica das células sobreviventes das margens dessa região, comparando-a com a dos neurônios de regiões distantes da mesma retina. Os neurônios ganglionares distantes apresentavam dendritos que emergiam do soma em todas as direções, mas os neurônios das margens da lesão apresentavam uma árvore dendrítica deformada, com mais dendritos dirigidos para a região lesada do que para o lado não lesado. Concluíram que deveria haver normalmente uma competição entre os dendritos pelos aferentes de outras células retinianas, uniformemente distribuídos em torno do corpo celular.

Nas margens das regiões lesadas, no entanto, os dendritos que apontavam para a lesão tendiam a crescer mais, uma vez que o faziam em território desprovido de aferentes, portanto em melhores condições competitivas (estavam sozinhos no pedaço...). Concluíram também que o fator modulador da morfologia dendrítica, neste caso, deveria ser uma substância trófica liberada pelas fibras aferentes situadas em torno do soma. Recentemente, mostrou-se que

Os Neurônios se Transformam

essa substância trófica é o chamado BDNF*, sendo provável que o ajuste da forma dos dendritos seja promovido pela formação das sinapses sobre eles e pela sua entrada em operação produzindo potenciais sinápticos, o que envolveria também neuromediadores, além de fatores tróficos. De fato, mostrou-se que a árvore dendrítica das células ganglionares da retina, assim como as dos neurônios do GL no tálamo, podem ser modeladas pela atividade neural incidente, porque aparecem alterações observáveis no número de ramificações dendríticas e no número de espinhas, quando se banham as células aferentes com TTX** ou bloqueadores do receptor glutamatérgico do tipo NMDA.

No córtex cerebral, o crescimento e a arborização do dendrito apical dos neurônios piramidais são regulados, durante o desenvolvimento, por moléculas atratoras e repulsoras expressas na hora certa nas duas superfícies do córtex. Desse modo, os dendritos apicais são sempre radiais, estendendo-se no sentido da borda externa do córtex e arborizando ali ou, então, retraindo-se para arborizar mais abaixo. Manipulações experimentais e doenças do desenvolvimento podem alterar o curso dos acontecimentos, causando maior incidência de alterações do número e da morfologia dos ramos dendríticos (como é o caso da esquizofrenia e das síndromes do X frágil e de Down, por exemplo).

▶ Plasticidade Dendrítica em Adultos

Uma vez estabelecida durante o desenvolvimento, a árvore dendrítica básica de cada neurônio torna-se relativamente consolidada no adulto, embora haja inúmeras evidências de alterações quantitativas na complexidade das ramificações. Em diferentes espécies de animais já se encontrou aumento do comprimento e do número de ramificações dendríticas, com concomitante elevação do número de sinapses, em adultos submetidos a ambientes enriquecidos. Em seres humanos é difícil definir controladamente o que é um ambiente enriquecido, mas há relatos de correlação entre o nível educacional e a complexidade dendrítica na área de Wernicke, uma região do córtex cerebral ligada à compreensão e a outros aspectos da linguagem. Também há relatos de maior complexidade dendrítica na região cortical de representação dos dedos da mão em profissionais que os usam muito, como digitadores.

O que se pode concluir é que a morfologia dendrítica básica dos neurônios é fixada durante o desenvolvimento e que, uma vez consolidada, ela aceita influência limitada do ambiente, preferencialmente sobre as ramificações mais

finas e terminais. Deve-se, entretanto, levar em conta que a maioria dos estudos sobre esse tema tem utilizado técnicas de observação estática e análise populacional, sendo as conclusões baseadas em avaliações estatísticas de grandes números de células de cada tipo. Só bem recentemente tornaram-se disponíveis ferramentas de análise dinâmica e de longa duração por vídeo da morfologia neuronal, permitindo acompanhar longitudinalmente no tempo a morfologia de neurônios selecionados. Esse tipo de abordagem revelou grande instabilidade – maior do que se supunha – das espinhas dendríticas (ver adiante), e devemos esperar que surjam revelações semelhantes, no futuro próximo, a respeito dos dendritos mais calibrosos.

Em adultos, portanto, a plasticidade estrutural que se pode observar nos dendritos é mais pronunciada nas espinhas. Foi Cajal quem descobriu as *espinhas dendríticas* – pequenas protrusões que emergem dos troncos dendríticos formadas por um talo fino com extremidade esferoide (confira a Figura 3.8). Desde então se suspeitou de que pudessem estar envolvidas em fenômenos plásticos, já que se foram acumulando as evidências de que elas constituem compartimentos privilegiados de sinapses excitatórias (glutamatérgicas), que se multiplicam em número quando o ambiente da gaiola de animais experimentais é enriquecido com objetos, cores, mecanismos móveis e outros elementos, e que são escassas em crianças com retardo mental. O século XX trouxe o envolvimento das sinapses excitatórias com a plasticidade sináptica, que veremos adiante, e, por extensão, com a memória e a aprendizagem. Daí por que se tornou febril a pesquisa sobre alterações morfológicas das espinhas dendríticas que pudessem ser correlacionadas com esses fenômenos tão importantes para o comportamento e a cognição, particularmente em seres humanos.

A principal descoberta dos últimos anos foi que as espinhas dendríticas não são estáticas, mas, sim, altamente instáveis e móveis. Ao longo de minutos, algumas espinhas dendríticas aparecem em um pequeno campo de visualização ao microscópio, e outras desaparecem (Figura 5.12). Além disso, as espinhas que se mantêm movem-se ativamente. Essa intensa motilidade é possibilitada pela grande concentração de actina – uma molécula contrátil do citoesqueleto – no interior das espinhas. Não se sabe exatamente qual o significado dessa intensa motilidade, mas é razoável supor que sejam mais instáveis e móveis as espinhas cujas sinapses não se tenham ainda consolidado pelos processos de aprendizagem e memória, e estáveis aquelas que representem memórias de longo prazo. Como as espinhas dendríticas estão sempre conectadas a terminais axônicos aferentes por meio de sinapses assimétricas (excitatórias), a instabilidade das primeiras resulta em instabilidade das últimas (ou vice-versa, não se sabe). Esse fenômeno das espinhas, assim, reflete a plasticidade sináptica, como veremos adiante.

---

* *Abreviatura, em língua inglesa, de* fator neurotrófico derivado de cérebro.

** Tetrodotoxina, *um bloqueador dos canais de Na⁺ que interrompe a excitabilidade da membrana.*

Neurociência Celular

▸ **Figura 5.12. A** representa um neurônio mantido em cultura, evidenciando muitas espinhas emergindo dos dendritos. As fotos **B** e **C** mostram imagens obtidas em um microscópio confocal[G] do campo delimitado em **A**, em dois momentos separados por 2 horas. Os dendritos estão em vermelho e os receptores glutamatérgicos em amarelo. As setas mostram o aparecimento de novas espinhas dendríticas expressando receptores glutamatérgicos. Reproduzido de Segal M. *Nature Reviews. Neuroscience*. 2005;6:277-284.

PLASTICIDADE SINÁPTICA

Nos anos 1940, um psicólogo canadense de grande projeção em sua época, Donald Hebb (1904-1985), publicou um livro no qual propôs uma teoria para a memória com base na plasticidade sináptica, antes mesmo que se tivesse certeza de que as sinapses existiam. Hebb raciocinou da seguinte maneira: a transmissão de informações entre dois neurônios deveria ser facilitada e tornar-se estável quando ocorresse coincidência temporal (sincronia) entre os disparos do primeiro e do segundo neurônio*. Desse modo, a transmissão de mensagens entre os neurônios poderia ser regulada: não seria um fenômeno rígido e imutável, mas, sim, algo modulável conforme as circunstâncias. A teoria de Hebb da plasticidade sináptica permaneceu durante mais de 30 anos sem grande repercussão até que os neurocientistas começaram a descobrir fenômenos comportamentais e celulares que poderiam ser explicados por ela. Atualmente, ela é um modelo celular e molecular da memória, revelando-se em praticamente todas as regiões neurais e em todas as espécies animais estudadas. A universalidade da plasticidade sináptica, na verdade, representa uma forte evidência do conceito de *memória distribuída*, mencionado no Capítulo 18: a ideia de que a memória é uma propriedade universal dos sistemas nervosos devido à generalidade dos fenômenos da plasticidade sináptica. Onde quer que haja neurônios conectados, haverá plasticidade e, portanto, capacidade potencial de memória.

Nos casos mais simples, esses fenômenos sinápticos foram descritos em animais invertebrados como a aplísia (Figura 5.13A), uma espécie de caramujo marinho sem concha muito abundante nas costas do Pacífico Norte e que foi amplamente utilizado para estudos de plasticidade sináptica pelo grupo de pesquisa do psiquiatra de origem austríaca Eric Kandel, prêmio Nobel de Fisiologia ou Medicina em 2000. Por que a aplísia? Como todos os invertebrados, essa lesma marinha possui um sistema nervoso simples, com apenas cerca de 20 mil neurônios e um repertório comportamental reduzido. Neste caso, alguns reflexos defensivos foram selecionados para estudo, como os movimentos de encolhimento da cauda e da cabeça e a retração da brânquia e do sifão[G], que resultam da estimulação dos mesmos com diferentes intensidades (Figura 5.13B). A estimulação fraca do sifão, por exemplo, provoca a contração deste e, às vezes, também da brânquia. A estimulação fraca da cauda, por sua vez, provoca a imediata retirada desta, do mesmo modo que ocorreria em um animal vertebrado. Quando a estimulação é muito forte, pode ocorrer também a emissão de uma "tinta" defensiva que tinge o meio em torno (Figura 5.13C).

A simples observação comportamental desses reflexos defensivos mostrou algumas características intrigantes:

---

* *Ficou famoso um trocadilho empregado por Hebb (em inglês), que ilustra bem a sua hipótese*: cells that fire together, wire together *[algo como: células que disparam juntas, conectam-se juntas].*

162

Os Neurônios se Transformam

Retração da brânquia e do sifão

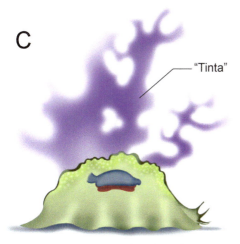
Retração da cauda e da cabeça e emissão de "tinta"

▶ **Figura 5.13.** Movimentos reflexos defensivos da aplísia. Os órgãos mais estudados nesse contexto estão assinalados em **A**. À estimulação suave (**B**), o animal retrai o sifão e a brânquia; à estimulação mais forte (**C**), encolhe a cabeça e a cauda, e emite uma "tinta" escura.

(1) quando o estímulo é muito fraco, o reflexo ocorre nas primeiras vezes em que é aplicado, porém, com a repetição, a contração diminui e o reflexo acaba desaparecendo. Esse fenômeno foi chamado *habituação*; (2) quando se apresenta um estímulo muito forte uma vez, provocando a imediata retirada da parte estimulada, e logo depois se toca de leve a mesma ou outra região, ocorre uma contração ainda mais forte que a anterior. A esse fenômeno deu-se o nome de *sensibilização*; (3) quando o estímulo forte é aplicado várias vezes, a sensibilização prolonga-se no tempo, tornando-se duradoura. O animal passa semanas reagindo de forma intensa a estímulos fracos, como se estivesse lembrando do estímulo nocivo aplicado anteriormente.

O raciocínio do grupo de Kandel foi o de investir na busca de fenômenos sinápticos que pudessem explicar esses fenômenos comportamentais, compreendo a sua importância para elucidar o que acontece nas formas mais complexas da memória dos vertebrados. O primeiro passo consistiu em identificar quais os neurônios envolvidos com cada um dos três fenômenos, uma tarefa perfeitamente possível, tendo em vista a simplicidade do sistema nervoso da aplísia. O passo seguinte, é claro, teria que ser o estudo da transmissão sináptica entre os neurônios envolvidos durante a ocorrência dos reflexos. Os resultados desse trabalho têm de fato revelado que os mecanismos moleculares e celulares da plasticidade sináptica na aplísia são equivalentes aos que se encontram nos vertebrados.

▶ **Habituação**

O termo "habituação" é bem apropriado: uma resposta que diminui com a repetição. Trata-se de um fenômeno natural entre os animais: todos se habituam a estímulos repetitivos inócuos e deixam de responder a eles. Exemplo disso é a resposta motora da aplísia, de retração da brânquia, que ocorre quando se estimula de leve o sifão. Estimula-se uma vez, com um pincel fino, e a brânquia se retrai. Estimula-se outra vez e a brânquia retrai-se um pouco menos. Com a repetição, é como se o animal se habituasse realmente a um estímulo inócuo, e a brânquia não se retrai mais.

O fenômeno envolve um circuito composto pelos neurônios representados na Figura 5.14. Neurônios sensitivos que inervam as várias regiões do corpo da aplísia (entre as quais o sifão) conectam-se com neurônios motores que ativam a brânquia (e outras regiões). Os neurônios motores recebem sinapses diretamente dos neurônios sensitivos que inervam o sifão ou indiretamente, pelos interneurônios. A sinapse que liga diretamente o neurônio sensitivo com o neurônio motor é excitatória. As sinapses dos interneurônios com o neurônio motor são algumas excitatórias, outras inibitórias. Para revelar o fenômeno da habituação em nível celular, os pesquisadores implantam um microeletródio[G] no neurônio sensitivo, outro no neurônio motor e provocam a estimulação do sifão com um borrifo d'água, um pincel ou outro estímulo fraco. Ao primeiro estímulo, constata-se o aparecimento de um potencial de ação (PA) no neurônio sensitivo e, a seguir, um potencial pós-sináptico excitatório (PPSE) no neurônio motor (Figura 5.14A). Com a repetição, o PA do neurônio sensitivo continua invariável, enquanto o PPSE do neurônio motor cai de amplitude a cada teste, desaparecendo em alguns minutos (Figura 5.14B).

A redução do PPSE do neurônio motor, na verdade, é causada por um decréscimo na liberação de glutamato no terminal pré-sináptico excitatório do neurônio sensitivo, porque cada vez menos vesículas sinápticas ancoram nas zonas ativas da membrana pré-sináptica (Capítulo 4). O experimento mostra que os fenômenos celulares da habitua-

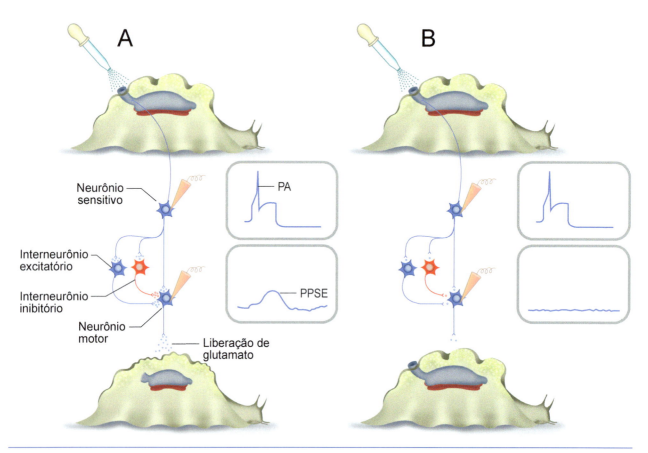

▸ **Figura 5.14.** O neurônio sensitivo da aplísia acusa um estímulo aplicado no sifão através de um potencial de ação (PA) que pode ser captado por um microeletródio. Nas primeiras vezes em que o estímulo é aplicado (**A**), o PA do neurônio sensitivo é capaz de provocar a ativação do neurônio motor, que exibe um potencial pós-sináptico excitatório (PPSE) captado por outro microeletródio. O sifão e a brânquia se retraem. Quando, entretanto, o estímulo se repete (**B**), o neurônio sensitivo continua a acusar o estímulo com PAs, porém a informação não passa mais para o neurônio motor. A resposta comportamental deixa de ocorrer.

ção estão ocorrendo na sinapse do neurônio sensitivo com o neurônio motor. Os mecanismos intracelulares não são ainda bem conhecidos, mas parece que, com a estimulação repetitiva, ocorre a inativação dos canais de Ca^{++} de um certo tipo (tipo N), o que causa a diminuição da entrada de íons Ca^{++} no terminal e, consequentemente, maior dificuldade para a ancoragem das vesículas sinápticas nas zonas ativas para a liberação do neurotransmissor.

É importante observar que este tipo de plasticidade sináptica, baseado na redução passageira da eficácia de transmissão, representa um mecanismo celular simples para a memória de curta duração. Como ocorre em neurônios comuns, e não em sistemas especificamente dedicados ao processamento da memória, talvez se possa generalizar e postular que todos os circuitos sinápticos dispõem desse mecanismo para armazenar informação durante curtos períodos e que, portanto, esse tipo de memória é universal no sistema nervoso. Você pode obter maiores detalhes sobre isso no Capítulo 18.

▸ **Sensibilização**

A sensibilização é um pouco mais complexa do que a habituação (Figura 5.15). O termo também é bastante descritivo – uma resposta que aumenta quando precedida de algum "sinal de aviso". Também é uma aprendizagem comum entre os animais: se um estímulo é muito forte, o organismo reage a ele e fica avisado de que outros podem surgir. Qualquer que seja o próximo estímulo, então, provocará igual reação. Para a aplísia, o "sinal de aviso" pode ser um estímulo forte qualquer – um jato d'água mais forte no próprio sifão, o beliscão de uma pinça aplicado à cauda ou um estímulo elétrico produzido pelo pesquisador. Imediatamente ocorre uma forte reação do animal: não apenas a retirada da brânquia e do sifão, mas também a retração da cauda e da cabeça e a secreção defensiva de tinta. A seguir, o animal parece mesmo "sensibilizado": novos estímulos, mesmo aplicados de leve com um pincel, causam a resposta motora completa.

Os Neurônios se Transformam

O fenômeno envolve o circuito básico da habituação com mais alguns elementos, entre eles um interneurônio facilitador cujo axônio estabelece sinapses axoaxônicas com os terminais pré-sinápticos do neurônio sensitivo do sifão. Inicialmente, o registro do microeletródio posicionado no neurônio motor mostra um PPSE de uma certa amplitude, que precede a resposta motora (Figura 5.15A). A seguir, o pesquisador aplica um choque elétrico na cauda, o que provoca a forte resposta comportamental correspondente (Figura 5.15B). Finalmente, um novo estímulo suave com um pincel agora provocará forte reação, revelada em nível celular pelo registro, no neurônio motor, de um grande PPSE (Figura 5.15C), bem maior que anteriormente.

O xis da questão aqui é a ação desse interneurônio facilitador. Descobriu-se que o seu neurotransmissor é a serotonina, reconhecida por receptores metabotrópicos situados na membrana do terminal pré-sináptico do neurônio sensitivo do sifão (Figura 5.16). Esses receptores moleculares (saiba mais sobre o seu mecanismo de funcionamento lendo o Capítulo 4) acionam duas vias de sinalização intracelular: a da adenililciclase, que produz o segundo mensageiro AMPc, e a da fosfolipase C (PLC), que produz diacilglicerol (DAG). O aumento da concentração desses segundos mensageiros no terminal sensitivo, por sua vez, ativa proteína-cinases que têm duas ações principais: (1) o fechamento dos canais de K^+, que retarda a fase de repolarização do impulso nervoso prolongando a duração dos PAs que chegam ao terminal; e (2) a abertura dos canais de Ca^{++} do tipo N, que aumenta a entrada de íons Ca^{++} no terminal. O resultado é o aumento do número de vesículas sinápticas que ancoram nas zonas ativas e, consequentemente, da liberação de glutamato na fenda sináptica entre o terminal axônico sensitivo e o neurônio motor. O prolongamento da despolarização da membrana do terminal e o aumento da liberação de neurotransmissor excitatório são típicas ações facilitadoras da sinapse entre o neurônio sensitivo e o neurônio motor produzidas pelo interneurônio serotoninérgico.

Este tipo de plasticidade sináptica consiste na elevação da eficácia da transmissão, justamente o oposto da habituação. Como em todo tipo de plasticidade, o ambiente (estímulo forte na cauda da aplísia, no exemplo utilizado) é capaz de modificar de algum modo o desempenho ou a morfologia do sistema nervoso (neste caso, a transmissão sináptica que medeia o reflexo de retirada da brânquia). A sensibilização representa também um exemplo de memória de curta duração que pode ocorrer em muitos circuitos neurais inespecíficos.

Ocorre que, com o prosseguimento das pesquisas utilizando a aplísia como modelo, descobriu-se que a sensibilização poderia ser muito mais duradoura se, em vez de um único "sinal de aviso", muitos fossem utilizados. Isto é, se vários estímulos fortes fossem aplicados ao animal, a resposta subsequente aos estímulos fracos iria tornar-se sensibilizada durante semanas, em vez de horas. Para explicar essa longa permanência da plasticidade sináptica, tornou-se necessário investigar mecanismos que envolvessem algum tipo de informação enviada ao núcleo do neurônio sensitivo. Essa informação retrógrada seria capaz de ativar a expressão gênica, produzindo mais enzimas fosforilantes

▶ **Figura 5.15.** Na sensibilização entra em cena um interneurônio facilitador. Inicialmente (**A**) a aplísia responde com a retração do sifão e da brânquia a um estímulo suave com o pincel. Entretanto, um choque elétrico aplicado na cauda (**B**) provoca forte resposta comportamental, e a mesma resposta aparece a seguir (**C**), mesmo que a estimulação volte a ser suave como antes. O interneurônio facilitador exerce sua ação principalmente através de uma sinapse axoaxônica com o terminal do neurônio sensitivo.

165

Neurociência Celular

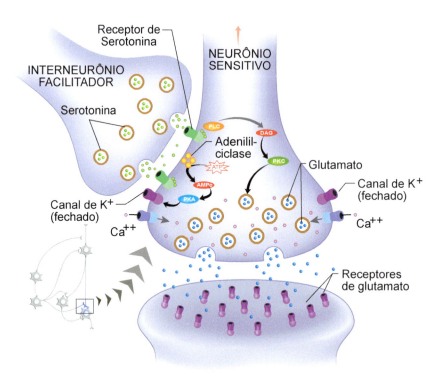

▸ **Figura 5.16.** Os mecanismos moleculares da sensibilização baseiam-se nas sinapses axoaxônicas entre o interneurônio facilitador e o terminal do neurônio sensitivo. Essas sinapses são serotoninérgicas, e o receptor pós-sináptico é metabotrópico. A cadeia de sinais intracelulares que é disparada pela serotonina no terminal sensitivo resulta no prolongamento da liberação de glutamato que atua sobre o neurônio motor. AMPc = monofosfato cíclico de adenosina; ATP = trifosfato de adenosina; DAG = diacilglicerol; PKA = fosfocinase A; PKC = fosfocinase C; PLC = fosfolipase C.

que prolongassem o efeito facilitador sobre os canais iônicos e as zonas ativas das sinapses envolvidas e, também, mais proteínas estruturais e moléculas de adesão que permitissem a formação de novas sinapses ou a ativação de sinapses silenciosas. Esses mecanismos de sinalização ao núcleo, e deste de volta aos terminais sinápticos, foram já revelados em grande medida, sendo semelhantes aos que caracterizam os fenômenos plásticos dos vertebrados. Uma descrição mais detalhada deles encontra-se adiante.

A sensibilização, assim, pode ser considerada um fenômeno celular típico da memória. No entanto, difere da hipótese proposta por Hebb pelo fato de que a sinapse realmente plástica não é aquela entre o primeiro e o segundo neurônio, como queria Hebb, mas entre o primeiro neurônio e um interneurônio interposto no caminho. A verdadeira sinapse hebbiana foi descoberta mais tarde.

▸ Potenciação de Longa Duração

A descoberta da sinapse hebbiana começou com um fenômeno descrito pela primeira vez no hipocampo[A] por dois pesquisadores da Noruega, Timothy Bliss e Terje Lømo, e chamado por eles *potenciação de longa duração*, conhecida mais frequentemente pela abreviatura LTP (do inglês *long-term potentiation*). A LTP logo passou a ser considerada um dos mecanismos moleculares da memória dos vertebrados. Ambas – LTP e memória – podem ser caracterizadas pelo seu curso temporal comum: têm uma curta fase inicial que dura alguns minutos, uma fase curta de algumas horas e uma fase tardia de várias horas, semanas ou até uma vida inteira (no caso da memória). Um atributo de ambas é a sua dependência da síntese de RNA e de proteínas para chegar à fase tardia, como se verá a seguir.

Para compreender a LTP, é preciso conhecer a organização básica dos circuitos neurais do hipocampo, uma região do lobo temporal medial[A] responsável por alguns aspectos da neurobiologia da memória que estão descritos com detalhe no Capítulo 18. Essa região antiga do córtex cerebral é composta por duas áreas principais (Figura 5.17A): o corno de Amon* (subdividido em quatro campos numerados de 1 a 4 e abreviados CA1, CA2, CA3 e CA4) e

---

* *Nome grego para um deus egípcio. Os primeiros anatomistas julgaram a forma do hipocampo semelhante a um chifre presente em algumas representações de Amon.*

o giro denteado (GD). Os aferentes vindos de fora do hipocampo são as fibras perfurantes, que fazem sinapses com as células granulares do giro denteado. Os axônios das células granulares estendem-se até a região CA3, onde estabelecem sinapses com os dendritos das células piramidais. Estas, por sua vez, projetam seus axônios para fora do hipocampo, mas enviam também colaterais para a região CA1 (os colaterais de Schaffer), que fazem sinapses com os dendritos de outras células piramidais ali situadas, cujos axônios se projetam para fora do hipocampo.

Bliss e Lφmo aplicaram uma estimulação elétrica repetitiva (também chamada *tetânica*) nas fibras colaterais de Schaffer e registraram com microeletródios a atividade pós-sináptica resultante que se espraiava dos dendritos apicais até o corpo celular das células piramidais de CA1 (Figura 5.17A). Esse procedimento simularia o que acontece quando entra informação no hipocampo. Comparando o PPSE obtido nessas condições com o que ocorria antes da estimulação tetânica, os dois verificaram um expressivo aumento do PPSE na célula piramidal (Figura 5.17B), o que, no entanto, não acontecia quando estimulavam outros aferentes da mesma célula piramidal. O mais interessante é que esse aumento do PPSE se mantinha durante várias horas (algumas vezes até mesmo por dias!) depois que eles interrompiam a estimulação tetânica (Figura 5.17C). O estímulo deve ser forte o bastante para ativar muitos colaterais de Schaffer simultaneamente. Além disso, só ocorre nas sinapses entre os colaterais de Schaffer e as espinhas dendríticas das células piramidais de CA1. Trata-se, então, de plasticidade sináptica específica, que ocorre entre um neurônio pré e um neurônio pós-sináptico, exatamente como Hebb havia previsto.

▶ **Figura 5.17.** A potenciação de longa duração (LTP) pode ser detectada em diversas regiões do SNC, especialmente no hipocampo (detalhe à direita, acima). Em **A** estão representados os circuitos básicos do hipocampo. Os neurobiólogos tomam uma fatia mantida em cultura e aplicam um forte estímulo tetânico em aferentes de células piramidais de CA1, registrando simultaneamente o PPSE produzido em seus dendritos apicais após estímulos comuns. **B** mostra que o PPSE é maior após a estimulação tetânica do que antes dela. Medindo o aumento do PPSE várias vezes na mesma preparação (pontos azuis em **D**), verificou-se que o efeito se mantém durante horas. Quando os dendritos são cortados e separados do corpo celular, a LTP decai em algumas horas (pontos verdes em **D**), e o mesmo acontece quando inibidores de RNA são adicionados ao meio (barra amarela), e quando são adicionados inibidores de síntese proteica (barra verde). **A** e **B** modificados de Nicoll RA et al. *Neuron*. 1988;1:97-103. **C** modificado de Adams JP, Dudek SM. *Nature Reviews. Neuroscience*. 2005;6:737-743.

Quais os mecanismos desse processo? As sinapses entre os colaterais de Schaffer e as espinhas dendríticas das células piramidais de CA1 são glutamatérgicas (Figura 5.18A). A membrana pós-sináptica das espinhas dendríticas, entretanto, diferentemente das membranas pós-sinápticas comuns, possuem três tipos de receptores glutamatérgicos: o tipo NMDA*, o tipo não-NMDA (também chamado AMPA**) e o tipo metabotrópico (confira o funcionamento desses receptores no Capítulo 4). O tipo não-NMDA é o primeiro a responder à ação do glutamato liberado na fenda sináptica, logo após os primeiros PAs que chegam aos terminais de Schaffer. O resultado é a abertura desses canais à passagem de Na^+ e K^+, provocando a despolarização da membrana pós-sináptica. Essa despolarização, ao atingir um certo valor, remove o íon Mg^{++} que normalmente bloqueia o canal do tipo NMDA e este se abre na sequência. Resultado: aumenta o deslocamento transmembranar dos cátions monovalentes e, além disso, passa pelo canal grande quantidade de Ca^{++}, do exterior para o interior das espinhas. Outros canais de Ca^{++}, dependentes de voltagem e não ligados ao receptor NMDA, são também abertos, amplificando o efeito. Possivelmente, nesse momento também é ativado o receptor glutamatérgico metabotrópico, e a sua ação por meio da fosfolipase C se soma à liberação de Ca^{++} do retículo endoplasmático para ativar as cinases dependentes de Ca^{++} (como a proteína-cinase C e Ca^{++}-calmodulina-cinase, já mencionadas). A liberação dessas cinases tem efeitos adicionais que ampliam e prolongam ainda mais o fenômeno: fosforilam os receptores AMPA, aumentando a sua condutância iônica, e favorecem a inserção de maior número deles na membrana pós-sináptica.

Tudo se extinguiria nesse ponto se aí terminasse o mecanismo molecular da LTP. Entretanto, o fenômeno pode durar muitas horas. Logo, é necessário postular um mecanismo adicional que prolongue a liberação de glutamato pelo terminal de Schaffer. Esse mecanismo deve ter um sentido retrógrado, isto é, transmitir de algum modo a informação de que está ocorrendo a potenciação do PPSE na célula pós-sináptica para o terminal pré-sináptico (de onde ocorre a liberação de glutamato). Só recentemente esse mecanismo foi desvendado (Figura 5.18A). Emprega um mensageiro não convencional: um gás. Precisamente o óxido nítrico (conhecido pela abreviatura inglesa NO), que é produzido por ação da NO-sintase, uma enzima existente nas espinhas dendríticas das células piramidais de CA1 e cuja ativação é provocada justamente pelas cinases dependentes de Ca^{++} que atuam nesse fenômeno plástico. Sendo

um gás, o NO não é um neuromediador convencional. Não é armazenado em vesículas, pois atravessa livremente as membranas plasmáticas. Ao ser sintetizado, difunde-se em todas as direções e pode influenciar todos os elementos pré-sinápticos situados dentro do seu raio de ação. A função do NO seria aumentar ainda mais a liberação de glutamato pelo terminal pré-sináptico. Além do NO, também o monóxido de carbono (CO) tem sido considerado um mensageiro gasoso nos fenômenos plásticos das sinapses centrais.

A ação dos mensageiros retrógrados pode explicar as LTPs que duram horas, mas e as que duram dias? Só há uma saída: a explicação deve repousar na ativação da expressão gênica capaz de provocar a síntese de proteínas como novos receptores glutamatérgicos, moléculas de adesão e componentes de novos sítios pós-sinápticos nas espinhas dendríticas. De fato, as evidências mais recentes convergem para essa explicação. Inibidores da síntese de RNA aplicados um pouco antes ou durante o estímulo indutor de LTP provocam decaimento mais rápido da potenciação, e o mesmo efeito é causado pela aplicação de inibidores da síntese proteica até 15 minutos após a estimulação (Figura 5.17C). Esses mesmos inibidores não têm efeito depois dessa faixa temporal, o que indica que a sinalização dos dendritos para o núcleo deve ocorrer nesses primeiros momentos da LTP. A participação do núcleo é atestada pelo fato de que dendritos separados do corpo neuronal não apresentam a fase tardia da LTP (Figura 5.17C).

Conclui-se que o sinal que viabiliza a fase tardia da LTP, dando-lhe permanência, chega ao núcleo a partir das espinhas dendríticas (Figura 5.18B), provocando nele a ativação da expressão gênica que ativa a síntese de proteínas. Que sinal é esse? Existem duas possibilidades. Uma primeira hipótese admite o transporte de moléculas sinalizadoras até o núcleo – talvez as próprias cinases ativadas pelos receptores NMDA, ou fatores de transcrição como o fator nuclear κB (NF-κB) e os chamados CREBs***, ou, ainda, proteínas de transporte chamadas importinas. Outra hipótese propõe que o disparo de PAs no segmento inicial do axônio do neurônio pós-sináptico pode, por si só, induzir a transcrição gênica pela translocação de moléculas do soma ao núcleo, ou por ativação direta devida à entrada de Ca^{++}. A primeira hipótese tem contra si a rapidez de início da síntese proteica após a LTP, incompatível com o tempo necessário para o transporte de sinais moleculares (as cinases, por exemplo) dos dendritos ao núcleo, e as baixíssimas concentrações desses sinais desde o seu aparecimento nas espinhas dendríticas potenciadas até o núcleo. A segunda hipótese, embora

---

* *Abreviatura de* N-metil-D-aspartato, *um agonista glutamatérgico específico desse receptor.*

** *Abreviatura de outro agonista glutamatérgico, específico deste segundo receptor, chamado* propionato de α-amino-3-hidroxil--5-metil-4-isoxalol.

*** *Abreviatura da expressão inglesa* cAMP-responsive element--binding-protein.

OS NEURÔNIOS SE TRANSFORMAM

▶ **Figura 5.18. A**. O mecanismo molecular da LTP envolve três receptores glutamatérgicos (de cima para baixo, na figura). O primeiro a ser ativado é o receptor não NMDA, que se abre aos cátions e despolariza a membrana. A despolarização remove o Mg^{++} do receptor NMDA, e mais cátions atravessam a membrana, acentuando a despolarização. O terceiro receptor, metabotrópico, ativa uma cadeia de reações intracelulares que acabam por liberar íons Ca^{++} para o citosol. O efeito despolarizante prolonga-se ainda mais com a entrada em ação da NO-sintase, que produz óxido nítrico, um gás que atravessa livremente as membranas e acaba fazendo com que mais glutamato seja liberado pelo terminal pré-sináptico. Abreviaturas como na Figura 5.15. **B**. Tudo indica que a transmissão sináptica na espinha dendrítica (1) produza potenciais pós-sinápticos dendríticos (2) que aumentam o influxo de Ca^{++} (3) e acabam ativando a expressão gênica (4) do neurônio pós-sináptico, originando uma mensagem retrógrada (proteínas?) endereçada às sinapses que tinham sido ativadas originalmente (5). **B** modificado de Adams JP, Dudek SM. *Nature Reviews. Neuroscience.* 2005;6:737-743.

169

mais concebível, carece ainda de provas concretas. Possivelmente essa questão será esclarecida nos próximos anos. E ainda resta um problema. Qualquer que seja o mecanismo de sinalização entre a espinha dendrítica potenciada e o núcleo da célula pós-sináptica, é preciso que os produtos da transcrição gênica provocada sejam endereçados para a espinha certa (Figura 5.18B). É necessário, portanto, que as espinhas potenciadas sejam marcadas de algum modo e que essas marcas sejam reconhecidas pelos produtos gênicos consequentes. A existência de marcas específicas – embora ainda não sua identidade – foi verificada recentemente: as espinhas dendríticas potenciadas são capazes de "capturar" RNAm e proteínas recém-sintetizados.

Os neurocientistas têm empregado como instrumentos de análise a microscopia eletrônica e o registro dinâmico de imagens por videomicroscopia óptica. Em alguns experimentos, foi possível produzir LTP em fatias isoladas de hipocampo acompanhadas eletrofisiologicamente[G] e, durante o fenômeno, fixar o tecido, cortá-lo em finíssima espessura, corar os cortes e observá-los por meio do microscópio eletrônico. Esse procedimento mostrou o aumento da área da membrana pós-sináptica e o aparecimento de um tipo especial de junção, a sinapse perfurada (Figura 5.19), que é considerada por alguns uma junção de alta eficiência de transmissão, portanto a unidade estrutural da memória de longo prazo. Essa proposição está ainda em plena investigação.

É muito significativo que um tipo de plasticidade sináptica como a LTP ocorra exatamente no hipocampo, uma região do SNC diretamente envolvida com a memória. Sabe-se, contudo, que regiões do neocórtex estão também envolvidas nos mecanismos da memória, como se pode ver no Capítulo 18. E, efetivamente, também no neocórtex foram detectados exemplos de LTP, sobretudo durante o período crítico do desenvolvimento. Na verdade, aos poucos vai-se estabelecendo a noção de que praticamente todas as regiões cerebrais são capazes de produzir LTP nas suas sinapses excitatórias, o que converge com a ideia de que a plasticidade sináptica é uma propriedade universal dos circuitos neuronais.

▶ **Depressão de Longa Duração**

Um tipo de plasticidade sináptica semelhante à LTP – mas com sinal contrário – foi vista no cerebelo[A], no hipocampo e no neocórtex. É a LTD, ou *depressão de longa duração*. No hipocampo, o circuito envolvido é o mesmo da LTP: as sinapses dos colaterais de Schaffer com os neurônios piramidais de CA1. No cerebelo, o neurônio pós-sináptico é a célula de Purkinje, cujos dendritos recebem sinapses das fibras trepadeiras e das fibras paralelas. A LTD, neste caso, tem características associativas, pois exige a ativação simultânea das duas vias aferentes (Figura 5.20A). Em outros casos, ela funciona de modo semelhante à LTP e não necessita de pareamento. Nos vertebrados, o cerebelo parece sediar a memória motora, isto é, a memória dos atos motores aprendidos. Nada mais coerente, portanto, do que a presença de plasticidade sináptica nessa região. Você pode obter maiores informações sobre o cerebelo no Capítulo 12.

▶ **Figura 5.19.** Alguns neurocientistas consideram a sinapse perfurada (**A**) como possível resultante da LTP. Sua formação seria produzida pelo receptor glutamatérgico metabotrópico, cuja sinalização intracelular provocaria a reorganização da membrana pós-sináptica e a redistribuição dos demais receptores (**B-E**). **A** modificado de Lisman JE, Harris KM. *Trends in Neuroscience*. 1993;16:141-147. **B-E** modificado de Edwards FA. *Trends in Neuroscience*. 1995;18:250-255.

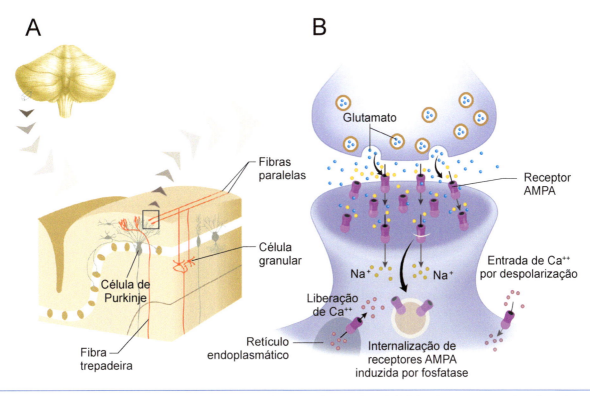

▸ **Figura 5.20.** A LTD é um fenômeno associativo inverso à LTP, no qual duas vias aferentes do cerebelo (**A**) produzem a ativação pós-sináptica de enzimas desfosforilantes (fosfatases), removendo receptores AMPA da membrana (**B**), e assim reduzindo a amplitude do potencial pós-sináptico resultante. A figura mostra apenas a sinapse glutamatérgica de uma fibra paralela sobre uma espinha dendrítica de Purkinje. Modificado de Purves D et al. *Neuroscience*. 3ª ed. Sinauer: Sunderland, EUA, 2004.

A circuitaria sináptica do cerebelo – em particular a do córtex cerebelar – tem sido estudada há muitos anos, e o seu padrão básico já foi minuciosamente desvendado (confira a Figura 12.21). O elemento celular mais importante para compreender a LTD é a célula de Purkinje. Trata-se de um neurônio situado no córtex cerebelar, de morfologia muito característica, com uma frondosa árvore dendrítica espalhada em um plano único e um axônio que sai do córtex e se estende aos núcleos profundos do cerebelo. A célula de Purkinje recebe dois tipos de aferentes: um deles provém de um núcleo bulbar chamado oliva inferior, que veicula informações sensoriais originárias dos músculos. Os axônios da oliva constituem as fibras trepadeiras, chamadas assim porque ascendem em torno da célula de Purkinje, enrolando-se pelos troncos dendríticos. No seu trajeto, cada fibra trepadeira faz centenas de sinapses excitatórias com a célula de Purkinje e sua atividade é extremamente eficaz, capaz de provocar grandes PPSEs nessa célula. O outro tipo de aferente das células de Purkinje é intrínseco ao córtex cerebelar, pois é composto de axônios das células granulares, muito numerosas, que ocupam uma camada vizinha à das células de Purkinje. Os axônios das células granulares ascendem no córtex, formam a sua camada mais superficial, onde se bifurcam em T, e trafegam em conjunto, como um feixe, sendo por isso chamados fibras paralelas.

O sistema se parece com uma rede elétrica, pois as fibras paralelas interceptam perpendicularmente a árvore dendrítica da célula de Purkinje, como se esta fosse um poste de eletricidade. Cada célula de Purkinje recebe sinapses de cerca de 1.000 fibras paralelas.

A existência de plasticidade sináptica nesse circuito tão peculiar foi detectada pelo neurofisiologista japonês Masao Ito e sua equipe. Ito primeiro estimulou eletricamente as fibras paralelas e registrou com microeletródios os PPSEs produzidos na célula de Purkinje. Depois, pareou essa estimulação das fibras paralelas com uma estimulação semelhante das fibras trepadeiras. Essa estimulação, ao contrário da que provoca a LTP, tem que ser de baixa frequência. O resultado é a ocorrência de PPSEs menores que anteriormente. Durante minutos ou horas depois da estimulação pareada, a estimulação isolada das fibras paralelas continua a produzir PPSEs menores. Por essa razão, o fenômeno foi denominado depressão de longa duração ou LTD.

Os mecanismos moleculares da LTD não são tão bem conhecidos quanto os da LTP, mas se sabe que as vias intracelulares envolvidas são diferentes: neste caso, em vez de ativação de enzimas fosforilantes, são ativadas fosfatases dependentes de Ca^{++}, que são enzimas *desfosforilantes* (Figura 5.20B). Ao que parece, a estimulação de baixa frequência provoca uma pequena entrada de Ca^{++} nos dendritos, que é "lida" intracelularmente pelas fosfatases; quando a estimulação é de alta frequência, as cinases é que "leem" a mensagem. O resultado da ação das fosfatases é inverso à ação das cinases: ocorre a retirada de receptores glutamatérgicos de tipo AMPA por endocitose, o que acarreta a diminuição da sensibilidade da membrana pós-sináptica e, consequentemente, a depressão da resposta.

▶ Homeostasia Sináptica ou Metaplasticidade: a coisa se complica

Como tanto a LTP como a LTD coexistem em muitas – praticamente todas – as regiões do SNC, cresce a ideia de que a interação entre esses dois mecanismos antagônicos contribui fundamentalmente para a autorregulação da plasticidade sináptica. Imagine se apenas uma delas – a LTP, por exemplo – estivesse presente em um certo circuito sináptico. A sua ativação exclusiva tenderia gradualmente à estabilização e o sistema se tornaria saturado, incapaz de utilização posterior. Aos poucos, todas as sinapses se tornariam consolidadas, o que diminuiria enormemente a utilização desse mecanismo como base molecular da memória. Um crescente e gigantesco número de sinapses seria necessário até a sobrecarga completa do sistema nervoso. Não haveria espaço para novas memórias! O mesmo ocorreria se a LTD funcionasse isoladamente. Como isso não ocorre, a hipótese que cresceu nos últimos anos é de que a inter-relação entre a LTP e a LTD possibilitaria a vigência de um mecanismo homeostático chamado *metaplasticidade*. A fisiologia sináptica seria mantida em um nível de equilíbrio que tornaria o sistema reutilizável continuamente, e, portanto, muito mais viável do ponto de vista biológico.

A homeostasia é um conceito geral da fisiologia que se refere à manutenção de condições internas de equilíbrio no organismo, relevante para parâmetros fisiológicos como a pressão arterial, o pH sanguíneo, a glicemia, a temperatura corporal, e assim por diante. Esses parâmetros podem variar, é claro, para cima ou para baixo, mas há mecanismos de correção que, logo que o sistema tende para cima ou para baixo, atuam no sentido oposto para restabelecer o ponto de equilíbrio. O sistema nervoso é um componente essencial no controle homeostático do organismo, como você pode ver nos Capítulos 14 e 15.

Aqui se trata do mesmo conceito aplicado ao funcionamento contínuo e dinâmico das sinapses. É preciso, sim, fortalecê-las quando se faz necessário armazenar informação, mas também enfraquecê-las quando há necessidade de preservar a sua capacidade de armazenamento. Levando o conceito ao nível de análise psicofisiológico: não é viável memorizar tudo o que chega ao sistema nervoso. É preciso selecionar o que vamos memorizar e, mesmo que haja algum tipo de armazenamento, é preciso esquecer também.

O esquecimento é de certa forma tão importante quanto a memória!

São muitos os mecanismos propostos para a metaplasticidade homeostática. Um dos mais aceitos é o que se baseia em alterações da composição molecular dos receptores glutamatérgicos tipo NMDA. Como sabemos, eles são compostos de subunidades distintas, e a relativa composição dessas subunidades pode favorecer a LTP ou, então, a LTD. Ao que tudo indica, essa regulação fina da estrutura do receptor acaba por favorecer ou dificultar a passagem de Ca^{++} através da membrana das espinhas dendríticas, e o resultado é a homeostasia sináptica. A responsabilidade pela síntese maior ou menor de um tipo ou outro de subunidade está no soma do neurônio envolvido, cuja expressão gênica é dirigida em um sentido ou outro segundo a necessidade homeostática.

PLASTICIDADE SOMÁTICA

▶ A Neurogênese como Mecanismo Neuroplástico

A primeira década deste século apresentou mudanças radicais em alguns conceitos fundamentais da Neurociência. Uma delas atingiu em cheio a ideia prevalente no século passado de que em nenhuma hipótese ocorreria neurogênese no sistema nervoso de mamíferos adultos. Apareceram fortes evidências de que um pequeno estoque de células-tronco permanece ativo em certas regiões, como a zona subventricular, que circunda os ventrículos laterais[A] dos hemisférios cerebrais, e a camada subgranular do giro denteado do hipocampo (Quadro 5.1). Outras regiões capazes de neurogênese têm sido descritas, mas sua efetiva existência depende ainda de confirmação.

O dogma da não proliferação dos neurônios adultos foi pela primeira vez abalado quando se verificou que os epitélios sensoriais especializados retêm alguma atividade proliferativa, ou pelo menos mantêm células precursoras neurais capazes de se diferenciar em neurônios maduros. É o caso da mucosa olfatória, a estrutura celular do nariz responsável pela captação das moléculas odoríferas; da membrana basilar, o epitélio auditivo situado no ouvido interno, que capta as ondas sonoras; e da membrana otolítica, um epitélio semelhante ao auditivo, mas que nos dá o "sentido" do equilíbrio corporal, percebendo as alterações de posição da cabeça em relação ao solo. Essas regiões contêm neurônios receptores altamente especializados, células gliais e outras células de apoio (veja o Capítulo 6 para maiores detalhes). Organizam-se em camadas, de modo semelhante à pele. Na pele, aliás, as camadas mais profundas são dotadas de potencial proliferativo, capazes de repor as células superficiais que descamam em contato

172

com o ambiente. Do mesmo modo, as células receptoras da mucosa olfatória do adulto desgastam-se paulatinamente e são substituídas pela proliferação e diferenciação de células indiferenciadas situadas mais profundamente. Ao que parece, o mesmo ocorre nos epitélios auditivo e otolítico, sujeitos ao desgaste do ambiente sonoro que envolve os indivíduos e ao atrito mecânico resultante de seu próprio mecanismo de funcionamento. Seu potencial proliferativo é bem menor, levando a um processo de diferenciação das células mais profundas.

Mais difícil de explicar, entretanto, foi a descoberta surpreendente de que mesmo em regiões situadas dentro do encéfalo existem ilhas proliferativas que se mantêm ativas depois de o desenvolvimento ontogenético terminar. Trata-se de regiões situadas na parede rostral dos ventrículos laterais, que geram neurônios para o bulbo olfatório[A], e em uma camada celular do giro denteado do hipocampo, além de outras regiões que demandam confirmação, como o hipotálamo[A], a retina, a substância negra[A] e a amígdala[A]. A neurogênese que ocorre no hipocampo e na zona subependimária do telencéfalo (Figura 5.21) explica-se pela permanência, nessas regiões, de uma população permanente de células-tronco. Células-tronco são capazes de *autorregeneração* e *multipotencialidade*, isto é, de ciclar continuamente gerando outras células-tronco e tipos celulares maduros diversos. Como se pode supor, há células-tronco em graus distintos, desde aquelas totipotentes, capazes de gerar qualquer tipo celular do organismo e que existem apenas nos embriões mais precoces, até aquelas multipotentes mais restritas, capazes de gerar variados tipos celulares, mas dentro de um mesmo sistema orgânico. Este é o caso das células-tronco situadas no encéfalo, que se supõe sejam capazes de gerar neurônios e gliócitos de tipos diferentes.

Ainda não está estabelecido firmemente se a neurogênese adulta é apenas um meio de reposição de neurônios ou se participa ativamente dos mecanismos da neuroplasticidade. Há indícios experimentais de que a segunda hipótese seja verdadeira, com base na influência positiva do exercício físico sobre a neurogênese do hipocampo, possivelmente mediante a formação de vasos sanguíneos que liberam fatores tróficos pró-neurogênicos. Efeito contrário se produz no caso de estresse comportamental, que atua mediante a secreção de glicocorticoides antineurogênicos. A proliferação de precursores neuronais provocada por essas influências ambientais resulta na integração de uma parcela dos novos neurônios aos circuitos do hipocampo, onde eles se tornam funcionais. Na vigência desses fatores ambientais pró ou antineurogênicos, a LTP aumenta ou diminui correspondentemente. No sistema olfatório há evidências semelhantes de influências ambientais sobre a neurogênese: o acasalamento, a gestação e a lactação, por exemplo, são fatores pró-neurogênicos identificados.

A PLASTICIDADE COMPENSA?

Todos os mecanismos celulares de resposta plástica do sistema nervoso às ações do ambiente, seja durante o desenvolvimento, seja na vida adulta, levam a uma indagação relevante para os profissionais da saúde: a plasticidade compensa? Essa pergunta implica questionar se as alterações neuroplásticas são compensatórias, ou seja, benéficas ao sistema nervoso atingido pelo ambiente (especialmente no caso de lesões), ou se podem ser maléficas, isto é, mal adaptativas e, finalmente, danosas ao indivíduo.

▶ A Plasticidade Maléfica

Há evidências experimentais de que a plasticidade pode ser danosa ao indivíduo. Já mencionamos que os amputados – cujo córtex cerebral sofre uma reorganização plástica – podem sentir "sensações fantasmas" (inclusive dor) no membro ausente, o que lhes causa considerável sofrimento (reveja a Figura 5.11). Especialmente intrigante, entretanto, é o experimento realizado há vários anos pelo psicólogo norte-americano Gerald Schneider. Schneider estudava o comportamento visuomotor de hamsters, interessado nos mecanismos neurais pelos quais esses animais eram capazes de orientar a sua cabeça e depois todo o corpo quando um estímulo relevante aparecia na região mais periférica de seu campo visual. Os animais eram colocados em uma plataforma alta e estreita da qual não podiam sair sem cair. Em seguida, eram ensinados a olhar para frente sem se mover. O pesquisador, então, agitava uma semente de girassol (alimento preferido dos hamsters) na periferia do campo visual por um dos lados, de trás para frente. Obviamente, todos os animais viravam a cabeça para a direita quando a semente de girassol entrava no campo visual pela direita, e o inverso acontecia para o lado esquerdo. Realizando lesões em diferentes locais do sistema visual desse animal, Schneider concluiu que esse comportamento dependia da integridade do mesencéfalo, especificamente de uma região deste chamada colículo superior, para onde se distribuía grande parte dos axônios da retina (veja maiores detalhes sobre o colículo no Capítulo 9). Os neurônios do colículo superior identificam a posição do estímulo no espaço e transmitem essa informação topográfica aos motoneurônios que comandam a musculatura do pescoço e do tronco. O resultado dessa organização funcional é um reflexo de orientação que possibilita o giro da cabeça e do tronco na direção da semente de girassol.

Pois bem. Quando a cirurgia experimental era feita logo após o nascimento, e desde que fosse realizada combinando lesões em certas regiões do sistema visual, ocorria plasticidade axônica ontogenética das fibras retinianas no colículo superior, de tal modo que o mapa topográfico do mundo visual passava a ser invertido no mesencéfalo. O

Neurociência Celular

Neurociência em Movimento

Quadro 5.1
Novos Neurônios no Cérebro Adulto: um Tipo Especial de Neuroplasticidade

▶ Walace Gomes-Leal*

Uma das maiores descobertas da Neurociência foi a revelação de que o cérebro adulto, mesmo em humanos, produz novos neurônios (neurogênese adulta) em regiões cerebrais específicas. Confirmou-se recentemente que a produção de novos neurônios acontece no giro denteado do hipocampo até em pessoas com 90 anos de idade.

O meu interesse pela neurogênese adulta começou quando li um estudo publicado em 2002 pelo neurocientista sueco Olle Lindvall e seu estudante Andreas Arvidsson da Universidade de Lund. Nesse estudo, eles mostraram que neuroblastos da zona subventricular (ZSV) migravam para o corpo estriado de ratos adultos submetidos a acidentes vasculares encefálicos (AVE) experimentais. Mostraram também que os neuroblastos, além de migrarem, diferenciavam-se progressivamente em neurônios estriatais adultos e substituíam parcialmente os que morriam após o AVE. Foi a prova de princípio de que neurônios eliminados após uma doença aguda do cérebro podiam ser substituídos por um mecanismo endógeno de reparo envolvendo neurogênese adulta.

Escrevi para o professor Olle e ele me aceitou como pós-doutorando em seu laboratório em 2006. Eu tinha experiência com modelos experimentais de AVE e trauma e já tinha estudado bastante a participação da microglia, o conjunto de macrófagos do sistema nervoso central, nos mecanismos lesivos de um trauma ou AVE. Na Suécia, começamos a investigar como as células da microglia reagem nas regiões neurogênicas após um AVE experimental. Mostramos que, no estriado isquêmico, células microgliais podem contribuir para a migração de neuroblastos ou, então, para a morte deles, dependendo do nicho anatômico estriatal (Figura 2a-f). Na ZSV, as células microgliais eram espacialmente associadas com neuroblastos e liberavam fatores tróficos como o fator de crescimento semelhante à insulina (IGF-1), desempenhando um papel benéfico (Figura 2g-i). Quando voltei ao Brasil, consegui demonstrar que a modulação da atividade microglial com o anti-inflamatório indometacina aumenta a migração de neuroblastos para o estriado, contribuindo para a neuroproteção em modelos experimentais de isquemia em roedores.

Recentemente, uma das áreas mais interessantes no campo da neurogênese adulta é a possível relação entre a produção de novos neurônios no hipocampo e os transtornos afetivos, incluindo depressão e ansiedade. Evidências sugerem que o estresse crônico pode induzir a morte dos novos neurônios hipocampais, desregulando o controle do estresse pelo hipotálamo e criando um ciclo vicioso que poderia culminar em transtornos afetivos. Em humanos, isso poderia impactar a memória e a flexibilidade cognitiva, contribuindo para a gênese de depressão e ansiedade. No final da década de 1990, mostrou-se que a atividade motora é um poderoso indutor de neurogênese hipocampal em roedores, o que originou a hipótese de que a atividade física poderia ser usada como indutor neurogênico em humanos.

Atualmente, investigo a possibilidade de que exercícios diários em ambientes naturais possam contribuir para a diminuição dos sintomas de depressão e ansiedade em humanos e de que isso ocorra, pelo menos em parte, por alterações na neurogênese hipocampal adulta, o que pode ser inferido indiretamente por alterações no volume hipocampal. Assim, intervenções neurogênicas podem tornar-se uma importante ferramenta em psicologia e psiquiatria.

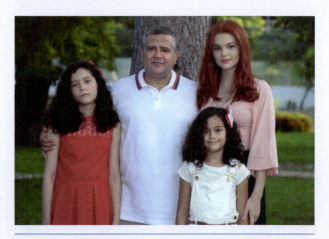

▶ **Figura 1.** Walace Gomes Leal e sua família em um parque da cidade de Santarém, no Pará, sua cidade natal, em março de 2021. Foto de Jonas Moita.

---

* Professor associado da Universidade Federal do Oeste do Pará (UFOPA). Correio eletrônico: wgomesleal@gmail.com

Os Neurônios se Transformam

▸ **Figura 2.** Ativação microglial e sua relação com a neurogênese adulta após isquemia estriatal experimental. Na região dorsal do corpo estriado isquêmico, células microgliais hiperativadas (marcadas em verde) dificultam a migração de neuroblastos (em vermelho) (**a-b**). Por outro lado, células microgliais menos ativadas estão presentes no mesmo nicho anatômico de neuroblastos migratórios na região do estriado ventral do mesmo animal de experimentação, uma semana após a indução isquêmica (**c-d**). Nesse mesmo tempo de sobrevida, células microgliais correlacionam-se espacialmente com neuroblastos migratórios na zona subventricular (setas brancas em **e-f**). vl = ventrículo lateral; ZSV = zona subventricular. Escalas: **a-d** (100 μm); **c-f** (200 μm). Adaptado de Gomes-Leal W. *Brain and Behaviour*. 2012;2:345-356.

Neurociência Celular

▶ **Figura 5.21.** Neurogênese adulta na zona subventricular (**A**) e no hipocampo (**B**). As células-tronco situadas na zona subventricular proliferam e migram em sentido rostral até atingirem o bulbo olfatório, onde se estabelecem. No caso da camada subgranular do giro denteado, os neurônios recém-nascidos integram-se à circuitaria da região. Modificado de Lledo PM et al. *Nature Reviews. Neuroscience*. 2006;7:179-193.

animal passava a exibir um comportamento visuomotor bizarro: quando confrontado com uma semente de girassol em um lado de seu campo visual, sua cabeça girava para o lado oposto! O experimento mostrou que as conexões anômalas formadas entre a retina e o mesencéfalo após as lesões se haviam tornado funcionais, embora sua ação levasse a um comportamento anormal. Com base nesse resultado, Schneider propôs a tese de que a neuroplasticidade nem sempre levaria à restauração funcional; ao contrário, poderia levar a resultados mal adaptativos e, portanto, danosos ao indivíduo. Schneider avançou mais em sua proposição: seria possível imaginar que algumas doenças neurológicas e mentais pudessem resultar de lesões ocorridas durante o desenvolvimento, seguidas de alterações plásticas mal adaptativas. Essa hipótese pioneira tem sido comprovada em anos recentes pela possibilidade de detectar a reorganização dos circuitos cerebrais utilizando registros da atividade neural por eletro ou magnetoencefalograma ou, de modo mais preciso, por ressonância magnética.

Os Neurônios se Transformam

> **Figura 5.22.** Magnetoencefalograma realizado nos dois lados do cérebro de indivíduos distônicos revelou alterações no mapa somatotópico do hemisfério esquerdo, que recebe informações da mão direita. D1, D2 etc. referem-se aos dedos, numerados do polegar em diante. Observe que a representação topográfica dos dedos está preservada no hemisfério direito (= mão esquerda), mas estranhamente aglomerada no hemisfério esquerdo (= mão direita). Modificado de Elbert T et al. *NeuroReport*. 1998;9:3571-3575.

Veja, por exemplo, o que acontece com uma pequena proporção dos músicos que apresentam distonia focal, um distúrbio motor causado por excesso de prática motora com os dedos. Os dedos travam e a pessoa perde o controle fino necessário para o desempenho musical. A História registra que esse talvez tenha sido o distúrbio que interrompeu a carreira de pianista do famoso compositor alemão do período romântico Robert Schumann. O magnetoencefalograma desses artistas mostra fusão da representação cortical dos dedos no hemisfério cerebral que comanda a mão doente (Figura 5.22). Esse distúrbio causado por plasticidade mal adaptativa foi também relatado em escritores e digitadores, usuários "excessivos" dos dedos da mão.

▶ A Plasticidade Benéfica

O valor compensatório dos fenômenos plásticos também tem sido explorado pelos neurocientistas. Aliás, o senso comum mesmo admite que os cegos, por exemplo, têm maior acuidade auditiva que os indivíduos que veem. Outros dizem que os cegos têm também uma percepção tátil mais apurada que os demais, que talvez seja a responsável pela sua extremas sensibilidade e rapidez na leitura dos caracteres Braille. Que grau de verdade existe nessas suposições?

Os neurocientistas têm utilizado recentemente a sutura palpebral dos primeiros estudos experimentais em animais como um modelo de cegueira. Só que, neste caso, empregam a sutura dos dois olhos. Primeiramente realizaram experimentos comportamentais em gatos suturados, comparando o desempenho de sua audição e de sua percepção somestésica com a de gatos normais. Verificaram que sua capacidade de localização espacial de sons era melhor que a dos gatos normais e que a sua capacidade de investigar o ambiente com as vibrissas[G] era pelo menos tão boa quanto a dos animais normais. Em seguida, estudaram as áreas do córtex cerebral dedicadas à localização espacial dos sons e constataram que elas se apresentavam aumentadas, tendo invadido regiões que, nos gatos normais, eram dedicadas a funções visuais. Nessas regiões, além disso, verificou-se que os neurônios eram mais precisamente sintonizados para estímulos localizados no ambiente do que no caso dos animais normais. Resultados semelhantes foram obtidos quando se analisaram as regiões somestésicas vizinhas: elas também haviam invadido as áreas que anteriormente processavam informações visuais.

Em seres humanos, exemplos de plasticidade compensatória têm sido produzidos por experimentos de treinamento cerebral (veja o Quadro 5.2) e mostrados por meio das técnicas de imagem funcional capazes de revelar as regiões ativas do cérebro. Desse modo, já se mostrou que as regiões linguísticas de indivíduos surdos que utilizam linguagem de sinais são bastante diferentes em sua organização e extensão; que os cegos apresentam ativação das áreas visuais quando submetidos à estimulação auditiva e quando realizam leitura Braille (Figura 5.23) e, além disso, possuem uma representação maior da região do córtex motor que controla os dedos que leem Braille; e até que os violinistas treinados desde a infância possuem maior representação cortical dos dedos da mão esquerda!

Os mecanismos celulares da plasticidade compensatória não estão completamente esclarecidos. É possível pensar em várias hipóteses, ainda não inteiramente demonstradas: (1) entrada em atividade de circuitos previamente existentes, antes silenciosos; (2) estabilização de conexões transitórias, que desapareceriam em circunstâncias normais; ou (3) brotamento colateral de axônios vizinhos às regiões lesadas ou inativas.

Neurociência Celular

Neurociência do Cotidiano

Quadro 5.2
A Força do Treinamento Cerebral*

Imagine que você deseja tirar os óculos. É muito fácil: você já nem lembra quando e como aprendeu a fazer os movimentos certos, mas eles saem no automático. Agora pense como isso é difícil para os portadores de deficiências motoras: algum elo na cadeia de comando de controle motor está interrompido e o movimento não sai. Mesmo que eles saibam como fazê-lo e imaginem corretamente a sequência motora adequada.

Será que seria possível treinar o cérebro para conseguir melhorar esse desempenho, ativando mais fortemente as áreas motoras do córtex cerebral? Quem sabe isso pudesse ser feito se a pessoa aprendesse a aumentar a atividade do seu próprio cérebro. Mas de que modo ela vai saber como anda a atividade dos seus neurônios motores?

Um grande passo na direção de ajudar os deficientes motores foi dado pelo grupo de pesquisa de minha colega Fernanda Tovar-Moll, em trabalho de parceria entre o Instituto D'Or de Pesquisa e Ensino e o Instituto de Ciências Biomédicas da UFRJ. O grupo utilizou uma tecnologia que se chama treinamento cerebral.

O objetivo inicial era testar a hipótese de que a técnica consegue aumentar a atividade cerebral das áreas que comandam a motricidade apenas pela imaginação do ato motor desejado. Foram escolhidos cerca de 40 voluntários jovens, sadios e sem deficiência motora. Todos eram levados ao equipamento de ressonância magnética, capaz de captar em tempo real a atividade das redes neurais envolvidas com o comando dos movimentos, desde a imaginação destes até a sua execução final. Cada voluntário tinha acesso visual à intensidade da atividade cerebral por meio de uma barra azul que aumentava e diminuía à medida que eles imaginavam – veja bem: *imaginavam* – tamborilar com os dedos da mão direita em uma sequência previamente combinada: indicador-mindinho-dedo médio-polegar... e assim por diante.

O grupo foi dividido aleatoriamente em dois subgrupos: um que tinha acesso à sua própria atividade cerebral durante os movimentos e outro que tinha acesso ao sobe-e-desce da barra azul sem que isso representasse os seus movimentos. O primeiro grupo era o experimental de treinamento cerebral. O segundo era o grupo de controle, que não tinha recebido uma correta informação de retorno sobre a sua atividade cerebral.

Antes, durante e depois de cada sessão, o equipamento de ressonância magnética apresentava aos pesquisadores a comparação das imagens, revelando vários aspectos da funcionalidade e da estrutura do cérebro.

Embora ao final a qualidade dos movimentos tivesse sido a mesma nos dois grupos, os voluntários que recebiam a informação sobre o seu próprio cérebro pela barrinha azul adquiriam a capacidade de aumentar tanto a conectividade funcional quanto a conectividade estrutural da sua rede motora! O mesmo não acontecia no grupo de controle.

A conclusão é simples: o treinamento cerebral funciona. Trata-se de uma nova forma, dinâmica e ultrarrápida, de plasticidade neural: neuroplasticidade imediata. Conseguimos alterar a atividade elétrica de nossos próprios neurônios pela nossa vontade, apenas imaginando fortemente os movimentos que desejamos fazer!

Com o olhar em uma possível aplicação na reabilitação de casos de deficiência motora por lesão cerebral, o grupo de pesquisa, obviamente, pretende dar sequência aos experimentos já numa perspectiva de utilização prática dos resultados. Um belo exemplo de pesquisa translacional que gera novos conceitos e aponta para a solução de problemas práticos da saúde humana.

▶ **Figura 1.** Um exemplo de treinamento cerebral: o voluntário na máquina de ressonância é informado em tempo real sobre a atividade do seu cérebro pela barra azul ao imaginar um movimento. O treinamento aumenta a atividade das redes cerebrais envolvidas no processo. Ilustração cedida por Theo Marins, aluno de pós-doutorado e primeiro autor do trabalho.

Referência
Marins T et al. Structural and functional connectivity changes in response to short-term neurofeedback training with motor imagery. *NeuroImage*. 2019;194:283-290.

Publicado em O Globo Online *em 11/7/2019*

Os Neurônios se Transformam

▸ **Figura 5.23.** Nos cegos, a imagem de ressonância funcional mostra ativação do córtex visual (V) quando o indivíduo realiza uma leitura Braille, ao contrário do vidente, que praticamente só apresenta ativação das regiões somestésicas do córtex cerebral. Modificado de Sadato N et al. *NeuroImage*. 2002;16:389-400.

PLASTICIDADE E EDUCAÇÃO

A neuroplasticidade – entendida como a propriedade do sistema nervoso de modificar-se em resposta a interações com o ambiente – é um dos fenômenos mais importantes da educação. Esta é uma intervenção do ambiente social, altamente estruturada seja no âmbito da família ou no sistema escolar, que tem a intenção explícita de promover a aprendizagem e, assim, modificar o pensamento e o comportamento dos indivíduos, preparando-os para a vida social. A educação existe em praticamente todas as civilizações humanas atuais, mesmo nas populações indígenas que vivem nos mais longínquos e isolados recantos.

Como já vimos neste capítulo, pode-se abordar a plasticidade de várias maneiras, desde o nível molecular/celular até o nível psicológico de interação entre as pessoas. De toda essa escala do micro ao macro, você acompanhou mais de perto a ponta micro, já que posicionei o capítulo na parte celular dos conceitos do sistema nervoso. Raciocinando com o que expus, é fácil concluir que no cérebro de um aprendiz entram em ação quase todos os mecanismos descritos: os axônios se reorganizam à medida que a pessoa aprende alguma habilidade, e assim também o fazem os dendritos e os corpos celulares. E, obviamente, também as sinapses apresentam todos os exemplos de plasticidade aqui descritos. Por exemplo, suponha que uma criança está aprendendo a ler. A professora lhe apresenta símbolos gráficos – as letras do alfabeto – que devem ser associados a sons específicos do português. É a famosa associação grafema-fonema, que a criança aprende a realizar antes mesmo de compreender o sentido das palavras e construir ideias mais complexas a partir dos períodos mais longos que começa a ler.

As letras são captadas pelo sistema visual e o percorrem desde a retina até as regiões do córtex cerebral. O neurocientista francês Stanislas Dehaene, estudando o processamento da leitura no córtex por meio de técnicas de ressonância magnética funcional, descobriu uma região específica do lobo temporal[A] que reconhece a forma das letras e das palavras que elas formam. Isso significa que, nessa região, a chegada repetida desses tracinhos retos e curvos combinados nas letras e palavras provavelmente gera combinações de LTP e LTD nas sinapses locais, que, aos poucos, vão modificando a expressão gênica necessária para consolidar as espinhas dendríticas e suas sinapses de modo permanente. Os circuitos da leitura vão ficando definidos e estabilizados. Como a escrita – e, consequentemente, a leitura – são invenções muito recentes da cultura humana (têm cerca de 4-5 mil anos), esse fenômeno deve ter-se dado pela "ocupação" de áreas cerebrais que teriam outra destinação funcional para o processamento da leitura. O adjetivo "recente", aqui, é utilizado com um sentido evolutivo, e não histórico. Alguns milhares de anos representam muito pouco para que a evolução atue e estabilize as mutações funcionalmente vantajosas. Logo, a explicação para essa adaptação da fisiologia cerebral deve ser buscada na plasticidade. Esse é o caso também da matemática, cuja

179

"leitura" baseia-se em símbolos para números e operações. Você não vai acreditar, mas aqueles entre nós que aprenderam matemática e se tornaram professores de matemática ou matemáticos profissionais apresentam uma região cortical específica para o processamento dos símbolos correspondentes. Por outro lado, os analfabetos utilizam essas mesmas áreas para o reconhecimento de faces, uma função de grande importância biológica, mas que não depende da educação. O fenômeno de "ocupação" das regiões cerebrais para o processamento de novas habilidades aprendidas pode ser chamado reciclagem neural, e é uma forma de plasticidade baseada provavelmente na extensão de circuitos e arborizações axônicas para além de seus limites geneticamente determinados.

O mesmo ocorre para os sons da língua que aprendemos. Há uma capacidade inata dos bebês recém-nascidos, durante o primeiro ano de vida, de reconhecerem quase automaticamente os sons de qualquer língua. Depois de um ano, essa habilidade diminui e a criança se limita a aprender a língua (ou mais de uma) que seus pais e família mais próxima falam. Mais adiante aprendem a associar esses sons aos símbolos da escrita. Isso significa que os circuitos neurais estabilizados para as sonoridades da língua estendem-se para corresponder também aos padrões visuais da escrita.

Mais um exemplo de plasticidade, provavelmente também por reciclagem neural.

Embora se possa aprender sozinho, na maioria das vezes a educação é mediada por uma interação bilateral entre uma professora e um ou mais alunos. Quer dizer: o cérebro da professora dispõe de uma certa arquitetura funcional de circuitos neuronais que pode ser transmitida a outros cérebros – os dos alunos. É o que chamo de *plasticidade transpessoal*, a modalidade mais "macro" da neuroplasticidade, ainda muito mal conhecida, mas que pode já ser estudada utilizando-se técnicas de hiperescaneamento: usando EEG, ressonância magnética funcional ou uma tecnologia mais recente chamada espectroscopia de infravermelho próximo, podemos captar simultaneamente a atividade cerebral regional de diversas pessoas e, assim, estudar as sincronias e assincronias da atividade cerebral entre os cérebros interativos. É como um casal ou um grupo que dança: os movimentos podem ser os mesmos ou não, mas há de haver algum tipo de correspondência entre os passos de um e os passos dos outros para que a dança faça sentido e possa ser denominada como tal. Os mecanismos da plasticidade transpessoal ainda são desconhecidos e deverão esperar a 4ª edição deste livro para aparecerem por aqui.

Glossário

Catarata: condição patológica na qual os meios transparentes do olho se tornam opacos, impedindo a passagem de luz e, assim, bloqueando a visão.

Células ganglionares retinianas: neurônios cujos axônios saem da retina pelo nervo óptico, levando informações ao cérebro. Recebem sinapses de outras células retinianas situadas em camadas adjacentes. Maiores detalhes no Capítulo 9.

Desaferentação: retirada, geralmente cirúrgica ou acidental, das fibras aferentes que de outro modo inervariam uma determinada região do SNC.

Distal: qualificativo para qualquer estrutura situada longe de um ponto de referência (no caso, o corpo do neurônio cujo axônio foi lesado). É o contrário de proximal.

Eletrofisiologia: conjunto de técnicas de captação e registro em papel, fita magnética ou computadores dos potenciais elétricos produzidos pelas células isoladamente, por grupos pequenos de células ou por populações inteiras.

Espinhas dendríticas: pequenas protrusões que emergem dos troncos dendríticos de certos neurônios sobre as quais se estabelecem muitas sinapses axodendríticas.

Estrabismo: condição patológica na qual ocorre desalinhamento de um ou de ambos os olhos, provocando a visão de imagens duplas.

Fatores de transcrição: proteínas que controlam a síntese de RNA mensageiro de genes específicos, interagindo com o DNA ou atuando indiretamente próximo a ele.

Fluxo axoplasmático anterógrado: corrente de substâncias carreadas pelos microtúbulos do axônio do corpo celular para os terminais sinápticos.

Genes imediatos: genes ativados rápida e transitoriamente pela atividade neuronal por meio de proteína-cinases que migram até o núcleo. Sua ação pode ser exercida diretamente nos genes tardios ou pelas proteínas que sintetizam.

Interneurônio: neurônio de circuito local, com axônio curto, que estabelece conexão dentro de uma mesma região ou núcleo, ou entre regiões ou núcleos vizinhos. Alguns são inibitórios, outros são excitatórios.

Microeletródio: geralmente um cone de vidro de ponta finíssima (frações de micrômetro de diâmetro), cheio com uma solução iônica e ligado a um sistema de amplificação capaz de captar mínimas correntes ou potenciais elétricos produzidos pela membrana da célula.

Microscópio confocal: tipo de microscópio cujo sistema de iluminação é um raio *laser* que varre a preparação, provocando a emissão de luz por moléculas fluorescentes. A imagem obtida tem a vantagem de apresentar ótimo contraste em um plano focal restrito.

180

Os Neurônios se Transformam

Protease: enzima que degrada proteínas em peptídeos menores e em aminoácidos isolados. Também são chamadas enzimas proteolíticas.

Proximal: qualificativo para qualquer estrutura situada perto de um ponto de referência (no caso, o corpo do neurônio cujo axônio foi lesado). É o contrário de distal.

Sifão: protrusão carnosa das aplísias, situada acima da brânquia, que expele água do mar e restos alimentares.

Somestesia: percepção do corpo por meio do tato, dos movimentos corporais, da posição dos membros no espaço, da temperatura e da dor. Ver o Capítulo 7 para maiores detalhes.

Vibrissas: bigodes ou pelos longos e espessos localizados no focinho de vários animais, como os felinos e os roedores, e que constituem verdadeiros órgãos de exploração tátil do ambiente.

Leia Mais

▶ Leitura Básica

Lent R. Neuroplasticidade. In: Lent R. (coord.) *Neurociência da Mente e do Comportamento.* (Rio de Janeiro: Guanabara-Koogan, 2008. p. 111-132. Texto resumido sobre as principais formas de neuroplasticidade.

Sanes JR, Jessell TM. A restauração do encéfalo lesionado. In: Kandel ER et al. (orgs.) *Princípios de Neurociências.* 5ª ed. trad. Porto Alegre: McGraw-Hill-Artmed, 2014. p. 1120-1137. Texto focado na regeneração neural.

Sanes JR, Jessell TM. A experiência e o refinamento de conexões sinápticas. In: Kandel ER et al. (orgs.) *Princípios de Neurociências.* 5ª ed. trad. Porto Alegre: McGraw-Hill-Artmed, 2014. p. 1098-1119. Texto aprofundado descrevendo os mecanismos da plasticidade sináptica e dos circuitos neurais.

Bear MF, Connors BW, Paradiso MA. *Neurociência – Desvendando o Sistema Nervoso.* 4a ed. Porto Alegre: Artmed, 2017. p. 865-899. Texto didático que cobre a plasticidade sináptica e sua relação com a memória.

Lent R. *O Cérebro Aprendiz – Neuroplasticidade e Educação.* Rio de Janeiro: Atheneu, 2019. 136 p. Livro com texto acessível relacionando os conceitos da plasticidade com a aprendizagem e a educação em geral.

▶ Leitura Complementar

Clássicos

Hebb DO. *The Organization of Behavior:* A Neuropsychological Theory. Nova York, EUA: Science Editions, 1961. 335 p.

Hubel DH, Wiesel TN. The period of susceptibility to the physiological effects of unilateral eye closure in kittens. *Journal of Physiology.* 1970;206:419-436.

Bliss TP, Lømo T. Long-lasting potentiation of synaptic transmission in the dentate area of the anaesthetized rabbit following stimulation of the perforant path. *Journal of Physiology.* 1973;232:331-356.

Hubel DH. The visual cortex of normal and deprived monkeys. *American Scientist.* 1979;67:532-543.

Ito M. Long-term depression. *Annual Review of Neuroscience.* 1989;12:85-102.

Antonini A, Stryker M. Rapid remodelling of axonal arbors in the visual cortex. *Science.* 1993;260:1819-1821.

Kirkwood A, Bear MF. Hebbian synapses in visual cortex. *Journal of Neuroscience.* 1994;14:1634-1645.

Carter DA, Bray GM, Aguayo AJ. Regenerated retinal ganglion cell axons form normal numbers of boutons but fail to expand their arbors in the superior colliculus. *Journal of Neurocytology.* 1998;27:187-196.

Ramachandran VS, Rogers-Ramachandran D. Phantom limbs and neural plasticity. *Archives of Neurology.* 2000;57:317-320.

Recentes

Simões EL, Bramati I, Rodrigues E, Franzoi A, Moll J, Lent R, Tovar-Moll F. Functional expansion of sensorimotor representation and structural organization of callosal connections in lower limb amputees. *Journal of Neuroscience.* 2012;32:3211-3220.

Ito M, Yamaguchi K, Nagao S, Yamazaki T. Long-term depression as a model of cerebellar plasticity. *Progress in Brain Research.* 2014;210:1-30.

Tovar-Moll F, Monteiro M, Andrade J, Bramati I, Vianna-Barbosa R, Marins T, et al. Structural and functional brain rewiring clarifies preserved inter-hemispheric transfer in humans born without the corpus callosum. *Proceedings of the National Academy of Sciences, USA.* 2014;111:7843-7848.

Mietto BS, Mostacada K, Martinez AMB. Neurotrauma and inflammation: CNS and PNS responses. *Mediators of Inflammation.* 2015;2015:251204.

Kempermann G, Gage FH, Aigner L, Song H, Curtis MA, Thuret S, et al.. Human adult neurogenesis: evidence and remaining questions. *Cell Stem Cell.* 2018;23:25-30.

Hofer AS, Schwab ME. Enhancing rehabilitation and functional recovery after brain and spinal cord trauma with electrical neuromodulation. *Current Opinion in Neurology.* 2019;32:828-835.

Bahia CP, Vianna-Barbosa RJ, Tovar-Moll F, Lent, R. Terminal arbors of callosal axons undergo plastic changes in early-amputated rats. *Cerebral Cortex.* 2019;29:1460-1472.

Ribic A, Biederer T. Emerging roles of synapse organizers in the regulation of critical periods. *Neural Plasticity.* 2019;2019:1538137.

Bonetto G, Kamen Y, Evans KA, Káradóttir RT. Unraveling myelin plasticity. *Frontiers in Cellular Neuroscience.* 2020;14:156.

Harris K. Structural LTP: from synaptogenesis to regulates synapse enlargement and clustering. *Current Opinion in Neurobiology.* 2020:63:189-197.

Baroncelli L, Lunghi C. Neuroplasticity of the visual cortex: in sickness and in health. *Experimental Neurology.* 2020;335:113515.

Makin TR, Flor H. Brain (re)organization following amputation: Implications for phantom limb pain. *Neuroimage.* 2020;218:116943.

Runge K, Cardoso C, de Chevigny A. Dendritic spine plasticity: Function and mechanisms. *Frontiers in Synaptic Neuroscience.* 2020;12:36.

Forbes LH e Andrews MR. Advances in human stem cell therapies: pre-clinical studies and the outlook for central nervous system regeneration. *Neural Regeneration Research.* 2021;16:614-617.

Qu W-R, Zhu Z, Liu J, Song D-B, Tian H, Chen B-P, Li R, Deng L-X. Interactions between Schwann cells and other cells during repair of peripheral nerve injury. *Neural Regeneration Research.* 2021;16:93-98.

6

Os Detectores do Ambiente

Receptores Sensoriais e a Transdução: Primeiros Estágios para a Percepção

Composição mista, de Anna Letycia (1962), xilogravura

Saber o Principal

Resumo

A percepção começa quando uma forma qualquer de energia incide sobre as interfaces situadas entre o corpo e o ambiente, sejam elas externas (na superfície corporal) ou internas (nos órgãos). Nessas interfaces localizam-se células especiais capazes de traduzir a linguagem do ambiente para a linguagem do sistema nervoso: os receptores sensoriais. São eles que definem o que comumente chamamos *sentidos*: visão, audição, sensibilidade corporal, olfação e gustação. O nosso cérebro, entretanto, é capaz de sentir muito mais – consciente e inconscientemente – do que esses cinco sentidos clássicos permitem supor. Ele detecta alterações sutis da posição do corpo quando nem nos damos conta disso, mudanças sutis da pressão, composição e temperatura do sangue que jamais chegam à nossa consciência, imperceptíveis movimentos viscerais.

Mesmo se considerarmos os grandes sentidos ou modalidades sensoriais, em cada um deles perceberemos diferentes aspectos (submodalidades): visão de cores, de movimento; sensibilidade tátil, térmica, dolorosa; audição de diferentes tons, timbres e intensidades dos sons; e assim por diante. No fim das contas, os receptores começam a esboçar as respostas às principais perguntas que os sistemas sensoriais suscitam: O que sentimos? Onde está o que sentimos? Quanto sentimos? Por quanto tempo?

Os receptores sensoriais são especializados na detecção de certas formas de energia: mecânica (mecanorreceptores), luminosa (fotorreceptores), térmica (termorreceptores) e química (quimiorreceptores). Isso porque possuem, em sua membrana plasmática, proteínas capazes de absorver seletivamente uma única forma de energia e passar a mensagem para a membrana na forma de um potencial bioelétrico. Cada tipo, além disso, subdivide-se em subtipos ainda mais específicos: há mecanorreceptores que detectam sons, há os que detectam estímulos incidentes sobre a pele, há os que detectam alongamento dos músculos e vários outros. Também há fotorreceptores especializados em detectar radiação próxima do azul, outros mais sensíveis à radiação próxima do verde, e assim por diante.

Todos eles são capazes de produzir alterações lentas da voltagem da membrana, em tudo proporcionais aos parâmetros do estímulo, que podem, depois, ser transformadas em potenciais de ação, a unidade digital de código do sistema nervoso. A tradução da energia incidente nesses potenciais receptores lentos é chamada transdução, e a conversão análogo-digital destes para potenciais de ação é denominada codificação. Essas primeiras fases do processamento sensorial são tratadas neste capítulo. O que ocorre depois, já no âmbito das vias aferentes, será tratado nos capítulos seguintes.

Os Detectores do Ambiente

Se uma rocha se desprende de uma montanha onde não há qualquer animal, ela faz barulho? Uma fruta que ninguém provou tem gosto? A Terra era azul antes que o homem a visse do espaço? Questões como essas têm sido levantadas há muito tempo pelos filósofos, depois pelos psicólogos e, mais recentemente, pelos neurocientistas. Não são questões inteiramente resolvidas, mas admitem algumas considerações que dizem respeito aos sentidos e à percepção.

▶ O Mundo Real É Diferente do Mundo Percebido?

Os neurocientistas têm respostas negativas para essas perguntas. Não existe som se não há quem o ouça; não há gosto se alguém não o provar; não há cores sem que alguém as veja. Essas respostas, que de certa forma agridem o senso comum, têm uma explicação. As coisas do mundo existem independentemente umas das outras, é claro, e, porque existem, possuem atributos físicos e químicos que lhes são próprios. Assim, a rocha que se desprende da montanha emite vibrações que se propagam pelos meios materiais circundantes até se dissiparem à distância, mas essas vibrações só se transformarão em som se houver, nas proximidades, algum ser vivo dotado de um sistema nervoso com capacidade de senti-las e percebê-las como tais. Do mesmo modo, sem um sistema sensorial capaz de perceber como paladar algumas das substâncias presentes na fruta, elas só existem como entidades químicas. Finalmente, a Terra não tem cor se as radiações de diferentes comprimentos de onda que ela reflete não puderem ser absorvidas seletivamente pelos neurônios sensoriais especializados da visão humana.

Existem, portanto, pelo menos dois mundos na natureza: o mundo real e o mundo percebido. Serão iguais, o segundo um reflexo do primeiro? Ou diferentes, um e outro com distintos atributos? Novamente, a resposta que as neurociências trazem a essa questão antiga surpreenderá o senso comum: o mundo percebido é diferente do mundo real.

Duas pessoas não percebem do mesmo modo uma obra musical. Além disso, a mesma pessoa não perceberá igualmente a mesma música se a ouvir em momentos diferentes de sua vida. Há duas razões para isso. Primeiro, as capacidades sensoriais dos neurônios auditivos são ligeiramente diferentes nos diversos indivíduos, tanto porque o seu genoma é distinto, como porque foram submetidos a diferentes experiências e influências ambientais. Segundo, o mesmo indivíduo atravessa diversos estados fisiológicos e psicológicos ao longo de um dia e ao longo da vida, e esses estados – níveis de consciência, estados emocionais, saúde, doença – são capazes de modificar as informações que os sentidos veiculam, provocando percepções dessemelhantes.

Se o mundo real é diferente do mundo percebido, torna-se muito importante compreender o que os distingue e como isso ocorre. É o sistema nervoso o "culpado", em particular as regiões neurais que compõem os sistemas sensoriais. Importa, então, definir preliminarmente esses conceitos. *Sensação* é a capacidade que os animais apresentam de codificar certos aspectos da energia física e química que os circunda, representando-os como impulsos nervosos capazes de ser "compreendidos" pelos neurônios. A sensação permite a existência dos *sentidos*, ou seja, das diferentes modalidades sensoriais que advêm da tradução, pelo sistema nervoso, das diversas formas de energia existentes no ambiente. A energia luminosa, por exemplo, em certas condições dá origem ao sentido da visão. A energia mecânica vibratória pode originar o sentido da audição, mas pode também se transformar em tato ou mesmo em dor. *Sistemas sensoriais*, então, representam os conjuntos de regiões do sistema nervoso, conectadas entre si, cuja função é possibilitar as sensações.

Já *percepção* é um tanto diferente. Trata-se da capacidade de vincular os sentidos a outros aspectos da existência, como o comportamento, no caso dos animais em geral, e o pensamento e as emoções, no caso dos seres humanos. O sentido da audição nos permite detectar diferentes sons, por exemplo, mas é a percepção auditiva que nos permite identificar, apreciar e lembrar uma música. Igualmente, o sentido da visão permite-nos detectar os diversos objetos de uma sala, mas é a percepção visual que nos possibilita diferenciar um copo de um pente, pegá-los com a mão e saber usá-los adequadamente. E a percepção somestésica é que nos permite discernir entre um toque amoroso e outro agressivo, mesmo que sejam de igual intensidade. A percepção, portanto, apresenta um nível de complexidade mais alto do que a sensação, e por isso mesmo ultrapassa os limites estruturais dos sistemas sensoriais, envolvendo também outras partes do sistema nervoso, de funções não sensoriais. A percepção atingiu níveis mais altos na espécie humana: homens e mulheres são capazes de planejar e construir novos objetos, alguns deles destinados a ampliar ainda mais a sua capacidade perceptual; indagar-se sobre a origem, o passado e o futuro das coisas que percebem e até mesmo imaginar coisas imperceptíveis na ausência de qualquer estimulação sensorial correspondente. Os diferentes sistemas sensoriais são tratados nos Capítulos 7 a 10, e a percepção, no Capítulo 17. Neste capítulo, verificaremos apenas como tudo isso começa.

▶ Para Que Serve a Informação Sensorial?

Em geral, acreditamos que toda informação sensorial resulta necessariamente em percepção, tornando-se consciente, mas não é assim. A percepção é apenas uma das consequências da sensação, e esta nem sempre se torna inteiramente disponível à nossa consciência, pois é filtrada pelos mecanismos de atenção, emoção, sono e outros. Por exemplo: neste exato momento em que você lê este capítulo, talvez haja sons no ambiente que não estão sendo

185

percebidos, embora se possa provar que estão ativando os neurônios do seu ouvido. Talvez também haja outros objetos, ao redor do livro, que você não percebe, apesar de estarem formando imagens nas suas retinas, ativando os neurônios aí presentes. Felizmente, a percepção é mais seletiva que os sentidos: o sistema nervoso tem mecanismos para bloquear as informações sensoriais irrelevantes a cada momento da vida do indivíduo, permitindo que ele se concentre em apenas um pequeno número de informações mais importantes. É isso que possibilita que você aprenda o que está lendo: sua atenção está concentrada no texto, e não na mosca que esvoaça ao redor. Talvez isso lhe pareça pouco importante, mas pode ser questão de vida ou morte: a presa deve concentrar sua atenção no predador, senão... E você, quando dirige, deve-se concentrar no que está à frente do carro, e não no celular a seu lado...

A informação sensorial tem outras "utilidades", além da percepção: (1) permite o controle da motricidade; (2) participa da regulação das funções orgânicas; e (3) contribui para a manutenção da vigília. No primeiro caso, para que os nossos movimentos sejam corretos, isto é, atinjam os objetivos a que se propõem, é preciso que o sistema nervoso perscrute o ambiente para planejar corretamente os movimentos e, depois, monitore como eles estão sendo executados. Essa tarefa é realizada pelos sistemas sensoriais. Um exemplo: suponhamos que durante a leitura você precise virar a página do livro. Você primeiro visualiza a exata posição do livro sobre a mesa para que o seu sistema motor[G] possa planejar e, depois, executar os movimentos adequados do braço, da mão e dos dedos. Durante a própria execução dos movimentos, o sistema motor recebe informações sensoriais vindas dos músculos, das articulações e da superfície cutânea do membro que lhe permitem checar se a tarefa (virar a página) está sendo cumprida corretamente, corrigindo os erros de trajeto e execução que porventura estejam sendo cometidos. Nesse processo, não é necessário que as informações sensoriais se tornem conscientes, isto é, que sejam percebidas, porque são irrelevantes para a compreensão do que está sendo lido.

A segunda "utilidade" da informação sensorial é a regulação das funções dos órgãos em geral, dos vasos sanguíneos e até do próprio cérebro, o que é também feito automaticamente, sem atingir a consciência. Exemplo: quando faz calor, suamos às vezes sem perceber, o que se dá pela ativação neural das células secretoras das glândulas sudoríparas e pela dilatação dos vasos sanguíneos que as irrigam obtida também mediante comandos neurais. Quem informa, entretanto, os neurônios que comandam as glândulas e os vasos sanguíneos que a temperatura subiu? Mais imperceptível ainda é a regulação das características físico-químicas do sangue, feita por receptores situados em alguns vasos sanguíneos e em certas regiões cerebrais. Você não tem a menor ideia de que o pH do seu sangue caiu um pouco ou de que a concentração de glicose variou ligeiramente, mas o seu cérebro é informado e toma as providências para reequilibrar esses parâmetros. Novamente, essa função é realizada pelos sistemas sensoriais, neste caso aqueles que monitoram as variações da temperatura da pele e os parâmetros físico-químicos do sangue.

Finalmente, a informação sensorial que constantemente bombardeia o sistema nervoso contribui para que este se mantenha desperto, sem que nos demos conta disso. O sono vem mais facilmente quando estamos em ambiente silencioso e escuro, ou seja, em condições de mínima estimulação sensorial. E acordamos de novo quando algum estímulo mais forte chega ao nosso cérebro – seja uma luz que se acende no quarto, um ruído mais forte nas proximidades ou o toque de alguém ao lado.

OS ATRIBUTOS DOS SENTIDOS

▶ O Que Sentimos: Modalidades e Submodalidades Sensoriais

O que sentimos? Quais as qualidades da experiência sensorial? "Sentimos" luz, ou seja, vemos. "Sentimos" sons, ou seja, ouvimos. Sentimos um toque nas costas ou uma fonte de calor. Sentimos dor. Sentimos um gosto na boca, ou um cheiro no ar. Os sentidos se tornam possíveis em razão de mecanismos de tradução para a linguagem neural das diversas formas de energia contidas no ambiente, o que torna possível classificá-los de acordo com essas formas de energia. Assim, em termos técnicos, os sentidos são chamados *modalidades sensoriais*, aceitando-se geralmente a existência de cinco: visão, audição, somestesia (que o senso comum chama impropriamente *tato*), gustação ou paladar e olfação ou olfato. Essa classificação diz respeito apenas às modalidades que se transformam em percepção, excluindo aquelas que geralmente não atingem a consciência, servindo apenas ao controle motor e à regulação das funções orgânicas.

Para cada uma dessas modalidades sensoriais, a forma de energia é única e característica, com exceção da somestesia. Assim, a visão é propiciada pela luz, que é definida como energia eletromagnética situada em uma faixa restrita de comprimentos de onda[G] chamada *espectro visível*[G]. O espectro visível não é o mesmo para cada espécie. Certos pássaros e insetos, por exemplo, como os beija-flores e as abelhas, percebem a radiação ultravioleta, invisível para nós. A audição é ativada pelo som, que é uma forma vibratória de energia mecânica que se propaga pelo ambiente em torno dos animais. A faixa de frequências[G] perceptíveis pelo sentido da audição é também limitada, e, por analogia com o sistema visual, é chamada *espectro audível*[G]. Semelhante

---

[G] *Termo constante do glossário ao final do capítulo.*

à visão, o espectro audível não é o mesmo em todas as espécies. Os cães e os morcegos, por exemplo, percebem ultrassons (muito agudos), inaudíveis para o ouvido humano. Do mesmo modo, as baleias e os elefantes percebem infrassons (muito graves) que também não são percebidos por nós. A olfação e a gustação são sentidos químicos, isto é, são ativados por substâncias químicas presentes no meio. A diferença é que as substâncias químicas que podemos cheirar são voláteis, portanto se difundem pelo ar, enquanto as que impressionam nosso paladar são veiculadas em meio líquido ou sólido. A somestesia é a única das modalidades sensoriais ativada por diferentes formas de energia: mecânica, térmica e química. O termo somestesia equivale a sensibilidade corporal (do grego *soma*, corpo + *aesthesis*, sensibilidade) e inclui toda sensação proveniente da estimulação da superfície e do interior do corpo.

Quando consideramos as modalidades sensoriais, estamos nos referindo à nossa capacidade de perceber luzes, sons, estímulos sobre o nosso corpo, cheiros e gostos. Entretanto, isso é pouco para dar conta de todos os atributos dos sentidos. É necessário, então, introduzir o conceito de *submodalidades sensoriais*, definidas como os aspectos qualitativos particulares de cada modalidade. Em visão, são submodalidades a visão de cores, a detecção de formas, a detecção de movimentos e outros atributos. São submodalidades da audição o reconhecimento de tons[G] e de timbres e a localização espacial dos sons. As submodalidades somestésicas são o tato, a sensibilidade térmica, a dor, a propriocepção[G] e outras. Na gustação, aceitamos como submodalidades básicas a sensibilidade a cinco sabores: doce, amargo, salgado, azedo e temperado. A olfação é diferente: são tantos os cheiros que podemos perceber (milhares!), que não é possível definir submodalidades básicas como nos outros sentidos.

▶ Onde, Quanto e por Quanto Tempo Sentimos

A experiência sensorial, além de permitir identificar o tipo (modalidade) de estímulo que incide sobre nosso corpo, possibilita também, dentro de certos limites, saber de onde ele se origina, medir a quantidade de energia que ele encerra e por quanto tempo se mantém.

O primeiro desses atributos dos sentidos é a *localização espacial*, pela qual podemos identificar a precisa posição de um objeto em meio a uma cena complexa, perceber a origem de uma sirene de ambulância que se aproxima no trânsito, detectar em que parte do nosso corpo sentimos um ponto doloroso, e assim por diante. É claro que a capacidade de localização espacial é mais apurada em algumas modalidades do que em outras, e em algumas submodalidades do que em outras. A visão humana, por exemplo, é mais precisa para localizar estímulos no espaço do que a audição. Os

estímulos táteis podem ser mais precisamente localizados na superfície corporal do que os estímulos dolorosos profundos (em geral, não sabemos determinar o ponto exato de uma dor abdominal...).

O segundo atributo é a *determinação da intensidade* de um estímulo, mediante a qual somos capazes de diferenciar lâmpadas com brilhos diferentes, distinguir o volume de um som, dizer se um cheiro é forte ou fraco, e assim por diante. Os sistemas sensoriais são capazes de realizar uma avaliação bastante precisa da quantidade de energia contida em um determinado estímulo.

Finalmente, o último desses atributos dos sentidos é a *determinação da duração* de um estímulo, por meio da qual podemos precisar o momento em que uma luz é ligada, durante quanto tempo permanece acesa e quando é desligada. Também somos capazes de perceber com precisão o início de um som, sua duração e o momento em que desaparece. É assim também para as demais modalidades, com maior ou menor exatidão.

PLANO GERAL DOS SISTEMAS SENSORIAIS

Os sentidos representam a tradução das formas de energia incidentes sobre o organismo para a linguagem do sistema nervoso, permitindo uma percepção adequada do mundo. Os sistemas sensoriais representam os conjuntos de estruturas neurais encarregadas desse processo de tradução. As questões que se propõem, então, são: como se organizam os sistemas sensoriais? Como funcionam?

▶ Componentes Estruturais: Células e Conexões

Todo sistema sensorial, como qualquer parte do sistema nervoso, é composto de neurônios interligados formando circuitos neurais que processam a informação que chega do ambiente. O ambiente – externo ou interno em relação ao organismo – é, portanto, a origem dos estímulos sensoriais. Estes geralmente incidem sobre uma superfície onde se localizam células especialmente adaptadas para captar a energia incidente. Essas células são os primeiros elementos dos sistemas sensoriais, os chamados *receptores sensoriais**. Os receptores são também chamados células primárias (ou de primeira ordem) dos sistemas sensoriais (Figura 6.1). Frequentemente, não são neurônios típicos: os receptores

---

* *Você não deve confundir* receptor sensorial, *de que tratamos neste capítulo, com* receptor molecular, *que abordamos no Capítulo 4 e mais adiante neste mesmo capítulo. Embora se trate de conceitos muito diferentes, ambos são geralmente mencionados apenas pelo termo* receptor.

▶ **Figura 6.1.** Os receptores sensoriais (assinalados por pontos vermelhos) são células especializadas em captar a energia que provém do ambiente (externo ou interno ao organismo). São também as células primárias dos sistemas sensoriais.

visuais, por exemplo, bem como os auditivos, os gustativos e os receptores vestibulares (encarregados de avaliar a posição da cabeça), são células ectodérmicas modificadas. Neurônios ou não, todos se conectam por meio de sinapses com neurônios secundários (ou de segunda ordem), estes com neurônios terciários (ou de terceira ordem), e assim por diante. Esses circuitos em cadeia levam a informação traduzida do ambiente pelos receptores a níveis progressivamente mais complexos do sistema nervoso.

Por dever de ofício, os receptores estão sempre situados em posições estratégicas no organismo, favoráveis à captação privilegiada dos estímulos para os quais são especializados. Por exemplo, há receptores que informam ao sistema nervoso os níveis de pressão sanguínea: é claro que o melhor lugar para eles é a parede dos vasos. Nessa posição estratégica, tornam-se altamente sensíveis a qualquer mínimo estiramento da parede vascular, o que geralmente ocorre em função das variações de pressão arterial. Em outros casos, tornou-se mais eficiente, ao longo da evolução, agrupar as células receptoras em *órgãos receptores* e associá-las a outras células que facilitem a sua função. Um exemplo típico é o dos receptores visuais ou fotorreceptores, situados todos na superfície interna do olho. Este é o órgão receptor da visão e possui tecidos transparentes que funcionam como verdadeiras lentes, promovendo a formação de uma imagem focalizada sobre os receptores; músculos externos que os direcionam aos objetos luminosos de interesse; músculos internos que possibilitam o ajuste do foco e vários outros tecidos coadjuvantes da função dos receptores.

Enquanto os receptores estão posicionados em diferentes tecidos e órgãos, nervosos ou não, mas sempre mais favoráveis à captação da energia que os vai estimular, os corpos dos neurônios subsequentes estão quase sempre localizados dentro do sistema nervoso, seja o SNP, seja o SNC. As fibras desses neurônios, por sua vez, em muitas ocasiões estão compactadas em nervos ou feixes que compõem as *vias aferentes* dos sistemas sensoriais. As vias aferentes representam as cadeias de neurônios que levam as informações sensoriais até o córtex cerebral, onde serão realizadas as operações que resultarão na percepção, ou aquelas necessárias às funções de controle motor ou controle orgânico.

▶ **Operação dos Sistemas Sensoriais**

A função primordial dos sistemas sensoriais é realizar a tradução da informação contida nos estímulos ambientais para a linguagem do sistema nervoso e possibilitar ao indivíduo utilizar essa informação codificada nas operações perceptuais ou de controle funcional necessárias em cada momento. A primeira etapa dessa função é realizada pelos receptores e se chama *transdução*. Consiste na transformação da energia do estímulo ambiental – seja luz, calor, energia mecânica ou outra – em potenciais bioelétricos gerados pelas membranas dos receptores. Geralmente, o primeiro potencial que resulta da transdução é chamado *potencial receptor* ou *potencial gerador*. A seguir, o potencial receptor pode provocar a gênese de potenciais de ação na mesma célula, ou de outros potenciais no neurônio de segunda ordem mediante transmissão sináptica. Daí em

OS DETECTORES DO AMBIENTE

diante os potenciais são propagados aos terminais sinápticos subsequentes e ocorre uma nova transmissão sináptica da informação aos neurônios da ordem seguinte, e assim por diante. Ao longo dessa cadeia de transmissão, entram em ação diferentes mecanismos de integração sináptica que possibilitam a análise dos diversos atributos dos estímulos e, depois, a sua utilização em outros processos fisiológicos ou na reconstrução mental dos objetos, característica da percepção.

PRINCÍPIOS GERAIS DE FUNCIONAMENTO DOS RECEPTORES

▶ Diversidade de Tipos

Dada a extrema diversidade das formas de estimulação do organismo, é grande também a diversidade de tipos morfológicos e funcionais de receptores (Tabelas 6.1 e 6.2). As formas de energia determinam uma classificação dos receptores, divididos em cinco tipos funcionais, cada um deles subdividido em diferentes tipos morfológicos: (1) mecanorreceptores (ou, abreviadamente, mecanoceptores); (2) quimiorreceptores (ou quimioceptores); (3) fotorreceptores (ou fotoceptores); (4) termorreceptores (ou termoceptores); e (5) nociceptores. Certos peixes possuem eletrorreceptores, sensíveis a variações de campo elétrico no ambiente circunjacente, e algumas aves migratórias possuem magnetorreceptores, sensíveis à orientação do campo magnético da Terra.

O fisiologista inglês Charles Sherrington (1857-1952) propôs uma classificação alternativa dos receptores, pouco utilizada mas de interesse funcional: *interoceptores* seriam os receptores do interior do corpo, situados nas vísceras, ossos e vasos sanguíneos; *proprioceptores* seriam aqueles situados nos músculos e articulações; *exteroceptores* seriam os receptores localizados na superfície corporal; e *teleceptores* seriam aqueles envolvidos com a identificação dos estímulos à distância, como os dos olhos e dos ouvidos. As modalidades sensoriais, de acordo com Sherrington, seriam também classificadas desse modo. Os termos que ele criou são ainda utilizados, mas seus significados já são diferentes à luz dos dados experimentais mais recentes.

Os *mecanorreceptores* são sensíveis a estímulos mecânicos contínuos ou vibratórios. Entre eles estão os receptores que veiculam a modalidade somestésica da percepção com suas diferentes submodalidades, assim como os receptores auditivos, sensíveis a certas vibrações do ar que nos envolve, e os receptores do equilíbrio, sensíveis às variações de posição da cabeça. Entre os mecanorreceptores estão também os que veiculam informações sensoriais utilizadas para o controle motor e das funções orgânicas, como certos neurônios ganglionares da raiz dorsal, cujas fibras são sensíveis às variações de ângulo das articulações, e neurônios sensoriais situados no tronco encefálico, cujas fibras inervam as paredes das vísceras digestivas, sendo sensíveis à distensão delas, que ocorre regularmente após as refeições. De acordo com a sua função, os mecanorreceptores podem ser muito simples ou apresentar especializações que facilitam seu desempenho funcional.

Tabela 6.1. Os Sistemas Sensoriais do Homem e Seus Receptores

Modalidades	Submodalidades	Estímulos Específicos	Órgãos Receptores	Tipos Funcionais	Tipos Morfológicos
Visão	Várias (visão cromática, localização espacial etc.)	Luz	Olho	Fotoceptores	Cones e bastonetes
Audição	Várias (identificação de tons e timbres, localização espacial etc.)	Vibrações mecânicas do ar	Ouvido	Mecanoceptores auditivos	Células estereociliadas da cóclea
Somestesia ou Sensibilidade Corporal	Tato	Estímulos mecânicos	—	Mecanoceptores	Neurônios ganglionares da raiz dorsal
	Sensibilidade térmica	Estímulos térmicos superiores (calor) ou inferiores (frio) à temperatura corporal	—	Termoceptores	
	Dor, ardência, prurido	Estímulos mecânicos, térmicos e químicos intensos	—	Nociceptores	
	Propriocepção	Movimentos e posição estática do corpo	Fuso muscular, órgão tendinoso	Mecanoceptores	
	Interocepção	Múltiplos estímulos	—	Todos	
Olfato ou Olfação	Várias, em grande número	Substâncias químicas voláteis	Nariz	Quimioceptores	Neurônios da mucosa olfatória
Gustação ou Paladar	Várias (doce, amargo, salgado etc.)	Substâncias químicas solúveis	Língua e cavidade orofaríngea	Quimioceptores	Células das papilas gustativas

Alguns neurônios receptores somestésicos – como os nociceptores – emitem fibras que se ramificam na derme como terminações livres, sendo especialmente sensíveis a estímulos lesivos (Figura 6.2A). Outros enrodilham-se nos folículos pilosos da superfície cutânea, tornando-se capazes de detectar as menores variações de posição dos pelos quando estes são estimulados por objetos, pelas mãos ou mesmo pelo vento (Figura 6.2B). Outros mecanorreceptores associam-se a células não neurais, constituindo miniórgãos especializados, como os chamados corpúsculos de Pacini, formados por terminações nervosas envolvidas por camadas de tecido conjuntivo (Figura 6.2C) que absorvem parte da estimulação mecânica, tornando-os incapazes de detectar estímulos prolongados, mas altamente diferenciados para assinalar a presença de estímulos vibratórios. Finalmente, outros mecanorreceptores apresentam-se agrupados em grande número e associados a outras células e tecidos, formando órgãos receptores macroscópicos (Figura 6.3). É o caso do ouvido, um órgão receptor capaz de canalizar as ondas sonoras, amplificá-las e separá-las de acordo com a sua frequência, facilitando o trabalho dos mecanorreceptores situados no seu interior.

Os *quimiorreceptores* são sensíveis a estímulos químicos, ou seja, à ação específica de certas substâncias com as quais entram em contato direto. Essas substâncias podem ser veiculadas por fontes distantes por intermédio do ar, de fontes próximas por meio dos alimentos ou mesmo pelo sangue e outros fluidos corporais. Para serem detectadas, no entanto, devem estar sempre dissolvidas no líquido que banha as células receptoras. Uma grande família desses receptores é a dos receptores olfatórios, que são muito diversificados, capazes de identificar milhares de espécies químicas diferentes quanto ao tipo (milhares de cheiros!), mas sem grande precisão quantitativa: no máximo, permitem a percepção de cheiros "fortes" ou "fracos". Outros, ao contrário, são especializados na detecção de um ou poucos tipos moleculares, mas com considerável precisão quantitativa. É o caso de certos neurônios posicionados próximo a capilares sanguíneos do hipotálamo[A], capazes de medir as menores variações da concentração sanguínea de Na^+, ativando circuitos que provocam a sensação de sede e causando comportamentos de ingestão de líquidos (Tabela 6.2). Do mesmo modo que os mecanorreceptores, os quimiorreceptores também podem encontrar-se agrupados, formando estruturas histológicas diminutas, ou, então, associados a outros tecidos, formando verdadeiros órgãos sensoriais (Figura 6.3), como é o caso do nariz.

Os *fotorreceptores* são sensíveis a estímulos luminosos e geralmente estão ligados à modalidade visual, embora participem também da regulação dos níveis hormonais que oscilam, sincronizados com o ciclo noite-dia. Nos animais vertebrados, associam-se a tecidos de origem não neural, formando o complexo órgão receptor da visão – o olho. A morfologia desses receptores, bem como a do olho, é especializada na captação de radiação eletromagnética nas melhores condições possíveis de transparência e mínima distorção na formação de imagens.

Termoceptores são os que identificam as variações térmicas em torno da temperatura corporal (na maioria dos mamíferos, 37°C). Muitos estão situados na superfície

---

[A] *Estrutura identificada no* Miniatlas de Neuroanatomia *(p. 359).*

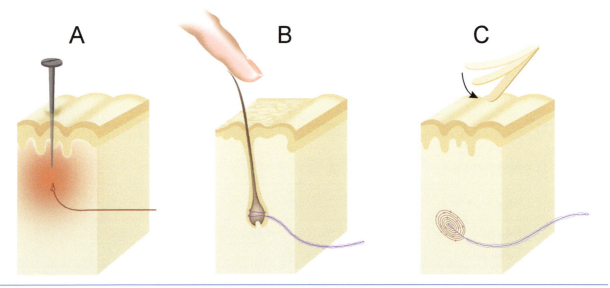

▸ **Figura 6.2.** Há muitos tipos de mecanorreceptores. Alguns (**A**) são nociceptores, terminações livres da pele sensíveis a fortes estímulos mecânicos capazes de provocar lesão dos tecidos. Outros (**B**) são terminais de fibras mielínicas que se enrodilham em torno dos pelos, detectando os menores movimentos deles. Outros ainda (**C**) são corpúsculos formados por camadas de tecido conjuntivo em torno da extremidade de fibras sensitivas, capazes de detectar estímulos vibratórios (corpúsculos de Pacini).

Os Detectores do Ambiente

corporal, mas alguns se localizam dentro do próprio cérebro, principalmente no hipotálamo. No primeiro caso, são capazes de acusar as variações da temperatura do ambiente. No segundo caso, detectam as mínimas variações da temperatura do sangue, que é o parâmetro verdadeiramente importante para o ótimo funcionamento dos mecanismos bioquímicos e fisiológicos do organismo. A informação que veiculam é utilizada pelo SNC para organizar reações orgânicas e comportamentais destinadas a conservar ou dissipar calor, segundo as necessidades do organismo.

Finalmente, os *nociceptores* são sensíveis a estímulos de diferentes formas de energia, mas têm em comum sua extrema intensidade, que põe em risco a integridade do organismo, podendo causar lesões nos tecidos e nas células. Representam, principalmente, a submodalidade somestésica da dor. Geralmente são terminações livres de fibras de neurônios ganglionares espinhais, capazes de responder a estímulos mecânicos fortes, estímulos térmicos extremos e a substâncias químicas irritantes ou lesivas.

▶ Especificidade dos Receptores: a Lei das Energias Específicas

Como acabamos de constatar, é grande a diversidade morfológica e funcional dos receptores. Cada tipo é especializado em captar uma determinada forma de estímulo. Diz-se, assim, que os receptores são específicos para uma determinada forma de energia e que sua sensibilidade está sintonizada para uma faixa restrita de estimulação e de resposta. Essa característica foi percebida ainda no século XIX por um cientista alemão, Johannes Müller (1801-1858), que atribuiu aos sentidos a chamada *lei das energias específicas*, pela qual se considera que cada sentido está relacionado com uma, e apenas uma, forma de energia. Na verdade, não são os sentidos que são específicos, mas os receptores, ainda desconhecidos na época de Müller.

Dizer que um receptor é específico para uma determinada forma de energia significa dizer que a sua sensibilidade

▶ **Figura 6.3.** O artista enfatiza os órgãos receptores. Commedia dell'Arte N. 2, óleo sobre tela de Caulos (1998) *Pinturas*, L&PM Editores, Brasil.

Tabela 6.2. Receptores com Funções de Controle

Função	Estímulo Específico	Órgão Receptor	Tipo Funcional	Tipo Morfológico
Equilíbrio	Posição e movimentos da cabeça	Labirinto	Mecanoceptores	Células ciliadas do labirinto
Controle motor	Alongamento muscular	Fuso muscular	Mecanoceptores	Neurônios ganglionares da raiz dorsal
Controle motor	Tensão muscular	Órgão tendinoso		
Controle motor	Ângulo articular	—		
Controle cardiovascular	Pressão sanguínea	Seio carotídeo	Mecanoceptores (baroceptores)	Neurônios do tronco encefálico
Controle cardiorrespiratório	pH, pCO_2, pO_2	—	Quimioceptores	Neurônios do hipotálamo e dos corpos aórticos e carotídeos
Controle da hidratação (sede)	Concentração sanguínea de Na^+ (osmolaridade)	Órgãos circunventriculares	Quimioceptores (natrioceptores)	Neurônios do hipotálamo e do tronco encefálico
Controle da alimentação (fome)	Concentração sanguínea de nutrientes		Quimioceptores	Neurônios do hipotálamo, do tronco encefálico e do sistema nervoso entérico
Controle da temperatura corporal	Temperatura do sangue		Termoceptores	Neurônios do hipotálamo e do tronco encefálico
Controle da digestão	Distensão visceral	—	Mecanoceptores	Neurônios do tronco encefálico
Reprodução e sexualidade	Substâncias químicas específicas (feromônios)	Órgão vômero-nasal*	Quimioceptores	Neurônios da mucosa olfatória
Interações sociais			Quimioceptores	

* A existência do órgão vômero-nasal no homem ainda é controvertida.

é máxima para essa forma de energia ou, então, de modo inverso, que o seu limiar de sensibilidade é mínimo para essa forma de energia. Assim, os fotorreceptores têm sensibilidade máxima para a energia eletromagnética, embora possam também ser ativados – com mais dificuldade – por outras formas de energia. Por exemplo: qualquer mínima quantidade de energia luminosa é capaz de ativar um fotorreceptor de mamífero. Acredita-se mesmo que o limiar de sensibilidade de alguns deles chegue a 1 fóton. No entanto, pode-se ativar o mesmo fotorreceptor utilizando-se estímulos elétricos e estímulos mecânicos de intensidade relativamente alta. A expressão "ver estrelas" indica metaforicamente a ativação mecânica (traumática) do olho, que provoca a visualização de escotomas cintilantes[G]. A razão para essa grande especificidade dos receptores está, em parte, na sua morfologia e na estrutura dos órgãos receptores e, em parte, em características moleculares da membrana plasmática e de outras organelas subcelulares. Em última análise, os responsáveis pela transdução sensorial são macromoléculas situadas na membrana – os receptores moleculares – que absorvem a energia ambiental e, ao mudar de conformação tridimensional, geram sinais bioelétricos ou bioquímicos que conterão a informação original, transferindo-a para os neurônios seguintes da cadeia até o cérebro. Estas características serão consideradas adiante com mais detalhes, para cada um dos principais tipos de receptor sensorial.

Os biofísicos podem especificar o limiar de sensibilidade de um determinado receptor, registrando sua atividade bioelétrica isolada em resposta a estímulos físicos controlados. Foi desse modo que se estabeleceu o limiar de 1 fóton para os bastonetes, com a realização de experimentos de registro eletrofisiológico em retinas de animais mantidas artificialmente fora do organismo. A cada estimulação, o pesquisador registra a resposta elétrica da célula e vai diminuindo a quantidade de energia do estímulo. Haverá um momento em que, abaixo de um certo valor, o receptor não mais será ativado. Diz-se, então, que esse valor da intensidade do estímulo é o limiar de sensibilidade do receptor.

O mesmo conceito de limiar de sensibilidade pode ser estendido a um indivíduo inteiro em experimentos psicofísicos realizados por psicólogos (Figura 6.4). Neste caso, o sujeito do experimento é colocado em frente a uma tela em ambiente escuro ou na penumbra e solicitado a avisar, verbalmente ou apertando um botão, cada vez que for capaz de ver um ponto luminoso na tela. O pesquisador vai, gradativamente, diminuindo a intensidade do estímulo até o ponto em que o sujeito não mais possa detectá-lo. Diz-se, então, que esse valor é o limiar de sensibilidade visual do indivíduo. O mesmo pode ser feito para as demais modalidades e submodalidades sensoriais. É claro que o limiar do indivíduo é diferente (geralmente mais alto) que o do receptor isolado, uma vez que o experimento psicofísico depende de condições fisiológicas, psicológicas e ambientais que estão ausentes no experimento biofísico. O

limiar de sensibilidade, é claro, é o inverso da sensibilidade: quanto menor o limiar, maior a sensibilidade, e vice-versa.

A especificidade dos receptores é ainda maior que a preferência por uma determinada forma de energia. Os diferentes tipos de receptores são *sintonizados* para certas faixas restritas de estimulação, de modo ainda mais específico. Por exemplo: há fotorreceptores que são mais sensíveis à cor azul, ou seja, aos comprimentos de onda da luz entre 420 e 450 nm*, outros que são mais sensíveis à cor verde (entre 480 e 500 nm) e outros, ainda, que são mais sensíveis às tonalidades próximas do vermelho (em torno de 600 nm). Da mesma forma, os mecanorreceptores auditivos são também sintonizados (isto é, têm menor limiar de sensibilidade) a sons em faixas restritas de frequência (veja a Figura 8.14A).

O conceito de especificidade dos receptores, portanto, depende da sua sensibilidade a um tipo específico de energia e, também, da sua sintonia a uma faixa restrita de apresentação dessa forma de energia. Além disso, o conceito estende-se a cada um dos sistemas sensoriais genericamente, porque cada tipo de receptor dá origem a vias específicas até o córtex cerebral, as chamadas *linhas sensoriais exclusivas*, encarregadas de processar exclusivamente a informação selecionada do ambiente pela especificidade dos receptores.

▶ Transdução: entre a Linguagem do Mundo e a Linguagem do Cérebro

O mecanismo de tradução da "linguagem do mundo" (as formas de energia contidas no ambiente) para a "linguagem do cérebro" (os potenciais bioelétricos produzidos pelos neurônios) é semelhante, em seus princípios básicos, para todos os receptores e consiste em duas etapas fundamentais: *transdução* e *codificação*. A transdução consiste na absorção da energia do estímulo pela célula receptora, que ativa a gênese de um potencial bioelétrico lento (o potencial receptor ou potencial gerador). A codificação consiste na transformação do potencial receptor em potenciais de ação.

Os tipos de transdução acompanham os tipos de receptores. Assim, os mecanorreceptores realizam uma transdução mecanoneural ou mecanoelétrica (audioneural ou audioelétrica, no caso particular dos receptores auditivos), os fotorreceptores realizam uma transdução fotoneural ou fotoelétrica, e assim por diante: transdução termoneural ou termoelétrica e transdução quimioneural ou quimioelétrica.

Como ocorre a transdução? Vamos utilizar como exemplo um experimento realizado com um órgão mecanorreceptor do sistema somestésico, de grande importância para o controle da motricidade: o fuso muscular (Figura 6.5A). Um neurocientista pode isolar o músculo de um animal, mantendo-o anestesiado e em condições

_____

* Nanômetro, equivalente a 10^{-9} m.

Os Detectores do Ambiente

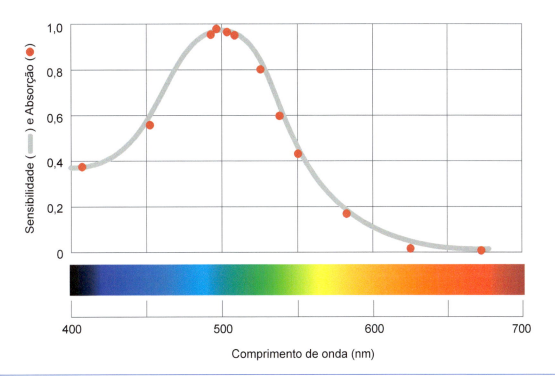

▶ **Figura 6.4.** A sensibilidade de um indivíduo a luzes de diferentes cores é comparável à absorção de luz pelos fotorreceptores, em valores relativos. A curva em cinza apresenta o limiar de sensibilidade de um indivíduo adaptado ao escuro, ou seja, a mínima intensidade luminosa (relativa) que ele é capaz de detectar (na ordenada) para cada cor (na abscissa). Os pontos vermelhos mostram a energia luminosa absorvida pelas moléculas fotossensíveis dos receptores da retina para as mesmas cores. A ordenada representa unidades relativas à maior sensibilidade (100% ou 1), geralmente em torno da cor verde. Modificado de Gregory RL. *Eye and Brain*. Princeton University Press, EUA. 1997.

saudáveis durante várias horas. Um fuso muscular pode, então, ser identificado e isolado*, e a atividade elétrica dos seus terminais nervosos, captada por um microeletródio inserido através da membrana, ligado a um sistema eletrônico de amplificação e registrado em computador. Ao mesmo tempo, com um dispositivo eletromecânico de dimensões muito pequenas, podem-se provocar pequenos estiramentos da membrana do receptor, de intensidades e durações definidas previamente, simulando o que ocorreria se o músculo todo fosse estirado. O experimento consiste, então, em relacionar os parâmetros do estímulo com a resposta bioelétrica do receptor (Figura 6.5B). Verifica-se, logo que um estímulo é aplicado ao receptor (curvas de baixo), que aparece um potencial lento na membrana (curvas de cima), aproximadamente proporcional à intensidade do estímulo, e que dura tanto quanto durar o estímulo, ainda que perca amplitude. Essa resposta é o potencial receptor. O mecanismo de bioeletrogênese dos potenciais receptores é função da abertura de canais iônicos de diversos tipos em resposta à estimulação e ao consequente fluxo iônico que se estabelece entre os dois lados da membrana (Figura 6.5C). Os detalhes desse processo serão vistos adiante.

Uma característica importante da transdução é a proporcionalidade entre o estímulo e a resposta, o que significa que o potencial receptor realmente traduz as características principais do estímulo: sua intensidade e sua duração. Estímulos mais fortes (mais intensos) provocam potenciais receptores maiores, e estímulos mais duradouros igualmente provocam potenciais mais duradouros. O potencial receptor é lento, de tipo analógico, semelhante aos potenciais sinápticos: seus parâmetros de amplitude e duração variam proporcionalmente aos parâmetros equivalentes do estímulo. A transdução é uma conversão análogo-analógica, ou seja, envolve dois códigos analógicos. Haverá, a seguir, uma conversão análogo-digital, em que os parâmetros do estímulo passarão a ser representados por um código digital com base em impulsos nervosos (Figura 6.6).

▶ Codificação Neural: a Linguagem do Cérebro

A codificação neural consiste na representação dos parâmetros do estímulo sensorial incidente por parâmetros de um código digital, como nos computadores. A codificação pode ocorrer na mesma célula receptora, em uma segunda célula conectada com o receptor por intermédio de uma sinapse química, ou mesmo em um terceiro ou quarto neurô-

---

Na figura, o fuso muscular está representado em proporção maior que o real, para deixar mais clara sua estrutura.

▶ **Figura 6.5.** O fuso muscular (**A**) é um miniórgão receptor sensível a variações do seu comprimento, que podem ser produzidas por pequenos estiramentos do músculo no qual está inserido. No esquema, o tamanho do fuso está amplificado para melhor visualização. No experimento (**B**), um microeletródio é posicionado em uma fibra nervosa sensitiva do fuso (ela é o receptor sensorial propriamente dito), para registrar os potenciais receptores produzidos a cada estiramento artificialmente provocado. Os estiramentos estão representados pelas curvas de baixo e os potenciais receptores, pelas de cima. Observa-se que a amplitude do potencial é proporcional à magnitude do estiramento correspondente. A duração do estímulo e da resposta não é representada de forma adequada, porque o gráfico é interrompido em 20 ms. **C** mostra a passagem de corrente iônica através de canais iônicos isolados na membrana do receptor, quando este é submetido a estímulos mecânicos (barras cinzas) de durações indicadas sobre cada traçado. **B** modificado de Ottoson D, Shepherd GM. *Handbook of Sensory Physiology*, vol. 1. Springer-Verlag, Alemanha, 1971. **C** modificado de Sachs F. *Seminars in Neuroscience*. 1990;2:49-57.

nio na cadeia sensorial. Na Figura 6.6A está representado um exemplo do primeiro caso. Nesse desenho experimental, o neurocientista posiciona dois microeletródios de registro na fibra nervosa aferente: um próximo à região receptora, no segmento terminal da fibra; e outro adiante, em um dos nodos de Ranvier mais à frente. Constata então que, ao estimular mecanicamente a ponta do receptor, no primeiro eletródio aparece o potencial receptor e, no segundo, surge uma salva de potenciais de ação na fibra, cuja frequência de disparo é proporcional à amplitude do potencial receptor (Figura 6.6B) e cuja duração acompanha a duração deste (Figura 6.6C). Como os parâmetros do estímulo passam a ser representados pelos parâmetros do potencial receptor que resulta da transdução, após a codificação passam a sê-lo também pelo *código de frequências* e pela duração da salva de potenciais de ação da fibra. O potencial receptor é bastante representativo do estímulo, e a salva de potenciais de ação é bem representativa do potencial receptor. Os sistemas sensoriais contam, assim, com um mecanismo de representação bastante fiel das características dos estímulos ambientais.

Em geral, os sistemas sensoriais são constituídos por conjuntos organizados de receptores, às vezes formando órgãos receptores, como o olho e o ouvido, outras vezes distribuídos por uma vasta superfície de captação dos estímulos, como a pele. Sendo assim, em condições naturais raramente

Os Detectores do Ambiente

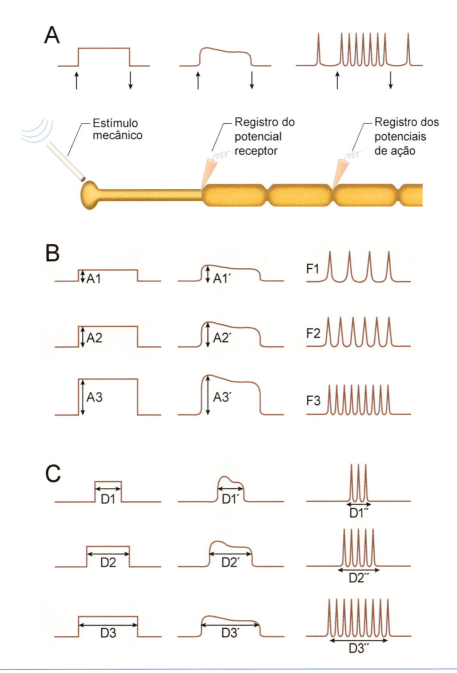

▶ **Figura 6.6. A**. A transdução e a codificação podem ser estudadas em um receptor variando os parâmetros do estímulo aplicado (neste exemplo, mecânico), e ao mesmo tempo registrando a certa distância o potencial receptor e os potenciais de ação produzidos pela fibra. O início e o final do estímulo são assinalados pelas setas para cima e para baixo, respectivamente. **B**. Quando a amplitude do estímulo aumenta (A1 < A2 < A3), a amplitude do potencial receptor aumenta de forma proporcional (A1′ proporcional a A1; A2′ proporcional a A2 etc.), e assim também acontece com a frequência da salva de potenciais de ação que a fibra produz (A1 e A1′ proporcionais a F1; A2 e A2′ proporcionais a F2 etc.). **C**. Quando é a duração do estímulo que aumenta, a duração do potencial receptor acompanha proporcionalmente (D1′ proporcional a D1; D2′ proporcional a D2 etc.), e o mesmo ocorre com a duração da salva de potenciais de ação (D1 e D1′ proporcionais a D1″; D2 e D2′ proporcionais a D2″ etc.).

um estímulo atinge um único receptor, mas vários de uma só vez. Se você pressionar com um lápis a superfície da pele de um dedo da mão, por exemplo, os receptores situados bem sob a ponta do lápis são estimulados com maior intensidade, e esta vai diminuindo de forma gradual para longe da ponta (Figura 6.7). É óbvio que os potenciais receptores gerados exatamente sob a ponta do lápis têm maior amplitude que os mais afastados e, em correspondência, a frequência de potenciais de ação produzidos nas fibras que se originam sob a ponta do lápis é maior que nas regiões periféricas. O sistema nervoso central, então, recebe, na verdade, um "mapa" codificado em potenciais de ação, que representa a

195

topografia do estímulo. Isso se deve parcialmente à *organização topográfica* que é característica de muitos sistemas sensoriais e que envolve o agrupamento de fibras nervosas e corpos neuronais lado a lado, de acordo com a posição espacial dos receptores.

Na modalidade somestésica, essa organização chama-se somatotopia. Na modalidade visual, chama-se visuotopia se considerarmos o campo visual, ou retinotopia, se considerarmos a retina. É lógico concluir que a organização topográfica é mais precisa nos sentidos em que a localização espacial é uma propriedade relevante, como a visão e a somestesia. Nos sentidos em que ela não desempenha valor muito importante para a vida do animal, a organização topográfica é mais grosseira: é o que acontece no olfato e no paladar. A audição apresenta uma organização topográfica particular, desvinculada do atributo de localização espacial, que é realizado por outro tipo de mecanismo.

Pode acontecer também que, em uma mesma região da superfície receptora, estejam misturados receptores com sensibilidades diferentes. Por exemplo: na retina estão misturados os fotorreceptores sensíveis ao azul com aqueles sensíveis ao verde e ao vermelho. Em consequência, um mesmo estímulo luminoso colorido projetado sobre uma parte da retina ativará de forma simultânea esses tipos funcionais diferentes, e eles realizarão a transdução independentemente. Do mesmo modo, passarão a informação traduzida às células de ordem superior do sistema visual, e estas realizarão a codificação neural também de modo independente. Isso é verdade não só para as cores, mas também para outros parâmetros dos estímulos visuais, sendo verdade também para as demais modalidades sensoriais. Estabelecem-se, assim, *vias paralelas*, que realizam independentemente o processamento de diferentes aspectos dos estímulos sensoriais. Se você pensar que na natureza os estímulos não vêm separados, mas, sim, misturados e em grande número, torna-se lógico admitir que o sistema nervoso tenha desenvolvido a faculdade de separá-los para melhor analisá-los.

Tomada isoladamente, toda célula sensorial, e não só os receptores, é ativada por uma porção restrita do ambiente, o *campo receptor*. Assim, cada um dos receptores ativados pela ponta do lápis, como mencionado, possui um campo receptor característico situado em um determinado ponto do dedo, estimulado completa ou parcialmente pelo lápis (Figura 6.7). O receptor ao lado apresenta um campo receptor um pouco diferente, e assim sucessivamente. O mesmo se pode dizer de cada uma das fibras nervosas que veiculam o código de frequência de potenciais de ação que representa o estímulo. É assim também para cada um dos neurônios de segunda ordem e para aqueles de ordem superior no sistema. Desse modo, todos os neurônios de uma via sensorial apresentam campos receptores, alguns menores, outros maiores, alguns de organização simples, outros mais complexos. Para a modalidade somestésica, os campos receptores se localizam na pele ou nos órgãos do interior do organismo. Na modalidade visual, os campos receptores podem ser considerados em relação ao campo visual global, e nesse caso têm que ser representados em um plano imaginário, como uma tela de cinema. De forma alternativa, podem ser considerados diretamente em relação à retina. Nas modalidades químicas, como o olfato e o paladar, assim como na audição, não há propriamente campos receptores, no sentido topográfico espacial, mas às vezes a expressão é utilizada com outro sentido, como se verá adiante.

Os campos receptores são classicamente definidos como áreas circunscritas do espaço sensorial capazes de influenciar os neurônios dos diversos níveis do SNC, mas não devem ser vistos como algo estático. Muito pelo contrário, eles se modificam no tempo, sendo na verdade dinâmicos, porque podem expandir-se, contrair-se ou deslocar-se em função de diferentes influências como a atenção, o estresse, o cansaço do indivíduo e outras variáveis.

▶ **Figura 6.7.** Quando um estímulo atinge a pele, provoca maior potencial receptor (PR) e maior frequência de potenciais de ação (PAs) nas fibras que estão exatamente abaixo do estímulo (a ponta do lápis), no centro do ponto estimulado. As regiões vizinhas recebem menor energia de estimulação, e as fibras aí situadas respondem de modo proporcionalmente menor.

▶ **Adaptação**

Nem todos os receptores são capazes de sustentar um potencial receptor durante períodos prolongados, embora os estímulos sensoriais muitas vezes sejam duradouros. Na verdade, quando o estímulo se inicia, o potencial receptor atinge uma certa amplitude e logo decresce a um valor menor que depois se torna estável. Esse fenômeno chama-se adaptação e constitui uma propriedade importante dos receptores que muda bastante sua capacidade de representação do estímulo.

São receptores de adaptação lenta (ou tônicos) aqueles cujo potencial receptor decresce pouco depois de atingir a amplitude proporcional ao estímulo, lentamente, até atingir um nível estável e cessar de todo no momento em que o estímulo é interrompido (Figura 6.8A). Esses receptores são ótimos para representar estímulos duradouros: é o caso de certos mecanorreceptores da pele, participantes da submodalidade tato, capazes de acusar a pressão da ponta de um lápis mesmo que ela persista durante muitos minutos.

De forma diferente, os receptores de adaptação rápida (ou fásicos) são aqueles cujo potencial receptor decresce muito e rapidamente depois de atingir a amplitude proporcional ao estímulo, podendo chegar a zero. Quando o estímulo é aplicado, o potencial de repouso atinge um certo nível, mas depois volta a zero durante a persistência do estímulo. Quando este é interrompido, no entanto, há um segundo pico do potencial de repouso, às vezes de polaridade inversa, que finalmente cessa de todo (Figura 6.8B). Assim, os receptores fásicos acusam o início e o final de um estímulo, o ligar e o desligar. Não são bons indicadores para estímulos persistentes, mas são ótimos para estímulos pulsáteis ou vibratórios ou, ainda, para estímulos em movimento. Quando a ponta de um lápis risca uma região do braço, ao mesmo tempo em que se move faz vibrar as regiões estimuladas e, assim, ativa os mecanorreceptores fásicos ali situados. É o caso dos corpúsculos de Pacini e das fibras receptoras dos folículos pilosos.

Você poderá perceber o funcionamento dos receptores fásicos realizando um experimento simples em si mesmo. Basta selecionar um pelo do braço, deslocá-lo com um pequeno bastão, sustentá-lo na nova posição firmemente durante um certo tempo e depois soltá-lo. Verá que pode sentir apenas o início do deslocamento e o final do estímulo, mas não a posição estável do pelo – ainda que esta seja diferente da anterior.

Os mecanismos da adaptação envolvem a inativação de canais de Na^+ e de Ca^{++} abertos pelo estímulo sensorial ou a ativação de canais de K^+, cujo fluxo iônico tem sentido oposto ao dos primeiros. Além disso, certos receptores (como o corpúsculo de Pacini) estão associados a células conjuntivas que formam, em seu redor, um colchão capaz de absorver parte da energia mecânica aplicada. Assim, o colchão conjuntivo deforma-se quando surge o estímulo, depois cede e se acomoda um pouco e, finalmente, volta à forma anterior quando o estímulo é interrompido. A estimulação do receptor no interior do colchão passará então por um "filtro" mecânico, e o potencial receptor produzido refletirá esse fenômeno.

OS SENTIDOS E SEUS RECEPTORES

Embora os princípios de funcionamento e organização dos receptores sejam comuns a todos eles, a natureza proporcionou especializações bastante elaboradas que possibilitaram otimizar a captação da informação específica de cada tipo de energia. A seguir, abordaremos cada uma delas.

▶ Os Receptores da Sensibilidade Corporal

A sensibilidade corporal é possivelmente a modalidade sensorial mais antiga entre os animais. Originou-se da sensibilidade da própria célula, como nos protozoários, capazes de modificar o trajeto de seu movimento quando são atingidos por estímulos físicos ou químicos provenientes do meio. Os organismos multicelulares desenvolveram um sistema nervoso, e já os primeiros neurônios surgidos ao longo da evolução tiveram uma natureza sensorial, permitindo que os animais percebessem os estímulos externos que tocavam o seu corpo, assim como os estímulos internos resultantes da movimentação e do funcionamento dos órgãos.

As grandes características dos receptores da sensibilidade corporal são a sua variedade e a sua distribuição dispersa no organismo (Tabela 6.3). Alguns deles são simples terminações livres de fibras nervosas ramificadas. Outros, por sua vez, são mais complexos, associados a células não neurais e compondo pequenos órgãos receptores. Não há, nessa

▶ **Figura 6.8. A.** Os receptores de adaptação lenta (tônicos) apresentam potencial receptor (PR) semelhante ao estímulo. **B.** Os receptores de adaptação rápida (fásicos), diferentemente, apresentam um potencial receptor "duplo", com um pico quando o estímulo começa e outro quando termina. A frequência de potenciais de ação (PAs) acompanha proporcionalmente, nos dois casos.

197

NEUROCIÊNCIA CELULAR

modalidade sensorial, especializações tão complexas como os órgãos receptores da visão e da audição, no entanto a sua sensibilidade é extraordinária. Basta pensar que os nossos dedos detectam elevações de milésimos de milímetro (micrômetros) de altura e centésimos de milímetro de largura!

Como se pode verificar na Tabela 6.3, a maioria dos receptores da sensibilidade corporal é formada por mecanorreceptores. Alguns, entretanto, são termorreceptores e outros, quimiorreceptores. Na maioria dos vertebrados, o neurônio primário tem o seu corpo celular situado nos gânglios espinhais (gânglios da raiz dorsal) ou em gânglios homólogos situados na cabeça. Trata-se de neurônios do tipo pseudounipolar (Figura 6.9, célula 4): do soma emerge um único prolongamento, que logo (ainda dentro do gânglio) se divide em um ramo periférico e um ramo central. O primeiro estende-se até a pele ou os tecidos do interior do corpo, onde termina formando a extremidade receptora. Como os impulsos nervosos percorrem esse ramo a partir da periferia até o corpo do neurônio, funcionalmente ele é encarado como um dendrito. O ramo central, por sua vez, conduz os impulsos em direção à medula espinhal[A] e pode estabelecer contato sináptico aí mesmo com o neurônio de segunda ordem ou, então, ascender até o tronco encefálico. Trata-se, então, de um axônio. Neste caso, entretanto, axônio e dendrito são contínuos e indistinguíveis morfologicamente, e, por essa razão, são denominados fibra sensorial (ou fibra aferente). A morfologia da fibra permite que os potenciais de ação passem direto do ramo dendrítico para o ramo axônico em direção à medula. Essa estrutura morfológica do neurônio primário faz que as duas etapas da tradução sensorial – a transdução e a codificação – sejam efetuadas pela mesma célula. A primeira etapa ocorre na extremidade receptora, devidamente especializada para isso, e a segunda já na fibra, em região vizinha à extremidade receptora.

As extremidades receptoras das fibras sensoriais formam especializações morfofuncionais características, por isso recebem denominações diferentes, que incluem os nomes dos histologistas que primeiro as descreveram. Assim, podem-se identificar pelo menos nove tipos de receptores da sensibilidade corporal (acompanhe o trecho a seguir pelos números da Figura 6.10).

▶ **Figura 6.9.** O neuro-histologista espanhol Santiago Ramón y Cajal (1852-1934) observou os neurônios do gânglio espinhal (sombreado em amarelo) de embriões humanos, e "reconstruiu" a sua morfogênese. De acordo com ele, as células são inicialmente bipolares (1, na figura), passando por formas intermediárias (2 e 3) até adquirirem a morfologia pseudounipolar do adulto (4). Modificado de *Histologie du Système Nerveux de l'Homme et des Vertébrés* (2a ed.), 1972, Instituto Ramón y Cajal, Espanha.

Tabela 6.3. Os Receptores da Sensibilidade Corporal

Tipo Morfológico	Transdução	Tipo de Fibra*	Limiar	Localização	Função	Adaptação
Terminações livres	Mecanoelétrica, termoelétrica, quimioelétrica, polimodal	C, Aδ	Alto (C > Aδ)	Toda a pele, órgãos internos, vasos sanguíneos, articulações	Dor, temperatura, tato grosseiro, propriocepção	Lenta
Corpúsculos de Meissner	Mecanoelétrica	Aβ	Baixo	Epiderme glabra	Tato, pressão vibratória (textura de objetos)	Rápida
Corpúsculos de Pacini		Aβ	Baixo	Derme, periósteo, paredes das vísceras	Pressão vibratória (textura fina de objetos)	Rápida
Corpúsculos de Ruffini				Toda a derme, ligamentos e tendões	Indentação ou estiramento da pele	Lenta
Discos de Merkel	Mecanoelétrica, termoelétrica	Aβ	Baixo	Toda a epiderme glabra e pilosa, principalmente dedos, lábios e genitália	Tato, pressão estática (forma dos objetos)	Lenta
Bulbos de Krause			??	Bordas da pele com as mucosas	Tato, temperatura	Lenta?
Folículos pilosos		Aβ	Baixo	Pele pilosa	Tato	Rápida
Órgãos tendinosos de Golgi	Mecanoelétrica	Ib	Médio	Tendões	Propriocepção	Lenta
Fusos musculares		Ia e II	Baixo	Músculos esqueléticos	Propriocepção	Lenta e rápida

* A classificação das fibras nervosas periféricas tornou-se complicada por razões históricas. Foram inicialmente classificadas em grupos de diâmetro decrescente chamados A, B e C, sendo as fibras A subdivididas em α, β, γ e δ. Em seguida, outra classificação deu conta especificamente das fibras proprioceptivas, divididas em I (as de maior diâmetro) e II, sendo as do tipo I subdivididas em a e b. Maiores detalhes no Capítulo 11.

198

OS DETECTORES DO AMBIENTE

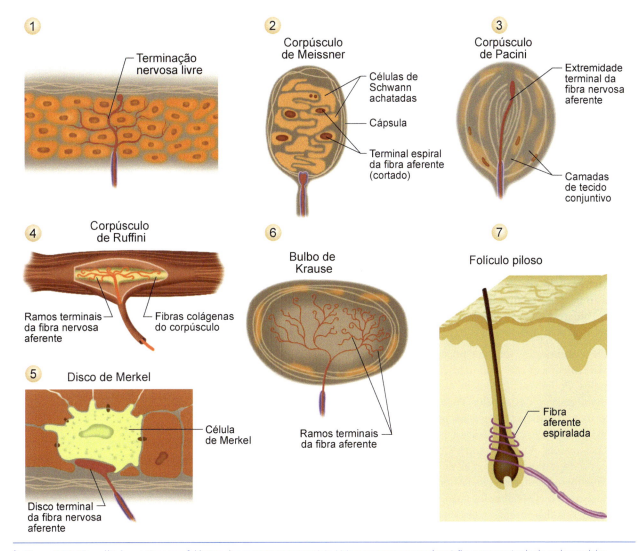

▸ **Figura 6.10.** São múltiplos os tipos morfológicos dos receptores sensoriais. Veja o texto para uma descrição pormenorizada de cada um deles.

1. As terminações livres são as mais simples, pois não passam de pequenas arborizações terminais na fibra sensorial. Usualmente, estão presentes em toda a pele e em quase todos os tecidos do organismo. São receptores de adaptação lenta (tônicos), cujas fibras são mielínicas e amielínicas finas, com baixa velocidade de condução dos impulsos nervosos. Veiculam informações de tato grosseiro, dor, sensibilidade à temperatura (calor) e propriocepção. Seus mecanismos de transdução são mal conhecidos.

2 e 3. Os corpúsculos de Meissner e de Pacini são semelhantes em forma e função: ambos são encapsulados, isto é, envolvidos por estruturas conjuntivas que formam uma espécie de almofada em torno da extremidade receptora da fibra. Localizam-se na derme profunda (os de Pacini) e na borda da derme com a epiderme (os de Meissner). Por serem fásicos, são sensíveis a estímulos vibratórios rápidos (os de Pacini) e mais lentos (os de Meissner). Isso lhes confere grande importância na identificação de texturas dos objetos que entram em contato com a pele glabra (sem pelos). Provavelmente, é por meio desses receptores que identificamos com a mão as superfícies lisas e as mais rugosas e conseguimos diferenciá-las. Ambos os receptores, juntos, respondem por cerca de 50% da inervação sensorial da mão. A mão humana geralmente tem mais de 2 mil desses receptores em sua superfície cutânea.

4. Os corpúsculos de Ruffini são também encapsulados, situados na derme profunda e ligados a fibras sensoriais mielínicas rápidas. Diferem dos corpúsculos de Meissner e de Pacini por serem menores e tônicos, o que não lhes confere sensibilidade vibratória. Parecem sensíveis, entretanto, à indentação e ao estiramento da pele e também ao estiramento dos ligamentos de tendões. Respondem por cerca de 20% da inervação sensorial da mão.

199

5. Os discos de Merkel são pequenas arborizações das extremidades receptoras de fibras sensoriais mielínicas. Na ponta de cada uma delas existe uma expansão em forma de disco estreitamente associada a uma ou duas células epiteliais. Como essas células epiteliais, observadas ao microscópio eletrônico, apresentam vesículas secretoras, especula-se que elas exerçam influências hormonais sobre o processo de transdução que os discos de Merkel efetuam. Estes são tônicos, situados na epiderme, e parecem envolvidos com informações contínuas de tato e pressão, que talvez contribuam para a percepção estática da forma dos objetos. Representam cerca de 25% da inervação da mão e são particularmente densos nos dedos, nos lábios e na genitália externa.

6. Os bulbos de Krause são novelos arborizados das fibras terminais localizados nas bordas da epiderme com as mucosas. Sua função é incerta, embora alguns os considerem mecanoceptores e outros os vejam como termorreceptores sensíveis ao frio.

7. Os terminais dos folículos pilosos são fibras sensoriais mielínicas que espiralam em torno da raiz dos pelos. Podem ser fásicos ou tônicos e detectam o deslocamento desses pelos. Para alguns animais têm grande importância sensorial, particularmente para os roedores e os carnívoros, cujos bigodes do focinho (as vibrissas) possuem motricidade e desempenham papel importante na detecção de obstáculos do meio. Finalmente, destacam-se dois tipos de mecanorreceptores muito especializados (não ilustrados na Figura 6.10), situados nos músculos esqueléticos e respectivos tendões, envolvidos com a propriocepção consciente e inconsciente. São os fusos musculares e os órgãos tendinosos de Golgi. Suas funções são estudadas com detalhes no Capítulo 11.

De que modo esses receptores sensoriais tão diferentes realizam a transdução e a codificação? Tudo depende dos receptores moleculares que eles apresentam na região de sua membrana exposta às energias ambientais incidentes. A identidade de alguns desses receptores moleculares já foi elucidada. Um grupo de moléculas receptoras descoberta recentemente foi batizada como Piezo (Piezo 1 e Piezo 2), e demonstrou-se compor os canais catiônicos mecanossensíveis do tato. Outra família reconhecida é a dos receptores TRP (abreviatura da expressão inglesa *transient receptor potential*), composta por inúmeros subtipos. No genoma humano, cerca de 30 genes para TRPs foram identificados. Por exemplo, membros da subfamília TRPV (vaniloide) realizam as transduções mecanoelétrica e termoelétrica nos terminais dolorosos; membros das subfamílias TRPA (anquirina) e TRPM (mentol) realizam a transdução quimioelétrica que resulta na dor de queimação das pimentas

e na sensação de frescor da menta e da hortelã. Esses receptores, em sua maior parte, são, ao mesmo tempo, canais iônicos que se abrem toda vez que mudam de conformação pela ação de um estímulo específico, deixando passar um fluxo de cátions que, por sua vez, gera um potencial receptor despolarizante, de amplitude proporcional à intensidade do estímulo e duração que acompanha a duração do estímulo.

No caso dos mecanorreceptores, a extremidade da fibra possui receptores moleculares dependentes de deformação mecânica. Assim, toda vez que a bicamada lipídica da sua membrana é deformada, essa energia é comunicada ao canal-receptor incrustado nela, e ele logo se abre para produzir o potencial gerador pelo fluxo iônico que se estabelece. O canal mecanoceptor pode ser ativado diretamente pela deformação mecânica da membrana, ou pode estar acoplado a proteínas mecanossensíveis situadas fora ou dentro da célula. A presença dessas proteínas confere ao canal maior sensibilidade, e ele se abre em resposta a estímulos bastante delicados. No caso dos termorreceptores, os canais iônicos são sensíveis à elevação ou à diminuição da temperatura (às vezes, da ordem de centésimos de grau!). Finalmente, no caso dos quimiorreceptores, os canais iônicos são dependentes de ligantes. Nesse caso, podem ser substâncias irritantes como a capsaicina das pimentas, refrescantes como o mentol e produtoras de uma sensação tépida, como a cânfora. Os canais as reconhecem e geram potenciais receptores correspondentes. Muitos quimioceptores são, na verdade, receptores de dor, sendo seus ligantes diferentes mediadores inflamatórios (a chamada *sopa inflamatória*), abundantes na pele em caso de infecções, queimaduras e alergias.

Apenas a extremidade das fibras sensoriais tem capacidade de gerar potenciais receptores de tipo analógico. Um pouco mais longe da ponta, desaparecem os canais dependentes de deformação mecânica, energia térmica ou ligantes e aparecem os canais dependentes de voltagem. A membrana torna-se excitável daí para frente, portanto capaz de gerar potenciais de ação. Nesse local de transição, se o potencial receptor atingir o limiar de excitabilidade da membrana, provoca uma salva de potenciais de ação cujas frequência e duração codificam a sua amplitude e duração, respectivamente. A salva de PAs, por sua vez, é conduzida ao longo da fibra em direção à medula ou ao tronco encefálico.

▶ Os Receptores da Audição e do Equilíbrio

Durante a evolução dos animais, a possibilidade de detecção à distância de estímulos provenientes do meio tornou-se uma grande vantagem adaptativa, pois permitiu localizar e identificar presas, predadores e obstáculos, disparando as reações correspondentes antes que eles se aproximassem ou se afastassem demais. Isso levou ao desenvolvimento de órgãos auditivos sofisticados e de grande sensibilidade, capazes de detectar as menores vibrações do meio, transmitidas pelo ar ou pela água na qual viviam

OS DETECTORES DO AMBIENTE

os organismos. Sendo mecanorreceptores, os receptores auditivos convergiram na sua forma e na sua função com outros mecanorreceptores participantes dos mecanismos de equilíbrio e ajuste postural mediante a detecção da posição da cabeça do animal. Os mecanorreceptores auditivos e do equilíbrio, por essa razão, serão aqui tratados em conjunto, embora seu desempenho funcional seja completamente diferente.

Os mecanorreceptores da audição e do equilíbrio são células de origem ectodérmica capazes de gerar potenciais receptores quando estimuladas. São elas, portanto, as responsáveis pelo mecanismo de transdução mecanoelétrica dessas modalidades. Ambas estabelecem contato sináptico com fibras nervosas pertencentes às células de segunda ordem (estas, sim, verdadeiros neurônios), e é nesses neurônios que ocorre o mecanismo de codificação neural, isto é, a geração de salvas de potenciais de ação.

Tanto em um caso como em outro, desenvolveram-se órgãos receptores complexos e extremamente miniaturizados, que possibilitam o melhor aproveitamento da energia mecânica de estimulação. No homem e nos mamíferos superiores, esses órgãos situam-se em posição bilateral na cabeça, profundamente embutidos no osso temporal, formando uma estrutura convoluta chamada labirinto ósseo. Dentro do labirinto ósseo formam-se câmaras e dutos delimitados por estruturas celulares membranosas chamados, em conjunto, labirinto membranoso. O interior deste último é preenchido por um líquido de composição iônica característica que banha os mecanorreceptores e possibilita a sua operação funcional.

Vejamos, em primeiro lugar, o órgão receptor da audição: o ouvido ou orelha (Figura 6.11A). Dada a natureza aérea e propagada das vibrações sonoras, tornou-se útil concentrá-las, direcionando-as para os receptores. Esse é o papel do ouvido externo (chamado também de orelha externa). O ouvido externo compõe-se do pavilhão auricular, da concha e do meato auditivo externo, cuja forma permite não só concentrar as ondas sonoras, mas também amplificá-las seletivamente. Por exemplo: o pavilhão auricular do homem, ao concentrar os sons incidentes, amplifica aqueles com frequência em torno de 3.000 Hz, exatamente a faixa de frequências da fala. Além disso, amplifica mais os sons que se originam do alto, contribuindo para localizá-los espacialmente. Você pode testar isso em si mesma: basta fechar os olhos, dobrar as orelhas com as mãos e tentar localizar o som produzido por um molho de chaves sacudido por outra pessoa em várias alturas. Verá que não é fácil, se as orelhas não estiverem normalmente posicionadas...

Nas várias espécies de animais, o pavilhão auricular exibe diferentes morfologias, adaptadas ao comportamento dos mesmos. Nos cães e lobos, por exemplo, ele é dotado de uma musculatura ágil que direciona o pavilhão para o local

de origem do som. É um mecanismo reflexo de grande importância para o alcance das presas e a fuga dos predadores.

O meato auditivo externo termina na membrana timpânica (ou simplesmente tímpano), posta a vibrar quando sobre ela incide o estímulo sonoro. O tímpano separa o ouvido externo do ouvido médio (ou orelha média), uma cavidade cheia de ar que contém uma cadeia de ossículos articulados entre si (martelo, bigorna e estribo – Figuras 6.11A e 6.12A), capazes de transmitir as vibrações do tímpano para uma outra membrana que veda um orifício chamado janela oval. A membrana da janela oval separa o ouvido médio do ouvido interno, a cavidade óssea que aloja uma parte do labirinto com forma enrodilhada e que por isso se chama cóclea* (Figura 6.11B). É justamente dentro da cóclea que estão os receptores auditivos (Figura 6.11C).

O som incidente, apesar de concentrado e amplificado de forma seletiva pelo ouvido externo, seria quase totalmente refletido pelo meio líquido do ouvido interno, e pouquíssima energia chegaria aos receptores se não houvesse um mecanismo de amplificação ainda maior que o do ouvido externo. Perda por reflexão ocorre sempre que o som se propaga de um meio aéreo para um meio líquido. Na interface ar-água, a maior parte da energia é refletida, e só uma pequena proporção penetra no meio líquido. É o que acontece quando mergulhamos numa piscina: ouvimos mal os sons do ambiente externo, embora possamos ouvir bem aqueles que são produzidos dentro d'água. O surgimento da cadeia de ossículos permitiu contornar esse problema. Ocorre no ouvido médio um duplo mecanismo de amplificação da energia sonora: o primeiro é semelhante a uma prensa hidráulica (como em alguns macacos hidráulicos que levantam automóveis), o outro se baseia num sistema de alavanca interfixa (recorde aqui o seu segundo grau, ou leia o Quadro 6.1). A amplificação de cerca de 20X que ocorre no ouvido médio compensa quase exatamente a perda que ocorre na interface com o ouvido interno.

Após esse engenhoso mecanismo de amplificação do ouvido médio, a membrana da janela oval, vibrando, faz também vibrar com energia semelhante o líquido que preenche a cóclea. Para entender melhor o funcionamento da cóclea, imaginemos que a desenrolamos completamente, representando-a como um tubo alongado (Figura 6.12A). Vemos que o seu interior é dividido por septos que acompanham o seu comprimento, em três canais que recebem o nome de *escalas*: timpânica, vestibular e média. As duas primeiras são cheias de perilinfa, um líquido de composição semelhante à do liquor, portanto relativamente rico em Na^+ e pobre em K^+, enquanto a escala média contém endolinfa, um líquido com alta concentração de K^+. Veremos logo em seguida a importância dessas concentrações iônicas diferentes. As três escalas vibram com o som, mas apenas

---

* *Termo derivado da palavra latina para* caracol.

Neurociência Celular

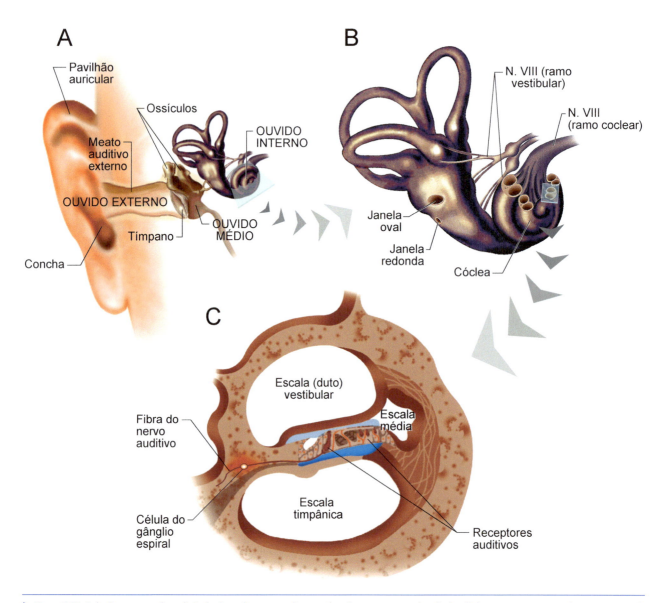

▶ **Figura 6.11.** O órgão receptor da audição é adaptado para canalizar as vibrações sonoras em direção às células receptoras no ouvido interno, através do ouvido externo e do ouvido médio (**A**), onde existem estruturas que vibram proporcionalmente ao som incidente: o tímpano, os ossículos e a janela oval. A cóclea (cortada em **B** segundo o plano mostrado em **A**) é a estrutura espiralada que compõe o ouvido interno e contém os mecanorreceptores auditivos, as fibras do nervo auditivo e outros elementos. É nela que ocorrem a transdução e a codificação audioneural. **C** mostra um corte da cóclea no plano mostrado em **B**, apresentando os dutos (escalas) e as células receptoras.

a escala média tem realmente importância na transdução audioneural, porque é nela que estão localizados os receptores auditivos. Os receptores estão posicionados sobre a membrana basilar, muito sensível à vibração. E sobre eles pousa a membrana tectorial, mais rígida e menos sensível à vibração (Figuras 6.12B e C).

As células receptoras (Figura 6.12C) são de dois tipos: as internas (cerca de 5 mil) e as externas (em torno de 15 mil). Repare que as internas recebem um grande número de fibras aferentes auditivas (cerca de 95% do total), por isso são consideradas mais importantes na transdução audioneural do que as ciliadas externas. Estas últimas são contráteis e contribuem para regular a rigidez maior ou menor da membrana basilar e, por tabela, a sensibilidade das células ciliadas internas. São por isso chamadas *amplificadores cocleares*. Sua contratilidade provém de fibras eferentes originadas no tronco encefálico que ativam proteínas contráteis intracelulares de modo similar às células musculares. Os dois tipos de células ciliadas (Figura 6.13A) possuem prolongamentos em dedo de luva (os estereocílios) organizados em fileiras de comprimento crescente, formando um feixe chamado feixe ciliar. São cerca de 10-300 estereocílios, e o maior deles é o único com a ultraestrutura de um verdadeiro cílio, apresentando microtúbulos alinhados regularmente. Chama-se cinocílio, mas sua função

OS DETECTORES DO AMBIENTE

> **Saiba Mais**
>
> ## Quadro 6.1
> ## A Engenharia da Natureza
>
> Quem imaginaria mecanismo mais engenhoso que o sistema de amplificação sonora do ouvido médio? O mecanismo funciona como um transformador mecânico (como dizem os engenheiros). A área da membrana timpânica é cerca de 16 vezes maior que a da membrana da janela oval, por isso a força aplicada ao tímpano e transmitida aos ossículos produz uma pressão sonora maior na janela oval (lembre-se do seu curso de segundo grau: pressão é a quantidade de força por unidade de área). O resultado é uma amplificação do som por esse mecanismo. Mas não é só isso: a cadeia ossicular está suspensa por ligamentos de tal modo, que ocorre um ponto de fixação próximo à cabeça do martelo. O conjunto funciona como uma alavanca interfixa, e o resultado é uma amplificação da força de cerca de uma vez e meia. A amplificação total da pressão sonora é, portanto, de $16 \times 1,5 = 24$ vezes. Isso corresponde a uma compensação de cerca de 75% da perda de energia devida à reflexão do som na interface com o líquido do ouvido interno, o que é suficiente para estimular os mecanorreceptores auditivos na cóclea.
>
> Ainda há mais, contudo. A natureza desenvolveu um mecanismo de regulação da rigidez de condução pela cadeia ossicular. Tanto o tímpano como o estribo estão ligados a minimúsculos que são ativados quando um som de alta intensidade incide sobre o ouvido. Imediatamente, esses músculos tensores contraem-se e tracionam a membrana timpânica e o estribo de tal maneira, que o conjunto se torna bem mais rígido, atenuando a amplificação e, assim, protegendo o sistema contra sons muito fortes. Esse mecanismo reflexo (*reflexo de atenuação*) também contribui para diminuir os ruídos de fundo e concentrar a atenção do ouvinte sobre os sons que realmente interessam.

é desconhecida, uma vez que em muitos animais, inclusive no homem, ele desaparece após o nascimento. A base dos estereocílios é mais fina que o seu corpo, e o seu ápice está ancorado na membrana tectorial (Figura 6.12C). Os ápices são conectados fileira a fileira, do maior para o menor, "em escadinha", por filamentos chamados *pontes apicais* (Figura 6.13B). Além disso, os estereocílios são flexíveis e contráteis, pois contêm miosina no seu citoesqueleto. Quando a membrana basilar vibra com o som, não consegue fazer vibrar igualmente a membrana tectorial, porque ela é mais rígida. O resultado é a deformação dos estereocílios, que ocorre a cada período da onda vibratória.

Em uma situação hipotética de "silêncio absoluto", o potencial de repouso das células estereociliadas estaria em torno de –50 mV. Esse potencial de repouso deve-se principalmente a canais de K^+ presentes nos estereocílios, muitos dos quais estão abertos deixando passar um fluxo constante desse íon para o interior da célula estereociliada, já que a endolinfa que a banha é muito rica em K^+. Quando começa uma vibração (Figura 6.13B), a crista da onda provoca o deslocamento das fileiras de estereocílios em direção ao cinocílio (quando este está presente) e aos estereocílios maiores. Esse sentido de deslocamento provoca o estiramento das pontes apicais e a abertura de um maior número de canais de K^+ e Ca^{++} existentes nos estereocílios. O fluxo desses íons para o interior dos estereocílios aumenta, despolarizando a célula ciliada e, com isso, iniciando um potencial receptor. A onda sonora, porém, é periódica: a

crista se transforma em um vale, e o deslocamento seguinte ocorre no sentido contrário (Figura 6.13B). As pontes apicais são então relaxadas, e o resultado é o fechamento dos canais iônicos, mesmo aqueles que estavam abertos na situação de repouso. Interrompe-se o fluxo de íons para dentro da célula e ela se hiperpolariza. Por essa razão, o potencial receptor é dito bifásico (Figura 6.13C). Mediante uma alternância periódica de despolarizações e hiperpolarizações, ele reproduz eletricamente as oscilações da onda vibratória sonora.

É justamente no ponto de ancoramento das pontes apicais nos estereocílios que se agrupam os canais iônicos mecanossensíveis que, estirados ou relaxados pelo movimento oscilatório do feixe ciliar, abrem-se ou fecham-se, dando maior ou menor passagem a íons K^+ e Ca^{++} para o interior da célula. Os canais são mantidos no ponto de maior sensibilidade pela ação de motores moleculares (como a proteína chamada miosina Ic) no interior dos estereocílios, capazes de contrair as células fortemente. É interessante notar que a contração das células estereociliadas do ouvido interno resulta na emissão de sons – as *emissões otoacústicas* – que podem ser registradas de fora por equipamentos de áudio, representando fenômenos de utilidade diagnóstica para doenças do ouvido interno.

O fenômeno da transdução audioneural é de uma delicadeza incrível: calcula-se que os menores movimentos dos estereocílios têm 0,3 nanômetros (3×10^{-10} metro), o

203

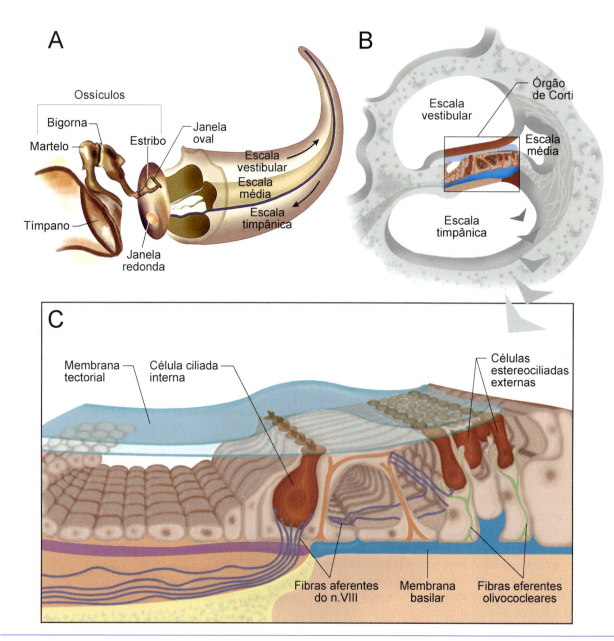

▶ **Figura 6.12. A**. "Desenrolando" imaginariamente a cóclea, fica mais fácil compreender o trajeto das vibrações da perilinfa (setas) nas escalas, resultantes das vibrações provocadas pelo som. **B** mostra um corte transversal da cóclea, salientando no retângulo o órgão de Corti. **C** apresenta uma ampliação do pequeno retângulo em **B**, mostrando a posição das células receptoras e das fibras aferentes e eferentes. **B** e **C** modificados de Hudspeth J em Kandel ER et al. (orgs.). *Principles of Neuroscience*, McGraw-Hill, EUA, 2000.

que corresponde ao diâmetro de um átomo de ouro! Além disso, os tempos de vibração são da ordem de 10 µs. Não é por outra razão que o mecanismo de transdução das células estereociliadas não inclui segundos mensageiros: essa cadeia bioquímica indireta seria lenta demais para o processo.

O potencial receptor auditivo espalha-se eletrotonicamente pela membrana da célula estereociliada, despolarizando também a sua base, onde existe uma sinapse química convencional com a extremidade dendrítica da célula de segunda ordem (Figura 6.13A). Este é um neurônio bipolar cujo soma está situado no *gânglio espiral* (Figura 6.11C) e cujos axônios estão compactados no nervo auditivo[A], uma das duas partes do 8º nervo craniano (a outra parte é o nervo vestibular, mencionado a seguir). A despolarização da membrana basal dos receptores dispara a transmissão sináptica química, liberando o neurotransmissor glutamato na fenda e provocando, no neurônio bipolar, potenciais pós-sinápticos excitatórios e salvas de potenciais de ação propagados pelas fibras auditivas. A informação auditiva codificada será, então, conduzida pelo nervo auditivo até o tronco encefálico, e daí ao córtex cerebral.

Os Detectores do Ambiente

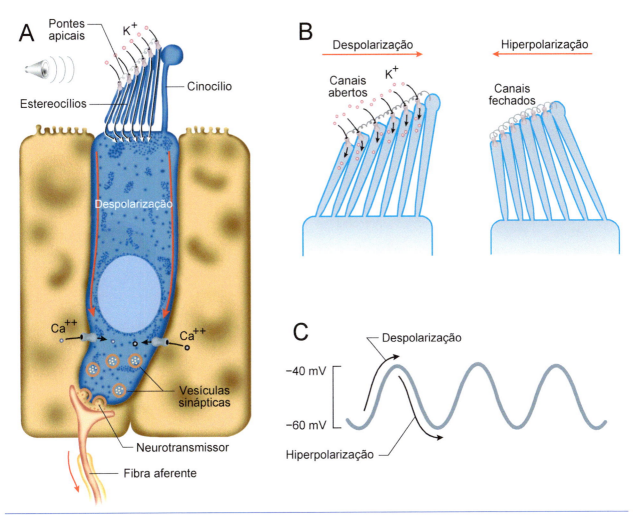

▶ **Figura 6.13.** O mecanismo de transdução audioneural ocorre nas células receptoras da cóclea, cuja estrutura é mostrada em **A**. Quando ocorre a vibração da membrana basilar, os estereocílios são defletidos, ocorrendo despolarização ou hiperpolarização do receptor (**B**), segundo o sentido da deflexão. Sendo uma vibração, a deflexão dos estereocílios ocorre alternadamente para um lado e para o outro, e essa alternância é acompanhada pelo potencial receptor, mostrado em **C**.

O órgão receptor do equilíbrio é chamado *órgão vestibular* (Figura 6.14A). Situa-se próximo ao órgão auditivo e, na verdade, compartilha com ele o sistema de canais cheios de líquido: o chamado labirinto membranoso, alojado dentro do labirinto ósseo. Consiste em duas partes distintas: os *órgãos otolíticos*, detectores de posição estática e de aceleração linear da cabeça, formados pelo sáculo e pelo utrículo; e os *canais semicirculares*, três detectores de aceleração rotacional (angular) da cabeça. O interior dessas estruturas tubulares é preenchido por endolinfa, semelhante à escala média da cóclea. A perilinfa banha o espaço entre o labirinto membranoso e o labirinto ósseo.

Os receptores são também células de origem ectodérmica e estão situados em pontos restritos chamados *ampolas*, no caso dos canais semicirculares (Figura 6.14B), e *máculas*, no caso dos órgãos otolíticos (Figura 6.14C). As células ciliadas têm também estereocílios e um cinocílio, organizados em fileiras e unidos por pontes apicais. Semelhante ao mecanismo de transdução da cóclea, o dos órgãos do equilíbrio também depende da deflexão dos estereocílios, seguida da gênese de um potencial receptor bifásico que se espalha à porção basal da célula estereociliada, despolarizando-a. Igualmente, ocorrem transmissão sináptica química dessa informação analógica para as extremidades dendríticas de neurônios bipolares e a codificação digital da informação, que passa então a ser conduzida pelas fibras vestibulares ao tronco encefálico.

A diferença da transdução mecanoelétrica dos órgãos do equilíbrio em relação à cóclea está no arranjo histológico desta e na disposição anatômica dos receptores auditivos, adaptados a captar estímulos diferentes das ondas sonoras. No órgão otolítico, que é um detector de posição estática e de movimentos lineares da cabeça, os estímulos são a aceleração da gravidade, constantemente

NEUROCIÊNCIA CELULAR

atuando sobre o organismo, e qualquer aceleração linear que o indivíduo exerça com a cabeça. Para captar esse tipo de estímulo, os estereocílios estão ancorados em uma espessa lâmina gelatinosa, sobre a qual estão incrustadas milhares de concreções minerais microscópicas chamadas otólitos* (Figura 6.14C).

_____
* *Termo de origem grega para* pedras do ouvido.

A ação constante da gravidade sobre os otólitos deflete os estereocílios, gerando um potencial receptor, e qualquer modificação da posição da cabeça altera também esse potencial receptor, seja despolarizando a membrana, seja hiperpolarizando-a por meio de mecanismo transdutor semelhante ao da cóclea. Da mesma forma, quando o indivíduo se desloca em linha reta, e portanto desloca também

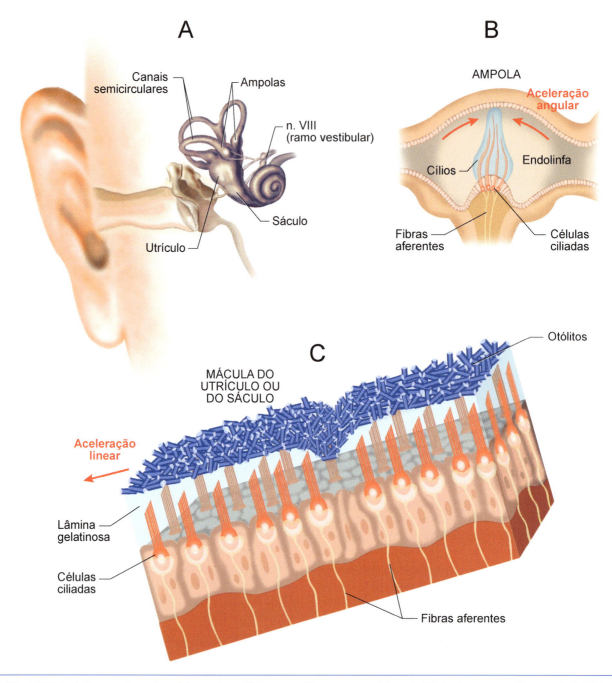

▶ **Figura 6.14.** Os órgãos receptores da audição e o do equilíbrio compartilham o mesmo sistema de túbulos ósseos e membranosos (os labirintos), incrustados no osso temporal (**A**). Os canais semicirculares cheios de endolinfa (**B**) apresentam, cada um, uma dilatação (ampola), onde estão as células estereociliadas que respondem à aceleração angular da cabeça (setas vermelhas) resultante de movimentos do pescoço. De modo parecido, os órgãos otolíticos (sáculo e utrículo) apresentam no seu interior uma região (mácula) que aloja células estereociliadas (**C**). O peso dos otólitos ajuda a defletir os estereocílios a cada aceleração linear da cabeça (seta vermelha), inclusive a própria gravidade.

Os Detectores do Ambiente

a sua cabeça, a aceleração linear que esta sofre "empurra" os otólitos em direção oposta (em função da sua inércia), o que mudará a posição dos estereocílios (Figura 6.15A) e provocará mudanças no potencial receptor. No caso dos canais semicirculares, os estereocílios estão embebidos em uma estrutura gelatinosa chamada cúpula, que forma uma espécie de êmbolo, vedando o interior do canal. Como os canais são curvilíneos, qualquer movimento de rotação da cabeça faz que a endolinfa empurre a cúpula em direção contrária, defletindo os estereocílios (Figura 6.15B). Isso ocorre no início e no final do movimento (aceleração angular positiva e negativa, respectivamente). Os mecanismos de transdução e de codificação ocorrem como já descrito.

A complexidade dos movimentos lineares e angulares da cabeça pode ser sentida pelos órgãos do equilíbrio por meio de sua ativação combinada. Os canais semicirculares são seis, três em cada lado da cabeça, e cada um orientado em um plano diferente. Do mesmo modo para os órgãos otolíticos, que são quatro, dois em cada lado da cabeça. Além disso, em cada um destes últimos as células receptoras e os seus estereocílios estão orientados em dois grupos diferentes, o que perfaz oito planos de detecção dos estímulos.

▶ Os Receptores da Visão

Durante o tempo evolutivo, a visão tornou-se muito importante para os animais por duas grandes razões: primeiro, como na audição, a detecção dos estímulos (predadores, presas, alimento vegetal) pôde passar a ser feita à distância; segundo, melhor que na audição, tornou-se possível identificar os estímulos com grande precisão, mesmo que eles estivessem em movimento. Assim, muito cedo se tornou adaptativamente útil para as espécies concentrar os fotorreceptores em um par de órgãos especializados capazes de otimizar a formação das imagens: os olhos.

O olho humano é um globo esférico com alta mobilidade em torno de seu centro, posicionado na *órbita*, uma cavidade aproximadamente hemisférica formada por sete ossos cranianos. Sua motilidade é possibilitada por seis músculos extrínsecos de tipo esquelético, muito precisos e rápidos. Como podemos verificar em nós mesmos, os olhos podem se mover em sincronia para todas as direções (movimentos conjugados), ou independentemente para os lados ou para o centro (movimentos disjuntivos, como quando focalizamos um objeto que se aproxima ou se afasta). Podem, ainda, limitadamente, rodar em torno de um eixo anteroposterior (movimentos rotatórios).

A elaborada motilidade dos olhos possibilita o acompanhamento de estímulos que se movem, assim como a rápida fixação de estímulos já presentes ou que surgem subitamente no campo visual. Permite também a estabilização do mundo visual percebido, quando o observador se move, e a manutenção do foco quando observador e objeto

se aproximam ou se afastam. Isso leva a supor que o sistema nervoso controla a motilidade ocular por intermédio de um sistema motor específico. De fato, é assim, como se descreve no Capítulo 12.

A função do olho é parecida com a de uma câmera fotográfica digital, embora haja limitações para essa analogia: ambos possuem lentes capazes de focalizar a imagem de objetos situados a diferentes distâncias e ambos possuem elementos fotossensíveis capazes de capturar a imagem.

As lentes do olho (Figura 6.16A) são meios transparentes de natureza proteica, com poucas células e vascularização rarefeita: a mais externa é a *córnea*, uma calota esférica de grande poder de convergência[G], que fica em contato com o ar, constantemente umedecida pela secreção lacrimal produzida por glândulas situadas na mucosa ocular e espalhada pelas pálpebras a cada piscada. Atrás da córnea está a câmara anterior, cheia de um líquido transparente, o humor aquoso, que banha a superfície anterior de uma estrutura gelatinosa, mas consistente, com a forma de uma lente biconvexa: o cristalino (Figura 6.16A). Na frente do cristalino fica a íris, uma estrutura circular com um orifício no meio, a pupila. A íris contém pigmento em quantidades variáveis de acordo com o indivíduo, o que lhe confere o que se chama a "cor dos olhos". Contém também fibras musculares radiais e circulares, capazes de definir o diâmetro da pupila. A pupila é sempre negra, pois dá passagem ao interior escuro do olho. Seu diâmetro é variável, pois as fibras musculares lisas que formam a íris constituem um diafragma, como em uma câmera fotográfica dessas mais antigas, não digitais. A variação de diâmetro da pupila contribui para a focalização das imagens na retina e para o controle da intensidade de luz que penetra no olho. O cristalino também é transparente, mas não tem poder de convergência tão grande quanto a córnea; entretanto tem sobre ela a vantagem de mudar de forma sob comando neural, o que torna variável e controlável o seu poder de convergência, permitindo a focalização de objetos situados a diferentes distâncias do observador. Atrás do cristalino está a câmara vítrea do olho, preenchida pelo humor vítreo, um gel transparente cuja face posterior toca a retina.

Os meios transparentes e as demais estruturas do olho, que acabamos de descrever brevemente (maiores detalhes no Capítulo 9), desempenham, assim, diferentes funções, todas elas voltadas para a otimização da informação luminosa que incide sobre a retina, tornando mais precisa a transdução fotoneural que esta realizará. A escolha dos objetos a fixar é permitida pela movimentação ágil dos músculos extrínsecos do olho, que posicionam a imagem sobre a região da retina dotada de maior resolução[G]. A intensidade da luz incidente é controlada pelas pálpebras e pela íris, e o foco é possibilitado principalmente pela córnea e pelo cristalino e regulado pelo último.

▶ **Figura 6.15. A**. A deflexão dos estereocílios nos órgãos otolíticos é provocada pelo movimento dos otólitos, e este pela ação da gravidade ou por qualquer outra aceleração linear da cabeça. A inércia da perilinfa causa o seu deslocamento "atrasado" em relação ao da cabeça, no início do movimento. No final do movimento dá-se o contrário: a perilinfa continua a "arrastar" os otólitos quando a cabeça para. **B**. Já nos canais semicirculares, a deflexão dos estereocílios é causada pela inércia da cúpula, que se desloca em sentido contrário às rotações da cabeça.

Os Detectores do Ambiente

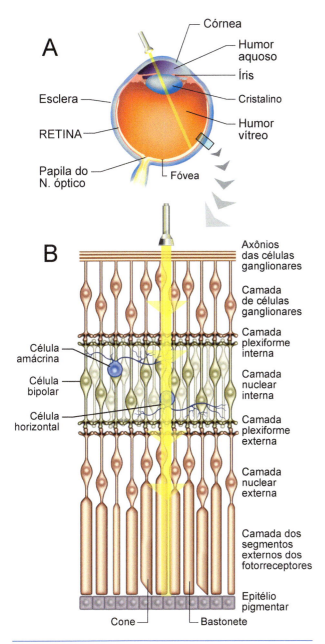

▶ **Figura 6.16. A.** A retina é o "filme fotográfico" do olho. **B.** Sobre ela são projetadas as imagens da cena visual, atravessando todas as camadas até estimular diretamente os fotorreceptores (cones e bastonetes). São estes as células responsáveis pela fototransdução. As outras células da retina são neurônios, responsáveis pelo processamento inicial da informação visual, seguido da sua condução ao cérebro pelos axônios das células ganglionares.

A retina é o "filme fotográfico" do olho. Sobre ela, portanto, é que se forma a imagem do ambiente circundante. Posicionada na superfície interna posterior do globo ocular (Figura 6.16A; mas consulte também a Figura 9.6), a retina é formada por camadas de células, incluindo uma onde estão dispostos, lado a lado, os fotorreceptores (Figura 6.16B). Nos olhos emétropes, isto é, aqueles que não possuem defeitos ópticos, os raios luminosos emitidos ou refletidos pelo ambiente podem formar uma imagem em foco exatamente sobre a retina (Quadro 6.2). Desse modo, os fotorreceptores podem dispor de uma imagem do ambiente com ótima qualidade óptica.

A organização histológica da retina apresenta um aparente contrassenso. Os fotorreceptores estão situados na superfície externa dela, por isso a luz tem que atravessar todas as camadas até os alcançar. Um engenheiro não a construiria assim, pois é inevitável a absorção de uma parte da luz no trajeto através das camadas. As camadas são finas e transparentes, é verdade, mas não conseguem evitar alguma absorção. Problema maior é criado pelos vasos sanguíneos que nutrem a retina, localizados sobre a superfície interna dela. Neste caso, o sangue vermelho sem dúvida representa obstáculo considerável à qualidade óptica da imagem. A natureza resolveu ambos os problemas afastando as células e os vasos sanguíneos de uma pequena área central da retina para a sua borda periférica. É justamente nessa região central que se formam as imagens dos objetos que fixamos com os olhos – essa região chama-se fóvea e nela os fotorreceptores estão dispostos muito juntos uns dos outros, em grande densidade. A fóvea é a região de maior acuidade, isto é, onde é mais precisa a visão.

Embriologicamente, a retina origina-se da vesícula prosencefálica (Figura 2.4), sendo, portanto, parte do SNC. Não é o caso dos demais tecidos do olho, originários de estruturas mesodérmicas ou ectodérmicas não neurais. Um exemplo importante: a região mais externa da retina, onde estão os fotorreceptores, toca uma camada de células epiteliais que contêm melanina, o epitélio pigmentar. Este tem a dupla função de evitar a reflexão da luz de volta para os fotorreceptores, absorvendo-a, e de fagocitar[G] as partes distais dos fotorreceptores, que vão sendo renovadas continuamente; portanto, sendo a retina, na verdade, uma protrusão do sistema nervoso central para fora do crânio, com exceção dos fotorreceptores (que são células epiteliais modificadas) e dos gliócitos retinianos, todas as demais células da retina são neurônios. É justamente essa característica que a tem tornado tão utilizada para os estudos experimentais de neurobiologia (Quadro 6.3).

A retina está organizada em sete camadas paralelas à superfície (Figura 6.16B): (1) camada fotorreceptora, a mais externa, onde ficam os prolongamentos externos dos fotorreceptores, encarregados da transdução; (2) camada nuclear externa, onde se localizam os corpos celulares – e, portanto, também os núcleos – dos fotorreceptores; (3) camada plexiforme externa, que aloja os axônios dos fotorreceptores, os dendritos dos neurônios de segunda ordem e as sinapses entre eles; (4) camada nuclear interna, onde estão os corpos celulares dos neurônios secundários e outras células de interligação horizontal; (5) camada plexiforme interna, que reúne as sinapses entre os axônios dos

209

Neurociência Celular

Saiba Mais

Quadro 6.2
Órgãos Receptores com Defeito

Muitas deficiências sensoriais surgem de defeitos na formação dos órgãos receptores, e não propriamente de distúrbios de natureza neurológica sobre os receptores e as demais células das vias sensoriais.

Defeitos ópticos dos olhos, por exemplo, são comuns na humanidade. Estima-se que quase 50% dos seres humanos têm algum tipo. Os mais comuns são a *miopia*, a *hipermetropia* e o *astigmatismo* (em conjunto, conhecidos como ametropias), além da *presbiopia* e da *catarata*. Na miopia (Figura) o plano de foco da imagem não está exatamente sobre a retina, mas antes dela, seja porque o olho se alongou demais durante o crescimento do indivíduo, seja porque o cristalino provoca excesso de convergência dos raios incidentes. Corrige-se com lentes divergentes. Na hipermetropia ocorre o contrário: o plano de foco da imagem está situado após a retina, o que faz que ela pareça borrada. O olho pode ter ficado curto demais durante o crescimento ou o cristalino com menor poder de convergência que o necessário. Corrige-se com lentes convergentes. No astigmatismo, a córnea não tem a forma esférica perfeita, e as deformações geralmente estão em um ou mais eixos. Nesses eixos, a imagem fica fora de foco. Corrige-se com lentes cilíndricas – mais exatamente, tóricas[G]. A presbiopia é a "vista cansada" típica dos mais velhos. O cristalino perde elasticidade, torna-se mais rígido e fica difícil focalizar os objetos próximos. Em certo sentido, é o oposto da miopia, pois a imagem dos objetos próximos acaba tendo seu plano de foco depois da retina, por isso muitos indivíduos mais velhos se tornam "menos míopes": seus dois defeitos contrários subtraem-se... Na catarata ocorre uma alteração bioquímica nas proteínas do cristalino, tornando-o opaco. Corrige-se com a substituição cirúrgica do cristalino por uma lente artificial.

Ocorrem também defeitos mecânicos do ouvido. O mais comum é a *presbiacusia* ("ouvido cansado") dos indivíduos mais velhos. Neste caso, as articulações da cadeia ossicular do ouvido médio tornam-se rígidas e o sistema reproduz com menos fidelidade as frequências mais altas, por isso os indivíduos idosos têm dificuldade de ouvir as vozes das mulheres, que geralmente são mais agudas.

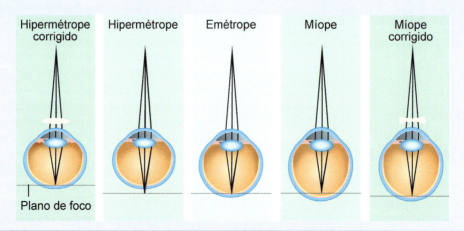

▶ **Figura.** As ametropias são defeitos muito comuns nos olhos humanos. O desenho do centro mostra um olho emétrope (normal), cuja retina coincide com o plano de foco. Os desenhos ao lado mostram as ametropias nas quais o plano de foco fica aquém (miopia) ou além (hipermetropia) da retina, gerando um borramento da imagem. Esses defeitos podem ser facilmente corrigidos com o uso de lentes (desenhos mais laterais).

---

neurônios de segunda ordem e os dendritos dos de terceira ordem; (6) camada de células ganglionares, onde estão os corpos celulares dos neurônios de terceira ordem do sistema visual; e, finalmente, (7) camada de fibras ópticas, por onde trafegam os axônios das células ganglionares, convergindo para uma região situada mais ou menos no centro da retina (papila ou disco óptico). Nessa região as fibras "perfuram" a retina e emergem do olho compactadas no nervo óptico[A], que penetra no crânio, estabelecendo a ligação da retina com o encéfalo.

Essa organização elaborada indica uma considerável sofisticação funcional dos primeiros estágios de processamento da informação visual. Entretanto, neste capítulo, estudaremos apenas os fotorreceptores e o mecanismo de

OS DETECTORES DO AMBIENTE

transdução que lhes é característico. Os estágios posteriores são abordados no Capítulo 9.

Os fotorreceptores dividem-se em dois tipos morfofuncionais principais* (Figura 6.17A): cones e bastonetes. Os cones são mais curtos que os bastonetes; cada um apresenta a forma alongada que lhe dá o nome, disposta no sentido radial na retina. Ambos, entretanto, têm em comum um cílio modificado, cuja membrana se invagina várias vezes, formando uma pilha de discos onde se realizam os mecanismos moleculares da fototransdução. Esse cílio modificado recebe o nome de segmento externo do fotorreceptor (Figura 6.17), e o conjunto deles, densamente empacotados lado a lado, constitui a camada fotorreceptora mencionada antes. O segmento interno, por outro lado, aloja as organelas celulares típicas de qualquer célula e emite um axônio curto que se ramifica na camada plexiforme externa, formando múltiplos botões sinápticos com os dendritos das células de segunda ordem. Embora a morfologia dos cones e dos bastonetes seja bastante semelhante, a subdivisão dos fotorreceptores manteve-se porque reflete diferenças funcionais importantes, algumas das quais serão mencionadas adiante. Só para se ter uma ideia, a retina humana tem cerca de 5 milhões de cones e perto de 50 milhões de bastonetes.

Já vimos que a imagem do ambiente é projetada sobre a retina em condições adequadas de luminosidade e foco. A identificação da imagem e, portanto, dos objetos que compõem a cena visual é tarefa conjunta para milhares de fotorreceptores e os neurônios de ordem superior da retina e do cérebro. O que cada receptor "vê", no entanto, é um ponto de luz de um determinado comprimento de onda que se projeta sobre ele durante um certo tempo, com uma certa intensidade. A função desse receptor isolado, portanto, é traduzir esses parâmetros do estímulo para a linguagem dos potenciais bioelétricos. Como isso é feito?

Primeiro, é preciso contar com uma molécula (ou mais de uma) capaz de absorver seletivamente a luz. Depois, é necessário utilizar a energia absorvida para disparar uma sequência de reações bioquímicas que resultem na formação dos potenciais. Essas moléculas existem: são os fotopigmentos ou pigmentos visuais**. Trata-se de proteínas integrais de membrana encravadas nos discos dos segmentos externos em grande número (Figura 6.17A). Nos cones,

subdivididos em três subtipos funcionais, coerentemente há três tipos de fotopigmentos, chamados, em conjunto, *fotopsinas*. Nos bastonetes, o fotopigmento é a *rodopsina*, mais conhecida e formada pela proteína opsina e por uma molécula pequena derivada da vitamina A, o retinal. Na ausência de luz (Figura 6.17B), uma forma não ativada do retinal (11-*cis*-retinal) fica ligada covalentemente à opsina. Quando a luz incide sobre os discos do segmento externo (Figura 6.17C), o 11-*cis*-retinal a absorve, transformando-se em *trans*-retinal e soltando-se da opsina, que, por sua vez, muda sua conformação alostérica[G], transformando-se em opsina ativada (chamada R*, no caso da rodopsina). O *trans*-retinal cai no espaço extracelular e é captado pelo epitélio pigmentar, sendo aí retransformado na forma 11-*cis* e transportado de volta aos fotorreceptores. Há sempre uma perda de retinal, que é reposta pela alimentação, que deve ser rica em vitamina A. É por isso que a avitaminose A (carência dessa vitamina) causa a cegueira noturna, um tipo de deficiência que resulta da falta de retinal nos bastonetes.

Até este ponto, a energia contida na luz foi absorvida pelo retinal, o que mudou a conformação espacial do próprio retinal e também da opsina. De que modo, em seguida, essas transformações químicas resultarão em um potencial receptor? Descobriu-se que o domínio intracelular da opsina se liga a uma proteína G chamada – muito apropriadamente – transducina, que é ativada pela mudança de conformação alostérica provocada pela luz. O mecanismo é parecido com o que está descrito no Capítulo 4, referente aos receptores metabotrópicos: com a incidência da luz (Figura 6.18B$_1$ e B$_2$), o difosfato de guanosina (GDP) da transducina é fosforilado, transformando-se em trifosfato de guanosina (GTP). A incorporação do GTP separa a subunidade α do complexo, e esta "desliza" internamente na membrana até encontrar, nas proximidades, uma enzima que hidrolisa o monofosfato cíclico de guanosina (GMPc). A ação dessa enzima, a fosfodiesterase, reduz a concentração intracelular de GMPc. Acontece que este nucleotídeo cíclico normalmente mantém abertos, na membrana do fotorreceptor, os canais de Na^+ e Ca^{++} ali existentes (Figura 6.18B$_1$). Quanto maior a concentração de GMPc, maior o fluxo iônico de cátions para o interior da célula (a chamada "corrente de escuro"). O resultado é um estado constante de despolarização relativa do fotorreceptor na ausência de luz (Figura 6.18A). Por essa razão o potencial de repouso dos bastonetes é de cerca de −30 mV, menos negativo que a maioria das células*** (Figura 6.18D). Quando ocorrem a estimulação luminosa e os fenômenos físicos e químicos descritos antes, a concentração de GMPc diminui e muitos canais iônicos se fecham. Acontece, então, a hiperpolarização do fotorreceptor (Figura 6.18C).

---

* *Estudos recentes indicam que há um terceiro tipo de fotorreceptor – as* células ganglionares intrinsecamente fotossensíveis *– encarregado das respostas adaptativas à luz, entre elas a sincronização dos relógios biológicos aos ciclos da natureza (o ciclo dia-noite e as estações do ano, por exemplo). Maiores detalhes nos Capítulos 9 e 16.*

** *Não confundir com o pigmento do epitélio pigmentar (melanina), que não é fotossensível, tendo a função de absorver a luz que já passou pela retina sem deixar que ela se reflita e volte aos fotorreceptores, prejudicando a nitidez da imagem.*

*** *O potencial de repouso das células geralmente fica entre −70 e −90 mV.*

Neurociência Celular

Neurociência em Movimento

Quadro 6.3
De Olho na Pesquisa: Trajetória de uma Cientista da Retina

▶ **Karin da Costa Calaza***

Meu fascínio pela engenharia genética, à época de estudante, levou-me à graduação em Ciências Biológicas (UFRJ) e a um estágio de iniciação científica na área. Num congresso, vi trabalhos com retina e me apaixonei. Mudei de área e passei a estudar a neurogênese da retina. Passava horas ao microscópio contando grãos (o marcador da proliferação) em centenas de células imunomarcadas. E, quer saber? Eu adorava! Estabeleci a neurogênese de células colinoceptivas, um trabalho árduo com 2 marcadores, 7 tipos celulares e 11 idades. Resultou no meu primeiro artigo científico internacional e, ainda por cima, foi capa da revista! Fiz o mestrado e o doutorado nesse mesmo laboratório. Duas professoras foram fundamentais: Patricia Gardino, minha orientadora, e Jan Nora Hokoç, chefe do laboratório, que cultivavam um ambiente muito enriquecedor, acolhedor e afetuoso. No doutorado, sob coorientação do Prof. Fernando Mello, combinamos uma abordagem funcional, estimulando a retina com diferentes fármacos, com a imuno-histoquímica para GABA. Entre outros dados, mostramos que as células amácrinas GABAérgicas moduladas pelos receptores NMDA faziam parte do circuito OFF e que apenas essas células eram inibidas por dopamina, privilegiando a via ON modulada por receptores cainato. Esse ambiente de excelência me preparou para o desafio seguinte, ser professora universitária. Fui aprovada no concurso na UFF em 2002 e continuei estudando retina.

Sempre quis ser mãe e, após muito planejamento, tive duas filhas, Luiza (2004) e Beatriz (2007). Em 2005, fui credenciada numa pós-graduação (Neurociências), o que foi crucial para a minha carreira de pesquisadora, mas uma grande responsabilidade e carga de trabalho. Muitos sonhos se realizando e muitos desafios à frente!

Planejamos, em família, um pós-doutorado na University College London (Figura 1). A parceria do meu companheiro foi crucial para que fosse possível conciliar a dedicação ao laboratório e as demandas de duas crianças. A ideia de que o cuidado dos filhos é função da mãe afasta as mulheres do mercado de trabalho e diminui sua competitividade. A quebra dos estereótipos e a participação paritária dos pais na educação dos filhos é fundamental para a equidade de gênero.

Nesses anos, tenho investigado os efeitos de substâncias endógenas e exógenas no funcionamento e desenvolvimento da retina (Figura 2). Interessei-me também em estudar mecanismos patológicos das retinopatias que mais levam à cegueira no mundo, a retinopatia

▶ **Figura 1.** Um passeio de fim de semana com a família em Londres, durante o pós-doutorado.

* Professora titular do Instituto de Biologia da Universidade Federal Fluminense. Correio eletrônico: kcalaza@id.uff.br.

diabética (RD) e o glaucoma. Na RD focamos nas alterações neurais precoces, prévias às mudanças vasculares clássicas, apostando numa estratégia que poderia gerar intervenções preventivas à fase mais grave da doença. Temos estudado os mecanismos de morte celular na isquemia, que pode ocorrer em ambas as retinopatias. Depois de anos, encontramos um alvo crucial na morte de células da retina, o receptor TRPA1. Fomos os primeiros a demonstrar que sua inibição (ou ausência em animais nocautes) impede a morte induzida na isquemia aguda e num modelo de glaucoma. Seguimos estudando para entender melhor essas patologias na busca de terapias que aliviem ou curem tais déficits visuais.

Orientei muitos alunos (graduação/pós-graduação) e espero ter criado um ambiente tão rico e acolhedor como o que eu tive. Acredito que a ciência e uma educação pública de qualidade são essenciais para a soberania do país e a justiça social.

Figura 2. Corte transversal da retina de um camundongo processado por imuno-histoquímica para marcadores específicos para células bipolares de bastonetes (em verde), uma proteína reguladora de síntese proteica controlada por receptores metabotrópicos de glutamato (em vermelho), e um marcador inespecífico de todos os núcleos (em azul). Barra de calibração= 20 μm. Foto de trabalho do grupo da autora. CNE, camada nuclear externa; CPE, camada plexiforme externa; CNI, camada nuclear interna; CPI, camada plexiforme interna, CCG, camada de células ganglionares.

Essa hiperpolarização passageira do fotorreceptor, provocada pelo estímulo luminoso, é o potencial receptor (Figura 6.18D). Trata-se de um potencial receptor diferente quanto à polaridade, por ser hiperpolarizante, e não despolarizante como nos demais receptores; todavia, quanto às suas outras propriedades, é idêntico a eles. Assim, quanto maior a intensidade luminosa do estímulo, mais moléculas de pigmento absorverão luz, mais pronunciada será a queda da concentração de GMPc, mais canais iônicos serão fechados, maior será a hiperpolarização e, por conseguinte, maior será a amplitude do potencial receptor. Do mesmo modo com a duração. Quanto maior a duração do estímulo luminoso, maior a duração do potencial receptor nos bastonetes.

Quando cessa o estímulo luminoso, a opsina ativada é fosforilada por uma cinase específica, o que a torna suscetível a ligar uma outra proteína – a arrestina – responsável pela recomposição da transducina com suas três subunidades, levando à interrupção imediata da ação da fosfodiesterase. O trabalho da guanililciclase volta então a predominar, cresce a concentração local de GMPc, abrem-se novamente os canais de cátions e o potencial da membrana retorna aos −40 mV de antes.

Uma característica importante do mecanismo de fototransdução na retina é a sua altíssima sensibilidade, que confere aos vertebrados a capacidade de sinalizar a presença de um único fóton. Como é possível essa sensibilidade extraordinária, tendo em vista a complexidade das etapas de sinalização molecular da transdução fotoelétrica? Isso é conseguido pela grande amplificação molecular do sinal inicial. Uma só molécula de R* ativa centenas de transducinas. A fosfodiesterase, por sua vez, é uma enzima de alta eficiência, sendo sua atividade catalítica limitada apenas pela disponibilidade de GMPc: a ativação de uma única de suas subunidades catalíticas é capaz de hidrolisar dezenas de moléculas de GMPc por segundo.

A sequência de eventos moleculares da transdução fotoneural é bem conhecida para os bastonetes, menos conhecida para os cones. Acredita-se, entretanto, que a grande diferença seria a sensibilidade espectral dos pigmentos. O pigmento dos bastonetes absorve luz em uma certa faixa de comprimentos de onda do espectro visível (Figura 9.20). Os cones, por sua vez, são subdivididos em três tipos, cada um com o seu pigmento sensível a uma faixa diferente de comprimentos de onda: os cones "azuis"* absorvem comprimentos de onda em torno de 420 nm, os cones "verdes",

---

Denominar os cones por uma cor é muito utilizado por ser prático, mas é altamente impreciso. Na verdade, além de não serem coloridos, os cones "azuis" absorvem mais na faixa do violeta, os "verdes" absorvem mais o amarelo do que o verde e os "vermelhos", mais o laranja. Por essa razão, alguns especialistas preferem denominá-los, respectivamente, de S, M e L (referentes a comprimentos de onda curtos – do inglês short -, médios e longos).

Neurociência Celular

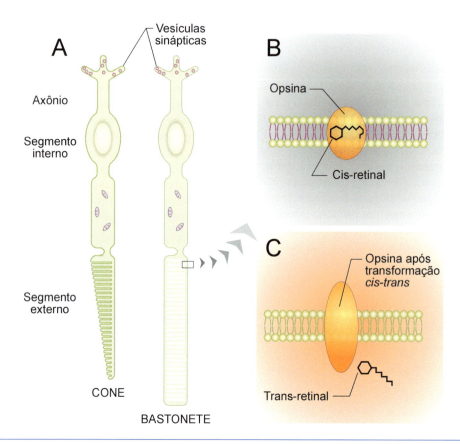

▶ **Figura 6.17.** A retina tem dois tipos principais de fotorreceptores (**A**): cones e bastonetes. Ambos apresentam dobras da sua membrana, que formam discos invaginados para o interior do segmento externo. Incrustadas nas membranas dos discos estão moléculas de fotopigmento, uma proteína que envolve uma molécula menor, fotossensível, que muda sua conformação espacial quando absorve luz. No caso dos bastonetes (quadrinho, ampliado em **B** e **C**), a molécula menor é o retinal, associada à proteína opsina. No escuro (**B**), o retinal assume a conformação cis, e no claro (**C**), a conformação trans. Quando ocorre a transformação cis-trans, o retinal se solta da opsina e cai no espaço extracelular.

em torno de 530 nm, e os cones "vermelhos", cerca de 560 nm. Essa diferença de sensibilidade espectral dos cones é que permitirá a visão de cores que muitos animais possuem, analisada em detalhes no Capítulo 9.

Uma vez efetuada a transdução, o potencial receptor espraia-se eletrotonicamente pela membrana até o axônio do fotorreceptor e, sendo hiperpolarizante, inibe a liberação do neurotransmissor. Neste caso, fica criado um aparente paradoxo: ocorre maior liberação de neurotransmissor na extremidade distal quando o receptor está no escuro! (Figuras 6.18A e C.) Como o neurotransmissor é excitatório (glutamato), pode-se considerar que o verdadeiro estímulo dos fotorreceptores é o escuro, e não a luz! Essa consideração não é absurda, se pensarmos que vivemos em um ambiente contendo objetos que, na verdade, criam sombras em uma retina iluminada. As oscilações na quantidade de glutamato liberado, sempre proporcionais à incidência de estímulos luminosos na retina, ativam o neurônio seguinte, a célula bipolar. Esta, entretanto, é incapaz de gerar potenciais de ação, apenas potenciais pós-sinápticos de tipo analógico.

Apesar disso, nova transmissão sináptica ocorre dele para o neurônio de terceira ordem (a célula ganglionar), e só aí tem lugar a codificação neural. Por meio desses potenciais sinápticos intermediários, entretanto, todos proporcionais ao potencial receptor, a informação luminosa é devidamente codificada em potenciais de ação na célula ganglionar, e a informação assim digitalizada é enviada ao cérebro.

▶ Os Receptores da Olfação e da Gustação

Embora os quimiorreceptores sejam numerosos e extensamente distribuídos pelo organismo, os da olfação e da gustação desempenham diversos papéis particularmente importantes para a alimentação, a vida sexual e o comportamento social dos animais, inclusive do homem.

Os *quimiorreceptores olfatórios* estão localizados em um órgão especializado, o nariz, que entretanto não desempenha apenas essa função. São neurônios genuínos de morfologia bipolar, posicionados em meio a células de natureza epitelial, e cujo único dendrito alcança a superfície interna do nariz, emitindo múltiplos cílios* para a cavidade nasal (Figura 6.19A; ver também a Figura 10.1). Os axônios desses neurônios primários emergem no outro polo da célula, atravessam a mucosa e penetram no crânio pelos orifícios da placa crivosa do osso etmoide. Embora estejam dispersos, e não compactados como em um nervo típico, esses axônios são considerados componentes do nervo olfatório, o primeiro nervo craniano, que se projeta ao bulbo olfatório[A] – uma espécie de gânglio situado na base do cérebro, onde estão localizados os neurônios de segunda ordem do sistema olfatório. Os cílios dos receptores

* Embora sejam chamados assim, os cílios olfatórios diferem dos verdadeiros cílios por não apresentarem mobilidade ativa.

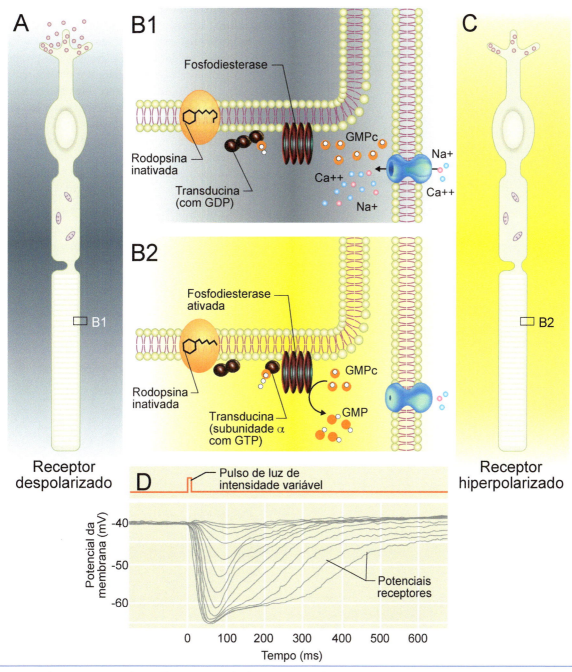

▶ **Figura 6.18.** Há um aparente paradoxo no funcionamento dos fotorreceptores. Eles são mais ativos no escuro do que no claro. No escuro (**A** e **B1**), a rodopsina está inativada e os canais de cátions estão abertos, mantendo a célula despolarizada e capaz de liberar glutamato no seu terminal. No claro (**B2** e **C**), a rodopsina fica ativada porque o retinal passa à forma *trans*, mas isso leva ao fechamento dos canais iônicos, tornando a célula hiperpolarizada e assim interrompendo a liberação de glutamato no terminal axônico. **D** mostra que o potencial receptor dos bastonetes é hiperpolarizante, e que sua amplitude é proporcional à intensidade do estímulo luminoso incidente. **D** modificado de Baylor, Fuortes *Journal of Physiology*. 1970;137:77-87.

olfatórios estão imersos em uma camada protetora de muco, produzido pelas demais células epiteliais da mucosa. No muco dissolvem-se os *odorantes*, as substâncias que ativam os quimiorreceptores e que, na maioria das vezes, são ligantes de receptores moleculares presentes na membrana dos cílios. Os odorantes penetram no nariz durante a inspiração, mas também por via retronasal quando mastigamos os alimentos, empurrando suas substâncias voláteis em direção à mucosa nasal. Dessa maneira, o cheiro dos alimentos se combina com o paladar pelo fluxo bidirecional dos odorantes entre a cavidade nasal e a cavidade oral.

A transdução quimioelétrica olfatória começa pela ligação dos odorantes com esses receptores moleculares, que são muito específicos e quase sempre metabotrópicos (Figura 6.19B). Quando isso ocorre, segue-se a mudança de conformação alostérica do receptor, ativação da proteína G e da enzima adenililciclase, e a síntese de AMPc dentro do neurônio receptor. O AMPc liga-se internamente a canais de cátions (Ca^{++} e Na^+) que se abrem, permitindo o influxo desses íons e gerando um potencial receptor despolarizante (Figura 6.19A e B). Com a entrada de Ca^{++}, abrem-se também canais de Cl^- dependentes desse ânion, e, como a concentração de Cl^- é alta no neurônio bipolar, ocorre efluxo desse ânion, acentuando o potencial despolarizante. A codificação ocorrerá no axônio do neurônio primário, se o potencial receptor for suficientemente grande para atingir o limiar do segmento inicial do axônio.

Somos capazes de perceber muitos milhares de cheiros diferentes, e já se sabe que possuímos cerca de 400 genes funcionais para as moléculas receptoras do olfato, embora apenas poucas dezenas delas tenham seus ligantes conhecidos. Na verdade, a elucidação do genoma humano mostrou cerca de 1.000 genes para receptores de odorantes. No entanto, 60% deles são pseudogenes, isto é, genes mutados ao longo da evolução e tornados incapazes de gerar um produto, ou seja, uma proteína receptora. Cada célula do epitélio olfatório expressa um dos genes funcionais, que produz uma proteína receptora específica para um determinado odorante (Figura 6.20). Ao que parece, logo que essa proteína é expressa na célula, mecanismos repressores bloqueiam a expressão gênica das demais proteínas nessa mesma célula, portanto temos, em nossa mucosa nasal, pelo menos 400 tipos diferentes de neurônios receptores olfatórios, cada um especialista em detectar um determinado odorante.

Essa descoberta resultou do trabalho de dois neurocientistas norte-americanos, Richard Axel e Linda Buck, que por isso mereceram o prêmio Nobel de Fisiologia ou Medicina de 2004. Trata-se, até o momento, da maior família de genes já descoberta entre os mamíferos. Ainda

▸ **Figura 6.19.** As células ciliadas olfatórias possuem moléculas receptoras específicas para certos odorantes. **A.** Quando os odorantes (representados por pontos alaranjados) reagem com esses receptores moleculares, a mensagem é enviada dendrito e axônio acima, pelo neurônio olfatório, até o bulbo olfatório, dentro da cavidade craniana. **B.** Nos cílios, a ligação dos odorantes a receptores moleculares dispara uma cadeia de reações intracelulares mediadas por segundos mensageiros como o AMPc, e o resultado é a abertura de canais iônicos que provocam a despolarização da membrana. Essa despolarização, nos cílios e no dendrito, é o potencial receptor, que na sequência provoca a ocorrência de potenciais de ação mais acima no axônio.

OS DETECTORES DO AMBIENTE

▶ **Figura 6.20.** A expressão específica dos genes dos receptores olfatórios em neurônios do epitélio olfatório foi revelada por experimentos em camundongos. **A** representa um esquema da mucosa olfatória do camundongo (em verde). Em **B**, os pontos verdes indicam a presença de um receptor chamado M71 em alguns neurônios olfatórios. O detalhe mostra uma ampliação que revela a morfologia típica do neurônio olfatório, com seu bulbo ciliado bem visível. **C** mostra que um outro receptor molecular, chamado I7, distribui-se em território diferente do epitélio olfatório. Os números 1-4 têm a intenção de permitir correlacionar **A** com **B** e **C**. **B** e **C** modificado de Bozza T et al *Journal of Neuroscience*. 2002;22:3033-3043.

assim, a diversidade da família dos receptores moleculares do olfato não é suficiente para explicar a nossa capacidade discriminativa, o que sugere que essa capacidade se deva à cooperação funcional entre os neurônios receptores e os demais neurônios da via olfatória. E há mais: na maioria dos mamíferos existe um setor da mucosa olfatória (o *órgão vômero-nasal*) que detecta substâncias inodoras, isto é, que não são percebidas conscientemente como cheiros, mas influenciam de forma silenciosa o comportamento sexual e reprodutor, bem como diversas interações sociais. Você poderá conhecer maiores detalhes sobre isso no Capítulo 10.

Os *quimiorreceptores gustativos* estão localizados também em um órgão especializado, a língua, que participa de outras funções, além do paladar, como a mastigação e a fala, mas não são exclusivos da língua, pois ocorrem também no palato, na epiglote e até mesmo nas regiões iniciais do esôfago. A superfície da língua está coberta de papilas gustativas, cada uma com dezenas de botões gustativos (Figura 6.21), estruturas microscópicas onde estão situados os quimiorreceptores do paladar. Cada pessoa tem em torno de 2 mil a 5 mil botões gustativos, cada um deles com cerca de 50 a 150 células receptoras. Entretanto, esses números podem variar entre as pessoas, conferindo grande diversidade à capacidade humana de perceber diferentes paladares. As células receptoras que compõem os botões não são neurônios: são células de origem epitelial, compactadas com outras de função coadjuvante. Sua extremidade apical forma microvilosidades que se aglomeram no poro do botão gustativo, expostas à saliva e, portanto, às substâncias que entram na boca e ali se dissolvem, chamadas *gustantes*. As extremidades basais das células receptoras fazem sinapses químicas com os botões das fibras nervosas das células de segunda ordem.

Os mecanismos de transdução dos receptores gustativos variam com a submodalidade. O sabor salgado, por exemplo, tem como estimulante prototípico o sal de cozinha, ou seja, NaCl. O sabor do sal é o sabor do íon Na^+, embora a natureza do ânion o altere. O Cl^-, por exemplo, é mais salgado que o CO_3^-, ambos associados ao Na^+. Quando o sal entra em contato com as papilas gustativas, abrem-se canais de Na^+ (os chamados canais amilorida*) situados nas microvilosidades das células receptoras, provocando um potencial receptor despolarizante. Outros sais com diferentes cátions são detectados pelos outros receptores, e não evocam o sabor salgado típico do NaCl. Já o sabor azedo, característico dos ácidos, tem como estimulante prototípico o íon H^+ e, portanto, o pH das imediações da membrana da célula receptora. O H^+ penetra na célula pelos canais específicos que também permeiam o Na^+, mas nessa célula em particular ocorre simultaneamente o bloqueio dos canais de K^+, fenômeno que acentua a despolarização. Os canais específicos para o azedo já foram identificados, sendo do

---

* *Chamados assim por conta de seu antagonista farmacológico.*

217

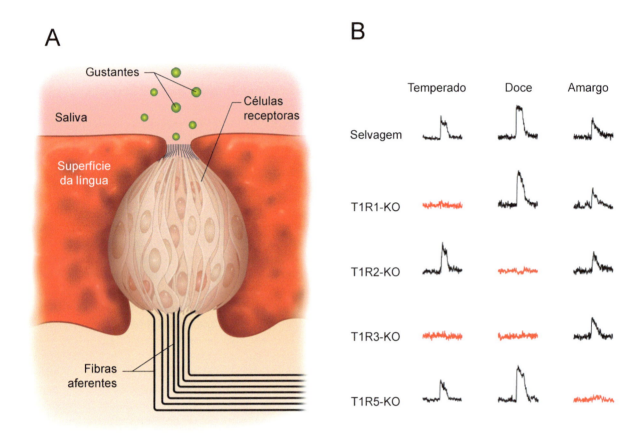

▶ **Figura 6.21. A** representa um botão gustatório com as células receptoras que o formam. Os traçados em **B** representam os potenciais receptores registrados nas células gustativas de camundongos selvagens (normais, sem alterações no genoma), bem como de animais cujo DNA sofreu a deleção (retirada) de um gene específico, indicado na legenda (T1R1-KO*, T1R2-KO etc.). Verifica-se que a deleção tanto de T1R1 como de T1R3 provoca abolição da sensibilidade ao sabor temperado, o que significa que o receptor é o heterodímero T1R1+3. Da mesma forma, a deleção de T1R2, da mesma forma que a de T1R3, provoca abolição do sabor doce (heterodímero T1R2+3). O sabor amargo é produzido pelo homodímero T1R5. **B** modificado de Chandrashekar J et al. *Nature*. 2006;44:288-294.

tipo TRP, mencionado anteriormente. Em ambos os casos, a base das células receptoras apresenta outros canais iônicos dependentes de voltagem, especialmente os de Ca^{++}, que se abrem com o potencial receptor inicial, deixando entrar o íon Ca^{++}. Este, dentro da célula, provocará a liberação de neurotransmissores situados nas vesículas sinápticas, e a informação gustatória será repassada ao segundo neurônio da cadeia. Como os mecanismos de transdução do sabor salgado e do sabor azedo são muito parecidos, a dúvida que surge é quais aspectos desses mecanismos (possivelmente intracelulares) são responsáveis pela diferença que somos capazes de sentir entre esses dois sabores.

A transdução dos sabores doce e amargo é bastante diferente da dos anteriores, mas com semelhanças: as moléculas receptoras são metabotrópicas, ligadas a uma proteína G chamada *gustatina* ou *gustducina*, existente nas células receptoras correspondentes. Nessas células, ocorre ativação das enzimas PLA ou PLC (fosfolipases A e C, respectivamente), que produzem trifosfato de inositol (IP_3). Esse segundo mensageiro abre canais de Ca^{++}, o que provoca o aumento da concentração desse íon no citosol da célula receptora, fazendo liberar neurotransmissor na fenda sináptica para o neurônio de segunda ordem. É interessante observar que, neste caso, não há potencial receptor, porque o aumento da concentração de cálcio por si mesmo é suficiente para liberar o neurotransmissor necessário para que a mensagem seja transmitida à célula seguinte.

Às quatro submodalidades clássicas do paladar associou-se recentemente mais uma, o gosto temperado (conhecido também pela palavra japonesa *umami*) característico de L-aminoácidos[G] como o glutamato monossódico (componente do tempero japonês *ajinomoto*) e o aspartato. A proteína receptora do sabor temperado é da mesma família do sabor doce, e seus mecanismos de transdução são semelhantes. Você poderá encontrar mais detalhes sobre esses mecanismos de processamento gustatório no Capítulo 10.

---

* A abreviatura KO refere-se à expressão knock-out, em inglês, que significa "gene retirado".

Pesquisas recentes em neurobiologia molecular permitiram identificar os genes e seus produtos que compõem as famílias dos receptores de doce, amargo e temperado. Trata-se das famílias T1R e T2R*, com alguns membros conhecidos: T1R1, T1R2 etc. Essas proteínas agrupam-se em pares iguais ou diferentes (homo ou heterodímeros), e assim compõem os receptores para os diversos gustantes doces, amargos e temperados. Os experimentos que permitiram identificá-los especificamente consistiram na retirada (deleção) dos genes respectivos do DNA de camundongos e na posterior verificação da sensibilidade gustativa das células receptoras (Figura 6.21).

É interessante notar que a sensibilidade gustativa conferida pelos receptores nem sempre é restrita à mesma espécie química. Entre as substâncias de sabor doce, por exemplo, encontramos carboidratos naturais (como a glicose e a sacarose), sais orgânicos (como a sacarina), proteínas (como a monelina), peptídeos (como o aspartame) e D-aminoácidos. Isso é possível porque a mesma molécula de receptor apresenta diversos sítios ativos que reconhecem compostos diferentes.

_____

* *Abreviaturas da expressão inglesa* taste receptor 1 *e* 2.

Além disso, deve-se notar que a cavidade oral possui também receptores somestésicos que respondem a textura (mecanoceptores), temperatura (termoceptores) e certas propriedades irritantes (nociceptores) dos alimentos. É o caso da capsaicina, um componente das pimentas que provoca um fenômeno de tipo inflamatório na boca: a "ardência" que percebemos quando ingerimos excesso de pimenta é um exemplo disso. Também é o caso do mentol, componente da hortelã e da menta, que estimula os termoceptores, provocando uma sensação refrescante. Esses receptores somestésicos presentes em meio aos receptores gustativos tornam o paladar um fenômeno multissensorial.

O paladar é importante para que avaliemos o conteúdo nutricional dos alimentos e evitemos a ingestão de substâncias potencialmente tóxicas. Assim, o gosto doce possibilita identificar nutrientes ricos em energia, o salgado contribui para manter o equilíbrio eletrolítico, o gosto temperado possibilita identificar aminoácidos, o amargo e o azedo alertam-nos para substâncias possivelmente nocivas. Como sabemos, o paladar confere-nos também um grande sentimento de prazer, explorado ricamente em todas as culturas humanas.

Glossário

Comprimento de onda: distância entre duas cristas, ou entre dois vales, de uma onda regular (geralmente senoidal). É inversamente proporcional à frequência.

Conformação alostérica: uma entre várias das formas tridimensionais que podem ser assumidas por uma macromolécula do tipo proteico.

Escotomas cintilantes: pontos luminosos e pulsáteis que se veem espontaneamente em certas condições patológicas, ou quando a retina é estimulada mecanicamente, sem correlação com qualquer objeto real que esteja sendo visto.

Espectro audível: faixa de frequências das vibrações mecânicas do ambiente, situada aproximadamente entre 20 e 20.000 Hz (hertz ou ciclos por segundo), perceptível pelo sentido da audição humana. Maiores detalhes no Capítulo 8.

Espectro visível: faixa de comprimentos de onda da radiação eletromagnética, situada aproximadamente entre 400 e 700 nm (nanômetros ou 10^{-9} metro), perceptível pelo sentido da visão humana. Maiores detalhes no Capítulo 9.

Fagocitose: ação de algumas células, particularmente no sistema imunitário, mas não apenas nele, de interiorizar partículas estranhas ou detritos celulares.

Frequência: número de cristas ou vales de uma onda regular (geralmente senoidal), que ocorre em um determinado período de tempo. É inversamente proporcional ao comprimento de onda.

L-aminoácido: forma tridimensional da molécula de um aminoácido capaz de girar para a esquerda o plano de polarização da luz polarizada; é como se fosse uma imagem ao espelho do D-aminoácido.

Poder de convergência: medida da capacidade das superfícies transparentes (dioptros) de fazer convergir para um foco os raios luminosos que neles penetram. Nas superfícies esféricas, é inversamente proporcional ao raio.

Propriocepção: submodalidade somestésica através da qual registramos – consciente ou inconscientemente – a posição estática e dinâmica das partes de nosso corpo. Maiores detalhes no Capítulo 7.

Resolução: capacidade do sistema visual de distinguir as menores partes individuais de um objeto.

Sistema motor: conjunto de regiões interligadas do sistema nervoso, que se encarregam de diferentes aspectos da motricidade. Maiores detalhes no Capítulo 12.

Timbre: percepção da combinação característica de frequências e seus harmônicos, emitidos por uma determinada fonte sonora (como um instrumento musical, por exemplo).

Tom: percepção de uma frequência pura emitida por uma fonte sonora.

Toro: sólido com a forma de um cilindro curvo.

NEUROCIÊNCIA CELULAR

Leia Mais

▶ Leitura Básica

Silveira LCL. Os Sentidos e a Percepção. In: Lent R. (coord.) *Neurociência da Mente e do Comportamento*. Rio de Janeiro: Guanabara-Koogan, 2008 p. 133-182. Texto que abrange não apenas os receptores, mas os sistemas sensoriais em conjunto.

Gardner EP, Johnson KO. A codificação sensorial. In: Kandel et al. (orgs.) *Princípios de Neurociências*. 5ª ed. trad. Porto Alegre: McGraw-Hill-Artmed, 2014. p. 393-414. Texto aprofundado sobre a psicofísica e a codificação sensorial pelos receptores.

Gardner EP, Johnson KO. O sistema somatossensorial: receptores e vias centrais. In: Kandel et al. (orgs.) *Princípios de Neurociências*. 5ª ed. trad. Porto Alegre: McGraw-Hill-Artmed, 2014. p. 415-433. Texto aprofundado mais voltado para os receptores da somestesia.

Meister M, Tessier-Lavigne M. Processamento visual de nível inferior: a retina. In: Kandel et al. (orgs.) *Princípios de Neurociências*. 5ª ed. trad. Porto Alegre: McGraw-Hill-Artmed, 2014. p. 502-522. Texto detalhado sobre o funcionamento dos receptores retinianos e seus circuitos.

Hudspeth AJ. A orelha interna. Kandel et al. (orgs.) *Princípios de Neurociências*. 5ª ed. trad. Porto Alegre: McGraw-Hill-Artmed, 201. p. 568-591. Texto aprofundado sobre os mecanismos de transdução e o processamento dos receptores auditivos.

Bear M, Connors BW, Paradiso MA. *Neurociências – Desvendando o Sistema Nervoso*. 4ª ed. Porto Alegre: Artmed, 2017. p. 293-330. Texto didático sobre o órgão receptor da visão e seu funcionamento.

▶ Leitura Complementar

Clássicos

Adrian ED, Zotterman Y. The impulses produced by sensory nerve-endings. Part 2. The response of a single end-organ. *Journal of Physiology*. 1926;61:151-171.

Wald G. Carotenoids and the visual cycle. *Journal of General Physiology*. 1935;19:351-371.

LaMotte RH, Mountcastle VB. Capacities of humans and monkeys to discriminate vibratory stimuli of different frequency and amplitude: a correlation between neural events and psychological measurements. *Journal of Neurophysiology*. 1975;38:539-559.

Baylor DA, Lamb TD, Yau KW. Responses of retinal rods to single photons. *Journal of Physiology*. 1979;288:613-634.

Shepherd GM. Discrimination of molecular signals by the olfactory receptor neuron. *Neuron*. 1994;13:771-790.

Recentes

Luo J, Feng J, Liu S, Walters ET, Hu H. Molecular and cellular mechanisms that initiate pain and itch. *Cellular and Molecular Life Sciences*. 2015;72:3201-3223.

Antunes G, Simões de Souza FM. Olfactory receptor signaling. *Methods in Cell Biology*. 2016;132:127-145.

Basso L, Altier C. Transient receptor potential channels in neuropathic pain. *Current Opinion in Pharmacology*. 2017;32:9-15.

Guimarães RPM, Landeira BS, Coelho DM, Golbert DCF, Silveira MS, Linden R, et al. Evidence of Muller glia conversion into retina ganglion cells using neurogenin2. *Frontiers in Cellular Neuroscience*. 2018;12:410.

Mabberg D, Hatt H. Human olfactory receptors: Novel cellular functions outside the nose. *Physiological Reviews*. 2018;98:1739-1763.

Coate TM, Scott MK, Gurjar M. Current concepts in cochlear ribbon synapse formation. *Synapse*. 2019;73:e22087.

Eggermont JJ. Cochlea and auditory nerve. *Handbook of Clinical Neurology*. 2019 160:437-449.

Cunningham CL, Müller U. Molecular structure of the hair cell mechanoelectrical transduction complex. *Cold Spring Harbor Perspectives in Medicine*. 2019;9:a033167.

Töle JC, Behrens M, Meyerhof W. Taste receptor function. *Handbook of Clinical Neurology*. 2019;164:173-185.

Do MTH. Melanopsin and the intrinsically photosensitive retinal ganglion cells: Biophysics to behavior. *Neuron*. 2019;104:205-226.

Roy S, Field GD. Dopaminergic modulation of retinal processing from starlight to sunlight. *Journal of Pharmacological Sciences*. 2019;140:86-93.

Taruno A, Nomura K, Kusakizako T, Ma T, Nureki O, Foskett JK. Taste transduction and channel synapses in taste buds. *Pflugers Archiv: European Journal of Physiology on-line*. 2020. Doi:10.1007/s00424-020-02464-4.

Wang F, Kim BS. Itch: a paradigm of neuroimmune crosstalk. *Immunity*. 2020;52:753-766.

PARTE 2

NEUROCIÊNCIA SENSORIAL

Os Sentidos do Corpo
Estrutura e Função do Sistema Somestésico

Composição com dois pés, de Carlos Vergara (sem data)

Saber o Principal

Resumo

A capacidade que as pessoas e os animais possuem de receber informações sobre as diferentes partes do corpo é a somestesia, modalidade sensorial constituída por diversas submodalidades, como o tato, a propriocepção, a termossensibilidade, a dor e outras. Quem realiza essa tarefa é o sistema somestésico, uma cadeia de neurônios, fibras nervosas e sinapses que traduzem, codificam e modificam as informações provenientes do corpo. Nem todas essas informações tornam-se conscientes, produzindo percepção; algumas são utilizadas inconscientemente para a coordenação da motricidade e do funcionamento dos órgãos internos.

O sistema somestésico divide-se em um subsistema exteroceptivo, outro proprioceptivo e um terceiro interoceptivo. O primeiro é preciso, rápido, discriminativo e dotado de uma detalhada representação espacial da superfície corporal; o segundo também é rápido, encarregado de informar o cérebro sobre os músculos e as articulações; e o terceiro é o que nos proporciona uma noção do estado funcional do corpo, criando uma sensação geral de bem-estar ou mal-estar. Além disso, as vias ascendentes que veiculam os três subsistemas são diferentes. O exteroceptivo, que tem como submodalidade principal o tato, apresenta receptores especializados situados na pele e nas mucosas; neurônios primários situados em gânglios periféricos; neurônios de segunda ordem situados no tronco encefálico; neurônios de terceira ordem situados no tálamo; e neurônios de quarta ordem situados no giro pós-central do córtex cerebral. O subsistema proprioceptivo tem como função a localização espacial das partes do corpo, principalmente para orientar a ação dos sistemas motores. Suas vias envolvem receptores situados nas articulações e nos músculos. Os neurônios primários ficam também nos gânglios periféricos, mas os de segunda ordem ficam quase sempre na medula, de onde se projetam ao tálamo e ao cerebelo. Uma parte da propriocepção é consciente, a outra é inconsciente, servindo para possibilitar ações motoras rápidas e eficazes. O subsistema interoceptivo reúne as informações dolorosas, térmicas e metabólicas de todos os tecidos e órgãos, que confluem para neurônios de segunda ordem situados na lâmina I da medula, cujos axônios ascendem a vários níveis da medula e do tronco encefálico, chegando ao tálamo e, depois, aos córtices insular e cingulado, relacionados com as emoções. A dor se particulariza pela sua importância para a proteção e a sobrevivência dos indivíduos. Embora todas as submodalidades apresentem sistemas de modulação, o da dor é especialmente elaborado, possibilitando o controle da transmissão sináptica na medula por meio de outras vias aferentes e de vias descendentes: são os mecanismos analgésicos endógenos.

A localização espacial dos estímulos somestésicos é viabilizada pela organização somatotópica das vias aferentes e das sinapses correspondentes, que implica um mapa ordenado de representação das diversas partes do corpo segundo a sua sequência natural na superfície corporal. Os mapas somatotópicos são precisos e detalhados nos sistemas exteroceptivo e proprioceptivo, porém mais imprecisos e grosseiros no interoceptivo. A discriminação dos estímulos que ativam o sistema somestésico (toque, pressão, temperatura, movimento e muitos outros) realiza-se em várias áreas do córtex, cada uma delas dotada de pelo menos um mapa somatotópico.

OS SENTIDOS DO CORPO

Durante a maior parte de nossa existência não percebemos o nosso próprio corpo. Muita coisa acontece com ele minuto a minuto, mas só as mais significativas são registradas pela consciência, porque geralmente nossa atenção está voltada para outros aspectos do ambiente, e o nosso organismo passa despercebido. Embora a consciência não registre tudo, o sistema nervoso recebe e processa continuamente todas as informações sobre a posição e o movimento das partes do corpo e do corpo como um todo, sobre o estado de nossas vísceras, sobre a textura, a forma e a temperatura dos objetos que tocamos e sobre a integridade de nossos tecidos. Essas informações são selecionadas, filtradas e encaminhadas a diferentes regiões neurais, que as vão utilizar de diversas maneiras. A parte que atingirá a consciência servirá para orientar o comportamento e o raciocínio, podendo ser armazenada na memória para utilização posterior. A parte inconsciente servirá para gerar um estado global de bem-estar (ou mal-estar) que influi bastante sobre nossas emoções e nosso humor, bem como para coordenar os nossos movimentos, de modo a manter a postura e o equilíbrio corporal, e para ajustar o funcionamento dos órgãos e das vísceras de acordo com as necessidades fisiológicas.

Esse amplo conjunto de informações sobre o corpo compõe a modalidade sensorial que conhecemos por *somestesia* (do latim *soma*, que quer dizer corpo, e *aesthesia*, que significa sensibilidade). A somestesia não é uma modalidade sensorial homogênea, mas, sim, constituída por várias submodalidades, entre as quais as mais importantes são as seguintes: o *tato*, que corresponde à percepção das características dos objetos que tocam a pele; a *propriocepção*, que consiste na capacidade de distinguir a posição estática e dinâmica do corpo e suas partes; a *termossensibilidade*, que nos permite perceber a temperatura dos objetos e do ar que nos envolve; e a *dor*, que é a capacidade de identificar estímulos muito fortes, potenciais ou reais causadores de lesões nos nossos tecidos. Como veremos adiante, cada uma dessas submodalidades também poderia ser subdividida ainda mais, já que da nossa própria experiência e das observações dos neurologistas podemos identificar uma sensibilidade ao frio e outra ao calor, um tato fino, preciso, e outro mais grosseiro e impreciso, vários tipos diferentes de dor e, ainda, sensações difíceis de classificar, como a ardência e a coceira.

PLANO GERAL DO SISTEMA SOMESTÉSICO

Podemos compreender a organização estrutural do sistema somestésico imaginando-o como um conjunto sequencial de neurônios, fibras nervosas e sinapses capaz, primeiro, de representar, por meio de potenciais bioelétricos, os estímulos ambientais que atingem o corpo, em seguida modificar esse código de potenciais a cada estágio sináptico e, por fim, conduzi-los a regiões cerebrais superiores para que sejam transformados em percepção e emoção e, eventualmente, utilizados na modulação do comportamento.

O primeiro estágio dessa cadeia sequencial é o dos receptores, amplamente discutidos no Capítulo 6. Os receptores sensoriais são estruturas especializadas em traduzir as diversas formas de energia que incidem sobre o nosso corpo, transformando-as em potenciais receptores e potenciais de ação. Há receptores somestésicos em praticamente todas as partes do corpo. Uma exceção curiosa é o próprio sistema nervoso, cujo parênquima[G] não possui receptores. Por essa razão o cérebro não dói, e é possível realizar cirurgias para a remoção de tecido neural doente em pacientes submetidos apenas a uma anestesia local que bloqueie a sensibilidade do crânio, das meninges[G] e dos vasos sanguíneos.

Existem receptores sensoriais em todos os órgãos do corpo, embora a pele seja o "órgão somestésico" por excelência. Esses receptores são estruturas histológicas especializadas para detectar melhor os diferentes estímulos que incidem sobre o organismo (por fora ou por dentro), compostos pela extremidade de uma fibra nervosa, que pode estar livre ou associada a células não neurais, formando um "miniórgão" (Figura 7.1). As fibras que emergem desses miniórgãos podem ser mielinizadas ou não, e vão-se juntando em filetes nervosos e nervos periféricos até, por fim, penetrarem no SNC pelas raízes dorsais da medula espinhal[A] ou por alguns nervos cranianos diretamente no encéfalo. Os corpos celulares que dão origem a essas fibras ficam localizados nos gânglios espinhais (Figura 7.1) e no gânglio trigêmeo: são eles os neurônios primários do sistema somestésico.

Apesar da diversidade dos receptores e suas fibras, no SNC eles podem ser reunidos em subsistemas somestésicos diferentes, de acordo com a sua natureza funcional e a organização morfológica correspondente (Tabela 7.1). Classicamente, um desses subsistemas reuniria a maioria das fibras que veiculam a submodalidade do tato e as fibras proprioceptivas: seria o (sub)sistema epicrítico, com grande capacidade discriminativa e alta precisão sensorial (acuidade). O segundo seria o (sub)sistema protopático, que reuniria uma parte das fibras que veiculam a termossensibilidade e a dor, além de certas fibras táteis de sensibilidade mais grosseira: é pouco discriminativo e menos preciso. Essa subdivisão clássica foi recentemente revista, propondo-se de certa forma um retorno a uma proposta antiga do fisiologista inglês Charles Sherrington (1857-1952), prêmio Nobel de Medicina ou Fisiologia em 1932. De acordo com essa proposta retomada, seriam considerados três subsistemas

---

[G] *Termo constante do glossário ao final do capítulo.*

[A] *Estrutura encontrada no* Miniatlas de Neuroanatomia *(p. 359).*

Neurociência Sensorial

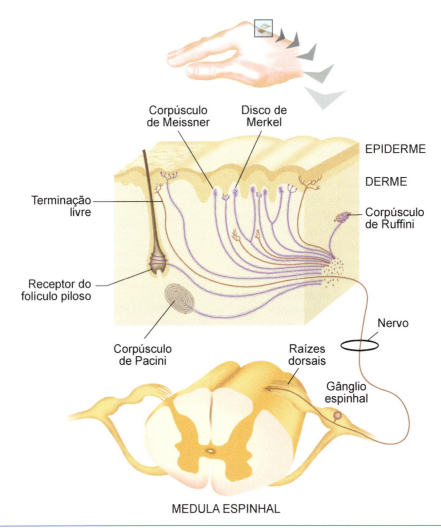

Figura 7.1. Os neurônios primários do sistema somestésico localizam-se na pele e nos órgãos internos. Seus corpos celulares ficam nos gânglios sensitivos (como os gânglios espinhais), e seus prolongamentos distais podem ser livres ou associados a estruturas conjuntivas, formando miniórgãos receptores.

(Figura 7.2): um *exteroceptivo*, que incluiria a sensibilidade tátil discriminativa proveniente da pele; um segundo, *proprioceptivo*, que incluiria a sensibilidade proveniente dos músculos e articulações, servindo essencialmente à coordenação motora; e um terceiro, *interoceptivo*, que reuniria grande diversidade de receptores situados em todo o organismo, encarregados de monitorar dinamicamente o estado funcional de nosso corpo, influenciando sensações subjetivas, emoções e um certo sentido de conhecimento global do nosso próprio corpo. Nesses três subsistemas, o neurônio primário estabelece contato sináptico com o neurônio secundário em algum nível do SNC (na medula ou no tronco encefálico) e o axônio deste geralmente cruza a linha média antes de estabelecer contato com o neurônio de terceira ordem (Figura 7.2). Desse modo, a representação somestésica no SNC é quase sempre contralateral: o hemisfério cerebral esquerdo recebe informações do lado direito do corpo e vice-versa. A informação codificada dos estímulos ambientais, então, pode ser conduzida ao tálamo[A], onde estão os neurônios de terceira ordem, cujos axônios se projetam diretamente às regiões somestésicas do córtex cerebral. Muitas fibras proprioceptivas secundárias seguem outro caminho: mantêm-se do mesmo lado, projetando-se diretamente ao cerebelo[A], onde se encontram os neurônios de terceira ordem. Neste caso, os neurônios de terceira ordem formam circuitos intracerebelares e não se projetam às regiões somestésicas do córtex cerebral. Além disso, muitas fibras nociceptivas de segunda ordem estabelecem contato com neurônios do tronco encefálico, e estes iniciam uma sequência numerosa de sinapses que dirigem a informação dolorosa a diversas regiões cerebrais.

OS SENTIDOS DO CORPO

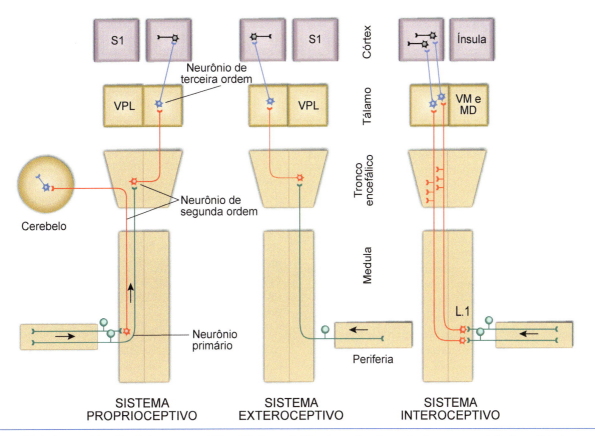

▶ **Figura 7.2.** O plano geral dos três subsistemas somestésicos é ligeiramente diferente um do outro, mudando apenas a posição do neurônio de segunda ordem (em vermelho), portanto o nível do cruzamento pela linha média. O neurônio primário é sempre ganglionar, mas as vias ascendentes diferem quanto ao seu trajeto na medula e acima dela. A propriocepção inconsciente é veiculada pelos feixes espinocerebelares, cujo trajeto é ipsilateral.

Tabela 7.1. Diferenças entre os Subsistemas Somestésicos

	Subsistema Exteroceptivo	**Subsistema Proprioceptivo**	**Subsistema Interoceptivo**
Submodalidades	Tato fino	Propriocepção consciente e inconsciente	Tato grosseiro, sensibilidade visceral, termossensibilidade, dor, coceira
Receptores	Mecanoceptores, termoceptores, quimioceptores	Mecanoceptores	Mecanoceptores, termoceptores, quimioceptores
Fibras periféricas	Aβ	Ia, Ib	Aδ e C
Velocidade de condução	Alta	Alta	Média e baixa
Localização do neurônio de primeira ordem	Gânglios espinhais e gânglio trigêmeo	Gânglios espinhais e gânglio trigêmeo	Gânglios espinhais e gânglio trigêmeo
Localização do neurônio de segunda ordem	Núcleos da coluna dorsal e núcleo principal do trigêmeo	Núcleos da coluna dorsal e núcleo principal do trigêmeo; núcleos mediais da medula*	Corno dorsal (principalmente lâmina I) e núcleo espinhal do trigêmeo
Vias espinhais	Feixes da coluna dorsal (grácil e cuneiforme)	Feixes da coluna dorsal e feixes espinocerebelares*	Feixes da coluna anterolateral (espinotalâmico e espinorreticular), fascículo medial da coluna dorsal
Vias supraespinhais	Lemnisco medial, radiações talâmicas	Lemnisco medial, radiações talâmicas, pedúnculos cerebelares*^	Lemnisco espinhal e diferentes vias ascendentes do tronco encefálico e radiações talâmicas
Local de cruzamento	Tronco encefálico	Medula (para as vias espinhais) e tronco encefálico (para as vias trigeminais); sem cruzamento (para as vias espinocerebelares)*	Medula
Localização do neurônio de terceira ordem	Núcleo ventral posterior do tálamo	Cerebelo* e núcleos do diencéfalo	Diferentes núcleos do tronco encefálico e núcleo ventral medial do diencéfalo
Localização do neurônio de quarta ordem	Áreas somestésicas no giro pós-central e outras áreas menos conhecidas	Áreas somestésicas no giro pós-central e cerebelo*	Diferentes núcleos do tronco encefálico, núcleos ventral medial e mediodorsal do tálamo, núcleos do hipotálamo, córtex insular anterior
Somatotopia	Precisa	Pouco conhecida	Grosseira
Propriedades funcionais	Campos receptores pequenos e unimodais	Pouco conhecidas	Campos receptores grandes e polimodais

*Propriocepção inconsciente.

TATO

Um cego é capaz de aprender a utilizar a superfície dos seus dedos para identificar as pequenas elevações pontuais que constituem a escrita Braille. Nessa tarefa, ele consegue perceber elevações com até 4 centésimos de milímetro de largura e 6 centésimos de altura. Na verdade, todos temos uma enorme acuidade tátil na ponta dos dedos, que possibilita detectar pontos quase 200 vezes menores do que os da escrita Braille. Além disso, todos somos capazes de aprender a identificar objetos e descrever suas formas sem o auxílio da visão; somos muito precisos nessa tarefa, especialmente quando usamos as mãos. Também os animais utilizam o tato em suas atividades diárias. Os roedores e os carnívoros, por exemplo, usam os seus grandes bigodes (vibrissas), muito mais que as patas, como instrumentos ativos de investigação tátil do ambiente. Até dispositivos eletrônicos podem simular a capacidade tátil dos receptores da pele (Quadro 7.1). Não é preciso salientar, portanto, a relevância da submodalidade do tato para a percepção sensorial e o comportamento, mas é importante estudar os circuitos neuronais que veiculam essa informação somestésica e os mecanismos que utilizam.

▶ Receptores e Neurônios Primários no Corpo e na Cabeça

A Figura 7.1 ilustra bem a grande diversidade dos receptores táteis existentes na pele e no interior do organismo: essa característica contribui bastante para a ampla capacidade de percepção tátil de que somos capazes. No Capítulo 6, a Tabela 6.3 e a Figura 6.10 ilustram melhor essa diversidade. Como todos esses receptores são especializações das extremidades das fibras nervosas sensoriais, estas se agrupam em nervos que se dirigem ao SNC. Quando situados abaixo da cabeça, penetram no SNC pelas raízes dorsais da medula (Figura 7.3A). Os receptores localizados na cabeça, por sua vez, ligam-se a fibras que compõem alguns dos nervos cranianos, sobretudo o nervo trigêmeo[A] (nervo craniano V), que penetra no SNC diretamente pelo tronco encefálico (Figura 7.3B).

A organização segmentar da medula (Figura 7.3A), derivada de sua origem embriológica peculiar, também segmentar, faz que cada par bilateral de raízes dorsais contenha as fibras originadas de uma área restrita da superfície corporal. Acompanhando a coluna vertebral, a medula possui 30 segmentos divididos em quatro grupos: cervical (com oito segmentos, abreviados C1 a C8), torácico (T1 a T12), lombar (L1 a L5) e sacro (S1 a S5). Todos esses segmentos se organizam de modo semelhante (Figura 7.3C): no centro da medula, formando uma estrutura parecida com a letra H, encontram-se os corpos dos neurônios que recebem as informações somestésicas, além de muitos outros que desempenham outras funções. O H medular representa, portanto, a substância cinzenta. Em volta dele está a substância branca, onde se concentram milhões de fibras nervosas – algumas ascendentes, que nos interessam mais de perto neste capítulo, outras descendentes, que serão estudadas no Capítulo 12. A área da superfície corporal que é inervada por um segmento medular é chamada *dermátomo* (Figura 7.4). Os segmentos medulares, desse modo, diferem mais fortemente pelos dermátomos que representam do que por suas características anatômicas, que são, na verdade, bastante semelhantes. Os segmentos cervicais cobrem os dermátomos situados na parte posterior do couro cabeludo (Figura 7.4A), assim como os do pescoço, ombros e a maior parte dos braços (Figura 7.4B). Os segmentos torácicos cobrem os dermátomos do tórax e de uma parte do abdome. Os lombares recebem fibras provenientes do abdome e da região anterior das pernas. Finalmente, os segmentos sacros representam os órgãos genitais, o períneo e a face posterior das pernas.

Os dermátomos podem ser delineados quando ocorre uma lesão isolada em alguma raiz espinhal, como em casos de traumatismo, cirurgia ou infecção viral por herpes-zóster[G], que frequentemente atinge um único gânglio espinhal. A análise desses casos mostrou que a extensão dos dermátomos é variável de um indivíduo para outro e que os limites entre eles não são precisos, o que resulta em considerável superposição de um dermátomo com outro. Isso porque as fibras táteis dos nervos espinhais não inervam apenas a área do seu próprio dermátomo, mas invadem parte dos dermátomos vizinhos. O conceito de dermátomo é importante especialmente para os neurologistas e para os dermatologistas, pois permite diagnosticar a posição segmentar de uma lesão que tenha atingido uma ou mais raízes espinhais.

No caso da cabeça, sobretudo a face, a entrada somestésica não apresenta organização segmentar tão clara, pois praticamente toda a inervação tátil é canalizada ao SNC pelo nervo trigêmeo (Figura 7.3B); entretanto, como o nome indica, o trigêmeo possui três grandes ramos, cujo território de inervação é distinto e reminiscente dos dermátomos corporais (Figura 7.4A). O ramo oftálmico cobre o território da testa, olhos e a frente do nariz; o ramo maxilar recebe as fibras táteis das maçãs do rosto, do lábio superior, dentes superiores e cavidades nasal e oral; e o ramo mandibular cobre as têmporas, continuando-se até o queixo e incluindo os dentes inferiores.

Imagine agora o que ocorre quando um objeto metálico qualquer – um bastão, por exemplo – toca uma região da superfície cutânea: por exemplo, um dos dedos do seu pé. A compressão da pele estimulada – ainda que levemente – ativa os mecanorreceptores locais, que produzem os potenciais receptores correspondentes, codificados a seguir em salvas de potenciais de ação propagados ao longo das fibras

OS SENTIDOS DO CORPO

táteis em direção ao SNC. Essas fibras são "dendritos"* dos neurônios primários do tato, as células pseudounipolares que se situam nos gânglios espinhais. Os "axônios" desses neurônios conduzem os potenciais de ação provenientes do

---

Dendritos e axônios estão aqui entre aspas porque, nos neurônios pseudounipolares, ambos formam uma fibra contínua que passa ao largo do corpo neuronal, da periferia corporal diretamente à medula.

pé por meio das raízes dorsais do segmento L5 até o corno dorsal da medula (Figura 7.5). O estímulo ativa muitas fibras de maior diâmetro (Aβ) e algumas menos calibrosas (Aδ). No primeiro caso (Figura 7.5), os potenciais de ação são conduzidos em grande velocidade (até cerca de 120 m/s)** ao longo das fibras, que, dentro da medula, fazem uma curva,

---

** *Equivalentes a 432 km/h!*

Neurociência do Cotidiano

Quadro 7.1
Avanços à Flor da Pele*

Já ficou sem graça falar do "novo normal" depois da pandemia, que expandiu o limite da interação remota entre pessoas. O que já era uma tendência acelerou e tornou-se realidade a toque de caixa. Tudo indica que o *boom* do mundo remoto já começou. Além das repercussões na educação e no entretenimento, grandes inovações surgem na área da saúde, com as várias modalidades da telemedicina.

O que já é possível antever no horizonte próximo é a possibilidade de realizar o diagnóstico de sinais e sintomas precoces das doenças à distância e sem fios. Um desses desenvolvimentos tem sido a criação de adesivos com circuitos eletrônicos miniaturizados e mecanicamente flexíveis que permitem transmitir, da pele, vários sinais físicos e até psicológicos. A empresa americana MC10, por exemplo, obteve, em 2018, a aprovação da FDA, a Anvisa americana, para uma fita sensitiva chamada BioStamp. Em 2019, o grupo de pesquisadores responsáveis por essa invenção divulgou um sensor colante para ser utilizado em bebês prematuros em UTIs neonatais sem o emaranhado de fios que tanto incomoda a eles e às mães.

O mais recente avanço que localizei foi divulgado pelo mesmo grupo de pesquisa há poucas semanas. É uma espécie de esparadrapo com circuitos miniaturizados embutidos, minibateria e transmissão sem fio por *bluetooth* colocado no pescoço, na altura do gogó. A posição é estratégica, pois permite monitorar um grande número de funções corporais e até psicológicas. A proximidade com a traqueia, por exemplo, torna possível registrar o ritmo e a intensidade da respiração: importante para identificar os primeiros sinais de alterações respiratórias da Covid-19, desde a tosse seca caracterís-

tica até a dificuldade de respirar que vai se acentuando com o agravamento da doença. Quatrocentos desses dispositivos foram fabricados e já estão sendo usados em caráter experimental por profissionais da saúde na linha de frente em Chicago.

Além disso, a posição do adesivo é próxima das artérias carótidas, o que permite monitorar a frequência de batimentos cardíacos e o afluxo de sangue para o cérebro. Também se podem seguir o movimento alterado das cordas vocais resultante da infecção respiratória e as anomalias motoras da garganta e do esôfago que ocorrem na deglutição dos alimentos.

Até marcadores biológicos de sintomas psicológicos, como, por exemplo, as pequenas gotículas de suor que aparecem na pele durante a ocorrência de emoções fortes e a secreção de cortisol, indicador bioquímico de estresse, depressão e ansiedade, podem ser detectados. Tudo em modo remoto e sem fios.

O futuro das tecnologias e-*skin* se estende aos robôs, que passarão a ter uma alternativa para sentir as superfícies por onde se movem e imitar o que faz o nosso sistema nervoso ao modular nossos movimentos de acordo com as irregularidades do ambiente. É como fazemos inconscientemente para calcular a pressão dos dedos entre pegar com a mão uma bola de borracha ou uma taça de vinho. Se errarmos o cálculo, a taça quebra.

Ciência à flor da pele.

Referências

Sanderson K. Electronic skin: from flexibility to a sense of touch. *Nature*. 2021;591:685-687.

Lee K et al. Mechano-acoustic sensing of physiological processes and body motions via a soft wireless device placed at the suprasternal notch. *Nature Biomedical Engineering*. 2021;4:148-158.

---

*Texto baseado em artigo originalmente publicado em O Globo *e* O Globo Online *em 1/4/2021 (coluna e blog* A hora da Ciência*)*

Neurociência Sensorial

▸ **Figura 7.3.** Os nervos espinhais e o trigêmeo respondem pela quase totalidade da inervação somestésica do corpo. **A** mostra uma representação lateral dos segmentos medulares (C = cervicais; T = torácicos; L = lombares; e S = sacros). **B** apresenta uma vista ventral do encéfalo, com os nervos cranianos em azul e o nervo trigêmeo assinalado (V). **C** mostra um corte transversal da medula espinhal em relação com as meninges e a coluna vertebral.

entram na chamada *coluna* (ou cordão) *dorsal*[G] e ascendem medula acima até o bulbo[A], terminando nos *núcleos da coluna dorsal* dessa região do tronco encefálico, onde estão os neurônios de segunda ordem. Ramos colaterais emergem desses axônios logo à entrada na medula, penetram na substância cinzenta medular e estabelecem sinapses com interneurônios que se comunicarão com neurônios motores do corno ventral, cuja função é ativar uma ação reflexa que provocará um movimento brusco do pé.

O Capítulo 11 discute de que modo a informação tátil pode ser utilizada para a geração de movimentos desse tipo, chamados movimentos reflexos. As fibras provenientes do pé, da perna, da coxa, e assim por diante, vão-se juntando na coluna dorsal, que, nas regiões sacras e lombares, é constituída de apenas um fascículo, mas em segmentos superiores passa a ter um segundo fascículo com a entrada das fibras provenientes da mão, do braço, do antebraço etc. Torna-se então necessário distingui-los nominalmente. O mais medial, o que contém as fibras originárias do membro inferior e do tronco, chama-se *fascículo grácil* (Figura 7.5).

230

Os Sentidos do Corpo

▶ **Figura 7.4.** Os dermátomos são as regiões da superfície cutânea inervadas pelos segmentos espinhais e pelas três divisões do nervo trigêmeo. **A** mostra os dermátomos da cabeça e **B** representa os do corpo. Neste último caso, as cores são equivalentes aos segmentos medulares representados na Figura 7.3.

O mais lateral, por sua vez, reúne os ramos das fibras do membro superior, ombro e pescoço, que penetram na medula nos segmentos torácicos mais altos e nos cervicais: é o *fascículo cuneiforme*. Correspondentemente, as fibras do fascículo grácil estabelecem sinapses com os neurônios de um dos núcleos da coluna dorsal, o *núcleo grácil* do bulbo, e as fibras do fascículo cuneiforme o fazem com os neurônios do outro, o *núcleo cuneiforme*. Recentemente se identificou, bem próximo ao plano mediano da coluna dorsal, um par de fascículos contendo fibras finas que veiculam informações dolorosas. Esses fascículos serão comentados com maior detalhe adiante.

Os potenciais de ação que resultam da ativação das fibras Aδ são conduzidos em menor velocidade (em torno de 20 m/s) até a medula, também ao longo dos nervos raquidianos e das raízes dorsais, no entanto a extensão intramedular dessas fibras é menor e elas terminam logo que entram no corno dorsal, estabelecendo sinapses com neurônios de segunda ordem situados nessa região. O corno dorsal não é tão simples como pode parecer a um exame ligeiro; ao contrário, é organizado em lâminas com composição neuronal distinta (Figura 7.6). As lâminas I e V são as que contêm os neurônios de segunda ordem que recebem sinapses das fibras somestésicas mais finas, e as lâminas II a IV contêm interneurônios moduladores. A maioria dos axônios de segunda ordem cruza a linha média no mesmo segmento, fazendo uma curva ascendente para penetrar na *coluna anterolateral*[G] e formar os *feixes*

231

Neurociência Sensorial

▶ **Figura 7.5.** Organização do sistema exteroceptivo. O SNC à direita mostra os planos de corte (números circulados) ilustrados à esquerda. Acompanhe o percurso da informação que se origina na pele do pé, da mão e do nariz, respectivamente, ascendendo através das vias espinhais (planos 1 a 3) e trigeminais até o bulbo (plano 4). No bulbo estão os neurônios de segunda ordem, cujos axônios cruzam e projetam ao tálamo (plano 5). No tálamo estão os neurônios de terceira ordem, que projetam ao córtex cerebral (plano 5 também).

espinotalâmicos (são dois, adjacentes), que se estendem diretamente até o tálamo, no diencéfalo[A] (Figura 7.14). A coluna anterolateral aloja não apenas as fibras táteis mais finas, mas também as que veiculam as sensibilidades térmica e dolorosa. As suas características serão descritas mais adiante.

Suponhamos agora que o mesmo bastão metálico toque a sua face. Neste caso, os potenciais de ação produzidos pelo estímulo trafegam pelas fibras táteis Aβ do ramo maxilar do nervo trigêmeo, que estabelecem sinapses com os neurônios do *núcleo principal do trigêmeo*[A] (Figura 7.5), situado no tronco encefálico. Esse núcleo aloja os neurônios táteis de

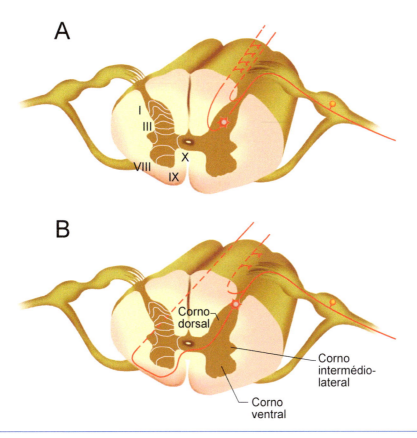

▶ **Figura 7.6.** A substância cinzenta da medula – o H medular – divide-se em lâminas citoarquitetônicas, isto é, camadas de composição celular distinta. No corno dorsal são seis lâminas, no corno ventral quatro lâminas, no corno intermediolateral não há lâminas. Cada uma delas contém neurônios com funções diferenciadas. Essa subdivisão em lâminas coexiste com os núcleos (aglomerados neuronais) que podem ser observados em algumas das lâminas. A figura ilustra a distribuição laminar associada aos neurônios de projeção e interneurônios dos subsistemas exteroceptivo (**A**) e interoceptivo (**B**).

segunda ordem, sendo, portanto, homólogo aos núcleos da coluna dorsal. Os potenciais de ação que trafegam pelas fibras Aδ da face, por sua vez, seguem o mesmo caminho, mas terminam em um núcleo vizinho ao principal, chamado *núcleo espinhal do trigêmeo* (Figura 7.14), que recebe também as fibras que conduzem a sensibilidade térmica e dolorosa da mesma região estimulada.

Qual a importância de conhecer essas distinções anatômicas de trajeto entre as fibras táteis? É que as que se comunicam com os núcleos da coluna dorsal e com o núcleo principal do trigêmeo constituem o sistema exteroceptivo, enquanto as que trafegam pela coluna anterolateral e as que terminam no núcleo espinhal do trigêmeo fazem parte do sistema interoceptivo, junto com as fibras da sensibilidade térmica e dolorosa e aquelas que conduzem outras formas de sensibilidade corporal. Quer dizer, existem dois tatos, um "tato fino" e um "tato grosseiro". É fácil compreender o primeiro, mas não tanto o segundo. O tato fino (epicrítico, na nomenclatura clássica) é o que conhecemos intuitivamente de nossa experiência pessoal. Capacita-nos a reconhecer estímulos muito suaves e pequenos com grande precisão. O tato grosseiro (protopático) não tem tanta precisão e pode

ser um remanescente evolutivo das primeiras "tentativas" da natureza em estabelecer um sistema somestésico entre os mamíferos. Sua existência é comprovada pelos neurologistas, quando se defrontam com indivíduos portadores de lesões completas da coluna dorsal, e que ainda assim apresentam uma capacidade rudimentar de discriminação tátil.

▶ **As Grandes Vias Ascendentes do Tato**

Pelo que vimos até agora, podemos localizar todos os neurônios táteis de segunda ordem (Figura 7.2): os exteroceptivos e parte dos proprioceptivos situam-se nos núcleos da coluna dorsal e no núcleo principal do trigêmeo, ambos no tronco encefálico; os interoceptivos situam-se no corno dorsal da medula e no núcleo espinhal do trigêmeo. E muitos proprioceptivos – aqueles que participam diretamente do controle motor – ficam no cerebelo. Quase todos os neurônios táteis de segunda ordem projetam seus axônios para o tálamo contralateral[G], onde estão as células de terceira ordem. Estas, por sua vez, projetam para as regiões somestésicas do córtex cerebral.

O tato fino e o tato grosseiro permanecem separados até o tálamo, constituindo vias ascendentes distintas, e isso é verdade tanto para a sensibilidade do corpo como para a da cabeça. No caso do tato fino, as fibras que emergem dos núcleos da coluna dorsal cruzam para o lado oposto, reunindo-se com as que derivam do núcleo principal do trigêmeo. Os dois conjuntos permanecem lado a lado, formando um feixe achatado localizado perto do plano mediano do tronco encefálico, chamado lemnisco medial (Figura 7.5). O lemnisco[G] medial termina no *núcleo ventral posterior* do tálamo (VP), de onde emergem as radiações talâmicas[A], cujas fibras deixam o diencéfalo pela cápsula interna[A], penetrando na substância branca cortical para terminar no giro que margeia o sulco central, no lobo parietal (por isso mesmo chamado giro pós-central[A]). Nessa região cortical é encontrada a *área somestésica primária* ou *S1*. Bem mais lateralmente, quase na borda do sulco lateral[A], uma segunda área cortical recebe fibras talâmicas e de S1: é a chamada *área somestésica secundária* ou *S2* (Figura 7.12A).

No caso do tato grosseiro, as fibras que compõem os feixes espinotalâmicos reúnem-se com as que emergem do núcleo espinhal do trigêmeo para formar o *lemnisco espinhal* (Figura 7.14), vizinho do lemnisco medial que descrevemos anteriormente. As fibras táteis do lemnisco espinhal terminam também no núcleo ventral posterior do tálamo e, após esse estágio sináptico, as informações são enviadas a S1. No lemnisco espinhal trafegam também as fibras que conduzem as sensibilidades térmica e dolorosa, e estas serão vistas em maior detalhe adiante.

▶ Como as Vias do Tato Representam o Corpo: o Conceito de Somatotopia

Quando queremos representar uma superfície muito grande sobre outra menor, fazemos um mapa. Podemos, assim, representar as fronteiras e os acidentes geográficos de um país de muitos milhares de quilômetros quadrados em uma folha de papel que cabe sobre a mesa. Geralmente utilizamos uma escala única para que a representação seja proporcional, mas é possível ampliar mais uma determinada região que consideramos importante, aplicando-lhe outra escala. Além disso, existem técnicas matemáticas que permitem deformar os mapas de diferentes maneiras, representando uma superfície plana sobre superfícies esféricas, superfícies esféricas sobre superfícies cilíndricas, e assim por diante. Essas técnicas de representação, descobertas cerca de 5 mil anos atrás, provavelmente já eram empregadas pelo sistema nervoso há pelo menos 500 milhões de anos, desde a origem dos primeiros vertebrados equipados com uma população concentrada de neurônios situada no interior de seus crânios.

Os principais sistemas sensoriais empregam mapas para representar, no cérebro, a superfície receptora. É assim que o sistema visual representa a retina, que forma uma superfície esférica no interior do olho, que o sistema auditivo representa a superfície helicoidal da membrana basilar alojada dentro da cóclea e que o sistema somestésico representa a superfície cutânea e o interior do corpo. Desse modo, o cérebro é capaz de detectar em que local da retina (e, portanto, em que parte do mundo externo) apareceu um determinado estímulo luminoso, qual região da cóclea vibrou com um certo som e qual parte do corpo foi tocada por algum objeto.

Somatotopia é o nome que se dá à representação da superfície cutânea ou do interior do corpo nas vias e núcleos somestésicos[*] (do grego *soma* = corpo + *tópos* = lugar). É o mapa do corpo no cérebro. Praticamente todas as regiões somestésicas possuem algum tipo de representação somatotópica, às vezes muito precisa, outras vezes nem tanto, dependendo da função que exercem. A somatotopia tátil é a mais precisa de todas, e isso reflete as propriedades dessa submodalidade somestésica que nos torna capazes de apontar com o dedo indicador, mesmo com os olhos fechados, o local exato da pele estimulado pela ponta de um lápis ou de um pincel. Diferente é o caso de certos tipos de dor: para indicar o local de uma dor abdominal proveniente de algum órgão interno, por exemplo, não podemos fazer mais que um movimento circular característico com a mão, que inclui vagamente a região dolorida. Em correspondência, a somatotopia das vias e dos núcleos de representação desse tipo de dor é muito vaga e imprecisa.

Como estão estruturados os mapas somatotópicos táteis? Sabemos que os neurônios de primeira ordem que inervam cada dermátomo projetam suas fibras ao segmento medular correspondente. Assim, as fibras que inervam as regiões genitais e a face posterior da perna, e que penetram na medula pelos segmentos sacros, colocam-se bem próximas à linha média na coluna dorsal (Figura 7.7). Mais acima, elas são ladeadas pelas fibras que inervam a face anterior da perna e o abdome, que entram na medula pelos segmentos lombares (não mostrados na figura). Ainda mais acima, seguem-se, em posição mais lateral, as fibras que inervam o tórax, as costas e os membros superiores e, finalmente, as que inervam o ombro e o pescoço (Figura 7.7). Ordenadas desse modo na coluna dorsal e mantendo intactas as suas relações de vizinhança, as fibras chegam aos núcleos bulbares (grácil e cuneiforme) e imprimem aos neurônios secundários essa mesma organização. Podemos, então, representar, nesse par de núcleos, um mapa corporal que guarda estreita relação com o nosso corpo (Figura 7.8). Essa caricatura do corpo foi chamada pelos primeiros pesquisadores *homúnculo somestésico*. No caso dos núcleos da coluna dorsal, que recebem as fibras da medula (Figura 7.8B, à direita abaixo), o homúnculo não tem cabeça, já que

---

* Dá-se esse mesmo nome também (somatotopia) à representação do corpo no sistema motor, um mapa utilizado para realizar com precisão o comando dos movimentos.

Os Sentidos do Corpo

a inervação desta penetra no SNC um pouco acima desse nível pelo nervo trigêmeo, cujas fibras terminam no núcleo principal desse nervo craniano, e não nos núcleos da coluna dorsal (Figura 7.8B, à esquerda). O núcleo principal, entretanto, fica próximo aos núcleos da coluna dorsal e representa exclusivamente a cabeça, sem o corpo. A cabeça é "reunida" ao corpo no tálamo, pois o núcleo ventral posterior recebe as fibras de segunda ordem tanto dos núcleos da coluna dorsal como do núcleo principal do trigêmeo, por isso o seu homúnculo é completo (Figura 7.8B, à direita acima). Ocorre, entretanto, uma inversão mediolateral do sentido do mapa devido ao cruzamento das fibras para o lado oposto (Figuras 7.7 e 7.8B). Finalmente, no córtex somestésico primário, o homúnculo também é completo (Figura 7.8A), com uma nova inversão no sentido mediolateral.

Todos os animais apresentam mapas somatotópicos. É o que se pode ver na Figura 7.9. Observando os mapas

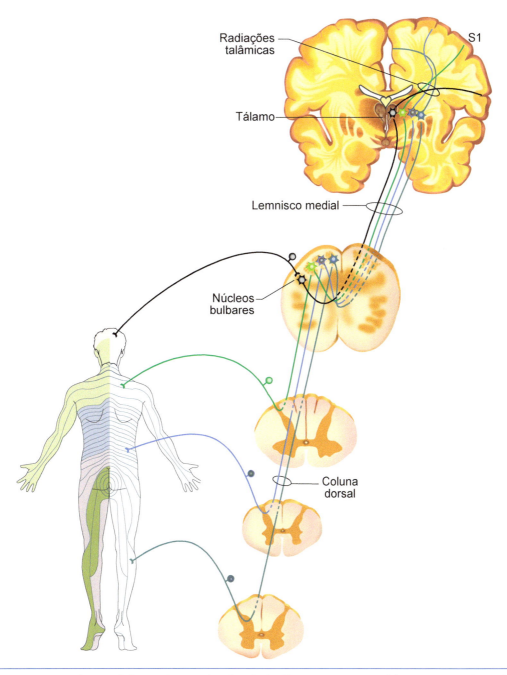

▶ **Figura 7.7.** O mapa somatotópico estabelece-se já a partir da ordenação das fibras que entram na medula e se justapõem dentro da coluna dorsal. A ordem das fibras é mantida no tronco encefálico e no tálamo, mesmo havendo inversões de sentido de todo o conjunto, como ocorre no lemnisco medial e nas radiações talâmicas.

Neurociência Sensorial

de cada um, no entanto, podemos fazer duas observações importantes: (1) os mapas são deformados, como verdadeiras caricaturas. Algumas partes do corpo apresentam-se aumentadas em relação à sua proporção normal no animal, enquanto outras parecem diminuídas, às vezes praticamente ausentes; (2) as deformações são diferentes segundo a espécie do animal. A representação do focinho é grande nos ratos, coelhos e gatos, muito maior que a representação das patas (Figura 7.9A, B). No macaco e no homem ocorre o contrário: a língua e os dedos da mão parecem enormes, e o nariz não se apresenta tão desproporcional (Figura 7.9C, D). É fácil entender a razão dessas anamorfoses[G]: no homem, há

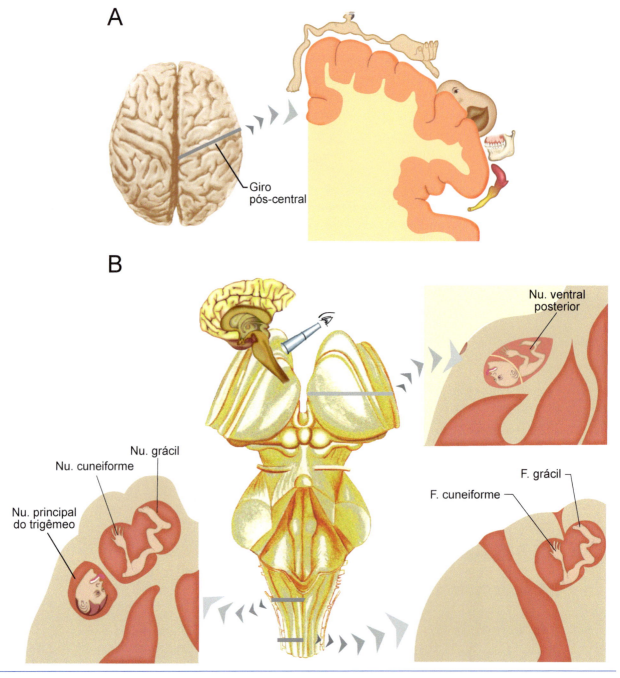

▸ **Figura 7.8.** Mapas somatotópicos nos diferentes níveis do sistema somestésico. **A** mostra uma vista dorsal do encéfalo, assinalando o plano de corte (em cinza) que passa pelo giro pós-central, representado à direita com o homúnculo simbolizando o mapa. **B** mostra uma vista dorsal do tronco encefálico (ângulo de observação indicado pela luneta). Três níveis de corte coronal estão assinalados (em cinza): o de cima passa pelo tálamo, o do meio pelo bulbo, e o de baixo pela medula. Os cortes correspondentes estão representados ao lado. Observe as duas inversões de sentido dos mapas, causadas pelo cruzamento e pela rotação das fibras ascendentes do lemnisco medial, e pela nova rotação das radiações talâmicas (conferir a Figura 7.7). **A** modificado de Penfield W e Rasmussen T (1950) *The cerebral cortex of man*. Macmillan, EUA.

OS SENTIDOS DO CORPO

maior densidade de receptores cutâneos na ponta dos dedos da mão, na língua e nos lábios do que nas costas ou na perna, o que reflete a maior sofisticação funcional daquelas regiões corporais. Logo, é necessário maior volume de tecido neural para processar as informações provenientes dessas regiões, e isso resulta na "hipertrofia" delas no homúnculo. Nos ratos, coelhos e gatos, os "órgãos" táteis mais importantes são as vibrissas (bigodes), que apresentam grande especialização funcional. Daí a grande representação do focinho nos mapas somatotópicos desses animais.

A existência de mapas somatotópicos no cérebro foi intuída pelo famoso neurologista inglês John Hughlings Jackson (1835-1911), observando o deslocamento de crises epilépticas convulsivas em alguns pacientes que se iniciavam com contrações dos dedos, depois da mão, seguindo-se o braço e o tronco. Jackson imaginou que o deslocamento da crise epiléptica poderia refletir a ordem de representação dessas regiões no córtex cerebral. Mais tarde, tiveram grande impacto os trabalhos do canadense Wilder Penfield (1891-1976), que estimulou eletricamente diferentes pontos

▶ **Figura 7.9.** Todos os animais apresentam mapas somatotópicos em seus núcleos somestésicos, especialmente no tálamo e no córtex. Estes mapas foram feitos a partir de registros eletrofisiológicos realizados em coelho (**A**), gato (**B**) e macaco (**C**). No coelho e no gato, a representação do focinho é maior que a da pata, e o inverso ocorre no macaco. Nos seres humanos (**D**), o mapa foi inferido de exames eletrofisiológicos e com neuroimagem funcional, e revela a grande representação neural da mão e dos lábios, em comparação com outras partes do corpo. **A** a **C** modificados de Rose JE, Mountcastle VB. In: Magoun HW (org.) *Handbook of Physiology*. Williams & Wilkins, EUA, 1959.

do córtex somestésico de pacientes cirúrgicos sob anestesia local da cabeça, obtendo sensações de formigamento nas regiões correspondentes do corpo.

Modernamente, os mapas somatotópicos podem ser estudados por intermédio das técnicas de imagem funcional, como a ressonância magnética funcional (Figura 7.10). Além do mapeamento detalhado, os estudos contemporâneos verificaram que esses mapas são dinâmicos, modificando-se de acordo com a aprendizagem e outras condições ambientais. Em indivíduos amputados, por exemplo (Capítulo 5), as sensações de "membro-fantasma" advêm da "ocupação" do território cortical que representava o membro ausente por aferentes originários de regiões vizinhas. Assim é que a região cortical, que normalmente estaria representando o braço, em um amputado passa a representar o ombro, o pescoço ou o queixo. Como essa região "aprendeu" – antes da amputação – a interpretar os seus sinais como sendo originários do braço, qualquer movimento ou estimulação do ombro ou queixo, depois da amputação, continua a ser interpretada pelo indivíduo como proveniente do membro amputado!

▶ **Figura 7.10.** Quando um indivíduo recebe um estímulo tátil na mão durante o registro de imagem de ressonância magnética funcional, aparece um foco de atividade na região de representação da mão em S1. Como a imagem representa um corte parassagital através do córtex cerebral, o foco em S1 parece descontínuo. Além disso, vê-se também um foco adicional mais lateral que representa a ativação simultânea de S2. Imagem cedida por Fernanda Tovar-Moll, do Instituto D'Or de Pesquisa e Ensino, Rio de Janeiro.

▶ Representação Tátil no Córtex Cerebral: da Sensação à Percepção

De que modo os sinais provenientes dos receptores se transformam em percepção tátil? Qual a contribuição de cada região nesse processo? Qual a participação do córtex cerebral?

A contribuição dos vários neurônios táteis e suas fibras pôde ser estudada eletrofisiologicamente em animais e, em alguns casos, também em voluntários humanos. Nesses estudos, microeletródios são inseridos em segmentos de pele, em nervos periféricos e em regiões somestésicas do SNC, de modo a captar os potenciais bioelétricos que as células nervosas geram e propagam. A pele do animal (ou do voluntário) é então estimulada mecanicamente por meio de instrumentos diversos (pontas de cristal, pelos de um pincel, finos jatos de ar, objetos de diferentes formas e texturas) e as alterações da atividade elétrica de cada neurônio são analisadas em função da localização e das características do estímulo.

Esse tipo de análise permitiu verificar que cada neurônio possui um campo receptor característico em algum setor do corpo. Os neurônios primários do tato geralmente apresentam campos receptores restritos e bem delimitados na pele (Figura 7.11A). Um estímulo aplicado dentro do campo receptor provoca um aumento da frequência de potenciais de ação da fibra correspondente. Fora do campo receptor, a atividade do neurônio não se altera. Como há maior densidade de receptores nos dedos e nos lábios, os campos receptores nessas regiões são menores que nas costas ou nas pernas, onde a densidade de receptores táteis é bem menor. Campos menores, é claro, favorecem a precisão na localização espacial dos estímulos. Nos núcleos da coluna dorsal, cada neurônio pode receber terminações sinápticas de mais de uma fibra receptora (Figura 7.11B). Assim, os campos receptores tornam-se maiores e mais complexos, e muitas vezes adquirem uma periferia inibitória em torno do centro excitatório (Figura 7.11C). A estimulação do centro excitatório aumenta a frequência de potenciais de ação do neurônio, enquanto a estimulação da periferia inibitória causa efeito contrário, isto é, provoca diminuição da frequência de impulsos. Acredita-se que essa organização concêntrica antagônica seja importante para delimitar melhor as bordas do campo receptor e, assim, possibilitar uma precisão ainda maior dos neurônios na resposta a uma área da superfície corporal. Os neurônios de terceira ordem, no tálamo, possuem ainda um grau de complexidade adicional: recebem sinapses de fibras provenientes da própria região cortical para a qual se projetam (a área somestésica primária). Verificou-se que essa projeção descendente sobre os neurônios talâmicos permite controlar a passagem das informações somestésicas que se dirigem ao córtex. O córtex, assim, em certa medida, controla as próprias informações que recebe. O tálamo somestésico, portanto, não deve ser considerado uma simples etapa de passagem da informação ascendente. Mais do que isso, desempenha importante função de modulação dessa informação que chegará às áreas corticais, modulação que permite aumentar ou diminuir a acuidade tátil, conforme as necessidades funcionais de cada momento.

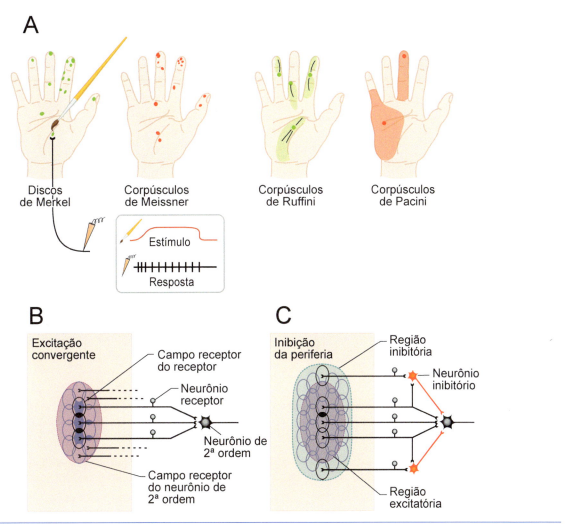

▶ **Figura 7.11. A**. Os campos receptores cutâneos dos neurônios primários são geralmente pequenos e simples. Podem ser estudados estimulando a pele (com um pincel, no exemplo), e registrando os potenciais de ação de uma fibra isolada. A fibra dispara PAs (traçado inferior do quadro, em preto) durante a ocorrência do estímulo (traçado superior, em vermelho). **B**. Os campos receptores cutâneos dos neurônios de segunda ordem podem ser formados pela convergência de neurônios primários. **C**. Alguns campos mais complexos são formados pela interferência de neurônios inibitórios (em vermelho). **A** modificado de Johansson RS, Vallbo AB. *Trends in Neurosciences*. 1983;6:27-32. **B** e **C** modificados de Gardner EP, Kandel ER. *Principles of Neural Science*. 4ª ed. Elsevier, EUA, 2000.

Nos anos 1950, época em que Penfield estimulava o córtex de pacientes despertos para localizar as áreas corticais, o giro pós-central era considerado uma área funcional homogênea, e, como já se sabia que recebia os axônios do núcleo ventral posterior do tálamo, era denominado área somestésica primária ou S1. Tanto a estimulação elétrica do corpo dos pacientes, que provocava sensações de formigamento, como o registro dos potenciais neuronais produzidos por estimulação cutânea em animais mostraram a existência de um mapa somatotópico cortical com as características apresentadas na Figura 7.8A. Mais tarde, descobriu-se a existência de um segundo mapa somatotópico (menos preciso) em S2, bem lateralmente, no giro pós-central próximo ao sulco lateral (Figura 7.12; conferir também a Figura 7.10). As investigações dos morfologistas, no entanto, discrepavam dessa classificação funcional, pois o giro pós-central podia ser subdividido em pelo menos quatro áreas morfologicamente distintas, alinhadas paralelamente ao sulco central, que ficaram conhecidas pela classificação numérica de Brodmann como áreas *3a, 3b, 1* e *2* (Figura 7.12B).

O refinamento das técnicas eletrofisiológicas aplicadas ao córtex de macacos mostrou que os morfologistas estavam certos: havia, na verdade, pelo menos quatro mapas somatotópicos distintos no giro pós-central e ainda outro em S2. Verificou-se também que a maior parte das fibras talâmicas termina nas áreas 3a e 3b e que axônios originários de células dessas duas áreas projetam-se para as áreas 1 e 2, assim como para S2 (Figura 7.12C). Por essa razão seria preferível reservar ao conjunto 3a + 3b a denominação de córtex somestésico primário, ou S1, embora muitos pes-

239

▶ **Figura 7.12.** O que é S1? Os primeiros neurocientistas pensavam que a área somestésica primária ocupava todo o giro pós-central (azul, em **A**). Depois se verificou que havia quatro áreas dentro desse giro (**B**), e ainda se descobriu a participação de áreas parietais (em verde). O corte parassagital em **B** está representado em miniatura em **A**. As conexões tálamo-corticais e corticocorticais estão representadas em **C**.

quisadores ainda usem esse termo (S1) para denotar todo o giro pós-central e alguns deles o reservem exclusivamente para a área 3b.

O estudo das características dos campos receptores dessas regiões (Tabela 7.2, Figura 7.13) mostrou que: (1) na área 3a, os campos receptores são grandes e as células respondem a estímulos proprioceptivos, isto é, à manipulação de músculos e articulações; (2) na área 3b, os campos receptores são simples e pequenos e as células respondem ao toque leve de objetos pontiagudos na pele; (3) na área 1, os campos receptores são grandes e os estímulos que melhor ativam as células devem ser dinâmicos, isto é, deslocar-se sobre a pele em uma certa direção; e (4) na área 2, os campos receptores são também grandes, sendo que os neurônios respondem ao toque mais forte de objetos maiores e a estímulos proprioceptivos.

Estudos experimentais em macacos utilizando pequenas lesões localizadas nessas áreas estenderam essas conclusões e consolidaram a concepção atual sobre o funcionamento do córtex somestésico (Tabela 7.2). A área 3a participa da identificação da posição espacial relativa de cada parte do corpo (a posição dos dedos, uns em relação aos outros, por

▶ **Figura 7.13.** Diferenças entre os campos receptores (em violeta) de neurônios encontrados nas várias áreas somestésicas. Em algumas áreas há neurônios cujos campos se estendem por vários dedos, e até bilateralmente.

exemplo). A área 3b encarrega-se da discriminação da forma dos objetos que tocam a superfície cutânea, participando também da identificação de sua textura (se são lisos ou rugosos, por exemplo). A área 1 tem como função principal a discriminação de textura, em coordenação com a área 3b.

E a área 2 discrimina objetos segundo a sua forma e o seu tamanho. Embora as propriedades das áreas somestésicas sejam distintas, deve-se considerar que elas atuam em conjunto. Basta imaginar de que modo você identifica um pequeno objeto com a mão, com os olhos fechados: você o pega e o manipula ativamente, testando a sua consistência, textura, tamanho etc. Desse modo, usa a área 3a ao mover os dedos, a 3b e a 1 para avaliar a sua textura, deslocando os dedos sobre o objeto, e a 2 para ter uma ideia do tamanho. Tudo ao mesmo tempo!

A função de S2 começa agora a ser mais bem conhecida. Sabe-se que recebe aferências do tálamo e de S1, tendo acesso, assim, às informações primárias sobre os objetos que tocam a pele. Sua somatotopia é pouco precisa e seus neurônios respondem a estímulos orientados sobre campos receptores grandes que muitas vezes ocupam vários dedos da mão simultaneamente. Isso pode significar que S2 participa da importante tarefa de integrar diferentes regiões da pele estimuladas ao mesmo tempo, como quando você manipula um lápis e com isso estimula, concomitantemente, vários dedos da mão. Sabe-se também que os neurônios de S2 se projetam para o córtex insular[A] e regiões do lobo temporal[A] relacionadas com a memória. Isso pode significar que S2 participa dos processos de aprendizagem tátil (imagine como isso é importante, por exemplo, para um cego que se disponha a aprender a ler Braille).

Só recentemente se têm obtido dados mais precisos sobre as áreas que ficam logo atrás do giro pós-central (Figura 7.12A, B), no córtex parietal posterior: sabe-se que integram as informações táteis da pele com as informações proprioceptivas provenientes dos músculos e articulações. A área 5 apresenta abundantes conexões inter-hemisféricas por meio do corpo caloso[A], e parece ser importante, em especial, para a coordenação intermanual quando as duas mãos agem em conjunto (como quando você abotoa a sua blusa, por exemplo). A área 7, um pouco mais atrás, além de informações somestésicas, recebe também informações visuais e é importante para possibilitar a avaliação de relações espaciais entre objetos e entre estes e o corpo do indivíduo. O córtex parietal posterior é tão importante para a percepção geral do corpo, que, quando uma pessoa sofre uma lesão extensa nessa região em um dos hemisférios, passa a ignorar o lado oposto do seu corpo e o lado oposto do seu campo visual, como se eles não existissem! Essa condição se chama *síndrome de indiferença* ou *síndrome de negligência*. Você pode obter maiores detalhes sobre as funções dessas regiões parietais no Capítulo 17.

PROPRIOCEPÇÃO: ONDE ESTÃO AS PARTES DO NOSSO CORPO?

Mesmo de olhos fechados somos capazes de saber exatamente em que posição estão as diversas partes de nosso corpo em cada momento. Não só isso: somos capazes de perceber os movimentos dos membros e do corpo em geral. Esse tipo de percepção se chama proprioceção, um termo criado por Charles Sherrington para indicar a "percepção de posição do próprio corpo". Embora o termo não seja ideal pelo simples fato de que utilizamos todos os sentidos para perceber as posições assumidas pelo nosso corpo, é útil por reunir os receptores situados nos músculos e nas articulações e suas conexões com o SNC até o córtex cerebral.

A proprioceção tem um componente consciente, como acabamos de mencionar, mas tem também um forte componente inconsciente que faz parte dos sistemas de controle da motricidade. As mesmas informações geradas pelos receptores musculares e articulares e conduzidas até o córtex cerebral, onde se transformam em percepções conscientes, são utilizadas também para produzir respostas e ajustes motores capazes de tornar adequadas a cada situação as posições do corpo e eficientes os movimentos corporais. Detalhes sobre os receptores proprioceptivos e o componente inconsciente da proprioceção podem ser encontrados no Capítulo 11.

Tabela 7.2. Características das Principais Áreas Somestésicas Corticais

Funções	Áreas Corticais					
	3a	3b	1	2	S2	5 e 7
Campos receptores	Grandes	Pequenos*	Médios	Grandes	Grandes	Muito grandes
Estímulos preferenciais	Toque forte, manipulação de músculos e articulações	Toque leve de pequenos objetos	Deslocamento de objetos sobre a pele	Toque de objetos complexos	Toque leve de objetos orientados	Movimentos complexos
Efeito de lesões restritas	Déficits de identificação de posição	Déficits de discriminação de forma, tamanho e textura dos objetos	Déficits de discriminação de textura	Déficits de coordenação digital e na identificação da forma e tamanho de objetos	Desconhecido	Déficits de coordenação visuomotora

* Maiores, no entanto, do que os campos receptores dos neurônios de ordem inferior (dos gânglios espinhais, por exemplo).

▸ Receptores e Vias Aferentes Proprioceptivas do Corpo e da Cabeça

Os receptores proprioceptivos são mecanorreceptores situados no interior dos músculos, tendões e cápsulas articulares.

Os receptores musculares são fibras aferentes de tipo Ia (portanto mielínicas, de grosso calibre e alta velocidade de condução), que fazem parte de minúsculos órgãos especializados chamados *fusos musculares*, capazes de detectar as variações de comprimento do músculo no qual estão situados (Figura 6.5). Quando o músculo aumenta de comprimento, aparece um potencial receptor de amplitude proporcional que provoca o disparo de uma salva de potenciais de ação conduzidos pelas fibras Ia dos fusos em direção à medula ao longo dos nervos espinhais, ou rumo ao tronco encefálico pelo nervo trigêmeo. O sistema entra em ação no músculo bíceps do braço, por exemplo, quando levamos a mão do ombro ao joelho, provocando o relaxamento do bíceps e, portanto, o aumento do seu comprimento.

Os receptores tendinosos, por sua vez, são fibras aferentes do tipo Ib (também mielínicas, mas de diâmetro ligeiramente menor) que fazem parte de outros miniórgãos especializados chamados *órgãos tendinosos de Golgi* (ilustrados adiante na Figura 11.17). Neste caso, o estímulo que provoca potenciais receptores nessas fibras é a tensão sobre os tendões. Esse estímulo atua nos tendões do bíceps do braço, por exemplo, quando tentamos levantar um objeto muito pesado. Quando isso ocorre, o músculo não muda necessariamente de comprimento (porque não conseguimos levantar o objeto) e, como encontra resistência, traciona os tendões, exercendo força sobre eles, e, assim, ativando os receptores dos órgãos tendinosos. Resultam salvas de PAs produzidos pelos potenciais receptores nas fibras Ib, conduzidos até a medula pelos nervos espinhais, ou até o tronco encefálico pelo nervo trigêmeo. O resultado é o relaxamento reflexo do músculo, protegendo-o de uma eventual lesão que o peso excessivo possa causar.

Os receptores articulares são conhecidos por suas características fisiológicas, mas sua morfologia ainda não foi completamente estabelecida. Sabe-se que não há órgãos receptores especializados nas articulações, mas apenas terminações livres de fibras de tipo mal conhecido, que se integram aos nervos espinhais e ao nervo trigêmeo junto com as demais fibras sensitivas. Conhece-se, no entanto, o estímulo que as ativa: variações de ângulo articular. Alguns desses receptores são ativados quando a articulação se abre (aumento do ângulo articular), outros são ativados pelo movimento oposto, que resulta em fechamento da articulação.

Como praticamente todos os músculos, tendões e articulações dispõem de proprioceptores, de um modo ou de outro, quaisquer movimentos do corpo, ativos ou passivos, e até mesmo a manutenção em uma posição estática, provocam a ativação das fibras aferentes. No caso das que se originam na cabeça, como já vimos, seus somas pertencem a neurônios primários situados no gânglio trigêmeo e suas terminações sinápticas contactam os neurônios de segunda ordem situados no núcleo principal desse nervo craniano. Já no caso das fibras que se originam no corpo, seus somas estão situados nos gânglios espinhais, e seus prolongamentos centrais trafegam pelo feixe da coluna dorsal até os núcleos grácil e cuneiforme, onde se localizam os neurônios de segunda ordem. Daí em diante, as fibras secundárias unem-se às do núcleo principal do trigêmeo no lemnisco medial até atingirem o núcleo ventral posterior do tálamo, onde fazem sinapses com os neurônios de terceira ordem. A região cortical que recebe as informações proprioceptivas é a área 3a do giro pós-central do lado oposto (Tabela 7.2). A organização estrutural e as características funcionais das vias proprioceptivas são semelhantes às do tato fino (Tabela 7.1).

É importante notar, no estudo das vias ascendentes proprioceptivas, que muitas das fibras primárias que constituem o sistema de propriocepção consciente emitem ramos colaterais logo ao entrar no SNC, os quais atingirão o cerebelo e outras estruturas rombencefálicas participantes do sistema de propriocepção inconsciente. Desse modo, as mesmas informações codificadas pelos proprioceptores musculares, tendinosos e articulares são utilizadas pelo sistema nervoso simultaneamente para produzir percepção e para exercer o controle da motricidade.

SENSIBILIDADE TÉRMICA: FAZ CALOR OU FRIO?

Do mesmo modo que a propriocepção, a termossensibilidade também apresenta um componente consciente e outro inconsciente, e os mesmos receptores que transduzem e codificam as informações que se tornam conscientes participam do componente inconsciente. O que muda é o processamento central. Por intermédio do componente consciente, somos capazes de perceber a temperatura ambiente e organizar o nosso comportamento de modo apropriado. Se faz frio, você procura se abrigar em um ambiente aquecido e veste roupas que a aqueçam. Se faz calor, você bebe líquidos gelados, liga equipamentos de ventilação e refrigeração e veste roupas leves. Os animais agem de modo semelhante, cada espécie à sua maneira. A temperatura dos alimentos e do ar inspirado também pode ser percebida por meio de termorreceptores situados na parede das vísceras digestivas e respiratórias. O componente inconsciente difere do consciente porque, além dos receptores cutâneos e viscerais, utiliza receptores especiais situados no sistema circulatório e até no próprio cérebro para modular as respostas vegetativas destinadas a gerar, conservar ou dissipar calor. Quando faz frio, por exemplo, trememos ou nos movimentamos involuntariamente para gerar calor muscular, e empalidecemos por força de uma vasoconstrição cutânea capaz de diminuir a perda de calor pela pele. Quando faz calor, ocorrem fenômenos opostos: tendemos a diminuir nossa movimentação corporal, coramos e suamos para perder calor pela pele. Os mecanismos sensoriais utilizados no controle inconsciente da temperatura corporal são abordados no Capítulo 15. O fundamento biológico essencial da termossensibilidade – consciente ou inconsciente – é o controle da temperatura corporal para que esta não se afaste do nível ótimo para as reações químicas orgânicas das células.

▶ Receptores e Vias Aferentes da Termossensibilidade

Os termorreceptores são geralmente terminações livres distribuídas por toda a superfície cutânea, as mucosas e as paredes das vísceras digestivas e respiratórias. Essa distribuição não é homogênea, uma vez que há pontos com maior concentração de receptores de frio, outros com maior número de receptores de calor e outros, ainda, pouco sensíveis ou mesmo insensíveis à temperatura. A membrana dos termorreceptores apresenta moléculas da família TRP (abreviatura da expressão inglesa *transient receptor potential*), que são canais iônicos termossensíveis e têm a propriedade de produzir potenciais receptores quando a temperatura do tecido se afasta da temperatura corporal normal (em torno de 36-37°C na maioria das pessoas). Alguns termorreceptores são sensíveis ao frio (TRPM8 na membrana), isto é, respondem quando a temperatura cutânea decresce em relação à temperatura basal. Outros são sensíveis ao calor (TRPV1 na membrana), ou seja, respondem a incrementos da temperatura cutânea. Em ambos os casos, esses receptores nos capacitam a perceber mudanças de até 0,01°C na superfície cutânea! A faixa de detecção dos termorreceptores situa-se entre 10 e 45°C. Abaixo de 10°C, o frio torna-se um forte anestésico, bloqueando a gênese de potenciais receptores e a

condução de potenciais de ação. Temperaturas inferiores a 0°C podem provocar dor. Por outro lado, acima de 45°C começa a haver lesão tecidual e são ativados também os receptores da dor. Os receptores de frio respondem na faixa inferior (entre 10 e 35°C), enquanto os receptores de calor são ativados na faixa superior (entre 30 e 45°C). Entre 30 e 35°C, ambos os tipos são ativos, mas a sua resposta é diferente, pois depende do sentido da variação térmica, isto é, se a temperatura aumenta ou diminui a partir de um ponto inicial.

Tanto para os receptores de frio como para os de calor, os potenciais receptores são despolarizantes. Na membrana adjacente aos terminais, esses potenciais são codificados em salvas de potenciais de ação, e estes são conduzidos ao longo de fibras de tipo Aδ ou C (portanto, finas, com pouca ou nenhuma mielina, e baixa velocidade de condução) em direção à medula espinhal ao longo dos nervos espinhais, ou até o tronco encefálico por meio do nervo trigêmeo (Figura 7.14). Os corpos dos neurônios primários estão situados nos gânglios espinhais e no gânglio trigêmeo, e as fibras que emergem desses gânglios fazem sinapses com neurônios situados no corno dorsal da medula ou no núcleo espinhal do trigêmeo. Os neurônios de segunda ordem da medula emitem axônios que cruzam a linha média na medula mesmo e, a seguir, trafegam pela coluna anterolateral até o tronco encefálico, onde se encontram com os axônios originários do núcleo espinhal do trigêmeo oposto para formar o lemnisco espinhal, que se projeta até o tálamo. No tálamo, uma parte dos neurônios termossensíveis de terceira ordem situa-se no núcleo ventral posterior, e seus axônios emergem do núcleo pelas radiações talâmicas para terminar na área S1 do córtex cerebral. Uma parte considerável dos neurônios de segunda ordem da termossensibilidade localiza-se na lâmina I da medula, logo na entrada do corno dorsal. Esse subconjunto de neurônios termossensíveis – alguns deles polimodais, isto é, sensíveis ao mesmo tempo a estímulos mecânicos e químicos – conecta-se com o córtex insular por meio de núcleos talâmicos distintos do ventral posterior. Em conjunto, as vias da termossensibilidade fazem parte do sistema somestésico interoceptivo (Figura 7.2), encarregado de gerar uma "síntese" do estado funcional do corpo como um todo. Suas características funcionais serão vistas adiante.

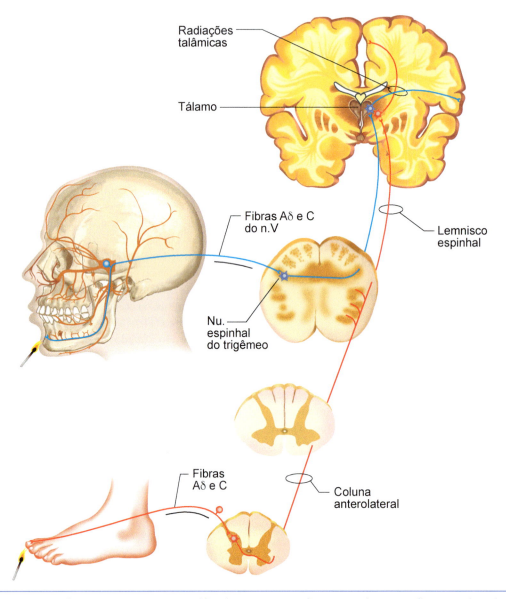

▶ **Figura 7.14.** Organização do sistema interoceptivo, exemplificando apenas com os aferentes situados na superfície corporal. Os planos de corte são semelhantes aos da Figura 7.5.

AS DORES DO CORPO

▶ Pessoas com Dor, Pessoas sem Dor

Por que sentimos dor, se é uma sensação tão desagradável? Não teria sido melhor se a natureza tivesse selecionado animais desprovidos de dor e nós estivéssemos entre eles? Resposta convincente a essa pergunta pode ser dada pela descrição de casos muito raros de pessoas com deficiências congênitas nos mecanismos fisiológicos da dor. Essas pessoas geralmente não ultrapassam a infância: morrem precocemente. Desde pequenos, os menores ferimentos causam-lhes grandes sangramentos e infecções, a não ser quando descobertos por algum adulto que esteja nas proximidades. Ferimentos maiores e até mesmo fraturas são agravados pela própria criança, pois, não tendo sofrido dor, não chora, não sente a necessidade de imobilizar o membro ferido e continua a se movimentar como se nada tivesse acontecido. Ocorrem, ao longo do tempo, grandes deformações na coluna vertebral, pois as posições anômalas do tronco não são evitadas pelo indivíduo desprovido de dor. Acompanham escaras e cicatrizes por todo o corpo, não raro inflamadas e infectadas. A vida cotidiana torna-se um enorme risco.

A dor, portanto, é um mecanismo de demarcação de limites para o organismo e de aviso sobre a ocorrência de estímulos lesivos provenientes do meio externo ou do próprio organismo. Não podemos levar o braço muito longe para trás das costas porque sentimos dor: esse é o limite mecânico de abertura da articulação do ombro. Também não podemos permanecer na mesma posição por um longo tempo, pois o peso do nosso corpo força o sistema osteoarticular, e o desconforto e a dor nos fazem mudar de posição. Além disso, retiramos a perna bruscamente quando o pé descalço pisa algo pontiagudo e aprendemos a evitar objetos contundentes que se anteponham em nosso caminho, porque antecipamos a dor que adviria do choque com o nosso corpo. A função protetora da dor é acompanhada por uma forte experiência emocional, de valência negativa e única em comparação com as demais emoções.

A importância dessa função protetora e da experiência sensorial-emocional correspondente exigiu da natureza o desenvolvimento de todo um sistema sensorial próprio para veicular as informações nociceptivas. Ao contrário do que se poderia supor, a dor não é veiculada pelos receptores táteis e termorreceptores submetidos a estímulos muito fortes. Há receptores e vias aferentes privativos da dor, específicos para todos os estímulos capazes de ultrapassar os limites fisiológicos e provocar lesão do organismo. Pode parecer natural, mas nem sempre se pensou assim na história da neurociência.

▶ Mecanismos Periféricos da Dor

Os receptores da dor são específicos, por isso a dor é uma sensação autônoma, não é um "tato de alta intensidade"... Além disso, distribuem-se por praticamente todos os tecidos do organismo. Uma notável exceção, já mencionada, é o sistema nervoso central. Não há nociceptores no tecido nervoso, embora eles estejam presentes nos vasos sanguíneos cerebrais mais calibrosos e nas meninges que circundam o SNC. Essa característica é que permitiu a Penfield estimular eletricamente o cérebro de pacientes operados sob anestesia local do crânio e das meninges e mantê-los acordados para analisar sua resposta à estimulação. Com a exceção do tecido nervoso, os nociceptores estão presentes em todos os tecidos: na superfície cutânea, na parede das vísceras ocas, no parênquima das vísceras sólidas, na vasculatura, nos ossos e nas articulações, na córnea, nas raízes dentárias.

Há nociceptores para diferentes estímulos: mecânicos, térmicos e químicos. Não há nociceptores para luz, embora algumas fontes muito intensas provoquem dor pela ação do calor que emitem junto com a luz. "Luz fria" intensa pode lesar a retina sem a ocorrência de dor, embora esta apareça posteriormente junto com os processos inflamatórios consequentes à lesão. Sons muito intensos podem provocar dor porque a forte vibração mecânica que produzem atinge os nociceptores situados nas estruturas vibráteis do ouvido. Quando um estímulo mecânico ou térmico incidente sobre o corpo vai aumentando gradualmente de intensidade, inicialmente ativa os receptores táteis e térmicos e, acima de um certo limiar (por exemplo, 43°C no caso da temperatura), passa a ativar os nociceptores correspondentes. A sensação inicial, então, de tato ou calor, adquire um componente crescente de dor.

A auto-observação é suficiente para identificarmos dois tipos de dor. Pense no que acontece quando alguém pressiona a sua pele com uma agulha. Aparece uma dor aguda que você localiza pronta e precisamente. Se a agulha é pressionada com mais força e efetivamente fere a pele, a sua retirada não impede a ocorrência de um segundo tipo de dor que se prolonga durante um certo tempo, tanto maior quanto maior a gravidade do ferimento. O primeiro tipo chama-se *dor rápida* ou *aguda*, porque cessa com a interrupção do estímulo. O segundo chama-se *dor lenta* ou crônica, que ocorre pelo disparo de reações inflamatórias no tecido ferido, mesmo após a interrupção do estímulo inicial. Um exemplo adicional da diferença entre esses dois tipos de dor é o de uma ferroada de abelha ou aranha: ocorre dor aguda no momento da penetração do ferrão, o que nos leva reflexamente a afugentar com a mão o inseto agressor. Não adianta, o veneno inoculado provoca forte reação inflamatória e a dor continua mesmo na ausência do ferrão na pele. Os neurocientistas verificaram que cada um desses dois tipos de dor envolve mecanismos celulares diferentes, veiculados por diferentes receptores e vias ascendentes.

A dor rápida consiste principalmente na ativação de terminações livres de fibras do tipo $A\delta$ (finas, com pouca mielina e velocidade média-baixa de condução de PAs, por volta de 20 m/s). Algumas dessas terminações livres podem ser sensíveis a estímulos mecânicos (como nos exemplos da agulha e da ferroada), outras, a estímulos térmicos (se a agulha estiver muito quente), outras ainda, a ambos (terminações bi- ou polimodais). Em todos os casos ocorrerá um potencial receptor nas extremidades livres, e estes serão codificados em salvas de potenciais de ação conduzidos ao longo das fibras $A\delta$ pelos nervos espinhais até a medula ou pelos ramos do trigêmeo em direção ao tronco encefálico (Figura 7.14). Os mecanismos moleculares da transdução das energias térmica e mecânica em potenciais receptores estão descritos com maior detalhe no Capítulo 6.

A dor lenta é mais complexa. Como é provocada por lesão dos tecidos que circundam os nociceptores, ocorrem diversos fenômenos celulares que acentuam e prolongam a dor. Imagine um instrumento cortante que perfura a pele (Figura 7.15). Haverá sangramento e, portanto, anóxia do tecido nutrido pelos vasos que se romperam. Ocorre também lesão celular e, depois, inflamação[G]. Além de células vermelhas (hemácias), o sangramento liberará no tecido células brancas do sangue (leucócitos), entre elas os mastócitos, que produzem e secretam substâncias algogênicas (*i.e.,* que provocam dor), como a serotonina (5-HT) e a histamina. No caso dos venenos inoculados por animais, as substâncias que os compõem são, em geral, fortemente proinflamatórias.

As próprias células lesadas do tecido atingido (a pele, em nosso exemplo) também liberam substâncias fortemente algogênicas, como o peptídeo bradicinina, e substâncias irritantes, como os derivados do ácido araquidônico (as prostaglandinas), que por si sós não são algogênicas, mas que potencializam a ação das primeiras.

Os nociceptores ativados por esse coquetel de substâncias* liberadas pela ação lesiva da agulha ou do ferrão são principalmente terminações livres de fibras do tipo C (as mais finas de todas, amielínicas e com baixa velocidade de condução de PAs, em torno de 2 m/s). Tanto a agulha, diretamente, como as substâncias químicas liberadas após a lesão ativam ou sensibilizam os nociceptores do tipo C, que são frequentemente polimodais, ou seja, sensíveis a mais de um tipo de estímulo. A simples sensibilização dos nociceptores, isto é, uma leve despolarização de seu potencial de repouso, aproximando-o do limiar de disparo de potenciais de ação, faz que qualquer estímulo normalmente inócuo passe a provocar dor. É o fenômeno da *hiperalgesia*, que todos sentimos em uma região inflamada, como uma espinha ou um furúnculo, ou na pele que se torna dolorida aos menores estímulos após uma queimadura do sol de verão. Essa percepção exacerbada de dor decorre da *sensibilização* dos receptores moleculares situados nos terminais sensitivos (sensibilização periférica) ou, então, dos receptores sinápticos no corno dorsal da medula (sensibilização central).

A sensibilização periférica resulta da ação aditiva dos estímulos termoalgésicos e das substâncias liberadas pela reação inflamatória, como já descrito. Cada um desses estímulos, fortes ou fracos, químicos, térmicos ou mecânicos, provoca a abertura de diferentes canais iônicos, gerando potenciais receptores posteriormente codificados em salvas de potenciais de ação. Estes, finalmente, são conduzidos em direção ao SNC. E mais: a despolarização dos nociceptores provoca a secreção – pelas próprias terminações nervosas periféricas – de prostaglandinas e neuropeptídeos com ação vasodilatadora local que acentuam a vermelhidão e o edema[G], prolongando a dor. Esta ação neurossecretora resulta na *reação inflamatória neurogênica* que acompanha a reação inflamatória primária causada pelo primeiro estímulo lesivo sobre o tecido (a penetração da agulha ou do ferrão). Aliás, é justamente aí que atua a aspirina, inibindo a enzima ciclo-oxigenase (COX), responsável pela síntese das prostaglandinas. A baixa velocidade de condução dos impulsos nervosos pelas fibras C e a reação inflamatória que se segue à lesão do tecido contribuem para o caráter "lento" do tipo de dor que essas fibras veiculam.

A sensibilização central pode provocar também o fenômeno da *alodinia*, que vem a ser a indução de dor por estímulos que em geral são inócuos, sem que haja necessariamente inflamação periférica. A forma mais simples de

---

* *Os fisiologistas comumente apelidam esse conjunto de substâncias inflamatórias de* sopa inflamatória.

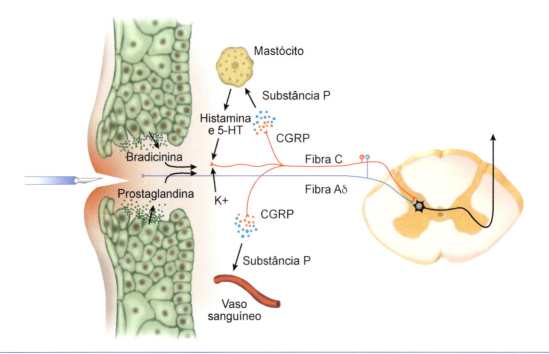

▶ **Figura 7.15.** Quando um bisturi fere a pele, ativa diretamente as fibras da dor rápida (em azul), e indiretamente as da dor lenta (em vermelho). Neste último caso, as células lesadas, os mastócitos provenientes do sangue e os próprios terminais nervosos secretam substâncias que geram uma reação inflamatória local, produzindo, além da dor, edema (inchaço) e eritema (vermelhidão). O tecido fica mais sensível (hiperalgesia) porque as fibras aferentes se tornam ligeiramente despolarizadas pelo microambiente químico. CGRP = abreviatura em inglês do *peptídeo relacionado ao gene da calcitonina*.

sensibilização central advém da estimulação repetitiva de nociceptores, que provoca somação pós-sináptica na medula espinhal, potenciais pós-sinápticos maiores e ativação dos receptores glutamatérgicos do tipo NMDA, que amplificam a transmissão sináptica. A forma mais complexa e duradoura de alodinia é provocada por um fenômeno semelhante à potenciação de longa duração (LTP, veja o Capítulo 5), que ativa a expressão gênica provocando aumento da síntese da enzima ciclo-oxigenase e, assim, maior secreção de prostaglandinas. Outras causas de alodinia têm sido descritas.

À medida que o tecido ferido cicatriza, a sensibilização declina e o limiar da dor retorna aos níveis pré-lesionais. Em certas condições patológicas, entretanto, os próprios neurônios nociceptivos são atingidos, como ocorre no diabetes[G], na AIDS, na esclerose múltipla[G] e em acidentes vasculares, resultando em *dor neuropática*, uma experiência dolorosa crônica, intensa e de difícil tratamento durante a qual o paciente sente dor até mesmo provocada pelas roupas que veste (Quadro 7.2).

▶ Vias Ascendentes e Mecanismos Centrais da Dor

Uma vez estimulados química, mecânica ou termicamente, os nociceptores produzem potenciais receptores como todos os demais receptores sensoriais, e esses são codificados em salvas de potenciais de ação na membrana vizinha à extremidade especializada na transdução. Tanto as fibras Aδ como as fibras C se incorporam aos nervos periféricos, terminando por penetrar, na medula, pelos nervos espinhais, e, no tronco encefálico, por alguns nervos cranianos, principalmente o trigêmeo[G]. Ao entrar pelas raízes dorsais, essas fibras se ramificam e distribuem ramos ascendentes e descendentes que penetram no corno dorsal em vários segmentos medulares. Essa divergência multissegmentar das fibras nociceptivas é mais uma característica que confere à dor um baixo poder de localização. Os corpos dos neurônios primários da dor localizam-se – como em todas as demais submodalidades somestésicas – nos gânglios espinhais específicos dos nervos periféricos envolvidos e, no caso da face e do topo da cabeça, no gânglio trigêmeo. A maioria dos neurônios de segunda ordem, entretanto, situa-se dispersa no corno dorsal em diversos segmentos da medula e no núcleo espinhal do trigêmeo, onde recebem as sinapses excitatórias (geralmente glutamatérgicas) dos aferentes de primeira ordem e de outros aferentes, formando aí pequenos circuitos locais de grande importância para a percepção final da dor. O funcionamento desses circuitos será descrito adiante. Do mesmo modo que no caso da termossensibilidade, muitos aferentes primários da dor fazem sinapses especificamente com neurônios da lâmina I da medula, no corno dorsal, integrando também o sistema somestésico interoceptivo, tratado com mais detalhe adiante.

Os neurônios de segunda ordem da dor emitem axônios dentro da medula que cruzam para o lado oposto, nos mesmos segmentos em que entraram os aferentes primários (Figura 7.16), e se incorporam aos *feixes espinotalâmicos* situados na coluna anterolateral da medula e que, como já vimos, carreiam também algumas fibras do tato e as da termossensibilidade. Os feixes espinotalâmicos ascendem por toda a medula até o tronco encefálico, onde se encontram com as fibras nociceptivas de segunda ordem do núcleo espinhal do trigêmeo para formar o lemnisco espinhal (não representadas na figura). Até este ponto, as fibras da dor rápida (principalmente Aδ) estão misturadas às da dor lenta (principalmente C), embora alguns anatomistas façam distinção entre um feixe chamado neoespinotalâmico ou espinotalâmico lateral, que conduziria ao tálamo os impulsos nociceptivos da dor rápida, e outro chamado paleoespinotalâmico ou espinotalâmico medial, que conduziria os impulsos nociceptivos da dor lenta ao tálamo passando pela formação reticular (Figura 7.16).

Outras fibras desse sistema nociceptivo mais antigo terminariam em regiões do tronco encefálico (formação reticular, núcleo parabraquial e grísea periaquedutal) encarregadas de promover reações comportamentais e fisiológicas à dor. O fato é que os impulsos da dor rápida são veiculados diretamente a dois núcleos talâmicos (posterior e ventral posterior), onde estão os neurônios de terceira ordem, cujos axônios se projetam às áreas corticais S1 e S2. A via "direta" da dor rápida (apenas três neurônios e duas sinapses antes do córtex) explica as suas características fisiológicas principais: estrita correlação com o estímulo e precisa localização espacial. Essas características fazem que a dor rápida consista em um sistema de sinalização de maior velocidade, capaz de ativar reflexos que possam contribuir para afastar o organismo do estímulo nocivo que a provocou.

Já a dor lenta tem características diversas: o estímulo nocivo cessa, mas ela continua; sua origem corporal é de difícil localização; ocorrem reações orgânicas mais diversas do que os simples reflexos de retirada e tudo provoca repercussões emocionais de maior duração, que podemos sintetizar com a palavra *sofrimento*. Assim, na vigência da dor lenta, não podemos mais nos livrar do estímulo inicial, pois ele já cessou. Ficamos com um processo inflamatório que amplifica a dor e cujas consequências podem envolver alterações da frequência cardíaca e do ritmo respiratório, provocar sudorese, mal-estar, alterações digestivas e, frequentemente, um intenso sofrimento. Além disso, muitas vezes não conseguimos localizar de forma precisa a região dolorosa, sobretudo quando ela está situada em algum órgão do interior do corpo. A angina do peito ou dor do infarto[G], por exemplo, é frequentemente acompanhada de dor no braço ou no estômago. Um cálculo biliar provoca dor no abdome, como seria de esperar, mas também no alto das costas. Esse fenômeno é chamado *dor referida* (Figura 7.17).

NEUROCIÊNCIA SENSORIAL

Neurociência em Movimento

Quadro 7.2
Dor: Palavra Curta, Significado Grande

▶ **Marucia Chacur***

Sempre trabalhei com dor, desde minha iniciação científica até hoje. Por que algumas pessoas sentiam mais ou menos dor? Como ela era processada? Como controlá-la? Estas questões eram e ainda são alvos de estudos por diversos cientistas em todo o mundo, inclusive o meu.

Conheci minha primeira orientadora, Yara Cury, quando realizava estágio no Instituto Butantan. Ela me abriu um caminho lindo que traço ainda hoje com meus alunos. No Instituto Butantan, iniciei minhas pesquisas com a dor induzida pela mordida de jararacas, de graves consequências. Trabalhei com venenos de serpentes no mestrado e no doutorado, sempre buscando compreender os diferentes mediadores inflamatórios responsáveis pela dor resultante. Nesse percurso estagiei na Universidade do Colorado, EUA, sob orientação de Linda Watkins, uma das grandes pesquisadoras sobre a relação da dor com as células da glia. Tive a oportunidade de desenvolver um modelo experimental para o estudo de neurite inflamatória, apropriado para testar estados de dor intensa por ativação local de células imunitárias.

Sempre buscando aprimorar diferentes técnicas para compreender os diferentes mecanismos das dores, comecei um pós-doutorado sob orientação do Prof. Luiz Roberto Britto, tentando compreender o envolvimento do óxido nítrico na neurodegeneração. Nossos estudos contribuíram para demonstrar a participação de dois tipos de enzimas de síntese do óxido nítrico (iNOS e nNOS) em casos de lesão central e em processos de neuroproteção. Ainda faltava, no entanto, revelar a ve-

locidade de condução das fibras periféricas nociceptivas para melhor compreender o fenômeno da dor.

Com este intuito, completei o pós-doutorado, com Siegfried Mense, na Universidade de Heidelberg, Alemanha. Lá investiguei a atividade elétrica de fibras nociceptivas primárias após lesão muscular, além da participação das células da glia neste fenômeno. Os resultados demonstraram o envolvimento das células gliais na despolarização das fibras nociceptivas no modelo de miosite, confirmando o seu papel em processos inflamatórios.

De volta ao Brasil, iniciei minha linha de pesquisa aplicando todo esse aprendizado para responder à pergunta que não quis calar. Uma vez já bem demonstrado que os tratamentos farmacológicos não conseguem impedir a cronificação ou mesmo aliviar certos tipos de dor, será que alternativas não farmacológicas seriam efetivas para melhorar o quadro doloroso e inflamatório de pacientes?

Na prática clínica, tem sido extensivamente relatado que a dor neuropática é de difícil tratamento devido ao inadequado entendimento dos mecanismos celulares e moleculares envolvidos. As opções terapêuticas para o controle dessa dor têm aumentado nos últimos anos, entretanto as respostas aos tratamentos convencionais (como medicamentos) não são satisfatórias, afetando seriamente a qualidade de vida do indivíduo.

Desde 2009 sou responsável pelo Laboratório de Neuroanatomia Funcional da dor (www.land.icb.usp.br) no Departamento de Anatomia do ICB da USP (Figura 1). Minha linha de pesquisa tem como objetivo investigar os aspectos neuroanatômicos da dor em diferentes modelos e, ainda, avaliar o possível papel de terapias não

---

Professora associada do Instituto de Ciências Biomédicas (ICB) da Universidade de São Paulo (USP). Correio eletrônico: chacurm@icb.usp.br

farmacológicas como uma forma de aprimorar o tratamento convencional. Terapias como fotobiomodulação (LASER e LED), mobilização neural e exercício físico entraram em pauta.

Nossas pesquisas (Figura 2) vêm demonstrando que o tratamento não invasivo, não farmacológico, tem um excelente prognóstico em diferentes tipos de dor, além de apresentar outras vantagens, como baixo custo operacional, fácil aplicação e ausência de efeitos adversos. Já é consenso que alternativas terapêuticas para o tratamento da dor neuropática são necessárias. Desta forma, podemos contribuir de forma efetiva e compreender os mecanismos envolvidos durante a reabilitação desses pacientes, correlacionando com a melhora da dor e, consequentemente, da sua qualidade de vida.

▶ **Figura 1.** Marucia Chacur em 2020 (no centro), com o time do laboratório no ICB/USP.

▶ **Figura 2.** Efeito do tratamento de fotobiomodulação na melhora da nocicepção induzida em modelo de dor muscular. Setas = tratamento com fotobiomodulação. Modificado de Oliveira CG et al. *Photochemical and Photobiological Sciences*, 2020;19:1392-1401.

NEUROCIÊNCIA SENSORIAL

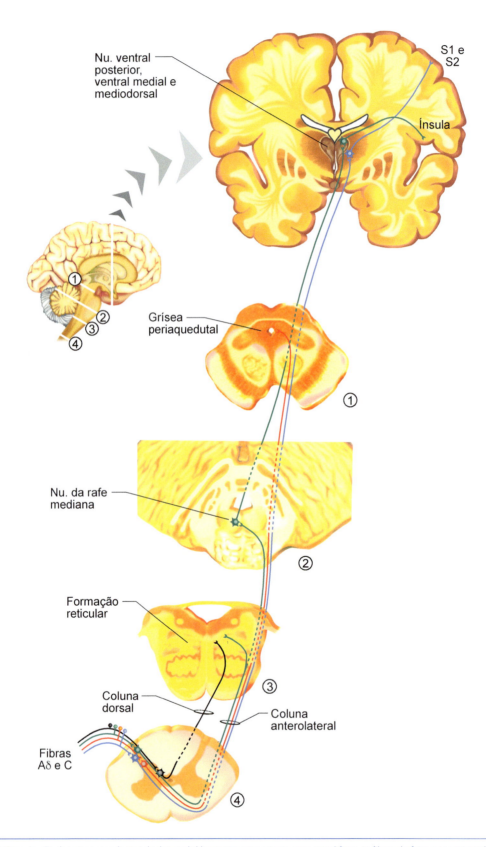

▶ **Figura 7.16.** Organização das vias ascendentes da dor, excluídas as vias trigeminais, para simplificar. As fibras do feixe neoespinotalâmico estão representadas em azul, e as que se posicionam na coluna dorsal em preto. As demais (em verde e vermelho) fazem parte do paleoespinotalâmico e terminam em diferentes níveis do tronco encefálico, cujos neurônios podem projetar ao tálamo. O pequeno encéfalo acima e à esquerda mostra os planos de corte representados à direita e assinalados por números circulados.

250

Os Sentidos do Corpo

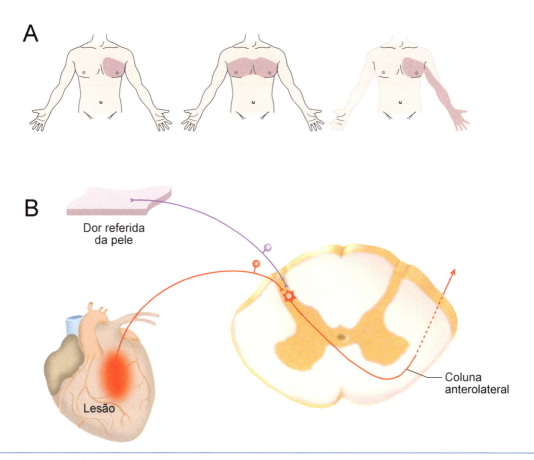

▶ **Figura 7.17.** A dor referida do infarto do miocárdio é uma das mais conhecidas. A dor é sentida no tórax e no braço esquerdo (**A**), mas a lesão que provoca a dor fica no coração (**B**). A explicação mais aceita está na convergência das fibras nociceptivas da pele e do coração sobre os mesmos neurônios secundários na medula.

A dor visceral, particularmente difusa e indistinta, como bem exemplifica o fenômeno da dor referida, tem sido objeto de grandes dúvidas dos neurocientistas acerca de como é veiculada ao SNC. Seria pelo nervo vago[A], um nervo craniano que inerva a maioria das vísceras torácicas e abdominais? Ou seria pelos nervos periféricos que penetram na medula pelas raízes dorsais, como temos descrito neste capítulo? E quais as suas vias ascendentes até o tronco encefálico e o tálamo? Ao que tudo indica, a resposta finalmente foi encontrada: a dor visceral tem vários trajetos. Além de acompanhar a via anterolateral anteriormente descrita, foi surpreendente descobrir uma outra via cujos neurônios de segunda ordem ficam na região mediana do H medular (Figura 7.18) e cujos axônios se posicionam na coluna dorsal! Os axônios que conduzem a dor das vísceras abdominais ocupam um fascículo situado bem no plano mediano da coluna dorsal, enquanto os aferentes que veiculam a dor das vísceras torácicas localizam-se no septo entre os fascículos grácil e cuneiforme. Os médicos aproveitaram bem essa descoberta e têm utilizado uma cirurgia que interrompe o fascículo mediano da coluna dorsal para aliviar a terrível dor que atinge os pacientes com câncer abdominal.

▶ A Dor é Controlável?

Uma observação cotidiana de todas as pessoas é que a percepção da dor depende do contexto psicológico e social em que ela é provocada e que, em certa medida, a sua intensidade pode ser autocontrolada. Há inúmeros exemplos disso e vários estudos científicos sérios que os validam. Soldados feridos durante uma batalha sentem menos dor do que indivíduos com ferimentos semelhantes ocorridos em situações domésticas. É que a motivação para lutar ou a expectativa de ser removido do campo de batalha são fatores psicológicos atenuadores da experiência dolorosa. Justamente o contrário ocorre nos casos de acidentes domésticos: o indivíduo será afastado de sua casa e hospitalizado, terá de gastar dinheiro para curar-se e não poderá trabalhar ou divertir-se durante algum tempo. Pessoas submetidas à dor crônica podem melhorar consideravelmente quando passam por sessões de hipnose, e esse efeito pode ser comprovado em estudos científicos cuidadosos. É o conhecido *efeito placebo*, o mesmo que faz que a administração de substâncias inócuas a pacientes com dor provoque melhora às vezes até maior que a administração de medicamentos analgésicos.

251

NEUROCIÊNCIA SENSORIAL

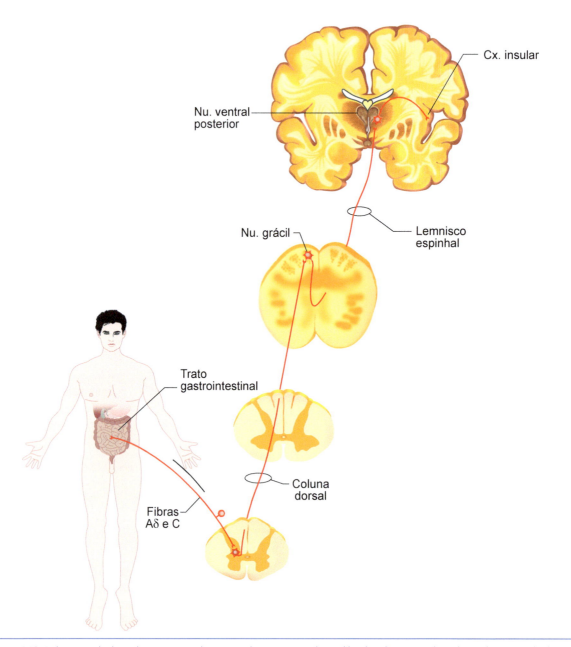

▶ **Figura 7.18.** A dor visceral adota várias vias para chegar aos níveis supraespinhais. Além da coluna anterolateral, neurônios situados bem próximo ao plano mediano do H medular recebem aferentes das vísceras abdominais e pélvicas, e posicionam seus axônios medialmente na coluna dorsal até o núcleo grácil. Do bulbo, a via cruza e segue até o tálamo, de onde os neurônios de terceira ordem projetam ao córtex insular.

Já se sabe que o efeito placebo não é uma mera "sugestão" psicológica, pois pode ser abolido por certas substâncias que interferem nos mecanismos endógenos de controle da dor, que vamos analisar a seguir.

Existem, então, *mecanismos analgésicos endógenos*, ou seja, um sistema de regiões neurais conectadas às vias aferentes nociceptivas, que modulam, ou bloqueiam completamente, a passagem das informações da dor em sua trajetória ascendente em direção ao córtex cerebral. O primeiro desses mecanismos é muito simples e atua logo na entrada das fibras nociceptivas na medula (Figura 7.19). As sinapses destas com os neurônios de segunda ordem estão localizadas no corno dorsal. Esses neurônios, no entanto, recebem também sinapses inibitórias de interneurônios situados nas redondezas, os quais, por sua vez, são ativados pelas fibras Aβ que veiculam as informações táteis. A consequência funcional desse circuito intramedular é que os impulsos táteis, quando chegam à medula ao mesmo tempo que os impulsos dolorosos (cada um por meio de suas vias aferentes específicas, é claro), podem inibir a transmissão sináptica entre o neurônio nociceptivo primário e o neurônio de segunda ordem. Quem já não percebeu que

Os Sentidos do Corpo

a dor de um ferimento pode ser aliviada por um carinho tátil suave em torno da região lesada? A descoberta desse circuito simples de bloqueio ou modulação da dor nos anos 1960 levou uma dupla de pesquisadores britânicos, Ronald Melzack e Patrick Wall, a propor a *teoria da comporta da dor*, que propõe que a passagem da dor pelos estágios sinápticos intermediários seria controlada por "comportas" (isto é, sinapses inibitórias) que se abririam em certas condições, mas poderiam ser fechadas em outras.

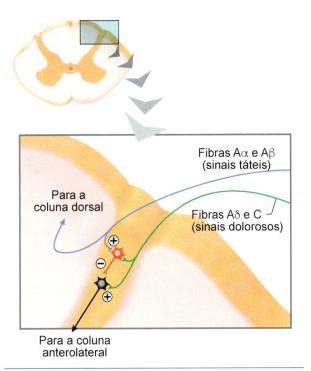

▶ **Figura 7.19.** As "comportas" da dor parecem ser constituídas por interneurônios inibitórios da medula (em vermelho), ativados por estimulação tátil concomitante à entrada de informação nociceptiva. Quando a atividade das fibras nociceptivas (em verde) predomina, os interneurônios ficam bloqueados, e a informação dolorosa passa aos neurônios de segunda ordem (em preto). Mas quando a atividade das fibras táteis (em azul) predomina, os interneurônios inibitórios são ativados, o que resulta em bloqueio parcial ou completo da passagem da informação nociceptiva para os neurônios de segunda ordem, que assim deixam de conduzi-la aos níveis superiores do SNC.

Mais recentemente, descobriu-se que as sinapses moduladoras da dor não estão presentes apenas na medula, mas nos vários níveis das vias nociceptivas, e que a origem dos circuitos inibitórios não se restringe às fibras aferentes Aα e Aβ. De fato, sabe-se hoje que existem vias descendentes moduladoras da dor que se originam no córtex somestésico e no hipotálamo[A], projetando-se a uma região mesencefálica situada em torno do aqueduto cerebral[A] (chamada substância cinzenta, ou *grísea periaquedutal*), daí a diferentes núcleos bulbares, especialmente o *núcleo parabraquial* e os *núcleos da rafe*, e destes, por sua vez, ao corno dorsal

da medula (Figura 7.20). A estimulação elétrica ou farmacológica experimental desses núcleos inibe a transmissão sináptica nociceptiva na medula, provocando o bloqueio da dor (Capítulo 16).

Um grande avanço na elucidação desses mecanismos analgésicos endógenos veio com a descoberta dos *peptídeos opioides* e seus efeitos. Desde tempos imemoriais é conhecida a ação da morfina (palavra derivada do nome do deus grego do sono e dos sonhos, Morfeu). A morfina é uma substância obtida da papoula, aparentada ao ópio (daí o termo "opioide" ou "opiáceo"), cujas ações euforizantes e analgésicas têm sido há muito apreciadas pelos usuários de drogas ilícitas e pelos médicos. Nos anos 1970, raciocinou-se que o efeito neurofarmacológico da morfina só poderia existir se houvesse receptores moleculares correspondentes no cérebro e que a existência de receptores naturais para a morfina no cérebro obrigaria a pensar na ocorrência também de ligantes endógenos desses receptores, cuja estrutura molecular fosse análoga à da morfina. Esse raciocínio lógico se confirmou: o uso de opioides radioativos identificou a presença de receptores específicos em diversas regiões cerebrais, e a busca dos opioides naturais encontrou as encefalinas, as endorfinas e, mais recentemente, as dinorfinas (ver o Capítulo 4 para maiores detalhes). Esses peptídeos diferem quanto ao peso molecular, mas todos compartilham uma mesma sequência de aminoácidos com ação analgésica. Todos eles são encontrados na substância cinzenta periaquedutal, nos núcleos da rafe e no corno dorsal da medula. Embora os detalhes de sua ação molecular ainda estejam sob investigação, sabe-se que exercem uma função moduladora nas sinapses nociceptivas, bloqueando a liberação de neurotransmissor excitatório pelo terminal pré-sináptico e hiperpolarizando a membrana pós-sináptica.

Dessa forma, tanto os desígnios da razão (possivelmente por meio do córtex cerebral) como os determinantes da emoção (por meio do hipotálamo) podem modular a dor que sentimos, permitindo-nos, em muitos casos, buscar proteção e alívio sem sucumbir à gravidade dos ferimentos que a provocam.

▶ O Que É a Coceira?

Não há quem não tenha alguma vez se perguntado em que consiste a *coceira** ou *prurido*. Coceira e dor são parecidas em muitos aspectos, mas na verdade representam sensações diferentes produzidas por neurônios diferentes. A coceira difere da dor porque ocorre apenas na pele e nas mucosas, enquanto a dor pode atingir também os órgãos

---

* *A sensação de coceira não deve ser confundida com a que chamamos de cócega nem com a sensação de arrepio. Estas não têm relação com a dor e parecem ser devidas à sensibilidade dos mecanoceptores táteis. Suas bases neurais são ainda pouco conhecidas.*

NEUROCIÊNCIA SENSORIAL

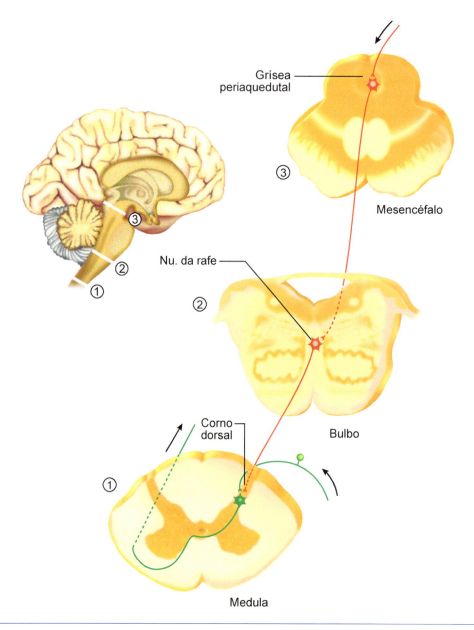

▶ **Figura 7.20.** As vias analgésicas endógenas envolvem neurônios da grísea periaquedutal e dos núcleos da rafe, que se comunicam com os neurônios nociceptivos de segunda ordem na medula, modulando a passagem aferente das informações dolorosas vindas da periferia. O pequeno encéfalo acima à esquerda mostra os planos de corte indicados por números circulados.

internos. Na pele, provoca o comportamento característico de coçar, e, nas mucosas, pode provocar espirros, pigarros ou tosse. A dor, por outro lado, provoca comportamentos de afastamento da parte do corpo atingida pelo estímulo doloroso. Os dois comportamentos, respectivamente, aliviam o desconforto de uma e de outra, mas o alívio da coceira pelo ato de coçar tem um componente de prazer que não existe na dor. Um prazer paradoxal, porque o ato de coçar consiste numa estimulação nociceptiva da pele que, às vezes, causa abrasão, arranhões e sangramento com inflamação. Isso é explicado porque a dor inibe a coceira: de certa forma agredimos a nossa pele para aliviar o prurido.

Tanto a coceira quanto a dor são veiculadas por fibras Aδ e C, e suas vias centrais são parecidas; no entanto, enquanto a bradicinina é a mais potente substância algogênica, é a histamina que provoca maior efeito pruritogênico. Isso motivou a busca por receptores para a coceira – os *pruritoceptores* –, alguns deles já identificados e responsáveis pelo prurido provocado pela histamina. A histamina, como sabemos, é liberada pelos mastócitos que entram nos tecidos durante episódios de sangramento local, ou simplesmente durante o extravasamento de plasma causado por uma reação alérgica. Os pruritoceptores recentemente identificados são terminais cutâneos das fibras Aδ e C que expressam receptores moleculares histaminérgicos. A histamina, entretanto, não é o único dos mediadores da coceira, havendo alguns produzidos pelas células da pele (como o fator de crescimento neural [NGF]), outros pelos próprios terminais das fibras nervosas (como a substância P) e outros, ainda, por células do sistema imunitário (como algumas interleucinas). É de se esperar, portanto, que diferentes pruritoceptores sejam proximamente identificados.

As fibras aferentes da coceira pertencem a neurônios ganglionares espinhais como os da dor, mas de tipo distinto, pois respondem, na periferia, a estímulos químicos diferentes e não respondem (ou o fazem fracamente) a estímulos mecânicos e térmicos. Na medula, fazem sinapses com neurônios de segunda ordem nas lâminas superficiais do corno dorsal, cujos axônios ascendem ao tálamo por meio dos feixes espinotalâmicos. Os estudos realizados com neuroimagem funcional[G], capazes de identificar as vias centrais da coceira, mostraram o envolvimento de regiões semelhantes às da dor, envolvendo S1 (mas não S2), o córtex da ínsula que faz parte do sistema interoceptivo (veja adiante), o córtex cingulado[A] anterior, responsável pelos aspectos afetivos-motivacionais (coçar é prazeroso...), e regiões motoras que organizam o ato de coçar.

O SISTEMA INTEROCEPTIVO: COMO VOCÊ SE SENTE?

Vimos até o momento, uma a uma, como as diferentes sensações emanadas do corpo são geradas e conduzidas, a partir dos receptores, até o córtex cerebral. A consciência nos leva a identificá-las separadamente: você sabe, sem olhar, que um objeto em sua mão tem bordas retas, faces lisas, temperatura mais baixa que a de seu corpo e tamanho pequeno, pois cabe na mão fechada – talvez seja um cubo, um dado, por exemplo. Sabe também, se o tal cubo estiver muito quente, que ele lhe provoca dor e faz que você o arremesse à distância, removendo-o do contato com a mão. Todas essas sensações estão na base dos procedimentos analíticos que realizamos para tomar conhecimento do mundo que nos cerca e que entra em contato direto com o nosso corpo.

A somestesia, entretanto, tem algo mais a revelar: um sentido geral do corpo que se transforma em bem-estar ou mal-estar, que influencia nossas emoções, nosso humor e que de forma inconsciente – e constante – regula o funcionamento dos sistemas orgânicos. Esse novo sentido genérico foi intuído pelos fisiologistas e psicólogos do início do século XX, como William James (1842-1910) e Charles Sherrington (1857-1952), mas só há poucos anos foi conceituado pelo neurocientista norte-americano Arthur Craig, que sintetizou a sua função pela pergunta que dá título a esta seção: como você se sente?

Trata-se do *sistema interoceptivo*, uma denominação criada por Sherrington para descrever as vias ascendentes originárias das vísceras e ampliada por Craig para reunir praticamente todas as informações corporais que contribuem para nos dar esse sentido genérico do estado funcional de nosso corpo, com função ao mesmo tempo homeostática[G], motivacional[G] e emocional.

De fato, existem muitas evidências que autorizam essa conceituação do sistema interoceptivo (Figura 7.21). As fibras mais finas e pouco ou nada mielinizadas (Aδ e C), que veiculam sensações termoalgésicas de todo o corpo, desde a pele aos órgãos internos, veiculam também aspectos pouco discriminativos do tato, a coceira, informações metabólicas dos tecidos (como a concentração de ácido lático dos músculos) e do sangue (como o pH, níveis sanguíneos de oxigênio, gás carbônico e glicose), informações sobre ruptura celular (pelas concentrações extracelulares de ATP e glutamato), penetração de parasitos na pele (pela concentração tecidual de histamina), estados inflamatórios (pela concentração tecidual de serotonina, bradicinina e outros mediadores) e níveis de moléculas imunitárias e hormonais (como as citocinas e a somatostatina).

Ocorre que muitas dessas fibras, tão extensamente distribuídas no organismo, confluem para uma fina coluna de neurônios que se estende por toda a medula espinhal e que, em corte, é vista como uma camada, chamada lâmina I, a mais superficial do corno dorsal do H medular (Figura 7.6). Essa é a primeira estação sináptica do sistema interoceptivo, onde está a maioria dos seus neurônios de segunda ordem (Figura 7.21). Estima-se que os axônios que emergem dos neurônios da lâmina I representam 50% das vias ascendentes que chegam ao tronco encefálico e ao tálamo.

As fibras originárias da lâmina I cruzam a linha média nos vários segmentos medulares e ascendem pela coluna anterolateral, ocupando os feixes espinotalâmicos. No caminho podem emitir ramos que terminam no corno intermediolateral da medula torácica, onde ficam os neurônios eferentes da divisão simpática do sistema nervoso autônomo (veja, sobre isso, o Capítulo 14), encarregados do controle direto das vísceras. Mais adiante podem também emitir ramos para diversos núcleos do tronco encefálico que recebem informações adicionais das vísceras digestivas (o chamado núcleo do trato solitário[A], por exemplo), participam do controle cardiorrespiratório (como a região ventrolateral do bulbo) e realizam a modulação descendente da dor (como o núcleo parabraquial e a grísea periaquedutal, já mencionados). Tanto esses núcleos do tronco encefálico quanto a própria lâmina I da medula se comunicam intensamente com o hipotálamo, maestro do controle dos sistemas orgânicos (Capítulo 15), e com a amígdala[A], região do telencéfalo que funciona como o gatilho das emoções (Capítulo 20).

No tálamo, as fibras provenientes da lâmina I da medula terminam no *núcleo ventral medial* (Figura 7.21), particular-

Neurociência Sensorial

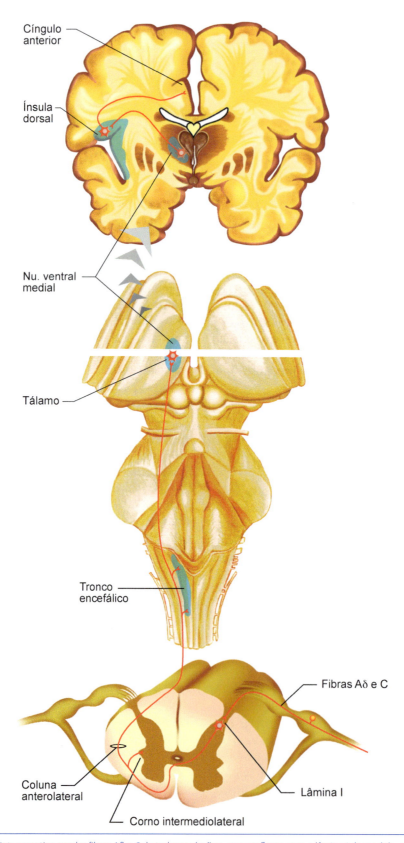

▶ **Figura 7.21.** O sistema interoceptivo recebe fibras Aδ e C de todos os órgãos, que confluem para a lâmina I da medula, onde estão os neurônios de segunda ordem. Os axônios destes cruzam a linha média nos diferentes segmentos medulares, e se incorporam a um dos feixes espinotalâmicos da coluna anterolateral, que distribuem ramos em diversos níveis da medula, do tronco encefálico e do tálamo, e daí para regiões corticais relacionadas com a homeostasia dos sistemas orgânicos, os comportamentos motivados e as emoções.

OS SENTIDOS DO CORPO

mente desenvolvido nos seres humanos e demais primatas. Esse núcleo recebe também das estações sinápticas do tronco encefálico mencionadas há pouco, sendo, portanto, o local de confluência de todas essas informações corporais. O alvo desse importante núcleo talâmico não é o giro pós--central, como se poderia supor, mas o *córtex insular dorsal*, região "escondida" no interior do sulco lateral dos hemisférios cerebrais (Figura 7.21). Essa área cortical, por sua vez, comunica-se com diferentes regiões corticais relacionadas com a emoção, especialmente o *córtex cingulado anterior*.

Essa parte do sistema interoceptivo tem sido estudada de forma experimental em macacos, e os neurônios dessas múltiplas regiões que descrevemos são invariavelmente polimodais, com extensos campos receptores, isto é, recebem informações variadas provenientes das terminações livres situadas na pele e nos órgãos. Além disso, as técnicas de neuroimagem funcional têm revelado atividade nessas mesmas regiões quando os indivíduos sentem dor ou coceira, calor ou frio, além de estados emocionais relacionados de raiva, prazer sexual e nojo, todos eles fortemente associados a respostas corporais e comportamentos específicos.

Glossário

Anamorfose: deformação na representação de um objeto. A imagem de certos espelhos, como os côncavos, produz anamorfose dos objetos refletidos.

Coluna anterolateral: feixe de fibras nervosas de calibres médio e pequeno, situadas no funículo lateral da medula, que veiculam informações somestésicas ao diencéfalo.

Coluna dorsal: feixe de fibras nervosas de grande calibre, situadas no funículo posterior da medula, que veiculam informações somestésicas ao tronco encefálico. O mesmo que cordão dorsal.

Contralateral: adjetivo que indica o lado oposto em relação a uma referência qualquer. Contrapõe-se a ipsolateral, que indica o mesmo lado em relação à referência.

Diabetes: doença de diferentes causas caracterizada pela elevada concentração de glicose no sangue (hiperglicemia).

Edema: acúmulo de líquido em um tecido, proveniente do sangue e das células, que ocorre nos processos inflamatórios e em outras condições patológicas.

Esclerose múltipla: doença autoimune que atinge a mielina das fibras nervosas; o sistema imunitário do paciente produz anticorpos contra sua própria mielina, destruindo-a gradativamente.

Herpes-zóster: vírus que possui afinidade pelos tecidos derivados do ectoderma, isto é, a pele e o sistema nervoso. Provoca lesões vesiculares muito dolorosas nas regiões cutâneas de inervação do nervo espinhal atingido.

Homeostase (ou homeostasia): controle automático das funções orgânicas (digestivas, circulatórias, respiratórias e outras).

Imagética motora: processo mental que permite a uma pessoa imaginar um comportamento que ela própria realize.

Infarto: diminuição ou interrupção da nutrição sanguínea de um órgão ou uma região orgânica, provocando lesão. O infarto do miocárdio é causado por bloqueio de algum ramo das artérias coronárias, que irrigam o coração. O mesmo que enfarte.

Inflamação: processo reativo dos tecidos que ocorre quando estes são atingidos por um agente agressor. Consiste geralmente em acúmulo de líquido, vermelhidão resultante de vasodilatação e dor que se origina da estimulação química de nociceptores da região.

Lemnisco: qualquer feixe de fibras do SNC com forma achatada. Do latim *lemniscus* (= fita).

Meninges: membranas conjuntivas que recobrem todo o sistema nervoso central, provendo um colchão líquido protetor em torno do encéfalo e da medula. Leia mais no Capítulo 13.

Motivação: estado interno que nos leva a realizar certos comportamentos, alguns regulatórios (como a sede e a fome, que nos levam a beber e comer), outros nem tanto (como o sexo).

Neuroimagem funcional: técnicas de imagem capazes de identificar as regiões do sistema nervoso central mais ativas durante uma determinada função executada pelo indivíduo examinado. As principais são a ressonância magnética funcional e a tomografia por emissão de pósitrons.

Parênquima: parte sólida de um órgão. No caso do cérebro, refere-se ao tecido nervoso, excluindo os vasos sanguíneos e as meninges.

Trigêmeo: quinto nervo craniano, predominantemente somestésico, responsável pela sensibilidade da face. Veja maiores detalhes sobre os nervos cranianos no Miniatlas de Neuroanatomia.

Leia Mais

▶ Leitura Básica

Silveira LCL. Os Sentidos e a Percepção. In: Lent R. (coord.) *Neurociência da Mente e do Comportamento*. Rio de Janeiro: Guanabara-Koogan, 2008. p. 133-182. Texto abrangente que cobre todos os sistemas sensoriais.

Menescal-Oliveira L. As Dores. In: Lent R. (coord.) *Neurociência da Mente e do Comportamento*. Rio de Janeiro: Guanabara-Koogan, 2008. Texto específico para a dor e seus diversos aspectos.

Gardner EP, Johnson KO. O sistema somatossensorial: receptores e vias centrais. In: Kandel ER et al. (orgs.) *Princípios de Neurociências*. 5ª ed. trad. Porto Alegre: McGraw Hill-Artmed, 2014. p. 415-433. Texto avançado abordando principalmente a estrutura do sistema somestésico.

Gardner EP, Johnson KO. O tato. In: Kandel ER et al. (orgs.) *Princípios de Neurociências*. 5ª ed. trad. Porto Alegre: McGraw Hill-Artmed, 2014. p. 434-460. Texto avançado abordando principalmente a fisiologia do sistema somestésico.

Bear MF, Connors BW, Paradiso MA. *Neurociências – Desvendando o Sistema Nervoso*. 4ª. ed. trad. Porto Alegre: Artmed, 2017. p. 415-452. Texto que abrange todo o sistema somestésico, sua morfologia e função.

▶ Leitura Complementar

Clássicos

Mountcastle VB, Powell TPS. Neural mechanisms subserving cutaneous sensibility, with special reference to the role of afferent inhibition in sensory perception and discrimination. *Bulletin of the Johns Hopkins Hospital*. 1959;105:201-232.

Melzack R, Wall PD. Pain mechanisms: a new theory. *Science*. 1965;150:971-979.

Woolsey TA, Van der Loos H. The structural organization of layer IV in the somatosensory region SI) of mouse cerebral cortex. The description of a cortical field composed of discrete cytoarchitectonic units. *Brain Research*. 1970;17:205-242.

Christensen BN, Perl ER. Spinal neurons specifically excited by noxious or thermal stimuli: marginal zone of the dorsal horn. *Journal of Neurophysiology*. 1970;33:293-307.

McMahon SB, Koltzenburg M. Novel classes of nociceptors: beyond Sherrington. *Trends in Neuroscience*. 1990;13:199-201.

Mountcastle VB. The parietal system and some higher brain functions. *Cerebral Cortex*. 1995;5:377-390.

Recentes

Seth A, Friston KJ. Active interoceptive inference and the emotional brain. *Philosophical Transactions of the Royal Society London B Biological Sciences*. 2016;371:20160007.

Strigo IA, Craig AD. Interoception, homeostatic emotions and sympathovagal balance. *Philosophical Transactions of the Royal Society London B Biological Sciences*. 2016;371:20160010.

Bokiniec P, Zampieri N, Lewin GR, Poulet JF. The neural circuit of thermal perception. *Current Opinion in Neurobiology*. 2018;52:98-106.

Moering F, Halder P, Seal RP, Stucky CL. Uncovering the cells and circuits of touch in normal and pathological settings. *Neuron*. 2018;100:349-360.

Gatto G, Smith KM, Ross SE, Goulding M. Neuronal diversity in the somatosensory system: bridging the gap between cell type and function. *Current Opinion in Neurobiology* 2019; 56:167-174.

Zubcevic L. ThermoTRPV channels: structural insights into ligand-dependent activation. *British Journal of Pharmacology*. 2020; doi:10.1111/bph.15310. Najafi P, Dufor O, Salem DB, Lisery L, Carré J-L. Itch processing in the brain. *Journal of European Academy of Dermatology and Venereology*. 2020; doi: 101111/jdv.17029.

Inoue K, Tsuda M. Nociceptive signaling mediated by P2X3, P2X4, and P2X7 receptors. *Biochemical Pharmacology*. 2020; doi: 10.1016/j.bcp.2020.114309.

Yang S, Boudier-Revéret M, Choo YJ, Chang MC. Association between chronic pain and alterations in the mesolimbic dopaminergic system. *Brain Sciences*. 2020;10:701.

Barbanti P, Brighina F, Egeo G, Di Stefano V, Silvestro M, Russo A. Migraine as a cortical brain disorder. *Headache*. 2020;60:2103-2114.

Kuner R, Kuner T. Cellular circuits in the brain and their modulation in acute and chronic pain. *Physiological Reviews*. 2021 101:213-258.

8

Os Sons do Mundo
Estrutura e Função do Sistema Auditivo

Músico, de Gustavo Rosa (1998), óleo sobre tela

Saber o Principal

Resumo

Audição é a modalidade sensorial que permite aos animais e ao homem perceber sons – apresenta a vantagem adaptativa de possibilitar a identificação de estímulos à distância. Sons são certas vibrações do meio que se transmitem ao órgão receptor da audição e são transformadas em potenciais bioelétricos para processamento no sistema auditivo. Nem todas as vibrações do meio representam sons: só aquelas com frequências situadas entre 20 Hz e 20 kHz e intensidades entre 0 e 120 dB. A modalidade auditiva divide-se em submodalidades: discriminação de intensidade, discriminação de tons, identificação de timbres, localização espacial dos sons e compreensão da fala e dos sons complexos.

O sistema auditivo é o conjunto formado por receptores, vias ascendentes, núcleos e áreas corticais relacionados com a audição. Os receptores auditivos, que são as células estereociliadas, estão situados dentro do ouvido interno, na cóclea. As fibras aferentes pertencem a neurônios bipolares situados no gânglio espiral e constituem o nervo auditivo, parte do oitavo nervo craniano. Os núcleos auditivos formam uma sequência de estágios sinápticos até o córtex. As áreas corticais auditivas são múltiplas, dispostas em três conjuntos concêntricos situados no giro temporal superior: a região central, que inclui a área auditiva primária (A1), o cinturão auditivo e o paracinturão auditivo.

A discriminação de intensidade sonora é a submodalidade que correlaciona a amplitude da onda sonora (proporcional à quantidade de energia contida em um som) com a amplitude da vibração da membrana basilar, a amplitude do potencial receptor, a frequência de potenciais de ação das fibras auditivas e o número de elementos recrutados nesse processo. A identificação dos tons, por outro lado, é a submodalidade que correlaciona a frequência da onda sonora com a frequência e a região de vibração da membrana basilar, a frequência do potencial receptor e a frequência das salvas de potenciais de ação nas fibras auditivas. A identificação dos timbres é a submodalidade que permite diferenciar ondas complexas pela sua composição harmônica, realizando uma análise espectral mediante a decomposição das ondas sonoras em seus componentes senoidais simples. A função é desempenhada pela membrana basilar e acentuada pelos núcleos subcorticais tonotópicos. Finalmente, a localização espacial dos sons é a submodalidade que permite identificar a origem dos sons no eixo horizontal (à esquerda ou à direita do ouvinte) e no eixo vertical (acima ou abaixo da cabeça). A localização horizontal depende da detecção de diferenças de tempo e de intensidade da informação sonora ao chegar ao complexo olivar superior por meio dos dois ouvidos. A localização vertical depende da detecção de diferenças de tempo de chegada da informação sonora ao SNC, depois de diferentes reflexões no pavilhão auricular.

As submodalidades complexas da audição, sobretudo a compreensão da fala, dependem das áreas corticais auditivas, já mencionadas, e de áreas associativas relacionadas com a audição, em especial a área de Wernicke, classicamente associada à compreensão linguística verbal.

A capacidade dos animais de reagir a estímulos que tocam o corpo – somestesia – foi certamente a primeira modalidade sensorial a surgir no curso da evolução, existindo já de forma rudimentar nos primeiros seres unicelulares e especializando-se com o aparecimento do sistema nervoso. Para muitos animais, entretanto, a sobrevivência seria impossível se eles não pudessem detectar seus predadores à distância, antes que estes se aproximassem e os atacassem. Para outros, igualmente, seria impossível obter alimento se não fossem capazes de perceber de forma silenciosa a chegada de uma presa.

A visão e a audição ofereceram essa enorme vantagem adaptativa. A primeira permitiu detectar a radiação eletromagnética emitida ou refletida pelo meio ambiente e, assim, perceber a presença de objetos de interesse a grande distância. A segunda tornou possível detectar as vibrações do ar e da água provocadas pelos movimentos dos animais e das plantas, bem como desenvolver todo um sistema de comunicação por meio da vocalização, isto é, da emissão "intencional" de vibrações do meio. Por intermédio dos sons tornou-se possível identificar a presença de determinados objetos mesmo quando estes se situam fora do campo de visão ou estão encobertos por outros objetos.

Por ser tão útil, o sistema auditivo dos animais aperfeiçoou-se de modo extraordinário. Tornou-se extremamente sensível, capaz de detectar vibrações tão pequenas quanto o diâmetro de um átomo. E, além disso, miniaturizou-se mais que os outros sistemas sensoriais, concentrando milhares de receptores em um volume não maior que um grão de arroz.

O QUE É O SOM? DA FÍSICA À PSICOLOGIA

Intuitivamente, sabemos que a audição é a capacidade de perceber os sons. Som é a perturbação vibratória do ambiente que permite a audição. Refere-se apenas às *vibrações de ar que somos capazes de perceber*. Como as capacidades auditivas dos animais variam, algumas vibrações que representam sons para um cão, por exemplo, para nós passam inteiramente despercebidas, portanto o conceito de som é vinculado à percepção: trata-se de uma forma de energia que deve ser sempre referida ao animal que a percebe.

▶ O Som como Forma de Energia

O modo de vibração do ar capaz de ser percebido pelo nosso sistema auditivo pode ser compreendido se imaginarmos um alto-falante em funcionamento (Figura 8.1A). Alto-falantes são cones feitos de um material muito leve postos a vibrar por uma bobina eletromagnética colada no vértice. Quando o cone vibra, desloca-se para frente e para trás repetidamente, o que podemos sentir tocando-o

de leve com os dedos. O deslocamento vibratório do cone provoca também o deslocamento equivalente das partículas e moléculas que constituem o ar. Ao mover-se para frente, o cone comprime as partículas do ar umas contra as outras e, ao mover-se para trás, ele as descomprime. O movimento de compressão/descompressão das partículas vizinhas ao cone provoca movimento idêntico ao daquelas situadas um pouco mais longe, e assim sucessivamente. A vibração, então, propaga-se em todo o espaço que envolve o alto-falante, a uma velocidade em torno de 340 m/s (equivalente a cerca de 1.224 km/h, para usar uma unidade que avaliamos melhor). Embora seja verdade que o som se propaga em linha reta, isso ocorre nas três dimensões do espaço. Assim, devemos imaginar que o som produzido pelo alto-falante propaga-se como uma superfície esférica que cresce até encontrar objetos no caminho, nos quais se reflete, gerando novas e novas esferas, ou até ser absorvido, extinguindo-se.

Outras fontes sonoras diferentes dos alto-falantes funcionam de modo parecido. Nos instrumentos musicais, por exemplo, as partículas do ar são movimentadas pela vibração de cordas puxadas (Figura 8.1B), percutidas ou atritadas por um arco, ou pelo movimento do ar impulsionado dentro de tubos de diferentes formatos e tamanhos. A voz humana é produzida pela vibração das cordas vocais, obtida pela ejeção de ar pelas vias respiratórias. Ruídos diversos são produzidos por impactos entre objetos ou pelo simples deslocamento deles no ar. O que há de comum entre essas fontes é a produção de um movimento vibratório, isto é, uma sequência alternada de compressões e descompressões do ar que se propaga em todas as direções.

As vibrações periódicas do ar que produzem os sons são chamadas *ondas sonoras*. Ondas são movimentos oscilatórios das partículas de matéria ou dos pacotes de energia que compõem o universo. São geralmente classificadas em dois tipos: transversais e longitudinais. Nas ondas transversais (Figura 8.2, acima), o movimento das partículas é perpendicular à direção de propagação da onda. É o que acontece quando uma pessoa sacode a ponta de uma corda amarrada a um poste. As ondas que ela produzirá se propagam em direção à ponta fixa, mas uma marca posicionada em qualquer ponto da corda (um nó, por exemplo) estará se movendo para cima e para baixo, perpendicularmente ao deslocamento da onda. No caso das ondas longitudinais (Figura 8.2, abaixo), ao contrário, as partículas se movem na mesma direção de propagação. É o que acontece com as ondas sonoras: as partículas do ar se movem para frente e para trás no mesmo eixo de propagação do som.

Acontece que os sons são as vibrações *percebidas*, quer dizer, aquelas capazes de estimular o seu sistema auditivo, provocando uma percepção. Como todos sabemos por experiência própria, a percepção auditiva é múltipla: você é capaz de perceber tons, ritmos, timbres de diversos instrumentos, e assim por diante. Dizemos, então, que a per-

Neurociência Sensorial

▸ **Figura 8.1.** O som é produzido pela vibração de objetos sólidos que põem em movimento as partículas do ar circundante. Criam-se regiões de compressão e rarefação das partículas, que se deslocam para fora como superfícies esféricas de raios crescentes.

▸ **Figura 8.2.** Nas ondas transversais as partículas vibram em direção perpendicular à sua propagação (**acima**), enquanto nas ondas longitudinais, vibração e propagação têm a mesma direção (**abaixo**).

cepção auditiva se compõe de diferentes submodalidades. É interessante, assim, relacionar as características físicas das ondas sonoras com essas submodalidades, e, para isso, é necessário entendê-las.

É comum representar as ondas sonoras por curvas senoidais[G], o que é uma simplificação um tanto exagerada, porque os sons que ouvimos na natureza não são ondas regulares, mas, sim, oscilações muito complexas que raramente se parecem com as senoides perfeitas que vemos nos livros. Só os tons puros são senoides perfeitas, mas eles só podem ser produzidos por instrumentos mecânicos especiais, os diapasões, ou por sintetizadores eletrônicos. Para facilitar a compreensão das características físicas das ondas sonoras, no entanto, vamos considerar inicialmente esse tipo raro de som, o tom puro.

Suponhamos que um sintetizador gere um tom puro contínuo e o passe a um alto-falante. As vibrações longi-

---

[G] *Termo constante do glossário ao final do capítulo.*

262

Os Sons do Mundo

tudinais do ar produzidas pelo alto-falante propagam-se em todas as direções, mas, para maior simplicidade, estão representadas em apenas uma direção na Figura 8.3. Se você se colocasse a uma distância fixa do alto-falante e medisse a densidade das partículas de ar em diferentes momentos durante a passagem do som, obteria uma curva senoidal em que a ordenada representaria a densidade medida e a abscissa, o tempo (Figura 8.3A). E se você pudesse medir a densidade de partículas em diferentes distâncias a partir do alto-falante, obteria também uma família de curvas senoidais, uma para cada local de medida (Figura 8.3B, pontos 1, 2 e 3). Dessa maneira imaginária você poderia observar o modo de vibração das partículas do ar ao longo do tempo e a sua propagação no espaço.

A altura da curva senoidal dos tons puros, chamada *amplitude* (Figura 8.4), representa a densidade de partículas em cada momento. Ela é máxima nos momentos de maior compressão e mínima nos momentos de maior descompressão. Quando o som emitido é contínuo, ocorrem inúmeros ciclos de variação de amplitude. Como os ciclos de compressão e descompressão das partículas de ar dependem da vibração do cone do alto-falante ao longo do tempo, na verdade representam as oscilações da energia sonora. Se aumentarmos a quantidade de energia levada ao alto-falante no pico do ciclo, aumentaremos igualmente a quantidade de energia da onda sonora produzida, e isso será sentido por nosso sistema auditivo como um aumento na *intensidade* (ou *força*, ou, ainda, *volume*) do som. A amplitude, portanto, é uma grandeza proporcional à energia sonora. Logo, é proporcional também à nossa percepção de intensidade do som (Figura 8.4). Pode ser medida em diversas unidades, porém a mais comum é o *decibel* (dB), que apresenta a vantagem de poder representar uma grande faixa de variação de energia por ser logarítmico[G] e adimensional[G].

Imaginemos agora que a vibração do alto-falante se torna mais rápida, embora a quantidade de energia sonora a cada ciclo se mantenha constante. Examinando o gráfico obtido (Figura 8.4), constatamos que a senoide apresenta mais ciclos em cada unidade de tempo. Essa grandeza – número de ciclos por unidade de tempo – chama-se *frequência*, e a sua unidade de medida é o *hertz* (Hz), que equivale a um ciclo por segundo. Quando a frequência de um som aumenta, temos a sensação de que houve mudança de tom, como de um dó para um ré, por exemplo. A frequência, portanto, é a grandeza que representa o *tom* de um som. Os tons das escalas musicais são sons cujas frequências diferem por intervalos determinados, estabelecidos segundo as pre-

▶ **Figura 8.3.** Os tons puros são ondas senoidais. Neste experimento imaginário, mede-se a densidade de partículas em um ponto fixo durante algum tempo (**A**). Verifica-se que a densidade naquele ponto varia no tempo de acordo com uma curva senoidal. Depois (**B**) mede-se a densidade em três pontos diferentes, simultaneamente. Encontram-se as mesmas curvas em todos os pontos, mas um pouco deslocadas uma em relação à outra.

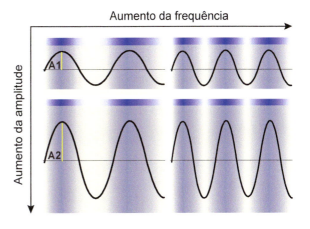

▶ **Figura 8.4.** Amplitude (A) é diferente de frequência. Enquanto a primeira permite determinar a quantidade de energia (E) contida na onda sonora em cada ponto do ciclo (A1 < A2, logo E1 < E2), a frequência representa a quantidade de ciclos que ocorrem em um certo período de tempo.

263

ferências culturais de cada povo e de cada época histórica, mas podemos variar a frequência gradativa e continuamente (é o que se chama frequência modulada). A sensação é a mesma de quando fazemos vibrar a corda de um violão e, ao mesmo tempo, giramos a sua cravelha de afinação.

Suponhamos agora que temos dois sintetizadores acionando o mesmo alto-falante. Ligamos os sintetizadores ao mesmo tempo (Figura 8.5A), aplicando ao alto-falante duas vibrações com a mesma frequência. O resultado é que a onda sonora produzida pelo cone do alto-falante representará a soma das duas vibrações: sua frequência será a mesma, mas sua amplitude será duas vezes maior. Como os sintetizadores foram ligados exatamente ao mesmo tempo, dizemos que as duas ondas foram emitidas em coincidência de fase. *Fase*, então, é a relação de tempo entre duas ou mais ondas. Podemos, também, ligar o segundo sintetizador um pouco depois do primeiro. Agora o som produzido terá amplitude menor, ainda com a mesma frequência (Figura 8.5B). Há uma diferença de fase entre as ondas. Se agora ligarmos o segundo sintetizador meio ciclo depois do primeiro e as duas vibrações tiverem a mesma amplitude, não haverá som (Figura 8.5C), porque as vibrações se anularão a cada momento e impedirão o cone do alto-falante de se mover! Neste caso, diz-se que as duas ondas foram emitidas em oposição de fase.

Se os dois sintetizadores forem ligados com uma diferença de fase que não seja de meio ou um ciclo e as amplitudes forem diferentes, o som resultante terá uma forma de onda complexa, resultante da composição das duas senoides originais. É o que acontece na maioria dos sons da natureza e dos instrumentos criados pelo homem, musicais ou não: são quase sempre compostos de diversas vibrações simultâneas, cada uma com a sua amplitude, sua frequência e sua fase, somando-se algebricamente para resultar em ondas complexas (Figura 8.5D). Percebemos essas diversas composições de ondas de um som como *timbre*. É por essa razão que o dó de um piano soa diferente do dó de um violão: a composição de ondas de um é diferente da do outro, embora haja uma frequência (a chamada frequência fundamental) que é comum a ambos e caracteriza a nota dó. Por isso se diz que o dó do violão tem timbre diferente do dó do piano.

O Som como Forma de Percepção: as Submodalidades Auditivas

Toda essa digressão física é necessária para compreender a audição e suas submodalidades. De que é capaz o nosso sistema auditivo? Em que difere do dos outros animais?

O sistema auditivo humano é capaz de perceber sons entre 20 e 20.000 Hz. Essa faixa perceptível é chamada *espectro audível*. Na verdade, essa faixa tão extensa só existe para as crianças recém-nascidas; os adultos geralmente não

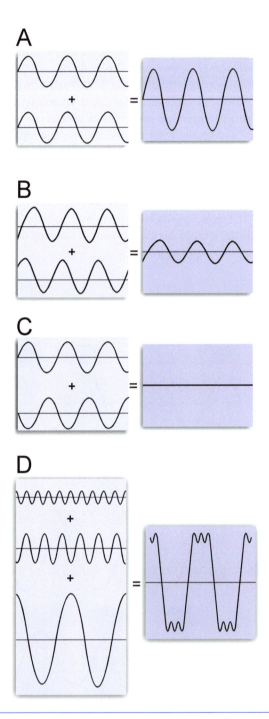

▶ **Figura 8.5.** As ondas sonoras interagem, somando-se algebricamente. **A** representa a soma de duas ondas em coincidência de fase, produzindo uma onda resultante de maior amplitude e mesma frequência. **B** representa um caso de diferença de fase parcial, que resulta em onda de amplitude intermediária. **C** representa um caso de oposição de fase, em que as duas ondas iguais que interagem se anulam. **D** mostra a resultante da interação de três ondas diferentes. É assim complexa a maioria dos sons que ouvimos.

alcançam mais que 15 kHz, e os idosos perdem ainda mais a percepção das altas frequências. Alguns animais percebem o que chamamos ultrassons, que são ondas de frequência

Os Sons do Mundo

maior que 20 kHz. É o caso dos cães, capazes de perceber sons de até 40 kHz, e dos morcegos, que ouvem frequências ainda mais altas (até 100 kHz!). Outros animais percebem os infrassons, como os elefantes e as baleias, cujo espectro se estende a 15 Hz no lado das frequências baixas.

O espectro audível não é percebido de forma igual em toda a sua extensão. Somos mais sensíveis às frequências em torno de 2.000 Hz, não por acaso a faixa de frequências que cobre a maior parte dos sons da fala. Torna-se então bastante importante determinar o audiograma dos indivíduos, tanto para definir um padrão médio característico dos seres humanos, como para identificar perdas auditivas causadas por doenças ou traumatismos. Para determinar o audiograma de uma pessoa (Figura 8.6), deve-se trabalhar com o conceito de *limiar de audibilidade* ou limiar de sensibilidade auditiva, definido como a intensidade mínima do som de uma certa frequência que o indivíduo é capaz de perceber. Usa-se um sintetizador eletrônico que gera tons puros e permite variar o volume. Para cada frequência, o indivíduo testado poderá indicar quando deixa de ouvir um som cujo volume vai sendo diminuído a cada vez, ou quando passa a ouvi-lo quando o volume vai sendo aumentado. Esse ponto médio é o limiar de audibilidade para aquela frequência. A curva obtida relaciona o limiar com a frequência. Observa-se, então, que, na maioria das pessoas, o limiar é mais alto (ou seja, a sensibilidade é mais baixa) nos extremos do espectro e mais baixo (maior sensibilidade) na faixa dos 2 kHz. Os indivíduos idosos geralmente apresentam uma perda auditiva das altas frequências (Figura 8.6). Seu espectro audível, então, fica mais estreito, e as frequências superiores a 2 kHz não são mais percebidas. O inverso ocorre comumente com os roqueiros. Expostos diariamente a sons graves de altíssima intensidade, perdem, de forma gradativa, a sensibilidade às baixas frequências (Quadro 8.1).

Dentro do espectro audível, cada um de nós é capaz de identificar algumas características do som que constituem as submodalidades auditivas (Tabela 8.1).

Nosso sistema auditivo é capaz de medir a quantidade de energia contida num som. Isso se expressa na capacidade de determinar o volume (outro sinônimo de intensidade sonora). Entre a leveza do som de uma brisa até o som avassalador de um conjunto de rock pode haver uma diferença de energia de cerca de 1 trilhão de vezes (10^{12})! A *determinação de intensidade* dos sons é efetuada pelo sistema auditivo como uma espécie de medida dinâmica, isto é, realizada continuamente, da amplitude das vibrações sonoras incidentes. Com base nessa medida, dizemos que um som é mais forte ou mais fraco* (mais ou menos intenso) e somos

---
*Devem-se evitar utilizar os termos "alto" e "baixo" para significar sons fortes e fracos, respectivamente, porque eles se confundem com os conceitos de "agudo" (= alto) e "grave" (= baixo), que descrevem a tonalidade de um som, e não a sua intensidade.

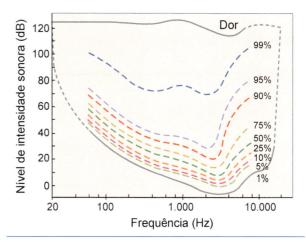

▶ **Figura 8.6.** As curvas mostram o limiar de audibilidade para uma população de indivíduos. Os níveis de intensidade sonora que os indivíduos são capazes de ouvir ficam acima de cada curva. O grupo de indivíduos com melhor audição (1%) está representado pela curva cinza inferior de traçado contínuo. As demais curvas representam, cada uma delas, uma maior proporção de pessoas na população. A curva cinza contínua de cima mostra o limiar para a dor provocada por intensidades sonoras muito fortes. Modificado de Pierce J. *Le Son Musical*. Pour la Science Diffusion Belin, França, 1983.

capazes de avaliar, com grande precisão, essa enorme faixa de variação de volume que caracteriza os sons do ambiente.

Uma segunda submodalidade auditiva é a *discriminação tonal*, mediante a qual somos capazes de identificar os diferentes tons de um som dentro do espectro audível, ou seja, entre 20 Hz e 20 kHz. Em termos musicais, isso significa diferenciar um dó de um ré, ou o dó de uma oitava e o dó de outra. Somos capazes de fazer isso mesmo sem entender de música e sem saber dar o nome exato a cada tom. O sistema auditivo realiza essa avaliação identificando a frequência das vibrações dos sons incidentes, operação que também é realizada continuamente. Muito ligada à discriminação tonal está a *identificação do timbre* dos sons, submodalidade mais complexa que consiste na determinação, pelo sistema auditivo, do que se chama composição harmônica das ondas sonoras. Pode-se demonstrar matematicamente que uma onda, qualquer que seja sua forma, é composta por ondas senoidais somadas. Isso é verdade também para as ondas sonoras complexas, que representam a maioria dos sons que ouvimos. O sistema realiza, assim, uma operação matemática chamada análise espectral de Fourier (Figura 8.7), que consiste na decomposição das ondas sonoras em seus componentes senoidais (chamados harmônicos). Como cada componente senoidal tem uma frequência própria, a operação seguinte consiste em identificar a frequência e a amplitude de cada uma dessas ondas componentes. O sistema auditivo tem a capacidade de juntar todas essas informações, diferenciando, assim, o timbre de cada som e, desse modo, identificando sua fonte com grande precisão.

265

Neurociência Sensorial

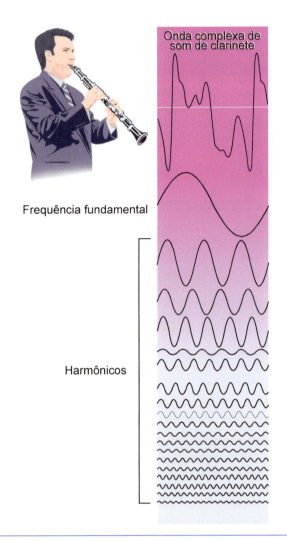

▶ **Figura 8.7.** Pode-se decompor matematicamente em ondas senoidais simples a onda complexa produzida pelo som de um instrumento musical como o clarinete. Neste caso, haverá uma frequência fundamental característica de um tom (dó, ré etc.), e uma composição de harmônicos característica do instrumento.

Outra submodalidade auditiva importante é a localização espacial dos sons, que consiste na identificação da posição do espaço onde se encontram as fontes sonoras. Essa habilidade é utilizada pelos animais para acionar reflexos de orientação da orelha, da cabeça e do corpo e facilitar as reações comportamentais rápidas que muitas vezes precisam ser executadas. A localização espacial dos sons pode ser dividida em dois componentes, horizontal e vertical, que se diferenciam apenas pelas estratégias que o sistema auditivo emprega para realizar cada uma delas.

Finalmente, duas outras submodalidades de grande importância para os seres humanos são a percepção musical e a percepção da fala. A razão pela qual se consideram essas capacidades complexas do sistema auditivo submodalidades é que já se conseguiram identificar regiões cerebrais específicas para cada uma delas. Além disso, em alguns animais (aves, por exemplo) é possível estudar neurônios isolados capazes de produzir impulsos nervosos quando estimulados com gravações de trechos de suas vocalizações específicas (o canto, no caso das aves). Por sua complexidade, essas duas submodalidades auditivas serão tratadas com maior detalhe no Capítulo 19.

A ESTRUTURA DO SISTEMA AUDITIVO

Como todos os sistemas sensoriais, o sistema auditivo é constituído por um conjunto de receptores que realizam a transdução dos estímulos sonoros em potenciais receptores. Os receptores transmitem a informação sonora traduzida para neurônios de segunda ordem encarregados de realizar a codificação. Os axônios destes neurônios constituem o nervo auditivo[A], que é um dos componentes do oitavo nervo

---

[A] *Estrutura encontrada no* Miniatlas de Neuroanatomia *(p. 359).*

Tabela 8.1. Algumas Submodalidades Auditivas e seus Correlatos Físicos

Submodalidade	Correlato Físico	Mecanismo Neural
Determinação de intensidade	Amplitude	Amplitude de vibração da membrana basilar e número de fibras auditivas recrutadas
Discriminação tonal	Frequência	Sincronia de fase e tonotopia em todo o sistema auditivo
Identificação de timbre	Composição harmônica	Padrão de vibração e análise de Fourier na membrana basilar
Localização espacial do som (vertical)	Diferenças de reflexão auricular	Focalização e direcionamento pelo pavilhão auricular
Localização espacial do som (horizontal)	Diferenças interaurais de fase e de intensidade	Detecção de diferenças no complexo olivar superior
Percepção musical	—	Interpretação de padrões musicais no córtex
Percepção da fala	—	Interpretação de significados nas áreas linguísticas do córtex cerebral

OS SONS DO MUNDO

> ### Saiba Mais
>
> ### Quadro 8.1
> ### Poluição Sonora
>
> As mídias vivem cheias de notícias sobre poluição sonora. O que isto quer dizer? Em geral, que o nível de ruído nas ruas e nas casas das pessoas é muito alto e que isso pode provocar danos à saúde. Verdade ou mentira? Verdade: os indivíduos expostos constantemente a grandes intensidades sonoras em geral apresentam limiares de audibilidade mais altos que os demais, o que de início se deve a uma hiperfunção do reflexo de atenuação, mas depois se converte em um enrijecimento das articulações entre os ossículos. Resultado: surdez. Os indivíduos mais suscetíveis a surdez por poluição sonora são os músicos (roqueiros e músicos de trios elétricos). Além deles, também são suscetíveis os operários de construção civil que lidam com britadeiras e indivíduos que trabalham em ruas de muito movimento.
>
> A tabela a seguir mostra as intensidades sonoras que podem ser medidas nos ambientes.
>
> Como a faixa de intensidades dos sons é teoricamente infinita, em geral se considera uma intensidade de referência que por convenção equivale a 10^{-12} W/m^2 (watts por metro quadrado). E como a faixa de intensidades audíveis é enorme (até 1 trilhão de vezes acima do nível de referência), fica mais prático utilizar uma medida relativa logarítmica, o bel (B). 1 B seria, então, equivalente a um som de intensidade igual à referência (10^{-12} W/m^2). O bel deixou de ser utilizado, entretanto, porque se verificou que o ouvido humano não é sensível a diferenças menores que 0,1 B. Decidiu-se, assim, utilizar o decibel (dB), que tem a vantagem adicional de, na prática, tornar desnecessário o uso de frações.
>
> | Fonte ou Descrição do Som | Nível de Intensidade em dB | Intensidade em W/m² |
> |---|:---:|:---:|
> | Limiar de dor | 130 | $10^1 = 10$ |
> | Show de rock | 120 | $10^0 = 1$ |
> | Britadeira de rua | 100 | 10^{-2} |
> | Rua com muito trânsito | 80 | 10^{-4} |
> | Estações e aeroportos | 60 | 10^{-6} |
> | Grande loja | 50 | 10^{-7} |
> | Auditório cheio | 40 | 10^{-8} |
> | Igreja vazia | 20 | 10^{-10} |
> | Limite de audibilidade (referência) | 0 | 10^{-12} |

craniano. Daí em diante a informação auditiva entrará no SNC, passando por sucessivas sinapses, por uma série de núcleos, até chegar ao córtex cerebral.

❱ O Nervo Auditivo

A sofisticada estrutura do órgão receptor da audição e o seu funcionamento estão descritos no Capítulo 6. Se você puder (re)ler esse capítulo antes de continuar, estará em condições de começar o estudo estrutural a partir do nervo auditivo. As fibras que irão compor o nervo emergem de toda a extensão da cóclea, formando um amplo leque espiral convergente (Figura 8.8A). Essas fibras são, inicialmente, os dendritos dos neurônios bipolares, cujos somas estão situados em aglomerados de células embutidos na estrutura espiralada da cóclea e, por isso mesmo, chamados, em conjunto, de gânglio espiral (Figura 8.8B). A partir do gânglio, os axônios dos neurônios bipolares saem da cóclea e convergem para formar o nervo auditivo, que, por sua vez, reúne-se ao nervo vestibular para formar o oitavo nervo craniano (vestibulococlear[A]) (Figura 8.8A).

O nervo auditivo não é constituído exclusivamente de fibras aferentes, como poderíamos supor. Há um contingente de fibras eferentes alojado dentro do nervo. São fibras que se originam no SNC e inervam a cóclea, transmitindo informações no sentido inverso do fluxo da informação sensorial (Figura 8.8C). Qual seria a função dessas fibras de "contramão" do sistema auditivo? É o que veremos mais adiante.

❱ As Intrincadas Vias da Audição

Como é comum em quase todos os sistemas sensoriais, as vias aferentes da audição reúnem diversos componentes

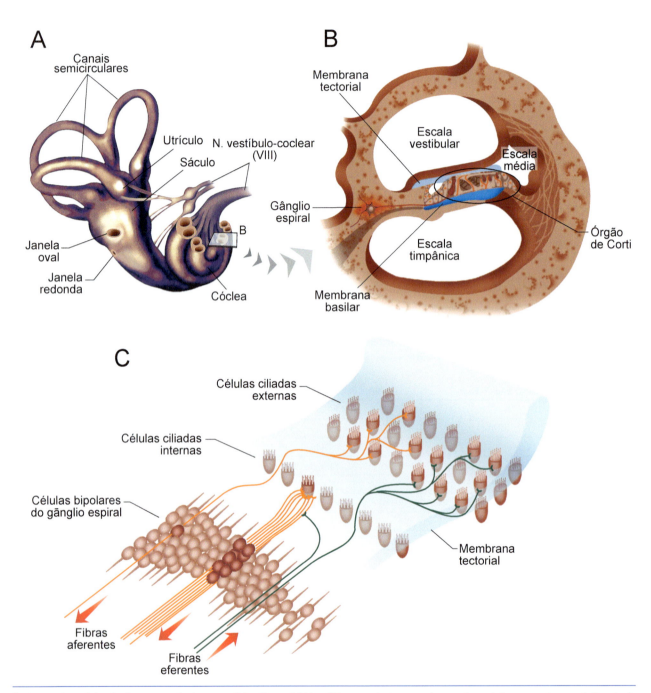

▶ **Figura 8.8.** A cóclea, órgão receptor do sistema auditivo, fica no labirinto (**A**), uma estrutura membranosa incrustada no osso temporal. O corte de uma volta da cóclea (**B**) mostra que ela é formada por canais ou escalas, e que as células receptoras ficam situadas entre duas membranas (tectorial e basilar). A maioria das fibras auditivas é aferente, e seus somas ficam no gânglio espiral. Visto de um outro ângulo e em maior ampliação (**C**), o nervo auditivo contém fibras aferentes (em laranja) mas também fibras eferentes (em verde) que inervam os receptores. **C** modificado de Spoendlin H. *Facts and Models in Hearing.* Springer-Verlag, EUA, 1974.

paralelos cujos trajetos anatômicos são distintos. Durante esses trajetos, fazem sinapses com neurônios de ordem superior situados em núcleos de vários níveis do encéfalo até alcançarem o córtex cerebral.

Duas características distinguem o sistema auditivo dos demais sistemas sensoriais. A primeira é que possui estágios sinápticos em cada uma das grandes divisões do SNC: bulbo[A], ponte[A], mesencéfalo[A], diencéfalo[A] e córtex cerebral (Figura 8.9). Essa regularidade facilita a compreensão da organização anatômica do sistema. A segunda característica é que torna o sistema auditivo bastante complicado para o iniciante: quase todos os núcleos auditivos são conectados reciprocamente, e é grande o número de cruzamentos que as fibras efetuam por meio de decussações[G] e comissuras[G]

OS SONS DO MUNDO

(Figura 8.9). Esse atributo só não é válido para as fibras aferentes do nervo auditivo, que se projetam todas para os núcleos cocleares do mesmo lado. Esta particularidade traz uma consequência médica: a lesão do núcleo coclear é a única lesão do SNC que provoca surdez unilateral. Todas as demais doenças neurológicas que afetam o sistema auditivo provocam perdas sensoriais nos dois "ouvidos".

As fibras do nervo auditivo penetram no SNC bilateralmente, no nível do bulbo, onde inervam os *núcleos cocleares*, que constituem o primeiro estágio sináptico central do sistema. Os núcleos cocleares de cada lado possuem três divisões anatômicas que recebem as fibras auditivas: dorsal, anteroventral e posteroventral. Conhecê-las é importante para compreender como funciona o sistema auditivo, já que

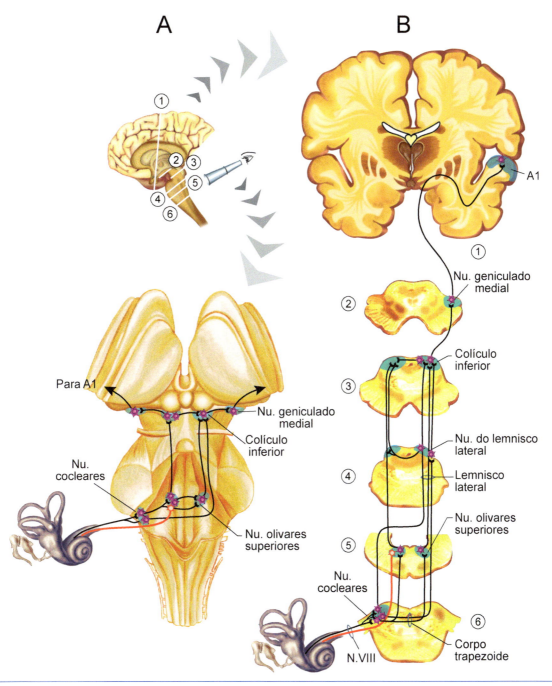

▶ **Figura 8.9.** Todos os níveis do SNC apresentam componentes do sistema auditivo. **A** é uma vista dorsal do tronco encefálico, do ângulo assinalado pela luneta no pequeno encéfalo acima. No encéfalo estão também representados os planos dos cortes (números circulados) mostrados em **B**. Tanto em **A** como em **B**, os neurônios auditivos estão representados em roxo e preto (os aferentes) e em vermelho (os eferentes). As vias são sempre bilaterais, mas aqui foram representados os neurônios conectados com apenas uma orelha, para facilitar a compreensão do esquema.

269

cada uma delas participa de um aspecto funcional diferente, como veremos adiante.

O conjunto de axônios que emerge dos neurônios cocleares segue à risca a característica "intrincada" do sistema auditivo. Os neurônios do núcleo coclear anteroventral e os do núcleo coclear posteroventral se projetam para o *complexo olivar superior**, que constitui o estágio sináptico pontino do sistema auditivo (Figura 8.9). Neste caso, alguns axônios cocleares cruzam para o lado oposto pelo corpo trapezoide e pelas estrias auditivas (comissuras existentes na ponte), enquanto outros atingem o complexo olivar superior do mesmo lado. As fibras dos neurônios do núcleo coclear dorsal, por sua vez, ultrapassam o complexo olivar superior sem com ele estabelecer sinapses, seguindo direto até o próximo estágio sináptico, que fica no mesencéfalo e se chama *colículo inferior*[A]. Neste caso, a projeção é completamente cruzada.

O complexo olivar superior (chamado às vezes, abreviadamente, oliva superior) também é formado por três divisões anatômicas com funções distintas: o núcleo olivar superior lateral, o núcleo olivar superior medial e o núcleo do corpo trapezoide. Os três recebem fibras provenientes dos núcleos cocleares ventrais, tanto cruzadas como ipsilaterais, e emitem axônios que formam um feixe achatado chamado lemnisco[G] lateral, que ascende pelo tronco encefálico até o mesencéfalo, terminando no colículo inferior (Figura 8.9B). Vizinho ao lemnisco lateral, na ponte, existe também um pequeno núcleo de função pouco conhecida (núcleo do lemnisco lateral) que recebe fibras dos núcleos cocleares e projeta seus axônios para os colículos inferiores em ambos os lados. Partem também do complexo olivar superior as fibras eferentes que formam o feixe olivococlear, que penetram na "contramão" no nervo auditivo e terminam na membrana basilar da cóclea. Além da regulação fina das curvas de sintonia dos receptores, o complexo olivar superior participa de uma função importante: a localização espacial dos sons originários de fontes à direita ou à esquerda do ouvinte.

O colículo inferior é uma região de convergência de todas as fibras auditivas ascendentes originadas em níveis mais baixos. Divide-se também em três regiões: o núcleo central, mais volumoso, cujos neurônios se projetam para o tálamo[A] auditivo, o núcleo externo e o chamado córtex dorsal. Estes dois últimos setores do colículo inferior emitem fibras para diferentes regiões do próprio mesencéfalo. Enquanto o núcleo central está envolvido em aspectos da percepção auditiva, o núcleo externo e o córtex dorsal participam dos reflexos audiomotores que permitem que o indivíduo oriente seu corpo em função da localização dos sons que

ouve a cada momento. Existem fibras do colículo inferior de cada lado que se estendem até o colículo inferior do lado oposto. Esse cruzamento permite que o estágio seguinte (o tálamo) receba informações dos dois colículos inferiores.

Do mesencéfalo as fibras auditivas estendem-se ao tálamo do mesmo lado, terminando especificamente no *núcleo geniculado medial*, um montículo esferoide que se pode ver a olho nu na parte mais posterior do diencéfalo (Figura 8.9). Esse núcleo talâmico também se organiza em três partes: as divisões ventral, dorsal e medial, cujos neurônios emitem fibras que formam a radiação auditiva, projetando-se pela cápsula interna[A] até o lobo temporal[A] do córtex cerebral, onde se situam as áreas auditivas.

▶ O Córtex Auditivo

As áreas do córtex cerebral que desempenham funções auditivas podem ser identificadas em animais mediante experimentos anatômicos, que localizam nelas as terminações axônicas provenientes do núcleo geniculado medial, e de experimentos fisiológicos, nos quais se estudam neurônios que disparam potenciais de ação quando o animal recebe estimulação sonora. No homem, esse tipo de estudo dificilmente pode ser realizado, mas as regiões auditivas corticais podem ser identificadas pelo exame *post mortem* de pacientes com distúrbios auditivos, ou utilizando-se as modernas técnicas de imagem por ressonância magnética funcional, entre outras.

Os dados obtidos deste modo confirmaram a hipótese dos neurologistas do início do século XX de que o córtex auditivo ocupa a parte superior do lobo temporal em ambos os hemisférios (Figura 8.10). Um diversificado conjunto de áreas pode ser identificado em primatas no assoalho do sulco lateral[A], estendendo-se para fora dele por quase todo o giro temporal superior[A]. Algumas dessas áreas são reunidas na chamada *região auditiva central*, ocupando o giro de Heschl, dentro do sulco lateral. Em torno dela fica o *cinturão auditivo* e, mais atrás deste, o *paracinturão auditivo*. Todo o conjunto é alvo das fibras talâmicas provenientes do núcleo geniculado medial, mas apenas uma delas é classicamente considerada a área auditiva primária ou *A1*, pelo fato de ser encontrada em todos os mamíferos (Figura 8.10; ver também a Figura 8.20). Mais posteriormente se destaca, em particular, a área de Wernicke, há mais de um século reconhecida como a região do córtex cerebral especializada em interpretar os sons linguísticos, isto é, aqueles que correspondem à fala humana.

▶ Surdez e a Localização das Lesões Auditivas

São várias as causas de surdez, desde traumatismos, infecções e substâncias tóxicas até o enrijecimento das

---

* *Não confundir com o complexo olivar inferior, um grande núcleo do tronco encefálico que faz parte do sistema motor e é tratado no Capítulo 12.*

Os Sons do Mundo

▶ **Figura 8.10.** A posição das áreas auditivas corticais no homem pode ser visualizada na face lateral do encéfalo (**A**), e mais completamente se removermos a parte superior dos hemisférios (**B**) para revelar o assoalho do sulco lateral (**C**). Através de ressonância magnética funcional a área A1 aparece (**D**) quando se oferece estimulação sonora a um indivíduo, que provoca o aumento do fluxo sanguíneo da região, resultante da atividade neuronal. A reconstrução por computador mostra os focos de ativação bilateral (em vermelho) no giro temporal superior de ambos os hemisférios. As vistas de **C** e **D** são indicadas pela luneta em **B**. W = área de Wernicke. Imagem em **D** cedida por Jorge Moll Neto, do Instituto D'Or, Rio de Janeiro.

estruturas do ouvido médio devido à idade (presbiacusia). Quando a surdez é unilateral, a causa geralmente está situada nas estruturas do ouvido ou no nervo auditivo e, mais raramente, nos núcleos cocleares, porque, depois das primeiras sinapses nestes, as fibras auditivas são distribuídas aos dois lados do cérebro, produzindo sintomas bilaterais. Sendo unilateral, a surdez pode ser "de condução", quando a lesão atinge o tímpano ou a cadeia ossicular, ou "neural", quando estão acometidos os receptores auditivos, as fibras do nervo VIII ou o núcleo coclear.

Rupturas do tímpano podem ser provocadas por sons muito fortes e súbitos ou por objetos penetrantes e contundentes. Quando não é possível restaurá-lo, ainda assim é possível restabelecer a audição por meio de pequenos microfones e amplificadores posicionados estrategicamente atrás da orelha e no meato auditivo externo, capazes de fazer vibrar de forma direta os ossículos remanescentes, ou mesmo a membrana basilar. Quando a surdez é causada por lesão dos receptores, mas as fibras do nervo auditivo que emergem da cóclea permanecem normais, é possível realizar os chamados "implantes cocleares". Trata-se de um finíssimo cabo com cerca de 20 eletródios inserido ao longo da escala vestibular da cóclea através da janela oval. Os eletródios, situados em pontos sucessivos da cóclea, são capazes de estimular tonotopicamente as fibras auditivas, levando-as a conduzir a informação de frequência para os núcleos cocleares.

A surdez central é quase sempre de difícil tratamento, porque atinge as regiões auditivas do tronco encefálico, mesencéfalo, tálamo ou córtex cerebral (Quadro 8.2).

Neurociência Sensorial

Neurociência em Movimento

Quadro 8.2
O Que o Ouvido Escuta, o Cérebro Aprende

▶ Ana Claudia Frizzo*

Lembro-me da primeira vez que encontrei uma pessoa surda. Aos 11 anos de idade! Nessa época eu mesma fazia uso de terapia fonoaudiológica e tive oportunidade de conhecer outras crianças em sala de espera. Recordo-me especialmente de um pequenino usuário de aparelho auditivo que recebia tratamento para aprender a se comunicar. Pude ouvir suas primeiras palavras! Fiquei curiosa e também feliz pelo menino, que se mostrava cada dia mais expressivo, sorridente e interativo. Chamava-me atenção o brilho no olhar, sua atenção e vontade de entender e se fazer entendido durante nossas brincadeiras. A partir desses encontros, relatei à minha mãe que gostaria de ser "esse tipo de doutora". Mais tarde, no momento da escolha da profissão, optei por fazer do meu trabalho uma forma de ajudar o próximo, especialmente para o desenvolvimento ou resgate de suas funções comunicativas. Fiz o vestibular de Fonoaudiologia e a partir daí dediquei a minha vida a essa profissão.

Como pesquisadora e fonoaudióloga (Figura 1), meu tópico de interesse sempre foi o sistema auditivo, seus processos normais e desviantes e as implicações da audição para a linguagem e a comunicação. As linhas de pesquisa que explorei abordaram as bases biopsicossociais da comunicação humana, o desenvolvimento dos transtornos da audição e aspectos mais práticos de prevenção, avaliação e terapia em Fonoaudiologia.

Para estudar esses temas, emprego medidas neurofisiológicas do nervo ao córtex auditivo, como consequência de minha formação em Neurociências. A maioria dos estudos é clínica, em populações com distúrbios auditivos, de fala e de linguagem, como gagueira, dislexia, distúrbios de atenção e hiperatividade, dificuldades de aprendizagem e perda auditiva.

O processamento da linguagem é bastante complexo e implica falar e ouvir. Sua aquisição depende de um sistema auditivo íntegro, que garanta a percepção dos sons do ambiente, incluindo os de fala. O ouvido tem de captar este sinal auditivo e transformá-lo em impulsos elétricos, que são conduzidos e interpretados nas áreas auditivas temporais do córtex cerebral. Assim, a audição vai muito além da cóclea, e entender como é processada no cérebro se torna desafiante e complexo, o que explica meu investimento profissional em neuroaudiologia.

Em 2019, iniciei um projeto que muito me cativou pela oportunidade única de empregar meus conhecimentos para auxiliar no diagnóstico das crianças com microcefalia decorrente da infecção materna pelo vírus Zika. Medidas eletrofisiológicas e comportamentais

▶ **Figura 1.** Ana Claudia Frizzo em 2018.

---

*Professora associada da Universidade Estadual Paulista Julio de Mesquita Filho. Correio eletrônico: anafrizzo@marilia.unesp.br.

evidenciaram um padrão de desenvolvimento atípico do sistema auditivo e linguístico. O processamento mais lento do som nas vias auditivas reforçou a necessidade de estimulação auditiva precoce e sistematizada nas crianças com microcefalia por Zika (Figura 2).

A surdez em si é severamente incapacitante e traz isolamento social e dificuldades emocionais e sociais. Na história, relatos de pessoas como o da escritora norte-americana Helen Keller (1880-1968), surda e cega, explicam o sentimento da pessoa surda frente à sua incapacidade comunicativa. Em uma de suas publicações, Helen narra suas experiências com a professora Ann Sulivann, que mudaram o sentido de sua vida. Relata que ela colocava em suas mãos objetos e soletrava, nos dedos, a palavra correspondente. Menciona um dia em que colocou sua mão na água fria e sobre a outra mão soletrou a palavra água. Sentiu uma estranha agitação interna e uma nebulosa consciência de algo que nem se lembrava, como se tivesse voltado à vida depois de morta! E compreendeu, enfim, que a sensação que a professora estava provocando nos seus dedos era produzida por aquela substância fria que escorria por sua mão, e que seria possível comunicar-se com outras pessoas por meio daqueles sinais. Tal relato foi e ainda é para mim uma enorme motivação, que me leva a buscar, cada vez mais, soluções auditivas clínicas e de pesquisa para auxiliar os pacientes no desenvolvimento de sua capacidade de ouvir e se comunicar.

▶ **Figura 2.** Média das respostas evocadas auditivas corticais de um grupo de 10 crianças com Zika e um número comparável de crianças sem a infecção (controle). O registro foi realizado por meio de eletroencefalografia (EEG). Observar que o potencial auditivo do grupo Zika (asterisco) foi mais baixo e demorou mais a ocorrer do que o do grupo controle (círculo). Modificado de Frizzo, ACF. Estudo da função auditiva central de crianças com microcefalia por Zika vírus. Tese (Livre-Docência), Universidade Estadual Paulista (Unesp), Faculdade de Filosofia e Ciências, 2019. 90 pp.

SONS FRACOS, SONS FORTES E A MEDIDA DO VOLUME

Se pedirmos a alguém que dê notas entre 0 e 100, por exemplo, para um mesmo som ouvido a diferentes intensidades em sequência aleatória, será muito provável que a escala subjetiva de volume coincida de modo bastante preciso com a escala objetiva de energia sonora, medida fisicamente por um microfone colocado próximo ao alto-falante. De que modo o sistema auditivo nos permite discriminar com tanta precisão a intensidade dos sons?

▶ Vibração da Membrana Basilar e Intensidade dos Sons

Quando um som penetra no ouvido externo, faz vibrar a membrana timpânica de modo proporcional. Isso quer dizer que, quanto mais intenso for o som, mais "forte" vibrará o tímpano (dentro de certos limites, é claro). Ou seja: a medida da amplitude de vibração do tímpano será proporcional à amplitude da onda sonora incidente. A vibração do tímpano passa à cadeia ossicular, que a amplifica, mas mantém a proporcionalidade com a amplitude da onda sonora incidente. Na extremidade do estribo, quem vibrará agora será a membrana da janela oval, gerando uma onda também na perilinfa da escala vestibular. As vibrações na perilinfa irão mover proporcionalmente a membrana basilar (Figura 8.11A e B), e a deflexão dos estereocílios dos receptores, resultante desse movimento oscilatório, produzirá um potencial receptor também oscilatório, com amplitude proporcional à amplitude da onda sonora incidente (mais detalhes no Capítulo 6). Como a proporcionalidade é sempre mantida, mesmo sob diferentes amplificações, a cada passagem entre o tímpano e os estereocílios dos receptores podemos dizer que, quanto mais intenso for o som, mais "fortemente" serão defletidos os estereocílios dos receptores.

Assim, o sistema auditivo utiliza como um dos mecanismos para a discriminação das intensidades sonoras a relação de proporcionalidade existente entre as características mecânicas do órgão receptor e a amplitude do sinal bioelétrico produzido pelas células ciliadas. Essa proporcionalidade mantém-se ao longo de todo o sistema até o córtex cerebral, neste caso codificado em frequência de potenciais de ação.

Há um segundo mecanismo: o recrutamento de mais receptores, proporcional à intensidade dos sons. Vibrações muito fracas da membrana basilar ativarão um número pequeno de células ciliadas, mas o aumento do volume irá ativar um número cada vez maior, envolvendo uma área mais ampla da membrana basilar.

▶ **Figura 8.11.** A membrana basilar vibra a cada som que entra no ouvido (**A**), e vibra mais forte quando o som incidente é também mais forte (**B**). A cóclea está aqui representada como se estivesse desenrolada (pequeno detalhe em **A**). A relação de proporcionalidade entre a intensidade do som e a resposta dos axônios aferentes foi medida experimentalmente (**C**). Constatou-se que a frequência de PAs é maior (curva verde) para sons mais fortes. **C** modificado de Rose J et al. *Journal of Neurophysiology*. 1971;24:685-699.

▶ Codificação de Volume pelas Fibras Auditivas

As fibras do nervo auditivo pertencem aos neurônios de segunda ordem (bipolares do gânglio coclear), e são elas que conduzem ao SNC a informação codificada contida no som incidente. Podemos agora ser mais concretos em relação a esse aspecto. Uma das informações contidas nos sons é a intensidade, e a questão que se coloca é como as fibras auditivas a codificam de modo que os núcleos cocleares e estágios subsequentes "compreendam" a informação.

O esclarecimento dessa questão foi obtido por meio de experimentos de registro elétrico dos potenciais de ação de fibras do nervo auditivo, realizado diretamente em animais anestesiados submetidos à estimulação sonora, durante a qual se variava apenas o volume, mantendo constantes os demais parâmetros do som. Resultou a observação de que a frequência de PAs no nervo aumentava proporcionalmente à intensidade do som incidente (Figura 8.11C). Como seria de esperar, a mesma relação de proporcionalidade existe também entre a frequência dos PAs e a amplitude dos PRs das células estereociliadas.

Do nervo em diante, em todos os estágios sinápticos até o córtex, a proporcionalidade entre intensidade sonora e frequência de potenciais de ação se mantém, ainda que esta última possa ser modificada ao longo do caminho por inúmeros fatores, como, por exemplo, o foco de atenção do indivíduo, que pode estar dirigido a outros aspectos do ambiente, diferentes do som que está ouvindo.

Também o recrutamento de mais receptores se transfere para o nervo e estágios subsequentes: mais fibras podem ser ativadas quando se aumenta o volume de um som. Uma população mais numerosa de neurônios fica envolvida com o processamento de sons mais intensos.

◗ O Reflexo de Atenuação

Quando o som que ouvimos em um sistema de áudio está excessivamente forte, a percepção do que ouvimos fica prejudicada e a sensação que temos pode ser muito desagradável, até mesmo provocando dor (sons mais intensos que 130 dB provocam dor – ver o Quadro 8.1). A saída é acionar o botão de controle do volume dos amplificadores e "baixar o som". E se, todavia, não tivermos acesso ao botão de volume, por exemplo, em um concerto de rock?

O sistema auditivo possui um "botão de volume" natural. Trata-se de um mecanismo chamado reflexo de atenuação, cuja função é regular automaticamente a rigidez da membrana timpânica e da cadeia ossicular, atenuando a amplitude de suas vibrações quando os sons incidentes são muito fortes. A proporcionalidade entre intensidade sonora e amplitude de vibração dessas estruturas fica mantida, mas o coeficiente de proporcionalidade é reduzido.

Os elementos efetores do reflexo de atenuação são dois pequenos músculos estrategicamente posicionados. Um deles é o tensor do tímpano, que possui uma de suas extremidades aderida ao martelo, o ossículo que se liga ao tímpano, e a outra à parede óssea do ouvido médio. O outro músculo chama-se estapédio, que possui uma extremidade inserida no estribo, o ossículo que se liga à janela oval, e a outra à parede do ouvido médio. Quando esses músculos se contraem, aumenta muito a rigidez do conjunto e, com isso, diminui a amplitude de vibração da perilinfa das escalas vestibular e timpânica. O reflexo é acionado especialmente

na vigência de sons muito fortes, e é mais sensível aos tons graves que aos agudos.

As vias neurais responsáveis pelo reflexo de atenuação não são precisamente conhecidas, e sua utilidade é ainda muito debatida. De início, pensou-se que poderia fornecer um mecanismo protetor para sons excessivamente fortes. Contudo, como sua latência[G] é grande, o efeito lesivo de sons fortes muito súbitos (como explosões, por exemplo) não poderia ser evitado a tempo pelo reflexo. Uma sugestão razoável é que, sendo a atenuação mais eficaz para sons graves, ficaria mais fácil ouvir os sons agudos (como a fala humana) num ambiente ruidoso se os sons graves dos ruídos fossem diminuídos.

A IDENTIFICAÇÃO DOS TONS

Sabemos, da experiência cotidiana, como o nosso sistema auditivo é eficiente na identificação dos tons, isto é, na avaliação da frequência das ondas sonoras. A arte da música não seria possível sem essa submodalidade. A percepção da fala, com todas as nuanças de tonalidade que lhe dão riqueza de conteúdo racional e emocional, também não seria possível sem a discriminação tonal. Talvez por essa razão os neurocientistas tenham se preocupado sempre em desvendar os mecanismos neurais subjacentes a essa capacidade do sistema auditivo.

◗ Sincronia de Fase e o Princípio das Salvas

Um primeiro mecanismo a considerar baseia-se nas propriedades dos receptores auditivos, estudadas no Capítulo 6. Cada célula estereociliada responde com um potencial receptor bifásico (alternadamente despolarizante e hiperpolarizante) às vibrações da membrana basilar, que resultam, em última análise, do som incidente. Assim, um tom puro de 300 Hz, por exemplo, causaria uma vibração de igual frequência na membrana basilar, o que produziria potenciais receptores oscilando a 300 Hz nas células estereociliadas ativadas; um outro tom puro, de 500 Hz, produziria potenciais nessa nova frequência (Figura 8.12A).

O primeiro problema aparece quando consideramos a codificação, além da transdução. Se a frequência dos potenciais de ação produzidos nas fibras auditivas codifica a amplitude dos potenciais receptores das células estereociliadas e, portanto, a intensidade do som incidente, que parâmetro codifica o tom, ou seja, a frequência das ondas sonoras? A resposta é simples e pode ser acompanhada pela Figura 8.12B. Suponhamos um som incidente de 300 Hz, como no exemplo anterior. Além disso, suponhamos que esse som tenha um nível de intensidade de, digamos, 30 dB. O potencial receptor resultante desses parâmetros de vibração sonora provocará o disparo de salvas de PAs nas fibras auditivas, que se iniciarão sempre que começar a

▸ **Figura 8.12.** Experimentos de registro eletrofisiológico indicaram que as variações da frequência do potencial receptor das células estereociliadas da cóclea acompanham a frequência do som incidente (**A**). O mesmo ocorre com a frequência das salvas de PAs das fibras do nervo auditivo (**B**). Mas isso só é verdade para os tons graves e médios (entre 300 e 1.000 Hz). E os agudos? **A** modificado de Palmer AR, Russel IJ. *Hearing Research*. 1986;24:1-15. **B** modificado de Kiang NYS. In: Brookhart JM et al. (*Handbook of Physiology*, section 1, vol. II, parte 2 American Physiological Society, EUA, 1984.

O mecanismo que acabamos de descrever chama-se sincronia de fase, expressão que representa a relação "amarrada" (1:1, 1:2 ou outra) entre as salvas de PAs das fibras auditivas e a fase das ondas sonoras. Essa teoria destinada a explicar a discriminação tonal ficou conhecida como teoria (ou princípio) das salvas.

Há problemas, entretanto, com a teoria das salvas porque se verificou experimentalmente que ela só se aplica para os sons graves e médios, até o máximo de 3 kHz. Como, então, ocorreria a discriminação dos tons agudos? Como o sistema auditivo consegue discriminar tons de até 20 kHz?

▸ **Tonotopia**

A maneira de explicar essa larga faixa de discriminação tonal seria imaginando uma "especialização" dos elementos do sistema auditivo para cada uma das diferentes frequências contidas no espectro audível. Algumas células poderiam ser especializadas em tons muito agudos, outras em tons não tão agudos, e assim por diante. Esta ideia revelou-se verdadeira desde os primeiros experimentos em biofísica da audição, realizados pelo húngaro Georg von Békésy (1899-1972) e que lhe valeram o prêmio Nobel de Medicina ou Fisiologia em 1961.

Békésy utilizou cócleas de cadáveres humanos para investigar as características mecânicas de vibração da membrana basilar. Sua primeira descoberta foi sobre a estrutura da membrana basilar: verificou que ela é mais estreita e rígida na base do que no ápice da cóclea, uma diferença de até 5 vezes (Figura 8.13). Medindo cuidadosamente as características de vibração da membrana, descobriu que as frequências mais baixas fazem vibrar melhor as regiões da membrana basilar mais próximas do ápice da cóclea (Figura 8.13A), mas não conseguem mover facilmente as regiões próximas à base. O inverso acontece para as frequências altas: fazem vibrar mais a membrana basilar da base do que a do ápice (Figura 8.13B). Considerando a sua largura, a membrana basilar funcionaria, então, de modo similar a uma harpa. As cordas mais curtas da harpa (equivalentes à região da base da cóclea) vibram em alta frequência, produzindo tons agudos, enquanto as cordas mais longas (equivalentes ao ápice) vibram em baixa frequência, produzindo tons graves. Por outro lado, considerando a sua rigidez, a membrana funcionaria como qualquer instrumento de cordas: ao apertar a cravelha e esticar uma corda, fazemos que ela vibre em frequências mais altas. É o que acontece na base da cóclea, onde a membrana basilar, além de mais estreita, é mais rígida (como se estivesse mais "esticada").

Essas características físicas da membrana basilar levaram Békésy a propor o conceito de *tonotopia*, que significa a representação ordenada dos tons ao longo da membrana basilar. O conceito revelou-se verdadeiro não só para a membrana basilar e os receptores auditivos, mas também

fase despolarizante dos PRs, mas silenciarão na fase hiperpolarizante. Haverá, então, uma salva de PAs em cada ciclo da onda sonora ou, então, a cada dois, três ou mais ciclos (dependendo do tempo que a membrana da fibra auditiva precisa para se repolarizar completamente e gerar uma nova salva). De qualquer modo, a relação entre a periodicidade das salvas de PAs e a frequência da onda sonora será linear, o que representa um código para os diferentes tons. E a intensidade? A intensidade do som ficou codificada na frequência dos PAs dentro de cada salva! Se você ainda não entendeu, perceba que, no gráfico da Figura 8.12B, existem duas frequências a considerar. A primeira é a frequência de salvas, ou seja, uma salva para cada ciclo do som de 300 Hz, ou, ainda, 300 salvas por segundo. Essa é a representação da frequência do som, isto é, 300 Hz. A segunda é a frequência de PAs dentro de cada salva, que representa a amplitude (intensidade) da onda sonora, 30 dB no nosso exemplo.

Por que, no entanto, a frequência dentro de cada salva vai caindo com o tempo (Figura 8.12B)? Trata-se do fenômeno da adaptação dos receptores, pelo qual a resposta deles cai com a manutenção contínua do estímulo (Capítulo 6).

Os Sons do Mundo

▶ **Figura 8.13.** A tonotopia do sistema auditivo começa como uma especialização da membrana basilar: os sons mais graves fazem vibrar o ápice (**A**), e os mais agudos movimentam a base (**B**). Na verdade, cada frequência faz vibrar seletivamente um local da membrana basilar. Desse modo o sistema auditivo, desde a cóclea em diante, discrimina (separa) os tons, mesmo os mais agudos que não são acompanhados pelo princípio das salvas.

para as fibras do nervo e os neurônios da maioria das regiões do SNC que fazem parte do sistema auditivo. Muitos fisiologistas, depois de Békésy, puderam registrar a atividade elétrica desses elementos do sistema auditivo em animais vivos anestesiados, estimulando-os com sons de diferentes frequências. Verificaram que cada neurônio, do nervo auditivo até o córtex, é sintonizado para uma determinada frequência característica, capaz de produzir nele uma salva de PAs. Tons próximos da frequência característica são menos eficazes em ativar o neurônio, e tons mais distantes são completamente inócuos. Desse modo, tornou-se possível descrever a "especialidade" tonal de cada neurônio pelas *curvas de sintonia* (Figura 8.14).

Pela teoria tonotópica, então, a identificação dos tons seria feita de início na membrana basilar, posta a vibrar regionalmente – e não como um todo – de acordo com a frequência do som incidente. Essa vibração regionalizada, evidentemente, ativaria somente os receptores situados na região estimulada, e, por consequência, apenas as fibras auditivas correspondentes. O som de 300 Hz que utilizamos como exemplo na seção anterior faria vibrar um segmento da membrana basilar situado próximo ao ápice da cóclea, deixando imóveis as demais regiões. Igualmente, apenas as fibras do nervo auditivo originárias do ápice estariam disparando salvas de potenciais de ação, portanto somente grupos localizados de neurônios estariam ativos nos núcleos cocleares e olivares, no colículo inferior, e assim por diante. De fato, cada uma dessas regiões apresenta um *mapa tonotópico* próprio (Figura 8.15), representando quase todas as frequências do espectro audível da espécie e atribuindo maior espaço às frequências mais importantes para o comportamento do animal (no caso do homem, em torno de 2-3 kHz, a faixa de frequências da fala). As frequências inferiores a 200 Hz geralmente não estão representadas de forma específica, o que leva a supor que, nessa faixa tonal, a membrana basilar vibra como um todo. Não chega a ser um problema, porque nessa faixa ocorre sincronia de fase e a teoria das salvas responde pela codificação dos tons.

Apesar de representarem, juntas, um poderoso modelo explicativo da discriminação tonal, a teoria das salvas e a teoria tonotópica ainda não são suficientes para explicar todas as possibilidades de discriminação tonal de que somos capazes. Em alguns casos, nossa percepção não obedece linearmente ao que seria previsto pelas duas teorias. Ouvimos mais do que seria de esperar. Os músicos e os compositores sabem há mais de 2 séculos que, em certas condições, ouvi-

277

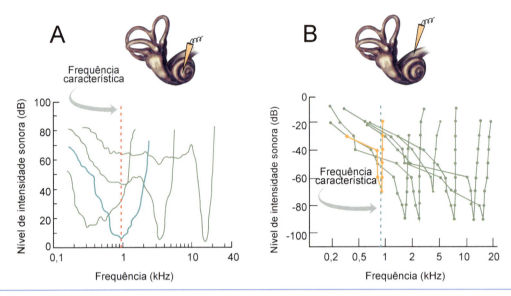

> **Figura 8.14.** As curvas de sintonia das células estereociliadas da cóclea (**A**) e das fibras do nervo auditivo (**B**) revelam uma frequência característica individual (linhas tracejadas). Nessas frequências ocorre o disparo de um PR ou de PAs, respectivamente, para um som incidente de intensidade mínima. Quando os sons incidentes se afastam dessa frequência para mais ou para menos, é preciso aumentar a intensidade para ativar a célula ou a fibra. A frequência característica da célula representada pela curva azul, por exemplo (em **A**) e da fibra representada em laranja (em **B**) é de quase 1 kHz. As frequências vizinhas não são tão eficazes para elas, mas podem ativar outras, representadas em cinza. **A** modificado de Kiang NY, Moxon EC. *Annals of Otology, Rhinology and Laryngology*. 1972;81:714-730. **B** modificado de Pickles JO. *An Introduction to the Physiology of Hearing*. 2a ed. Academic Press, EUA, 1988.

mos um terceiro tom quando somos estimulados com dois tons combinados. Além disso, a curva de sintonia de cada receptor é geralmente mais aguda do que a tonotopia da membrana basilar permitiria prever. Essas não linearidades da fisiologia e da percepção auditivas obrigaram a pensar na existência de mecanismos ativos de interferência na resposta dos receptores, formas de modulação e amplificação que melhorariam ainda mais a resposta discriminativa do sistema, além do previsto pelas duas teorias.

▶ O Amplificador Coclear

Os histologistas já sabiam, há muito, estudando a estrutura do órgão de Corti, que há dois tipos de receptores auditivos: as células estereociliadas internas, em fileira única, e as células externas, em fileira tripla (Figura 8.8). Foi surpreendente constatar, entretanto, que 95% das fibras aferentes eram elementos pós-sinápticos das células internas, justamente as menos numerosas. Para que serviriam, então, as células estereociliadas externas? Verificou-se a seguir que elas eram inervadas pelos axônios eferentes originários do complexo olivar superior e pertencentes ao feixe olivococlear mencionado anteriormente. Sendo inervadas por fibras eferentes, as células externas tinham que ser, pois, elementos efetores – motores ou secretores. O estudo da ultraestrutura dessas células trouxe elementos em favor da primeira possibilidade, a de que as células estereociliadas externas seriam capazes de se contrair (Figura 8.16). Primeiro, não havia sinais de vesículas ou grânulos que favorecessem a hipótese secretora. Segundo, encontrou-se uma sofisticada organização de filamentos de actina nos estereocílios e nas proteínas contráteis na membrana. Os biofísicos contribuíram com mais evidências: isolaram células externas fora da cóclea e estimularam-nas eletricamente, observando que tanto elas mesmas como os estereocílios eram capazes de se contrair. E os fisiologistas completaram o quadro: verificaram que, em certas condições, era possível registrar, usando microfones miniaturizados muito sensíveis, sons produzidos pela própria membrana basilar que ficaram conhecidos como *emissões otoacústicas* e que foram atribuídos às contrações das células estereociliadas externas.

Quando um som penetra no ouvido, transmite as vibrações para a membrana basilar, como já vimos, produzindo potenciais receptores nas células estereociliadas de ambos os tipos. As internas encarregam-se de realizar a transdução e transferir a informação traduzida para as fibras aferentes. Nas externas, entretanto, o potencial receptor provoca uma contração da célula. Como os estereocílios estão ancorados na membrana tectorial, que é relativamente rígida, quando as células estereociliadas externas se contraem, a membrana basilar é "puxada" na direção da membrana tectorial. Todo o conjunto se torna, assim, mais rígido, aumentando a sensibilidade inclusive das ciliadas internas. As curvas de sintonia dos receptores e das fibras auditivas, desse modo, são refinadas pelo feixe olivococlear, e isso explica por que a tonotopia da membrana basilar apresenta uma precisão maior do que a prevista pelo mecanismo passivo descrito por von Békésy.

OS SONS DO MUNDO

A IDENTIFICAÇÃO DOS TIMBRES

Por que determinado dó de um piano é diferente do dó correspondente de um violão? Por que podemos identificar um saxofone ouvindo-o tanto ao vivo quanto por meio de um fone de ouvido? De longe ou de perto? E até mesmo combinado com outros instrumentos de um conjunto de jazz? Essas questões têm a ver com o conceito de timbre e com o modo como o sistema auditivo consegue diferenciar os sons complexos.

Já mencionamos que os sons complexos constituem a maioria daqueles que ouvimos na natureza e dos que produzimos com os ruídos da civilização. São chamados assim ("complexos") porque são formados pela soma algébrica de ondas senoidais de diferentes frequências, amplitudes e fases. O resultado é uma onda de aspecto irregular que dificilmente associaremos a algo musical ou vocal, pensando tratar-se de puro ruído. As combinações possíveis entre esses parâmetros sonoros são tão numerosas, que é praticamente infinito o repertório de sons que podemos gerar e ouvir. É claro, no entanto, que há sons complexos que ouvimos frequentemente, adquirindo grande sensibilidade para identificá-los, mesmo nas piores condições de audibilidade. É o caso das mães que conseguem identificar o choro do seu bebê mesmo que ele esteja mascarado por inúmeros ruídos, inclusive choros de outros bebês. É o caso dos animais, também, que conseguem identificar facilmente os sons da própria espécie, ou os sons das espécies relacionadas com a sua sobrevivência – predadores e presas.

Para identificar os sons complexos, o sistema auditivo utiliza duas estratégias distintas. A primeira relaciona-se com o timbre e baseia-se na decomposição das ondas senoidais que constituem um determinado som. A segunda relaciona-se com os padrões sonoros complexos que têm um significado qualquer. Por exemplo, um segmento musical conhecido, como os primeiros compassos da *Quinta Sinfonia* de Beethoven, representa um padrão desse tipo, que se repete sempre de modo idêntico. Alguns sons naturais também apresentam padrões estereotipados, como aqueles emitidos pelos animais nas situações de perigo, ataque, aproximação sexual e outras. Há evidências de que existem neurônios no córtex cerebral especializados na identificação desses padrões, ou seja, sensíveis especificamente a eles, e não a outros. Esse aspecto será visto adiante e tratado com mais detalhes no Capítulo 19.

Vejamos agora de que modo o sistema auditivo identifica os timbres.

▶ **Figura 8.15.** A organização tonotópica aplica-se a todo o sistema auditivo, da membrana basilar às áreas corticais. Em todas essas regiões se encontram mapas tonotópicos, isto é, uma distribuição ordenada de neurônios que respondem à série de frequências audíveis. O detalhe acima mostra o mapa tonotópico de A1. No exemplo, a cadeia de neurônios ativada para o som que faz vibrar a membrana basilar (abaixo) está representada em vermelho em todos os estágios do sistema auditivo.

Assim, é possível concluir que a tripla fileira de células estereociliadas externas atua como um verdadeiro amplificador coclear, aumentando a sensibilidade e a precisão dos receptores e, consequentemente, a capacidade de discriminação tonal do sistema auditivo.

▶ **Figura 8.16. A.** A fotomicrografia eletrônica mostra os estereocílios alinhados das células ciliadas externas. **B** mostra a presença de caderina (pontos verdes), uma proteína que contribui para a abertura dos canais de potássio na ponta dos estereocílios. **C** representa a motilidade dessas células receptoras em função do potencial de sua membrana. Quando ocorre uma despolarização provocada pelas fibras eferentes olivocócleares (à direita), a célula se contrai, "puxando" a membrana basilar para cima e tornando mais rígido o conjunto. Fotos **A** e **B** cedidas por Bechara Kachar, do National Institutes of Health, EUA.

▶ Análise Espectral

Um som complexo penetra no ouvido externo do mesmo modo que os tons puros e igualmente faz vibrar a membrana timpânica, a cadeia ossicular, a membrana da janela oval e a perilinfa das escalas vestibular e timpânica. Neste caso, no entanto, algo diferente ocorrerá na membrana basilar (Figura 8.17). Como ela é tonotópica, os componentes senoidais do som incidente serão "separados", cada um deles fazendo vibrar um segmento diferente da membrana basilar (com exceção, como vimos, dos componentes mais graves). Assim, cada pequeno grupo de células estereociliadas internas será ativado para um componente senoidal. A separação dos componentes será simultaneamente transmitida às fibras auditivas e, daí em diante, seguirá em paralelo até o córtex. Essa operação é chamada *análise espectral* e é análoga à operação matemática que mencionamos anteriormente de decomposição das ondas em seus componentes senoidais, chamada análise de Fourier.

O córtex cerebral recebe a informação detalhada do som que entrou no sistema: sua composição de ondas, bem como as características de cada componente (amplitude, frequência e fase). Não se conhece muito bem o que fazem os neurônios corticais com essa informação, mas é possível supor que ela será outra vez associada, em áreas de ordem superior, pela convergência das vias que veiculam cada um desses parâmetros, sobre neurônios singulares ou pequenos grupos de células nervosas que realizam a síntese da informação decomposta, permitindo a identificação do timbre.

▶ Análise Temporal

A mudança dinâmica da frequência produz sons complexos relativamente comuns, conhecidos como sons de frequência modulada. Fazemos sons desse tipo muito facilmente com a nossa própria voz, seja passando dos graves aos agudos, seja no sentido inverso. No violão, podemos produzir sons com a frequência modulada se dedilharmos uma corda e, ao mesmo tempo, girarmos a sua cravelha de afinação. É o som "ondulante" produzido pelas sirenes de ambulância. Na membrana basilar, é claro, o padrão de vibração desloca-se do ápice para a base ou vice-versa, como uma onda se desloca sobre a superfície de um líquido. O padrão temporal reproduz-se invisivelmente na atividade de fibras e neurônios do sistema auditivo, representando a sequência temporal do som incidente e obedecendo ao mapa tonotópico correspondente.

OS SONS DO MUNDO

▶ **Figura 8.17.** Quando um som complexo entra no ouvido, faz vibrar ao mesmo tempo diversas partes da membrana basilar, e assim ativa – em paralelo – as regiões tonotópicas correspondentes do sistema auditivo. O desenho mostra as regiões mais ativas em cinza, e as menos ativas em vermelho ao longo do sistema.

Em vários níveis do sistema auditivo, como no núcleo coclear dorsal, no colículo inferior e nas áreas corticais, existem neurônios que são mais ativados por sons de frequência modulada. Isso significa que o padrão temporal que envolve inicialmente uma sequência de receptores e fibras auditivas converge para neurônios individuais ao longo do sistema, encarregados de "identificar" esse tipo de som complexo. A existência desses neurônios especializados tem a vantagem adaptativa de facilitar a identificação de sons complexos habituais: um pássaro, por exemplo, identifica com maior facilidade o canto de sua espécie do que de espécies desconhecidas, pois apresenta neurônios especializados na modulação sonora produzida pelos animais de sua espécie. Entre os macacos, as vocalizações que produzem são também mais facilmente reconhecidas por redes de neurônios especializados, localizados sobretudo no córtex. Por inferência, podemos supor que os seres humanos apresentam neurônios corticais especializados em detectar as modulações da voz humana. É provavelmente com eles que as crianças pequenas, com sua grande sensibilidade às altas frequências, são capazes de reconhecer de longe o "manhês", aquela inflexão do tom de voz que as mães usam quando falam aos seus bebês.

281

LOCALIZAÇÃO DOS SONS NO ESPAÇO

Até o momento, fizemos referência a várias submodalidades discriminativas do sistema auditivo, as quais nos permitem analisar as características do som incidente. Temos, no entanto, a capacidade adicional de localizar a posição das fontes sonoras no espaço, e essa é uma submodalidade de grande importância para nós mesmos e para os outros animais, pois permite-nos direcionar melhor as reações comportamentais e os reflexos de orientação corporal necessários para responder aos sons que ouvimos.

A capacidade de localização espacial envolve dois mecanismos diferentes: um para a localização horizontal, isto é, para sons situados à esquerda ou à direita do indivíduo, e outro para a localização vertical, isto é, para os sons que surgem de cima ou de baixo com relação à cabeça.

▶ Localização no Eixo Horizontal: Mínimas Diferenças entre as Orelhas

A localização dos sons no eixo horizontal obedece a mecanismos já bem conhecidos dos neurocientistas. O fundamento desses mecanismos é a detecção de diferenças entre o som que chega ao SNC pela orelha esquerda e o que chega pela orelha direita, sendo ambos originários da mesma fonte sonora.

Imaginemos um som proveniente de algum ponto à esquerda do ouvinte (Figura 8.18A). As ondas sonoras, emitidas em todas as direções, chegarão diretamente ao ouvido esquerdo. No entanto, para atingir o ouvido direito, deverão se refletir várias vezes no ambiente e, desse modo, "dar a volta" na "sombra" produzida pela cabeça do ouvinte. É claro que, nesse trajeto em ziguezague, as ondas sonoras chegarão um pouco depois no ouvido direito do que no esquerdo (é o que se chama *diferença de tempo interaural*). Além disso, os sucessivos choques com obstáculos do ambiente, inclusive a própria cabeça do ouvinte, provocarão também um certo grau de absorção em cada choque, o que resultará em perda de energia e, consequentemente, em uma *diferença de intensidade interaural*. As diferenças de tempo entre os diversos trajetos do som provocarão diferenças de fase entre os sons incidentes em cada orelha, que serão mais bem identificadas nas frequências baixas (menores que 3 kHz). Por outro lado, as diferenças de intensidade serão mais bem detectadas nos sons agudos. Há, portanto, uma complementaridade entre essas duas estratégias de detecção. O fato é que esses mecanismos permitem uma precisão de 2° no espaço para a detecção de sons. Para ter uma ideia do que isso significa, abra os braços para representar 180°: a precisão de 2° equivale aproximadamente à distância entre dois sons separados por um dedo no espaço.

A dupla estratégia de detecção de diferenças interaurais (para sons graves e sons agudos) é acompanhada por uma dualidade dos mecanismos neurais correspondentes. Constatou-se que o complexo olivar superior é a estrutura neural que realiza essa função, utilizando mecanismos ligeiramente diferentes e subdivisões distintas.

Os neurônios do núcleo olivar superior *medial* são os encarregados dos sons graves. São grandes células bipolares que apresentam longos dendritos posicionados transversalmente, de modo que um aponta para a direita e outro, para a esquerda. Esses neurônios são inervados pelos axônios dos neurônios cocleares anteroventrais de ambos os lados do encéfalo, portanto de ambos os ouvidos (Figura 8.18C). Assim, a oliva superior medial *direita*, por exemplo, recebe fibras dos núcleos cocleares do mesmo lado, que realizam uma trajetória curta até alcançá-los, mais curta que os que vêm do lado oposto. Além disso, as fibras do núcleo coclear direito fazem sinapses com os dendritos direitos da oliva, enquanto as fibras da esquerda (contralaterais) terminam nos dendritos esquerdos.

Uma organização especular a essa existe na oliva do outro lado. A diferença de tempo interaural, junto com a diferença de comprimento das fibras ipsilaterais em relação às contralaterais, mais a posição das sinapses nos longos dendritos do neurônio transformam-se em uma diferença de fase pós-sináptica em cada neurônio olivar, muito pequena, mas detectável: da ordem de microssegundos (µs), ou seja, milionésimos de 1 segundo! Cada neurônio olivar, então, funciona como um detector de diferença de fase (Figura 8.18B). Alguns são sensíveis a diferenças de 100 µs, outros a 200 µs, e assim por diante. O núcleo como um todo está continuamente monitorando essas diferenças. Como cada diferença de fase corresponde a uma certa distância da origem do som no espaço em relação à linha média, as fontes sonoras poderão, assim, ser localizadas em função da diferença de fase que produzem no núcleo olivar superior medial.

Até 3 kHz, a estratégia de detectar diferenças de tempo interaural funciona, porém acima dessa frequência entra em ação o segundo mecanismo, capaz de detectar diferenças de intensidade. Os encarregados desse mecanismo são os neurônios do núcleo olivar superior *lateral*. O segundo mecanismo se parece com o primeiro, mas há nele a intervenção de neurônios inibitórios do núcleo do corpo trapezoide, que se projetam para a oliva superior lateral do mesmo lado (Figura 8.19). Vejamos como o sistema funciona.

As fibras provenientes do núcleo coclear anteroventral *direito*, por exemplo, terminam nos dendritos dos neurônios do núcleo olivar superior lateral do mesmo lado. Ocorre que estes recebem sinapses de neurônios inibitórios do núcleo do corpo trapezoide, que recebem fibras do núcleo coclear anteroventral esquerdo. Organização especular semelhante existe a partir do ouvido esquerdo. Essa organização leva ao seguinte resultado: as ondas sonoras que chegam ao ouvido

OS SONS DO MUNDO

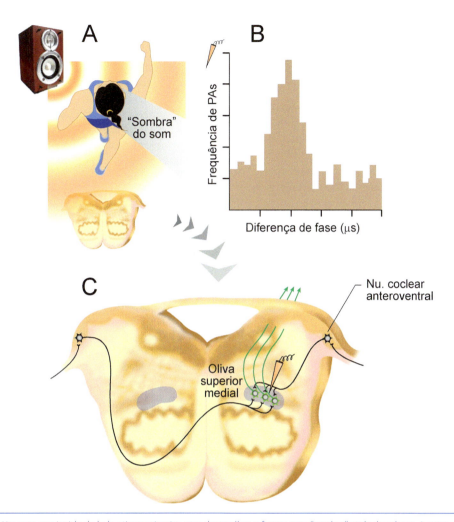

▸ **Figura 8.18. A**. Um som que incide de lado atinge primeiro uma das orelhas e forma uma "sombra" atrás da cabeça. A outra orelha será atingida por reflexão da onda incidente nos objetos do ambiente próximo. **B**. Cada um dos neurônios do complexo olivar superior, indicados em **C**, apresenta disparo de PAs em maior frequência para certas diferenças de fase que resultam da diferença do tempo de chegada do som às duas orelhas.

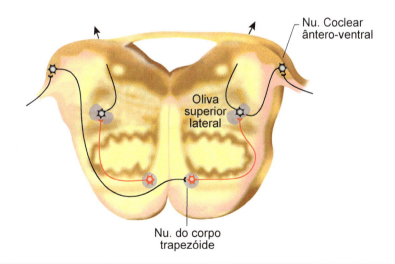

▸ **Figura 8.19.** Os neurônios do núcleo olivar superior lateral detectam diferenças de intensidade dos sons incidentes em cada orelha, com a intervenção de neurônios inibitórios do núcleo do corpo trapezoide (em vermelho). Este mecanismo é mais eficiente para a localização espacial dos sons agudos.

mais próximo (o direito, suponhamos) produzem excitação dos neurônios ipsilaterais do núcleo olivar superior lateral e inibição dos neurônios correspondentes no lado esquerdo. Por outro lado, as ondas sonoras que chegam ao ouvido mais distante (neste caso, o esquerdo) produzem uma excitação menor dos neurônios da oliva superior lateral esquerda e uma inibição menor dos neurônios do outro lado. Somados esses fatos, vemos que o lado direito ficou mais ativado e menos inibido, e o lado esquerdo ficou menos ativado e mais inibido. Uma coisa reforçou a outra, resultando em diferenças detectáveis nas frequências de PAs que emergem da oliva superior lateral de cada lado em direção ao colículo inferior. Como a oliva superior lateral se projeta para ambos os colículos inferiores, é possível que estejam nestes núcleos mesencefálicos as células detectoras das diferenças de intensidade codificadas no nível pontino. Pode ser também que isso seja feito no córtex, uma vez que pacientes humanos com lesões corticais, embora mantenham uma capacidade residual de localização espacial dos sons, perdem precisão nessa função.

▶ Localização no Eixo Vertical: o Papel da Orelha

A localização no eixo vertical parece depender da morfologia da orelha, mas os mecanismos neurais participantes não são ainda conhecidos. As dobras do pavilhão auricular são o resultado da evolução das orelhas animais, mais bem adaptadas para fazer confluir os sons incidentes com a maior eficiência possível para o meato auditivo externo. A participação da orelha externa na função de localização dos sons no eixo vertical pode ser atestada por qualquer um de nós simplesmente dobrando-se bem o pavilhão de ambas orelhas com as mãos, fechando-se os olhos e tentando-se localizar a posição de um molho de chaves agitado por outra pessoa, acima ou abaixo do plano da cabeça. Parece fácil, mas, nessas condições, será praticamente impossível identificar com precisão de onde vem o som. O pavilhão auricular possui dobraduras e concavidades – em geral orientadas na vertical – que refletem o som incidente, facilitando o seu direcionamento para o meato auditivo externo. Uma parte do som que se origina do alto, por exemplo, pode penetrar diretamente no meato e fazer o tímpano vibrar, mas outra parte vai refletir-se nas dobras da orelha e chegar "atrasada" à membrana timpânica. A diferença no tempo de chegada ao tímpano das ondas diretas e refletidas na orelha, embora seja mínima (milionésimos de segundo), será percebida por alguma região do sistema auditivo (ainda não identificada), e essa informação será transformada na identificação do local de origem do som. O mesmo tipo de fenômeno repete-se para sons que vêm de locais abaixo da cabeça, mas haverá diferenças no padrão de reflexão causadas pela morfologia assimétrica da orelha.

AUDIÇÃO COMPLEXA E O CÓRTEX CEREBRAL

A percepção auditiva – como toda percepção sensorial – consiste em uma fase analítica inicial, em que os primeiros estágios do processamento neural "extraem" cada uma das diferentes características do som (tom, intensidade, timbre, localização), e uma fase sintética posterior, em que estágios subsequentes reúnem toda essa informação fragmentada para realizar a identificação completa do estímulo original. Como a cóclea se mostrou capaz de realizar uma grande parte da fase analítica (exceto a localização espacial dos sons), e reconhece-se que o córtex cerebral é a região encefálica com funções mais sofisticadas, imaginou-se erradamente que os núcleos auditivos intermediários não eram mais que transmissores da informação processada na membrana coclear para a área auditiva primária do córtex.

Embora o conhecimento sobre as funções da maioria dos núcleos auditivos seja ainda muito incipiente, tornou-se possível estudar a resposta elétrica dos neurônios de cada um desses núcleos em animais experimentais anestesiados quando o animal é estimulado com sons. Além disso, pôde-se correlacionar esses dados fisiológicos com as conexões de cada um dos núcleos. Estudos desse tipo tornaram claro que eles não são simples transmissores de informação. Muito mais que isso, realizam diferentes tipos de processamento auditivo complexo.

Os núcleos cocleares ventrais, como vimos, participam dos mecanismos de localização espacial horizontal. No núcleo coclear dorsal, por outro lado, foram encontrados neurônios cuja atividade elétrica era aumentada quando o estímulo aplicado ao animal era um som de frequência modulada, e não um simples tom. Seus neurônios projetam direto ao colículo inferior, onde também foram encontradas células com essas características funcionais. Na oliva superior, além dos neurônios especializados em diferenças interaurais, existem neurônios cuja função é modular a sensibilidade tonal da cóclea por meio das fibras eferentes que inervam diretamente os receptores (o amplificador coclear). O núcleo externo e o córtex dorsal do colículo inferior estabelecem conexões com núcleos motores dos nervos cranianos e participam de inúmeros reflexos audiomotores de orientação dos olhos e da cabeça em direção aos sons. Além disso, como os sons são emitidos por fontes, e essas podem ser muitas vezes localizadas no espaço também pela visão, o colículo inferior se conecta fortemente com o colículo superior e os reflexos audiomotores se transformam em reflexos audiovisuomotores, com ainda maior precisão espacial. O núcleo central do colículo inferior é fortemente tonotópico e projeta ao núcleo geniculado medial do tálamo, onde se encontram neurônios que respondem a padrões temporais complexos: sons de frequência modulada, pares de tons curtos com intervalos específicos, vocalizações da espécie do animal estudado etc.

Apesar dessa grande sofisticação funcional, ainda assim as funções do córtex auditivo são as mais complexas.

Os Sons do Mundo

▶ As Áreas Auditivas

As áreas auditivas do córtex cerebral são definidas como aquelas cujos neurônios respondem aos sons modificando a sua atividade elétrica de algum modo e que, além disso, são alvos preferenciais do corpo geniculado medial do tálamo. Existem muitas áreas desse tipo no córtex cerebral, todas elas situadas no lobo temporal, em torno do sulco lateral (Figura 8.10). O difícil é delimitá-las, pois nem sempre os mapas tonotópicos são nítidos, e muitas vezes não se correlacionam bem com os critérios histológicos de parcelamento cortical. Para simplificar, consideram-se três grandes divisões regionais das áreas auditivas: a *região central*, o *cinturão auditivo* e o *paracinturão auditivo* (Figura 8.20). Cada uma dessas divisões apresenta diversas áreas e subáreas, quase todas conectadas de forma recíproca (Figura 8.20A). Além disso, muitas delas são organizadas tonotopicamente (Figura 8.20B). A identificação e o estudo funcional dessas áreas têm sido realizados em macacos com bastantes detalhes e confirmados em seres humanos por meio de métodos de neuroimagem funcional, estudos eletrofisiológicos e a comparação de casos de pacientes com lesões corticais restritas.

Além dessas áreas de processamento analítico dos estímulos sonoros, há evidências de que duas vias paralelas corticais existem no sistema auditivo, como é o caso do sistema visual. Uma delas percorre os giros temporal superior e médio e acaba se projetando para o córtex pré-frontal ventral: essa via ventral se encarrega da percepção detalhada das características dos estímulos sonoros. Outra via paralela é a via dorsal, também análoga à que existe no sistema visual. Neste caso, as projeções das áreas auditivas primárias se dirigem ao córtex parietal posterior e deste às regiões pré-frontais dorsais. A função que a via dorsal exerce

▶ **Figura 8.20.** Concepção contemporânea do córtex auditivo em primatas. **A** mostra o assoalho do sulco lateral e o giro temporal superior do cérebro de um macaco, com A1 e as áreas auditivas associativas em torno. Em **B**, essa mesma região no cérebro humano foi subdividida em áreas caracterizadas por mapas tonotópicos próprios (delimitadas com linhas pretas contínuas ou tracejadas). As linhas brancas indicam setores mais mielinizados e com maior sensibilidade à audição da fala. A tonotopia de cada subárea é representada pelas cores, sendo as altas frequências indicadas pelas cores quentes (amarelo, vermelho). A tonotopia de A1 está à esquerda em **B**, a do cinturão ao centro e a do paracinturão à direita. As abreviaturas representam as denominações das várias subdivisões anatômicas aceitas atualmente para as 3 regiões principais (por exemplo: R para campo rostral, RT para campo rostrotemporal, subdivisões do que antes se considerava apenas A1). Modificado de Hackett TA, Kaas J (2004) em *The Cognitive Neurosciences* (3ª ed.), MIT Press, Cambridge, EUA, de Moerel M e cols. (2014) Frontiers in Neuroscience, 8:225.

é a de articular a percepção dos sons à sua localização espacial e à necessidade de orientar o comportamento motor a esses aspectos espaciais. Veja mais detalhes sobre essas vias paralelas no Capítulo 17.

▶ Organização da Área Auditiva Primária

A área auditiva primária (A1) é uma das três áreas da região central dos primatas, sendo a única encontrada em todos os mamíferos (Figura 8.20A). Apresenta um mapa tonotópico preciso (Figura 8.20B), semelhante ao que se observa na divisão ventral do núcleo geniculado medial e no núcleo central do colículo inferior. Do mesmo modo que em S1 e em V1 (a área visual primária), a superfície receptora está representada por completo no córtex auditivo primário. Diferentemente dessas outras áreas sensoriais, entretanto, o mapa é unidimensional, isto é, ocupa apenas um eixo do tecido cerebral. É fácil entender por quê. Tanto na somestesia quanto na visão, os mapas topográficos são espaciais, portanto envolvem mais de uma dimensão (pelo menos duas). Na audição, entretanto, o mapa é temporal, já que a frequência de um som é um aspecto temporal dele. O tempo é a quarta dimensão, dizem-nos os físicos, e é única, podendo ser representada ao longo de uma linha ou um só eixo de um gráfico.

De fato, experimentos realizados em macacos mostraram que o mapa tonotópico de A1 ocupa o eixo anteroposterior (Figura 8.15), ao longo do qual podem ser mostradas bandas isotonais (de mesma frequência). Infere-se a existência de um arranjo semelhante no córtex humano. As bandas isotonais são faixas de córtex dispostas ortogonalmente ao eixo anteroposterior cujos neurônios respondem a frequências características semelhantes, sendo, portanto, finamente sintonizados. Em cada ponto das bandas isotonais, colunas de neurônios auditivos que atravessam as camadas corticais

---

Neurociência do Cotidiano

Quadro 8.3
Seu Cérebro Ouve Emoções*

Por que será que a música tem o dom de evocar diferentes emoções? Podemos sentir felicidade, tristeza ou mesmo medo, independente da fonte: instrumentos musicais ou voz humana. O cinema faz uso dessa propriedade com grande eficiência. Os filmes de terror têm trilhas musicais arrepiantes, os filmes de amor potencializam essa emoção com músicas suaves e quentes. O tom de voz dos atores é enfatizado para transmitir melhor a emoção do momento.

A percepção das emoções básicas veiculadas pelos sons tem relevância biológica para os animais e adquire dimensões psicológica e social para os seres humanos. É muito intrigante que a música transmita emoções tão facilmente, sendo um produto da cultura e, portanto, de aquisição relativamente recente na história da humanidade.

Como será, então, que o cérebro é capaz de processar essa habilidade? De que modo consegue essa proeza? Será possível identificar as redes neurais específicas para o reconhecimento das emoções musicais? E será que conseguiríamos identificar o tipo de emoção vivenciada por alguém simplesmente analisando o padrão de atividade do seu cérebro?

Essas perguntas foram respondidas por um grupo de pesquisadores do Instituto Cérebro e Criatividade na Califórnia. O estudo envolveu cerca de 40 adultos jovens de ambos os sexos submetidos à aquisição de neuroimagens por ressonância magnética funcional durante a audição de trechos curtos de áudio produzidos por violino, clarinete ou uma voz humana, criados para veicular cada uma de três emoções básicas que somos capazes de sentir: felicidade, tristeza e medo. Depois da aquisição das imagens, os pesquisadores usaram técnicas de aprendizagem de máquina (*machine-learning*) para diferenciar os padrões de atividade neural produzidos por cada uma daquelas fontes sonoras em cada situação emocional.

Os trechos sonoros utilizados foram classificados subjetivamente quanto às emoções evocadas para ter certeza de sua natureza qualitativa: felicidade, tristeza ou medo. E os participantes foram solicitados a avaliá-los também, para checar se ambas as avaliações eram consistentes.

A grande surpresa foi que a região mais ativa na identificação das emoções sonoras foi o córtex auditivo, ao qual até então se atribuíam apenas propriedades de análise cognitiva dos sons, tipo assim: estou ouvindo uma música ou um discurso falado? Qual o timbre da fonte sonora? Onde se localiza, no canto da sala ou em frente ao sofá?

---

* *Texto baseado no artigo publicado em O Globo Online em 15/8/2019.*

mantêm a sensibilidade a um único tom. Cada um desses neurônios tem o seu próprio modo de disparo: breves, prolongados, em salvas. Isso provavelmente indica que cada um deles utilizará a informação tonal que obteve para contribuir com uma nuança funcional distinta ao final.

Esse mapa tonotópico colunar se cruza com uma distribuição alternada dos neurônios binaurais. Já vimos que, devido aos vários cruzamentos das vias ascendentes, praticamente todos os neurônios auditivos do SNC são influenciados pelos dois ouvidos, isto é, são binaurais. Entretanto, alguns neurônios sofrem excitação de ambos os ouvidos (neurônios EE), enquanto outros são excitados pelo esquerdo e inibidos pelo direito, ou vice-versa (neurônios EI). Nos núcleos subcorticais, esses dois tipos encontram-se misturados, mas em A1 se separam em *colunas binaurais* de dois tipos: colunas de somação, nas quais predominam os neurônios EE, e colunas de supressão, nas quais predominam os neurônios EI.

A área auditiva primária contém também neurônios pouco sintonizados, isto é, sensíveis a uma ampla gama de tons, bem como neurônios mais complexos, que respondem a sons de frequência modulada, vocalizações e ruídos aparentemente inespecíficos como cliques e sopros. Sua função na percepção auditiva ainda é desconhecida. Há indícios, entretanto, de que até as associações emocionais dos sons – como ocorre na música – podem ser processadas pelo córtex auditivo (Quadro 8.3).

As lesões que ocorrem na região A1 do córtex auditivo humano em um hemisfério não causam surdez tão grave quanto a cegueira provocada por lesões de V1. Isso reflete o fato de as projeções auditivas cruzarem várias vezes ao longo do caminho até o córtex, misturando as orelhas e os núcleos subcorticais. Ocorre, no entanto, déficit pronunciado na localização espacial dos sons no eixo horizontal.

▶ **Figura.** Pesquisadores americanos identificaram as marcas cerebrais do reconhecimento de emoções veiculadas por sons, instrumentos musicais ou a voz humana. As imagens do cérebro mostram as regiões especificamente ativadas por emoções musicais. Ilustração livre sobre neuroimagem dos autores.

Além disso, uma região cortical mais acima do córtex auditivo, responsável por interpretar estímulos táteis da face, era também ativada. E, por fim, uma região vizinha chamada ínsula posterior, relacionada com a identificação de estados difusos de bem-estar ou mal-estar.

Os pesquisadores conseguiram identificar a atividade específica e única para cada uma das três emoções testadas. Desse modo, concluíram que a análise do mapa da atividade cerebral tem valor preditor sobre a emoção veiculada por estímulos sonoros.

As conclusões geram intrigantes perguntas de forte impacto ético e até jurídico. Será possível avaliar o impacto afetivo de uma trilha musical publicitária pela sua configuração cerebral? Será possível aferir a repercussão emocional, por parte da vítima, do som da voz de alguém acusado de um crime?

Referência
Sachs M et al. Decoding the neural signatures of emotions expressed through sound. *NeuroImage*. 2018;174,1-10.

A Compreensão da Fala e o Córtex

Desde o século XIX se conhece a existência de uma vasta área cortical ligada aos sons da fala, situada posteriormente a A1 (Figura 8.10), e que penetra no assoalho do sulco lateral, mas se estende também pela face lateral do encéfalo, ocupando parte do giro temporal superior. Essa área de limites pouco claros recebeu o nome de seu descobridor, o neurologista alemão Karl Wernicke (1848-1904), que estudou indivíduos portadores de lesões nessa região cujo sintoma maior era sempre uma grande dificuldade de compreender os significados da fala. De grande relevância foi o fato identificado por Wernicke de que apenas lesões do hemisfério esquerdo produziam esses sintomas, o que o levou a concluir que a área de compreensão da fala é uma região especializada do hemisfério esquerdo. Mais tarde se verificou a existência de alguns casos em que essa função se encontra lateralizada no hemisfério direito. Esse aspecto é abordado com mais detalhes no Capítulo 19.

Estando na confluência entre as áreas auditivas, visuais e somestésicas, a área de Wernicke apresenta situação estratégica favorável para processar vários aspectos da percepção linguística, e não apenas aqueles ligados à audição. Deve-se lembrar que a escrita, por exemplo, é uma forma de linguagem que independe da audição. Entretanto, são pouco detalhadas ainda as informações disponíveis sobre a sua função, já que os animais experimentais não são dotados de fala e, nos seres humanos, não é possível realizar muitos dos experimentos que se realizam em animais. Há relatos científicos, entretanto, obtidos a partir de pacientes e indivíduos normais, com técnicas de imagem funcional, que indicam que a porção auditiva da área de Wernicke apresenta subdivisões funcionais (Figura 8.20B), com regiões mais ligadas aos sons verbais e outras relacionadas com os sons musicais.

Glossário

Adimensional: refere-se a uma grandeza que não tem dimensão por resultar da razão entre duas grandezas de mesma dimensão. No caso do decibel, ele representa a razão entre a intensidade de um som qualquer e a intensidade de um som de referência.

Comissura: feixe de fibras que atravessa transversalmente a linha média do encéfalo ou da medula. O corpo caloso[A], a comissura anterior[A] e a comissura branca medular são exemplos. Maiores detalhes no Capítulo 19.

Decussação: conjunto de fibras, não necessariamente agrupado em um feixe, que cruza a linha média em direção oblíqua, não transversal. A decussação piramidal e o quiasma óptico[A] são exemplos.

DNA complementar: fita simples de DNA sintetizado a partir de um RNA mensageiro, em reação catalisada pela enzima transcriptase reversa. É frequentemente utilizado para clonar genes específicos.

Efeito piezoelétrico: fenômeno pelo qual certos materiais, submetidos a uma tensão mecânica, geram um potencial elétrico. Este fenômeno também funciona ao reverso, i. e., quando submetido a um potencial elétrico, o material muda de forma.

Latência: tempo decorrido entre um estímulo e uma resposta qualquer. No caso, entre o estímulo sonoro e a contração dos músculos do ouvido médio.

Lemnisco: feixe de fibras de formato achatado, e não cilíndrico, como é a maioria dos tratos do sistema nervoso central.

Logaritmo: expoente que indica a potência a que precisamos elevar um número para obter um outro número. Se $A^2 =$ N, 2 é o logaritmo de N na base A.

Ondas senoidais: oscilações periódicas regulares de qualquer grandeza física com a forma de uma senoide, isto é, cuja amplitude varia proporcionalmente ao seno de um ângulo.

Os Sons do Mundo

Leia Mais

Jourdain R. *Música, Cérebro e Êxtase*. (trad. da edição original de 1997). Rio de Janeiro, Brasil: Editora Objetiva, 1997. Uma abordagem acessível da psicofísica da música.

Silveira LCL. Os Sentidos e a Percepção. In: Lent R. (coord.) *Neurociência da Mente e do Comportamento*. Rio de Janeiro: Guanabara-Koogan, 2008. p. 133-182. Texto abrangente sobre todos os sistemas sensoriais.

Oertel D, Doupe AJ. *Princípios de Neurociências*. 5ª ed. trad. Porto Alegre: McGraw-Hill-Artmed, 2014. p. 592-618. Texto avançado abordando as funções e a estrutura do sistema auditivo do tronco encefálico ao córtex cerebral.

Goldbert ME, Walker MF, Hudspeth AJ. *Princípios de Neurociências*. 5ª ed. trad. Porto Alegre: McGraw-Hill-Artmed, 2014. p. 796-810. Texto abrangente abordando as funções e a estrutura do sistema vestibular da orelha ao córtex cerebral.

Bear MF, Connors BW, Paradiso MA. *Neurociências – Desvendando o Sistema Nervoso*. 4ª ed. trad. Porto Alegre: Artmed, 2017. p. 370-413. Texto que cobre todo o sistema auditivo e mais o sistema vestibular.

▶ Leitura Complementar

Clássicos

von Békésy G. *Experiments in Hearing*. Wever EG (trad.). Nova York, EUA: McGraw-Hill, 1960.

Merzenich MM, Brugge JF. Representation of the cochlear partition on the superior temporal plane of the macaque monkey. *Brain Research*. 1973;50:275-296.

Clopton BM, Winfield JA, Flammino FJ. Tonotopic organization: review and analysis. *Brain Research*. 1974;76:1-20.

Liberman MC. Single-neuron labeling in the cat auditory nerve. *Science*. 1982;216:1239-1241.

Liberman MC, Brown MC. Physiology and anatomy of single olivocochlear neurons in the cat. *Hearing Research*. 1986;24:17-36.

Nadol Jr JB. Comparative anatomy of the cochlea and auditory nerve in mammals. *Hearing Research*. 1988;34:253-266.

Oertel D. The role of intrinsic neuronal properties in the encoding of auditory information in the cochlear nuclei. *Current Opinion in Neurobiology*. 1991;1:221-228.

Ruggero MA. Responses to sound of the basilar membrane of the mammalian cochlea. *Current Opinion in Neurobiology*. 1992;2:449-456.

Recentes

Moerel M, De Martino F, Formisano E. Na anatomical and functional topography of human auditory cortical areas. *Frontiers in Neuroscience*. 2014;8:225.

Brewer AA, Barton B. Maps of the Auditory Cortex. *Annual Reviews of Neuroscience*. 2016;39:385-407.

Rauschecker JP. Where, When, and How: Are they all sensorimotor? Towards a unified view of the dorsal pathway in vision and audition. *Cortex*. 2018;98:262-268.

Irvine DRF. Plasticity in the auditory system. *Hearing Research*. 2018;362:61-73.

Concina F, Renna A, Grosso A, Sachetti B. The auditory cortex and the emotional valence of sounds. *Neuroscience and Biobehavioral Reviews*. 2019;98:256-264.

Van der Heijden K, Rauschecker JP, de Gelder B, Formisano E. Cortical mechanisms of spatial hearing. *Nature Reviews. Neuroscience*. 2019;20:609-623.

Kuenzel T. Modulatory influences on time-coding neurons in the ventral cochlear nucleus. *Hearing Research* .2019;384:107824.

Jasmin K, Lima CF, Scott SK. Understanding rostral-caudal auditory cortex contributions to auditory perception. *Nature Reviews. Neuroscience*. 2019;20:425-434.

Bruns P. The Ventriloquist Illusion as a tool to study multisensory processing: an update. *Frontiers of Integrative Neuroscience*. 2019;13:51.

Fuchs PA, Lauer AM. Efferent inhibition of the cochlea. *Cold Spring Harbor Perspectives in Mediciine*. 2019;9:a033530.

Moerel M, Yacoub E, Gulban OF, Lage-Castellanos A, De Martino F. Using high spatial resolution fMRI to understand representation in the auditory network. *Progress in Neurobiology*. 2020;1:101887.

Banno T, Lestang JH, Cohen YE. Computational and neurophysiological principles underlying auditory perceptual decisions. *Current Opinion in Physiology*. 2020;18:20-24.

Menninck LM, van Dijk JMC, van Dijk P. The cerebellar (para) flocculus: A review on its auditory function and a possible role in tinnitus. *Hearing Research*. 2020;398:108081.

Glennon E, Svirsky MA, Froemke RC. Auditory cortical plasticity in cochlear implant users. *Current Opinion in Neurobiology*. 2020;60:108-114.

Visão das Coisas
Estrutura e Função do Sistema Visual

9

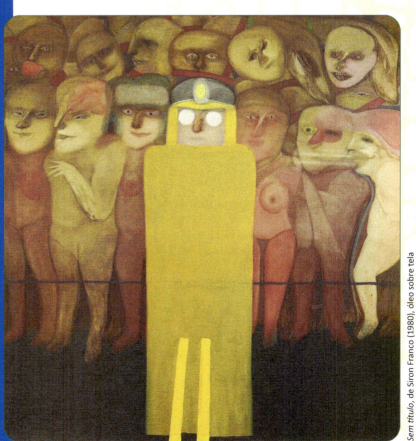

Sem título, de Siron Franco (1980), óleo sobre tela

Saber o Principal

Resumo

O sentido da visão é proporcionado aos animais pela interação da luz com os receptores especializados que se encontram na retina, que é um "filme inteligente" situado dentro de um órgão – o olho – que otimiza a formação de imagens focalizadas e precisas dos objetos do mundo exterior. O olho é uma câmera superautomática capaz de posicionar-se na direção do objeto de interesse, focalizá-lo precisamente e regular a sensibilidade do "filme" de forma automática, de acordo com a iluminação do ambiente.

A imagem projetada na retina provoca uma reação de transdução fotoneural nas células receptoras, gerando potenciais receptores que, por sua vez, provocam nas células seguintes da retina outros potenciais bioelétricos. Resulta disso um código de potenciais de ação que emerge pelo nervo óptico em direção às regiões visuais do encéfalo situadas no mesencéfalo, no diencéfalo e em diversas áreas do córtex cerebral.

A informação codificada pelo sistema visual percorre vias paralelas da retina ao tálamo e deste ao córtex, especializadas no processamento de aspectos específicos da cena visual. São essas vias paralelas que permitem ao indivíduo realizar as principais submodalidades da visão: a localização espacial dos estímulos luminosos, a medida da intensidade, a identificação da forma dos objetos, a detecção de objetos móveis e a visão de cores.

A localização dos objetos no espaço depende de mapas topográficos (visuotópicos) precisos, representados principalmente no colículo superior do mesencéfalo, cujos neurônios estão ligados ponto a ponto com neurônios motores que ativam os músculos dos olhos, do pescoço e do corpo. A medida da intensidade luminosa começa na retina e propicia a regulação da sensibilidade do sistema aos ambientes claros e escuros. A identificação da forma é processo complexo que depende de neurônios que sinalizam as características das bordas dos objetos, sobretudo o contraste e a sua orientação no espaço, além de suas características tridimensionais. A detecção de movimento envolve neurônios que sinalizam a direção em que se movem os objetos, bem como neurônios que identificam os comandos para a movimentação dos olhos e da cabeça do indivíduo. Finalmente, a visão de cores começa na retina, já que os cones têm sensibilidade específica para certos comprimentos de onda da luz e sua atividade se combina para sinalizar ao sistema as cores presentes no ambiente externo. No encéfalo, a combinação de cores complementares adquire complexidade, determinando o padrão de resposta de neurônios de áreas corticais especialmente voltadas para a visão cromática.

Todos esses aspectos são reunidos em áreas mais avançadas do córtex cerebral, que se tornam capazes de reconhecer visualmente estímulos complexos como as faces humanas e suas expressões, as letras da escrita que adquirem significados e muitos outros componentes do mundo visual que nos cerca.

VISÃO DAS COISAS

Intuitivamente, todos sabemos o que é a luz, porque ela faz parte de nossa experiência sensorial pelo menos desde que nascemos; no entanto não nos damos conta facilmente de que as imagens que percebemos graças à luz que entra em nossos olhos representam muito mais que uma simples estimulação física. Elas resultam de um complexo conjunto de ações que envolvem várias partes do corpo e do sistema nervoso. São, na verdade, uma construção mental que apenas começa com a estimulação física pela luz.

É necessário, entretanto, para estudar o efeito que a luz causa em nosso sistema nervoso, conhecê-la com mais detalhe.

◗ A Luz como Forma de Energia

Os físicos nos ensinam que a luz é uma forma de energia radiante que se manifesta ao mesmo tempo como partícula e como onda. Isso significa que ela se apresenta em pequenos "pacotes" – os fótons[G] – capazes, ao mesmo tempo, de se deslocar (propagar) em um determinado sentido e de vibrar em uma direção ortogonal ao sentido de propagação. Para o estudo da visão, os neurocientistas dão mais ênfase às características irradiantes e ondulatórias da luz do que à sua natureza particulada.

Ao se propagarem como ondas, os fótons descrevem uma trajetória vibratória que pode ser representada por uma curva senoidal[G], muito prática para conhecer os dois parâmetros físicos fundamentais das radiações: a *amplitude* e o *comprimento de onda* (Figura 9.1A). A primeira representa a quantidade de energia contida numa dada radiação: no caso da luz, quanto maior a sua amplitude, mais forte (intensa) ela é (Figura 9.1B). O comprimento de onda é a distância entre dois pontos homólogos da curva senoidal, como, por exemplo, dois picos ou vales subsequentes (Figura 9.1A). Relaciona-se inversamente com outro parâmetro importante, a *frequência*, que descreve o número de vibrações que os fótons apresentam ao longo do tempo: quanto maior a frequência, menor o comprimento de onda e mais rápida a vibração dos fótons. Veremos adiante que a amplitude da luz determina a intensidade (ou brilho) percebida pelo indivíduo, enquanto o comprimento de onda se relaciona com a cor (Figuras 9.1B e C).

A trajetória de propagação da luz seria uma reta perfeita se estivéssemos no vácuo total. Poderíamos, então, falar de "raios de luz" sem estar sendo imprecisos, mas vivemos imersos em meios materiais, e não no vácuo, e a luz interage com esses meios de formas variadas, mudando muitas vezes a sua trajetória, bem como a intensidade e até o comprimento de onda. Por aproximação, entretanto, dizemos que a luz se propaga em linha reta no ar e, por simplificação, consideramos a intensidade e o comprimento de onda inva-

riantes e característicos de cada fonte[*]. As interações mais importantes da luz com a matéria que compõe os meios através dos quais ela se propaga são a absorção, a reflexão e a refração. Há outras, que omitiremos aqui.

A absorção ocorre quando parte ou toda a energia de um raio de luz que penetra em um meio é transferida a ele. A reflexão, por sua vez, ocorre em uma interface[G] entre dois meios, quando um raio de luz (ou parte dele) deixa de penetrar no segundo meio, sendo rebatido ou reemitido de volta ao primeiro, com uma mínima parcela de absorção. Finalmente, a refração ocorre quando o raio de luz atravessa a interface, mudando a direção de sua propagação. Na superfície de um metal cromado ocorre reflexão quase completa, porém, na superfície de um vidro, parte da luz é refletida de volta ao ar e outra parte é refratada no interior do vidro. Uma superfície opaca de cor preta, por outro lado, absorve grande parte da energia luminosa incidente.

O que chamamos *luz* é, na verdade, apenas uma parte de todas as radiações eletromagnéticas existentes na natureza, que vão dos raios cósmicos às ondas de rádio (Figura 9.1D). Todas elas são semelhantes, variando apenas a frequência (e, portanto, também o comprimento de onda). A luz se posiciona entre 400 e 700 nm (nanômetros, ou 10^{-9} metro). Essa faixa de comprimentos de onda é chamada espectro visível. Fora do espectro visível pode haver radiação, mas não há luz nem cor: tudo é escuridão.

◗ A Luz como Forma de Percepção: as Submodalidades Visuais

Embora a percepção visual seja o resultado mais intrigante da capacidade que o nosso sistema nervoso apresenta de captar e processar a informação luminosa, algumas funções "imperceptíveis" são também ativadas pela luz. Sabe-se, por exemplo, que a luz sincroniza alguns ciclos biológicos, especialmente aqueles "amarrados" à sequência noite-dia (ritmos circadianos – Capítulo 16). Tendemos a sentir sono durante a noite, permanecendo acordados durante o dia, e isso não se dá por acaso, mas pela ação sincronizadora de certas regiões do sistema nervoso que são estimuladas pela luz do dia. A temperatura corporal, bem como a concentração sanguínea de alguns hormônios, oscila ciclicamente a cada 24 horas, sob a influência desse mesmo ciclo natural.

A percepção, entretanto, é o aspecto mais apurado e sofisticado da modalidade visual. Como todas as demais modalidades sensoriais, a visão também se subdivide em

---

[G] *Termo constante do glossário ao final do capítulo.*

[*] *Na verdade, empregamos aqui conceitos da óptica geométrica, que permitem "resolver problemas práticos" relativos às trajetórias da luz e que minimizam bastante os conceitos aceitos pela óptica física moderna. Esta enfatiza as propriedades quânticas da luz e as suas interações com os diversos meios, mas não é tão útil para os propósitos deste capítulo.*

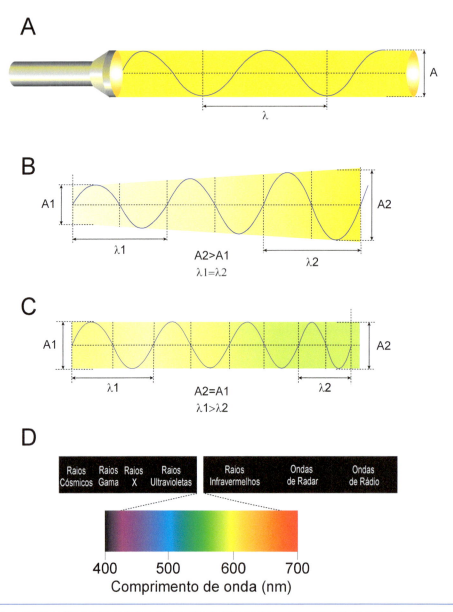

▶ **Figura 9.1. A**. As características físicas básicas da luz são a amplitude (A), que determina a intensidade percebida, e o comprimento de onda (λ), que determina a cor. **B**. Quando A varia, mas λ permanece constante, a intensidade muda, mas a cor não se altera. **C**. A cor se altera quando λ muda. **D**. O espectro visível é apenas uma fração de todo o espectro de radiação eletromagnética existente na natureza.

submodalidades diferentes, que representam os vários aspectos que podemos identificar no mundo externo que reflete ou emite luz. Destacamos seis delas: (1) *a avaliação da luminosidade ambiente*, provavelmente a forma mais primitiva de visão e que é usada nas funções que variam com o ciclo dia-noite; (2) a *localização espacial*, que nos permite identificar em que posição no campo de visão aparece um determinado objeto que nos interessa; (3) a *medida do brilho* de cada objeto em relação aos demais e ao ambiente em que se encontra; (4) a *discriminação de formas*, que nos permite diferenciar e reconhecer os objetos segundo os seus contornos; (5) a *detecção de movimento*, pela qual percebemos que alguns objetos se movem, enquanto outros permanecem parados; e, finalmente, (6) a *visão de cores*.

Cada uma dessas submodalidades resulta da ativação de um conjunto específico de regiões neurais interconectadas que recebem informações provenientes do órgão receptor da visão, o olho.

VISÃO DAS COISAS

O OLHO, UMA CÂMERA SUPERAUTOMÁTICA

Já é tradicional fazer analogia do olho com uma câmera fotográfica daquelas antigas, com um filme no fundo. De fato, ambos possuem características comuns que os capacitam a registrar imagens para utilização posterior. Entre a engenharia da natureza e a do homem, entretanto, a primeira leva enorme vantagem por enquanto. O olho é uma câmera superautomática que se direciona "sozinha" ao objeto de interesse, focaliza-o automaticamente e transmite ao cérebro instantaneamente uma representação codificada da imagem. O filme do olho – a retina – dura muitas décadas, tem sensibilidade regulável, uma região de maior acuidade no centro (pixels menores) e outra de alta sensibilidade à intensidade na periferia. Além disso, a existência de dois olhos funcionando coordenadamente ajuda bastante a representação tridimensional dos objetos. E, por fim, o olho normalmente não precisa de manutenção: é "autolimpante", sendo suas superfícies mantidas sempre em condições ótimas de transparência.

▶ Posicionamento Automático dos Olhos

Sempre se acreditou que a função básica dos músculos extraoculares seria a de mover os olhos de modo a posicionar a imagem na região retiniana de maior precisão sensorial. Isso é verdadeiro, mas há mais. Os músculos extraoculares não apenas otimizam a percepção: são verdadeiramente essenciais para que ela ocorra, pois a paralisação completa deles, ou a utilização de truques experimentais que fixam a imagem em um mesmo ponto da retina, resulta no rápido desaparecimento da percepção porque os receptores se adaptam (veja adiante o que é "adaptação") e param de enviar sinais para os neurônios seguintes. Por isso, em condições normais, mesmo que os olhos estejam fixando firmemente algum objeto, ocorrem pequeníssimos movimentos oculares que deslocam a imagem para um ponto e outro da retina, impedindo o apagamento da percepção.

Há muitos tipos de movimentos oculares que servem a diferentes funções. Quanto à coordenação binocular, podem ser *conjugados*, se os dois olhos se movem no mesmo sentido e com a mesma velocidade; ou *disjuntivos*, se se movem em sentidos diferentes (convergentes ou divergentes). Quanto à velocidade, podem ser *sacádicos*, se forem muito rápidos e independentes do movimento dos objetos externos; ou *de seguimento*, se forem lentos e "presos" ao deslocamento de algum objeto. Finalmente, quanto à trajetória, podem ser *radiais*, quando o eixo visual[G] se desloca angularmente para qualquer sentido; ou *torsionais*, quando o eixo permanece fixo, movendo-se os olhos em rotação à sua volta. Alguns mamíferos (como o gambá, por exemplo) têm ainda a pos-

sibilidade de projetar os olhos para dentro e para fora da órbita, mas esse não é o caso dos seres humanos.

Na vida cotidiana, executamos todos esses movimentos sem sentir. Um amplo movimento sacádico é realizado quando terminamos de ler uma linha de texto à direita e transferimos o olhar para a linha seguinte à esquerda. Movimentos sacádicos mais curtos são feitos a cada palavra ou a cada pequeno grupo de palavras do mesmo texto, mas, se o texto se mover, como os créditos do final de um filme, que se deslocam de baixo para cima, os olhos realizam também movimentos de seguimento para conseguir ler o que está escrito neles. Os movimentos de seguimento são mais lentos que os sacádicos, acompanhando a velocidade dos objetos fixados pelos olhos, mas não é possível realizar movimentos lentos na ausência de objetos visuais (no escuro, por exemplo). Se um livro está distante e o aproximamos de nós para poder ler, fazemos movimentos convergentes dos olhos para que a mesma palavra possa ser projetada sobre a fóvea de cada olho. Se deslocamos o livro no sentido inverso, afastando-o do rosto, os movimentos oculares serão divergentes, pela mesma razão. Finalmente, compensamos pequenas inclinações da cabeça que fazemos a todo momento sem perceber, realizando movimentos oculares torsionais em sentido contrário aos da cabeça.

Essa complexa capacidade motora dos olhos é função de apenas três pares de músculos estriados inseridos em pontos estratégicos do globo ocular e do crânio (Figura 9.2). Esses seis pequenos músculos são comandados por neurônios motores situados no mesencéfalo e no tronco encefálico, cujos axônios constituem três dos 12 pares de nervos cranianos (Tabela 9.1).

O controle da motilidade ocular está descrito com maiores detalhes no Capítulo 12. Desde já podemos imaginar, entretanto, que esse controle deve ser bastante preciso. Um dado movimento muitas vezes requer a contração de mais de um músculo extraocular do mesmo olho, e certamente a contração sincrônica dos músculos de ambos os olhos. Além disso, a ativação de um músculo ocular deve ser acompanhada da desativação (inibição) do seu antagonista. Um simples movimento de seguimento dos olhos para a direita, por exemplo, é obtido pela ativação do músculo reto lateral direito por meio dos neurônios do nervo abducente[A] direito (que inerva o olho direito), pela coativação do reto medial esquerdo produzida pelos neurônios do nervo oculomotor[A] esquerdo (que inerva o olho esquerdo) e pela inibição do reto lateral esquerdo e do reto medial direito por intermédio dos nervos abducente esquerdo e oculomotor direito, respectivamente. Imagine-se, então, a complexidade do controle dos movimentos irregulares, sacádicos e de seguimento, que fazemos ao assistir a uma peça de teatro ou partida de futebol!

[A] *Estrutura encontrada no* Miniatlas de Neuroanatomia *(p. 359).*

Neurociência Sensorial

▶ **Figura 9.2.** Os três pares de músculos extraoculares são os responsáveis pela motilidade do globo ocular. **A** apresenta uma vista frontal dos olhos e dos músculos, e **B** mostra uma vista dorsal dos mesmos.

Os neurônios dos núcleos mencionados (Figura 12.8), cujos axônios constituem os três nervos cranianos atuantes na motricidade ocular, representam apenas a etapa final, de comando, dos movimentos do globo ocular. Quando esses movimentos são voluntários, provocados ou não por objetos situados dentro do campo de visão do indivíduo (um texto escrito, um animal que se move etc.), regiões específicas do córtex cerebral são ativadas antes do início de cada movimento para programar a sequência exata de ativação muscular necessária em cada momento. Todas as possibilidades de movimento são admitidas nesse caso, já que o indivíduo pode acompanhar o texto, parar no meio de uma linha para examinar um outro objeto, voltar a ler, olhar pensativo para o horizonte, e assim por diante. Há casos mais simples, entretanto, em que os movimentos são reflexos de orientação dos olhos e da cabeça para estímulos visuais. Nestes casos, as regiões envolvidas são subcorticais, incluindo, especificamente, o colículo superior[A], no mesencéfalo, que recebe aferências da retina e envia axônios diretamente aos núcleos dos nervos cranianos. Os reflexos visuomotores serão mencionados com mais detalhes adiante, neste e no Capítulo 12.

▶ Autofoco

Quando usamos uma câmera fotográfica das antigas, giramos a lente objetiva para aproximá-la ou afastá-la do objeto e, assim, conseguir que os raios de luz provenientes dele convirjam na proporção exata, ao entrar na câmera, para que a imagem seja projetada em foco sobre o filme. A natureza desenvolveu um mecanismo diferente para obter esse mesmo resultado, "imitado" atualmente pelas câmeras digitais mais modernas.

O olho possui duas lentes principais que participam de modo importante da formação da imagem na retina: a

Tabela 9.1. Os Músculos Oculares, Sua Função e Inervação

Músculo Ocular	Tipo de Fibra Muscular	Tipos de Movimentos Produzidos pela Contração	Inervação
Reto superior	Estriada esquelética	Vertical de elevação, sacádico e de seguimento	Fibras motoras somáticas do N. oculomotor (III)
Reto inferior	Estriada esquelética	Vertical de abaixamento, sacádico e de seguimento	Fibras motoras somáticas do N. oculomotor (III)
Reto lateral	Estriada esquelética	Horizontal de abdução, disjuntivo divergente, sacádico e de seguimento	Fibras motoras somáticas do N. abducente (VI)
Reto medial	Estriada esquelética	Horizontal de adução, disjuntivo convergente, sacádico e de seguimento	Fibras motoras somáticas do N. oculomotor (III)
Oblíquo superior	Estriada esquelética	Torsional, sacádico?	Fibras motoras somáticas do N. troclear (IV)
Oblíquo inferior	Estriada esquelética	Torsional, sacádico?	Fibras motoras somáticas do N. oculomotor (III)
Ciliar	Lisa	Relaxamento da zônula e aumento da curvatura do cristalino	Fibras motoras autonômicas do gânglio ciliar
Circular da íris	Lisa	Miose	Fibras motoras autonômicas do gânglio ciliar
Radial da íris	Lisa	Midríase	Fibras motoras autonômicas do gânglio cervical superior

VISÃO DAS COISAS

córnea e o cristalino (Figura 9.3A). Compete a elas fazer convergir os raios luminosos provenientes do ambiente durante a sua travessia para o interior do olho. A córnea contribui com um poder de convergência[G] de cerca de 40 dioptrias[G], enquanto o cristalino adiciona aproximadamente 10 dioptrias. Outras interfaces esféricas entre os meios transparentes do olho também influem, embora em menor escala. Os raios provenientes da cena visual sofrem grande refração ao penetrar a córnea, tanto porque é grande a diferença entre o seu índice de refração e o do ar, quanto porque é acentuada a sua curvatura esférica. O resultado é a convergência dos raios de luz ao ultrapassar a face anterior da córnea. A refração é muito menor quando os raios passam da face posterior da córnea para a câmara anterior do olho, que contém humor aquoso (Figura 9.3A). Isso porque a diferença entre os índices de refração desses meios não é tão grande. O feixe de luz convergente passa através da pupila e, ao atravessar o cristalino, sofre nova convergência, para então passar pelo humor vítreo e projetar-se sobre a retina.

O pulo do gato que a natureza utilizou no olho dos mamíferos para obter a focalização automática dos objetos visuais baseia-se na natureza elástica do cristalino e na sua particular sustentação pelas fibras conjuntivas da zônula (Figura 9.3A). Estas se inserem ao longo de toda a borda circular do cristalino e estendem-se radialmente até o outro lado, fixando-se ao corpo ciliar, uma estrutura também circular formada por fibras de músculo liso. Em repouso, o cristalino fica ligeiramente esticado, submetido a uma certa tensão pela sua própria elasticidade, que encontra a resistência das fibras da zônula fixadas no corpo ciliar. Quando as fibras musculares deste se contraem sob comando neural, diminui a tensão sobre o cristalino e a elasticidade deste faz que se torne mais esférico, com uma curvatura mais acentuada (Figura 9.3B). O mecanismo é contraintuitivo, pois a contração de um músculo (o músculo ciliar) provoca o relaxamento de um ligamento (a zônula), e não o contrário, como seria de esperar. Isso provém do modo inverso de inserção das fibras da zônula no corpo ciliar. Resulta desse mecanismo a variação controlada da curvatura do cristalino, portanto do seu poder de convergência, possibilitando a focalização da imagem sobre a retina tanto para objetos situados a grandes distâncias (ponto distante) como para aqueles posicionados a cerca de 25 cm do olho (ponto próximo) (Figura 9.3B).

A capacidade de focalização automática da imagem pelo olho, assim, depende muito da elasticidade do cristalino, que decresce com a idade. À medida que envelhecemos o cristalino fica um tanto rígido, perdendo a capacidade de tornar-se mais esférico. Com isso, a distância mínima de 25 cm para focalização de objetos próximos vai-se tornando maior. É a chamada "vista cansada", que os médicos chamam de presbiopia. As ametropias[G] causam também deficiências de focalização da imagem, quase todas passíveis de correção pelo uso de óculos ou lentes de contato. No Capítulo 6 descrevemos algumas delas com algum detalhe. Confira.

O fenômeno fisiológico de focalização automática da imagem sobre a retina chama-se *acomodação* (Figura 9.3B). Esta, entretanto, não envolve apenas o mecanismo de variação dinâmica da curvatura do cristalino, mas também dois outros mecanismos coadjuvantes: a vergência dos olhos e a variação do diâmetro pupilar. O primeiro é mais fácil de compreender e já foi mencionado: quando um objeto se aproxima do rosto, os olhos tendem a convergir para que a imagem incida sobre pontos homólogos da retina. Ocorre o oposto (divergência) quando o objeto se afasta. A variação do diâmetro pupilar merece uma explicação mais detalhada.

A pupila é o orifício formado pela íris (Figura 9.3A). Esta contém dois conjuntos de músculos lisos (Tabela 9.1), um formado por fibras circulares, capazes de promover o fechamento da pupila (miose), outro formado por fibras radiais, que causam a abertura da pupila (midríase). A pupila atua de modo semelhante ao diafragma das câmeras fotográficas antigas (Figura 9.4A). Quando se fecha, estreita o feixe luminoso que penetra no cristalino, tornando mais agudo o cone de luz que emerge dele no interior do olho, em direção à retina. Quanto mais agudo esse cone de luz, menos o nosso sistema visual percebe variações de posição da imagem em relação ao plano focal na retina: torna-se maior a chamada profundidade de foco. Em contraposição, cones de luz mais abertos produzem menor profundidade de foco.

A acomodação para perto, assim, envolve uma tríade fisiológica constituída de: (1) convergência dos olhos, (2) miose e (3) aumento da curvatura do cristalino. A acomodação para longe funciona exatamente do modo oposto, envolvendo a divergência dos olhos, midríase e a diminuição da curvatura do cristalino. A *tríade da acomodação* é também um reflexo visuomotor controlado por núcleos subcorticais situados em uma região do cérebro entre o mesencéfalo e o diencéfalo[A] chamada área pré-tectal ou simplesmente pré-tecto (Figura 9.4B). Núcleos dessa região recebem terminações de fibras provenientes da retina que acusam qualquer pequena desfocalização da imagem que ocorra pelo movimento dos objetos que estamos fixando, ou pela nossa própria movimentação. Nesse momento, a ativação dos neurônios pré-tectais é levada aos núcleos oculomotor e abducente de cada lado, e estes acionam os músculos retos laterais e mediais, de modo a obter a vergência necessária a cada caso. Mas os neurônios pré-tectais não fazem só isso: mediante circuitos axônicos com outros núcleos do tronco encefálico, controlam a musculatura lisa intraocular (Figura 9.4B). Para promover a constrição pupilar e o relaxamento da zônula, os neurônios pré-tectais acionam os neurônios do núcleo de Edinger-Westphal[A], no mesencéfalo, cujos axônios se incorporam ao nervo oculomotor (nervo craniano III). Estes alcançam o gânglio ciliar do sistema nervoso autônomo, cujas fibras inervam o músculo circular da íris e o músculo ciliar.

297

NEUROCIÊNCIA SENSORIAL

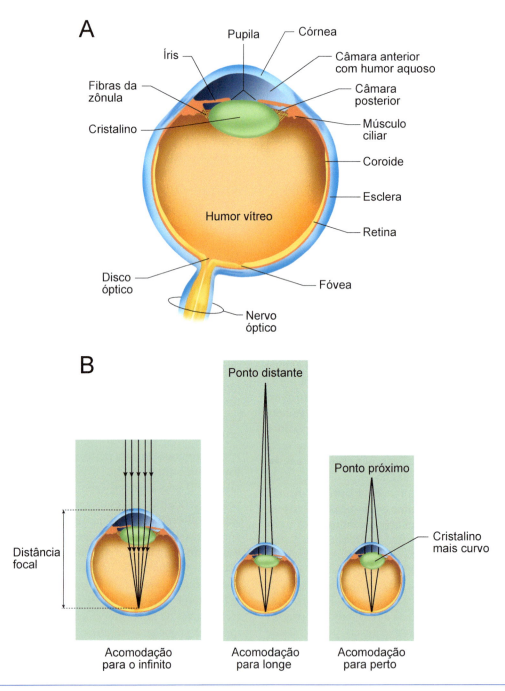

▶ **Figura 9.3.** O desenho **A** mostra as principais estruturas que compõem o olho humano (representado em corte). Em **B**, o olho se encontra acomodado para o infinito (à esquerda) ou para um ponto distante (ao centro), e o cristalino apresenta-se mais "estirado"; quando o objeto se aproxima (à direita), o cristalino se torna mais curvo e globoso, mantendo o foco sobre a retina (acomodação para perto).

▶ Formação da Imagem na Retina

Resulta desses elaborados mecanismos ópticos a formação de uma imagem precisamente focalizada sobre a retina (Figura 9.5). Ocorre, entretanto, que essa imagem é duplamente invertida: o que está à esquerda no campo de visão projeta-se no setor direito da retina de ambos os olhos, e o que está acima se projeta no setor inferior das retinas. E vice-versa. A razão disso é a construção óptica do olho, composto por lentes de tipo convergente, que formam imagens invertidas.

Por que, então, não vemos o mundo de cabeça para baixo? Simplesmente porque a imagem óptica projetada sobre a retina não é "vista" pelo cérebro; uma tradução dela é codificada em potenciais neurais, e esse padrão de sinais,

298

Visão das Coisas

mesmo proveniente de uma imagem opticamente invertida, é interpretado desde que nascemos como a representação de um mundo de cabeça para cima.

▶ Filtragem de Raios Indesejados e Eliminação de Reflexos Espúrios

A natureza aperfeiçoou tanto o olho durante a evolução, que até mesmo um sistema de controle sobre o tipo e a quantidade de energia da radiação incidente foi desenvolvido.

O primeiro deles envolve a córnea, que absorve uma parte dos raios ultravioleta que acompanham a luz emitida pelo sol e demais fontes luminosas. Esse filtro natural contribui para a proteção dos fotorreceptores e demais células retinianas, que poderiam ser danificados por essa radiação mais penetrante.

O segundo envolve o fechamento reflexo da pupila, já descrito como um mecanismo participante da tríade de acomodação. Essa reação automática da íris ocorre quando há

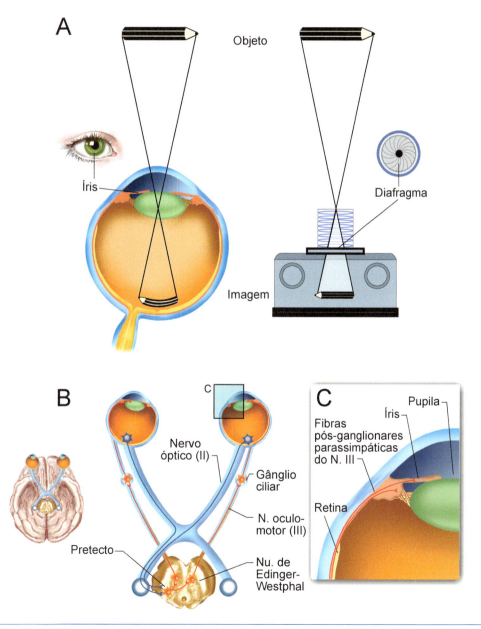

▶ **Figura 9.4. A**. Existem semelhanças entre o olho e uma câmera fotográfica antiga. A córnea e o cristalino são como as lentes da câmera, a íris assemelha-se funcionalmente ao diafragma, e a retina é como um filme "inteligente". **B**. Tanto a íris como o cristalino, entretanto, exercem sua função sob comando de núcleos subcorticais e gânglios autonômicos, e não movidos pela mão humana como a câmera. O detalhe em **C** mostra fibras autonômicas que inervam a íris e o músculo ciliar. Modificado de Purves D et al.. *Neuroscience*. Nova York, EUA: Sinauer Associates, 1997.

Neurociência Sensorial

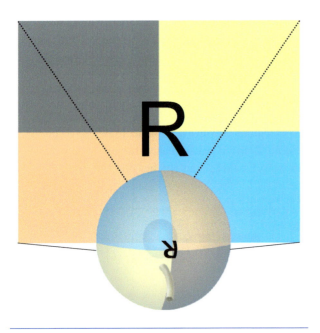

▶ **Figura 9.5.** O campo visual (dividido em quadrantes coloridos) e um objeto (R) formam imagens duplamente invertidas na retina.

um aumento da intensidade da luz incidente e tem o efeito de diminuir a quantidade de luz que chega à retina. O oposto ocorre quando há diminuição da intensidade luminosa incidente. Esse *reflexo fotomotor* da pupila, que representa um mecanismo de regulação da luminância da imagem que se forma sobre a retina, é utilizado pelos médicos para avaliar o estado funcional do mesencéfalo e do tronco encefálico dos pacientes mediante a sua observação com uma pequena lanterna subitamente ligada sobre o olho. É curioso observar que, por cima do reflexo fotomotor, modificações delicadas do diâmetro pupilar são observadas em função do grau de atenção que prestamos a algo presente no nosso campo visual: mais atenção causa uma pequena dilatação pupilar.

Apesar de todos esses mecanismos de filtragem, o feixe luminoso é forte o suficiente para penetrar na retina, ativar o mecanismo da transdução fotoneural e, finalmente, atingir a face interna da esclera, a estrutura de cor branca que recobre o globo ocular. Nessas condições, haveria reflexão da luz na esclera e os raios voltariam a atravessar a retina no sentido contrário. Como podemos imaginar, isso causaria uma considerável distorção na qualidade da imagem percebida, já que ocorreria estimulação dupla e fora de sincronia dos fotorreceptores. Essa possibilidade é evitada pela interposição, entre a retina e a esclera, de uma camada de células fortemente pigmentadas que absorvem a luz incidente, impedindo a sua reflexão na borda clara e lisa da esclera. Essa camada é a coroide, rica em vasos sanguíneos que nutrem a retina e coberta por um epitélio[G] que acumula melanina. A melanina é um pigmento que absorve a luz que ultrapassou os fotorreceptores, e não deve ser confundida com os pigmentos dos fotorreceptores, que também absorvem luz, mas estão relacionados com a fototransdução.

O epitélio pigmentar (Figura 9.6D e E) tem uma função adicional muito importante. Em contato próximo com os fotorreceptores, essas células epiteliais fagocitam os segmentos externos, fornecendo, assim, um mecanismo de reciclagem dos discos que contêm o fotopigmento e que são continuamente sintetizados pelos receptores.

▶ Manutenção e Lubrificação dos Meios Transparentes

A transparência dos meios ópticos do olho e a forma esférica do globo ocular são requisitos essenciais para que a visão seja normal. Para mantê-los estáveis há mecanismos específicos, fora e dentro do olho.

Do lado de fora, a córnea é um ponto frágil porque está exposta a traumatismos provocados por objetos variados, sujeita ao atrito de partículas suspensas no ar e à invasão de microrganismos. A córnea, no entanto, é lavada constantemente pelo fluido lacrimal, distribuído de modo uniforme por duas cortinas mucosas que descem e sobem sobre ela – as pálpebras. O fluido lacrimal é secretado continuamente pelas glândulas lacrimais, situadas na parte externa e superior da órbita. A secreção dessas glândulas é controlada pelo nervo facial[A] (nervo craniano VII), que contém axônios de neurônios situados no tronco encefálico. O controle neural da secreção lacrimal, como todos sabemos, não é apenas automático, pois em certas condições emocionais ocorre secreção abundante do fluido lacrimal, que passa então a ser chamado de lágrima. Secretado de um lado, o fluido lacrimal é drenado por canalículos situados no outro lado, nas bordas internas superior e inferior das pálpebras. Por esses canalículos, o fluido é conduzido à cavidade nasal.

As pálpebras superiores são movidas por diversos músculos da face, especialmente pelos músculos elevadores, que são ativados pelo núcleo oculomotor[A] (nervo craniano III), o mesmo que comanda alguns dos movimentos oculares. O movimento das pálpebras ocorre automaticamente a cada 10-20 segundos, mas pode ser provocado reflexamente pela estimulação somestésica da córnea, por estímulos súbitos e fortes (visuais e auditivos) ou pela ação da vontade do indivíduo.

Pelo lado de dentro do olho é preciso manter não só a transparência dos meios ópticos, mas também a forma esférica do globo ocular. Essa função de manutenção é realizada pelo líquido que banha o interior do olho. O líquido intraocular é secretado continuamente pelas células epiteliais que revestem o corpo ciliar na câmara posterior, e a maior parte dele distribui-se também na câmara anterior, constituindo o humor aquoso. Uma pequena parte atravessa as fibras da zônula e o humor vítreo, formando um fino filme líquido entre este e a retina. A secreção ativa e contínua do líquido intraocular origina uma pressão interna que deve ser mantida em torno de 15-16 mmHg. A estabilidade dessa pressão intraocular depende do equilíbrio entre a secreção e a drenagem do humor aquoso. Esta ocorre em um canalículo em forma de anel (canal de Schlemm) que contorna a córnea, abrindo-se, de um lado, em pontos do ângulo desta com a íris e, de outro lado, em vênulas que se comunicam com o sistema venoso do olho.

Quando ocorre obstrução do canal de Schlemm, aumenta a pressão intraocular, causando opacificação dos meios ópticos e lesão da retina. Essa condição é chamada glaucoma. A opacificação dos meios ópticos é a catarata, que pode ter outras causas além do glaucoma.

A ESTRUTURA DO SISTEMA VISUAL

▶ Retina e Nervo Óptico

A função essencial do complexo sistema óptico que acabamos de descrever é posicionar com precisão sobre a retina uma imagem focalizada, originada de uma parte do enorme campo de visão à nossa frente. É na retina, como se vê no Capítulo 6, que ocorrem os mecanismos de transdução da informação luminosa incidente. Potenciais receptores serão produzidos nos fotorreceptores atingidos pelo estímulo luminoso, e essa nova informação traduzida na linguagem bioelétrica do cérebro será transmitida por uma cadeia de células retinianas até emergir por trás do olho, codificada em potenciais de ação pelas fibras das células ganglionares que compõem o nervo óptico[A] (Figura 9.6A).

Os mamíferos terrestres, especialmente o homem, em geral utilizam o sistema visual sob uma grande variedade de condições ambientais, entre a escuridão mais completa e a claridade mais ofuscante, de tal forma que temos uma visão para baixos níveis de luz (visão escotópica) e outra para altos níveis de luz (visão fotópica). No primeiro caso, dificilmente será possível discriminar detalhes dos objetos situados no campo de visão, mas é necessária grande sensibilidade à luz para que as menores intensidades sejam percebidas. No segundo caso, por outro lado, é preciso diminuir a sensibilidade para não ocorrer ofuscamento, mas pode-se aproveitar a claridade para distinguir formas, cores e detalhes do mundo visual.

Foi exatamente essa capacidade de operar em uma ampla faixa de luminosidade que a natureza desenvolveu na retina dos mamíferos. Essa flexibilidade funcional da retina tornou-se possível porque ela possui uma especialização regional que lhe confere uma natureza dupla. Próximo ao centro da hemisfera retiniana fica uma região circular com escassos vasos sanguíneos e que, justamente por isso, às vezes apresenta uma tonalidade amarelada que justifica sua denominação: mácula lútea ou simplesmente mácula. A mácula lútea pode ser observada diretamente pelo exame de fundo de olho que os médicos realizam com frequência (Figura 9.6B). Pode também ser observada histologicamente, e o que se vê é que, no centro dela, existe uma concavidade na qual só há fotorreceptores, especialmente cones, estando os neurônios de segunda e terceira ordens afastados para as bordas (Figura 9.6C). Essa concavidade é a *fóvea* – especialização de grande importância funcional por constituir a região retiniana de maior acuidade visual, ou seja, aquela de onde extraímos os maiores detalhes da imagem. A fóvea participa da visão fotópica: seus fotorreceptores são quase exclusivamente cones, estreitos e densamente empacotados (Tabela 9.2). Os cones, como sabemos, não têm grande sensibilidade à intensidade luminosa, mas, por outro lado, detectam luz de diferentes faixas de comprimentos de onda, o que é "interpretado" pelos circuitos da retina e do cérebro e possibilita a visão de cores. Além disso, na fóvea, cada cone se conecta a uma só ou a poucas células bipolares situadas nas bordas da mácula, e estas igualmente se conectam a uma ou a poucas células ganglionares (Figura 9.7A). São as chamadas linhas exclusivas. Desse modo, as fibras do nervo óptico que conduzem a informação proveniente da fóvea o fazem, cada uma delas, de uma região muito restrita, às vezes correspondente a um único cone, isto é, a cerca de 0,005 grau de ângulo visual.

A retina periférica tem características opostas às da retina central (Tabela 9.2). Todos os tipos celulares estão representados (Figura 9.7A), formando as camadas características descritas no Capítulo 6. Os cones vão escasseando cada vez mais, à medida que nos afastamos das bordas da mácula em direção à periferia da retina (Figura 9.7B). Ao contrário, os bastonetes vão-se tornando mais frequentes. Muitos deles agora se conectam com uma única célula bipolar, e muitas destas, por sua vez, projetam-se a uma ganglionar, diretamente ou com a intermediação de uma célula amácrina. Cada fibra do nervo óptico, desse modo, veicula informação proveniente de uma área retiniana maior, coberta por inúmeros fotorreceptores. Não há, portanto, linhas exclusivas, e a convergência dos circuitos é grande (Figura 9.7A). Na retina periférica, a rede vascular dispõe-se de modo característico sobre ela e pode ser vista no exame de fundo de olho (Figura 9.6B). Essa organização em camadas e a convergência dos circuitos, e a presença de vasos na retina periférica são características desfavoráveis à visão precisa de detalhes. Diferentemente dos cones, os bastonetes não apresentam sensibilidade espectral[G]. Por outro lado, são extremamente sensíveis a baixas intensidades luminosas. Acredita-se que um bastonete pode gerar um potencial receptor quando estimulado por um único fóton! Essa grande sensibilidade dos bastonetes advém do fato de que eles apresentam maior número de discos contendo fotopigmento em comparação com os cones (Figura 9.7A).

Neurociência Sensorial

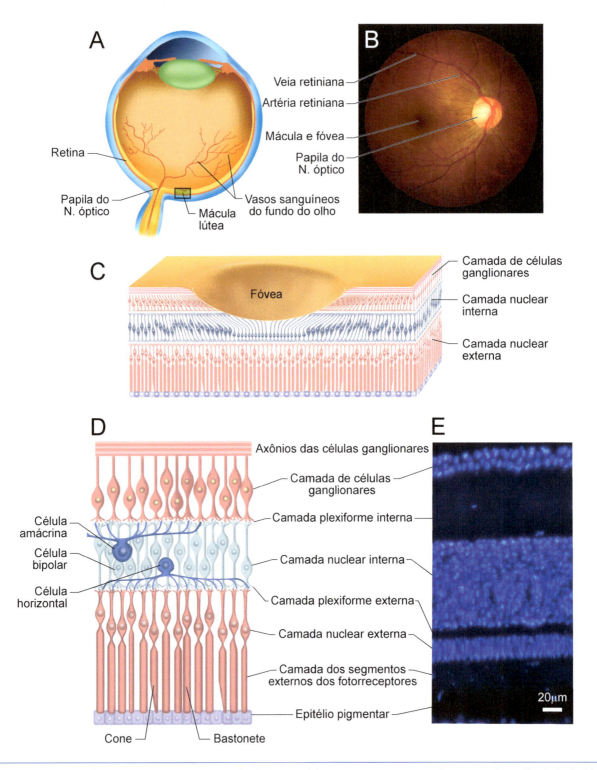

▶ **Figura 9.6.** Quando os oftalmologistas investigam o interior do olho humano (**A**), veem uma imagem característica que se chama "fundo de olho" (**B**). Na mácula lútea (pequeno retângulo em **A**), os vasos sanguíneos estão afastados e a retina apresenta uma pequena depressão, a fóvea (**C**). As camadas da retina e as células que as compõem só podem ser visualizadas em cortes histológicos examinados ao microscópio (**D**, **E**). A foto **E** representa um segmento de retina de um pinto, cortada transversalmente como o esquema em **D**, com os núcleos celulares marcados com um corante fluorescente azul. As espessuras das camadas variam com a espécie e a idade do animal. **B** cedida por Miguel Padilha, da Oftalmoclínica Botafogo, Rio de Janeiro. **E** cedida por Patrícia Gardino, do Instituto de Biofísica Carlos Chagas Filho da UFRJ.

VISÃO DAS COISAS

▶ **Figura 9.7. A** representa esquematicamente a retina central existente na fóvea (ao centro), em comparação com a retina periférica temporal (à esquerda) e nasal (à direita). **B** ilustra as diferenças regionais na retina, em número de cones e de bastonetes. Observar que no ponto cego não há receptores.

Tabela 9.2. Diferenças entre a Retina Central e a Retina Periférica

Característica	Retina Central	Retina Periférica
Melhor desempenho	Visão fotópica	Visão escotópica
Receptor mais frequente	Cone	Bastonete
Circuito mais frequente	Linha exclusiva	Projeção convergente
Sensibilidade à intensidade	Baixa	Alta
Discriminação de formas	Ótima	Precária
Visão de cores	Ótima	Precária
Resultado de lesão	Cegueira total localizada	Cegueira noturna

A duplicidade de organização da retina originou-se durante a evolução. Surgiram os bastonetes, com sensibilidade diferente dos cones, o que representou um mecanismo adaptativo favorável à sobrevivência. Essa, entretanto, não foi a única vantagem com que a evolução brindou os vertebrados daquela época: a retina adquiriu a capacidade de regular a sua sensibilidade, um fenômeno que leva o nome de *adaptação*. É o que fazem atualmente as câmeras digitais dos celulares. Você mesma pode comprovar isso ligando a câmera do seu celular e movendo-a entre ambientes mais escuros e mais claros. Verá que a luminosidade da imagem resultante é regulada automaticamente em função da luminosidade ambiente.

Podemos sentir a adaptação ao escuro quando entramos em um cinema com a sessão já começada. Inicialmente cegos, só após alguns minutos conseguimos visualizar as fileiras de poltronas e os lugares vazios. Ao sair do cinema ocorre o fenômeno inverso, a adaptação ao claro: ficamos inicialmente ofuscados com a luz do dia, mas o ofuscamento vai desaparecendo lentamente. Esse ofuscamento da adaptação retiniana é um problema nos túneis das estradas, e é por isso que na entrada e saída deles as lâmpadas no teto são mais numerosas ou mais intensas.

Vários eventos fisiológicos contribuem para a adaptação. A mudança no diâmetro pupilar contribui para diminuir ou aumentar a quantidade de luz incidente. Ocorre também regulação da quantidade de fotopigmento disponível, seja um aumento por ressíntese, no escuro, ou a diminuição por ação da luz intensa, no claro. Além disso, os fotorreceptores são capazes de regular as vias de sinalização intracelular, interferindo na fototransdução segundo a intensidade da luz ambiente. E, finalmente, ocorre facilitação da transmissão sináptica na retina pela redução do limiar de excitabilidade das células bipolares e ganglionares.

O exame de fundo de olho permite também visualizar uma estrutura importante: o *disco óptico* ou *papila do nervo óptico* (Figura 9.6B). Trata-se de um pequeno círculo próximo à mácula lútea que corresponde ao local de convergência de trajeto dos axônios das células ganglionares (Figura 9.7A), por onde passam também os vasos sanguíneos que irrigam e drenam a retina. Nesse ponto se forma o nervo óptico, com a reunião das fibras provenientes de todos os quadrantes da retina e a sua emergência para fora do globo ocular. No disco óptico não há retina: trata-se, portanto, de um *ponto cego* (Figura 9.7B). A pergunta que imediatamente se coloca, então, é: se temos um ponto cego em cada retina, por que não o notamos em nosso campo de visão? Essa pergunta foi feita há muitos anos pelos neurocientistas, mas só recentemente surgiu a resposta, para a qual contribuiu o trabalho dos neurofisiologistas brasileiros Mario Fiorani, Ricardo Gattass e seus colaboradores, na UFRJ. A resposta não estava na retina, mas no córtex visual, cujos neurônios eram capazes de "preencher" o ponto cego com a estimulação das suas bordas.

▶ Diferentes Destinos, Diferentes Funções das Fibras Ópticas

O nervo óptico é o nervo craniano II, que reúne o conjunto das fibras das células ganglionares retinianas e pode ser visto claramente na base do cérebro (Figura 9.8A). De cada globo ocular parte um nervo em direção à linha média, e ambos se encontram no *quiasma óptico*[A], uma estrutura em forma de X onde cruzam para o lado oposto cerca de 60% (no homem) das fibras retinofugais[G]. Do quiasma emergem os *tratos ópticos,* que inicialmente se parecem com nervos, mas depois se fundem com o encéfalo, formando um verdadeiro feixe de fibras. No encéfalo, as fibras retinofugais começam a divergir, aproximando-se de diferentes alvos sinápticos situados no diencéfalo e no mesencéfalo.

Um primeiro destino pouco conhecido de algumas fibras retinianas é uma região do hipotálamo[A] chamada *núcleo supraquiasmático* (Figura 9.8A). Esse núcleo situa-se em ambos os lados, logo depois e acima do quiasma (daí o seu nome), e participa da sincronização do nosso relógio biológico com o ciclo dia-noite. A informação visual sobre a luminosidade ambiente é necessária para que essa sincronização se faça, uma vez que as regiões neurais encarregadas disso precisam "saber" se é dia ou se é noite. Maiores detalhes sobre essa função temporizadora do sistema visual podem ser encontrados no Capítulo 16.

A maioria das fibras do nervo óptico dirige-se a três grandes regiões encefálicas: (1) o diencéfalo, (2) a região limítrofe deste com o mesencéfalo e (3) o mesencéfalo propriamente dito (Figura 9.8A). No diencéfalo está o alvo mais relevante para a percepção visual – o *núcleo geniculado lateral* –, que recebe fibras provenientes das células ganglionares retinianas de ambos os olhos e envia axônios diretamente ao córtex visual primário do mesmo lado. Na junção diencéfalo-mesencefálica fica um conjunto de diferentes pequenos núcleos mencionados anteriormente – os *núcleos pré-tectais* –, que formam sinapses com fibras retinianas de ambos os olhos. Já vimos que os neurônios pré-tectais emitem axônios para núcleos dos nervos cranianos que participam dos mecanismos de acomodação e outros reflexos oculomotores destinados a estabilizar a imagem projetada sobre a retina, quando o mundo e/ou o observador se movem. Finalmente, no mesencéfalo se situa o *colículo superior*[A], importante alvo retiniano que participa dos reflexos de orientação dos olhos, da cabeça e do corpo em relação aos estímulos visuais. Como se esperaria dessa função visuomotora, os neurônios do colículo superior projetam axônios para diversos núcleos motores do tronco encefálico e também para a medula espinhal[A]. Os núcleos pré-tectais e o colículo superior serão estudados mais detalhadamente no Capítulo 12.

O núcleo geniculado lateral recebeu esse nome (do latim *geniculatus* = dobrado como um joelho) devido à sua

VISÃO DAS COISAS

▶ **Figura 9.8. A**. As vias visuais podem ser vistas parcialmente na base do encéfalo (o nervo, o quiasma e o trato ópticos). As fibras da retina saem do trato em vários pontos para terminar no diencéfalo e no mesencéfalo. Do diencéfalo emergem as radiações ópticas, formadas por fibras talâmicas que terminam no córtex visual primário (e também por fibras de V1 que terminam no tálamo). **B** mostra um corte de tálamo de um macaco-prego, corado com violeta de cresila que permite a visualização do núcleo geniculado lateral com as suas camadas características: magnocelulares (M) e parvocelulares (P). **C** mostra uma imagem de RMf de um indivíduo submetido a estimulação luminosa. A região em cores claras corresponde a um setor de V1 ativado em ambos os hemisférios. Foto em **B** cedida por Ricardo Gattass, do Instituto de Biofísica Carlos Chagas Filho da UFRJ. Imagem em **C** cedida por Fernanda Tovar-Moll, do Instituto D'Or de Pesquisa e Ensino, Rio de Janeiro.

forma curva, em primatas, em torno do trato óptico[A] (Figura 9.8B). Apresenta seis camadas celulares, identificadas por números crescentes das mais internas para as mais externas. As camadas 2, 3 e 5 recebem fibras da retina do mesmo lado (ipsilaterais), enquanto as camadas 1, 4 e 6 recebem fibras do lado oposto (contralaterais). Essa organização significa que, embora cada geniculado receba de ambas as retinas, as fibras provenientes de um olho ficam segregadas das que vêm do outro olho. Outra característica importante é que as duas camadas mais internas (1 e 2) possuem neurônios grandes e são por isso denominadas camadas magnocelulares (Figura 9.8B). Em contraposição, as demais camadas (3 a 6) apresentam neurônios pequenos, sendo conhecidas então como parvocelulares. No intervalo entre essas camadas tradicionais identificaram-se células muito pequenas e numerosas com funções distintas das demais, que ficaram

305

conhecidas como neurônios interlaminares. Esses detalhes morfológicos sobre o geniculado serão importantes, adiante, para compreender o funcionamento do sistema visual como um todo e desse núcleo talâmico em particular.

A maioria dos neurônios do núcleo geniculado lateral projeta seus axônios para o córtex cerebral. Pensou-se inicialmente que a forte inervação retiniana associada a essa projeção ascendente maciça conferia ao geniculado uma função simples de transferência (usou-se durante muito tempo um termo eletrotécnico para descrever a sinapse retinogenicular: relé, ou seja, um interruptor). Depois se descobriu que o córtex projeta fortemente para o geniculado: cerca de 80% das sinapses excitatórias desse núcleo são de axônios corticais. Além disso, terminam no geniculado fibras provenientes do tronco encefálico. Os estudos fisiológicos mostraram que essas aferências corticais e subcorticais modulam a transmissão sináptica retinogenicular, significando que a informação transmitida ao córtex é modificada (processada) pelo geniculado, o que faz dele, então, mais do que um simples interruptor.

▸ Múltiplas Áreas do Córtex Visual

As fibras que emergem do geniculado em direção ao córtex são as *radiações ópticas*[A], que entram na cápsula interna[A] formando um leque que se distribui pela substância branca cortical[A] (Figura 9.8A). Na altura de V1[A], as fibras geniculares penetram na substância cinzenta[A] e terminam na camada 4.

O córtex visual é, na verdade, um conjunto múltiplo de diferentes áreas funcionais, cada uma encarregando-se de um aspecto da grande função visual (Figura 9.9A). A mais conhecida, e mais nítida morfológica e funcionalmente, é a *área visual primária* ou *V1*, também chamada *área estriada*[A] (Figura 9.9), que recebe informação maciçamente do núcleo geniculado lateral. Em torno de V1 distribuem-se outras áreas de função visual, conjuntamente conhecidas como *áreas extraestriadas*, que recebem nomes específicos ou são chamadas simplesmente de V2, V3, V4, V5 e outras siglas (Figura 9.10). As aferências do diencéfalo para as áreas visuais extraestriadas não são consideradas tão importantes,

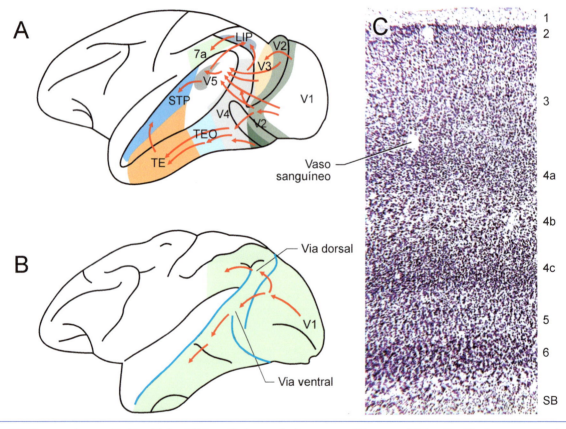

▸ **Figura 9.9. A** representa uma vista lateral do hemisfério cerebral esquerdo de um macaco (*Macaca mulatta*) muito utilizado em experimentos sobre visão. Os sulcos indicados em azul em **B** aparecem semiabertos em **A**, para melhor visualizar as áreas situadas no seu interior. As principais áreas visuais estão indicadas por abreviaturas convencionais e cores diferentes. As setas vermelhas indicam as conexões principais entre elas. LIP = área parietal inferior lateral; STP = área temporal superior polissensorial; TE = área ínfero-temporal anterior; TEO = área ínfero-temporal posterior; 7a = área 7a de Brodmann. **B** representa uma síntese das duas vias de processamento visual paralelo: a via dorsal e a via ventral, indicadas pela sequência de setas vermelhas. **C**. Corte histológico de V1 de um macaco-prego, corado com violeta de cresila. Os números à direita indicam as camadas. **A** e **B** modificados de Farah M et al. In: Zigmond MJ et al. (orgs.) *Fundamental Neuroscience* (Nova York, EUA: Academic Press, 1999. Foto **C** cedida por Juliana Soares, do Instituto de Biofísica Carlos Chagas Filho, UFRJ.

VISÃO DAS COISAS

funcionalmente, quanto as conexões recíprocas[G] que elas mantêm entre si. A descoberta dessa multiplicidade de áreas e conexões visuais no córtex cerebral causou grande perplexidade aos neurobiólogos, pois ainda é incerto o papel funcional de cada uma.

Uma tentativa de reuni-las em dois sistemas funcionais diferentes foi feita pelos norte-americanos Leslie Ungerleider e Mortimer Mishkin, com base na análise dos sintomas apresentados por pacientes com lesões corticais restritas e nos estudos fisiológicos com macacos. A hipótese de Ungerleider e Mishkin propõe duas vias de informação distribuídas a partir de V1 (Figura 9.9B): a primeira seria a via dorsal, responsável pelos aspectos espaciais da visão, como a localização dos objetos no espaço, a identificação da direção de objetos em movimento e a coordenação visual dos movimentos, especialmente a nossa "navegação" corporal no ambiente. A segunda seria a via ventral, responsável pelo reconhecimento dos objetos, suas formas e suas cores. Essas vias participam ativamente dos processos mais complexos da percepção visual. Pode-se ver com detalhes, no Capítulo 17, como as diferentes áreas corticais realizam essas funções. Um exemplo interessante está no Quadro 9.1.

▶ **Figura 9.10.** As técnicas modernas de ressonância magnética funcional permitem identificar com grande detalhe as áreas visuais no córtex cerebral humano. O córtex é reconstruído em computador a partir de imagens reais de um indivíduo, sendo os sulcos ligeiramente abertos (representados em cinza mais escuro) para permitir a visualização das áreas contidas no seu interior. A mesma representação pode sofrer rotações em diferentes sentidos e planos (setas). As áreas visuais são representadas em diferentes cores e denominadas segundo terminologia específica (abreviaturas à esquerda). Imagens gentilmente cedidas por Brian Wandell, do Departamento de Psicologia da Universidade Stanford, EUA.

Neurociência Sensorial

Neurociência do Cotidiano

Quadro 9.1
Neurônios Humanos Seguem Metas Visuais*

Tente encontrar o Gabigol na foto da comemoração da Libertadores de 2019. Você consulta sua memória sobre a imagem que guarda do jogador, lembra que ele tem cabelos tingidos de claro no topo do penteado e seus olhos saem buscando essa configuração até encontrar a mais provável, que está atrás do goleiro.

Quando você se propõe uma meta, ainda que simples como essa, seu comportamento se direciona a ela. Você atua visando a alcançar a meta. Sua atenção torna-se focada nessa busca, sem, no entanto, abandonar as condições de contorno. Por isso você examina a foto, sabe o que ela representa e sai em campo buscando uma mecha de cabelos claros perdida na multidão. Isso ocorre normalmente, sem você sentir, mas o processo não funciona bem em alguns transtornos neuropsicológicos: no déficit de atenção com hiperatividade, por exemplo, torna-se difícil concentrar-se para alcançar uma meta.

Já existem dados levantados pelos neurocientistas com o uso de imagens de ressonância magnética funcional implicando essa função a uma região do córtex cerebral que fica no plano mediano entre os hemisférios, bem no topo da cabeça: é a chamada *área pré-motora suplementar*. A missão dessa área, na tarefa que você fez há pouco, foi programar uma sequência de movimentos oculares em busca do alvo.

Como, entretanto, isso ocorre na intimidade dos neurônios dessa região cortical? Será que há neurônios individuais encarregados da busca de metas, de alvos? Seria mais um raro e controvertido dado que fortaleceria os pesquisadores reducionistas na briga eterna com os chamados holistas. Os primeiros priorizam o detalhe, os segundos priorizam o conjunto. E brigam para interpretar a fisiologia cerebral há mais de um século, indiferentes de que talvez a verdade esteja na conversa dos extremos.

Bem, esses neurônios foram encontrados e estudados no cérebro humano por um grupo de pesquisadores norte-americanos em trabalho divulgado recentemente pela revista *Brain*. Trabalho heroico! Os pesquisadores se associaram a neurocirurgiões que analisavam a localização do foco epiléptico de pacientes refratários ao tratamento com medicamentos. Isso se faz por meio de uma cirurgia guiada por imagem de ressonância e o registro da atividade elétrica cerebral em busca da região focal das crises, que pode, então, ser removida.

Com o consentimento dos pacientes, a equipe instalou um dispositivo com 8 microfios condutores capazes de detectar os impulsos nervosos de neurônios individuais. Como esse tipo de cirurgia muitas vezes pode ser feito sem anestesia geral, pois o tecido cerebral não sente dor, aos 9 pacientes acordados pediu-se que encontrassem alvos visuais em figuras apresentadas em um monitor à sua frente. Como no exemplo da foto dos jogadores do Flamengo. Ao mesmo tempo, os movimentos oculares dos pacientes foram registrados com dispositivos especiais, permitindo o rastreamento do percurso dos olhos em busca do alvo.

Metade dos quase 200 neurônios estudados alterava o disparo de impulsos em função da trajetória motora dos olhos, porém o mais surpreendente é que a outra metade só disparava quando o alvo era encontrado! Quer dizer: temos neurônios que acusam quando atingimos as metas a que nos propomos. E, se esses neurônios estiverem com o seu funcionamento prejudicado, a meta não será cumprida, porque não será identificada como tal.

Caminho aberto para uma interpretação científica de inúmeras condições que prejudicam o foco em metas definidas. Caminho aberto também para utilizarmos tecnologias – *games*, por que não? – que ajudem as crianças a sintonizar os seus neurônios pré-frontais para o atingimento de metas. Competência socioemocional pura!

▶ **Figura.** Onde está Gabigol? Alguns neurônios especializados do córtex cerebral acusam o final da busca (seta amarela), com o alcance da meta. Gabigol está atrás do goleiro!

Referência
Wang S et al. (Abstract goal representation in visual search by neurons in the human pre-supplementary motor area. *Brain*. 2019;142:3530-3549.

Texto baseado em artigo originalmente publicado em O Globo Online *em 28/11/2019.*

VISÃO DAS COISAS

OPERAÇÕES FUNCIONAIS DOS NEURÔNIOS DA VISÃO

O sistema visual tem sido muito favorável ao estudo funcional, principalmente em virtude das características físicas da luz. É possível projetar sobre uma tela, ou exibir em um monitor, estímulos luminosos bem definidos, escolhendo-se sua forma, cor, posição, direção e velocidade de deslocamento, além de outros parâmetros físicos. Ao mesmo tempo, um animal de laboratório pode ser mantido anestesiado ou acordado, de olhos abertos em frente à tela, e submetido ao registro dos potenciais produzidos por neurônios visuais individuais em qualquer das regiões que acabamos de descrever. O pesquisador correlaciona o surgimento do estímulo em um ponto da tela com qualquer alteração da atividade bioelétrica do neurônio estudado e conclui que aquele neurônio "processa" aquele estímulo. Em outras palavras, o pesquisador torna-se capaz de discernir quais são os estímulos capazes de ativar ou desativar especificamente este ou aquele neurônio, desta ou daquela região neural.

Esse paradigma[G] experimental tem sido amplamente utilizado para todas as partes do sistema visual, da retina ao córtex, e levou à compreensão das operações funcionais dos neurônios da visão.

▶ Neurônios e Circuitos da Retina: as Primeiras Ações de Processamento Visual

Pode-se ver, no Capítulo 6, que da fototransdução resulta um potencial receptor hiperpolarizante nos cones e bastonetes sempre que estes são atingidos pela luz. Quando o fundo está iluminado, entretanto, e o estímulo que atinge os fotorreceptores é escuro, resulta um potencial despolarizante. A polaridade do potencial receptor visual, assim, depende da relação de luminosidade entre o estímulo e o fundo. Esta constatação contraintuitiva – o estímulo escuro produz despolarização, o claro produz hiperpolarização – tem uma razão de ser para nós, animais diurnos. É que, durante o dia, a maioria dos estímulos que alcança nossas retinas é mais escura que o fundo...

Os receptores visuais não são capazes de produzir potenciais de ação, nem isso seria necessário, pois as células são muito curtas e não é preciso conduzir a informação ao longo de grandes distâncias. A despolarização dos pedículos dos fotorreceptores (por estímulos escuros) provoca a liberação de glutamato pelas vesículas sinápticas e causa a ativação de diferentes receptores moleculares* presentes na membrana pós-sináptica das células bipolares. A hiperpolarização (por estímulos claros), evidentemente, diminui a

liberação desse neurotransmissor excitatório. De qualquer modo, a transmissão sináptica produz um potencial pós-sináptico despolarizante que se espraia pela membrana da célula bipolar até as sinapses que ela estabelece com os dendritos das células ganglionares (Figura 9.6D). A célula bipolar também não é capaz de produzir potenciais de ação. O mesmo se aplica às células amácrinas e às células horizontais, mas não às ganglionares, já que estas possuem longos axônios que emergem da retina e estendem-se até os núcleos visuais do encéfalo. Desse balanço de potenciais des- e hiperpolarizantes, resulta o disparo de uma certa frequência de PAs nos axônios das células ganglionares em direção ao encéfalo.

Na fóvea, onde é frequente a ocorrência de linhas exclusivas por meio das quais cada cone se conecta a uma célula bipolar, e cada bipolar a uma ganglionar (Figura 9.7A), o tamanho mínimo do estímulo (isto é, área de retina) capaz de estimular essa cadeia de neurônios é muito pequeno, quase correspondente à dimensão do próprio cone. Mesmo nessa região retiniana de visão central existem, no entanto, circuitos que distribuem a informação no plano da retina, propiciados pela morfologia transversa dos dendritos das células horizontais e das células amácrinas. Por isso, quando se registra a atividade elétrica de qualquer dessas células, sob estimulação luminosa incidente sobre uma tela ou monitor defronte ao animal (Figura 9.11A), pode-se delimitar uma pequena região em algum ponto da tela, cuja estimulação faz aumentar ou diminuir a amplitude dos potenciais sinápticos ou a frequência dos potenciais de ação (no caso das ganglionares). Essa pequena região chama-se *campo receptor*. Uma vez definida a posição do campo receptor, o pesquisador pode estudar a natureza do estímulo que influencia mais eficazmente a atividade elétrica do neurônio visual: um círculo de luz amarela que pisca, um retângulo de luz verde que se move para a direita, uma borda de contraste preto e branco inclinada de 60°, e assim por diante. Observe que esse conceito de campo receptor se aplica a todos os neurônios visuais, da retina ao córtex cerebral: é a região do campo visual capaz de ativar um neurônio, pela projeção, nela, de um estímulo específico. O mesmo estímulo, fora dessa região, não ativa o neurônio. E mais: o mesmo conceito se aplica aos campos receptores somestésicos, só que, neste caso, a estimulação se dá na superfície do corpo, e não no campo visual.

O estudo dos campos receptores dos neurônios da retina revelou que essa estrutura sensorial não apenas realiza a fototransdução, mas também efetua as primeiras operações de processamento da informação visual. Tanto as células bipolares como as ganglionares possuem campos receptores circulares com uma região central e uma periferia antagônica (Figura 9.11B). Quando um estímulo luminoso incide exclusivamente sobre o centro do campo receptor e a célula aumenta sua atividade elétrica, diz-se que ela é do tipo centro-*on* (*on*, como sabemos, é um termo em inglês

---

* Lembre-se da distinção entre receptores sensoriais e receptores moleculares. São coisas diferentes!

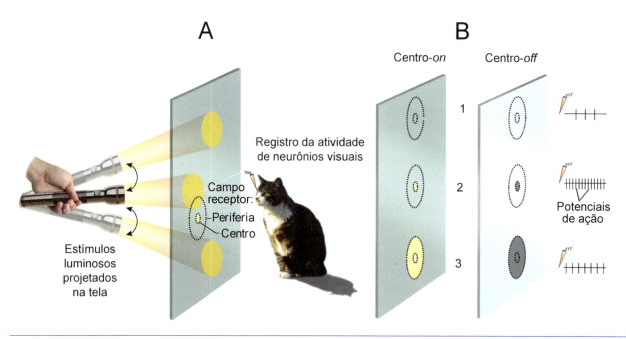

▶ **Figura 9.11.** Um experimento de registro eletrofisiológico da atividade de células da retina de um gato (**A**). O gato – que pode estar anestesiado ou desperto, dependendo do experimento – olha para uma tela escura sobre a qual o pesquisador projeta formas geométricas luminosas, ou para uma tela iluminada sobre a qual incidem formas escuras (sombras). Movendo o estímulo, o pesquisador encontra o campo receptor em algum ponto da tela. **B** ilustra dois neurônios hipotéticos: um que dispara pouco quando não há estímulo sobre a tela (**B₁** à esquerda), dispara muito quando um círculo de luz é projetado exclusivamente no centro do campo receptor (**B₂** à esquerda), e pouco quando o estímulo invade também a periferia do campo (**B₃** à esquerda). Este é um neurônio centro-on. O outro neurônio (à direita em **B**) responde "em negativo" (centro-off): a tela é toda iluminada e o estímulo é um círculo escuro.

equivalente a "ligado"). Nesse caso, aumentando o tamanho do estímulo para que ele atinja também a periferia do campo receptor, observa-se que a atividade da célula diminui: a periferia exerce ação antagonista em relação ao centro.

Quando, ao contrário, utiliza-se um estímulo mais escuro que o fundo, também incidente exclusivamente sobre o centro do campo receptor, algumas células retinianas aumentam a sua frequência de disparo: são as células do tipo centro-*off* (do termo em inglês equivalente a "desligado"). Essa organização antagonista entre o centro e a periferia do campo receptor indica que as células horizontais (talvez também as amácrinas) são responsáveis por esse fenômeno, distribuindo conexões inibitórias ou excitatórias lateralmente, criando, assim, as periferias dos campos receptores. O mecanismo é capaz de delimitar melhor as bordas do setor restrito do mundo visual que ativa uma determinada célula bipolar ou ganglionar. Trata-se de uma primeira operação de processamento visual capaz de acentuar o contraste das bordas das imagens que se formam sobre a retina.

As células ganglionares foram muito estudadas pelos neurocientistas em diferentes animais, tendo em vista que é desses neurônios que parte a informação enviada ao cérebro pela retina. Esses estudos possibilitaram correlacionar a morfologia dessas células com as suas propriedades fisiológicas, resultando a descoberta de muitos tipos morfofuncionais diferentes que veiculam ao cérebro informações paralelas sobre aspectos diversos da imagem visual. Essas descobertas foram feitas no macaco, e há vários indícios sugerindo que podem ser extensivas ao homem. Apesar da multiplicidade de tipos morfológicos (cerca de 12), três parecem desempenhar papéis mais importantes no processamento visual.

1. Menos de 10% das ganglionares do macaco e dos seres humanos têm soma e dendritos de grandes dimensões, campos receptores também grandes, axônios calibrosos com grande velocidade de condução e uma resposta rápida e passageira aos estímulos (= adaptação rápida). São chamadas células do *tipo M* (de "magnocelular") e, como veremos adiante, parecem estar relacionadas com a detecção de objetos em movimento.

2. Mais de 80% das ganglionares dos primatas têm características opostas: são pequenas, mas com árvores dendríticas bastante ramificadas, campos receptores também pequenos, axônios mais finos de velocidade de condução menor e resposta mantida aos estímulos (= adaptação lenta). Além disso, o centro e a periferia de seus campos receptores frequentemente apresentam oposição de cor: o centro pode ser *on* para o verde e *off* para o vermelho, ou vice-versa. Essas células ganglionares constituem o *tipo P* (de "parvocelular"), sendo

possivelmente relacionadas com a detecção de forma e cor dos objetos do mundo visual.

3. Um terceiro tipo, menos frequente, tem corpo pequeno, axônio fino, mas uma árvore dendrítica biestratificada (ou seja, formando duas camadas). Essas ganglionares biestratificadas pequenas são do *tipo K* (de "coniocelular") e apresentam também campos receptores com oposição das cores azul e amarela entre o centro e a periferia.

As demais células ganglionares são mais raras e não se classificam em qualquer desses três tipos, tendo propriedades ainda mal conhecidas. Já se sabe, entretanto, que um subtipo dessas ganglionares expressa uma proteína fotossensível, a melanopsina, e responde por um tipo de fototransdução independente dos cones e bastonetes, desvinculada da percepção visual, mas envolvida com a detecção dos níveis de luminosidade ambiente. Essa função é necessária para informar o hipotálamo sobre o ciclo dia-noite e, assim, sincronizar com ele os ritmos fisiológicos (sono-vigília, níveis hormonais, atividade motora e outras funções). A função dessas células ganglionares diferentes, intrinsecamente fotossensíveis, é abordada com maior detalhe no Capítulo 16.

▶ As Vias Paralelas da Retina ao Tálamo

Os três tipos de células ganglionares têm endereço privativo no tálamo[A], formando verdadeiras vias paralelas (ou "canais", como gostam de dizer os fisiologistas) de processamento de diferentes aspectos da informação visual: são as vias M, P e K (Figura 9.12). No canal M, os axônios das ganglionares M se projetam às camadas magnocelulares do geniculado: as fibras de cada olho que cruzam no quiasma terminam na camada 1, enquanto as que permanecem no mesmo lado terminam na camada 2 (Figura 9.12A). Correspondentemente, no canal P os axônios das ganglionares P se projetam às camadas parvocelulares do geniculado: os que cruzam terminam nas camadas 4 e 6, enquanto os ipsilaterais terminam nas camadas 3 e 5 (Figura 9.12B). E, no canal K, os axônios das ganglionares K terminam nos espaços interlaminares do geniculado (Figura 9.12C), onde

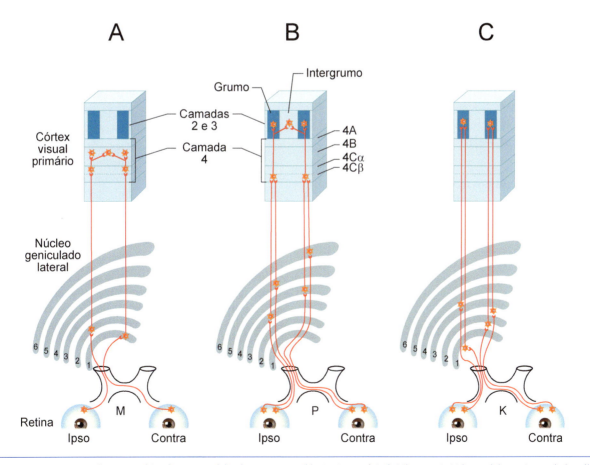

▶ **Figura 9.12.** Representação esquemática das vias paralelas do sistema visual (primeiros estágios). **A** ilustra a via M (o canal de movimento), das células ganglionares grandes da retina até o córtex visual primário, passando pelo tálamo. No córtex as camadas são delimitadas por linhas horizontais, e os módulos estão indicados pelos retângulos escuros (grumos) e claros (intergrumos). **B** representa a via P (o canal de forma e cor). **C** representa a via K, presumivelmente formada pelas células ganglionares biestratificadas da retina (outro canal de cor).

há neurônios também, tão pequenos que motivaram o nome do canal, derivado do grego *konios* (= poeira).

Os campos receptores dos neurônios do geniculado são semelhantes aos das ganglionares retinianas. Os das células magnocelulares são grandes, apresentam organização centro-periférica antagônica e respondem a estímulos acromáticos porque recebem informações provenientes de todos os tipos de cones; a resposta dessas células é também rápida e passageira. Os campos receptores dos neurônios parvocelulares são pequenos e apresentam oposição de cor entre o centro e a periferia, porque essas regiões recebem informações de cones diferentes, especialmente os que são sensíveis aos comprimentos de onda longos (vermelhos) e médios (verdes); sua resposta é mantida enquanto dura o estímulo. E os campos receptores dos neurônios interlaminares têm diferentes dimensões, com oposição de cor entre o azul e o amarelo. Tendo em vista essas características, pode-se dizer que o canal P é importante para a visão de alta resolução[G] espacial, isto é, para a detecção precisa do tamanho, da forma e da cor dos objetos, enquanto o canal M é importante para a visão com alta resolução temporal, ou seja, a detecção da velocidade e do sentido dos objetos em movimento. Essas diferenças, no entanto, não são absolutas, pois os dois canais cooperam nas funções complexas de percepção da forma e do movimento. Em relação à visão de cores, pode-se dizer que as células P transmitem informação sobre o eixo de cores oponentes verde-vermelho, as células K sobre o eixo azul-amarelo e as células M sobre o eixo branco-preto.

▶ Módulos e Paralelismo no Córtex Visual Primário

O estudo dos campos receptores do córtex visual primário foi realizado a partir dos anos 1950 por uma dupla de pesquisadores da Universidade Harvard, nos Estados Unidos, David Hubel e Torsten Wiesel. Os estudos de ambos produziram importantes descobertas e novos conceitos sobre o processamento visual no córtex cerebral e valeram-lhes o prêmio Nobel de Medicina ou Fisiologia de 1981.

Um dos experimentos engenhosos de Hubel e Wiesel consistiu na injeção de um aminoácido de baixa radioatividade em um dos olhos de macacos anestesiados. Após vários dias, verificaram que a radioatividade tinha sido transportada ao longo das fibras do nervo óptico, transferida, por meio das sinapses geniculares, para os axônios das radiações ópticas e acumulada na camada 4 de V1. Esta camada era sabidamente o sítio mais importante de terminação das fibras geniculocorticais. O que não se sabia era que essas fibras produziam grande densidade de arborizações terminais em regiões alternadas para cada olho. Examinando-se cortes ortogonais à superfície cortical, apareciam colunas de maior radioatividade na camada 4 (correspondentes ao olho contralateral, injetado) alternadas com colunas de baixa radioatividade (correspondentes ao olho ipsilateral, não injetado). Examinando-se cortes obtidos no mesmo plano da camada 4 (Figura 9.13A), as colunas se revelaram bandas e foram chamadas *colunas ou bandas de dominância ocular*, formando todo um sistema modular alternado de representação dos dois olhos (Figuras 5.6 a 5.8). Posteriormente, o experimento de Hubel e Wiesel pôde ser reproduzido com outras técnicas (Figura 9.13C): como no geniculado lateral, no córtex a informação proveniente de cada olho também permanecia segregada nas bandas adjacentes da camada 4. O registro da atividade elétrica era coerente: os neurônios da camada 4 eram ativados predominantemente por um dos olhos em uma banda e pelo outro na banda adjacente.

Os estudos de Hubel e Wiesel revelaram também que os campos receptores dos neurônios de V1 são diferentes dos retinianos e dos talâmicos. Embora sejam encontrados campos receptores circulares na camada 4, outros campos nessa mesma camada e aqueles encontrados nas demais camadas do córtex são alongados, cada um deles apresentando faixas antagonistas ladeando uma faixa central. A estrutura alongada dos campos receptores mostra um novo parâmetro dos estímulos visuais: sua orientação no espaço. Em vez de círculos de luz ligados, desligados ou movimentados dentro do campo receptor, os neurônios corticais eram mais bem ativados por retângulos de luz, que obviamente tinham de ser inclinados de acordo com a orientação do campo receptor.

Além da dominância ocular, Hubel e Wiesel descobriram, assim, uma nova característica funcional dos neurônios visuais: a *sensibilidade à orientação* dos estímulos. E foram além. Descobriram que os neurônios seletivos à mesma orientação (Figura 9.14A) formavam colunas atravessando toda a espessura do córtex, alinhadas com cada banda de dominância ocular da camada 4. Colunas adjacentes tinham preferência por orientações ligeiramente diferentes, de modo que, ao longo de cada banda de dominância ocular, estavam representados os 180° possíveis de inclinação dos estímulos. Além disso, alguns neurônios sensíveis à orientação do estímulo podem ser ativados por retângulos de luz ligados ou desligados dentro do campo receptor, mas outros exigem que os retângulos se movam em uma direção determinada. Essas células, além de sensíveis à orientação do estímulo luminoso, apresentam como característica funcional adicional a *sensibilidade à direção* de estímulos em movimento.

As bandas de dominância ocular e as colunas de orientação são módulos funcionais característicos de V1, mas não são os únicos. Uma descoberta acidental revelou a existência de um outro sistema de módulos. A pesquisadora americana Margaret Wong-Riley estudava a presença de uma enzima mitocondrial no córtex (chamada citocromo-oxidase) quando se deparou com a presença de grumos, pequenos

VISÃO DAS COISAS

▸ **Figura 9.13.** Os módulos do córtex visual primário podem também ser visualizados por meio da atividade de uma enzima metabólica (citocromo-oxidase), e mais bem revelados em planos paralelos às camadas corticais. Em **A** e **B**, esquemas das bandas de dominância ocular na camada 4 de V1, e dos grumos das camadas 2-3. Em **C** e **D**, as bandas e os grumos revelados pela técnica de citocromo-oxidase na área V1 do macaco-prego. As duas fotos de baixo são montagens fotográficas de cortes histológicos paralelos ao plano das respectivas camadas no córtex. Fotos cedidas por Sheila Nascimento Silva, do Instituto de Ciências Biomédicas da Universidade Federal do Rio de Janeiro.

pilares de atividade enzimática mais intensa, distribuídos como um mosaico em toda a camada 3 de V1 (Figura 9.13B e D). Tais grumos (ou *blobs*, em inglês) não passariam de uma irregularidade na expressão de uma enzima cerebral, não fosse a sua correlação com as propriedades funcionais dos neurônios corticais. Essa correlação foi determinada por Hubel, que encontrou, dentro dos grumos, neurônios com campos receptores circulares e oposição de cor, sendo, portanto, insensíveis à orientação do estímulo, mas portadores de *sensibilidade ao comprimento de onda*, ou seja, sensibilidade à cor do estímulo. Na área visual secundária também foram encontrados módulos de citocromo-oxidase, com a forma de bandas finas e espessas (e regiões interbandas) em vez de grumos (e de regiões intergrumos).

Os módulos encontrados no córtex visual primário podem ser reunidos conceitualmente na *hipercoluna* (Figura 9.14B),

313

Neurociência Sensorial

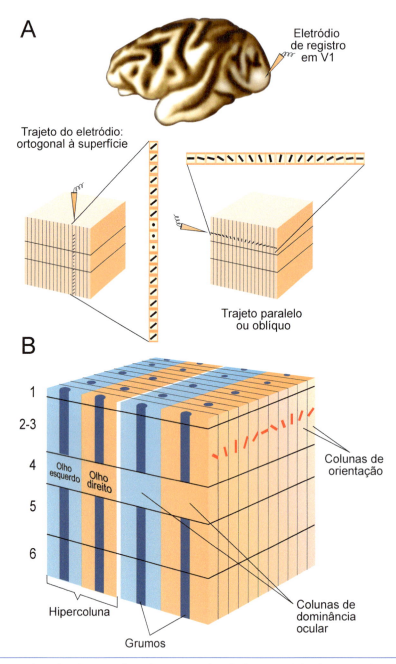

▶ **Figura 9.14. A**. No córtex visual primário do macaco (acima) o registro ordenado das propriedades de resposta dos neurônios à orientação angular dos estímulos projetados sobre a tela, indicou a existência de colunas ortogonais de mesma orientação (abaixo, à esquerda). **B**. As colunas de orientação, reunidas aos grumos e às bandas de dominância ocular formam a hipercoluna, um grande módulo de processamento da informação visual em V1. A figura mostra duas hipercolunas adjacentes.

uma verdadeira unidade de processamento capaz de analisar as principais propriedades de um objeto do mundo visual: sua forma, seu movimento, sua cor. Dentro da hipercoluna, os módulos começaram a fazer sentido funcional quando relacionados com o conceito de *paralelismo* das vias visuais, já mencionado anteriormente. Segundo esse conceito, que já se tornou clássico, as operações funcionais realizadas pelo sistema visual são segregadas em canais paralelos de informação (Figura 9.12). Haveria um canal funcional destinado à análise do movimento dos objetos, o canal M: como já vimos, é a via que se origina nas células ganglionares M, passa pelas camadas magnocelulares do geniculado e alcança os neurônios seletivos à orientação e à direção de movimento, encontrados em V1 (Figura 9.12A).

Haveria também um canal destinado à análise da forma e cor dos objetos, o canal P. Trata-se da via que se origina nas células ganglionares P, passa pelas camadas parvocelulares do geniculado e ali se subdivide em duas: uma alcança os neurônios das regiões intergrumos de V1, sensíveis principalmente à orientação, mas não à direção de movimento dos estímulos (Figura 9.12B); a outra alcança os neurônios nos grumos de V1, sensíveis aos comprimentos de onda verde e vermelho. E, finalmente, haveria um segundo canal para a análise de cores, o canal K: é a via originada das ganglionares K, que passa pelas regiões interlaminares do geniculado e chega às células sensíveis aos comprimentos de onda curtos (em torno do azul), encontradas nos grumos de V1 (Figura 9.12C).

Esse conceito clássico de paralelismo tem sido recentemente questionado, pois sua individualidade parece desaparecer após V1. Os canais se misturam, e as vias dorsal e ventral do córtex visual – canais perceptuais de identificação da localização e da forma dos objetos, respectivamente – passam a exibir propriedades mistas dos canais originais.

LOCALIZAÇÃO ESPACIAL DOS OBJETOS NO MUNDO VISUAL

As operações funcionais realizadas pelos diferentes neurônios das vias paralelas que compõem o sistema visual destinam-se a permitir ao indivíduo realizar as diferentes tarefas que caracterizam as submodalidades visuais. A primeira delas é a capacidade de localizar objetos no mundo visual. De que modo o sistema visual realiza essa tarefa?

Localizar objetos no mundo visual é importante sob vários pontos de vista. Primeiro, é preciso dispor de reflexos visuomotores que possibilitem orientar os olhos, a cabeça e o corpo em relação a um determinado setor do campo de visão para que este seja examinado pela fóvea, a região da retina capaz de suficiente acuidade para a identificação de detalhes presentes nessa região do campo. Além disso, é necessário conhecer as relações topográficas entre as diversas partes de uma cena visual, ou entre as diversas partes de um objeto, para que eles façam sentido perceptual. O sistema visual, portanto, torna-se mais vantajoso a um animal se for capaz de reconstruir o mundo utilizando mapas topográficos de alta precisão para que a orientação visuomotora do corpo e a percepção propriamente dita sejam realizadas com mais sucesso comportamental.

Mapas topográficos existem em praticamente todas as regiões visuais do sistema nervoso. Para compreender como eles são, é necessário, primeiro, estabelecer um sistema de referências para identificar as diversas partes do mundo visual. Se estamos fixando um ponto qualquer do espaço com nossos olhos, consideramos que toda a região desse espaço acessível à percepção é o nosso campo visual (Figura 9.15). Podemos perceber que ele é delimitado pelos acidentes anatômicos de nossa face: as rebordas orbitárias,

o nariz etc. É claro que o campo visual completo resulta da superposição parcial dos campos de cada olho, que são ligeiramente diferentes. Uma ampla região à nossa frente é vista simultaneamente por ambos os olhos, e por isso é dita campo binocular.

Além disso, podemos observar, para os lados, duas regiões mais laterais vistas apenas por cada um dos olhos: são os campos monoculares esquerdo e direito. Considerando o campo visual de cada olho, podemos convencionar que ele seja dividido em duas metades por um plano imaginário que passa pelo centro da fóvea (a linha vermelha na Figura 9.15). As duas metades são os hemicampos nasal (por estar mais próximo ao nariz, medialmente) e temporal (por estar mais próximo à têmpora, lateralmente). Por convenção, podemos também dividir os hemicampos imaginando um plano horizontal que passe pela fóvea. Agora o campo visual de cada olho estará dividido em quatro quadrantes: superior nasal, superior temporal, inferior nasal e inferior temporal. Com os dois olhos abertos, normalmente fixando o mesmo ponto do espaço, esses planos imaginários determinam um meridiano horizontal e um meridiano vertical (como nos mapas de geografia) cujo cruzamento é o centro visual do campo.

A partir daí, diferentes sistemas de coordenadas podem ser construídos para identificar com precisão a posição de quaisquer pontos no campo visual: é o que se vê em cada lado do mapa da Figura 9.15. Assim, por exemplo, a posição de um ponto em qualquer quadrante do campo visual de um olho pode ser descrita a tantos graus acima do meridiano horizontal e a tantos graus de afastamento do meridiano vertical (à direita no mapa da Figura 9.15), ou a tantos graus de afastamento do meridiano vertical e a tantos graus de afastamento do centro do campo (à esquerda no mapa da Figura 9.15).

As coordenadas do campo visual podem ser também aplicadas à retina. Nesse caso, entretanto, tudo será invertido, já que a imagem que se forma sobre a retina é invertida pelo sistema óptico do olho. Desse modo, o quadrante temporal inferior de cada olho corresponde ao quadrante nasal superior do campo visual do mesmo olho, e assim por diante. Ainda que, de modo invertido, a hemiesfera retiniana reproduz fielmente o campo visual correspondente (Figura 9.15). Ocorre que as fibras do nervo óptico preservam essa organização retinotópica (ou visuotópica, se preferirmos considerar o campo visual) e transferem-na aos seus alvos subcorticais. Existem, portanto, mapas retinotópicos no colículo superior, no pré-tecto e no núcleo geniculado lateral. Mapas retinotópicos existem também nas diferentes áreas corticais. Trata-se de uma representação topográfica, isto é, ordenada, do campo visual no tecido nervoso, algo semelhante aos mapas somatotópicos do sistema somestésico, que consistem numa representação ordenada do corpo no tecido nervoso correspondente (Capítulo 7).

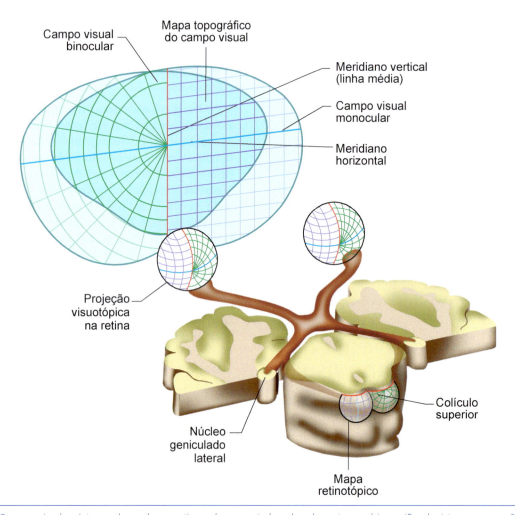

▸ **Figura 9.15.** O campo visual projeta-se sobre ambas as retinas e é representado ordenadamente em várias regiões do sistema nervoso. Se o dividirmos em coordenadas, como um mapa topográfico, essas mesmas coordenadas podem ser projetadas às retinas, e representadas nas regiões visuais. O mapa topográfico do campo é chamado mapa visuotópico em cada retina e retinotópico nas regiões centrais de cada lado do cérebro. A figura apresenta dois tipos de coordenadas: polares (em verde, no hemicampo esquerdo) e azimutais (em roxo, no hemicampo direito). Os mapas de cada hemicampo apresentam-se invertidos nas retinas, e os mapas de cada hemirretina encontram-se em um só lado do cérebro.

O modo como cada região visual irá utilizar a informação topográfica contida nesses mapas retinotópicos será determinado por sua função. Também as características dos mapas variam de acordo com a operação funcional das diferentes regiões visuais. O núcleo geniculado lateral e o córtex visual primário participam de funções perceptuais baseadas no reconhecimento de detalhes de forma, movimento e cor detectados a partir da fóvea. Por isso a fóvea, que ocupa uma fração pequena da superfície da retina, mas contém grande densidade de receptores, possui uma extensa representação nessas regiões. Diz-se, então, que o fator de amplificação é maior para a fóvea que para a periferia da retina. Resulta nessas regiões um mapa retinotópico "deformado", no qual a representação da região de visão central é muito maior que a periférica (Figura 9.16).

Essa anamorfose^G do mapa retinotópico por aumento da representação da fóvea é análoga à anamorfose do mapa somatotópico por aumento da representação da mão e da face (Capítulo 7). No colículo superior e no pré-tecto, a função predominante não é perceptual, mas, sim, visuomotora: neste caso, as regiões periféricas têm grande importância relativa, pois a partir delas serão ativados os movimentos reflexos dos olhos, da cabeça e do corpo, destinados a posicionar melhor a fóvea em direção aos objetos de interesse. Os mapas, nesse caso, não se apresentam tão deformados. Finalmente, há regiões em que as representações retinotópicas são inexistentes, por desnecessárias. É o que acontece no núcleo supraquiasmático do hipotálamo, cuja função é detectar os níveis gerais de luminosidade do ambiente, sem distinção de posição espacial, para sincronizar os ciclos fisiológicos do organismo com a sequência dia-noite.

De que modo as regiões visuais utilizam os mapas retinotópicos? Vejamos o exemplo do colículo superior. Neste caso, como já sabemos, o mapa é utilizado para propiciar a

VISÃO DAS COISAS

▶ **Figura 9.16.** A anamorfose do mapa visuotópico no córtex visual primário produz uma maior representação das regiões centrais do campo, projetadas na fóvea. Desse modo, maior número de neurônios corticais encarrega-se de processar as informações provenientes da fóvea, do que as que se originam na periferia do campo. Modificado de Frisby J. Oxford: *Seeing*. Oxford University Press, 1980.

orientação visuomotora da cabeça e do corpo e, desse modo, localizar a presença de algum objeto de interesse no campo visual. As camadas mais superficiais dessa região mesencefálica são as que recebem as fibras da retina, portanto as que alojam o mapa retinotópico mostrado na Figura 9.15; entretanto o mapa é preservado nas camadas mais profundas do colículo superior, que originam as vias eferentes.

Os setores mais posteriores do colículo superior esquerdo, por exemplo, que representam a hemirretina nasal direita (= hemicampo temporal direito), projetam fibras para regiões do tronco encefálico, que, por sua vez, contactam os núcleos do nervo abducente direito e do nervo oculomotor esquerdo. Esse circuito torna possível ativar seletivamente os músculos oculares apropriados e, assim, mover reflexamente os olhos na direção certa sempre que surge um estímulo luminoso à direita, na extremidade temporal do campo visual. O esquema é semelhante para as demais regiões do campo, conforme a visuotopia correspondente. Os neurônios das camadas profundas do colículo também projetam seus axônios para os segmentos cervicais da medula espinhal contralateral por intermédio de um feixe chamado tecto-espinhal. Assim, no mesmo exemplo anterior, poderão ser ativados também os músculos do pescoço que giram a cabeça para a direita. O controle visuomotor pode ser mais bem estudado no Capítulo 12.

A retinotopia é também muito importante para a percepção, especialmente porque a grande amplificação da região de representação da fóvea (como ocorre em V1) permite a análise detalhada de cada pequeno segmento da imagem projetada (Figura 9.16). Neste momento em que você lê este livro, ao fixar a visão em um ponto, ele será projetado na sua fóvea, o que significa que a ampla região de visão central de V1 poderá examinar todos os detalhes, sempre mantendo as relações topográficas ponto a ponto. Desse modo podemos identificar cada frase, cada palavra ou cada letra da região de fixação sem perder a sua relação com a vizinhança, como se estivéssemos realizando *zooms* sucessivos com a nossa atenção.

A MEDIDA DA INTENSIDADE LUMINOSA

Intuitivamente, sabemos que o nosso sistema visual é capaz de distinguir diferentes intensidades luminosas e acreditamos que isso se relaciona diretamente com a energia da luz incidente. Raciocinamos simplesmente que, quanto mais forte um estímulo, maior a frequência dos potenciais de ação que emergem do olho pelo nervo óptico em direção aos núcleos do sistema visual. Não é bem assim. A avaliação da intensidade de um estímulo depende de inúmeros outros fatores, além da sua energia luminosa: (1) do nível de adaptação da retina; (2) do nível de "ruído" interno do próprio sistema visual; (3) das cores do estímulo; e (4) das condições de contorno em volta do estímulo. Assim, uma mesma frequência de PAs em uma fibra nervosa pode indicar diferentes intensidades luminosas em função desses diversos fatores, e frequências diferentes podem nos sugerir a percepção de uma mesma intensidade. Vejamos por quê.

Vimos anteriormente que a adaptação é um mecanismo de regulação da sensibilidade retiniana. No escuro, somos mais sensíveis à intensidade luminosa, por isso a luz de uma vela nessas condições nos parece bastante forte; no entanto a mesma vela acesa em um ambiente claro quase nos passa despercebida. É que a hipersensibilidade da retina adaptada ao escuro faz que a luz da vela seja codificada com uma alta frequência de PAs, enquanto a mesma luz da mesma vela produz menor frequência de impulsos quando a retina está adaptada ao claro. Na vigência de uma condição constante de adaptação, entretanto, é válida a proporcionalidade entre energia incidente e frequência de impulsos: duas velas produzem maior frequência de PAs do que uma única vela.

Um complicador: os neurônios geralmente possuem uma atividade espontânea, isto é, disparam impulsos a uma certa frequência mesmo na ausência completa de estimulação luminosa. Na linguagem dos engenheiros de comunicações, a atividade espontânea é o ruído do sistema. Isso determina o limite inferior da sua sensibilidade. Quer dizer: estímulos muito fracos não são detectados, mesmo que sejam capazes de provocar a ativação dos fotorreceptores. Como o ruído neural varia com o ciclo circadiano, com as condições metabólicas gerais do indivíduo, com o seu estado de saúde e outros aspectos, fica claro que o limiar de sensibilidade varia também com esses fatores.

A cor é um fator importante para a medida de intensidade luminosa que o sistema visual realiza, porque os fotorreceptores são mais sensíveis a uma determinada faixa do espectro, como já vimos. A curva de sensibilidade geral da retina, assim, pode ser considerada uma espécie de soma algébrica da sensibilidade dos diferentes fotorreceptores (ver adiante). Na visão fotópica, a sensibilidade é maior para comprimentos de onda em torno de 555 nm (verde-amarelado), enquanto, na visão escotópica, a sensibilidade é maior, em torno de 500 nm (verde-azulado), em ambos os casos decrescendo em direção aos menores comprimentos de onda (azul) e também em direção aos maiores (vermelho). Logo, se estivermos olhando para estímulos verdes e azuis de mesma luminância[G] (equiluminantes), os primeiros nos parecerão mais fortes que os segundos, pois são capazes de produzir maior frequência de potenciais de ação nas fibras do nervo óptico.

Finalmente, a medida de intensidade de um estímulo depende das condições de contorno desse estímulo. Uma figura que tenha a mesma luminância pode ser percebida como mais intensa (mais clara) se estiver sobre um fundo escuro, ou menos intensa (mais escura) se estiver sobre um fundo claro (Figura 9.17). Inconscientemente, levamos em consideração o contorno. Concluímos então que, na verdade, o sistema visual não precisa levar muito em conta o interior de uma figura quando ela possui intensidade e cor homogêneas. Antes, as bordas é que precisam ser percebidas com nitidez, e utilizadas para comparar a figura com o fundo. A intensidade do interior da figura é extrapolada a partir da medida do lado de dentro da borda.

▶ **Figura 9.17.** As setas da esquerda são mais escuras que as da direita? Pura ilusão. O fundo à esquerda é que é mais claro que à direita. Conclusão: o contorno de um objeto influencia a avaliação de intensidade pelo sistema visual.

A IDENTIFICAÇÃO DA FORMA DOS OBJETOS

A identificação da forma dos objetos presentes no mundo visual é realizada pela combinação de atividades dos canais M e P do sistema visual e envolve pelo menos duas operações perceptuais básicas: a primeira consiste na identificação de bordas de contraste que delimitam cada objeto, e a segunda, na avaliação tridimensional do objeto em relação ao ambiente. De que modo o sistema visual dá conta dessas duas operações?

A identificação das bordas de contraste, como vimos, começa a esboçar-se já na retina, por meio do mecanismo de *inibição lateral* propiciado pela estrutura tangencial dos prolongamentos das células horizontais e amácrinas, que criam uma periferia antagônica ao centro do campo receptor das células bipolares e das células ganglionares. É como se a região central do campo receptor, respondendo mais fortemente, "silenciasse" as regiões periféricas mediante a inibição das redondezas pelas horizontais e amácrinas, tornando mais fraca a sua resposta (Figura 9.11B). Os estímulos ótimos para essas células devem estar contidos no centro do campo receptor, pois, sempre que atingem as regiões mais periféricas, a atividade elétrica da célula decresce, resultando em melhor definição de bordas, já que a periferia se torna silenciosa em contraste com o centro bem estimulado.

O mecanismo da inibição lateral não existe apenas na retina, mas também nas camadas parvocelulares do núcleo geniculado e na camada 4 de V1, onde há neurônios com campos circulares de estrutura antagonista como os da retina. A convergência dos axônios desses neurônios de campos circulares "constrói" neurônios com campos alongados nas regiões intergrumos do córtex visual primário (Figura 9.18), e isso permite uma infinidade de possibilidades no reconhecimento de bordas em todas as inclinações. A figura de um triângulo, por exemplo, ativaria mais fortemente os neurônios das colunas de V1 seletivas à orientação de cada um dos lados dessa figura geométrica. É interessante observar que o triângulo pode ser identificado apenas pelas suas bordas, não havendo necessidade – como já vimos – de qualquer operação funcional que detecte o seu interior, a não ser que ele contenha alguma variação de contraste ou cor.

Sabe-se que a análise da forma dos objetos é apenas iniciada pelo córtex visual primário (Quadro 9.2). Essa análise continua ao longo da via ventral das áreas corticais extraestriadas, seguindo uma sequência que passa pelas regiões interbandas de V2, depois V4 e, finalmente, o córtex ínfero-temporal (no giro temporal inferior[A]). Nesse trajeto, os campos receptores dos neurônios vão-se tornando maiores e a retinotopia menos precisa, mas os requisitos de estimulação para ativar as células passam a ser mais sofis-

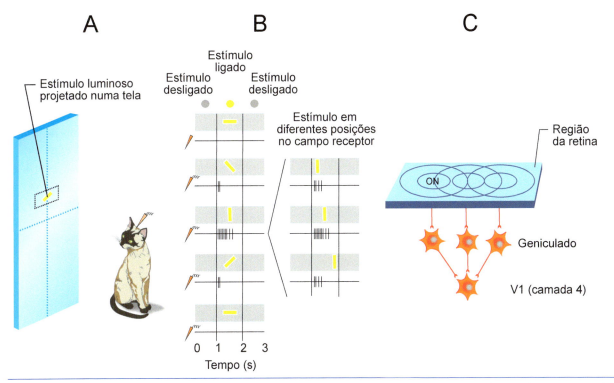

▶ **Figura 9.18.** Os experimentos dos neurofisiologistas no córtex visual de animais como o gato (**A**) permitiram identificar neurônios que respondem a estímulos alongados em uma determinada orientação (**B**). Toda vez que o estímulo sai daquela orientação e alcança a periferia do campo, o neurônio dispara menos. A hipótese mais aceita é que os campos receptores alongados encontrados no córtex sejam "construídos" pela convergência de neurônios com campo circular de estrutura antagonista (**C**).

NEUROCIÊNCIA SENSORIAL

Neurociência em Movimento

Quadro 9.2
Ligando os Pontos e Formando uma Gestalt no Córtex Visual
▶ Kerstin Schmidt*

O modelo convergente e hierárquico do sistema visual tornou-se um caminho seguro para se estudar a visão, mas coloca um problema conceitual difícil: se a imagem é quebrada em pedacinhos de informação – orientação, forma, cor, movimento –, qual mecanismo é responsável pela reunião das partes em um todo? De fato, objetos não são percebidos como aglomerados de partes, mas, sim, como um todo perceptual coeso (a famosa Gestalt). Existe um maestro desta orquestra? E, se não, quais os processos e circuitos no cérebro responsáveis por esta ligação perceptual? Hoje, assumimos que a percepção visual permanece como uma representação simultânea e distribuída em várias áreas, sendo continuamente atualizada, e o meu laboratório procura justamente compreender as relações entre os mapas corticais, circuitos horizontais e calosos e seu papel na integração perceptual.

Descobri meu interesse pelo sentido da visão no início do meu curso de Medicina, em Frankfurt. O treinamento médico não nos levou muito além dos órgãos sensoriais. Foram os professores de anatomia, Heiko Braak, e de fisiologia, Andreas Engel, que me apresentaram lindas células piramidais desenhadas em uma câmara lúcida e me inspiraram a frequentar a série dos seminários de segunda-feira do Instituto Max-Planck de Pesquisa do Cérebro, na Alemanha. Ali abriu-se um mundo novo e emocionante muito além do olho e da retina. Fascinada, procurei o chefe do Departamento de Neurofisiologia, Wolf Singer, para um trabalho de iniciação científica. Coincidentemente, ele e Siegrid Löwel estavam interessados em um aluno para continuar um projeto sobre a influência da experiência visual na conectividade horizontal cortical, seguindo o famoso trocadilho de Donald Hebb: "*neurons that fire together, wire together*"**. Com a técnica de imageamento do cór-

tex, conseguimos obter injeções de rastreadores fluorescentes em colunas de orientação precisas. Desse modo, pudemos confirmar que a experiência visual alterada no estrabismo não apenas conduzia as conexões horizontais a territórios específicos de cada olho, mas, também, às colunas de orientação.

Como muitas vezes acontece, o melhor estava nas entrelinhas. Ao olhar no microscópio, notei que os padrões característicos formados por neurônios marcados não eram distribuídos simetricamente em torno do local da injeção de rastreador, mas formavam elipses oblongas. Singer propôs que outros critérios da Gestalt (além da orientação) podiam ser construídos pelas conexões horizontais. De fato, observadores humanos detectam com mais facilidade uma linha formada por componentes orientados em um fundo de elementos aleatórios, quando eles se ordenam ao longo de seu eixo de colinearidade. Surpresos, confirmamos que o circuito para essa operação já se reflete na elipse ligando os neurônios em V1 (Figura 1).

Ainda nessa época, Giorgio Innocenti, conhecido por seu trabalho sobre conexões calosas, corretamente levantou a ideia de que minhas injeções poderiam ter marcado neurônios no hemisfério contralateral através do corpo caloso. Em colaboração, descobrimos que as conexões calosas não só modulam a atividade de neurônios da mesma preferência no outro hemisfério, mas que o impacto desta modulação depende do estímulo visual.

Em 2011, tive a oportunidade de transferir meu laboratório para o então recém-criado Instituto do Cérebro em Natal (Figura 2). Ampliamos a noção clássica de que as conexões calosas completam a imagem através da linha média do campo visual: essas conexões também poderiam servir para a construção de predições ativas de formas e objetos em movimento. Como exatamente os processos de predição poderiam ser mediados pela atividade neuronal é uma das questões de pesquisa abordadas por nós atualmente. Além disso, estamos interessados na evolução dos mapas e circuitos corticais e nas soluções para o problema da ligação perceptual em diferentes espécies.

---

* Professora titular do Instituto do Cérebro da Universidade Federal do Rio Grande do Norte. Correio eletrôninco: kschmidt@neuro.ufrn.br

** "Neurônios que disparam juntos, acabam por conectar-se", em tradução livre.

Visão das Coisas

▲
▶ **Figura 1. A**: Um objeto constituído por vários elementos destaca-se de um fundo de linhas aleatórias seguindo os critérios de Gestalt, por exemplo, porque eles têm a mesma orientação. O agrupamento é ainda facilitado se o alinhamento dos elementos for colinear. **B**: Neurônios rastreados por fluorescência no córtex visual direito se agrupam em colunas da mesma preferência de orientação tanto no lado ipsilateral (HD) da injeção (estrela), como contralateral (HE). Isso indica que as conexões visuais calosas são tão específicas quanto as conexões intrínsecas. O eixo da elipse muda com a preferência dos neurônios conectados, de modo que os neurônios cujos campos receptores conjuntos estão alinhados, permanecem conectados. No exemplo, as colunas são identificadas por imageamento (em cinza) e posteriormente marcadas com 2-deoxiglicose. A preferência foi a horizontal, e a elipse continua no outro hemisfério. Abreviaturas: lat = lateral, ant = anterior. Barra de escala = 1 mm.

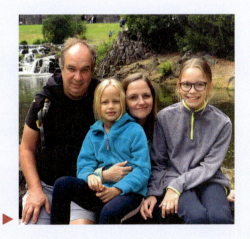

▶ **Figura 2.** Kerstin Schmidt e família em 2019. ▶

ticados. No córtex ínfero-temporal, por exemplo, cerca de 10% dos neurônios são ativados por figuras que representam mãos ou faces em posições bastante específicas. Talvez esses neurônios, chamados provocativamente de células gnósticas (células do saber, do grego *gnosis*), sejam unidades de reconhecimento de formas complexas. O seu papel real na percepção de formas, entretanto, ainda é mal conhecido e será mais detalhadamente discutido no Capítulo 17.

O estudo de indivíduos com lesões restritas nessas áreas tem comprovado seu envolvimento com a percepção de formas. Esses pacientes perdem a capacidade de reconhecer objetos e desenhos (agnosias), mesmo aqueles mais comuns no cotidiano de todos. Alguns perdem a capacidade de reconhecer faces (prosopagnosia), até mesmo a sua própria, vista em um espelho!

Na vida real, os objetos não possuem apenas uma forma bidimensional, como se estivessem todos desenhados ou fotografados em papel. Possuem consistência sólida, conferida pela terceira dimensão do espaço, a profundidade. A detecção de profundidade, também chamada visão tridimensional (3D) ou estereoscópica, é uma submodalidade relacionada com a detecção de formas, que depende de inúmeros fatores.

Um primeiro fator é a cooperação entre os dois olhos, chamada binocularidade. Temos dois olhos afastados cerca de 6 cm um do outro, e a consequência disso é que cada olho vê um mesmo objeto tridimensional a partir de ângulos ligeiramente diferentes. Podemos nos dar conta disso fixando um objeto e fechando alternadamente um olho, depois o outro, e assim repetidamente. Cada ponto de um objeto visto pelos dois olhos simultaneamente produz imagens situadas em pontos não homólogos em ambas as retinas, por isso a imagem que vemos com um olho é diferente da que vemos com o outro olho. Considerando uma dessas imagens, pode-se medir a distância que a separa do ponto "correto", isto é, do ponto homólogo à retina oposta. Essa distância é chamada disparidade, que é uma das grandezas que o sistema visual utiliza para medir a profundidade dos objetos.

Verificou-se que alguns neurônios binoculares do córtex visual são seletivos para disparidade, isto é, produzem maior frequência de potenciais de ação quando ativados por dois estímulos ligeiramente díspares. A disparidade ótima é maior para alguns neurônios, menor para outros, e a consequência é que o córtex dispõe de um extenso conjunto de neurônios seletivos às diferentes disparidades que ocorrem no mundo visual. Talvez você já tenha visto fotos de cenas duplicadas em verde e em vermelho que, quando vistas com óculos com uma lente verde, outra vermelha, parecem tridimensionais. O truque é exatamente fotografar a cena verde com uma pequena disparidade em relação à vermelha: a cena em verde é superposta com um pequeno deslocamento sobre a cena em vermelho. Esse truque faz o que o córtex faria se a cena fosse realmente tridimensional.

Embora a binocularidade seja importante para a visão estereoscópica, ela não é essencial. Prova disso é que continuamos capazes de perceber objetos tridimensionais quando fechamos um dos olhos. Também somos capazes de perceber a terceira dimensão de objetos fotografados ou desenhados, mesmo sabendo que eles estão representados sobre o único plano do papel. A explicação é que o nosso cérebro utiliza outras pistas para a visão 3D, além da binocularidade, algumas delas possivelmente de natureza cultural. Interpretamos linhas retas convergentes (p. ex., os trilhos de uma ferrovia) como linhas paralelas que se afastam de nós. Do mesmo modo, se observamos uma longa fila de pessoas, sabemos que algumas formam imagens pequenas na retina porque estão distantes, e não porque sejam anãs! O tamanho relativo das imagens retinianas produzidas por objetos conhecidos dá-nos indicações do quanto eles estão afastados de nós (Figura 9.19). Igualmente, os objetos que estão em perfeito foco quando observamos uma cena são aqueles situados no plano de nossa atenção, ficando fora de foco os mais distantes e os mais próximos.

▶ **Figura 9.19.** A mulher da esquerda é anã, ou a menina da direita é gigante? Nenhuma das duas opções: a casa é que está construída de modo distorcido (à direita), enganando a nossa percepção de profundidade. Esta ilusão foi criada pelo pintor e psicólogo americano Adelbert Ames II (1880-1955).

A DETECÇÃO DE MOVIMENTOS

Quando a bola de uma criança atravessa o nosso campo visual, em movimento, somos capazes de percebê-la perfeitamente. De modo intuitivo, podemos explicar esse fenômeno perceptual pensando no deslocamento da imagem da bola pelas diferentes regiões da retina, em sequência espacial e temporal que ativará diferentes fotorreceptores, células bipolares, ganglionares, geniculares, e assim por diante, até as regiões corticais mais avançadas. Como se explica, entretanto, que continuemos a perceber o movimento da bola se a acompanharmos com o olhar? O movimento de seguimento dos olhos faz que a imagem se mantenha no mesmo ponto da retina e, ainda assim, percebamos o movimento da bola. Podemos pensar: muito simples, a bola se mantém "fixa" pelo movimento dos olhos, mas o cenário de fundo se desloca na direção oposta. Quem sabe deduzimos o movimento da bola pelo aparente deslocamento do cenário? Sem dúvida, o cenário e os outros objetos em torno da bola ajudam a percepção do movimento dela, mas isso ainda não é suficiente, pois, se acompanharmos a bola a deslocar-se em uma sala escura (ou um círculo projetado com uma lanterna sobre uma parede), perceberemos o seu movimento mesmo na ausência de qualquer cenário coadjuvante. E não basta imaginar que o movimento ocular de seguimento é trêmulo ou imperfeito, insuficiente para "fixar" a imagem da bola no mesmo ponto retiniano, pois mesmo a pós-imagem[G] de uma bola, percebida no escuro, parece mover-se quando os olhos se movem. Então, qual a explicação?

O sistema visual pode obter informação sobre os objetos que se movem no campo visual a partir de dois mecanismos diversos. O primeiro consiste simplesmente na passagem das imagens sobre diferentes locais da retina em sequência temporal e espacial que se reproduz ao longo de todo o sistema visual até o córtex. É o que acontece quando a bola atravessa o nosso campo visual ou o cenário o faz em sentido contrário. O segundo mecanismo consiste na informação proprioceptiva e motora originada da ativação dos músculos extraoculares pelos núcleos correspondentes. É esse último mecanismo que explica a percepção de movimento da bola ou de sua pós-imagem, quando a observamos no escuro.

▶ O Canal de Movimento

Já vimos que a projeção da imagem de um objeto sobre a retina ativa em sequência um conjunto de fotorreceptores, depois as células bipolares e, a seguir, as ganglionares. Quando a imagem está em movimento sobre a retina, a ativação desse circuito se desloca junto. Entre as ganglionares, tanto as células M quanto as P contribuem para a sensação de movimento, a qual depende de como as coordenadas espaciais dos objetos variam no tempo em diferentes níveis de contrastes; as células M sinalizam com grande precisão, como vimos, o momento de ocorrência dessas mudanças, enquanto as células P sinalizam acuradamente as coordenadas espaciais dos objetos, ambas funções fundamentais para a percepção do movimento. O processamento de movimento estende-se aos grumos das camadas 2-3 de V1, às bandas largas de V2 e, depois, às áreas V3 e V5 da via dorsal do córtex visual (Figura 9.9).

Nessas diferentes áreas corticais serão ativados os neurônios sensíveis ao sentido e à velocidade do movimento do objeto, situados nas regiões retinotópicas correspondentes à posição do objeto em cada momento. É possível que alguns desses neurônios estejam simultaneamente envolvidos na identificação da forma do objeto móvel, já que os seus campos receptores são também sensíveis à orientação e a outros aspectos do estímulo.

A área V5 (conhecida também pela sigla inglesa MT, correspondente a "temporal média") parece ser a região cortical mais específica para o movimento, uma vez que há casos de pacientes com lesões cerebrais aí localizadas que apresentam acinetopsia, uma condição neurológica que os torna incapazes de perceber visualmente o movimento das coisas. Além disso, V5 aparece ativada em imagens de ressonância magnética funcional de indivíduos normais quando eles são seletivamente estimulados com imagens em movimento.

▶ A Cópia Eferente, um Caso de Espionagem Visual

O segundo mecanismo de percepção visual de movimento é um caso de "espionagem visual", cuja base neural ainda é pouco conhecida. Postula-se a existência de uma região do sistema visual que receberia uma cópia do programa motor executado pelos núcleos motores dos músculos extraoculares a cada movimento que os olhos realizassem. Essa informação motora é chamada cópia eferente, pois consiste exatamente no padrão de comandos a serem seguidos pelos núcleos motores do globo ocular. Considera-se possível, mas menos eficiente, que essa mesma região receba informações proprioceptivas dos receptores sensoriais situados na musculatura extrínseca do globo ocular. Menos eficiente porque a informação, nesse caso, chegaria ao SNC depois que o movimento tivesse começado.

A região neural que recebe a cópia eferente não é ainda conhecida com segurança, mas não precisa necessariamente estar localizada no córtex. Certos núcleos do pré-tecto, como o núcleo do trato óptico, apresentam neurônios particularmente sensíveis ao movimento dos estímulos, recebem axônios provenientes do córtex visual e não são propriamente motores. É possível que comparem as informações visuais do movimento com a cópia eferente do programa oculomotor, mas essa hipótese ainda aguarda confirmação experimental.

VISÃO DE CORES

Ver cores não é apenas um prazer, é um recurso importante para aumentar a nossa percepção de detalhes e permitir-nos identificar melhor e mais rapidamente os objetos em meio a cenas visuais complexas. Ela também contribui para memorizarmos com mais facilidade uma cena visual. Entre os mamíferos, os primatas antropoides diurnos (inclusive o homem) são os que têm essa capacidade visual mais desenvolvida, vendo verde, vermelho, azul, amarelo, branco, preto e suas combinações. Os demais mamíferos veem apenas azul, amarelo, branco, preto e suas combinações, sendo que alguns têm apenas a visão do branco, do preto e do cinza. Outros animais não mamíferos também possuem visão de cores sofisticada (alguns insetos, por exemplo), em alguns casos mais sofisticada que a dos primatas antropoides.

▶ Três Cores Bastam? Três Cones Bastam?

O interesse dos cientistas pela visão de cores intensificou-se depois que o físico inglês Isaac Newton (1642-1727), em um famoso experimento, utilizou um prisma de cristal para decompor um feixe de luz branca, produzindo, do outro lado, um feixe multicolorido formado pelas diferentes cores do arco-íris, separadas e visíveis. Mais tarde, descobriu-se que a luz branca resulta da combinação de radiações de diferentes comprimentos de onda, o que levou à conclusão de que a cor de uma luz está ligada aos comprimentos de onda que a compõem. Essa descoberta gerou uma pergunta fundamental: como o cérebro é capaz de identificar tantas cores, sendo praticamente infinita a quantidade possível de comprimentos de onda da luz e enorme a nossa capacidade de vê-los? Os neurocientistas da atualidade calculam que somos capazes de ver cerca de 16 milhões de cores diferentes! A primeira resposta a essa pergunta coube ao inglês Thomas Young (1773-1829), que se deu conta da impossibilidade de nossa retina conter tantos fotorreceptores diferentes quantas são as cores perceptíveis. Young experimentou misturar feixes de luz de diferentes cores, variando a sua intensidade, e percebeu que, com algumas poucas cores, que denominou "primárias", podia produzir todas as demais que somos capazes de ver. Raciocinou imediatamente que as "partículas" da retina (como eram chamados os atuais fotorreceptores) deviam ser de apenas três tipos, sensíveis, cada um deles, às cores primárias: vermelho, verde e azul.

A teoria tricromática de Young foi muito questionada, mas estabeleceu-se como verdadeira recentemente, quando se conseguiu medir a sensibilidade espectral dos fotorreceptores, identificando cinco tipos de pigmentos visuais segundo sua capacidade de absorver a luz preferencialmente em certas faixas do espectro (Figura 9.20). O grupo dos cones possui três tipos diferentes de pigmentos, cada um deles absorvendo preferencialmente uma das três cores primárias. Os bastonetes possuem um único tipo de pigmento – a rodopsina –, cuja maior absorbância[G] situa-se na faixa do azul. E um tipo de célula ganglionar intrinsecamente fotossensível possui um pigmento diferente – a melanopsina, cujo pico de sensibilidade fica próximo do dos bastonetes. Já sabemos que os cones se concentram na fóvea e preferem operar em condições fotópicas (Tabela 9.2): são eles os receptores da visão cromática. Os bastonetes, ao contrário, têm maior sensibilidade a luzes de baixa intensidade, mas seu único pigmento não lhes permite informar o cérebro sobre cores. As ganglionares fotossensíveis têm função ainda pouco conhecida: participam da regulação dos ciclos circadianos, mas sua influência na percepção visual é ainda especulativa.

A maior sensibilidade de cada cone a uma faixa restrita de comprimentos de onda significa apenas que é maior a probabilidade de um fóton ser absorvido se estiver vibrando na frequência preferencial do seu pigmento. Para identificar o tipo de cone, costumamos chamá-los pela cor primária correspondente (cones "azuis", "vermelhos" e "verdes"), embora essa forma de denominação seja imprecisa, pois leva a supor, por exemplo, que apenas os fótons "vermelhos"* sejam absorvidos pelos cones "vermelhos", e assim sucessivamente, o que não é verdade. Um cone "vermelho" pode absorver também um fóton "amarelo" ou um fóton "verde" – embora com menor probabilidade. Seu potencial receptor, entretanto, será semelhante em qualquer caso. Outra forma de denominar os cones considera a faixa de comprimentos de onda de maior absorção. Assim, haveria cones S (de *small*, relativo a comprimentos de onda curtos), com pico de absorção no violeta; cones L (de *large*, relativo a comprimentos de onda longos), com pico no amarelo; e cones M (relativo a comprimentos de onda médios), com pico no verde-amarelado.

Quando se trata de milhões, bilhões de fótons incidentes, o jogo de probabilidades favorece decisivamente o comprimento de onda adequado para cada cone. Conclui-se que uma retina que dispõe apenas de um tipo de fotopigmento não é capaz de informar ao cérebro se uma luz incidente é multicromática (composta por radiação de vários comprimentos de onda) ou monocromática, e, sendo monocromática, qual o seu comprimento de onda, ou seja, a sua cor. O cone "vermelho", seguindo o exemplo citado, não saberá se a luz incidente é composta por fótons "vermelhos", "verdes" ou "amarelos" (luz monocromática) ou por vários deles juntos (luz multicromática). Já uma retina com dois fotopigmentos é capaz de discriminar cores, embora em número menor que uma com três fotopigmentos de cones.

Os fótons de uma luz monocromática amarela de 560 nm, por exemplo (Figura 9.20), serão absorvidos em maior número pelo cone "vermelho", mas também, em menor

---

* *Essa denominação para os fótons, obviamente, também é simbólica, pois não existem fótons coloridos: nossa percepção deles é que os faz "vermelhos", "verdes" etc.*

Visão das Coisas

número, pelo cone "verde". As proporções serão diferentes para comprimentos de onda de 570 nm, 580 nm e assim por diante, no entanto uma retina com esses dois tipos de cone não poderá responder a uma luz violeta, porque os fótons dessa faixa do espectro terão pequena probabilidade de serem absorvidos. É semelhante ao que acontece nos indivíduos portadores de daltonismo, uma anomalia genética na qual ocorre ausência ou mutação do gene que codifica um dos três pigmentos visuais dos cones.

Na retina humana normal, com três pigmentos visuais, aumentam as possibilidades de variação das proporções de ativação dos cones, tornando-se enorme a capacidade de discriminação cromática. Para cada cena visual formada por diferentes objetos coloridos, uma combinação particular de fotorreceptores entra em ação em cada setor da retina. Para identificar uma flor alaranjada refletindo luz de 600 nm, por exemplo, estarão ativos muitos cones "vermelhos" e uma menor proporção de cones "verdes". Um objeto ciano (azul esverdeado), por outro lado, envolverá a participação dos três tipos de cones, em proporções dependentes da composição espectral da cor refletida.

Fica claro até aqui que o modo de operação dos fotorreceptores na visão de cores é necessariamente cooperativo. Essa atividade neural cooperativa, entretanto, só faz sentido para a percepção cromática porque os sinais enviados pelos cones são comparados nos neurônios seguintes da retina, sendo essa informação preservada nos demais estágios da via visual que leva ao núcleo geniculado lateral e ao córtex visual.

▶ Os Canais de Cor

Os experimentos dos neurofisiologistas utilizando macacos – especialmente os macacos do Velho Mundo, cujo sistema visual é muito semelhante ao do homem – revelaram os neurônios que constituem os canais de cor. Isto é, revelaram quais as células ganglionares retinianas que recebem a informação convergente dos cones relativa à composição espectral dos estímulos luminosos incidentes, quais os neurônios do núcleo geniculado lateral do tálamo que transferem ao córtex visual a informação cromática recebida da retina e quais as células das diferentes áreas corticais envolvidas com a percepção cromática.

A retina e o geniculado contêm células cromáticas funcionalmente semelhantes, embora algumas sejam do tipo P, que sinalizam a informação sobre os vermelhos e verdes, e outras do tipo K, que sinalizam informação sobre os azuis e amarelos. Soma-se a isso o papel das células M, que sinalizam informação sobre brancos e pretos. Isso significa que há pelo menos dois canais de cor, o canal P e o canal K. Em ambos os casos, os neurônios cromáticos caracterizam-se por apresentar campos receptores de oposição cromática

▶ Figura 9.20. A. Os bastonetes são de um único tipo: absorvem preferencialmente luz em torno de 496 nm (curva tracejada), mas os cones apresentam três tipos (curvas contínuas), cada um com um pigmento diferente: os "azuis" (ou L), que absorvem mais em torno de 419 nm; os "verdes" (ou M), que absorvem maximamente em torno de 531 nm; e os "vermelhos" (ou S), que absorvem principalmente a luz de cor alaranjada (pico em 559 nm). Os apelidos dados a cada um dos tipos não são muito apropriados, mas ilustram a seletividade cromática dos cones. As células ganglionares fotossensíveis absorvem em torno de 480 nm (curva pontilhada). Observe que todos os fotopigmentos "parecem" absorver a mesma intensidade máxima de luz. Não é assim; se a ordenada estivesse expressa em valores absolutos, as curvas dos cones seriam "achatadas", pois a sua sensibilidade absoluta é muito menor que a dos bastonetes. B. Os três tipos de cones distribuem-se aleatoriamente na retina humana, formando um mosaico capaz de representar cada sensibilidade cromática em todas as partes da retina, e, portanto, também do campo visual. Foto cedida por Heidi Hofer, do Centro para a Ciência Visual da Universidade de Rochester, EUA.

325

simples, isto é, excitados por uma cor primária e inibidos pela cor complementar[G] (Figura 9.21A e B). Há dois tipos de campos receptores de oposição cromática: os coextensivos (Figura 9.21A), nos quais o par de oposição atua em toda a área do campo, e os concêntricos (Figura 9.21B), nos quais a oposição de cor é segregada no centro e na periferia. Neurônios desse tipo foram descobertos e estudados no macaco, estimulando o campo receptor com luz de uma cor (vermelho, na figura) e, depois, ou simultaneamente, com luz da cor complementar (verde). Observou-se que aumenta a frequência de disparo de potenciais de ação com uma cor e diminui com a outra.

O córtex visual é mais complexo. Seus neurônios cromáticos estão situados principalmente dentro dos grumos de citocromo-oxidase de V1, das bandas finas de V2 e em toda a extensão de V4. Em V1, seus campos receptores são concêntricos e apresentam oposição cromática dupla (Figura 9.21C), ou seja, o neurônio pode ser ativado quando o centro do campo receptor é estimulado por uma cor (vermelho, na figura) e inibido pela cor complementar (verde), enquanto a periferia é inibida pela primeira cor (vermelho) e estimulada pela cor complementar (verde). Na área V4 descobriu-se a existência de neurônios que respondem à cor percebida, e não necessariamente ao comprimento de onda correspondente. Parece incongruente, mas não é. De fato, esses neurônios complexos de V4 podem representar a base neurobiológica do fenômeno da constância de cor, que veremos adiante.

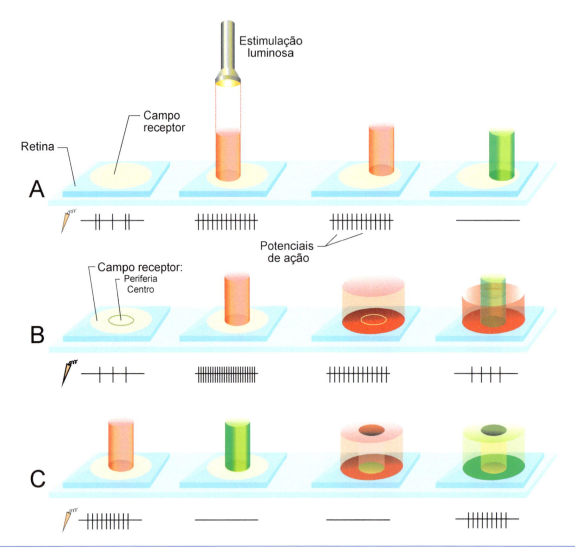

▶ **Figura 9.21.** Neste experimento, a retina é estimulada com luz vermelha ou luz verde, e ao mesmo tempo se registra a atividade de uma célula cromática da retina ou do geniculado (traçados em **A** e **B**), ou então de V1 (traçados em **C**). **A** representa uma célula de oposição cromática simples, com campo coextensivo: um círculo de luz vermelha ativa o neurônio em qualquer posição dentro do campo receptor, mas um círculo verde o inibe. **B** ilustra uma célula de oposição cromática simples com campo receptor concêntrico: neste caso o círculo de luz vermelha ativa mais o neurônio quando é projetado no centro, e menos quando o estímulo alcança a periferia do campo. Ocorre inibição quando o centro é estimulado com luz verde e a periferia, com luz vermelha. **C** representa uma célula de oposição cromática dupla, típica do córtex: ativada por luz vermelha no centro do campo e inibida por luz vermelha na periferia, e também inibida por luz verde no centro e ativada por luz verde na periferia.

A Percepção das Cores

Nossa percepção das cores depende de inúmeros fatores, alguns deles celulares, outros ambientais, outros, ainda, de natureza cultural. Vários aspectos dessa sofisticada capacidade visual podem já ser explicados pela organização biológica do sistema visual, ainda que de modo incompleto e tentativo. Destacam-se particularmente quatro: a discriminação das cores, a oposição cromática, o contraste de cor e a constância de cor.

Já ficou claro o modo como discriminamos as diferentes cores do mundo. O processo depende da existência de três tipos de fotorreceptores (cones), ativados em proporções diferentes para cada tonalidade cromática. Uma cor magenta resulta da ativação dos cones vermelhos e dos cones azuis em uma certa proporção. Igualmente, o ciano resulta da combinação dos cones verdes com os azuis. Outros tons envolvem a ativação composta dos três tipos de cones. A composição resultante é veiculada aos estágios sinápticos seguintes, ainda na retina, ou no tálamo e no córtex visual. No córtex, cada padrão específico de ativação é comparado com os outros que chegam a regiões vizinhas do mapa visuotópico, e, assim, ponto a ponto, a cena visual vai sendo diferenciada quanto à sua composição de cores.

Já repararam que certas "tonalidades" de cor são impossíveis*? Não existe um "verde-avermelhado" ou um "amarelo-azulado", embora exista um azul-avermelhado (magenta) e um verde-azulado (ciano). Mais estranho ainda seria falar de "preto-claro" ou "branco-escuro". Por quê? Por que será que o verde "se opõe" ao vermelho, o azul ao amarelo e o branco ao preto? Podemos buscar a explicação na oposição cromática característica dos neurônios ganglionares, geniculares e corticais. Para esses neurônios, o verde excita, enquanto o vermelho inibe, ou vice-versa. O mesmo ocorre para o azul e o amarelo. A estimulação simultânea de um neurônio desse tipo com vermelho e verde (ou com amarelo e azul) cancela qualquer variação da frequência de disparo de PAs, impedindo a detecção do estímulo luminoso pelos estágios sinápticos posteriores (Figura 9.21B).

A oposição cromática dupla dos neurônios corticais permite explicar outro aspecto da percepção de cores: o contraste de cor (Figura 9.22). Uma figura vermelha em um fundo verde ressalta muito mais do que a mesma figura sobre um fundo preto. O contraste é maior. Do mesmo modo, o amarelo sobre um fundo azul. O fundo parece "influenciar" o estímulo! A explicação para esse fenômeno provém do fato de que, nas bordas da figura com o fundo,

Figura 9.22. O centro cinza da flor violeta parece amarelado, e o centro da flor amarela parece levemente arroxeado, mas ambos são de um tom cinza absolutamente igual...

estamos otimizando a ativação das células corticais de oposição cromática dupla. É como se considerássemos apenas a fileira de células corticais que "veem" a borda, cada uma delas em sua condição de máxima ativação. Quando as cores contrastadas não são primárias, o fundo parece também influenciar a figura: por isso o centro cinza-claro da Figura 9.22 parece arroxeado quando está em fundo amarelo e amarelado quando está em fundo roxo.

Outro fenômeno estranho, há muito conhecido dos psicólogos, tem agora uma explicação biológica: a constância de cor. Uma rosa vermelha parece ser da mesma cor quando iluminada pela luz do sol, por uma lâmpada de tungstênio ou por uma lâmpada fluorescente. O tom do vermelho percebido pode ser ligeiramente diferente, mas não temos dúvida de que é o mesmo vermelho, da mesma rosa; no entanto a diferença de composição espectral da luz refletida nessas diferentes condições ambientais pode ser muito maior que a diferença de tom do vermelho que percebemos. A cor da rosa parece-nos constante, e isso independe da sua composição espectral!

Esse aparente paradoxo foi explicado pelo engenheiro norte-americano Edwin Land (1909-1991), o inventor da antiga fotografia polaroide, mediante uma teoria que pretendeu complementar a teoria tricromática de Thomas Young. Land chamou sua teoria de "retinex", para salientar a ação coordenada do sistema visual da retina ao córtex. A teoria retinex admitiu que a percepção de cores é obtida pela comparação entre diferentes pontos da cena visual, o que corresponde a diferentes pontos também na retina e no restante do sistema visual, e não pela detecção isolada de cada ponto independentemente. O sistema visual analisaria em conjunto as cores de toda a cena visual: a rosa continuaria a parecer vermelha sob iluminação fluorescente porque toda a cena está sob iluminação fluorescente.

Ainda não se conhece exatamente em que região do sistema visual se dá essa comparação, mas já foram detectados neurônios da área V4 do córtex visual que respondem a uma cor, mesmo que estimulados por diferentes composições espectrais. E sabe-se também que a constância de cor desaparece em animais submetidos a lesões específicas de V4.

Estamos falando aqui de cores projetadas, isto é, da mistura de luzes monocromáticas. Quando se fala da mistura de pigmentos (tintas), a situação é bem diferente, pois devemos considerar, neste caso, a fração de luz absorvida e a fração de luz refletida pelo pigmento.

Glossário

Absorbância: medida da capacidade de absorção de luz de um meio.

Ametropia: deficiência de focalização da imagem sobre a retina devida à falta de adequação das dimensões do olho com o poder de convergência dos meios ópticos do olho. Ex.: miopia, hipermetropia, astigmatismo.

Anamorfose: o mesmo que deformação, alteração da forma normal.

Conexões recíprocas: circuitos de fibras nervosas que conectam regiões neurais nos dois sentidos, de A para B e de B para A.

Cores complementares: cores opostas: vermelho x verde; azul x amarelo; branco x preto.

Curva senoidal: curva plana que representa as variações do seno em um círculo trigonométrico.

Dioptria: unidade de convergência de uma lente ou uma superfície esférica com distância focal de 1 metro. É o mesmo que "grau", quando falamos de óculos.

Eixo visual: linha reta imaginária que passa pelo centro da córnea e pelo centro da fóvea.

Epitélio: tipo de tecido de origem embrionária ectodérmica constituído por células cilíndricas ou cuboides que geralmente revestem as superfícies externa e interna dos organismos. A epiderme é um epitélio.

Fóton: partícula elementar de luz. Tipo de *quantum*, a partícula elementar de todas as formas de radiação eletromagnética, visíveis ou não.

Interface: borda de separação entre dois meios: a superfície de um vidro, por exemplo.

Luminância: quantidade de energia luminosa que emerge de uma fonte, incidindo sobre uma determinada área.

Paradigma experimental: abordagem metodológica geral para um certo tipo de questão científica.

Poder de convergência: capacidade refrativa de uma lente ou superfície esférica dependente de sua curvatura e equivalente ao inverso da distância focal. O mesmo que convergência.

Pós-imagem: imagem negativa de um objeto muito claro fixado durante um tempo prolongado e observado em seguida com os olhos fechados ou em um ambiente escuro.

Resolução: parâmetro que expressa a precisão de um sistema de análise ou de representação. Pode ser espacial ou temporal, se se considerar, respectivamente, as dimensões do espaço ou a 4ª dimensão, o tempo.

Retinofugal: adjetivo que denota algo que se afasta da retina; no caso, as fibras das células ganglionares, que se projetam ao encéfalo.

Sensibilidade espectral: o mesmo que sensibilidade cromática, isto é, capacidade de diferenciar estímulos luminosos de diferentes comprimentos de onda.

Leia Mais

▶ Leitura Básica

Bear, MF Connors BW, Paradiso MA. *Neuroscience* – Exploring the Brain. 3ª ed. Nova York, EUA: Lippincott, Williams & Wilkins, 2007. p. 309-342. Texto que cobre apenas o sistema visual, mas não o olho e a retina, tratados à parte.

Silveira LCL. Os Sentidos e a Percepção. In: Lent R. (coord.). *Neurociência da Mente e do Comportamento*. Rio de Janeiro: Guanabara-Koogan, 2008. Texto abrangente que cobre todos os sistemas sensoriais.

Reid RC, Usrey WM. *Fundamental Neuroscience*. 3. ed. Nova York, EUA: Academic Press, 2008. p. 581-608. Texto avançado sobre a fisiologia do sistema visual, inclusive o olho e a retina.

▶ Leitura Complementar

Clássicos

Hecht S, Shlaer S, Pirenne MH. Energy, quanta and vision. *Journal of General Physiology.* 1942;25:819-840.

Kuffler SW. Discharge patterns and functional organization of mammalian retina. *Journal of Neurophysiology.* 1953;16:37-68.

Kaas JH, Guillery RW, Allman JM. Some principles of organization of the lateral geniculate nucleus. *Brain, Behavior and Evolution.* 1972;6:253-299.

Wiesel TN, Hubel DH, Lam DMK. Autoradiographic demonstration of ocular-dominance columns in the monkey striate cortex by means of transneuronal transport. *Brain Research.* 1974;79:273-279.

Hubel DH, Wiesel TN. Brain mechanisms of vision. *Scientific American*. 1979;241:150-162.

Horton JC, Hubel DH. Regular patchy distribution of cytochrome oxidase staining in primary visual cortex of macaque monkey. *Nature*. 1981;292:762-764.

Hubel DH. *Eye, Brain and Vision*. Princeton, EUA: Scientific American Library, 1988.

Recentes

Matsumoto M, Inoue KI, Takada M. Causal role of neural signals transmitted from the Frontal Eye Field to the Superior Colliculus in saccade generation. *Frontiers in Neural Circuits*. 2018;12:69.

Pearson J. The human imagination: the cognitive neuroscience of visual mental imagery. *Nature Reviews. Neuroscience*. 2019;20:624-634.

Kowler E, Rubinstein JF, Santos EM, Wang J. Predictive smooth pursuit eye movements. *Annual Review of Vision Science*. 2019;5:223-246.

Kaas JH, Baldwin MKL. The evolution of the Pulvinar Complex in primates and its tole in the dorsal and ventral streams of cortical processing. *Vision*. 2019;4:3.

Thoreson WB, Dacey DM. Diverse cell types, circuits, and mechanisms for color vision in the vertebrate retina. *Physiological Reviews*. 2019;99:1527-1573.

Rapcsak SZ. Face recognition. *Current Neurology and Neuroscience Reports*. 2019;19:41.

Liang L, Chen C. Organization, function, and development of the mouse retinogeniculate synapse. *Annual Review of Vision Science*. 2020;6:261-285.

Briggs F. Role of feedback connections in central visual processing. *Annual Review of Vision Science*. 2020;6:313-334.

Mason C, Slavi N. Retinal ganglion cell axon wiring establishing the binocular circuit. *Annual Review of Vision Science*. 2020;6:215-236.

Grünert U, Martin PR. Cell types and cell circuits in human and non-human primate retina. *Progress in Retinal and Eye Research*. 2020;100844.

Baden T, Euler T, Berens P. Understanding the retinal basis of vision across species. *Nature Reviews. Neuroscience*. 2020; 21:5-20.

Stewart EEM, Valsecchi M, Schütz AC. A review of interactions between peripheral and foveal vision. *Journal of Vision*. 2020;20:2.

Pasupathy A, Popvkina DV, Kim T. Visual fuctions of primate area V4. *Annual Review of Vision Science*. 2020;6:363-385.

Joshi S, Gold JI. Pupil size as a window on neural substrates of cognition. *Trends in Cognitive Sciences*. 2020;24:466-480.

10

Os Sentidos Químicos
Estrutura e Função dos Sistemas Olfatório, Gustatório e Outros Sistemas de Detecção Química

Díptico, de Antonio Henrique Amaral (1982), óleo sobre tela

Saber o Principal

Resumo

Os animais – inclusive humanos – são capazes de perceber as diferentes substâncias que atingem o seu corpo por meio do ar e dos líquidos que os envolvem. Além disso, são capazes de detectar, embora não conscientemente, substâncias que circulam no meio líquido corporal.

As substâncias que vêm pelo ar são percebidas pelo sistema olfatório, constituindo a modalidade sensorial chamada olfação. Faz parte do sistema olfatório um órgão receptor específico – o nariz –, onde se encontram os quimiorreceptores olfatórios e suas fibras. Cada neurônio receptor olfatório expressa especificamente um receptor molecular capaz de reconhecer um odorante em particular – os seres humanos apresentam cerca de 400 genes ativos para os receptores moleculares do olfato. Além dos quimiorreceptores do nariz, são as seguintes as estruturas do sistema nervoso central envolvidas com o olfato: o bulbo olfatório, que recebe os axônios dos neurônios receptores, o córtex piriforme, a amígdala e outras estruturas que recebem os axônios do bulbo olfatório. A função do sistema olfatório é traduzir a estimulação dos odorantes em padrões de impulsos que sejam reconhecidos pelas regiões corticais apropriadas.

As substâncias que penetram pela boca são percebidas pelo sistema gustatório e constituem a modalidade sensorial chamada gustação. Faz parte desse sistema um órgão receptor específico – a cavidade oral –, onde se encontram os quimiorreceptores gustatórios. Além disso, compõem o sistema gustatório as fibras aferentes de três nervos cranianos, que se conectam ao núcleo do trato solitário, no tronco encefálico. Este distribui a informação para o tálamo e o córtex ou para regiões de controle da digestão e outras funções orgânicas.

Além da olfação e da gustação, existe um sentido misto que envolve terminações livres situadas nas mucosas faciais, a somestesia química, capaz de detectar substâncias irritantes e poluentes, gerando percepções de ardência ou dor e disparando reflexos de expulsão (vômito, tosse). A somestesia química contribui fortemente com a gustação, tornando o paladar uma percepção eminentemente multissensorial, uma vez que, para ele, contribuem também as características de temperatura, textura, irritabilidade e dor que muitas substâncias levadas à boca possuem.

Os animais são também capazes de detectar as concentrações sanguíneas dos gases respiratórios por meio de quimiorreceptores situados na parede de grandes vasos sanguíneos, bem como a osmolaridade do meio extracelular por meio de osmorreceptores situados em núcleos prosencefálicos específicos. Essa capacidade não alcança a consciência, mas serve para acionar circuitos de controle automático da respiração, da ingesta hídrica e da diurese.

OS SENTIDOS QUÍMICOS

É fácil perceber que os animais vivem imersos em um oceano de moléculas. Os animais aquáticos são expostos a moléculas dissolvidas na água, além daquelas que circulam dentro do seu próprio corpo. Os terrestres, por outro lado, ficam expostos, externamente, às moléculas voláteis, isto é, aquelas que se encontram dissolvidas ou suspensas no ar, e, internamente, àquelas que circulam no sangue e em outros líquidos corporais ou estão no meio extracelular. Nem todos se dão conta, entretanto, de que muitas dessas moléculas constituem um sofisticado sistema de sinalização ao qual respondem circuitos neurais especializados. Sinais moleculares são utilizados pelo organismo para motivar comportamentos de alimentação ou ingestão de água, comportamentos sexuais, de agressão, submissão ou aproximação. Além disso, sinais moleculares são também emitidos pelo próprio organismo e analisados pelo sistema nervoso central "silenciosamente" sem que nossa consciência se aperceba deles, o que possibilita a operação de mecanismos de regulação automática do funcionamento do corpo.

Consideremos alguns exemplos ilustrativos. Utilizamos o sentido da olfação para distinguir as pessoas com quem convivemos daquelas que não conhecemos e os ambientes familiares dos ambientes estranhos. Disso temos plena consciência, e as informações obtidas por essa via sensorial são comparadas com as obtidas por outros sentidos, como a visão, a audição etc. Pelo mesmo sentido da olfação podem ocorrer, no entanto, fenômenos de que não nos damos conta facilmente: as mulheres que coabitam com outras diariamente, como as freiras em um convento, por exemplo, frequentemente têm o seu ciclo menstrual sincronizado, resultado da detecção olfatória inconsciente dos seus cheiros corporais, que influi no funcionamento de suas glândulas endócrinas. Outro exemplo: utilizamos o sentido da gustação para distinguir os sabores dos alimentos, e isso pode nos dar extremo prazer consciente – o prazer da gastronomia. Entretanto, se de repente sentimos um sabor desagradável ao mastigar um alimento, reflexos incontroláveis (independentes da nossa consciência) podem ser disparados, como a tosse e o vômito, capazes de expulsar essas substâncias de estranho sabor, que muitas vezes são tóxicas.

Sensibilidade desse tipo é característica dos sentidos químicos, aqueles originados pela exposição de células receptoras especiais a certas moléculas de um mesmo tipo, ou a misturas de moléculas de tipos diferentes. São três os sentidos químicos: a *olfação* (também chamada olfato), a *gustação* (ou paladar) e a *somestesia química*, uma sensibilidade intermediária entre os sentidos químicos e a somestesia responsável pela ardência das pimentas, o frescor da hortelã e outras sensações. Vamos abordar, neste capítulo, essas três modalidades sensoriais e também a sensibilidade inconsciente que provém de receptores químicos distribuídos em várias regiões do organismo, capazes de monitorar alguns índices do sangue e do meio extracelular como um laboratório de análises *on-line*.

A PERCEPÇÃO DAS MOLÉCULAS QUE VÊM DO AR

Chamamos *cheiros* ou odores a experiência perceptual que sentimos por meio do nosso sistema olfatório. Nossa vivência individual indica sempre uma relação entre o cheiro que sentimos e uma determinada substância emitida de perto ou a uma certa distância por uma fonte qualquer: uma flor, um animal, um alimento. A primeira tentativa dos estudiosos da olfação foi classificar os cheiros e investigar se haveria cheiros básicos, como as cores primárias da visão. Havendo cheiros básicos, seria natural supor que haveria também tipos moleculares primários que pudessem ser relacionados com os primeiros, como as luzes de determinados comprimentos de onda, no caso da visão. Nos anos 1950, surgiu uma classificação empírica e subjetiva dos cheiros: irritantes, florais, almiscarados, canforados, mentolados, etéricos e pútridos. A tentativa de encontrar os cheiros básicos, entretanto, foi malsucedida, e a classificação dos cheiros passou a ser apenas um modo de descrevê-los melhor.

Concluiu-se que não há cheiros básicos, cuja mistura em diferentes proporções pudesse produzir a infinidade de odores que sentimos. Entre eles, entretanto, foi possível separar o grupo dos cheiros destinados à comunicação entre indivíduos da mesma espécie ou de espécies diferentes – os *feromônios**. São cheiros paradoxais porque não são de fato sentidos conscientemente. Os animais os emitem para demarcar o seu território, por meio da urina, por exemplo, ou de glândulas da superfície do corpo para atrair o sexo oposto ao acasalamento e à reprodução. Verificou-se que o sistema neural de detecção desses cheiros apresenta uma organização morfofuncional separada no sistema olfatório, como veremos adiante.

Correspondentemente, ao buscar as substâncias *odorantes*, encontrou-se quase tudo: álcoois, éteres, ácidos, aminoácidos, carboidratos e alguns outros tipos de moléculas. Verificou-se que cada uma provocava um cheiro diferente, gerando uma percepção única. É o caso do cheiro de coco, devido a um composto chamado lactona ácida hidroxioctanoica, e do cheiro pútrido, devido ao dimetilsulfeto. Cada cheiro, por outro lado, pode ser provocado não só por um único tipo molecular, como também por misturas de moléculas em proporções características. É o que acontece com os perfumes e as bebidas alcoólicas como o uísque e o vinho. A capacidade do sistema olfatório de perceber tão múltiplo repertório de cheiros sugere que a percepção olfatória deve ser obtida pela combinação da atividade de diferentes e numerosos quimiorreceptores e mecanismos moleculares. Além disso, a diversidade de percepções entre os indivíduos sugere grande variabilidade na organização dos sistemas sensoriais químicos (Quadro 10.1).

---

* *Escreve-se assim mesmo*: feromônios, *e não* ferormônios.

333

NEUROCIÊNCIA SENSORIAL

Neurociência do Cotidiano

Quadro 10.1
Homens e Mulheres, Diferentes Olfatos?

Talvez uma das mais importantes características da espécie humana seja a diversidade. É ela que nos garante a tremenda adaptabilidade com que a evolução nos brindou. Mesmo tão diversos individualmente, temos traços comuns, e a ciência tenta sempre navegar em nosso oceano de diversidade para dela extrair semelhanças que permitam estabelecer conclusões previsíveis. Diversidade *versus* semelhança, essa é a questão.

É assim no caso das diferenças e semelhanças entre homens e mulheres, tão discutida atualmente com forte viés moral. Está claro que entre homens e mulheres há diferenças: é o chamado dimorfismo sexual, na terminologia técnica usual, já inadequada tendo em vista que essas diferenças não são "tudo ou nada". Há vários graus de masculinidade e vários graus de feminilidade, como há várias alturas e pesos corporais entre nós. A constatação científica dessa diversidade de gênero valida de certo modo as políticas de igualdade e isonomia entre as várias manifestações da sexualidade humana.

De qualquer modo, pelo lado das semelhanças, podemos constatar que o corpo das mulheres tem padrões característicos que o singularizam em relação ao corpo dos homens. É o efeito dos hormônios que aparecem desde o período gestacional do feto, estendem-se depois do nascimento e se acentuam com a puberdade. O mesmo acontece com o cérebro e suas funções. Em meio a uma enorme diversidade, é possível identificar características femininas e outras masculinas na forma e na função do cérebro, bem como no comportamento resultante.

É verdade que as mulheres usam a fala com mais habilidade que os homens? É verdade que têm algumas capacidades olfativas mais aguçadas que os homens? É fato que os homens, por outro lado, apresentam maior capacidade de memória visuoespacial que as mulheres?

Se essas assertivas forem verdadeiras, como parecem indicar os resultados de estudos de neuropsicologia, seria possível – ainda que precariamente – obter uma aproximação das bases cerebrais dessas diferenças por meio de estudos de neuroimagem e até mesmo de estudos realizados em cérebros doados para a pesquisa.

É o que fez um grupo de pesquisadoras da Universidade Harvard, no caso da fala, e é o que fez o meu laboratório na UFRJ, em colaboração com a USP, no caso do olfato e da memória espacial.

As pesquisadoras de Harvard (aliás, uma delas brasileira) utilizaram técnicas de imagem por ressonância magnética para investigar a especialização entre os hemisférios cerebrais nas regiões de processamento da linguagem. Encontraram um volume maior na região do córtex cerebral que processa os sons da fala, isto é, que identifica as frequências características da fala humana. As mulheres revelaram maior volume cortical nessa região do que os homens.

De nossa parte, o que fizemos foi utilizar cérebros doados ao Banco de Cérebros da Universidade de São Paulo para quantificar o número absoluto de neurônios no bulbo olfatório e na grande região cerebral que aloja as áreas de memória visuoespacial. Encontramos que as mulheres têm mais neurônios que os homens na região envolvida com o olfato e que o inverso acontece na região que processa a capacidade de orientação espacial.

Claro que estamos falando de médias (que avaliam semelhanças), uma medida que esconde a grande diversidade entre as pessoas. É essa adorável diversidade humana que talvez explique por que sou um desastre em matéria de discriminação olfativa: qual a diferença entre o cheiro de uma feijoada e de uma moqueca de camarão??

Referência

Oliveira-Pinto AV et al. Sexual dimorphism in the human olfactory bulb: Females have more neurons and glial cells than males. *PLoS ONE*. 2014;9:art. E111733.

Texto baseado em artigo originalmente publicado em O Globo Online *em 17/10/2019 (blog* A hora da Ciência*).*

Os Sentidos Químicos

▶ O Órgão e os Receptores da Olfação

O mecanismo neural responsável pela olfação é operado por uma cadeia de neurônios que começa no nariz. Este, por conseguinte, é considerado o órgão receptor da olfação (embora participe também de outras funções importantes, como a respiração e a fala). A anatomia do nariz humano, bem como a dos mamíferos em geral, é bem adaptada para a canalização do ar inspirado e o seu direcionamento à traqueia e aos pulmões (Figura 10.1). O ar é aspirado para dentro da cavidade nasal pela ação dos músculos inspiratórios torácicos e do diafragma e conduzido à traqueia por canais existentes nas paredes internas do nariz. Essas paredes são cobertas por uma mucosa[G] na qual estão incrustados os neurônios quimiorreceptores da olfação. A estrutura da mucosa nasal é simples (Figura 10.1): consiste em uma única camada celular composta por neurônios receptores olfatórios, células de suporte semelhantes a gliócitos e as chamadas células basais, que são precursoras de novos neurônios receptores. Em meio a esses elementos existem glândulas produtoras de muco.

[G] *Termo constante do glossário ao final do capítulo.*

O muco é continuamente secretado pelas glândulas e também pelas células epiteliais e torna-se totalmente renovado a cada 10 minutos. É viscoso, formado principalmente por mucopolissacarídeos[G], e contém enzimas e anticorpos que conferem uma proteção inicial contra moléculas nocivas e microrganismos que penetram pelo nariz. O muco tem grande importância funcional para a olfação, pois é nele que se dissolvem as moléculas odorantes antes de entrarem em contato com a membrana dos neurônios receptores. Recentemente se descobriu que o muco contém também *proteínas ligadoras de odorantes*, especialmente produzidas pela mucosa nasal, cuja função é "capturar" os odorantes lipossolúveis (que se dissolvem com dificuldade no meio aquoso do muco), facilitando o seu contato com a membrana dos quimiorreceptores.

A população de quimiorreceptores é totalmente renovada a cada 6 a 8 semanas por meio da proliferação e diferenciação das células basais. Os quimiorreceptores "velhos" desaparecem e novos neurônios assumem o seu lugar. Esse é um exemplo notável que contraria o dogma de que os neurônios são incapazes de proliferar depois de terminado o desenvolvimento ontogenético (ver, a esse respeito, o Capítulo 2). Na verdade, a capacidade de renovação da mucosa

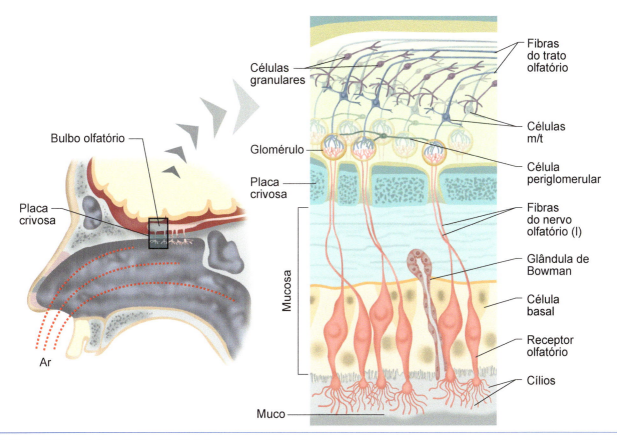

▶ **Figura 10.1.** O nariz é o órgão do olfato. Nele fica a mucosa olfatória (pequeno quadro à esquerda, ampliado à direita), onde estão incrustados os quimiorreceptores e outros elementos. Os quimiorreceptores emitem axônios que atravessam a placa crivosa do osso etmoide, e terminam dentro do crânio, no bulbo olfatório. No bulbo estão os glomérulos, onde ficam as sinapses das fibras primárias com os neurônios de segunda ordem (células mitrais e tufosas, m/t), cujos axônios por sua vez se estendem ao córtex e a outras regiões encefálicas.

335

nasal é uma necessidade, pois trata-se de um tecido sujeito a grandes atritos e traumas – pense na violência que deve representar para as células da mucosa um simples espirro ou assoar o nariz com o lenço...

Os quimiorreceptores olfatórios são neurônios bipolares cujo único dendrito aponta em direção à cavidade nasal (Figura 10.1), terminando em uma intumescência bulbosa que emite de 6 a 12 cílios muito finos (0,1 a 0,2 μm de diâmetro). Os cílios ficam imersos no muco nasal, formando uma densa rede enovelada na superfície da mucosa. É justamente na membrana dos cílios que se encontram concentradas as moléculas receptoras responsáveis pela transdução quimioneural, que são chamadas receptores olfatórios*. Do outro polo do neurônio receptor emerge um axônio direcionado para cima que penetra na cavidade craniana pelos orifícios da placa crivosa do osso etmoide[G]. Em grande parte da mucosa nasal, o conjunto dos axônios dos quimiorreceptores vai formando filetes nervosos que se distribuem em forma de leque, convergindo dorsalmente para o etmoide. Os axônios dos quimiorreceptores são, na realidade, as fibras de primeira ordem do sistema olfatório. Os filetes nervosos que eles formam constituem o primeiro nervo craniano, o nervo olfatório (Quadro 10.4). Esse é um nervo diferente, pois não constitui um cilindro compacto como os demais, mas, sim, um leque de filetes separados que vão terminar no bulbo olfatório[A], no encéfalo.

O nariz apresenta uma especialização funcional situada na mucosa que recobre o vômer, um dos folhetos ósseos que formam o septo nasal. Chama-se *órgão vomeronasal*, que não é observável macroscopicamente, mas reúne os quimiorreceptores especializados na detecção dos feromônios, particularmente aqueles com significado sexual e reprodutor. Na verdade, ainda há dúvidas sobre a existência real do órgão vomeronasal nos seres humanos (embora haja fortes evidências de que respondemos, sim, a feromônios). Esse órgão, entretanto, é bem identificado em animais como roedores, carnívoros e muitos outros (Quadro 10.2).

---

* *Não confunda o termo* receptor olfatório, *que descreve um neurônio receptor do sentido do olfato, com o mesmo termo usado para referir uma molécula receptora de outra molécula volátil que a ela se acopla (odorante). São dois conceitos diferentes nomeados pelo mesmo termo...*

[A] *Estrutura encontrada no* Miniatlas de Neuroanatomia *(p. 359).*

▶ **Figura 10.2.** O bulbo olfatório apresenta uma especialização sináptica muito aparente — o glomérulo — onde ficam as sinapses entre as fibras primárias e os dendritos das células m/t. O esquema à esquerda representa o circuito básico existente no bulbo. O fluxo de informação vai dos receptores para as células m/t, e destas em direção ao córtex. Interações laterais, entretanto, são possibilitadas pelas células periglomerulares e granulares. O circuito bulbar tem uma certa semelhança com o circuito retiniano (confira na Figura 9.6). A foto à direita ilustra um corte histológico do bulbo olfatório de um camundongo, corado artificialmente de modo a revelar a camada glomerular (em azul), a camada de células m/t (em vermelho) e a camada granular (em verde), onde trafegam os axônios que se dirigem ao córtex piriforme e às adjacências. Foto de Matt Valley, Columbia University, EUA (Wikimedia Commons).

OS SENTIDOS QUÍMICOS

▶ As Vias Centrais da Olfação

O bulbo olfatório fica posicionado estrategicamente dentro do crânio[A], bem no ponto onde as fibras primárias atravessam a placa crivosa. O bulbo tem a forma de um gânglio situado na base do encéfalo (Figuras 10.1 e 10.3), e nele estão situados os neurônios de segunda ordem da via olfatória, bem como interneurônios que realizam os primeiros estágios de processamento da informação transduzida pelos receptores e levada ao encéfalo (Figura 10.2).

Os neurônios de segunda ordem da via olfatória são as células *mitrais* e as células *tufosas* (abreviadamente chamadas m/t, para simplificar). Elas recebem sinapses axodendríticas das fibras olfatórias primárias dentro de estruturas histológicas especializadas chamadas *glomérulos* (Figuras 10.1 e 10.2), que são pequenas esferas delimitadas por interneurônios periglomerulares e células gliais, contendo principalmente os terminais das fibras primárias e os dendritos das células m/t. Além das células de segunda ordem, que enviam a informação olfatória para o estágio sináptico seguinte, que fica fora do bulbo, existem dois tipos de interneurônios que estabelecem conexões entre as células m/t do mesmo glomérulo ou com glomérulos vizinhos (Figuras 10.1 e 10.2). Esses interneurônios são as células periglomerulares, já mencionadas, e as células granulares.

O bulbo olfatório apresenta uma região especializada que pode ser identificada histologicamente, o bulbo acessório (Figura 10.3). Essa é a região que recebe as fibras primárias provenientes do órgão vomeronasal, constituindo um sistema especializado na detecção de feromônios. Sua existência nos seres humanos ainda não foi confirmada.

A partir do bulbo olfatório, a informação segue direto para o córtex cerebral, inervando uma extensa área chamada córtex olfatório primário ou *córtex piriforme** (Figura 10.3).

---

*Alguns autores se referem a essa área cortical como pré-piriforme, sendo o piriforme uma sub-região mais posterior.

▶ **Figura 10.3.** As estruturas componentes do sistema olfatório podem ser quase todas visualizadas na base do encéfalo (à esquerda). O esquema à direita representa os circuitos formados pelos axônios das células m/t do bulbo, que projetam para o córtex piriforme e outras regiões, e delas para o tálamo e o hipotálamo. Observar que o sistema olfatório não tem um estágio talâmico antes do córtex, como todos os demais sistemas sensoriais. Esquema modificado de Shepherd GM. *Neurobiology*. 4ª ed. Nova York: Oxford University Press, 1989.

NEUROCIÊNCIA SENSORIAL

Neurociência em Movimento

Quadro 10.2
Trekking Científico Rumo ao Misterioso Órgão Vomeronasal

▶ **Fabio Papes***

Quais são os genes que controlam os comportamentos do ser humano? Quais os estímulos sensoriais capazes de deflagrar tais comportamentos? Quais as bases genéticas dos comportamentos aprendidos e instintivos? Estas são as questões que sempre me fascinaram.

Assim que travei contato com a publicação seminal dos pesquisadores Richard Axel e Linda Buck no periódico *Cell* – o que lhes renderia o prêmio Nobel de Fisiologia ou Medicina em 2004 –, percebi que havia sido inaugurada toda uma área da neurobiologia, possibilitando o estudo dos sistemas de detecção de estímulos sensoriais químicos – gustação e olfação – por meio de métodos de biologia molecular. Foi então que decidi embarcar, no início da década de 2000, rumo à aventura de morar na gelada Nova Inglaterra (EUA) para trabalhar com a pesquisadora Catherine Dulac na Universidade Harvard. Alguns anos antes, Catherine havia descoberto famílias de receptores de membrana expressos em um misterioso componente sensorial, o órgão vomeronasal, envolvido no controle de comportamentos instintivos em uma variedade de espécies. Gosto de pensar que, a partir daquele momento, passaram a existir o conhecimento e as ferramentas para estudar o comportamento no nível molecular.

Minha paixão por esse sistema só aumentou ao longo dos anos e continuou sendo o principal foco de estudo nos primeiros 10 anos de meu laboratório na UNICAMP. Entre outros interesses, meu grupo tem contribuído para desvendar a participação do órgão vomeronasal na detecção de odores provenientes de outras espécies, capazes de induzir comportamentos de medo. Por intermédio deste e de inúmeros outros trabalhos publicados por outros autores na década de 2010, desenhou-se um cenário extremamente interessante: a olfação é um sistema de detecção química bastante complexo, compreendendo uma variedade de diferentes tipos de receptores na cavidade nasal localizados em pelo menos 4 tipos de órgãos sensoriais – o epitélio olfatório principal, o órgão vomeronasal, o órgão septal e o gânglio de Gruneberg.

Ao longo desta década, floresceu a pesquisa na área, sempre em busca de identificar os estímulos químicos detectados por cada uma das populações de neurônios olfatórios, suas funções, de que maneira os estímulos geram atividade neural coerente no cérebro e quais as regiões envolvidas no seu processamento. Junto com um time de colaboradores, pudemos dar uma contribuição para esta empreitada, identificando uma nova população de neurônios sensoriais no órgão vomeronasal (Figura 1) que expressam uma classe atípica de receptores. A pesquisa do grupo explorou, ainda, de que modo a detecção de estímulos pelo órgão vomeronasal é controlada por hormônios, levando à descoberta de que os neurônios vomeronasais que detectam odores de filhotes são controlados diretamente pelo hormônio ocitocina. Além da busca por compreender os órgãos sensoriais, embarquei também na investigação das áreas do cérebro envolvidas com o processamento das informações olfatórias, descrevendo a formação de mapas neurais na amígdala medial e no hipotálamo ventromedial após a detecção de feromônios pelo órgão vomeronasal.

Tem sido uma jornada maravilhosa. Hoje, está claro que os genes controlam a formação de células e circuitos e, como consequência, a interpretação de estímulos sensoriais, levando aos mais variados comportamentos animais. A possibilidade de interrogar tais genes e modificar o funcionamento dos circuitos relacionados com a geração de comportamentos, utilizando modernas técnicas de genética e biologia molecular, é algo que me estimula a sair da cama todos os dias. O time que coordeno tem explorado o funcionamento da olfação mediante experimentos mecanísticos. Avaliações histológicas (como imunomarcação e hibridização *in situ*), geração e análise de animais transgênicos, análise de expressão gênica, experimentos para marcação das projeções axônicas de neurônios, ensaios comportamentais, purificação bioquímica de ligantes, optogenética e quimiogenética são apenas algumas das técnicas utilizadas pelo grupo para atingir os objetivos da pesquisa, com foco em perguntas biológicas, e não na metodologia. Fazemos o que for necessário. Nada há de mais excitante do que decifrar o desconhecido, como um arqueólogo que desenterra uma tumba e descobre seus segredos pela primeira vez. Ou como alguém que decifra uma escrita antiga.

---

*Professor associado do Instituto de Biologia da Universidade Estadual de Campinas. Correio eletrônico: papesf@unicamp.br

Minha atuação como mentor de alunos de graduação e pós-graduação trouxe-me grande satisfação. É uma carreira dedicada ao ensino e à descoberta. Não é fácil, mas poder desfrutar deste processo e dar minha contribuição para o avanço da ciência feita no Brasil têm sido as forças motrizes por trás da minha vida profissional.

Nos tempos vagos – poucos, mas bem aproveitados – pratico o *trekking* (Figura 2) e o mergulho. E gosto de uma cerveja escura. Se for ao fim de uma jornada pelas montanhas, ou após um experimento bem executado, melhor ainda!

▶ **Figura 1.** A imagem de microscopia de fluorescência (à esquerda) mostra o epitélio do órgão vomeronasal, repleto de neurônios sensoriais de vários tipos. A marcação fluorescente verde mostra neurônios que expressam um receptor de membrana da família V2R. As células marcadas em vermelho são ativadas por um estímulo olfatório específico (odor de cobras). E os pontinhos azuis assinalam os núcleos de todas as células. À direita vemos uma representação esquemática do que a imagem ilustra.

▶ **Figura 2.** Meu hobby preferido: caminhadas em montanhas, às vezes acompanhado por meus alunos (quando eles não estão fazendo experimentos...).

Nesse aspecto, o sistema olfatório é diferente dos demais sistemas sensoriais, pois a informação chega ao córtex sem passar pelo tálamo[A]. É verdade que o córtex piriforme é um tipo mais antigo e simples de córtex, chamado, por isso mesmo, genericamente, paleocórtex[G]. E é verdade também que o paleocórtex olfatório se comunica com o tálamo, e este com o lobo frontal[A] do neocórtex[G], restabelecendo-se, então, o esquema "normal" de conectividade sensorial. De qualquer modo, acredita-se que essa via indireta ao neocórtex seja a responsável pela percepção olfatória, ou seja, pelos aspectos conscientes da experiência sensorial olfatória.

Os longos axônios das células m/t, reunidos no trato olfatório lateral, não projetam apenas para o córtex piriforme. Muitos terminam em outras regiões prosencefálicas, como o núcleo olfatório anterior, o tubérculo olfatório, a área entorrinal e o complexo amigdaloide[A] (Figuras 10.3 e 10.4). Esse conjunto de regiões aloja neurônios de terceira ordem que projetam para o hipotálamo[A] e o hipocampo[A], conectando o sistema olfatório com o chamado sistema límbico (Figura 10.4), cuja participação na vida emocional dos indivíduos é examinada nos Capítulos 15 e 20. Já se pode adiantar, entretanto, que esses circuitos neurais são responsáveis pela participação da olfação em comportamentos motivados, ou seja, aqueles que derivam de um forte impulso nem sempre consciente, como são a fome e o sexo. Igualmente, a percepção olfativa tem um componente cognitivo, racional, o que envolve o córtex pré-frontal, como bem indica a Figura 10.4.

▶ **Figura 10.4.** Experimentos feitos com voluntários, utilizando imagens de ressonância magnética funcional, podem indicar os componentes do sistema olfatório e regiões de processamento subsequente. Neste caso, o voluntário foi exposto ao aroma de grãos de café torrado. As imagens mostraram desde os primeiros estágios de processamento olfatório (como o córtex piriforme, em **C**) às regiões do sistema de recompensa que produzem a sensação de prazer (área tegmentar ventral, em **C**, e núcleo acumbente, em **B**), e aquelas mais vinculadas às emoções (córtex cingulado, em **A**) e à razão (córtex pré-frontal, em **A**). Imagens gentilmente cedidas por Jorge Moll Neto, do Instituto D'Or de Pesquisa e Ensino.

Os Sentidos Químicos

Desprovida de submodalidades, a olfação não apresenta a mesma segregação clara em vias paralelas, como é o caso de outros sistemas sensoriais. No entanto, do que se expôs anteriormente, pode-se depreender que a via que leva a informação olfatória ao lobo frontal do neocórtex tem uma função perceptual que nos permite tomar consciência dos cheiros que nos cercam, enquanto a via que conecta o bulbo olfatório com o sistema límbico apresenta outro tipo de função, pela qual os cheiros do ambiente são utilizados como informações necessárias para realizar comportamentos ligados à homeostasia[G] e à vida emocional.

▶ Como as Informações Olfatórias Chegam ao Cérebro

O estudo funcional da olfação começa pelos quimiorreceptores. O primeiro passo para a transdução dos estímulos olfatórios ocorre quando os odorantes que entram no nariz com o ar inspirado são dissolvidos no muco ou "capturados" pelas proteínas ligadoras de odorantes (no caso dos que não se dissolvem em água). Como dentro do muco há uma multidão de cílios e, portanto, milhões ou bilhões de moléculas receptoras, é inevitável que cada odorante acabe por encontrar o seu "par" molecular, ou seja, aquela molécula receptora à qual é capaz de se ligar. Foi essa noção que levou os neurocientistas a tentar identificar as moléculas receptoras para os diferentes odorantes. Descobriram que há milhares delas, constituindo uma superfamília de moléculas receptoras acopladas a uma proteína G específica do epitélio olfatório (a G_{olf}). Essas moléculas são produzidas por mais de 1.000 genes diferentes, dos quais cerca de 400 são funcionais, ou seja, capazes de produzir receptores moleculares para o olfato (veja, no Quadro 10.2, como foram feitas recentemente as principais descobertas sobre essas moléculas).

Quando um odorante se liga a um receptor molecular (Figura 10.5A), ocorre uma modificação alostérica neste que ativa a G_{olf} pela face interna da membrana do cílio. A G_{olf} liga-se a uma molécula de GTP*, e uma de suas subunidades desliga-se do receptor (Figura 10.5B) e ativa uma cadeia de segundos mensageiros (Capítulo 4). Na maioria dos quimiorreceptores, o segundo mensageiro é o AMPc**, sintetizado pela enzima adenililciclase sob ativação da G_{olf} (Figura 10.5C). O AMPc ativa enzimas fosforilantes (cinases) que provocam a abertura de canais inespecíficos de cátions (Na⁺ e Ca⁺⁺, Figura 10.5D), despolarizando a membrana e, assim, provocando um potencial receptor que se espalha por toda a célula até o cone de implantação do axônio olfatório. A entrada de Ca⁺⁺ para o interior dos cílios provoca a abertura de canais de Cl⁻ dependentes de Ca⁺⁺ (Figura 10.5E). Como a concentração desse ânion no interior dos cílios é maior que a concentração externa, resulta a saída de Cl⁻ e uma despolarização ainda maior. Esse é um mecanismo multiplicador do efeito dos odorantes que explica a grande sensibilidade que temos (pelo menos alguns de nós...) a cheiros produzidos por pequeníssimas concentrações de odorantes. Estima-se que os seres humanos são capazes de perceber odorantes em concentrações de poucas moléculas por trilhão de moléculas de ar!

Recentemente, descobriu-se que os mecanismos moleculares da transdução olfatória podem ser mais complexos do que se imaginava. Não apenas os canais de Na⁺ e Ca⁺⁺ são ativados, mas também os de K⁺. Estes, no entanto, são hiperpolarizantes, opondo-se à gênese de potenciais

▶ **Figura 10.5.** Sequência de etapas da transdução que ocorre na membrana do quimiorreceptor a partir da captação do odorante (**A**), seguida da síntese de segundos mensageiros como o AMPc (**B** e **C**), e finalmente a abertura de canais iônicos (**D** e **E**) que resulta no potencial receptor.

---

* Trifosfato de guanosina.

* Monofosfato cíclico de adenosina, ou AMP cíclico.

receptores. O que se imagina é que a saída de K⁺ dos cílios em algumas circunstâncias possa representar uma forma de modulação da quimiotransdução. Além disso, descobriu-se também, no epitélio olfatório, a presença de uma enzima que sintetiza monóxido de carbono (CO), um gás ao qual se atribui papel modulador da transdução. E mais: sabe-se que a olfação é um sentido capaz de adaptação, propriedade que pode ser exemplificada pela nossa incapacidade de sentir os cheiros comuns de nossa própria casa, que, no entanto, as pessoas que chegam sentem imediatamente. Pois bem: a adaptação parece ser devida a um mecanismo do próprio quimiorreceptor pelo qual o aumento da concentração intracelular de Ca⁺⁺ provocado pela despolarização inicial do estímulo olfatório acaba causando o bloqueio das moléculas receptoras nos cílios pela sua face interna.

Embora cada quimiorreceptor possua apenas uma ou poucas moléculas receptoras, estas não apresentam grande especificidade, ou seja, vários odorantes podem ativar o mesmo neurônio. A natureza inespecífica dos neurônios olfatórios foi revelada quando os pesquisadores conseguiram registrar a atividade elétrica das fibras olfatórias primárias, o que causou considerável surpresa porque tornou mais difícil explicar a capacidade dos animais – algumas vezes muito apurada – de discriminar cheiros diferentes. Esse tipo de experimento é semelhante ao que se realiza em outros sistemas sensoriais: o pesquisador anestesia um animal, insere um microeletródio na mucosa ou em um filete nervoso olfatório e capta os potenciais receptores, os potenciais de ação ou mesmo as correntes iônicas produzidas quando se estimula a mucosa com concentrações diversas de odorantes de composição conhecida (Figura 10.6A).

Os PAs, já se sabe, são produzidos pela ultrapassagem do limiar no cone de implantação do axônio da célula bipolar, e a frequência de disparo que resulta disso é proporcional à amplitude do potencial receptor, sendo esta, por sua vez, proporcional à concentração de odorante (Figura 10.6B). Esse tipo de experimento tornou possível definir um *espectro receptor* para cada neurônio olfatório, em analogia com a faixa de frequência capaz de ativar os receptores auditivos. O espectro receptor de um neurônio olfatório, então, é concebido como o conjunto de moléculas capaz de ativá-lo. Muitas vezes, o espectro receptor pode ser definido em função do número de átomos de carbono das moléculas de uma família de odorantes do mesmo tipo molecular. Mas nem sempre isso funciona, como é o caso do neurônio 1 mostrado na Figura 10.6A. Repare que a natureza da estimulação olfatória não permite adotar o conceito de campo receptor, como é o caso dos sistemas visual e somestésico. É que os odorantes são voláteis e se dispersam no espaço, o que não tornou vantajoso, durante a evolução, que os receptores

▶ **Figura 10.6.** Os quimiorreceptores olfatórios podem responder especificamente ao tipo e à concentração do odorante. **A** mostra a corrente medida na membrana do receptor, quando sobre ele se pingam diferentes odorantes (setas vermelhas). O neurônio 1 responde aos três odorantes, mas os neurônios 2 e 3 são seletivos para um (ou dois) deles. **B** mostra que a resposta do receptor é proporcional à concentração do odorante (neste caso, isoamilacetato). Os traçados vermelhos representam os momentos de pingar e lavar o odorante. As gotas de cima para baixo representam concentrações crescentes. Observam-se frequência e números cada vez maiores de potenciais de ação poucos segundos depois da estimulação, à medida que a concentração aumenta. **A** modificado de Firestein S et al. *Journal of Neuroscience*. 1991;11:3565-3572. **B** modificado de Getchell TV, Shepherd GM. *Journal of Physiology*. 1978;282:521-540.

Os Sentidos Químicos

olfatórios se organizassem para localizar a origem de um cheiro. Os animais que melhor fazem isso, como os cães, na verdade identificam a intensidade de um cheiro e buscam sua localização movendo ativamente o focinho.

A estimulação da mucosa com um odorante constituído por um só tipo molecular, assim, provoca a ativação de um conjunto de quimiorreceptores que, em função da concentração do odorante, dispara em direção ao bulbo olfatório uma certa frequência de PAs. A distribuição dos quimiorreceptores de um mesmo espectro receptor no epitélio olfatório é bastante difusa (Figura 6.20), uma propriedade útil para garantir que os odorantes, em tão baixa concentração no muco, "encontrem-se" com os receptores moleculares correspondentes. Respondendo à presença de um certo odorante, então, uma família de quimiorreceptores dispara PAs para os glomérulos do bulbo olfatório, onde vai ocorrer a primeira sinapse do sistema.

▶ Como o Cérebro Processa os Cheiros

O que acontece nos glomérulos do bulbo? As células m/t são ativadas, mesmo que a concentração de odorante na cavidade nasal seja mínima, porque é grande a convergência de fibras olfatórias que terminam em cada glomérulo (calcula-se uma proporção de 500-1.000 fibras para cada célula m/t). Pode-se marcar molecularmente um único glomérulo de acordo com o odorante que ele processa, identificando a sua posição no bulbo, e com isso mostrar o grau de convergência das fibras que terminam nos glomérulos (Figura 10.7). Pode-se, ainda, obter um mapa de representação dos cheiros nesse primeiro estágio do sistema olfatório (Figura 10.8). É uma espécie de "imagem" de cada cheiro no SNC! Um possível *mapa odotópico*, como se pode constatar, mesmo para odorantes quimicamente aparentados, não tem a organização topográfica precisa de outros mapas sensoriais, não só porque alguns odorantes são representados em mais de um local no bulbo olfatório, mas também porque não se conseguiu, até o momento, correlacionar a ordem de representação dos odorantes com alguma característica química ou de outro tipo, ordenada de maneira semelhante. De todo modo, os glomérulos representam individualmente cada odorante e seu receptor molecular (ou pelo menos um pequeno número deles).

Não é muito o que se conhece sobre o processamento da informação olfatória no bulbo, embora os circuitos básicos aí existentes já tenham sido identificados (Figura 10.2B). No entanto, é no bulbo que a informação olfatória começa

▶ **Figura 10.7.** A foto em **A** representa um corte coronal através dos bulbos olfatórios de um camundongo, mostrando o conjunto de fibras olfatórias primárias e os glomérulos onde terminam, corados em azul escuro por meio de uma técnica que reconhece uma proteína existente nessas fibras. A foto em **B**, ao contrário, apresenta apenas um glomérulo marcado, exatamente aquele que recebe as fibras correspondentes ao receptor molecular conhecido como P2, presente em apenas um tipo específico de quimiorreceptor olfatório. **C** mostra uma vista dorsal do bulbo olfatório, apresentando as fibras primárias chegando ao seu glomérulo. Neste caso, o marcador é específico para o receptor molecular conhecido como M72. **A** e **B** modificado de Mombaerts P et al. *Cell*. 1996;87:675-786. **C** gentilmente cedida por Dong-Jing Zou, da Universidade Columbia.

343

a se tornar mais específica, ou seja, capaz de canalizar cada cheiro individualmente. Isso é conseguido pela ação dos circuitos neuronais do bulbo, que interconectam os diversos glomérulos. Sabe-se que a ativação das células m/t pelas fibras primárias – muito eficaz, como se viu – é modulada por neurônios diversos. Alguns são neurônios locais, cuja função é a inibição lateral, um mecanismo capaz de "sintonizar" melhor o espectro receptor do neurônio secundário, tornando-o insensível a alguns dos odorantes que haviam estimulado os quimiorreceptores.

A inibição lateral – um recurso para a acentuação de contrastes empregado em vários sistemas sensoriais – pode ser detectada no sistema olfatório mediante experimentos nos quais se estimula a mucosa com odorantes da mesma família química, que diferem apenas no número de átomos de carbono na molécula (Figura 10.9). Ao mesmo tempo, o experimentador registra a atividade elétrica de neurônios do bulbo olfatório, identificando as respostas a cada odorante. Desse modo constatou-se que os espectros receptores no bulbo são mais estreitos (*i. e.*, sintonizados) do que no epitélio olfatório. As células mitrais respondem a certas moléculas, mas podem ser inibidas por outras muito parecidas, às vezes com um só átomo de carbono a mais (Figura 10.9A). As responsáveis por essa operação de sintonia fina são as células granulares e periglomerulares do mesmo glomérulo ou de glomérulos vizinhos, que estabelecem sinapses dendrodendríticas e axodendríticas com as células m/t. Algumas dessas sinapses "laterais" são inibitórias, permitindo o "bloqueio" das moléculas parecidas, mas que não sejam exatamente aquelas capazes de ativar o circuito.

Axônios provenientes de longe também terminam no bulbo olfatório, mas a sua função real ainda é mal compreendida: fibras noradrenérgicas do *locus coeruleus*, fibras serotoninérgicas dos núcleos da rafe do tronco encefálico e fibras colinérgicas do prosencéfalo basal[A].

Se pouco se sabe sobre o processamento olfatório no bulbo, menos ainda se conhece sobre as operações neurais realizadas nos estágios subsequentes. A convergência dos axônios olfatórios primários sobre os glomérulos bulbares, resultando em um mapa odotópico, ainda que pouco preciso, parece se perder completamente nos estágios seguintes, principalmente no córtex piriforme. As fibras m/t que projetam a essa região cortical o fazem de modo bastante divergente. É possível que os neurônios corticais, assim, recebam informações de odorantes simples (um único tipo molecular) e as transformem em percepções de odores complexos, resultantes da divergência dos axônios aferentes e, portanto, da combinação de diferentes odorantes. O córtex piriforme tem uma estrutura mais primitiva do que a maioria das áreas corticais dorsolaterais, com apenas 3 camadas de células. O trato olfatório veicula suas principais aferências, mas um grande número de conexões intrínsecas entre neurônios excitatórios e interneurônios inibitórios faz supor um grau de processamento sofisticado, que é o que permite a nossa percepção de tantos odores. Além disso, as saídas eferentes do córtex piriforme o colocam em contato com regiões que processam emoções e permitem a memorização de odores ligados a experiências emocionais. Isso é verdade para animais e também para nós, seres humanos. O processamento intrínseco do córtex piriforme, no entanto, apenas recentemente começa a ser desvendado pelos neurocientistas.

De qualquer modo, duas hipóteses são consideradas para explicar a nossa capacidade de discriminar cheiros. A primeira admite a existência de "linhas exclusivas" pelas quais cada cheiro percorreria um caminho neural determinado, diferente dos demais cheiros. Essa hipótese é apoiada pela existência de uma certa topografia de ativação dos

▶ **Figura 10.8.** O mapa dos cheiros no bulbo olfatório pode ser revelado estimulando um camundongo fortemente com um odorante, e depois medindo a liberação de neurotransmissores nas sinapses dos glomérulos ativados pela estimulação, através de um composto fluorescente que emite luz durante a transmissão sináptica. Cada foto mostra o padrão de ativação em vista dorsal de um dos bulbos olfatórios, para aldeídos que diferem apenas por um átomo de carbono, apresentados ao nariz do animal em concentrações mínimas. Os glomérulos mais ativos são mostrados em cor vermelha. À direita vê-se o mapa que resultou do experimento, com as cores representando cada composto de acordo com seu número de átomos de carbono. Nota-se que o mapa é difuso, ou seja, um mesmo odorante pode estar representado em diferentes glomérulos, e um mesmo glomérulo pode ser ativado por mais de um odorante. Modificado de Bozza T et al. *Neuron*. 2004;42:9-21.

OS SENTIDOS QUÍMICOS

▶ **Figura 10.9.** A especificidade das células m/t pode ser comparada com a dos receptores, registrando a sua atividade após a estimulação com odorantes aldeídicos que diferem no número de átomos de carbono (fórmulas à esquerda). Enquanto os receptores podem ser ativados por muitos aldeídos (**B** e **C**), as células m/t podem ser até inibidas por um deles (asteriscos em **A**). No exemplo em **A**, os traçados verdes representam os potenciais de ação disparados por uma m/t ao ser estimulada pelos odorantes mostrados à esquerda. Os histogramas ilustram a resposta das células para cada composto. Repare que a célula m/t (**A**) é inibida pelo octanal (oito carbonos), mas é ativada pelos outros. Por outro lado, o receptor em **C** é mais ativado justamente por esse aldeído. Acredita-se que a inibição possa ter surgido da atividade dele, transmitida "com sinal contrário" pelas células periglomerulares e granulares (setas vermelhas). Baseado em Nakanishi S. *Trends in Neuroscience*. 1995;18:359-364.

glomérulos do bulbo olfatório, mas é desautorizada pela baixa especificidade de muitos neurônios olfatórios nos demais níveis. A segunda hipótese propõe o aparecimento de "padrões de ativação" envolvendo diferentes populações de neurônios a cada cheiro. A particular combinação da atividade dos quimiorreceptores para cada cheiro seria detectada por neurônios de ordem superior situados em um dos estágios da via olfatória. Essa hipótese não requer especificidade dos neurônios olfatórios, porque a identificação dos cheiros dependeria da combinação dos neurônios ativos, e não de cada neurônio individualmente.

QUESTÃO DE GOSTO: A PERCEPÇÃO DAS MOLÉCULAS QUE ENTRAM PELA BOCA

Desde cedo aprendemos a perceber a experiência sensorial proveniente da ingestão de substâncias pela boca. Os recém-nascidos sugam avidamente o leite materno, mas respondem com uma careta ao contato com uma gota de remédio. Trata-se da modalidade sensorial da gustação ou paladar: a percepção das moléculas que se dissolvem na saliva, entrando em contato com o sistema gustatório. Chamamos *sabores* às diferentes qualidades dessa modalidade, e sabemos que cada sabor se relaciona com algo que se dissolveu na boca. Do mesmo modo que no caso da olfação, buscaram-se encontrar, desde o início, alguns poucos sabores básicos, cuja combinação resultaria na síntese de todos os sabores que somos capazes de sentir. Inicialmente, foi possível determinar quatro: salgado, doce, azedo e amargo. Mais recentemente, um novo sabor básico foi identificado e adicionou-se a esses, sendo chamado temperado. O reconhecimento do sabor salgado de alguns sais é importante para manter o equilíbrio eletrolítico. A detecção do sabor doce e do sabor temperado permite o reconhecimento de muitos açúcares e alguns aminoácidos, tão necessários para o fornecimento de energia ao organismo, e sua aceitação para a deglutição. O sabor azedo é o sabor dos ácidos,

Neurociência Sensorial

inclusive os aminoácidos essenciais que nosso organismo utiliza para a síntese proteica. E, finalmente, o sabor amargo representa um sinal de possível toxicidade, sendo muitas vezes rejeitado por mecanismos reflexos. Não sabemos, contudo, até que ponto esses sabores têm uma determinação biológica ou são o resultado de um aprendizado de natureza cultural. A expressão dessa incerteza é que alguns povos percebem gostos "básicos" que outros não reconhecem como tal. Quem entre nós poderia lembrar facilmente do gosto do glutamato monossódico, que os japoneses sentem e chamam de *umami* e os ocidentais traduzem como "delicioso" ou "temperado"? Também é a cultura que nos ensina a gostar de alguns sabores amargos, como os de algumas bebidas alcoólicas. Além disso, há muitos sabores que não podemos classificar em algum desses tipos, como os picantes (da pimenta, do gengibre), os metálicos, os adstringentes e tantos outros.

Da mesma forma que na olfação, a tarefa seguinte é relacionar os sabores com substâncias químicas definidas capazes de provocar a sensação de sabor – os *gustantes*. Temos, então, novamente, um problema. Fora o sabor salgado, reconhecidamente devido aos sais de sódio, especialmente o cloreto de sódio, os demais podem ser provocados por inúmeras substâncias de categorias químicas diferentes. Até mesmo o sabor doce, que poderíamos atribuir exclusivamente ao grupo dos açúcares, pode atualmente ser produzido por substâncias muito diferentes dos açúcares, que são os adoçantes artificiais.

Veremos a seguir que a gustação é, em muitos aspectos, semelhante à olfação, embora algumas diferenças sejam dignas de nota. Gustação e olfação, na verdade, funcionam em conjunto (veja o Quadro 10.3 para saber a falta que eles fazem...). Você já experimentou um pedaço de cebola durante um resfriado forte, com o nariz congestionado? O gosto, nessas condições, pode ser facilmente confundido com o de uma pera... O paladar de uma comida, entretanto, não depende só da gustação e da olfação, mas também de outros sentidos, como o tato, que nos permite apreciar a textura dos alimentos, a termossensibilidade, que sinaliza a temperatura da comida, e até mesmo a visão, que nos fornece um sentido de prazer estético antecipatório e altamente motivador para a alimentação. Além disso, a gustação não contribui apenas com a identificação dos sabores, mas fornece informações "ocultas" sobre as substâncias ingeridas, que regulam importantes reflexos somáticos e viscerais destinados à deglutição e à digestão do alimento, ou à expulsão de substâncias tóxicas. Levando em conta essas características, a gustação é, na verdade, um processo multissensorial.

▶ O Órgão e os Receptores da Gustação

Considera-se que o órgão receptor da gustação é a língua, porque é nela que se encontra a maior parte dos quimiorreceptores gustatórios. Entretanto, existem receptores também na mucosa oral, na faringe, na laringe e até mesmo nas porções superiores do esôfago. É mais apropriado, desse modo, considerar toda a cavidade orofaríngea, incluindo a língua, o órgão gustatório (Figura 10.10A).

Saiba Mais

Quadro 10.3
Anosmia e Ageusia: Sequelas da Covid-19

Quem viveu as agruras da pandemia do novo coronavírus, que aterrorizou o mundo a partir do final de 2019, há de se lembrar de que um dos primeiros sintomas da Covid-19 era a perda de olfato e paladar, às vezes passageira, às vezes bastante prolongada. Anosmia e ageusia são os termos técnicos que qualificam essas condições. Ao que se constatou, o vírus atinge células basais das mucosas nasal e oral e cria um intenso processo inflamatório que alcança também os receptores correspondentes. Em outras condições patológicas, o mesmo se observa: algumas são congênitas (mais raras) e outras são adquiridas, como é o caso do efeito agressivo da radioterapia usada para combater cânceres na cabeça.

Os pacientes se tornam incapazes de identificar cheiros e sabores em geral, ou passam a identificá-los de modo distorcido (parosmia e parageusia). Tendemos a considerar que essa inabilidade representa menos sofrimento do que a cegueira ou a surdez, mas não é assim que os pacientes encaram o problema. A anosmia apresenta risco sério de morte pela incapacidade de identificar o cheiro de queimado de um incêndio, ou o cheiro de um escapamento de gás de cozinha. Junto com a ageusia, impede as pessoas de saborear os alimentos, o que repercute em carências alimentares que podem ter gravidade.

No caso da Covid-19, no momento em que escrevo, não está ainda definido se essas sequelas desaparecem ou se tornam permanentes: o tempo dirá, mas ilustram como faz falta ser capaz de cheirar e saborear as substâncias voláteis do mundo.

346

OS SENTIDOS QUÍMICOS

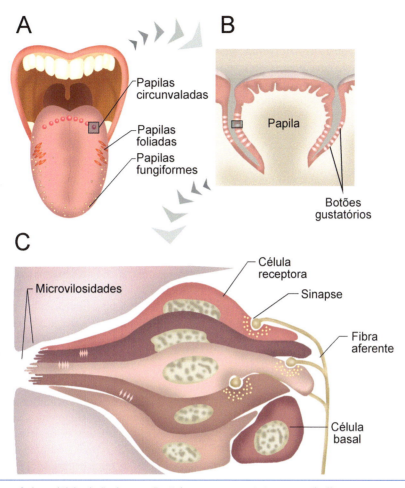

▶ **Figura 10.10.** A cavidade orofaríngea (**A**) é o órgão da gustação. Nela, a estrutura mais importante é a língua, que possui grande número de papilas gustatórias de tipos diferentes. Cada papila apresenta numerosos botões (**B**) onde se concentram os quimiorreceptores em posição estratégica para captar os gustantes. No botão gustatório (**C**) ficam não apenas os receptores, mas também outras células e as fibras aferentes que conduzem a informação para o SNC.

Os quimiorreceptores não estão distribuídos por toda a mucosa uniformemente, como é o caso da olfação. Estão reunidos em grupos de 50 a 150, formando esférulas com a forma de alhos, chamadas *botões gustatórios* (Figura 10.10B, C), com uma das extremidades formando uma espécie de poro, ou depressão, na superfície. Temos cerca de 5 mil botões gustatórios, três quartos dos quais na língua. Nela, os botões estão situados em indentações da mucosa que se chamam *papilas gustatórias* (Figura 10.10A, B). Podemos ver, pelo espelho, as nossas próprias papilas, mas os botões só podem ser visualizados ao microscópio. Ao espelho, poderemos perceber diferenças morfológicas entre as papilas. As que ficam na metade anterior da língua se parecem com pequenos cogumelos, por isso chamadas fungiformes. As que se localizam nos lados são alongadas, por isso se denominam papilas foliadas. Finalmente, podemos ver, no fundo da língua, uma fileira de grandes papilas que parecem mamilos, chamadas circunvaladas. Essas diferenças não são simples variações anatômicas, mas têm um significado funcional que se verá adiante.

Pelo microscópio podemos identificar dois tipos celulares nos botões gustatórios: os quimiorreceptores e as células basais, estas provavelmente precursoras dos primeiros (Figura 10.10C), encarregadas da sua reposição à medida que eles vão degenerando e morrendo a cada 2 semanas. Além disso, vemos terminais aferentes que levam a informação gustatória para neurônios situados à distância, em gânglios periféricos. Os quimiorreceptores gustatórios são células epiteliais, e não neurônios – nisso a gustação difere da olfação. Entretanto, apresentam especializações moleculares e estruturais próprias dos neurônios: estabelecem sinapses químicas com as fibras aferentes e expressam algumas moléculas de superfície típicas de neurônios.

A forma dos quimiorreceptores é adaptada para oferecer contato fácil com os gustantes. Desse modo, a extremidade apical[G] de cada um deles possui inúmeras microvilosidades que se projetam para fora do botão, imersas na saliva (Figura 10.10C). É nessas microvilosidades – semelhantes aos cílios olfatórios – que se concentram as moléculas receptoras da

347

gustação. Os corpos celulares dos quimiorreceptores são justapostos e acoplados por junções comunicantes, o que indica que provavelmente funcionam em sincronia. Suas extremidades basais e laterais estão em contato com terminais aferentes (Figura 10.10C). Ao microscópio eletrônico verifica-se que há vesículas e espessamentos de membrana, típicos das sinapses químicas, entre os quimiorreceptores e as fibras aferentes.

▶ As Vias Centrais da Gustação

As células primárias do sistema gustatório são os quimiorreceptores, de origem epitelial. As células de segunda ordem são neurônios genuínos, pseudounipolares, cujas fibras pertencem aos três nervos cranianos envolvidos com a gustação. Os prolongamentos distais desses neurônios – verdadeiros dendritos – são as fibras aferentes que recebem as sinapses dos receptores e conduzem a informação codificada em potenciais de ação até os somas, situados à distância. Os somas desses neurônios gustatórios periféricos ficam reunidos em gânglios periféricos situados em pontos diferentes do crânio, em ambos os lados, e seus prolongamentos distais reúnem-se em ramos de três nervos cranianos (Quadro 10.4): facial (VII), glossofaríngeo (IX) e vago (X).

Os terminais (dendríticos) das fibras aferentes são bastante ramificados nas proximidades dos botões gustatórios, de tal modo que diferentes quimiorreceptores – até mesmo diferentes botões – confluem para uma fibra, portanto para um único neurônio (Figura 10.10C). Trata-se de uma convergência com implicações funcionais, como veremos adiante.

Há uma certa organização no modo como esses nervos cranianos inervam o órgão da gustação (Figura 10.11A). O facial (VII) inerva principalmente as papilas fungiformes da região anterior da língua e as papilas do palato mole; o glossofaríngeo (IX) inerva as papilas circunvaladas da região posterior e as foliadas das faces laterais, assim como nos botões da nasofaringe; e o nervo vago[A] (X) origina-se nos botões da epiglote e do esôfago superior. Passados os somas dos neurônios pseudounipolares dos gânglios, as fibras proximais – agora sim, axônios – convergem todos para um núcleo situado no tronco encefálico, o *núcleo do trato solitário*[A] (Figura 10.11A, B). A organização topográfica dos nervos cranianos se mantém nesse núcleo de terceira ordem: o facial se projeta para um setor mais rostral do núcleo, o vago para um setor mais caudal, e o glossofaríngeo para uma posição intermediária. O núcleo do trato solitário não recebe apenas aferentes gustatórios, mas também outros aferentes viscerais que participam da digestão e de funções correlatas (veja, a esse respeito, o Capítulo 14). Seus axônios de saída dirigem-se diretamente ao tálamo, ou indiretamente por um núcleo pontino chamado *parabraquial*.

Direta ou indiretamente, dos neurônios do núcleo do trato solitário emergem axônios ascendentes (Figura 10.11B) que projetam ao *núcleo ventral posterior medial* do tálamo. E, finalmente, a informação gustatória chega ao córtex cerebral, em uma região situada dentro do sulco lateral[A] do encéfalo ou próxima a ele (Figura 10.11C) chamada *córtex insular*[A], que representa o córtex gustatório primário. Essa é a principal via gustatória, aquela que veicula as informações que produzirão a percepção dos sabores. Do mesmo modo que na olfação, entretanto, há outras vias gustatórias envolvidas com os reflexos e os comportamentos motivados que participam da regulação do meio interno. Para isso são essenciais as informações gustatórias que se obtêm dos alimentos. Assim, o núcleo do trato solitário se conecta com os núcleos motores de alguns nervos cranianos, um circuito que participa de reflexos de deglutição, tosse e vômito, fenômenos destinados a aceitar alimentos apropriados (agradáveis) e rejeitar os inapropriados (desagradáveis). O núcleo do trato solitário também se conecta indiretamente com o hipotálamo e a amígdala[A], regiões límbicas relacionadas com a fome, suas reações e suas emoções (Capítulo 15).

▶ Processamento Neural dos Sabores

Quando levamos um alimento à boca e o mastigamos, ele se desdobra em fragmentos menores e muitas de suas substâncias se dissolvem na saliva. Imediatamente ocorre o contato direto com a multidão de receptores moleculares presentes nas microvilosidades das células quimiorreceptoras. Cada gustante, então, acopla-se ao receptor que lhe corresponde e inicia-se a operação do sistema gustatório. Isso significaria que cada um dos sabores básicos apresentaria um mecanismo específico de transdução. Verdade parcial, porque há registro de receptores capazes de traduzir, ao mesmo tempo, sabores diferentes. Isso significa que nem sempre as células receptoras são inteiramente específicas para cada sabor.

A transdução do salgado (Figura 10.12A) deve-se à ação direta do íon Na^+ que compõe os sais mais comuns, em especial o sal de cozinha (NaCl) que usamos nos alimentos. O ânion, entretanto, modifica o sabor do cátion: por isso são diferenciados os sabores que sentimos ao provar diferentes sais de sódio. Além disso, outros cátions, como o K^+ e o Li^+, apresentam um certo sabor salgado. Muitos quimiorreceptores apresentam canais abertos para o íon Na^+, parecidos com os que existem nos túbulos renais para propiciar a reabsorção desse íon e, assim, evitar a excessiva eliminação pela urina. O sal ingerido simplesmente provoca grande aumento da concentração extracelular de Na^+, e o gradiente que se cria move os íons para dentro das microvilosidades através dos canais, criando, na célula quimiorreceptora, um potencial receptor despolarizante.

A transdução do sabor azedo (Figura 10.12B) deve-se ao íon hidrogênio que se dissocia dos ácidos presentes, por

OS SENTIDOS QUÍMICOS

> **Saiba Mais**

Quadro 10.4
Os Nervos Cranianos

Os nervos cranianos são aqueles que emergem de algum ponto do encéfalo, apresentando um trajeto intracraniano antes de sair do crânio por algum orifício, para ramificar-se em diferentes regiões da cabeça ou do corpo. Diferenciam-se dos nervos espinhais porque estes emergem da medula espinhal[A].

Existem 12 pares de nervos cranianos (*Miniatlas de Neuroanatomia*, p. 359): alguns são exclusivamente sensoriais, outros são exclusivamente motores, outros são mistos, podendo incluir também fibras autonômicas (Tabela).

As fibras sensoriais dos nervos cranianos geralmente são longos dendritos de neurônios bipolares (p. ex., o nervo vestibulococlear[A]) ou pseudounipolares (p. ex., o nervo trigêmeo[A]), cujos somas ficam aglomerados em gânglios (como o gânglio espiral do VIII nervo e o gânglio trigeminal do V), ou, então, são axônios de neurônios receptores ou de ordem superior (como é o caso dos nervos olfatório e óptico, respectivamente). As fibras do nervo olfatório não são facilmente vistas, pois formam fascículos que passam pela placa crivosa do etmoide, terminando no bulbo olfatório. O que se vê com clareza é o trato olfatório[A], portador das fibras de segunda ordem que conectam o bulbo com o córtex piriforme.

As fibras motoras e autonômicas (parassimpáticas) são axônios de neurônios cujos somas estão situados em diferentes núcleos do mesencéfalo e do tronco encefálico.

Os Nervos Cranianos e suas Funções[A]

Nervo Craniano	Fibras Componentes	Alvo ou Origem	Funções
I. Olfatório	Sensoriais	Epitélio olfatório	Olfação
II. Óptico	Sensoriais	Retina	Visão
III. Oculomotor	Motoras	Músculos extraoculares: retos sup., inf. e med.; oblíquo inf.; elevador da pálpebra	Movimentos oculares
	Autonômicas (parassimpáticas)	Músculos intraoculares: constritor da pupila e ciliar	Miose e acomodação
IV. Troclear	Motoras	Músculo extraocular: oblíquo sup.	Movimentos oculares
V. Trigêmeo	Sensoriais	Pele da face, córnea, cavidades nasal e oral, dura-máter[A]	Somestesia
	Motoras	Músculos da mastigação; músculo tensor do tímpano	Abertura e fechamento da boca; regulação da tensão do tímpano
VI. Abducente	Motoras	Músculo extraocular: reto lateral	Abdução do globo ocular
VII. Facial	Sensoriais	Dois terços anteriores da língua	Gustação
	Motoras	Músculos mímicos; músculo estapédio	Movimentos da face; regulação da tensão da cadeia ossicular
	Autonômicas (parassimpáticas)	Glândulas salivares e lacrimais	Salivação e lacrimejamento
VIII. Vestibulococlear	Sensoriais e audiomotoras	Cóclea e aparelho vestibular	Audição e equilíbrio
IX. Glossofaríngeo	Sensoriais	1/3 posterior da língua; faringe; trompa de Eustáquio, ouvido médio; corpo carotídeo	Gustação, somestesia, quimiorrecepção, barorrecepção[G]
	Motoras	Músculo estilofaríngeo	Deglutição
	Autonômicas (parassimpáticas)	Glândula parótida	Salivação
X. Vago	Sensoriais	Faringe, laringe, esôfago, ouvido externo, corpúsculos aórticos, vísceras torácicas e abdominais	Somestesia, quimio e barorrecepção; sensibilidade visceral
	Motoras	Palato mole, faringe, laringe e esôfago	Fala, deglutição
	Autonômicas (parassimpáticas)	Vísceras torácicas e abdominais	Controle das funções orgânicas
XI. Acessório	Motoras	Músculos do pescoço e dos ombros: esternocleidomastóideo e trapézio	Movimentos da cabeça e ombros
XII. Hipoglosso	Motoras	Músculos da língua	Movimentos da língua

▶ **Figura 10.11. A**. As vias gustatórias emergem das fibras aferentes dos botões e juntam-se a três nervos cranianos organizados topograficamente: VII, IX e X. Todos eles projetam ao núcleo do trato solitário, no tronco encefálico. **B**, **C** e **D**. O núcleo do trato solitário projeta ao tálamo direta ou indiretamente, e este ao córtex gustatório, situado nas proximidades do lobo da ínsula[A]. Os planos dos cortes ilustrados em **B**, **C** e **D** estão assinalados em **A**, em *branco*.

exemplo, nas frutas cítricas, como o limão. Com a ingestão de ácidos, o íon H^+ acumula-se no meio extracelular e o gradiente assim criado o move pelos mesmos canais de Na^+ que acabamos de descrever. A questão que se propõe é: se o H^+ dos ácidos e o Na^+ dos sais penetram, ambos, pelos mesmos canais, como então conseguimos diferenciar o salgado do azedo? Já se sabe que um mecanismo adicional caracteriza a transdução ácida: os íons H^+ (mas não os íons Na^+) bloqueiam canais de K^+ existentes nas microvilosidades de algumas das células (mas não de outras), interrompendo o fluxo natural desse íon para fora da célula, com isso acentuando a despolarização produzida na membrana. Conclui-se que as células portadoras dessa combinação de canais catiônicos são os receptores para o sabor ácido. Recentemente se descobriu um receptor molecular específico para ácidos, membro da família TRP*, cuja deleção gênica em camundongos remove a capacidade dos animais de perceber sabores ácidos. Supõe-se, então, que outros mecanismos devam existir que diferenciam os quimiorreceptores de salgado dos que são sensíveis ao sabor azedo.

A transdução dos sabores doce e temperado (Figura 10.12C) é mais complexa, mas envolve mecanismos semelhantes. Os receptores correspondentes foram recentemente clonados[G], e tudo indica que se trate de receptores T1R um pouco diferentes, combinados em conjuntos de duas ou três subunidades e acoplados a uma proteína G típica dos receptores gustatórios, chamada *gustatina* ou *gustducina*. Essas moléculas receptoras não parecem ser muito específicas, já que reconhecem gustantes bastante diferentes: sacarídeos (glicose, frutose, sacarose), peptídeos (aspartame), ânions orgânicos (sacarina sódica) e proteínas (monelina); e o glutamato monossódico, no caso do sabor temperado. Sabe-se, entretanto, que esses diferentes ligantes utilizam sítios distintos das moléculas receptoras e que as vias metabólicas intracelulares que

---

* Abreviatura da expressão inglesa transient receptor potential. *Ver o Capítulo 6 para maiores detalhes.*

OS SENTIDOS QUÍMICOS

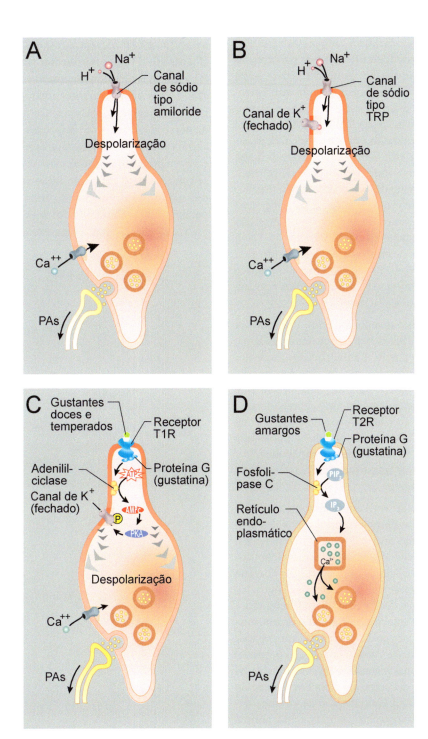

▸ **Figura 10.12.** Já se conhecem os mecanismos moleculares fundamentais da quimiotransdução dos cinco sabores básicos, cada um na sua célula receptora específica. A transdução do salgado (**A**) ativa um canal para os íons Na⁺ e H⁺, a do sabor ácido (**B**) ativa este mesmo canal e adicionalmente bloqueia um canal de K⁺. Em ambos os casos o movimento dos íons provoca despolarização da membrana, e a consequência é a entrada de Ca⁺⁺ e a liberação de neurotransmissor na sinapse com a fibra aferente. A transdução das substâncias doces e temperadas (**C**) envolve receptores semelhantes da família T1R, que ativam sempre um segundo mensageiro (no exemplo, o AMPc) que fecha canais de K⁺ despolarizando a célula. Finalmente, a transdução dos sabores amargos (**D**) é a única que não envolve despolarização da membrana: tudo se passa dentro da célula, com segundos mensageiros provocando diretamente a liberação de Ca⁺⁺ no citosol, e em consequência a liberação de neurotransmissores na fenda sináptica.

acabam sendo ativadas são diferentes. Assim, a gustatina, em resposta a gustantes sacarídicos (adoçantes naturais), aciona vias intracelulares diferentes das que são ativadas por gustantes não sacarídicos (adoçantes artificiais). Resta saber se essas vias estão presentes nos mesmos quimiorreceptores ou em células diferentes. No caso dos gustantes sacarídicos, o segundo mensageiro é o AMPc (Figura 10.12C). A gustatina, entretanto, não ativa a adenililciclase, como se poderia pensar, mas fosfodiesterases (fosfolipase C), que acionam a via dos terceiros mensageiros IP_3 e DAG. O resultado é o fechamento de canais de K^+ existentes nas microvilosidades, o que provoca a gênese de um potencial receptor despolarizante. No caso dos gustantes não sacarídicos e do glutamato monossódico (Figura 10.12D), o segundo mensageiro é também o IP_3, produzido pela enzima fosfolipase A (PLA). Ele possivelmente atua sobre canais de Ca^{++}, provocando a sua entrada na célula e, assim, um potencial receptor despolarizante.

A transdução do sabor amargo (Figura 10.12D) envolve moléculas receptoras T2R, também acopladas à gustatina, e utiliza o IP_3 como segundo mensageiro. Os gustantes típicos são o quinino, a cafeína e sais de césio e magnésio. Neste caso, entretanto, parece que o IP_3 atua diretamente sobre os estoques intracelulares de Ca^{++}, liberando esse íon para o citoplasma e com isso provocando diretamente a liberação de neurotransmissor do quimiorreceptor para os terminais aferentes. Se essa evidência for confirmada, tratar-se-á de um caso de transdução que não envolve a gênese de potencial receptor!

Na maioria dos casos, entretanto, quando as células receptoras gustatórias se despolarizam a partir das correntes iônicas geradas nas microvilosidades, é o potencial receptor que provoca a ancoragem das vesículas sinápticas acumuladas na base da célula. O neuromediador liberado na fenda sináptica depende do receptor considerado. No caso dos receptores para o doce, o amargo e o temperado, o neuromediador é o ATP, sendo a serotonina o neurotransmissor para o salgado e o azedo. Liberado o neuromediador na fenda sináptica, segue-se imediatamente um potencial pós-sináptico no terminal aferente, e logo uma salva de potenciais de ação que percorrerá a fibra em direção ao núcleo do trato solitário. A concentração de gustante determinará a amplitude do potencial receptor, e esta, por sua vez, a frequência dos PAs nas fibras dos nervos cranianos correspondentes.

Experimentalmente, podem-se registrar esses PAs que percorrem as fibras aferentes gustatórias de um animal sob estimulação controlada. Pode-se mesmo prover uma gotícula de gustante a uma única papila e retirá-la com rapidez por aspiração ou lavagem (Figura 10.13). Nessas condições, foi possível estudar as preferências das fibras aferentes pelos gustantes. Os resultados mostraram alguma especificidade, embora os espectros receptores fossem bastante amplos. A especificidade acompanha a topografia da inervação gustatória: cada uma das fibras do nervo facial[A] (Figura 10.13) responde melhor (mas não exclusivamente) a um tipo definido de gustante, seja doce, salgado ou azedo (mas não a gustantes amargos). No conjunto, esse nervo veicula os três sabores. Do mesmo modo, as fibras do nervo glossofaríngeo[A] respondem melhor aos estímulos azedos e amargos, e as do vago preferem gustantes azedos e a água pura (será a água então um sabor?). O pouco que se conhece até o momento sobre as respostas gustatórias dos neurônios do núcleo do trato solitário e do núcleo parabraquial é compatível com esses dados obtidos nas fibras dos nervos cranianos gustatórios.

▶ **Figura 10.13.** A preferência das fibras aferentes gustatórias pode ser estudada registrando-se a atividade do nervo facial (VII), por exemplo, após a estimulação de uma ou mais papilas com gustantes específicos (detalhe no topo à esquerda). Cada gráfico representa uma fibra; as barras indicam a frequência de potenciais de ação para cada sabor. Encontram-se fibras que preferem sabores doces (como sacarose), outras que preferem salgados (no centro), e outras ainda que preferem sabores azedos (à direita). Os sabores amargos ativam preferencialmente as fibras do nervo glossofaríngeo (IX), não representadas. Modificado de Smith DV, Frank ME. In: Simon S, Roper S (orgs.). *Mechanisms of taste transduction*. (Boca Ratón: CRC Press, 1993.

OS SENTIDOS QUÍMICOS

Essas propriedades das vias gustatórias significam que não há – ou são pouco importantes – linhas exclusivas para cada um dos sabores básicos, uma vez que os neurônios individuais não são suficientes para a discriminação dos sabores. É provável, portanto, que essa discriminação sensorial dependa, como se supõe também para a olfação, da particular combinação da atividade neural dos neurônios mobilizados por um determinado sabor. Acredita-se que essa atividade populacional combinada produza um padrão de ativação que pode ser reconhecido em níveis superiores (cortical, talvez?). A memória do gosto do pimentão, por exemplo, refere-se a um determinado padrão de atividade neural de uma certa população de quimiorreceptores e neurônios centrais. Toda vez que esse padrão é reproduzido, quando ingerimos pimentão, a memória é evocada e fazemos o reconhecimento desse alimento pelo seu sabor (mesmo que não o tenhamos visto!).

A participação do córtex nesse processo é inteiramente hipotética, mas há notícia de pacientes com ageusia (deficiência de percepção gustatória) após lesões do córtex insular.

SOMESTESIA QUÍMICA?

As mucosas da face (não só a nasal e a oral, mas também a mucosa ocular) apresentam nociceptores particularmente sensíveis a substâncias irritantes e poluentes, adicionando aos sabores e aos cheiros outras qualidades: dor, ardência ou a sensação de frio. Nem sempre essas qualidades são negativas. Basta pensar no efeito refrescante do mentol, adicionado a alguns alimentos, medicamentos e até a algumas marcas de cigarros. Deve-se mencionar também o efeito da capsaicina, o gustante de sabor picante que caracteriza as pimentas. Sua adição aos alimentos, quando moderada, provoca uma ligeira ardência ao sabor da comida, que muitos de nós apreciamos. O uso imoderado da pimenta, no entanto, provoca efeitos típicos de outras substâncias irritantes, como salivação, secreção nasal e lacrimejamento, todos eles reflexos autonômicos que favorecem a "lavagem" ou a diluição das substâncias causadoras da irritação das mucosas. A mucosa oral apresenta também termorreceptores e receptores ao tato, que contribuem para a percepção da temperatura e da textura dos alimentos, componentes importantes da receptividade que manifestamos a eles.

Esse sistema de detecção de natureza mecânica ou térmica associada aos sentidos químicos constitui uma submodalidade fronteiriça entre a somestesia e os sentidos químicos, uma espécie de somestesia química. Pouco se conhece sobre os receptores correspondentes, mas tudo indica que são terminações livres de três nervos cranianos: o trigêmeo, o glossofaríngeo e o vago, exatamente os mesmos que veiculam as informações gustatórias. Essas terminações distribuem-se por toda a mucosa oral (e também a mucosa nasal), estando em contato com os mesmos compostos que ativam os quimiorreceptores gustatórios e olfatórios. As fibras aferentes desses nervos cranianos projetam ao núcleo do trato solitário, como vimos anteriormente, e também aos seus núcleos próprios (o núcleo principal do trigêmeo[A] é um exemplo importante).

As dimensões "somestésicas" dos gustantes (irritantes como a dor e a ardência, ou coadjuvantes do paladar, como o frio, o calor e a textura) são transmitidas desses núcleos do tronco encefálico ao núcleo ventral posterior medial do tálamo, seguindo tanto ao córtex insular quanto aos córtices somestésicos primário e secundário. Em paralelo, as dimensões "gustatórias/olfatórias" desses estímulos químicos também são veiculadas ao córtex insular, como já mencionamos (Figura 10.14). Note-se que essas regiões corticais ficam muito próximas umas das outras, o que favorece a sugestão de que funcionam de forma cooperativa para propiciar ao indivíduo uma percepção simultaneamente gustatória e somestésica dos gustantes que chegam à boca.

▶ Figura 10.14. A. Imagem de ressonância magnética funcional que mostra a ativação do córtex insular em ambos os lados após a administração, a um voluntário, de um composto viscoso, porém sem gosto. A área ativada é representada em amarelo-claro sobre um corte coronal (à esquerda) e sobre um corte parassagital (à direita). B. Imagem semelhante da ativação do córtex insular após a estimulação com um composto doce (sacarose). HD = hemisfério direito. Modificado de Araujo IE e Rolls ET. *Journal of Neuroscience*. 2004;24:3086-3096.

NEUROCIÊNCIA SENSORIAL

OS SENTIDOS QUÍMICOS OCULTOS

Vivemos em um oceano de moléculas. Isso significa que não só o nosso corpo vive imerso nelas; também as nossas células, individualmente, estão imersas em uma enorme variedade de moléculas dissolvidas nos líquidos corporais. É preciso dispor de um sistema de monitoração e controle das concentrações dessas moléculas, já que algumas delas são essenciais à vida, como o oxigênio, o gás carbônico e a glicose. A presença desse conjunto numeroso de moléculas em nosso organismo cria uma pressão osmótica[G] que tende a transferir água de um compartimento a outro, alterando os volumes de líquido do organismo. A pressão osmótica, portanto, deve também ser monitorada e regulada. E, finalmente, o mesmo se aplica ao próprio volume de líquido circulante no sangue e em outros fluidos.

Não é necessário, no entanto, que a monitoração desses parâmetros químicos e físicos alcance a nossa consciência. Ao contrário, a natureza criou "sentidos químicos ocultos" para que tudo se passe automaticamente durante a nossa vida cotidiana e a consciência possa estar dedicada a outras coisas. Esses "sentidos ocultos" fornecem as informações necessárias para que se faça a regulação automática das funções orgânicas. É o que se conhece como *homeostasia*, um conceito clássico da fisiologia geral criado pelo americano Walter Cannon (1871-1945) e analisado com mais detalhes no Capítulo 14.

Quais são, então, esses sentidos secretos? De que modo funcionam?

▶ Dosagem Automática dos Gases da Respiração

Todos sabem que os gases da respiração são o oxigênio (O_2) e o dióxido de carbono (CO_2). Todos sabem também que obtemos do ar o oxigênio que nossas células utilizam e que eliminamos o gás carbônico que resulta do metabolismo do organismo. Isso significa que ambos os gases, mas especialmente o oxigênio, devem existir no ar que circula em nossos pulmões em uma determinada concentração. É verdade que o ar do ambiente pode conter mais ou menos O_2 e CO_2 em função de variáveis geográficas, climáticas e outras, mas é no sangue, onde esses gases circulam para serem levados às células ou retirados delas, que as alterações de concentração podem repercutir mais sobre a fisiologia do organismo. Por exemplo: entre o repouso e o exercício extenuante pode haver uma variação de cerca de 10 vezes no consumo de oxigênio do sangue. O sistema nervoso deve detectar essas condições e comandar a regulação dos ritmos respiratório e cardíaco de acordo com as necessidades. O cérebro, em particular, é muito sensível a essas mudanças metabólicas, especialmente em relação ao O_2. Alguns segundos de anóxia[G] podem provocar inconsciência, e poucos minutos levam à morte neuronal, causando lesões irreversíveis no tecido nervoso.

Por essa razão o organismo deve dispor de um mecanismo bem ajustado de regulação de parâmetros metabólicos, como o ritmo e a profundidade da respiração, a frequência cardíaca e o diâmetro vascular, em função dos níveis sanguíneos de O_2 e CO_2. Então, as questões que se expõem são as seguintes: quem detecta os níveis sanguíneos desses gases? Que receptores o fazem? Onde estão situados?

Desde a década de 1930 sabe-se que existem sensores de oxigênio situados estrategicamente nas paredes da aorta e da artéria carótida comum quando ela se bifurca para formar a carótida interna, principal via de irrigação arterial do cérebro. Nessa região existem órgãos receptores especializados chamados, respectivamente, *corpos aórticos* e *carotídeos* (Figura 10.15A), que alojam não apenas quimiorreceptores, mas também mecanorreceptores sensíveis ao estiramento das paredes arteriais. Os quimiorreceptores dos corpos aórticos e carotídeos são as células *glomus* (Figura 10.15B), que recebem inervação aferente de fibras dos nervos glossofaríngeo e vago, respectivamente, com quem estabelecem sinapses químicas, de modo semelhante ao que ocorre no sistema gustatório. Experimentos realizados com células *glomus* cultivadas isoladamente em laboratório permitiram verificar que elas apresentam canais de K^+ e de Ca^{++} sensíveis à concentração de O_2 no meio de cultura. Quando se diminui a concentração de O_2, ocorre bloqueio dos canais de K^+ e abertura dos de Ca^{++}. Com a entrada de Ca^{++}, ocorre despolarização da membrana e aumenta a concentração de Ca^{++} no citosol (Figura 10.15C). Outras evidências sugerem também que as células *glomus* expressam proteínas que alojam moléculas de heme, o radical envolvido na captura de oxigênio pela hemoglobina. Nesse caso, seriam formados verdadeiros quimiossomos no interior da célula, capazes de cooperar com os canais iônicos na detecção dos níveis de O_2. Os canais da membrana seriam rápidos na detecção e na resposta, enquanto os quimiossomos seriam mais lentos, respondendo em condições crônicas.

Em seguida à detecção e à despolarização da célula *glomus*, ocorrem a liberação de neurotransmissores na fenda sináptica e o aparecimento de PAs nas fibras aferentes. A célula *glomus* apresenta vesículas contendo vários neurotransmissores, mas não há certeza sobre quais estão realmente envolvidos com a transmissão sináptica para as fibras aferentes. Alguns indícios sugerem que se trata da dopamina, mas há também registro de que a acetilcolina, a substância P e o ATP possam estar envolvidos, alguns com ação excitatória, outros com ação inibitória. O registro da atividade neural das fibras aferentes em animais intactos confirma a sua sensibilidade à concentração de O_2, bem como a proporcionalidade entre esta e a frequência de PAs.

OS SENTIDOS QUÍMICOS

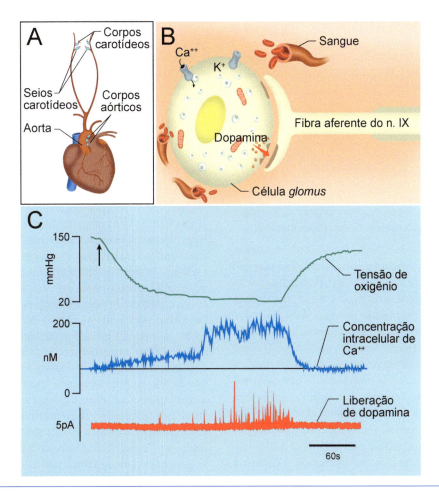

▶ **Figura 10.15. A**. Muitos monitores químicos do organismo (em azul claro) estão concentrados próximo ao coração, nas paredes da aorta e das carótidas, junto com receptores mecânicos sensíveis à pressão arterial. **B**. No corpo carotídeo, o receptor de O_2 é a célula glomus, que parece sinalizar a tensão de oxigênio no sangue através da liberação de dopamina. **C** representa um experimento com a célula glomus, submetida a um súbito decréscimo da tensão de O_2 (seta), que provoca aumento da concentração intracelular de Ca^{++}. Segue-se a liberação de dopamina, que ativa a fibra aferente (traçado em vermelho, abaixo). Modificado de López-Barneo J. *Trends in Neuroscience*. 1996;19:435-440.

Os neurônios sensoriais do nervo glossofaríngeo, como já se sabe, projetam ao núcleo do trato solitário. Os neurônios de segunda ordem aí situados, de sua parte, distribuem a informação a inúmeros núcleos do tronco encefálico, cuja função é estabelecer os ritmos respiratório e cardíaco, bem como controlar o diâmetro das vias aéreas e dos vasos sanguíneos (ver o Capítulo 14 para maiores detalhes), por meio da inervação motora dos músculos respiratórios, do músculo cardíaco e da musculatura lisa da árvore brônquica e dos vasos. Neste caso, a informação aferente sobre o nível sanguíneo de O_2 não chega às regiões sensoriais do córtex cerebral, por isso não atinge a consciência.

Praticamente nada se sabe sobre a existência e a localização dos possíveis quimiorreceptores de CO_2, mas há suspeitas de que possam estar situados dentro do tecido cerebral, em regiões bulbares.

▶ A Monitoração da Água

Outro dado importante sobre o estado geral do organismo e das células, que deve ser monitorado continuamente pelo sistema nervoso, é a osmolaridade dos fluidos corporais. A osmolaridade é uma propriedade físico-química que depende da concentração de solutos dentro dos compartimentos orgânicos, seja o interior das células, seja o meio intersticial. Se a célula contém mais solutos do que o meio intersticial, diz-se que o meio é hipotônico em relação à célula, ou que a célula é hipertônica em relação ao meio externo. Neste caso, há uma tendência do solvente (ou seja, a água) a passar para dentro da célula e, assim, restabelecer o equilíbrio osmótico. Se, ao contrário, a célula contém menos solutos do que o meio intersticial (meio hipertônico), a água se move no sentido inverso, saindo para o meio extracelular.

Acontece que, às vezes, esse delicado equilíbrio é rompido por fatores externos, como, por exemplo, uma ingestão

355

exagerada de sal, tornando perigosamente hipertônico o meio extracelular. Se o desequilíbrio não for logo corrigido, as células perdem água e murcham, podendo até mesmo morrer. Nessa situação extrema, os mecanismos celulares ou teciduais de correção do equilíbrio osmótico são insuficientes. É preciso, então, informar ao sistema nervoso para que este providencie mecanismos de reposição hídrica. Informado, o sistema nervoso comanda os reflexos destinados a interromper a diurese e a sudorese e provoca a sensação de sede para que sejam acionados os comportamentos motivados para a busca de água.

Quais são, então, os mecanismos neurais envolvidos? Onde estão os osmorreceptores? Como funcionam?

Os neurocientistas já sabem que existem inúmeros neurônios sensíveis a variações da osmolaridade do sangue (e, portanto, do meio extracelular). Alguns estão situados na parede dos vasos sanguíneos do fígado, mas a maioria fica mesmo dentro do próprio tecido nervoso. As regiões que contêm esses osmorreceptores encontram-se no diencéfalo[A], geralmente em torno do terceiro ventrículo[A] (Figura 10.16A). São elas: o órgão vascular da lâmina terminal, o órgão subfornicial, os núcleos anteriores do hipotálamo e os núcleos neurossecretores paraventricular e supraóptico, também no hipotálamo. Esses dois últimos são responsáveis pela produção dos hormônios secretados pela neuro-hipófise (Capítulos 14 e 15), entre eles o hormônio antidiurético (HAD), um nonapeptídeo que exerce ação à distância sobre os túbulos renais, diminuindo a formação de urina. Exatamente o que se quer para a regulação do equilíbrio osmótico do organismo!

O sistema é conectado de modo a ativar os neurônios paraventriculares e supraópticos, fazendo que eles aumentem ou diminuam a secreção de HAD, segundo as necessidades. Esses mesmos neurônios secretores são também osmossensíveis, constituindo um exemplo interessante de um circuito reflexo formado por um só neurônio, ao mesmo tempo aferente e eferente. Os outros osmorreceptores emitem axônios que terminam nos núcleos neurossecretores, além de outras regiões. Maiores detalhes sobre esses e outros quimiorreceptores centrais podem ser encontrados no Capítulo 15.

E como funciona o mecanismo de osmorrecepção (Figura 10.16B)? Uma surpresa: tudo indica que osmorreceptores possuem canais catiônicos na sua membrana sensíveis a diminutos estiramentos e relaxamentos provocados pela variação do volume celular em função da entrada ou saída de água. Quando o meio extracelular (o sangue) se torna muito concentrado (hipertônico), a célula "murcha" porque cede água para o meio externo. Nesse caso, a membrana relaxa, sua tensão mecânica diminui e isso ativa esses canais; resultam a despolarização do neurônio, a ocorrência de potenciais de ação e, portanto, a sinalização aferente de que o meio externo se tornou hipertônico. Se o sangue se tornar hipotônico, ocorre o contrário: a célula "incha" com a entrada de água, aumenta a tensão mecânica da membrana e esses canais são desativados. A rigor, portanto, os "quimiorreceptores" osmóticos são, na verdade, mecanorreceptores! O que se fez para descobrir isso foi simplesmente cultivar em laboratório neurônios das regiões osmossensíveis, variar a pressão osmótica do meio de cultura, tornando-o hipo ou hipertônico, e, ao mesmo tempo, registrar a sua atividade

▶ **Figura 10.16. A**. Os osmorreceptores estão situados em diferentes locais do SNC, geralmente em torno do terceiro ventrículo. **B**. Nessas regiões, esses receptores possuem canais iônicos sensíveis à osmolaridade do sangue (meio extracelular). Quando aumenta a osmolaridade do sangue, a água tende a sair do receptor, e como então ele "murcha", a tensão mecânica da membrana diminui. Os resultados são a progressiva desativação dos canais iônicos e, portanto, a diminuição da frequência de potenciais de ação na fibra aferente. Ocorre o oposto quando a osmolaridade do sangue diminui. Baseado em Oliet SH, Bourque CW. *Trends in Neuroscience*. 1994;17:340-344.

OS SENTIDOS QUÍMICOS

elétrica. Observou-se, então, que ocorriam despolarização dos neurônios quando estes eram imersos em soluções hipertônicas e hiperpolarização quando se utilizavam soluções hipotônicas. Os pesquisadores, além disso, aplicaram pequenos pulsos de pressão dentro da célula, mostrando despolarização para pressões negativas e hiperpolarização para pressões positivas, comprovando que a sensibilidade dos canais de cátions é mecânica, e não propriamente química. Não se conhece ainda a identidade dos canais catiônicos envolvidos na osmorrecepção. O registro dos axônios que conectam os osmorreceptores com os neurônios secretores, bem como desses últimos, mostrou a ocorrência de salvas de PAs cuja frequência é proporcional à tonicidade do meio extracelular.

Glossário

Anóxia: interrupção da entrada de oxigênio no sangue.

Apical: refere-se ao ápice ou parte de cima de uma estrutura qualquer. Opõe-se a basal.

Barorrecepção: Detecção de variações da pressão arterial realizada principalmente pelos barorreceptores carotídeos.

Clonagem: síntese, em laboratório, do DNA capaz de codificar uma determinada molécula proteica, permitindo reconhecer detalhadamente a sua estrutura.

Etmoide: um dos vários ossos que compõem o crânio humano, situado na região dorsal do nariz entre os dois globos oculares.

Homeostasia: regulação e estabilização das características químicas, físicas e físico-químicas do meio interno do organismo.

Mucopolissacarídeos: família de carboidratos secretados pelas glândulas mucosas, que constituem o principal componente do muco.

Mucosa: camada epitelial dotada de glândulas secretoras de muco que reveste algumas cavidades do corpo.

Neocórtex: tipo de córtex cerebral de aparecimento recente na evolução, característico dos mamíferos. Apresenta um número maior de camadas do que os tipos corticais mais antigos.

Paleocórtex: tipo de córtex cerebral de aparecimento mais antigo na evolução. Apresenta um número menor de camadas do que o neocórtex.

Pressão osmótica: tendência ao deslocamento do solvente (água, por exemplo) entre compartimentos separados por membranas semipermeáveis em função da concentração de solutos (sais, por exemplo) em cada compartimento.

Leia Mais

❯ Leitura Básica

Malnic B. *O Cheiro das Coisas*. Rio de Janeiro: Vieira & Lent, 2008. Texto de divulgação científica sobre olfato, paladar e as emoções e os comportamentos correspondentes.

Bear MF, Connors BW, Paradiso MA. *Neurociências – Desvendando o Sistema Nervoso*. 4ª. ed. trad. Porto Alegre: Artmed, 2017. p. 265-292 Trata principalmente do olfato e da gustação, mas também aborda os sentidos químicos "ocultos".

Buck L, Bargmann CI. *Princípios de Neurociências*. 5ª. ed. trad. Porto Alegre: McGraw-Hill-Artmed, 2014. p. 619-639. Texto avançado sobre os mecanismos neurobiológicos dos sentidos químicos principais.

❯ Leitura Complementar

Clássicos

Stewart WB, Kauer JS, Shepherd GM. Functional organization of rat olfactory bulb analyzed by the 2deoxyglucose method. *Journal of Comparative Neurology*. 1979;185:715-734.

Buck L, Axel R. A novel multigene family may encode odorant receptors: a molecular basis for odor recognition; *Cell*. 1991;65:175-187.

Firestein S. Electrical signal in olfactory transduction. *Current Opinion in Neurobiology*. 1992;2:444-448.

Dulac C, Axel R. A novel family of genes encoding putative pheromone receptors in mammals. *Cell.* 1995;195-206.

Axel R. The molecular logic of smell. *Scientific American.* 1995;273:154-159.

Mombaerts P, Wang F, Dulac C, Chao SK, Nemes A, Mendelsohn M, et al. Visualizing an olfactory sensory map. *Cell.* 1996;87:675-686.

Smith DV, Margolskee RF. Making sense of taste. *Scientific American.* 2000;284:32-39.

Buck LB. The molecular architecture of odor and pheromone sensing in mammals. *Cell.* 2000;100:611-618.

Recentes

Papes F, Logan D, Stowers L. The vomeronasal organ mediate interspecies defensive behaviors through detection of protein pheromone homologs. *Cell.* 2010;141:692-703.

Rowe TB, Shepherd GM. Role of ortho-retronasal olfaction in mammalian cortical evolution. *Journal of Comparative Neurology.* 2016;524:471-495.

Yiannakas A, Rosenblum K. The insula and taste learning. *Frontiers in Molecular Neuroscience.* 2017;10:335.

Augustine V, Gokce, Oka Y. Peripheral and central nutrient sensing underlying appetite regulation. *Trends in Neurosciences.* 2018;41:526-539.

Ohla K, Yoshida R, Roper SD, DiLorenzo PM, Victor JD, Boughter JD, et al. Recognizing taste: coding patterns along the neural axis of mammals. *Chemical Senses.* 2019;44:237-247.

Glezer I, Malnic B. Olfactory receptor function. *Handbook of Clinical Neurology.* 2019;164:67-78.

Chiang MC, Bowen A, Schier LA, Tupone D, Uddin O, Heinricher MM. Parabrachial complex: A hub for pain and aversion. *Journal of Neuroscience.* 2019;39:8225-8230.

Hummel T, Frasnelli J. The intranasal trigeminal system. *Handbook of Clinical Neurology.* 2019;164:119-134.

Mori K, Sakano H. Olfactory circuitry and behavioral decisions. *Annual Review of Physiology.* 2020;doi:10.1146/annurev-physiol-031820-092824.

Nakahara TS, Camargo AP, Magalhães PHM, Souza MAA, Ribeiro PG, Martins-Netto PH, et al. Peripheral oxytocin injection modulates vomeronasal sensory activity and reduces pup-directed aggression in male mice. *Scientific Reports.* 2020;10:19943.

Imamura F, Ito A, LaFever BJ. Subpopulations of projection neurons in the olfactory bulb. *Frontiers in Neural Circuits.* 2020;14:561822.

Blazing RM, Franks KM. Odor coding in piriform cortex: mechanistic insights into distributed coding. *Current Opinion in Neurobiology.* 2020;64:96-102.

von Molitor E, Riedel K, Krohn M, Rudolf R, Hafner M, Cesetti T. An alternative pathway for sweet sensation: possible mechanisms and physiological relevance. *Pflugers Archiv: European Journal of Physiology.* 2020. Doi: 10.1007/s00424-020-02467.

Gutierrez R, Fonseca E, Simon SA. The neuroscience of sugars in taste, gut-reward, feeding circuits, and obesity. *Cellular and Molecular Life Sciences.* 2020;77:3469-3502.

Precone C, Paolacci S, Beccari T, Dalla Ragione L, Stuppia L, et al. Pheromone receptors and their putative ligands: possible role in humans. *European Review for Medical and Pharmacological Sciences.* 2020;24:2140-2150.

Mukhopadhyay S, Stowers L. Choosing to urinate. Circuits and mechanisms underlying voluntary urination. *Current Opinion in Neurobiology.* 2020;60:129-135.

Cherry JA, Baum MJ. Sex differences in main olfactory system pathways involved in psychosexual function. *Genes, Brain, and Behavior.* 2020;19:e12618.

Seabrook LT, Borgland SL. The orbitofrontal cortex, food intake and obesity. *Journal of Psychiatry and Neuroscience.* 2020;45:304-312.

Staszko SM, Boughter JD Jr, Fletcher ML. Taste coding strategies in insular cortex. *Experimental Biology and Medicine.* 2020;245:448-455.

MINIATLAS DE NEUROANATOMIA

JEAN-CHRISTOPHE HOUZEL
FERNANDA TOVAR-MOLL
THEO MARINS
DANIELA UZIEL

*Universidade Federal do Rio de Janeiro
e Instituto D'Or de Pesquisa e Ensino*

O Miniatlas consta de cortes anatômicos de encéfalos em diferentes planos, assinalados pela linha azul nas fotos de baixo, e acompanhados de imagens de ressonância magnética nos mesmos planos. As imagens de ressonância magnética mostram a maioria dos acidentes anatômicos assinalados nos cortes, e ao lado, os principais feixes de substância branca que podem ser vistos em cada plano. A imagem dos feixes é tridimensional, sendo a direção laterolateral representada em vermelho, a direção dorsoventral representada em azul, e a direção anteroposterior em verde. Os feixes oblíquos aparecem em tons compostos. As estruturas nomeadas constam do texto dos capítulos assinaladas pela marca[A], superscrita ao lado do termo anatômico correspondente.

Peças anatômicas fotografadas por Jean-Christophe Houzel e Daniela Uziel. Imagens anatômicas de ressonância magnética adquiridas por Fernanda Tovar-Moll. Imagens de fascigrafia geradas por Theo Marins a partir do Human Connectome Project Tractography Atlas, de F.C. Yeh e colaboradores (2018) *Neuroimage* vol. 178, pp. 67-68.

MINI-ATLAS

Prancha 1

MINI-ATLAS

Prancha 2

MINI-ATLAS

Prancha 3

MINI-ATLAS

Prancha 4

MINI-ATLAS

Prancha 5

MINI-ATLAS

Prancha 6

MINI-ATLAS

Prancha 7

MINI-ATLAS

Prancha 8

MINI-ATLAS

Prancha 9

MINI-ATLAS

Prancha 10

MINI-ATLAS

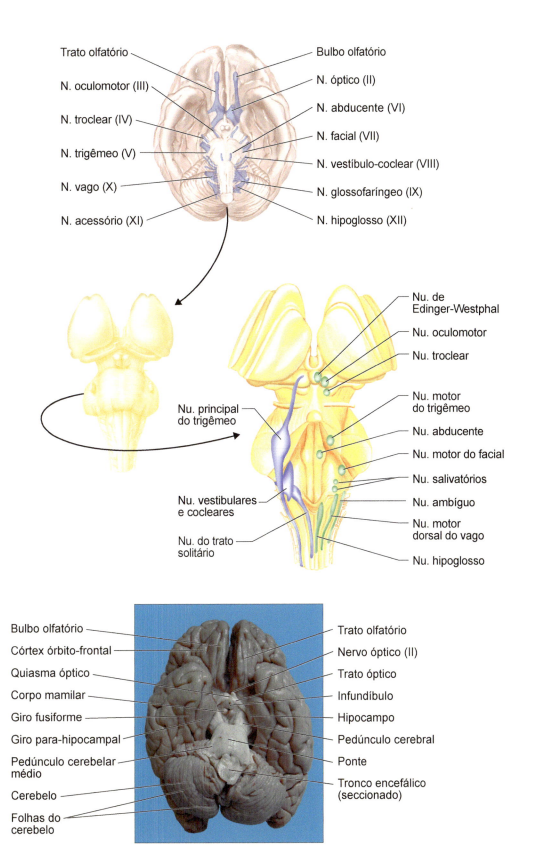

Base do encéfalo

Prancha 11

PARTE 3

NEUROCIÊNCIA DOS MOVIMENTOS

11

O Corpo se Move
Movimentos, Músculos e Reflexos

Pés (díptico), de Iole de Freitas (1973, 1977), impressão fotográfica sobre vidro

Saber o Principal

Resumo

São quatro os elementos de operação do sistema motor: os efetuadores, que realizam os movimentos; os ordenadores, responsáveis pelo comando dos efetuadores; os controladores, que zelam pela execução correta dos comandos motores; e os planejadores, responsáveis pelas sequências de comandos que produzem os movimentos voluntários complexos.

Os músculos estriados esqueléticos são os efetuadores do sistema motor somático. São formados por células musculares dentro das quais estão as proteínas contráteis. Estas moléculas são partes do citoesqueleto capazes de deslizar umas sobre as outras, encurtando ou alongando cada célula muscular. Há tipos diferentes de células musculares, e a sua composição dentro de cada músculo determina as propriedades dele.

Os primeiros ordenadores, isto é, aqueles que entram em contato direto com os efetuadores musculares, são os motoneurônios da medula e do tronco encefálico. Cada motoneurônio pode inervar diferentes células musculares de um mesmo músculo, mas cada célula muscular só é inervada por um único motoneurônio. O conjunto do motoneurônio com suas células musculares é a unidade motora, a unidade de comando do sistema motor. Para que os ordenadores funcionem a contento, precisam ter acesso a informações vindas dos efetuadores, e as obtêm por intermédio dos receptores musculares: os fusos, situados dentro da massa muscular, e os órgãos de Golgi, situados nos tendões. Esses receptores informam os motoneurônios, por meio de fibras nervosas aferentes, sobre o comprimento e o grau de tensão dos músculos correspondentes.

Os movimentos mais simples são os reflexos, operados por circuitos de neurônios (os arcos reflexos) contidos na medula ou no tronco encefálico. Há reflexos com dois neurônios (monossinápticos), como os miotáticos, outros com três neurônios (dissinápticos), como os miotáticos inversos, e outros com muitos neurônios (multissinápticos), como os reflexos flexores de retirada. Os músculos ativados reflexamente são determinados pelo local de estimulação, e a força empregada – bem como a duração da resposta – depende da intensidade do estímulo. Assim, os reflexos representam a forma mais elementar de comando motor coordenado.

Movimentos mais elaborados podem ser obtidos por sequências de comandos automáticos geradas por ciclos rítmicos produzidos na própria medula. É o que ocorre no ato de coçar e na locomoção.

O CORPO SE MOVE

Todos os animais se movem de algum modo, o que é essencial para a sua sobrevivência. A motricidade lhes permite manter o corpo em posição, apesar da força que a gravidade exerce para aproximá-lo do chão. Permite também que busquem o alimento de que necessitam e que fujam de seus predadores. No homem, a motricidade assumiu grande complexidade, uma vez que as mãos se tornaram menos dependentes das necessidades posturais, podendo, assim, ser utilizadas para diversos fins, em especial para a confecção de utensílios e instrumentos. Além disso, associaram-se funcionalmente ao rosto para operar um sofisticado sistema de comunicação e expressão de ideias e sentimentos.

Os movimentos, entretanto, não dependem apenas dos músculos, como se poderia pensar. São o resultado de complexos processos de programação, comando e controle que envolvem diversas regiões cerebrais e terminam na contração das fibras musculares. Esse conjunto neuromuscular é conhecido como sistema motor, e é dele que tratam este e o próximo capítulo*.

MOVIMENTOS E A ORGANIZAÇÃO BÁSICA DO SISTEMA MOTOR

Quais são as capacidades funcionais do sistema motor? Como poderíamos classificar os diversos movimentos que somos capazes de realizar?

Intuitivamente, pensamos em movimentos voluntários e involuntários, isto é, aqueles que são conscientes, provocados pela nossa vontade, e os que são inconscientes, ou seja, aparecem sem que nos demos conta. Exemplos? Viramos a página do livro porque queremos continuar a leitura, mas, ao ler, piscamos várias vezes as pálpebras sem perceber. Ao andar, o sentido de deslocamento é determinado pela vontade, mas os movimentos alternados dos braços que fazemos durante a marcha são involuntários. Os mesmos movimentos podem ser, às vezes, voluntários e, outras vezes, involuntários – até mesmo alguns movimentos viscerais podem ser provocados ou modificados pela vontade. Virar a página do livro pode ser imperceptível quando estamos absortos na leitura, e, ao contrário, podemos piscar as pálpebras de forma intencional, se assim desejarmos. Do mesmo modo, podemos andar com os braços parados, se quisermos, ou movê-los alternadamente sem andar.

Alguns movimentos involuntários – não todos – são chamados atos reflexos, ou apenas *reflexos***. São movimentos simples (envolvendo poucos músculos), estereotipados (sempre muito parecidos) e que, em geral, ocorrem automaticamente em resposta a um estímulo sensorial. É o caso do movimento brusco de retirada do braço quando encostamos a mão em algo muito quente, ou do pequeno chute que damos com a perna quando o médico percute com o martelo o nosso joelho. Quando o grau de complexidade aumenta, fala-se de *reações reflexas*, termo que descreve uma associação de diversos reflexos. Neste caso, várias partes do corpo e inúmeros músculos estão envolvidos, como quando ajustamos a posição corporal em um barco que oscila, ou quando tentamos restabelecer o equilíbrio após um tropeção.

Movimentos voluntários e involuntários misturam-se no controle da postura e passam a ser chamados movimentos posturais. Geralmente envolvem os músculos que se posicionam em torno da coluna vertebral e por isso são chamados axiais (os músculos e também os movimentos correspondentes). Além disso, envolvem também aqueles situados próximo à coluna (no ombro e quadril), chamados proximais, que também participam da locomoção. Os músculos das extremidades realizam movimentos mais finos (principalmente com as mãos e dedos), mas também participam dos movimentos posturais: são chamados apendiculares ou distais.

Movimentos voluntários e involuntários também se misturam nos atos motores mais delicados. O predomínio, entretanto, agora é dos músculos distais, já que são os membros e a face as partes do corpo que se destacam nesse particular. Um pianista executa muitos movimentos que se tornaram quase involuntários após tantos treinos e ensaios, mas o seu desempenho só é realmente artístico quando esses movimentos são modificados ou modulados pela sua vontade, movida ao mesmo tempo pela razão e pela emoção.

A interação entre movimentos voluntários e involuntários pode ser bem compreendida se pensarmos outra vez na nossa locomoção. Os movimentos básicos que fazemos para andar são involuntários, representam uma sequência rítmica que nos permite levar uma das pernas adiante enquanto a outra automaticamente sustenta o corpo, depois repetir o processo mudando de lado, e assim sucessivamente. Entretanto, as mudanças de direção e a velocidade da marcha são opções da nossa vontade.

De que modo o sistema nervoso consegue ativar os nossos 700 músculos para conseguir esses movimentos tão variados e complexos? Para ter uma visão de conjunto, podemos utilizar um diagrama de blocos como o que está na Figura 11.1, que representa as diferentes estruturas neurais e musculares envolvidas na motricidade. O diagrama de blocos é um esquema que os engenheiros produzem quando querem planejar ou descrever uma máquina qualquer. Será útil colocar-nos imaginariamente na posição de um engenheiro que planeja um sistema

---

* Trataremos nestes dois capítulos apenas do chamado sistema motor somático, *diferente do* sistema motor visceral, *também chamado* sistema nervoso autônomo, *abordado no Capítulo 15.*

** Nem todos os reflexos são motores: há também reflexos secretores que não envolvem movimentos corporais.

motor como o nosso. Teríamos, de início, que inventar estruturas efetuadoras para executar o trabalho "braçal", ou seja, os movimentos. São os músculos que realizam essa tarefa em nosso corpo: os executores, *efetuadores* ou *efetores*. Depois, seria necessário inventar um sistema de comando, estruturas *ordenadoras* cuja função é transmitir aos músculos o comando para a ação.

Nesta categoria entra um conjunto de regiões neurais situadas na medula espinhal[A], no tronco encefálico, no mesencéfalo e no córtex cerebral. Quem garante, entretanto, que os comandos estão corretos e que os movimentos estão sendo executados adequadamente? Por isso é necessário criar estruturas *controladoras*, capazes de checar a cada momento se o sistema funciona como desejado. No sistema motor esse papel é exercido, em especial, pelo cerebelo[A] e pelos núcleos da base, que se comunicam, por intermédio do tálamo[A], com os ordenadores no córtex cerebral e são alimentados com informações veiculadas pelos receptores sensoriais e as vias aferentes. Finalmente, já que a intenção final de um ato motor depende de uma sequência complexa e ordenada de movimentos envolvendo diferentes músculos, como engenheiros devemos propor também estruturas *planejadoras* ou programadoras, cuja função seria parecida com a que faz um programador de computador:

[A] *Estrutura encontrada no* Miniatlas de Neuroanatomia *(p. 359)*.

▶ **Figura 11.1.** Diagrama de blocos descritivo do sistema motor. As cores de cada bloco diferenciam as estruturas efetoras, ordenadoras, controladoras e planejadoras. As setas mostram as principais conexões do sistema.

a idealização de uma sequência ordenada e detalhada de instruções que fosse veiculada aos ordenadores para que eles as transmitissem aos músculos. Na realidade natural, essa função de programação e planejamento motor é exercida por regiões específicas do córtex cerebral, diferentes das regiões de comando.

MÚSCULOS, OS EFETORES

Músculos são conjuntos maciços ou frouxos de células alongadas capazes de mudar o seu comprimento ativamente, contraindo-se ou relaxando-se sob controle direto ou indireto de fibras nervosas, ou mesmo de forma espontânea, segundo ritmos intrínsecos que eles mesmos produzem. A capacidade contrátil das células musculares é fornecida por proteínas especializadas do citoesqueleto ativadas por um complexo sistema de sinalização molecular disparado por potenciais de ação que percorrem a sua membrana plasmática. As células musculares, assim, são consideradas excitáveis, como os neurônios.

Segundo a organização das proteínas contráteis, que se reflete no seu aspecto ao microscópio, as células musculares podem ser lisas ou estriadas. As lisas (Figura 14.10) são geralmente as responsáveis pelos movimentos das vísceras (exceto o coração): o peristaltismo do trato gastrointestinal, a constrição e a dilatação dos vasos sanguíneos e das vias respiratórias, as mudanças no diâmetro da pupila e na curvatura do cristalino e muitos outros movimentos. As células musculares estriadas (Figura 11.2) podem ser esqueléticas (a maioria) ou cardíacas. Os músculos estriados esqueléticos, ao se contraírem, deslocam dois ou mais ossos unidos por uma articulação, ou movem estruturas como os tecidos da face e os olhos, produzindo movimentos dos membros e do corpo, movimentos oculares, movimentos respiratórios e movimentos faciais, como, por exemplo, os da fala. Trataremos a seguir apenas dos músculos estriados esqueléticos, já que os demais são abordados no Capítulo 14.

▶ A Estrutura da Máquina Contrátil, do Músculo às Moléculas Motoras

Como as células musculares são alongadas, são também chamadas *fibras* musculares. E são alongadas porque resultam da fusão, durante o desenvolvimento embrionário, de muitas células precursoras (os mioblastos). Essa forma alongada facilita a função do músculo, que, ao final, se resume em obter uma variação de comprimento e/ou de tensão por meio do encurtamento ou alongamento do citoesqueleto. Em um músculo típico (Figura 11.3), centenas ou milhares dessas fibras aglomeram-se em fascículos paralelos envoltos em tecido conjuntivo e se estendem de uma extremidade a outra do músculo. Nas extremidades, o tecido conjuntivo torna-se mais fibroso e rígido, formando os tendões que

▶ Figura 11.2. Estrutura microscópica do músculo estriado esquelético. A representa um corte histológico transversal de músculo estriado esquelético, mostrando as fibras musculares dispostas lado a lado. B e C representam cortes longitudinais, em aumento maior que A, salientando as bandas estriadas que dão nome a esse tipo de músculo. Os cortes foram corados com hematoxilina-eosina, que apresenta os núcleos em azul escuro e o citoplasma em vermelho. Fotos de Mariz Vainzof, do Instituto de Biociências da Universidade de São Paulo.

ligam os músculos aos ossos e, em alguns casos, como na face, a tecidos moles. Na superfície do músculo, o tecido conjuntivo forma uma lâmina fibrosa de revestimento chamada aponeurose. Envolvendo toda a célula muscular, por fora da sua membrana plasmática (ou sarcolema) existe uma camada espessa da matriz extracelular chamada lâmina basal, que desempenha uma função essencial durante a morfogênese muscular. Cada fibra muscular é inervada por um único neurônio, mas, como o axônio pode ramificar-se, um mesmo neurônio pode inervar diversas fibras musculares. Neurônio e célula muscular formam uma dupla extremamente interdependente, que troca fatores químicos essenciais à sobrevivência de ambos (fatores tróficos). Quando um deles desaparece, o outro sofre atrofia. É o que acontece na poliomielite, uma doença viral que acomete os neurônios da medula espinhal que inervam os músculos, provocando tanto a sua morte quanto a atrofia dos músculos correspondentes.

Sendo originada da fusão de células musculares embrionárias, a fibra muscular torna-se uma célula multinucleada (com muitos núcleos). Misturadas às fibras musculares existem células-tronco chamadas células satélites, que, em caso de necessidade, transformam-se em mioblastos capazes de produzir novas fibras musculares. Os núcleos de cada fibra muscular (Figura 11.3) encontram-se distribuídos ao longo do seu comprimento, próximo à face interna da membrana, e frequentemente ficam perto das regiões pós-sinápticas onde estão os terminais das fibras nervosas. Nesse local participam da síntese de proteínas sinápticas especializadas.

No centro da fibra muscular fica o aparelho contrátil, constituído sobretudo de miofibrilas de aproximadamente 1 μm de diâmetro (Figura 11.3). Cada miofibrila é envolta por uma especialização do retículo endoplasmático liso[G], chamada retículo sarcoplasmático*. A função fundamental do retículo sarcoplasmático é armazenar íons Ca^{++}, liberá-los para o citosol[G] no momento em que o sistema nervoso ordenar a ocorrência de uma contração e, depois, recapturá-los para que haja relaxamento muscular. A membrana da célula muscular (sarcolema), que recobre todo o conjunto, emite invaginações tubulares chamadas túbulos transversos ou simplesmente túbulos T, que ficam muito próximos do retículo sarcoplasmático. Tão próximos, que a estrutura formada por um túbulo T e os dois lados do retículo é chamada tríade (Figura 11.3). Como os potenciais de ação da célula muscular percorrem toda a membrana, inclusive os túbulos T, é precisamente na tríade que ocorre o acoplamento entre a excitação elétrica da membrana e os sinais químicos necessários à contração muscular.

A miofibrila tem uma estrutura muito organizada e é formada por unidades repetitivas de alguns micrômetros de comprimento chamadas sarcômeros (Figura 11.4). São os sarcômeros que fornecem a alguns músculos o aspecto estriado que lhes dá o nome. Vistos ao microscópio eletrônico, os sarcômeros são formados por conjuntos longitudinais de filamentos grossos e finos, delimitados por bandas perpendiculares chamadas linhas Z. Esses filamentos constituem as proteínas contráteis, os motores moleculares responsáveis pela contração das fibras musculares e do músculo como um todo, aliás, responsáveis pela motilidade de muitas outras células, inclusive os neurônios.

Os filamentos grossos contêm, principalmente, a proteína miosina, composta por duas cadeias trançadas,

---

[G] *Termo constante do glossário ao final do capítulo.*

* *O prefixo* sarco *indica o tecido muscular. Daí sarcoma (tumor de células musculares), sarcolema (a membrana da célula muscular) etc.*

▶ **Figura 11.3.** Microestrutura das fibras musculares. À esquerda, um músculo estriado esquelético tomado como exemplo. No meio, um feixe de fibras musculares com as fibras nervosas que as inervam. À direita, uma reconstrução idealizada que revela os componentes internos de uma única fibra muscular. Modificado de Bear MF et al. *Neuroscience.* Baltimore: Lippincott Williams & Wilkins, 2007.

O Corpo se Move

▶ **Figura 11.4.** O microscópio eletrônico revela a organização ultraestrutural das fibras musculares esqueléticas. **A** e **B** permitem visualizar os filamentos contráteis em corte longitudinal (**A**) e transverso (**B**). Duas linhas Z delimitam um sarcômero, a unidade contrátil da fibra muscular. Fotos cedidas por Jorge E. Moreira e Janaína Brusco, da Faculdade de Medicina da Universidade de São Paulo em Ribeirão Preto.

cada uma com uma sequência linear de aminoácidos que termina de modo enovelado, como a cabeça de um taco de golfe (Figura 11.5). Cada filamento grosso é formado por muitas moléculas de miosina associadas em feixe, sobressaindo-se as cabeças como os "pelos" de uma escova cilíndrica. As cabeças da miosina são ATPases, enzimas que quebram o ATP[G] para gerar energia. A elas se ligam os filamentos finos.

Os filamentos finos são ancorados nas linhas Z: contêm duas proteínas alongadas trançadas (Figura 11.5), a actina-F* e a tropomiosina (não ilustrada na figura), e uma terceira globular chamada troponina. A troponina é uma proteína ligadora de Ca^{++}. As linhas Z contêm uma outra proteína, chamada α-actinina.

Os bioquímicos e os fisiologistas já revelaram como funciona essa complexa organização molecular da fibra muscular. É o que veremos a seguir.

▶ A Máquina Molecular em Ação

Tudo começa na junção neuromuscular, uma sinapse excitatória como as que estão descritas no Capítulo 4.

---

*A actina-F *(filamentosa)* é um polímero composto por unidades globulares de actina-G.

A fibra nervosa motora conduz potenciais de ação que despolarizam a membrana do terminal (Figura 11.6) numa região especializada chamada placa motora, que corresponde à junção neuromuscular (Figura 4.4). Tem início a etapa de *transmissão neuromuscular*. Com a despolarização da membrana pré-sináptica ocorre a liberação do neurotransmissor, a acetilcolina. Ao atravessar a fenda sináptica e ligar-se a receptores colinérgicos de tipo nicotínico, estrategicamente situados no segmento da membrana plasmática da fibra muscular que constitui o espessamento pós-sináptico, a acetilcolina promove a *excitação do músculo*. Os resultados da reação entre o neurotransmissor e o seu receptor, como acontece em todas as sinapses excitatórias, são a abertura seletiva de canais de Na^+ e K^+ e a ocorrência de um potencial pós-sináptico despolarizante (chamado, neste caso, potencial de placa motora). Segue-se a excitação das regiões vizinhas da placa motora (Figura 11.6), e, se o limiar for atingido, surge um potencial de ação muscular que se espraia rapidamente por todo o sarcolema. O espraiamento do potencial de ação muscular é completo, atingindo, inclusive, o interior dos túbulos T até o ponto onde eles formam tríades.

Na tríade começam os mecanismos iônicos da contração muscular (Figura 11.7). A membrana dos túbulos T contém canais de Ca^{++} dependentes de voltagem (do

383

Neurociência dos Movimentos

Figura 11.5. A estrutura molecular das proteínas contráteis pode ser desvendada por meio de técnicas bioquímicas. **A** mostra um sarcômero fotografado ao microscópio eletrônico. A relação espacial entre os filamentos grossos e finos de um sarcômero está representada esquematicamente em **B**. No esquema, a estrutura das moléculas contráteis dos filamentos pode ser vista "de frente" (desenho inferior) e "de cima" como mostra a luneta (desenho superior). A relação entre a miosina e a actina, e o deslizamento de uma sobre a outra durante a contração muscular encontram-se representadas em **C** e **D**.

tipo L*). Com a despolarização, esses canais se abrem para a entrada de íons Ca^{++}. Ocorre que os canais de Ca^{++} do tipo L existentes na membrana dos túbulos T estão justapostos a canais de Ca^{++} de outro tipo (chamados receptores rianodina), estes ancorados na membrana do retículo sarcoplasmático. Sensíveis à abertura dos canais de tipo L, os receptores rianodina mudam sua conformação molecular e liberam para o citosol ainda mais íons Ca^{++}, desta vez vindos de dentro do retículo sarcoplasmático. O movimento do Ca^{++} acompanha o gradiente químico desse íon, muito mais concentrado dentro do retículo do que no citosol.

A entrada de Ca^{++} no citosol dá início aos mecanismos moleculares da contração muscular. Os íons Ca^{++} alcançam as moléculas contráteis imediatamente, já que as miofibrilas estão bastante próximas do retículo sarcoplasmático. É a troponina que os capta, o que faz que se altere a conformação do complexo molecular dos filamentos finos. Resulta um afastamento entre a tropomiosina e a actina, expondo os sítios desta última, capazes de se ligar à miosina. Quando isso ocorre, formam-se verdadeiras pontes entre a actina e as cabeças da miosina, chamadas por isso mesmo de pontes transversas. Estas acabam por fazer deslizar a actina sobre a miosina (Figura 11.5C e D), aproximando as linhas Z, o que resulta em encurtamento do sarcômero e, assim, na contração da fibra muscular (Figura 11.8). Tanto maior será a contração muscular quanto maior a aproximação entre as linhas Z.

O mecanismo da contração muscular geralmente é possibilitado *pelo acoplamento excitação-contração*, um termo que descreve os fenômenos eletroquímicos que estabelecem

---

* *A denominação provém das correntes de longa duração que esses canais veiculam.*

▶ **Figura 11.6.** Fluxograma descrevendo as principais etapas fisiológicas e moleculares da contração muscular, desde a chegada dos potenciais de ação nos terminais axônicos até o relaxamento da fibra muscular.

o vínculo entre os potenciais de ação da célula muscular e o encurtamento das miofibrilas. Quando cessa a despolarização do sarcolema, ocorrem fenômenos inversos que resultam no relaxamento da fibra muscular. A concentração de Ca^{++} no interior do retículo sarcoplasmático é restaurada por ATPases (bombas de cálcio) da membrana do retículo, que transportam de volta os íons Ca^{++} do citosol.

Os movimentos que fazemos, em última análise, dependem da formação das pontes transversas que ligam os filamentos grossos com os finos e provocam o deslizamento de uns sobre os outros, seja para encurtar as fibras musculares na contração, seja para alongá-las no relaxamento. Com o músculo em repouso, diminuem as pontes transversas e os filamentos deslocam-se livremente. Por isso podemos estirar um músculo de forma passiva, puxando-o ou movendo uma articulação. Sua resistência dependerá apenas da elasticidade das fibras musculares e do tecido conjuntivo que as envolve. Porém, quando um músculo se contrai, aumenta o número de pontes transversas e, com elas, a resistência ao estiramento. A energia para a contração muscular é fornecida sobretudo pelas mitocôndrias das fibras musculares. Quando ocorre a morte do indivíduo, cessa subitamente o fornecimento de energia para a contração muscular: "congelam-se" as pontes transversas e o resultado é a rigidez do cadáver, conhecida pelos médicos como *rigor mortis*.

▶ **Os Tipos de Fibras Musculares**

Bem antes dos bioquímicos e biólogos moleculares decifrarem o funcionamento da maquinaria molecular envolvida na contração muscular, os histologistas examinavam detalhadamente cortes de músculo corados de várias maneiras. Desse trabalho resultou a descoberta de que, dentro de um músculo esquelético, há diferentes tipos de fibras muscula-

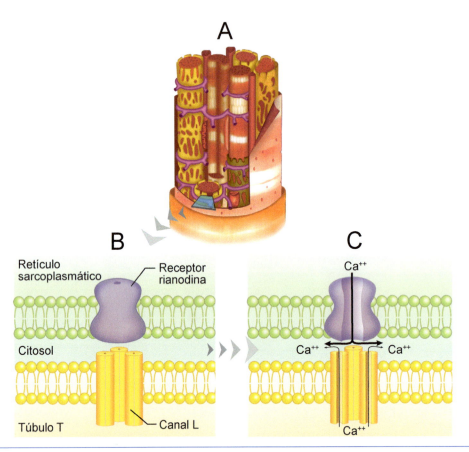

▶ **Figura 11.7.** O acoplamento entre a excitação e a contração tem lugar na tríade (quadro em **A**), onde o túbulo T "toca" o retículo sarcoplasmático (ampliado em **B**). É nessa região que o potencial de ação muscular provoca a abertura dos canais de Ca^{++} do túbulo e do retículo, promovendo a saída desse íon para o citosol da célula muscular (**C**).

res, dispersamente distribuídas (Figura 11.9). Na verdade, a simples observação da "carne" de frango pode indicar uma diferença visível entre os músculos: os do peito do frango são claros, enquanto os da coxa são escuros. A diferença reflete a proporção dos tipos de fibras musculares em cada músculo. A importância de conhecer os tipos morfológicos de fibras musculares vem do fato de que eles se correlacionam estreitamente com a função que exercem. Isso repercute no tipo de função desempenhada pelo músculo como um todo, já que em cada um deles pode predominar um dos tipos de fibras em detrimento dos demais.

São três os tipos de fibras musculares (Tabela 11.1): (1) as fibras vermelhas lentas (L ou I) dispõem de um rico suprimento sanguíneo, muitas mitocôndrias, muita mioglobina (proteína que liga O$_2$ e fornece a tonalidade avermelhada dessas fibras) e metabolismo fortemente aeróbico. Por essas características, as fibras L são especializadas em contrações lentas e sustentadas, muito resistentes à fadiga; (2) as fibras brancas rápidas (R ou IIB), ao contrário, possuem poucos capilares, poucas mitocôndrias, pouca mioglobina, mas grandes reservas de glicogênio e metabolismo anaeróbico gerador de ácido lático. As fibras R são especializadas em contrações rápidas, fortes e transitórias, mas são muito fatigáveis; (3) as intermediárias possuem características mistas.

Um músculo como o bíceps do braço, por exemplo, possui maior proporção de fibras do tipo R e do tipo intermediário, o que lhe confere maior força e velocidade de contração. Ao contrário, os músculos intervertebrais possuem maior proporção de fibras do tipo L, e é por isso que contribuem para a contínua sustentação do tronco. Geralmente, nos músculos distais predominam as fibras tipo R, enquanto os proximais possuem maior proporção de fibras tipo L.

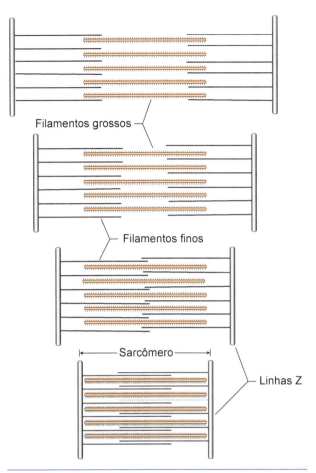

▶ **Figura 11.8.** Mecanismo da contração muscular. Os filamentos grossos deslizam sobre os finos por meio das pontes transversas, e as linhas Z aproximam-se, encurtando o sarcômero.

OS MÚSCULOS SOB COMANDO NEURAL

Os músculos esqueléticos funcionam estritamente sob comando neural. Por essa razão as lesões neurais provocam paralisias e paresias[G]. São os executores sob comando dos ordenadores (Figura 11.1). Como se sabe, seus axônios se estendem até os músculos, formando as junções neuromusculares, sítio em que o comando neural é repassado aos executores musculares (Quadro 11.1).

Os ordenadores diretamente envolvidos com o comando motor são conjuntos de neurônios motores, ou *motoneurônios*, situados na medula espinhal para os músculos do corpo e a maioria dos músculos do pescoço, e, no tronco encefálico, para os músculos da cabeça e alguns músculos do pescoço. Os médicos costumam chamar os motoneurônios de neurônios motores inferiores e denominam os neurônios que os comandam, principalmente os do córtex cerebral, de neurônios motores superiores. Essa nomenclatura se reflete na descrição dos sintomas provenientes de lesões de um ou de outro tipo de neurônio.

Os motoneurônios medulares estão situados no corno ventral, enquanto os do tronco encefálico estão aglomerados em alguns núcleos dos nervos cranianos (veja o *Miniatlas de Neuroanatomia*). Entre todos os motoneurônios, há uma população* para cada músculo. Em cada população, todos

---

* *Usa-se também comumente a palavra do inglês* pool, *de difícil tradução para o português, que significa* agrupamento, conjunto.

▶ **Figura 11.9.** Os tipos (e subtipos) de fibras musculares podem ser revelados histoquimicamente mediante cortes adjacentes, que permitem identificar de forma diferencial as mesmas células (acompanhe, por exemplo, o asterisco em cada foto). As fotos mostram cortes histológicos transversais adjacentes do músculo tibial anterior do rato, submetidos às reações para miosina ATPase utilizando diferentes pHs: 4.1 (**A**), 4.6 (**B**) e 9.8 (**C**). A foto **D** mostra um corte submetido à reação para succinato-desidrogenase, uma enzima mitocondrial. A combinação dessas técnicas permite identificar os tipos L (ou I), R (ou II) e seus subtipos, e ainda fibras indiferenciadas (i). Fotos cedidas por Tania Salvini, da Universidade Federal de São Carlos.

Tabela 11.1. Os Tipos de Fibras Musculares

Propriedades	Tipo L (ou I)	Tipo R (ou IIB)	Tipo Intermediário (ou IIA)
Cor	Vermelha	Branca	Intermediária
Suprimento sanguíneo	Rico	Pobre	Intermediário
Número de mitocôndrias	Alto	Baixo	Intermediário
Grânulos de glicogênio	Raros	Numerosos	Frequentes
Quantidade de mioglobina	Alta	Baixa	Média
Metabolismo	Aeróbico	Anaeróbico	Ambos
Velocidade de contração	Lenta	Rápida	Rápida
Tempo de contração	Longo	Curto	Intermediário
Força contrátil	Baixa	Alta	Média

os motoneurônios inervam apenas aquele músculo. Se realizarmos um experimento no qual depositamos, no músculo de um animal, um corante rastreador[G] que é captado pelos terminais nervosos e transportado retrogradamente até os corpos celulares (Figura 11.10A), poderemos identificar a população de motoneurônios que inerva esse músculo. Nesse caso, a população aparecerá na medula como uma coluna de células no corno ventral estendendo-se por alguns segmentos[G].

O experimento pode revelar a população de motoneurônios de cada músculo (Figura 11.10B). Se o músculo de nosso experimento estiver situado na pata posterior do animal, a coluna ocupará os segmentos lombares. Se estiver situado na pata anterior, ocupará os segmentos cervicais. As colunas de dois músculos vizinhos ocuparão os mesmos segmentos, em posições ligeiramente diferentes (Figura 11.10C). Como há mais músculos e maior motricidade nas patas do que no tronco, há também mais motoneurônios nas regiões cervical e lombar, formando intumescências na medula da maioria dos vertebrados (Figura 11.11).

A relação de posição das colunas de motoneurônios medulares nos diferentes segmentos com a posição de cada músculo no corpo representa um mapa topográfico longitudinal de representação miotópica[G]. Da mesma forma no

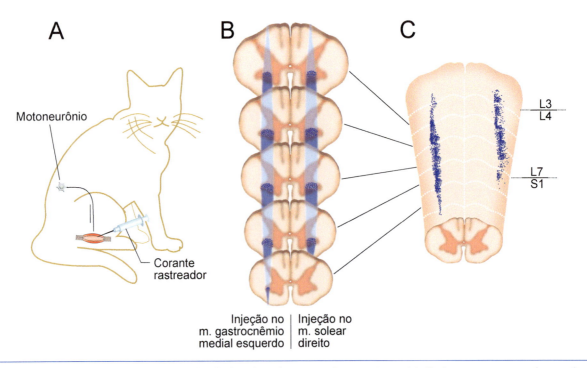

▶ **Figura 11.10.** O experimento de rastreamento retrógrado das colunas de motoneurônios consiste na injeção de um corante rastreador no músculo (**A**) que é transportado "na contramão" pelos axônios e preenche os corpos neuronais na medula. Segue-se a análise ao microscópio da posição dos somas marcados no corno ventral (áreas e pontos azuis em **B** e **C**). No gato, a coluna do músculo solear estende-se de L4 a S1 (**C**), enquanto a coluna do gastrocnêmio medial vai até S3. Modificado de Burke RE et al. *Journal of Neurophysiology*. 1977;40:667-680.

Figura 11.11. A medula, representada esquematicamente à esquerda, em **A**, apresenta duas intumescências (cervical e lombar). Nelas há mais neurônios, e por isso a substância cinzenta é maior, como se pode ver nos cortes transversais correspondentes, alinhados no centro. Os segmentos superiores comandam os músculos dos membros superiores, as intermediárias, os do tronco, e as inferiores, os dos membros inferiores. O desenho em **B** representa a topografia mediolateral da substância cinzenta: os motoneurônios mais laterais comandam os músculos distais, enquanto os mais mediais comandam os músculos axiais.

sentido transverso: os músculos distais são comandados por colunas de motoneurônios situadas lateralmente no corno ventral, enquanto os músculos axiais são comandados por colunas mediais (Figura 11.11), com os músculos proximais ocupando posição intermediária. Conclui-se que os motoneurônios mediais são funcionalmente mais relacionados com a postura, enquanto os laterais comandam principalmente os movimentos finos dos membros. Essa distinção funcional é importante e tratada com mais detalhe no Capítulo 12.

Nos núcleos motores do tronco encefálico existem também mapas miotópicos, como descrevemos para a medula, mas a topografia é mais complexa, tanto porque o tronco se afasta, durante a embriogênese, da constituição tubular simples que a medula mantém, quanto porque os músculos da cabeça se organizam de modo mais compacto que no corpo.

Motoneurônios e Interneurônios

A substância cinzenta medular (Figura 11.12; veja também a Figura 3.3), especialmente o corno ventral, contém não apenas os motoneurônios, mas também grande número de interneurônios – células cujos axônios são curtos e fazem sinapses nas proximidades do seu soma. O mesmo é verdadeiro para os núcleos motores dos nervos cranianos. O estudo morfológico e funcional desses neurônios mais diretamente envolvidos com os movimentos permitiu identificar alguns tipos significativos.

Entre os motoneurônios distinguem-se três tipos, diferenciados segundo sua forma, suas conexões e sua função:

1. Motoneurônios α, que apresentam corpos celulares de tamanho grande ou médio e extensas árvores dendríticas. Seus axônios emergem pelas raízes ventrais medulares (ou pelas raízes dos nervos cranianos) e se integram aos nervos até chegarem aos músculos correspondentes. Nos músculos, inervam a maioria das fibras musculares. São esses motoneurônios que comandam realmente a contratilidade muscular.

2. Motoneurônios γ, que apresentam corpos celulares de tamanho diminuto e árvores dendríticas correspondentemente pequenas. Nos músculos, inervam certas fibras musculares modificadas que fazem parte de receptores sensoriais (os fusos musculares, veja adiante) especializados na monitoração do comprimento muscular e suas variações. Esses motoneurônios não influem diretamente na contração do músculo, mas participam de um mecanismo de controle indireto da contração muscular.

3. Motoneurônios ß, que têm propriedades intermediárias: seus axônios bifurcam-se em ramos que inervam as fibras musculares comuns (como os motoneurônios α) e outros que inervam as fibras dos fusos musculares (como os motoneurônios γ). São comuns nos vertebrados inferiores, mas se acredita que cheguem a 30% dos motoneurônios dos primatas.

Os axônios dos motoneurônios, antes de emergirem do SNC, emitem ramos colaterais chamados recorrentes, que arborizam no próprio corno ventral, fazendo sinapses com interneurônios da região. Os colaterais recorrentes veiculam uma espécie de "cópia" do comando enviado aos músculos, que pode ser controlada e modificada pelos circuitos locais. Como a população de motoneurônios de cada músculo forma uma coluna que se estende por diversos segmentos (Figura 11.10), os axônios que inervam um mesmo músculo podem emergir pelas raízes ventrais diferentes. Por essa razão a lesão de uma raiz ventral não causa paralisia, mas apenas uma paresia do músculo correspondente.

Neurociência em Movimento

Quadro 11.1
A Prosa entre o Neurônio Motor e as Fibras Musculares

▶ Cristina Guatimosim*

Meu primeiro contato com a pesquisa foi na infância. Minha mãe trabalhava no banco de sangue do Hospital da Previdência e eu adorava quando ela me levava ao laboratório. Ingressei na UFMG, no curso de Ciências Biológicas, e sempre fui fascinada pelo cérebro. No terceiro ano, um professor de Farmacologia (Marco Prado) estava selecionando alunos de iniciação científica. Foi o primeiro passo para ingressar no fascinante mundo da neurociência.

O Laboratório de Neurofarmacologia incluía os professores Marcus Gomez, Marco Silva e Marco Prado, este último o meu mentor: ali se fazia ciência de altíssimo nível! Ao final do curso, ingressei na pós-graduação e fui para os EUA fazer doutorado-sanduíche no laboratório do professor Bill Betz, Universidade de Colorado. Com uma sonda fluorescente criada por ele, pude visualizar aspectos até então obscuros do ciclo das vesículas sinápticas (VS) em junções neuromusculares (JNM) de rã. Esse modelo animal ajudou grandes cientistas a entender aspectos básicos da comunicação neuromuscular, como o prêmio Nobel Bernard Katz, que mostrou que a comunicação nervo-músculo ocorria por meio de pacotes minúsculos (*quanta*) de acetilcolina. Bill trabalhou com Katz, e no seu laboratório os dados que obtivemos levaram à releitura de uma etapa importante da transmissão sináptica na placa motora. De volta ao Brasil, defendi minha tese e continuei no laboratório como bolsista de pós-doutorado até ingressar como docente na UFMG.

Como pesquisadora independente, abri novas linhas de pesquisa para investigar a comunicação neuronal, que até hoje me fascina! O grande pioneiro da microscopia eletrônica, Tom Reese, considera a sinapse a estrutura mais importante do Universo, a verdadeira *rock star* da Biologia, responsável pela comunicação entre neurônios e células-alvo. As sinapses formam a intrincada rede responsável por todas as funções do cérebro, e essa constatação me levou a um estágio sabático no laboratório do professor Jeff Lichtman na Universidade Harvard. Jeff é outro grande nome da pesquisa nessa área, em cujo laboratório foi desenvolvido um camundongo geneticamente modificado (Brainbow**), cujos neurônios apresentam diferentes cores, gerando imagens belíssimas que viralizaram nas revistas. No período em Harvard, além de investigar a eliminação sináptica em camundongos neonatos, pude conhecer os passos iniciais do ambicioso Projeto Conectoma, de mapeamento de todas as conexões do cérebro. Além disso, foi nesse período em Boston que fiz um amigo que, seis anos depois, tornou-se marido e pai da nossa filha (Figura 1).

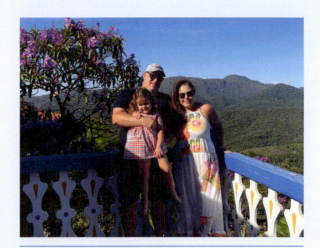

▶ **Figura 1.** Cristina Guatimosim e família em 2019.

---

* Professora titular do Departamento de Morfologia do Instituto de Ciências Biológicas da Universidade Federal de Minas Gerais. Correio eletrônico: cguatimosim@gmail.com

** Trocadilho bem-humorado, em inglês, que associa cérebro (brain) e arco-íris (rainbow) e expressa bem a beleza multicolorida da técnica.

Meu grupo de pesquisa tem se dedicado ao estudo da comunicação neuromuscular em doenças degenerativas. Temos observado alterações significativas na unidade motora em camundongos com doença de Huntington, condição hereditária que produz movimentos involuntários, perda cognitiva e alterações comportamentais. Nossos dados mostram atrofia muscular acompanhada de degeneração da unidade motora, especialmente das JNMs (Figura 2), anomalias que podem contribuir para a fraqueza muscular observada em animais e pacientes.

Também temos estudado as alterações neuromusculares em camundongos com síndromes miastênicas, que apresentam fraqueza muscular e alterações cognitivas. Esses animais têm níveis reduzidos de uma proteína responsável por inserir a acetilcolina nas VSs, por isso as JNMs desses animais possuem pouca acetilcolina, acarretando alterações na transmissão neuromuscular, que levam à atrofia muscular, desorganização das fibras musculares e déficits motores. Nossos dados enfatizam a importância da manutenção da atividade colinérgica para preservar a estrutura da fibra muscular e, consequentemente, a função motora.

▶ **Figura 2.** *Placas motoras de um músculo de camundongo usado como modelo para a Doença de Huntington.* Imagens representativas de junções neuromusculares e seus componentes pré-sinápticos (em verde, anticorpo para a proteína de vesícula sinaptotagmina) e pós-sinápticos (em vermelho, alfa-bungarotoxina, que se liga ao receptor nicotínico para acetilcolina). A sobreposição de ambas as marcações (em amarelo) mostra que estão situadas nas mesmas junções. A imagens do painel superior (WT são de um camundongo selvagem (A-C) e as do painel inferior de um camundongo "com Huntington" (linhagem BACHD). Imagens cedidas por Priscila Valadão.

Neurociência dos Movimentos

O fisiologista americano Edward Hennemann dedicou-se a estudar as propriedades funcionais dos motoneurônios α e descobriu que há uma correlação entre o tamanho do soma dessas células e o tipo de fibra muscular que inerva. Os motoneurônios maiores inervam as fibras R, enquanto os menores, as fibras L. Hennemann descobriu também que os motoneurônios pequenos são mais excitáveis que os grandes. Desse modo, para iniciar a contração de um músculo, são ativados primeiro os motoneurônios pequenos, resultando na contração do contingente de fibras L do músculo, e só depois entram em ação os motoneurônios grandes, provocando a contração das fibras do tipo R. A força muscular, portanto, aumenta com o progressivo recrutamento de motoneurônios de maior tamanho, o que se obtém não só pelo aumento da frequência de potenciais de ação disparados pelos motoneurônios individualmente, mas pela entrada em ação sucessivamente dos motoneurônios maiores. Esse conceito ficou conhecido como "princípio do tamanho".

Os interneurônios encontram-se misturados aos motoneurônios, na medula e no tronco encefálico. Podem ser excitatórios ou inibitórios e participam da modulação do comando motor, como se verá detalhadamente adiante.

▶ A Unidade de Comando

Já mencionamos que uma fibra muscular é inervada por um único motoneurônio, mas que a recíproca não é necessariamente verdadeira, já que um motoneurônio pode inervar várias fibras musculares. Na população de motoneurônios de um músculo, portanto, a unidade funcional de comando é constituída por um motoneurônio e suas fibras musculares. Esse conjunto recebe o nome de *unidade motora*. Dito de outro modo: a unidade motora é o menor elemento de um músculo sob controle neural, ou seja, é o conjunto formado por um grupo de fibras musculares com seu motoneurônio ordenador (Figura 11.13).

Quando uma unidade motora é constituída de muitas fibras musculares, diz-se que a sua *razão de inervação* é baixa. A razão de inervação é máxima (= 1) para unidades motoras com uma única e exclusiva fibra muscular. Razão de inervação de uma unidade motora, então, é o inverso do número de fibras musculares. Para um músculo pode-se também calcular uma razão de inervação que, neste caso, é definida como o quociente entre o número de motoneurônios e o número de fibras musculares daquele músculo. A razão de inervação reflete a função de um músculo. Assim, os músculos que movem o polegar humano apresentam razão de inervação relativamente alta (aproximadamente 0,5): sua função sofisticada exige um grande número de neurônios para comandá-los. Os músculos do dorso, por outro lado, têm baixa razão de inervação (aproximadamente 0,001), pois os movimentos que apresentam são pouco precisos e mais grosseiros, necessitando de menos motoneurônios.

Do mesmo modo que a razão de inervação reflete a função de um músculo e de suas unidades motoras, também o tipo de unidade motora predominante em cada músculo se correlaciona com a sua função. E os tipos de unidades motoras, por sua vez, relacionam-se com as fibras musculares que cada motoneurônio inerva. Cada unidade motora tem fibras musculares do mesmo tipo (L, R ou intermediárias), e elas se apresentam dispersas no músculo, como já comentamos (Figura 11.13). Essa dispersão tem importância protetora: quando ocorre lesão de uma unidade motora, os efeitos são "diluídos" por todo o músculo e tornam-se menos perceptíveis. A estrita correlação entre o tipo de motoneurônio e o tipo de fibra muscular que ele inerva, ou seja, a uniformidade das fibras musculares de uma unidade motora, é determinada pelo

▶ **Figura 11.12.** Em um corte de medula espinhal humana pode-se visualizar o "H" medular (região mais fortemente corada), circundado pela substância branca (em marrom mais claro). Foto de David Fankhauser, Universidade de Cincinatti, EUA.

motoneurônio durante o desenvolvimento embrionário ou em situações de reinervação. A fibra muscular pode modificar o seu fenótipo morfológico e bioquímico de acordo com o axônio que recebe.

A nomenclatura usualmente leva em conta dois aspectos funcionais essenciais: a velocidade de contração e a resistência à fadiga. Essas propriedades que caracterizam os tipos funcionais das unidades motoras foram estudadas pelos fisiologistas por meio da estimulação elétrica de motoneurônios isolados e do estudo das contrações resultantes (Figura 11.14). O efeito contrátil de um estímulo aplicado no motoneurônio diferencia os três tipos de unidades motoras quanto à velocidade de contração das fibras musculares correspondentes, seja quando provoca um único potencial de ação (Figura 11.14A) ou muitos deles em sequência (Figura 11.14B). Quando a estimulação é repetitiva de modo a provocar contração máxima, algumas fibras musculares entram em fadiga logo, outras mais lentamente e outras mais lentamente ainda (Figura 11.14C). Desse modo, três tipos são definidos: unidades lentas (L), rápidas fatigáveis (RF) e rápidas resistentes à fadiga (RRF) (Tabela 11.2).

▶ O Comando é bem Informado: Receptores e Aferentes

Os motoneurônios α – na medula e no tronco encefálico – representam o mais baixo nível de comando na hierarquia de ordenadores do sistema motor (Figura 11.1), isto é, o que fica mais próximo dos efetuadores. O fisiologista britânico Charles Sherrington (1857-1952), prêmio Nobel de Medicina ou Fisiologia em 1932, chegou a chamá-los a *via final comum* do sistema motor, mas todos os ordenadores, até mesmo os mais simples como os motoneurônios α, necessitam obter informações sobre o seu desempenho. Isso significa que é necessário informá-los a todo momento sobre o estado dinâmico do músculo que comandam: se está contraído ou relaxado, qual o seu comprimento e qual a tensão que está exercendo. A chegada dessas informações – acessíveis aos motoneurônios e também aos níveis mais altos de comando e planejamento motor – pode ser fundamental para corrigir erros de comando e de execução dos movimentos. Essa é a essência do funcionamento das estruturas controladoras, que são objeto de estudo específico no Capítulo 12.

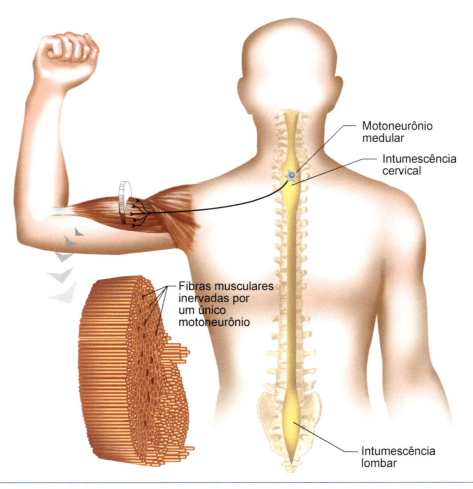

▶ **Figura 11.13.** A unidade motora compõe-se de um motoneurônio medular e as fibras musculares que ele inerva (à esquerda).

393

Neste ponto é preciso conhecer os detectores que fornecem essas informações de retroação[G] ao SNC: os receptores situados no próprio tecido muscular e nos tendões. Trata-se de dois tipos diferentes de receptores: os fusos musculares e os órgãos tendinosos de Golgi.

Os *fusos musculares* são pequenos e sofisticados órgãos receptores cuja função é detectar as variações do comprimento muscular (Figura 11.15). Cada um deles é formado por 5-10 fibras musculares modificadas, muito finas e agrupadas, envoltas por uma cápsula conjuntiva em forma de fuso, que as separa das fibras musculares comuns (chamadas, a partir de agora, fibras extrafusais). Sendo uma fibra muscular, a fibra intrafusal também se contrai sob comando neural, portanto possui uma inervação eferente de comando motor constituída principalmente por fibras pertencentes a um grupo específico de motoneurônios, já mencionado: os motoneurônios γ. Uma parte da inervação eferente dos fusos é formada também por motoneurônios ß, ou seja, os que inervam tanto as fibras intrafusais como as extrafusais. Em conjunto, motoneurônios γ e motoneurônios ß são chamados de *neurônios fusimotores**. Os axônios fusimotores estabelecem sinapses neuromusculares com as fibras musculares intrafusais, colinérgicas e excitatórias, que funcionam do mesmo modo que as sinapses com as fibras extrafusais. Sendo, contudo, um receptor, o fuso muscular, por definição, tem também uma inervação aferente, ou seja, fibras nervosas pertencentes a neurônios pseudounipolares dos gânglios espinhais ou a neurônios homólogos situados no gânglio trigêmeo, na cabeça. De fato, a Figura 11.15 mostra a presença de terminais aferentes espiralados em torno das fibras intrafusais. Trata-se de fibras aferentes

▶ **Figura 11.14.** As unidades motoras foram estudadas pelos fisiologistas analisando a força que são capazes de produzir após a estimulação do seu motoneurônio. **A**. Quando o estímulo elétrico é simples (aplicado no momento indicado pela seta), algumas produzem contração intensa e muito rápida (RF), outras uma contração menor e menos rápida (RRF), e o terceiro grupo uma contração bastante lenta e fraca (L). **B**. Quando o estímulo é repetitivo e prolongado (seta) nota-se a mesma distinção entre os tipos. **C**. Finalmente, quando o estímulo é repetitivo e forte o suficiente para obter sempre a contração máxima, verifica-se que o tipo RF entra logo em fadiga, o tipo RRF resiste mais tempo e o tipo L, ainda mais. Note a diferença de escala de tempo nas abscissas: cada curva em **A** equivale a uma ondulação em **B** e a um traço vertical em **C**, gradativamente "comprimidos" pela escala de tempo. Modificado de Burke RE et al. *Journal of Physiology*. 1974;238:503-514.

Tabela 11.2. Os Tipos de Unidades Motoras e sua Correlação com as Fibras Musculares

Propriedades	Tipo L	Tipo RF	Tipo RRF
Fibras musculares	L	R	Intermediárias
Motoneurônios	Pequenos	Grandes	Médios
Axônios	Finos	Calibrosos	Médios
Limiar de excitabilidade	Baixo	Alto	Médio
Velocidade de condução	Baixa	Alta	Média
Frequência de disparo	Baixa	Alta	Média
Tempo de contração	Longo	Curto	Intermediário
Velocidade de contração	Lenta	Rápida	Rápida
Força contrátil	Pequena	Grande	Média
Resistência à fadiga	Alta	Baixa	Alta

mecanorreceptoras dos tipos Ia e II (veja a Tabela 6.3, no Capítulo 6), calibrosas, mielínicas e, portanto, com grande velocidade de condução de impulsos nervosos.

Como funcionam os fusos musculares? Os fisiologistas já conhecem detalhes a esse respeito (Figura 11.16). Os fusos estão dispersos no tecido muscular, em paralelo com as fibras extrafusais. Quando um músculo se contrai ou se relaxa sob o comando dos motoneurônios α, seu comprimento varia, e com ele também o dos fusos musculares em seu interior. O comprimento muscular pode variar também, é claro, quando o músculo é estirado pelo próprio indivíduo ou por outra pessoa. É isso que faz o médico quando percute o joelho de um paciente para pesquisar o seu reflexo patelar[G]: atinge indiretamente o tendão do músculo quadríceps da coxa, provocando um estiramento brusco do músculo. Esse estiramento é o estímulo para o movimento reflexo resultante. A Figura 11.16A mostra a preparação experimental que o fisiologista utiliza: um músculo cujas fibras motoras podem ser estimuladas e tanto a contração resultante (traçado inferior, à direita) quanto os potenciais de ação dos aferentes Ia e II podem ser registrados (traçado superior, à direita).

Os fusos detectam as variações de comprimento do músculo em duas situações: aumento do comprimento e diminuição do comprimento. Quando ocorre aumento do comprimento muscular pela aplicação de um peso (Figura 11.16B1), as fibras intrafusais são estiradas junto com as extrafusais. Isso causa uma tensão mecânica na membrana das fibras aferentes Ia que inervam o fuso, provocando o aparecimento de um potencial receptor e, consequentemente, o aumento da frequência de disparo de potenciais de ação que são conduzidos à medula pelos aferentes. Por outro lado, cria-se um problema quando ocorre diminuição do comprimento muscular: em geral isso se dá pela contração das fibras extrafusais, obtida experimentalmente pela estimulação elétrica dos motoneurônios α (Figura 11.16B2). Se não houver uma contração solidária das fibras intrafusais, o encurtamento do músculo como um todo resultará em um "bambeamento" dos fusos musculares e, em consequência, no desaparecimento do potencial receptor nos terminais Ia e na interrupção do disparo de potenciais de ação pelas fibras aferentes. Isso pode ser detectado experimentalmente e é conhecido como "período silente". Um detector de comprimento que se comportasse desse modo seria ineficiente porque só transmitiria informações sobre

---

* Pela sua natureza bimodal, alguns autores chamam os motoneurônios β de esqueleto-fusimotores.

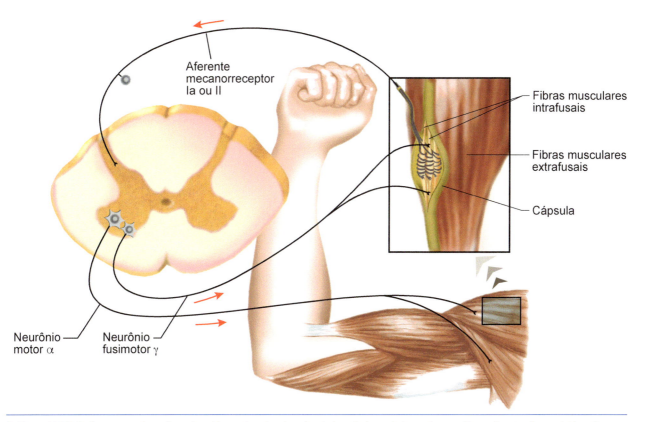

▶ **Figura 11.15.** Os fusos musculares ficam inseridos no interior do músculo (quadro), sendo inervados por fibras aferentes (sensoriais) e eferentes (motoras). As primeiras são fibras Ia e II que pertencem a neurônios ganglionares espinhais, e as segundas são fibras γ e β que pertencem a motoneurônios medulares.

acréscimo de comprimento muscular, e nunca sobre decréscimo. Esse "defeito" é contornado pelos neurônios fusimotores (Figura 11.16B3), capazes de provocar a contração das regiões distais das fibras intrafusais.

Os fusimotores ß são automáticos: ao mesmo tempo em que ativam as fibras extrafusais, ativam também as intrafusais, e ambas se contraem solidariamente. Os fusimotores γ, entretanto, por serem seletivamente dedicados às fibras intrafusais, podem funcionar de forma mais eficiente sob o controle de centros motores superiores, como o cerebelo, servindo de reguladores da sensibilidade do fuso muscular. A tensão das fibras intrafusais – que então é regulada pelos centros superiores – em última análise determinará a amplitude do potencial receptor dos terminais Ia e II e a frequência de disparo das fibras aferentes do fuso (Figura 11.16B3, traçado à direita). Nesse caso, não há período silente. Pode-se dizer, portanto, que as variações do comprimento muscular são codificadas em frequência de potenciais de ação pelas fibras aferentes Ia e constituem parte da informação de retroação de que os motoneurônios precisam.

O comprimento do músculo varia em um tipo de contração muscular chamada isotônica, ou seja, sem grande alteração da tensão muscular. O músculo se contrai sem encontrar resistência: diminui o comprimento, sem grande alteração da tensão sobre os tendões. É isso que acontece com o bíceps braquial[G], por exemplo, quando fechamos o antebraço sobre o braço sem estar carregando algo. Mas há outro tipo de contração – isométrica – em que ocorre exatamente o contrário: varia a tensão sem grande alteração do comprimento do músculo. É o que ocorre quando tentamos levantar um piano com o braço. Por mais que o bíceps se contraia, aumentando a força muscular, o piano não se move e o antebraço não se fecha sobre o braço.

De que modo o sistema nervoso central é informado quando ocorre uma contração isométrica? É aí que entra em ação o segundo grupo de receptores, os órgãos tendinosos de Golgi (Figura 11.17). Os órgãos tendinosos têm também uma estrutura encapsulada como os fusos, mas dentro da cápsula não existem células musculares modificadas, e, sim, uma rede intrincada de fibras colágenas[G] que se entrelaçam com as ramificações das fibras aferentes do tipo Ib (Tabela 6.3). Característica importante dos órgãos tendinosos, que os diferencia dos fusos musculares, é o fato de que não estão dispostos "em paralelo", mas, sim, "em série", entre o músculo e o tendão. Essa disposição é apropriada para detectar as variações de força (tensão) muscular que se comunicam diretamente com o tendão. Havendo aumento de tensão, por exemplo, como quando tentamos levantar um objeto muito pesado, as fibras colágenas dos órgãos tendinosos são estiradas e, com isso, estimulam os terminais Ib entrelaçados.

Quanto maior é a tensão, maior é o potencial receptor e, consequentemente, maior é a frequência dos potenciais de ação conduzidos pela fibra aferente Ib em direção ao SNC. É o que acontece na preparação dos fisiologistas (Figura 11.18A), quando eles aplicam um peso ao músculo, aumentando o comprimento, mas também a tensão no tendão (Figura 11.18B1). O aumento da frequência de potenciais de ação na fibra aferente Ib é maior quando, além do peso que puxa para baixo, a tensão é aumentada pela contração muscular provocada pela estimulação elétrica do motoneurônio α (Figura 11.18B2). Quando a tensão decresce porque cessa a contração do músculo (Figura 11.18, traçado inferior no monitor, à direita), o potencial receptor também decresce ou até mesmo desaparece e reduz-se a frequência de disparo da fibra aferente. Neste caso não há mecanismo de regulação da sensibilidade da fibra. Além disso, o limiar de ativação do órgão tendinoso é alto, e ele só entra em ação quando um certo acréscimo de tensão é aplicado sobre o músculo.

Tanto os fusos musculares quanto os órgãos tendinosos de Golgi são receptores tônicos, isto é, possuem adaptação lenta, portanto codificam com precisão os níveis de comprimento e tensão muscular. No caso dos órgãos tendinosos, a faixa de variação é relativamente restrita, porque o limiar é mais alto e não há mecanismo regulador da sensibilidade. No caso dos fusos musculares, a faixa de variação é ampliada pela atuação do sistema eferente, que regula a sensibilidade desses receptores aos níveis extremos de comprimento muscular.

Como se vê, o comando motor deve ser bem informado para funcionar a contento. Agora imagine o grau de dificuldade que tem um indivíduo amputado de um dos membros para (re)organizar os seus movimentos. Isso ocorre com a ajuda de dispositivos tradicionais (as muletas, por exemplo) ou robóticos (dispositivos inteligentes implantados no corpo). É o que se comenta no Quadro 11.2.

OS MOVIMENTOS REFLEXOS

Já vimos que os movimentos mais simples são os reflexos. Agora estamos suficientemente informados para compreender como eles são e quais os seus mecanismos neurais.

Como os reflexos se revelam mais facilmente na forma de movimentos automáticos e estereotipados em resposta a um estímulo sensorial, geralmente subestimamos a sua importância funcional na regulação dos movimentos do dia a dia. Achamos que são movimentos eventuais, quase acidentais, e não nos damos conta de que muitos deles estão sempre em ação, constituindo mecanismos reguladores de diferentes aspectos da motricidade, como o comprimento dos músculos nas diversas atitudes posturais e no movimento e a força (tensão) que os músculos exercem a cada

▶ **Figura 11.16.** Funcionamento do fuso muscular. Em **A** (sombreado em azul claro), o esquema mostra a preparação experimental, na qual o fisiologista pode estimular as fibras eferentes α e γ, e registrar simultaneamente os impulsos nervosos das fibras aferentes Ia e II, e as alterações do comprimento do músculo. Os traçados gráficos são acompanhados nos monitores representados à direita, onde a abscissa representa o tempo. Cada traçado de cima mostra os potenciais de ação registrados nas fibras nervosas, enquanto o traçado de baixo representa a variação do comprimento muscular. Em **B1**, o comprimento do músculo aumenta pela ação de um peso (momento da seta, no monitor). Em **B2**, o comprimento muscular diminui pela estimulação da fibra α (seta, no monitor). Em **B3**, o comprimento muscular diminui, como em **B2**, mas o fuso contrai-se pela estimulação simultânea da fibra γ. A fibra aferente responde mais quando o comprimento do fuso aumenta.

▶ **Figura 11.17.** O órgão tendinoso de Golgi fica inserido na transição entre o músculo e o tendão (pequeno quadro bem à esquerda). É um órgão encapsulado com fibras colágenas no seu interior, inervado por fibras aferentes Ib. O aumento da tensão no tendão comprime e estimula as fibras aferentes, provocando nelas potenciais receptores.

contração. É verdade, entretanto, que alguns reflexos surgem apenas em circunstâncias eventuais, como veremos a seguir.

Há várias classificações dos reflexos (Tabela 11.3), de acordo com: (1) o estímulo de origem; (2) o principal tipo de músculo envolvido; (3) a natureza da estimulação produzida pelos profissionais da saúde para avaliá-los nos pacientes; e (4) o seu circuito neural (arco reflexo).

▶ Reflexo Miotático: um Sistema Simples de Regulação do Comprimento Muscular

Para compreender os *atos reflexos* e os seus circuitos – os *arcos reflexos* – é útil trabalhar com exemplos. Assim, já mencionamos a projeção brusca da perna após a percussão do ligamento da patela, no joelho. Esse é um típico *reflexo miotático*, o mais simples de todos, provocado no exame neurológico de rotina e chamado, especificamente, reflexo patelar. Semelhantes a ele, também provocados pela percussão com o martelo do profissional da saúde, são o reflexo mandibular, o tricipital e o aquileu (entre vários outros), obtidos, respectivamente, pela estimulação do músculo masseter, que move a mandíbula, do tríceps do braço e do tríceps da perna, cujo tendão é conhecido como tendão de Aquiles. O que há de comum nesses reflexos utilizados nos exames clínicos com tanta frequência? Quase todos são extensores e muitos são antigravitários. Essas duas características conferem aos reflexos miotáticos uma grande importância postural: são eles que fornecem o arcabouço motor para a sustentação do corpo na sua postura básica, opondo-se à ação da gravidade. Essa afirmativa deve ser encarada com alguma cautela, entretanto. No homem, por exemplo, os reflexos miotáticos extensores do braço não têm a mesma importância postural antigravitária que têm os miotáticos extensores da perna, já que a postura humana é bípede. Além disso, dizer que os reflexos miotáticos são extensores é uma meia-verdade, uma vez que os músculos flexores podem também apresentar reflexos desse tipo.

De um modo geral, entretanto, podemos encarar o reflexo miotático como um reflexo extensor antigravitário de importância postural. Grande parte da regulação da postura dos animais é exercida pela modulação dos miotáticos, ora tornando as patas rígidos pilares, ora atenuando a contração da musculatura extensora para que o animal se locomova, alterando dinamicamente a sua postura.

Em que consiste o ato reflexo miotático? Usemos o exemplo do miotático do quadríceps (Figura 11.19). O

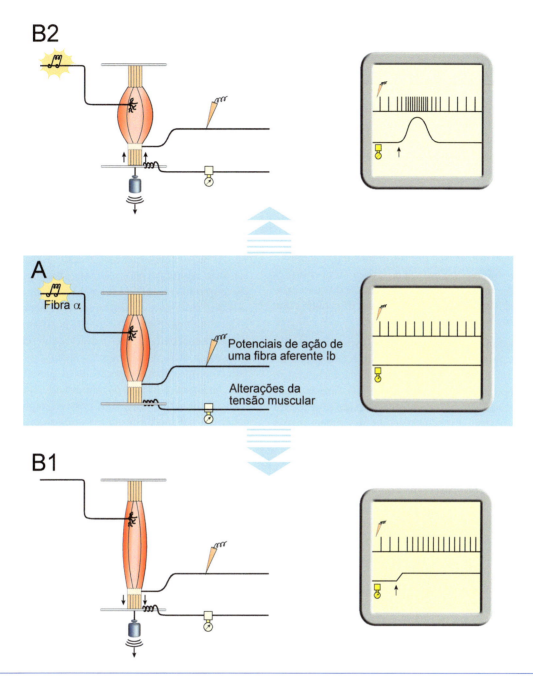

Figura 11.18. Funcionamento do órgão tendinoso de Golgi. Em **A** (sombreado em azul claro), o esquema mostra a preparação experimental, na qual o fisiologista pode estimular uma fibra eferente α, e registrar simultaneamente os impulsos nervosos da fibra aferente Ib e as alterações da tensão do músculo. Os traçados gráficos são acompanhados nos monitores representados à direita, e as convenções são como na Figura 11.16. Em **B1** (abaixo), a tensão do músculo aumenta um pouco pela ação de um peso (seta, no monitor). Em **B2**, a tensão no músculo aumenta bastante porque o músculo se contrai contra o peso, ativado pela estimulação da fibra α (seta, no monitor). A fibra aferente Ib responde mais quando a tensão do músculo aumenta ainda mais.

músculo quadríceps da coxa é estirado, seja pela percussão do ligamento patelar, efetuada pelo médico, seja pela ação da gravidade sobre o corpo, em condições fisiológicas. No primeiro caso, resulta uma contração brusca (fásica); no segundo, uma contração mantida (tônica) do próprio quadríceps. Quando uma criança pula de uma cadeira para o chão, caindo com as duas pernas juntas, há necessidade de sustentar o corpo em queda para que ela fique de pé. Quando os pés tocam o solo, todos os músculos extensores das pernas são estirados (entre eles os quadríceps) e de imediato contraem-se vigorosamente para que as articulações não se dobrem e o corpo da criança não colapse no chão. A característica central do reflexo miotático, então, é a contração de um músculo em resposta ao seu próprio estiramento.

NEUROCIÊNCIA DOS MOVIMENTOS

Neurociência do Cotidiano

Quadro 11.2
Sensores Artificiais para Amputados

As paraolimpíadas têm nos mostrado a enorme capacidade de superação dos deficientes físicos, entre eles os amputados. Alguns perdem partes do corpo devido a doenças, mas infelizmente muitos outros são vitimados pelo destino ou pela insanidade humana: violência urbana, guerras e acidentes evitáveis.

Meus grupos de pesquisa na UFRJ e no Instituto D'Or têm se interessado por desvendar o que acontece no cérebro dessas pessoas, que apresentam sensações estranhas – inclusive dor – nos membros que não existem mais! São as sensações-fantasmas, um enigma que se desvela aos poucos.

Utilizamos técnicas de imagem, incluindo estudos de conectividade cerebral em vários níveis de abordagem: do macroscópico (o cérebro todo em funcionamento) ao microscópico (neurônios e suas fibras). Constatamos que as sensações-fantasmas provavelmente se originam da reorganização dos neurônios que constituem mapas corporais no cérebro. Os mapas ficam deformados e as regiões que outrora interpretavam os estímulos do membro perdido passam a confundi-los com as regiões do corpo que permaneceram.

A frente mais impactante de pesquisa é, todavia, a que se propõe a desenvolver membros robóticos para os amputados, porque as próteses atuais são passivas e dependem da visão e dos membros intactos para serem usadas. São objetos estranhos, não incorporados pelo indivíduo. Os membros robóticos, no entanto, poderiam dispor de sensores que acionassem os comandos cerebrais. Há vários em teste, mas a barreira a vencer é conseguir que os sensores robóticos informem os neurônios cerebrais como graduar os movimentos com a precisão necessária.

A ideia é imitar a situação normal: não nos basta a visão para usar um copo. Antes de levar o braço precisa-mente aonde está o copo, devemos posicionar os dedos no formato adequado, regular a força de preensão para não o quebrar, dirigi-lo à boca e, ao final, devolvê-lo à mesa. Grande parte disso depende de sensores localizados nos músculos, na pele e nas articulações. São informações trocadas entre o membro e o cérebro que devem ser reproduzidas no robô ideal.

As neurotecnologias mais modernas fazem isso com sensores nos robôs, ou implantados nas regiões intactas do amputado. Com a informação vinda do corpo, é possível reorientar cirurgicamente os nervos sobre os músculos remanescentes – da coxa, por exemplo, no caso das amputações da perna – e deles enviar telecomandos para os motores do membro robótico. É possível fazer isso com músculos antagonistas (os que estendem e os que flexionam o joelho, por exemplo) e, assim, regular o ângulo da articulação. É até possível implantar tecido muscular que receba os nervos adequados e se comunique com os motores robóticos.

São muitas as possibilidades, a maioria ainda submetida a "provas de conceito". O horizonte é luminoso para os amputados, mas não tanto que substitua plenamente os membros perdidos: de todo modo, é um alento para que um melhor desempenho no trabalho, na vida cotidiana e no esporte lhes torne a existência mais fácil.

Referências

Bramati IE et al. Lower limb amputees undergo long-distance plasticity in sensorimotor functional connectivity. *Scientific Reports*. 2019;9:2518.

Salminger S et al. Long-term implant of intramuscular sensors and nerve transfers for wireless control of robotic arms in above-elbow amputees. *Science Robotics*. 2019;4:art. eaaw6306

Os fisiologistas mostraram-se interessados em decifrar a base neural do reflexo miotático desde o final do século XIX. Destacou-se nesse trabalho o inglês Charles Sherrington, já mencionado. Sherrington utilizava cães e gatos, nos quais produzia, sob anestesia, cortes cirúrgicos completos em diversos níveis do tronco encefálico que separavam a medula espinhal dos centros superiores. Outras vezes produzia a transecção de raízes dorsais (sensoriais) ou ventrais (motoras). Depois disso estudava as características dos reflexos, medindo a força de contração muscular, seus tempos de duração e outros parâmetros. Sherrington comprovou a natureza neural (e não muscular, como se pensava) dos movimentos reflexos, identificando os neurônios participantes. Nestes 100 anos as técnicas evoluíram e os experimentos que no início utilizavam animais submetidos a lesões cirúrgicas do SNC e sistemas mecânicos de registro das contrações

O CORPO SE MOVE

Tabela 11.3. Classificações dos Principais Reflexos

	Quanto ao Estímulo de Origem	Quanto ao Principal Tipo de Músculo Envolvido	Quanto à Natureza da Estimulação	Quanto ao Circuito Neural
Reflexos miotáticos ou de estiramento ▶ Mandibular ▶ Patelar ▶ Bicipital ▶ Aquileu ▶ Outros	De origem muscular	Extensores	Profundos	Monossinápticos
Reflexos miotáticos inversos	De origem tendinosa	Flexores	Profundos	Dissinápticos
Reflexos de retirada ▶ Do membro superior ▶ Do membro inferior ▶ Outro	De origem cutânea	Flexores	Superficiais	Multissinápticos

musculares hoje podem envolver animais íntegros cujos neurônios podem ser individualmente estudados enquanto o animal executa atos reflexos específicos. De início, o objetivo do trabalho foi identificar os elementos celulares envolvidos no reflexo miotático, portanto o circuito neural subjacente. Depois, os pesquisadores se concentraram em analisar o processamento sináptico capaz de possibilitar a modulação do reflexo sob diferentes circunstâncias comportamentais.

Descobriu-se que o estiramento muscular (do quadríceps, no caso do reflexo patelar) provoca também o estiramento dos fusos musculares, portanto a gênese de potenciais receptores despolarizantes, seguindo-se o aumento da frequência de disparo das fibras aferentes Ia e II. Já sabemos que essas fibras pertencem a células ganglionares sensitivas cujo prolongamento central chega à medula por meio de uma raiz dorsal lombar (no caso do quadríceps). A utilização de rastreadores neuronais permitiu verificar que o prolongamento central das células ganglionares bifurca-se logo após a entrada na medula (Figura 11.19). Um dos ramos penetra na substância cinzenta medular, ramifica-se bastante e termina arborizando em torno dos dendritos e do soma dos motoneurônios α que comandam o próprio quadríceps, estabelecendo com eles sinapses excitatórias. Em algumas articulações há outros músculos desempenhando função semelhante à daquele que foi estimulado. O músculo estimulado é chamado agonista principal ou simplesmente agonista (ou, ainda, homônimo), e os outros são chamados agonistas auxiliares ou sinergistas. Quando esse é o caso, o mesmo ramo aferente estabelece sinapses também com motoneurônios α que comandam os agonistas auxiliares. O segundo ramo da fibra aferente mantém-se na substância branca, ascendendo na coluna dorsal da medula até centros supraespinhais.

Foi possível estudar a eletrofisiologia sináptica da população de motoneurônios, e esse trabalho indicou que os potenciais de ação que chegam às sinapses provocam potenciais pós-sinápticos excitatórios nos motoneurônios do agonista principal e dos auxiliares, resultando no disparo de salvas de potenciais de ação que emergem por seus axônios. Desse modo, o arco reflexo que começa nos aferentes continua pelos axônios dos motoneurônios (Figura 11.19), que deixam a medula pela raiz ventral correspondente, incorporando-se aos nervos periféricos que inervam o próprio músculo estimulado (o quadríceps, em nosso exemplo), bem como aqueles que inervam os agonistas auxiliares. Segue-se, fechando o circuito, a ativação desses músculos por meio das sinapses neuromusculares, o que provoca a sua contração.

O circuito básico do reflexo miotático, portanto, é monossináptico: contato direto entre o neurônio aferente (sensorial) e o neurônio eferente (motor). A informação retroativa, desse modo, incide diretamente sobre o ordenador, mas não se deve pensar que só esse circuito esteja envolvido no ato reflexo. Para que a perna seja projetada pela contração do quadríceps, é preciso inibir um outro grupo de músculos que movem a mesma articulação em sentido contrário, o dos antagonistas. No caso do quadríceps, os antagonistas são os músculos flexores situados na parte posterior da coxa (Figura 11.19).

Se essa inibição não for feita, estes músculos vão fazer oposição à contração do quadríceps, e a perna não se moverá. Não é o que ocorre, portanto deve haver um circuito complementar de inibição dos antagonistas. Sherrington descobriu que, de fato, um terceiro ramo da fibra aferente se destaca ao penetrar na substância cinzenta da medula, arboriza na porção intermédia do H medular[G] e estabelece sinapses com interneurônios inibitórios situados nessa região (Figura 11.19). Os axônios desses interneurônios não vão longe: estendem-se apenas até o corno ventral próximo, arborizando em torno da população de motoneurônios α que comandam os músculos antagonistas. Portanto, a mesma informação aferente que é utilizada para ativar os motoneurônios do quadríceps é também utilizada para inibir os que comandam os músculos antagonistas.

Neurociência dos Movimentos

▸ **Figura 11.19.** Esquema do reflexo patelar e seu circuito. A percussão provoca um estiramento do músculo agonista, que estimula os aferentes dos fusos musculares. Na medula, estes terminam em motoneurônios que ativam diretamente o próprio agonista, e em interneurônios inibitórios que diminuem a ativação do antagonista.

Esse princípio é geral, aplicando-se a todos os reflexos, e ficou conhecido como o *princípio da inervação recíproca*.

▸ Reflexo Miotático Inverso, um Sistema de Regulação da Força Muscular

Um segundo reflexo tem sido estudado desde o início do século XX, o *miotático inverso*, que consiste no relaxamento de um músculo submetido a uma força contrátil forte. Tomemos o exemplo do músculo bíceps do braço. Quando tentamos levantar um piano, isto é, contrair o bíceps isometricamente em oposição a uma força contrária muito grande, haverá um momento em que o antebraço "cederá" e se abrirá sobre o braço, relaxando o bíceps e até mesmo contraindo os antagonistas extensores. O relaxamento súbito do músculo que ocorre quando provocamos o reflexo desse modo foi

402

O Corpo se Move

durante muito tempo apelidado de "reflexo de canivete", uma denominação que se encontra atualmente em desuso.

Os primeiros fisiologistas acreditaram que o miotático inverso seria um reflexo protetor do músculo contra tensões muito grandes que o pudessem lesar. No entanto, recentemente, concluiu-se que esse reflexo opera também em circunstâncias fisiológicas, embora seja ativado por tensões musculares maiores que as que se estabelecem em contrações isotônicas comuns.

O circuito envolvido no reflexo miotático inverso é bem conhecido (Figura 11.20). Seu primeiro elemento (o receptor) é o órgão tendinoso de Golgi, cujas fibras aferentes Ib – de limiar relativamente alto — são ativadas quando o músculo é submetido a tensões acima de um certo valor que se comunicam ao tendão, onde se encontra o receptor. Ocorre então um potencial receptor na extremidade dessas fibras aferentes, que a seguir provoca uma salva de potenciais de ação conduzidos em direção à medula (ou ao tronco encefálico, no caso da cabeça). As fibras Ib penetram no SNC pelas raízes dorsais da medula ou pelas raízes de alguns nervos cranianos (como o trigêmeo). Ao chegar ao SNC bifurcam-se em dois ramos, do mesmo modo que as fibras Ia e II. Um deles ascende a níveis mais altos, levando às estruturas superiores as informações sobre a tensão muscular. O outro ramo penetra na substância cinzenta, onde arboriza fazendo inúmeras sinapses com interneurônios inibitórios, cujos axônios se estendem por distâncias curtas até chegarem aos motoneurônios α que comandam o músculo agonista.

Diferentemente do reflexo miotático, desta vez a passagem de informação do receptor ao motoneurônio é mediada por um interneurônio inibitório, e o resultado é a inibição do disparo de PAs dos motoneurônios α, em vez da excitação que ocorre no reflexo miotático. Inibidos, os motoneurônios α (que disparavam em alta frequência para manter a contração isométrica) "silenciam", provocando o relaxamento do músculo (no exemplo da Figura 11.20, o bíceps do braço, que "cede" impotente à resistência oposta pelo braço do adversário).

O circuito básico do reflexo miotático inverso, então, é dissináptico, porque inclui um interneurônio inibitório entre a fibra aferente e o motoneurônio do músculo agonista. Semelhante, no entanto, ao que ocorre no miotático, outros ramos emergem da fibra aferente dentro da substância cinzenta: alguns terminam sobre interneurônios inibitórios que farão contato sináptico com motoneurônios de músculos agonistas auxiliares, provocando o seu relaxamento solidário com o agonista. Outros ramos da mesma fibra aferente terminam sobre interneurônios de outro tipo – excitatórios – que ativam motoneurônios ligados a músculos antagonistas (Figura 11.20), provocando a sua contração e, assim, contribuindo ativamente para o efeito produzido pelo relaxamento do agonista.

Tanto o reflexo miotático quanto o miotático inverso representam mecanismos neurais simples de comando motor e contêm em si mesmos também circuitos de controle da execução do movimento. Em certo sentido, são autônomos, isto é, continuam a funcionar até mesmo quando a medula espinhal é transeccionada, tornando-se separada do encéfalo. Isso pode ocorrer em indivíduos que sofrem acidentes sérios com fratura da coluna vertebral. Esses indivíduos tornam-se paralíticos de um ou mais membros (às vezes até dos quatro membros!). Apesar dessas consequências devastadoras sobre a motricidade, a transecção da medula não provoca a abolição permanente dos reflexos. É isso que indica sua relativa "independência" dos centros superiores. Nos indivíduos normais, no entanto, os reflexos são constantemente submetidos ao controle dos centros superiores, que os modulam e regulam continuamente. Nas Figuras 11.19 e 11.20 pode-se observar a existência de ramos de axônios descendentes (eferentes supramedulares) que arborizam em torno dos motoneurônios e interneurônios de cada músculo. A função deles é exatamente modular os reflexos miotáticos e miotáticos inversos, fazendo-os variar de acordo com a postura e os movimentos do indivíduo. O Capítulo 12 traz mais detalhes sobre esse aspecto.

▶ Reflexo Flexor de Retirada, Protetor e Suavizador dos Movimentos

Um terceiro tipo de reflexo diferencia-se bastante dos dois que acabamos de descrever. É o *reflexo flexor de retirada*. Tipicamente, o reflexo de retirada ocorre quando um estímulo sensorial, com frequência nociceptivo (doloroso), atinge uma das extremidades (o pé, por exemplo). Se o estímulo for forte e potencialmente lesivo (como uma ponta de cigarro acesa no chão), todos os músculos flexores do membro inferior podem ser acionados, e não só o pé, mas também a perna e a coxa se afastam bruscamente da fonte de estímulo. Neste caso, o reflexo flexor tem uma nítida função protetora. Se o estímulo for mais fraco, apenas tátil, só o pé pode ser fletido discretamente. O reflexo, neste caso, serve como um "atenuador" dos contatos entre os dedos e os objetos. É mais ou menos o que ocorre quando tateamos o solo com os olhos fechados: cada toque produz sucessivas flexões que suavizam o contato com os obstáculos.

Ressaltam dessa descrição as diferenças entre os reflexos de origem cutânea e os de origem muscular. Os reflexos de origem cutânea são eventuais, em geral fásicos e mais frequentes nos músculos flexores. Além disso, como é óbvio, os receptores envolvidos nesse tipo de reflexo não estão situados no elemento efetuador, o músculo. Finalmente, sua utilidade funcional não é postural, mas protetora contra estímulos que podem provocar a lesão dos tecidos e outros capazes de provocar o desequilíbrio do corpo e a sua queda.

Sabe-se que os circuitos envolvidos nos reflexos de retirada são multissinápticos, mas o número exato de sinapses não é conhecido (Figura 11.21). O arco reflexo, como sempre, começa nos receptores, neste caso o conjunto de receptores cutâneos. Mais frequentemente estão envolvidos os nociceptores, mas, como já se mencionou, também os demais tipos de receptores somestésicos podem provocar a retirada. As fibras aferentes nociceptivas pertencem aos grupos C e Aδ (Tabela 6.3). Como todas as fibras aferentes, penetram no SNC também pelas raízes dorsais ou raízes de alguns nervos cranianos (Figura 11.21). Ao chegar à substância cinzenta, emitem ramos distintos que se estendem por vários segmentos medulares ou ocupam grandes extensões dos núcleos correspondentes do tronco encefálico. Alguns desses ramos irão estabelecer sinapses com neurônios de segunda ordem do subsistema interoceptivo (Capítulo 7), cujos axônios se dirigem ao tálamo (não ilustrados na Figura 11.21). Outros irão estabelecer cadeias de sinapses com interneurônios em sequência, que finalmente atingirão as populações de motoneurônios α que comandam os músculos flexores.

Como nos reflexos miotáticos, também nos flexores operam os princípios da inervação recíproca de músculos antagonistas. É necessário inibir os extensores para que a flexão dos membros seja eficiente para retirá-los de perto do estímulo, mas, como o reflexo de retirada é graduado de acordo com a intensidade do estímulo, a partir de um certo ponto o fenômeno tem que se estender ao lado oposto do corpo, de modo a compensar a alteração postural que advém do movimento brusco do membro. Fica mais fácil entender esse fenômeno utilizando-se o exemplo do reflexo de retirada da perna (Figura 11.22). Se um estímulo doloroso atingir o pé direito, a perna sofrerá flexão reflexa. Quando isso ocorre, entretanto, o corpo passa a ser sustentado apenas pela perna esquerda. Logo, é preciso reorganizar a postura de modo a fortalecer os extensores da perna oposta e, assim, evitar a queda do indivíduo.

A contração reflexa dos extensores do lado oposto é considerada por alguns um outro reflexo, chamado *reflexo de extensão cruzada*, propiciado por um circuito de *inervação recíproca* dos músculos dos membros (Figura 11.22). Os interneurônios cujos axônios cruzam para constituir o sistema somestésico anterolateral emitem ramos no lado

▶ **Figura 11.20.** Esquema do reflexo miotático inverso do bíceps braquial. O bíceps realiza uma contração isométrica, que aumenta a tensão no tendão estimulando os aferentes Ib dos órgãos tendinosos de Golgi. Na medula, estes terminam em interneurônios inibitórios (em vermelho) que causam o relaxamento do agonista, e em interneurônios excitatórios (em azul) que provocam contração do antagonista.

O CORPO SE MOVE

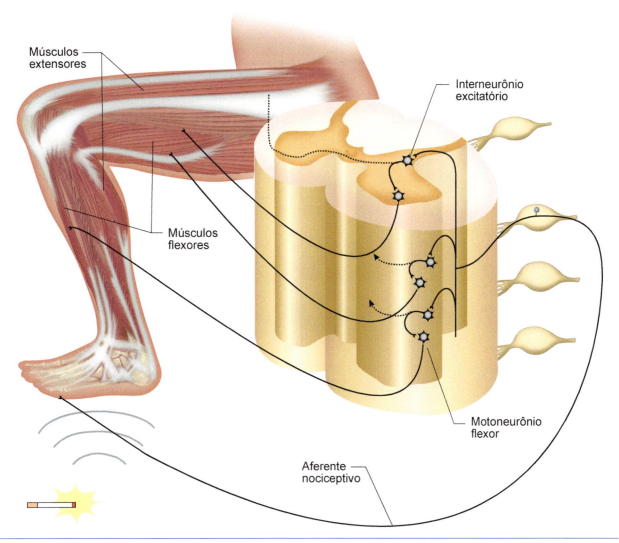

▶ **Figura 11.21.** Esquema do reflexo flexor de retirada da perna. Os aferentes cutâneos do pé são ativados por um estímulo nociceptivo. Na medula, terminam em interneurônios excitatórios de vários segmentos medulares, que promovem a contração simultânea de diferentes músculos flexores. Estão ilustrados os neurônios que inervam os flexores do pé sobre a perna e desta sobre a coxa, mas há outros não representados (como os dos dedos dos pés, por exemplo).

oposto e se estabelece uma segunda cadeia sináptica que, desta vez, irá terminar nos motoneurônios de comando da musculatura extensora. Como já na entrada da medula as fibras aferentes C e Aδ emitem ramos que se estendem a muitos segmentos, o mesmo ocorre no lado oposto, e a inervação recíproca influencia diferentes segmentos da medula, possibilitando ativar os músculos extensores do pé, do joelho, da coxa e, às vezes, até mesmo a musculatura axial do tronco!

O reflexo de retirada, desse modo, constitui um arco reflexo de maior complexidade que os reflexos de origem muscular, envolvendo um grande número de elementos neuronais.

▶ **A Coordenação dos Reflexos e Sequências Motoras Automáticas**

Do que se disse a respeito dos reflexos, duas conclusões importantes emergem: (1) o local de estimulação determina quais músculos responderão, seja contraindo, seja relaxando; e (2) a força do estímulo determina a força e a duração da resposta. Essas conclusões representam dois princípios fundamentais do funcionamento dos reflexos.

Embora a descrição dos reflexos necessariamente os individualize, fazendo crer que eles operam de modo independente, na vida cotidiana todos eles estão em ação, simultânea e coordenadamente. Por exemplo, se por acaso

405

Neurociência dos Movimentos

▶ **Figura 11.22.** O reflexo de retirada de uma perna exige a ativação simultânea do reflexo extensor da perna oposta, para que o indivíduo não caia. O circuito correspondente é cruzado, envolvendo interneurônios excitatórios (em azul) e inibitórios (em vermelho). Acompanhe o circuito passo-a-passo, a partir do aferente nociceptivo, para entender como ocorre a flexão da perna atingida pelo estímulo, e a extensão da perna oposta.

O Corpo se Move

tropeçamos ao subir uma escada, um reflexo flexor seguido de extensão é imediatamente acionado para que possamos tentar restabelecer o equilíbrio e proteger-nos da queda. Ao correr, a alternância entre os movimentos das duas pernas deve, ao mesmo tempo, possibilitar a propulsão do corpo para a frente e manter o equilíbrio para evitar quedas. Os braços também fazem o mesmo, alternando movimentos para participar da propulsão e manter o equilíbrio. Em ambos os exemplos, trata-se de sequências coordenadas de reflexos, que passam a ser chamadas *reações reflexas*. As reações reflexas, por sua complexidade, exigem a mobilização de interneurônios comissurais – que cruzam a linha média espinhal na comissura anterior da medula, que fica logo à frente do canal medular. E, além deles, mobilizam também os chamados interneurônios proprioespinhais, cujos axônios sobem ou descem vários segmentos medulares sem entrar no encéfalo, possibilitando regular a ativação dos membros superiores com os inferiores, bem como os dois lados do corpo coordenadamente. Existem tanto interneurônios excitatórios – geralmente glutamatérgicos – como inibitórios – que podem utilizar como neurotransmissores o ácido gama-aminobutírico ou a glicina.

Entre as reações reflexas, as mais conhecidas são as posturais, isto é, aquelas que se destinam a promover ou restabelecer a postura de um indivíduo que se move. Por outro lado, nem todas as sequências automáticas de movimentos são reflexos, isto é, produzidas por estimulação sensorial. É o caso do ato de coçar e da locomoção, sequências automáticas de movimentos que podem ou não ser iniciadas por um estímulo sensorial, mas, mesmo quando isso acontece, tornam-se repetitivas e independentes do estímulo original.

Reflexas ou não, quem coordena essas sequências automáticas?

No caso das reações posturais, diferentes núcleos do tronco encefálico estão diretamente envolvidos. Esse assunto é examinado com mais detalhes no Capítulo 12. No caso do ato de coçar e da locomoção, por outro lado, sabe-se que a coordenação é feita pela própria medula espinhal, capaz, por si só, de estabelecer um padrão repetitivo de ativação e inibição muscular. O início do ato de coçar é provocado, em geral, por um estímulo cutâneo. A locomoção, por sua vez, usualmente é iniciada por ação da vontade do indivíduo, portanto sob comando de regiões superiores do SNC. Em ambos os casos, entretanto, uma vez iniciados os movimentos, eles se repetem de modo rítmico e estereotipado. Animais experimentais submetidos à separação sherringtoniana entre o encéfalo e a medula podem apresentar o reflexo de coçar quando sua pele é estimulada por uma substância irritante. Podem também apresentar a alternância de movimentos das patas típica da locomoção quando são segurados pelo experimentador e colocados de pé em uma esteira rolante. Neste caso, entretanto, experimentos mais recentes utilizando a secção de raízes dorsais em animais

indicaram que os movimentos da locomoção persistem, o que significa que são independentes das sequências reflexas.

O modo de coordenação dessas sequências de movimentos automáticos não está totalmente esclarecido. Acredita-se que os circuitos medulares envolvidos sejam geradores de padrões rítmicos alternados. Após um estímulo cutâneo capaz de provocar coceira, o circuito correspondente entraria em operação sequencial, sofrendo sucessivos ciclos de ativação e inibição, até diminuir gradativamente e cessar. O primeiro movimento é reflexo (provocado por um estímulo sensorial), mas daí em diante os movimentos se tornam rítmicos e automáticos, sem depender da permanência do estímulo original. No caso da locomoção, os padrões rítmicos alternados seriam coordenados bilateralmente, de tal modo que, quando um lado da medula estivesse em ação produzindo flexão, o lado oposto atuaria produzindo extensão, e assim de forma sucessiva.

Do que foi dito, depreende-se que a medula é capaz de realizar um certo nível elementar de coordenação motora. No indivíduo íntegro, entretanto, os níveis supramedulares desempenham papel mais elaborado, capaz de propiciar maior complexidade dos movimentos involuntários e, acima de tudo, dos movimentos voluntários. É o que se pode ver no Capítulo 12.

▶ A Locomoção: Reflexos Rítmicos ou Ritmo de Reflexos?

A locomoção, que é o autodeslocamento de um animal no espaço, pode assumir diversas formas: propulsão ondulatória, como nos peixes; rastejamento ondulatório, como nos répteis; voo, como nas aves; marcha, trote e galope, nos mamíferos quadrúpedes; marcha e corrida, nos seres humanos. Em todas essas formas, apesar das óbvias diferenças no padrão de movimentos de cada uma, destaca-se o caráter rítmico, cíclico, dos movimentos locomotores. E, além disso, um certo automatismo que, naturalmente, pode ser modificado pela vontade ou imposto pelas irregularidades do ambiente.

A natureza rítmica e semiautomática da locomoção fez que os primeiros pesquisadores – entre eles Sherrington – lhe atribuíssem um caráter reflexo. Sherrington percebeu que um cão espinhal (isto é, submetido a uma transecção da medula cervical alta), ao ser colocado de pé, executava alguns movimentos alternados típicos da locomoção. Concluiu, então, que esta seria uma sequência de reflexos. Mais recentemente, entretanto, outros neurocientistas realizaram diferentes experimentos com lesões, injeção intramedular de substâncias neuroativas e registro de atividade neural e muscular, chegando à conclusão de que a locomoção é um fenômeno bem mais complexo do que se supunha de início. Sua natureza reflexa foi questionada, já que os animais espinhais desaferentados, isto é, submetidos à secção das raízes dorsais de muitos segmentos, bilateralmente, ainda

Figura 11.23. A. Os circuitos geradores de ritmos na medula são influenciados por diversos níveis encefálicos para gerar atividade que mobiliza ora os músculos agonistas, ora os antagonistas. **B** mostra um esquema que inclui cada uma dessas etapas. **C**. Atividade rítmica de um neurônio oscilatório da medula espinhal (quadro violeta). Quando inativo, o neurônio apresenta canais iônicos fechados (**C1**). Em um certo momento (p. ex., por um comando descendente proveniente do córtex cerebral, o neurônio se despolariza, e os canais glutamatérgicos tipo NMDA se abrem deixando entrar Ca^{++} e Na^+ no meio intracelular (**C2**). Como consequência, ocorre uma salva de PAs. A entrada de Ca^{++}, então, abre canais de K^+ dependentes de Ca^{++}, e a saída de potássio hiperpolariza a célula (**C3**). A hiperpolarização causa o bloqueio do canal NMDA pelo Mg^{++}, interrompendo o fluxo de Ca^{++} e Na^+. Caindo a concentração de Ca^{++}, o canal de K^+ fecha-se, preparando a célula para um novo ciclo (**C4**). Modificado de Bear M et al. *Neuroscience*. 3ª ed. Lippincott Nova York: Williams & Wilkins, 2007.

O Corpo se Move

assim eram capazes de realizar movimentos locomotores quando colocados em uma esteira rolante.

A concepção que prevaleceu foi a de que existiriam *circuitos geradores de padrões rítmicos* na medula e em níveis supramedulares (Figura 11.23A e B), responsáveis pelo comando sequencial dos músculos durante as diversas formas de locomoção. Os neurônios medulares que constituiriam esses circuitos foram identificados recentemente em mamíferos, e já se sabe que são interneurônios oscilatórios, capazes de gerar salvas cíclicas de potenciais de ação enviados a motoneurônios extensores e flexores em vários segmentos medulares. Esses neurônios rítmicos apresentam um limiar de excitação variável sob controle supraespinhal, e uma membrana plasmática que despolariza gradualmente (Figura 11.23C), aproximando do limiar o potencial de repouso da membrana. Quando o limiar é atingido, uma salva de potenciais de ação é disparada e o seu potencial da membrana se afasta do limiar. Neste ponto, os neurônios rítmicos silenciam. Novamente a membrana despolariza gradualmente e o fenômeno se repete. Como eles se conectam com motoneurônios diretamente e por meio de interneurônios, em um ciclo os extensores de uma perna são ativados e os flexores são inibidos, ocorrendo o contrário na outra perna. No ciclo seguinte, inverte-se o padrão: os flexores são ativados e os extensores inibidos, e novamente o padrão oposto move a outra perna. Sobre esse padrão superpõem-se as informações sensoriais veiculadas pelas raízes dorsais e as informações dos centros supramedulares veiculadas pelas vias descendentes. No homem, os circuitos geradores de padrões rítmicos da medula são muito dependentes do córtex cerebral, uma vez que os pacientes com lesões corticais apresentam sérias alterações da marcha.

Não apenas a locomoção representa um exemplo de sequências reflexas de maior complexidade. A respiração é outro exemplo. Normalmente não nos damos conta do nosso ritmo (frequência) respiratório, determinado por informações metabólicas, mas podemos acelerar ou desacelerar voluntariamente a respiração sob comando voluntário cortical. Isso mostra que os circuitos geradores de padrões rítmicos estão sob controle superior, que dita os parâmetros para o seu funcionamento. No caso da locomoção, o controle é mais sofisticado, porque nos permite não apenas andar mais ou menos rapidamente, mas também andar de lado ou de costas, pular e dançar. As regiões superiores, nesses casos, aprendem a modificar o padrão rítmico e a distribuição de informações aos motoneurônios de acordo com cada uma dessas formas de deslocamento corporal.

Glossário

ATP: sigla em inglês de trifosfato de adenosina, uma das moléculas que armazenam e fornecem energia para os processos metabólicos das células.

Bíceps braquial: músculo situado no braço, formado por duas partes na altura do ombro (duas cabeças, daí o nome) que se unem para formar o tendão inferior, que, por sua vez, insere-se no osso rádio, do antebraço.

Citosol: meio interno da célula viva, excluídas as organelas e o citoesqueleto. Maiores detalhes no Capítulo 3.

Fibras colágenas: estruturas alongadas típicas de tecidos conjuntivo e cartilaginoso formadas por múltiplas proteínas, entre as quais o colágeno, que lhes dá o nome.

H medular: denominação da substância cinzenta da medula, que apresenta a forma da letra H quando vista em corte transverso.

Miotopia: representação topográfica dos músculos nas estruturas do SNC.

Paresia: sintoma provocado por lesões neurais que consiste em diminuição da força muscular. Quando a lesão é pronunciada, ocorre paralisia, que corresponde à abolição completa dos movimentos.

Rastreadores neuronais: substâncias utilizadas em experimentos capazes de marcar os prolongamentos neuronais (axônios ou dendritos), indicando de onde se originam e onde terminam.

Reflexo patelar: exemplo de um reflexo de estiramento muscular provocado pela percussão do ligamento patelar, que estimula indiretamente o tendão do músculo quadríceps.

Retículo endoplasmático liso: organela citoplasmática formada por uma rede de cisternas onde se armazenam e transportam diferentes moléculas utilizadas ou secretadas pela célula. Maiores detalhes no Capítulo 3.

Retroação: conceito proveniente da engenharia que descreve a informação que retorna automaticamente a uma máquina ao executar uma determinada função. Equivalente ao termo inglês *feedback*.

Segmento medular: setor da medula delimitado por raízes adjacentes.

Leia mais

▶ Leitura Básica

Bear MF, Connors BW, Paradiso MA. de *Neurociências – Desvendando o Sistema Nervoso*. Porto Alegre: Artmed, 2017. p. 453-481. Descrição do papel da medula no comando muscular, com ilustrações coloridas excelentes.

Enoka RM, Pearson KG. A unidade motora e a ação muscular. (In: Kandel ER. et colsal., (orgs.) *Princípios de Neurociências*. 5ª ed. trad. Porto Alegre: McGraw-Hill-Artmed, 2014. p. 666-684. Texto avançado abordando o funcionamento das sinapses neuromusculares e seu comando espinhal direto.

Pearson KG, Gordon JE. Reflexos espinais. In: Kandel ER et al. (orgs.) *Princípios de Neurociências*. (5ª ed. trad. Porto Alegre: McGraw-Hill-Artmed, 2014. p. 685-702. Texto avançado abordando os reflexos medulares.

Pearson KG, Gordon JE. Locomoção. In: Kandel ER et al. (orgs.) *Princípios de Neurociências*. 5ª ed. trad. Porto Alegre: McGraw-Hill-Artmed, 2014. p. 704-722. Texto avançado abordando os circuitos espinhais da locomoção e seu controle supraespinhal.

▶ Leitura Complementar

Clássicos

Liddell EGT, Sherrington C. Reflexes in response to stretch (myotatic reflexes). *Proceedings of the Royal Society of London (Series B, Biological Sciences)*. 1924;96:212-242.

Hunt CC, Kuffler SW. Stretch receptor discharges during muscle contraction. *Journal of Physiology*. 1951;113:298-315.

Huxley AF. Review lecture: muscular contraction. *Journal of Physiology* 1974; 243:1-43.

Hennemann E, Somjenand G, Carpenter DO. Functional significance of cell size in spinal motoneurons. *Journal of Neurophysiology*. 1965;28:560-580.

Bizzi E, Clarac F. Motor systems. *Current Opinion in Neurobiology*. 1999;9:659-662.

Recentes

Saltiel P, d'Avella A, Tresch MC, Wyler K, Bizzi E. Critical points and traveling wave in locomotion: Experimental evidence and some theoretical considerations. *Frontiers in Neural Circuits*. 2017;11:98.

Flash T, Bizzi E. Cortical circuits and modules in movement generation: experiments and theories *Curretn Opinion in Neurobiology*. 2016;41:174-178.

Lee LA, Karabina A, Broadwell LJ, Leinwand LA. The ancient sarcomeric myosins found in specialized muscles. *Skeletal Muscle*. 2019;9:7.

Grillner S, El Manira A. Current principles of motor control, with special reference to vertebrate locomotion. *Physiological Reviews*. 2020;100:271-320.

Gromova A, La Spada AR. Harmony lost: Cell-cell communication at the neuromuscular junction in motor neuron disease. *Trends in Neurosciences*. 2020;43:709-724.

Fischer I, Dulin JN, Lane MA. Transplanting neural progenitor cells to restore connectivity after spinal cord injury. *Nature Reviews. Neuroscience*. 2020;21:366-383.

Barbeau S, Tahraoui-Bories J, Legay C, Martinat C. Building neuromuscular junctions in vitro. *Development* 2020; 147:dev193920.

Cetin H, Beeson D, Vincent A, Webster R. The structure, function, and physiology of the fetal and adult acetylcholine receptor in muscle. *Frontiers in Molecular Neuroscience*. 2020;13:581097.

De Andrade Rosa I, Corrêa S, Costa ML, Mermelstein C. The scaffolding protein calpain-3 has multiple distributions in embryonic chick muscle cells and it is essential for the formation of muscle fibers. *Tissue & Cell*. 2020;67:101436.

Gordon T. Peripheral nerve regeneration and muscle reinnervation. *International Journal of Molecular Sciences* 2020; 21:E8652.

Zhuge Y, Zhang J, Qian F, Wen Z, Niu C, Xu K, Ji H, Rong X, et al. Role of smooth muscle cells in cardiovascular disease. *International Journal of Biological Sciences*. 2020;16:2741-2751.

Tobias IS, Galpin AJ. Moving human muscle physiology research forward: an evaluation of fiber type-specific protein research methodologies. *American Journal of Physiology: Cell Physiology*. 2020;319:C858-C876.

12

O Alto Comando Motor
Estrutura e Função dos Sistemas Supramedulares de Comando e Controle da Motricidade

Romário, de Rubens Gerchman (1997), acrílica sobre tela

Saber o Principal

Resumo

O sistema motor dispõe de um "alto comando" organizado hierarquicamente: são os centros ordenadores do córtex e regiões subcorticais, que comandam as ações contráteis das unidades motoras pelas vias descendentes. Estas constituem dois sistemas fundamentais. O primeiro é o sistema medial, que reúne as vias que controlam o equilíbrio corporal e a postura, comandando sobretudo os músculos do eixo central do corpo (a coluna vertebral) e aqueles de ligação com os membros (os músculos do ombro, por exemplo). O segundo é o sistema lateral, que reúne as vias de comando dos movimentos voluntários, principalmente os que são efetuados pelas partes mais distais dos membros (braços, mãos, pés e dedos).

O corpo não colapsa sob a ação da gravidade, e ainda por cima é capaz de realizar movimentos simultâneos e coordenados com várias de suas partes. Isso é possível pela ação dos núcleos do tronco encefálico que modulam os reflexos de estiramento, sobretudo possibilitando a manutenção de um tônus muscular constante, regulado a cada momento para garantir a postura. Os núcleos do tronco encefálico coordenam reações posturais, isto é, sequências reflexas que posicionam ou reposicionam automaticamente o corpo em relação ao ambiente.

O corpo, entretanto, deve se orientar em relação aos estímulos visuais e auditivos que aparecem no mundo externo: uma presa ou um predador, um simples objeto de interesse. Os mais rápidos movimentos de orientação em relação a esses estímulos são os movimentos oculares, controlados pelo mesencéfalo e pelo córtex cerebral, de modo a garantir a estabilidade da cena visual e permitir que o olhar se desvie para fixar qualquer objeto no mundo externo. Seguem-se ao movimento dos olhos os movimentos da cabeça e do corpo, que nos permitem gerar comportamentos adequados a cada situação.

Um corpo equilibrado em posição estável, parado ou em movimento: sobre esse arcabouço motor adicionam-se os movimentos voluntários, expressão de nossa liberdade de ação. São movimentos planejados, programados e comandados por diferentes regiões do córtex motor no lobo frontal por meio de mapas ordenados de representação do corpo que garantem que os neurônios motores possam bem comandar a força, a velocidade, a amplitude e a direção de cada movimento com a maior precisão.

Finalmente, o início certo dos movimentos, sua execução harmônica, o alcance do objetivo e a finalização da ação, tudo isso é controlado pelo cerebelo e os núcleos da base, regiões de "assessoria" do córtex motor que o orientam na avaliação dos comandos enviados aos ordenadores medulares e na avaliação da execução das contrações musculares que possibilitam os movimentos.

Todos os dias em que você toma um ônibus para se deslocar ao trabalho ou à faculdade, realiza grande parte do seu repertório de movimentos sem perceber. Sentada em um banco, seus olhos acompanham distraidamente a paisagem que se desloca para trás, mas retornam sempre a um ponto à frente, em um ciclo que se repete muitas vezes. Sua cabeça gira quando entra um passageiro, ou quando uma buzina soa mais forte. Em um certo momento, você identifica à distância o ponto de descida e dá sinal ao motorista para parar. Decide, então, levantar-se com o ônibus em movimento para se aproximar da porta de saída. É preciso manter o equilíbrio para não cair e, ao mesmo tempo, andar sobre o trepidante chão do ônibus! O ônibus começa a frear e você é forçada a identificar de imediato a posição dos pontos de apoio para agarrá-los fortemente com as mãos. Com o ônibus parado, você inicia a descida da escada até a terra firme.

Pode parecer que não, mas você ativou todo o seu sistema motor nessa rotineira cena cotidiana. Realizou centenas de movimentos com dezenas de músculos esqueléticos. Alguns desses movimentos foram atos reflexos como os estudados no Capítulo 11, involuntários e automáticos. Outros foram reações posturais mais complexas, destinadas a mantê-la em pé mesmo com o ônibus em movimento. Ao mesmo tempo, seus olhos buscaram intencionalmente o ponto de descida e o caminho da porta do ônibus, e você iniciou conscientemente a sequência de movimentos voluntários das pernas e dos braços que a levaram à rua. Tudo ao mesmo tempo. Ou pelo menos em sequências complexas que associaram movimentos voluntários a ações involuntárias, movimentos de equilíbrio corporal a atos de locomoção, movimentos oculares de estabilização da imagem a olhares de busca de alvos distantes.

O sistema motor trabalhou duro para levá-la sã e salva do banco do ônibus até a rua! Teve que programar as sequências corretas de movimentos, iniciá-los cada um no momento certo, comandar os músculos apropriados, controlá-los para que a força, a velocidade e a direção dos movimentos fossem exatamente as necessárias e interrompê-los um a um para que o seguinte se iniciasse...

Fica claro que o funcionamento completo do sistema motor não se restringe ao comando direto dos músculos, realizado pela medula espinhal[A] e pelos núcleos motores dos nervos cranianos. Envolve também ações de planejamento e programação motora realizadas por áreas específicas do córtex cerebral, ações de comando cortical sobre a medula e o tronco encefálico que modulam os reflexos e os movimentos mais grosseiros e um sofisticado sistema de controle realizado pelo cerebelo[A] e pelos núcleos da base, cujo objetivo é zelar para que os movimentos sejam iniciados e terminados no tempo certo e realizados harmonicamente como previsto pelas áreas de planejamento.

O presente capítulo irá tratar de todos esses aspectos. A estratégia que adotaremos, com a intenção de sermos mais claros, será inversa ao sentido real de fluxo dos comandos motores: na contramão. Trataremos primeiro da modulação dos reflexos pelas vias descendentes; depois, das reações posturais coordenadas no tronco encefálico; e, a seguir, das reações de orientação sensório-motora que estão sob o controle do mesencéfalo. Depois disso, abordaremos o comando motor superior realizado pelas regiões primárias do córtex cerebral, o controle da motricidade efetuado pelo cerebelo e pelos núcleos da base, e, finalmente, o planejamento e a programação motora, isto é, os aspectos mais complexos que tornam a motricidade a expressão básica do comportamento e o mais nítido resultado da consciência humana.

ORGANIZAÇÃO DO ALTO COMANDO MOTOR

Desde os tempos do fisiologista inglês Charles Sherrington (1857-1952), os motoneurônios são reconhecidos como a via final comum do sistema motor, ou seja, o caminho final e único pelo qual os comandos motores são veiculados do sistema nervoso aos músculos esqueléticos. A ação de comando dos motoneurônios é instruída por receptores situados nos próprios músculos ou em outros tecidos do corpo, o que constitui os arcos reflexos descritos no Capítulo 11. Os arcos reflexos, entretanto, assim como os atos reflexos[*] que eles veiculam, não funcionam isoladamente, como se poderia concluir da descrição simplificada feita no capítulo anterior. Eles são, na verdade, uma espécie de circuito básico capaz (isoladamente) de ações motoras relativamente grosseiras, mas sobre o qual incidem múltiplas informações moduladoras[G] provenientes dos centros superiores.

É necessário conhecer com algum detalhe quais são esses centros superiores que modulam a ação dos motoneurônios e como se organizam as vias neurais que os conectam com a medula e os núcleos motores dos nervos cranianos.

▶ A Hierarquia de Comando

Atribui-se ao neurologista inglês John Hughlings Jackson (1835-1911) a concepção de que os centros motores se organizam em cadeias hierárquicas, uns controlando os outros, isto é, os centros superiores controlando (por ativação ou inibição) os inferiores. Jackson foi contemporâneo de Sherrington e tomou conhecimento dos experimentos

---

[A] *Estrutura encontrada no* Miniatlas de Neuroanatomia *(p. 359).*

[*] *Atenção para as diferenças nas definições: ato reflexo é um movimento automático provocado por um estímulo sensorial; arco reflexo é o circuito neural responsável; e reflexo engloba esses dois conceitos.*

[G] *Termo constante do glossário ao final do capítulo.*

em que este realizava transecções cirúrgicas do tronco encefálico e da medula de gatos e cães. Naquele tempo, os neurofisiologistas não dispunham das técnicas de registro eletrofisiológico de neurônios ou fibras musculares, por isso a abordagem que empregavam baseava-se na realização de lesões cirúrgicas em animais sob anestesia, seguida de cuidadosa análise dos distúrbios motores provocados pela lesão. Os distúrbios podiam ser de falta ou de excesso. No caso de falta, concluía-se que a região lesada seria normalmente encarregada de ativar a função deficitária. No caso de excesso, concluía-se o contrário: que a região lesada inibia a função normal antes da lesão.

Essa foi a estratégia de Sherrington. Realizava secções transversais completas em diferentes níveis do sistema nervoso e estudava as alterações provocadas nos reflexos e na motricidade natural do animal. Com a medula isolada do tronco por meio de uma transecção cervical, os gatos de Sherrington tornavam-se incapazes de realizar movimentos com as patas como faziam antes da lesão ao "brincar" com uma bola ou um objeto qualquer. Tornavam-se também incapazes de manter a própria postura. Os reflexos medulares, entretanto, inicialmente eram muito enfraquecidos, mas depois se recuperavam tornando-se praticamente normais. Da observação desses "animais medulares" concluía-se, então, que os movimentos voluntários seriam dependentes dos centros superiores, mas que os reflexos seriam independentes deles.

Sherrington, no entanto, realizou, em outros animais, secções em níveis mais altos, que miravam o tronco encefálico já na altura do mesencéfalo, encontrando um resultado diferente. Esses "animais descerebrados" apresentavam as patas esticadas rigidamente e a cabeça estendida para trás – um quadro que ficou conhecido como "rigidez de descerebração". Como os músculos envolvidos nesse distúrbio motor eram os extensores das patas e da cabeça, Sherrington imaginou que poderia estar ocorrendo uma exacerbação dos reflexos de estiramento nos animais descerebrados. Se isso fosse verdade, bastaria seccionar as raízes dorsais para obter uma atenuação da rigidez. Fez o experimento e obteve exatamente o resultado previsto. Concluiu, então, que a rigidez de descerebração resultava de uma hiper-reflexia[G] produzida pela transecção do tronco encefálico. Ou seja: os reflexos não eram inteiramente independentes dos centros superiores.

Como interpretar a diferença de sintomas motores entre as duas cirurgias? Sherrington raciocinou que as regiões neurais situadas entre a medula e o mesencéfalo deviam conter neurônios cujos axônios se estendiam até a medula, provocando uma excitação dos motoneurônios de comando dos músculos extensores que se somava àquela produzida pelos aferentes Ia dos fusos musculares. Concluiu também que acima do nível de corte cirúrgico deviam existir outros neurônios que normalmente inibiam os do tronco encefálico. Foi o primeiro lampejo sobre a existência de vias descendentes de controle motor.

Jackson, por sua vez, generalizou os dados de Sherrington, associando-os às suas próprias observações com pacientes. Propôs que os animais normais, inclusive o homem, disporiam de uma cadeia hierárquica de comando motor: os núcleos motores do tronco encefálico produziriam modulação positiva (excitatória) dos reflexos medulares, no entanto sofreriam modulação negativa (inibitória) de parte do córtex cerebral. A conclusão de Jackson apoiava-se em alguns de seus próprios pacientes, aqueles com lesões da via de comunicação do córtex cerebral com os níveis inferiores – a cápsula interna[A] – que apresentavam uma intensa paralisia flácida dos músculos. Então, de acordo com Jackson, os centros motores estariam organizados hierarquicamente, de modo que os superiores controlariam os inferiores.

A partir dos experimentos de Sherrington e da concepção hierárquica do sistema motor tal como proposta por Jackson, o esforço dos pesquisadores dirigiu-se para identificar os núcleos da cadeia de comando – os ordenadores do sistema motor (Figura 11.1) – e quais eram as vias descendentes que levavam os comandos motores para os motoneurônios. Esse trabalho envolveu pesquisadores de inúmeros laboratórios em todo o mundo, que associaram experimentos em animais com observações clínicas em pacientes.

▶ Os Centros Ordenadores e as Vias Descendentes

Hoje se conhecem os centros ordenadores que dão origem às vias descendentes de comando motor. O tronco encefálico é sede de alguns deles (Figura 12.1), além dos núcleos motores dos nervos cranianos, que alojam os motoneurônios da musculatura dos olhos, da cabeça e do pescoço.

No bulbo[A], bem próximo à ponte[A], encontra-se um conjunto de núcleos chamados *vestibulares*, cujos neurônios recebem aferentes do nervo vestibulococlear[A], originários dos mecanorreceptores do labirinto. Os axônios desses neurônios vestibulares formam os *feixes vestibuloespinhais*, vias descendentes relacionadas com a manutenção da postura e do equilíbrio corporal. Um outro grupo de neurônios, mais disperso e extenso que os núcleos vestibulares, ocupa toda a extensão rostrocaudal da ponte, invadindo tanto o bulbo abaixo, como o mesencéfalo acima: é a *formação reticular**. Os axônios descendentes da formação reticular constituem os *feixes reticuloespinhais*, vias que participam também dos mecanismos posturais.

---

* Por sua natureza dispersa, esse conjunto de neurônios recebeu o nome "formação", em vez de "núcleo". E como entre os neurônios dispersos há fibras nervosas em todas as direções, formando uma verdadeira rede, acompanha-o o adjetivo "reticular".

O Alto Comando Motor

▸ **Figura 12.1.** Os ordenadores do sistema motor comunicam-se com motoneurônios espinhais por meio das vias descendentes. Abaixo à esquerda estão aqueles que compõem o subsistema ventromedial, e à direita os que compõem o subsistema lateral. O pequeno encéfalo indica o plano do corte coronal representado à direita, e a luneta indica o ângulo de observação (dorsal) dos troncos encefálicos desenhados na parte de baixo. A figura não mostra os núcleos dos nervos cranianos e suas vias.

No mesencéfalo há duas regiões motoras principais: o *núcleo rubro*[A] e o *colículo superior*[A]. O primeiro é um núcleo esferoide situado bem no interior do mesencéfalo, que forma uma via descendente chamada *feixe rubroespinhal*, coadjuvante do comando motor dos membros. O segundo fica na superfície dorsal do mesencéfalo (o tecto[G,A] mesencefálico) e dá origem ao *feixe tectoespinhal*. O colículo superior – um dos núcleos do tecto – recebe aferências multissensoriais (visuais, auditivas e somestésicas), por isso suas fibras motoras participam das reações de orientação sensório-motora, isto é, as que posicionam os olhos e a cabeça em relação aos estímulos que provêm do ambiente.

Finalmente, o córtex cerebral contém um vasto conjunto de áreas cujos neurônios emitem axônios descendentes: o *córtex motor primário* (de forma abreviada, é chamado M1), outras áreas motoras adjacentes e até

417

mesmo áreas somestésicas do córtex parietal. Em conjunto, esse amplo espectro de regiões corticais dá origem aos *feixes corticoespinhais*[A].

AS VIAS DESCENDENTES DE COMANDO

Durante muitos anos os neurocientistas e os neurologistas classificaram as vias motoras em dois grupos: o sistema piramidal e o sistema extrapiramidal (Quadro 12.1). Essa classificação tradicional, pouco útil para compreender a função das vias descendentes, tornou-se obsoleta quando o neuroanatomista holandês Henricus Kuypers (1925-1989), na década de 1960, conseguiu relacionar de modo lógico as vias descendentes e suas origens com as principais funções motoras.

Kuypers partiu da distinção entre a população lateral e a população medial de motoneurônios do corno ventral da medula, descrita no Capítulo 11 (Figura 11.11B). Os motoneurônios laterais inervam principalmente a musculatura apendicular distal, ou seja, de braços, pernas, mãos e pés, sendo, por essa razão, relacionados com o comando dos movimentos finos das extremidades. A população de motoneurônios mediais, por outro lado, inerva principalmente a musculatura axial do tronco e a musculatura apendicular proximal (antebraço e ombros), sendo encarregada do comando dos movimentos axiais do corpo, ou seja, aqueles mais relacionados com a postura e o equilíbrio corporal. Kuypers realizou primeiro experimentos anatômicos para mostrar que os axônios provenientes dos núcleos vestibulares, da formação reticular pontina e bulbar, do tecto mesencefálico e de uma parte do córtex cerebral arborizam justamente sobre os interneurônios e os motoneurônios mediais, enquanto as fibras originárias do núcleo rubro e a maioria das que emergem do córtex cerebral terminam sobre os interneurônios e os motoneurônios laterais. Não só isso: os feixes corticoespinhal medial, vestibuloespinhais, reticuloespinhais e tectoespinhal posicionam-se no funículo[G] ventromedial da substância branca da medula, enquanto os feixes corticoespinhal lateral e rubroespinhal se posicionam no funículo lateral (Figura 12.2).

Os experimentos fisiológicos de Kuypers consistiram em lesões específicas de um funículo ou o outro realizadas em gatos. Os resultados mostraram uma dissociação funcional coerente com os padrões de inervação. A lesão do funículo lateral provoca perda dos movimentos finos das extremidades com a manutenção da postura, enquanto a secção do funículo anterior provoca distúrbios posturais sem perdas dos movimentos apendiculares. Os pesquisadores propuseram, então, uma nova classificação das vias descendentes (Tabela 12.1): um *sistema lateral* que veicula os comandos motores para a musculatura dos membros, usualmente produzindo os movimentos voluntários finos de que os membros são especialistas, e um *sistema medial* (ou ventromedial) que veicula os comandos motores para a musculatura axial, geralmente mais associada aos movimentos posturais.

É importante conhecer alguns detalhes da organização anatômica dos feixes que constituem esses dois sistemas de vias descendentes para compreender melhor o seu funcionamento e também para entender a natureza dos distúrbios provocados pelas doenças que os atingem.

Os feixes que se originam no tronco encefálico baixo (bulbo e ponte) e que participam do sistema medial comumente se mantêm do mesmo lado ao longo de todo o trajeto (Figura 12.3A e B e Tabela 12.1). Isso é verdade para os feixes vestibuloespinhal lateral e para os dois reticuloespinhais (bulbar e pontino). A exceção fica por conta do feixe vestibuloespinhal medial, que contém axônios provenientes dos núcleos vestibulares mediais de ambos os lados. Os axônios que cruzam a linha média, neste caso, fazem-no logo após a emergência do núcleo de origem, no bulbo.

Os feixes que se originam no mesencéfalo e no córtex cerebral, por outro lado, são em geral cruzados (Tabela 12.1). É o caso dos feixes tectoespinhal (Figura 12.3C) e rubroespinhal (Figura 12.4), que cruzam logo após a emergência dos seus núcleos de origem (o colículo superior e o núcleo rubro, respectivamente). E é também o caso da maioria das fibras corticoespinhais (Figura 12.4), que percorrem um longo trajeto desde o córtex cerebral até a medula, passando pela cápsula interna ainda no telencéfalo, pelo pedúnculo cerebral[A], no diencéfalo[A] e no mesencéfalo, e, depois, pela pirâmide bulbar. Nessa altura a maior parte das fibras cruza a linha média, formando a decussação[G] piramidal, e continua o seu trajeto pelo funículo lateral da medula, formando o feixe corticoespinhal lateral. O pequeno contingente que não cruza a linha média na decussação piramidal desce pela medula no funículo ventromedial (feixe corticoespinhal medial*).

Muitas fibras desse feixe, entretanto, cruzam a linha média na medula ao atingir o segmento em que terminam, constituindo, assim, na verdade, uma via de projeção bilateral. É importante notar que muitas fibras motoras que se originam no córtex cerebral terminam ao longo do caminho nos vários núcleos motores do mesencéfalo e do tronco encefálico, sem jamais chegar à medula. São essas fibras precisamente que controlam o desempenho dos núcleos subcorticais, o que está de acordo com os experimentos de Sherrington relatados anteriormente e com a concepção hierárquica proposta por Jackson e prevalente até a atualidade.

---

* *Alguns autores chamam este feixe de corticoespinhal ventral; outros, de anterior.*

O Alto Comando Motor

Saiba Mais

Quadro 12.1
Piramidal e Extrapiramidal: a Queda dos Velhos Sistemas

Até hoje encontramos nos livros a classificação tradicional dos sistemas motores em piramidal e extrapiramidal. A denominação se refere às pirâmides bulbares (Figura), um par de protuberâncias alongadas da face ventral do bulbo, por onde passam as fibras do feixe corticoespinhal. O sistema piramidal, então, seria formado pelo córtex motor e pelo feixe corticoespinhal, e o extrapiramidal, pelo conjunto dos demais núcleos e feixes motores. Atribuía-se ao sistema piramidal o comando dos movimentos voluntários e, ao sistema extrapiramidal, o comando dos movimentos involuntários.

A classificação ficou obsoleta por várias razões. Primeiro, porque o "feixe piramidal" (corticoespinhal) não contém apenas fibras motoras, mas também um forte contingente de fibras originárias do córtex somestésico, que terminam sobre núcleos somestésicos do tronco encefálico e sobre o corno dorsal da medula. Esse contingente não faz parte do sistema motor, participando, em vez disso, da modulação do influxo sensorial, quer dizer, da regulação da informação ascendente dirigida ao córtex a partir dos órgãos sensoriais. Em segundo lugar, a definição de sistema extrapiramidal é imprecisa, feita por exclusão ("tudo que não é piramidal"). Desse modo, reúne indevidamente regiões de controle (como os núcleos da base e o cerebelo, que não possuem vias descendentes) e regiões de comando de diferentes funções (como o núcleo rubro, o colículo superior e outros). O feixe rubroespinhal, que seria extrapiramidal, exerce, na verdade, função semelhante à do feixe corticoespinhal (que seria piramidal). Finalmente, ambos os sistemas operam no comando e no controle tanto de movimentos voluntários quanto dos involuntários. O córtex cerebral, por exemplo, que seria piramidal, participa da modulação dos reflexos, movimentos involuntários por excelência. E os núcleos da base, extrapiramidais, são responsáveis pelo início de todos os movimentos, voluntários ou involuntários.

A velha classificação, apesar de permanecer no jargão dos neurologistas e em alguns livros, é hoje substituída pela classificação morfofuncional de Kuypers, que separa o sistema lateral – encarregado dos movimentos finos das extremidades – do sistema medial – responsável pelos movimentos de ajuste postural do tronco.

▶ **Figura.** Os axônios do feixe piramidal (em vermelho) formam as pirâmides bulbares na superfície ventral do tronco encefálico e cruzam na decussação piramidal, visível a olho nu. A ilustração é do histórico livro de Anatomia do inglês Henry Gray (1827-1861).

419

Neurociência dos Movimentos

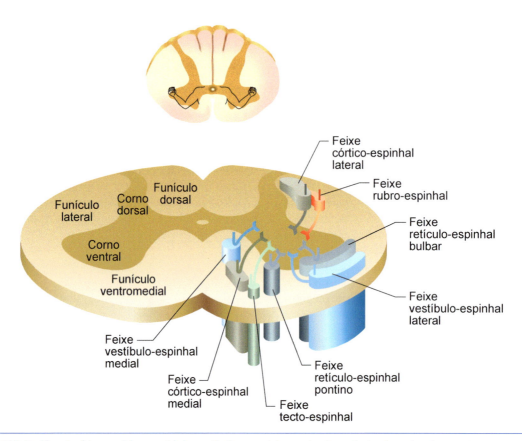

Figura 12.2. Os diferentes feixes medulares, entidades anatômicas que alojam as vias descendentes dos ordenadores motores, ocupam regiões específicas da substância branca medular, mas geralmente não são identificados em separado, a não ser utilizando técnicas especiais de rastreamento. Veja na Figura 11.12 um corte histológico de medula espinhal humana. No funículo lateral situam-se os feixes corticoespinhal lateral e rubroespinhal, ambos componentes do subsistema motor lateral. No funículo ventromedial ficam os demais feixes, componentes do subsistema medial (ou ventromedial). Na figura, os feixes estão representados apenas de um lado da medula para simplificar o esquema e facilitar a compreensão. As fibras descendentes que emergem dos feixes para terminar na medula o fazem topograficamente, representando as diferentes regiões do corpo (detalhe acima). Desse modo, as fibras do funículo lateral inervam neurônios laterais do corno ventral, enquanto as do funículo ventromedial inervam neurônios situados mais medialmente.

Tabela 12.1. Características dos Dois Sistemas de Vias Descendentes

Origem	Feixe	Lateralidade	Terminação	Função Principal
Sistema Lateral				
Córtex cerebral (áreas 6 e 4)	Corticoespinhal lateral	Contralateral (decussação piramidal)	Moto e interneurônios laterais	Movimentos apendiculares distais voluntários
Núcleo rubro	Rubroespinhal	Contralateral (cruzamento no tegmento mesencefálico[A])	Moto e interneurônios laterais	Movimentos apendiculares proximais voluntários
Sistema Medial				
Córtex cerebral (áreas 6 e 4)	Corticoespinhal medial	Bilateral (cruzamento parcial na medula)	Moto e interneurônios mediais	Movimentos axiais voluntários
Colículo superior	Tectoespinhal	Contralateral (cruzamento no tegmento mesencefálico)	Moto e interneurônios mediais	Orientação sensório-motora da cabeça
Formação reticular pontina	Reticuloespinhal pontino	Ipsolateral	Moto e interneurônios mediais	Ajustes posturais antecipatórios/facilitação de extensores/postura ereta
Formação reticular bulbar	Reticuloespinhal bulbar	Ipsolateral	Moto e interneurônios mediais	Ajustes posturais antecipatórios/inibição de extensores/posturas diferenciadas
Núcleo vestibular lateral (núcleo de Deiters)	Vestibuloespinhal lateral	Ipsolateral	Moto e interneurônios mediais	Ajustes posturais para a manutenção do equilíbrio corporal
Núcleo vestibular medial	Vestibuloespinhal medial	Bilateral	Moto e interneurônios mediais	Ajustes posturais da cabeça e do tronco

O Alto Comando Motor

A distinção entre os dois sistemas motores é clara para o corpo, mas menos nítida no caso da cabeça. As musculaturas da cabeça e do pescoço, tanto a musculatura esquelética quanto a que move os tecidos moles da face e da boca, são inervadas por motoneurônios situados em diversos núcleos de nervos cranianos. Estes, por sua vez, recebem aferentes do córtex cerebral e dos núcleos motores do tronco encefálico, do mesmo modo que a medula. A separação anatômica das vias, entretanto, não existe, e a distinção entre os sistemas passa a ser unicamente funcional.

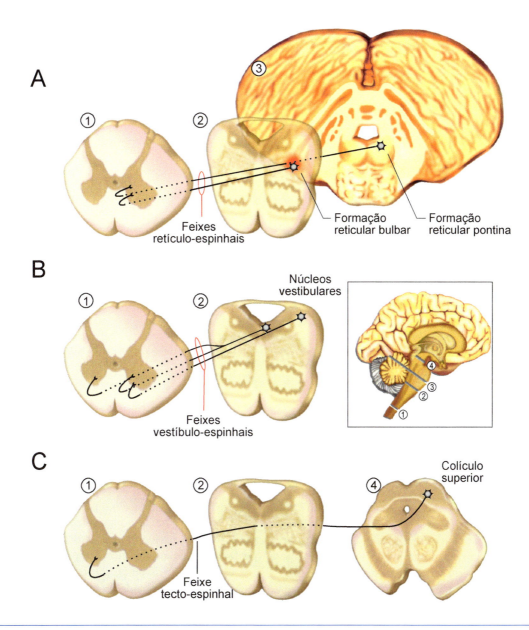

▶ **Figura 12.3.** As vias descendentes do sistema medial originam-se de diferentes regiões do tronco encefálico, mas todas terminam em motoneurônios mediais do corno ventral da medula. **A**. Os feixes reticuloespinhais originam-se de neurônios da formação reticular pontina e da formação reticular bulbar, e os axônios projetam para os motoneurônios do mesmo lado da medula. **B**. Os feixes vestibuloespinhais originam-se dos núcleos vestibulares situados no bulbo, e projetam a ambos os lados da medula. **C**. O feixe tectoespinhal origina-se no colículo superior, e seus axônios cruzam para o lado oposto antes de chegar à medula. Os desenhos representam cortes transversais do tronco encefálico, numerados em correspondência com os níveis representados no pequeno encéfalo do quadro.

Neurociência dos Movimentos

▶ **Figura 12.4.** *As vias descendentes do sistema lateral originam-se no córtex cerebral e no mesencéfalo, terminando nos motoneurônios laterais do corno ventral da medula. Os feixes corticoespinhais originam-se principalmente na área motora primária, mas só o maior deles (o lateral) cruza na decussação piramidal antes de atingir a medula (o feixe corticoespinhal medial não está ilustrado na figura). O feixe rubroespinhal origina-se no núcleo rubro e cruza no tronco encefálico alto. Os desenhos representam cortes transversos numerados em correspondência com os níveis representados no pequeno encéfalo do quadro acima.*

O CORPO EQUILIBRA-SE CONTRA A GRAVIDADE

A natureza desenvolveu dois mecanismos para sustentar o corpo dos animais: ou os tecidos moles ficam todos dentro de uma carapaça rígida, como é o caso de muitos invertebrados, ou, ao contrário, um esqueleto rígido sustenta por dentro os tecidos moles, como acontece nos vertebrados. Entre estes, os mamíferos terrestres, como o homem, enfrentam um sério problema: a gravidade. Há que sustentar o corpo todo o tempo, em qualquer posição em que esteja, contra essa força inexorável que o atrai para o chão. Como resolver esse problema?

Às vezes, não nos damos conta de que os nossos músculos estão sempre parcialmente contraídos – alguns mais, outros menos –, sendo esse estado permanente de contração que nos permite enfrentar a gravidade e manter a postura. Evidência contundente desse fato é o que acontece quando o sistema motor é desligado subitamente por morte, desmaio ou outras causas. O indivíduo desaba sobre o solo, perdendo completamente a postura natural porque seus músculos deixam de apresentar esse estado permanente de contração que se chama *tônus muscular*. É o que acontece também durante o sono. Gradativamente vamos perdendo tônus muscular e assumindo a posição horizontal que coloca nosso centro de gravidade mais próximo do solo.

O tônus muscular é permanente, mas não é fixo ou imutável. Muito pelo contrário, é delicada e precisamente controlado pelo sistema nervoso para responder às alterações de posição do corpo provocadas por mudanças no ambiente ou pela vontade do indivíduo. Consideremos o exemplo do ônibus, que mencionamos no início do capítulo. Com o ônibus parado numa rua horizontal somos capazes de ficar de pé sem problemas e facilmente verificamos que o tônus muscular está distribuído de forma simétrica de um lado e de outro do nosso tronco. Se o ônibus estacionar com as duas rodas laterais sobre o meio-fio, entretanto, a distribuição do tônus muscular muda completamente. Ainda somos capazes de permanecer de pé, mas ocorre maior contração em um dos lados do tronco do que no outro para compensar a inclinação do piso. Se o ônibus agora se puser em movimento, o controle do tônus muscular

O ALTO COMANDO MOTOR

terá que ser realizado dinamicamente, a cada oscilação do piso, a cada mudança de velocidade do ônibus. E se, além disso, decidirmos andar com o ônibus em movimento para chegar à porta de saída, nossos movimentos voluntários serão adicionados àqueles destinados a controlar o tônus para manter a postura. É complicado, mas sabemos que o sistema motor se sai muito bem dessa dificuldade.

A questão, então, é compreender como isso se dá.

▶ O Controle do Tônus Muscular

O mecanismo mais simples de controle do tônus muscular é o reflexo de estiramento, descrito no Capítulo 11. Quando estamos de pé, nossos músculos extensores antigravitários (como o quadríceps da coxa) são continuamente estirados por ação da gravidade, ativando aferentes dos fusos musculares e, desse modo, provocando a contração reflexa do próprio músculo. Quase todos os músculos empregam esse mecanismo reflexo simples.

Isso, no entanto, não é suficiente. Às vezes, precisamos aumentar o tônus de alguns músculos para preparar um movimento ágil. O goleiro de um time de futebol, por exemplo, ao ajustar a sua postura para defender um pênalti, aumenta o tônus da musculatura das pernas, mantendo-as ligeiramente fletidas. Sobre esse tônus aumentado será mais fácil arremeter sobre a bola que vem em alta velocidade. Um gato que prepara o pulo emprega a mesma estratégia.

O tônus muscular, portanto, depende do nível de disparo dos motoneurônios α. Mas quem controla os motoneurônios α?

Conhece-se um elemento importante desse controle: nada menos que os neurônios fusimotores (ß e γ). Podemos nos referir ao Capítulo 11, onde se mostra que estes neurônios inervam as fibras musculares intrafusais, provocando a sua contração e, assim, regulando a sensibilidade do fuso muscular. É possível, assim, obter a regulação voluntária ou involuntária do tônus muscular indiretamente, pela ativação dos neurônios fusimotores, ou diretamente sobre os motoneurônios α. Esse controle é efetuado principalmente pelas vias descendentes mediais, capazes de regular o tônus da musculatura axial e, assim, também a postura do indivíduo. Os feixes vestibuloespinhais estão envolvidos com o controle involuntário, ou seja, reflexo, do tônus muscular. Sua função é repassar para os motoneurônios (α e fusimotores) as informações sobre a posição da cabeça coletadas pelos órgãos do equilíbrio no labirinto (a posição da cabeça reflete indiretamente a posição do corpo, porque a tendência natural é alinharmos uma com a outra). Os feixes reticuloespinhais, por outro lado, estão envolvidos com o controle voluntário do tônus por meio de reações antecipatórias como a do goleiro e a do gato, já mencionadas. Coerente com isso está o fato de que os neurônios da formação reticular recebem abundantes aferências corticais.

O tônus muscular pode estar alterado em diversas doenças do sistema motor: às vezes diminuído (hipotonia), outras vezes aumentado (hipertonia). Os neurologistas e fisioterapeutas frequentemente avaliam o tônus muscular dos seus pacientes para diagnosticar a doença e prescrever o tratamento apropriado. A hipertonia pode ser branda ou muito forte — neste último caso, chama-se espasticidade.

▶ Reações Posturais

Embora a regulação do tônus muscular seja um importante mecanismo de ajuste postural, efetuado principalmente por meio da modulação dos reflexos de estiramento, o sistema nervoso apresenta cadeias reflexas específicas para permitir que os ajustes posturais possam ser feitos com rapidez e eficiência. Essas sequências de reflexos são chamadas *reações posturais*.

Existem muitas reações posturais, investigadas desde o início do século XX, utilizando o gato como principal animal experimental e lesões como as de Sherrington para identificar as regiões neurais envolvidas. A seguir, descrevemos algumas delas.

Ao segurar um gato com as patas para cima e soltá-lo, ele cairá de pé. Observando seus movimentos "em câmera lenta", verificamos que, no início da queda, ocorre uma rotação dos olhos e da cabeça para um dos lados, seguida de rotação da metade anterior do corpo para o mesmo lado e, finalmente, rotação da metade posterior, endireitando o animal com as patas para baixo. O gato as estende ao cair e elas se enrijecem imediatamente ao tocar o solo, sustentando o corpo em queda. A sequência de reflexos que leva à rotação do corpo em busca da posição "de pé" chama-se *reação de endireitamento*, e a extensão das patas durante e logo após a queda é uma *reação de sustentação*. O sinal que inicia a reação de endireitamento provém principalmente da estimulação dos canais semicirculares do labirinto vestibular, onde estão os receptores que detectam a posição angular da cabeça. Esta provoca movimentos oculares que ativam os fusos existentes nos músculos extrínsecos do olho, causando a rotação da cabeça provocada pela contração dos músculos do pescoço, o que, por sua vez, ativa os fusos desses músculos, que então provocam o movimento rotacional reflexo das patas anteriores e assim por diante. Nós mesmos podemos empregar essa sequência ao nos levantar da cama pela manhã, embora, neste caso, o estímulo disparador da reação não seja de origem vestibular, mas voluntário de origem cortical.

Voltemos ao gato. Antes de atingir o solo, sua queda vertical é detectada pelos órgãos otolíticos do labirinto, pelos fotorreceptores do olho e pelos receptores somestésicos que detectam o movimento do ar contrário ao sentido da queda; na sequência, os potenciais de ação produzidos nos nervos correspondentes convergem por meio de múltiplas sinapses sobre os motoneurônios extensores: o gato apresenta, então, uma reação antecipatória involuntária de preparação para a queda. Ao tocar o solo, os receptores cutâneos são estimulados e logo a seguir os músculos extensores das patas são ainda mais fortemente estirados. Imediatamente os fusos musculares são ativados, disparando os reflexos miotáticos correspondentes. Essa sequência reflexa é a reação de sustentação, que também nós, humanos, empregamos quando, ao perder o equilíbrio, protegemo-nos da queda estendendo os braços reflexamente.

Em muitas outras situações, empregamos reações posturais. Quando o piso em que estamos tem uma inclinação qualquer (uma rampa, por exemplo), apresentamos *reações tônicas* do pescoço e do tronco de modo a manter o corpo na vertical e impedir que o nosso centro de gravidade se afaste do eixo longitudinal do corpo. Quando sofremos um súbito deslocamento lateral, como um esbarrão ou um empurrão lateral, apresentamos uma *reação saltatória**, que consiste em uma sequência de flexão e extensão lateral da perna mais próxima à direção do deslocamento, capaz de situá-la abaixo do eixo principal do corpo, evitando a queda. Finalmente, empregamos reações de posicionamento das pernas quando tropeçamos. Subindo uma escada, por exemplo, com frequência tropeçamos de leve em um degrau. A estimulação cutânea e proprioceptiva do pé dispara uma sequência de flexão e extensão frontal que recoloca o pé na posição correta para pisar no degrau seguinte.

A partir da descrição das reações posturais, podemos tirar algumas conclusões importantes quanto aos mecanismos neurais envolvidos. Por exemplo, concluímos que os estímulos que disparam essas reações podem ser de diversas naturezas, porém mais frequentemente são de origens vestibular e proprioceptiva. Os estímulos que ativam os receptores vestibulares são analisados no Capítulo 6: consistem em mudanças lineares ou angulares (rotacionais) na posição da cabeça em relação à Terra e ao corpo, capazes de provocar potenciais receptores nas células ciliadas dos canais semicirculares e dos órgãos otolíticos (Figura 12.5). Esses potenciais receptores são transformados em salvas de potenciais de ação nos neurônios bipolares dos gânglios vestibulares, cujos prolongamentos distais (axônios) constituem a divisão vestibular do nervo vestibulococlear (o VIII nervo craniano; Figura 12.5). Esses axônios penetram no tronco encefálico e terminam no complexo de núcleos vestibulares situado na porção mais alta do bulbo, invadindo a ponte. Como mostra a Figura 12.5, as fibras que emergem desses núcleos constituem os feixes vestibuloespinhais que inervam principalmente os motoneurônios mediais relacionados com a musculatura axial e a musculatura proximal dos membros. Além disso, inervam também os núcleos dos nervos motores do globo ocular (III, IV e VI).

Desse modo, a informação proveniente do labirinto pode ser levada aos músculos oculares e aos músculos axiais do pescoço e do tronco.

A segunda origem importante dos estímulos capazes de provocar reações posturais são os próprios músculos, isto é, os fusos musculares situados dentro deles (Figura 12.5). Neste caso, os aferentes Ia e II dos fusos, ao chegarem à medula ou ao tronco encefálico bifurcam-se inicialmente em dois ramos: um deles fecha o circuito dos reflexos de estiramento (não representado na figura) e o outro termina nos neurônios da coluna de Clarke, cujos axônios ascendem pelo funículo lateral até o cerebelo, formando os feixes espinocerebelares (Figura 12.5). O cerebelo possui sofisticados circuitos internos cujo funcionamento veremos adiante. Muitos de seus axônios de saída, no entanto, terminam também nos núcleos vestibulares. É principalmente através deles que o cerebelo está envolvido na operação das reações posturais.

Uma outra conclusão que podemos tirar é que nem todas as reações posturais são automáticas, involuntárias. Muitas delas são conscientes e constituem a maioria das reações antecipatórias. É o caso da postura do goleiro que se prepara para defender um pênalti, como exemplificamos anteriormente. Isso significa que há de haver uma conexão do córtex cerebral com os circuitos descendentes de ativação dos movimentos posturais. De fato, inúmeras fibras do córtex cerebral terminam nas formações reticulares pontina e bulbar sobre os neurônios cujos axônios constituirão os feixes reticuloespinhais. Desse modo, o córtex cerebral influencia os movimentos de ajuste postural de caráter voluntário.

O CORPO ORIENTA-SE NO ESPAÇO

Se os movimentos posturais têm a finalidade de manter o centro de gravidade do corpo situado em um ponto central do tronco, é sobre esse arcabouço firmemente posicionado no solo e dinamicamente controlado para qualquer alteração que se adicionam os demais movimentos realizados pelo indivíduo. Alguns desses movimentos que se sobrepõem à postura têm o objetivo de orientar o indivíduo em relação aos estímulos relevantes que provêm do ambiente.

Voltemos ao exemplo do início do capítulo. Dentro de um ônibus em movimento, seus olhos acompanham distraidamente a paisagem que se desloca para trás, mas retornam sempre a um ponto à frente, em um ciclo que se repete muitas vezes. Sua cabeça gira quando entra um passageiro, ou quando uma buzina soa mais forte na rua. Essas são típicas *reações de orientação sensório-motora*, que utilizamos para colocar o corpo em posição mais favorável para a precisa identificação da fonte dos estímulos.

---

* *Também conhecida pela expressão em inglês* hopping reaction.

O Alto Comando Motor

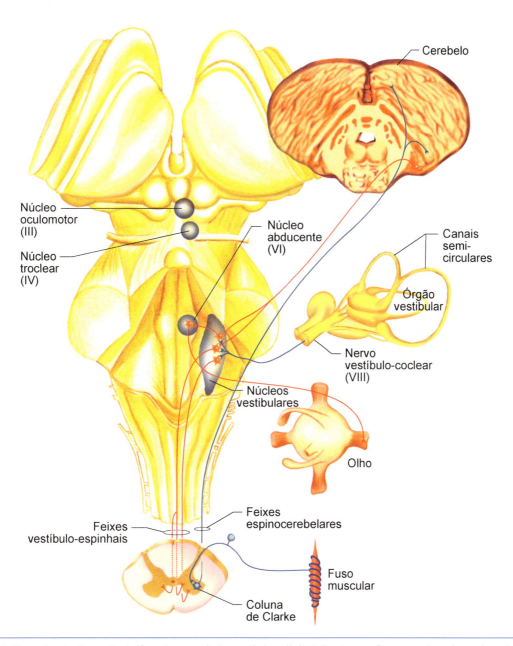

▶ **Figura 12.5.** Alguns dos circuitos posturais têm origem nos órgãos vestibulares (à direita), outros nos fusos musculares dentro dos músculos (abaixo). Desses dois órgãos receptores emergem as vias aferentes (em azul). As principais estruturas que coordenam as reações posturais são os núcleos vestibulares, que comandam a musculatura do corpo, e os núcleos motores do globo ocular, que comandam a musculatura extraocular. Por simplicidade, só estão ilustradas (em vermelho) as vias eferentes do cerebelo, núcleo abducente[A] e núcleos vestibulares.

São reações de orientação alguns dos movimentos oculares, movimentos da cabeça e, às vezes, movimentos corporais. Na maioria das vezes eles ocorrem em sequência, permitindo o posicionamento da imagem dos objetos de interesse precisamente na fóvea, a região da retina de maior acuidade visual, seguido de ajustes posicionais do corpo que irão fornecer a base para o comportamento subsequente. Além dos movimentos oculares, alguns animais, como os cães e os gatos, possuem também reações de orientação das orelhas, que se movem na direção das fontes sonoras.

Essas reações em sequência são disparadas por estímulos sensoriais, principalmente visuais e vestibulares, mas também auditivos, somestésicos e até olfativos. As vias de entrada no sistema nervoso, portanto, são os sentidos, e estão descritas nos capítulos correspondentes. A principal região do SNC que recebe essa informação sensorial e a utiliza para coordenar as reações de orientação fica no mesencéfalo e dá origem aos axônios que controlam os núcleos motores dos nervos cranianos III, IV e VI, responsáveis pela motricidade ocular. Partem do mesencéfalo* também as fibras do feixe tectoespinhal, inervando os motoneurônios cervicais que, por sua vez, comandam a musculatura do pescoço e dos ombros.

A região mesencefálica mais importante no comando dos movimentos de orientação é o colículo superior. É fácil supor que uma região neural desse tipo, cuja função é orientar os olhos, a cabeça e o corpo em relação ao ambiente, deve dispor de um mapa topográfico desse ambiente: um mapa que permita correlacionar os diferentes pontos de origem dos estímulos com o repertório de movimentos dos olhos e da cabeça. Esse mapa existe e está ilustrado na Figura 9.15.

Os movimentos oculares, para o homem, são os mais importantes movimentos de orientação sensório-motora. Serão estudados com maior detalhe a seguir, mas disso não se deve depreender que funcionem independentemente dos movimentos da cabeça e do corpo, que sempre os acompanham. Os neurocientistas atualmente dispõem de uma técnica muito apurada de registro dos movimentos oculares chamada *rastreamento ocular*. Utilizando sensores magnéticos ou elétricos, é possível reconstruir exatamente os trajetos dos olhos de uma pessoa em relação ao cenário em frente, bem como medir a velocidade de cada movimento. Levando em conta que os movimentos oculares são geralmente acoplados ao nosso foco atencional, você pode imaginar como é importante estudá-los em diversos contextos cognitivos ou emocionais, normais ou patológicos.

▶ Movimentos Oculares: Reações "Magnéticas" de Contato com o Mundo

Os movimentos oculares podem ser reunidos em dois grupos, segundo a sua função: aqueles destinados a estabilizar o olhar e aqueles que objetivam desviar o olhar (Tabela 12.2).

---

* Mais precisamente, do teto (tectum) do mesencéfalo, a porção dorsal que fica acima do plano do aqueduto[A] cerebral. A região abaixo desse plano chama-se tegmento[A] do mesencéfalo.

Os movimentos de estabilização do olhar são involuntários e de natureza essencialmente reflexa: visam a manter estável a imagem retiniana, apesar dos movimentos do objeto e do próprio indivíduo. Imagine-se novamente dentro do ônibus, olhando distraidamente pela janela. O ônibus trepida e move-se adiante, mas ainda assim a paisagem externa parece perfeitamente estável. Isso ocorre porque a cada pequeno deslocamento da cabeça e dos objetos, segue-se rapidamente um movimento compensatório dos olhos em sentido contrário. Até um certo limite, é claro.

Os movimentos de desvio do olhar são diferentes porque podem ter um significativo componente voluntário, consciente. O ônibus para em um ponto e você identifica um grupo de pessoas conhecidas que se aproximam: seus olhos saltam de uma a outra para reconhecê-las e, ao mesmo tempo, seguem seus movimentos. Neste caso não se trata de estabilizar a imagem retiniana, mas de manter sempre o ponto de interesse (foco atencional) posicionado na fóvea, a região da retina de maior acuidade visual.

Acredita-se que os movimentos de desvio do olhar se tenham originado, durante a evolução, a partir dos movimentos de estabilização, já que estes existem em todos os vertebrados, enquanto aqueles só apareceram nos animais que possuem fóveas ou regiões similares de maior acuidade. Coerentemente, os movimentos de estabilização envolvem circuitos reflexos mesodiencefálicos cuja origem está nos fotorreceptores do olho e nos mecanorreceptores do labirinto vestibular, enquanto os movimentos de desvio do olhar acrescentam aos circuitos subcorticais fortes influências do córtex cerebral veiculadas por meio de fibras que terminam no colículo superior e regiões próximas. Em ambos os casos, o ambiente visual funciona como um poderoso ímã que atrai os olhos e a cabeça para o ponto do espaço que contém o estímulo relevante.

▶ A Estabilização do Olhar

Há duas condições nas quais é preciso estabilizar o olhar: quando o indivíduo se move ou quando o mundo

---

Tabela 12.2. Principais Movimentos Oculares

Grupo	*Características*	*Tipos*		*Circuitos*
Estabilização do olhar	Involuntários, reflexos	Vestíbulo-oculares		Labirinto → Núcleos vestibulares → Cerebelo → Núcleos motores oculares
		Optocinéticos		Retina → Núcleos pretectais → Oliva inferior → Cerebelo → Núcleos vestibulares → Núcleos motores oculares
Desvio do olhar	Voluntários ou involuntários	Conjugados	Sacádicos	Córtex frontal e núcleos da base → Colículo superior → Formação reticular → Núcleos motores oculares
			De seguimento	Córtex visual → Núcleos pontinos → Cerebelo → Núcleos vestibulares → Núcleos motores oculares
		Disjuntivos (ou de vergência)	Convergentes	Formação reticular mesencefálica → Núcleos motores oculares
			Divergentes	

O Alto Comando Motor

externo se move. Geralmente, ambas as condições estão juntas, mas, no primeiro caso, entram em ação os movimentos vestíbulo-oculares e, no segundo caso, os movimentos optocinéticos. Muitas vezes ambas as condições ocorrem simultaneamente, o que significa que os dois tipos de movimentos se compõem.

Os *movimentos vestíbulo-oculares* são respostas reflexas a rápidas alterações de posição da cabeça que ativam os mecanorreceptores dos canais semicirculares. Já vimos que, quando isto ocorre, as fibras dos neurônios bipolares dos gânglios vestibulares veiculam as informações de desvio angular da cabeça aos núcleos vestibulares do tronco encefálico e estes promovem a redistribuição compensatória do tônus muscular do corpo por intermédio dos feixes vestibuloespinhais. Essa mesma informação sensorial do labirinto atinge outros neurônios vestibulares cujos axônios, no entanto, estabelecem contato direto ou indireto com os núcleos motores do globo ocular (Figura 12.6), gerando um movimento compensatório com a mesma amplitude do deslocamento original, mas de sentido contrário.

O reflexo opera contínua e automaticamente durante a vigília de olhos abertos e normalmente não nos damos conta dele, entretanto podemos visualizá-lo em um indivíduo são, fazendo-o sentar em uma banqueta rotatória e girando-o devagar para um dos lados. Na partida do giro, observamos que os olhos, no início, tendem a compensar o movimento, mantendo o olhar no ponto de partida, mas depois se movem rapidamente para o ponto central da órbita, como se fossem puxados por uma mola. Continuando a girar o indivíduo, a sequência volta a ocorrer: um movimento compensatório lento seguido de um movimento centralizador rápido. Esse movimento com duas fases chama-se nistagmo vestibular e pode ocorrer anormalmente, sem o giro do indivíduo, em certas condições patológicas (doenças do labirinto, dos núcleos vestibulares ou de regiões a eles associadas).

Os *movimentos optocinéticos* são também respostas reflexas, mas os estímulos disparadores não são vestibulares, e, sim, visuais. Ou seja, é o mundo que se move, e não o próprio indivíduo. Neste caso, o deslocamento da

▸ **Figura 12.6.** Os axônios de comando dos movimentos oculares originam-se nos núcleos dos nervos motores do globo ocular, com um padrão específico de inervação. À esquerda estão representados cortes transversos do tronco encefálico, cuja vista dorsal está representada à direita. Os movimentos de estabilização do olhar são comandados a partir de informações veiculadas pela retina aos núcleos pré-tectais, que, por sua vez emitem projeções até os núcleos dos nervos cranianos correspondentes. Observar que apenas o núcleo troclear[A] emite projeções cruzadas.

427

imagem sobre a retina é veiculado aos núcleos pré-tectais, um conjunto de neurônios situados na borda rostral do colículo superior, entre o mesencéfalo e o diencéfalo (Figura 12.6). Neurônios desses núcleos são especialmente sensíveis a estímulos visuais em movimento, e seus axônios fazem contato com os núcleos motores do globo ocular, gerando um movimento compensatório de sentido oposto. Podemos visualizar os movimentos optocinéticos quando observamos os olhos de um indivíduo distraído na janela de um trem em baixa velocidade: seus olhos ora acompanham uma árvore que "se desloca" para trás, ora retornam ao ponto central da órbita para fixar outra árvore e acompanhá-la de novo. A sequência é composta de uma fase lenta e uma fase rápida e, por analogia com os movimentos vestibulares, chama-se também nistagmo: nistagmo optocinético.

▶ Desvios do Olhar

Quem observa os olhos de um indivíduo acordado facilmente identifica movimentos extremamente rápidos que seus olhos executam – voluntária ou involuntariamente – entre um ponto de fixação e outro. São os *movimentos sacádicos*, ou apenas *sacadas*. A velocidade das sacadas é estonteante: chega perto de 800° por segundo! Isso significa que um movimento ocular de 90° pode ser feito em pouco mais de 100 milissegundos. Além da alta velocidade, os movimentos sacádicos têm extrema precisão, ou seja, um objeto de interesse localizado em qualquer local do campo visual pode ser direta e precisamente fixado por uma única sacada. Estamos lidando neste caso com um sistema bem mais complexo que o dos movimentos estabilizadores. De que modo esse sistema funciona?

Essa pergunta tem atraído a curiosidade dos neurocientistas, e muito já se sabe sobre os mecanismos neurais correspondentes. A precisão dos movimentos sacádicos faz prever a existência de um mapa topográfico do campo visual, e isso levou os pesquisadores, logo de saída, a estudarem o papel do *colículo superior* nessa questão. Ao registrar a atividade elétrica de neurônios do colículo estimulando-os com objetos luminosos em diferentes regiões do espaço, eles obtiveram uma correlação precisa entre as coordenadas dos campos receptores visuais (círculos, na Figura 12.7A) e a posição dos neurônios na superfície mesencefálica (pontos, na Figura 12.7B). Ao estimular esses neurônios com diminutas correntes elétricas, obtiveram movimentos sacádicos do animal de experiência, sendo o preciso local do espaço que se correlaciona com a superfície mesencefálica o ponto final da sacada, onde estaria o objeto-alvo se o estímulo tivesse sido natural (visual) em vez de artificial (elétrico).

O mapa torna-se vetorial, ou seja, formado por vetores[G] entre o ponto central da órbita e o ponto onde estaria o alvo. E estes pontos (as pontas dos vetores) são exatamente correspondentes aos campos receptores obti-

dos pelo registro de potenciais de ação dos neurônios coliculares (Figura 12.7A). Como o colículo superior possui um mapa visuotópico nas suas camadas mais superficiais, mas também um mapa somatotópico e um mapa auditivo em suas camadas mais internas, pode-se concluir que é nele que são comandados os movimentos sacádicos de orientação sensório-motora, qualquer que seja a natureza do estímulo disparador. Se estamos distraídos focalizando algum ponto aleatório, dirigimos imediatamente o olhar para um objeto que apareça na periferia de nosso campo visual (um inseto, por exemplo). Olhamos também para esse ponto periférico se o inseto estiver escondido, mas emitir um som qualquer. E tendemos também a olhar para um local preciso de nosso corpo se o inseto pousar nele, mesmo se não o vemos.

A descoberta de que o colículo superior é o ordenador dos movimentos sacádicos estimulou a busca do circuito neural completo (Figura 12.8). Os axônios das células coliculares não se projetam diretamente aos núcleos motores dos globos oculares, mas o fazem por intermédio de neurônios da formação reticular pontina (em azul, na Figura 12.8). Estes, sim, emitem fibras aos núcleos dos nervos cranianos que inervam os músculos extraoculares (em vermelho, na Figura 12.8). Além disso, o colículo não trabalha sozinho na programação dos movimentos sacádicos: recebe uma projeção importante de uma área do córtex frontal chamada *campo ocular frontal* ou área 8 e dos núcleos da base (Figura 12.8). São essas regiões hierarquicamente superiores as responsáveis pelo comando consciente (voluntário) dos movimentos sacádicos. Uma descoberta recente importante é que o córtex cerebral apresenta também uma região denominada *área pré-motora suplementar* (pré-SMA), situada medialmente ao campo ocular frontal e à frente do córtex cingulado motor, cujos neurônios respondem a metas visuais. Lembra-se daqueles livrinhos da sua infância que o estimulavam a "encontrar Wally"? Sua meta atencional e ocular era encontrar, naquelas ilustrações ultracomplexas, o personagem chamado Wally. Pois bem, os neurônios da área pré-SMA disparam quando você consegue encontrá-lo ao final de uma sequência de movimentos oculares em busca do alvo. Ou seja, disparam quando você atinge a meta visual a que se propôs. Alta complexidade motora!

É importante lembrar, neste ponto, que é o mesmo colículo superior quem dá origem ao feixe tectoespinhal, o ordenador dos motoneurônios cervicais que comandam a musculatura do pescoço. É por isso que os movimentos sacádicos estão frequentemente associados ao reposicionamento da cabeça na direção do estímulo que os provocam. São também sacádicos os movimentos que fazemos ao ler: transferimos o olhar (e o foco de atenção "preso" a ele) de uma palavra à outra, às vezes de uma frase a outra!

O Alto Comando Motor

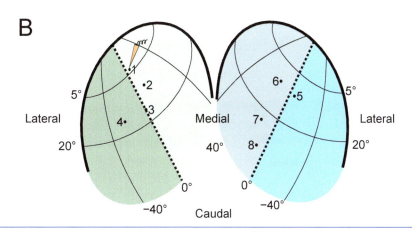

▶ **Figura 12.7.** A representação dos movimentos oculares no colículo superior pode ser revelada experimentalmente. O pesquisador registra a atividade neuronal no colículo superior (pontos numerados, em **B**), e procura no campo visual a posição dos campos receptores correspondentes (círculos brancos numerados, em **A**). Depois estimula eletricamente a região por meio do mesmo eletródio e registra o movimento ocular produzido (setas em **A**). Observa-se, assim, que os olhos do animal se movem do centro do campo visual para o centro do campo receptor, cada vez que a região correspondente do colículo superior é estimulada. O meridiano horizontal do campo visual (em **A**) e sua representação no colículo (em **B**) estão representados por uma linha pontilhada, e o meridiano vertical por uma linha contínua grossa. Os demais meridianos estão representados por linhas contínuas finas. As cores representam os quadrantes do campo (em **A**), e correspondem às regiões do colículo (em **B**). Modificado de Schiller PH, Stryker M. *Journal of Neurophysiology*. 1972;35:915-924.

Os *movimentos de seguimento* ocorrem quando nossos olhos fixam um objeto que se move e acompanham-no aonde quer que ele vá. São movimentos relativamente lentos e não conseguem acompanhar o objeto quando este ultrapassa uma certa velocidade. Dependem estritamente da existência de um objeto visual em movimento e não podem ser produzidos no escuro. Não se conhecem com segurança as regiões neurais envolvidas, mas há evidências da participação das áreas do córtex visual que processam movimento (como V5) (Capítulo 9) e de neurônios situados na ponte em estreita relação com o cerebelo.

O último grupo de movimentos que provocam o desvio do olhar é o dos *movimentos disjuntivos* ou de vergência. Ao contrário dos anteriores, em que os olhos se movem conjugadamente, nos movimentos disjuntivos os olhos convergem ou divergem. Isso ocorre naturalmente quando um objeto se aproxima ou se afasta do observador. Podemos provocá-los em nós mesmos ou em outra pessoa aproximando ou afastando dos olhos o dedo indicador. São utilizados para manter a imagem do objeto posicionada na fóvea e estão "amarrados" aos movimentos de fechamento e abertura da íris e os que provocam a mudança de cur-

▶ **Figura 12.8.** Os movimentos sacádicos são comandados pelo córtex frontal e pelo colículo superior (neurônios vermelhos) mediante a formação reticular pontina do lado oposto. Os neurônios desta (em azul) se projetam aos núcleos motores do globo ocular.

vatura do cristalino. Esses três movimentos, em conjunto, são conhecidos como a "tríade de acomodação", destinada a manter em foco um objeto que muda de distância em frente aos olhos. Os circuitos neurais envolvidos são ainda menos conhecidos que os dos movimentos oculares anteriormente descritos, sabendo-se apenas da existência de neurônios na formação reticular mesencefálica que modificam sua frequência de PAs um pouco antes da realização de movimentos disjuntivos. Estudos de imagem revelaram também o envolvimento do cerebelo no controle da tríade de acomodação.

A LIBERDADE DOS MOVIMENTOS

A concepção contemporânea acerca do que sejam os movimentos voluntários é de algo que se acrescenta a um repertório de movimentos reflexos ou endógenos, automáticos e estereotipados, modulando-os e modificando-os a cada momento em função de informações sensoriais, cognitivas, mnemônicas[G], emocionais e outras. De acordo com essa concepção, quando fazemos um movimento voluntário com a perna, por exemplo, ele se adiciona a um determinado tônus postural ou aos movimentos da locomoção que estejam em curso. Nosso pensamento comanda esse processo, por isso as principais regiões do SNC que planejam e comandam esses movimentos ficam no córtex cerebral.

A participação do córtex cerebral no comando dos movimentos é conhecida desde o século XIX, quando os alemães Eduard Hitzig (1838-1907) e Gustav Fritsch (1837-1927) pela primeira vez aplicaram pequenos choques elétricos na superfície cortical de um cão, obtendo movimentos discretos ao estimular pontos específicos do lobo frontal. Os experimentos de estimulação elétrica multiplicaram-se e atingiram um ponto alto quando o neurocirurgião canadense Wilder Penfield (1891-1976), já na década de 1950, estimulou diferentes pontos do córtex cerebral de pacientes sob anestesia local. Os experimentos de estimulação permitiram identificar o giro pré-central[A] como a principal área motora, já que nela os estímulos elétricos de menor intensidade eram suficientes para provocar movimentos. Outras regiões estimuladas com maior intensidade, no entanto, também respondiam com movimentos, e ficou a dúvida: quais são realmente as áreas motoras? Se são muitas, qual a participação funcional de cada uma delas?

▶ ## As Múltiplas Áreas Motoras do Córtex Cerebral e Suas Funções

A dúvida que surgiu com os experimentos de estimulação levou ao emprego de técnicas diferentes para esclarecê-la, e com isso propuseram-se critérios para a classificação das áreas motoras corticais. Desse modo, para ser considerada motora, uma área cortical deve: (1) manter circuitos aferentes ou eferentes com outras regiões motoras; (2) provocar distúrbios motores quando lesada; (3) provocar movimentos quando estimulada; e (4) possuir atividade neural e fluxo sanguíneo aumentados precedendo ou acompanhando a execução de movimentos pelo próprio indivíduo ou por terceiros.

As regiões corticais que preenchem esses critérios estão ilustradas na Figura 12.9. Podem-se considerar quatro grandes áreas motoras no córtex cerebral: a *área motora primária* (abreviada M1), que ocupa o giro pré-central do lobo frontal e relaciona-se com o comando dos movimentos voluntários; a *área motora suplementar*

O Alto Comando Motor

(ou MS), que se localiza rostral e dorsalmente a M1; a *área pré-motora* (PM), que se situa rostral e lateralmente a M1; e a *área motora cingulada* (MC), posicionada na face medial do córtex, logo acima do corpo caloso[A]. MS e PM estão mais relacionadas com o planejamento dos movimentos voluntários do que com o comando de sua execução, e MC parece participar dos movimentos que têm conotação emocional. Aceita-se atualmente que, exceto para M1, cada uma dessas áreas apresenta subdivisões com papel funcional distinto.

As áreas motoras do córtex cerebral são densamente interconectadas e apresentam também conexões com outras regiões corticais em ambos os hemisférios, como a área somestésica primária (S1) e as áreas associativas dos lobos parietal e frontal. É importante ressaltar também que todas elas projetam para regiões motoras subcorticais e contribuem para o feixe corticoespinhal. M1, entretanto é, entre todas, a que possui maior densidade de neurônios que formam vias descendentes para as regiões subcorticais. Características marcantes de M1 são os neurônios piramidais gigantes descobertos pelo anatomista ucraniano Vladimir Betz (1834-1894), considerados os maiores do cérebro humano, com diâmetros de até 0,1 mm, ou seja, quase visíveis a olho nu. Histologicamente, a área M1 apresenta uma espessa camada V, onde residem os neurônios que emitem as fibras de saída dessa região cortical, a maioria das quais vai formar os feixes corticoespinhais.

Com base nas características citadas, pode-se supor que a área M1, sendo a que possui menor limiar de estimulação para a produção de movimentos e a que mais densamente projeta axônios pelas vias descendentes, representa a sede do "alto comando motor", isto é, a região de onde surgem os

▶ **Figura 12.9.** As áreas motoras corticais estão representadas em tons de azul. As áreas representadas em tons de verde conectam-se com as primeiras, mas não são consideradas partes do sistema motor. O desenho de cima ilustra a face lateral do hemisfério esquerdo, e o desenho de baixo mostra a face medial do hemisfério direito. Todas as áreas representadas, entretanto, existem em ambos os hemisférios. Abreviaturas no texto. Os números referem-se à classificação citoarquitetônica de Brodmann.

431

comandos para os movimentos voluntários, aqueles que vão superpor-se aos reflexos, às reações posturais, à locomoção e aos movimentos de orientação sensório-motora. De fato, essa suposição é hoje aceita como um fato científico bem estabelecido, tendo em vista as inúmeras evidências experimentais e clínicas que se têm acumulado.

O Mapa do Corpo em M1

Nossa liberdade de movimentos é quase ilimitada. Em condições normais, podemos mover nosso corpo de inúmeras maneiras, mudando o sentido da locomoção, alterando a postura, realizando movimentos delicados ou fortes dos membros e mais uma infinidade de possibilidades. O grande ordenador desses movimentos voluntários é o córtex motor primário. Então, de que modo ele funciona?

Os primeiros investigadores – neurologistas clínicos e experimentalistas – descobriram uma propriedade importante de M1. Na superfície cortical, as regiões corporais, os músculos e os movimentos estão representados de modo ordenado, acompanhando a ordem corporal (Figura 12.10A). Esse tipo de organização topográfica ordenada é conhecido como *somatotopia*, característica também muito proeminente das regiões somestésicas (Figuras 7.8 e 7.9). Jackson pressentiu a existência da somatotopia motora quando observou certos pacientes epilépticos cujas convulsões se originavam em uma parte do corpo (o braço, por exemplo), passando sucessivamente às partes adjacentes (antebraço,

▶ **Figura 12.10.** A somatotopia é um importante princípio de organização de M1. **A**. A estimulação elétrica de partes do giro pré-central permite idealizar um homúnculo que representaria o "mapa motor" do corpo humano na superfície cortical. **B**. Os experimentos feitos no cérebro de macacos indicaram que cada ponto estimulado pode provocar a ativação de vários músculos. O desenho de baixo representa uma ampliação do desenho de cima, e os campos em preto representam as partes do corpo do macaco que se movem quando cada ponto do córtex é estimulado eletricamente. Modificado de Woolsey CN et al. *Research Publications of the Association for Research in Nervous and Mental Diseases*. 1951;30:238-264.

432

ombros, tronco e assim por diante). Era como se a "crise" estivesse migrando na superfície cortical. Os neurocientistas que utilizaram a estimulação elétrica da superfície cortical, tanto em animais quanto em humanos, puderam comprovar essa suposição de Jackson e refinaram com precisão a descrição do mapa somatotópico de M1 (Figura 12.10B).

A caricatura do "homúnculo" imaginário desenhado no giro pré-central (Figura 12.10A) indica que as regiões da cabeça estão representadas mais lateralmente em M1, enquanto a mão, o braço, o antebraço e o tronco ficam mais dorsalmente, e o membro inferior está representado já na face medial do hemisfério. Indica também que as regiões distais dos membros (principalmente as mãos) e as regiões periorais da face apresentam maior representação cortical do que as demais regiões do corpo, o que é coerente com o fato de que essas são as partes do corpo com um repertório mais diversificado de movimentos finos e precisos e músculos com mais alta razão de inervação[G]. O mapa somatotópico motor é importante para os profissionais da saúde porque a face medial do giro pré-central é irrigada por uma artéria cerebral, enquanto a face dorsolateral é irrigada por outra. Assim, quando ocorre um acidente vascular cerebral (AVC[G]) em uma dessas artérias, aparecem distúrbios motores na perna contralateral, enquanto um AVC que ocorra na outra provoca distúrbios motores no braço. Empregando o conhecimento do mapa somatotópico motor, os médicos podem diagnosticar a causa provável e a localização da lesão que provoca os sintomas motores e prescrever alternativas terapêuticas farmacológicas ou outras mais recentes e muito inovadoras, como a neuromodulação (Quadro 12.2).

Tem havido considerável discussão sobre o que exatamente está representado no córtex motor. Músculos? Movimentos? Regiões corporais? A questão não está ainda perfeitamente esclarecida, mas sabe-se que os *pixels*[G] do mapa não são pequenos. Ou seja, quando se estimula um ponto de M1, obtém-se um movimento envolvendo vários músculos (Figura 12.10B), e mesmo quando se reduz o estímulo a um único neurônio motor, vários músculos ainda podem ser ativados. Isso indica que um só axônio corticoespinhal pode inervar, ao mesmo tempo, a população de motoneurônios de diferentes músculos, um princípio estrutural chamado divergência[G] (Figura 12.11A). A divergência pode ser comprovada morfologicamente quando se marca uma fibra corticoespinhal isolada com um corante rastreador, observando-se suas terminações (Figura 12.11B). Pode-se também estimulá-la fisiologicamente e registrar os músculos ativados por ela (Figura 12.11C). Além da divergência, há também convergência, isto é, um mesmo músculo pode ser ativado por pontos próximos, mas distintos em M1. Em outras palavras: diferentes neurônios motores de M1 podem também convergir sobre um mesmo motoneurônio medular (Figura 12.11D).

A partir desses dados concluiu-se que um músculo é comandado por um mosaico de pequenas regiões de M1, todas ativas simultaneamente. Quando há mais de um músculo envolvido em um movimento, as regiões ativas do mosaico aproximam-se e fundem-se. De certo modo, é esta última a imagem que se obtém por ressonância magnética[G] de M1 em um indivíduo durante o movimento (Figura 12.12).

O mosaico de representação somatotópica em M1 é consideravelmente plástico. Músicos que desde a infância tocam instrumentos de cordas (violino, violoncelo, violão), dedilhando-as com uma das mãos, apresentam, no córtex motor contralateral, um maior território ocupado com a representação dos dedos em comparação com indivíduos que não tocam esses instrumentos. Além disso, em indivíduos com um membro amputado, ou mesmo anestesiado temporariamente, o comando dos músculos proximais não atingidos pela amputação ou pela anestesia é realizado por regiões corticais que antes comandavam os músculos distais. É possível que essa grande plasticidade do córtex motor seja importante para a recuperação da motricidade que ocorre em muitos pacientes portadores de lesão neurológica. E até mesmo, quem sabe, será possível induzir a plasticidade por parte do próprio paciente controlando a sua atividade cerebral (Quadro 12.2).

▶ As Unidades de Comando

O estudo da somatotopia motora revela algumas características de M1, mas está longe de esclarecer de que modo os neurônios motores comandam os movimentos voluntários, modificando os demais movimentos representados em níveis subcorticais. Revelações mais esclarecedoras sobre as unidades de comando surgiram quando se começaram a estudar as propriedades de neurônios isolados de M1 em macacos durante a realização de atos motores. Esse tipo de trabalho foi realizado pelo fisiologista americano Edward Evarts (1926-1985).

Evarts primeiro treinou os macacos para manipular uma barra móvel ligada a pesos diversos (Figura 12.13A), fazendo-os realizar movimentos de flexão ou extensão do punho. Os macacos realizavam um movimento a cada vez que se acendia uma luz situada em frente e, se o movimento era bem feito, ganhavam como recompensa um pouco de suco de frutas. Depois de treinados, os macacos eram operados sob anestesia e recebiam uma prótese no crânio que permitia posicionar um microeletródio metálico no seu córtex motor. Por meio do microeletródio, os potenciais de ação dos neurônios corticais eram captados, amplificados e registrados na memória de um computador, simultaneamente com os potenciais musculares e as medidas de deslocamento do punho. Evarts podia então correlacionar os parâmetros de disparo de potenciais pelos neurônios (frequência, principalmente) com os parâmetros do movimento (força muscular, velocidade de contração e outros). Os

NEUROCIÊNCIA DOS MOVIMENTOS

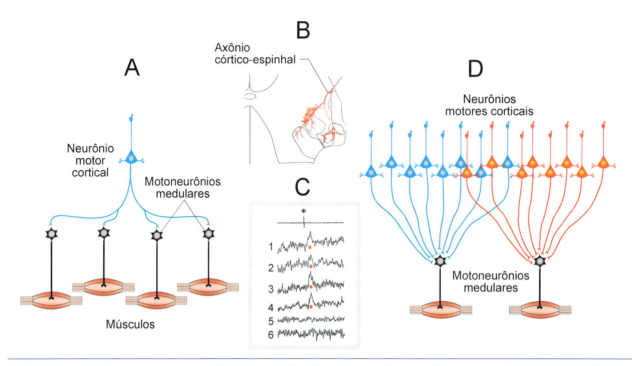

▶ **Figura 12.11.** Divergência e convergência dos axônios corticoespinhais. **A** representa um único neurônio corticoespinhal que projeta para diferentes motoneurônios (divergência), cada um deles responsável pelo comando de um músculo diferente. **B**. A morfologia de um único axônio corticoespinhal (em vermelho) revela ramificações em diferentes setores do corno ventral da medula. **C**. A estimulação elétrica de um único axônio corticoespinhal (indicada pelo asterisco sobre o traçado gráfico) ativa os músculos 1-4 (ondas assinaladas pelos pontos vermelhos), mas não os músculos 5 e 6. **D** representa a convergência: vários neurônios corticoespinhais projetam para um único motoneurônio medular. **B** modificado de Shinoda Y et al. *Neuroscience Letters*. 1981;23:7-12. **C** modificado de Fetz EE, Cheney PD. *Journal of Neurophysiology*. 1980;44:751-772.

▶ **Figura 12.12.** Imagens de ressonância magnética funcional de um indivíduo durante o movimento dos dedos da mão direita. Aparecem ativas lateralmente duas áreas: motora primária (M1) e somestésica primária (S1), e medialmente a área motora suplementar (MS). **A** representa um plano horizontal mais profundo que **B**, como indicado em **C**. S1 é ativada porque o próprio movimento causa estimulação somestésica. Imagens cedidas por Fernanda Tovar-Moll, do Instituto D'Or de Pesquisa e Ensino.

O ALTO COMANDO MOTOR

resultados do experimento indicaram que ocorria sempre um aumento da frequência de PAs antes que os músculos do punho se contraíssem (Figura 12.13B, traçado 1). A ativação dos neurônios motores era antecipatória da contração muscular, ou seja, o aumento da frequência de disparo era o próprio sinal de comando motor emitido pelo córtex em direção aos motoneurônios medulares.

Evarts foi adiante. Variou a resistência da barra ao deslocamento tentado pelo macaco, adicionando-lhe diferentes pesos. Verificou então que, quanto maior a força empregada pelo macaco para mover a barra, maior a frequência de PAs disparada pelo neurônio motor (Figura 12.13B, traçados 1 e 2). Concluiu que M1 é responsável por comandar a força necessária a cada movimento. Outros parâmetros do movi-

▶ **Figura 12.13.** O experimento de Evarts. **A.** O macaco era treinado a estender ou fletir o punho, e o pesquisador ao mesmo tempo registrava a atividade neuronal do seu córtex motor com um microeletródio. **B.** O traçado azul representa o disparo de potenciais de ação (cada traço vertical) de um neurônio motor cortical, enquanto o traçado vermelho indica os movimentos do punho. Observar que o neurônio começa a disparar antes da flexão (**B1**), e que a frequência de PAs é maior quando a força muscular empregada é também maior (**B2**). Quando a flexão é "ajudada" por um peso colocado contra os músculos extensores, o punho flete sem mesmo a necessidade de uma contração muscular (**B3**). **B** modificado de Evarts E. *Journal of Neurophysiology*. 1968;31:14-27.

435

Neurociência em Movimento

Quadro 12.2
Em Busca da Modulação do Próprio Cérebro

▶ Erika C. Rodrigues*

Três episódios marcantes da minha vida me fizeram entender, aprender e valorizar a importância dos movimentos. Meu fascínio pelo movimento remonta à infância, quando o esporte me proporcionou autoconhecimento e convívio social, mas só entendi a importância do controle motor na adolescência, por causa de um acidente com uma prima muito querida, que perdeu alguns movimentos e precisou de reabilitação. Acompanhei o tratamento e fiquei maravilhada com o seu processo de recuperação funcional.

Depois, decidi fazer Fisioterapia, concluí a faculdade e segui trabalhando e estudando a reabilitação de pacientes com doenças ou lesões neurológicas. A busca pelo aperfeiçoamento da reabilitação sempre norteou meu caminho. Fiz o mestrado, entendi que precisaria aprender mais e mais. Resolvi buscar o aprimoramento profissional fora do meu estado. E esse foi o segundo episódio marcante da minha vida – a decisão de fazer doutorado e pós-doutorado no exterior, em busca de uma síntese: de que os movimentos marcam positivamente nossas vidas.

Optei por entender o controle motor humano para buscar novas estratégias de reabilitação. Busco desde então, como neurocientista, investigar a plasticidade sensorial e motora no cérebro humano.

Nesse contexto veio ao mundo o meu filho João. Na gravidez, ganhei olhos de mãe. E com eles observei o terceiro episódio marcante: o desenvolvimento do meu pequeno. Vi de pertinho que o sistema motor em construção é ávido por mudanças e precisa de muita interação com o mundo e motivação para aprender com ele. Precisa também de fracassos para estabelecer o aprendizado motor e coordenar a ativação dos músculos de forma precisa. Foi assim que meu João conseguiu ficar de pé, pegar um objeto e caminhar de forma independente. João tornou concretas as grandes lições de controle motor que tive até aqui (Figura 1).

Estes três episódios marcam meu aprendizado sobre a importância dos movimentos. E hoje busco enfrentar o desafio trazido pelas lesões cerebrais que afetam o controle motor. Os avanços dos cuidados de emergência e dos tratamentos hospitalares deram mais anos de vida a vítimas de diversas doenças, especialmente os acidentes vasculares cerebrais. No entanto, esse tempo a mais é frequentemente acompanhado de incapacidades funcionais, as temidas sequelas. Os tratamentos de reabilitação

▶ **Figura 1.** João aprendendo a se equilibrar com um pé só para conseguir colocar o outro ainda mais alto e, assim, subir os primeiros degraus de sua vida.

*Coordenadora Científica e Neurocientista do Instituto D'Or de Pesquisa e Ensino. Correio eletrônico: erikacrodrigues@gmail.com

disponíveis, além de difícil acesso, muitas vezes não se mostram totalmente eficazes.

É necessário encontrar ferramentas terapêuticas inovadoras. E meu principal objetivo agora é desenvolver tratamentos que otimizem a neuroplasticidade e potencializem os benefícios da reabilitação sobre o controle motor. Trabalhamos com diferentes técnicas não invasivas de neuromodulação cerebral que usam estímulos elétricos ou magnéticos brandos sobre regiões do escalpo para excitar ou inibir a atividade de regiões cerebrais específicas. Usamos também o *neurofeedback* por ressonância magnética funcional para ensinar uma pessoa a regular a sua própria atividade cerebral e se tornar capaz de controlar voluntariamente o recrutamento das redes cerebrais envolvidas na execução de seus movimentos (Figura 2).

Essas técnicas de neuromodulação associadas a abordagens mais clássicas de tratamento estão contribuindo para o aperfeiçoamento e o entendimento do controle motor. A ciência avança buscando novas formas de induzir a plasticidade do sistema nervoso, principalmente após lesões. O objetivo é que, o quanto antes, pessoas que perderam os movimentos possam reaprender a fazê-los. E tão rapidamente como o meu pequeno João.

▶ **Figura 2.** Dentro da máquina de ressonância magnética (**A**), imagens do cérebro do participante são adquiridas enquanto ele faz uma tarefa, por exemplo, um movimento com as mãos. Essas imagens são processadas em tempo real (**B**), e a intensidade da atividade neural na região correspondente (**C**) é apresentada ao participante como um termômetro colorido (**D**). Pede-se a ele que tente modular a atividade cerebral tentando levar o termômetro para cima. E ele consegue...

mento foram associados ao disparo dos neurônios motores, além da força muscular: a variação da força no tempo, a velocidade e a direção do movimento e a posição da articulação no início do movimento. Cada neurônio estudado no córtex comandava um aspecto diferente do movimento. A definição precisa de cada movimento, portanto, devia envolver uma ação cooperativa de vários neurônios motores diferentes. Essa conclusão foi apoiada por resultados de outros pesquisadores, obtidos posteriormente, envolvendo a direção dos movimentos.

Neste caso, o macaco era treinado a executar movimentos com o braço em diversas direções (Figura 12.14A), enquanto os pesquisadores registravam o disparo dos neurônios motores de M1. Cada neurônio estudado aumentava sua frequência de disparo um pouco antes do movimento, se este fosse direcionado em torno de um determinado eixo. Quer dizer: um determinado neurônio que disparasse PAs para movimentos de 90° disparava um pouco menos para movimentos de 45° e 135° e praticamente nada para as demais direções. A variação angular da direção preferencial é grande para cada neurônio individual, mas, se considerarmos a população neuronal que dispara para um movimento direcionado, observaremos que esse movimento pode ser precisamente definido pela resultante das direções de todos os neurônios. É o que está representado na Figura 12.14B. Cada traço azul representa a direção preferencial de disparo de um neurônio, e o comprimento do traço indica a frequência de PAs. O conjunto de traços azuis representa um grupo de neurônios corticais com direções preferenciais semelhantes, e a resultante está representada por uma seta tracejada. Além da força muscular, portanto, os neurônios de M1 fornecem o comando neural para a direção de movimento necessária a cada comportamento.

Conclui-se que os movimentos voluntários são comandados pelo córtex mediante a ativação simultânea de uma certa população de neurônios motores que comandam os músculos envolvidos em cada movimento. Dessa ação coordenada e cooperativa são definidos os parâmetros do movimento. Quem decide, então, quais serão os neurônios motores selecionados para comandar cada movimento? Como se explica a "vontade" para mover ou parar de mover uma parte do corpo? Essa é a tarefa das outras áreas motoras.

▶ **Planejamento Motor**

Já vimos que, além de M1, existem pelo menos três outras áreas motoras, definidas segundo os critérios mencionados anteriormente. "Pelo menos" porque, na verdade, os experimentos de estimulação elétrica indicaram que parece haver três mapas somatotópicos na área MC, dois na área PM e dois na área MS, o que sugere que elas poderiam ser subdivididas. Por outro lado, o estudo das propriedades dos neurônios motores dessas áreas, como os que foram feitos para M1, mostrou que em todas se encontram células com propriedades funcionais parecidas. Os neurônios direcionais, por exemplo, estão presentes em todas elas. Isso indicaria o contrário: as "áreas motoras" seriam uma só... Como sair desse dilema? Como confirmar a existência de múltiplas áreas motoras e diferenciar a função de cada uma delas?

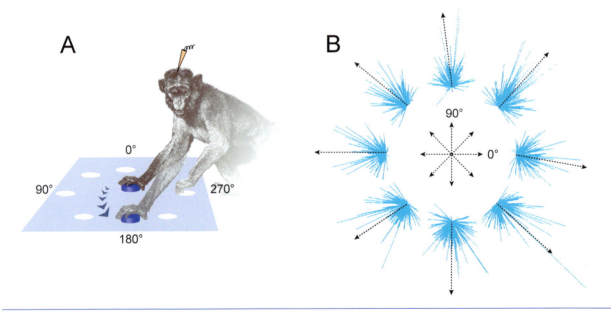

▶ **Figura 12.14.** Além da força muscular, os neurônios corticais também comandam a direção do movimento. **A**. O macaco é treinado a realizar movimentos em determinadas direções, enquanto o pesquisador registra a atividade elétrica dos neurônios corticais. **B**. O comprimento de cada traço azul representa a frequência de disparo de PAs de um neurônio cortical antes de um movimento direcionado. As setas pretas indicam a resultante da atividade da população neuronal que dispara antes de cada movimento. Pode-se ver que a resultante é muito próxima da direção efetiva do movimento. **B** modificado de Georgopoulos A. *FASEB Journal*. 1988;2:2849-2857.

O ALTO COMANDO MOTOR

A luz no fim do túnel começou a aparecer com os estudos de neuroimagem funcional de voluntários (PET[G], SPECT[G] e RM[G]) submetidos a diversas tarefas comportamentais e psicológicas. Além disso, hoje é possível estudar dinamicamente neurônios isolados e populações neuronais em modelos animais (camundongos e macacos) durante comportamentos motores controlados, manipulando esses neurônios com técnicas moleculares de ativação ou inibição. Com essas técnicas, a imagem mostra as regiões com fluxo sanguíneo local aumentado e com maior metabolismo neuronal e neurônios com maior influxo de íons cálcio, sugerindo alterações no disparo de potenciais de ação. Como esses indicadores denotam atividade neural maior ou menor nas regiões/neurônios, podem-se identificar os envolvidos com a tarefa executada. Um indivíduo que move apenas um dedo repetidas vezes e é simultaneamente submetido a um desses métodos de imagem funcional, apresenta ativação de M1 e S1 no hemisfério contralateral (Figura 12.15A). O padrão tem lógica: M1 apresenta maior atividade neural porque está no comando dos movimentos do dedo, e S1 também é ativada como resultado da estimulação somestésica que o próprio movimento provoca. A seguir, o indivíduo é solicitado a mover os dedos em sequência, como se estivesse deslocando os aros da mola da Figura 12.15B. A imagem passa a ter outro padrão: agora não só M1 e S1 estão ativas, mas também MS e regiões do córtex pré-frontal[A] (Figura 12.15B). Conclui-se que, quando o movimento é mais complexo, envolvendo uma sequência ordenada, outras áreas entram em ação. Finalmente, o indivíduo é solicitado a apenas imaginar o movimento sequencial dos dedos, sem movê-los realmente. Neste caso, só a área MS aparece ativa (Figura 12.15C). A conclusão que podemos tirar é que essa área contém a ideia do movimento complexo, ou seja, uma espécie de plano ou programa para M1 executar.

Além disso, é notável que, nos estudos com neurônios isolados ou pequenas populações neuronais, muitas vezes essas células disparam impulsos bem antes de o movimento real ocorrer. E às vezes disparam também sem que o movimento ocorra. É o que chamamos "controle executivo" que as regiões pré-frontais e os núcleos da base exercem sobre os movimentos e os comportamentos. Nem sempre podemos falar alto, de acordo com regras sociais do nosso meio. Então, apesar de saber como "falar alto", podemos controlar a liberação desse comportamento em função dos condicionantes sociais apropriados. Por isso ocorre o disparo de neurônios nas regiões de planejamento motor, sem que necessariamente ocorra o movimento. Este fica preparado e planejado, caso seja necessário e conveniente liberá-lo.

A concepção de que possuímos regiões corticais que criam um plano motor é apoiada por observações de indivíduos com lesões do sistema nervoso. Certos pacientes portadores de lesões extensas de nervos periféricos sensitivos que abolem toda informação somestésica dos braços são capazes, ainda assim, de realizar movimentos com as mãos descrevendo formas abstratas (um número 8, uma letra O, um triângulo), mesmo se colocados no escuro para impedir que usem a visão. Outros doentes apresentam lesões das áreas MS e PM, mas não de M1: sofrem distúrbios motores que os impedem de realizar movimentos sequenciais como os de abotoar uma camisa, mas não movimentos simples como mover um dos dedos da mão. Distúrbios desse tipo chamam-se *apraxias*. Em particular, alguns pacientes com lesões nessas áreas e regiões relacionadas apresentam apraxias chamadas ideomotoras, que os impedem de utilizar corretamente objetos corriqueiros como martelos, lápis, chaves e outros, mesmo sabendo o que são e para que servem. Às vezes não conseguem sequer imaginar os movimentos corretos para usá-los ou interpretar corretamente a mímica gestual que alguém faça de como empregar um martelo, um lápis etc.

O que é, então, o "plano" ou "ideia" de um movimento? Não se tem certeza a esse respeito, mas os indícios parecem sugerir que há diferentes aspectos do movimento que estão "representados" no córtex cerebral rostral a M1: a localização de um alvo, a trajetória de um movimento, a velocidade de um ato motor, a distância a percorrer etc. Se tivermos que pegar um copo situado na mesa em frente, poderemos utilizar o braço esquerdo ou o direito. Além disso, o movimento será diferente se estivermos de frente, de lado ou de costas para o copo. O que importa, neste caso, é "pegar o copo", ou seja, alcançar o alvo e realizar o objetivo. O "plano" motor poderia consistir na seleção das unidades de comando (os neurônios motores) que mais bem produziriam um movimento na direção do alvo. Em outras circunstâncias, importaria mais a trajetória ou a velocidade com que pegamos o copo. A seleção, nesses casos, seria diferente.

Podemos, então, diferenciar a função exercida por M1 daquela desempenhada pelas regiões motoras anteriores a M1, reportando-nos ao diagrama de blocos da Figura 11.1, no capítulo anterior. Enquanto M1 é uma estrutura ordenadora, responsável pelo comando motor superior, MS e PM são estruturas planejadoras, de onde sairá o programa de comandos que M1 enviará às estruturas subcorticais pelas vias descendentes e que finalmente chegará às estruturas executoras, os músculos.

Resta ainda uma questão a esclarecer: quais as diferenças funcionais entre MS e PM e entre elas e a área MC? Que outras áreas atuariam em associação a elas?

Uma primeira indicação foi obtida por um experimento envolvendo técnicas de imagem funcional realizado por um grupo britânico liderado pelo neurofisiologista Richard Passingham. O grupo comparou as imagens de PET obtidas quando indivíduos tentavam descobrir uma determinada sequência correta de movimentos com os dedos que havia sido previamente definida pelos experimentadores, mas não comunicada aos investigados. Estes eram avisados quando acertavam cada movimento, até que conseguiam aprender

Neurociência dos Movimentos

▶ **Figura 12.15.** Planejamento e comando motor envolvem áreas diferentes do córtex cerebral. **A**. O movimento simples de um dedo provoca a ativação de M1 e S1 no hemisfério esquerdo. **B**. Um movimento complexo envolvendo vários dedos em sequência provoca a ativação de várias áreas em ambos os hemisférios. **C**. Pensar no movimento anterior, sem executá-lo, ativa apenas a região de planejamento motor. Modificado de Roland P. *Brain Activation*. New York: Wiley-Liss, 1993.

toda a sequência. Nas primeiras tentativas (movimentos "novos"), a área PM era ativada, junto com o cerebelo, o córtex parietal posterior e o córtex pré-frontal (Figura 12.16A). À medida que iam aprendendo, o padrão de ativação cerebral movia-se para a área MS, junto com o hipocampo[A] e as áreas occipitais e temporais (Figura 12.16B).

Pode-se concluir que o planejamento motor tem uma via "exterior", que se baseia na experiência sensorial não aprendida (somestésica, visual, proprioceptiva), e uma via "interior", que repousa sobre o aprendizado, a memória e o pensamento em geral. As regiões mais ativas em um e outro caso refletem essas duas situações. E, no caso do

O Alto Comando Motor

▶ **Figura 12.16.** O experimento de Passingham. Enquanto o indivíduo tenta descobrir a sequência correta de movimentos (**A**), as áreas ativadas são diferentes de quando ele a descobre (**B**). Modificado de Jenkins IH et al. *Journal of Neuroscience*. 1994;14:3775-3790.

córtex motor, PM seria a principal região de planejamento "exterior", ou seja, aquele realizado com base nos dados fornecidos a cada momento pelos sistemas sensoriais, enquanto a área MS seria a região de planejamento "interior", ou seja, que tem base nos dados armazenados na memória, e os desígnios da vontade do indivíduo. Um bom exemplo da riqueza e complexidade da programação motora de movimentos complexos vem dos ritmistas, que conseguem desacoplar o uso das mãos de modo incrível ao manipular as baquetas que usam para gerar o ritmo dos conjuntos musicais (Quadro 12.3).

▶ Os Neurônios-espelho

No final dos anos 1990, um grupo de neurofisiologistas italianos liderado por Giacomo Rizzolatti fez uma desco-berta de impacto na fisiologia motora que repercutiu até mesmo no campo da cognição. Registrando a atividade elétrica de neurônios isolados no córtex pré-motor de macacos, os pesquisadores descobriram um tipo de neurônio que disparava potenciais de ação antes e durante um movimento do seu braço, dirigido a um objeto com a finalidade de agarrá-lo: um biscoito, por exemplo. O surpreendente, contudo, foi que o mesmo neurônio disparava quando um outro macaco realizava o mesmo movimento, observado pelo primeiro. Parecia que esses neurônios estavam mais relacionados com o objetivo do movimento do que com o movimento propriamente dito. Rizzolatti cunhou o nome *neurônio-espelho* para essa família de células, e daí em diante esse tipo de neurônio não parou mais de ser revelado em diversas áreas cerebrais (Figura 12.17A). Foram encontrados nas áreas PM e MS, em áreas parietais responsáveis pelos

NEUROCIÊNCIA DOS MOVIMENTOS

Neurociência do Cotidiano

Quadro 12.3
O Cérebro dos Batuqueiros*

Todo ano, no momento em que metade da população brasileira se prepara para imergir completamente no Carnaval e a outra metade começa a fugir dele em busca de tranquilidade, faz sentido analisar qual milagre da natureza permite que os ritmistas e percussionistas das escolas de samba e blocos de rua demonstrem suas incríveis habilidades motoras.

Já pensou nisso? Percussionistas habilidosos controlam com inexcedível maestria os movimentos simultâneos – mas não iguais! – das duas mãos. A isso se chama *desacoplamento intermanual*. Os percussionistas mais habilidosos conseguem executar um ritmo com a mão direita e outro diferente com a mão esquerda! Os movimentos de um baterista podem endereçar o prato de condução com uma das mãos e o surdo com a outra, a velocidades e ritmos distintos, embora coerentes. E nem falar que usam os pés também para percutir o bumbo e os pratos chimbal.

A pergunta irresistível é a seguinte: de que modo o cérebro controla esse virtuoso desacoplamento entre as mãos, característico dos músicos em geral e dos percussionistas em particular? Essa questão interessou um grupo de pesquisadores alemães que acabaram de publicar os resultados de um trabalho empregando diversas abordagens técnicas. Aplicaram testes comportamentais para medir o desempenho de 20 percussionistas de excelência em comparação com um número semelhante de participantes sem habilidades musicais. Resultou, é claro, uma habilidade intermanual 20% maior dos percussionistas. Além disso, adquiriram imagens de ressonância magnética estrutural do cérebro de ambos

os grupos e imagens funcionais resultantes de uma tarefa rítmica de tamborilar com os dedos das duas mãos em diferentes sequências. Finalmente, utilizaram uma técnica que permite medir a quantidade regional de uma substância conhecida por sua participação na inibição da transmissão de informações entre neurônios (o aminoácido conhecido como GABA).

O cérebro dos percussionistas mostrou-se diferente dos controles: mais eficiente, realiza mais com menos, melhor desacoplamento entre as mãos com menor atividade neural. Destaque para as regiões pré-frontais do cérebro motor, que realizam o planejamento e a programação *on-line* dos movimentos das duas mãos. Destaque também para o famoso corpo caloso, enorme conjunto de fibras nervosas responsáveis pela coordenação entre o lado esquerdo e o lado direito do cérebro.

De acordo com os pesquisadores, a coisa funciona assim: as regiões de comando motor direto operam de modo parecido em percussionistas e em pessoas não treinadas na realização das tarefas de tamborilar os dedos de modo desigual entre as mãos, no entanto as regiões de planejamento e tomada de decisões motoras apresentam maior atividade nos indivíduos não treinados do que nos percussionistas. Os pesquisadores interpretaram esse achado, aparentemente incongruente, como indício do intensivo treinamento dos músicos, capaz de produzir melhores resultados motores com menor esforço cerebral. Isso porque as medidas estruturais da neuroimagem indicaram maior eficiência no trânsito de informação entre os dois lados do cérebro durante as atividades de percussão.

Fica aqui minha reverência aos percussionistas de excelência que o Brasil produz aos borbotões, represen-

---

*Texto baseado em artigo originalmente publicado em O Globo Online *em 13/2/2020 (blog* A hora da Ciência*).*

---

mecanismos de percepção visuoespacial[G] e até mesmo em áreas situadas na junção dos lobos temporal[A], parietal[A] e occipital[A], que parecem participar de funções cognitivas de alta complexidade. No homem, já é possível registrar neurônios desse tipo durante neurocirurgias destinadas à busca de focos epilépticos, naturalmente com o consentimento do paciente. O emprego de técnicas de RMf permitiu, no entanto, identificar *sistemas-espelho*, cuja atividade aumenta quando o indivíduo observa outras pessoas realizando movimentos conhecidos dirigidos a um alvo.

A função dos neurônios-espelho é ainda um tanto especulativa, mas parece razoável supor, pelas suas características de disparo e pela sua presença justamente nas áreas de planejamento motor, que estejam envolvidos nos processos que empregam a imitação como recurso de aprendizagem motora. Uma criança que aprende um novo movimento possivelmente utiliza para isso os seus neurônios-espelho, já que frequentemente imita os movimentos dos pais ou de outras crianças. O mesmo ocorre com os adultos.

442

O ALTO COMANDO MOTOR

▶ **Figura.** O cérebro dos percussionistas de excelência, em função do intensivo treinamento, apresenta maior eficiência na transmissão de informações e no planejamento dos movimentos dos braços e das mãos.

tados pelos nomes históricos de Jackson do Pandeiro, Naná Vasconcelos, Milton Banana, Airto Moreira, Chico Batera e tantos outros, que fazem bater forte até mesmo o cérebro deste autor que compõe a metade brasileira em fuga do Carnaval!

▶ **Referência**

Schlaffke L. et al. Boom chack boom – A multimethod investigation of motor inhibition in professional drummers. *Brain and Behavior*. 2019;10:art. e01490.

Bem recentemente, os neurônios-espelho passaram a ser considerados essenciais para as funções cognitivas complexas. Por exemplo: como você associaria as palavras *buba* e *quiqui* com as formas abstratas mostradas na Figura 12.17B? Você e toda a torcida do Flamengo ou do Corinthians atribuiriam a palavra buba à figura mais arredondada e a palavra quiqui à figura mais angulosa. Por quê, ninguém sabe, pois os sons das duas palavras são abstratos e as figuras também, mas elas têm algo em comum que teria sido identificado pelos neurônios-espelho. Com base nisso, considera-se que são os nossos sistemas-espelho que nos permitem associar informações diversas para permitir a tomada de decisões e realizar uma ação apropriada. Mais ainda: especula-se que os sistemas-espelho nos permitam até mesmo compreender metáforas e (pelo menos tentar) adivinhar pela expressão o que um indivíduo possa estar pensando ou sentindo. O escritor inglês William Shakespeare (1564-1616) pôs na voz de Romeu a seguinte frase, referindo-se a sua amada Julieta: "Julieta é o Sol". E você sabe que ele se referia à luminosidade e ao calor de

443

Julieta, e não à possibilidade remota de que Julieta fosse o próprio astro-rei...

A febril investigação dos dias atuais envolvendo neurônios e sistemas-espelho tem levado os neurocientistas a considerar os aspectos cognitivos mais complexos da ação motora: aqueles que estão na origem da "vontade" de realizar um movimento e da "intenção" dele. Neste caso, as áreas cerebrais envolvidas vão-se deslocando em sentido frontal e confundem-se com as regiões cujas funções são "mentais" e independem mesmo da realização de atos ou comportamentos motores. As "últimas" regiões motoras, nesse sentido, seriam as áreas motoras cinguladas, parte integrante do sistema límbico, tema relevante do Capítulo 20. Sobre elas, entretanto, pouco se pode dizer, a não ser supor que estejam envolvidas nos movimentos que contêm uma carga emocional e uma origem cognitiva, o que se depreende da vinculação dessa região com o sistema límbico. De fato, há evidências da clínica neurológica que apoiam essa hipótese. Movimentos como um sorriso de alegria genuína seriam programados pelas subdivisões da área MC, enquanto o "sorriso amarelo", isto é, os mesmos movimentos faciais produzidos sem tonalidade emocional genuína, seria planejado pela área MS. Além disso, a identificação das diferentes opções de comportamentos que enfrentamos a cada momento e a decisão final de qual deles escolher seriam as principais funções de MC.

▶ **Figura 12.17. A**. Regiões onde foram encontrados neurônios-espelho, ligadas estritamente ao sistema visuomotor do córtex (em azul), a sistemas cognitivos complexos (em verde) e ao processamento de emoções (em laranja, representando a ínsula[A] e a amígdala[A]). **B**. Buba ou quiqui, qual é um, qual é o outro?

O CONTROLE DOS MOVIMENTOS

A complexidade, a velocidade e a precisão dos movimentos que produzimos exige um sofisticado sistema de controle que se encarregue de verificar, permanentemente, se cada movimento se inicia no instante correto, se é executado de acordo com a necessidade ou a intenção do executante e se termina no momento adequado. Tal é a função de dois agrupamentos neurais muito importantes: o cerebelo e os núcleos da base.

Ambos são estruturas controladoras, e não ordenadoras (Figura 11.1). Não participam diretamente do comando motor, mas, sim, da preparação para o movimento e do controle *on-line* da harmonia de combinação dos múltiplos movimentos que são executados ao mesmo tempo e em sequência pelo indivíduo. Coerentemente, tanto o cerebelo quanto os núcleos da base se caracterizam por não possuírem acesso direto aos motoneurônios, embora apresentem conexões com praticamente todas as regiões motoras. Além disso, funcionam articuladamente, porque têm conexões mútuas. Têm em comum, além disso, um circuito básico de retroação*: recebem de extensas regiões do córtex cerebral e projetam de volta ao córtex motor por intermédio do tálamo[A]. Tudo indica que é dessa "conversa" de mão dupla entre eles e o córtex cerebral que se estabelece o controle motor, isto é, que o sistema nervoso "se assegura" de que os movimentos desejados estão sendo produzidos de acordo com as suas ordens.

▶ Estrutura e Circuitos do Cerebelo

O cerebelo (Figura 12.18) ocupa apenas um quarto do volume craniano no homem, mas contém cerca de 80% do total de neurônios do encéfalo, o que dá uma ideia de sua importância funcional. Tudo indica que a evolução brindou o cerebelo com a maior taxa de crescimento entre as regiões cerebrais: embora seja o córtex cerebral a região que mais cresceu em volume, foi o cerebelo o que mais cresceu em número de neurônios.

O cerebelo consiste em uma estrutura globosa com dois hemisférios que apresentam dobraduras paralelas transversais chamadas folhas**, separadas por fissuras. Os primeiros anatomistas não tinham acesso à sua organização histológica e muito menos às conexões e às funções dos neurônios do cerebelo, por isso só puderam observar sua

---

* *Equivalente ao termo em inglês* feedback.

** *O termo cerebelo significa "pequeno cérebro". A analogia não para aí: as folhas do cerebelo equivalem aos giros do cérebro, e as fissuras equivalem aos sulcos. Hemisférios, lobos e lóbulos têm o mesmo sentido em ambas as estruturas.*

O Alto Comando Motor

▸ **Figura 12.18.** O cerebelo possui um córtex na superfície e núcleos profundos no seu interior. **A**. Vista dorsal do cerebelo (indicada pela luneta no pequeno encéfalo acima e à direita), com os núcleos profundos desenhados em verde "por transparência". **B**. Vista ventral do cerebelo (luneta no pequeno encéfalo abaixo à direita), com os pedúnculos cerebelares cortados.

estrutura macroscópica. O que fizeram foi dividir o cerebelo em lobos e estes em lóbulos, como no cérebro. Os três lobos do cerebelo são: o lobo anterior, o lobo posterior e o lobo floculonodular, que se vê apenas quando se olha o cerebelo por baixo (Figura 12.18B), depois de cortar os pedúnculos cerebelares[A] que o ligam ao tronco encefálico.

Quando foi possível examiná-lo ao microscópio, os histologistas logo observaram que a superfície do cerebelo é formada por um *córtex* com três camadas e uma substância branca[A] mais abaixo, em cujo interior estão incrustados quatro *núcleos profundos* em cada hemisfério: o núcleo fastigial, os interpostos (globoso e emboliforme) e o núcleo denteado (Figuras 12.18 e 12.19). Ao estudar as relações conectivas entre o córtex cerebelar e os núcleos profundos, perceberam que os núcleos fastigiais recebem aferentes da região mediana do cerebelo (chamada verme[A] por seu aspecto alongado e segmentado; Figura 12.19A), que os núcleos interpostos os recebem de zonas longitudinais intermediárias situadas entre o verme e os hemisférios e que os núcleos denteados, das regiões mais laterais dos hemisférios. O córtex do lobo floculonodular conecta-se com os núcleos vestibulares (Figura 12.19B), que, desse ponto de vista, podem ser considerados também núcleos profundos do cerebelo, apesar de estarem localizados no tronco encefálico.

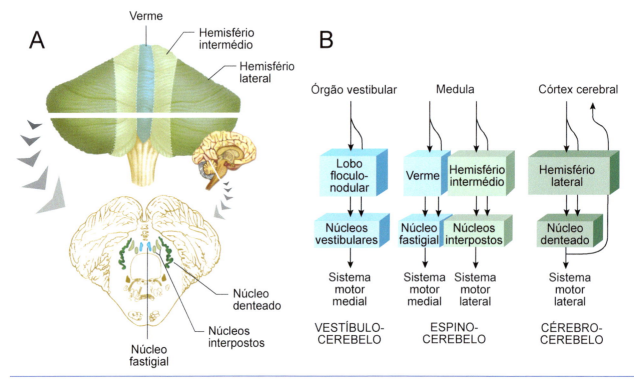

▶ **Figura 12.19. A**. Do ponto de vista das suas conexões, o cerebelo é subdividido em três regiões: verme, hemisférios intermédios e hemisférios laterais. Os núcleos profundos recebem aferentes seletivos de cada subdivisão, como se pode ver pela equivalência de cores. **B**. As subdivisões conectivas do cerebelo são também funcionais e relacionam-se com os subsistemas motores, definindo o vestíbulo-cerebelo, o espino-cerebelo e o cérebro-cerebelo. Os diagramas de blocos representam os aferentes e os eferentes de cada subdivisão funcional.

Com base nessas relações conectivas com os núcleos, histologistas propuseram, então, um novo zoneamento do cerebelo, que seria formado por quatro regiões de cada lado: o lobo floculonodular, o verme, o hemisfério intermédio e o hemisfério lateral. Pela comparação entre diferentes espécies animais, concluiu-se que, durante a evolução, o cerebelo expandiu-se mediolateralmente, sendo o lobo floculonodular e o verme as regiões mais antigas e o hemisfério lateral, a mais recente. Esse trajeto evolutivo de tamanho e forma do cerebelo foi também acompanhado pela sua função: as regiões mediais são mais envolvidas no controle de reflexos somáticos e autonômicos e movimentos rítmicos automáticos como a locomoção; o hemisfério intermédio encarrega-se do controle dos movimentos voluntários; e o hemisfério lateral participa de funções cognitivas complexas, como a linguagem, sendo muito desenvolvido nos seres humanos.

Apesar dessa concepção funcional diferenciada, os morfologistas verificaram que os circuitos do córtex cerebelar são homogêneos em todas as partes do cerebelo e que, portanto, a correlação das regiões do cerebelo com as suas funções deriva dos aferentes vindos de fora e dos eferentes que emergem dos núcleos profundos. Observaram que o lobo floculonodular não só se projeta para os núcleos vestibulares, como também recebe aferentes deles, e que, quando uma lesão é restrita a esse delicado lobo cerebelar, o animal ou o indivíduo apresentam distúrbios do equilíbrio e da postura antigravitária. O lobo floculonodular foi então chamado de *vestíbulo-cerebelo* (Figura 12.19B). Sua função, assim, foi claramente relacionada com a manutenção do equilíbrio e da postura. O verme e a zona intermédia, por outro lado, recebem forte inervação proveniente da medula por meio dos feixes espinocerebelares, sendo por isso reunidos no *espino-cerebelo* (Figura 12.19B). O espino-cerebelo envia fibras eferentes para o tronco encefálico e o mesencéfalo por intermédio do núcleo fastigial e dos interpostos, inervando, respectivamente, os núcleos do sistema descendente medial (núcleos vestibulares, formação reticular e colículo superior) e do sistema lateral (núcleo rubro).

O indivíduo apresenta erros de execução motora quando o espino-cerebelo é atingido por lesões, pois deixa de contar com a informação proprioceptiva carregada pelos feixes espinocerebelares e não é capaz de influenciar o comando motor veiculado pelas vias descendentes. Por fim, os hemisférios laterais recebem aferentes de núcleos situados na base da ponte, que, por sua vez, dispõem de uma extensa inervação do córtex cerebral. Essa inervação cortical tem origem no córtex frontal (regiões motoras e regiões cognitivas), no córtex parietal (regiões somestésicas e associativas) e no córtex occipital (especialmente V5, a área responsável pela percepção visual de estímulos em movimento). Os nú-

O Alto Comando Motor

cleos denteados, por sua vez, emitem fibras eferentes que terminam nos núcleos ventrolateral (VL) e ventroanterior (VA) do tálamo, de onde emergem axônios para o córtex motor, pré-motor e pré-frontal. Os hemisférios laterais foram, por isso, denominados *cérebro-cerebelo* (Figura 12.19B). Em função de suas extensas ligações com o córtex cerebral, pôde-se constatar que ele participa da coordenação dos movimentos mais complexos, integrando as informações sensoriais com os comandos de origem mental (cognitiva, emocional). Além disso, verificou-se que o cérebro-cerebelo se comunica reciprocamente com os núcleos da base, o que representa uma via de coordenação entre ambas as estruturas controladoras. Imagine a complexidade do trabalho do cerebelo de um pianista para controlar *on-line* a delicadeza e a desejada perfeição dos seus movimentos quando executa uma composição de Tom Jobim. Coerentemente, as lesões que atingem o cérebro-cerebelo provocam no indivíduo distúrbios de controle motor que alteram os movimentos voluntários e os movimentos automáticos aprendidos, além de outros distúrbios de natureza mental.

Refinando a sua análise microscópica, os neuro-histologistas puderam revelar os circuitos intrínsecos do cerebelo (Figura 12.20), o que permitiu que os fisiologistas estudassem as propriedades funcionais de cada tipo neuronal tendo em vista seus aferentes e o destino de seus axônios.

Verificaram que há um circuito básico homogêneo para todas as regiões (Figura 12.21) e que o processamento da informação é semelhante em todo o cerebelo, modificando-se apenas o seu significado funcional, determinado pela origem das fibras aferentes que chegam a cada região cerebelar e o destino das fibras eferentes. O circuito básico do cerebelo representa uma unidade ou módulo funcional chamado *microcomplexo*.

Os microcomplexos do cerebelo começam com as fibras que trazem informação de fora (Figura 12.20A). Estas constituem dois tipos: as musgosas e as trepadeiras, assim denominadas em função da sua morfologia fina. As *fibras musgosas* provêm de neurônios de diversos núcleos do tronco encefálico (menos o núcleo olivar inferior) e são o principal sistema de entrada de informações do cerebelo. São fibras excitatórias que empregam o glutamato como neurotransmissor e que terminam no córtex cerebelar, emitindo colaterais para os núcleos profundos logo ao entrar no cerebelo (Figura 12.21). As fibras *trepadeiras*, por outro lado, originam-se especificamente no núcleo olivar inferior, situado no bulbo. São também excitatórias, terminando exclusivamente no córtex (Figura 12.21). Há também aferentes inespecíficos difusos no cerebelo (não ilustrados na figura), cuja função não é motora e está descrita no Capítulo 16.

▶ **Figura 12.20.** Uma pequena fatia do córtex cerebelar (detalhe acima, à esquerda) é representativa de todas as regiões. **A** representa as fibras aferentes do cerebelo (em vermelho). A seta aponta para um glomérulo cerebelar, cujo envoltório glial não está ilustrado. **B** representa as fibras eferentes do córtex cerebelar, que emergem das células de Purkinje (em vermelho). **C** ilustra os interneurônios principais (também em vermelho). **A-C** modificado de Martin J. *Neuroanatomy*. Stamford: Appleton & Lange:, 1996.

▶ **Figura 12.21.** O circuito básico do cerebelo pode ser representado esquematicamente (**A**), com base no que os neuro-histologistas observam desde Cajal (**B**). Notar que as fibras que saem do cerebelo a partir dos núcleos profundos são excitatórias, mas as fibras de Purkinje que sobre elas incidem são fortemente inibitórias. As fibras aferentes que chegam ao cerebelo do tronco encefálico e da medula são excitatórias. Na ilustração de Cajal (**B**), A e H mostram células de Purkinje sombreadas. B representa o axônio de uma célula estrelada; C é uma fibra trepadeira; D é um axônio eferente de Purkinje; e E representa uma célula granular, cujo axônio forma as fibras paralelas (F). **B** reproduzido de Ramon y Cajal S. Croonian Lecture: La fine structure des centres nerveux. London: Royal Society London, 1894.

No córtex cerebelar, as fibras musgosas ramificam-se e estabelecem sinapses na camada granular. A organização dessas sinapses com as células granulares é complexa, formando estruturas chamadas *glomérulos* (seta na Figura 12.20A) que incluem terminais musgosos, terminais inibitórios das *células de Golgi* (Figura 12.20C) e dendritos das *células granulares* (Figura 12.20A), sendo o conjunto circundado por um envoltório de células gliais. O glomérulo permite uma alta eficiência na transmissão sináptica em face do isolamento propiciado pelas células gliais envolventes. Nesse ambiente protegido, os neurotransmissores têm ação na fenda sináptica, mas também se difundem para fora dela, influenciando as sinapses vizinhas dentro do glomérulo. A informação aferente, assim, ativa fortemente as células granulares. Ocorre que estas projetam seus axônios para uma camada suprajacente (a camada molecular), onde eles se bifurcam em dois ramos antípodas formando um sistema de fibras paralelas que, ao longo do caminho, terminam sobre os dendritos de um outro tipo neuronal característico do córtex cerebelar, a *célula de Purkinje* (Figura 12.20B). As células de Purkinje, contudo, não são influenciadas apenas pelas fibras paralelas. Um forte efeito ativador sobre elas têm as fibras trepadeiras, que vêm dos núcleos olivares inferiores e enovelam-se em torno do soma, formando múltiplas sinapses excitatórias (Figura 12.21).

A célula de Purkinje, assim, recebe forte ativação excitatória de ambos os aferentes: diretamente de uma fibra trepadeira e indiretamente das fibras musgosas, por intermédio dos axônios das células granulares (Figura 12.21). Cada célula de Purkinje é ativada por uma fibra trepadeira única que com ela estabelece milhares de sinapses (cerca de 25 mil no rato; provavelmente muito mais no homem). Além disso, a mesma célula de Purkinje recebe pelo menos uma sinapse de cada uma de cerca de 180 mil fibras paralelas que passam por seus dendritos no cerebelo humano. Apesar da forte ativação excitatória que recebem de seus aferentes, as células de Purkinje são, na verdade, inibitórias, tendo o GABA como neurotransmissor. Seus axônios projetam-se para os núcleos profundos (e os núcleos vestibulares, no caso do lobo floculonodular), constituindo a saída final do córtex cerebelar (Figura 12.21). A informação de saída do córtex cerebelar para os núcleos, assim, é inibitória.

▶ **Controle *On-Line* da Execução dos Movimentos**

Quase todos os axônios que emergem dos núcleos profundos do cerebelo (inclusive dos núcleos vestibulares) são excitatórios (há alguns inibitórios que se projetam à oliva

448

O ALTO COMANDO MOTOR

inferior). São eles que fornecem a informação de saída que o cerebelo envia aos diversos núcleos motores. Em cada um destes núcleos existe um mapa somatotópico da metade ipsolateral do corpo.

Os núcleos vestibulares fazem parte, eles próprios, do sistema medial de comando motor (Figuras 12.5 e 12.19B) e, dessa forma, participam dos ajustes posturais propiciados pelas informações que vêm do labirinto. Isso significa que o disparo das células de Purkinje, por ser inibitório, normalmente "freia" a ação motora dos feixes vestibuloespinhais. Por essa razão, os indivíduos com lesões do vestíbulo-cerebelo – que deixam de possuir a modulação cerebelar – apresentam marcha e postura atáxicas[G] e, quando parados, tendem a manter-se com as pernas afastadas para não oscilar e cair. Uma outra parte do sistema descendente medial é constituída pela formação reticular, que recebe axônios dos núcleos fastigiais do cerebelo. Por isso também os indivíduos com lesões do espino-cerebelo apresentam movimentos atáxicos do eixo do corpo, já que os seus feixes reticuloespinhais deixam de contar com a modulação cerebelar.

O sistema medial é também formado pelo colículo superior e seus axônios eferentes. Como o colículo recebe fibras do núcleo fastigial, os indivíduos com lesões espinocerebelares apresentam movimentos oculares anormais (nistagmo patológico). Pode-se concluir, assim, que as informações de saída do vestíbulo-cerebelo e do espino-cerebelo modulam a ação motora do sistema descendente medial, seja na manutenção do equilíbrio, seja nos ajustes do tônus muscular provocados por mudanças de posição da cabeça e do corpo, ou na regulação dos movimentos oculares sacádicos.

Os núcleos interpostos também fazem parte do espino-cerebelo (Figura 12.19B) e seus axônios veiculam informação modulatória ao núcleo rubro, exercendo controle, portanto, sobre o sistema descendente lateral e, desse modo, influenciando os movimentos voluntários dos membros. Por essa razão, os indivíduos com lesões do espino-cerebelo apresentam movimentos atáxicos dos membros, ou seja, incoordenação dos movimentos voluntários dos braços e das pernas. Ao mover um braço, por exemplo, o movimento nesses pacientes é produzido em ziguezague, como se fosse acompanhado de um forte tremor que, no entanto, cessa quando cessa o movimento. Conclui-se que o espino-cerebelo confere suavidade e harmonia à combinação de movimentos dos membros. Acredita-se que essa função de natureza corretiva seja realizada mediante a estabilização dos reflexos de estiramento, por meio das vias descendentes que terminam nos motoneurônios medulares.

Finalmente, os núcleos denteados são as vias de saída do cérebro-cerebelo para os córtices motor, pré-motor e pré-frontal (Figura 12.19B) por meio dos núcleos talâmicos VA e VL e de alguns núcleos da base. Neste caso, estabelece-se um circuito de retroação que leva a essas regiões corticais as informações geradas no cerebelo, capazes de modular os comandos que o córtex cerebral emite para a realização de movimentos voluntários, especialmente os precisos e finos movimentos distais dos membros e as sequências de movimentos que envolvem muitas articulações. Nos indivíduos com lesões do cérebro-cerebelo ocorrem diversos distúrbios da motricidade, especialmente uma incapacidade de combinar os movimentos das diversas partes do corpo em um mesmo movimento complexo (assinergia) e erros de execução espacial dos movimentos (dismetria).

Ao lado dessas observações dos neurologistas, os fisiologistas realizaram experimentos com macacos, registrando a atividade elétrica dos neurônios eferentes do cerebelo e correlacionando-a com os movimentos que os animais eram treinados para executar. Os resultados foram coerentes com o que se descreveu aqui. Neurônios dos núcleos fastigiais, por exemplo, mesmo com o animal em repouso, produzem um disparo tônico de frequência média. Durante a locomoção e os ajustes posturais, aumentam sua atividade. Os neurônios dos núcleos interpostos, por outro lado, modulam sua frequência de disparo toda vez que um membro muda de posição, especialmente quando ocorre a contração simultânea de agonistas e antagonistas. Finalmente, o estudo da atividade dos neurônios dos núcleos denteados mostrou que eles disparam antes dos movimentos complexos, especialmente aqueles associados a estímulos auditivos e visuais (movimentos não corretivos, isto é, voluntários, espontâneos).

Um outro aspecto importante da função cerebelar é a plasticidade sináptica, que foi bem documentada nas sinapses das fibras paralelas com os dendritos das células de Purkinje, mas que existe também em outras sinapses do microcomplexo cerebelar. Ocorre nessas sinapses a potenciação de longa duração (LTP, sigla da expressão em inglês) e a depressão de longa duração (LTD), ambas abordadas no Capítulo 5. Esses fenômenos são alterações duradouras da transmissão sináptica que representam formas de memória. Quer dizer: o microcomplexo cerebelar é dotado de memória, o que explica o envolvimento do cerebelo em várias formas de aprendizagem motora. Por exemplo: se algo tocar a sua córnea, você piscará defensivamente, no entanto você piscará também se algum objeto apenas se aproximar de sua córnea, mesmo sem tocá-la. E se associar esse estímulo a algo completamente inócuo, como um som qualquer, você piscará também. Isso porque você aprendeu que, quando os objetos se aproximam perigosamente da córnea, pode ocorrer uma forte e indesejável dor. Sabe-se que essa forma de aprendizagem é um condicionamento de tipo clássico, como os reflexos condicionados descritos pelo fisiologista russo Ivan Pavlov (1849-1936). E sabe-se também que o condicionamento do reflexo corneano – bem como outras formas de aprendizagem motora – dependem da integridade do microcomplexo cerebelar para funcionar corretamente. Por extensão, concluiu-se que o cerebelo é dotado de mecanismos de memória que possibilitam a aprendizagem motora.

A função desempenhada pelo cerebelo no controle dos movimentos – aprendidos ou novos – é inferida das observações dos neurologistas e dos experimentos dos fisiologistas, mas ainda há considerável controvérsia a esse respeito. A controvérsia estimulou o aparecimento de diferentes modelos funcionais para explicar a função cerebelar.

Alguns pesquisadores propuseram que o cerebelo seria um "reforçador tônico" das estruturas ordenadoras, fornecendo uma descarga tônica excitatória aos núcleos motores, que a repassariam aos músculos, produzindo tônus muscular. Este modelo está de acordo com a forte projeção do cerebelo para os núcleos motores do tronco encefálico, que produzem o tônus muscular por intermédio das vias descendentes mediais; no entanto não dá conta da projeção do cerebelo ao núcleo rubro, um ordenador de movimentos voluntários apendiculares proximais (dos ombros, por exemplo). Um segundo modelo propôs que o cerebelo fosse encarado como um gerador de ritmos, que seria usado pelo sistema motor como um metrônomo[G] para calcular o tempo de duração dos movimentos. A ideia é compatível com alguns sintomas provenientes de lesões do cerebelo (como a dismetria, erro de alcance de um movimento). Entretanto, não se encontrou periodicidade rítmica no disparo de potenciais de ação pelos neurônios eferentes do cerebelo.

Ainda um outro modelo funcional encara o cerebelo como um comparador entre as instruções de comando geradas pelo córtex motor e a tarefa executada pelos músculos. Como o cerebelo demonstradamente recebe informações multissensoriais (proprioceptivas, visuais, labirínticas, somestésicas), sua tarefa seria compará-las com uma cópia (a "cópia eferente") dos comandos motores originados no córtex e veiculados pelas projeções que chegam pelos núcleos pontinos. Resultaria dessa comparação o envio de instruções corretivas ao córtex motor que eliminariam erros, diminuindo as oscilações dos movimentos durante a sua execução.

Recentemente se descobriu que o cerebelo participa de funções mentais, apresentando fluxo sanguíneo aumentado durante a execução de tarefas motoras de natureza superior, como a linguagem, a aprendizagem de movimentos complexos, a execução de movimentos com conteúdo emocional e outras. Assim, o cerebelo não seria apenas uma máquina de controle motor, mas também um instrumento de planejamento volitivo que contribuiria com a capacidade mental do indivíduo. Essa nova concepção do cerebelo é apoiada pela evidência de que indivíduos autistas[G] e esquizofrênicos[G] frequentemente apresentam lesões cerebelares.

▶ Estrutura e Circuitos dos Núcleos da Base

Os núcleos da base não constituem um "órgão" bem definido como o cerebelo. São um conjunto de núcleos situados em diferentes partes do sistema nervoso que têm conexões entre si e participação no mesmo sistema funcional de controle motor. Alguns deles são telencefálicos (Tabela 12.3), como o corpo estriado[A] e o globo pálido; outros são diencefálicos, como é o caso do núcleo subtalâmico; e outros, ainda, são mesencefálicos, como a substância negra[A]. Os núcleos da base apresentam três diferenças marcantes com o cerebelo: (1) recebem maciçamente aferentes corticais (praticamente não há aferentes sensoriais ou de regiões motoras subcorticais, como é o caso do cerebelo); (2) emitem eferentes de saída exclusivamente para o tálamo e o mesencéfalo; e (3) esses eferentes são inibitórios (e não excitatórios, como os do cerebelo).

O *corpo estriado* deve seu nome ao fato de que as fibras da cápsula interna o atravessam (Figura 12.22A), conferindo-lhe um aspecto rajado. As relações com a cápsula interna[A] – principal feixe de fibras que comunica o córtex cerebral com as regiões subcorticais – são importantes porque é esse feixe que separa o núcleo caudado[A] do putámen[A] (Figura 12.22B). A separação, entretanto, é apenas morfológica, uma vez que a função de ambos os núcleos é semelhante. Pode-se verificar também que o corpo estriado tem uma porção dorsal relacionada com o sistema motor, já mencionada, mas também uma porção ventral relacionada com outras funções (Tabela 12.3, asteriscos). O envolvimento do corpo estriado com o controle dos movimentos é conhecido desde o início do século XX, depois que o médico americano George Huntington (1850-1916) descreveu, em 1872, a doença que levou seu nome e que se caracteriza pela ocorrência de movimentos anormais incontroláveis que o paciente realiza sem cessar. O exame anatomopatológico dos encéfalos desses pacientes revela uma forte degeneração de neurônios do estriado, que às vezes atinge também algumas regiões do córtex cerebral. O corpo estriado é a porta de entrada dos núcleos da base, uma vez que recebe o influxo de informação que vem de inúmeras regiões do córtex cerebral, distribuída topograficamente. Essa especificidade topográfica corticoestriada tem levado a considerar que há setores envolvidos com o sistema motor, dos quais trataremos aqui, e outros envolvidos com outras funções – emocionais, cognitivas, motivacionais. Do estriado emergem axônios que se projetam aos demais núcleos da base para o processamento que possibilitará o controle dos movimentos e demais funções.

O *globo pálido*[A] (Figura 12.22B) recebeu esse nome porque apresenta tonalidade mais clara que os núcleos vizinhos. Situa-se em posição ventromedial ao corpo estriado e subdivide-se em dois núcleos: o externo (GPe) e o interno (GPi). O pálido representa o estágio final do processamento

O Alto Comando Motor

Tabela 12.3. Os Núcleos da Base

Origem	Complexo	Núcleos	Abreviaturas	Funções
Telencéfalo	Corpo estriado[A]	Nu. caudado[A]	Cd	Primeiro estágio do circuito de retroação motora com o córtex cerebral / Recebe informações sobre o programa efetuador de atos e comportamentos
		Nu. putâmen[A]	Pu	Primeiro estágio do circuito de retroação motora com o córtex cerebral/recebe informações sobre o programa efetuador de atos e comportamentos
		Nu. acumbente*	Ac	Participa do sistema de recompensa (Capítulo 20), e não diretamente do controle motor
		Tubérculo olfatório*	TO	Participa do sistema olfatório (Capítulo 10)
	Globo pálido[A]	Externo	GPe	Estágio intermediário do circuito de retroação motora, entre o Cd-Pu e o GPi/via indireta
		Interno	GPi	Estágio de saída em direção ao tálamo/vias direta e indireta/efeito inibitório sobre o tálamo motor
		Ventral*	GPv	Participa do sistema de recompensa (Capítulo 20), e não diretamente do controle motor.
Diencéfalo[A]		Nu. subtalâmico	ST	Alça de retroação paralela que recebe do córtex cerebral e projeta ao GPi e à SNr/participa do controle de movimentos oculares
Mesencéfalo	Substância negra[A]	Parte compacta	SNc	Alça de retroação paralela que recebe do córtex cerebral e projeta para o corpo estriado
		Parte reticulada*	SNr	Alça de retroação paralela que recebe do córtex cerebral e do ST e projeta para o corpo estriado/participa do controle de movimentos oculares
		Área tegmentar ventral*	ATV	Participa do sistema de recompensa (Capítulo 20), e não diretamente do sistema motor

* Anatomicamente, estas regiões fazem parte dos núcleos da base, mas, como são associadas a outros sistemas funcionais, são tratadas nos Capítulos 10 e 20.

da informação que os núcleos da base realizam, pois é do GPi que partem os axônios eferentes de saída em direção ao tálamo.

O *núcleo subtalâmico* fica em uma região diencefálica ventral ao tálamo, e é atualmente considerado um núcleo de entrada também, como o corpo estriado, pois recebe amplas projeções do córtex cerebral (Figura 12.23A). E, por fim, a *substância negra* (Figura 12.22B), subdividida em duas partes – compacta e reticulada* (Tabela 12.3) – comunica-se reciprocamente com o estriado (a SNc) e projeta eferentes ao colículo superior do mesencéfalo (a SNr) (Figura 12.22B).

O estudo dos circuitos neurais dos núcleos da base deve também começar pelos aferentes originários do córtex cerebral, como fizemos para o cerebelo. Praticamente todas as regiões corticais emitem fibras destinadas ao corpo estriado (Figura 12.23A): as que chegam ao caudado são provenientes das regiões associativas, enquanto as que terminam no putâmen são geralmente originárias das regiões sensoriais e motoras. Todas essas fibras são excitatórias (glutamatérgicas) e estabelecem sinapses com a ponta das espinhas dendríticas do principal tipo neuronal do corpo estriado: a célula espinhosa média (Figura 12.24). Sobre esse neurônio, que constitui cerca de 95% da população de células do estriado, convergem também axônios dopaminérgicos provenientes da substância negra (Figura 12.23A), fibras glutamatérgicas do tálamo e axônios colinérgicos e GABAérgicos de neurônios locais, além dos aferentes

corticais. Fica evidente que esses neurônios representam importantes sítios de processamento da informação, o que é atestado pelos distúrbios devastadores que surgem quando eles se degeneram nos pacientes com doença de Huntington, um distúrbio motor de origem genética que provoca amplos movimentos anormais incontroláveis e gradativamente vai deteriorando a vida cognitiva do paciente até a morte por demência e total incapacidade funcional.

Na outra ponta, os axônios de saída dos núcleos da base emergem dos neurônios inibitórios (GABAérgicos) do núcleo interno do globo pálido e da substância negra reticulada. Os primeiros projetam a certos núcleos do tálamo e os segundos, ao colículo superior do mesencéfalo (Figura 12.23B). O tálamo completa o circuito projetando a diversas regiões do córtex motor, e o colículo superior faz o mesmo, projetando para os núcleos de comando dos músculos do olho (não ilustrado). Isso permite influenciar os movimentos corporais (a via palidotalâmica) e também os movimentos oculares (a via nigrotectal).

O que acontece no meio do caminho? Entre a entrada e a saída, o que fazem os circuitos internos dos núcleos da base? Podemos considerar que as conexões do córtex cerebral com os núcleos da base estabelecem três vias principais (Figura 12.23C): uma via *direta*, que conecta o corpo estriado diretamente ao GPi, uma via *indireta*, que apresenta um estágio sináptico intermediário no GPe, e uma via *hiperdireta*, que segue do córtex ao núcleo subtalâmico (Figura 12.23A). Em todos os casos, como a entrada vem do córtex e a saída volta a ele, trata-se de um circuito de retroação. Mas não é tão simples como

---

Os termos expressam, respectivamente, a maior e a menor compactação das células que compõem cada parte.

451

Neurociência dos Movimentos

▶ **Figura 12.22.** Os núcleos da base (em verde) ficam no interior do encéfalo, e são atravessados pela cápsula interna (em azul). **A**. Representação "por transparência" dos núcleos da base, atravessados por dois dos feixes da cápsula interna. **B**. Representação do corte cujo plano está indicado pela linha branca em **A**, mostrando também os núcleos da base em relação à cápsula interna. Um plano de corte oblíquo como esse permite visualizar ao mesmo tempo os componentes telencefálicos, diencefálicos e mesencefálicos dos núcleos da base. A substância negra pode ser vista claramente acima do pedúnculo cerebral, no mesencéfalo (desenho de baixo em **B**). As imagens de ressonância magnética à direita mostram os planos equivalentes aos ilustrados à esquerda, salientando a cápsula interna que atravessa os núcleos da base. Imagens gentilmente cedidas por Theo Marins, do Instituto D'Or de Pesquisa e Ensino.

parece. Os neurônios espinhosos médios são fortemente influenciados por axônios dopaminérgicos provenientes da substância negra compacta – os da via direta possuem um subtipo de receptor (D1) que os despolariza, enquanto os da via indireta possuem um outro subtipo (D2) que os hiperpolariza. A substância negra compacta, então, é capaz de ativar (facilitar) alguns neurônios do estriado e inibir outros. O balanço entre essas ações opostas das fibras dopaminérgicas da SNc é crucial para a função e a disfunção dos núcleos da base, como veremos adiante.

Além disso, o núcleo subtalâmico estabelece conexões recíprocas com o GPi (Figura 12.23C) e participa também do circuito de controle dos movimentos oculares, projetando seus axônios de saída para a substância negra reticulada. O núcleo subtalâmico recebe também expressiva projeção do córtex cerebral (a via hiperdireta), o que permite concluir que o controle dos movimentos oculares utiliza uma maquinaria neuronal própria, relativamente separada da que se dedica ao controle dos movimentos corporais.

452

O ALTO COMANDO MOTOR

▶ **Figura 12.23.** As informações de entrada que o corpo estriado processa vêm de extensas regiões do córtex cerebral (**A**), enquanto as informações de saída seguem para certos núcleos do tálamo, que as transmitem para as regiões motoras do córtex, e para o colículo superior do mesencéfalo (**B**). Os núcleos da base constituem, entre si, um complexo circuito de processamento (**C**) que transforma as informações de entrada em comandos para iniciar ou terminar um movimento simples, uma sequência deles, ou mesmo comportamentos complexos e elaborados.

▶ **Figura 12.24. A**. Os aferentes da célula espinhosa média do corpo estriado são conhecidos quanto a sua origem, seu local preciso de terminação e o seu neurotransmissor. ACh = acetilcolina; Cd = caudado; DA = dopamina; GABA = ácido gama-aminobutírico; Glut = glutamato; Pu = putâmen; SN = substância negra. **B**. Imagem ao microscópio de neurônios espinhosos médios (em amarelo). Os núcleos de outras células estão marcados em azul. Foto reproduzida da Wikipedia.

453

Finalmente, em anos recentes, tem-se demonstrado intensa coordenação entre o cerebelo e os núcleos da base, estruturas que se acreditava que funcionariam independentemente. Não é o caso: foram descobertas conexões importantes dos hemisférios cerebelares via núcleo denteado para a substância negra reticular e o globo pálido interno (Figura 12.23). Essa descoberta indica um alto nível de coordenação entre os sistemas de controle motor. Nada é tão simples em neurociência...

◗ O Enigma da Função dos Núcleos da Base

A função geral dos núcleos da base, bem como a participação específica de cada um deles, tem sido tradicionalmente inferida a partir de casos de pacientes com lesões nesses núcleos. Disso resultou a concepção prevalente de que os núcleos da base são iniciadores e terminadores dos movimentos: o disparo inibitório de seus axônios de saída para o tálamo seria um "freio" constante de movimentos indesejados. A necessidade de realizar um movimento interromperia esse disparo tônico frenador e "liberaria" os comandos motores corticais para os ordenadores subcorticais. O oposto ocorreria no final do movimento. Como os circuitos dos núcleos da base extrapolam o sistema motor, atualmente se considera que exercem a mesma ação iniciadora/terminadora sobre comportamentos complexos também. Quando a ação frenadora é excessiva, mover-se fica difícil e o indivíduo apresenta movimentos poucos (acinesia) e lentos (bradicinesia). Quando é deficiente, ocorrem movimentos anormais incontroláveis (hipercinesia), alguns simples como a elevação súbita dos ombros ou uma contração da face (tiques), outros bastante complexos, verdadeiros comportamentos. Isso explicaria o envolvimento dos núcleos da base em doenças psiquiátricas como o transtorno obsessivo-compulsivo, que leva o indivíduo a perder a capacidade de inibir certos comportamentos e executá-los repetitiva e exaustivamente. São os pacientes que lavam as mãos ou banham-se compulsivamente, colecionam objetos inúteis que não conseguem jogar fora ou dedicam-se aos jogos de azar sem conseguir parar.

A explicação mais aceita é conhecida como a hipótese das vias paralelas, que propõe a existência de um equilíbrio entre a via direta e a via indireta dos circuitos retroativos entre o córtex e os núcleos da base. Predominaria a via direta quando fosse necessário iniciar um certo movimento ou comportamento. O córtex ativaria os neurônios inibitórios do estriado, que bloqueariam os neurônios inibitórios do GPi. Resultado: o tálamo seria "liberado" para autorizar as regiões motoras a programar e comandar esse movimento ou comportamento. Em outra circunstância, predominaria a via indireta, que possui um neurônio inibitório a mais, na sequência. Nesse caso, o tálamo seria impedido de autorizar os movimentos ou comportamentos ou, então, provocaria a sua interrupção. Os demais participantes dessas vias exerceriam influências moduladoras, fazendo pender o equilíbrio para a via direta ou a indireta, para a iniciação ou a terminação de um movimento ou comportamento. A via hiperdireta adiciona um complicador a essa visão clássica, mas ainda não se conhece muito bem sua função.

Essa concepção é apoiada pelos sintomas apresentados por pacientes com doenças neurodegenerativas dos núcleos da base. Os portadores da doença de Parkinson, por exemplo, são vítimas de degeneração dos neurônios da substância negra compacta, as células dopaminérgicas cujos axônios projetam-se ao corpo estriado. Apresentam grande dificuldade de iniciar movimentos corporais (acinesia), têm rigidez muscular considerável e não conseguem evitar um tremor constante nos membros e na mandíbula. É possível explicar alguns dos sintomas utilizando-se o conhecimento que temos sobre os circuitos dos núcleos da base (Figura 12.25A). Assim, sem a modulação positiva (facilitação) da via direta (receptores D1) e sem a modulação negativa da via indireta (D2), o resultado seria um progressivo bloqueio da ativação cortical que o tálamo normalmente realiza (Figura 12.25B). Desautorizado pelo tálamo, o córtex motor deixaria de programar e comandar movimentos e comportamentos, e isso explicaria a acinesia desses pacientes.

Outra doença dos núcleos da base é o balismo: os pacientes, neste caso, apresentam hipercinesia, isto é, amplos movimentos anormais dos membros, involuntários e incontroláveis. Ocorre que, no balismo, estão lesados os neurônios do núcleo subtalâmico (Figura 12.25C). Consequentemente, está ausente a facilitação do segundo neurônio inibitório da via indireta (no GPi). Resultaria menor inibição dos neurônios talâmicos, o que causaria a ativação indevida do córtex motor, originando os movimentos anormais. Finalmente, o mesmo circuito pode ser utilizado para explicar a doença de Huntington (Figura 12.25D). Neste caso, a lesão atinge os neurônios espinhosos médios do corpo estriado: resultaria em descontrole de ambas as vias de processamento – a direta e a indireta. O paciente apresenta movimentos anormais, e não só isso. Vai-se deteriorando gradativamente a sua saúde mental em geral, ocorre demência progressiva e o indivíduo morre em 10-15 anos.

A hipótese das vias paralelas tem sido questionada pelos fisiologistas depois que eles estudaram as características da atividade dos diferentes neurônios dos núcleos da base. Seria de esperar que esses neurônios disparassem antes que os movimentos ocorressem, se a sua função fosse realmente a de iniciá-los. Não é assim, entretanto: os únicos neurônios que disparam antes dos movimentos são as células espinhosas médias do corpo estriado. Nos neurônios dos outros núcleos da base encontra-se correlação entre o disparo de PAs e os movimentos, mas com o transcorrer do movimento e, às vezes, com o final dele. Essa incongruência é mais enigmática no caso dos neurônios do GPi, justamente as células eferentes dos núcleos da base, que supostamente

O Alto Comando Motor

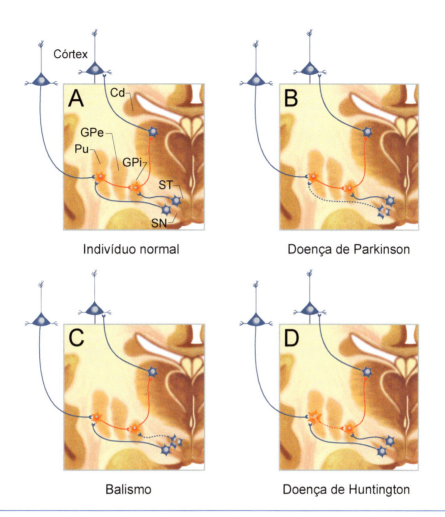

▸ **Figura 12.25. A**. Representação dos principais circuitos dos núcleos da base em um indivíduo normal, com os neurônios inibitórios representados em vermelho e os excitatórios em azul. As conexões recíprocas não estão representadas, por simplicidade. **B**. Nos doentes parkinsonianos, neurônios nigro--estriados degeneram. **C**. Nos pacientes com balismo, degeneram-se os neurônios subtalâmico-pálidos, e nos pacientes com doença de Huntington (**D**), são os neurônios espinhosos médios do corpo estriado que se degeneram. Alguns dos sintomas dessas doenças podem ser explicados analisando-se os circuitos (veja o texto). Cd = caudado; GPe = globo pálido externo; GPi = globo pálido interno; Pu = putâmen; SN = substância negra; ST = núcleo subtalâmico.

seriam encarregadas de veicular ao córtex, por intermédio do tálamo, o resultado de sua operação.

Apesar desse questionamento, a hipótese é apoiada pela experiência prática dos neurocirurgiões, que atualmente utilizam com sucesso tanto lesões induzidas de partes do circuito, quanto a estimulação delas com marca-passos externos por meio de eletródios implantados para aliviar os sintomas de doença de Parkinson especialmente, mas também do balismo e da doença de Huntington.

Em vista dessas contradições, a função dos núcleos da base permanece um relativo enigma por ser resolvido. Sua participação no controle motor está estabelecida, mas sua participação em processos cognitivos mais complexos ainda não está esclarecida em bases sólidas.

Glossário

Ataxia: incoordenação dos movimentos das diferentes partes do corpo.

Autismo: distúrbio de personalidade que leva o indivíduo a alhear-se do mundo exterior e viver voltado inteiramente para si próprio.

AVC: sigla de acidente vascular cerebral, geralmente provocado por obstrução ou ruptura de um vaso sanguíneo. Também chamado – mais corretamente – acidente vascular encefálico (AVE).

Decussação: cruzamento oblíquo de fibras nervosas pelo plano mediano (linha média) do SNC. Difere de uma comissura, que é o cruzamento antiparalelo de fibras em sentido ortogonal ao plano mediano. Maiores detalhes no Capítulo 19.

Divergência: inervação de múltiplos alvos por um mesmo neurônio resultante da ramificação terminal do axônio. Opõe-se à convergência, que é a inervação de um único alvo por diversos neurônios.

Esquizofrenia: distúrbio mental que provoca deformações da percepção e do contato do indivíduo com o mundo externo. Caracteriza-se por diversos sintomas, entre os quais as alucinações.

Funículo: feixe de fibras compactas no interior do SNC. Na substância branca medular, o mesmo que cordão (cordões posterior ou dorsal, lateral e anterior ou ventral).

Hiper-reflexia: quadro clínico caracterizado por exacerbação dos reflexos. Opõe-se à hiporreflexia, um enfraquecimento geral dos reflexos.

Metrônomo: instrumento que produz um batimento sonoro rítmico usado pelos músicos para orientar os tempos de execução musical.

Mnemônicas: relativas à memória.

Modulação: variação temporal dos parâmetros de comando neural dos movimentos que resulta em alterações suaves da amplitude dos potenciais sinápticos e da frequência de disparo das salvas de potenciais de ação dos motoneurônios.

Percepção visuoespacial: computação visual das relações de posição e distância entre os vários objetos do ambiente e o observador.

PET: sigla de *positron-emission tomography* (tomografia por emissão de pósitrons), método de imagens do fluxo sanguíneo obtidas mediante um isótopo radioativo emissor de elétrons positivos (pósitrons) injetado no paciente.

Pixel: ponto luminoso mínimo de um monitor que compõe as imagens em conjunto com muitos outros. Quanto menor o pixel, mais nítidos os detalhes da imagem formada.

Razão de inervação: para um músculo, é o quociente entre o número de motoneurônios que o comandam e o número de fibras musculares que possui. Quanto maior a razão de inervação de um músculo, mais preciso o seu desempenho sob controle neural. Maiores detalhes no Capítulo 11.

Ressonância magnética (RM): termo usado em Física para indicar certo tipo de resposta de átomos ou moléculas a ondas de rádio quando colocados dentro de intensos campos magnéticos. A propriedade é empregada em uma técnica moderna de imagem computadorizada da morfologia e da função de tecidos corporais, entre eles o tecido nervoso.

Sistema límbico: conjunto bastante diversificado de regiões do sistema nervoso central que têm em comum participarem das funções ligadas às emoções. Maiores detalhes no Capítulo 20.

SPECT: sigla de *single-photon emission computerized tomography* (tomografia computadorizada por emissão de um único fóton), método de imagens do fluxo sanguíneo obtidas por meio de um isótopo radioativo emissor de fótons injetado no paciente.

Tecto mesencefálico: termo derivado da palavra latina *tectum*, que significa "teto", "telhado", ou seja, a cobertura do mesencéfalo. Opõe-se a tegmento, que significa "assoalho".

Vetor: segmento de reta orientado, com uma origem e uma extremidade. Usado em Física para definir uma trajetória.

O ALTO COMANDO MOTOR

Leia mais

▶ Leitura Básica

Kalaska JF, Rizzolatti G. Movimento voluntário: o córtex motor primário. In: Kandel ER et al. *Princípios de Neurociências*. 5ª ed. trad. Porto Alegre: McGraw-Hill-Artmed, 2014. p. 724-748. Texto avançado abordando o papel funcional do córtex motor primário no comando dos movimentos.

Rizzolatti G, Kalaska JF. Movimento voluntário: os córtices parietal e pré-motor. In: Kandel ER et al. *Princípios de Neurociências*. 5ª ed. trad. Porto Alegre: McGraw-Hill-Artmed, 2014. p. 750-774. Texto avançado abordando o papel do córtex cerebral no planejamento motor.

Macpherson JM, Horak FB. Postura. In: Kandel ER et al. *Princíos de Neurociências*. 5ª ed. trad. Porto Alegre: McGraw-Hill-Artmed, 2014. p. 811-832. Texto avançado focalizando o controle postural pelo tronco encefálico.

Bear MF, Connors BW, Paradiso MA. Controle Encefálico do Movimento. In: Bear MF, Paradiso MA, Connors BW *Neurociências – Desvendando o Sistema Nervoso*. 4ª ed. trad. Porto Alegre: Artmed, 2017. p. 483-517. Texto genérico que cobre todo o sistema de controle motor.

Lisberger SG, Thach WT. Cerebelo. In: Kandel ER et al. *Princípios de Neurociências*. 5ª ed. trad. Porto Alegre: McGraw-Hill-Artmed, 2014. p. 833-851. Texto avançado focalizando o cerebelo.

Wichmann T, DeLong MR. Núcleos da base. In: Kandel ER et al. *Princípios de Neurociências*. 5ª ed. trad. Porto Alegre: McGraw-Hill-Artmed, 2014. p. 852-866. Texto avançado focalizando o papel funcional dos núcleos da base.

▶ Leitura Complementar

Clássicos

Jackson JH. *Selected Writings of John Hughlings Jackson*. Londres, Inglaterra: Hodder & Stoughton, 1931.

Eccles JC, Ito M, Szentágothai J. *The Cerebellum as a Neuronal Machine*. Nova York: Springer, 1967.

Evarts EV. Relation of pyramidal tract activity to force exerted during voluntary movement. *Journal of Neurophysiology*. 1968;31:14-27.

Penfield W. *The Mystery of the Mind*. Princeton: Princeton University Press, 1975.

Georgopoulos AP, Kalaska JF, Caminiti R, Massey JT. On the relations between the direction of two-dimensional arm movements and cell discharge in primate motor cortex. *Journal of Neuroscience*. 1982;2:15271537.

Recentes

Ferrari PF, Gerbella M, Coudé G e Rozzi S. Two different mirror neuron networks: The sensorimotor (hand) and limbic (face) pathways. *Neuroscience*. 2017;358:300-315.

Bostan AC e Strick PL. The basal ganglia and the cerebellum: nodes in an integrated network. *Nature Reviews Neuroscience*. 2018;19:338-350.

Svoboda K e Li N. Neural mechanisms of movement planning: motor cortex and beyond. *Current Opinion in Neurobiology*. 2018;49:33-41.

Wang S, Mamelak NA, Adolphs R e Rutishauser U. Abstract goal representation in visual search by neurons in the human pre-supplementary motor area. *Brain*. 2019;142:3530-3549.

Milardi D, Quartarone A, Bramanti A, Anastasi G et al. The cortico-basal ganglia-cerebellar network: Past, present and future perspectives. *Frontiers in Systems Neuroscience*. 2019;13:61.

Daprati E, Sirigu A, Nico D. Remembering actions without proprioception. *Cortex*. 2019;113:29-36.

O'Doherty JE, Shokur S, Medina LE, Lebedev MA, Nicolelis MAL. Creating a neuroprosthesis for active tactile exploration of textures. *Proceedings of the National Academy of Sciences USA*. 2019;116:21821-21827.

Prager EM, Plotkin JL. Compartmental function and modulation of the striatum. *Journal of Neuroscience Research*. 2019;97:1503-1514.

Lemon R, Kraskov A. Starting and stopping movement by the primate brain. *Brain and Neuroscience Advances*. 2019;3:2398212819837149.

Thanawalla AR, Chen AI, Azim E. The cerebellar nuclei and dexterous limb movements. *Neuroscience*. 2020;450:168-183.

Lisberger SG. The rules of cerebellar learning: Around the Ito hypothesis. *Neuroscience*. 2020;S0306-4522(20)30544-3.

Tanaka M, Kunimatsu J, Suzuki TW, Kameda M, Ohmae S, Uematsu A, Takeya R. Roles of cerebellum in motor preparation and prediction of timing. *Neuroscience*. 2020;S0306-4522(20)30272-4.

Haar S, Donchin O. A revised computational neuroanatomy for motor control. *Journal of Cognitive Neuroscience*. 2020;32:1823-1836.

McColgan P, Joubert J, Tabrizi SJ, Rees G. The human motor cortex microcircuit: insights for neurodegenerative disease. *Nature Reviews. Neuroscience*. 2020; 1:401-415.

PARTE 4

NEUROCIÊNCIA DOS ESTADOS CORPORAIS

13

Macro e Microambiente do Sistema Nervoso

Espaços, Cavidades, Liquor e Circulação Sanguínea do Sistema Nervoso

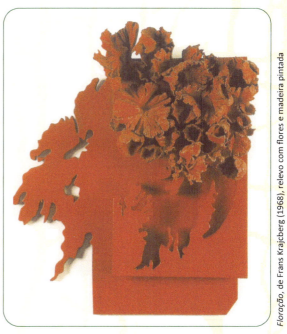

Floração, de Frans Krajcberg (1968), relevo com flores e madeira pintada

Saber o Principal

Resumo

O sistema nervoso não está em contato com o ar. Muito ao contrário, flutua em um ambiente líquido especial que o protege mecanicamente e favorece trocas metabólicas. Esse ambiente líquido é delimitado e selado externamente pelas meninges (dura-máter, aracnoide e pia-máter). Abaixo da aracnoide fica o espaço subaracnóideo, que se comunica com as cavidades internas do SNC (ventrículos e canais). O líquido que preenche esse sistema de compartimentos é o liquor ou líquido cefalorraquidiano, produzido por estruturas especializadas situadas dentro dos ventrículos chamadas plexos coroides. A partir dos plexos coroides, o liquor circula pelos ventrículos, passa ao espaço subaracnóideo e é finalmente drenado para o sangue venoso.

O ambiente líquido que banha o exterior do sistema nervoso e o interior de suas cavidades não é suficiente para garantir a nutrição e o aporte de oxigênio ao tecido nervoso. Para isso é necessária uma rede vascular bastante ramificada e extensa. O sangue penetra no encéfalo por meio de duas grandes vias arteriais: a via anterior ou carotídea e a posterior ou vertebrobasilar. Ambas se ligam por vasos comunicantes (anastomoses) na base do encéfalo, e os ramos arteriais que emergem desse conjunto irrigam as diversas partes do encéfalo. A medula é irrigada também pela via vertebrobasilar, mas além dela recebe aporte arterial proveniente de ramos segmentares da aorta descendente.

O sangue arterial nutre o tecido nervoso mediante uma rede capilar que tem características especiais, diferentes dos demais tecidos. Trata-se da barreira hematoencefálica, formada pelas células endoteliais que constituem a parede dos capilares, fortemente unidas umas às outras por junções oclusivas. A barreira não é completa, mas, sim, seletiva, permitindo a passagem de algumas substâncias e bloqueando outras. Esse mecanismo seletivo é capaz de garantir aos neurônios e gliócitos o aporte de substâncias nutricionais, além dos gases respiratórios. Ao mesmo tempo, bloqueia algumas substâncias tóxicas ou neuroativas nocivas.

Após as trocas filtradas pela barreira hematoencefálica, o sangue deixa a rede capilar e é drenado ao sistema venoso para ser levado de volta ao coração. A drenagem venosa é iniciada por vênulas e veias finas, depois passa a veias mais calibrosas que podem desaguar em estruturas tubulares formadas pela dura-máter – os seios venosos. O sistema de seios venosos garante não apenas a drenagem sanguínea, mas também o escoamento do liquor do espaço subaracnóideo. O sangue venoso assim formado acaba por chegar às veias de saída do sistema nervoso, que o conduzem ao coração.

A ideia tradicional de que o sistema nervoso não apresenta drenagem linfática como os órgãos periféricos atualmente foi substituída pelo conceito de sistema glinfático, que envolve a circulação de líquido intersticial e seus componentes a partir dos espaços periarteriolares recobertos pelos pedículos astrocitários e drenados posteriormente aos espaços perivenulares de organização semelhante. Além disso, demonstrou-se também recentemente um sistema linfático nas meninges e ao longo dos nervos cranianos que deixam o SNC por orifícios na base do crânio.

MACRO E MICROAMBIENTE DO SISTEMA NERVOSO

O sistema nervoso central (SNC) é altamente protegido: um sistema com segurança máxima contra abalos mecânicos e influências químicas indesejáveis. Todo ele é revestido por membranas conjuntivas que mantêm um compartimento cheio de líquido no qual flutuam o encéfalo e a medula espinhal[A]. Esse líquido, que banha o SNC por fora, transita também nas suas cavidades internas. Os abalos mecânicos que atingem o crânio e a coluna vertebral, assim, são devidamente amortecidos antes de alcançarem o encéfalo e a medula. Se não fosse assim, imagine o problema que haveria com uma simples cabeçada na bola dada por um jogador de futebol. Até a ação da gravidade é atenuada, porque o encéfalo literalmente flutua no liquor. Além disso, agentes químicos que poderiam chegar às superfícies externa e interna do SNC passam obrigatoriamente pelo filtro das estruturas que produzem esse líquido.

O SNC poderia sofrer influência de substâncias químicas nocivas trazidas pela circulação, mas não sofre porque as paredes dos capilares sanguíneos que o irrigam formam uma barreira seletiva que controla rigorosamente a travessia de moléculas. Nada passa do sangue para o tecido nervoso, e vice-versa, sem um rígido controle dessa barreira.

É fácil compreender por que é preciso proteção tão rigorosa. A maior parte das funções neurais baseia-se na comunicação por sinais elétricos gerados pelas membranas dos neurônios e sinais químicos transmitidos de um neurônio a outro. Ambos devem estar protegidos de quaisquer interferências externas que possam perturbar a precisão das mensagens: a energia do ambiente externo só pode entrar no microambiente interno pelos sistemas sensoriais, isto é, pela via neural, ou, então, pelo sangue, pela via circulatória. Já pensou se os movimentos que fazemos com a cabeça, mesmo os mais suaves, não fossem amortecidos no interior do crânio e atingissem o tecido neural?

Essa energia mecânica poderia estimular diretamente os neurônios, causando uma confusão de potenciais de ação em diversas regiões, em conflito com aqueles normalmente gerados pelo pensamento, pela memória, pela motricidade e assim por diante. Além disso, já pensou se as condições químicas do microambiente neural fossem sujeitas livremente às alterações do meio externo, ou mesmo do meio interno? Se, por exemplo, as toxinas eliminadas pelos microrganismos patogênicos de um simples furúnculo, circulando pelo sangue, conseguissem penetrar no sistema nervoso? Ou se a adrenalina secretada em situações de estresse passasse livremente ao tecido nervoso? Poderia ocorrer grande instabilidade na capacidade de sinalização dos neurônios, e tanto a rapidez como a precisão da comunicação neural seriam prejudicadas seriamente.

O bloqueio da passagem dos agentes químicos nocivos e de substâncias neuroativas, entretanto, deve se dar sem prejuízo da entrada das substâncias de que o SNC precisa, como oxigênio e glicose, por exemplo. Como isso ocorre? De que modo é possível reconhecer as substâncias necessárias à função neural e deixá-las passar; e aquelas potencialmente lesivas, que devem ser bloqueadas?

Este capítulo apresenta a constituição e a função da rede vascular do SNC, bem como das estruturas que se encarregam de proteger o tecido nervoso, separando-o dos demais tecidos orgânicos e do meio externo. Em conjunto, essas estruturas encarregam-se da entrada de nutrientes e outras substâncias necessárias ao funcionamento neural, do bloqueio dos agentes nocivos e do controle da passagem direta de energia – mecânica, química e outras – para o SNC. Os mecanismos de regulação do meio interno – homeostasia[G] – são temas dos Capítulos 14 e 15.

ENVOLTÓRIOS E CAVIDADES

O neurocirurgião que precisa ganhar acesso ao encéfalo para operá-lo tem que passar por diferentes "camadas" de tecidos dispostas umas sobre as outras até chegar ao tecido nervoso (Figura 13.1). Primeiro tem que remover a pele, depois, o tecido subcutâneo e os músculos (dependendo da região). Para ultrapassar o rígido tecido ósseo do crânio[A], emprega instrumentos especiais para abrir um orifício, mas ainda não alcança o tecido nervoso porque o encéfalo que se encontra dentro do crânio é completamente recoberto por um triplo sistema de envoltórios: três membranas conjuntivas que o separam do osso suprajacente e recebem o nome genérico de *meninges*.

▶ As Três Meninges*

A meninge mais externa é chamada *dura-máter*[A], um termo de origem latina que faz justiça à sua consistência. Como todo tecido conjuntivo, a dura-máter é rica em fibroblastos[G], só que, neste caso, estas células produzem uma grande quantidade de colágeno que torna essa membrana rígida e resistente. É vascularizada e inervada, apresentando sensibilidade dolorosa. No encéfalo, a dura-máter é formada por dois folhetos justapostos. O folheto externo fica aderido à superfície interna dos ossos cranianos, funcionando como um periósteo[G] que, no entanto, contribui apenas limitadamente para a soldagem

---

[A] *Estrutura encontrada no* Miniatlas de Neuroanatomia *(p. 359).*

[G] *Termo constante do glossário ao final do capítulo.*

* *Os anatomistas, às vezes, consideram apenas duas membranas, chamando a dura-máter de* paquimeninge *(o prefixo paqui = espessa) e reunindo a aracnoide e a pia-máter sob a denominação* leptomeninge *(o prefixo lepto = fina).*

463

▶ **Figura 13.1.** As meninges podem ser visualizadas imediatamente abaixo do crânio, delimitando espaços preenchidos por líquido. **A** mostra as sucessivas camadas de tecido até o crânio, e abaixo deste as três meninges. **B** apresenta uma imagem de ressonância magnética em corte coronal do encéfalo, mostrando em branco o líquido que preenche o espaço abaixo da aracnoide (liquor) e nos ventrículos. Na ressonância é difícil visualizar as meninges diretamente. **A** modificado de England MA, Wakely J. *A Colour Atlas of the Brain & Spinal Cord*. England: Wolfe Publishing, 1991. Imagem em **B** cedida por Jorge Moll Neto, do Instituto D'Or de Pesquisa e Ensino.

óssea quando ocorre uma fratura*. O folheto interno fica aderido ao externo, exceto em alguns pontos em que se separa dele para formar canais (chamados "seios" – veja adiante) que contêm sangue venoso (Figura 13.2). Ocorre que, ao se afastarem para formar os seios, os folhetos internos também formam pregas que contribuem para a separação entre os dois hemisférios cerebrais e entre estes e o cerebelo (Figura 13.2A e B), além de outras. A prega

---

* Isso pode parecer uma desvantagem, mas você já pensou se se formasse um calo ósseo interno? Certamente haveria irritação e compressão do tecido nervoso subjacente, além de interferência nas funções neurais.

que separa os hemisférios cerebrais chama-se foice do cérebro[A] e penetra fundo no sulco inter-hemisférico. A que separa os hemisférios do cerebelo é denominada tenda do cerebelo[A]. Os nomes são bem sugestivos de sua forma.

Na medula, há uma diferença importante (Figura 13.3): a dura-máter tem apenas um folheto, contínuo com o folheto interno da dura-máter encefálica e que não adere

▶ **Figura 13.2.** A dura-máter é formada por dois folhetos aderidos, que em certos locais se separam formando os seios venosos, e em outros reúnem-se formando as pregas meníngeas. **A** mostra uma reconstrução tridimensional dos principais seios e pregas. A direção do fluxo sanguíneo das veias cerebrais para a veia jugular através dos seios venosos é mostrada pelas setas vermelhas. Em **B** vê-se um corte coronal através do crânio de um cadáver humano (no plano azul indicado em **A**), mostrando especialmente o seio sagital superior, a foice do cérebro e a tenda do cerebelo. **A** modificado de A. Machado (1999) *Neuroanatomia Funcional*. Atheneu, Brasil. A foto em **B** foi obtida de peça da Unidade de Plastinação do Instituto de Ciências Biomédicas da UFRJ.

à face interna do canal vertebral. Nem poderia, pois a coluna é formada por vértebras articuladas que permitem a flexibilidade necessária para que possamos nos curvar, agachar, sentar, inclinar o corpo para os lados... A medula e os seus envoltórios meníngeos devem estar livres no interior da coluna para permitir essa flexibilidade toda. É uma disposição estrutural bem diferente do crânio, composto por ossos não articulados, praticamente soldados entre si, formando uma rígida carapaça. A dura-máter medular, embora acompanhe a forma da medula (como um saco ou "dedo de luva"), deve também permitir a emergência dos nervos raquidianos em cada lado, resultantes da confluência das raízes e dos gânglios espinhais. As raízes ficam quase completamente dentro do canal vertebral, mas emergem pelos forames intervertebrais ao formar os gânglios e, depois, os nervos que seguem em direção à periferia. A dura-máter acompanha-os até um certo ponto (Figura 13.3), terminando por fundir-se ao tecido conjuntivo que envolve os nervos periféricos (epineuro). Desse modo, os "furos" na dura-máter, que são necessários para a saída dos nervos do canal vertebral, têm as suas bordas seladas com o epineuro, impedindo o vazamento do líquido para o interior do organismo.

Abaixo da dura-máter está a segunda das meninges, chamada *aracnoide* porque apresenta um aspecto de teia de aranha (Figura 13.4). É também formada por tecido conjuntivo, mas sua consistência é menos rígida que a da dura-máter porque é formada por trabéculas e espaços, como uma esponja. Apresenta-se adjacente à dura-máter, separada dela por um fino filete de líquido que lubrifica o contato entre as duas meninges. No entanto, está separada da terceira meninge pelas trabéculas, o que gera um amplo espaço preenchido por líquido (veja adiante).

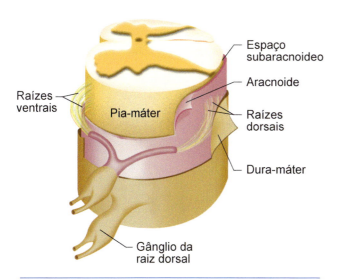

▶ **Figura 13.3.** A dura-máter da medula espinhal é formada por apenas um folheto, que se funde com o epineuro dos nervos espinhais. As demais meninges são semelhantes às do encéfalo.

▶ **Figura 13.4.** A aracnoide é a meninge que fica logo abaixo da dura-máter. Suas trabéculas criam um espaço esponjoso dentro do qual flui o líquido cefalorraquidiano (espaço subaracnóideo). Em contato direto com o tecido nervoso fica a pia-máter, que acompanha os sulcos e também o percurso dos vasos sanguíneos até um certo ponto no interior do tecido. As paredes dos vasos que penetram no parênquima são cobertas pelos pedículos dos astrócitos, o que tem importância para regular o trânsito de substâncias entre o sangue e o tecido nervoso. Esse fluxo, indicado pelas setas, é atualmente considerado parte de um sistema chamado *glinfático*, análogo ao sistema linfático dos órgãos corporais.

Finalmente, a terceira das meninges é a chamada *pia-máter*, a mais fina e delicada de todas, também formada por tecido conjuntivo que recobre a superfície do SNC acompanhando os giros e os sulcos e penetrando ligeiramente no tecido neural para seguir os vasos até um certo ponto dentro do parênquima[G] neural. Neste caso, torna-se contínua com o tecido conjuntivo que recobre a parede dos vasos.

▶ Espaços Comunicantes

Não é possível conhecer as funções desempenhadas pelas meninges sem compreender que elas delimitam espaços comunicantes, cheios de líquido, e que esses espaços na verdade fazem parte dos grandes compartimentos gerais do SNC. Assim, podem-se considerar quatro desses grandes compartimentos: (1) *intracelular*, que consiste no citoplasma dos neurônios e gliócitos tomados como conjunto; (2) *intersticial*, que compreende o espaço entre as células, cheio de líquido e de matriz extracelular; (3) *sanguíneo* e (4) *liquórico*. Este último é, justamente, o compartimento que reúne alguns dos espaços delimitados pelas meninges e mais as cavidades internas do SNC. Recebe a sua denominação por derivação do termo liquor ou líquido cefalorraquidiano, que denota o fluido aí encontrado.

No crânio não há espaço entre a dura-máter e a superfície óssea (Figura 13.5A), a não ser em condições patológicas, como acontece em certas hemorragias que causam o descolamento entre o folheto externo e a face interna do crânio. Na medula, por outro lado, como a dura-máter é normalmente separada da face interna do canal vertebral, existe um *espaço epidural* (ou extradural) preenchido por tecido adiposo e vasos sanguíneos (Figura 13.5B). Entre a dura-máter e a aracnoide, tanto do encéfalo como da medula, está o espaço *subdural*, muito estreito e preenchido por uma fina camada de líquido que apenas lubrifica o contato entre as duas meninges. O espaço *subaracnóideo*, entre a aracnoide e a pia-máter, é o mais importante de todos: é amplo, cheio de liquor e aloja os vasos sanguíneos superficiais (tanto artérias quanto veias) que se ramificam internamente para irrigar ou drenar o tecido nervoso. É o espaço subaracnóideo que se comunica com as cavidades do interior do encéfalo e da medula espinhal (Figura 13.6). Além disso, como a pia-máter acompanha o relevo da superfície do encéfalo, mas a aracnoide não, as dimensões do espaço subaracnóideo variam, formando-se grandes dilatações chamadas cisternas[A], nas regiões de maiores reentrâncias da superfície do encéfalo (Figura 13.6), até microespaços em torno dos vasos (espaços perivasculares) (Figura 13.4), que, por serem cheios de liquor, contribuem para amortecer o impacto dos pulsos de pressão sanguínea que ocorrem nas arteríolas a cada batimento cardíaco.

O último espaço a considerar é virtual: trata-se do *espaço subpial*, que só aparece quando a pia-máter é descolada da superfície encefálica por hemorragias. A pia-máter, na verdade, fica aderida à superfície encefálica porque abaixo dela ancoram-se os prolongamentos (pedículos) dos astrócitos (Figura 3.18) em grande número, formando uma verdadeira membrana chamada pioglial.

O espaço subaracnóideo é o mais importante não só por seu volume, mas porque se comunica com as cavidades internas do SNC, também cheias de liquor. As cavidades são amplos espaços internos chamados *ventrículos*[A], unidos uns aos outros por aberturas, forames ou canais que recebem nomes específicos. Os ventrículos são revestidos por uma camada de células cuboides chamada *epêndima*, que separa

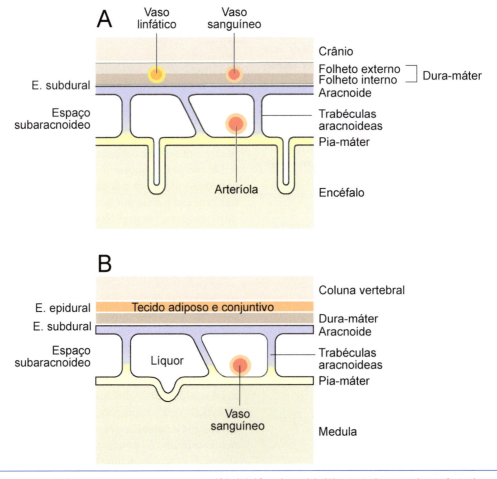

▶ **Figura 13.5.** A organização das meninges e seus espaços no encéfalo (**A**) difere da medula (**B**), principalmente pela existência de um espaço epidural nesta última, inexistente no primeiro. Esse espaço é preenchido por gordura e tecido conjuntivo, o que fornece a necessária elasticidade para amortecer as curvaturas que fazemos a todo momento com a coluna vertebral.

Macro e Microambiente do Sistema Nervoso

▶ **Figura 13.6.** O espaço subaracnóideo (em azul claro) comunica-se com as cavidades internas do SNC através de uma abertura mediana e dois forames laterais (estes últimos, não representados), permitindo a livre passagem de liquor de dentro para fora do encéfalo e da medula.

o tecido nervoso do liquor e, como se pode imaginar, desempenha função importante na regulação homeostática do tecido nervoso. Nos hemisférios cerebrais estão os ventrículos laterais[A] (Figura 13.7), que acompanham aproximadamente a morfologia dos hemisférios, apresentando pontas que se estendem a cada um dos principais lobos. Os ventrículos laterais comunicam-se com a cavidade diencefálica (terceiro ventrículo[A]) por intermédio dos forames interventriculares, um de cada lado (Figura 13.7). O terceiro ventrículo é estreito como o espaço entre duas mãos em posição de oração e desemboca na cavidade mesencefálica, que consiste em um fino canal chamado aqueduto cerebral[A] (ou de Sylvius). O aqueduto estende-se até o quarto ventrículo[A], na altura do tronco encefálico, e este, por sua vez, comunica-se com o canal medular, um fino cilindro que termina em ponta cega na medula sacra. É no quarto ventrículo que as cavidades internas do encéfalo se comunicam com o espaço subaracnóideo por meio de três aberturas: uma mediana (Figura 13.6) e duas laterais (Figura 13.7B).

▶ Liquor: um Fluido de Função Polivalente

O fluido que preenche o espaço subaracnóideo e as cavidades internas do SNC é o líquido cefalorraquidiano ou *liquor*, que desempenha funções essenciais para a proteção e a homeostasia do tecido nervoso. A primeira delas é a de suporte mecânico para o encéfalo e a medula. Como o SNC flutua no liquor, o seu peso, que no ar gira em torno de 1.300-1.500 gramas, fica reduzido para cerca de 300 gramas no liquor. Podemos avaliar o que isso significa se lembrarmos como se torna fácil sustentar uma pessoa nos braços se ela estiver dentro de uma piscina cheia d'água... A redução de peso que ocorre no liquor tem a vantagem de facilitar a manutenção da forma do encéfalo e da medula, bem como reduzir os danos que poderiam ocorrer pela deformação das estruturas neurais provocada pelo próprio peso do SNC. Flutuando no liquor, o encéfalo e a medula ficam também protegidos dos impactos externos e internos, bastante atenuados antes de atingirem o tecido nervoso.

Entre os impactos externos, geralmente pensamos em grandes acidentes, mas sem essa proteção do liquor o SNC poderia sofrer consequências até mesmo dos movimentos naturais que fazemos com a cabeça e o corpo, que poderiam levar o encéfalo e a medula a se chocarem contra a parede interna do crânio e do canal vertebral. Entre os impactos internos, já mencionamos a pulsação sanguínea: a cada contração do coração ocorre um pico de pressão arterial que se transmite por toda a rede vascular. Como os grandes vasos têm paredes relativamente rígidas, o maior impacto de cada ciclo acaba incidindo sobre as arteríolas, cujas paredes são elásticas. Se estas ficassem em contato direto com o tecido nervoso, o impacto seria transmitido a ele, com as consequências que já comentamos, entretanto as arteríolas que irrigam o SNC ficam imersas no liquor do espaço subaracnóideo (Figuras 13.4 e 13.5), e mesmo

467

▶ **Figura 13.7.** As principais cavidades internas do SNC são os ventrículos, que se comunicam por forames (como o interventricular) e canais (como o aqueduto cerebral). **A** é uma vista lateral do encéfalo, com as cavidades apresentadas "por transparência" em cor verde-clara. **B** é a vista frontal correspondente.

aquelas que penetram no parênquima são acompanhadas pelos espaços perivasculares ao longo de alguns milímetros. Os picos de pressão, assim, vão sendo dissipados ao passar pelo liquor e não causam interferências no tecido nervoso. Em função disso, tornam-se irrelevantes na altura da circulação capilar.

Uma segunda função do liquor é a excreção de produtos do metabolismo neural, uma espécie de circulação linfática[G] que tem características específicas no sistema nervoso (veja adiante) e cuja função é parcialmente exercida pelo liquor. Deste modo, os metabólitos do tecido nervoso que circulam no liquor são levados ao sangue dos seios venosos e, assim, drenados para a circulação sistêmica[G].

Finalmente, outro papel importante desempenhado pelo liquor é o de veículo de comunicação química. Não se conhece exatamente toda a extensão dessa função, mas sabe-se que ocorre intensa troca entre o liquor e o compartimento intersticial do tecido nervoso, seja pelos espaços perivasculares, seja pela camada ependimária que recobre a superfície interna dos ventrículos e demais cavidades. Na região do hipotálamo[A], por exemplo, ocorre secreção hormonal dos axônios para o espaço intersticial (veja o Capítulo 15 para obter mais informações sobre isso). Embora esses hormônios secretados pelo hipotálamo sejam capturados pelos capilares da região e levados à circulação hipofisária e à circulação sistêmica, uma fração deles termina passando para o liquor por entre as células ependimárias que revestem os ventrículos, podendo por essa via exercer efeitos em outras regiões neurais. Além disso, o próprio epêndima sintetiza e secreta peptídeos (hormônios, fatores de crescimento)

com função autócrina (sobre si mesmo), parácrina (sobre células vizinhas) ou endócrina (sobre células e estruturas situadas à distância).

O que é, então, o liquor? Qual a sua composição, como é produzido?

Tabela 13.1. Comparação entre o Plasma e o Líquor

Componente	Liquor*	Plasma*
Água (%)	99	93
Proteínas (mg/dl)	35	7.000
Glicose (mg/dl)	60	90
Osmolaridade (mOsm/l)	295	295
Na^+ (mEq/l)	138	138
K^+ (mEq/l)	2,8	4,5
Ca^{++} (mEq/l)	2,1	4,8
Mg^{++} (mEq/l)	0,3	1,7
Cl^- (mEq/l)	119	102
pH	7,33	7,41

*Valores médios.

O liquor é produzido pelo plexo coroide[A] (Figura 13.8A e B), uma estrutura altamente vascularizada situada nos ventrículos, e em menor quantidade pelas células ependimárias que recobrem as cavidades. O plexo retira do sangue a "matéria-prima" para o liquor, mas não se deve pensar que a composição deste seja exatamente igual à do plasma (Tabela

Macro e Microambiente do Sistema Nervoso

▶ **Figura 13.8.** *O plexo coroide é a estrutura que sintetiza o liquor. A mostra a posição do plexo coroide no interior dos ventrículos. B mostra o aspecto do plexo em um corte parassagital de encéfalo humano, no setor do ventrículo lateral apontado pelas setas em A e B. C apresenta a morfogênese do plexo no embrião, com o enovelamento do epêndima em torno dos vasos sanguíneos. Foto B cedida pela Unidade de Plastinação do Instituto de Ciências Biomédicas da UFRJ.*

13.1). O liquor normal tem muito menos proteínas, menos glicose e menos cátions como potássio, cálcio e magnésio. As diferenças são devidas ao seu mecanismo de produção: não se trata de uma mera filtração passiva do sangue para impedir a passagem de células, mas, sim, de uma filtração molecular seletiva complementada pela secreção de componentes pelas células do plexo coroide. Essa característica permite falar de uma *barreira hematoliquórica* separando o sangue do liquor, capaz de selecionar o que passa de um a outro a cada momento.

O plexo é uma estrutura folhosa composta por dobras da pia-máter, vasos sanguíneos em grande número e uma cobertura de células ependimárias modificadas. Cada um dos quatro ventrículos possui o seu plexo coroide flutuando no liquor que ele mesmo produz. Os plexos surgem durante a embriogênese (Figura 13.8C), quando o teto dos ventrículos, que em certos pontos é muito fino e composto apenas da camada ependimária aderida à pia-máter, começa a proliferar acentuadamente em torno dos capilares e com eles

invagina-se para dentro da cavidade. As células ependimárias representam o elemento mais importante na produção do liquor, seja aquelas que fazem parte do plexo coroide, especializadas nessa função, ou as que recobrem as paredes das cavidades ventriculares. Trata-se de células cúbicas ou cilíndricas dotadas de uma multidão de microvilosidades na membrana que faz face com a cavidade ventricular e cuja face oposta, no plexo coroide, faz contato direto com a parede capilar (Figura 13.9A e B).

As células ependimárias do plexo são justapostas umas às outras por junções oclusivas, que mantêm as células fortemente aderidas e vedam a passagem de substâncias do sangue para o liquor através do espaço intersticial (Figura 13.9C), "obrigando-as" a utilizar o caminho através da membrana celular, por dentro do citoplasma. As substâncias transportadas pelo sangue saem livremente dos capilares dos plexos coroides, porque as paredes desses capilares apresentam aberturas entre as células endoteliais – chamadas fenestrações. As substâncias do sangue, então, não

469

▶ **Figura 13.9. A.** O esquema mostra os diversos mecanismos seletivos de transferência de substâncias do sangue para o liquor por intermédio das células ependimárias que constituem o plexo coroide. **B.** A micrografia eletrônica mostra células ependimárias do plexo coroide, com as junções oclusivas assinaladas por setas. **C** mostra um experimento clássico realizado pelos britânicos Michael Brightman e Tom Reese, que injetaram um corante proteico na circulação e buscaram a sua presença no plexo coroide. Vê-se, à esquerda, a mancha escura do corante, que penetra entre as células ependimárias apenas até a junção oclusiva (seta). **A** modificado de Spector R, Johanson CE. *Scientific American*. 1989;261:68-74. Fotos em **B** e **C** modificadas de Brightman MW, Reese TS. *Journal of Cell Biology*. 1969;40:648-677.

encontram barreira na parede endotelial dos capilares do plexo, mas, quando alcançam a parede ependimária deste, são impedidas de passar pelas junções oclusivas. Desse ponto em diante, o plexo só permite que passem do sangue para o liquor (e vice-versa) as substâncias reconhecidas por moléculas transportadoras ou canais específicos encravados na membrana das células ependimárias.

Assim, a produção de liquor (Figura 13.9A) envolve diferentes mecanismos de transferência de moléculas e íons do sangue e do compartimento intersticial para o interior das células ependimárias e destas para a luz das cavidades ventriculares. Esses mecanismos são os seguintes: (1) transporte ativo de moléculas (contra o gradiente[G] de concentração); (2) difusão facilitada de moléculas (a favor do gradiente); (3) passagem de íons pelos canais (a favor do gradiente); e (4) transporte de íons por meio de "bombas" transportadoras (contra o gradiente). Em todos esses casos, é óbvio, torna-se necessária a presença estratégica de proteínas especiais (moléculas transportadoras, canais e bombas iônicas) na membrana das células ependimárias, seja na face basal voltada para os capilares, seja na face apical voltada para os ventrículos.

Há plexos coroides nos quatro ventrículos, e células ependimárias recobrindo todas as cavidades. Em conjunto, essas estruturas produzem cerca de 500 ml de liquor por dia. Como o volume liquórico total – nas cavidades e no espaço subaracnóideo – é de aproximadamente 150 ml, isso significa que renovamos todo esse volume três a quatro vezes por dia. Pela lógica, então, deve-se supor que haja um processo de absorção (ou drenagem) do liquor que compense a taxa de secreção e mantenha o volume constante. Além disso, se o liquor é secretado nos ventrículos e absorvido em outro lugar, pode-se imaginar a existência de um fluxo circulatório.

De fato, os fisiologistas demonstraram que a circulação de liquor é unidirecional e pulsátil, dos ventrículos laterais para o terceiro e o quarto ventrículos e deste último para o espaço subaracnóideo mediante duas aberturas laterais e uma mediana (Figura 13.10). No espaço subaracnóideo, o liquor circula em torno da medula espinhal e do encéfalo até atingir as regiões de drenagem no topo do encéfalo e ao longo da medula. As células da aracnoide são também fortemente justapostas por meio de junções oclusivas que impedem a passagem do liquor e restringem a drenagem apenas a regiões específicas, especializadas para isso. O movimento circulante do liquor pode ser avaliado em seres humanos utilizando-se técnicas de imagem.

Além de se abrir para o espaço subaracnóideo que envolve todo o SNC, o quarto ventrículo também se comunica com o canal central da medula. Este, entretanto, tem fundo cego, lá embaixo, na região sacra. Por essa razão não há fluxo de liquor no canal da medula, embora as diferentes substâncias que ele contém difundam-se livremente por

Macro e Microambiente do Sistema Nervoso

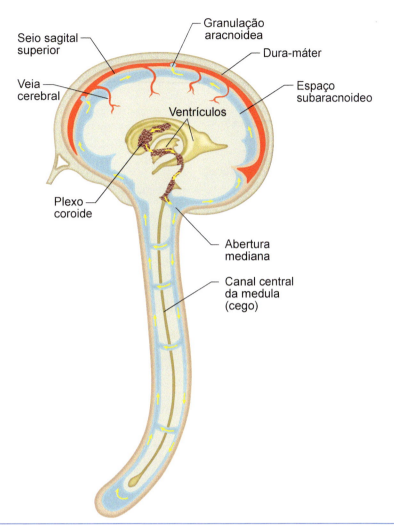

▶ **Figura 13.10.** O liquor gerado nos plexos coroides dentro dos ventrículos emerge através das aberturas do quarto ventrículo para o espaço subaracnóideo. No esquema vê-se apenas a abertura mediana, devido ao plano de corte, que é ortogonal às aberturas laterais. Dentro do espaço subaracnóideo o liquor circula em torno da medula e do encéfalo, sendo finalmente reabsorvido nas granulações aracnóideas do seio sagital superior e das raízes medulares. Modificado de Machado A. *Neuroanatomia Funcional*. Rio de Janeiro: Atheneu, 1999.

toda a extensão do canal. O movimento não é do fluido, como ocorre nos ventrículos, mas apenas das moléculas dentro do fluido em processo difusional.

Na passagem do liquor pelas cavidades ventriculares e pelo espaço subaracnóideo, intensas trocas ocorrem por meio do epêndima com o líquido intersticial e com o sangue, tanto no plexo coroide quanto nas paredes ventriculares e, sobretudo, nos espaços perivasculares.

A drenagem do liquor ocorre por intermédio de "válvulas" especiais situadas nas chamadas *granulações* e *vilosidades aracnóideas*. Trata-se de pequenas invaginações da aracnoide para dentro dos seios venosos (Figura 13.11A), os espaços formados pela separação entre os folhetos da dura-máter. As invaginações são as vilosidades aracnóideas*,

---

* *Não confundir com as microvilosidades que emergem da face ventricular da membrana das células ependimárias.*

que com frequência se aglomeram formando estruturas macroscópicas – as granulações –, principalmente na linha média dorsal do encéfalo e nos locais de saída dos nervos espinhais. Nas vilosidades, o liquor está separado do sangue venoso que circula dentro dos seios e das veias radiculares apenas por uma fina camada de células aracnóideas. Essas células, aí, apresentam intensa formação de vacúolos (Figura 13.11B) que transportam liquor de um lado a outro, do espaço subaracnóideo para o seio venoso. Além disso, há também fenestrações entre as células aracnóideas das vilosidades, que permitem a passagem do liquor para o sangue diretamente por entre as células, movida pela diferença de pressão entre o espaço subaracnóideo e o sangue venoso. Ao final, portanto, o liquor é drenado nas vilosidades aracnóideas para o sangue venoso na mesma taxa com que é secretado.

O liquor tem grande importância para os profissionais da saúde, sobretudo na realização de diagnósticos e como

▶ **Figura 13.11.** A drenagem do liquor dá-se principalmente nas vilosidades aracnóideas, e a drenagem do líquido intersticial se dá pelo sistema glinfático (**A**). No primeiro caso, a parede das vilosidades (retângulo em **A**, ampliado em **B**) é constituída por células aracnóideas com fenestrações entre elas. Ocorre passagem de liquor pelas fenestrações ou por dentro das células aracnóideas por meio de vesículas que são transportadas para a outra face e então exteriorizadas para o sangue venoso (sequência de 1 a 5 em **B**). No caso do sistema glinfático, as setas verdes mostram o percurso do fluido dos espaços periarteriolares para o compartimento intersticial (à esquerda), e o percurso "de saída", do compartimento intersticial para o liquor dos espaços perivenulares (à direita).

veículo para certos medicamentos, como anestésicos, por exemplo. Por meio da pressão que ele produz no espaço subaracnóideo, que pode ser medida, é possível detectar, por exemplo, a presença de obstrução em algum ponto das cavidades. Quando o fluxo liquórico está obstruído, a pressão intracraniana sobe perigosamente, podendo causar lesões no tecido nervoso. A composição química do liquor pode também ser medida, extraindo-se amostras mediante punções no espaço subaracnóideo, geralmente na coluna lombar. A punção lombar consiste na inserção de uma agulha entre as vértebras L4 e L5, abaixo de onde termina a medula sacra (L1) e onde se encontra apenas a cauda equina (veja o Capítulo 1 para obter mais detalhes sobre a anatomia dessa região). O médico utiliza uma seringa e retira pequenos volumes que podem ser analisados para aferir se a composição do liquor apresenta alterações que indiquem doenças. A presença de bactérias pode indicar a ocorrência de meningites, a presença de sangue indica hemorragias e alterações mais sutis sugerem distúrbios do metabolismo neural.

▶ O Controvertido Sistema Linfático do Cérebro

Tem-se discutido bastante sobre a drenagem do liquor, que representa uma espécie de drenagem linfática especializada do SNC. Inicialmente parecia ser esta a única forma de drenagem de metabólitos do tecido nervoso. Entretanto, hoje, sabe-se que existe todo um sistema de circulação linfática no tecido nervoso.

Podemos dividi-lo em dois subsistemas: um chamado *glinfático*, para referir-se à participação dos astrócitos no processo, e um segundo denominado linfático propriamente dito. Comecemos pelo sistema glinfático (Figura 13.11A). É formado pelos pedículos astrocitários em aposição à pia-máter que acompanha os espaços perivasculares em torno dos vasos penetrantes já situados no parênquima. Esses espaços podem ser *periarteriolares* ou *perivenulares*, respectivamente formados por arteríolas e vênulas presentes no espaço subaracnóideo. Demonstrou-se que uma fração do liquor é drenada para dentro do compartimento inters-

MACRO E MICROAMBIENTE DO SISTEMA NERVOSO

ticial através e entre os pedículos astrocitários aí presentes, que regulam esse fluxo. O movimento oposto é realizado "na outra ponta", agora levando o líquido intersticial, já não mais formado apenas pelos componentes do liquor, mas acrescido de várias substâncias resultantes do metabolismo neuronal e glial no parênquima. O sistema glinfático é considerado, portanto, um sistema de circulação de fluido semelhante ao sistema linfático dos demais órgãos do corpo.

O segundo subsistema também foi revelado recentemente, composto por vasos linfáticos típicos incrustados dentro da dura-máter. Estão presentes próximo aos seios venosos e participam da drenagem do liquor, em paralelo com as granulações aracnóideas (Figura 13.11A). Esses vasos percorrem a dura-máter até a base do encéfalo, atravessando-a para encontrar os linfáticos do pescoço. Além disso, muitos passam pela placa crivosa do osso etmoide, junto com os filetes nervosos que formam o nervo olfatório (Figura 10.1), e drenam para os linfáticos nasais e, novamente, para os do pescoço.

Em conjunto, a circulação linfática do sistema nervoso se encarrega de drenar o líquido intersticial, participa da drenagem do liquor e com eles leva moléculas originadas no parênquima neural e células imunitárias do SNC e meninges para os gânglios linfáticos periféricos.

A CIRCULAÇÃO ARTERIAL DO SISTEMA NERVOSO

Se, por um lado, o liquor banha as superfícies externa e interna do SNC, é o sangue que se encarrega de alcançar o interior do tecido nervoso (o parênquima), como ocorre em qualquer órgão. As artérias que levam o sangue para o encéfalo e a medula abrem-se em vasos cada vez mais finos que, por fim, ramificam-se em uma extensa rede capilar capaz de irrigar todas as regiões neurais, levando-lhes o oxigênio e os nutrientes de que precisam para o seu funcionamento. A rede vascular do sistema nervoso, no entanto, tem particularidades morfológicas e funcionais que a distinguem da circulação sistêmica.

Não é para menos. O sistema nervoso é altamente dependente da circulação sanguínea, muito mais que os demais órgãos do corpo. O encéfalo representa apenas cerca de 2% da massa corporal de uma pessoa, mas recebe 15% do fluxo sanguíneo e consome aproximadamente 20% do oxigênio disponível na circulação. Isso reflete uma alta taxa metabólica e a falta de reservas de energia no tecido nervoso para reposição. Também a glicose é intensamente consumida pelos neurônios, que a utilizam como fonte anaeróbica de energia. Como nem a glicose nem o oxigênio são armazenados pelo tecido nervoso, é necessário um aporte contínuo e ininterrupto desses componentes pelo sangue arterial. Quando ocorre anóxia[G] ou isquemia[G] de

poucos segundos, o indivíduo pode apresentar sintomas neurológicos que dependem das regiões atingidas, e se essas ocorrências se prolongarem por alguns minutos, ocorre morte neuronal.

Por outro lado, em circunstâncias normais, o metabolismo dos neurônios se intensifica muito quando estes se tornam mais ativos; e, quanto mais ativos, mais sangue precisam receber pela circulação. Se você estiver intensamente concentrada ouvindo música, as regiões auditivas do seu sistema nervoso estarão mais ativas do que, por exemplo, as olfatórias e, portanto, apresentarão metabolismo mais acentuado. Para dar conta dessa ativação metabólica, o fluxo sanguíneo local é também intensificado. Na verdade, é nessa relação entre atividade neural e fluxo sanguíneo que se baseiam os recentes métodos de imagem funcional como a ressonância magnética, a espectroscopia de infravermelho próximo, a tomografia por emissão de pósitrons e outros (Quadro 13.1). O fenômeno é chamado *acoplamento neurovascular*.

Assim, a circulação sanguínea do SNC deve apresentar características especiais que deem conta da delicada relação entre atividade funcional, metabolismo e fluxo sanguíneo no tecido nervoso. Essa delicada relação apresenta uma dificuldade operacional. A pressão arterial deve permanecer estável para a proteção do tecido nervoso, mas o fluxo é mais importante para a atividade funcional dos neurônios. Se, por um lado, o fluxo deve ser mantido estável dentro de uma certa faixa para não haver grande oscilação de pressão arterial, por outro precisa ser regulado localmente em função das variações de atividade neural que ocorrem em cada região, em cada momento. Quer dizer: é preciso garantir uma faixa de estabilidade do fluxo sanguíneo cerebral, mas possibilitar variações locais dentro dessa faixa. Além de tudo isso, o parênquima neural deve ser protegido da penetração – por intermédio da circulação sanguínea – de substâncias que possam interferir na função dos neurônios. E não pensem que apenas as toxinas entram nessa categoria: alguns inocentes aminoácidos utilizados como neurotransmissores podem exercer influências nocivas sobre os neurônios se a sua concentração sanguínea se elevar, como de fato ocorre em momentos de estresse e até mesmo em situações normais.

Então, o que tem de diferente o sistema circulatório que irriga o sistema nervoso, capaz de regular o aporte de energia e nutrientes de acordo com as necessidades de cada momento e cada local e, ao mesmo tempo, protegê-lo de impactos mecânicos e agentes químicos nocivos?

▶ Uma Rede Vascular Especial

A rede vascular arterial do SNC apresenta algumas especializações morfofuncionais engenhosas (Figura 13.12). As artérias são geralmente muito sinuosas, característica

Questão de Método

Quadro 13.1
Neuroimagem por Ressonância Magnética

▶ Jorge Moll Neto* e Ivanei E. Bramati**

As técnicas de neuroimagem têm como objetivo obter e integrar informações funcionais e estruturais, permitindo um estudo não invasivo *in vivo* do sistema nervoso humano em seu estado normal ou patológico. Entre estes métodos, a ressonância magnética (RM) destaca-se pela flexibilidade, rapidez e alta resolução espacial. A geração do sinal de RM ocorre da seguinte forma: o indivíduo a ser estudado é submetido a um campo magnético homogêneo e de alta intensidade. Os núcleos dos átomos comportam-se como pequenos magnetos, e seus *spins* (relacionados com uma propriedade conhecida como momento magnético) alinham-se em uma direção paralela ao campo magnético gerado pelo aparelho. A aplicação de um pulso de ondas de radiofrequência fornece energia, que, ao ser absorvida, faz que esses núcleos ampliem o ângulo com que eles giram em torno do eixo do campo. Quando o pulso de radiofrequência é interrompido, os núcleos retornam à sua posição original de menor energia, devolvendo a energia ao meio sob a forma de ondas de rádio. Essa energia pode então ser captada por sensores especiais, constituindo o sinal da RM. Mediante manipulações complexas deste sinal por ferramentas computacionais, imagens anatômicas de alta resolução são formadas.

Além disso, existe a possibilidade de se obterem informações dinâmicas da atividade cerebral utilizando-se a RM. Esta técnica é conhecida como RM funcional (RMf). A RMf fornece uma medida indireta do aumento local da atividade neuronal em resposta a estímulos sensoriais ou durante a realização de tarefas motoras e mentais. Foi demonstrado que aumentos da atividade sináptica de uma região estão relacionados com aumentos do fluxo sanguíneo cerebral regional (Figura 1).

A cadeia de eventos deste processo envolve, resumidamente, a liberação – pelos neurônios ativos – de mediadores neurovasculares de ação local, que levam a uma redução da resistência vascular (vasodilatação) e, em consequência, ao aumento do aporte de sangue arterial. Curiosamente, esse aumento de aporte de sangue com alto teor de oxigenação não se acompanha necessariamente de um aumento proporcional da extração de oxigênio pelo tecido. O resultado final é uma elevação relativa da concentração de oxi-hemoglobina e redução da desoxi-hemoglobina (Figura 2).

A desoxi-hemoglobina tem propriedades paramagnéticas, causando distorções locais do campo magnético e consequente redução do sinal de RM, enquanto a oxi-hemoglobina é magneticamente inerte. Este fenômeno, conhecido como *contraste dependente do nível de oxigenação do sangue* ou BOLD (referente à sigla dessa expressão em inglês), constitui a base dos estudos atuais de RMf. Regiões do cérebro mais ativas durante a realização de uma determinada tarefa (p. ex., a movimentação dos dedos da mão direita) apresentarão um relativo aumento de sinal de RM em certas regiões do córtex em comparação com uma "condição-controle" (p. ex., repouso) (Figura 3).

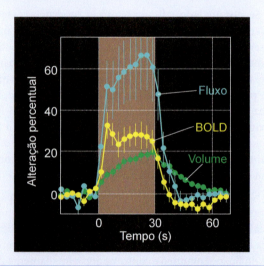

▶ **Figura 1.** O sinal da imagem de ressonância (efeito BOLD) relaciona-se com o fluxo e o volume sanguíneos cerebrais. Quando se observa o aumento de um (no tempo 0), os outros aumentam também.

---

*Pesquisador médico. Correio eletrônico: jorge.moll@idor.org.

**Físico-médico do Instituto D'Or de Pesquisa e Ensino. Correio eletrônico: ivanei.bramati@idor.org.

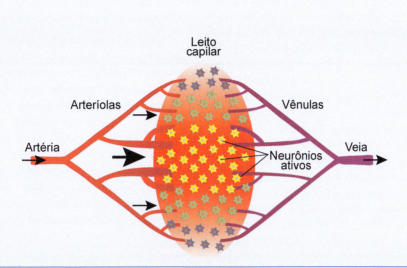

▶ **Figura 2.** *A atividade neuronal desencadeia um efeito de vasodilatação local, com consequente aumento do aporte de sangue oxigenado à região ativada.*

Devido ao fato de esta diferença de sinal relativo da área ativada ser muito pequena (cerca de 1% a 5%), para a criação dos mapas estatísticos de ativação torna-se necessária a aquisição de imagens durante várias fases de tarefa e controle. Assim, os dados da RMf consistem em vários conjuntos de cortes (volumes) através do cérebro obtidos ao longo do tempo. Cada corte tem a espessura de alguns milímetros e é constituído por uma matriz de elementos cúbicos formadores de imagem denominados *voxels* (*volume elements*). Durante cada experimento são adquiridos diversos volumes, sequencialmente. Desta forma, o sinal de cada *voxel* é medido em vários pontos no tempo, resultando, então, em uma série temporal ou onda de resposta. Técnicas estatísticas são então empregadas para testar, em cada *voxel*, a possibilidade de que o seu sinal esteja correlacionado com a tarefa experimental. Finalmente, de acordo com os resultados desta análise, mapas coloridos representando o grau de ativação de cada *voxel* são gerados e superpostos às imagens anatômicas.

Desta forma, é possível combinar informações anatômicas de alta resolução com os dados de ativação neuronal das diversas áreas cerebrais. A ressonância magnética funcional, apesar de já ter alcançado uma posição fundamental no campo da neurociência básica e clínica, certamente ainda evoluirá muito em sua capacidade de ajudar na compreensão do funcionamento do cérebro humano.

▶ **Figura 3.** Mapa de ativação motora do córtex cerebral (em cores) superposto à imagem anatômica correspondente (em cinza), neste caso obtida no plano transversal. O sujeito é solicitado a mover os dedos, o que ativa as regiões motoras e somestésicas do córtex. Um código de cores criadas pelo computador (pseudocores) indica a intensidade do sinal: quanto mais amarelo, mais intenso.

que contribui para a dissipação do impacto provocado pelos picos de pressão de cada ciclo cardíaco. As artérias menores e arteríolas posicionadas na superfície do encéfalo e da medula (chamadas artérias e arteríolas piais) ficam imersas no liquor do espaço subaracnóideo (Figura 13.12A e B), e as que penetram no parênquima (arteríolas penetrantes) são acompanhadas alguns milímetros adentro pelos espaços perivasculares também cheios de liquor (Figuras 13.4 e 13.12C): essa é outra característica favorável à atenuação dos impactos de pressão arterial. Há poucas vias de comunicação entre artérias e entre arteríolas (anastomoses). Isso torna cada região neural muito dependente da irrigação realizada por uma única artéria e seus ramos, e, se eles não derem conta do recado, não haverá circulação colateral para compensar a perda, como ocorre em outros órgãos. Por outro lado, existe alguma superposição nas bordas entre o território irrigado por uma artéria e o território irrigado por outra, vizinha. Nessas bordas, a perda de uma delas pode ser parcialmente compensada pela outra.

Uma característica funcional bastante importante das arteríolas do sistema nervoso é a capacidade de sofrer uma regulação local do seu diâmetro, seja para manter o fluxo sanguíneo constante, seja para alterá-lo em resposta às necessidades funcionais. Não se conhece(m) bem o(s) mecanismo(s), mas sabe-se que o diâmetro das arteríolas responde a pequenas variações da pressão arterial sistêmica, na faixa entre 60 e 150 mmHg*, e a sutis alterações da concentração sanguínea dos gases respiratórios (O_2 e CO_2). A capacidade dessas arteríolas de variar o seu diâmetro depende da estrutura de sua parede (Figura 13.12B-D), composta por uma camada de fibras musculares lisas su-

---
* Milímetros de mercúrio, unidade de pressão.

▶ **Figura 13.12.** As complexas unidades neurovasculares. **A** mostra um esquema da longa transição entre as grandes artérias que irrigam o SNC (na base do encéfalo), as artérias e arteríolas piais, as arteríolas penetrantes e parenquimatosas, e finalmente os capilares. **B.** As arteríolas piais têm uma camada muscular lisa com eficiente capacidade de controle do diâmetro. À medida que a vasculatura se aproxima da rede capilar por meio das artérias penetrantes e parenquimatosas a camada de fibras musculares diminui (**C** e **D**) e o endotélio torna-se circundado por astrócitos, neurônios e finalmente pericitos no lugar das fibras musculares lisas, como ocorre nos capilares (**E**). Modificado de Iadecola C. *Neuron.* 2017;96:17-42.

MACRO E MICROAMBIENTE DO SISTEMA NERVOSO

jeitas ao controle de nervos simpáticos. Gradativamente, à medida que essas arteríolas vão-se tornando menores ao penetrar no parênquima, transformam-se em capilares (Figura 13.12E), cuja contratilidade é menos eficaz porque depende dos pericitos, células que têm diversas funções e não são tão adaptadas a se contrair quanto o músculo liso. Há indícios de que a contratilidade dessas arteríolas menores e capilares seja controlada por mediadores locais secretados pelo próprio endotélio, pelos pedículos dos astrócitos ancorados na parede e por prolongamentos de axônios que terminam nas proximidades.

Quando cai a pressão arterial no organismo de um indivíduo, geralmente ocorre uma vasoconstrição compensatória em certos órgãos do corpo, provocada pela ação de regiões do tronco encefálico e do sistema nervoso autônomo (veja maiores detalhes sobre isso no Capítulo 14). Controla-se a pressão à custa do fluxo sanguíneo para os órgãos, que se torna menor; entretanto, se o mesmo ocorresse no sistema nervoso, a função neuronal sofreria consequências adversas devido à extrema dependência dos neurônios por oxigênio e glicose. Por isso, no sistema nervoso, é prioritário controlar o fluxo, até porque as variações da pressão sanguínea encefálica teriam pouca influência sobre a pressão sistêmica. Então, o mecanismo de autorregulação do diâmetro vascular no sistema nervoso atua no sentido inverso, dentro da faixa mencionada anteriormente: em vez de vasoconstrição, ocorre vasodilatação. Assim, a queda de fluxo que seria causada pela vasoconstrição sistêmica é compensada pela vasodilatação neural, e ele (o fluxo) permanece constante no encéfalo e na medula. Quando há elevação da pressão sistêmica, ocorre o oposto: vasoconstrição neural. Desse modo, o aporte de sangue para o encéfalo e a medula pode ser mantido relativamente constante, até certo ponto independente das variações sistêmicas. Fora dessa faixa de 60 a 150 mmHg, entretanto, a pressão e o fluxo no SNC acompanham as variações sistêmicas.

Em certas condições, no entanto, o fluxo sanguíneo cerebral pode sofrer grandes alterações. É o que acontece quando cai – mesmo ligeiramente – a concentração sanguínea relativa de oxigênio (ou cresce a de CO_2: uma está ligada à outra). Alerta geral: o sistema nervoso pode entrar em anóxia! Imediatamente ocorrem vasodilatação e grande aumento do fluxo sanguíneo encefálico: a inalação de ar com 7% de CO_2 (o ar atmosférico tem geralmente apenas cerca de 0,04% de CO_2) é capaz de duplicar o fluxo sanguíneo no sistema nervoso.

Embora o fluxo sanguíneo total do sistema nervoso seja mantido basicamente constante, já vimos que em cada região ele varia um pouco de acordo com a atividade neural (Figura 2 do Quadro 13.1); um pouco, mas o suficiente para atender às demandas metabólicas de cada região mais ativa. Essas variações locais são provocadas também por altera-

ções do diâmetro vascular, especialmente das arteríolas, um pouco menos dos capilares. Portanto, há de haver uma informação transmitida dos neurônios em atividade para esses pequenos vasos para que eles possam regular o seu diâmetro de acordo com as oscilações de atividade neural. Quais seriam os mensageiros que veiculariam essa informação? De que maneira o comando para a vasodilatação chegaria até as arteríolas e capilares correspondentes? Tem-se atribuído essa função a diversos mediadores químicos, secretados por neurônios, astrócitos e pelo próprio endotélio capilar. A molécula mediadora de vasodilatação arteriolar mais conhecida é o óxido nítrico (NO), sintetizado pelos neurônios durante a transmissão sináptica. Essa conclusão teve como base experimentos utilizando bloqueadores da sua enzima de síntese. Esse estranho neuromodulador (que é um gás; veja o Capítulo 4) e sua enzima de síntese estão presentes em numerosos neurônios e sinapses regularmente distribuídos por todo o sistema nervoso.

Quando uma região é funcionalmente ativada, ocorre vasodilatação local que resulta em aumento do fluxo sanguíneo. No cerebelo de um animal ativado por estimulação somestésica, essa vasodilatação pode até mesmo ser vista com uma lupa, porque provoca um aumento da tonalidade avermelhada da superfície cortical. Usando esse modelo, os neurofarmacologistas demonstraram que o aumento de fluxo não ocorre quando o animal é tratado com bloqueadores da enzima de síntese do óxido nítrico, embora o registro eletrofisiológico da atividade neural se mantenha sem alterações. Quer dizer: nesse caso, os neurônios são ativados, mas não há liberação de NO nem o aumento correspondente do fluxo sanguíneo.

Esse tipo de experimento gerou a hipótese de que o óxido nítrico atua de forma direta sobre a musculatura lisa das arteríolas próximas aos neurônios que o liberam. Cada neurônio nitridérgico[G], assim, seria uma fonte de óxido nítrico que se difundiria radialmente em todas as direções, controlando os vasos situados em torno dele. Como o NO passa livremente através das membranas celulares, haveria maior difusão dele para o microambiente extracelular quanto maior fosse a atividade desses neurônios. Os resultados seriam a vasodilatação e o aumento do fluxo sanguíneo local, proporcionalmente ao aumento da atividade neuronal.

A hipótese da regulação do diâmetro vascular por meio do NO foi comprovada, mas não é o único mecanismo atuante nesse complexo acoplamento entre a atividade neural e o fluxo sanguíneo local no cérebro. Outras enzimas neuronais sintetizam prostanoides, uma grande família de moléculas vasoativas, quando há ativação sináptica. Também, os movimentos iônicos resultantes da atividade elétrica dos neurônios, que resultam em aumento da concentração extracelular de K^+, são capazes de hiperpolarizar as fibras musculares lisas, relaxando-as e, assim, contribuindo para a vasodilatação. O próprio endotélio secreta peptídeos vasoativos, e alguns agem na membrana dos pericitos, sugerindo uma regulação também do diâmetro capilar. Os astrócitos do mesmo modo desempenham papel importante, pois secretam mediadores vasoativos como o nucleosídeo adenosina e o ácido araquidônico. Enfim, considera-se, na atualidade, que estão em ação permanentemente, no sistema nervoso central, *unidades neurovasculares* (Figura 13.12) que incluem de forma integrada neurônios, astrócitos perivasculares, arteríolas, capilares com seus pericitos, todos, em conjunto, capazes de regular precisamente o aporte de sangue necessário ao nível de atividade funcional de cada região. Essa regulação do fluxo sanguíneo em função da atividade neural, como já mencionamos, é o acoplamento neurovascular.

Se as arteríolas são importantes, a rede capilar do tecido nervoso também é especial. O sangue que chega aos capilares neurais encontra neles uma característica que os diferencia radicalmente dos capilares dos demais órgãos: uma barreira que seleciona com rigor o que pode e o que não pode passar do sangue para o parênquima neural e vice-versa. A *barreira hematoencefálica*, como é conhecida, é um obstáculo eficiente à penetração de substâncias potencialmente tóxicas ao tecido nervoso sem, no entanto, impedir a entrada de substâncias nutrientes e outras com papel funcional na fisiologia do tecido nervoso. Veremos mais adiante quem ela é e como funciona.

▶ Organização do Sistema Arterial que Irriga o SNC

Pode não parecer, mas, apesar da complexidade, não é difícil compreender, em sua organização básica, o sistema de irrigação arterial do SNC. Existem três vias de entrada (Tabela 13.2): (1) a via anterior ou carotídea, que irriga os hemisférios cerebrais e o tronco encefálico; (2) a via posterior ou vertebrobasilar, que compartilha com as carótidas a irrigação do tronco encefálico e encarrega-se também da medula espinhal; e (3) a via sistêmica, que irriga a medula por anastomose com a via posterior. As grandes artérias que constituem essas três vias têm trajetos mais ou menos consistentes em todos os indivíduos (com pequenas variações, é claro) e, ao longo desse trajeto, emitem numerosos ramos. Alguns deles são superficiais, isto é, cobrem a superfície externa do encéfalo e da medula, gerando, finalmente, arteríolas penetrantes que se aprofundam no tecido e se abrem na rede capilar. Outros ramos são profundos, orientando-se para as estruturas internas do encéfalo, como os núcleos da base, o diencéfalo[A] e outras.

Tanto a via anterior quanto a posterior originam-se da aorta ou de seus primeiros ramos (Figura 13.13A), dos quais emergem, em cada lado do pescoço, uma artéria carótida comum e uma vertebral. Enquanto as vertebrais penetram diretamente no crânio pelo forame magno junto

à medula (via posterior), as carótidas comuns dividem-se na parte mais alta do pescoço, cada uma delas em uma carótida interna e uma externa. As internas vão constituir a via anterior de irrigação arterial do encéfalo, penetrando no crânio pelos forames carotídeos, enquanto as externas vão irrigar os tecidos extracranianos.

A via anterior (ou carotídea) é formada pelas carótidas internas e por seus ramos. Estas últimas apresentam um trajeto tortuoso (amortecedor de picos de pressão, lembra-se?), atravessando a dura-máter próximo à base do encéfalo, na altura do quiasma óptico[A]. A partir daí, a rede arterial carotídea distribui-se no espaço subaracnóideo, dividindo-se em ramos sucessivamente menos calibrosos que logo penetram entre os sulcos rumo às estruturas internas (ramos profundos) ou se estendem pela superfície encefálica (ramos superficiais). Em ambos os casos se ramificam muitas vezes até o ponto em que as arteríolas penetram no interior do parênquima. Na base do encéfalo, cada carótida interna se divide em dois ramos maiores e um menor. Os dois maiores são as artérias cerebrais anterior e média, respectivamente (Figura 13.13B), e o ramo menor é a artéria comunicante posterior. É grande o contraste entre elas. Enquanto as cerebrais, em cada lado, irrigam grandes extensões dos hemisférios cerebrais, as comunicantes são curtas e emitem poucos ramos, sendo, na verdade, anastomoses que comunicam a via anterior com a posterior.

A via posterior (ou vertebrobasilar) é formada pelas duas artérias vertebrais que, depois de penetrarem no crânio pelo forame magno, unem-se na altura do bulbo[A] para formar uma artéria única chamada basilar (Figura 13.13A e B), posicionada na linha média da superfície basal da ponte[A]. Das artérias vertebrais, emergem bilateralmente ramos que se dirigem para baixo e irrigam a medula (Tabela 13.2), além de uma das artérias que irrigam o cerebelo[A]. Da basilar emergem, de cada lado, duas artérias cerebelares e várias artérias pontinas. A basilar termina bifurcando-se em duas artérias cerebrais posteriores, que irrigam amplas áreas posteriores dos hemisférios cerebrais. São as cerebrais posteriores que se unem às artérias comunicantes posteriores, mencionadas antes.

A terceira via (via sistêmica) é própria da medula espinhal (Figura 13.14) e conecta-se com a via posterior. É formada pelas artérias radiculares, ramos de várias artérias segmentares do pescoço e do tronco que emergem da aorta descendente (Figura 13.14A), e penetram no espaço subaracnóideo junto com os nervos espinhais, desaguando nas artérias espinhais da via posterior (Figura 13.14B).

As vias de irrigação arterial do sistema nervoso apresentam poucas anastomoses em relação ao que ocorre em outros órgãos, entretanto essas poucas anastomoses são dignas de nota porque representam as únicas alternativas para manter irrigada uma região – pelo menos parcialmente – quando a sua artéria principal sofre algum tipo de obstru-

Macro e Microambiente do Sistema Nervoso

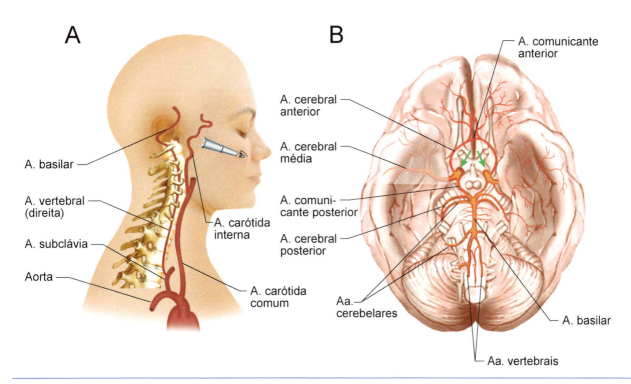

Figura 13.13. **A**. Os dois sistemas de irrigação arterial do encéfalo originam-se da aorta: um é mais anterior, envolvendo as artérias carótidas internas; o outro é posterior, envolvendo as artérias vertebrais e basilar. Para simplificar, estão representadas apenas as artérias do lado direito. **B**. Vistos pelo ângulo indicado pela luneta em **A**, os dois sistemas de irrigação podem ser identificados com seus ramos principais. As duas carótidas internas aparecem cortadas (setas verdes). O polo temporal direito está representado por transparência, para permitir a visualização da artéria cerebral média, que se localiza dentro do sulco lateral.

ção. A principal estrutura anastomótica é o chamado *círculo arterial* da base do encéfalo (também chamado polígono de Willis, em homenagem ao seu descobridor). O círculo arterial (Figura 13.15) é formado pelas artérias cerebrais anteriores, conectadas pela comunicante anterior, e pelas carótidas internas, conectadas com as cerebrais posteriores pelas comunicantes posteriores. A comunicante anterior conecta a circulação de ambos os lados, enquanto as comunicantes posteriores anastomosam a via anterior com a posterior. Em muitos indivíduos o círculo é incompleto, faltando uma ou mais das artérias comunicantes. Apesar disso, não há qualquer prejuízo funcional. No encéfalo, há outras anastomoses menos expressivas entre ramos superficiais das artérias cerebrais. Na medula, é digna de nota a anastomose entre as vias posterior e sistêmica, realizada pela conexão entre as artérias radiculares e as espinhais (Figura 13.14B).

Os Territórios de Irrigação Arterial

É importante – especialmente para os profissionais da saúde – conhecer com detalhes os territórios de irrigação das principais artérias do SNC, porque as doenças agudas e crônicas desses vasos podem provocar sintomas muito específicos, que dependem da área do tecido nervoso irrigada por cada uma delas. Por essa razão, frequentemente os neurologistas pedem a realização de exames de imagem que mostrem a árvore vascular de determinadas artérias sob suspeita (Figura 13.16). Para o estudo fundamental, entretanto, é necessário apenas conhecer os princípios gerais de organização dos territórios arteriais (Tabela 13.2).

Os hemisférios cerebrais são irrigados pelas artérias cerebrais (anteriores, médias e posteriores) (Figura 13.17). Em cada lado, a cerebral anterior emerge da carótida interna em direção rostral, próximo à linha média. Insere-se no sulco inter-hemisférico e contorna o joelho[A] do corpo caloso[A] para trás, deixando no trajeto vários ramos que irrigam as faces medial e dorsal do córtex cerebral (Figuras 13.16A-C e 13.17B). A artéria cerebral média, por sua vez, emerge da carótida interna em sentido lateral (Figura 13.13B) e se aloja no sulco lateral[A], reaparecendo lateralmente na superfície externa do encéfalo (Figura 13.17A), onde se ramifica para baixo e para cima, irrigando toda a face lateral do lobo temporal[A], a face dorsolateral dos lobos frontal[A] e parietal[A] e o lobo da ínsula[A]. Finalmente, a artéria cerebral posterior origina-se da basilar (Figura 13.13B), contorna o tronco encefálico e se ramifica profusamente pelas superfícies medial e lateral do lobo occipital[A] (Figura 13.17A e B).

Os núcleos da base e o diencéfalo são irrigados pelos ramos profundos das três artérias cerebrais e por um ramo

479

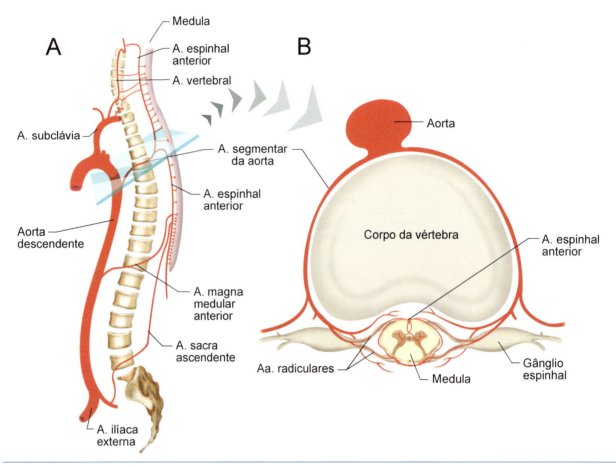

▶ **Figura 13.14.** A terceira via de irrigação arterial é própria da medula. É formada pelas artérias segmentares que emergem da aorta descendente (**A**), penetrando no canal vertebral junto com os nervos e gânglios espinhais. No canal vertebral (**B**) ramificam-se em artérias radiculares, que finalmente confluem com as artérias espinhais que vêm do sistema vertebrobasilar. **B** representa o plano transverso mostrado em **A**. Modificado de Brust JCM. In: Kandel ER et al. (orgs.) *Principles of Neural Science* (4ª ed. New York: McGraw-Hill, 2000.

▶ **Figura 13.15.** A principal anastomose do SNC é o círculo de Willis, aqui enfatizado em vista ventral do encéfalo.

MACRO E MICROAMBIENTE DO SISTEMA NERVOSO

Tabela 13.2. Principais Vias de Irrigação Arterial do SNC

Vias			*Principais Ramos*	*Principais Territórios*
Via anterior	Carótida comum (par bilateral)	Carótida interna (par bilateral)	Cerebral anterior* (par bilateral)	Regiões mediais dos lobos frontal[A] e parietal[A], cápsula interna[A]
			Cerebral média (par bilateral)	Regiões laterais dos lobos frontal, parietal, temporal[A] e da ínsula[A], cápsula interna e núcleos da base
			Comunicante posterior (par bilateral)	Anastomose com a via posterior
			Oftálmica (par bilateral)	Nervo óptico[A] e retina
			Coroidea anterior (par bilateral)	Hipocampo[A], diencéfalo[A] e núcleos da base
Via posterior	Vertebral (par bilateral)	Basilar (única, mediana)	Cerebelar inferior anterior (par bilateral)	Regiões inferiores e rostrais do cerebelo[A]
			Pontinas (várias bilaterais)	Ponte[A]
			Cerebelar superior (par bilateral)	Regiões superiores do cerebelo
			Cerebral posterior	Regiões mediais e laterais do lobo occipital[A]
		Cerebelar inferior posterior (par bilateral)		Regiões inferiores e caudais do cerebelo
		Espinhal anterior (única, mediana)		Região anterior da medula espinhal[A]
		Espinhal posterior (par bilateral)		Região posterior da medula espinhal
Via sistêmica	Segmentares (algumas, bilaterais)	Radiculares (muitas, bilaterais)		Anastomose com a via posterior

*As duas artérias cerebrais anteriores frequentemente são ligadas por uma curta anastomose: a artéria comunicante anterior.

que emerge diretamente da carótida interna, a artéria coróidea anterior, que também irriga parte do hipocampo[A] (Tabela 13.2). A retina e o nervo óptico[A] são irrigados por outro ramo da carótida, a artéria oftálmica. O mesencéfalo e o tronco encefálico são alimentados pelas artérias que constituem a via posterior.

A REDE CAPILAR: UM SISTEMA PROTEGIDO

O sangue que chega aos capilares do SNC trafega ao longo de uma "fronteira" com o compartimento intersticial do tecido nervoso, por meio do qual ocorre o acesso ao compartimento intracelular. Por essa fronteira devem passar o oxigênio e os nutrientes, mas não as substâncias que possam causar dano ou interferir na função dos neurônios. Por ela também devem passar, no sentido inverso (ou ser impedidas de fazê-lo...), algumas substâncias secretadas pelas células do sistema nervoso. Trata-se, pois, de uma verdadeira barreira seletiva, que por isso mesmo ficou conhecida como *barreira hematoencefálica*. A expressão não é inteiramente apropriada porque a barreira existe também na medula, e não apenas no encéfalo, mas é o termo de uso consagrado.

A barreira hematoencefálica não é a única fronteira seletiva que separa os compartimentos no SNC. Já vimos que a camada ependimária do plexo coroide é uma outra barreira (hematoliquórica) e também que o espaço subaracnóideo delimitado pela camada de células aracnóideas e pelas células piais junto com os pedículos astrocitários

representa uma barreira que mantém o liquor confinado dentro do espaço subaracnóideo, mas também medeia a comunicação química com o compartimento intersticial (sistema glinfático). Essas barreiras (Figura 13.18) consistem sempre na justaposição das células (endoteliais, ependimárias, aracnóideas, piais e gliais), mantidas bem seladas por junções oclusivas que impedem a passagem de líquido entre as células, mas permitem a passagem seletiva por dentro delas. Não são barreiras absolutas, portanto, mas regulam a passagem de líquido, moléculas e células de um compartimento a outro de modo bastante controlado. Isso não acontece em certas regiões do encéfalo onde há necessidade de comunicação livre entre o sangue e o tecido neural – como é o caso dos núcleos que ficam em torno do terceiro ventrículo, que atuam como sensores químicos da composição do sangue e do liquor, ou como secretores de hormônios com atuação local ou à distância. Conclui-se que a natureza faz uso de barreiras sempre que é preciso restringir a passagem de substâncias de um compartimento a outro e deixa o trânsito livre quando o oposto é necessário – passagem liberada.

❱ Capilares muito Especiais

Os primeiros indícios da existência da barreira hematoencefálica surgiram ainda no século XIX, quando se observou que certos corantes vitais[G] injetados no liquor tingem as células nervosas, deixando de fazê-lo, entretanto, quando injetados no sangue. Não é o que acontece com os órgãos em geral, que se tornam corados por meio do sangue. Concluiu-se que haveria uma diferença importante entre os

▶ **Figura 13.16.** A circulação cerebral pode ser visualizada por meio de imagens de ressonância magnética 4D (3D + tempo), injetando um corante radiopaco na carótida interna através de um cateter. Inicialmente (**A**) é possível visualizar a entrada do corante pelas duas vias arteriais do encéfalo. Após poucos segundos (**B**), já se delineia a rede arterial, que a seguir (**C**) se desenha integralmente, deixando aparecer até os seios venosos. Na sequência, a cada 2 segundos (**D-F**), a rede venosa sobressai, devolvendo o corante à circulação sistêmica. Imagens cedidas por Jaime Araujo Vieira Neto, da Rede D´Or-São Luiz.

capilares do tecido nervoso e os capilares sistêmicos. Que diferença seria essa?

Muito simples. A camada celular que constitui a parede dos capilares sistêmicos (Figura 13.19A) é formada por células endoteliais dispostas lado a lado, entre as quais existem amplos espaços ou poros (chamados fenestrações) por onde passam livremente inúmeros componentes do sangue, até mesmo moléculas relativamente grandes (Figura 13.19C). Nos capilares do sistema nervoso é justamente o contrário: as células endoteliais são perfeitamente justapostas, sem fenestrações, e entre elas existem junções oclusivas[G] que impedem a passagem de moléculas entre o compartimento sanguíneo e o intersticial (Figura 13.19B).

Nos capilares neurais, assim, a passagem de moléculas do sangue para o compartimento intersticial só pode ocorrer *através* das células endoteliais, isto é, passando por dentro delas (Figura 13.19D). Esse caminho transmembranar ou transcelular força uma seleção entre as moléculas capazes de passar e as que não conseguem fazê-lo. No caso dos capilares sistêmicos existe a passagem transcelular também, mas, como é frequente a ocorrência de fenestrações, a seletividade é bem menor. E mais: a passagem transcelular que ocorre nos capilares sistêmicos é de natureza vesicular, ou seja, ocorre pela interiorização de pequenos volumes de líquido em invaginações da membrana que se transformam em vesículas, processo conhecido como pinocitose. A pinocitose é geralmente inespecífica: a membrana da célula endotelial engolfa e internaliza substâncias junto com o seu veículo; mas pode ser também seletiva, mediada por receptores moleculares específicos situados na membrana. Os capilares neurais são diferentes também quanto a esse aspecto: além da falta de fenestrações, possuem um endotélio pobre em transporte vesicular. Tudo deve passar através da membrana. Aliás, de "duas" membranas: a luminal, que faz face com a luz[G] do capilar, e a abluminal, que fica do outro lado, fazendo face com o compartimento intersticial do tecido nervoso. Um duplo controle!

A parede dos capilares do SNC, portanto, é especial pela sua seletividade à passagem de substâncias nos dois sentidos, entretanto, como a parede capilar tem outros componentes (Figura 13.19B e D), quais seriam os reais responsáveis pela barreira? Esses outros componentes são os pericitos, um tipo celular aparentado das células musculares lisas e com capacidade contrátil; a membrana ou lâmina basal, uma estrutura da matriz extracelular; os pedículos dos astrócitos ancorados no endotélio (veja uma ilustração desses últimos também na Figura 3.18, Capítulo 3); e alguns terminais axônicos de interneurônios das redondezas.

A dúvida foi resolvida por um experimento simples realizado nos anos 1960 por um grupo de pesquisadores liderados pelo morfologista inglês Thomas Reese (Figura 13.9). Eles injetaram uma substância marcadora na circulação, como os antigos pioneiros do século XIX, e foram procurar a sua distribuição no tecido nervoso utilizando um microscópio eletrônico. Verificaram que a substância marcadora podia ser identificada em torno da face luminal dos capilares, sem ter conseguido ultrapassar as junções oclusivas. O parênquima neural estava livre dela. Depois fizeram o experimento inverso: injetaram o marcador no

Macro e Microambiente do Sistema Nervoso

▶ **Figura 13.17.** Os territórios de irrigação das três principais artérias cerebrais cobrem todo o cérebro. O território da artéria cerebral anterior está representado em amarelo, o da cerebral média, em vermelho, e o da cerebral posterior, em azul. **A** é uma vista lateral do hemisfério esquerdo, **B**, uma vista medial do hemisfério direito.

espaço subaracnóideo e foram procurá-lo no tecido. Neste caso, puderam identificar a substância no parênquima: ela havia passado entre os astrócitos e através da lâmina basal, mas ficara retida na face abluminal do endotélio, novamente bloqueada pelas junções oclusivas. Concluíram que a barreira hematoencefálica é formada pelo próprio endotélio capilar.

Então, se a barreira é formada principalmente pela camada endotelial da parede dos capilares, o que fazem os outros componentes? A lâmina basal não é como a membrana plasmática ou a membrana nuclear: é uma estrutura da matriz extracelular produzida pelos pericitos que reveste externamente a parede dos capilares. Existe em todos os capilares do organismo, e não apenas no sistema nervoso. Neste último, sua função não é ainda bem conhecida, mas há indícios de que participe da integridade funcional da barreira hematoencefálica porque, quando sua composição é alterada, a barreira apresenta distúrbios funcionais. Os pericitos existem também nos capilares do organismo em geral: parecem participar dos mecanismos de reparo dos capilares no caso de lesões, e, como apresentam capacidade contrátil, têm um papel também na regulação do diâmetro dos capilares.

▶ Uma Barreira Altamente Seletiva

Estabelecida a identidade da barreira hematoencefálica, foi preciso saber como ela se forma durante o desenvolvimento (Quadro 13.2), como ela funciona, de que modo controla a passagem das substâncias. Em última análise, isso significa conhecer os mecanismos seletivos da barreira.

Os fisiologistas têm trabalhado bastante nessa questão e verificaram que há quatro tipos de passagem de substâncias através dessa barreira (Figura 13.20), semelhante ao que ocorre na barreira hematoliquórica do plexo coroide: (1) difusão livre; (2) transporte mediado por receptores a favor do gradiente de concentração (difusão facilitada); (3) transporte mediado por receptores contra o gradiente de concentração (transporte ativo); e (4) passagem por canais iônicos.

▶ **Figura 13.18.** São pelo menos três as barreiras seletivas entre compartimentos do sistema nervoso central. A mais importante é a barreira hematoencefálica (assinalada com o número 1), que seleciona quais substâncias do sangue devem ser admitidas no parênquima neural. Outra barreira importante é a hematoliquórica (assinalada com o número 2), que permite a síntese do liquor pelo plexo coroide. E a terceira (número 3) é o sistema glinfático, que mantém o liquor confinado no espaço subaracnóideo, mas permite trocas seletivas e controladas através dos pedículos astrocitários. Em todos esses casos, a seletividade das barreiras depende do fechamento do espaço intercelular pelas junções oclusivas. Em outras fronteiras não há necessidade de barreiras, e as camadas celulares apresentam fenestrações entre as células, permitindo o livre trânsito de substâncias de um compartimento a outro. É o caso do epêndima ventricular, da pia-máter e de alguns capilares de certas regiões do SNC.

Se o primeiro tipo (difusão livre) fosse completamente livre, não haveria barreira. De fato, a difusão livre só é possível para as substâncias lipossolúveis, ou seja, aquelas que por suas características físico-químicas são capazes de dissolver-se nos lipídios que constituem a membrana plasmática. Substâncias desse tipo atravessam facilmente a parede endotelial impulsionadas pelo gradiente químico, isto é, do lado mais concentrado para o menos concentrado. O_2 e CO_2 – os gases da respiração – estão, nesse caso, atravessando livremente a barreira do sangue para o parênquima neural. Os farmacologistas tiram proveito dessa característica da barreira, buscando as melhores alternativas terapêuticas entre as substâncias com maior coeficiente de solubilidade em lipídios (Figura 13.21). De fato, muitas substâncias neuroativas são fortemente lipossolúveis, sejam elas medicamentos ou drogas de abuso. É o caso do diazepam, um tranquilizante. E também da nicotina, do etanol e da heroína. O fenobarbital e a fenitoína, medicamentos anticonvulsivantes de ação lenta, são bastante lipossolúveis, mas não penetram bem na barreira hematoencefálica porque se associam a proteínas plasmáticas, formando compostos com baixa solubilidade em lipídios. As exceções do outro lado do gráfico (Figura 13.21) são a glicose e a L-DOPA. Ambas as substâncias – um composto fisiológico importantíssimo e um medicamento usado contra a doença de Parkinson – são pouco lipossolúveis, mas penetram facilmente a barreira. A explicação foi encontrada quando se descobriu que as duas possuem mecanismos transportadores específicos na membrana endotelial que as levam do sangue para o parênquima neural.

O caso da glicose é o exemplo mais ilustre do segundo tipo de passagem pela barreira hematoencefálica, que é a *difusão facilitada*, um transporte mediado por receptores e a favor do gradiente químico (Figura 13.20). O transportador da glicose foi identificado: trata-se de uma proteína de cerca de 500 aminoácidos, fortemente encravada na membrana endotelial e conhecida pela sigla inglesa* GLUT1. O GLUT1 existe tanto na membrana luminal como na abluminal, o que garante que a glicose seja transportada do sangue para o citoplasma endotelial e depois deste para o tecido nervoso. Alguns aminoácidos grandes e neutros** são transportados também desse modo por meio de um transportador chamado sistema L. É o caso da valina, da leucina e também da L-DOPA (Figura 13.20). A difusão facilitada não depende do fornecimento específico de energia e apenas favorece a passagem transmembranar dessas substâncias, carreadas pela diferença de concentração, que é geralmente maior no sangue do que na célula endotelial e no tecido nervoso.

Outros aminoácidos, pequenos e neutros como a glicina, a alanina e a serina, são carreados por sistemas *transportadores dependentes de energia*, que os levam de um compartimento a outro contra o seu gradiente de concentração (transporte ativo) (Figura 13.20). Esses transportadores são peculiares porque se encontram apenas na membrana abluminal do endotélio e atuam "na contramão", ou seja, do meio intersticial do tecido nervoso para dentro da célula endotelial. No caso da glicina, um neurotransmissor

---

Correspondente a glucose transporter, isotype 1.

**Sem carga elétrica.*

Macro e Microambiente do Sistema Nervoso

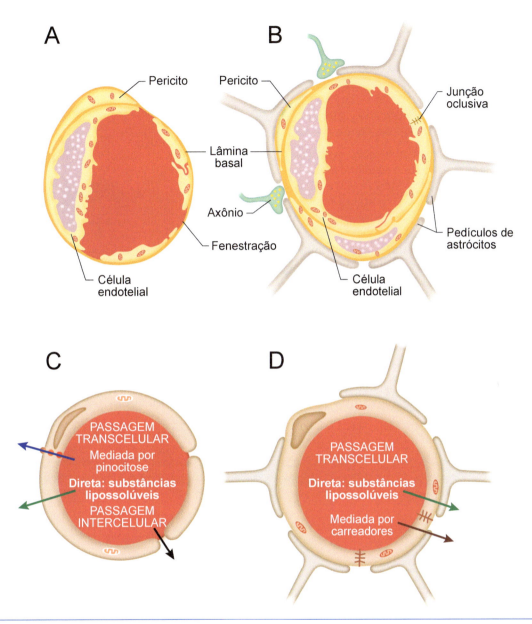

▶ Figura 13.19. **A** e **C** mostram em corte transversal o capilar sistêmico, apresentando os componentes de suas paredes e os modos de passagem de substâncias a partir do sangue. Destacam-se as fenestrações entre células endoteliais, que permitem a passagem livre de substâncias (passagem intercelular). **B** e **D** mostram um capilar do SNC, que não apresenta fenestrações, mas sim junções oclusivas entre as células endoteliais, além de uma cobertura de pedículos de astrócitos. Essa arquitetura é responsável pela barreira hematoencefálica, que permite apenas a passagem de substâncias por dentro das células (passagem transcelular). A passagem intracelular, comum a ambos os tipos, apresenta, entretanto, mecanismos distintos. Ambos os capilares têm no seu contorno uma lâmina basal composta de proteínas de matriz extracelular.

inibitório particularmente abundante na medula espinhal, esse parece ser um mecanismo importante para remover o excesso resultante da ativação das vias inibitórias. No caso dos demais, não se conhece ainda com precisão a sua função, embora se especule que a remoção do excesso de glutamato liberado pelas sinapses excitatórias do encéfalo possa ser feita também por esses sistemas transportadores do endotélio, além do mecanismo já comprovado para os astrócitos (veja o Capítulo 3 a esse respeito). A energia necessária para o transporte contra o gradiente químico é fornecida por uma enzima que hidrolisa o ATP, chamada Na^+-K^+-ATPase ou bomba de Na^+/K^+, que também atua como transportador iônico (Figura 13.20).

Finalmente, a membrana endotelial apresenta *canais iônicos* que permitem a passagem de diferentes íons. Canais desse tipo foram identificados na face luminal (Figura 13.20), permitindo a passagem de íons Na^+ e K^+ (Na^+ para dentro da célula endotelial, K^+ para fora). Desse modo, pelo menos o Na⁺ é comprovadamente carreado do sangue para o interior da célula endotelial, e o K⁺ no sentido inverso. Para completar o transporte para o meio intersticial e no sentido contrário (em ambos os casos contra o gradiente químico), esses íons são carreados pela bomba de Na⁺/K⁺. Desse modo, o sangue fornece o Na⁺ extracelular necessário à atividade elétrica dos neurônios e remove o K⁺ que se acumula no meio intersticial como resultado dela.

Podemos concluir que, entre as funções da barreira hematoencefálica estão: (1) garantir o equilíbrio iônico do compartimento intersticial do tecido nervoso; (2) mediar a entrada controlada de substâncias de importância fisiológica; e (3) possibilitar a saída de substâncias que se acumulem no tecido nervoso com potencial risco de neurotoxicidade. Além disso, recentemente se revelou uma quarta – e importante – função da barreira, que é a de metabolizar as aminas circulantes, inativando-as para que não penetrem no tecido nervoso e interfiram na transmissão sináptica. Essa função metabólica da barreira requer a existência de sistemas enzimáticos especiais no interior da célula endotelial. O primeiro a ser encontrado foi o sistema de degradação da dopamina, capaz de transformar a L-DOPA* em dopamina e esta em DOPAC** (Figura 13.20). Esse sistema metabólico é importante para os médicos porque a L-DOPA é utilizada como medicamento antiparkinsoniano. Os farmacologistas tiveram que "enganar" a barreira para fazer que a L-DOPA

---

* L-di-hidroxifenilalanina.

** Ácido di-hidroxifenilacético.

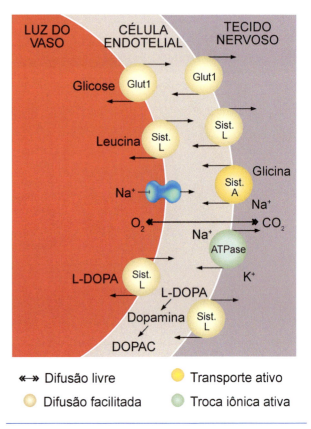

▶ **Figura 13.20.** Os quatro tipos de passagem de substâncias através da barreira hematoencefálica. Abreviaturas: DOPAC = ácido di-hidroxifenilacético; L-DOPA = L-di-hidroxifenilalanina; GLUT1 = sistema transportador de glicose, isotipo 1. Modificado de Laterra J, Goldstein GW. In: Kandel E et al. *Principles in Neural Science.* New York: McGraw-Hill, 2000.

▶ **Figura 13.21.** O gráfico mostra como se comportam diversas substâncias em relação à barreira hematoencefálica. A ordenada indica a facilidade relativa de passagem pela barreira, e a abscissa reflete a solubilidade em lipídios (maior o coeficiente dos mais solúveis). Os pontos verdes no topo à direita indicam as substâncias que passam facilmente pela barreira por serem lipossolúveis. Os pontos longe da curva representam as exceções: substâncias lipossolúveis bloqueadas por se associarem a proteínas plasmáticas (pontos azuis), e substâncias pouco lipossolúveis que, no entanto, passam a barreira utilizando sistemas transportadores específicos (pontos vermelhos). As substâncias com "passe livre" são os verdes de baixo à esquerda. Modificado de Goldstein GW, Betz AL. *Scientific American.* 1986;255:74-83.

Macro e Microambiente do Sistema Nervoso

chegasse aos neurônios dopaminérgicos: fizeram isso associando-a a um inibidor da enzima DOPA-descarboxilase, que a transforma em dopamina dentro do endotélio.

A barreira hematoencefálica existe em quase todas as regiões do SNC, exceto algumas que desempenham funções neurossecretoras ou quimiorreceptoras. Essas regiões permeantes, isto é, sem barreira, situam-se geralmente próximas à parede dos ventrículos, sendo por isso chamadas de órgãos circunventriculares (veja o Capítulo 15 para maiores detalhes). Em algumas dessas regiões, os capilares são fenestrados; em outras, as células endoteliais apresentam abundante transporte vesicular inespecífico.

O SANGUE QUE SAI DO SISTEMA NERVOSO

A rede capilar do tecido nervoso fornece uma superfície de troca de substâncias estimada em cerca de 180 cm^2 por grama de substância cinzenta[A]. Isso significa, grosseiramente, algo em torno de 20 m^2 de superfície endotelial para prover o SNC humano com as substâncias de que ele necessita. Uma vez realizado esse trabalho de troca de substâncias entre o sangue arterial que aporta aos capilares e o tecido nervoso, é preciso coletar o sangue dos capilares – agora desprovido de grande parte do oxigênio e mais rico em CO$_2$ – para conduzi-lo de volta ao coração e renová-lo no pulmão, como acontece com os demais órgãos. Essa tarefa de drenagem é realizada pelo sistema venoso do encéfalo e da medula. Não é uma tarefa difícil, já que o encéfalo e grande parte da medula situam-se acima do coração, podendo a drenagem venosa ser favorecida pela ação da gravidade. Aliás, é por essa razão que a parede das veias do sistema nervoso é geralmente fina e quase sem musculatura lisa.

▸ A Drenagem Venosa

O sangue dos capilares é coletado pelas vênulas do parênquima; estas vão-se reunindo em vênulas maiores, depois em veias mais calibrosas. A drenagem da medula e da porção caudal do bulbo é realizada por vênulas do tecido que desembocam em veias superficiais. Estas emergem junto com os nervos espinhais e se incorporam diretamente à circulação venosa sistêmica que leva o sangue de volta ao coração.

A drenagem venosa do encéfalo, entretanto, é indireta. Inicialmente, o sangue dos capilares é coletado em vênulas do parênquima, e estas vão-se reunindo em veias mais calibrosas (Figura 13.22) – superficiais ou profundas – que levam o sangue a um conjunto de estruturas tubulares formadas pelas meninges, conhecidas como seios venosos e descritas anteriormente (Figura 13.2). A existência dos seios venosos parece ter sido uma solução "engenhosa" selecionada pela evolução para acoplar à drenagem venosa a eliminação do liquor, que é feita pelas células das vilosidades aracnóideas (Figura 13.11). Os seios venosos recebem, assim, tanto o sangue venoso que emerge da rede capilar que irriga o encéfalo, como o liquor que flui pelos ventrículos e o espaço subaracnóideo. Além disso, como vimos anteriormente, o sistema glinfático garante a passagem controlada de substâncias do compartimento intersticial para o espaço perivenular, e elas, assim, caem no liquor. Nas meninges, também, os vasos linfáticos aí existentes contribuem para essa drenagem para fora do SNC.

O sistema dos seios venosos pode ser facilmente compreendido se o subdividirmos em dois conjuntos: (1) os seios da abóbada craniana e (2) os seios da base do crânio. Os nomes informam claramente sobre a sua posição anatômica.

▸ **Figura 13.22.** O sistema de drenagem venosa do SNC inclui vasos e seios da dura-máter, e desse modo associa a drenagem de sangue com a de liquor. Ao final, o sangue venoso do encéfalo desemboca na veia jugular em direção ao coração. **A** é uma vista lateral e **B**, uma vista medial.

487

Neurociência em Movimento

Quadro 13.2
Das Células-Tronco aos Troncos Vasculares

▶ Joice Stipursky*

Durante minha graduação em Ciências Biológicas na UFRJ, fui apresentada ao mundo das células-tronco neurais, conhecidas pelo coletivo glia radial. Estas células geram os diferentes tipos celulares do sistema nervoso, como neurônios e células gliais. Descobri, ainda como aluna de iniciação científica e mais tarde durante o doutorado em Ciências Morfológicas, que o fator transformador beta 1 (TGF-β1), proteína secretada por neurônios imaturos, atua sobre as células de glia radial, promovendo a diferenciação astrocitária. Os astrócitos surgem um pouco depois dos neurônios durante o desenvolvimento. Curiosamente, os neurônios imaturos controlam o surgimento dos astrócitos, "ajudando-os" a amadurecer, estabelecer conexões e transmitir informações por meio de neurotransmissores, etapas extremamente importantes para a função do cérebro maduro.

No pós-doutorado, descobri que as células de glia radial, ao mesmo tempo em que estão gerando neurônios e orientando a migração destes, também interagem com capilares sanguíneos imaturos e os ajudam a construir uma ampla rede de vasos sanguíneos no tecido neural (Figura 2).

No cérebro, os primeiros vasos sanguíneos surgem nas primeiras semanas do desenvolvimento por meio da invasão do tecido nervoso por capilares imaturos originados de um plexo vascular perineural, que, ao povoarem esse tecido, trocam sinalizações com as células de glia radial. Estas induzem os capilares, como uma planta, a se ramificar por meio de brotamento e migração celular, evento conhecido como *angiogênese por brotamento*.

Já como professora da UFRJ, passei a investigar os mecanismos de angiogênese controlados pelas células de glia radial do córtex cerebral. Descobrimos que aquele fator citado anteriormente, TGF-β1, produzido pelas células de glia radial, controla a arborização e a maturação vascular. Este último evento é fundamental para o estabelecimento da barreira hematoencefálica (BHE). As parcerias entre diferentes tipos celulares que compõem a BHE, como o endotélio capilar, pericitos e astrócitos, garantem as propriedades seletivas desta estrutura, fornecidas pelas junções ocludentes, proteínas transportadoras de nutrientes e outras que mediam a excreção de metabólitos ou toxinas de volta para o sangue. A exposição do embrião a fatores teratogênicos, como substâncias psicoativas consumidas pela gestante, pode alterar profundamente o desenvolvimento neurovascular.

Atualmente investigo o efeito da exposição do sistema nervoso fetal a uma das drogas lícitas mais consumidas: o álcool. O consumo materno de bebidas alcoólicas promove a restrição do crescimento corporal global e retarda a formação do sistema nervoso central, alterando a angiogênese e prejudicando as funções da BHE. Além disso, células endoteliais expostas ao etanol secretam moléculas que induzem um fenótipo pró-inflamatório nos astrócitos da BHE. Ademais de fatores relacionados com o estilo de vida, déficits neurovasculares também

▶ **Figura 1.** Joice Stipursky, Lucas e Noah em 2021.

---

* *Professora Associada do Instituto de Ciências Biomédicas da Universidade Federal do Rio de Janeiro. Correio eletrônico: joice@icb.ufrj.br.*

decorrem de infecções congênitas causadas por vírus como o Zika e por protozoários como o *Toxoplasma gondii*. Nestas síndromes congênitas verificamos o desequilíbrio dos níveis de proteínas moduladoras da angiogênese no córtex cerebral fetal, alterando as interações entre células de glia radial e vasos sanguíneos, com alteração das propriedades de barreira das células endoteliais.

Assim, falhas na formação e na manutenção da BHE desencadeiam forte impacto na fisiologia neural, uma vez que o cérebro requer altas demandas de moléculas que são transportadas pela BHE.

▶ **Figura 2.** As células de glia radial são células-tronco neurais multipotentes que têm a capacidade, durante o desenvolvimento normal do córtex cerebral, de gerar neurônios e mais tarde astrócitos, quando estimuladas por substâncias como o TGF-β1. As células de glia radial também atuam como fontes de TGF-β1 no córtex cerebral embrionário e, através da secreção deste fator, modulam a angiogênese e a expressão de proteínas relacionadas à maturação da BHE como as de junções ocludentes, dentre outras. Os astrócitos originados da glia radial se mantêm associados aos capilares sanguíneos, configurando parte essencial da BHE. Em contextos patológicos como na síndrome alcoólica fetal e nas síndromes congênitas causadas pela transmissão vertical de vírus e protozoários, as funções desempenhadas pela glia radial se tornam deficientes, causando alterações nos níveis de fatores de crescimento que controlam a angiogênese, função vascular e a formação e maturação da BHE.

▶ **Figura 13.23.** Os seios venosos da base do crânio são um conjunto de tubos e espaços que se comunicam entre si e com os seios da abóbada. Nem sempre são perfeitamente tubulares como o esquema parece indicar: às vezes se espalham como "lagos" delimitados pelas paredes meníngeas que os formam.

Os primeiros situam-se na superfície dorsolateral do encéfalo (Figuras 13.2 e 13.16). O seio sagital superior, que drena a face dorsolateral dos hemisférios, o seio occipital, que drena as regiões ventrais dos hemisférios, e o seio reto, que traz o sangue venoso das veias profundas por intermédio da veia magna, convergem a uma "encruzilhada" chamada confluência dos seios venosos. A veia magna, por sua vez, recebe das veias profundas que drenam o diencéfalo e os núcleos da base. O sangue que chega à confluência, então, é conduzido aos seios transversos, que se continuam com os seios sigmoides. Estes, finalmente, conduzem o sangue a cada uma das veias jugulares internas do pescoço e, assim, de volta ao coração.

Os seios da base são mais difíceis de visualizar (Figura 13.23) porque não apresentam forma claramente tubular como os da abóbada. Na verdade, são como um conjunto de tubos e espaços intercomunicantes. Alguns drenam para os seios sigmoides, outros diretamente para as veias jugulares internas, e outros, ainda, para o sistema venoso vertebral. O mais importante dos seios da base é o seio cavernoso, que realiza a drenagem venosa dos olhos e de algumas regiões encefálicas. Sua importância é grande especialmente para os médicos, porque as artérias carótidas e alguns nervos cranianos passam por dentro deles, não sendo incomum a ocorrência de sangramentos arteriovenosos nessa região delicada. A medula espinhal não tem seios, sendo a drenagem venosa realizada apenas por veias, como comentamos.

Glossário

Anóxia: interrupção da oferta de oxigênio a um órgão ou a um indivíduo.

Circulação linfática: rede de vasos que conduzem a linfa, originando-se nos tecidos conjuntivos frouxos e confluindo progressivamente até drená-la para o sangue dos vasos do pescoço.

Corantes vitais: substâncias capazes de corar as células vivas sem lhes causar dano.

Fibroblastos: células típicas do tecido conjuntivo que se proliferam e movimentam-se bastante e, além disso, produzem componentes fibrosos da matriz extracelular.

Gradiente de concentração: diferença de concentração de uma determinada substância entre um compartimento e outro ou dentro de um mesmo compartimento que provoca a difusão dessa substância do lado mais concentrado para o menos concentrado. O mesmo que gradiente químico.

Homeostasia: capacidade de manutenção dinâmica relativamente constante das condições do meio interno, apesar das flutuações mais intensas do meio externo. Maiores detalhes no Capítulo 14.

Isquemia: diminuição do fluxo de sangue arterial que irriga um órgão.

Junção oclusiva: estrutura adesiva que une estreitamente duas células. Conhecida também pela expressão *tight junction* em inglês.

Luz: interior de uma estrutura orgânica tubular.

Nitridérgico: qualificativo de um neurônio capaz de produzir óxido nítrico.

Parênquima: termo que denota o tecido de um órgão propriamente dito sem considerar as membranas anexas que o recobrem, a vasculatura que o irriga e os nervos que o inervam.

Periósteo: membrana conjuntiva que envolve os ossos, sendo a responsável pela osteogênese em casos de fraturas.

Sistêmica: termo que denota o organismo como um todo.

Leia Mais

▶ Leitura Básica

Lent R. A Estrutura do Sistema Nervoso. In: (Lent R., (coord.), *Neurociência da Mente e do Comportamento.* Rio de Janeiro: Guanabara-Koogan, 2008. p. 19-42. Texto mais abrangente que os objetivos deste capítulo, mas com seções dedicadas ao tema.

Brust JCM. Circulação encefálica. In: Kandel ER et al. (org.) *Princípios de Neurociências.* 5ª ed. trad. Porto Alegre: McGraw-Hill-Artmed, 2014. p. 1352-1364. Texto avançado sobre a morfologia e as patologias da circulação encefálica.

Laterra JJ, Goldstein GW. A barreira hematoencefálica, o plexo coroide e o líquido cerebrospinal. (In: Kandel ER et colsal., (org.), de *Princípios de Neurociências.* 5ª ed. trad. Porto Alegre: McGraw-Hill-Artmed, 2014. p. 1365-1377. Texto avançado sobre a barreira hematoencefálica, com aplicações clínicas.

▶ Leitura Complementar

Clássicos

Reese TS e Karnovsky MJ. Fine structural localization of a blood-brain barrier to exogenous peroxidase. *Journal of Cell Biology.* 1967;34:207-217.

Brightman MW, Reese TS. Junctions between intimately apposed cell membranes in the vertebrate brain. *Journal of Cell Biology.* 1969;40:648-677.

Goldstein GW, Betz AL. The blood-brain barrier. *Scientific American.* 1986;255:74-83.

Kalaria RN, Gravina SA, Schmidley JW, Perry G, Harik SI. The glucose transporter of the human brain and blood-brain barrier. *Annals of Neurology.* 1988;24:757-764.

Spector R, Johanson CE. The mammalian choroid plexus. *Scientific American.* 1989;261:68-74.

Recentes

Louveau A, Plog BA, Antila S, Alitalo K, Nedergaard M, Kipnis J. Understanding the functions and relationships of the glymphatic system and meningeal lymphatics. *Journal of Clinical Investigation.* 2017;127:3210-3219.

Iadecola C. Neurovascular unit coming of age: A journey through neurovascular coupling in health and disease. *Neuron.* 2017;96:17-42.

Sun B-L, Wang L, Yang T, Sun J, Mao L, Yang M, et al. Lymphatic drainage system of the brain: A novel target for intervention of neurological diseases. *Progress in Neurobiology*. 2018;163-164:118-143.

Weller RO, Sharp MM, Christodoulides M, Carare RO, Mollgard K. The meninges as barriers and facilitators for the movement of fluid, cells and pathogens related to the rodent and human CNS. *Acta Neuropathologica*. 2018;135:363-385.

Brown C, Foster CG, Courtney J-M, King NE, Howells DW, Sutherland BA. Pericytes and neurovascular function in the healthy and diseased brain. *Frontiers in Cellular Neuroscience*. 2019;13:282.

Cohen-Salmon M, Slaoui L, Mazaré N, Gilbert A, Oudart M, Alvear-Pérez R, et al. Astrocytes in the regulation of cerebrovascular functions. *Glia*. 2020. Doi:10.1002/glia.23924.

Alves de Lima K, Rustenhoven J, Kipnis J. Meningeal immunity and its function in maintenance of the central nervous system in health and disease. *Annual Review of Immunology*. 2020;38:597-620.

Chiba Y, Murakami R, Matsumoto K, Wakamatsu K, Nonaka W, Uemura N, et al. Glucose, fructose, and urate transporters in the choroid plexus epithelium. *International Journal of Molecular Sciences*. 2020;21:7230.

Kratzer I, Ek J, Stolp H. The molecular anatomy and functions of the choroid plexus in healthy and diseased brain. *Biochimica et Biophysica Acta. Biomembranes*. 2020;1862:183430

Wardlaw JM, Benveniste H, Nedergaard M, Zlokovic BV, Mestre H, Smith KJ, et al. Perivascular spaces in the brain: anatomy, physiology and pathology. *Nature Reviews. Neurology*. 2020;16:137-153.

Bollmann S, Barth M. New acquisition techniques and their prospects for the achievable resolution of fMRI. *Progress in Neurobiology* .2020. Doi:10.1016/j.pneurobio.2020.101936.

Howarth C, Mishra A, Hall CJ. More than just summed neuronal activity: how multiple cell types shape the BOLD response. *Philosophical Transactions of Royal Society London. B. Biological Sciences*. 2021;376:20190630.

14

O Organismo sob Controle
O Sistema Nervoso Autônomo e o Controle das Funções Orgânicas

Sem título, de Siron Franco (1980), óleo sobre tela

Saber o Principal

Resumo

O organismo é uma máquina que funciona continuamente sob forte influência do ambiente externo. Como controlá-lo? Como manter constantes as suas condições internas de operação? Essa contínua tarefa de manter o equilíbrio interno é a homeostasia, e para ela o sistema nervoso conta principalmente com o sistema nervoso autônomo (SNA). Trata-se de um conjunto de neurônios situados na medula espinhal e no tronco encefálico cujos axônios se comunicam com quase todos os órgãos e tecidos do corpo. O SNA, entretanto, não é totalmente autônomo, e suas ações são coordenadas por regiões superiores do SNC.

O SNA apresenta dois subsistemas clássicos e um recentemente incorporado. Os dois clássicos são o simpático e o parassimpático; o mais recente é o gastroentérico. O subsistema simpático difere do parassimpático em vários aspectos, entre os quais sua organização anatômica: o simpático ocupa a medula toracolombar, enquanto o parassimpático tem uma parte no tronco encefálico e outra na medula sacra. Ambos os subsistemas apresentam uma sinapse entre o neurônio central e o alvo periférico: a sinapse ganglionar, mas seus circuitos diferem: o simpático em geral apresenta um neurônio pré-ganglionar curto e um pós-ganglionar longo, enquanto o parassimpático apresenta um pré-ganglionar longo e um pós-ganglionar curto. O neurotransmissor da sinapse ganglionar é geralmente a acetilcolina nas duas divisões, mas, no alvo, o subsistema simpático libera noradrenalina, enquanto o parassimpático emprega acetilcolina. No aspecto funcional, o subsistema simpático atua fortemente em situações de emergência, embora participe também do controle orgânico do dia a dia. O parassimpático faz o oposto: atua de forma destacada na contínua regulação dos órgãos e sistemas, mas participa também das situações estressantes que possam surgir. O subsistema gastroentérico é formado por redes (ou plexos) compostas por numerosos neurônios e sinapses embutidos na parede das vísceras, com morfologia e neuromediadores diversos. Funciona como articulador entre o comando dos dois primeiros subsistemas e os efetores digestórios: fibras musculares lisas e glândulas.

No sistema digestório, o SNA regula a secreção das glândulas que dissolvem o bolo alimentar e lubrificam a sua passagem pelo trato gastrointestinal, além de produzir os movimentos peristálticos que propelem o bolo adiante. No sistema cardiovascular, o SNA regula a frequência e a força dos batimentos cardíacos, bem como o diâmetro dos vasos sanguíneos, controlando, assim, a pressão arterial e a irrigação dos tecidos de acordo com as necessidades de cada momento. O SNA participa também do controle da função respiratória. Neste caso, os movimentos ventilatórios dependem muito de músculos estriados comandados por outras regiões neurais, mas a ativação das glândulas mucosas das vias aéreas e, principalmente, suas variações de diâmetro são controladas pelo SNA. No sistema urinário, a principal participação do SNA é na micção: a contração da bexiga e o relaxamento de um dos seus esfíncteres são provocados no momento de urinar, e o oposto quando é o momento de armazenar a urina produzida nos rins. Finalmente, o ato sexual conta também com a participação do SNA, responsável pela ereção da genitália masculina e o ingurgitamento da feminina, bem como da produção do esperma e das secreções vaginais.

O ORGANISMO SOB CONTROLE

Você levanta da cama subitamente de manhã, acordada pelo despertador. Sua cabeça, que estava no mesmo nível horizontal do coração, posiciona-se agora uns 40 centímetros acima dele. O sangue que chegava à circulação cerebral quase sem esforço agora tem que enfrentar a gravidade para vencer a distância entre o coração e a cabeça. Se isso não for possível, seu cérebro ficará sem sangue, uma possibilidade dramática que no mínimo a levaria a um desmaio. Por que você não desmaia? Não desmaia e ainda exige mais da sua circulação: movida pela pressa, você se veste correndo, toma café a jato e dispara porta afora para não perder a hora. O esforço ativa fortemente os seus músculos: é preciso mais oxigênio no sangue e mais sangue nos músculos. Se isso não ocorrer, você não terá forças para chegar ao trabalho. Por que você não despenca no chão de cansaço logo ao primeiro esforço?

Não é difícil imaginar que o nosso organismo deve ter um sistema de controle da circulação do sangue capaz de enfrentar essas variações que a vida cotidiana impõe e, assim, garantir o equilíbrio das funções. E também não é difícil estender o raciocínio a todas as esferas do funcionamento orgânico: o metabolismo de células e órgãos, a respiração, a digestão dos alimentos, e assim por diante. Tudo deve estar sob controle, de preferência um controle automático e inconsciente para que não precisemos nos preocupar com isso e possamos concentrar nossas atenções em outros aspectos da vida.

De fato, esse controle automático existe e recebe o nome de *homeostasia* (ou homeostase). O conceito de homeostasia foi criado pelo eminente fisiologista americano Walter Cannon (1871-1945) e refere-se à permanente tendência dos organismos de manter uma certa constância do meio interno. É o que Cannon denominou "sabedoria do corpo". A homeostasia aperfeiçoou-se bastante durante a evolução, permitindo cada vez maior grau de independência dos animais em relação ao meio externo em que vivem. Como sobreviver durante o inverno nos países frios, se não for possível manter a temperatura corporal relativamente constante, dentro de uma faixa estreita de variação? Como enfrentar a escassez de alimento durante algumas épocas do ano, se não for possível mobilizar as reservas energéticas do próprio corpo? Como resistir a um agressor sem preparar a musculatura para um esforço maior?

A manutenção desse frágil equilíbrio, que a qualquer momento pode ser quebrado pelo meio externo, é coordenada por regiões do sistema nervoso especialmente dedicadas a isso. A tarefa não é simples: é preciso coordenar respostas reflexas locais (no coração, nos vasos, no trato gastrointestinal) com reações globais que envolvam todo o organismo e com comportamentos voluntários que contribuam para o esforço homeostático. Quando a temperatura externa cai, por exemplo, você empalidece porque ocorre vasoconstrição cutânea, que diminui a perda de calor do sangue para

o ambiente. Além disso, seus músculos tremem sem você querer, gerando calor. E você contribui com esse esforço homeostático vestindo um casaco e buscando refúgio em um ambiente mais quente. A homeostasia, portanto, envolve não apenas ações orgânicas de natureza reflexa, mas também atos comportamentais voluntários.

Da integração de todas essas ações homeostáticas participam regiões do SNC situadas principalmente no diencéfalo[A] (em particular no hipotálamo[A]) e no tronco encefálico. Também participam a medula espinhal[A] e uma extensa rede do SNP chamada sistema nervoso autônomo. Os sistemas endócrino e imunitário são também mobilizados, e com isso entram em ação efetores situados em todas as partes do organismo: glândulas exócrinas[G] e endócrinas[G], órgãos linfoides, o músculo estriado do coração e do sistema respiratório e a musculatura lisa das vísceras.

Estudaremos, neste capítulo, as ações homeostáticas de natureza automática, reflexa, e no Capítulo 15, aquelas que envolvem reações fisiológicas e comportamentos coadjuvantes dos mecanismos homeostáticos mais simples.

A REDE QUE CONTROLA O ORGANISMO

Sistema nervoso autônomo (SNA) é um termo inadequado, porém consagrado. Apesar da definição imprecisa, entretanto, o sistema tem funções bem conhecidas. Esse paradoxo se deve um pouco à história do seu descobrimento e aos primeiros passos que os neurocientistas deram para compreendê-lo e outro tanto à natureza difusa, pouco específica, de suas funções.

A denominação do SNA foi criada pelo fisiologista britânico John Langley (1853-1925), acreditando que os seus componentes funcionariam em considerável grau de independência do restante do sistema nervoso. O conceito demonstrou-se errado, e outros nomes foram propostos: sistema regulatório visceral (que parece o mais adequado de todos), sistema motor visceral, sistema neurovegetativo, vegetativo, automático. Nenhum deles "pegou", e o nome que prevaleceu, apesar de sua limitação, foi o proposto por Langley.

Há consenso entre os neurocientistas de que o SNA reúne um conjunto de neurônios situados na medula e no tronco encefálico que, por intermédio de gânglios periféricos, controla a musculatura lisa dos vasos sanguíneos, das vísceras digestórias e outros órgãos; a musculatura estriada do coração; e inúmeras glândulas exócrinas e endócrinas espalhadas por todo o corpo. Em função disso, muitos

---

[A] *Estrutura encontrada no* Miniatlas de Neuroanatomia *(p. 359).*

[G] *Termo constante do glossário ao final do capítulo.*

autores consideram que o SNA é um sistema exclusivamente eferente, constituído de neurônios secretomotores e visceromotores. Uma análise fisiológica mais apurada, entretanto, revela que as funções autonômicas dependem de informações provenientes das vísceras sobre volume, pressão interna, tensão das paredes e parâmetros físicos e físico-químicos como temperatura, osmolaridade[G] e outros.

Como essas informações são veiculadas aos neurônios eferentes por receptores e suas fibras aferentes, surgem as questões: que aferentes são esses? Serão componentes dos sistemas sensoriais (somestésico, principalmente)? Ou componentes específicos do SNA (aferentes autonômicos)? Essa questão gerou outra controvérsia de definição, porque um grupo de neurocientistas adota a primeira opção (os aferentes são sensoriais, não autonômicos), enquanto outro grupo prefere considerar que os aferentes viscerais são parte integrante do sistema nervoso autônomo. Também é complicado estabelecer os limites entre a parte central do SNA e outras regiões neurais que influenciam sua ação (o hipotálamo, por exemplo). Controvérsias terminológicas à parte, o que nos interessa é saber que o SNA: (1) não é realmente autônomo, pois depende do controle de regiões neurais supramedulares; (2) não funciona apenas mediante comandos eferentes "cegos", mas modula sua operação a partir das informações veiculadas pelas vias aferentes viscerais. Mais adiante voltaremos a este tema.

▶ O SNA tem Subdivisões: Duas ou Três?

Classicamente, o sistema nervoso autônomo é subdividido em dois grandes subsistemas: *simpático* e *parassimpático*. Esses nomes estranhos derivam da palavra grega que significa "harmonia, solidariedade" e relacionam-se com a ideia de que sua função é homeostática.

A organização básica desses dois subsistemas inclui uma população de neurônios centrais situados no tronco encefálico e na medula, cujos axônios emergem do SNC e se reúnem em nervos que terminam em uma segunda população de neurônios, estes periféricos, situados em gânglios ou distribuídos em plexos nas paredes das vísceras. Os axônios desses últimos inervam as estruturas efetoras já mencionadas. Considerando os gânglios como pontos de referência, chamamos os neurônios centrais (e seus axônios) de *pré-ganglionares* e os periféricos de *pós-ganglionares*[*]. Há uma diferença estrutural importante entre as duas subdivisões do SNA. A simpática possui axônios pré-ganglionares curtos, que terminam em gânglios próximos à coluna vertebral (Figura 14.1A), e axônios pós-ganglionares longos, que se incorporam aos nervos e estendem-se por todo o organismo até os órgãos-alvo.

_____

[*] *Os corpos dos neurônios pós-ganglionares ficam nos gânglios, mas geralmente não são chamados ganglionares, como se poderia supor.*

Ao contrário, no parassimpático as fibras pré-ganglionares é que são longas (Figura 14.1B), terminando em gânglios ou plexos situados muito próximos ou mesmo dentro da parede das vísceras, enquanto as fibras pós-ganglionares são curtas. Essa organização estrutural do SNA – com uma sinapse periférica posicionada entre o neurônio eferente central e o órgão-alvo – difere da organização do sistema motor somático (Figura 14.1C), cujo neurônio eferente central (o motoneurônio) inerva diretamente o músculo estriado. As sinapses ganglionares permitem a ocorrência de divergência periférica no SNA, que não ocorre no sistema motor somático. Assim, o axônio de um único neurônio pré-ganglionar pode estabelecer sinapses com inúmeros neurônios pós-ganglionares. Como cada um destes ramifica extensamente seu axônio no território-alvo, a divergência se amplia, resultando em uma ação funcional difusa, diferente do comando muscular preciso e específico que caracteriza o sistema motor somático.

Outra característica de ambas as subdivisões do SNA que as distingue do sistema motor somático é a presença de sinapses modificadas entre o neurônio pós-ganglionar e a estrutura-alvo, seja ela uma fibra muscular lisa ou uma célula glandular (Figura 14.2A, B). Os numerosos ramos das fibras simpáticas e parassimpáticas no território-alvo apresentam varicosidades em sequência, como as contas de um colar, que ficam próximas, mas geralmente não contíguas, à célula-alvo, como acontece nas sinapses neuromusculares. Essas varicosidades, examinadas ao microscópio eletrônico (Figura 14.2C), apresentam inúmeras vesículas parecidas com as vesículas sinápticas. De fato, outros estudos demonstram que as vesículas contêm neurotransmissores liberados ao meio extracelular pelos potenciais de ação que, originados no segmento inicial do axônio pós-ganglionar, são conduzidos adiante e despolarizam a membrana das varicosidades. As células-alvo apresentam receptores moleculares específicos para os neurotransmissores autonômicos, mas não há especializações pós-sinápticas. Os neurotransmissores geralmente se difundem por grandes distâncias (muitos micrômetros em comparação com os poucos nanômetros da fenda sináptica típica) até chegar aos receptores de várias células da região, e não só da mais próxima. Essa estrutura sináptica modificada contribui ainda mais para que a ação funcional do SNA seja difusa e extensa: por essa razão, os especialistas utilizam frequentemente a denominação "sinapse não direcionada" para qualificar os contatos neuroefetores do SNA.

O fisiologista Walter Cannon criou duas expressões mnemônicas na língua inglesa que durante muito tempo ilustraram as diferenças funcionais entre a subdivisão simpática e a parassimpática do SNA. Segundo ele, a função simpática seria *fight or flight* (lutar ou fugir), enquanto a parassimpática seria *rest and digest* (repousar e digerir). O primeiro trocadilho de Cannon refere-se ao forte envolvimento do subsistema simpático na homeostasia das

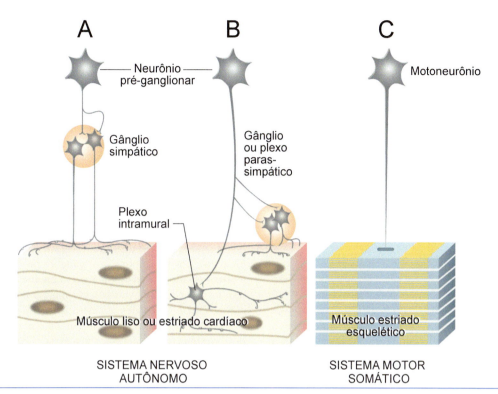

▶ **Figura 14.1.** O sistema nervoso autônomo (**A** e **B**) difere do sistema motor somático (**C**) pela existência de uma sinapse periférica entre a fibra eferente de origem central e o neurônio que inerva as células efetoras. Essa sinapse periférica localiza-se em gânglios e plexos situados fora das vísceras ou no interior da parede visceral. **A** representa a organização básica da subdivisão simpática, e **B**, a da subdivisão parassimpática.

▶ **Figura 14.2. A** e **B**. Os axônios autonômicos pós-ganglionares não formam sinapses típicas com as células efetoras, como é o caso do sistema motor somático. Próximos a elas os axônios ramificam-se bastante, e cada ramo terminal forma varicosidades com muitas vesículas que contêm neurotransmissores e neuromoduladores. Essas substâncias são liberadas no meio extracelular sob comando neural, mas têm que se difundir a uma certa distância para encontrar os receptores moleculares específicos na membrana das células efetoras. **C**. Fotografia, em microscópio eletrônico de transmissão[G], de varicosidade de uma fibra simpática que inerva a musculatura lisa de um vaso sanguíneo cerebral do rato. Observar que, embora haja estruturas pré--sinápticas, inclusive vesículas, não há estruturas pós-sinápticas típicas. Observar também que o espaço entre o terminal e o alvo é cerca de sete vezes maior que a largura da fenda sináptica comum. Foto cedida por Andrzej Loesch, University College, Londres. Direitos reservados.

situações de emergência, nas quais o indivíduo se confronta com a iminência de um ataque, por exemplo, perante o qual deverá exercer um grande esforço físico, seja para lutar ou para fugir. O segundo descreve a participação do subsistema parassimpático na contínua homeostasia do dia a dia, em que o organismo realiza as funções normais do repouso fisiológico, em particular as funções digestórias. Embora tenham sido aceitas durante muito tempo, as pesquisas recentes não autorizam que se levem ao extremo essas generalizações de Cannon, já que se demonstrou que a subdivisão simpática participa também da homeostasia "de repouso", bem como a subdivisão parassimpática da homeostasia "de emergência". Na verdade, a concepção prevalente hoje em dia é a de que ambas interagem continuamente na regulação do funcionamento orgânico.

Os fisiologistas que estudaram, nas últimas décadas, a inervação autonômica das vísceras digestórias, ficaram surpresos com a complexidade que encontraram nas paredes do trato gastrointestinal. Descobriram nelas grande número de neurônios dispersos ou reunidos em pequenos gânglios ou plexos densamente interconectados. Nesses plexos, é grande a variedade de tipos neuronais, inúmeros os neurotransmissores e respectivos receptores e, portanto, diversas as propriedades funcionais, constituindo uma verdadeira rede de controle da motilidade digestória e vascular (Quadro 14.1). Essa surpreendente complexidade e a variedade morfofuncional levaram-nos a propor a existência de um terceiro subsistema do SNA, que denominaram *subdivisão gastroentérica*, ou, de forma mais ambiciosa, *sistema nervoso entérico* (SNE)*. Não obstante essa proposta, os estudos mais recentes têm tendido a considerar o SNE uma rede multissináptica sob comando tanto da subdivisão simpática quanto da parassimpática.

◗ Organização da Subdivisão Simpática

A maioria dos somas dos neurônios pré-ganglionares simpáticos humanos está localizada na chamada coluna intermédia** da medula (Figura 14.3), bilateralmente entre os segmentos T1 e L2. São neurônios pequenos que emitem axônios mielínicos finos. Alguns desses axônios (os que controlam as vísceras torácicas, os vasos sanguíneos, as glândulas sudoríparas e os músculos piloeretores[G]) emergem pelas raízes ventrais juntamente com os axônios motores somáticos, mas logo formam um desvio chamado ramo comunicante branco (tonalidade conferida pela mielina) e entram em um dos gânglios paravertebrais situados

em ambos os lados da coluna, dentro dos quais formam sinapses com as células pós-ganglionares. Outros axônios pré-ganglionares (os que controlam as vísceras abdominais) seguem o mesmo caminho pelo ramo comunicante branco, mas atravessam os gânglios paravertebrais sem interrupção e vão estabelecer sinapses em um segundo grupo de gânglios, chamados pré-vertebrais (Figura 14.3).

Em ambos os casos, cada fibra simpática pré-ganglionar ramifica-se para inervar cerca de 10 neurônios pós-ganglionares situados no mesmo gânglio ou em gânglios vizinhos. Os gânglios paravertebrais são interconectados por troncos nervosos por onde passam os ramos ascendentes e descendentes das fibras pré-ganglionares, e assim formam duas cadeias, uma em cada lado da coluna vertebral. Funcionalmente, modulam e transmitem a informação do neurônio pré para o pós-ganglionar. Já os gânglios pré-vertebrais são interconectados de maneira aparentemente desordenada, sem formar cadeias, e por isso são muitas vezes chamados *plexos*. Quase todos eles são estruturas ímpares, e não bilaterais. Além disso, são funcionalmente mais complexos, pois contêm fibras aferentes viscerais e interneurônios, constituindo um sofisticado sistema de controle ligado aos plexos intramurais[G] (a subdivisão gastroentérica) das vísceras digestórias.

Os axônios pós-ganglionares simpáticos são amielínicos e muito finos. Emergem dos gânglios pelos ramos comunicantes cinzentos (tonalidade mais escura devido à falta de mielina) (Figura 14.3), que acabam por se reunir a nervos mistos (como o isquiático) ou, em alguns casos, formar nervos exclusivamente autonômicos (como os cardíacos).

A segmentação da cadeia ganglionar (Figura 14.4) acompanha aproximadamente a segmentação vertebral (um gânglio para cada segmento) no que se refere ao controle das estruturas da pele do tronco e dos membros: vasos, glândulas e pelos (Tabela 14.1). Não é assim, no entanto, para os gânglios cervicais, que se fundem durante o desenvolvimento formando gânglios maiores que não mais refletem a segmentação vertebral. Esses gânglios emitem axônios que inervam os órgãos e as estruturas da cabeça, bem como algumas vísceras torácicas. Além disso, para as vísceras abdominais e pélvicas, entram em cena os gânglios pré-vertebrais, que também não acompanham a segmentação vertebral (Figura 14.4 e Tabela 14.1).

A medula da glândula adrenal[G] (ou suprarrenal) é um caso especial que merece comentário à parte. Embriologicamente, esse tecido glandular deriva da crista neural (Capítulo 2). Suas células, portanto, são neurônios atípicos, desprovidos de prolongamentos e capazes de secretar catecolaminas (principalmente adrenalina). Como recebem inervação pré-ganglionar simpática (Figura 20.10), assemelham-se a gânglios dessa divisão autonômica, sendo suas células secretoras verdadeiros neurônios pós-ganglionares cujo "neurotransmissor" é, na verdade, um hormônio que terá ação à distância por meio da circulação sanguínea, amplificando e generalizando os efeitos locais da ativação simpática.

---

* Ambos os termos são imprecisos, pois os plexos não existem apenas no estômago e no intestino, mas também no esôfago e até no pâncreas e na vesícula biliar.

** Também chamada intermediolateral, para salientar a posição mais lateral dos neurônios pré-ganglionares.

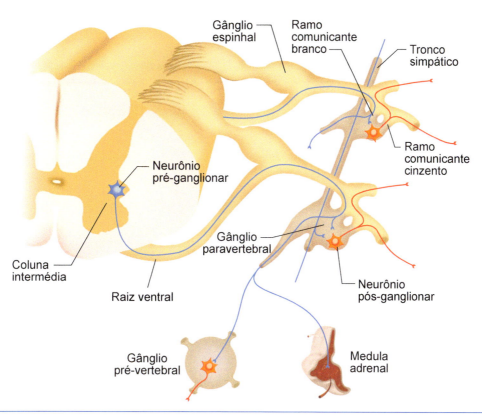

▶ **Figura 14.3.** As fibras pré-ganglionares simpáticas emergem da medula pela raiz ventral, misturadas às fibras motoras somáticas. Logo em seguida deixam os nervos espinhais pelos ramos comunicantes brancos e fazem sinapses com os neurônios pós-ganglionares. Os axônios pós-ganglionares da cadeia paravertebral retornam aos nervos espinhais pelos ramos comunicantes cinzentos, e depois se incorporam aos nervos periféricos, enquanto os dos gânglios pré-vertebrais formam nervos periféricos diretamente. Alguns axônios pré-ganglionares inervam de forma direta a medula adrenal, que nesse sentido pode ser considerada um "gânglio simpático" modificado.

▶ Organização da Subdivisão Parassimpática

Diferentemente da subdivisão simpática, os neurônios pré-ganglionares parassimpáticos estão localizados em dois setores bem separados (Figura 14.5): um conjunto de núcleos do tronco encefálico e a coluna intermédia da medula sacra (segmentos S2 a S4). Por essa razão, os neuroanatomistas historicamente se referem ao parassimpático como a subdivisão craniossacra do SNA. É preciso ponderar, no entanto, que essa clássica dicotomia craniossacra do subsistema parassimpático tem sido recentemente questionada com base em semelhanças embriológicas e neuroquímicas entre a porção sacra e as regiões toracolombares do subsistema simpático. Se essas evidências se confirmarem, será necessário rever a organização dos dois subsistemas autonômicos: o parassimpático passaria a ser constituído apenas pelos circuitos supramedulares canalizados principalmente pelos nervos cranianos, enquanto o simpático seria constituído pelos circuitos que emergem de toda a extensão da medula espinhal.

Os núcleos onde se situam os neurônios pré-ganglionares parassimpáticos são relacionados com os nervos cranianos oculomotor (III), facial (VII), glossofaríngeo (IX) e vago (X). Você poderá encontrar maiores detalhes sobre os nervos cranianos no *Miniatlas de Neuroanatomia*. Como se pode supor, os três primeiros desses nervos cranianos suprem a inervação da cabeça, enquanto o nervo vago[A] se encarrega de todo o corpo, exceto da região pélvica, que é inervada pelos neurônios pós-ganglionares sacros (Figura 14.5 e Tabela 14.2).

Os gânglios parassimpáticos cranianos são estruturas arredondadas bem delimitadas e posicionam-se perto dos alvos correspondentes, como é característico da subdivisão parassimpática. O gânglio ciliar, por exemplo, fica atrás do globo ocular, bem próximo ao nervo óptico[A], enquanto o pterigopalatino fica dentro do osso craniano, próximo às mucosas nasal e oral, e o submandibular e o ótico* ficam próximos às glândulas salivares.

Já os neurônios pós-ganglionares parassimpáticos do corpo, inervados pelo nervo vago e por seus ramos, ficam localizados em gânglios ou plexos situados próximo ou dentro da parede das vísceras torácicas e abdominais. O mesmo

---

*Não confunda o termo óptico, que se refere ao olho, com ótico, que se refere ao ouvido.

Neurociência dos Estados Corporais

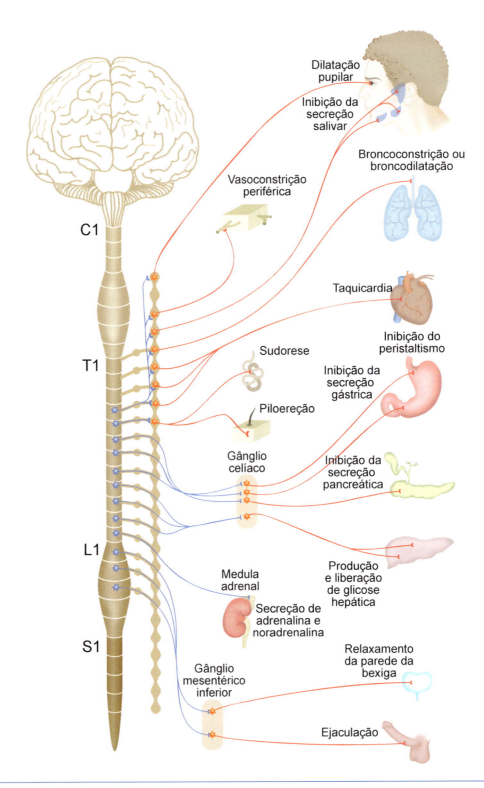

▶ **Figura 14.4.** Quase todos os órgãos do corpo são funcionalmente influenciados pelas fibras pós-ganglionares simpáticas (em vermelho). Estas se originam de neurônios situados na cadeia de gânglios paravertebrais (onde há também muitos interneurônios, não representados), e em gânglios pré-vertebrais. Os gânglios representados como "vazios" na figura, na verdade alojam os neurônios pós-ganglionares que inervam os vasos sanguíneos de todo o corpo, bem como as glândulas sudoríparas e os folículos pilosos da superfície cutânea. Os neurônios pré-ganglionares simpáticos (em azul) situam-se em segmentos torácicos e lombares da medula espinhal. Compare com a Tabela 14.1.

Tabela 14.1. Os Gânglios Simpáticos e Seus Alvos*

Cadeia ou Grupo	Gânglio	Principais Alvos
Paravertebral	Cervical superior ou plexo solar	Musculatura lisa dos olhos, vasos dos músculos cranianos e vasos cerebrais; glândulas salivares, lacrimais e sudoríparas
	Cervical médio	Musculatura estriada do coração, musculatura lisa dos pulmões e brônquios
	Cervical inferior ou estrelado	
	Torácicos	Musculatura estriada do coração, musculatura lisa dos pulmões e brônquios, vasos sanguíneos e pelos do tórax e dos membros superiores; glândulas sudoríparas
	Lombares	Musculatura lisa dos vasos sanguíneos e pelos do abdome e dos membros inferiores; glândulas sudoríparas
	Sacros	Musculatura lisa dos vasos sanguíneos e pelos do abdome e dos membros
Pré-vertebral	Celíaco	Musculatura lisa e glândulas do estômago, fígado, baço, rins e pâncreas
	Mesentérico superior	Musculatura lisa e glândulas do intestino delgado e colo ascendente
	Mesentérico inferior	Musculatura lisa e glândulas de parte do colo transverso
	Pélvico-hipogástrico	Musculatura lisa e glândula do colo descendente e vísceras pélvicas
	Medula adrenal	—

* Não estão aqui incluídos os plexos intramurais das diferentes vísceras digestórias, bem como plexos nervosos do vago (n. X) no coração, nos pulmões e nos rins.

se passa com os neurônios pós-ganglionares pélvicos, inervados pelos nervos esplâncnicos que alojam as fibras pré-ganglionares provenientes da coluna intermédia sacra. Em ambos os casos, os gânglios são menores, mais numerosos e muito interconectados, sendo por isso chamados comumente plexos. Alguns deles se situam fora das vísceras correspondentes: é o caso dos gânglios cardíacos. A maioria fica no interior das paredes viscerais, formando dois plexos intramurais que compõem o SNE que, além dos neurônios pós-ganglionares, contêm também neurônios sensoriais e interneurônios, todos extensamente interconectados. Os neurônios pós-ganglionares propriamente ditos inervam a musculatura lisa do trato gastrointestinal e se responsabilizam pelos movimentos peristálticos[G] que propelem o bolo alimentar. Sua atuação, no entanto, é modulada e organizada pelos demais neurônios que formam o SNE.

❯ A Subdivisão Entérica

A surpresa dos neurobiólogos que se dedicaram a estudar os neurônios do trato gastrointestinal foi mesmo grande: eles encontraram um número estimado em cerca de 500 milhões de neurônios embutidos nas paredes dessas vísceras nos seres humanos. Um número semelhante ao da medula espinhal, o que justifica o entusiasmo dos pesquisadores ao chamarem esse sistema de "segundo cérebro" ou *sistema nervoso entérico* (Quadro 14.1). Esses neurônios tão numerosos se concentram em dois plexos interconectados (Figura 14.6A): o *mioentérico*, ou plexo de Auerbach, localizado entre as camadas circular e longitudinal de músculo liso; e o *submucoso*, ou plexo de Meissner, entre a camada circular de músculo liso e a camada mucosa.

Tabela 14.2. Os Núcleos Parassimpáticos, Seus Gânglios e Seus Alvos

Núcleo Pré-ganglionar	Fibra Pré-ganglionar	Gânglio	Alvos
Nu. acessório do nervo oculomotor (ou Nu. de Edinger-Westphal[A])	N. oculomotor (III)	Ciliar	Músculos ciliar e circular da íris
Nu. salivatório[A] superior	N. facial (VII)	Pterigopalatino	Glândulas lacrimais e mucosas nasais e palatais
		Submandibular	Glândulas salivares e mucosas orais
Nu. salivatório inferior	N. glossofaríngeo (IX)	Ótico	Parótida e mucosas orais
Nu. dorsal do vago[A] e Nu. ambíguo[A] ou ventral do vago	N. vago (X)	Gânglios parassimpáticos e plexos intramurais	Musculatura lisa e glândulas das vísceras torácicas (respiratórias e digestórias) e abdominais (digestórias até o colo ascendente), musculatura estriada da faringe, laringe e esôfago; musculatura estriada do coração
Coluna intermédia sacra (S2 a S4)	N. esplâncnicos pélvicos	Plexo pélvico	Colos transverso e descendente, vísceras pélvicas

NEUROCIÊNCIA DOS ESTADOS CORPORAIS

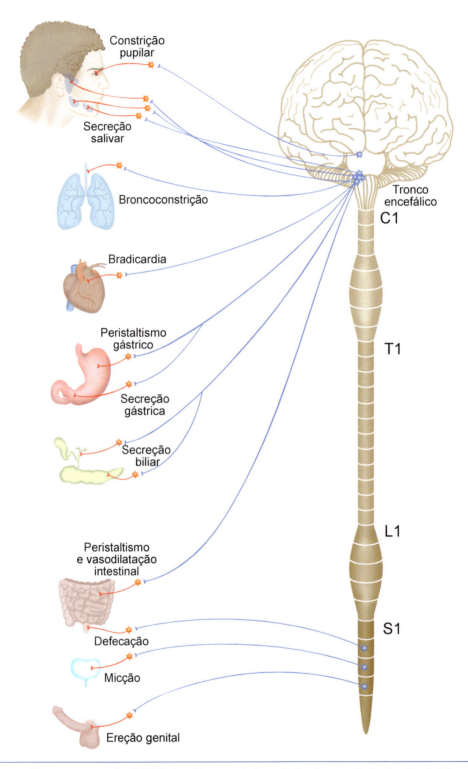

▶ **Figura 14.5.** Da mesma forma que no caso da subdivisão simpática, quase todos os órgãos do corpo são funcionalmente influenciados pelas fibras parassimpáticas pós-ganglionares (em vermelho). Estas se originam de neurônios situados em gânglios ou plexos próximos aos efetores. Os neurônios pré-ganglionares parassimpáticos (em azul) situam-se no tronco encefálico e em segmentos sacros da medula espinhal. Por isso a divisão parassimpática é conhecida também como craniossacra. Compare com a Tabela 14.2.

▶ **Figura 14.6.** A rede de neurônios das vísceras digestórias forma plexos que se situam entre as camadas circular e longitudinal de músculo liso (plexo mioentérico), ou adjacente à mucosa (plexo submucoso). **A** representa esquematicamente um corte transversal de uma víscera digestória, mostrando a posição dos dois plexos em relação às camadas da parede. **B** representa esquematicamente os tipos de neurônios e circuitos encontrados na divisão entérica, com as suas funções. O neurônio 1 é um interneurônio ascendente; os neurônios 2 e 11 são aferentes; o neurônio 3 conduz informações para fora do intestino; os neurônios 4 a 7 controlam a musculatura lisa; 8, 9 e 10 são neurônios descendentes; 12, 13 e 14 são secretomotores (12 e 13 são também vasodilatadores). Os neurônios azuis são excitatórios, os vermelhos são inibitórios. **B** modificado de Furness J. *Journal of the Autonomic Nervous System*. 2000;81:87-96.

Neurociência em Movimento

Quadro 14.1
Como Estudar o Segundo Cérebro?

▶ Patricia Castelucci*

Na Universidade Federal de São Carlos, graduei-me em Fisioterapia. Na graduação, apaixonei-me pela anatomia humana e pelos formatos dos órgãos. Após a conclusão da graduação, ingressei no mestrado em Anatomia Funcional do Instituto de Ciências Biomédicas (ICB) da Universidade de São Paulo e, depois, fiz o doutorado no mesmo programa. A minha tese foi sobre o sistema nervoso entérico (SNE) e a sua participação nos processos de desnutrição e renutrição, sob a orientação do professor Edson A. Liberti. Neste período já tinha me tornado docente do Departamento de Anatomia. Em 2001, fui fazer o meu pós-doutorado com o professor John B. Furness, na Universidade de Melbourne, Austrália. Furness é uma das maiores referências no estudo do sistema nervoso entérico. Desse modo, nesse período pude me especializar no estudo desse sistema que, de tão complexo, é conhecido como "segundo cérebro". Utilizei diversas técnicas de pesquisa, como imuno-histoquímica e imunofluorescência de duplas/triplas marcações, técnicas morfométricas, histologia convencional, biologia molecular e o estudo dinâmico da motilidade intestinal. Atualmente, chefio o Laboratório de Neurogastroenterologia no ICB/USP (Figura 1).

O SNE é composto por neurônios dos plexos mioentérico e submucoso, que possuem, em seu interior, substâncias que os caracterizam como portadores de códigos químicos diferentes. O SNE tem funções de motilidade intestinal, absorção de nutrientes e secreções no trato gastrointestinal, e pode ser afetado por envelhecimento, desnutrição, obesidade, isquemia-reperfusão, doenças metabólicas, inflamações intestinais e outras doenças, causando uma série de alterações digestórias. Além disso, ao redor dos plexos entéricos existem células gliais entéricas que dão suporte aos neurônios e produzem uma série de substâncias importantes para as funções intestinais.

No laboratório estudamos os efeitos da inflamação intestinal, isquemia/reperfusão intestinal, alteração da microbiota intestinal no SNE e as células gliais entéricas. Além disso, analisamos a presença dos receptores purinérgicos P2X, receptores TNF-alfa e receptores para ácidos graxos de cadeia curta no SNE. Nossos resultados têm demonstrado que, na desnutrição, isquemia e reperfusão e na inflamação intestinal há alterações morfológicas e diminuição dos neurônios entéricos dos plexos mioentérico e submucoso. Mais especificamente, na isquemia/reperfusão e na inflamação intestinal, o uso do antagonista do receptor purinérgico P2X7 tem mostrado a recuperação dos neurônios entéricos e da motilidade intestinal, demonstrando a participação deste receptor nos eventos que afetam o SNE. Assim, pode ser considerado um alvo terapêutico potencial nas patologias do trato gastrointestinal. Além disso, temos demonstrado a presença dos receptores TNF-alfa nos neurônios entéricos e que o uso de anti-TNF-alfa na inflamação intestinal também recupera os neurônios entéricos (Figura 2).

▶ **Figura 1.** Patricia Castelucci em 2019.

*Professora-associada do Departamento de Anatomia, Instituto de Ciências Biomédicas, Universidade de São Paulo. Correio eletrônico: pcastel@usp.br

Não há dúvida de que a complexidade dos tipos celulares, circuitos e funções do SNE autoriza o apelido que recebeu do professor Michael Gershon: segundo cérebro.

▶ **Figura 2.** Células do plexo mioentérico de rato. Em **A**, neurônios entéricos do colo distal, marcados com HuC/D (exemplo em vermelho, seta cheia), e células gliais entéricas marcadas com o receptor P2X7 (em verde, seta vazada). Em **B**, neurônios nitrérgicos do íleo, marcados com a enzima sintase de óxido nítrico neuronal (nNOS, em vermelho, seta cheia), e neurônios positivos para o receptor P2X2 (em verde, seta vazada). Em **C**, neurônios entéricos do íleo marcados com HuC/D (em vermelho, seta cheia), e células gliais entéricas marcadas com a proteína glial fibrilar básica (GFAP, em verde, setas vazadas). Em **D**, células gliais entéricas do íleo, marcadas com S100B (em vermelho, setas cheias).

Nessa extensa rede, encontraram neurônios eferentes que controlam a musculatura lisa, outros que comandam as glândulas produtoras de muco e outros ainda que regulam o diâmetro de vasos sanguíneos locais (Figura 14.6B). Nada de espantar até aí. Só que os pesquisadores encontraram também neurônios sensoriais capazes de "medir" a tensão da parede e outros sensíveis a sinais químicos provenientes da luz[G] dessas vísceras, além de uma variedade de células gliais. Os estudos fisiológicos mostraram o envolvimento do plexo mioentérico com a produção dos movimentos peristálticos das vísceras digestórias e o submucoso com a secreção glandular, funções coerentes com a posição estratégica de cada um deles na parede.

Os movimentos peristálticos obedecem a uma sequência ordenada (Figura 14.16). Em cada momento do trânsito do alimento, a musculatura lisa da região onde está o bolo alimentar apresenta-se relaxada, e a parede mostra uma certa tensão de estiramento decorrente da presença do bolo. Ocorrem então um anel de constrição da parede em um determinado ponto posicionado oralmente em relação ao bolo e, ao mesmo tempo, um anel de relaxamento em posição anal relativamente ao bolo. O anel de constrição propele o bolo em direção ao anel de relaxamento, e este se transforma em uma região de estiramento da parede. O processo então se repete e o bolo alimentar vai sendo deslocado adiante. De que modo esses movimentos rítmicos são controlados?

Descobriu-se que os neurônios mecanorreceptores dos plexos detectam o estiramento da parede causado pela chegada do bolo alimentar. Diretamente, ou através de interneurônios, promovem a inibição da musculatura lisa distal (o anel de relaxamento) e a contração da musculatura lisa proximal (o anel de constrição). Esse duplo efeito permite a ocorrência da peristalse. Os fisiologistas perceberam que, quando o trato é desnervado das fibras pré ou pós-ganglionares autonômicas, os movimentos peristálticos não cessam, mas se tornam menos rítmicos e mais desordenados. Concluíram que o SNE apresenta uma certa independência funcional do SNA, mas que, por outro lado, é este que lhe confere o ritmo certo, concatenando sua operação não apenas com as informações provenientes de todo o organismo, mas também com aquelas relacionadas com a esfera emocional (quem já não teve uma cólica em alguma situação estressante?).

A importância que atualmente se atribui ao SNE é proporcional à importância da superfície interna do trato digestório. Estamos falando de um tubo de 5 metros de comprimento, com área epitelial de cerca de 32 m², que se comunica diretamente com o ambiente externo pelas suas extremidades. Não é de espantar, então, que o trato digestório aloje 70%-80% das células imunitárias do nosso corpo e um microbioma estimado em cerca de 40 trilhões de microrganismos de centenas de espécies diferentes! Ressalta neste caso o fato surpreendente de que algumas das bactérias que habitam o trato digestório estabelecem intensa comunicação com o SNC, participando da regulação hormonal e mediando, inclusive, comportamentos de interatividade social. Talvez essa interação seja mediada pelo SNE, chegando ao hipotálamo, onde núcleos específicos passam a regular a secreção de hormônios da hipófise e das glândulas suprarrenais (como a corticosterona). Veja alguma informação adicional sobre isso no Quadro 14.2. O SNE, assim, compartilha com o sistema imunitário o equilíbrio homeostático dessa extensa interface entre o nosso corpo e o ambiente.

O ORGANISMO SOB CONTROLE

De que modo as subdivisões do SNA controlam o organismo? De que modo conseguem manter constante o meio interno, esse difícil equilíbrio homeostático?

O SNA dispõe de dois modos de controle do organismo: um modo reflexo e um modo de comando. O "modo reflexo" envolve o recebimento de informações provenientes de cada órgão ou sistema orgânico e a programação e execução de uma resposta apropriada. Por exemplo: durante uma refeição, os mecanorreceptores situados no estômago acusam um aumento na tensão da parede, indicando que ele está cheio. Imediatamente, tanto a subdivisão gastroentérica como a subdivisão parassimpática acionam os seus neurônios, e os efetores (células produtoras de muco e de enzimas digestórias, células produtoras de ácido clorídrico e fibras musculares lisas) entram em ação para lubrificar, dissolver, digerir e propelir adiante o bolo alimentar. Outro exemplo: quando você se levanta da cama subitamente, os mecanorreceptores situados na parede da aorta e das carótidas acusam uma tendência de queda da pressão arterial e imediatamente acionam a subdivisão simpática que promove um pequeno aumento da frequência cardíaca e uma vasoconstrição periférica, o que reequilibra a pressão. Os reflexos empregados nesse tipo de controle podem ser locais, isto é, situados na própria víscera, ou centrais, quer dizer, envolvendo neurônios e circuitos do SNC.

O "modo de comando" envolve a ativação do SNA por regiões corticais ou subcorticais, muitas vezes voluntariamente. Exemplos ilustrativos: você pode ficar sexualmente excitada(o) com um simples pensamento, capaz, por si só, de ativar a subdivisão parassimpática que promove a vasodilatação nos corpos cavernosos[G] do pênis e do clitóris. Também, a lembrança de uma emoção pode provocar

taquicardia, sudorese, salivação e muitas outras reações orgânicas, sem que haja necessariamente qualquer ativação sensorial ou aferente. Muitas vezes o SNA emprega simultaneamente o modo reflexo e o modo de comando. Outras vezes – como nos exemplos mencionados – só um deles entra em ação.

❯ Os Efetores

Efetores, em geral, são células ou órgãos que realizam uma certa "tarefa" em resposta a uma mensagem química transmitida por via sináptica, difusional ou pela circulação sanguínea (hormonal). Para reconhecer a mensagem, portanto, os efetores precisam expressar, na superfície celular, os receptores moleculares apropriados, capazes de reconhecer os mensageiros químicos correspondentes.

Os efetores do SNA recebem mensagens difusionais, porque a maior parte dos mensageiros químicos autonômicos (os neurotransmissores e neuromoduladores das fibras pós-ganglionares) não são tipicamente sinápticos nem veiculados pela circulação, mas, sim, liberados no meio extracelular, onde se difundem até os receptores. Os efetores e os terminais axônicos, portanto, devem estar localizados próximos uns aos outros, para que os receptores dos primeiros possam reconhecer e reagir com os mensageiros dos segundos.

Existem apenas dois tipos de efetores autonômicos: células secretoras (glandulares) e células contráteis (musculares ou mioepiteliais). Ambos podem constituir órgãos específicos (como o pâncreas, que é uma grande glândula, e o coração, que é um órgão contrátil) (Figura 14.7) ou, então, misturar-se a outros tecidos sem se reunir em órgãos. É o que acontece na parede do trato gastrointestinal, por exemplo, que contém células isoladas produtoras de muco em meio a outras de função absortiva (Figura 14.8A) e camadas de fibras musculares lisas interpostas a outras de diferentes funções (Figura 14.6). Em muitos casos, esses dois tipos de efetores estão juntos e cooperam, como acontece nas glândulas sudoríparas e lacrimais, por exemplo, em cujos dutos de secreção existem elementos contráteis (as células mioepiteliais) que ajudam a expelir o fluido secretado (Figura 14.8B). Em todos esses exemplos, as fibras autonômicas pós-ganglionares ramificam-se na intimidade do tecido que contém os efetores para que os neurotransmissores liberados nas varicosidades axônicas possam alcançar, por difusão, os receptores.

Devemos mencionar novamente o caso da medula adrenal, cujas células secretoras, chamadas cromafins, são, na verdade, neurônios pós-ganglionares modificados (Figura 14.9). São neurônios porque se originam da crista neural durante a vida embrionária, e são modificados porque não apresentam dendritos nem axônios. Sua função é tipicamen-

O ORGANISMO SOB CONTROLE

Neurociência do Cotidiano

Quadro 14.2
Nosso Segundo Cérebro Conversa com Bactérias*

O título parece uma manchete de imprensa sensacionalista, mas é uma metáfora usada pelos neurocientistas muito real: temos de fato um segundo cérebro embutido de alto a baixo em toda a parede das nossas vísceras digestórias. As últimas avaliações estimam que alcance meio bilhão de neurônios e um tanto a mais de células gliais, as companheiras inseparáveis dos neurônios. Como acontece no "primeiro" cérebro, esses neurônios viscerais fazem contato uns com os outros e processam milhões de informações. Outra surpresa: o sistema nervoso entérico interage com o sistema nervoso central por meio da participação ativa das bactérias residentes nas vísceras, a maioria no intestino. Estima-se aqui um número que quase alcança 40 trilhões de bactérias em um homem de 70 kg.

A importância desse eixo de comunicação entre as vísceras e o cérebro por intermédio da microbiota de bactérias residentes cresceu muito com as pesquisas mais recentes. Hoje se sabe que essa interação influi no surgimento e no transcurso de doenças neurodegenerativas como Parkinson e Alzheimer, transtornos neuropsiquiátricos como o espectro autista, a ansiedade, o estresse e até mesmo a esquizofrenia.

Uma grande questão que surge para a neurociência é esclarecer como se dá essa conversa entre os nossos "dois cérebros". Que sinais as bactérias enviam para os neurônios das vísceras? Como estes se comunicam com o sistema nervoso central? Que caminhos essa informação percorre dentro do "primeiro cérebro" e como são, então, moduladas as funções corporais e neuropsicológicas? A resposta a essas perguntas poderá resultar em alternativas terapêuticas ou preventivas para as disfunções neuropsiquiátricas mencionadas. Alternativas que podem ser supersimples, já que é possível alterar a presença e os tipos de bactérias intestinais apenas mexendo na alimentação que utilizamos no cotidiano.

Um trabalho recente publicado por pesquisadores de Taiwan e da Califórnia deu conta dessa questão usando camundongos manipulados geneticamente ou com antibióticos para se tornarem *germ-free*, isto é, completamente desprovidos de microrganismos no corpo. Comparando esses animais com outros dotados da microbiota normal, os pesquisadores puderam reconstruir detalhadamente os circuitos ativados em interações sociais como o acasalamento e a autodefesa e avaliar os transtornos causados nessas interações sociais pela interrupção da comunicação entre bactérias e neurônios.

Mostraram que a microbiota modula a atividade neuronal dos dois cérebros em regiões específicas, regulando as respostas ao estresse e os comportamentos sociais. Verificaram que os animais sem microbiota tinham comportamentos sociais desviantes, causados pela produção de níveis elevados de corticosterona, o hormônio do estresse, normalmente regulados por sinais químicos emitidos pelas bactérias e captados pelo sistema nervoso entérico, devidamente endereçados ao sistema nervoso central pelos neurônios viscerais. Na falta da mensagem das bactérias, as áreas cerebrais controladoras das glândulas endócrinas aumentavam drasticamente sua atividade, causando uma alta produção de corticosterona pela glândula suprarrenal.

Além de checar os resultados de diversas formas, os pesquisadores mostraram que os sintomas comportamentais e corporais resultantes da eliminação das bactérias do intestino dos animais eram revertidos por substâncias antagonistas da corticosterona ou pela reposição das bactérias ao seu lar.

Foi encontrado um culpado específico: uma bactéria que atende pelo nome gongórico de *Enterococcus faecalis*, cuja reposição no intestino dos camundongos recupera o comportamento social dos animais sem microbiota. Se os dados se confirmarem com estudos em humanos, está posta no horizonte uma alternativa simples e eficaz para mitigar os sintomas neuropsiquiátricos das várias doenças influenciadas pelas bactérias que conversam com o segundo cérebro.

Referências

Fried S. et al. Interactions between the microbiota and enteric nervous system during gut-brain disorders. *Neuropharmacology*. 2021;197:art. 108721.

Wu W-L. et al. Microbiota regulate social behaviour via stress response neurons in the brain. *Nature*. 2021;595:409-414.

---

* *Texto baseado em artigo publicado em* O Globo *e* O Globo Online (*coluna e blog* A hora da Ciência) *em 13/8/2021.*

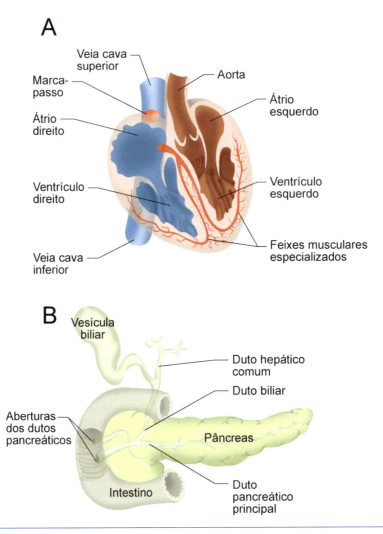

▶ **Figura 14.7.** O coração (**A**) e o pâncreas (**B**) são grandes órgãos efetores do SNA que contêm, respectivamente, células contráteis (as fibras musculares estriadas cardíacas) e células secretoras (as células pancreáticas exócrinas).

te glandular, por isso a medula adrenal é considerada uma das glândulas endócrinas*. Sob comando pré-ganglionar, as células cromafins secretam adrenalina e noradrenalina, que são então distribuídas a alvos distantes pela circulação sanguínea. Como se verá adiante, a secreção sistêmica dessas catecolaminas reforça a ação mais localizada da divisão simpática nas situações de emergência.

A ação autonômica sobre os efetores glandulares é de dois tipos: (1) diretamente sobre as células secretoras, provocando a produção e a liberação dos produtos de secreção; e (2) indiretamente sobre a rede vascular da glândula, provocando alteração da circulação sanguínea local e, desse modo, influenciando o volume e a concentração do fluido secretado. Nas glândulas salivares, por exemplo, a atividade parassimpática provoca uma secreção fluida e copiosa, enquanto a ativação da divisão simpática produz uma saliva viscosa e rica em amilase. Isso porque a primeira atua diretamente sobre as células glandulares, enquanto a inervação simpática age também sobre os vasos, causando vasoconstrição.

Os efetores contráteis são bastante difundidos no organismo, especialmente as fibras musculares lisas (Figura 14.10B), que promovem a motilidade do trato gastrointestinal, das vias respiratórias, do cristalino e da íris do olho, dos dutos urinários e da bexiga, bem como de vários dutos glandulares, dos corpos cavernosos e de toda a rede vascular (arterial e venosa). As fibras musculares lisas são células fusiformes mais curtas que as estriadas esqueléticas. Como estas, são agrupadas em feixes; mas não são sincícios[G] típicos, embora funcionem como tal porque são acopladas

---

* A medula adrenal está histologicamente associada ao córtex adrenal. Ambos formam a glândula adrenal (ou suprarrenal). Trata-se de uma situação semelhante à da hipófise, formada por uma parte de origem neural (a neuro-hipófise) e outra de origem não neural (a adeno-hipófise).

O Organismo sob Controle

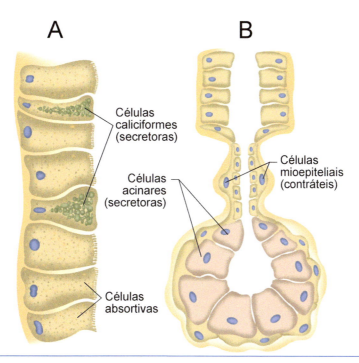

▶ **Figura 14.8.** A parede intestinal (**A**) e as glândulas salivares (**B**) são efetores mistos do SNA. No primeiro caso (**A**), células secretoras de muco coexistem na mucosa com células absortivas, e estão próximas a fibras musculares lisas (não ilustradas). No segundo caso (**B**), células secretoras coexistem com células contráteis de natureza mioepitelial.

▶ **Figura 14.9.** A glândula adrenal (à esquerda) apresenta dois componentes de origem embriológica distinta (**A**): córtex, com suas zonas histológicas específicas, e medula. A secreção hormonal nesses dois componentes difere bastante (**B**): as células do córtex adrenal secretam hormônios corticoides para a circulação sanguínea, enquanto as da medula secretam adrenalina e noradrenalina sob comando pré-ganglionar simpático. Os hormônios adrenérgicos da medula adrenal têm ação sistêmica que potencializa a ativação simpática dos órgãos.

metabólica e eletricamente mediante junções comunicantes (sobre esse tipo de junção, veja o Capítulo 4). O acoplamento juncional é também típico das fibras miocárdicas (Figura 14.10A) e permite que a contração seja um evento sincronizado que envolve um grande número de fibras. As proteínas contráteis responsáveis pelo encurtamento das fibras lisas são semelhantes às das fibras estriadas, mas não se dispõem de modo regular como nestas, formando bandas. Ao contrário, parecem dispersas dentro do citoplasma. Na verdade, a contração dos miofilamentos é transmitida a estruturas do citoesqueleto e acaba por provocar o encurtamento da célula como um todo. Além disso, a tensão e o movimento produzidos em uma fibra somam-se mecanicamente aos produzidos pelas fibras vizinhas, já que todas estão fortemente ligadas por junções que as tornam solidárias, como um conjunto único.

A contração das células musculares lisas pode ser obtida pela ativação autonômica, mas também pode ocorrer de forma espontânea em algumas delas. Nesse caso, as fibras que se contraem espontaneamente são chamadas marca-passos e ditam um ritmo próprio à motilidade da víscera, que é apenas modificado ou regulado pela inervação autonômica. Muitos experimentos demonstram que as vísceras continuam dotadas de motilidade quando são desnervadas, entretanto seus movimentos tornam-se desordenados e pouco eficientes, resultando em graves distúrbios funcionais. O trato gastrointestinal desnervado torna-se expandido e incapaz de propelir adequadamente o bolo alimentar; é o que ocorre na doença de Chagas, que apresenta lesão dos eferentes autonômicos e plexos intramurais provocada pelo parasito.

No coração, as células marca-passos são concentradas em regiões específicas (Figura 14.7), como os nódulos sinoatrial e atrioventricular. Essas finas fibras musculares especializadas são mais abundantemente inervadas que as do miocárdio comum, o que representa uma organização mais eficiente para controlar o ritmo cardíaco.

▶ Estratégias de Controle

Qualquer que seja o modo de controle – reflexo ou de comando –, o SNA emprega diferentes estratégias para orientar os efetores de maneira capaz de regular com precisão a função dos órgãos. E a função dos órgãos muitas vezes exige uma regulação bastante fina: basta pensar na sequência bem ordenada dos movimentos peristálticos, sem a qual o bolo alimentar não seria propelido adiante, ou no preciso calibre das arteríolas, indispensável para determinar o fluxo sanguíneo a um determinado território do organismo.

A maioria dos órgãos e tecidos é inervada tanto pela subdivisão simpática quanto pela subdivisão parassimpática (Tabela 14.3). Neste caso, os axônios pós-ganglionares podem interagir para modular o efeito final (Figura 14.11).

▶ **Figura 14.10.** As fibras musculares cardíacas (**A**) apresentam estrias transversais que as lisas não têm (**B**). **A** mostra um corte de tecido cardíaco, com as setas apontando para estrias. **B** apresenta um corte da parede intestinal. Foto **A** cedida por Antonio Carlos Campos de Carvalho, do Instituto de Biofísica Carlos Chagas Filho da UFRJ; e **B** cedida por Cristina Takyia, do Instituto de Ciências Biomédicas da UFRJ.

Essa interação pode ser de dois tipos: *antagonista* – a mais comum – ou *sinergista*. Na estratégia antagonista, a ativação parassimpática provoca efeito contrário à ativação simpática; logo, quando a atividade de uma cresce, a da outra diminui. Na estratégia sinergista, por outro lado, ambas as divisões provocam o mesmo efeito. Em alguns casos, entretanto, a inervação autonômica é de um único tipo, e a estratégia de controle pode ser denominada *exclusiva*.

Um exemplo bastante ilustrativo da estratégia antagonista é o do coração. Esse órgão é inervado por fibras pós-ganglionares simpáticas dos gânglios cervical inferior e torácicos mais altos e, também, por fibras pós-ganglionares parassimpáticas. Os fisiologistas podem, com facilidade, estimular eletricamente as fibras autonômicas de um e de outro sistema em animais e observar o efeito sobre o funcionamento do coração (Figura 14.12). O resultado é nítido: a estimulação simpática provoca taquicardia[G] (e também aumento da força contrátil), enquanto a estimulação paras-

512

O Organismo sob Controle

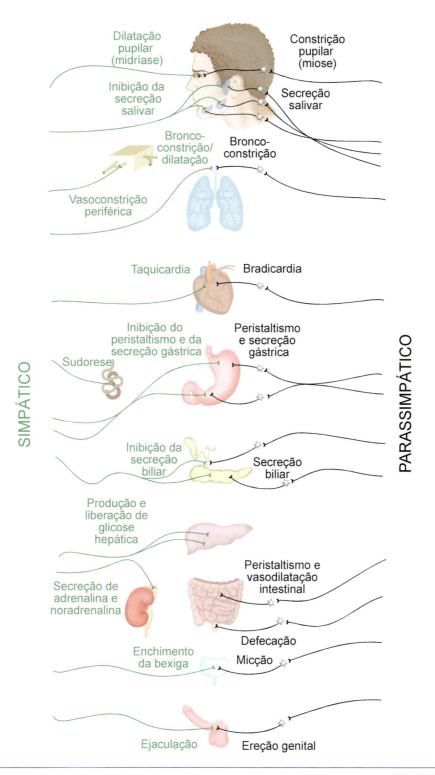

Figura 14.11. A maioria dos órgãos recebe inervação autonômica dupla: simpática e parassimpática. Nesse caso, há interação entre ambas as divisões para o controle funcional, seja de natureza antagonista ou sinergista. Em alguns órgãos, a inervação e o modo de controle são exclusivos, como nas glândulas sudoríparas e nos vasos sanguíneos. As funções apresentadas ao lado de cada órgão são as que resultam da ativação das fibras correspondentes.

▶ **Figura 14.12.** Quando os fisiologistas estimulam um nervo parassimpático (**A**) registram diminuição da frequência de potenciais de ação nas fibras musculares cardíacas logo após o estímulo (que provoca bradicardia). Quando estimulam um nervo simpático (**B**) ocorre o contrário: aumento da frequência de potenciais de ação cardíacos (que provoca taquicardia). O início e o final da estimulação estão assinalados por setas vermelhas. Modificado de Hutter OF, Trautwein W. *Journal of General Physiology*. 1956;39:715-733.

simpática tem efeito contrário, ou seja, bradicardia[G]. Logo, se é preciso acelerar o coração, a atividade simpática cresce e a parassimpática diminui.

A estratégia antagonista é empregada na maioria dos órgãos e tecidos (Tabela 14.3). No olho, por exemplo, a ativação simpática provoca dilatação pupilar (midríase) por contração das fibras musculares lisas radiais da íris, enquanto a ativação parassimpática provoca constrição da pupila (miose) pela contração das fibras circulares. Assim é regulado o diâmetro pupilar (Capítulo 9). No sistema respiratório, o simpático provoca broncodilatação e o parassimpático, constrição brônquica. O calibre dos brônquios e bronquíolos, tão importante para uma boa ventilação pulmonar, pode, assim, ser precisamente regulado. Na bexiga, a ativação parassimpática causa o esvaziamento vesical através da contração da musculatura lisa e do relaxamento do esfíncter interno*, enquanto a ativação simpática provoca o relaxamento da musculatura e o fechamento do esfíncter,

---
* Na bexiga (bem como no ânus) existe também um esfíncter externo, formado por fibras musculares estriadas e sujeito a controle voluntário. Por isso se consegue controlar a micção (e a defecação) de acordo com as circunstâncias sociais (dentro de certos limites, é claro...).

favoráveis ao enchimento. O que caracteriza esses e os demais exemplos é a interação – no caso, de sinais contrários – entre a divisão simpática e a divisão parassimpática do SNA, capazes de executar uma regulação fina e precisa das funções orgânicas.

A estratégia sinergista é mais rara. O exemplo mais conhecido é o da inervação das glândulas salivares. Essas glândulas recebem fibras simpáticas e parassimpáticas, mas ambas provocam a secreção de saliva. No caso das glândulas sudoríparas, a inervação é exclusivamente simpática e provoca sudorese. No entanto, uma parte das fibras simpáticas expressa o neurotransmissor típico da divisão parassimpática (a acetilcolina – veja adiante), embora o efeito seja o mesmo.

Finalmente, o exemplo típico da estratégia exclusiva é o dos vasos sanguíneos. Com algumas exceções, a musculatura lisa vascular é inervada apenas pela divisão simpática, que mantém, em condições normais, um estado relativamente constante de contração muscular chamado *tônus simpático* (ou tônus vascular). As variações de diâmetro necessárias à regulação da pressão arterial e do fluxo sanguíneo são obtidas variando para mais ou para menos o tônus simpático. Quer dizer: quando as fibras pós-ganglionares simpáticas aumentam sua frequência de disparo, eleva-se o tônus vascular, ocorrendo vasoconstrição. Quando as fibras diminuem sua frequência de disparo de PAs, ocorre o oposto: vasodilatação.

▶ A Neuroquímica Autonômica

Você pode perceber, pelo exame da Tabela 14.3, que a maioria dos órgãos é controlada por meio da estratégia antagonista. Estratégia de controle semelhante é empregada pelo sistema motor somático, como você pode conferir no Capítulo 12. Só que há uma diferença crucial entre a organização do sistema neuromuscular esquelético, de um lado, e a do sistema neuromuscular cardíaco e liso, de outro (Figura 14.13).

Os motoneurônios que comandam as fibras musculares esqueléticas fazem sempre a mesma coisa: produzem potenciais sinápticos excitatórios (despolarizantes) que resultam em contração muscular. Isso porque os receptores colinérgicos existentes na membrana pós-sináptica da placa motora são de um único tipo (nicotínico), sempre despolarizantes. Desse modo, a inibição que é necessária para qualquer regulação funcional só pode ser obtida por interneurônios que alterem a excitabilidade dos motoneurônios (Figura 14.13A). Além disso, em geral, os músculos esqueléticos se distribuem em torno de uma articulação, de modo que um grupo a move em um sentido (os agonistas e sinergistas) e outro a move no sentido contrário (os antagonistas). A "estratégia antagonista" do sistema motor somático, então, depende da distribuição dos músculos em torno das arti-

O Organismo sob Controle

▶ **Figura 14.13.** A estratégia antagonista do sistema motor somático difere da do sistema nervoso autônomo. No primeiro (**A**), os efetores é que têm ação oposta, enquanto a inervação tem o mesmo efeito (contração muscular) porque o neurotransmissor é um só (ACh) e o receptor também (nicotínico). No segundo caso (**B**), a inervação tem efeitos opostos, porque os neurotransmissores e receptores do simpático são diferentes do parassimpático.

culações, e não das fibras eferentes, que, no fim das contas, operam todas da mesma maneira.

Os motoneurônios que comandam as fibras musculares cardíacas e lisas têm de ser de tipos diferentes porque elas não movimentam articulações, mas, sim, tecidos moles com características mecânicas muito diversas de ossos articulados. Em alguns casos, como na íris, há fibras musculares "agonistas" e "antagonistas" relativamente separadas (radiais e circulares), mas em outros casos, como no trato gastrointestinal e no coração (Figura 14.13B), "agonistas e antagonistas" estão misturadas. A natureza desenvolveu, então, um jeito de resolver esse problema: uma estratégia antagonista que se baseia nas diferenças neuroquímicas entre a subdivisão simpática e a subdivisão parassimpática, e não na disposição dos efetores. Os efetores (e não apenas as fibras musculares lisas, mas também as células glandulares) apresentam receptores para diferentes neurotransmissores, e estes, sim, é que são separados: um tipo básico para a subdivisão simpática, outro para a subdivisão parassimpática.

A maioria das sinapses entre os neurônios pré e os neurônios pós-ganglionares de ambas as subdivisões é do tipo colinérgico (Figura 14.14A). Isso significa que os axônios pré-ganglionares empregam a acetilcolina como principal neurotransmissor, embora se tenham encontrado, na membrana pós-sináptica dos neurônios pós-ganglionares, tanto receptores nicotínicos quanto muscarínicos (veja maiores informações sobre receptores no Capítulo 4). Em alguns gânglios, além disso, há também sinapses noradrenérgicas e dopaminérgicas, bem como receptores para diversos neuropeptídeos, como a substância P e outros (Figura 14.14A). Como há interneurônios e fibras sensoriais em alguns gânglios, conclui-se que a transmissão da informação do neurônio pré para o neurônio pós-ganglionar pode não ser tão simples como se imaginava, mas sofrer também considerável modulação e processamento (Figura 14.14B).

A grande diferença neuroquímica entre as divisões do SNA está nos axônios pós-ganglionares. A divisão simpática emprega a noradrenalina como principal neurotransmissor*, enquanto a divisão parassimpática utiliza a acetilcolina. Essa dualidade, entretanto, não é absoluta por duas razões: (1) as células efetoras apresentam tipos diferentes de receptores moleculares; e, (2) além dos neu-

---

* *Com exceção das glândulas sudoríparas, já mencionadas.*

▶ **Figura 14.14.** A transmissão sináptica nos gânglios autonômicos é mais complexa do que se imaginava. **A**. Muitas sinapses são colinérgicas e contêm também moduladores peptídicos (como, por exemplo, o LHRH, que é um hormônio de liberação hipotalâmico). Os receptores pós-sinápticos são bastante variados, o que resulta em diferentes efeitos. **B**. A ativação do receptor nicotínico provoca um potencial pós-sináptico excitatório (PPSE) rápido (atenção às diferentes escalas à direita dos gráficos). A ativação do receptor muscarínico provoca um potencial inibitório (PPSI) mais lento, e a do receptor peptidérgico, um PPSE ainda mais lento que os anteriores. Modificado de Jan LY, Jan YN. *Trends in Neuroscience*. 1986;6:320-325.

rotransmissores principais, as fibras pós-ganglionares empregam também diversos neuromoduladores peptídicos. Essa variedade neuroquímica das fibras pós-ganglionares e de seus alvos é que explica a variedade de efeitos que a ativação de uma mesma divisão autonômica provoca em diferentes alvos. Por conta disso, os neurofarmacologistas exploram muito bem essa diversidade neuroquímica para desenvolver fármacos específicos para cada alvo, que não apresentem efeitos colaterais indesejáveis em outras regiões.

Considere, por exemplo, a inervação simpática do coração e dos vasos sanguíneos. No primeiro caso, os receptores adrenérgicos que as células cardíacas expressam são de um tipo chamado ß. No caso dos vasos, entretanto, as fibras musculares lisas expressam receptores adrenérgicos de outro tipo (α). Isso permite que haja medicamentos exclusivamente vasodilatadores e outros que atuem apenas sobre a frequência cardíaca. A variedade é ainda maior, pois o tipo α apresenta dois subtipos e o tipo ß, pelo menos três. Predominam no coração os receptores do tipo ß1, nas fibras musculares lisas dos brônquios, os do tipo ß2, e no tecido adiposo, os ß3. Os asmáticos se beneficiam disso, pois podem fazer uso de medicamentos broncodilatadores (específicos para os receptores ß2) sem efeitos colaterais sobre a pressão arterial ou o metabolismo das gorduras.

Os alvos da divisão parassimpática não ficam atrás em variedade de receptores colinérgicos. O tipo prevalente é o muscarínico (M), já que os receptores nicotínicos (N) só são encontrados nos gânglios. Há, entretanto, pelo menos quatro subtipos conhecidos. O subtipo M1 predomina nas glândulas do trato gastrointestinal, o M2, no miocárdio e nas fibras musculares lisas em geral, e o subtipo M3 é típico das glândulas salivares e lacrimais. O subtipo M4 parece desempenhar um papel importante no SNE.

Os neuromoduladores que coexistem com os neurotransmissores principais nos terminais axônicos pós-ganglionares conferem ainda maior diversidade às ações simpáticas e parassimpáticas. Muitos deles são peptídeos: neuropeptídeo Y, galanina, dinorfina, peptídeo intestinal vasoativo e outros. Até as purinas, como a adenosina e o ATP, foram encontradas nesses terminais, com diferentes subtipos de receptores presentes nos efetores. Recentemente, tornou-se famoso o óxido nítrico, que atua como neurotransmissor não convencional (pelo fato de ser um gás) nos vasos coronarianos e nos corpos cavernosos do pênis e do clitóris.

Tabela 14.3. Ações do Simpático e do Parassimpático

Órgão ou Tecido	Ativação Simpática	Ativação Parassimpática	Mecanismo
Bexiga	Enchimento (relaxamento da musculatura lisa e contração do esfíncter interno)	Esvaziamento (contração da musculatura lisa e relaxamento do esfíncter interno)	Antagonista
Brônquios	Broncodilatação (relaxamento da musculatura lisa)	Broncoconstrição (contração da musculatura lisa)	Antagonista
Coração	Taquicardia e aumento da força contrátil	Bradicardia e diminuição da força contrátil	Antagonista
Cristalino	Acomodação para longe (relaxamento do músculo ciliar)	Acomodação para perto (contração do músculo ciliar)	Antagonista
Esfíncteres digestórios	Fechamento (contração da musculatura lisa)	Abertura (relaxamento da musculatura lisa)	Antagonista
Fígado	Aumento de liberação de glicose	Armazenamento de glicogênio	Antagonista
Glândulas digestórias	Diminuição da secreção	Aumento da secreção	Antagonista
Glândulas lacrimais	Lacrimejamento (vasodilatação e secreção)	Diminuição do lacrimejamento (vasoconstrição)	Antagonista
Glândulas salivares	Salivação viscosa	Salivação fluida	Sinergista
Glândulas sudoríparas	Sudorese*	—	Sinergista ou exclusivo
Íris	Midríase (contração das fibras radiais)	Miose (contração das fibras circulares)	Antagonista
Órgãos linfoides (timo, baço e linfonodos)	Imunossupressão (redução da produção de linfócitos)	Imunoativação (aumento da produção de linfócitos)	Antagonista
Pâncreas endócrino	Redução da secreção de insulina	Aumento da secreção de insulina	Antagonista
Pênis e clitóris	Supressão da ereção e do intumescimento após o orgasmo	Ereção e intumescimento (vasodilatação)	Antagonista
Tecido adiposo	Lipólise e liberação de ácidos graxos	—	Exclusivo
Trato gastrointestinal	Diminuição do peristaltismo (relaxamento da musculatura lisa)	Ativação do peristaltismo (contração da musculatura lisa)	Antagonista
Vasos sanguíneos em geral	Vasoconstrição	—	Exclusivo
Vasos sanguíneos pélvicos e de algumas glândulas (salivares, digestórias)	Vasoconstrição	Vasodilatação	Antagonista

* As glândulas sudoríparas possuem apenas inervação simpática, mas alguns terminais são colinérgicos, outros são adrenérgicos e ambos provocam secreção glandular.

A SINFONIA DOS ÓRGÃOS

A analogia dos órgãos com uma orquestra já ficou batida, mas muitos ainda a utilizam para ilustrar o fato de que os órgãos, como os músicos de uma orquestra, podem tocar sozinhos, mas precisam de um regente para lhes conferir o ritmo certo, a afinação adequada, a sincronia de pausas e entradas, a emoção. O SNA seria o maestro dos órgãos, conferindo-lhes coordenação para que funcionem em conjunto, de acordo com as necessidades de cada momento. A analogia falha a partir deste ponto, porque o SNA não opera isoladamente, e há todo um conjunto de regiões neurais encarregadas de articular sua função coordenadora com outros aspectos da vida do indivíduo, como o seu comportamento, as suas emoções, o seu raciocínio. A orquestra dos órgãos teria um maestro coletivo, a *rede autonômica central* (Figura 14.15).

▶ A Rede Autonômica Central: O Alto Comando das Funções Orgânicas

Os neurônios pós-ganglionares podem ser considerados a via final comum dos sistemas eferentes de comando dos órgãos, do mesmo modo que os motoneurônios são a via final comum de comando dos músculos esqueléticos. Analogamente, as estações neurais de controle formam uma hierarquia descendente, as superiores regulando a função das inferiores, de modo semelhante ao modo de organização dos sistemas motores descritos no Capítulo 12. Além disso, há todo um sistema ascendente de veiculação das informações viscerais que instrui a operação dos centros de controle para que o funcionamento dos órgãos esteja de acordo com as necessidades impostas pelo ambiente (externo e interno).

O corno lateral da medula e alguns núcleos do tronco encefálico compõem um primeiro nível hierárquico

NEUROCIÊNCIA DOS ESTADOS CORPORAIS

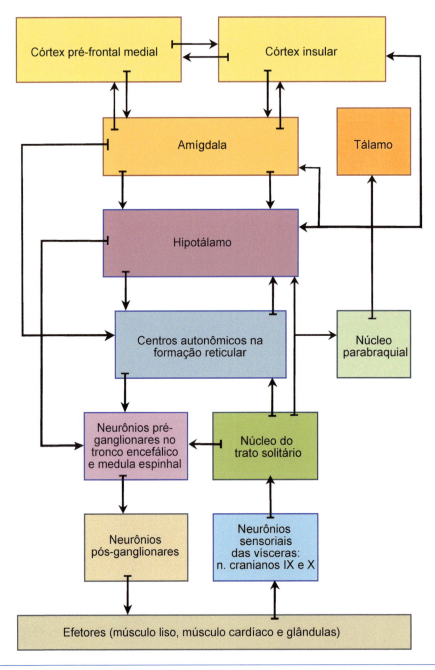

▶ **Figura 14.15.** Diagrama de blocos apresentando os componentes da rede autonômica central.

(Figura 14.15), acima dos neurônios pós-ganglionares: são os neurônios pré-ganglionares, já descritos amplamente. Ao lado deles, no tronco encefálico, estão neurônios que controlam as funções cardiovascular, respiratória e digestória. Um componente-chave desse nível de controle é o *núcleo do trato solitário*, porque recebe aferentes que participam de diversos reflexos: cardiovasculares, como os que regulam a pressão arterial; respiratórios, como os que regulam a frequência respiratória em função da concentração de oxigênio e CO_2 do sangue; e digestórios, como os que provocam movimentos peristálticos já a partir da olfação e da gustação quando o alimento se dirige ao trato gastrointestinal. O núcleo do trato solitário, além disso, conecta-se com o nível hierárquico imediatamente superior, composto pela formação reticular. Alguns reflexos emergenciais são produzidos nesse nível do tronco encefálico em resposta a informações periféricas, como a tosse, o espirro e o vômito, reações necessárias à expulsão de algo irritante ou tóxico que tenha sido aspirado ou ingerido.

O Organismo sob Controle

O nível hierárquico imediatamente acima fica situado no mesencéfalo e no diencéfalo e envolve o *núcleo parabraquial* e o *hipotálamo*. Como essas regiões recebem conexões ascendentes do núcleo do trato solitário, e por sua vez conectam-se ao tálamo[A], ao córtex e à amígdala[A], é nesse nível que se estabelece a articulação dos reflexos específicos com as reações homeostáticas gerais. Por exemplo, um comportamento complexo de medo ou de agressão pode incluir reações antecipatórias que preparem o organismo para um esforço energético maior: o coração e a respiração se aceleram, o peristaltismo gastrointestinal é interrompido, aumenta a glicogenólise[G] hepática e o indivíduo posiciona-se de modo característico, com os músculos tensos e em "alerta". Comportamentos menos emergenciais também envolvem a participação dessas regiões, em particular do hipotálamo: é o caso dos chamados comportamentos motivados (tema principal do Capítulo 15), como, por exemplo, os de fome e de sede, estados que não só produzem diversas reações autonômicas destinadas a poupar energia metabólica e a evitar a perda de líquido, mas também ativam diversos hormônios com o mesmo objetivo homeostático.

Os comportamentos motivados também nos levam a buscar alimento e água ativamente, na geladeira, no supermercado ou na mata, dependendo das circunstâncias. Isso ocorre com o envolvimento do nível hierárquico mais elevado de controle dos órgãos: o córtex cerebral e as regiões prosencefálicas associadas, como a *amígdala*. É nesse último nível – especificamente nas regiões mais rostrais do *córtex cingulado*[A] e no *córtex insular*[A] *posterior* – que se dá a apreciação consciente das sensações viscerais e do paladar.

▶ Controle da Digestão

São numerosos os eventos que ocorrem no organismo desde quando o indivíduo sente fome e prepara-se para comer até o momento em que defeca, eliminando os resíduos não absorvidos durante o trajeto do bolo alimentar.

Tudo pode começar antes mesmo que o alimento seja ingerido, já que a fome e a simples imaginação da comida, ou a visão dela antes da ingestão, são capazes de provocar ativação autonômica, resultando em secreção salivar e gástrica, bem como nos movimentos peristálticos do estômago.

A presença do alimento na boca começa por ativar uma sequência voluntária de movimentos de mastigação comandados por diversos nervos cranianos que contêm fibras motoras. Ao mesmo tempo, os aferentes gustatórios dos nervos facial (VII), glossofaríngeo (IX) e vago (X) informam – direta ou indiretamente – o núcleo do trato solitário da presença da comida. Este ativa imediatamente as fibras pré-ganglionares parassimpáticas vagais, resultando na secreção de saliva. Em seguida, o alimento umidificado, fragmentado e lubrificado é impelido em direção ao esôfago:

é o fenômeno da deglutição, uma complexa sequência de movimentos voluntários e involuntários que coordenam o bloqueio das vias respiratórias com a abertura do esfíncter esofágico superior (Figura 14.16). O terço superior do esôfago é revestido de fibras musculares estriadas, e daí para baixo estas são substituídas por fibras lisas. Ao comando autonômico (predominantemente parassimpático) adiciona-se o dos plexos intramurais e surge um movimento peristáltico ordenado que leva o bolo alimentar adiante. O trânsito é facilitado pela secreção das glândulas mucosas.

Esse tipo de sequência funcional é reproduzido ao longo de todo o trato gastrointestinal, envolvendo as seguintes etapas (Figura 14.17): (1) detecção da presença do bolo alimentar pelos mecanorreceptores sensíveis ao estiramento da parede visceral; (2) ativação parassimpática de glândulas com ação lubrificante e solubilizante (como as salivares e as glândulas mucosas de todo o trato); (3) ativação parassimpática e intramural de movimentos peristálticos em resposta à informação sensorial; esses movimentos incluem sempre uma região de relaxamento receptivo e um anel de contração proximal; (4) abertura e fechamento de esfíncteres* (não ilustrados na Figura 14.17) sob comando coordenado do parassimpático, do simpático e dos plexos intramurais; (5) ativação parassimpática e intramural das glândulas digestórias situadas na parede gastrointestinal (como as glândulas oxínticas do estômago, por exemplo) e aquelas que constituem órgãos separados (como o pâncreas e o fígado); e, finalmente, (6) interrupção da motilidade e da secreção, sob controle simpático.

Como mencionamos no início do capítulo, Walter Cannon havia atribuído à subdivisão parassimpática do SNA uma atuação nas situações de repouso e digestão (*rest and digest*) em contraposição à do simpático nos momentos de luta ou fuga (*fight or flight*). Essa visão clássica foi acentuada com a ideia de que a dualidade autonômica se estenderia aos seus mensageiros químicos: a acetilcolina no parassimpático e as catecolaminas no simpático. Agora vemos que não é bem assim. O parassimpático não trabalha sozinho na digestão: divide sua influência com reflexos locais coordenados pelos plexos submucoso e mioentérico do SNE (Figura 14.17: etapas 3, 5 e 7), com ações hormonais locais e sistêmicas (Figura 14.17: etapa 8) e com a atividade simpática que geralmente encerra os ciclos de motilidade e secreção. Além disso, nem sempre o neurotransmissor parassimpático com ação no trato gastrointestinal é a acetilcolina. Muito pelo contrário: é bastante frequente a participação do peptídeo intestinal vasoativo (conhecido pela sigla inglesa VIP) no comando do peristaltismo e do movimento dos esfíncteres.

---

* Os esfíncteres inicial e terminal do sistema digestório (esofágico superior e anal externo) são constituídos por fibras musculares estriadas, inervados por motoneurônios medulares e sujeitos a controle voluntário.

Neurociência dos Estados Corporais

▸ **Figura 14.16.** O trajeto do bolo alimentar (mancha escura) pode ser acompanhado dinamicamente (setas) com imagens videofluoroscópicas desde a boca (**A**) até a entrada no esôfago (**B**), ao longo do esôfago (não ilustrado) e depois na chegada ao esfíncter esofagiano inferior até a entrada no estômago (**C**). Imagens cedidas por Milton Costa, do Instituto de Ciências Biomédicas, UFRJ.

▸ **Controle da Circulação Sanguínea**

O controle da circulação do sangue envolve o coração e os vasos sanguíneos. Diferentemente do sistema digestório, que apresenta ciclos de motilidade e secreção em função da periódica ingestão de alimentos, o sistema circulatório precisa manter o sangue em constante movimento. Além disso, o fluxo do sistema digestório é aberto, ou seja, o alimento entra por uma extremidade, é processado durante o trajeto e os resíduos são eliminados na outra extremidade. Já o fluxo do sistema circulatório é fechado, porque o sangue circula continuamente do coração aos tecidos e vice-versa.

O sistema circulatório, então, é dotado de uma bomba propulsora permanentemente ativa – o coração – e um sistema tubular de distribuição e coleta – a rede vascular. Não há movimentos peristálticos; os átrios contraem-se antes dos ventrículos, mas cada par de uma vez só, e no final o sangue é ejetado para as artérias e arteríolas, para a rede capilar e, finalmente, para as vênulas e veias já no caminho de volta. É vantajoso para o organismo poder regular a frequência e a força de contração do coração, porque nesse caso estará controlando a pressão e o fluxo de sangue propelido aos tecidos. Além disso, é vantajoso também regular o diâmetro de certos vasos distribuidores (chamados pelos fisiologistas de vasos de resistência) – as arteríolas – porque isso torna possível direcionar mais sangue para alguns tecidos do que para outros. A regulação desses parâmetros é exatamente uma função do SNA, mas, como veremos, ele também não age sozinho neste caso.

A pressão arterial é diretamente detectada por mecanorreceptores situados na parede da aorta e das carótidas, logo à saída do sangue do coração (Figura 14.18). São fibras aferentes que se ramificam dentro da parede arterial, respondendo ao estiramento desta que, evidentemente, aumenta quando a pressão arterial se eleva. As fibras barorreceptoras (nome específico desses mecanorreceptores que detectam a tensão das paredes vasculares e, portanto, a pressão sanguínea) têm seus corpos celulares situados em gânglios parassimpáticos, dos quais emergem axônios que se incorporam aos nervos vago e glossofaríngeo, terminando no núcleo do trato solitário (Figura 14.18). Os neurônios deste núcleo têm dois alvos sobre os quais atuam de modo antagonista: os núcleos de origem do nervo vago (dorsal e ambíguo) e os núcleos bulbares de controle simpático. Quando a pressão arterial se eleva, aumenta a frequência de PAs conduzidos pelos barorreceptores e, também, a frequência de PAs dos neurônios "solitários". Seguem-se a ativação dos neurônios pré-ganglionares vagais (dos núcleos dorsal e ambíguo) e, simultaneamente, a inibição, pelos interneurônios (em vermelho na Figura 14.18), dos neurônios bulbares que controlam os pré-ganglionares simpáticos. Os resultados finais são o aumento da atividade parassimpática e a diminuição da atividade simpática nos neurônios pós-ganglionares que terminam no miocárdio, reduzindo a frequência e a força contrátil do coração e, assim, também a pressão arterial. Além disso, diminui a atividade dos neurônios simpáticos vasomotores, relaxando a parede dos vasos, provocando vasodilatação e contribuindo ainda mais para a redução da pressão. Esse intrincado reflexo autonômico é chamado *reflexo barorreceptor*.

O Organismo sob Controle

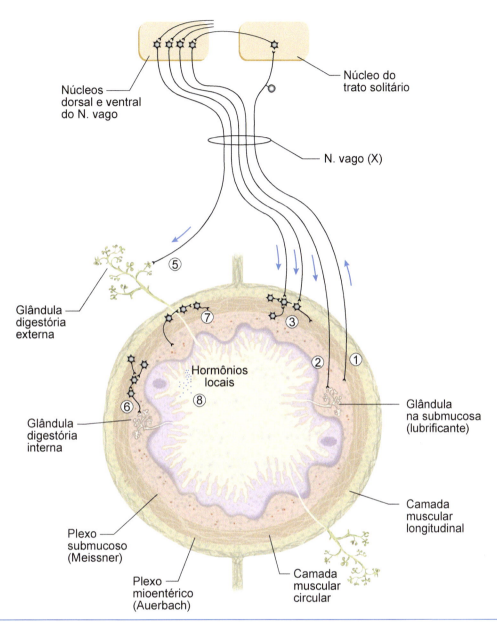

▶ **Figura 14.17.** O controle do sistema digestório pelo SNA envolve diferentes etapas (numeradas de acordo com a descrição no texto).

Outros receptores participam também da regulação da pressão arterial, mas as vias eferentes são as mesmas. Trata-se de mecanorreceptores, situados no coração, nos vasos coronários e no pericárdio, e quimiorreceptores, situados na aorta e nas carótidas (corpos aórticos e carotídeos, mencionados no Capítulo 10). Há indícios de que outros quimiorreceptores existam também em órgãos importantes para a regulação da pressão arterial, como os rins.

O SNA é levado a alterar os parâmetros cardiovasculares não apenas em resposta reflexa a uma queda ou elevação da pressão arterial. Há situações comportamentais e emocionais em que isso ocorre. O "coração dispara" quando vivenciamos uma forte emoção, e a pressão pode elevar-se até mesmo antecipatoriamente quando prevemos uma situação de estresse. Esses efeitos são produzidos pelas mesmas vias eferentes descritas, principalmente aquelas vinculadas ao sistema simpático, ativadas particularmente pelo hipotálamo. É o modo de comando que mencionamos antes. Nesse caso, desempenha papel muito importante a amplificação sistêmica da ativação simpática regional, obtida pela secreção de catecolaminas pela medula adrenal. Circulando no sangue, as catecolaminas da adrenal podem atingir praticamente todos os alvos que expressam receptores adrenérgicos.

Um outro aspecto importante do controle autonômico do sistema cardiovascular refere-se à distribuição

521

Neurociência dos Estados Corporais

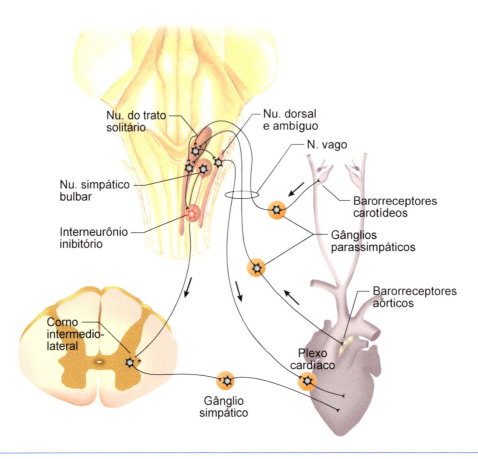

▶ **Figura 14.18.** O reflexo barorreceptor é um dos modos de controle autonômico do sistema cardiovascular. Como o nome indica, tudo "começa" com a ativação dos barorreceptores aórticos e carotídeos (à direita), seguindo-se o processamento da informação no tronco encefálico (acima) e, depois, a ativação diferencial dos eferentes autonômicos que inervam o tecido cardíaco (à esquerda).

regional de sangue, necessária durante o exercício físico, por exemplo, situação em que é preciso privilegiar o suprimento sanguíneo dos músculos esqueléticos e dos pulmões, ou durante a digestão, quando é preciso privilegiar a irrigação das vísceras digestórias. O fluxo sanguíneo cerebral é particularmente suscetível a uma distribuição regional seletiva, ligada à maior atividade das regiões envolvidas com cada função (Capítulo 13). A distribuição regional seletiva do fluxo sanguíneo é obtida não apenas pela ativação topográfica de vias vasomotoras simpáticas específicas, mas também pela liberação local de hormônios, neurotransmissores e outras substâncias vasoativas. Entre eles destacam-se o óxido nítrico, a endotelina e a bradicinina, que têm participação na circulação coronariana; a angiotensina II e a vasopressina, que atuam sobre a circulação renal; a colecistocinina e a gastrina, que agem sobre a circulação das vísceras digestórias.

▶ **Controle da Respiração**

A tarefa principal do sistema de controle da respiração consiste em ajustar a ventilação pulmonar às condições metabólicas e ao comportamento do indivíduo. Parte importante dessa função é desempenhada pelos movimentos respiratórios, cujas frequência e profundidade podem ser reguladas. Como os músculos respiratórios são estriados esqueléticos, estão sob comando de motoneurônios medulares e sob controle das vias descendentes descritas no Capítulo 12. Os parâmetros dos movimentos são determinados por regiões do tronco encefálico, a partir de informações provenientes de quimiorreceptores aórticos e carotídeos, bem como de mecanorreceptores situados nas paredes das vias aéreas. Além disso, como a respiração precisa ser coordenada com a fala, a mastigação, a deglutição, a postura e os movimentos corporais, um sem-número de informações de outras procedências acaba por influenciar também a gênese do ritmo respiratório mais adequado.

O papel do SNA no controle da respiração restringe-se à passagem do ar pelas vias aéreas. As duas divisões inervam as paredes da árvore respiratória e atuam sobre a musculatura lisa dos brônquios, regulando o seu diâmetro e, assim, a passagem de ar. De um modo geral, a divisão parassimpática é broncoconstritora, utilizando receptores

O Organismo sob Controle

muscarínicos expressos pelas fibras musculares lisas. A divisão simpática, entretanto, pode ter efeitos constritores ou dilatadores, segundo predomine a ativação de receptores ß pela noradrenalina ou de receptores α pela adrenalina. Muitos outros neuromediadores, e seus respectivos receptores, parecem atuar no controle do diâmetro das vias aéreas, como o VIP, o óxido nítrico e a substância P.

A inervação autonômica controla também as glândulas secretoras de muco e, assim, contribui para a filtragem do ar inspirado e a proteção do epitélio alveolar.

▶ Controle da Diurese e da Micção

O sistema urinário tem como função essencial a formação de urina e sua excreção. A urina, como se sabe, é o resultado final da filtração do sangue que passa pelos capilares que formam os glomérulos^G dos rins, seguida de reabsorção e secreção de componentes ao longo dos túbulos renais. Esse processo é conhecido como diurese. Dos túbulos, a urina passa por um sistema de dutos que terminam canalizados pelos ureteres a um reservatório que se chama bexiga. A micção consiste na excreção da urina formada pelos rins e armazenada na bexiga.

Embora exista inervação simpática abundante nos vasos sanguíneos e nos túbulos renais, sua participação no controle da formação de urina não é essencial, uma vez que os rins desnervados não são grandemente afetados em sua função, a não ser por um aumento moderado da excreção de Na$^+$. Isso significa que a divisão simpática influi sobre a excreção urinária de Na$^+$, seja produzindo vasoconstrição, que diminui o fluxo sanguíneo e a filtração glomerular, seja estimulando a secreção do hormônio renina, ativador da produção de outros hormônios que, por sua vez, aumentam a reabsorção de Na$^+$ pelos túbulos renais.

O SNA, entretanto, tem um papel importante no controle da micção. A parede da bexiga recebe densas inervações parassimpática e simpática, ambas atuantes sobre a musculatura lisa. Esta está normalmente relaxada, com exceção da que forma o esfíncter interno, normalmente contraída: diz-se, assim, que o tônus parassimpático é baixo e o tônus simpático é alto, em condições basais. Essa configuração permite o enchimento gradativo da bexiga com a urina formada nos rins. O enchimento vai estirando a parede, o que é monitorado pelos mecanorreceptores ali situados. O arco reflexo da micção (Figura 14.19) envolve principalmente os nervos espinhais dos segmentos mais inferiores da medula. No início do processo, com a bexiga ainda vazia, uma expansão moderada da parede sinaliza aos neurônios da medula e do tronco encefálico que é preciso manter baixo o tônus parassimpático e aumentar o tônus simpático, relaxando a musculatura lisa da bexiga e fechando o esfíncter interno da uretra. Isso permite o enchimento gradativo da bexiga.

Pouco a pouco, a parede da bexiga vai sendo tensionada mais fortemente e, a partir de um certo limiar, ocorre o oposto (é preciso urinar!): aumenta o disparo de impulsos pelos nervos parassimpáticos sacros que controlam a musculatura lisa da parede, e esta começa a se contrair. Simultaneamente, cai o tônus simpático e o esfíncter interno se relaxa. Nesse momento, a micção fica contida apenas pela contração do esfíncter externo, constituído por fibras musculares estriadas sob o comando voluntário exercido por neurônios da ponte^A (núcleo de Barrington) e motoneurônios da medula sacra. O núcleo de Barrington recebe informação sensorial sobre o enchimento da bexiga, bem como comandos do prosencéfalo relativos às condições socialmente adequadas para o relaxamento do esfíncter externo. O indivíduo pode, assim, escolher o momento e o local apropriados para urinar. Só então os motoneurônios que comandam o esfíncter externo são inibidos e a musculatura estriada do esfíncter externo se relaxa.

O controle da micção envolve diversas regiões da rede autonômica central, inclusive M1, o córtex motor primário, e áreas pré-frontais. Não há surpresa nisso. Afinal, às vezes é preciso exercer um esforço cognitivo considerável para encontrar um banheiro a tempo...

▶ Controle do Ato Sexual

Todos sabemos que a sequência de comportamentos que ocorrem antes e durante o ato sexual tem múltiplas determinações: sociais, racionais, emocionais, sensoriais, reflexas e, talvez, ainda outras. Na espécie humana, esse múltiplo contorno extrapolou bastante a simples função reprodutora que caracteriza o ato sexual dos animais e, portanto, um estudo completo dele não pode ser feito em poucas linhas.

Apenas alguns aspectos do ato sexual são controlados pelo SNA, envolvendo as duas divisões. A ereção do pênis e o ingurgitamento do clitóris e dos pequenos lábios da vagina devem-se à ativação parassimpática (por intermédio dos nervos pélvicos que se originam na medula sacra). Ocorre dilatação dos corpos cavernosos, que permitem então a entrada maciça de sangue. Recentemente se demonstrou que o óxido nítrico desempenha papel importante como mediador desse efeito vasodilatador (e não a acetilcolina, como seria de supor), o que permitiu à indústria farmacêutica o desenvolvimento de medicamentos eficazes contra a disfunção erétil masculina com base na ativação de uma enzima que participa da síntese desse neurotransmissor gasoso. O óxido nítrico e os neuropeptídios de ação semelhante são secretados pelo endotélio vascular sob estimulação parassimpática. O trânsito de esperma durante a ejaculação é produzido por ativação simpática que provoca a contração da próstata, das vesículas seminais, dos epidídimos e dos canais deferentes. Na mulher, ocorre lubrificação do canal vaginal por

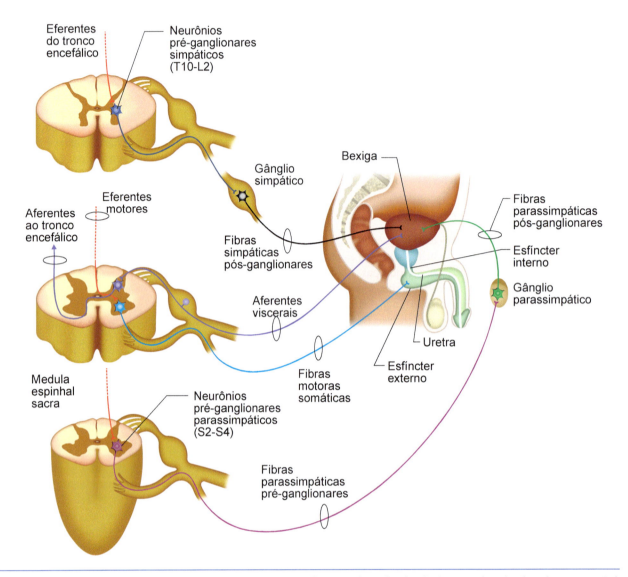

▶ **Figura 14.19.** O controle da micção é um exemplo de interação entre um reflexo autonômico (involuntário) e comandos voluntários de origem cortical. Os mecanorreceptores da parede da bexiga (à direita) monitoram o estiramento dela durante o enchimento com urina, até um ponto em que ocorre ativação parassimpática e desativação simpática (à esquerda), provocando contração da musculatura lisa da bexiga e relaxamento do esfíncter interno da uretra. Tudo fica então dependente do esfíncter externo, de controle voluntário, que só se relaxará se as condições sociais permitirem.

meio da secreção de glândulas mucosas sob estimulação autonômica parassimpática. Em ambos os sexos, a ereção ou o ingurgitamento, a ejaculação e o orgasmo inibem automaticamente outros reflexos autonômicos como a micção e a defecação. Ao mesmo tempo, a ativação de motoneurônios da medula sacra, que comandam a musculatura pélvica estriada, provê os movimentos rítmicos característicos da cópula, tanto no homem como na mulher. Ao final da cópula, o simpático interfere para interromper a ereção, provocando vasoconstrição dos corpos cavernosos e relaxamento do pênis.

A genitália externa de ambos os sexos possui densa inervação somestésica que desempenha papel fundamental na excitação sexual. Os circuitos centrais que articulam as aferências sensoriais com os eferentes autonômicos e somáticos ativos durante o ato sexual incluem o núcleo grácil do bulbo[A], o tálamo, o hipotálamo e diversas áreas do córtex cerebral. Além disso, é preciso considerar que o ato sexual, para os seres humanos, além de sua função reprodutora, apresenta forte componente emocional e social, envolvendo, por isso, a ação de inúmeras regiões do hipotálamo, dos circuitos mesolímbicos de recompensa e do córtex cerebral. Trata-se – como todos sabemos – não apenas de uma simples cadeia de reflexos, mas de uma complexa sequência de comportamentos, sensações, percepções e sentimentos que impactam fortemente a psicologia humana. A participação de cada uma dessas regiões no ato sexual é tema do Capítulo 15.

Glossário

Adrenal: glândula endócrina adjacente ao rim constituída de uma região central (medula), que secreta catecolaminas, e uma região superficial (córtex), que secreta hormônios esteroides. Também conhecida como *suprarrenal*.

Bradicardia: diminuição da frequência cardíaca.

Corpos cavernosos: espaços intercomunicantes do pênis e do clitóris que se enchem de sangue durante a excitação sexual.

Glândula endócrina: aquela cujos produtos (os hormônios) são secretados para o sangue, onde circulam para ter ação à distância. A hipófise e a tireoide são glândulas endócrinas.

Glândula exócrina: aquela cujos produtos são secretados para as cavidades dos órgãos ou para o exterior do corpo. As glândulas sudoríparas e as salivares são exócrinas.

Glicogenólise: sequência de reações bioquímicas que levam à produção de glicose a partir de glicogênio.

Glomérulo renal: novelo de capilares envolvido por uma cápsula, onde se dá a filtração do sangue para a produção de urina.

Luz: termo que indica a cavidade interna de uma víscera, de um vaso sanguíneo ou de um ventrículo encefálico.

Microscópio eletrônico de transmissão: aparelho que possibilita identificar as organelas internas de uma estrutura celular por meio de cortes ultrafinos devidamente corados.

Movimentos peristálticos: sequência ondulatória de movimentos das vísceras capaz de propelir o bolo alimentar no sentido da boca ao ânus.

Músculos piloeretores: musculatura lisa que "arrepia" os pelos do corpo.

Osmolaridade: grandeza que mede a concentração de partículas dissolvidas em um certo volume de líquido, geralmente a água.

Plexos intramurais: conjuntos de neurônios localizados dentro das paredes do trato gastrointestinal.

Sincício: célula com muitos núcleos, geralmente formada durante o desenvolvimento pela fusão de várias células mononucleares embrionárias.

Taquicardia: aumento da frequência cardíaca.

Leia Mais

▶ Leitura Básica

Bear MF, Connors BW, Paradiso MA. O controle químico do encéfalo e do comportamento. In: Bear MF, Paradiso MA, Connors BW. *Neurociências – Desvendando o Sistema Nervoso*. 4a. ed. trad. Porto Alegre: Artmed, 2017. p. 521-549. Apenas uma parte deste capítulo aborda os sistemas nervosos autônomo e entérico.

Horn JP, Swanson LW. O sistema nervoso autônomo e o hipotálamo. In: Kandel ER et al. (orgs.) *Princípios de Neurociências*. 5ª ed. trad. (Porto Alegre: McGraw-Hill-Artmed, 2014. p. 918-936. Texto avançado sobre a organização e a fisiologia do sistema nervoso autônomo e seu controle pelo hipotálamo.

▶ Leitura Complementar

Clássicos

Langley JN. *The Autonomic Nervous System*. Cambridge: Heffer & Sons, 1921.

Cannon WB. *The Wisdom of the Body*. Nova York: Norton, 1932.

Hutter OF, Trautwein W. Vagal and sympathetic effects of the pacemaker fibers in the sinus venosus of the heart. *Journal of General Physiology*. 1956;39:715-733.

Elfvin LG, Lindh B, Hokfelt T. The chemical neuroanatomy of sympathetic ganglia. *Annual Reviews of Neuroscience*. 1993;16:471-507.

Costa M, Brookes SJ. The enteric nervous system. *American Journal of Gastroenterology*. 1994;89 (suppl.):S129-137.

Recentes

Espinosa-Medina I, Saha O, Boismoreau F, Chettouh Z, Rossi F, Richardson WD, et al. The sacral autonomic outflow is sympathetic. *Science*. 2016;354: 893-897.

Triscoli C, Croy I, Olausson H, Sailer U. Touch between romantic partners: Being stroked is more pleasant than stroking and decelerates heart rate. *Physiology and Behavior*. 2017;177:169-175.

Yoo BB, Mazmanian SK. The enteric network: Interactions between the immune and nervous systems of the gut. *Immunity*. 2017;46:910-926.

Calabrò RS, Cacciola AM Bruschetta D, Milardi D, Quattrini F, Sciarrone F, et al. Neuroanatomy and function of human sexual behavior: A neglected or unknown issue? *Brain and Behavior*. 2019;9:e01389.

Burish MJ, Rozen TD. Trigeminal autonomic cephalalgias. *Neurologic Clinics*. 2019;37:847-869.

Tedoldi A, Argent L, Montgomery JM. The role of tripartite synapse in the heart: How glial cells may contribute to the physiology and pathophysiology of the intracardiac nervous system. *American Journal of Physiology. Cell Physiology*. 2020. Doi: 10.1152/ajpcell.00363.2020.

Ernsberger U, Deller T, Rohrer H. The diversity of neuronal phenotypes in rodent and human autonomic ganglia. *Cell and Tissue Research*. 2020;382:201-231.

Pettinger WA, Jackson EK. α_2-Adrenoceptors: Challenges and opportunities - enlightenment from the kidney. *Cardiovascular Therapeutics* 2020; 2478781

Barman SM. 2019 Ludwig Lecture: Rhythms in sympathetic nerve activity are a key to understanding neural control of the cardiovascular system. *American Journal of Physiology. Regulatory, Integrative and Comparative Physiology*. 2020;318: R191-205.

Lefcort F. Development of the autonomic nervous system: Clinical implications. *Seminars in Neurology*. 2020;40:473-484.

Burnstock G. Introduction to purinergic signalling in the brain. *Advances in Experimental Medicine and Biology*. 2020;1202:1-12

Yu CD, Xu QJ, Chang RB. Vagal sensory neurons and gut-brain signaling. *Current Opinion in Neurobiology*. 2020;62:133-140.

Papke RL, Lindstrom JM. Nicotinic acetylcholine receptors: Conventional and unconventional ligands and signaling. *Neuropharmacology*. 2020;168:108021

Spencer NJ, Hu H. Enteric nervous system: sensory transduction, neural circuits and gastrointestinal motility. *Nature Reviews. Gastroenterology and Hepatology*. 2020;17:338-351.

Naveed M, Zhou Q-G, Xu C, Taleb A, Meng F, Ahmed B, et al. Gut-brain axis: A matter of concern in neuropsychiatric disorders...! *Progress in Neuropharmacology and Biological Psychiatry*. 2021;104:110051.

15

Motivação para Sobreviver
Hipotálamo, Homeostasia e o Controle de Comportamentos Motivados

Fiéis da Carne, de Juarez Machado (1999), óleo sobre tela

Saber o Principal

Resumo

As motivações ou estados motivacionais são impulsos internos que nos levam a realizar certos comportamentos que possibilitam ajustes corporais e cognitivos. Em alguns casos fazem parte dos mecanismos homeostáticos, isto é, de manutenção de uma certa constância do meio interno do organismo. É o caso das sensações de calor e frio, que nos ajudam a regular a temperatura corporal; da sede, que contribui para a regulação do equilíbrio hidrossalino; e da fome, que nos leva a regular a oferta, o consumo e o armazenamento de energia e nutrientes e, portanto, em última análise, o nosso peso. Esses estados motivacionais e os respectivos comportamentos e ajustes fisiológicos são essenciais à sobrevivência do indivíduo. Outras motivações são mais ligadas à sobrevivência da espécie; é o caso do sexo. E outras ainda são, talvez, mais ligadas ao nosso equilíbrio psicológico do que propriamente à nossa vida biológica; o maior exemplo é a busca de fontes de prazer.

O hipotálamo é a região cerebral que centraliza essas funções. Utiliza para isso informações neurais provenientes de diversos receptores sensoriais estrategicamente posicionados (como os termorreceptores da pele e os osmorreceptores de alguns vasos sanguíneos, por exemplo) e informações químicas provenientes de diversas substâncias circulantes, principalmente hormônios secretados pelas glândulas endócrinas. De posse dessas informações sobre o organismo, o hipotálamo ativa o sistema nervoso autônomo e o sistema endócrino e emite, por intermédio deles, comandos neurais e químicos para os diversos órgãos e tecidos realizarem os ajustes fisiológicos necessários. Além disso, ativa outras regiões neurais que, por sua vez, irão provocar os comportamentos motivados: ações de busca de abrigos aquecidos, água e alimentos, atos sexuais e outros.

A termorregulação é, entre todos, o mais simples e pode ser comparada com um servomecanismo, isto é, um dispositivo que se regula sozinho, automaticamente. O organismo tem um ponto de ajuste de aproximadamente 37oC, e o hipotálamo monitora continuamente as oscilações em torno dessa temperatura, comandando os ajustes e comportamentos compensatórios. A regulação da ingestão hídrica e a regulação da ingestão alimentar são semelhantes, mas os mecanismos de ambas são mais complexos que o da termorregulação. No primeiro caso, é preciso manter constantes o volume extracelular de líquido e a concentração de sal do organismo; no segundo, o nível circulante de nutrientes e as reservas acumuladas no tecido adiposo. O hipotálamo monitora esses parâmetros e toma as providências para que eles sejam mantidos constantes o mais precisamente possível. Finalmente, o sexo e a busca do prazer são impulsos de todos os animais, muito complexos nos seres humanos, regulados pelo hipotálamo e outras regiões neurais pela interação entre hormônios, neurotransmissores e atividade neuronal.

Quando refletimos sobre os diversos comportamentos que realizamos em nossa vida, concluímos que muitos deles não têm conteúdo cognitivo ou emocional explícito nem são tão simples e automáticos como um reflexo. Comer e beber, por exemplo, são atos – às vezes bastante complexos – que realizamos por um impulso interior surgido seja de necessidades corporais (fome, sede), seja de forças instintivas ainda mal conhecidas. Esse "impulso interior" chama-se *motivação* ou *estado motivacional*, e os atos que ele provoca chamam-se *comportamentos motivados*. A fome é um dos estados motivacionais, enquanto o ato de comer é um dos comportamentos motivados provocados por ela (há outros, como se verá adiante). Os estados motivacionais criam uma espécie de tensão (às vezes até um desconforto) que eleva o nível de alerta do indivíduo e dispara a execução de uma sequência ordenada de comportamentos dirigidos ao objetivo de dissipar a tensão e o desconforto iniciais, ou simplesmente gerar prazer.

Como nós, os animais também comem, bebem e praticam sexo. Entre os animais, entretanto, os estados motivacionais e os comportamentos motivados são mais fortemente vinculados à sobrevivência do indivíduo e da espécie, embora muitas evidências indiquem que eles também podem ser movidos por um certo estado interior semelhante ao que nós humanos chamamos de "prazer".

MOTIVAÇÕES, AJUSTES CORPORAIS E COMPORTAMENTOS MOTIVADOS

Podemos identificar três classes de comportamentos motivados. A primeira é formada por comportamentos elementares, provocados por forças fisiológicas bem definidas. São os que têm a vantagem adaptativa direta de garantir a sobrevivência do indivíduo em seu ambiente. É o caso da regulação da temperatura corporal dos mamíferos, que envolve reflexos autonômicos e somáticos de diversos tipos (veja o Capítulo 14 para maiores detalhes), mas também alguns comportamentos de busca de agasalho e abrigo. Tudo é simples e definido, neste caso: a temperatura ambiente varia (aliás, varia muito), mas a temperatura corporal deve ser mantida próxima a 37ºC na maioria dos mamíferos. Os reflexos autonômicos e somáticos visam a conservar e gerar energia, no caso de queda da temperatura ambiente, ou dissipar energia no caso contrário. Em ambas as situações, um impulso interior (o estado motivacional: desconforto com o frio ou o calor) nos leva a vestir um casaco e tomar um café bem quente ou, então, colocar uma roupa mais leve e ligar o ventilador. Fazem parte dessa classe de comportamentos motivados elementares também a regulação da ingestão de líquidos e de alimentos. O estado motivacional que determina os comportamentos termorreguladores não tem um nome es-

pecífico, mas o que determina a ingestão de líquido chama-se sede e o que provoca a ingestão de alimentos chama-se fome.

A segunda classe de comportamentos motivados obedece a forças fisiológicas reguladoras não tão bem definidas. O sexo é o melhor exemplo. Um impulso interior nos leva a escolher um(a) parceiro(a) sexual e, assim, realizamos inúmeros comportamentos para conquistá-lo(a) e concretizar atos sexuais que nos dão prazer. Os comportamentos sexualmente motivados fixaram-se na natureza como um meio de garantir a sobrevivência da espécie, facilitando a reprodução. Nesse sentido, têm um significado claramente biológico. No entanto, não podemos dizer que as nossas atividades sexuais tenham sempre a procriação como motivação principal. Ao contrário, na maioria das vezes o estado motivacional que nos move é a pura busca de prazer. Além disso, também não está definido se esse estado motivacional inclui alguma carência fisiológica – como é o caso da fome e da sede – que nos conduza inexoravelmente ao sexo.

Por último, há uma terceira classe de comportamentos motivados muito complexos, que realizamos sem qualquer determinação biológica identificável. Assim, estudamos e trabalhamos motivados pelo desejo de ascensão social e melhoria do nosso nível de vida; compramos livros e vamos ao cinema porque isso nos dá prazer; atuamos em partidos políticos, organizações comunitárias ou igrejas porque acreditamos em ideias coletivas. Nestes casos, os comportamentos que realizamos são motivados por impulsos interiores puramente subjetivos. Alguns desses comportamentos são chamados afiliativos, porque envolvem a criação e a manutenção de relações sociais com nossos semelhantes.

Essas três classes de comportamentos motivados envolvem dois tipos de ações: as chamadas ações ou *comportamentos apetitivos*, que são os atos preparatórios para a satisfação da necessidade motivante; e os *comportamentos consumatórios**, que realizam efetivamente a satisfação final. A procura de alimento na geladeira é um comportamento apetitivo, como são também a busca de um agasalho no armário ou as ações de sedução de um possível parceiro sexual. Já os atos de comer e se agasalhar, bem como o ato sexual propriamente dito, são os comportamentos consumatórios correspondentes. A diferença fundamental entre as ações apetitivas e as consumatórias é que as primeiras são geralmente aprendidas, enquanto as segundas são mais automáticas e reflexas.

Duas forças fundamentais atuam em todos os comportamentos motivados: a *homeostasia* e a busca do *prazer*. O prazer é de entendimento intuitivo; os neuropsicólogos o relacionam com uma recompensa ou reforço positivo para indicar que os comportamentos correspondentes são induzidos à repetição por um estímulo positivo para o indivíduo

---

* *Termo ainda não dicionarizado que denota os comportamentos que consumam (concretizam) uma motivação.*

(que causa satisfação, bem-estar). O prazer é um objetivo psicológico tão poderoso, que pode produzir a compulsão de repetir exageradamente um comportamento consumatório (como "comer demais"), ao ponto até mesmo de causar dependência dele – psicológica ou física. É o que ocorre com a alimentação compulsiva – que pode causar a obesidade – e o uso abusivo de drogas psicoativas, do álcool à cocaína. A outra força motriz dos comportamentos motivados envolve o conceito de homeostasia, criado pelo eminente fisiologista americano Walter Cannon (1871-1945).

Homeostasia significa a permanente tendência dos organismos a manter uma certa constância do meio interno. É o conjunto de "forças fisiológicas" já mencionadas, que induzem a realização de comportamentos motivados de natureza reguladora (o Capítulo 14 trata deste assunto com mais detalhes). Alguns neurocientistas atualmente acreditam que há uma distinção entre "querer" (a motivação para algo) e "gostar" (o componente hedônico[G], de prazer). Isso porque, às vezes, buscamos coisas sem necessariamente sentirmos prazer ao obtê-las. Essa concepção surgiu de observações feitas em pacientes com eletródios implantados em certas regiões do cérebro por razões terapêuticas, pelos quais podiam passar uma pequena corrente elétrica. Os pacientes se estimulavam repetidamente por meio dos eletródios, porém relatavam não sentir necessariamente prazer com isso, apenas a compulsão da autoestimulação. Chamou-se esse fenômeno de *saliência de incentivo* (para evitar a palavra "prazer"), um termo que pode ser aplicado também a drogas de adicção e a algumas motivações compulsivas. Um dependente muitas vezes busca uma droga sem necessariamente sentir prazer em utilizá-la, principalmente se for um usuário antigo, cuja compulsão pela substância é determinada mais pela evitação do desprazer da abstinência do que propriamente pelo prazer do consumo.

O estudo das bases neurais dos estados motivacionais e dos comportamentos que eles produzem tem avançado mais no âmbito das motivações da primeira classe, que são mais simples, em particular a termorregulação, a fome e a sede. As bases neurais subjacentes aos comportamentos sexuais são menos conhecidas, e menos ainda se sabe sobre as motivações da terceira classe, de caráter inteiramente subjetivo.

O HIPOTÁLAMO NO COMANDO DA HOMEOSTASIA

Desde o início do estudo neurobiológico da motivação, o hipotálamo[A] apareceu como um centro integrador fundamental. É de se esperar que assim seja, pois essa região

diencefálica: (1) comunica-se extensamente com grande número de regiões do SNC; (2) comunica-se com diversos órgãos periféricos por meio do sistema nervoso autônomo[*] (SNA) e do sistema endócrino; e (3) recebe informações de todos os órgãos que controla. É intrigante que uma região tão relevante e comunicante como o hipotálamo represente menos de 1% da massa do encéfalo.

Os primeiros neurocientistas a mostrar a participação do hipotálamo verificaram que certas lesões nele localizadas, em animais experimentais, provocam extrema desmotivação (causando, por exemplo, afagia, isto é, interrupção da ingestão de alimentos, e adipsia, interrupção da ingestão de líquidos). A seguir realizaram experimentos de estimulação elétrica ou infusão de neurotransmissores no hipotálamo de animais despertos e puderam observar a ocorrência ou a interrupção de comportamentos motivados (como a ingestão de alimentos e de líquidos). Os experimentos foram sendo gradativamente refinados e tornou-se possível registrar a atividade de neurônios hipotalâmicos individuais, relacionando-a com os estados motivacionais e seus comportamentos. A simples visão dos alimentos, por exemplo, pode provocar a ativação de neurônios hipotalâmicos.

Três conclusões gerais puderam ser tiradas dessa série de experimentos que se iniciou na década de 1920, estendendo-se até os dias atuais. A primeira foi que o hipotálamo é uma espécie de *ordenador* dos comportamentos motivados, embora não atue isoladamente, mas, sim, articulado com: (1) áreas corticais de controle, que se encarregam dos estados motivacionais em sua dimensão subjetiva; (2) sistemas motores somáticos, que comandam os comportamentos correspondentes; e (3) sistemas eferentes neurais e humorais[G], como o SNA, o sistema endócrino e, indiretamente, o imunitário, que executam as ações fisiológicas reguladoras (sobre as interações neuroimunoendócrinas). A segunda conclusão foi de que essa ação coordenada do hipotálamo com outras regiões neurais exclui a ideia antiga de "centros" de função antagônica (um "centro da fome" *versus* um "centro da saciedade", por exemplo). Finalmente, a terceira conclusão foi de que a divisão de tarefas entre as diversas regiões neurais envolvidas reserva ao hipotálamo a coordenação dos comportamentos consumatórios, muito mais que os apetitivos. Os tremores de frio, assim, são controlados pelo hipotálamo em resposta a uma diminuição da temperatura ambiente e/ou da temperatura sanguínea. A busca de agasalho, por outro lado, é controlada por regiões corticais, por depender de aprendizagem associativa que relaciona certos tipos de vestimenta com a geração de calor, certos tipos de móveis com a guarda de roupas, e assim por diante (veja, no Capítulo 18, mais informações sobre os tipos de aprendizagem).

[G] *Termo constante do Glossário ao final do capítulo.*

[A] *Estrutura encontrada no* Miniatlas de Neuroanatomia *(p. 359).*

---

[*] *O adjetivo* autônomo, *embora consagrado pelo uso, é inadequado para qualificar esse sistema, que mais apropriadamente deveria ser chamado* sistema regulatório visceral. *V. o Capítulo 14 sobre isso.*

O hipotálamo, desse modo, pode ser considerado o grande coordenador da homeostasia, pois, além dos comportamentos consumatórios, controla também os ajustes fisiológicos que ocorrem em paralelo.

▶ A Estrutura do Hipotálamo

O hipotálamo ocupa a porção mais inferior do diencéfalo[A]. Visto pela base do encéfalo (Figura 15.1), engloba a região coberta pelo quiasma óptico[A] e se estende para trás até a borda do mesencéfalo. Logo atrás do quiasma emerge uma haste de tecido neural em forma de funil que conecta o hipotálamo com a hipófise: é o chamado infundíbulo[A]. O infundíbulo é geralmente seccionado quando os anatomistas retiram o encéfalo do crânio[A], porque a hipófise fica dentro de uma câmara osteomeníngea de abertura estreita (a sela túrcica) que a retém. Atrás do infundíbulo fica uma pequena elevação de tonalidade acinzentada, chamada túber cinéreo* (não ilustrado na figura), e, a seguir, duas saliências esféricas que são os corpos mamilares[A]. Visualizar esses acidentes anatômicos é útil para compreender a organização dos núcleos que compõem o hipotálamo.

Como o hipotálamo ocupa um volume relativamente pequeno, mas possui um grande número de agrupamentos neuronais distintos (Figura 15.2 e Tabela 15.1), pode-se subdividi-lo em três colunas longitudinais de núcleos em cada lado. A que fica mais próxima da linha média é a coluna periventricular (em vermelho, na figura), assim chamada porque margeia o terceiro ventrículo[A], cavidade diencefálica que forma uma ponta bem ventral até o infundíbulo. Seguem-se sucessivamente o hipotálamo medial (em azul) e o hipotálamo lateral (em marrom). De um modo bastante geral, pode-se considerar que a coluna periventricular reúne os neurônios do hipotálamo que se relacionam com o sistema endócrino e o sistema imunitário, enquanto as colunas lateral e medial "conversam" mais ativamente com outras regiões do sistema nervoso e participam da coordenação dos comportamentos motivados.

Alternativamente, pode-se subdividir o hipotálamo na dimensão rostrocaudal, surgindo então quatro grupos nucleares (Tabela 15.1). O mais rostral é a área pré-óptica, quase no mesmo plano do quiasma óptico. Seguem-se o hipotálamo anterior ou quiasmático, a região tuberal e, finalmente, o hipotálamo posterior ou mamilar (Figura 15.2).

Essas regiões, por sua vez, são constituídas por numerosos núcleos cuja identificação é complicada até mesmo para os histologistas experientes (Tabela 15.1) e que serão mencionados à medida que forem descritas as diferentes funções do hipotálamo.

A multiplicidade das conexões que o hipotálamo estabelece com outras regiões faz que ele participe, inevitavelmente, de inúmeras funções. Algumas dessas conexões entram e saem do hipotálamo de modo difuso, mas outras

---

* *Termo aportuguesado do latim* tuber cinereum, *que significa tubérculo cinza.*

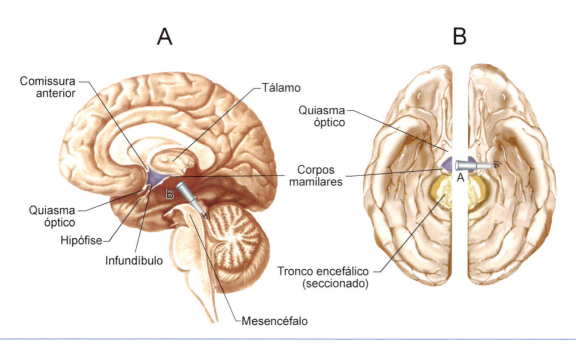

▶ **Figura 15.1.** O hipotálamo (em azul) e algumas estruturas vizinhas a ele podem ser localizados no plano mediano (**A**) ou na base do encéfalo com o tronco encefálico seccionado (**B**). O plano mediano de corte do encéfalo é visualizado em **B**, e o plano transversal de corte do tronco encefálico seccionado é mostrado pela luneta em **A**.

531

Neurociência dos Estados Corporais

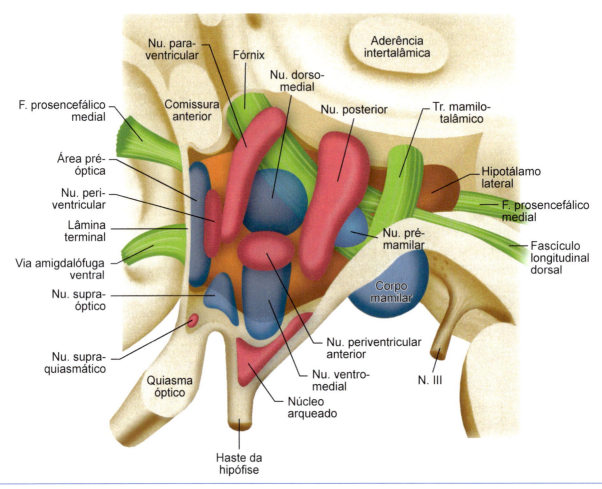

▶ **Figura 15.2.** O hipotálamo é um conjunto complexo de núcleos (em diferentes cores) e feixes (em verde) cujas relações podem ser vistas esquematicamente no mesmo plano mediano da Figura 15.1. Os núcleos em vermelho fazem parte da coluna periventricular, aqueles em azul constituem a coluna medial, e a grande área em marrom é a coluna lateral. Observe, em particular, que o feixe prosencefálico medial não é verdadeiramente medial. Ele foi chamado assim em referência ao encéfalo como um todo, já que, com referência ao hipotálamo, ele ocupa uma posição lateral.

são reunidas em cinco grandes feixes de fibras, ilustrados na Figura 15.2: o feixe prosencefálico medial, o fascículo longitudinal dorsal, o fórnix, a via amigdalófuga ventral e o feixe mamilotalâmico (veja também a Figura 20.13, no Capítulo 20).

O feixe prosencefálico medial, em particular, foi um "personagem" histórico importante no que se refere à descoberta das funções do hipotálamo. É que muitas lesões experimentais realizadas pelos neurocientistas no hipotálamo de animais, inadvertidamente, atingiam as fibras desse feixe. Os primeiros pesquisadores, sem se dar conta disso, atribuíram os déficits que os animais apresentavam aos neurônios hipotalâmicos, quando na verdade eles se deviam a outros neurônios situados à distância, cujas fibras apenas passavam pelo hipotálamo "a caminho" de outros alvos. Posteriormente esse erro ficou esclarecido e, ao mesmo tempo, as fibras do feixe prosencefálico medial – especialmente as dopaminérgicas[G] – assumiram uma importância enorme porque se descobriu sua participação fundamental como geradoras dos estados motivacionais de prazer e controladoras dos comportamentos positivamente reforçados. Um novo sistema surgiu, o sistema mesolímbico, cuja função está associada às motivações e aos comportamentos motivados que provocam prazer.

▶ As Informações que Chegam ao Hipotálamo

Com quais informações o hipotálamo lida para realizar as suas funções? De onde elas vêm (Figura 15.3)?

O feixe prosencefálico medial e o fascículo longitudinal dorsal veiculam grande parte da informação sensorial que o hipotálamo utiliza para orientar os comportamentos motivados. As conexões olfatórias são particularmente necessárias a dois deles: o comportamento alimentar e o sexual/reprodutor. Provêm do tubérculo olfatório e do córtex piriforme e incluem-se principalmente no feixe prosencefálico medial. São muito importantes também as in-

MOTIVAÇÃO PARA SOBREVIVER

Tabela 15.1. Principais Núcleos Hipotalâmicos e suas Funções

	Região Pré-óptica	Hipotálamo Anterior	Região Tuberal	Hipotálamo Posterior
Coluna periventricular	Órgão vascular da lâmina terminal ▸ Detecção de sinais químicos para termorregulação e sede	Nu. supraquiasmático ▸ Sincronização de ritmos circadianos	Nu. periventricular intermédio ▸ Regulação do apetite: respostas humorais e visceromotoras	Nu. periventricular posterior ▸ Regulação do apetite: respostas humorais e visceromotoras
	Nu. pré-óptico mediano ▸ Modulação dos neurônios hipotalâmicos eferentes	Nu. periventricular anterior ▸ Regulação do apetite: respostas humorais e visceromotoras	Nu. arqueado ▸ Monitoração da quantidade de gordura do tecido adiposo	Nu. hipotalâmico posterior ▸ Detecção de hipotermia; termorregulação; comportamento emocional
	Nu. pré-óptico periventricular ▸ Regulação hídrica e sede	Nu. hipotalâmico anterior ▸ Detecção de hipotermia; termorregulação	Eminência mediana ▸ Secreção de hormônios de liberação e inibição de hormônios da adeno-hipófise	
	Nu. periventricular anterolateral ▸ Regulação do apetite: respostas humorais e visceromotoras	Nu. paraventricular ▸ Síntese de hormônios da neuro-hipófise; comportamentos consumatórios de sede		
Coluna medial	Nu. pré-óptico medial ▸ Controle de comportamentos consumatórios sexuais	Nu. supraóptico ▸ Síntese de hormônios da neuro-hipófise; comportamentos consumatórios de sede	Nu. ventromedial ▸ Controle de comportamentos consumatórios de fome, sede e sexo	Nu. pré-mamilar dorsal ▸ Regulação de comportamentos emocionais de medo
		Área retroquiasmática ▸ Regulação dos ciclos sazonais	Nu. dorsomedial ▸ Regulação do apetite	Nu. mamilares ▸ Estados emocionais?
			Nu. pré-mamilar ventral ▸ Controle de comportamentos sexuais	Nu. supramamilares ▸ Mecanismos reguladores da memória
				Nu. tuberomamilares ▸ Regulação dos comportamentos de alerta durante o despertar e a vigília
Coluna lateral	Área pré-óptica lateral ▸ Termorregulação	Área hipotalâmica lateral ▸ Controle de comportamentos consumatórios de fome	Área hipotalâmica lateral ▸ Controle de comportamentos consumatórios de fome	Área hipotalâmica lateral ▸ Controle de comportamentos consumatórios de fome

formações provenientes das vísceras, carreadas pelos nervos facial (VII), glossofaríngeo (IX) e vago (X) e utilizadas pelo hipotálamo em quase todos os comportamentos motivados. Neste caso, trata-se de projeções que o hipotálamo recebe do núcleo do trato solitário[A], da região ventrolateral do bulbo[A] e do núcleo parabraquial e que chegam principalmente por intermédio do fascículo longitudinal dorsal.

O hipotálamo recebe também uma projeção muito específica originada na retina e no tálamo[A] visual, que termina no núcleo supraquiasmático. Esse circuito se dedica a informar o "relógio hipotalâmico" sobre as variações de luz ambiente, sincronizando sua atividade com o ciclo dia-noite. Os ciclos de atividade gerados pelo núcleo supraquiasmático são repassados a outros núcleos hipotalâmicos, que, ao coordenar os ajustes fisiológicos e os comportamentos motivados, fazem-no também de modo cíclico. É por isso, em parte, que a temperatura corporal apresenta oscilações a cada 24 horas, a ingestão alimentar e de líquidos se repete em momentos definidos a cada dia e a atividade sexual/reprodutora, especialmente nas mulheres, sofre oscilações mensais. Um dos ritmos mais intrigantes da fisiologia dos animais é a alternância entre a vigília e o sono. O hipotálamo participa dessa função rítmica por meio de um grupo de neurônios histaminérgicos[G] situados no hipotálamo posterior e, para isso, recebe inúmeros colaterais de fibras

aminérgicas[G] contidas no feixe prosencefálico medial, que fazem parte dos sistemas ascendentes difusos (Figura 15.3). Este aspecto da função hipotalâmica é tratado amplamente no Capítulo 16.

Além das informações sensoriais e daquelas utilizadas como temporizadoras (geradoras de ritmos), o hipotálamo recebe também informações provenientes do sistema límbico (Figura 15.3), o conjunto de regiões neurais dedicado a interpretar e responder aos estímulos externos e internos de caráter emocional. Uma parte da formação hipocampal[A] (chamada subículo) emite axônios por intermédio do fórnix para os corpos mamilares, cujas fibras, por sua vez, seguem ao tálamo utilizando o feixe mamilotalâmico. Esta é a parte hipotalâmica do chamado circuito de Papez (Capítulo 20). Outra região ligada ao sistema límbico – a área septal[A] – emite fibras para o hipotálamo por meio do fórnix e do feixe prosencefálico medial. E, finalmente, o complexo amigdaloide[A], "botão disparador" das reações emocionais, emite um numeroso contingente de fibras para o hipotálamo pela via amigdalófuga ventral. O hipotálamo utiliza essas informações para realizar os ajustes fisiológicos necessários nas situações que geram em nós as experiências subjetivas que chamamos emoções. É o que acontece quando temos medo, quando esperamos o início de uma prova ou quando nos aproximamos de uma pessoa desejada. Podem-se

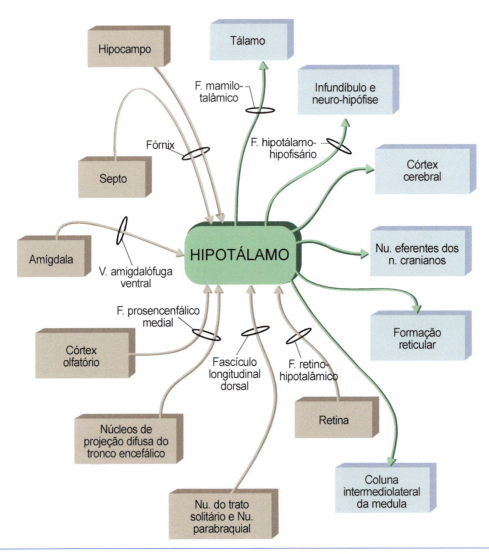

▶ **Figura 15.3.** Devido à sua participação em múltiplas funções, o hipotálamo recebe conexões aferentes de muitas regiões neurais (representadas em marrom claro) e projeta eferentes para várias outras (em azul).

encontrar maiores detalhes sobre esse aspecto das funções hipotalâmicas no Capítulo 20.

Todas essas informações que entram no hipotálamo o fazem pelas vias aferentes que consistem em diferentes sistemas de fibras nervosas, reunidas em feixes ou não. Trata-se, então, de informação codificada em sinais neurais, os potenciais de ação e potenciais sinápticos. Para grande parte dos ajustes homeostáticos que são necessários no dia a dia essa informação neural não basta, por isso o hipotálamo utiliza sinais químicos circulantes para modular os ajustes fisiológicos e os comportamentos motivados.

▶ **A Penetração dos Sinais Químicos**

Não só o hipotálamo, mas também várias outras regiões do sistema nervoso, recebem sinais químicos e físico-químicos do organismo, que orientam a sua função. Ficam quase todas em torno dos ventrículos[A], por isso são chamadas *órgãos circunventriculares* (Figura 15.4A). Duas características são típicas desses órgãos receptores especiais: (1) neles, a barreira hematoencefálica é permeável, pois os capilares que os irrigam são fenestrados (veja, a esse respeito, o Capítulo 13); e (2) seus neurônios possuem receptores moleculares* para diferentes substâncias circulantes. Essas duas características fundamentais permitem que os sinais químicos provenientes do organismo possam ter acesso aos neurônios dos órgãos circunventriculares, permitindo que estes respondam especificamente a cada um deles. Os neurocientistas encontraram evidências de que também outros neurônios, situados em

---

*Não se confunda com o uso do termo receptor. Receptores moleculares **não** são a mesma coisa que receptores sensoriais. Obtenha maiores esclarecimentos sobre uns e outros nos Capítulos 4 e 6, respectivamente.

núcleos hipotalâmicos diferentes dos órgãos circunventriculares, possuem características semelhantes.

Nem todos os órgãos circunventriculares ficam no hipotálamo, mas quase todos têm comunicação com ele. A eminência mediana e o órgão vascular da lâmina terminal são os dois únicos de fato situados no hipotálamo (Figura 15.4A). A eminência mediana é um pequeno espessamento da parede do infundíbulo onde terminam axônios de neurônios hipotalâmicos. Na vizinhança dos terminais axônicos há um plexo de capilares fenestrados que deixam passar hormônios provenientes da circulação sanguínea. Estes, uma vez no meio extracelular, funcionam como sinais químicos para regular a secreção de outros hormônios pelos terminais que, portanto, expressam os receptores apropriados na sua membrana. Por sua vez, os neuro-hormônios secretados pelos terminais axônicos hipotalâmicos na eminência mediana irão regular a secreção hormonal da adeno-hipófise, como veremos adiante.

O órgão vascular e as regiões hipotalâmicas vizinhas têm sido implicados na termorregulação e na regulação da ingestão de líquidos, pois aí foram encontrados receptores moleculares para citocinas[G] circulantes (cuja concentração aumentada correlaciona-se com a ocorrência de febre) e células osmorreceptoras, cuja estimulação provoca a secreção de hormônio antidiurético pela neuro-hipófise e comportamentos consumatórios relacionados com a sede.

▶ **Figura 15.4.** Nem todos os órgãos circunventriculares ficam no hipotálamo (**A**), mas quase todos recebem ou enviam conexões para ele (**B**), seja diretamente (axônios representados por linhas contínuas) ou indiretamente ("axônios" tracejados).

O órgão subfornicial e a área postrema não ficam no hipotálamo, mas emitem axônios para diversos núcleos hipotalâmicos (Figura 15.4B). O primeiro chama-se assim porque se situa logo abaixo do fórnix. Os seus neurônios possuem receptores para a angiotensina II, produto final de uma cadeia de hormônios de origem renal que entre várias ações causa sede e sinaliza a necessidade de ingestão e retenção de água. Essa ação da angiotensina II se dá mediante a estimulação dos neurônios do órgão subfornicial, cujos axônios terminam em núcleos hipotalâmicos reguladores da homeostasia hídrica do organismo.

A área postrema é o centro quimiorreceptor para o reflexo do vômito, entre outras funções que desempenha. Fica numa posição estratégica, adjacente ao núcleo do trato solitário, no tronco encefálico. Os neurônios desses dois núcleos conectam-se reciprocamente e com o hipotálamo. Desse modo, o hipotálamo pode obter informações provenientes das vísceras não só por meio de sinais neurais veiculados pelos nervos cranianos, mas também por sinais químicos veiculados pela circulação sanguínea e convertidos em sinais neurais pela área postrema. É o caso da colecistocinina, um hormônio secretado pelo trato gastrointestinal quando começa a digestão e cuja concentração sanguínea é diretamente percebida pela área postrema. Sinais químicos desse tipo são utilizados pelo hipotálamo para regular o comportamento alimentar e a função cardiovascular. O modo como esses processos se dão ainda está sendo investigado.

A neuro-hipófise (Figura 15.4A) é um tecido glandular de origem neural que não possui corpos neuronais, mas, sim, axônios originados no hipotálamo, além de gliócitos chamados pituicitos. É uma glândula porque os axônios hipotalâmicos que ali terminam são secretores de hormônios, mas também pode ser considerada um órgão circunventricular porque possui capilares fenestrados por onde penetram na circulação os neuro-hormônios. Não há, entretanto, evidências claras de que os terminais secretores da neuro-hipófise sejam sensíveis a sinais químicos circulantes.

A glândula pineal (ou epífise) é também um tecido glandular de origem neural (Figura 15.4A). Entretanto, diferentemente da neuro-hipófise, apresenta células neuronais modificadas (os pinealócitos) que secretam o hormônio melatonina (Figura 15.4B), sob comando indireto do hipotálamo, por meio de inervação simpática. Sabe-se que a melatonina é um sinal químico que atua sobre vários órgãos (inclusive o próprio hipotálamo) assinalando a duração da noite. É que a sua concentração sanguínea cresce durante a noite; quanto maior a duração do período noturno, mais alta a concentração de melatonina. A pineal dos mamíferos não apresenta sensibilidade direta à luz, mas, sim, indiretamente por meio do núcleo supraquiasmático, que, por sua vez, é inervado pelas células ganglionares retinianas sensíveis à luz (veja mais detalhes no Capítulo 9). A informação sobre a luminosidade do ambiente termina por influenciar a secreção de melatonina pelos pinealócitos. Os órgãos que apresentam receptores para esse hormônio têm, assim, a possibilidade de reconhecer a estação do ano, uma vez que a duração da noite é pequena no verão, tornando-se cada vez maior com a aproximação do inverno. De forma semelhante à neuro-hipófise, a pineal apresenta capilares fenestrados e barreira hematoencefálica permeável, mas não há evidências fortes de que os pinealócitos sejam sensíveis a informações químicas veiculadas pela circulação.

O menos conhecido dos órgãos circunventriculares é o órgão subcomissural, assim chamado por estar situado abaixo da comissura posterior, bem na linha média mesodiencefálica (Figura 15.4A). Apresenta capilares fenestrados, mas não há muitos dados sobre a sua função. Ao que parece, participa do controle da neurogênese durante o desenvolvimento, enviando sinais moleculares pelo liquor até os sítios neurogênicos do embrião. Como perdura na vida adulta, especula-se que controle também os nichos neurogênicos do sistema nervoso central adulto, como, por exemplo, o giro denteado do hipocampo.

▶ Comandos Neuroendócrinos

De posse dessa extensa rede de informações neurais e químicas, os vários núcleos do hipotálamo enviam comandos neurais para outras regiões, especialmente aquelas relacionadas com o SNA. Essa articulação entre o hipotálamo e o SNA será analisada adiante. Outro conjunto de comandos, entretanto, é emitido pelo hipotálamo para produzir os ajustes fisiológicos necessários a cada situação: são os comandos neuroendócrinos. Isso significa a secreção de hormônios circulantes, cuja ação será efetuada à distância nos vários órgãos e tecidos do organismo. De que modo isso ocorre?

A existência de neurônios secretores no SNC foi descoberta na década de 1930 por histologistas alemães, que identificaram a presença de hormônios nas intumescências dos terminais axônicos da neuro-hipófise utilizando corantes específicos e técnicas bioquímicas. Já se sabia, então, que esses axônios se originavam nos grandes neurônios dos núcleos supraóptico e paraventricular do hipotálamo, formando um feixe ou *eixo hipotálamo-hipofisário* (Figura 15.5), que depois se demonstrou fundamental para o controle neural da secreção de hormônios. Alguns desses axônios se estendem até a neuro-hipófise, onde formam as intumescências já referidas, que contêm numerosos grânulos de secreção. Outros não são tão longos e terminam na eminência mediana, ou seja, na haste do infundíbulo que conecta o hipotálamo com a hipófise.

MOTIVAÇÃO PARA SOBREVIVER

O que surpreendeu foi a descoberta do endocrinologista argentino Bernardo Houssay (1887-1971), ganhador do prêmio Nobel de Medicina ou Fisiologia, em 1947. Houssay analisou o sentido do fluxo sanguíneo e a morfologia da delicada vascularização entre o hipotálamo e a hipófise e descreveu a chamada circulação porta-hipofisária (Figura 15.5), que consiste em duas redes capilares conectadas por um "vaso porta"*. A primeira rede capilar se distribui na eminência mediana, e a segunda, na adeno-hipófise. A circulação da neuro-hipófise apresenta apenas uma rede capilar. O fato importante é que todas essas redes são constituídas por capilares fenestrados, como comentamos anteriormente. Essa característica permite que as paredes endoteliais dos capilares deem livre passagem a sinais químicos do sangue para o parênquima[G] e em sentido inverso.

A circulação porta-hipofisária é uma via para a entrada de sinais químicos provenientes do organismo e percebidos pelo menos por alguns neurônios hipotalâmicos. Já discutimos este aspecto. Ela age, entretanto, também como veículo para os comandos químicos que o hipotálamo emite, ou seja, os hormônios que os axônios supraópticos e paraventriculares secretam na neuro-hipófise e na eminência mediana, quando suas membranas se despolarizam com a chegada de potenciais de ação. Na neuro-hipófise são secretados dois nonapeptídeos – a vasopressina** e a ocitocina, que penetram na circulação pelos capilares fenestrados (Figura 15.5) e vão atuar nos rins (a vasopressina) e na musculatura lisa do útero (a ocitocina). Veremos adiante que esses dois peptídeos têm ação relevante na fisiologia do comportamento sexual, pois funcionam também como neuromediadores sinápticos em diversos circuitos do hipotálamo com outras regiões neurais.

Na eminência mediana são secretados inúmeros hormônios que penetram na primeira rede capilar da circulação porta e saem novamente na segunda rede capilar, em pleno parênquima da adeno-hipófise. Ali atuam regulando a secreção hormonal das células secretoras da hipófise, por isso são chamados *hormônios hipofisiotróficos*. A maioria desses hormônios hipotalâmicos provoca a secreção hormonal hipofisária: são os *hormônios de liberação*, como o hormônio liberador de tireotrofina[G] e o hormônio liberador de corticotrofina[G]. Outros, entretanto, podem ter ação oposta, inibindo a secreção: são os *hormônios inibidores de liberação*, como a somatostatina, que reduz a secreção de somatotrofina[G] pela hipófise.

A Figura 15.6 mostra como são numerosos os hormônios hipotalâmicos, e permite avaliar como é extenso o controle que o hipotálamo pode exercer sobre as glândulas endócrinas por meio da hipófise. No caso dos comportamentos motivados, praticamente todos eles sofrem influência do eixo hipotálamo-hipofisário por suas ações sobre o metabolismo das células, sobre a função renal, cardiovascular, sexual/reprodutora e muitas outras.

▶ **Figura 15.5.** Os comandos químicos emitidos pelo hipotálamo são hormônios que os axônios hipotalâmicos secretam na eminência mediana e na neuro-hipófise, e que entram na circulação local através da rede capilar formada pelas artérias hipofisárias. Na neuro-hipófise (abaixo à direita) esses hormônios seguem direto para órgãos distantes, mas na adeno-hipófise (à esquerda) eles saem para o tecido glandular pela rede capilar formada pelos vasos porta e influenciam a secreção hormonal das células hipofisárias. Os hormônios dessas células, então, reentram a circulação para serem levados aos órgãos-alvo.

---

* *Os vasos porta são, ao mesmo tempo, veias (porque coletam sangue capilar) e artérias (porque se abrem em uma segunda rede capilar). Comumente se utiliza também a expressão veia porta.*

** *Também chamado hormônio antidiurético por provocar uma retenção de urina nos rins, diminuindo a diurese.*

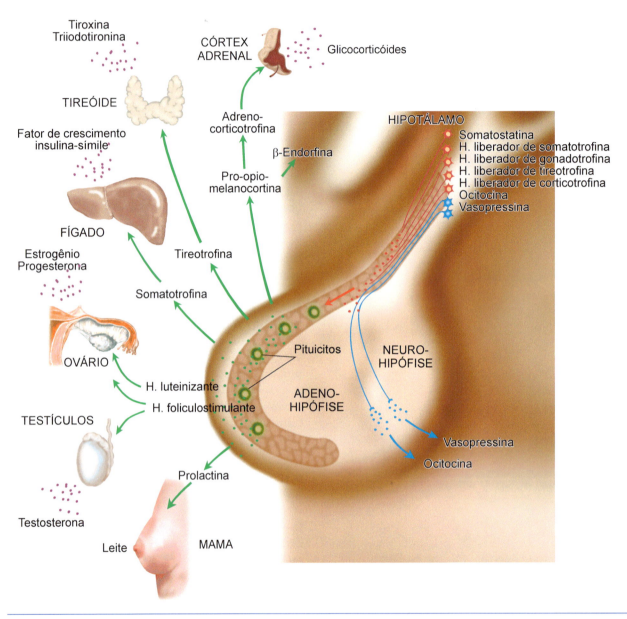

▶ **Figura 15.6.** É extensa a influência do hipotálamo sobre os órgãos por meio do sistema endócrino. Os hormônios hipotalâmicos liberados na neuro-hipófise estão representados em azul. Os hormônios hipotalâmicos de liberação e inibição estão representados em vermelho. Em verde estão representados os hormônios secretados pela adeno-hipófise, e em violeta aqueles produzidos pelos diversos órgãos-alvo.

A REGULAÇÃO DA TEMPERATURA CORPORAL

Já dispomos agora da base de conhecimentos necessária para compreender de que modo operam os estados motivacionais para produzir os ajustes fisiológicos e comportamentos correspondentes. Começamos pelo mais simples: a termorregulação, que consiste na manutenção da estabilidade da temperatura corporal.

As pessoas não se dão conta, mas o seu organismo trabalha todo o tempo para manter a temperatura corporal próxima a 37ºC. Essa ação homeostática é essencial para estabilizar a configuração das macromoléculas que compõem as células e garantir a operação ótima das reações enzimáticas. Quando a temperatura ambiente está em torno de 20-35ºC, a maioria das pessoas se sente confortável e não executa qualquer comportamento ativo específico para regular a temperatura corporal: seu organismo faz todo o trabalho; mas quando a temperatura ambiente é mais fria ou mais quente, sentimos uma sensação desconfortável de frio ou calor (os estados motivacionais) e tomamos certas iniciativas (os comportamentos motivados) para ajudar os mecanismos automáticos de termorregulação: vestimos um casaco para aquecer-nos ou ligamos um ventilador para aliviar o calor. É claro que as temperaturas que provocam esses estados motivacionais variam de um indivíduo a outro, bem como os comportamentos escolhidos para aliviar o desconforto, mas o processo básico é o mesmo.

▶ Servomecanismos

Os neurocientistas perceberam que a termorregulação apresenta grande analogia com um tipo de máquina que os engenheiros constroem capaz de regular automaticamente o seu próprio funcionamento e que recebe o nome geral de *servomecanismo**. O sistema de climatização de um ambiente é um bom exemplo, porque se assemelha à termorregulação dos animais de sangue quente. Uma vez ajustada a temperatura que se deseja, o sistema passa a funcionar automaticamente, resfriando quando a temperatura sobe e aquecendo quando ela desce.

Os servomecanismos apresentam os seguintes elementos (Figura 15.7): (1) a variável controlada (no exemplo, a temperatura); (2) o ponto de ajuste, que é a temperatura que se julga mais adequada para o ambiente climatizado (digamos, 23°C); (3) o sistema de retroação ou *feedback*, que "informa" a máquina sobre a temperatura ambiente (um termômetro); (4) o integrador ou detector de erros (o "termostato" do sistema de climatização), que gera um "sinal de erro" sempre que a temperatura se afasta do ponto de ajuste; e (5) o controlador, representado pelo compressor que refrigera ou o aquecedor que produz o efeito contrário. O ponto de ajuste, na verdade, é o ponto médio de uma faixa que abrange, digamos, dois graus em torno de 23°C. Assim, quando a temperatura ambiente se mantém entre 22°C e 24°C, nada se modifica, mas quando a temperatura se eleva ou cai além dessa faixa, o sistema de retroação informa o integrador e este envia um sinal de erro que aciona o controlador. Desse modo, se a temperatura subir além de 24°C, o compressor é acionado para refrigerar o ambiente; se, ao contrário, a temperatura cair abaixo de 22°C, o compressor é desligado e/ou o aquecedor é acionado.

▶ Um Servomecanismo Natural

O sistema de termorregulação dos animais endotérmicos[G] funciona como um servomecanismo. O ponto de ajuste fica em torno de 37°C na maioria dos casos, embora seja mais baixo em alguns animais (32°C nas preguiças e nos gambás, por exemplo). Os termorreceptores periféricos e centrais constituem o sistema de retroação, o hipotálamo é o integrador e o controlador é múltiplo, formado pelo SNA, sistema endócrino e sistema neuromuscular. De que modo esse servomecanismo natural funciona?

O ponto de ajuste é determinado pelo integrador hipotalâmico. Embora característico de cada espécie, o ponto de ajuste oscila ligeiramente durante as 24 horas de cada dia: nos seres humanos, a temperatura corporal cresce lentamente ao longo do dia (porque o ponto de ajuste se modifica), atinge um máximo no final da tarde e decresce lentamente durante a noite até a madrugada, quando volta a se elevar. Essa oscilação cíclica do ponto de ajuste e, portanto, da própria temperatura corporal, é sincronizada com o ciclo dia-noite pelo núcleo supraquiasmático do hipotálamo (Capítulo 16) e passada às regiões – também no hipotálamo – encarregadas da termorregulação.

---

* Do latim servus, *que significa* escravo.

▶ **Figura 15.7.** Os servomecanismos são máquinas capazes de autocontrole. Podem ser construídas por engenheiros ou pela natureza: em ambos os casos funcionam de modo semelhante. No esquema, os números correspondem à descrição do texto.

Algumas circunstâncias patológicas alteram o ponto de ajuste: é o que acontece nas infecções. Neste caso, além das próprias toxinas bacterianas, algumas células do sistema imunitário envolvidas no combate aos microrganismos podem liberar citocinas pirogênicas que penetram no hipotálamo pelos capilares fenestrados do órgão vascular da lâmina terminal. Como este órgão circunventricular apresenta receptores para as citocinas, ocorre ativação dos seus neurônios, que, por sua vez, conectam-se diretamente com a área pré-óptica, local do hipotálamo onde se acredita seja fixado o ponto de ajuste da temperatura corporal. Com o ponto de ajuste alterado, o servomecanismo termorregulador passa a admitir uma temperatura corporal mais alta do que a normal (febre), o que acelera o metabolismo, facilitando a reação do organismo contra os microrganismos invasores. Note que a febre, embora sinalize algo de errado no seu organismo, é também um mecanismo de defesa importante que lhe permite ativar as suas defesas naturais.

O sistema controla uma única variável, a temperatura, mas o faz em duas regiões diferentes do organismo: (1) nas superfícies externa (pele) e interna (mucosas digestivas e respiratórias), onde a temperatura está sujeita a uma influência direta do ambiente; e (2) no sangue, cuja temperatura expressa com bastante fidelidade a da maior parte dos órgãos e regiões do corpo, mas está relativamente afastada de influências ambientais. Isso significa que o integrador hipotalâmico deve lidar com a interação entre essas duas medidas de temperatura, que não são sempre iguais. Basta pensar que podemos ter o corpo quente, mas as mãos frias, por exemplo. Os neurocientistas obtiveram evidências disso por intermédio de um interessante experimento: primeiro ensinaram ratos de laboratório a acionar um dispositivo que projetava um jato de ar frio sobre eles próprios quando a temperatura ambiente se elevava. Quanto mais alta a temperatura, mais vezes os ratos acionavam o jato refrescante. Aprendida a tarefa, no entanto, os pesquisadores "enganavam" o hipotálamo dos ratos, resfriando-o levemente com um líquido infundido diretamente por uma cânula implantada. Nessa condição, os animais deixavam de acionar o jato de ar frio, apesar do calor ambiente. O que dominava o processo, ao final, era a temperatura "sentida" pelo hipotálamo.

A temperatura ambiente é monitorada pelos termorreceptores periféricos, fibras aferentes cujos terminais situados na pele e em algumas vísceras têm a propriedade de gerar potenciais receptores proporcionais a certas variações de temperatura. O Capítulo 6 apresenta maiores detalhes sobre esses receptores. Pela pele, as variações ambientais de temperatura podem atingir indiretamente o sangue, cuja temperatura é monitorada pelos termorreceptores centrais. Sabe-se que a região pré-óptica e o hipotálamo anterior alojam esses neurônios receptores, mas não há muita certeza sobre sua localização precisa. Os neurocientistas puderam detectar a sensibilidade de inúmeros neurônios hipotalâmicos à temperatura, registrando sua atividade elétrica e simultaneamente variando a temperatura local do hipotálamo ou a temperatura ambiente do animal (Figura 15.8). Encontraram células que respondiam disparando mais potenciais de ação para aumentos de 1-2°C (neurônios sensíveis ao calor) e outras que respondiam do mesmo modo para decréscimos de temperatura (neurônios sensíveis ao frio).

A identidade do integrador do servomecanismo natural de termorregulação foi atribuída ao hipotálamo já pelos primeiros pesquisadores que abordaram essa questão, empregando lesões experimentais. Eles logo descobriram que os animais submetidos a lesões da região anterior do hipotálamo tornavam-se hipertérmicos crônicos: era como se eles não mais conseguissem perder calor. Por outro lado, quando as lesões eram localizadas no hipotálamo posterior, ocorria o contrário: os animais tornavam-se incapazes de aquecer-se e sua temperatura corporal tendia sempre a igualar-se à do ambiente. Os experimentos que se sucederam passaram a empregar a estimulação elétrica do hipotálamo anterior ou do hipotálamo posterior. Nesse caso, os animais submetidos à estimulação do hipotálamo anterior

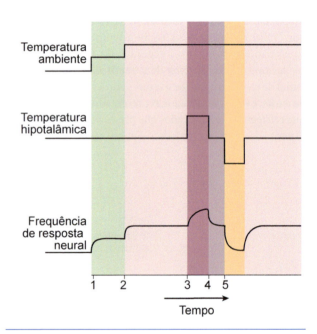

▶ **Figura 15.8.** O hipotálamo é capaz de computar tanto a temperatura ambiente externa como a temperatura interna do tecido nervoso. Prova disso é este experimento, em que os pesquisadores modificaram ambas as temperaturas (dois traçados de cima) e ao mesmo tempo registraram a atividade elétrica de neurônios hipotalâmicos (traçado inferior). Quando elevaram a temperatura ambiente (períodos de tempo entre 1 e 2 e entre 2 e 3), a frequência de PAs aumentou proporcionalmente. Quando aumentaram também a temperatura do hipotálamo (período entre 3 e 4), a frequência de PAs aumentou ainda mais. E quando diminuíram a temperatura hipotalâmica (período entre 5 e 6) "enganaram" o hipotálamo, que passou a uma menor frequência de resposta neural apesar da temperatura externa estar elevada. Modificado de Satinoff E. *American Journal of Physiology*. 1964;206:1389-1394; e de Corbit JD. *Journal of Comparative Physiological Psychology*. 1973; 83:394-411.

apresentavam mecanismos de dissipação (perda) de calor: vasodilatação cutânea, sudorese e respiração ofegante. Os animais que recebiam estimulação do hipotálamo posterior, entretanto, apresentavam vasoconstrição e tremores musculares, mecanismos de conservação e geração de calor.

Concluiu-se que o integrador hipotalâmico devia ser constituído por dois componentes (Figura 15.9): uma região sensível aos "sinais de erro para cima" correspondentes ao aumento da temperatura corporal (no hipotálamo anterior) e outra sensível aos sinais de queda da temperatura corporal (no hipotálamo posterior). Tanto uma como a outra a seguir acionariam os controladores. O hipotálamo anterior ativaria os controladores sub-reguladores, isto é, aqueles capazes de diminuir o tônus vascular simpático periférico e de provocar sudorese e aumento da frequência e amplitude respiratórias, garantindo a dissipação do calor corporal excessivo. O hipotálamo posterior, ao contrário, ativaria os controladores suprarreguladores, ou seja, aqueles capazes de provocar a estimulação da inervação simpática dos vasos cutâneos e os tremores musculares involuntários, provocando a conservação e a geração de calor corporal.

A exata natureza da interação entre os dois componentes do integrador hipotalâmico e os seus respectivos controladores não é bem conhecida. Como os ajustes fisiológicos automáticos envolvem o SNA, não há dúvida de que existe participação das conexões do hipotálamo com os núcleos parassimpáticos do tronco encefálico e com a coluna intermédio-lateral (simpática) da medula espinhal[A]. Além desses mecanismos rápidos, entretanto, ocorrem também mecanismos de longo prazo, especialmente quando a

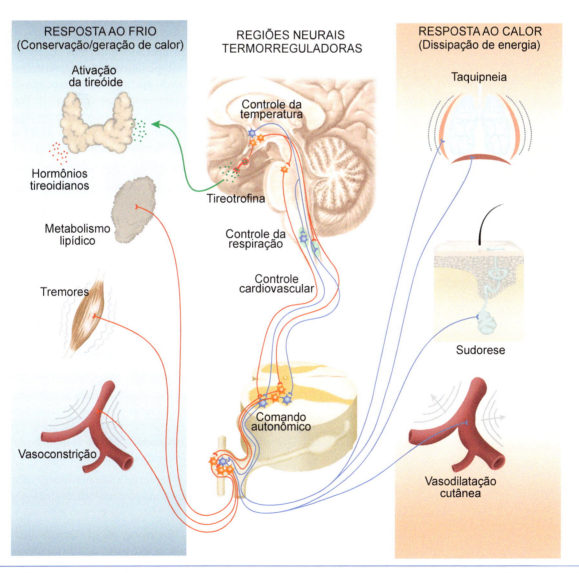

▶ **Figura 15.9.** As regiões termorreguladoras do hipotálamo acionam mecanismos diferentes quando a temperatura cai (à esquerda) ou se eleva (à direita). A resposta ao frio (conservação e geração de calor) é comandada pelo hipotálamo posterior e núcleos pontinos e medulares (neurônios vermelhos), enquanto a resposta ao calor (dissipação de calor) é comandada pelo hipotálamo anterior, regiões bulbares e medulares (neurônios azuis). Modificado de Rosenzweig MR. et al. *Biological Psychology*. 2ª ed. Sunderland: Sinauer Associates, 1999.

temperatura ambiental é mantida muito abaixo do ponto de ajuste. Isso ocorre no inverno em muitas regiões geográficas e provoca respostas autonômicas e neuroendócrinas do hipotálamo. No primeiro caso, o resultado é a ativação simpática do tecido adiposo marrom[G], aumentando o seu metabolismo energético, que gera calor. No segundo caso, ocorre secreção de hormônio tireotrófico pela adeno-hipófise, seguindo-se o aumento da concentração circulante de hormônios tireoidianos e, consequentemente, a elevação das taxas metabólicas do animal, que acabam por produzir mais energia para enfrentar o frio. Finalmente, o afastamento da temperatura ambiente do ponto de ajuste – para cima ou para baixo – ativa os comportamentos motivados apropriados. Nesse caso, acredita-se que o hipotálamo acione regiões corticais adequadas, sendo estas as que comandarão as ações de busca de abrigo, agasalho e assim por diante.

A SEDE E A REGULAÇÃO DA INGESTÃO DE LÍQUIDOS

Todos nós viemos do mar. Quer dizer, nossos ancestrais remotos eram animais marinhos que viviam em águas salgadas. Para eles – como para os atuais habitantes do mar – deve ter sido fácil controlar a "ingestão de líquido", uma vez que a água do mar tinha livre trânsito por todos os compartimentos do organismo. A coisa mudou de figura quando a vida animal migrou para a terra. Tornou-se necessário desenvolver uma superfície resistente à desidratação provocada pelo sol e pelo ar e ingerir líquido e sal[*] periodicamente para manter o volume total de água dos compartimentos orgânicos e a sua salinidade. Desenvolveram-se mecanismos automáticos de regulação do equilíbrio hidrossalino e surgiram estados motivacionais capazes de produzir comportamentos de ingestão de líquido e sal.

São dois esses estados motivacionais: a *sede*, que todos conhecemos por a sentirmos todos os dias, e o chamado *apetite salino*, que consiste na necessidade de ingerir alimentos contendo sal. Impulsionados por esses dois estados motivacionais, buscamos água e ingerimos alimentos que contêm sal todos os dias, executando os comportamentos apropriados, que se adicionam aos servomecanismos reguladores naturais.

▶ O Servomecanismo de Regulação Hidrossalina

O servomecanismo que regula a ingestão de água e sal é um pouco mais complexo que o da termorregulação, porque apresenta duas variáveis controladas, portanto dois pontos

de ajuste (Figura 15.10): (1) o volume total de líquido do organismo, representado na prática pelo volume de sangue circulante (volemia) e (2) a osmolaridade[G] dos tecidos, expressa principalmente pela concentração de íons Na^+ nos compartimentos extracelulares do organismo. O ponto de ajuste da volemia difere bastante de um indivíduo para outro, principalmente em função do peso e da quantidade de gordura que cada um possui. Na maioria das pessoas, gira em torno de 5% da massa corporal. O ponto de ajuste da concentração extracelular de sódio é menos variável, estando sempre em torno de 140 mEq/l[**].

Como a tendência mais frequente para os animais terrestres é no sentido da perda de líquido e aumento da osmolaridade tecidual, há duas condições que geram sede (Figura 15.10A e B): a diminuição do volume sanguíneo (hipovolemia) e o aumento da concentração de sódio extracelular (hipernatremia[***]). Ambos ocorrem normalmente porque eliminamos água junto com o ar expirado, o suor e a urina e porque ingerimos alimentos salgados. Quando ocorre o contrário (hipervolemia e/ou hiponatremia), apresentamos aumento do apetite salino e, sem nos dar conta, buscamos ingerir alimentos que contêm sal. Fora dessas variações diárias naturais, pode haver extrema hipovolemia por hemorragia, vômito ou diarreia, condições em que o servomecanismo de regulação hidrossalina funciona a todo vapor, nem sempre com sucesso.

Quem detecta essas variáveis? Existem receptores sensoriais capazes de realizar essa tarefa. Os barorreceptores são sensíveis às alterações da pressão sanguínea e, por tabela, também da volemia, já que a pressão sanguínea reflete o volume de sangue circulante. Por outro lado, os osmorreceptores detectam as alterações osmóticas (Figura 15.10C). Ambos são, na verdade, mecanorreceptores, isto é, células capazes de detectar o estiramento de suas membranas, seja quando as variações de pressão sanguínea decorrentes de alterações da volemia atuam sobre a parede dos vasos, ou quando as variações de concentração de Na^+ (principalmente) provocam murchamento ou intumescimento celular por saída ou entrada de água, respectivamente. O Capítulo 10 traz maiores detalhes sobre esses receptores. Outros receptores envolvidos nesse processo são mais tipicamente quimiorreceptores, pois detectam a presença de certos hormônios que participam da regulação da ingestão de líquidos e sal, como a angiotensina II e a aldosterona.

Alguns desses receptores são periféricos, situando-se na parede de vasos sanguíneos estratégicos. Os corpos

---

[*] *Neste capítulo, ao usar o termo* sal, *estaremos nos referindo ao* NaCl, *para simplificar.*

[**] *mEq/l = miliequivalentes de Na^+ por litro de água. 1 mEq/l corresponde a 23 mg de Na^+ para cada litro de água, logo 140 mEq/l correspondem a 3,22 g de Na^+ para cada 1 litro de água. Em termos de NaCl, essa concentração equivale a cerca de 9 gramas de sal para 1 litro de água (ou 0,9%).*

[***] *O termo deriva do latim* natrium, *que significa* sódio.

carotídeos e os corpos aórticos, por exemplo, apresentam células sensíveis a pequenas alterações da pressão arterial. Nas veias que drenam o coração e no próprio tecido atrial[G] existem fibras nervosas barorreceptoras sensíveis a alterações da pressão venosa. Acredita-se que receptores semelhantes existam também na circulação renal. As fibras aferentes que veiculam essas informações sobre pressão arterial e pressão venosa as transmitem ao núcleo do trato solitário pelo nervo vago[A] (X). Esses receptores periféricos, suas fibras aferentes e a conexão indireta do núcleo do trato solitário com os núcleos paraventricular e supraóptico do hipotálamo constituem um dos braços do sistema de retroação que alimenta o integrador hipotalâmico regulador do equilíbrio hidrossalino (Figura 15.11). O outro braço é formado pelos receptores centrais, situados em vários órgãos circunventriculares (como o órgão vascular da lâmina terminal, o órgão subfornicial e a área postrema) e em algumas regiões hipotalâmicas (como a área pré-óptica, o hipotálamo anterior e o núcleo supraóptico). A queda do volume sanguíneo detectada nos rins provoca a secreção da enzima renina, que catalisa no sangue a síntese dos peptídeos angiotensina I e II a partir da molécula precursora (angiotensinogênio) secretada pelo fígado. O aumento da concentração circulante de angiotensina II é percebido pelos órgãos circunventriculares e pela área pré-óptica do hipotálamo, fechando a alça de retroação. Além disso, órgãos circunventriculares, como, por exemplo, o subfornicial, possuem neurônios excitatórios (glutamatérgicos) e inibitórios (GABAérgicos) que projetam axônios ao hipotálamo de modo a regular os comportamentos de ingestão hidrossalina, seja ativando-os ou inibindo-os. Esses circuitos têm sido investigados em camundongos utilizando marcadores neuronais fluorescentes *in vivo*, o que permite identificar precisamente os neurônios ativos a cada momento e relacioná-los ao comportamento correspondente que os animais exibem.

O conjunto dessas informações retroativas sobre volemia e osmolalidade que alcançam o hipotálamo acaba por chegar ao eixo hipotálamo-hipofisário. Os núcleos hipotalâmicos que originam o eixo (paraventricular e supraóptico) constituem os dois principais integradores do servomecanismo de regulação hidrossalina (Figura 15.11). Quando o sinal detectado é de hipovolemia, certos neurônios desses núcleos são ativados, e o resultado é a secreção de vasopressina (o hormônio antidiurético [ADH]) pela neuro-hipófise. Este hormônio tem ação vasoconstritora periférica e ação renal que resulta em reabsorção de sódio e de água pelos túbulos renais, diminuindo a formação de urina. Quando o sinal detectado é de hipernatremia, outros neurônios desses mesmos núcleos, cujos axônios terminam na eminência mediana, secretam hormônio liberador de adrenocorticotrofina, conhecido como CTRH*. Resulta, então, a secreção da adrenocorticotrofina (também conhecida como ACTH, da expressão em inglês) pela adeno-hipófise, o que estimulará

▶ **Figura 15.10.** Pode-se sentir sede por perda de líquido (seta vermelha em **A**) ou por ingestão excessiva de sal (**B**). Nesses casos, o hipotálamo é informado respectivamente por barorreceptores ou osmorreceptores periféricos e centrais (**C**), e providencia a diminuição da diurese e os comportamentos consumatórios de ingestão de líquidos. Modificado de Rosenzweig MR et al. *Biological Psychology*. 2ª ed. Sunderland: Sinauer Associates, 1999.

---

* *Sigla para* hormônio liberador de corticotrofina, *do termo em inglês.*

543

a córtex suprarrenal a secretar aldosterona (ou hormônio antinatriurético), cuja ação renal favorece a reabsorção de Na⁺ e, assim diminui a formação de urina.

O hipotálamo contribui também para a produção dos comportamentos consumatórios de ingestão de líquido e de sal. É o que permitem concluir os experimentos empregando lesões do hipotálamo anterior: os animais operados param de produzir hormônio antidiurético e apresentam adipsia (interrupção da ingestão de líquido), mesmo quando há suficiente água à sua disposição na gaiola. Além disso, atualmente pode-se observar, por meio de moléculas fluorescentes que emitem luz durante o disparo de potenciais de ação, quais são os neurônios ativos nos animais ao longo da execução dos comportamentos consumatórios, identificando-os e relacionando-os com cada tipo de comportamento.

Observou-se também que o limiar para beber é mais alto do que o limiar para a secreção de hormônio antidiurético. Isso significa que o servomecanismo regulador entra em ação antes dos comportamentos motivados correspondentes, o que é útil para evitar que nos desviemos dos nossos afazeres para beber água, a não ser quando a carência de líquido não tenha sido compensada pelo mecanismo automático. Os comportamentos motivados de tipo apetitivo, como a busca e obtenção ativas de água e a ingestão de alimentos salgados, envolvem a participação de regiões corticais. É óbvio: precisamos saber onde encontrar água, como chegar até ela e como fazer para encher o copo e beber, se for o caso –ações com alto teor cognitivo, que, por isso, dependem das redes corticais complexas relacionadas com funções visuais, motoras, mnemônicas, e muitas outras.

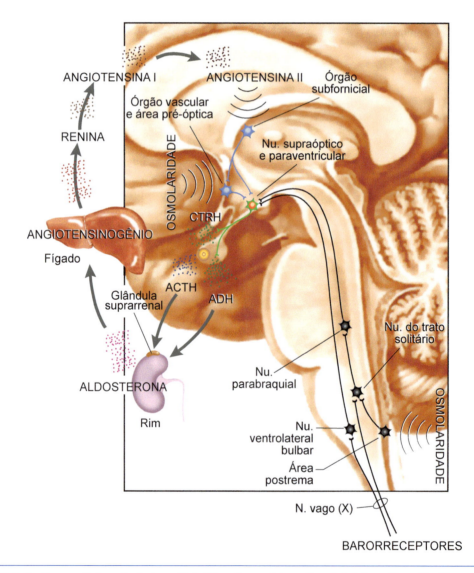

▶ **Figura 15.11.** Os circuitos neurais de regulação do equilíbrio hidrossalino propiciam a chegada de informações ao hipotálamo provenientes de várias fontes: barorreceptores periféricos, osmorreceptores e quimiorreceptores centrais (situados nos órgãos circunventriculares ou no próprio hipotálamo). O resultado é a liberação de hormônios que controlam a diurese (como o ADH e a aldosterona) e a ativação de comportamentos de ingestão alimentar (não ilustrados). ACTH = adrenocorticotrofina; ADH = hormônio antidiurético ou vasopressina; CTRH = hormônio liberador de adrenocorticotrofina.

A FOME E A REGULAÇÃO DA INGESTA ALIMENTAR

Você come porque tem fome? Para de comer porque está saciada? Essas podem parecer perguntas banais, mas, para os neurocientistas, não são. A maioria deles sempre considerou que comer é o resultado da diminuição das reservas de combustíveis metabólicos e outros nutrientes disponíveis no organismo, ou seja: um déficit nutricional. Isso causaria o estado motivacional chamado *fome* e impeliria o indivíduo a comer. O inverso ocorreria com a *saciedade*: a presença de nutrientes em abundância no organismo faria que a pessoa parasse de se alimentar. Uma nova ideia, entretanto, surgiu com força: o impulso para comer seria constante (um mecanismo *default*[G]), quase um instinto permanente, que, no entanto, permaneceria inibido por sinais químicos e neurais provenientes dos alimentos e das reservas energéticas do organismo, a não ser nos momentos em que fosse necessário comer. Ainda não se chegou a um consenso sobre essas duas alternativas.

A fome é o estado motivacional que provoca os comportamentos apetitivos de busca de alimento. É um estado motivacional complexo, porque muitas vezes deve ser antecipatório: o animal deve prever que necessitará de alimento dentro de algum tempo e providenciar a busca por meio da caça, da pesca ou da simples coleta, atividades que podem demorar bastante e que, para serem bem-sucedidas, não devem ser realizadas com urgência ou precipitação. Os seres humanos dedicam muito trabalho para poder concretizar o ato de comer: mobilizam recursos financeiros e operacionais, plantam, criam animais de corte, armazenam alimentos, e assim por diante. Apesar disso, a fome crônica está em toda parte, causando estragos inclusive no cérebro.

A fome provoca também comportamentos consumatórios característicos de cada espécie: o ataque a uma presa e o dilaceramento da carne; a coleta de frutas e a utilização das mãos ou patas para extrair a sua polpa; a prática de cozinhar; a utilização de talheres para comer. Finalmente, a fome provoca uma série de ajustes fisiológicos automáticos que podem ser descritos em conjunto como um servomecanismo capaz de manter o metabolismo das células, atendendo às demandas energéticas do seu funcionamento constante em cada momento da vida. Esse processo é conhecido como *homeostasia alimentar*. A homeostasia alimentar é mais do que a homeostasia calórica ou energética, porque envolve não apenas o equilíbrio das fontes de energia metabólica do organismo (os macronutrientes, como as proteínas, os carboidratos e os lipídeos), mas também de outras substâncias químicas que são essenciais aos processos metabólicos (os micronutrientes, como alguns aminoácidos, vitaminas, certos minerais etc.).

▶ O Servomecanismo da Regulação Alimentar

Há uma diferença essencial entre a obtenção de energia por meio da alimentação e pela respiração. Esta última emprega o oxigênio do ar, abundante, mas que não pode ser armazenado no organismo. A energia dos alimentos, por outro lado, pode ser armazenada nos tecidos, especialmente no tecido adiposo, onde é contida nas ligações químicas dos triglicerídeos[G], e também nos músculos esqueléticos e no fígado, incorporada ao glicogênio[G]. A quantidade de glicogênio armazenável tem um limite, mas a de triglicerídeos, não. Por essa razão, os carboidratos em excesso são convertidos em triglicerídeos e estes são armazenados no tecido adiposo. É por isso que uma pessoa pode engordar mesmo comendo apenas vegetais ou frutas.

O servomecanismo da regulação alimentar, portanto, precisa receber informações não apenas sobre a quantidade de nutrientes presentes no trato gastrointestinal e na circulação sanguínea, mas também sobre aqueles acumulados nos tecidos de reserva. É como uma grande loja que precisa acompanhar o setor de compra e venda, mas também o setor de estoque.

O servomecanismo natural que regula a ingestão de alimentos é mais complexo que o da termorregulação e o da ingestão hidrossalina porque: (1) seu ponto de ajuste é altamente diverso; (2) as variáveis controladas são mal definidas; (3) os sinais de retroação são inúmeros; e (4) os circuitos neurais envolvidos são mais complexos. Alguns pesquisadores até mesmo questionam se é válido, neste caso, qualificar o sistema de regulação alimentar como um servomecanismo. Além disso, deve-se considerar que a regulação alimentar envolve mecanismos de curta duração, responsáveis por cada refeição que iniciamos e a sua interrupção, e mecanismos de longa duração, que dão conta do nosso metabolismo energético ao longo do tempo. Os primeiros resolvem o problema do dia a dia: sentimos fome, buscamos alimento, comemos e paramos de comer. Os segundos destinam-se a manter a estabilidade relativa de nosso peso e nossas reservas energéticas (nem sempre com sucesso...).

É fácil intuir que o ponto de ajuste varia de um indivíduo a outro, porque observamos em todas as espécies indivíduos muito gordos, outros menos gordos, outros magros e, ainda, outros muito magros. E não necessariamente por razões patológicas. O ponto de ajuste, no entanto, varia também em um mesmo indivíduo em função de sua vida emocional, do tipo de alimento que ingere, da quantidade de exercício que faz, de sua idade e de fatores genéticos e culturais. Essa enorme variação do ponto de ajuste individual é um dos argumentos dos neurocientistas adeptos da teoria *default*; eles consideram que não pode haver sinais de erro quando não há um ponto de ajuste minimamente estável. Logo, não se poderia falar de um déficit a ser compensado por ajustes fisiológicos e comportamentos motivados, salvo em circunstâncias extremas de carência alimentar.

Não há consenso entre os neurocientistas sobre quais seriam as variáveis controladas pelo servomecanismo de regulação da ingestão alimentar, se é que ele de fato existe. Pode-se pensar imediatamente no peso corporal, mas não é provável que ele seja realmente uma dessas variáveis, porque até o momento não foram encontrados "receptores" de peso corporal em qualquer parte do organismo. Além disso, o peso varia pouco na vida diária (a regulação de curto prazo), embora possa variar muito ao longo do tempo (a regulação de longo prazo). Mais prováveis como candidatos a variáveis para a regulação alimentar são a concentração sanguínea de glicose e de lipídeos, os combustíveis mais utilizados pelas células. Efetivamente, algumas evidências experimentais deram origem a duas concepções ainda sob investigação, as *hipóteses glicostática*[G] e *lipostática*[G]. De acordo com a primeira, uma queda da glicemia provocaria a ingestão de alimentos, e a restauração dos níveis glicêmicos normais interromperia a refeição. No caso da segunda hipótese, o aumento da concentração sanguínea de lipídeos sinalizaria a necessidade de diminuir a quantidade ingerida de alimentos, e a lipidemia baixa provocaria o disparo dos comportamentos alimentares.

De fato, a glicemia sobe quando nos alimentamos e cai mais tarde, quando o pâncreas secreta insulina, um hormônio que controla os processos metabólicos de síntese e armazenamento de glicogênio e outras substâncias energéticas em vários tecidos. A presença de insulina na circulação coincide com o final da ingestão alimentar e permite que a glicose sanguínea seja absorvida e metabolizada pelas células dos tecidos, o que ocorre mais acentuadamente após as refeições, quando os alimentos vão sendo absorvidos pelo trato gastrointestinal. A glicemia cai depois disso porque a glicose circulante vai sendo transformada em glicogênio e armazenada no fígado ou, então, utilizada nos músculos para a geração de energia. Horas depois, com a glicemia em baixa, é o momento de comer novamente.

Coerente com essa hipótese, observou-se que a injeção de insulina em ratos – que causa hipoglicemia – provoca o início do comportamento de ingestão alimentar. Além disso, percebeu-se que certos compostos neurotóxicos análogos à glicose, quando experimentalmente injetados em animais, são seletivamente absorvidos por neurônios do núcleo ventromedial do hipotálamo, causando a sua degeneração. O resultado é que os animais passaram a comer demais e se tornaram obesos. Finalmente, em outros experimentos, a medida da glicemia de ratos minutos antes da sua alimentação espontânea indicou uma baixa concentração de glicose (Figura 15.12). Tudo parecia fazer sentido. No entanto, a grande dúvida a respeito da teoria glicostática surgiu quando se descobriu que a glicemia dos animais que recebiam insulina artificialmente tornava-se muito mais baixa do que a concentração atingida durante o período de absorção alimentar. Assim, o efeito que se obtinha poderia equivaler a uma resposta de emergência, e não a um evento fisiológico normal. Além disso, jamais se conseguiu provocar a interrupção da ingestão alimentar com a injeção de glicose em animais normais. Atualmente, a tendência prevalente é considerar o mecanismo glicostático apenas uma alternativa de emergência para a hipoglicemia pronunciada, pondo em questão a sua participação na homeostasia dos níveis fisiológicos.

A ideia de que o cérebro monitora, ao longo do tempo, a quantidade de gordura corporal (hipótese lipostática) surgiu há cinquenta anos, mas logo se viu que o sinal indicador do estoque de gordura devia ser uma proteína, e não um lipídeo, porque se descobriu um gene cuja deleção provoca obesidade em camundongos. Ficaram famosos, nesse campo, os experimentos de *parabiose* do pesquisador norte-americano Douglas Coleman, que trabalhava em uma empresa de criação de animais de laboratório (veja adiante). Coleman e seus colaboradores estabeleceram o conceito de que seria um hormônio chamado leptina* a variável do sistema de regulação alimentar de longo prazo (Quadro 15.1). A hipótese lipostática passou a ser *adipostática*[G], porque a quantidade de leptina circulante é proporcional à quantidade de tecido adiposo do indivíduo. Ao que parece, entretanto, evidências mais recentes sugerem que há sinais lipostáticos também, além da informação adipostática proporcionada pela leptina.

---

* *Termo derivado do grego* leptós, *que significa fino, magro.*

▶ **Figura 15.12.** A teoria glicostática parece ser verdadeira apenas como mecanismo de emergência para situações de grande carência nutricional. Dentre as evidências que a sustentam está o experimento simples realizado em ratos, por meio do qual se verificou a queda da glicemia minutos antes do início do comportamento de ingestão alimentar dos animais. Modificado de Campfield LA, Smith FJ. *Brain Research Bulletin*. 1986;17:427-433.

Neurobiologia da Fome: entre a Regulação do Dia a Dia e o Controle do Estoque

As incertezas acerca das possíveis variáveis controladas pelo sistema de regulação da ingestão alimentar não impediram que inúmeros avanços fossem realizados no estudo dos neurônios e circuitos envolvidos nesse processo, bem como dos sinais neurais e químicos disparadores de cada etapa. A pouco e pouco foi-se chegando à concepção de que existem diversos sistemas reguladores da alimentação envolvendo sinais químicos e neurônios diferentes.

As primeiras evidências que indicaram a participação do hipotálamo foram obtidas nos anos 1950 pela realização de amplas lesões cirúrgicas experimentais em ratos. Quando o hipotálamo lateral era lesado bilateralmente, os animais deixavam de comer (afagia), tornando-se cada vez mais magros e podendo até mesmo morrer de inanição. Ao contrário, quando as lesões eram posicionadas no hipotálamo medial, os animais passavam a comer mais (hiperfagia) e se tornavam obesos (Figura 15.13). Concluiu-se, então, que no hipotálamo lateral estaria o "centro da fome", enquanto no hipotálamo medial ficaria o "centro da saciedade". Essa explicação simplista deixou de ser aceita quando se observou que os animais lesados apresentavam também sintomas de adipsia, inatividade motora e indiferença sensorial.

Descobriu-se que as lesões do hipotálamo lateral atingiam o feixe prosencefálico medial e que os sintomas observados podiam ser devidos à interrupção das fibras dopaminérgicas existentes nesse feixe. De fato, comprovou-se, depois, que muitas dessas fibras constituem um complexo sistema de controle de comportamentos motivados que respondem a reforços positivos (o sistema mesolímbico: veja adiante), enquanto outras participam do controle da motricidade em conjunto com os núcleos da base (veja o Capítulo 12 para maiores detalhes). Além disso, os animais que se tornavam afágicos podiam ser alimentados com cânulas para que não morressem, e logo voltavam a se alimentar espontaneamente, embora mantendo seu peso em um patamar mais baixo. Também os animais obesos por lesão hipotalâmica medial não engordavam indefinidamente (Figura 15.13): atingiam um novo patamar de peso e passavam a controlar a ingestão alimentar em torno desse novo peso. Em ambos os casos, era como se os animais lesados tivessem modificado o seu ponto de ajuste – para baixo ou para cima. Quer dizer, o animal ainda era capaz de gerar

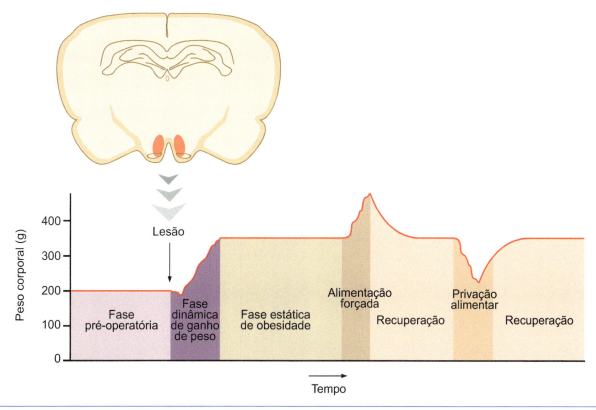

▶ **Figura 15.13.** Ratos submetidos a lesões bilaterais do hipotálamo medial (áreas vermelhas no desenho de cima) tornam-se obesos (fase dinâmica de ganho de peso, no gráfico de baixo) mas não engordam indefinidamente (fase estática de obesidade). Sob alimentação forçada engordam ainda mais, mas logo recuperam o peso anterior. Por outro lado, sob privação alimentar forçada perdem peso, mas podem voltar ao peso anterior. O experimento permite concluir que na ausência do hipotálamo medial alguma outra região deve assumir a função de controlar a ingestão alimentar no novo ponto de ajuste. Modificado de Sclafani A et al. *Physiology and Behavior.* 1976;16:631-640.

sinais de fome e de saciedade, embora em um ponto de ajuste diferente. Logo, o hipotálamo lateral não devia ser o único "centro da fome" e o hipotálamo medial não devia ser o único "centro da saciedade".

A questão era mais complexa do que a ideia simplista dos dois centros parecia indicar. Passou-se a buscar os sinais envolvidos na homeostasia alimentar, que orientam o animal a iniciar ou a terminar uma refeição.

Os experimentos de registro contínuo dos tempos de repouso e alimentação espontânea de ratos tinham indicado algo sugestivo: quando o intervalo que antecedia uma refeição era longo, o que não significava necessariamente que o animal comeria mais; mas, quando ele comia muito, o intervalo seguinte era quase sempre prolongado (Figura 15.14). A conclusão desses estudos foi de que a alimentação podia produzir sinais de saciedade (retroação negativa) tanto mais abundantes e eficazes quanto maior a quantidade de alimento ingerido em uma refeição, que manteria inibidos os comportamentos da próxima refeição. Quais seriam esses sinais?

Alguns foram identificados. De um modo geral, a ingestão alimentar é estimulada quando os primeiros alimentos chegam à boca e inibida quando a absorção começa, no intestino. Verificou-se que a ativação dos aferentes gustatórios que inervam toda a cavidade oral (Capítulo 10) estimula o comportamento de ingestão alimentar, provavelmente por meio do núcleo do trato solitário e do córtex gustatório. Verificou-se também que os aferentes vagais que inervam o estômago assinalam o seu enchimento pela distensão da parede gástrica e enviam essa informação também ao núcleo do trato solitário, que a repassa ao hipotálamo lateral e, possivelmente, ao córtex cerebral. A chegada do alimento ao estômago provoca a secreção de hormônios que têm ação local, mas que também são levados à circulação sanguínea, passando a ter ação direta em alguns dos órgãos circunventriculares, onde foram detectados receptores moleculares específicos.

Um exemplo é o da colecistocinina (conhecida pela abreviatura CCK, do inglês), que atua diretamente na área postrema e no núcleo do trato solitário adjacente, somando-se aos sinais neurais provenientes do nervo vago. Além da CCK, outros peptídeos atuantes no trato gastrointestinal reduzem a ingestão alimentar quando são administrados sistemicamente, como a neurotensina, a bombesina e o peptídeo semelhante ao glucagon-1 (GLP-1, da sigla em inglês). Serão também sinais de saciedade? Esses dados estão de acordo com a observação intuitiva de todos nós de que o estômago cheio é um sinal para pararmos de comer.

Como não voltamos a comer logo que o estômago se esvazia, é de supor que outros sinais mais duradouros mantenham sob bloqueio os comportamentos de ingestão alimentar. Um deles seria a glicemia, que vai aumentando durante e logo após a refeição. O aumento da glicemia resulta na ativação parassimpática do pâncreas, que não apenas secreta enzimas hidrolíticas para a digestão dos nutrientes, mas também secreta insulina, cujos efeitos já foram comentados.

▶ **Figura 15.14.** Quando o intervalo antes de uma refeição é longo, isso não significa que o animal comerá mais: por isso não há correlação entre a ordenada e a abscissa no gráfico **A**. Mas quando o animal come muito, é bastante provável que o intervalo depois da refeição seja prolongado: neste caso, existe correlação positiva entre a ordenada e a abscissa do gráfico **B**. Modificado de Thomas DW, Mayer J. Journal of Comparative Physiological Psychology. 1968;66:642-653.

MOTIVAÇÃO PARA SOBREVIVER

Como mencionamos também, recentemente detectou-se a existência de um hormônio secretado pelas células do tecido adiposo, chamado leptina, que atua no hipotálamo informando-o da quantidade de gordura acumulada no organismo (Quadro 15.1). A leptina, liberada proporcionalmente à quantidade de células adiposas e ao seu tamanho, seria o sinal para o "controle do estoque", de acordo com a metáfora da loja utilizada anteriormente. A primeira evidência de que um fator circulante participaria da regulação de longo prazo da homeostasia alimentar surgiu de interessantes experimentos *parabióticos*, já aqui mencionados. Nesse tipo de experimento, os pesquisadores conectam cirurgicamente dois animais e os seus sistemas circulatórios respectivos e eles passam a compartilhar todos os sinais químicos veiculados pelo sangue, como se fossem irmãos siameses.

Observou-se que, quando um deles é alimentado em excesso ou submetido a uma lesão bilateral do hipotálamo medial, tornando-se obeso, o animal conectado emagrece. A conclusão é que algum fator humoral que sinaliza o excesso de gordura no animal obeso é transferido ao animal conectado, inibindo os comportamentos de ingestão alimentar. O mesmo não ocorre no obeso porque os pesquisadores forçam a alimentação para engordá-lo ou lesam o núcleo hipotalâmico que presumivelmente identifica esse sinal químico. Atualmente já se conhece muito da cadeia de sinalização química responsável pela regulação de longo prazo da alimentação, que chamamos figuradamente de regulação do estoque. O mediador circulante é o hormônio leptina, cujo gene (denominado *ob*) é conhecido, bem como suas ações no hipotálamo. Já mencionamos que, quanto maior a quantidade de tecido adiposo, maior a concentração circulante de leptina.

O resultado é a inibição crônica da ingestão, o que representa um controle do apetite, e não propriamente dos comportamentos alimentares, ou seja, uma inibição direta do estado motivacional de fome. Camundongos mutantes nos quais o gene *ob* está ausente são obesos e diabéticos, mas, se forem conectados parabioticamente com animais normais, não provocam o emagrecimento destes porque não sintetizam leptina; no entanto emagrecem por efeito da leptina dos animais normais com quem estão conectados, o que significa que são capazes de sintetizar os receptores moleculares da leptina. Com o gene identificado, tanto o da leptina como o dos seus receptores, tornou-se possível detectar a distribuição

desses receptores em animais normais, trabalho que mostrou o envolvimento de mais um núcleo hipotalâmico na homeostasia alimentar: o *núcleo arqueado* (Figura 15.2).

O núcleo arqueado possui neurônios capazes de sintetizar diferentes neuropeptídeos sinápticos: alguns desses neurônios são inibidores do apetite (produzem os peptídeos *anorexígenos*), outros fazem o contrário (expressam os peptídeos *orexígenos*). Quando a concentração sanguínea de leptina vai ficando alta (perigo de obesidade!), predomina a atividade dos neurônios inibidores do apetite, que aumentam a sua frequência de disparo à medida que os receptores da leptina, que eles possuem, a reconhecem e "medem" a sua concentração no sangue. Como esses neurônios arqueados emitem axônios para o núcleo paraventricular (Figura 15.15, em vermelho), ocorre a liberação sináptica hipotalâmica dos peptídeos correspondentes, e o resultado é o aumento do metabolismo dos tecidos, pela secreção dos hormônios hipofisários ACTH e TSH, estimuladores do córtex suprarrenal e da tireoide, respectivamente. Além disso, essa família de neurônios arqueados projeta axônios descendentes para a medula toracolombar, provocando uma ativação simpática que causa diminuição dos reflexos digestórios e vasoconstrição com um ligeiro aumento da temperatura corporal (o que contribui ainda mais para a aceleração do metabolismo das células). Finalmente, esses neurônios peptidérgicos do núcleo arqueado projetam axônios também para o hipotálamo lateral, bloqueando o comportamento de busca e a ingestão de alimentos.

Quando a concentração sanguínea de leptina vai ficando baixa (emagrecimento excessivo!), não só diminui a atividade dos mencionados neurônios , como entra em ação a segunda família neuronal do núcleo arqueado, produtora de peptídeos orexígenos, estimuladores do apetite (Figura 15.15, em azul). Os resultados são a diminuição do metabolismo dos tecidos para maior conservação e armazenamento de energia e a ativação dos comportamentos alimentares apetitivos e consumatórios.

Conclui-se que os neurônios arqueados são os "gerentes de estoque" da gordura do nosso organismo, articulando-se com o hipotálamo lateral, o núcleo paraventricular e outras regiões neurais. O córtex cerebral é o destino "final" desses comandos hipotalâmicos, pois depende dele a ocorrência dos comportamentos complexos de busca e ingestão alimentar.

Neurociência em Movimento

Quadro 15.1
O Hipotálamo em Foco: em Busca dos Fatores Reguladores do Metabolismo

▶ José Donato Junior*

Sempre gostei muito de esportes e até o final da minha adolescência esbanjava ótima forma física, porém, durante a graduação, comecei a engordar e este fato despertou meu interesse em compreender os mecanismos fisiológicos que mantêm a homeostase, particularmente aqueles que regulam a fome e o peso corporal. Inclusive, esse foi o tema de meu trabalho de conclusão de curso. Sempre me intrigou como nosso cérebro é permissivo para engordarmos com facilidade, ao mesmo tempo em que oferece grande resistência para a perda de peso. Por conta deste interesse, iniciei meu mestrado em Ciências dos Alimentos na Universidade de São Paulo (USP), investigando como a ingestão de alguns nutrientes, como determinados aminoácidos, poderia afetar o ganho de peso e o metabolismo. Nessa época meu interesse pelo assunto só cresceu, e foi quando aprendi mais sobre o hormônio leptina.

A leptina é produzida pelo tecido adiposo de forma proporcional à quantidade de gordura estocada, representando o principal sinal periférico que informa o cérebro a respeito do estado metabólico do organismo (Figura 2). Como os neurônios-alvos da leptina estão predominantemente localizados no hipotálamo, foi aí que decidi tornar essa intrigante região cerebral o objeto de estudo da minha recém-iniciada carreira científica. Para ter maiores condições de estudar a leptina e o hipotálamo, procurei a Dra. Carol Fuzeti Elias, então professora no Instituto de Ciências Biomédicas (ICB) da USP para me candidatar como aluno de doutorado. Felizmente fui aceito e realizei meu doutorado sob sua orientação. Parte dos meus experimentos foi realizada no Brasil e outra parte no Centro de Estudo do Hipotálamo no Southwestern Medical Center da Universidade do Texas, em Dallas, Estados Unidos. Além de concluir o doutorado, realizei meu pós-doutorado por mais três anos nessa universidade.

Ao final de 2011, eu e minha esposa nos mudamos de volta para o Brasil para darmos início a uma nova fase em nossas carreiras como professores e pesquisadores no ICB da USP. Desde então tenho me dedicado a entender como os sinais hormonais regulam o funcionamento de circuitos hipotalâmicos, principalmente a fim de regular o metabolismo. Essa comunicação entre hormônios e hipotálamo é chave na regulação de diversos aspectos fisiológicos, incluindo a ingestão de alimentos, o gasto energético, o peso corporal e a adiposidade, a homeostase glicêmica e o controle de vários eixos endócrinos hipotálamo-hipofisários. A leptina continuou a ser um dos meus "hormônios favoritos", mas nosso grupo de pesquisa também tem desenvolvido estudos que avaliam os efeitos de outros fatores circulantes, como aminoácidos, glicose, estrógenos, prolactina, grelina e, mais recentemente, o hormônio do crescimento. Todos eles, de um modo ou de outro, regulam a atividade neural, a expressão gênica, o desenvolvimento e outros aspectos funcionais do hipotálamo.

O estudo do controle central do metabolismo invariavelmente me faz ter uma visão "cerebrocêntrica" das principais doenças metabólicas, como a obesidade e o diabetes melito tipo 2, distúrbios que afligem um enorme contingente de pessoas no Brasil e em todo mundo, causando significativo impacto na mortalidade e redução da qualidade de vida. Assim, creio que alterações nos circuitos hipotalâmicos que regulam o metabolismo sejam o principal fator que leva ao desenvolvimento e à manutenção dessas doenças metabólicas. Ter a oportunidade de estudar um assunto que é do seu próprio interesse é um privilégio e faz do meu trabalho como cientista quase um *hobby*.

▶ **Figura 1.** José Donato Junior e família em 2020.

---

* Professor associado do Instituto de Ciências Biomédicas da Universidade de São Paulo. Correio eletrônico: jdonato@icb.usp.br

Figura 2. Esquema resumindo nossas descobertas, destacando que o hormônio do crescimento (HC), tal como a queda nos níveis de leptina, representam importantes indícios para informar o cérebro sobre deficiência de energia. Desencadeiam respostas adaptativas essenciais para conservar os estoques energéticos do corpo por meio da ativação de neurônios hipotalâmicos que expressam o peptídeo AgRP. AgRP = peptídeo relacionado ao gene agouti; HC-R = receptor do hormônio do crescimento; LepR = receptor da leptina. Figura adaptada de Furigo IC et al. Nature Communications. 2019;10:662.

Neurociência dos Estados Corporais

▶ **Figura 15.15.** O núcleo arqueado é o regulador do estoque de gordura disponível ao organismo. Seus neurônios são sensíveis à leptina, que atua como variável para o servomecanismo de regulação alimentar de longo prazo. Os neurônios representados em vermelho expressam os chamados "peptídeos anoréticos", que respondem ao aumento da leptina circulante aumentando o metabolismo e inibindo os comportamentos de ingestão alimentar. Os neurônios representados em azul, por outro lado, expressam os "peptídeos orexígenos", que têm efeitos opostos.

O SEXO E A BUSCA DO PRAZER

Vimos que o estudo da fome e dos mecanismos homeostáticos que ela produz ensejou alguns pesquisadores a questionar o conceito de estado motivacional como decorrente de uma carência orgânica. O estudo do sexo fortalece esse questionamento e a nova concepção, já que não se pode detectar um déficit orgânico que cause o impulso sexual, que seria, então, também uma tendência *default* entre os animais, inibida normalmente por fatores biológicos e sociais, mas que seria liberada em circunstâncias especiais. Entre os animais, o impulso sexual otimiza a reprodução porque aproxima o macho da fêmea, criando condições para que ocorra o ato sexual e garantindo, assim, a sobrevivência da espécie. Nos seres humanos, o sexo adquiriu uma importante característica, incerta entre os animais: confere enorme prazer. E esse prazer contribui ainda mais para aproximar homens e mulheres, garantindo, além disso, a reprodução de nossa espécie. Não se deve pensar, todavia, nem que os fatores biológicos estejam ausentes entre nós, nem que os fatores sociais (mais precisamente: ecológicos) deixem de influir também sobre os animais. Essa complexidade do estado motivacional e dos comportamentos ligados ao sexo torna difícil estabelecer analogias com os servomecanismos, tão úteis para compreender os mais simples, como vimos para a termorregulação, a sede e mesmo a fome.

Não sabemos se o sexo foi a primeira fonte de prazer que os seres humanos adquiriram ao longo da evolução, mas duas coisas são certas: primeiro, o lado prazeroso do sexo tornou-o independente de sua função original voltada para a reprodução. Como todos sabem, podemos praticar sexo para obter prazer, e não apenas para ter filhos; segundo, nem só o sexo nos dá prazer. Os humanos de hoje são capazes de sentir prazer em muitas outras situações que nada têm a ver com o sexo ou a reprodução: comer e beber, participar de jogos e esportes, ler e assistir a espetáculos artísticos e muitas outras. A vida humana em sociedade consiste na busca ininterrupta de prazer.

Veremos que o comportamento sexual depende da interação entre sinais neurais e químicos provenientes de todo o corpo, integrados pelo hipotálamo com a participação de outras regiões. Veremos também que o prazer depende de um outro conjunto de regiões que compõem o chamado *sistema mesolímbico*, capaz de responder a estímulos reforçadores positivos, gerando um estado motivacional complexo que nos faz repetir comportamentos para obter mais e mais prazer. E pode mesmo fazê-lo até o ponto extremo em que o processo se transforma em compulsão e dependência.

▸ Comportamentos Sexuais

Como todos os comportamentos motivados, os sexuais podem ser também apetitivos e consumatórios. Os primeiros têm a função de atrair machos e fêmeas um para o outro, provocar excitação sexual que os atrai ainda mais e, assim, preparar o organismo para os comportamentos consumatórios que compõem o ato sexual. Veja um comentário adicional no Quadro 15.2.

O primeiro estágio do comportamento heterossexual, em todos os animais, consiste na atração entre machos e fêmeas distantes ou desatentos (Figura 15.16). O comportamento homossexual é semelhante. Cada um dos protagonistas emite sinais detectados pelo parceiro: apresenta seus órgãos sexuais, ainda que dissimuladamente; emite cheiros naturais (ou utiliza perfumes artificiais...); vocaliza caracteristicamente ou, no caso dos seres humanos, emite frases com conteúdo sedutor. Em muitos casos, esses comportamentos apetitivos de atração são regulados pelos níveis dos hormônios sexuais das gônadas, que nas fêmeas variam ciclicamente (é o ciclo estral ou menstrual). Os corpos se aproximam, realizando padrões estereotipados de movimentos. Nos seres humanos, como sabemos, os movimentos de aproximação são menos estereotipados, variando com os indivíduos e com a sua cultura. Há troca de olhares, gestos sedutores, movimentos de exposição do corpo, e assim por diante.

Entre os animais, a fêmea aceita o macho se estiver no período fértil do ciclo estral, mas entre os seres humanos não existe essa restrição, e a decisão pelo ato sexual é, em princípio, livre e igual para os dois parceiros. Os comportamentos motivados que realizam passam então a preparar o corpo para o segundo estágio: a cópula. Nessa transição, ocorre um período de excitação provocado inicialmente por estímulos sensoriais à distância (visão, audição, olfato) e, a seguir, a estimulação tátil do corpo, especialmente dos órgãos genitais, o que resulta em ereção do pênis e intumescimento do clitóris e dos lábios vaginais, bem

▸ **Figura 15.16.** Todas as diversas etapas do comportamento sexual dos animais envolvem uma rica interação entre machos e fêmeas.

como na lubrificação das vias genitais femininas (veja o Capítulo 14 para compreender como o SNA produz esses fenômenos). Entre os animais, geralmente a fêmea se deixa montar pelo macho em posição estereotipada. No caso dos seres humanos, as posições adotadas são muito mais variadas e constituem fonte adicional de prazer.

A cópula consiste no acoplamento dos órgãos genitais seguido da penetração do pênis no canal vaginal. Os movimentos tornam-se repetitivos e mais rápidos, aumentando a excitação e muitas vezes terminando no orgasmo dos dois parceiros, que consiste em um clímax de prazer e na ejaculação pelo macho, com a emissão do sêmen que contém os espermatozoides. O estudo científico do comportamento sexual é algo muito recente na civilização humana, pois tem sido tradicionalmente estigmatizado pela sociedade (embora praticado ativamente...). Recentemente, no entanto, médicos e psicólogos têm estudado as diferenças entre o comportamento sexual do homem e da mulher, em particular durante a cópula (Figura 15.17). Mostrou-se o que todos nós sabíamos, mas não nos atrevíamos a admitir.

Neurociência do Cotidiano

Quadro 15.2
A Excitação Sexual é Igual no Cérebro de Homens e Mulheres?*

Nada que uma pessoa adulta não saiba de sua própria vivência: a excitação sexual é uma experiência deliciosa que pode conduzir (ou não) ao ato sexual e ao orgasmo. Geralmente começa com estímulos sensoriais (visuais ou táteis, os mais comuns) que produzem uma onda crescente de prazer. Acompanham reações corporais de intumescimento dos órgãos sexuais por vasodilatação e outras como arrepios, movimentos variados, sudorese... O crescimento da excitação pode, ao final, levar à consumação do ato sexual e a um clímax de grande prazer.

Reza a lenda urbana – e alguns artigos científicos de resultados conflitantes – que homens apresentam excitação sexual mais forte que mulheres. Se isso é verdade, a atividade cerebral deveria apresentar diferenças determinadas pelo sexo biológico das pessoas. Se não for correto, possíveis diferenças devem ser interpretadas como resultado das diferentes normas culturais e morais que as civilizações humanas criam.

Já vou adiantando: a ativação cerebral é exatamente a mesma em homens e mulheres. E mais: não muda com a orientação sexual. A conclusão foi tirada por uma metanálise realizada por pesquisadores do Instituto Max Planck, na Alemanha. Metanálise é uma técnica poderosa que reúne dados de vários artigos científicos e os avalia em conjunto, com ferramentas estatísticas especiais. Disso resulta que o volume de dados torna-se grande, portanto estatisticamente significativo. O estudo do grupo alemão reuniu, assim, quase 2 mil pessoas de ambos os sexos e distintas orientações sexuais (homo, hétero e trans). A excitação era produzida por estímulos eróticos visuais – figuras e vídeos – com aquisição simultânea de neuroimagem funcional por ressonância magnética.

Os pesquisadores puderam avaliar quais regiões eram ativadas durante o início e o transcurso da excitação sexual. Primeiro, é claro, as regiões do córtex cerebral visual: o que estou vendo? Depois, as regiões encarregadas do foco atencional: opa, parece interessante! Meio que ao mesmo tempo, as regiões de processamento emocional e do sistema de recompensa: é gostoso! É prazeroso! E, na sequência, as regiões de controle corporal: intumescência genital, arrepio, taquicardia...

A constatação que fizeram foi que a sequência e a arquitetura das redes neurais envolvidas são exatamente as mesmas em homens e mulheres. Sem diferença. Também a orientação sexual dos participantes não mostrou diferenças na ativação cerebral.

Conclui-se que o funcionamento cerebral foi selecionado gradualmente pela evolução para garantir o sucesso reprodutivo da espécie humana, envolvendo igualmente os dois sexos biológicos. A orientação sexual de cada um – não se sabe se determinada biologicamente, culturalmente ou ambos – não modifica o padrão. O que a cultura nos trouxe a mais em relação aos animais é que a excitação sexual, como fonte de enorme prazer, pode ser descolada da reprodução.

O fogo da excitação sexual, portanto, incendeia o cérebro de igual modo em homens e mulheres, sem diferença. As diferenças porventura existentes são frutos da diversidade cultural humana. A infraestrutura cerebral disponível é a mesma para todos: o uso é de livre escolha.

▶ **Figura.** A excitação sexual ativa o cérebro da mesma maneira em homens e mulheres. A cultura é que produz as diferenças.

Referência

Mitricheva E. et al. Neural substrates of sexual arousal are not sex dependent. *Proceedings of the National Academy of Sciences USA*. 2020;116:15671-15676.

---

* Texto baseado em artigo originalmente publicado em O Globo Online *em 30/1/2020 (blog* A hora da Ciência*)*

MOTIVAÇÃO PARA SOBREVIVER

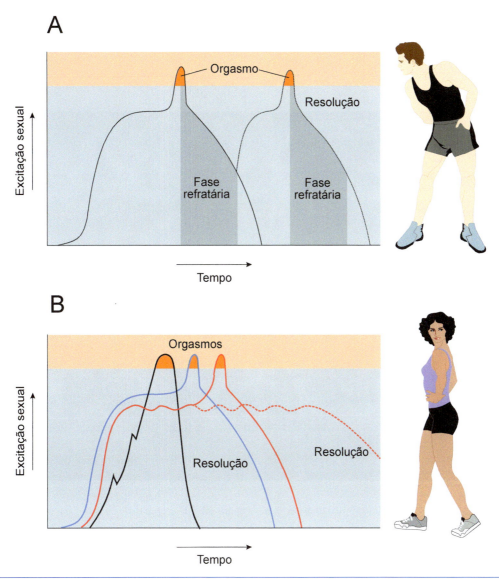

▸ **Figura 15.17.** O estudo científico da fisiologia sexual humana parece ter validado o que já conhecíamos de experiência própria. De acordo com este estudo, o homem norte-americano (**A**) apresenta uma curva de excitação sexual mais estereotipada que a mulher, com uma fase refratária após cada orgasmo. Na mulher (**B**) a excitação pode levar ao orgasmo rápida ou lentamente, e não há período refratário. Modificado de Masters WH,. Johnson VE. *Human Sexual Response*. Little & Brown, EUA, 1966.

A excitação sexual cresce em paralelo nos dois parceiros, atingindo um patamar a partir do qual reflui ou, então, evolui para o orgasmo. Os homens geralmente têm apenas um orgasmo, seguindo-se um período refratário durante o qual a excitação diminui e permanece baixa durante um certo tempo. A maioria das mulheres não apresenta um período refratário, por isso pode ter múltiplos orgasmos. O orgasmo mobiliza enormemente a atividade de inúmeras regiões cerebrais. Essa descoberta resultou de experimentos de difícil implementação realizados em mulheres que concordaram em excitar-se ou serem excitadas por seus parceiros ao mesmo tempo em que os experimentadores adquiriam imagens de ressonância magnética funcional de seus cérebros. Desse trabalho heroico resultou um mapeamento das redes cerebrais ativadas gradualmente ao longo da excitação e que atingiam o clímax durante o orgasmo – praticamente todo o cérebro! O orgasmo humano, portanto, ativa fortemente desde as regiões sensoriais e motoras até as regiões do sistema de recompensa, da memória, do controle homeostático e muitas outras (Figura 15.18).

Entre os seres humanos, ocorre também a possibilidade de excitação sexual entre pessoas do mesmo sexo, outrora reprimida na maioria das culturas, mas hoje em processo gradativo de revelação e liberação. Não se conhece muito bem a natureza da orientação homossexual de muitas pessoas, que deve variar amplamente entre a simples vontade

555

psicológica de experimentar novas formas de relação física e amorosa e a necessidade fisiológica de fazê-lo, por circunstâncias hormonais ou neurais ainda mal conhecidas. Há evidências de que a fase dita *organizacional* da produção de testosterona pelo feto desempenha papel relevante na determinação das características biológicas que o indivíduo desenvolve depois do nascimento. Mais testosterona pré-natal, maior o grau de masculinização pós-natal. O resultado posterior, no entanto, é devidamente modulado por influências psicológicas, sociais e culturais.

▶ **Figura 15.18.** Grande número de regiões cerebrais (**A**) aumenta sua atividade nos 10 segundos durante o orgasmo (à direita, em **B**), em relação aos 10 segundos anteriores (à esquerda, em **B**). A intensidade da atividade cerebral está mostrada em cores, de acordo com a barra à direita em **A**. As cores dos gráficos em **B** indicam as diferentes regiões ativas do cérebro. A mais ativa delas, em ciano é, surpreendentemente, o hipocampo. Modificado de Wise NJ et al. *Journal of Sexual Medicine*. 2017;14:1380-1391.

MOTIVAÇÃO PARA SOBREVIVER

▶ Comportamentos Afiliativos

A cópula pode produzir gravidez em todas as espécies animais e provocar, também, em algumas espécies, inclusive a humana, comportamentos sociais chamados *afiliativos*, mediante os quais o macho e a fêmea formam um par relativamente estável, preparando-se ambos para receber o(s) filhote(s). Quando a prole nasce, outro comportamento afiliativo se estabelece: o apego entre a mãe e o filhote (mais comum) e entre o pai e o filhote (mais raro). Os comportamentos afiliativos dessa natureza são muito importantes biologicamente, pois protegem a fêmea durante a gravidez e garantem a sobrevivência da prole após o nascimento, quando os filhotes não têm ainda a maturidade fisiológica necessária para a vida independente. No caso dos seres humanos, os comportamentos afiliativos de formação de grupos parentais (casais, famílias) criam também um conjunto de sentimentos prazerosos que contribuem para a manutenção desses laços.

As estratégias das diferentes espécies animais para garantir a reprodução não são as mesmas. As girafas, orangotangos e outros mamíferos empregam a poliginia, estratégia pela qual um macho acasala com várias fêmeas, mas cada fêmea com um só macho. Entre os gorilas e alguns grupos humanos, a poliginia assume a forma de harém. A poliandria é a estratégia oposta, porém mais rara na natureza (os saguis são poliândricos). Poliginia e poliandria são formas de poligamia. A monogamia é rara entre mamíferos (cerca de 3% das espécies), mas muito frequente nas aves (cerca de 90% das espécies).

Os neurocientistas têm utilizado técnicas de neuroimagem funcional para identificar as regiões neurais e os mecanismos envolvidos na produção dos comportamentos afiliativos, bem como para desvendar a relação entre as determinações biológicas (genéticas, por exemplo) e as influências sociais (culturais, por exemplo). Como as possibilidades de experimentação em humanos são mais limitadas, buscam também modelos animais. Entre os vários modelos já utilizados, merece referência especial o estudo de duas espécies muito próximas de camundongos silvestres da América do Norte, cujos comportamentos sociais são completamente opostos, apesar de seu parentesco genético muito próximo. Trata-se do camundongo das pradarias* (*Microtus ochrogaster*) e seu primo próximo, o camundongo das campinas** (*Microtus pennsylvanicus*). O primeiro é um animal extremamente social, que, quando acasala, liga-se monogamicamente, formando um par "para toda a vida". Além disso, tanto a mãe quanto o pai estabelecem forte vínculo com os filhotes, formando um grupo familiar forte que favorece muito a reprodução e

a criação dos filhotes. A outra espécie é completamente diferente: não forma qualquer vínculo entre macho e fêmea após o acasalamento, e o comportamento subsequente é promíscuo e antissocial.

Os estudos com esses animais permitiram revelar que há genes que produzem hormônios capazes de influenciar circuitos neuronais específicos que, por sua vez, determinam a expressão de comportamentos afiliativos de natureza social e sexual. De que modo essa complexa sequência de eventos é coordenada pelo sistema nervoso?

▶ Hormônios, Neurotransmissores e Neurônios no Comando do Comportamento Sexual

O hipotálamo foi logo identificado como o principal integrador do comportamento sexual, e dois neuropeptídeos foram apontados como os principais moduladores neurais dos comportamentos sexuais: a ocitocina e a vasopressina. Neste caso, ambos os peptídeos são sintetizados pelos neurônios dos núcleos paraventricular e supraóptico do hipotálamo e conduzidos até os terminais axônicos na neuro-hipófise, onde são liberados como hormônios para a corrente sanguínea, de modo a exercer os seus efeitos periféricos sobre a musculatura lisa do útero e das glândulas mamárias e sobre os vasos sanguíneos renais. O que poucos sabem, no entanto, é que esses mesmos peptídeos são também produzidos como neuromediadores sinápticos por outros neurônios centrais, participantes essenciais dos circuitos envolvidos nos comportamentos sexuais. A ocitocina é liberada em diversos núcleos hipotalâmicos, na amígdala[A] e no núcleo acumbente, além de regiões do tronco encefálico e medula. A vasopressina é liberada no núcleo supraquiasmático do hipotálamo, no núcleo do leito da estria terminal e na amígdala medial. Verificou-se, em mamíferos, que a vasopressina está envolvida mais fortemente nos comportamentos sexuais masculinos, enquanto a ocitocina atua predominantemente nas fêmeas. Ambos os peptídeos são fortemente secretados durante a excitação sexual tanto nos machos como nas fêmeas, atingindo o nível mais alto durante o orgasmo.

A hipótese que surgiu dos experimentos com animais, principalmente utilizando as duas espécies de camundongos *Microtus* já mencionadas, postula que os hormônios sexuais (testosterona e estrogênios) ativam a síntese e a liberação de ocitocina e vasopressina nos circuitos cerebrais e suprarregulam a expressão dos receptores correspondentes na área pré-óptica medial, na área tegmentar ventral, no núcleo do leito da estria terminal, na amígdala, no globo pálido ventral e no bulbo olfatório[A]. O cérebro fica, assim, "preparado" para emitir os comportamentos afiliativos e sexuais adequados para as situações de acasalamento ou de cuidados com a prole.

---

* *Do inglês* prairie vole *ou* prairie mouse.

** *Do inglês* meadow vole *ou* meadow mouse.

No camundongo das pradarias, por exemplo, que naturalmente formam um vínculo monogâmico entre macho e fêmea logo após a primeira cópula, mostrou-se que a administração de doses intracerebrais de ocitocina e vasopressina provoca a formação do vínculo independente do acasalamento. O experimento contrário também foi feito – bloqueio farmacológico da ação dos peptídeos após a cópula. Resultado: o vínculo monogâmico não se forma, e os camundongos comportam-se de modo promíscuo totalmente distinto da sua normalidade fisiológica. O mesmo não ocorre, no entanto, entre os camundongos das campinas, a espécie que apresenta normalmente o comportamento promíscuo com ausência de vínculos afiliativos entre macho e fêmea. A explicação surgiu imediatamente: enquanto o camundongo da pradaria tem grande quantidade de receptores para ocitocina e vasopressina no núcleo acumbente e demais regiões mencionadas, o camundongo das campinas é carente desses receptores. Quando, porém, manipula-se o seu genoma, inserindo nele, por meio de vetores virais, o gene do receptor para vasopressina, os animais passam a comportar-se como os primos, expressando comportamentos afiliativos monogâmicos.

A atuação de cada um desses núcleos e regiões neurais nos diferentes aspectos do comportamento sexual ainda é mal conhecida, e menos ainda o seu envolvimento específico no comportamento humano.

No caso do comportamento consumatório, demonstrou-se que o núcleo ventromedial das fêmeas controla os comportamentos de posicionamento sexual para a cópula (Figura 15.19B). Ratas com esse núcleo lesado bilateralmente não curvam a coluna vertebral (lordose), como é característico da sua atitude receptiva em relação aos machos. Além disso, a lordose é imediatamente provocada em ratas normais quando se injeta estradiol por meio de microcânulas posicionadas no ventromedial. O núcleo ventromedial emite axônios que terminam na grísea periaquedutal, uma região que se situa em torno do aqueduto cerebral[A], no mesencéfalo, e que participa também de outros comportamentos com conteúdo emocional (veja, a esse respeito, o Capítulo 20). Os neurônios da grísea projetam à formação reticular bulbar, que emite o feixe reticuloespinhal, cujas terminações controlam a ação dos motoneurônios da medula. Esse circuito bem definido é essencial para comandar os movimentos da fêmea.

Nos machos, o núcleo pré-óptico medial é que parece dar as cartas (Figura 15.19A). Ratos submetidos a lesões desse núcleo não conseguem montar as fêmeas. Esse comportamento de montada é imediatamente provocado em ratos normais quando se infundem androgênios por microcânulas na área pré-óptica. O núcleo pré-óptico medial projeta ao tegmento mesencefálico[A] e este aos núcleos da base. Esse parece ser o circuito que comanda o comportamento de montada. Outros neurônios do tegmento mesencefálico projetam à medula, de onde parte a inervação motora para a penetração e a inervação simpática que comanda a ejaculação. O sinal químico que dispara esse processo no hipotálamo dos machos não é a testosterona, como se poderia supor. Surpreendentemente, a testosterona é transformada em estradiol por uma enzima chamada aromatase (veja adiante), presente no tecido hipotalâmico, e é o estradiol que é reconhecido pelos receptores moleculares para os esteroides gonádicos.

Os núcleos da amígdala estão envolvidos no reconhecimento dos indivíduos da mesma espécie, em contraposição àqueles de outras espécies. Os primeiros, em princípio, são "amigos". Os demais podem ser predadores. O núcleo acumbente e a área tegmentar ventral fazem parte do sistema mesolímbico dopaminérgico de recompensa: acredita-se que possibilitam alguma sensação de prazer – se é que se pode assim descrever o que "sentiria" um animal – na aproximação, corte e acasalamento entre macho e fêmea.

Tanto nos machos como nas fêmeas, informações sensoriais também contribuem para a realização do ato sexual (Figura 15.19). Informações olfatórias específicas veiculadas pelos feromônios sexuais são captadas pelo órgão vomeronasal e veiculadas ao complexo amigdaloide, que projeta ao hipotálamo. É provável que outras informações sensoriais também participem, particularmente nos seres humanos.

Na nossa espécie, inúmeros trabalhos têm sido feitos empregando neuroimagem por ressonância magnética funcional em diferentes condições: durante a visualização de fotos e vídeos de pessoas amadas, durante a excitação sexual e o orgasmo, durante a visualização de imagens dos filhos e a escuta de sua voz. Nessas condições, é possível discernir as diferenças de ativação cerebral em situações de paixão, erotismo, amor materno e muitas outras. Invariavelmente, ocorre ativação do hipotálamo durante o sexo, mas não no amor materno (Figura 15.20). Além disso, nas condições de amor erótico, são desativadas as áreas frontais envolvidas com o julgamento e a cognição. Faz sentido, portanto, o senso comum, ao preconizar que "o amor é cego" e que durante a paixão "perdemos a razão". A perda da razão torna possível o impossível: a união de pares improváveis, favorecendo a variabilidade biológica. É como disse o filósofo e cientista francês Blaise Pascal (1623-1662): "o coração tem razões que até a razão desconhece", frase que se tornou lugar-comum para descrever o bloqueio dos processos racionais durante as fortes emoções positivas do amor erótico e da paixão.

▶ Diferenciação Sexual do Sistema Nervoso

Quantos sexos existem? Como eles se estabelecem durante o desenvolvimento? Que fatores determinam e controlam esse processo?

MOTIVAÇÃO PARA SOBREVIVER

▶ **Figura 15.19.** As regiões neurais envolvidas no comportamento sexual consumatório dos machos (**A**) são diferentes daquelas atuantes nas fêmeas (**B**). Vários níveis do SNC (números circulados) participam da sequência que leva à lordose na fêmea e à montada do macho. Modificado de Rosenzweig M. R. et al. *Biological Psychology*. 2ª ed. Sunderland: Sinauer Associates, 1999.

De um modo geral, podemos identificar com clareza os dois sexos* mais comuns: masculino e feminino. Os animais utilizam a morfologia do corpo e o comportamento como sinais para reconhecer os sexos. Os seres humanos utilizam também a forma do corpo como indicador principal, além de outros sinais característicos – cheiros, gestos, movimentos corporais, modos de falar, maneiras de olhar e muitos outros. Quando os indicadores são corporais, é geralmente fácil distinguir um homem de uma mulher, embora a existência de indivíduos intersexuais** mostre que a distinção não é inteiramente bipolar. Quando, entretanto, os indicadores são comportamentais, torna-se muito difícil distinguir os gêneros humanos, não só porque há sempre numerosas nuanças intermediárias entre o que seriam o comportamento masculino e o comportamento feminino, mas também porque todo esse universo é fortemente influenciado pela cultura e pela vida social. Disso resulta o conceito de *identidade de gênero*, que se

---

De acordo com a Organização Mundial da Saúde, reserva-se o termo sexo à sua acepção puramente biológica, determinada pelos cromossomos sexuais: XX nas fêmeas, XY nos machos. O termo gênero é mais corretamente utilizado para adicionar os componentes psicossociais.

** O sentido da palavra intersexual, aqui, qualifica o conjunto de pessoas com traços corporais e comportamentais intermediários entre os considerados tipicamente masculinos e aqueles encarados como tipicamente femininos. Essa definição, é claro, está sujeita a influências sociais e culturais que mudam com a época, o país, a cultura e outros fatores.

▶ **Figura 15.20.** Padrão de ativação do cérebro humano durante testes que revelam sentimentos de amor materno (em amarelo) e de amor romântico (em vermelho), tanto em homens como em mulheres. Algumas áreas são ativadas em ambas as condições (sobreposição das cores). Modificado de Zeki S. *FEBS Letters*. 2007;581:2575-2579.

refere à percepção que temos de nosso próprio gênero. As sociedades humanas modernas gradativamente evoluem para incluir com igualdade todas as opções de identidade de gênero, considerando-a parte integrante das liberdades individuais.

Sabemos que os sexos diferem pelos seus cromossomos sexuais e, consequentemente, pela sua composição genética: XX e XY são os sexos genéticos, que determinam, respectivamente, a expressão de características sexuais primárias e secundárias das fêmeas e dos machos, em maior ou menor grau. Comparado com o X, o cromossomo Y é menor, tem menos genes e funções menos diversificadas: são cerca de 50 genes contra aproximadamente 800 no cromossomo X; no entanto o Y contém um segmento gênico chamado "região determinante do sexo do cromossomo Y" (conhecido pela sigla SRY, da expressão em inglês), que codifica a proteína chamada "fator determinante de testículo" (TDF, abreviatura da expressão em inglês). O sexo é sempre determinado pela presença ou ausência do gene *tdf*, de tal modo que pessoas XX ou XXX são do sexo feminino e pessoas XY ou XXY são do sexo masculino. Há outros genes que influenciam o sexo, mas parece que todos são regulados pelo gene *tdf*.

De qualquer modo, se o corpo e o comportamento se diferenciam em dois gêneros mais comuns, devemos encontrar também diferenças entre o sistema nervoso do macho e da fêmea, do homem e da mulher. E devemos supor duas possibilidades: ou essas diferenças já existem desde o início da embriogênese, ou aparecem em algum momento da vida do indivíduo.

Durante as seis primeiras semanas de gravidez, as gônadas humanas se mantêm indiferenciadas, podendo originar os ovários da mulher ou os testículos do homem. Se o feto tem um cromossomo Y e, portanto, o segmento SRY, ocorrerá produção de testosterona, que levará as gônadas embrionárias a diferenciar-se em testículos e demais componentes da genitália interna masculina. Se o feto não tem cromossomo Y e, portanto, tampouco o segmento SRY, a diferenciação das gônadas embrionárias seguirá um caminho que dará origem à genitália interna feminina.

Como a fisiologia e o comportamento sexual são diferentes entre machos e fêmeas, pode-se prever que os cérebros de um e outro sexo sejam diferentes. De fato, existe um dimorfismo* sexual no sistema nervoso dos animais, e ele se estabelece ao longo do desenvolvimento embrionário

---

* Nos seres humanos, o consagrado termo dimorfismo *tende a ser substituído por* alomorfismo, *para levar em conta a existência (ainda controversa) de diferenças morfológicas no cérebro de pessoas homossexuais.*

e pós-natal por meio de um processo chamado *diferenciação sexual* do sistema nervoso. Esse processo depende dos hormônios das gônadas e ocorre durante períodos críticos do desenvolvimento, quando o cérebro é mais suscetível a influências extraneurais (veja o Capítulo 5 para mais exemplos sobre a neuroplasticidade).

São muitos os exemplos de dimorfismo sexual no sistema nervoso que, em geral, ocorrem justamente no hipotálamo, coerentemente com a importância dessa região no controle da vida sexual dos indivíduos. Na maioria dos casos já descritos, a diferença entre os sexos é de volume do núcleo hipotalâmico considerado, geralmente maior no macho do que na fêmea. Há também exemplos de dimorfismo na morfologia e na quantidade de espinhas dendríticas e de sinapses.

Os núcleos que controlam o canto, nos canários e outros pássaros, são muito maiores nos machos do que nas fêmeas (cerca de cinco vezes). Essa diferença morfológica é consistente com o fato de que o canto dos canários machos é mais elaborado e complexo do que o das fêmeas. Mostrou-se que o tamanho desses núcleos é regulado pelo nível de androgênios circulantes, não só durante o desenvolvimento, mas também na vida adulta. Em alguns pássaros, o nível de androgênios oscila com as estações do ano, e o mesmo ocorre com o volume desses núcleos.

Em ratos, mostrou-se que existe um núcleo sexualmente dimórfico na área pré-óptica dos machos, cerca de três vezes maior do que em fêmeas (Figura 15.21). Esse núcleo responde também ao nível circulante de hormônios masculinos, mas apenas durante o desenvolvimento. Não se conhece perfeitamente a sua função, mas há evidências de que possa estar relacionado com o comportamento de demarcação de território, característico dos machos. Não só o hipotálamo apresenta regiões sexualmente dimórficas. Há evidências de que certas regiões corticais, bem como as comissuras cerebrais, têm morfologia diferente em homens e mulheres. A medula espinhal apresenta um exemplo interessante: o núcleo que controla o músculo bulbo-esponjoso existe em

▶ **Figura 15.21.** O dimorfismo sexual se expressa em alguns núcleos do hipotálamo, em particular na área pré-óptica (APO-SD). Ratos machos (**A**) apresentam esse núcleo com volume bem maior que nas fêmeas (**B**). Nas fêmeas tratadas com testosterona (**C**), a área pré-óptica adquire volume semelhante à dos machos. O desenho à esquerda mostra o nível equivalente dos cortes (linha azul), no cérebro humano. CA = comissura anterior[A]; NSQ = núcleo supraquiasmático; V = ventrículo. Fotos **A-C** reproduzidas de Reinisch JM et al. (orgs.) *Masculinity/Femininity: Basic Perspectives.* Oxford: Oxford University Press, 1987.

machos, mas não em fêmeas. Esse músculo circunda a base do pênis. Nos recém-nascidos, existe em ambos os sexos (no pênis e no clitóris), mas durante o desenvolvimento pós-natal os androgênios mantêm o músculo dos machos, enquanto o músculo das fêmeas atrofia e desaparece. É que apenas os primeiros expressam os receptores apropriados para os androgênios. A atrofia desse músculo que ocorre nas fêmeas retira o suporte trófico dos motoneurônios correspondentes da medula, estes entram em apoptose[G] e desaparecem (maiores detalhes sobre fatores tróficos no Capítulo 2). O dimorfismo do núcleo do bulbo-esponjoso, assim, tem origem indireta, dependendo do dimorfismo primário do seu alvo muscular.

De que modo esse processo diferenciador ocorre durante o desenvolvimento? A primeira hipótese a respeito foi lançada pelo fisiologista americano William Young (1899-1965) e ficou conhecida como a *hipótese organizadora*. De acordo com Young, existiria uma tendência primária do desenvolvimento pela qual todos os organismos seriam femininos, não fosse a ação "organizadora" dos hormônios esteroides testiculares dos fetos machos, que a modificam masculinizando o corpo, o cérebro e o comportamento durante a vida pós-natal. Posteriormente constatou-se outro momento de alta influência hormonal na maturação sexual do organismo, próximo e durante a puberdade. Esse segundo momento ficou conhecido como "ativador", e a ideia original de Young evoluiu para *hipótese organizadora/ativadora*, isto é, composta por dois momentos de ação hormonal diferenciadora. É como se o momento organizador definisse o sexo biológico posterior, e o momento ativador modulasse quantitativamente suas manifestações. Esse efeito bifásico da testosterona não é considerado "tudo ou nada", mas, sim, um efeito graduado – e é por essa razão que há pessoas muito masculinas ou muito femininas e outras com características sexuais intermediárias.

A hipótese de Young teve que ser modificada quando se descobriu a aromatização dos androgênios, isto é, a transformação da testosterona em estradiol pela enzima aromatase, que consiste na inserção de ligações duplas na molécula, transformando o primeiro anel carbônico da testosterona no anel aromático[G] do estradiol (Figura 15.22A). Essa descoberta causou um aparente paradoxo, porque significou admitir que são os estrogênios – hormônios gonádicos femininos – que masculinizam o cérebro! A nova hipótese da aromatização foi apoiada pela descoberta de que em vários núcleos do hipotálamo – tanto em machos como em fêmeas – existem numerosos receptores moleculares para estrogênios (Figura 15.22B), mas não para androgênios. E mais: tanto nos pássaros como nos ratos, são justamente as regiões dimórficas do cérebro que contêm maior número de receptores para estrogênios e maior concentração da enzima aromatase. Esse dado é consistente com a ideia de que a ação diferenciadora dos androgênios (principalmente a testosterona) não se exerce diretamente, mas mediante a sua transformação enzimática em estrogênios (principalmente o estradiol). Criou, porém, um novo problema: se for assim, por que os estrogênios que circulam nas fêmeas não masculinizam o hipotálamo delas? A explicação não tardou a ser encontrada: é que os fetos de ambos os sexos apresentam uma proteína plasmática (a α-fetoproteína) que se liga aos estrogênios circulantes (mas não aos androgênios), "sequestrando-os" e impedindo a sua passagem para o tecido cerebral pela barreira hematoencefálica.

Os machos, então, caracterizam-se pela capacidade de seus neurônios produzirem aromatase, a enzima que transforma a testosterona em estradiol. A presença de maiores concentrações de estradiol no cérebro, função da maior presença de testosterona na circulação e da ação da aromatase, é reconhecida pelos neurônios que expressam os receptores correspondentes, principalmente no hipotálamo. Segue-se uma ação do estradiol sobre a expressão gênica, que vai gradativamente moldando os circuitos neurais masculinos de modo a possibilitar a manifestação dos comportamentos característicos dos machos: maior agressividade, marcação

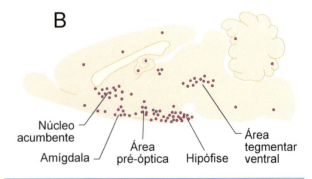

▶ **Figura 15.22.** Parece um paradoxo, mas não é: apenas o SNC dos machos expressa a enzima aromatase, que transforma a testosterona em estradiol (**A**), embora tanto machos como fêmeas apresentem receptores moleculares para estrogênios (mas não para a testosterona) (**B**). O estradiol circulante das fêmeas não passa a barreira hematoencefálica por estar ligado à α-fetoproteína, mas isso não ocorre com a testosterona, que tem passe livre ao tecido cerebral, onde é aromatizada e vira estradiol.

de território, comportamentos de montada para o acasalamento etc. Ao mesmo tempo, a testosterona circulante age sobre o corpo em geral, desenvolvendo os caracteres sexuais secundários típicos do sexo masculino.

O oposto acontece nas fêmeas, nas quais a menor concentração de testosterona, o sequestro dos estrogênios circulantes e a falta da aromatase no cérebro levam à diferenciação do cérebro e do comportamento em outra direção, expressando comportamentos sexuais distintos. Enquanto isso, os estrogênios circulantes atuam sobre o corpo, diferenciando caracteres sexuais secundários femininos.

Esse efeito, em ambos os casos, acentua-se na puberdade, fase em que ocorre um pico na secreção dos hormônios sexuais, com as consequências que todos nós conhecemos e não é preciso descrever.

▶ O Sistema Mesolímbico: Vias Dopaminérgicas de Reforço Positivo

Mais complexos ou menos complexos, os estados motivacionais produzem comportamentos apetitivos e consumatórios. Vimos que os consumatórios são comandados pelo hipotálamo, que monitora continuamente cada uma das variáveis controladas ou o nível dos hormônios relevantes para cada caso. E quanto aos comportamentos apetitivos, que são aprendidos, isto é, associados a sentimentos de prazer que nos fazem repeti-los muitas e muitas vezes? Que regiões estariam envolvidas com esse tipo de comportamento motivado? De que forma atuariam?

A chave dessas questões já se podia entrever nos antigos experimentos de lesão e estimulação em animais nas décadas de 1940 e 1950. Como já vimos, os experimentos empregando extensas lesões cirúrgicas do hipotálamo de ratos revelaram severas síndromes de desmotivação que incluíam afagia, adipsia, acinesia e indiferença sensorial. Os pesquisadores da época atribuíram os sintomas à lesão dos núcleos hipotalâmicos, mas recentemente os neurocientistas desconfiaram dessa interpretação e realizaram lesões mais refinadas, utilizando substâncias químicas que destroem apenas os neurônios, mas não as fibras de passagem. O resultado foi revelador: os sintomas eram bem menos severos, restringindo-se aos comportamentos consumatórios de comer e beber, mas não aos comportamentos apetitivos correspondentes. Suspeitou-se, então, do envolvimento das fibras do feixe prosencefálico medial, que passam justamente nas regiões mais laterais do hipotálamo nos comportamentos apetitivos.

Paralelamente, uma dupla de pesquisadores pioneiros, os canadenses James Olds e Peter Milner, realizava experimentos de estimulação que trouxeram resultados surpreendentes. Implantavam microeletródios no cérebro de ratos sob anestesia e os prendiam permanentemente ao crânio por meio de parafusos ortopédicos. Depois da anestesia, recuperados da cirurgia, os ratos tinham à sua disposição, na gaiola, alavancas que podiam manipular à vontade. Primeiro por acaso, depois intencionalmente, os ratos manipulavam as alavancas. Cada vez que isso acontecia, um pulso elétrico de baixa intensidade era automaticamente aplicado ao tecido cerebral onde se localizava a ponta do eletródio. Olds e Milner se espantaram – e espantaram o mundo científico – ao relatar que os ratos pareciam gostar do experimento, pois passavam a repetir esse comportamento muitas e muitas vezes, ininterruptamente. Parecia que a estimulação elétrica do cérebro lhes estava provocando enorme "prazer". A interpretação desses pesquisadores foi compatível com as concepções da época: tinham encontrado o "centro do prazer" no cérebro dos ratos. A explicação não satisfez os pesquisadores subsequentes, que repetiram os experimentos variando a posição dos eletródios. Foi possível, assim, mapear as regiões cerebrais que provocavam autoestimulação (para empregar um termo mais cauteloso do que "prazer").

Encontraram que essas regiões se situavam em torno das fibras que compunham o feixe prosencefálico medial, desde o tronco cerebral e o mesencéfalo até os núcleos da base e as regiões mediais do córtex cerebral (Figura 15.23).

▶ **Figura 15.23.** O feixe prosencefálico medial inclui diferentes sistemas de fibras, destacadamente axônios dopaminérgicos originados de neurônios da área tegmentar ventral do mesencéfalo, e que projetam ao hipotálamo, ao núcleo acumbente e a regiões corticais. Esses circuitos definem o chamado sistema mesolímbico.

Neurociência dos Estados Corporais

Observou-se que o feixe prosencefálico medial contém diferentes sistemas de fibras. Entretanto, os sintomas de desmotivação surgiam apenas quando os animais experimentais recebiam lesões químicas específicas para as fibras que empregam a dopamina como neurotransmissor. Além disso, a autoestimulação podia ser modificada especificamente por substâncias agonistas e antagonistas da dopamina. O sistema foi denominado mesolímbico e envolve principalmente a área tegmentar ventral do mesencéfalo, o hipotálamo, o corpo estriado[A] ventral (constituído principalmente por um núcleo chamado *acumbente*), o córtex cingulado[A] e o córtex pré-frontal[A] (Figura 15.23). Outras fibras dopaminérgicas coexistem no mesmo sistema, mas participam mais especificamente do controle motor: são as fibras nigroestriadas (Capítulo 12), responsáveis pela acinesia dos experimentos de lesão.

Experimentos mais recentes selaram a participação dessas regiões nos comportamentos motivados apetitivos. Macacos foram ensinados a realizar tarefas em troca de recompensas (p. ex., suco de frutas). Ao mesmo tempo, os pesquisadores registravam a atividade elétrica de neurônios isolados situados na via mesolímbica. Constataram que os neurônios disparavam salvas de potenciais de ação para os estímulos apetitivos, mas não quando os pesquisadores os trocavam por estímulos aversivos (como desagradáveis jatos de ar no focinho). O aumento da atividade neuronal ocorria durante e depois dos estímulos apetitivos, mas depois de algum tempo passava a ocorrer também antes deles. Quer dizer, os neurônios eram capazes de antecipar os reforços positivos, o que significa uma aprendizagem, isto é, de certa forma a noção de expectativa de prazer.

A descoberta do sistema mesolímbico adquiriu grande importância mais recentemente, pois se passou a atribuir a ele possíveis disfunções que podem resultar em dependência de drogas de adicção e em doenças psiquiátricas como a psicose maníaco-depressiva. O primeiro caso é típico dos comportamentos motivados repetidos em função de um reforço positivo (a droga). O segundo envolve um distúrbio funcional, já que os comportamentos obsessivos característicos da mania nem sempre têm um vínculo claro com reforços positivos. O estudo da farmacologia das drogas de adicção revelou que efetivamente muitas delas têm ações relacionadas com a neurotransmissão dopaminérgica, geralmente aumentando a liberação de dopamina pelos terminais mesolímbicos. No caso da psicose maníaco-depressiva, o uso bem-sucedido de medicamentos antipsicóticos (que são antagonistas dopaminérgicos) apoia essa interpretação.

Glossário

Adipostático: termo que indica um dispositivo de monitoramento e regulação da quantidade de tecido adiposo no organismo, do mesmo modo que um termostato regula a temperatura de um ambiente.

Aminérgico: qualificativo de neurônios e axônios que utilizam como neurotransmissor principal uma das aminas biogênicas, entre as quais estão a adrenalina, a noradrenalina, a dopamina e a serotonina.

Anel aromático: estrutura química formada por seis átomos de carbono unidos por três ligações simples e três duplas. O mesmo que anel benzênico.

Apoptose: mecanismo de morte celular programada geneticamente que ocorre em várias células do organismo. Difere da necrose, a morte celular que tem causas externas.

Atrial: referente aos átrios, par de cavidades do coração que recebem o sangue venoso da circulação.

Citocinas: grupo de substâncias secretadas principalmente por células imunitárias que têm múltiplas ações biológicas, entre as quais as de sinalizar uma inflamação e estimular as reações anti-inflamatórias naturais.

Corticotrofina: hormônio da adeno-hipófise que regula a secreção hormonal do córtex suprarrenal.

Default: termo que extrapolou a sua origem na área de Informática e significa um processo programado para ocorrer automaticamente, mas que pode ser desviado por outras instruções.

Dopaminérgico: qualificativo de neurônios e axônios que utilizam como neurotransmissor principal a dopamina.

Endotérmicos: animais que dispõem de mecanismos metabólicos internos para regular automaticamente a sua temperatura corporal. Os que dependem da temperatura ambiente são os ectotérmicos.

Esteroides: compostos derivados do colesterol secretados pelas gônadas e outras glândulas. Dividem-se em androgênios (como a testosterona) e estrogênios (como o estradiol).

Glicogênio: carboidrato formado por inúmeras moléculas de glicose em sequência.

Glicostático: termo que indica um dispositivo de monitoramento e regulação da quantidade de carboidratos no organismo, do mesmo modo que um termostato regula a temperatura de um ambiente.

Hedônico: relativo a hedonismo, uma corrente filosófica que busca o prazer acima de tudo.

Histaminérgico: qualificativo de neurônios e axônios que utilizam como neurotransmissor principal a histamina.

MOTIVAÇÃO PARA SOBREVIVER

Humoral: relativo a humor, termo do latim que significava, originalmente, líquido, fluido. Usa-se para indicar que os sinais de comunicação são químicos (p. ex., hormônios).

Lipostático: termo que indica um dispositivo de monitoramento e regulação da quantidade de lipídeos no organismo, do mesmo modo que um termostato regula a temperatura de um ambiente.

Osmolaridade: grandeza que mede a concentração de partículas dissolvidas em um certo volume de líquido, geralmente a água. Difere ligeiramente da osmolalidade (com "l"), que se refere à concentração de partículas dissolvidas em uma certa massa de líquido.

Parênquima: tecido típico de um órgão, diferente das partes conjuntivas, vasculares ou neurais inseridas nele. O parênquima nervoso, por exemplo, é constituído por neurônios, gliócitos e seus prolongamentos.

Somatotrofina: hormônio secretado pela adeno-hipófise que, entre várias ações, provoca o crescimento do esqueleto. O mesmo que hormônio do crescimento.

Tecido adiposo marrom: tipo de tecido gorduroso cujas células apresentam muitas mitocôndrias (daí a sua coloração escura) e são particularmente eficientes na produção de energia metabólica.

Tireotrofina: hormônio da adeno-hipófise que regula a secreção hormonal da glândula tireoide.

Triglicerídeos: gorduras formadas por um radical glicerol ligado covalentemente a três radicais de ácidos graxos.

Leia Mais

❱ Leitura Básica

Canteras NS, Bittencourt JC. Comportamentos Motivados e Emoções. In: Lent R. (coord.) Neurociência da Mente e do Comportamento Rio de Janeiro: Guanabara-Koogan, 2008. p. 227-240. Texto que abrange a relação entre os comportamentos motivados e o processamento neural das emoções.

Shizgal PB, Hyman SE. Homeostase, motivação e estados de adicção. Kandel ER et al. (orgs.) Princípios de Neurociências 5ª ed. trad. 2014. p. 952-969. Texto que trata de alguns aspectos da regulação homeostática do corpo, incluindo a motivação e a determinação de comportamentos adictivos.

Bear MF, Connors BW, Paradiso MA. O Controle Químico do Encéfalo e do Comportamento. In: Bear MF et al. Neurociências – Desvendando o Sistema Nervoso. 4ª ed. trad. Porto Alegre: Artmed, 2017. p. 521-549. Apenas uma parte deste capítulo aborda o hipotálamo neurossecretor.

Bear MF, Connors BW, Paradiso MA. Motivação. In: Bear MF et al. Neurociências – Desvendando o Sistema Nervoso. 4ª ed. trad. Porto Alegre: Artmed, 2017. p. 551-577. Texto didático que aborda as funções do hipotálamo na regulação dos comportamentos motivados, com ênfase no comportamento alimentar.

Bear MF, Connors BW, Paradiso MA. O Sexo e o Sistema Nervoso. In: Bear MF et al. Neurociências – Desvendando o Sistema Nervoso. 4ª ed. Porto Alegre: Artmed, 2017. p. 579-613. Texto abrangente que trata de diferentes aspectos da neurobiologia do comportamento e da fisiologia sexual.

❱ Leitura Complementar

Clássicos

Anand BK, Brobeck JR. Localization of a "feeding center" in the hypothalamus of the rat. Proceedings of the Royal Society of Experimental Biology and Medicine. 1951;77:323-324.

Olds J, Milner P. Positive reinforcement produced by electrical stimulation of septal area and other regions of rat brain. Journal of Comparative Physiology and Psychology. 1954;47:419-427.

Mayer J. Regulation of energy intake and the body weight: The glucostatic thoery and the lipostatic hypothesis. Annals of the New York Academy of Sciences. 1955;63:15-43.

Kupfermann I. Neural control of feeding. Current Opinion in Neurobiology. 1994;4:869-876.

Recentes

Wise NJ, Frangos E, Komisaruk BR. Brain activity unique to orgasm in women: An fMRI analysis. Journal of Sexual Medicine. 2017;14:1380-1391.

Zimmerman CA, Leib DE, Knight ZA. Neural circuits underlying thirst and fluid homeostasis. Nature Reviews. Neuroscience. 2017;18:459-469.

Roselli CE. Neurobiology of gender identity and sexual orientation. Journal of Neuroendocrinology. 2018;30:e12562.

Kiecker C. The origins of the circumventricular organs. Journal of Anatomy. 2018;232:540-553.

McKinley MJ, Denton DA, Ryan PJ, Yao ST, Stefanidis A, Oldfield BJ. From sensory circumventricular organs to cerebral cortex: Neural pathways controlling thirst and hunger. Journal of Neuroendocrinology. 2019;31:e12689.

Kaur C e Ling EA. The circumventricular organs. Histology and Histopathology. 2019;32:879-892.

Ch'ng SS, Lawrence AJ. The subfornical organ in sodium appetite. Recent insights. Neuropharmacology. 2019;154:107-113.

Dos-Santos RC, Reis LC, Perello M, Ferguson AV, Mecawi AS. The actions of ghrelin in the paraventricular nucleus: energy balance and neuroendocrine implications. Annals of the New York Academy of Sciences. 2019;1455:81-97.

Lowell BB. New Neuroscience of homeostasis and drives for food, water, and salt. New England Journal of Medicine. 2019;380:459-471.

McKinley MJ, Denton DA, Ryan PJ, Yao ST, Stefanidis A, Oldfield BJ. From sensory circumventricular organs to cerebral cortex: Neural pathways controlling thirst and hunger. Journal of Neuroendocrinology. 2019;31:e12689.

Naulé L, Maione L, Kaiser UB. Puberty, a sensitive window of hypothalamic development and plasticity. Endocrinology. 2020;11:bqaa209.

Henningsen JB, Scheele C. Brown adipose tissue: A metabolic regulator in a hypothalamic cross talk? Annual Review of Physiology. 2020;doi:10.1146/annurev-physiol-032420-042950.

McGinty JF, Otis JM. Heterogeneity in the paraventricular thalamus: The traffic light of motivated behaviors. Frontiers of Behavioral Neuroscience. 2020;14:590528.

Liu H, Xu Y, Hu F. AMPK in the ventromedial nucleus of the hypothalamus: A key regulator for thermogenesis. Frontiers in Endocrinology. 2020;11:578830.

Chapman PR, Singhal A, Gaddamanugu S, Prattipati V. Neuroimaging of the pituitary gland: A practical anatomy and pathology Radiollogical Clinics of North America. 2020; 58:1115-1133.

Abramova O, Zorkina Y, Ushakova V, Zubkov E, Morozova A, Chekhonin V. The role of oxytocin and vasopressin dysfunction in cognitive impairment and mental disorders. Neuropeptides. 2020;83:102079.

Augustine V, Lee S, Oka Y. Neural control and modulation of thirst, sodium appetite, and hunger. Cell. 2020;180:25-32.

Korzh V, Kondrychyn I. Origin and development of circumventricular organs in living vertebrates. Seminars in Cell and Developmental Biology 2020; 102:13-20.

Jennings KJ, de Lecea L. Neural and hormonal control of sexual behavior. Endocrinology. 2020;161:bqaa150.

Pfaff D, Saad F. Sexual motivation: problem solved and new problems introduced. Hormone Molecular Biology and Clinical Investigation. 2020;41. Doi: 10.1515/hmbci-2019-0055.

Joel D. Beyond sex differences and a male-female continuum: Mosai brains in a muldimensional space. Handbook of Clinical Neurology. 2020;175:13-24.

Joel D, Garcia-Falgueras A, Swaab D. The complex relationships between sex and the brain. Neuroscientist. 2020;26:156-169.

Levin RJ. The clitoris – An appraisal of its reproductive function during the fertile years: Why was it, and still is, overlooked in accounts of female sexual arousal. Clinical Anatomy. 2020;33:136-145.

16

A Consciência Regulada

Os Níveis de Consciência e os Seus Mecanismos de Controle. O Ciclo Vigília-Sono e Outros Ritmos Biológicos

Gaggio Montano, de Carlos Scliar (1945), desenho em papel

Saber o Principal

Resumo

A repetição diária do ato de dormir é o mais conhecido dos ritmos da vida. Todos os vertebrados o apresentam. No entanto, existem muitos outros ritmos: de atividade motora, de desempenho cognitivo, de temperatura corporal, secreção hormonal, atividades reprodutoras e assim por diante. São atividades e funções que se repetem periodicamente, em geral sincronizadas com ciclos da natureza. A sincronia entre o organismo e a natureza, podemos bem imaginar, apresenta grande valor adaptativo para todos.

A questão maior, entretanto, é a seguinte: quem gera os ritmos? E quem os sincroniza com os ciclos naturais? A resposta: os organismos têm osciladores naturais, conjuntos de células cujas funções variam em ciclos espontaneamente. Nos animais superiores, muitos desses osciladores ficam no sistema nervoso, constituídos por neurônios especiais que disparam sinais de modo periódico. Esses "relógios biológicos" recebem informações do ambiente e, desse modo, a sua oscilação espontânea fica acoplada aos ciclos ambientais. No hipotálamo está o relógio dos ritmos do dia a dia (circadianos); no epitálamo fica o relógio dos ritmos sazonais (circanuais).

O mais conhecido dos ritmos é o ciclo vigília-sono, que nada mais é do que uma oscilação do nível geral de atividade do sistema nervoso: maior atividade durante a vigília, menor durante o sono (o que não quer dizer que durante o sono não haja atividade neural – há muita!). Regulam este ciclo os sistemas moduladores difusos, conjuntos de neurônios – cada um deles com neuromediadores diferentes – que emitem extensos e longos axônios que, por sua vez, estabelecem sinapses em grandes territórios do córtex cerebral e regiões subcorticais, do tálamo à medula espinhal.

Por ação dos sistemas moduladores difusos, ao final do dia adormecemos: nossa consciência se apaga e mergulhamos no inconsciente, os músculos repousam, as funções orgânicas ficam mais lentas e pausadas. O eletroencefalograma indica que atravessamos gradualmente os estágios do sono de ondas lentas. Subitamente, o EEG faz crer que vamos acordar: engano, entramos em um segundo estado, o sono paradoxal, no qual nos movemos pouco, mas sonhamos muito. O sono de ondas lentas é regulado por sistemas neuronais situados no tronco encefálico: alguns deles controlam a passagem de informação para o córtex por intermédio do tálamo. O sono paradoxal tem outro mecanismo que envolve neurônios diferentes do tronco encefálico. Ao final de tudo, o indivíduo desperta e a vigília é restabelecida.

Ninguém sabe bem a utilidade do sono. Entre as evidências mais consistentes está a participação do sono na consolidação das memórias do dia, fenômeno particularmente importante para a aprendizagem. Uma coisa é certa: o sono é necessário, não podemos viver sem ele. Não podemos tê-lo de menos (insônia) nem demais (hipersonia). Estamos destinados a passar um terço de nossas vidas dormindo.

A CONSCIÊNCIA REGULADA

Existem coisas na vida que fazemos religiosamente quase todos os dias: comer, beber, ir ao banheiro, dormir. Para as três primeiras é fácil encontrar uma razão biológica. Para o sono de toda noite, porém, qual a explicação? Por que temos que passar um terço de cada dia (um terço de nossas vidas!) dormindo? Quem pensar em descanso das atividades diurnas provavelmente está errado: pessoas fisicamente cansadas não dormem mais do que normalmente o fazem, e além disso podem descansar sem dormir. E as pessoas descansadas dormem tanto quanto as cansadas. Então, qual a explicação?

Essa questão tem intrigado os neurocientistas desde sempre e ainda não está resolvida. Tem levado a um grande interesse científico, não só pelas razões do sono diário, mas também devido aos mecanismos utilizados pelo sistema nervoso para produzi-lo infalivelmente dia após dia.

OS RITMOS DA VIDA

O sono é cíclico. Quer dizer: a cada 24 horas os seres humanos dormem pelo menos uma vez. Apesar das variações entre os indivíduos, e num mesmo indivíduo ao longo do tempo em função de contingências pessoais e sociais, essa repetição diária configura um ciclo ou ritmo.

Há vários ritmos na vida dos animais. Não só o ato de dormir se repete a cada 24 horas. O mesmo acontece com as atividades motoras e o repouso (mesmo que o animal não durma), com o desempenho psicomotor, a percepção sensorial, a secreção de alguns hormônios, a temperatura corporal e vários outros fenômenos fisiológicos e psicológicos (Figura 16.1A). Esses ritmos que se repetem a cada dia são, por isso mesmo, chamados *circadianos**, mas nem todos os ritmos da vida são circadianos. Alguns se repetem com um ciclo maior que uma vez por dia (p. ex., uma vez por mês) e são chamados *infradianos* (Figura 16.1B), enquanto outros se repetem com um ciclo menor (digamos, quatro vezes por dia), os *ultradianos*** (Figura 16.1C).

A secreção hormonal fornece exemplos para todos os tipos de ritmos: entre as gonadotrofinas[G], o hormônio luteinizante apresenta uma concentração plasmática que varia em um ciclo de algumas horas (ritmo ultradiano), enquanto o hormônio foliculoestimulante apresenta variações de con-

centração plasmática de periodicidade aproximadamente mensal (ritmo infradiano). Um outro hormônio hipofisário, a somatotrofina ou hormônio do crescimento, tem ciclo circadiano. O comportamento sexual e reprodutor da maioria dos animais obedece a um ritmo infradiano que varia com a espécie: são o ciclo estral das fêmeas dos mamíferos e o ciclo menstrual das mulheres. Outros ritmos infradianos acompanham as estações do ano: um bom exemplo é a hibernação de animais como os ursos e as marmotas, que vivem em regiões frias do planeta.

Os ritmos biológicos são universais: todos os seres vivos os apresentam. O que se acreditou inicialmente foi que eles seriam determinados pelos ciclos ambientais da natureza, como a alternância do dia e da noite. Seriam passivos, isto é, dependentes do ambiente externo. Talvez o primeiro trabalho científico a contestar essa ideia intuitiva tenha sido o do físico francês Jean-Jacques de Mairan (1678-1771), no século XVIII. Mairan observou que as folhas da planta sensitiva (*Mimosa pudica*) se fecham toda tarde. Intrigado com a regularidade do fenômeno, imaginou, primeiro, que ele ocorresse como resultado da diminuição da luminosidade do dia. Colocou então a planta dentro de um baú no porão de sua casa e surpreendeu-se ao verificar que o ritmo se mantinha até mesmo no escuro. A melhor explicação para o fenômeno é que existiria um relógio biológico a determiná-lo.

Hoje se sabe que é isso mesmo: há sistemas orgânicos especializados em gerar os ciclos funcionais que caracterizam os ritmos biológicos. Em alguns animais, como a mosquinha-das-frutas (*Drosophila sp.*) e os camundongos, já foram identificados "genes-relógios" e as proteínas que eles produzem, capazes de gerar oscilações circadianas no comportamento (como a atividade motora e a eclosão[G]). Várias células já foram identificadas, que expressam esses genes; nas drosófilas, sabe-se que nos fotorreceptores esses genes de expressão circadiana estão ativos. Nos vertebrados, especialmente os mamíferos, há também genes-relógios que podem ser identificados por meio de mutantes em neurônios do sistema nervoso central. Neste caso, a identidade de algumas dessas células já está bem determinada: constituem os relógios internos de que falamos antes. Alguns neurônios do hipotálamo expressam esses genes e têm sido bem estudados. Veremos detalhes do seu funcionamento adiante.

A existência de relógios internos pode ser facilmente revelada em animais e vegetais, quando estes são mantidos em um ambiente constantemente iluminado ou constantemente escuro (como Mairan fez com as sensitivas). Sua atividade motora, o ciclo vigília-sono e outros ritmos circadianos se mantêm, embora assumam gradualmente uma periodicidade diferente de 24 horas. Um experimento desse tipo foi feito na década de 1950 com voluntários humanos que viveram alguns meses em uma caverna profunda e totalmente escura sem informações sobre o andar do tempo.

---

* *O prefixo latino* circa *significa* cerca de.

** *Para entender a nomenclatura, lembre-se de que o período é o inverso da frequência. Nos ritmos infradianos o período pode ser até de meses (maior que 1 dia), mas a frequência é baixa (alguns ciclos por ano). Daí o prefixo* infra. *Nos ritmos ultradianos ocorre o contrário: o período é de horas (menor que 1 dia), mas a frequência é alta (vários ciclos por dia). Daí o prefixo* ultra.

[G] *Termo constante do glossário ao final do capítulo.*

▶ **Figura 16.1.** Muitos são os ritmos da vida. **A** apresenta a variação circadiana de um parâmetro comportamental (grau de alerta) e índices fisiológicos (temperatura corporal, concentrações sanguíneas de hormônios e a excreção urinária de K⁺). Em **B**, constata-se que a temperatura corporal das mulheres, quando medida sempre à mesma hora, apresenta também uma variação infradiana que atinge o pico no período da ovulação. **C** apresenta a ritmicidade ultradiana da concentração sanguínea do hormônio luteinizante, medida na mulher no 15º dia do ciclo mensal, após a ovulação. **A** modificado de Coleman RM. *Wide Awake at 3:00 AM by Choice or by Chance?* New York: W. H. Freeman, 1986. **B** modificado de Cipolla-Neto J et al. *Introdução ao Estudo da Cronobiologia*. São Paulo: Ícone Editora/EDUSP, 1988. **C** modificado de Vande Wiele RL, Ferin M. (1974) *Chronobiological Aspects of Endocrinology* (Aschoff J et al., orgs.). F. K. Schattuer, Alemanha.

Depois disso, o experimento foi repetido em condições de laboratório, com os mesmos resultados (Figura 16.2). Os ritmos circadianos, como no caso dos animais, adquiriam períodos diferentes de 24 horas, geralmente mais longos, mas variando de indivíduo para indivíduo.

Esses experimentos indicaram que os relógios internos, quaisquer que fossem eles, gerariam uma oscilação funcional automática, que, no entanto, seria sincronizada com um ciclo natural (como a alternância dia-noite). Isso significa que as células osciladoras (também chamadas marca-passos) devem estar de algum modo acopladas a outras que detectam as variações ambientais e produzem os efeitos cíclicos, respectivamente. Podemos então considerar que os relógios biológicos são ajustáveis ao ambiente pela ação de células sensoriais e vias aferentes, tornando-se sincronizados com os ciclos naturais. Seus efeitos, por outro lado, são produzidos por vias eferentes e seus efetores. Esses três componentes (aferentes, marca-passos e eferentes/efetores) caracterizam os chamados *sistemas temporizadores* (Figura 16.3), que induzem certas funções e comportamentos a operar em ritmos bem sincronizados com os ciclos naturais. Isso tem grande importância adaptativa, pois permite aos seres vivos, por exemplo, cada um a seu modo, prever a aproximação da noite e do inverno, momentos em que é necessário modificar o comportamento e o funcionamento do organismo.

▶ O Relógio Hipotalâmico e os Ritmos do Dia a Dia

O sistema temporizador circadiano dos mamíferos tem sido bastante estudado, e muito já se conhece sobre ele. Um dos seus marca-passos foi identificado: fica no diencéfalo[A] e tem o nome de *núcleo supraquiasmático*, porque se situa no hipotálamo[A], bem acima do quiasma óptico[A] (Figura 16.4). Trata-se de um par de núcleos pequenos que recebem axônios provenientes de ambas as retinas, originários de certas células ganglionares da retina que ao mesmo tempo são

---

[A] *Estrutura encontrada no* Miniatlas de Neuroanatomia *(p. 359)*.

A CONSCIÊNCIA REGULADA

▶ **Figura 16.2.** Neste experimento, um indivíduo submeteu-se ao registro diário de seus períodos de sono (barras pretas). Inicialmente, dormia regularmente à meia-noite e acordava em torno das 8 da manhã. No sexto dia, todas as pistas que pudessem indicar-lhe o andamento do tempo foram retiradas (relógios, sons externos, variações de luminosidade etc.). Seus períodos de sono foram então se afastando gradativamente, passando a seguir um ciclo em torno de 26 horas. No 84º dia os pesquisadores lhe forneceram pistas invertidas da sequência dia-noite e ele voltou ao ciclo de 24 horas, mas passou a dormir ao meio-dia, acordando às 8 da noite. No 100º dia o experimento se encerrou e o indivíduo voltou ao ritmo circadiano normal. Modificado de Martin JB et al. *Neurosecretion and Brain Peptides: Implications for Brain Functions and Neurological Disease*. Nova York: Raven Press, 1981.E. D.

temporizador circadiano, ou seja, capaz de gerar um ritmo acoplado ao ciclo dia-noite. A luz é absorvida pela melanopsina das células ganglionares fotorreceptoras, cujos axônios excitatórios ativam os neurônios do supraquiasmático: estes, portanto, aumentam sua frequência de disparo durante o dia e a diminuem durante a noite. Que fazem, então, os axônios eferentes, que emergem dos neurônios do supraquiasmático? Esses, mais diversificados que os primeiros, podem ser divididos em duas classes principais: (1) os que projetam para diversos outros núcleos do hipotálamo; (2) os que projetam para o prosencéfalo basal[A] e o tálamo. O acesso aos diversos núcleos hipotalâmicos coloca o núcleo supraquiasmático em boa posição para interferir sobre as funções autonômicas de controle visceral (sobre isso, veja o Capítulo 14), e o acesso ao prosencéfalo basal e ao tálamo permitiria influenciar diversos comportamentos motivados (Capítulo 15). Além disso, como veremos adiante, ambos os circuitos eferentes são apropriados para influenciar o ciclo vigília-sono.

Saber as conexões do núcleo supraquiasmático, entretanto, não garante que ele seja um marca-passo, e muito menos que seja sincronizado pela luz do dia e transfira essa sincronização para as funções cíclicas circadianas. É preciso testar essas hipóteses. Os neurofisiologistas realizaram vários experimentos com esse objetivo. Se o núcleo supraquiasmático é realmente o marca-passo do sistema temporizador circadiano, então um animal submetido à remoção cirúrgica desse núcleo deve se tornar incapaz de ciclar. De fato. Quando se mede a atividade locomotora de roedores de laboratório (Figura 16.5), registrando-a continuamente em um computador, o registro mostra um nítido ritmo circadiano relacionado com o fotoperíodo[G] no qual se mantêm os animais. Se, então, realiza-se uma cirurgia para a remoção dos dois núcleos supraquiasmáticos de cada animal e novamente se registra a atividade locomotora deles, o resultado é claro: desaparece a ritmicidade e os momentos de atividade tornam-se completamente aleatórios.

Como os mesmos resultados são obtidos para outras funções circadianas, além da atividade locomotora, conclui-se desse tipo de experimento que o núcleo supraquiasmático confere periodicidade às funções, mas não participa delas, já que continuam normais, exceto quanto à ritmicidade. O que se pode dizer, no entanto, da sincronização com o ciclo natural dia-noite? Um marca-passo confere um ritmo, mas este pode não ser sincronizado com os ritmos da natureza. O esclarecimento dessa questão veio de outros experimentos com lesões diferentes. Os animais eram primeiro submetidos à interrupção do trato óptico (não do nervo óptico[A]), preservando os feixes retino-hipotalâmicos e os núcleos supraquiasmáticos: tornavam-se cegos, ou seja, incapazes de realizar comportamentos dependentes da visão, mas a sua atividade locomotora geral permanecia periódica e circadiana.

fotorreceptoras, capazes de detectar mudanças de luminosidade do ambiente por meio de um pigmento fotossensível chamado *melanopsina*. Esses axônios são glutamatérgicos e saem do trato óptico[A] logo após o cruzamento quiasmático para formar um feixe muito curto, chamado retino-hipotalâmico. Outra região do sistema visual estende axônios para o núcleo supraquiasmático: o tálamo[A], especificamente a porção ventral do núcleo geniculado lateral.

As aferências que chegam ao núcleo supraquiasmático, portanto, são adequadas à função que se postula para ele, de

571

▸ **Figura 16.3.** Componentes básicos dos sistemas temporizadores que sincronizam os ritmos internos de cada indivíduo com os ciclos naturais. Modificado de Rosenzweig MR et al. *Biological Psychology*. 2ª ed. Sunderland: Sinauer Associates, 1999.

▸ **Figura 16.4.** Os componentes neurais do sistema temporizador circadiano dos mamíferos incluem um marcapasso no hipotálamo (o núcleo supraquiasmático), seus aferentes provenientes das células ganglionares fotorreceptoras e do tálamo (núcleo geniculado lateral ventral), eferentes ao prosencéfalo basal e ao tálamo, e eferentes a outros núcleos do hipotálamo (não ilustrados).

Outros animais serviam de contraprova; eram submetidos à interrupção exclusivamente dos feixes retino-hipotalâmicos (sem a lesão dos núcleos). Neste caso, permaneciam perfeitamente capazes de identificar estímulos visuais e também de se locomover normalmente, mas o seu ciclo de atividade e repouso passava a ter um período mais longo, de 25 ou 26 horas. Esses resultados mostraram que a luz é que efetivamente sincroniza o marca-passo com o ciclo dia-noite; é *o estímulo temporizador** (ou sincronizador)

principal dos ritmos circadianos, e sua influência chega ao marca-passo (o núcleo supraquiasmático) pelas fibras retino-hipotalâmicas.

O selo definitivo sobre a função temporizadora do núcleo supraquiasmático proveio de experimentos de transplantes do núcleo em animais previamente submetidos à lesão cirúrgica dele. Após a primeira cirurgia, os animais tornavam-se acíclicos como os descritos anteriormente, até que o transplante era depositado no terceiro ventrículo[A], bem próximo ao quiasma óptico. A partir daí voltavam a ciclar, de acordo com o ritmo do doador, o que não só

---

* *Equivalente em português do termo em alemão muito usado em textos técnicos:* Zeitgeber.

A CONSCIÊNCIA REGULADA

▶ **Figura 16.5.** O ritmo circadiano da atividade locomotora de um animal de laboratório pode ser registrado por meio de dispositivos simples como o que está ilustrado em **A**: trata-se de uma roda que o animal utiliza com muita frequência, cujas rotações são registradas em um computador, indicando a atividade locomotora diária do animal. Os registros diários são então compostos em sucessão de cima para baixo pelo computador, gerando o gráfico mostrado em **B**. Neste experimento (**B**), o animal mostra um ritmo circadiano bastante regular até o momento da remoção bilateral dos núcleos supraquiasmáticos (seta), quando sua atividade se torna totalmente irregular. **B** modificado de Zigmond MJ et al., (orgs.). *Fundamental Neuroscience*. Nova York: Academic Press, 1999.

confirma a participação do núcleo, mas também indica que pelo menos alguns dos sinais eferentes enviados ao hipotálamo são químicos e eficazes, mesmo que as conexões com o hipotálamo vizinho não tenham sido restauradas, como era o caso.

De que modo funciona o relógio hipotalâmico? Essa questão foi esclarecida pelos fisiologistas que registraram a atividade de neurônios do núcleo supraquiasmático em animais normais. Eles constataram que esses neurônios são "osciladores naturais", ou seja, seu potencial de repouso (PR) varia ciclicamente, em vez de manter-se estacionário, como ocorre com os demais neurônios. Quando o neurônio marca-passo se despolariza a cada ciclo, o PR aproxima-se do limiar de disparo do neurônio e, então, surgem potenciais de ação que, naturalmente, são conduzidos adiante pelo axônio. Na repolarização, o PR é restaurado ao seu valor normal, mas logo volta a se despolarizar lentamente e o ciclo se repete. Essa é uma propriedade intrínseca da membrana dos neurônios marca-passos (Figura 16.6), comandada de algum modo pela expressão de genes-relógios,

e que persiste quando eles são cultivados fora do encéfalo. Existe no feto antes da sinaptogênese e não é bloqueada pela tetrodotoxina – um bloqueador específico dos canais de Na^+ dependentes de voltagem.

Em resumo, o relógio hipotalâmico por si só é "impreciso", pois tem um ciclo um pouco diferente de 24 horas. Por essa razão precisa ser sincronizado ao ciclo natural dia-noite. Para que isso seja feito, a intensidade da luz (do dia) é diariamente monitorada pelo núcleo supraquiasmático por meio de seus aferentes visuais, o que serve de ajuste para os neurônios osciladores desse núcleo, que passam a disparar menos com o cair da noite e retomam a frequência mais alta no raiar do dia seguinte. As conexões eferentes do supraquiasmático (com outros núcleos hipotalâmicos e com o prosencéfalo basal) veiculam os comandos para que algumas das funções autonômicas, neuroendócrinas e comportamentais – inclusive a vigília e o sono – possam ser reguladas de acordo com o período de 24 horas.

Você pensará imediatamente que a luz do dia não deve ser o único estímulo temporizador. É verdade. Para

▶ **Figura 16.6.** O núcleo supraquiasmático funciona ciclicamente mesmo quando é isolado do cérebro e cultivado em laboratório por alguns dias. Neste experimento, os pesquisadores inseriram um gene que produz uma substância luminescente sob controle de um gene-relógio dos neurônios do núcleo. A expressão cíclica desse gene-relógio era indicada pela bioluminescência do núcleo (**A**), e representada pela curva azul em **B**. A luminescência crescente mostrou-se correlacionada com o número também crescente de neurônios ativos, como mostra o gráfico de barras. Observando o núcleo em maior aumento (**C**), foi possível identificar os neurônios, quatro dos quais tiveram a sua luminescência registrada individualmente (**D**, curvas de diferentes cores). Modificado de Yamaguchi S et al. *Science*. 2003;302:1408-1412.

o homem, especialmente, as circunstâncias sociais são eficientes temporizadores: é o caso dos turnos de trabalho, das oportunidades de lazer noturno e da própria luz elétrica, que prolonga a luminosidade do dia pela noite adentro, além de outros. Um aspecto importante adicional é que o fotoperíodo natural não é sempre o mesmo durante o ano: varia com as estações. Será que há outros relógios sincronizados com as estações?

▶ **O Relógio Epitalâmico e o Ritmo das Estações**

Realmente, há evidências de que existem outros relógios biológicos para controlar os ritmos não circadianos. O mais conhecido deles fica no epitálamo, uma parte do diencéfalo situada dorsalmente ao tálamo (o prefixo *epi* significa, entre outras coisas, *sobre, acima de*). A parte mais saliente do epitálamo é a *glândula pineal* ou epífise (Figura 16.7), que emerge do diencéfalo como um pequeno cogumelo cuja cabeça cai para trás, ficando pousada sobre o mesencéfalo, entre os dois colículos superiores[A].

A pineal é um marca-passo do sistema temporizador infradiano circanual encarregado de monitorar as estações do ano e sincronizar com elas algumas funções que variam anualmente, como o comportamento reprodutor de muitos animais, o fenômeno da hibernação e outros. A luz é também o estímulo temporizador para a pineal, mas o circuito responsável é mais indireto que o do supraquiasmático (Figura 16.7). Estão envolvidos: (1) o feixe retino-hipotalâmico, já descrito; (2) as conexões do supraquiasmático com outros núcleos do hipotálamo (especialmente o núcleo paraventricular); (3) as longas projeções descendentes desses núcleos para o corno intermediolateral da medula espinhal[A], onde ficam os neurônios pré-ganglionares da divisão simpática do sistema nervoso autônomo (Capítulo 14); (4) as fibras pré-ganglionares simpáticas que inervam o gânglio cervical superior, componente periférico do sistema nervoso autônomo, onde estão os neurônios pós-ganglionares; e (5) as fibras pós-ganglionares, que finalmente inervam a pineal utilizando a noradrenalina como neurotransmissor.

Por esse longo circuito, o sistema temporizador circanual se integra ao sistema temporizador circadiano. E o que faz a pineal? Sob ativação simpática, que aumenta durante a noite, os neurônios da pineal (pinealócitos) aumentam a síntese e a secreção de um hormônio que tem ficado famoso nos últimos tempos: a *melatonina*. Sabe-se que uma das ações da melatonina envolve a redução da função das gônadas dos animais durante o inverno, quando os dias são curtos e as noites, longas. Pois bem, a secreção de melatonina atinge maiores concentrações plasmáticas justamente quando as noites são mais longas, e é por isso que as funções gonadais se tornam reduzidas no inverno. A pineal, então, é um sensor da duração do fotoperíodo, e é por essa sua propriedade que a melatonina tem sido utilizada com relativo sucesso como medicamento capaz de diminuir os efeitos do *jet-lag*, as alterações de ritmo circadiano que ocorrem quando se viaja de avião a jato para o leste ou para o oeste.

A ação da melatonina é possibilitada pelos receptores específicos para ela (receptores MT_1 e MT_2), que algumas células sintetizam e expressam na membrana. É o caso do próprio núcleo supraquiasmático, sítio de grande concentração desses receptores. Assim, essa estreita relação do sistema temporizador circanual com o circadiano se fecha

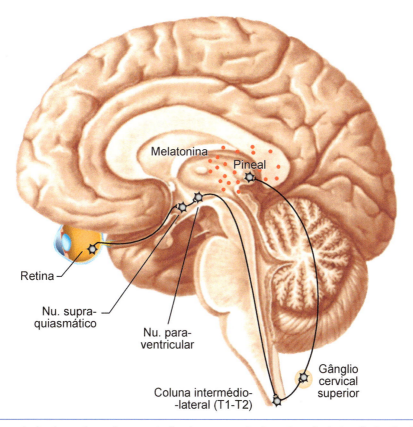

▶ **Figura 16.7.** O sistema temporizador circanual reconhece as estações do ano por meio da monitoração da duração dos dias, feita pelo núcleo supraquiasmático com informações da retina, e das noites pelo aumento da concentração sanguínea do hormônio melatonina. Seus componentes envolvem um longo circuito que termina na glândula pineal, que por sua vez secreta melatonina. Este hormônio é o efetuador dos fenômenos fisiológicos que variam com as estações do ano. Quanto mais longa a noite (no inverno), maior fica a concentração de melatonina no sangue, e mais intenso o seu efeito sobre os órgãos e tecidos periféricos.

"quimicamente", uma vez que a concentração de melatonina circulante é detectada pelos neurônios supraquiasmáticos, cuja atividade é então regulada de acordo.

SISTEMAS MODULADORES

O ciclo vigília-sono é um dos ritmos circadianos, portanto é também sincronizado pelo sistema temporizador regido pelo núcleo supraquiasmático. Há evidências disso nos animais com lesões desse núcleo hipotalâmico e em indivíduos humanos portadores de certos tumores que atingem o núcleo. Uns e outros apresentam distúrbios do ciclo vigília-sono.

No caso de uma função hormonal como a secreção de hormônio do crescimento, por exemplo, é fácil identificar os mecanismos e circuitos neurais envolvidos, porque sabemos que esse hormônio é produzido e secretado pela hipófise e que esta é controlada por certos núcleos do hipotálamo (mais detalhes no Capítulo 15). Como esses núcleos recebem aferentes do núcleo supraquiasmático, tudo fica coerente e claro.

Podemos utilizar a mesma estratégia para compreender de que modo o sistema temporizador circadiano regula o ciclo do sono, mas, neste caso, os circuitos e mecanismos são muito mais complexos e irão ocupar todo o restante deste capítulo.

A primeira impressão que você tem ao pensar no que se passa quando adormece é que o seu cérebro estaria sendo "desligado". Foi isso que pensaram também os primeiros neurocientistas ao abordar a fisiologia do sono. Enganaram-se parcialmente. Julgaram que bastaria que os sistemas sensoriais se desligassem para o indivíduo dormir e religassem para o despertar. Não é bem assim. Para ligar ou desligar o conjunto de uma só vez é necessário um sistema de conexões bastante espalhado, difuso mesmo, capaz de ligar (ou desligar) muitas áreas ao mesmo tempo. Não seria eficiente utilizar os sistemas sensoriais um a um, por exemplo, e ir ligando (ou desligando) a visão, a audição, a somestesia etc., separadamente. É como a rede elétrica de um teatro. O iluminador pode acionar um projetor específico para um ponto do palco ou, então, todas as luzes da sala ao mesmo tempo, mas pode também utilizar atenuadores*, diminuindo ou aumentando a intensidade de luz de cada projetor separadamente ou, então, de toda a sala em conjunto. Para o sistema nervoso, os circuitos que controlam cada "projetor" são chamados *sistemas específicos* (sensoriais, motores e outros), e os que controlam a "sala" (o SNC em conjunto) são os *sistemas difusos*. Os equivalentes neurais dos atenuadores são os *sistemas moduladores*, que podem ser também específicos ou difusos. Exemplo de sistema

---

* Dimmers, *em inglês, como são conhecidos também no Brasil.*

modulador específico é o que controla os mecanismos atencionais (veja detalhes no Capítulo 17). Por intermédio dele podemos prestar atenção a um determinado som do ambiente, destacando-o dos outros estímulos presentes naquele momento: sons, luzes, objetos etc. O sistema atencional faz isso modulando a excitabilidade auditiva para favorecer a percepção daquele som e nada mais. Funciona mesmo como um projetor dirigido ao palco do teatro, que leva o público a dirigir a sua percepção a um ponto específico.

Os sistemas moduladores difusos fazem o papel dos atenuadores gerais do teatro: controlam o nível de consciência e o comportamento do indivíduo como se fosse a intensidade de iluminação da sala toda. Podemos estar acordados, extremamente alertas e fazendo várias coisas ao mesmo tempo (sala plenamente iluminada). Podemos também estar acordados, mas distraídos, sem muitos movimentos (sala a meia luz); sonolentos e escarrapachados numa poltrona, levemente adormecidos (sala na penumbra); ou dormindo profundamente na cama (escuridão completa). Trata-se de uma faixa contínua de níveis de consciência e de comportamento que oscilam a cada 24 horas: um ritmo circadiano muito conhecido nosso, o ciclo vigília-sono.

▶ Neuroanatomia e Neuroquímica dos Sistemas Moduladores

Quem primeiro suspeitou da existência de sistemas difusos capazes de controlar os níveis de consciência e as ações comportamentais foram os neurofisiologistas interessados em decifrar os mecanismos do sono e da vigília. Os dados que obtiveram levaram-nos a postular a existência desses sistemas sem saber ao certo se existiam de fato. Entraram em ação, então, os neuroanatomistas. Alguns deles – de inclinação mais descritiva – buscaram neurônios cujos axônios tivessem trajeto ramificado e difuso atingindo extensas regiões do sistema nervoso. Outros – de tendência mais neuroquímica – preferiram identificar sistemas de neurotransmissores cuja ação dispersa pudesse estar de acordo com o caráter difuso que os fisiologistas haviam previsto. Resultaram dois conjuntos de dados – morfológico e neuroquímico – que só recentemente puderam ser reunidos.

Diferentes sistemas difusos foram identificados, e a maioria dos neurônios que lhes dão origem reside no tronco encefálico, às vezes reunidos em núcleos bem definidos, outras vezes frouxamente distribuídos em meio a uma rede de fibras nervosas dispostas em todas as direções, constituindo um conjunto que recebe o nome genérico de *formação reticular* (Figura 16.8A). A formação reticular estende-se desde o bulbo[A] até o mesencéfalo. Muitos neurônios reticulares preenchem as condições para exercer funções moduladoras difusas: seus corpos celulares são pequenos, mas seus axônios – muito ramificados – apresentam ramos ascendentes capazes de exercer suas ações sobre o diencéfalo e o telencéfalo e, também, ramos descendentes que chegam à medula (Figura 16.8B).

A Consciência Regulada

▶ **Figura 16.8. A**. A posição relativa dos núcleos que participam dos sistemas moduladores difusos pode ser representada em uma vista dorsal do tronco encefálico (como indica a luneta, acima). **B**. Muitos neurônios desses núcleos emitem fibras extensas, frequentemente bifurcadas, com ramos ascendentes e descendentes. Neste exemplo, um neurônio da formação reticular está representado em vista lateral do tronco encefálico (como indica a luneta correspondente), rodado 90º em relação a **A**. **B** modificado de Jasper HH et al. (org.). *Reticular Formation of the Brain*. Nova York: Little & Brown, 1958.

Outros neurônios com características semelhantes foram identificados em núcleos distintos do bulbo e da ponte[A] (Figura 16.8A), como é o caso do *locus coeruleus* e dos núcleos da rafe mediana; no tegmento[G,A] mesencefálico; e até mesmo no prosencéfalo basal, como o núcleo de Meynert e a área septal[A].

Os neurônios dessas regiões foram estudados pelos fisiologistas, que puderam registrar a sua atividade em experimentos com animais de laboratório. Os experimentos constataram que esses neurônios, por terem somas pequenos, apresentam axônios finos e, por isso, baixas velocidades de condução (em torno de 1 m/s), no entanto disparam potenciais de ação ritmadamente como metrônomos[G], *i. e.*, a frequências bastante regulares (entre 1 e 10 Hz). Essas características funcionais, associadas à natureza difusa de seus axônios, são compatíveis com a hipótese de que se tratem realmente de neurônios moduladores. Outros experimentos, como veremos adiante, confirmaram essa hipótese.

Um grande avanço na compreensão dos mecanismos de ação dos sistemas moduladores ocorreu com a aplicação de técnicas histoquímicas[G] e imuno-histoquímicas[G], que identificaram os neurotransmissores (e a maquinaria molecular que os sintetiza) em cada grupo de células. Constatou-se a existência de diferentes sistemas moduladores difusos, cada um deles caracterizado por empregar um determinado neurotransmissor. Emergiu uma visão original do efeito que eles causam nas extensas regiões que inervam: a criação de "microclimas" neuroquímicos. Quando um sistema difuso que utiliza a noradrenalina, por exemplo, aumenta sua atividade, ocorre a liberação desse neurotransmissor nas amplas áreas que recebem os axônios respectivos – cria-se um "microclima noradrenérgico", como se o tecido se tornasse banhado em noradrenalina. Se, no momento seguinte, um outro sistema difuso predominar, por exemplo, o que emprega a serotonina como neurotransmissor, o microclima torna-se serotoninérgico. O equilíbrio entre os diversos neurotransmissores de liberação difusa no tecido neural faria modular a excitabilidade dos neurônios, e com isso seria possível controlar dinamicamente o seu nível geral de atividade. Em conjunto, o resultado funcional seria o controle do nível de consciência e da atividade comportamental geral do indivíduo.

Ao identificar um a um os diferentes sistemas de neurônios moduladores mediante seus neurotransmissores, os neuroquímicos criaram uma nomenclatura para eles que diferiu da nomenclatura tradicional dos núcleos e regiões neurais. Cada sistema foi codificado com uma letra e um número (Tabela 16.1): a letra indica o neurotransmissor e o número assinala aproximadamente a localização rostrocaudal de cada grupo de neurônios que tem aquele neurotransmissor. Os números menores indicam níveis mais caudais, e os maiores, níveis mais rostrais (com exceção da acetilcolina, codificada exatamente ao contrário).

Os neurônios noradrenérgicos formam o conjunto mais numeroso (Figura 16.9) e constituem duas colunas: dorsal e ventral. A coluna ventral contém neurônios associados ao núcleo ambíguo[A] (A1), enquanto a coluna dorsal contém neurônios dos núcleos do trato solitário e motor do vago (A2) e da formação reticular (A3). As duas colunas situam-se no bulbo e os seus neurônios emitem projeções para o hipotálamo, participando do controle das funções cardiovasculares e neuroendócrinas (veja os Capítulos 14 e 15 para maiores detalhes). Mais acima, na ponte, estão os grupos A5 e A7, que compõem a formação reticular pontina, com projeções descendentes para a medula toracolombar e participação na modulação dos reflexos autonômicos. Na ponte ficam também os grupos A4 e A6, que correspondem

Tabela 16.1. Os Sistemas Moduladores

Neurotransmissor	Classificação Neuroquímica	Equivalência Anatômica	Projeção	Função
Noradrenalina	A1	Núcleo ambíguo[A]	Ascendente (hipotálamo)	Modulação cardiovascular e endócrina
	A2	Núcleo do trato solitário[A] e Núcleo dorsal do vago[A]	Ascendente (hipotálamo)	Modulação cardiovascular e endócrina
	A3	Formação reticular bulbar	Ascendente (hipotálamo)	Modulação cardiovascular e endócrina
	A4 e A6	*Locus coeruleus*	Ascendente (todo o prosencéfalo e mesencéfalo) e descendente (rombencéfalo e medula)	Modulação da excitabilidade cortical e subcortical; regulação do ciclo vigília-sono
	A5 e A7	Formação reticular pontina	Descendente (medula)	Controle do tônus muscular
Dopamina*	A8, A9 e A10	Substância negra e área tegmentar ventral	Ascendente (núcleos da base e regiões límbicas)	Coordenação motora, modulação emocional e comportamentos motivados
	A11 a A15	Hipotálamo	Local (infundíbulo[A] e neuro-hipófise) e descendente (coluna intermediolateral da medula)	Controle neuroendócrino e regulação do tônus simpático
	A16	Bulbo olfatório[A]	Local	?
	A17	Retina	Local	Modulação da adaptação retiniana
Serotonina	B1 a B3	Núcleos da rafe bulbar	Descendente (coluna intermediolateral da medula)	Regulação do tônus simpático
	B4	Núcleo magno da rafe	Descendente (corno dorsal da medula)	Modulação da dor
	B5 a B9	Núcleos da rafe pontina e mesencefálica (grísea periaquedutal)	Ascendente (todo o prosencéfalo)	Modulação da excitabilidade cortical e subcortical
Adrenalina	C1	Núcleo ambíguo	Ascendente e descendente (hipotálamo e coluna intermediolateral da medula)	Regulação do tônus vasomotor simpático e controle cardiovascular
	C2	Núcleo do trato solitário	Ascendente (núcleo parabraquial)	Modulação da motilidade gastrointestinal
Acetilcolina**	Ch1 a Ch4	Área septal, núcleos da banda diagonal e núcleo basal de Meynert	Ascendente (todo o córtex cerebral) e descendente (tronco encefálico)	Modulação da excitabilidade cortical e da memória
	Ch5 e Ch6	Núcleos pontinos rostrais e formação reticular mesencefálica	Ascendente (mesencéfalo e diencéfalo) e descendente (bulbo)	Manutenção da vigília; iniciação do sono paradoxal
Histamina	E1 a E5	Núcleo tuberomamilar do hipotálamo posterior	Ascendente (todo o prosencéfalo) e descendente (rombencéfalo)	Manutenção da vigília; controle do nível de alerta comportamental

* Os neurônios dopaminérgicos recebem a mesma letra (A) que os noradrenérgicos, porque as técnicas histoquímicas iniciais não permitiam distingui-los.

** Os neurônios colinérgicos, de identificação recente, não seguem a mesma lógica alfanumérica dos demais. Há também neurônios colinérgicos de projeção local no corpo estriado.

578

ao *locus coeruleus*. Este tem grande importância no controle do ciclo vigília-sono, e suas projeções estão de acordo com essa função: os axônios cerúleos estendem-se e ramificam-se por praticamente todo o SNC, do córtex cerebral à medula espinhal (Figura 16.9B)!

Parentes próximos dos neurônios noradrenérgicos são os adrenérgicos (C1 e C2), não só pela semelhança química entre a noradrenalina e a adrenalina, mas também porque se encontram misturados no bulbo (com os grupos A1 e A2, respectivamente) (Figura 16.9A). As células C1 se projetam à coluna intermediolateral da medula toracolombar, onde se situam os neurônios pré-ganglionares simpáticos que controlam o diâmetro vascular periférico (confira no Capítulo 14). Outros neurônios C1 projetam-se ao hipotálamo, participando, ali também, da regulação da função cardiovascular. As células C2 são componentes do núcleo do trato solitário e participam da modulação da motilidade gastrointestinal.

Os grupos de neurônios que utilizam a dopamina como neurotransmissor (A8 a A17) são bastante diversificados. Alguns (A8 a A10) incluem a substância negra[A] no mesencéfalo e a área tegmentar ventral adjacente (Figura 16.10A). Uma parte projeta para os núcleos da base (veja a respeito o Capítulo 12) e, portanto, participa do controle motor. Outros neurônios emitem axônios que se estendem por diversas regiões límbicas prosencefálicas, constituindo um sistema modulador do humor. Outros neurônios dopaminérgicos (A11 a A15) situam-se no hipotálamo e projetam localmente à eminência mediana e à neuro-hipófise, ou vão mais longe, até a medula toracolombar (Figura 16.10B). No primeiro caso são controladores da secreção hormonal hipofisária e, no segundo, modulam os neurônios pré-ganglionares simpáticos. Um terceiro conjunto de células dopaminérgicas localiza-se no bulbo olfatório e na retina, onde elas parecem desempenhar funções no processamento sensorial correspondente.

Os neurônios que contêm serotonina (Figura 16.11) são todos concentrados bem próximo à linha média do tronco encefálico, ocupando os *núcleos da rafe**. Os mais caudais, situados no bulbo, têm projeções descendentes e participam do controle simpático (B1 a B3) e da modulação endógena da dor (B4), descrita no Capítulo 7. Os mais rostrais (B5 a B9) são muito importantes para a regulação do ciclo vigília-sono, como veremos adiante, e participam também da modulação de comportamentos motivacionais e emocionais (Capítulos 15 e 20, respectivamente). Na verdade, os núcleos da rafe pontina continuam-se sem interrupção com a grísea periaquedutal do mesencéfalo, uma estrutura com importante participação nos comportamentos emocionais. Os neurônios serotoninérgicos mais rostrais (B5 a B9) projetam amplamente a todo o prosencéfalo e ao cerebelo[A].

Finalmente, existem os neurônios colinérgicos e histaminérgicos, que foram descobertos depois dos demais. Os colinérgicos do prosencéfalo basal (Figura 16.12A: Ch1 a

---

* Raphé, *em francês, quer dizer* sutura, junção.

▶ **Figura 16.9.** Os sistemas moduladores noradrenérgicos (grupo A) e adrenérgicos (grupo C) originam-se no tronco encefálico. Em **A**, os sistemas noradrenérgicos estão representados em azul e os adrenérgicos, em vermelho. **B** representa em separado as extensas conexões noradrenérgicas do *locus coeruleus* (A4 e A6).

▶ **Figura 16.10.** Os sistemas moduladores dopaminérgicos também são incluídos no grupo A porque as técnicas histoquímicas iniciais não eram capazes de distingui-los dos noradrenérgicos e adrenérgicos.

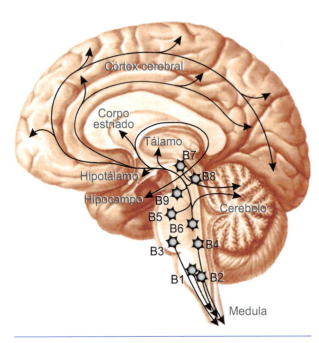

▶ **Figura 16.11.** Os sistemas moduladores serotoninérgicos (grupo B) apresentam neurônios concentrados na linha média do tronco encefálico e do mesencéfalo. Os mais rostrais emitem axônios ascendentes, enquanto os mais caudais projetam para a medula.

Ch4) assumiram grande importância médica, porque estão entre os primeiros a degenerar em indivíduos idosos com doença de Alzheimer, o que naturalmente nos leva a concluir que participam dos mecanismos da memória. Sabe-se também que participam da regulação do ciclo vigília-sono.

Os colinérgicos mais caudais, situados na ponte (Figura 16.12A: Ch5 e Ch6), têm projeção ascendente para o mesencéfalo e o diencéfalo e descendente para o bulbo. Em ambos os casos, participam da regulação do ciclo vigília-sono. Os neurônios que sintetizam histamina localizam-se no hipotálamo (Figura 16.12B: E1 a E5) e têm projeções ascendentes e descendentes que se ramificam em vastas regiões do prosencéfalo e do rombencéfalo. Além disso, participam da regulação dos comportamentos de alerta, ou seja, modulam a excitabilidade cortical durante a vigília.

Se você conseguiu ultrapassar os aborrecidos parágrafos precedentes, deve estar se perguntando que sentido se pode dar a todo esse conjunto complexo de núcleos, neurotransmissores e siglas. Há um sentido geral. Alguns dos sistemas moduladores são relativamente específicos, tanto do ponto de vista morfológico como do funcional. É o que acontece com os neurônios dopaminérgicos da retina (A17), por exemplo, que atuam localmente no processo de adaptação à luz e ao escuro. Os neurônios serotoninérgicos do núcleo magno da rafe (B4), por outro lado, atuam de modo um pouco mais distribuído, controlando a transmissão das informações nociceptivas no corno dorsal da medula e, assim, modulando a dor. Em ambos os casos, ocorre um tipo de modulação funcional que pouco tem a ver com o ciclo vigília-sono.

Há, no entanto, outro grupo de sistemas moduladores, em geral mais difusos, que participam do ciclo vigília-sono. Alguns deles são moduladores extremamente difusos (ascendentes e descendentes), como os neurônios

A Consciência Regulada

▶ **Figura 16.12.** Os sistemas moduladores colinérgicos (**A**) têm neurônios situados no prosencéfalo basal (Ch1-Ch4) e no tronco encefálico (Ch5 e Ch6). Há também neurônios colinérgicos de axônios curtos no corpo estriado. Os sistemas histaminérgicos (**B**) têm origem no hipotálamo posterior (E1-E5).

noradrenérgicos do *locus coeruleus* (A4 e A6) e os serotoninérgicos das rafes pontina e mesencefálica (B5-B9). Os axônios desses sistemas inervam praticamente todo o SNC, modulando a sua excitabilidade global e, assim, controlando o nível de consciência do indivíduo, entre o alerta e o sono profundo. Outros sistemas moduladores participam dos mecanismos do sono e da vigília de modo um pouco menos difuso. Por exemplo: os neurônios noradrenérgicos descendentes da formação reticular pontina (A5 e A7) são os responsáveis pela diminuição do tônus muscular que ocorre quando o indivíduo adormece. Ao mesmo tempo, as células noradrenérgicas ascendentes do tronco encefálico (A1 e A3) modulam as regiões do hipotálamo encarregadas do controle cardiovascular e neuroendócrino e, assim, produzem as alterações de frequência cardíaca e de secreção hormonal que ocorrem durante o sono e a vigília.

SONO

Cada um de nós tem o seu ritual particular para dormir. Uns bebem água, outros comem um doce, muitos escovam os dentes. Todos os seres humanos, entretanto, atravessam as mesmas etapas ao transitar entre a vigília e o sono: o corpo vai ficando mole, as pálpebras se fecham, a percepção sensorial diminui e aos poucos o mundo exterior vai-se apagando. Nada disso é definitivo, entretanto. Ao final de algumas horas, o indivíduo acorda e o ciclo recomeça.

▶ Os Fenômenos do Sono

Os eventos comportamentais e fisiológicos que ocorrem nos seres humanos durante a vigília e durante o sono, bem como na transição de uma para o outro, foram bem estudados pelos fisiologistas e neurologistas em laboratórios e clínicas de sono. Tipicamente, esses laboratórios oferecem a voluntários ou a pacientes com distúrbios do sono uma sala climatizada com uma boa cama e decoração aconchegante. Além disso, possuem um visor com vidro unidirecional e equipamentos de vídeo que permitem a observação de fora pelos pesquisadores. Outros equipamentos registram o eletroencefalograma (EEG) (para monitorar a atividade cerebral), o eletrocardiograma (ECG) (para documentar especialmente a frequência cardíaca), o eletromiograma (EMG) (para registrar o tônus muscular), o eletro-oculograma (EOG) (que acusa a ocorrência de movimentos oculares), sensores de fluxo respiratório e outros parâmetros fisiológicos. Em conjunto, esse tipo de documentação múltipla do sono chama-se registro polissonográfico. Em laboratórios que utilizam animais não humanos para o estudo da neurobiologia do sono, além do registro polissonográfico podem-se também realizar registros intracranianos para estudar a atividade neuronal e associá-los à microinjeção de drogas neuroativas, lesões do sistema nervoso e outros experimentos que não podem ser realizados em seres humanos.

Com essa parafernália de monitoração, puderam-se acompanhar detalhadamente todos os fenômenos do ciclo vigília-sono, que foram então divididos em três categorias: comportamentais, autonômicos e eletroencefalográficos. Além disso, o sono pode ser estudado com detalhes reducionistas mais precisos em animais, já que a maioria deles dorme. Até mesmo os insetos, como é o caso mais estudado da mosca-das-frutas (*Drosophila sp.*)

Durante a vigília, a pessoa responde a estímulos sensoriais provenientes do ambiente e apresenta comportamento ativo com base em intensa atividade motora e locomotora. A postura, muito dinâmica, muda constantemente, apoiada em um certo tônus muscular. Quando o indivíduo adormece, entretanto, tudo se modifica: ele diminui sua reatividade aos estímulos externos, apresenta redução da atividade motora e assume uma postura estereotipada (geralmente deitado com os olhos fechados). O eletromiograma e o eletro-oculograma tornam-se menos ativos.

Muitos fenômenos autonômicos ocorrem, usualmente caracterizados por uma redução geral das funções vegetativas: diminuem a frequência cardíaca e a frequência respiratória e, com isso, cai a pressão arterial; diminui a motilidade gastrointestinal; a temperatura corporal cai um ou dois graus, acompanhada de redução da atividade metabólica dos órgãos e tecidos.

O EEG acusa grandes alterações na atividade cerebral (Quadro 16.1). Durante a vigília, o EEG apresenta um ritmo rápido de baixa voltagem e alta frequência, que é substituído durante o sono pelo seu oposto, um ritmo lento de alta voltagem e baixa frequência. Essa transformação do EEG é conhecida como *sincronização*, porque representa a atividade sináptica simultânea (sincronizada) dos neurônios que permanecem ativos. Analogamente, o EEG da vigília é descrito como dessincronizado, por representar a atividade sináptica não coincidente de uma enorme população de neurônios de todos os tipos. Ritmos sincronizados ou não sincronizados refletem a atividade da enorme população neuronal cuja atividade é captada pelos eletródios situados na superfície do crânio. São semelhantes em várias espécies animais e nos seres humanos. Quando você está alerta, atenta e realizando alguma função complexa durante a vigília, um enorme número de neurônios se comunica com outros perto e longe, em várias direções. Em cada neurônio piramidal do córtex cerebral, os potenciais pós-sinápticos fluem ao longo das inumeráveis direções proporcionadas pela densa árvore dendrítica até o corpo celular. Tudo se multiplica infinitamente considerando os milhões de neurônios corticais ativos. Para o eletródio na superfície, tudo isso é somado algebricamente, ou seja, tende a se cancelar, o que resulta em um traçado de baixa amplitude e alta frequência. Já quando você está dormindo, ocorre o oposto: poucos neurônios, comparativamente, estão ativos, há menos comunicação à distância entre as áreas cerebrais e menor atividade dendrítica pós-sináptica. O resultado é um traçado mais lento (baixa frequência) e com ondas de amplitude mais alta.

▶ Os Dois Estados de Sono

Os fenômenos do sono foram estudados com particular detalhe na década de 1950 pelo neurofisiologista americano Nathaniel Kleitman (1895-1999) e seus alunos William Dement e Eugene Aserinsky. Por acaso, os três descobriram algo fundamental: o sono não é o mesmo durante toda a noite, mas possui vários estágios e dois estados diferentes.

Kleitman e seus alunos realizavam registros polissonográficos de indivíduos típicos durante o adormecimento, o sono e o acordar, e, ao mesmo tempo, observavam o seu comportamento. Durante o adormecimento, quando o indivíduo se tornava sonolento, observaram que o EEG passava de um traçado dessincronizado típico, chamado ritmo ß (Figura 16.13), para um traçado ligeiramente diferente, de menor frequência, o ritmo α. O EOG e o EMG, muito ativos e variáveis na vigília porque o indivíduo acordado realiza vários movimentos, tornavam-se mais estáveis. Esse foi denominado estágio 1. A seguir, o indivíduo se tornava mais adormecido, e seu EEG passava a apresentar algumas ondas de alta voltagem (chamadas fusos do sono e complexos K – estes últimos assim denominados em homenagem a Kleitman). O EOG e o EMG mantinham-se estáveis. Era o estágio 2. Logo vinha o estágio 3: o sono se tornava mais profundo e era mais difícil acordar o indivíduo, que a esta altura estava imóvel, dormindo tranquilamente, com ocasionais mudanças de posição. O EEG apresentava-se ainda mais sincronizado (Figura 16.13), finalmente apresentando um ritmo de alta voltagem e baixa frequência, o chamado ritmo δ.

O indivíduo já dormia há mais de 1 hora, quando de repente os pesquisadores observaram que o EEG voltava a se tornar dessincronizado (Figura 16.13, traçado inferior). O EOG revelou que os olhos passaram a mover-se ativamente, embora o corpo do indivíduo permanecesse mais imóvel do que nunca, a julgar pelo EMG liso e estável (atonia muscular). Kleitman e seus dois estudantes tentaram acordá-lo, mas encontraram dificuldade. Finalmente conseguiram, e ele lhes relatou um sonho delirante. Tudo parecia diferente neste estado de sono. O indivíduo dormia mais profundamente que antes (pois não acordava facilmente), mas seu EEG parecia-se com o da vigília. Seu corpo mantinha-se absolutamente paralisado, mas os olhos apresentavam grande movimentação. Um paradoxo.

Com a reprodução dessa mesma sequência em várias outras pessoas, os pesquisadores puderam considerar que se tratavam de dois estados diferentes de sono: o primeiro – com seus três estágios – foi denominado *sono de ondas lentas*, pela natureza progressivamente mais sincronizada do EEG; e o segundo foi chamado *sono paradoxal* ou *sono REM**. Posteriormente, vários estudos mostraram que o

---

* *Sigla da expressão em inglês* rapid eye movements, *ou* movimentos oculares rápidos *em português*.

A CONSCIÊNCIA REGULADA

▶ **Figura 16.13.** A transição da vigília para o sono de ondas lentas é registrada no eletroencefalograma como a passagem de um ritmo rápido e de baixa amplitude (traçado superior) para ritmos mais lentos e de amplitude crescente (estágios 1-3). O eletro-oculograma e o eletromiograma mostram a diminuição dos movimentos oculares e corporais. Tudo muda, no entanto, no sono paradoxal (traçados inferiores): o EEG torna-se novamente dessincronizado, aparecem movimentos oculares rápidos e ocorre atonia muscular.

sono paradoxal e o sono de ondas lentas* diferem em muitos aspectos (Tabela 16.2), inclusive nos seus mecanismos neurobiológicos.

▶ Uma Noite de Sono

Todos os vertebrados dormem, mas a quantidade de sono, os períodos do dia ou da noite em que ele ocorre e a proporção entre os estados de sono variam bastante. Em geral, animais maiores dormem menos que os menores: bois, girafas e elefantes dormem 4 a 5 horas a cada 24 horas, enquanto alguns primatas pequenos, gambás e morcegos podem permanecer 18 horas dormindo. Alguns dormem durante a noite, como o homem; outros durante o dia,

---

* *Por consistência com a nomenclatura REM, o sono de ondas lentas é também chamado* NREM *(não REM).*

como os roedores. Durante o período de sono, alguns dormem continuamente (o sono monofásico dos seres humanos adultos), enquanto outros o fazem interruptamente (o sono polifásico dos bebês humanos, dos idosos, dos roedores e de outros animais). O sono de ondas lentas é universal para os vertebrados, mas o sono paradoxal só existe em animais endotérmicos[G] (aves e mamíferos), o que significa que surgiu mais tarde na evolução. A proporção que esse estado de sono ocupa no período total de sono também varia: alguns mamíferos primitivos (monotremos) não o apresentam; nos roedores, ocupa cerca de 10% do tempo total de sono; no homem, cerca de 20%.

As diferentes características do sono nos animais provavelmente representam especializações adaptativas. Um exemplo interessante é o de certas aves migratórias que se mantêm voando durante dias e dias sem parar: dormem

583

NEUROCIÊNCIA DOS ESTADOS CORPORAIS

Neurociência de Método

Quadro 16.1
As Ondas do Encéfalo

Quando o psiquiatra austríaco Hans Berger (1873-1941) constatou que um par de fios metálicos colocados sobre o crânio de uma pessoa e ligados a um amplificador era capaz de mover para cima e para baixo uma pena inscritora sobre um papel em movimento, foi desprezado pelos céticos por ter revelado um traçado sem significado e saudado pelos otimistas como o descobridor das bases fisiológicas do pensamento humano. Nem uma coisa nem outra. O eletroencefalograma (EEG) transformou-se em um exame complementar bastante útil para o diagnóstico de algumas doenças, principalmente as que causam crises epilépticas (tumores, infecções, doenças vasculares e genéticas), e um registro fisiológico muito utilizado nos estudos sobre sono, hoje utilizando computadores para o processamento (Figura 1).

Ninguém pode garantir exatamente o que significam as ondas do EEG, mas sabe-se que são geradas pela atividade sináptica, principalmente produzida por axônios provenientes do tálamo, sobre os neurônios piramidais do córtex cerebral (Figura 2). Quando o tálamo transmite ao córtex as informações originadas dos aferentes sensoriais, ou mesmo as que vêm de outras regiões corticais, o número e a variedade dos potenciais sinápticos gerados são tão grandes, que os eletródios posicionados do lado de fora do crânio só conseguem captar a sua soma algébrica, que se aproxima de zero. O resultado é um traçado dessincronizado (Figura 3), isto é, composto por ondas de baixa voltagem e alta frequência (ritmos α e β, entre 8 e 30 Hz). É o que ocorre quando o indivíduo está acordado. Quando, entretanto, o tálamo não deixa passar tão facilmente a informação que recebe, tornam-se menores, menos variados e mais lentos os potenciais sinápticos no córtex. Resulta um traçado sincronizado, composto por ondas de alta voltagem e baixa frequência (ritmos θ e δ*, abaixo de 8 Hz).

As vantagens do EEG são o seu baixo custo, a natureza inócua e prática do exame e a sua boa resolução temporal,

---

* *Teta e delta, respectivamente.*

▶ **Figura 2.** O que o eletródio capta na superfície da cabeça é a soma algébrica, a cada momento, dos potenciais elétricos produzidos pela atividade sináptica no córtex cerebral. Esses fenômenos elétricos são conduzidos através do meio iônico que compõe os vários tecidos da cabeça, mas chegam muito atenuados ao eletródio, e por isso devem ser amplificados para visualização.

▶ **Figura 1.** O EEG é o registro amplificado (atualmente em um monitor de computador) das ondas produzidas pelas minúsculas variações de voltagem que ocorrem no cérebro de uma pessoa, captadas por pares de eletródios colocados em locais padronizados do couro cabeludo.

isto é, a capacidade de detectar variações muito rápidas (milissegundos a segundos) da atividade encefálica. Sua grande desvantagem é a baixa resolução espacial, ou seja, a grande área sob os eletródios que gera os traçados em cada ponto. Localizar um fenômeno fisiológico ou patológico por meio do EEG significa admitir um erro de vários centímetros. Atualmente, a utilização de um grande número de eletródios (centenas) minora esse problema, e o uso de computadores acoplados ao EEG permite realizar um verdadeiro "mapeamento cerebral", isto é, gerar um mapa colorido que representa a posição aproximada dos diversos ritmos na superfície cortical (Figura 4). Computadores também podem ser empregados para promediar (tirar a média ponto a ponto) vários traçados do mesmo indivíduo em cada ponto do crânio, relacionando as ondas obtidas com eventos psicológicos ou fisiológicos: são os *potenciais evocados* e os *potenciais relacionados com eventos* (veja maiores detalhes no Capítulo 17). Um exemplo é o potencial que pode ser registrado nas regiões occipitais (visuais) alguns milissegundos depois que o indivíduo vê uma imagem colorida que atrai o seu interesse. É o que mostra o eletródio O_2 na Figura 4.

A pobre resolução espacial do EEG tem sido contornada pela utilização do *magnetoencefalograma* (MEG), o registro dos (pequeníssimos!) campos magnéticos produzidos pelas correntes elétricas cerebrais. O MEG, entretanto, é um exame caro, pois depende de uma sala bem isolada do campo magnético terrestre e de outros ruídos, assim como de detectores muito sensíveis e resfriados por hélio líquido a – 269ºC.

▶ **Figura 3.** Consideremos que o EEG seja produzido pela soma algébrica da atividade dos neurônios numerados em **A**. Quando a atividade de cada neurônio é independente dos demais (**B**), a soma algébrica gera um traçado de baixa amplitude e alta frequência (EEG dessincronizado). Quando, no entanto, a atividade dos neurônios for sincronizada, simultânea, a soma algébrica produz um traçado (**C**) de alta amplitude e baixa frequência (EEG sincronizado).

▶ **Figura 4.** O mapa representa a distribuição espacial do ritmo α do EEG em um indivíduo normal. As cores correspondem às amplitudes dos traçados alinhados à esquerda, para cada região de posicionamento dos eletródios. As letras com números mostram o posicionamento dos eletródios. Observar que o ritmo α (mais sincronizado) predomina nas regiões posteriores (occipitais, parietais e temporais posteriores), com maior amplitude no lado direito. Registros cedidos por Vladimir Lazarev e M. Alice Genofre, do Serviço de Neurologia do Instituto Fernandes Figueira, Fiocruz.

NEUROCIÊNCIA DOS ESTADOS CORPORAIS

Tabela 16.2. As Diferenças entre a Vigília e os Dois Estados de Sono

	Vigília	Sono de Ondas Lentas	Sono Paradoxal
Fenômenos comportamentais	**Comportamento ativo**	**Comportamento diminuído**	**Comportamento diminuído**
Atividade motora	Intensa	Discreta	Quase ausente, com abalos musculares isolados
Tônus muscular	Normal	Diminuído	Ausente, exceto diafragma, m. oculares e do ouvido
Movimentos oculares	Numerosos, de vários tipos	Raros movimentos oculares lentos	Frequentes movimentos oculares rápidos
Postura	Variável	Estereotipada	Estereotipada
Reflexos	Normais	Diminuídos	Ausentes
Despertar provocado	–	Variável com o estágio	Difícil
Despertar espontâneo	–	Ocasional	Frequente
Fenômenos autonômicos	**Variáveis segundo as necessidades**	**Atividade simpática reduzida, parassimpática aumentada**	**Irregulares**
Frequência cardíaca	Normal	Regular e mais baixa	Irregular
Frequência respiratória	Normal	Regular e mais baixa	Irregular
Pressão arterial	Normal	Mais baixa	Irregular
Temperatura corporal	Normal (36 ºC)	Mais baixa (34-35ºC)	Tende à temperatura ambiente
Motilidade gastrointestinal	Normal	Diminuída	Irregular
Taxa metabólica	Variável	Baixa	Baixa
Ereção genital	Ocasional	Ausente	Frequente
Fenômenos eletrográficos	**Ativos e variáveis**	**Pouco ativos**	**Pouco ativos**
Atividade neuronal	Frequente, variável	Diminuída	Localizada
EEG	Dessincronizado	Tendendo à sincronização (4 estágios)	Dessincronizado
EMG	Ativo e variável	Estável, pouco ativo	Inativo, com picos ocasionais
EOG	Ativo e variável	Estável, pouco ativo	Picos rápidos
Fenômenos mentais	Numerosos e variáveis	Raros sonhos	Numerosos sonhos
Sonhos	–	Raros, lógicos	Frequentes, ilógicos

durante o voo, frequentemente, mas em episódios curtíssimos de alguns segundos. O mesmo ocorre com alguns mamíferos marinhos (certos golfinhos e baleias) cujos "microssonos" de poucos segundos, somados, perfazem cerca de 7 horas diárias. Outras espécies "adormecem" um hemisfério cerebral enquanto o outro permanece acordado. Todas são estratégias capazes de evitar que a forte inibição fisiológica e comportamental do sono cause afogamento e morte.

Há também variações individuais na mesma espécie. Sabemos de nossa experiência própria que isso é muito comum entre os seres humanos. Alguns dormem 4 a 5 horas sem se sentirem cansados, outros precisam de 9 a 10 horas; alguns dormem cedo e acordam de madrugada (*cronotipo matutino*); outros dormem tarde e só acordam no meio do dia (*cronotipo vespertino*), entretanto os registros polissonográficos indicam uma razoável regularidade na noite de sono dos seres humanos adultos (Figura 16.14). Geralmente, ao adormecer, em menos de 1 hora seu sono passará pelos estágios 1 a 3 do sono de ondas lentas, depois alternará entre os estágios 2 e 3

durante a meia hora seguinte, a seguir passará por um período de aproximadamente 20-30 minutos de sono paradoxal e repetirá tudo outras vezes. De 90 em 90 minutos haverá alternância entre o sono de ondas lentas e o sono paradoxal, mas ao longo da noite a duração de cada estágio e do sono paradoxal ficará gradualmente maior. Ao final do período de sono, é provável que acorde de modo espontâneo durante um tempo de sono paradoxal e relate algum sonho.

Você deve se reconhecer na descrição da Figura 16.14, mas nem sempre foi assim em sua vida. Ao nascimento, o ritmo circadiano do sono não está estabelecido, e isso leva cerca de 4 meses. O bebê dorme durante vários períodos de algumas horas, e muitas vezes troca o dia pela noite: no total, passa 18 horas diárias dormindo. Depois, durante a infância, dorme-se mais do que na vida adulta, geralmente acrescentando uma sesta no meio do dia. Esse padrão bifásico do sono das crianças é substituído pelo padrão monofásico dos adultos (a não ser em algumas culturas, onde a sesta após o almoço permanece), mas retorna com a idade avançada, embora a quantidade total

A CONSCIÊNCIA REGULADA

▶ **Figura 16.14.** Uma típica noite de sono de um adulto jovem (**A**) se caracteriza por vários episódios de sono paradoxal (em vermelho) alternados com os estágios do sono de ondas lentas e alguns momentos fugazes de vigília (em laranja). O adulto idoso, entretanto (**B**), raramente chega aos estágios mais profundos do sono de ondas lentas, tem menos episódios de sono paradoxal e desperta um maior número de vezes durante a noite.

de sono dos idosos seja menor que a dos adultos mais jovens. A proporção de sono paradoxal é maior nas crianças (pode atingir 80% do período total de sono!). Nos idosos, diminui a proporção do estágio 3, que pode desaparecer após os 90 anos.

SONHOS

Os sonhos, todos sabemos, são uma experiência subjetiva que temos durante o sono da qual só tomamos conhecimento completo quando acordamos ou, em alguns casos, naquele lusco-fusco entre o dormir e o acordar (Quadro 16.2). Mesmo assim, muitos os esquecem imediatamente. O estudo científico dos sonhos, portanto, tem uma séria limitação: depende do relato verbal dos indivíduos, que devem ser acordados durante ou logo após a sua ocorrência. Desse modo, é difícil sequer saber se existem sonhos nos animais, que dirá estudá-los com a mesma riqueza de informações como nos humanos; e mesmo nestes, nada garante que o relato seja fiel, pelo esquecimento ou pela ocultação de detalhes emocionais de algum modo embaraçosos. De fato, só muito recentemente a Neurociência tem contribuído para o conhecimento das razões e dos mecanismos biológicos da experiência de sonhar.

A ocorrência de sonhos é mais frequente durante o sono paradoxal do que durante o sono de ondas lentas. Além disso, os sonhos que ocorrem neste último são mais curtos, menos vívidos, menos emocionais e mais lógicos do que os que ocorrem durante o sono paradoxal. Estes são muitas vezes estranhos, surrealistas, ilógicos e emocionais: frequentemente, o indivíduo acorda dominado por forte emoção.

Apesar de os sonhos serem mais frequentes durante o sono paradoxal, este não é suficiente para sonhar, pois as crianças – que têm muito sono paradoxal – parecem sonhar menos que os adultos. Além disso, certos indivíduos nunca se lembram ou relatam sonhos, mesmo quando acordados durante o sono paradoxal, que todos têm.

O significado dos sonhos e a relação do seu conteúdo com a vida cognitiva e emocional dos indivíduos têm atraído a curiosidade de filósofos, psicólogos, médicos e neurocientistas (Quadro 16.3). Estes últimos tentaram – sem sucesso – manipular o ambiente externo aos indivíduos adormecidos e investigar se os seus sonhos refletiam o que acontecia em torno. Abrir os olhos de um indivíduo antes ou durante um sonho não faz que o tema do sonho tenha relação com o que o indivíduo possa ter visto. Privá-lo de água 24 horas antes de dormir não

587

NEUROCIÊNCIA DOS ESTADOS CORPORAIS

Neurociência do Cotidiano

Quadro 16.2
Sonhos Lúcidos*

Sonhos talvez sejam o mais intrigante mistério da mente humana. Evidências recentes mostram que foram mais frequentes e negativos na pandemia. Mas como são produzidos? Para que servem? O que significam? Uma das dificuldades em compreendê-los é a dependência do autorrelato. Só posso saber o que você sonhou se você me contar. E o esquecimento interfere, as emoções deformam o enredo, a descrição verbal não é precisa...

Vários indicadores cerebrais e corporais mostram os distintos estágios do sono: quando chega a sonolência, vamos "apagando" aos poucos. Os sentidos ficam nublados, os músculos relaxam, os ritmos cardíaco e respiratório se tornam mais lentos. Pode-se acompanhar a atividade cerebral, pelo eletroencefalograma, a ocorrência de movimentos dos olhos, pelo eletro-oculograma, e do corpo, pelo eletromiograma. Dormimos assim em clínicas e laboratórios de sono: ligados a um novelo de eletrodos e fios.

No período em que os sonhos são mais frequentes, a pessoa apresenta uma intensa movimentação ocular, embora seu corpo fique praticamente paralisado. Se acordar nessa hora, reviverá com espanto a fantasia que acabou de sonhar. Só que alguns são capazes de saber que estão sonhando durante os próprios sonhos. São os sonhos lúcidos, uma mistura de sono e vigília, fantasia e realidade.

Alguns pesquisadores visualizaram, nesse lusco-fusco entre a consciência plena e a "inconsciência" do sono, uma oportunidade de conhecer melhor o mundo dos sonhos e, quem sabe, intervir no seu conteúdo com propósitos científicos ou terapêuticos. No Instituto do Cérebro em Natal, muitas descobertas foram feitas sobre

esse tema. Afinal, consegue-se ou não interagir com o sonhador durante o sonho lúcido para saber o que ele sonha sem depender do autorrelato? Esse passo foi dado neste ano por um grupo de pesquisadores de quatro países, investigando pessoas que têm sonhos lúcidos. Elas eram primeiro instruídas a mover os olhos três vezes para os lados para sinalizar que começaram a sonhar. A seguir, eram solicitadas a responder com movimentos oculares ou da face a perguntas que ouviam em áudio, *flashes* de luz ou toques na mão. Quanto é 8 menos 6? Resposta: dois movimentos oculares para o lado. Você gosta de café? Se sim, faça um movimento com a boca. Se não, mova as sobrancelhas.

Nem preciso adiantar o resultado. Os pesquisadores conseguiram se comunicar com os sonhadores por meio de perguntas e respostas. Ao acordar, eles relatavam o enredo e de algum modo o "diálogo" com os pesquisadores estava presente no sonho, fosse um cálculo, uma fantasia sobre café ou o que quer que tenha sido indagado. Além da interação com o ambiente, este conseguiu imprimir a sua marca no sonho sonhado.

Uma fronteira foi vencida. Pelo menos durante o sonho lúcido é possível induzir a temática do sonho e interagir com ele. Desvela-se o conteúdo, sem depender inteiramente do autorrelato. É o sonho interativo que chega. Ainda é pouco, mas se abre um mundo para entender para que mundos nos levam os sonhos.

Referências

Mota-Rolim SA et al. The dream of God: How do religion and science see lucid dreaming and other conscious states during sleep? *Frontiers in Psychology*. 2020;11:art. 555731.

Konkoly KR et al. Real-time dialogue between experimenters and dreamers during REM sleep. *Current Biology*. 2021;31:1417-1427.

Texto baseado em artigo originalmente publicado em O Globo em 13/5/2021.

---

faz que sinta sede nos sonhos. As ereções genitais – que ocorrem em 80% a 90% dos homens durante os sonhos – não significam que estes tenham sempre conteúdo erótico. Além disso, pacientes impotentes por lesões da medula são capazes de ter sonhos eróticos, inclusive com imagens de orgasmo. Tampouco as características dos movimentos oculares rápidos que ocorrem durante o sono paradoxal mostraram relação com o conteúdo dos sonhos. Quan-

do ocorre uma sequência de movimentos horizontais alternados para a esquerda e a direita, por exemplo, isso não significa que o indivíduo esteja sonhando com uma partida de pingue-pongue ou algo relacionado.

Não há dúvida de que o material dos nossos sonhos é a nossa própria vida. Esse material, entretanto, é fragmentado e distorcido de um modo aparentemente ilógico. O sentido que se pode atribuir aos sonhos, como momentos de emergência de sentimentos, percepções e pensamentos inconscientes, é ainda, para os neurocientistas, matéria de especulação. Permanece o mistério.

QUEM REGULA O SONO E A VIGÍLIA?

Quais os sistemas moduladores envolvidos com a iniciação, a manutenção e a interrupção da vigília e do sono? Como fazem isso? Quais deles participam da regulação do sono de ondas lentas, quais participam do sono paradoxal? Essas e outras perguntas têm sido feitas pelos neurofisiologistas há décadas, combinando experimentos em animais com lesões localizadas e registro de neurônios isolados, rastreamento de circuitos neurais, observação comportamental e, em humanos, o acompanhamento polissonográfico já mencionado, atualmente também com estudos de neuroimagem. Os resultados, entretanto, não permitem, ainda, uma visão completa da determinação neurobiológica de todos os fenômenos do sono.

Inicialmente, os testes com lesões experimentais foram imprecisos porque não se conseguiam realizar lesões muito restritas. O fisiologista belga Frédéric Bremer (1892-1988), por exemplo, na década de 1930, realizou em gatos experimentos que se tornaram clássicos. Em alguns animais, efetuava a transecção completa do tronco encefálico na altura do limite entre o bulbo e a medula. Esse tipo de experimento foi chamado "encéfalo isolado": o animal era capaz de dormir e acordar normalmente, apesar da paralisia e outros sintomas da lesão. Em outros, realizava uma transecção mais rostral, passando pelo meio do mesencéfalo. A preparação ficou conhecida como "cérebro isolado": neste caso, o animal mantinha-se em coma (ou uma espécie de sono permanente), sem conseguir mais acordar. Foi a primeira vez que se atribuiu a regiões do tronco encefálico a função de manter a vigília.

Com base em seus experimentos, ainda toscos pelas limitações da época, Bremer concluiu que o sono permanente do animal com o cérebro isolado era devido à interrupção da maioria das vias sensoriais (exceto as visuais e as olfatórias), impedidas pelo corte cirúrgico de chegar ao tálamo e, depois, ao córtex cerebral. Supostamente, isso ocorria em menor grau no animal com o encéfalo isolado, uma vez que os núcleos dos nervos cranianos permaneciam conectados aos níveis superiores. O sono, de acordo com a explicação de Bremer, seria então produzido pelo desligamento dos sistemas sensoriais, desse modo considerados os responsáveis pela manutenção da vigília. A explicação ficou conhecida como hipótese "passiva" do sono, ou seja, o sono ocorreria pela interrupção da vigília.

A situação mudou consideravelmente desde então. Hoje se conhecem sistemas neurais que mantêm o indivíduo alerta e ativo durante a vigília, outros que iniciam os fenômenos do sono e controlam a transição gradual pelos estágios do sono de ondas lentas, outros ainda que "ligam" e "desligam" os fenômenos do sono paradoxal ciclicamente e ainda outros que possibilitam o despertar. Sabe-se também que, em todos os estágios e estados do sono, há grupos de neurônios com fibras ascendentes que controlam a excitabilidade do tálamo e do córtex cerebral e outros com fibras descendentes que regulam a atividade dos órgãos (coração, pulmão, trato digestório e outros) e dos músculos. Os neurocientistas não querem só identificar os sistemas moduladores envolvidos nessas operações de controle, mas também determinar como eles interagem e como são todos, por sua vez, controlados pelos sistemas temporizadores circadianos, que, em última análise, fazem que o ciclo funcional se repita a cada 24 horas.

▶ Manutenção da Vigília: As Vias Ativadoras Ascendentes

Bremer interpretou mal os seus experimentos, mas a sua ideia de que os sistemas sensoriais são mantenedores da vigília, pelo menos parcialmente, não estava muito longe da verdade. É o que se descobriu em tempos recentes.

Os neurônios-relés[G] (talamocorticais) dos núcleos específicos do tálamo apresentam dois modos de operação: um "modo de transmissão" e um "modo de disparo em salvas" (Figura 16.15). O primeiro é característico da vigília e consiste na permanente ativação das vias talamocorticais pelas sinapses excitatórias (glutamatérgicas) das fibras aferentes. Os potenciais de ação que chegam pelas fibras provenientes da retina, por exemplo, quase sempre provocam potenciais pós-sinápticos excitatórios nos neurônios do núcleo geniculado lateral, que por sua vez emitem potenciais de ação conduzidos ao córtex visual (Figura 16.15A). O mesmo ocorre com os neurônios auditivos, somestésicos etc. É necessário que esses neurônios sejam mantidos com um alto nível de excitabilidade, "à flor da pele", por assim dizer. É isso que garante a constante e fácil transmissão das informações sensoriais e outras informações ascendentes ao córtex cerebral. O modo de disparo em salvas é diferente e característico do sono: os neurônios-relés tornam-se menos excitáveis e só conseguem disparar potenciais de ação de tempos em tempos, em salvas periódicas (Figura 16.15B), e não constantemente, de acordo com a chegada contínua e irregular de impulsos aferentes.

A explicação para os dois modos é simples: durante a vigília, os neurônios talamocorticais são mantidos ligeiramente despolarizados, com o potencial de membrana próximo ao limiar de disparo (veja o Capítulo 3 se precisar rever estes conceitos). A transmissão sináptica é altamente

Neurociência em Movimento

Quadro 16.3
Catadora de Sonhos

▶ Natalia Mota*

embro que sempre quis ser cientista em uma família consciente do papel que devemos desempenhar pelo coletivo.

Comecei medicina na Universidade Federal do Rio Grande do Norte em 2002, logo participando de reuniões do laboratório da professora Maria Bernardete Cordeiro de Souza. Aprender com outra mulher me inspirou definitivamente. Nesse período me interessei pelo sono e os ciclos circadianos, estagiando com o professor John Fontenele Araújo, enquanto vivia o desafio de aprender em constante privação de sono.

Ainda estudante, apaixonei-me pela Psiquiatria. Encantada pelo cérebro, foi arrebatador perceber a variabilidade de comportamentos emergentes de sua arquitetura complexa. Passei a viver em plantões psiquiátricos, lendo os clássicos como Kraepelin, Bleuler e Freud.

Em 2006 conheci Sidarta Ribeiro, com quem iria trabalhar e ter dois filhos. Voluntariei-me às pesquisas e ao serviço social de ajuda à comunidade vizinha de catadores de lixo. Testemunhei ali como educação e ciência transformam miséria em oportunidade. E nesse ambiente seguia observando a semelhança entre psicose e sonhos. Discutíamos os trabalhos de Mariano Sigman e Guillermo Cecchi, colegas de Sidarta, que começavam a usar ferramentas computacionais para estudar a linguagem. Eles três tinham ideias de usar a matemática para extrair padrões de comunicação. Passei então a pedir relatos de sonhos para meus pacientes, mas não sabíamos como medir objetivamente a psicose nos relatos. Eu não entendia a matemática, e meus colegas não entendiam a psicose.

Foi quando conheci Mauro Copelli, meu orientador de mestrado, doutorado e pós-doutorado. Em duas horas ele me explicou o que eu precisava saber sobre Teoria de Grafos, desde a definição (grafo = conjunto de nós ligados por arestas) até a observação de padrões que se repetem na natureza. Surgiu a ideia de representar os relatos de sonhos como grafos de palavras. Assim pudemos representar as desordens da forma do pensamento, sintomas centrais da esquizofrenia descritos como fala fragmentada, descarrilhada. A solução era simples: cada palavra seria um nó, e cada sucessão de palavras seria representada por setas ou arestas direcionadas. Assim, à medida que as palavras se repetem espontaneamente no relato, ciclos maiores e menores se fecham e se conectam, agrupando temas e expondo a ligação entre começo, meio e fim de uma história (Figura 2).

Como prevíamos, os esquizofrênicos faziam relatos menos conectados, o que nos permitia distingui-los dos demais indivíduos com mais de 90% de precisão. Ainda, descobrimos que os relatos de sonhos eram especialmente informativos. Havia uma associação da conectividade da fala com a severidade dos sintomas, especialmente quando falavam de um sonho.

Esses resultados me motivaram a estudar como se desenvolviam essas habilidades de comunicação natu-

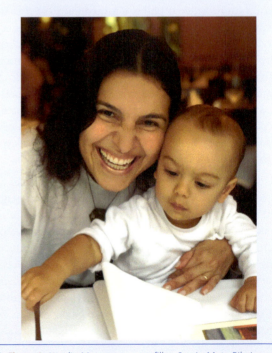

▶ **Figura 1.** Natalia Mota com o seu filho, Sergio Mota Ribeiro, em um evento de Psiquiatria em Boston, 2018. Foto de arquivo pessoal.

Professora-substituta no Instituto de Psiquiatria da Universidade Federal do Rio de Janeiro. Correio eletrônico: natalia.mota@ipub.ufrj.br.

A Consciência Regulada

ralmente em crianças nas escolas. Percebemos que as mesmas métricas que diminuíam com os sintomas da esquizofrenia aumentavam à medida que as crianças aprendiam a ler e desenvolviam inteligência global, habilidades de teoria da mente e memória verbal. Pudemos ver como a educação formal era mais importante para esse desenvolvimento do que apenas crescer.

Ao longo desse percurso vivenciei muitas dificuldades, principalmente por ser uma mulher na ciência. Tive meu primeiro filho ainda na residência de Psiquiatria e pensava que não conseguiria conciliar a maternidade com a ciência. Defendi meu doutorado grávida do segundo filho e aprendi a ocupar meu lugar na academia com eles junto a mim. Nessa história toda, aprendi que, quanto mais diversas as interpretações que geramos, maior a profundidade da compreensão e mais aplicável será o conhecimento gerado. Por isso sigo sonhando com mais oportunidades de ouvir diferentes vozes na Ciência.

▶ **Figura 2.** (**A**) Do relato de um sonho a um grafo de palavras. (**B**) Exemplos de grafos de relatos de sonhos de indivíduos esquizofrênicos, portadores de transtorno bipolar do humor e indivíduos típicos. (**C**) Exemplos de grafos de relatos diurnos dos três grupos.

eficaz nessas condições e resulta na ativação massiva dos dendritos das células corticais: por isso o EEG da vigília é dessincronizado (Figura 16.15A). Muitos dendritos de cada neurônio geram potenciais pós-sinápticos excitatórios em tempos ligeiramente diferentes, e todos eles confluem em todas as direções para o corpo celular. Durante o sono, entretanto, os neurônios talamocorticais ficam hiperpolarizados, com o potencial de membrana longe do limiar. A transmissão sináptica torna-se muito menos eficaz, os neurônios talâmicos disparam apenas ocasionalmente (em salvas) e o resultado é um EEG sincronizado no córtex (Figura 16.15B).

Ocorre que os neurônios talâmicos possuem um canal de Ca^{++} muito especial, dependente de voltagem, que se torna ativo quando a membrana se hiperpolariza, mas é desativado quando ela se despolariza. Assim, no modo de transmissão não entra cálcio nesses canais. Todavia, no modo de disparo em salvas, os canais abrem-se quando a membrana se hiperpolariza, produzindo um "potencial de cálcio" despolarizante, que atinge o limiar e provoca alguns PAs. Só que a despolarização fecha o canal, a membrana se hiperpolariza novamente e o ciclo se repete. A atividade se torna rítmica e sincronizada.

O que isso tem a ver com a vigília e o sono? É que existem núcleos no próprio tálamo e no tronco encefálico cuja função é controlar o modo de operação dos neurônios-relés. O do tálamo chama-se *núcleo reticular* (Figura 16.16) e contém neurônios com os mesmos canais de Ca^{++} dependentes de voltagem que mencionamos. A maioria dos neurônios reticulares é inibitória, empregando o GABA como neurotransmissor. Seus axônios inervam amplamente os demais núcleos talâmicos e, quando estão ativos, hiperpolarizam-nos. O núcleo reticular não recebe aferentes sensoriais para operar no modo de transmissão, mas recebe aferentes dos sistemas difusos aminérgicos e colinérgicos. Assim, seus canais de Ca^{++} impõem-lhe um modo de disparo em salvas que é "repassado" aos demais neurônios talâmicos durante o sono, sincronizando-os.

É isso que está sob controle de um terceiro componente da cadeia de regulação da atividade cortical: os sistemas moduladores aminérgicos[G] do tronco encefálico (A4 e A6, o *locus coeruleus*, e B6, os núcleos da rafe), que estendem axônios aos neurônios reticulares e ao próprio tálamo (Figura 16.16). Quando os neurônios aminérgicos disparam, ativam os neurônios inibitórios do núcleo reticular talâmico, que, assim, hiperpolarizam as células talamocorticais. Estas passam a disparar em salvas, produzindo sincronização cortical e sono de ondas lentas, o que pode ocorrer da vigília para o sono ou do sono paradoxal para o sono de ondas lentas. O oposto, é claro, ocorre no sentido contrário. Os neurônios aminérgicos, então, são gatilhos do sono que interrompem a vigília.

As vias sensoriais talamocorticais, portanto, contribuem, sim, para a manutenção da vigília, como queria Bremer, mas não é só este o mecanismo operante nesse processo. Durante os anos subsequentes ao trabalho pioneiro de Bremer, vários experimentos combinando lesões maiores e menores, bem como a estimulação elétrica intracefálica, identificaram as chamadas *vias ativadoras ascendentes*, isto é, capazes de provocar a dessincronização do EEG e, portanto, o despertar, a vigília e, como veremos adiante, também o sono paradoxal.

Particularmente importantes no caso da vigília mostraram-se as vias ativadoras originárias dos neurônios histaminérgicos do hipotálamo posterior (E1-E5, núcleo tuberomamilar: reveja a Tabela 16.1 e a Figura 16.12B). Essa

▶ **Figura 16.15.** Os neurônios talâmicos apresentam dois modos de operação. O modo de transmissão (**A**) é característico da vigília, como indica o traçado do EEG. O registro intracelular mostra que cada potencial pós-sináptico excitatório (PPSE) resulta em um potencial de ação (PA). O modo de disparo em salvas (**B**), característico do sono de ondas lentas, apresenta uma salva de PAs para cada PPSE, e depois um longo período de hiperpolarização inibitória. Modificado de Kandel ER et al. (org.). *Principles of Neural Science*. Nova York: McGraw-Hill, 2000.

A Consciência Regulada

região hipotalâmica envolvida com a fisiologia do sono havia sido descoberta no início do século XX pelo neurofisiologista suíço Walter Hess (1881-1973). Projeta-se amplamente para o córtex cerebral, e sua lesão experimental produz estupor comportamental (coma) e sincronização do EEG. A estimulação elétrica, coerentemente, produz resultados opostos. O envolvimento dos neurônios histaminérgicos do hipotálamo posterior condiz com o conhecido efeito colateral de alguns dos medicamentos anti-histamínicos utilizados contra as alergias, que provocam sonolência em muitas pessoas.

Pelo menos dois mecanismos, então, mantêm a vigília: (1) a ação ativadora das vias ascendentes histaminérgicas sobre o córtex cerebral e (2) a modulação do núcleo reticular talâmico pelos sistemas aminérgicos do tronco encefálico, que mantêm os núcleos específicos do tálamo no modo de transmissão para o córtex. O que, então, interrompe esse processo e faz que o indivíduo adormeça?

▶ O Indivíduo Adormece: Regulação do Sono de Ondas Lentas

Descobriu-se, acerca dos sistemas moduladores histaminérgicos, que eles recebem inervação inibitória de neurônios GABAérgicos do hipotálamo anterior (Figura 16.17). Nessa região foram registrados, em gatos, neurônios que se revelaram muito mais ativos durante o sono de ondas lentas do que na vigília (Figura 16.18, traçados 2). No hipotálamo posterior, contrariamente, os neurônios mostraram-se mais ativos durante a vigília do que durante o sono de ondas lentas e totalmente silenciosos durante o sono paradoxal (Figura 16.18, traçados 1). Isso pode significar que os primeiros (os neurônios do hipotálamo anterior) entram em ação no início do sono de ondas lentas, silenciando os neurônios histaminérgicos que mantêm a vigília. Em parte, portanto, o sono de ondas lentas pode ser produzido pelo "desligamento da vigília", ou seja, das vias ativadoras histaminérgicas.

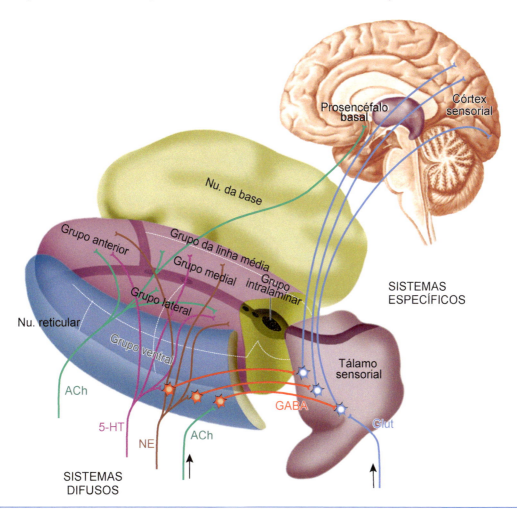

▶ **Figura 16.16.** O núcleo reticular (em azul) forma uma espécie de "casca" que cobre o resto do tálamo (em violeta) lateralmente. Seus neurônios (em vermelho) emitem axônios inibitórios aos núcleos talâmicos específicos (como o núcleo geniculado lateral, por exemplo). Quando os neurônios reticulares estão ativos, os talamocorticais passam do modo de transmissão ao modo de disparo em salvas. O tálamo, bem como o prosencéfalo basal, é também modulado por aferentes aminérgicos e colinérgicos vindos do tronco encefálico. Modificado de Martin JH. *Neuroanatomy*. 2a ed. Appleton & Lange, 1996.

Por outro lado, existem mecanismos "ativos" para a produção do sono de ondas lentas. Os indivíduos adormecem quando esses mecanismos começam a operar, provocando a sincronização do EEG, a inibição dos motoneurônios medulares, a diminuição da atividade simpática na coluna intermediolateral da medula e assim por diante.

A sincronização do EEG é um fenômeno ascendente: depende de projeções que atingem o tálamo e o córtex cerebral. Um dos sistemas que preenche esse requisito está situado no hipotálamo anterior, onde, além das células GABAérgicas já mencionadas, há também neurônios colinérgicos cuja distribuição se estende do tronco encefálico ao prosencéfalo basal (Tabela 16.1 e Figura 16.17). É possível que alguns dos neurônios encontrados nessas regiões pelos neurocientistas, ativos especificamente durante o sono de ondas lentas (Figura 16.18, traçados 2), sejam componentes desse sistema modulador colinérgico. Muitas dessas células colinérgicas do prosencéfalo basal são ativadas pela temperatura, o que pode explicar a sonolência produzida pela febre.

O segundo mecanismo "ativo" para a produção de sono de ondas lentas é a passagem dos núcleos específicos do tálamo ao modo de disparo em salvas (Figura 16.18, traçados 3). A modulação da atividade desses neurônios talamocorticais (glutamatérgicos) sincroniza o EEG e faz que o indivíduo adormeça. Isso acontece pela ação moduladora dos neurônios aminérgicos do tronco encefálico sobre o núcleo reticular do tálamo, ao final da vigília.

Pode-se concluir, assim, que o sono de ondas lentas que se segue à vigília pode ser produzido por pelo menos três mecanismos: (1) o bloqueio das vias ativadoras histaminérgicas; (2) a ativação do sistema modulador colinérgico do tronco encefálico, prosencéfalo basal e hipotálamo anterior; e (3) a passagem dos neurônios talamocorticais ao modo de disparo em salvas, regulada pelo núcleo reticular talâmico.

Quando o indivíduo adormece, não apenas ocorrem os fenômenos que acabamos de descrever, de sentido ascen-

▶ **Figura 16.17.** Esquema dos circuitos envolvidos com o sono de ondas lentas e o sono paradoxal. Não estão representadas as projeções longas do *locus coeruleus*, dos núcleos da rafe e da formação reticular. Os detalhes encontram-se no texto.

A CONSCIÊNCIA REGULADA

dente. Também são característicos do sono os fenômenos de sentido descendente: modulação da atividade dos neurônios autonômicos que regulam o sistema cardiorrespiratório (provocando diminuição das frequências cardíaca e respiratória) e inibição parcial dos motoneurônios (provocando redução do tônus muscular). São também os neurônios do tronco encefálico que provocam esses efeitos descendentes, ativando vias inibitórias multissinápticas GABAérgicas e glicinérgicas sobre o tronco encefálico e a medula.

Um ponto fundamental, entretanto, é ainda mal conhecido: o que dispara o processo? O que faz que, ao final do dia, esses mecanismos sejam ativados para provocar o sono? Sabe-se que um dos marca-passos circadianos (o núcleo supraquiasmático) está envolvido, mas não se conhece exatamente o modo pelo qual ele se conecta com os sistemas moduladores que provocam o sono.

Uma hipótese já bastante aceita para a gênese do sono que ocorre todas as noites envolve a adenosina, um nucleosídeo que existe em todas as células do organismo e constitui um dos "tijolos" para a construção do DNA. Além disso, a adenosina é relacionada com as moléculas que armazenam energia nas células, o ATP e o ADP*. Pois bem, quando a adenosina se acumula no espaço extracelular de alguns tecidos excitáveis, como o músculo liso dos vasos sanguíneos, o músculo cardíaco e alguns neurônios, pode ser reconhecida por receptores metabotrópicos específicos, que produzem hiperpolarização da membrana. Os primeiros pesquisadores que estudaram essa molécula especularam que ela bem poderia atuar como um controlador da hiperatividade celular. E parece que acertaram. No cérebro, a adenosina atua tanto como neuromodulador quanto como neuroprotetor: quando há hipóxia e excesso de aminoácidos excitatórios que podem lesar os neurônios, a adenosina extracelular entra em ação, reduzindo a liberação desses aminoácidos e/ou bloqueando a entrada de Ca^{++} que eles provocam.

Verificou-se que a concentração de adenosina aumenta gradativamente durante a vigília, mais ainda quando esta é prolongada por várias horas. Será que essa molécula tão simples e básica seria um fator hipnogênico? De fato, várias evidências parecem comprovar essa hipótese. Neurônios colinérgicos do prosencéfalo basal mostraram-se sensíveis à ação da adenosina, o que indica que o sono pode ocorrer por ação desta. Além disso, o acúmulo extracelular de adenosina parece provocar também um aumento da expressão gênica que resulta em síntese de receptores moleculares para ela própria, realimentando o mecanismo de produção de sono. Em linha com essas evidências está a observação de que a cafeína (presente no café, no chá e em outras bebidas) é um antagonista do receptor de adenosina. São bem conhecidos seus efeitos excitantes, que certamente você

---
* Trifosfato e difosfato de adenosina, *respectivamente*.

▶ **Figura 16.18.** Nestes experimentos, os pesquisadores registraram em gatos os potenciais de ação (representados por traços verticais nos traçados numerados) de diferentes neurônios cuja atividade pudesse estar relacionada com o sono. Os traçados alinhados horizontalmente (1 a 6) representam a atividade de neurônios individuais durante a vigília (à esquerda), o sono de ondas lentas (no meio) e o sono paradoxal (à direita). Os traçados polissonográficos estão representados acima, em vermelho. EEG = eletroencefalograma; EOG = eletro-oculograma; EMG = eletromiograma. Modificado de Kandel ER et al. (orgs.) *Principles of Neural Science*. Nova York: McGraw-Hill, 2000.

utiliza quando precisa ficar estudando neurociência até mais tarde da noite...

O Indivíduo Sonha: Regulação do Sono Paradoxal

Depois de cerca de hora e meia, o indivíduo adormecido passa a um estado* diferente de sono – o sono paradoxal –, que dura aproximadamente 20-30 minutos e cede a vez novamente para o sono de ondas lentas. O ciclo se repete de 90 em 90 minutos. Alguns neurocientistas o consideram um ritmo ultradiano, o que os leva a supor que talvez exista um circuito marca-passo para ele, que produza esse ciclo de "ligar" e "desligar" o sono paradoxal várias vezes dentro do sono de ondas lentas.

A dessincronização do EEG, típica do sono paradoxal, depende de um conjunto de neurônios que faz parte da formação reticular pontina, rico em neurônios colinérgicos. Há evidências para isso: lesões bilaterais desses neurônios em animais eliminam o sono paradoxal. Além disso, nessa região do tronco encefálico esses mesmos neurônios tornam-se ativos durante o sono paradoxal, ou na transição entre este e a vigília, situações em que ocorre a dessincronização do EEG (Figura 16.18, traçados 4-6). Como muitos desses neurônios são colinérgicos (Figura 16.17) e recebem sinapses de neurônios aminérgicos do *locus coeruleus* (A4 e A6) e dos núcleos da rafe pontina (B5 a B9), o pesquisador norte-americano J. Alan Hobson e seus colaboradores propuseram a ideia de que existiria um circuito interativo recíproco responsável pela geração periódica de sono paradoxal. O exato funcionamento desse circuito marca-passo, entretanto, ainda é mal conhecido. Sua atuação deve envolver as células colinérgicas de projeção ascendente situadas tanto na formação reticular pontina como no prosencéfalo

basal, que controlam, respectivamente, o núcleo reticular talâmico, o tálamo e o próprio córtex cerebral (Figura 16.16). Faz sentido, já que durante o sono paradoxal alguns neurônios pontinos disparam em salvas (Figura 16.18, traçados 5 e 6) ao mesmo tempo em que os neurônios talamocorticais passam gradativamente ao modo de transmissão e a atividade cortical torna-se dessincronizada.

Esse fenômeno parece ocorrer pelo menos no tálamo e no córtex visuais e em regiões límbicas como a amígdala[A], o que explica o aparecimento de ondas de alta voltagem no EEG (conhecidas tecnicamente como "complexos pontogenículo-occipitais" ou PGO). É possível também que o fenômeno esteja ligado à observação de que a maioria dos sonhos é "visual" e com forte conteúdo emocional.

Os neurônios aminérgicos do *locus coeruleus* e dos núcleos da rafe, que possuem longas projeções a extensos territórios do SNC, são mais ativos durante o sono de ondas lentas, mas silenciam durante o sono paradoxal, quando o microclima aminérgico no córtex cerebral é substituído pelo microclima colinérgico (Figura 16.19). Essa conclusão é apoiada por estudos farmacológicos: fármacos antiaminérgicos e procolinérgicos tendem a provocar o sono paradoxal, enquanto os proaminérgicos e anticolinérgicos o eliminam. Coerentemente, os neurônios aminérgicos recomeçam a disparar potenciais de ação com maior frequência no final do sono paradoxal e reinício do sono de ondas lentas (Figura 16.19).

O sono paradoxal caracteriza-se também por intensa atonia muscular produzida por forte inibição dos motoneurônios medulares. A responsabilidade parece ser também de células colinérgicas pontinas, que ativam um circuito descendente constituído por uma sequência de neurônios excitatórios (glutamatérgicos) e inibitórios (glicinérgicos e GABAérgicos), sendo estes últimos os que diretamente bloquearão a atividade dos motoneurônios medulares (Figura 16.17).

---

* O termo *estado* é preferível em vez de *fase* para salientar que os mecanismos biológicos determinantes de um e outro são diferentes.

▶ **Figura 16.19.** Em uma noite de sono, ciclos de sono de ondas lentas e de sono paradoxal alternam-se, em consonância com os ciclos de disparo dos neurônios colinérgicos (geradores de sono paradoxal), e neurônios aminérgicos (geradores de sono de ondas lentas). Modificado de McCarley R. *Sleep Medicine*. 2007;8:302-330.

A CONSCIÊNCIA REGULADA

Pode-se concluir que o sono paradoxal é: (1) iniciado pelo bloqueio dos neurônios moduladores aminérgicos do tronco encefálico e (2) mantido pelos sistemas moduladores colinérgicos e por outros neurônios pontinos.

▶ O Indivíduo Acorda: Recomeça a Vigília

A partir do sono paradoxal, o indivíduo adormecido pode reentrar no sono de ondas lentas ou então acordar. Os sinais para o acordar podem ser produzidos pelo ambiente externo e veiculados pelos sistemas sensoriais (neste caso, precisam ser sinais intensos), pela diminuição dos níveis de adenosina no tecido ou pelo sistema temporizador circadiano, que assinala a iminência do final do período de sono. Não se conhecem conexões entre o relógio circadiano e os circuitos do sono que apoiem essa hipótese. Sabe-se, no entanto, que há neurônios no tronco encefálico – provavelmente os neurônios noradrenérgicos do *locus coeruleus* – que aumentam sua atividade justamente na transição entre o sono paradoxal e a vigília. Seriam "neurônios de despertar", que se projetam a todo o córtex, dessincronizando ainda mais o EEG; ao próprio tronco encefálico, produzindo movimentos oculares rápidos; e à medula, provocando a movimentação corporal característica do indivíduo que desperta.

PARA QUE SERVE O SONO?

Como todos dormimos e não podemos deixar de fazê-lo por muito tempo, parece inevitável concluir que o sono é necessário.

Experimentos de privação do sono como um todo, ou especificamente de um dos dois estados, coincidem com essa afirmativa. Têm sido realizados em animais e em seres humanos para esclarecer o quanto se pode viver sem dormir. A privação durante alguns dias geralmente provoca o fenômeno do rebote, isto é, a ocorrência de um aumento da quantidade de sono depois que se recomeça a dormir. O ciclo vai-se normalizando aos poucos, mas depois disso se constata que a quantidade de sono "perdido" não é reposta inteiramente durante o rebote. A privação durante muitos dias pode ser fatal, pelo menos em animais de laboratório. De qualquer forma, dormir é incontornável, logo, o sono é necessário. Para que ele serve? Essa questão fundamental não tem ainda uma resposta clara. Há sugestões e teorias, mas as evidências a favor de cada uma delas são controvertidas.

A teoria mais difundida é a de que o sono serve para restaurar energias gastas durante a vigília. De fato, consumimos menos energia quando dormimos porque nossa atividade motora é mais baixa, assim como o fluxo sanguíneo, a respiração, a temperatura corporal e, consequentemente, a taxa metabólica global. A favor dessa ideia está o fato de que dormem mais os animais que gastam mais energia durante a vigília (os que têm volume corporal menor). Também é favorável a constatação de que durante o sono secretamos mais somatotrofina, um hormônio hipofisário que, entre outras funções, influencia positivamente os mecanismos de síntese de proteínas das células em geral. Como explicar, contudo, que dormimos a mesma quantidade de horas quando estamos cansados e quando estamos descansados? E como explicar que os indivíduos tetraplégicos durmam tanto quanto os indivíduos sadios?

Relacionada com essa hipótese está a ideia de que o sono possa servir para restaurar o sistema imunitário e detoxificar o parênquima cerebral, removendo, por exemplo, os peptídeos de β-amiloide que causam a doença de Alzheimer. Há evidências em prol: (1) ratos privados de sono morrem em 15 a 20 dias, e a *causa mortis* é geralmente a ocorrência de infecções oportunistas causadas por imunodeficiência; (2) igual destino têm pacientes humanos que sofrem de uma doença rara, a insônia fatal familiar, devida a uma malformação do tálamo; (3) existe correlação entre a diminuição do tempo de sono dos idosos e o agravamento de sintomas de perda de memória. Outra teoria difundida propõe que o sono seria restaurador de nossas capacidades mentais. Mas atenção: a ideia comum de que a privação do sono provocaria alterações perceptuais ou mentais provém de relatos anedóticos, não é apoiada por estudos controlados.

Já está estabelecido que há uma relação entre o sono e a memória: ratos privados de sono paradoxal aprendem tarefas simples mais lentamente do que os animais-controles; estes, por sua vez, quando submetidos a muitos testes de aprendizagem durante a vigília, apresentam maior proporção de sono paradoxal quando dormem. Também há correlações consistentes em seres humanos: crianças portadoras de transtornos mentais têm menos sono paradoxal, enquanto crianças típicas têm mais do que a média; e um trabalho com estudantes universitários americanos mostrou que a proporção de sono paradoxal aumenta em épocas de provas. Como explicar, no entanto, que os sonhos só sejam lembrados se acordarmos no momento em que sonhamos? E mesmo assim, se os escrevermos ou relatarmos a alguém...

Trabalhos mais recentes propõem que o sono é importante para a consolidação da memória e a fixação da aprendizagem. Os experimentos que abordaram essa hipótese produziram inicialmente resultados contraditórios, mas tem crescido o número de evidências envolvendo o sono com os fenômenos moleculares e celulares da plasticidade sináptica. O sono de ondas lentas demonstrou-se importante para a consolidação das memórias declarativas, aquelas que dependem de relato verbal. O sono paradoxal, por outro lado, é importante para a consolidação de memórias procedimentais, aquelas relacionadas com ações motoras ou comportamentais. Tem-se demonstrado também que até

597

a soneca depois do almoço exerce efeito positivo sobre a consolidação da memória, fato que tem uma repercussão específica na educação das crianças, porque a aprendizagem delas pode ser fortalecida se as escolas puderem prover tempo e ambiente adequado para um cochilo depois da refeição. Cada vez mais a relação do sono com a memória se mostra verdadeira, por isso mais vale você estudar durante o dia e a seguir ter uma boa noite de sono do que virar a noite correndo atrás do prejuízo de não ter estudado no dia anterior.

DISTÚRBIOS DO SONO

Várias causas podem provocar distúrbios do sono. Muitas são secundárias, como a insônia provocada por dor, depressão, ansiedade ou mudança súbita de fuso horário. Outras são primárias, provenientes de alterações neurológicas dos mecanismos do sono. A distinção entre elas depende muitas vezes de o paciente se internar em uma clínica do sono para que o registro polissonográfico do seu período de sono possa ser feito.

Entre os distúrbios primários, os mais comuns são as *insônias*, que dificultam o início ou a manutenção do sono. Acredita-se que cerca de 15% da população sofram de insônia primária. Mais raras são as *hipersonias*, que causam sonolência exagerada e crises de sono durante a vigília. Mais raras ainda são as *parassonias*, consideradas distúrbios do acordar. Embora incomuns, esses distúrbios são reveladores dos fenômenos e mecanismos que produzem o ciclo vigília-sono.

▶ Sono a Menos

A insônia é um sintoma. Define-se como insuficiência de sono, isto é, algo que causa desconforto ao indivíduo. Quem dorme pouco sem se sentir desconfortável não tem insônia.

Entre as causas primárias de insônia persistente, a mais conhecida é a chamada apneia obstrutiva do sono. O indivíduo queixa-se de sonolência e cansaço durante o dia, mas não apresenta alterações da hora de dormir e de acordar. O registro polissonográfico é revelador nesses casos: ocorre atonia muscular durante o sono, atingindo o diafragma e os demais músculos respiratórios, inclusive os da faringe, que colapsa e fecha-se. A respiração cessa de repente, o indivíduo sufoca e desperta para restabelecer a respiração. Na verdade, nem se dá conta de que desperta, porque permanece no estágio 1 do sono de ondas lentas, suficiente para restaurar o ritmo respiratório e retomar os demais estágios. Mas o problema repete-se logo depois, e o resultado é que o indivíduo apresenta muitas interrupções durante o período de sono.

Pode ocorrer apneia do sono também em indivíduos obesos, cuja faringe colapsa devido à gordura excessiva. Neste caso, a respiração também se interrompe e o mesmo fenômeno ocorre, mas as causas são mecânicas, e não neurológicas. Os roncos do sono podem ser provocados pela obesidade (também por outros tipos de obstrução respiratória) e geralmente não têm causas neurológicas.

▶ Sono a Mais

Dorme demais quem permanece sonolento após o tempo normal de sono, sem que haja apneia obstrutiva. São as hipersonias. O exemplo mais impressionante é o das narcolepsias. Os pacientes narcolépticos apresentam verdadeiros ataques de sono durante a vigília que duram alguns minutos e depois desaparecem. Podem "apagar", isto é, perder a consciência (paralisias do sono), ou manter a consciência, mas perder completamente o tônus muscular (cataplexia). O quadro cataplético assusta os parentes, porque muitas vezes o episódio é acompanhado por gargalhadas ou gritos de terror. Podem ocorrer também alucinações hipnagógicas, ou seja, verdadeiros episódios de sonhos durante a vigília, frequentemente vívidos e assustadores.

As narcolepsias são distúrbios do sono paradoxal que parecem ter determinação genética, pelo menos em animais. Em humanos, pouco se sabe além de uma perda neuronal específica de certos neurônios do hipotálamo produtores de peptídeos chamados orexinas (ou hipocretinas), que normalmente inibem o sono paradoxal. Na ausência desses neurônios, o sono paradoxal é desregulado e ocorre no meio da vigília, sem apresentar a transição dos estágios do sono de ondas lentas. Como esses neurônios projetam para diversos sistemas moduladores difusos, a sua falta provoca a proliferação de receptores colinérgicos na ponte e de receptores noradrenérgicos no *locus coeruleus*. Isso sugere a existência de hipersensibilidade colinérgica e noradrenérgica e explica a ocorrência de maior quantidade de episódios anormais de sono paradoxal nos narcolépticos. A cataplexia não tem explicação firmada, mas pode-se supor que ocorra por hiperatividade dos mecanismos descendentes de inibição dos motoneurônios espinhais.

▶ Parassonias: Distúrbios do Acordar

Quem não tem um parente que fala dormindo (sonilóquio), outro que urinou na cama até a adolescência, outro que senta na cama e até se levanta? Em alguns casos extremos de sonambulismo, a pessoa se locomove pelo ambiente com os olhos abertos, com percepção suficiente para evitar obstáculos e subir/descer escadas, mas com o julgamento e a cognição prejudicados. São distúrbios que atingem alguns dos mecanismos neurais do sono paradoxal e do sono de ondas lentas, ativados inapropriadamente, de forma errada e nos momentos errados.

Há outros distúrbios desse tipo, menos folclóricos e mais desconfortáveis: são exemplos o terror noturno infantil e o sono paradoxal sem atonia. Neste último caso, o indivíduo readquire o tônus muscular sem dessincronizar completamente o EEG, o que impede que ele acorde, mas provoca movimentos bruscos e violentos que podem ferir quem esteja do lado ou, então, o próprio indivíduo. Fenômenos desse tipo foram produzidos em gatos com lesões no *locus coeruleus*, por isso se considera que as parassonias atingem os mecanismos de transição entre o sono paradoxal e a vigília.

Glossário

Aminérgico: relativo às aminas biogênicas, conjunto de neurotransmissores que reúne adrenalina, noradrenalina, dopamina e serotonina. As três primeiras são catecolaminas; a última é uma indolamina.

Eclosão: emergência do inseto adulto a partir de uma forma embrionária, a pupa.

Endotérmicos: capazes de manter constante a temperatura corporal, independentemente da temperatura do ambiente.

Fotoperíodo: período claro do ciclo dia-noite, natural ou artificialmente produzido.

Gonadotrofinas: polipeptídeos secretados pela hipófise cuja ação principal consiste em estimular o crescimento e a função secretora das gônadas. O hormônio luteinizante age sobre o corpo lúteo, e o hormônio foliculoestimulante, sobre os folículos do ovário.

Histoquímica: conjunto de técnicas que revelam a existência de determinadas moléculas em um tecido (geralmente enzimas), utilizando autofluorescência ou a própria atividade enzimática para produzir uma coloração que marca o local.

A citoquímica tem a mesma definição, sendo aplicada, no entanto, a células individuais.

Imuno-histoquímica: conjunto de técnicas que revelam a existência de determinadas moléculas em um tecido, utilizando anticorpos específicos em uma série de reações que resultam em um composto corado. A imunocitoquímica tem o mesmo significado, mas é aplicada a células individuais.

Metrônomo: instrumento utilizado pelos músicos para estabelecer o ritmo de uma execução.

Neurônios-relés: neurônios que recebem sinapses das fibras ascendentes e transmitem a informação ao córtex cerebral. A palavra relé significa "interruptor".

Paleocórtex: setor do córtex cerebral de origem evolutiva mais antiga do que o neocórtex. Inclui principalmente o córtex olfativo primário e as regiões vizinhas.

Tegmento: termo genérico referente à metade ventral do tronco encefálico (p. ex.: tegmento mesencefálico). Opõe-se a tecto[A], que se refere à metade dorsal.

Leia Mais

▶ Leitura Básica

Tufik S, Andersen ML, Pinto Jr LR. Sono e Sonhos. In: Lent R. (coord.) *Neurociência da Mente e do Comportamento*. Rio de Janeiro: Guanabara-Koogan, 2008. p. 271-286. Texto resumido sobre os principais aspectos da fisiologia do sono.

Bear MF, Connors BW, Paradiso MA. O Conrole Químico do Encéfalo e do Comportamento. In: Bear MF et al. *Neurociências – Desvendando o Sistema Nervoso*. 4ª ed. trad. Porto Alegre: Artmed, 2017. p. 521-549. Uma parte deste capítulo cobre os sistemas moduladores ascendentes de projeção difusa.

Bear MF, Connors BW, Paradiso MA. Os Ritmos do Encéfalo e o Sono. In: Bear MF et al. *Neurociências – Desvendando o Sistema Nervoso*. 4ª ed. trad. Porto Alegre: Artmed, 2017. p. 645-683. Texto abrangente cobrindo a cronobiologia e o estudo do ciclo vigília-sono.

Richerson GB, Aston-Jones G, Saper CB. As funções moduladoras do tronco encefálico. In: Kandel ER et al. (orgs.) *Princípios de Neurociências*. 5ª ed. trad. Porto Alegre: McGraw-Hill-Artmed, 2014. p. 901-916. Texto que aborda os sistemas moduladores ascendentes.

McCormick DA, Westbrook GL. Sono e sonhos. In: Kandel ER et al. (orgs.) *Princípios de Neurociências*. 5ª ed. trad. Porto Alegre: McGraw-Hill-Artmed, 2014. p. 991-1007. Texto avançado sobre a neurofisiologia do sono e da vigília.

Ribeiro S. O Oráculo da Noite: A História e a Ciência do Sonho. Rio de Janeiro: Companhia das Letras, 2019. 457 pp. Texto acessível com informações científicas, históricas e filosóficas sobre o sono e os sonhos.

NEUROCIÊNCIA DOS ESTADOS CORPORAIS

▶ Leitura Complementar

Clássicos

Moruzzi G, Magoun H. Brain stem reticular formation and activation of the EEG. *Electroencephalography and Clinical Neurophysiology*. 1949;1:455-473.

Aserinsky E, Kleitman N. Regularly occurring periods of eye motility, and concomitant phenomena, during sleep. *Science*. 1953;118:273-274.

Dement W, Kleitman N. Cyclic variations in EEG during sleep and their relation to eye movements, bodymotility, and dreaming. *Electroencephalography and Clinical Neurophysiology*. 1955;9:673-690.

Jouvet M. Neurophysiology of the states of sleep. *Physiological Reviews*. 1967;47:117-177.

Ralph MR, Foster RG, Davis FC, Menaker M. Transplanted suprachiasmatic nucleus determines circadian period. *Science*. 1990;247:975-978.

Warren WS e Cassone VM. The pineal gland: Photoreception and coupling of behavioral, metabolic and cardiovascular circadian outputs. *Journal of Biological Rhythms*. 1995;10:64-79.

Moore RY. Entrainment pathways and the functional organization of the circadian system. *Progress in Brain Research*. 1996;111:103-119.

Recentes

Krause AJ, Simon EB, Mander BA, Greer SM, Saletin JM, Goldstein-Piekarski AN, et al. The sleep-deprived human brain. *Nature Reviews. Neuroscience*. 2017;18: 404-418.

Cabral T, Mota NB, Fraga L, Copelli M, McDaniel MA, Ribeiro S. Post-class naps boost declarative learning in a naturalistic school setting. *npj Science of Learning*. 2018;3:14.

Langille JJ. Remembering to forget: A dual role for sleep oscillations in memory consolidation and forgetting. *Frontiers in Cellular Neuroscience*. 2019;13:71.

Martin JM, Andriano DW, Mota NB, Mota-Rolim SA, Araujo JF, Solms M, et al. Structural differences beteen REM and non-REM dream reports assessed by graph analysis. *PLoS ONE*. 2020;15:e0228903.

Nicolas A, Ryby PM. Dreams, sleep, and psychotropic drugs. *Frontiers in Neurology*. 2020;11:507495.

Van Someren EJW. Brain mechanisms of insomnia: new perspectives on causes and consequences. *Physiological Reviews*. 2020. Doi: 10.1152/0hysrev.00046.2019.

Park S-H, Weber F. Neural and homeostatic regulation of REM sleep. *Frontiers in Psychology*. 2020;11:1662.

Knoops MS, DeGroot ER, Dudink J. Current ideas about the roles of rapid eye movement and non-rapid eye movement sleep in brain development. *Acta Paediatrica* 2020. Doi: 10.1111/apa.15485.

Le Bon O. Relationships between REM and NREM in the NREM-REM sleep cycle: a review on competing concepts. *Sleep Medicine*. 2020;70: 6-16.

Wu Y, Wang L, Yang F, Xi W. Neural circuits for sleep-wake regulation. *Advances in Experimental Medicine and Biology*. 2020;1284:91-112.

Wirz-Justice A, Skene DJ, Münch M. The relevance of daylight for humans. *Biochemical Pharmachology*. 2020;114304.

Finger AM, Kramer A. Mammalian circadian systems: Organization and modern life changes. *Acta Physiologica*. 2020;e13548.

Pham L, Baiocchi L, Kennedy L, Sato K, Meadows V, Meng F, et al. The interplay between mast cells, pineal gland, and circadian rythms: Links between histamine, melatonin, and inflammatory mediators. *Journal of Pineal Research*. 2020;e12699.

Bruni O, DelRosso LM, Melegari MG, Ferri R. The parasomnias. *Child and Adolescent Psychiatric Clinics of North America*. 2021;30:131-142.

PARTE 5

NEUROCIÊNCIA DAS FUNÇÕES MENTAIS

17

As Portas da Percepção
As Bases Neurais da Percepção e da Atenção

Caixa de silêncios, de Elena Nikitina (1997), óleo sobre tela

Saber o Principal

Resumo

Percepção é a capacidade de associar as informações sensoriais à memória e à cognição, de modo a formar conceitos sobre o mundo e sobre nós mesmos e orientar o nosso comportamento. Tudo o que é percebido pela mente é sentido pelo corpo de algum modo, mas nem tudo que é sentido pelo corpo alcança a percepção. O conceito de percepção, portanto, é diferente do de sensação.

Os primeiros estágios da percepção consistem no processamento analítico realizado pelos sistemas sensoriais, destinados a extrair de cada objeto suas características físicas, que, na verdade, consistem nas submodalidades sensoriais: cor, movimento, localização espacial, tom, timbre, tato, temperatura etc. Combinações dessas características passam então por vias seriais e paralelas interativas no SNC, que gradativamente reconstroem o objeto como um todo, para que ele possa ser memorizado ou reconhecido e para que possamos orientar nosso comportamento em relação a ele. A modalidade visual é a que está mais bem estudada a esse respeito, conhecendo-se uma via cortical dorsal destinada à identificação das relações espaciais dos objetos com o observador e com o mundo e uma via ventral cuja função é reconhecer o objeto, dando-lhe um nome e identificando a sua função e a sua história. A via dorsal envolve regiões do lobo parietal, enquanto a via ventral envolve regiões do lobo temporal. Paralelismo semelhante existe também no caso da percepção auditiva, em que uma via ventral cuida do reconhecimento dos sons complexos, incluindo a fala que ouvimos, e uma via dorsal articula a percepção auditiva com o comportamento motor, responsável, entre outras coisas, pelo incontrolável impulso que temos de acompanhar com o corpo o ritmo das músicas. No sistema somestésico, essa dualidade perceptual não é tão clara, mas parece também existir. E é possível que também exista nos demais sistemas sensoriais principais, como o olfato e a gustação.

Para que os mecanismos da percepção possam ser otimizados, é preciso selecionar, entre os inúmeros estímulos provenientes do ambiente, aqueles que são mais relevantes para o observador. Para isso, o SNC conta com a atenção, um mecanismo de focalização dos canais sensoriais capaz de facilitar a ativação de certas vias, certas regiões e até mesmo certos neurônios, de modo a colocar em primeiro plano sua operação e, em segundo plano, a de outras regiões que processam aspectos irrelevantes para cada situação. A atenção é tão importante, que extrapola os mecanismos perceptuais: podemos prestar atenção seletiva aos nossos próprios pensamentos.

AS PORTAS DA PERCEPÇÃO

O neurologista americano Oliver Sacks publicou, em 1970, um livro que depois se tornou famoso, chamado *O Homem que Confundiu sua Mulher com um Chapéu*. Não era um livro humorístico, como o título poderia fazer supor, mas um relato de casos clínicos extraordinários para o público leigo. No caso que dá título ao livro, Sacks descreve as dificuldades de seu paciente, Dr. P, portador de uma lesão cerebral que lhe causara dificuldades para reconhecer objetos e faces, entre as quais a de sua esposa e – ainda mais surpreendente – a sua própria face refletida no espelho. Dr. P tinha uma desordem neurológica que atingira um aspecto específico da percepção. Embora pudesse descrever o nariz, a boca, a testa e demais características da face de uma pessoa, não era capaz de saber de quem se tratava, a não ser quando ouvia a sua voz.

Reconhecer objetos e faces é algo tão natural em nossa vida cotidiana, que não nos damos conta de que o fazemos. Reconhecer emoções nas faces é ainda mais intrigante (Quadro 17.1). Muito menos imaginamos que há mecanismos neurais específicos para realizar essas tarefas tão cotidianas. Como conseguimos identificar, na multidão, a pessoa que nos interessa e acompanhá-la com o olhar sem perceber as demais? Como conseguimos saber que uma cadeira continua sendo a mesma ainda que a vejamos por trás ou por cima, bem ou mal iluminada, vazia ou ocupada por uma pessoa que a encobre parcialmente? Como conseguimos identificar uma personalidade pública por sua caricatura de poucos traços divulgada na mídia? E mais: como é possível acompanhar uma conversa em uma festa barulhenta? Reconhecer o hino nacional logo depois dos primeiros acordes? Reconhecer a voz de um filho em meio à algazarra de seus colegas de escola?

Essa estranha e apurada capacidade de extrair informações complexas dos dados sensoriais é o que chamamos *percepção*, possibilitada, em grande medida, por um sistema de focalização das informações chamado *atenção*. Como esses dois fenômenos mentais são muito associados, os seus mecanismos neurais são, em conjunto, o objeto deste capítulo.

A PERCEPÇÃO E SUAS DESORDENS

Percepção, para os seres humanos, é a capacidade de associar as informações sensoriais à memória e à cognição[G], de modo a formar conceitos sobre o mundo e sobre nós mesmos e orientar o nosso comportamento. Isso significa duas coisas: primeiro, que a percepção é dependente, mas diferente dos sentidos, isto é, tem um "algo mais" que a torna uma experiência mental particular; segundo, que ela envolve processos complexos ligados à memória, à cognição e ao comportamento.

Um dos aspectos mais importantes da percepção e que a diferencia das sensações é a chamada *constância perceptual*. Para os sentidos, cada posição de um objeto produz uma imagem visual diferente, mas, para a percepção, trata-se do mesmo objeto. Sabemos a quem pertence uma voz familiar e temos certeza de que ela provém da mesma pessoa, quer esteja rouca após uma gripe, sussurrando num ambiente silencioso ou gritando em meio a uma multidão. Nessas diferentes condições, no entanto, os sons que ouvimos são bastante diferentes. Como conseguimos a proeza?

A percepção, é claro, apresenta estreita ligação com os sentidos, por isso pode-se falar em percepção visual, auditiva, somestésica etc. Imagens dos objetos que refletem ou emitem luz são formadas na retina, transduzidas e codificadas em potenciais bioelétricos e, dessa forma, enviadas aos sucessivos estágios neurais que compõem o sistema visual. Do mesmo modo, os sons ambientes são transduzidos, codificados e enviados até o córtex pelo sistema auditivo. E assim também nos outros sentidos. Os sistemas sensoriais se encarregam das primeiras etapas da percepção, tornando-se responsáveis pela sua fase analítica. É como se os alvos da percepção fossem minuciosamente dissecados em suas partes constituintes e propriedades: cores, tons, texturas, cheiros e tudo mais. Ao final do processo, contudo, não tomamos consciência dessa soma de partes e propriedades, mas, sim, dos objetos como percepções globais, unificadas. Isso faz supor que, além dos mecanismos analíticos, devem existir outros de natureza sintética, capazes de reunir as partes e propriedades em um conjunto único que faça sentido. Mecanismos analíticos e sintéticos são, ambos, partes integrantes da percepção. A transição dos primeiros aos segundos é gradual, e na interface há uma grande área de superposição.

O estudo científico da percepção começou com a observação de casos clínicos bizarros como o do Dr. P, descritos pelos neurologistas desde pelo menos o século XIX. São os transtornos da percepção. Exemplo típico: um indivíduo com história prévia de hipertensão arterial relata episódio de tonteira seguido de fraqueza no braço e na perna esquerdos, que depois desaparecem. Nos dias subsequentes, apresenta dificuldade de reconhecer lugares que antes eram familiares, objetos conhecidos e pessoas da própria família. Estimulado a lembrar-se, o indivíduo é capaz de descrever esses lugares, uma evidência de que não se trata de perda de memória. Também é capaz de descrever detalhadamente os objetos e as pessoas que vê, embora não consiga nomeá-los. Dirá que um indivíduo tem o rosto claro, dentes grandes, nariz adunco e uma cicatriz na testa, mas só identificará seu próprio irmão quando ouvir a sua voz. Dirá que tem na sua frente um objeto preto e alongado, oco por dentro

---

[G] *Termo constante do glossário ao final do capítulo.*

Neurociência do Cotidiano

Quadro 17.1
Algoritmos para Emoções Faciais*

Cara feia, cara boa, cara dura. É como a linguagem cotidiana reflete a importância da face como meio de expressão emocional. Busque a foto de alguém no jornal de hoje em qualquer mídia. Possivelmente, o rosto lhe transmitirá alguma emoção, que saberá identificar. Essa habilidade de inferir o estado de alma de alguém pela face, mesmo à distância em uma tela ou monitor, orienta nossos comportamentos, julgamentos, decisões. Do voto ao veto.

Já se conhecem as redes cerebrais envolvidas nessa habilidade, mas uma questão importante ainda em aberto é saber se é inata ou adquirida. Nascemos capazes de inferir emoções nos outros ou aprendemos ao longo da vida? É um recurso a mais que a evolução ofereceu a nossos cérebros ou uma habilidade socialmente adquirida? Há evidências recentes em bebês que ainda nem falam, mas são capazes de reconhecer emoções faciais, preferindo as transmitidas por sorrisos às expressas pelo franzir dos olhos.

Se é uma habilidade biologicamente determinada, então deve ser universal, isto é, semelhante em todos os povos. Também há evidências de que isso é verdade. A consequência desse raciocínio seria a possibilidade de utilizar algoritmos para o reconhecimento de faces emocionais. Alimentados pelas câmeras que já existem em tantas esquinas, seriam capazes não apenas de saber quem somos, mas também de avaliar se estamos alegres, tristes ou zangados.

Trabalho recente de pesquisadores da Universidade da Califórnia em colaboração com a Google investigou essa possibilidade, ensinando programas de computador a reconhecer emoções faciais em 6 milhões de vídeos do Youtube de 144 países. Utilizaram sofisticados algoritmos de aprendizado de máquina. A ideia foi comparar o que há de comum nas configurações faciais que aparecem em diversos contextos (festas ou acidentes, partidas de futebol ou catástrofes...), classificando as variações de intensidade dos pixels de imagens faciais em movimento, segundo as emoções correspondentes. O algoritmo classificou com grande consistência as faces filmadas e respectivas emoções, independentemente de onde foram obtidas.

O trabalho tem várias repercussões, com implicações éticas. Por exemplo: se um crime de agressão for cometido em algum local e as câmeras de vigilância forem utilizadas para reconhecer os envolvidos, seria possível atribuir aos suspeitos, pela análise de suas faces, intenções agressivas? Outro exemplo: se a expressão dos clientes a um atendente de supermercado for de simpatia, o gerente pode ser informado e utilizar a informação para promovê-lo? Em que medida essas análises poderiam – ou deveriam – ser utilizadas em contextos policiais, jurídicos ou comerciais?

Desafio para os cientistas. Oportunidade para os negócios. Dilema para os juristas. A neuropsicologia das emoções e as neurotecnologias de identificação por algoritmos ganham corpo em evidências científicas, mas levantam dilemas cruciais. A pensar.

Texto baseado em artigo publicado em O Globo *e* O Globo Online *em 17/6/2021 (coluna e blog* A Hora da Ciência*).

Referência

Cowen AS et al. Sixteen facial expressions occur in similar contexts worldwide. *Nature*. 2020;589:251-257.

---

e que serve para pôr os pés, mas não conseguirá dizer que está vendo um sapato.

A esse conjunto de sintomas os neurologistas dão o nome *agnosia* (derivado do grego *gnosis*, conhecimento), um termo cunhado pelo criador da psicanálise, Sigmund Freud (1856-1939). As agnosias são geralmente causadas por lesões do córtex cerebral. Dependendo da região atingida, podem ser visuais (como no exemplo que descrevemos antes), auditivas ou somestésicas. Menos comuns (ou mais

difíceis de identificar) são as olfatórias e as gustatórias. Além disso, podem ser específicas, quando causadas por lesões menores e que refletem a especialização funcional das regiões corticais. Assim, entre as agnosias visuais destaca-se a prosopagnosia, incapacidade de reconhecer faces. Entre as auditivas são especialmente características a amusia, incapacidade de reconhecer sons musicais, e a agnosia verbal ou afasia receptiva, cujo portador deixa de compreender a fala que ouve de seus interlocutores. E entre as agnosias so-

AS PORTAS DA PERCEPÇÃO

mestésicas é mais comum a assomatognosia ou síndrome de indiferença, na qual o indivíduo não reconhece partes de seu corpo ou mesmo regiões inteiras do espaço extracorporal.

ANATOMIA DA PERCEPÇÃO

O estudo das lesões cerebrais encontradas nos pacientes com agnosia revelou que elas se situam geralmente em áreas do córtex parietal[A] posterior e do córtex ínfero-temporal[A] ou na face lateral do lobo occipital[A]. Que têm essas áreas em comum?

Situadas na confluência entre as áreas sensoriais primárias, essas regiões do córtex cerebral fazem parte do chamado *córtex associativo* (Figura 17.1). O termo reflete a concepção antiga dos neurofisiologistas de que o comportamento envolveria a associação entre as informações sensoriais e os comandos motores. Prováveis candidatas a realizar essa função seriam as áreas corticais "silenciosas", isto é, as que não respondem com potenciais evocados[G] quando o indivíduo ou o animal experimental recebe alguma estimulação sensorial nem provocam movimentos quando estimuladas com correntes elétricas. Verificou-se que as regiões associativas na verdade constituem a maior parte do córtex cerebral dos primatas, maior ainda no homem que nos primatas sub-humanos.

[A] *Estrutura encontrada no* Miniatlas de Neuroanatomia *(p. 359).*

O desenvolvimento dos métodos modernos de registro eletrofisiológico e optogenético[G], com a identificação morfofuncional de neurônios individuais em animais, principalmente primatas, bem como das técnicas de neuroimagem funcional aplicadas em seres humanos, permitiu desvendar a identidade e inúmeros aspectos do funcionamento das áreas associativas. Foi possível, especialmente, identificar as áreas envolvidas nos diferentes mecanismos neurais da percepção.

▶ Vias Sequenciais ou Paralelas?

Os neurocientistas chegaram às áreas associativas a partir das áreas sensoriais primárias, de mais fácil abordagem experimental. Nessas regiões, como vimos nos capítulos correspondentes, é possível detectar a presença de mapas de representação do espaço sensorial: mapas do mundo visual (visuotópico ou retinotópico), do corpo (somatotópico) e do espectro de frequências audíveis (tonotópico) (Figura 17.2). Além disso, o estudo cuidadoso das propriedades funcionais dos neurônios dessas regiões – em animais e em seres humanos – permitiu conhecer o tamanho e a organização dos seus campos receptores, bem como suas preferências quanto aos estímulos específicos capazes de ativá-los. Essa abordagem experimental passou a ser utilizada também nas regiões vizinhas, e o resultado foi a descoberta de um grande número de áreas uni e multissensoriais, além das áreas primárias inicialmente estudadas. Essa descoberta foi especialmente marcante no sistema visual: a meia dúzia

▶ **Figura 17.1.** As áreas corticais envolvidas com a percepção (sombreadas em verde) são muito mais amplas e numerosas que as regiões primárias (em bege claro), e fazem parte do chamado "córtex associativo". As lesões que ocorrem no córtex associativo produzem – entre muitos transtornos – as *agnosias*, distúrbios da percepção que atingem a visão, a audição, ou a percepção do corpo e do ambiente externo. Os números correspondem à nomenclatura criada por Korbinian Brodmann (1868-1918) para as áreas corticais (confira a Figura 20.17B).

de áreas com resposta visual conhecida na década de 1980 transformou-se em mais de 30 na década seguinte! Revelou-se também que as bordas citoarquitetônicas[G] definidas pelos neuro-histologistas não eram suficientes para delimitar as múltiplas áreas detectadas pelo registro de mapas topográficos e propriedades eletrofisiológicas dos neurônios.

Para que tantas áreas? Uma primeira possibilidade levantada pelos neurocientistas é que formassem uma hierarquia em que cada uma utilizasse a informação veiculada pela precedente para adicionar complexidade perceptual até que a reconstrução mental do objeto percebido pudesse ser comparada com o "banco de perceptos" (imagens, trechos musicais, cheiros complexos) contido na memória. Essa hipótese sequencial hierárquica do processamento perceptual foi amplamente adotada pelos neurocientistas, principalmente em virtude dos resultados experimentais obtidos no sistema visual por David Hubel e Torsten Wiesel, ganhadores do prêmio Nobel de Medicina ou Fisiologia em 1981. Hubel e Wiesel propuseram que as propriedades dos campos receptores dos neurônios do córtex visual seriam construídas a partir das propriedades dos neurônios precedentes ao longo de uma cadeia de conexões que os ligam um a um. De fato, os campos receptores dos neurônios de V1[A] e V2[G] podem ser classificados de acordo com a sua complexidade, e faz sentido lógico imaginar que os mais complexos são construídos a partir da convergência dos mais simples (Figura 17.3). O mesmo foi visto nas regiões auditivas e somestésicas do córtex cerebral: A1-A2 e S1-S2. Os campos receptores dos seus neurônios evoluem de propriedades mais simples (tons, por exemplo) para capacidades mais complexas (bandas de frequência, outro exemplo). Não é tão claro se o mesmo pode-se dizer das vias olfatórias e gustatórias.

O estudo que os neurofisiologistas fizeram a seguir sobre as várias áreas visuais indicou algumas tendências que favoreceram a hipótese sequencial hierárquica de Hubel e Wiesel. O tamanho dos campos receptores das células corticais, por exemplo, aumenta à medida que se caminha de V1 para V2, V3 etc. Coerentemente, o mapa topográfico torna-se menos preciso. Por outro lado, os estímulos capazes de ativar os neurônios tornam-se mais e mais complexos: em V1, simples formas geométricas, como círculos e barras, são suficientes para fazer disparar os neurônios, desde que posicionados dentro do campo receptor; no córtex ínfero-temporal, muitas células só são ativadas por perfis complexos que representam mãos e faces! Mais intrigante ainda foi a descoberta do neurocientista francês Stanislas Dehaene de um setor do córtex ínfero-temporal humano especializado em reconhecer letras, sílabas e palavras após o devido aprendizado da leitura (veja mais detalhes sobre esta importante função no Capítulo 19).

A hipótese hierárquica linear, entretanto, foi questionada quando se descobriu a existência de especializações funcionais entre as várias áreas visuais, mesmo aquelas situadas mais à frente na cadeia de conexões.

A área V4, por exemplo, contém neurônios particularmente sensíveis ao comprimento de onda dos estímulos

▶ **Figura 17.2.** Os mapas topográficos sensoriais são encontrados em diferentes regiões do SNC, mas são mais típicos das áreas corticais primárias, como a somestésica (**A**), a auditiva (**B**) e a visual (**C**). Os desenhos de baixo representando as áreas corticais com símbolos e números são originais de Brodmann.

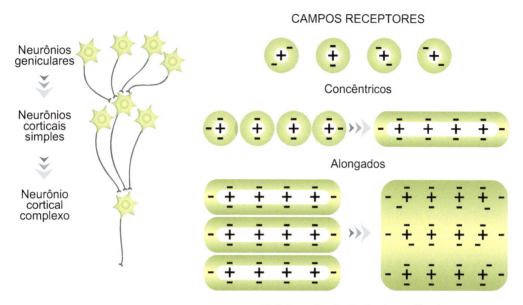

Figura 17.3. Segundo a hipótese de Hubel e Wiesel (à esquerda), as propriedades dos neurônios visuais seriam "construídas" pelos neurônios precedentes. Assim, os campos receptores concêntricos do núcleo geniculado lateral (à direita, acima) seriam associados no córtex para gerar os campos alongados simples (no meio), e estes por sua vez gerariam os campos complexos seletivos à orientação dos estímulos (à direita, abaixo). Por essa razão, o tamanho dos campos receptores seria cada vez maior na progressão de V1 para as áreas associativas visuais.

luminosos empregados para ativá-los. A área V5 (também chamada MT*), por outro lado, contém neurônios sensíveis a estímulos em movimento, independentemente de sua cor, e cada um deles é ativado por estímulos que se movem em um determinado sentido. Na verdade, essa segregação de "especialidades" funcionais pode ser detectada já na retina (Capítulo 9) e acompanhada ao longo da via visual por intermédio do tálamo[A], do córtex visual primário e das regiões adjacentes. Pode-se conceber, assim, a existência de "canais funcionais" distintos, capazes, cada um deles, de processar aspectos diferentes dos objetos visuais: forma e cor (o canal P**), movimento (o canal M) e cor apenas (o canal K). Surgiu, então, uma hipótese alternativa à do processamento hierárquico linear: a percepção seria obtida mediante *processamento paralelo*, por meio do qual a informação proveniente do mundo externo ou do próprio corpo seria segmentada e distribuída em subsistemas encarregados de analisar cada atributo específico. O conceito de processamento paralelo foi confirmado, mas, como veremos adiante, não aboliu o conceito de processamento hierárquico, e atualmente ambos são considerados coexistentes.

No presente, são muitas as evidências em favor das *vias paralelas*, particularmente no sistema visual. Alguns neurologistas relataram a ocorrência de casos raros de indivíduos que perdem a percepção de movimento sem qualquer outro distúrbio. Trata-se de uma condição conhecida como acinetopsia. O paciente é capaz de perceber um carro que surge no início da rua, mas só se dá conta de que ele se move quando já está muito próximo! É capaz de derramar a água de uma garrafa em um copo, mas não percebe quando o nível da água chega à beira do copo e não consegue evitar que ela extravase. O movimento das pessoas e das coisas lhe parece fragmentado como um vídeo interrompido pela baixa intensidade do sinal de internet. Documentou-se, usando técnicas de imagem de alta definição, que esses raros pacientes apresentam lesão em um setor muito preciso do córtex, que equivale à área V5 bem definida nos macacos. Há casos também de acromatopsia, isto é, incapacidade de perceber cores devida a uma lesão cortical circunscrita à área V4. Os métodos de imagem funcional atualmente disponíveis permitem identificar V4 e V5 em indivíduos normais, quando eles são estimulados, respectivamente, por objetos coloridos estáticos e objetos móveis com a mesma cor.

Os neuropsicólogos têm também concordado com a ideia de canais paralelos, com base na aplicação de testes perceptuais. Um deles é o chamado "teste de busca", idealizado pela psicóloga canadense Anne Treisman nos anos 1970. O teste consistia na realização de uma tarefa: o indivíduo devia verificar se havia ou não um elemento discrepante (o "alvo") entre um certo número de elemen-

---

* Mediotemporal.

** As siglas P, M e K referem-se a tipos celulares subcorticais e módulos corticais que constituem cada canal. Veja o Capítulo 9 para detalhes.

tos diversos (os "distratores"), apresentados, na época, em uma cartela (Figura 17.4). Quando chegasse à conclusão final (se o elemento discrepante estava presente ou não), o indivíduo devia apertar um botão. O psicólogo registrava o tempo decorrido até ele apertar o botão. Faça o teste você mesma: nas cartelas da Figura 17.4A, existe um "O" azul? Rapidamente você concluirá que sim, tanto para poucos distratores (acima) quanto para muitos (abaixo). Agora tente novamente com as cartelas da Figura 17.4B: existe um "O" azul? Provavelmente, agora você levou um pouco mais tempo para chegar à conclusão final, especialmente na cartela de baixo. Por quê?

No primeiro caso, você analisou apenas uma característica do alvo: sua cor. Como a cor dos distratores é diferente, você rapidamente "apertou o botão". Seu tempo de reação não varia muito, mesmo aumentando o número de distratores (Figura 17.4, gráfico à esquerda). No segundo caso, entretanto, você analisou duas características diferentes presentes simultaneamente: a cor e a forma. Isso provavelmente a obrigou a analisar uma, depois a outra e, finalmente, compará-las para verificar se estão presentes no mesmo local (*i. e.,* no mesmo alvo). Por isso seu tempo de reação agora é maior e cresce com o número de distratores (Figura 17.4, gráfico à direita). Os resultados do teste de busca são compatíveis com a ideia de processamento paralelo: devemos analisar a cor e a forma por meio de canais perceptuais separados, o que leva mais tempo.

Com base nas evidências dos neurologistas e dos psicólogos, além de um vasto conjunto de dados produzidos pelos neurobiólogos em estudos experimentais com primatas, os americanos Leslie Ungerleider e Mortimer Mishkin propuseram duas vias paralelas corticais distintas para a percepção visual (Figura 17.5A). A primeira, responsável pela percepção espacial, é chamada *via dorsal* por ser formada pela sequência de áreas corticais que ligam principalmente o canal M com a área V5 do córtex temporal por intermédio de V1, V2 e V3. A área V5 distribui a informação para áreas próximas do lobo parietal[A] (Figura 17.5B). A segunda é a *via ventral*, responsável pela percepção de formas e cores que permitem o reconhecimento dos objetos do mundo visual. A via ventral é assim chamada porque conecta os canais K e P com a área V4 do córtex temporal por intermédio de V1, V2 e também V3. A área V4, por sua vez, distribui a informação para outras áreas do lobo temporal[A] (Figura 17.5B).

A existência das duas grandes vias paralelas do sistema visual foi também demonstrada no córtex humano mediante neuroimagens funcionais (Figura 17.6). O mesmo se pode dizer para o sistema auditivo e o sistema somestésico.

▶ Vias Paralelas: Independentes ou Cooperativas?

A existência de vias perceptuais paralelas tem sido bem estudada no caso da visão, menos para a audição e a somestesia e pouco para os sentidos químicos. Em todos os casos, constata-se que o processamento paralelo coexiste com o processamento sequencial (ou serial), como veremos a seguir.

A especialização funcional que caracteriza as vias paralelas permite uma conclusão importante sobre os mecanismos da percepção. Os primeiros estágios são analíticos, isto é, envolvem a decomposição do objeto em suas propriedades principais: forma, cor, movimento, no caso da percepção visual. Tons e timbres, no caso da percepção auditiva. Cada uma dessas propriedades primordiais do

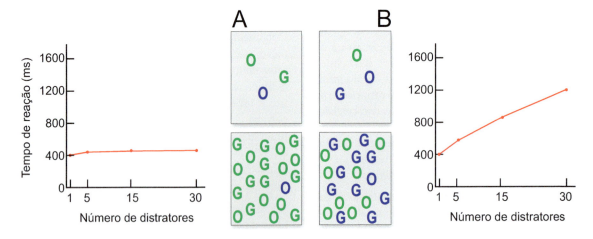

▶ **Figura 17.4.** No teste de busca de Treisman, o sujeito deve dizer se o objeto discrepante (neste exemplo, a letra O azul) está presente ou não. Quando apenas a cor é a característica discrepante (**A**), a resposta é rápida e independe do número de distratores, como se vê no gráfico à esquerda. Mas quando há duas características discrepantes, cor e forma (**B**), a resposta vai ficando mais lenta com o acréscimo de distratores (gráfico à direita). Presume-se que o indivíduo precise de mais tempo para decidir porque utiliza dois canais perceptuais, e não um só. Modificado de Treisman AM, Gelade G. *Cognitive Psychology.* 1980;12:97-136.

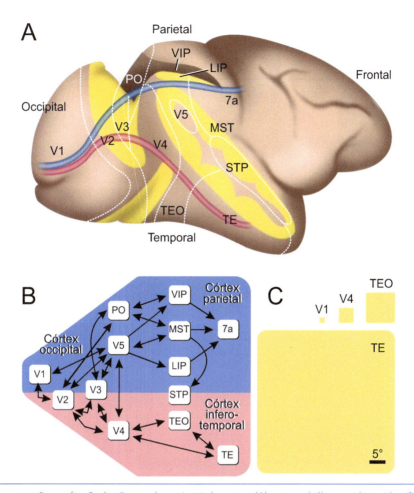

▶ **Figura 17.5.** Estudando as conexões e a função das diversas áreas visuais do macaco (**A**), os neurobiólogos puderam identificar duas vias paralelas de processamento, a partir de V1. Na figura, os sulcos do cérebro do macaco estão representados abertos, para facilitar a representação das áreas internas. Embora paralelas, as vias não são independentes, como mostram as conexões que apresentam entre si (**B**). O esquema em **C** mostra que o tamanho dos campos receptores dos neurônios vai aumentando a partir de V1 até o córtex ínfero-temporal. As siglas denotam as abreviaturas das diversas áreas.

estímulo sensorial é analisada em canais próprios cujos neurônios são especializados em detectá-las, em processamento sequencial. Em que momento, no entanto, ocorre a "reconstrução" mental do objeto? Mais precisamente: de que maneira as informações sobre forma, cor e movimento se entrecruzam no sistema nervoso, de modo a possibilitar o reconhecimento cognitivo que nos permite dizer: "essa é a poltrona do meu quarto" ou "esse é o Joaquim"? De que modo os tons decompostos pela tonotopia do córtex auditivo primário se reúnem de novo para fazer sentido como um trecho de *Aquele Abraço*, ou como uma frase ouvida de um interlocutor?

Se as vias paralelas fossem concebidas como canais inteiramente independentes, esse resultado final da percepção não seria possível. De fato, os neuroanatomistas puderam verificar, estudando os circuitos que conectam as áreas corticais, que, além de inúmeras conexões recíprocas entre áreas de uma mesma via e as conexões entre áreas homólogas dos dois hemisférios, há muitas ligações entre a via ventral e a via dorsal (Figura 17.5B). Já mesmo em V1 existem conexões entre a camada 4 (que recebe do canal M) e as camadas 2 e 3 (que recebem do canal P). Em V2 existem neurônios horizontais que conectam as bandas e interbandas de citocromo-oxidase (detalhes sobre essas estruturas no Capítulo 9). E há sistemas de fibras que conectam reciprocamente V3, V4 e V5. Correspondentemente, verificou-se que muitos neurônios de V5, sensíveis a movimento, são ativados por estímulos coloridos movendo-se em um fundo de outra cor, mas com igual brilho. Ou seja: são sensíveis também ao comprimento de onda dos estímulos.

Esses dados obrigaram a uma reconceituação do proposto sistema de processamento paralelo. As vias paralelas não parecem operar isoladamente, mas, sim, cooperativamente. São vias cooperativas, e não independentes. Em cada uma delas, o processamento é sequencial, mas a cada estágio neural elas interagem por meio de conexões que as interligam.

De qualquer forma, a via ventral pode ser compreendida como a que responde mais eficientemente à pergunta: "o que é?", enquanto a via dorsal responde à pergunta: "onde

▶ **Figura 17.6.** A neuroimagem por emissão de pósitrons pode detectar as vias paralelas no homem. Neste estudo clássico, o sujeito devia identificar qual dos dois quadrinhos de baixo representa uma rotação do de cima. A imagem correspondente mostrou o aumento da atividade neural na via dorsal. Por outro lado, quando o sujeito foi solicitado a identificar qual das duas faces de baixo representa o mesmo menino de cima, a imagem mostrou a via ventral com a atividade aumentada. Modificado de Haxby J et al. *Journal of Neuroscience*. 1994;14:6336-6353.

está?". Isso significa que a operação das áreas que compõem a via ventral permite o reconhecimento dos objetos visuais, enquanto o funcionamento das áreas que constituem a via dorsal permite identificar as três dimensões dos objetos, bem como relacioná-los espacialmente entre si e com o observador que os percebe. Parece complicado, mas não é. Suponha a seguinte situação: você procura os seus óculos, que esqueceu em algum lugar. Seus olhos buscam aquele objeto característico formado por dois contornos fechados interligados e duas hastes em L. Você tem uma imagem dele na sua memória e imediatamente o identificará onde estiver, esteja ele pousado na mesa com as lentes para cima, virado ao contrário no chão com as hastes abertas ou meio inserido entre as almofadas do sofá. Ao encontrá-lo, você precisa relacioná-lo com o ambiente para orientar o seu comportamento, isto é, determinar se você vai estender o braço para pegá-lo na mesa, curvar-se para alcançá-lo no chão ou inserir a mão entre as almofadas para retirá-lo. Para reconhecer a forma e a cor dos seus óculos você precisa da sua via ventral, mas, para alcançá-lo com a mão na posição certa (mão esquerda ou mão direita? Qual é a melhor para pegar os óculos agora?), você precisa de sua via dorsal. Ambas, no entanto, realizam uma análise de forma, seja para não confundir os seus óculos com os de outra pessoa, seja para pegá-los corretamente. Daí se conclui que o reconhecimento dos objetos e a percepção espacial, embora sejam duas operações perceptuais distintas realizadas por vias paralelas, são também dois aspectos de uma mesma operação mental realizados coordenadamente pelo mesmo cérebro de um mesmo indivíduo.

RECONHECIMENTO DOS OBJETOS: "O QUE É?"

Chamamos objetos às "coisas" do mundo: um carro, uma música, um cheiro, uma palavra escrita em Braille. Para o estudo da percepção, o termo se aplica a todas as coisas que conhecemos por intermédio dos sentidos. No entanto, há também "objetos" exclusivamente mentais, imaginários, não menos importantes que os objetos concretos do mundo exterior. Um sonho, por exemplo. Uma emoção marcante que você guarda na memória. Qualquer sistema – biológico ou artificial – capaz de reconhecer objetos deve conseguir: (1) separá-los dos demais objetos e do ambiente e (2) mantê-los perceptualmente constantes, mesmo que eles ou o ambiente em volta se movam, que mude a iluminação ou o nível de ruído ambiente ou que outros objetos os encubram parcialmente. De que modo o sistema nervoso consegue essa façanha?

▶ Teorias da Percepção

Foram várias, ao longo da História, as teorias criadas para explicar a percepção. O maior problema, entretanto, foi sempre o de as articular com a Neurociência.

O psicólogo britânico David Marr (1945-1980) propôs uma teoria engenhosa para dar conta dessa questão, aplicada à percepção visual (Figura 17.7). De acordo com ele, tudo começaria pela elaboração de um "esboço primitivo" com base nas diferenças de intensidade e cor no mapa retiniano, que produziriam bordas contrastantes capazes de impressionar diferencialmente as células da retina e dos primeiros estágios pós-retinianos do sistema visual. A seguir se produziria o que ele chamou de "esboço 2½D", baseado na computação das distâncias entre as bordas e nas texturas existentes nos intervalos. Marr inventou o termo "2½D" para indicar que, nesse estágio, já existe uma percepção de profundidade com base na imagem do objeto, mas esta não é completa, por não ter sido ainda associada aos outros ângulos de visão do mesmo objeto (outros esboços 2½D). Emergiria, então, uma imagem mental provisória do objeto que ainda não possibilitaria o seu reconhecimento, mas permitiria que o indivíduo se orientasse no espaço em relação a ele. A etapa seguinte consistiria na criação de um "modelo 3D", que reuniria todos os esboços 2½D do mesmo objeto existentes na memória para detectar seus eixos internos, criando uma imagem invariante. O modelo 3D (um para cada objeto), sendo composto por todos os esboços 2½D do objeto, incluiria também as partes "ocultas" deste, isto é, sua vista de trás, regiões encobertas, e assim por diante. O modelo 3D seria, então, por sua vez, armazenado na memória e poderia ser recuperado cada vez que fosse necessário reconhecê-lo de novo.

Outro psicólogo, o norte-americano Irving Biederman, modificou ligeiramente a teoria de Marr. A partir do esboço primitivo, as partes componentes dos objetos seriam detectadas pela disposição de suas bordas de contraste formando relações espaciais típicas. Em vez de múltiplos esboços 2½D para cada objeto, o sistema visual seria capaz de identificar unidades perceptuais que Biederman chamou "geons"*, presentes em diversos objetos (Figura 17.7). A combinação de geons característica de cada objeto seria armazenada na memória à primeira exposição para posterior utilização. Biederman identificou cerca de 24 geons; calculou que mais de 5 mil objetos poderiam ser especificados por dois geons e cerca de 140 mil objetos poderiam ser especificados por três geons. Os 24 geons combinados em pequenos números teriam, então, uma capacidade perceptual imensa.

---

*Acrônimo de geometric ions, ou seja, unidades de forma simples.

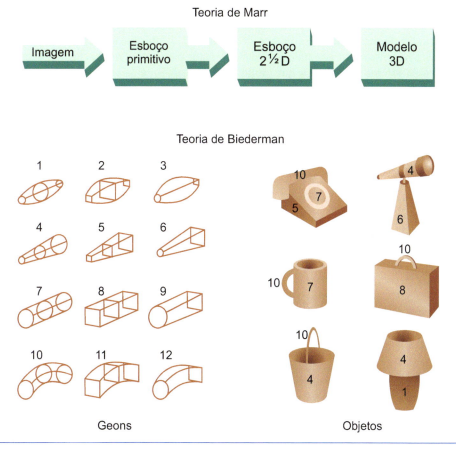

▶ **Figura 17.7.** Duas importantes teorias da percepção. Acima, as etapas da teoria de David Marr, explicadas no texto. Abaixo, a contribuição de Irving Biederman, pela qual os objetos seriam representados no cérebro por unidades perceptuais simples aprendidas na infância, os geons. Os números em cada um dos objetos à direita indicam a combinação de geons (à esquerda) que permitiria a sua identificação. Modificado de Osherson DH et al. (org.) *Visual Cognition and Action*, Cambridge: MIT Press, 1990. vol. 2, p. 41-72.

Essas duas teorias da percepção são centradas no objeto: ambas atribuem a ele eixos invariantes ou típicas associações de bordas que, armazenadas na memória, serviriam para o reconhecimento posterior. Além disso, têm o defeito de considerar o sistema nervoso um computador programado para realizar certas operações que resultariam em percepção. Propostas mais recentes, ainda baseadas nas ciências da computação, têm levado em conta a capacidade de aprendizagem tanto dos cérebros como da última geração de computadores adaptativos[G]: na primeira vez que vemos um objeto, armazenamos na memória algumas imagens bidimensionais dele. Para reconhecê-lo outras vezes, as imagens subsequentes, ligeiramente diferentes das primeiras, seriam comparadas com elas. Se fossem parecidas, o objeto seria reconhecido como o mesmo anterior. Se não, seria classificado como novo objeto. À medida que o número de imagens semelhantes aumentasse, a probabilidade de acerto aumentaria e a precisão do reconhecimento também. Neste caso, trata-se de uma teoria centrada no indivíduo, e não no objeto, e fortemente baseada na aprendizagem.

Todas essas engenhosas teorias respondem às duas questões essenciais da percepção: isolar o objeto em relação aos demais e ao fundo e mantê-lo perceptualmente constante. Além disso, admitem uma sequência lógica que vai do simples ao complexo, envolvendo sequencialmente etapas analíticas seguidas de mecanismos sintéticos de "reconstrução mental". Será, entretanto, que tudo isso tem relação com a biologia do sistema nervoso? De que modo se podem relacionar os mecanismos da percepção com o funcionamento das vias paralelas e com as operações realizadas pelos neurônios corticais?

▶ O Cérebro Que Reconhece Objetos

Os trabalhos dos neurofisiologistas com macacos revelaram um conjunto importante de dados para esclarecer essa questão. Os experimentos são feitos com macacos anestesiados ou acordados* em cujo cérebro se implanta um sistema miniaturizado de registro da atividade elétrica neuronal (Figura 17.8). O animal fica defronte a uma tela plana ou de um monitor de computador, no qual aparecem diferentes estímulos luminosos escolhidos pelo pesquisador, que tem acesso contínuo a diferentes gráficos de frequência de potenciais de ação de cada neurônio estudado, individualmente, por meio de um segundo computador.

Depois de posicionar o microeletródio[G] de registro na área desejada, o experimentador movimenta um estímulo luminoso qualquer na tela até que encontra uma região cuja estimulação provoca o disparo de um neurônio. Ele pode então "mapear" o campo receptor, isto é, delimitar as

suas bordas e desenhá-las na tela. Logo em seguida, varia as características do estímulo, buscando forma, cor, inclinação (orientação) e direção de movimento que provocam melhor o disparo da célula. Essa rotina lhe fornece dados sobre a posição e o tamanho do campo receptor, sua estrutura interna e os parâmetros ótimos para estimular o neurônio.

Quando o microeletródio é posicionado em V1 (Figura 17.9A), os campos receptores são pequenos e alongados (poucos graus de diâmetro) (Figura 17.5C), apresentando regiões excitatórias e regiões inibitórias (Figura 17.9B). O neurônio responde com um aumento da frequência de PAs, quando o estímulo passa sobre a região excitatória, e com uma diminuição de frequência, quando passa sobre uma região inibitória. Os estímulos ótimos são círculos ou retângulos de luz que podem ser ligados e desligados sobre o campo receptor ou movimentados por meio dele de um lado a outro em uma certa orientação. Em V2, os campos receptores tornam-se um pouco maiores (Figura 17.9A) e os neurônios já respondem seletivamente a comprimento, largura, orientação ou cor de um retângulo mais claro ou mais escuro que o fundo. Tendo em vista a distribuição das conexões que existem entre as regiões visuais, acredita-se que o fluxo principal da informação visual vai de V1 a V2, depois a V4 nas superfícies lateral e ventral do córtex e daí às regiões que compõem o córtex ínfero-temporal. Finalmente, a informação de saída do córtex ínfero-temporal segue para outras regiões ligadas à memória e às emoções, especialmente as situadas no córtex pré-frontal ventral (Capítulos 18 e 20).

Os campos receptores e a seletividade dos neurônios vão sendo "construídos" passo a passo, como propõe a hipótese hierárquica de Hubel e Wiesel, só que dentro da via ventral de processamento paralelo. Em V4 e no córtex ínfero-temporal, os campos receptores são enormes (diâmetros cerca de 10 vezes maiores que os de V1 [Figura 17.5C]), frequentemente atravessando a linha média e sempre incluindo a fóvea. Nessas condições, a precisão topográfica do mapa retinotópico deixa de fazer sentido e, de fato, o mapa encontrado é bastante impreciso. Muitos neurônios apresentam seletividade para estímulos coloridos. Outros respondem seletivamente a combinações de parâmetros: comprimento + largura, comprimento + cor, e assim por diante. No córtex ínfero-temporal, os estímulos ótimos tornam-se complexos: cruzes, estrelas, meias-luas, mãos, perfis de faces, palavras escritas (Figura 17.10A e B). Além disso, são igualmente eficazes independentemente do seu tamanho e brilho. Também se verificou que o disparo das células de V4 e do córtex ínfero-temporal depende do nível de atenção que o animal presta à estimulação. Finalmente, o estudo da formação hipocampal[A], região ligada à memória, revelou neurônios que respondem ao mesmo objeto sob diferentes ângulos e representações. Um estudo realizado no hipocampo[A] de pacientes durante cirurgias para o tratamento de epilepsias resistentes a medicamentos

---

Recentemente têm aparecido trabalhos de registro de neurônios isolados do córtex cerebral e de regiões subcorticais de seres humanos obtido durante a realização de neurocirurgias.

AS PORTAS DA PERCEPÇÃO

▶ **Figura 17.8.** Em experimentos como este, os animais aprendem a pressionar uma alavanca para receber um pouco de suco, mas só se procederem corretamente: por exemplo, olhando fixamente para o ponto no centro da tela. Enquanto isso, o neurofisiologista projeta estímulos luminosos na tela e registra a resposta dos neurônios visuais por meio de eletródios implantados no cérebro.

mostrou neurônios que respondem a fotos, desenhos ou simplesmente ao nome escrito de uma pessoa representada em diferentes ângulos e formas (Figura 17.10C).

Conclusões importantes podem ser tiradas desses estudos eletrofisiológicos. Primeiro, todas as áreas da via ventral possuem neurônios sensíveis a forma, cor ou textura dos objetos visuais, o que favorece a hipótese de que essa via pelo menos participe do reconhecimento dos objetos. Segundo, como o mapa retinotópico deixa de ser importante ao longo da via e os campos receptores adquirem grandes dimensões, as regiões mais avançadas, como V4 e o córtex ínfero-temporal, reúnem condições para responder a estímulos independentemente de sua localização precisa, o que é um requisito importante para a tarefa de reconhecer os objetos onde quer que eles estejam. Terceiro, os estímulos se tornam complexos e independentes de tamanho e brilho, esses também requisitos importantes para reconhecer os objetos quer estejam próximos ou distantes, bem ou mal iluminados. Quarto, a atividade dos neurônios passa a ser influenciada fortemente pelo nível de atenção do indivíduo, um elemento contribuinte para o reconhecimento dos objetos. E, finalmente, a figura global do objeto percebido é comparada com as representações armazenadas na memória a fim de concretizar o reconhecimento final.

A neurofisiologia indica, portanto, que a via ventral tem como função provavelmente a extração das características invariantes dos objetos, isto é, aquelas que independem da localização no campo visual, da proximidade da retina, da orientação espacial e das condições de iluminação (constância perceptual). E são justamente essas as condições necessárias para que possamos reconhecer objetos! Além disso, a concepção hierárquica parece ser válida e compatível com a ideia de processamento paralelo. Ou seja, na via ventral, a percepção vai sendo "construída" gradativa e sequencialmente de área em área (Figura 17.11) até que a imagem final do objeto possa ser checada com os arquivos da memória, nomeada ou utilizada para orientar o comportamento. Da mesma forma na via dorsal, como veremos adiante.

Ressalta disso tudo uma questão importante: podemos reduzir a percepção à operação de neurônios especializados que sozinhos fariam o "trabalho nobre"? Os neurocientistas têm discutido essa questão ativamente a partir do momento em que o grupo de pesquisa do psicólogo norte-americano Charles Gross começou a encontrar neurônios, no córtex ínfero-temporal do macaco, capazes de responder seletivamente a mãos e faces. Gross e seus colaboradores – entre os quais o brasileiro Carlos Eduardo Rocha-Miranda – provocativamente os chamaram *neurônios gnósticos*, isto é, as células do conhecimento, propondo que seriam os elementos unitários situados no topo da hierarquia perceptual. Neurônios com características semelhantes foram encontrados também em regiões associativas ligadas à audição. Nesses casos, as células respondem especificamente

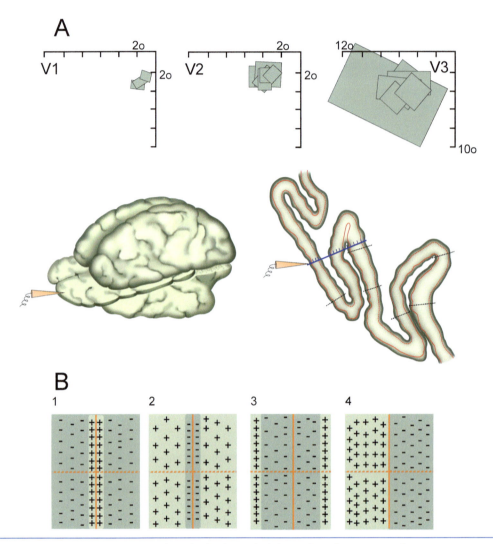

▶ **Figura 17.9. A** representa os campos receptores típicos (retângulos verdes) de neurônios de V1, V2 e V3 do macaco. Nos experimentos, o microeletródio é posicionado na área a ser estudada e vai sendo inserido lentamente, passando pelas regiões da superfície cortical e por aquelas situadas no interior dos sulcos. **B** representa a organização interna dos campos receptores baseada na representação original de Hubel e Wiesel, com setores capazes de provocar o aumento da frequência do neurônio (+++) e outros que provocam o contrário (---). Modificado de Zeki S. *A Vision of the Brain*. Londres: Blackwell, 1993. p. 91-92..

a estímulos sonoros complexos, como, por exemplo, gritos de alerta de animais da mesma espécie, de ataque e defesa, de corte sexual, e assim por diante. Em indivíduos epilépticos, durante cirurgias para a remoção do foco patológico no córtex, foi possível registrar neurônios corticais que respondiam seletivamente a sons da fala humana!

A hipótese reducionista ficou conhecida caricaturalmente como a "hipótese das células da vovó", isto é, as células especializadas em reconhecer "objetos" muito específicos, tão específicos quanto a nossa avó. Apesar, no entanto, do caráter provocativo e polêmico que estimulou bastante a pesquisa na área, hoje se reconhece que a hipótese reducionista apresenta problemas conceituais. Primeiro, seria preciso um número enorme de células gnósticas para perceber todos os objetos do mundo. Segundo, uma percepção baseada em neurônios desse tipo seria muito vulnerável, pois a morte de poucas células provocaria grande perda perceptual. Finalmente, como explicar a nossa infinita capacidade de reconhecer objetos novos? Nosso sistema nervoso seria capaz de "fabricar" células gnósticas indefinidamente? Como a existência dos neurônios gnósticos não pode ser contestada, já que eles têm sido encontrados por diferentes laboratórios em todo o mundo, parece necessário buscar uma hipótese alternativa para explicar o seu papel. Nesse sentido, é razoável supor que eles formem redes gnósticas no córtex associativo, elas, sim, preponderantes ao reconhecimento final dos objetos. De qualquer forma, a proposição da existência de redes gnósticas transfere o problema para populações neuronais, mas não o resolve: continuamos sem saber exatamente como o sistema nervoso faz a "síntese final" do objeto percebido.

As Portas da Percepção

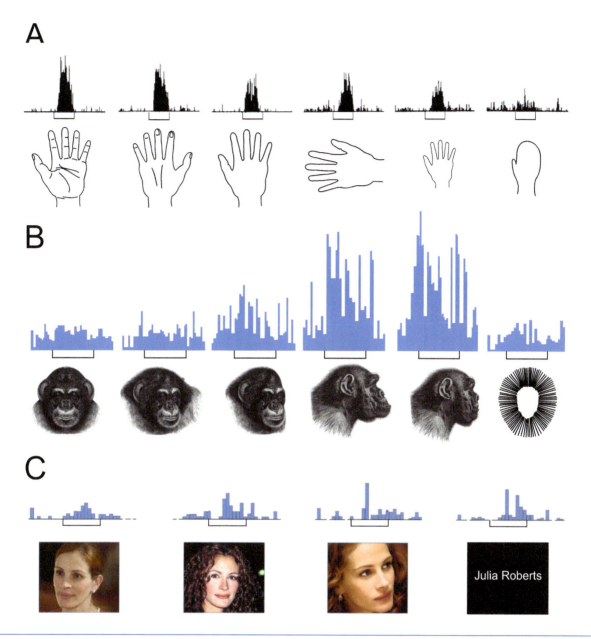

▸ **Figura 17.10.** Nas regiões associativas, como o córtex ínfero-temporal, os campos receptores são grandes e os neurônios respondem a estímulos complexos. **A** ilustra o neurônio de um macaco que responde seletivamente à imagem de uma mão humana espalmada, como se depreende dos histogramas, que representam a frequência de PAs. **B** representa um outro neurônio, cuja preferência é por imagens da cabeça de outro macaco, posicionada de perfil. **C** mostra um neurônio registrado no hipocampo de um paciente durante uma cirurgia para epilepsia, capaz de responder a fotos ou ao nome escrito da atriz Julia Roberts (**C**). Em todos os gráficos, o período de apresentação dos estímulos está assinalado pelo colchete abaixo de cada histograma. **A** e **B** modificados de Desimone R et al. *Journal of Neuroscience*. 1984;4:2051-2062. C modificado de Quiroga RQ et al. *Nature*. 2005;435:1102-1107.

A vivência clínica dos neurologistas tem permitido identificar não apenas a via ventral da percepção visual no homem, mas também outras regiões associativas ligadas ao reconhecimento de sons especiais (música, sons da fala) e de imagens também especiais (como as palavras escritas, por exemplo). Esses dados têm sido obtidos com as técnicas de imagem funcional e com a análise da localização de lesões em pacientes portadores de agnosias.

A região de reconhecimento de objetos e faces, no homem, atinge setores mais ventrais do que no macaco, ocupando especialmente o giro fusiforme[A] do lobo temporal inferior (Figura 17.12), já muito próximo do hipocampo. O hipocampo aparece também nas imagens funcionais produzidas por estimulação perceptual, indicando participação no reconhecimento de faces, objetos em geral e material verbal escrito. Este último tipo de

617

▶ **Figura 17.11.** O modelo hierárquico não é incompatível com o processamento paralelo da percepção. Na via ventral, por exemplo (seta azul no desenho de cima), a cadeia de neurônios representada abaixo da seta "vê" primeiro as características mais simples de um objeto (uma cama "decomposta"), depois as vai associando (da direita para a esquerda, na figura) até que emerja a imagem integral do objeto.

"objeto" (letras, sílabas e palavras escritas) ativa também regiões mais laterais do lobo temporal, vizinhas à área auditiva primária. E, por fim, as áreas de percepção de cores foram identificadas em posição mais posterior na superfície ventral do lobo temporal.

Outro aspecto importante revelado nesses estudos foi a lateralização das habilidades perceptuais no homem, um tema que está mais bem discutido no Capítulo 19. Brevemente: o hemisfério direito revelou-se melhor para o simples reconhecimento dos objetos, enquanto o hemisfério esquerdo era utilizado quando fosse preciso nomeá-los. Por exemplo, indivíduos com lesões do lobo temporal esquerdo mostravam-se capazes de reconhecer objetos superpostos colorindo-os (Figura 17.13), mas não conseguiam dizer o nome do que acabavam de colorir. E o contrário ocorria após lesões do hemisfério direito. Assim, as agnosias chamadas *aperceptivas* são típicas do hemisfério direito, enquanto as ditas *associativas* são mais frequentemente encontradas quando ocorre uma lesão à esquerda.

AS PORTAS DA PERCEPÇÃO

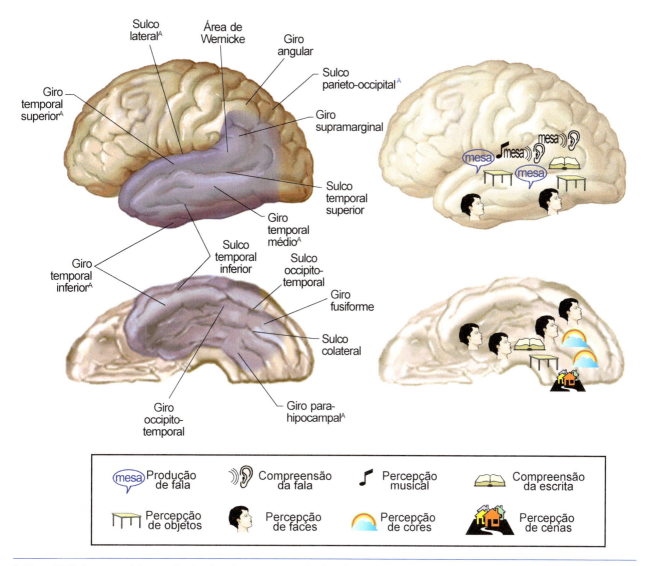

▸ **Figura 17.12.** Os exames de imagem funcional revelaram os setores do córtex (particularmente no lobo temporal) que participam das diferentes especialidades da percepção. O resultado desses estudos está sumariado na figura. A posição dos ícones à direita pode ser correlacionada com os acidentes anatômicos representados à esquerda. Modificado de Zigmond MJ et al. (org.) *Fundamental Neuroscience*. Nova York: Academic Press, 1999. p. 1339-1361.

▸ **Figura 17.13.** Quando se apresenta a uma pessoa com lesão no lobo temporal esquerdo um painel de objetos como em **A**, ela não é capaz de nomeá-los verbalmente, mas indica que reconhece cada objeto, colorindo-os (**B**). Modificado de Gazzaniga MS et al. *Cognitive Neuroscience*. Nova York: W.W. Norton, 1998. p. 186.

PERCEPÇÃO ESPACIAL: "ONDE ESTÁ?"

Lembra do exemplo dos óculos? Suponha que você os ache meio inseridos entre duas almofadas do sofá. Ao mesmo tempo em que realiza uma análise de forma que permite identificar os seus óculos sem confundi-los com os de outra pessoa, você realiza também outra análise de forma, menos elaborada, que apenas o situa no espaço (entre as almofadas). Dizemos "duas análises de forma" apenas para salientar que uma delas é semântica[G], ou seja, destinada ao reconhecimento cognitivo do objeto, enquanto a outra é pragmática[G], isto é, visa a orientar o comportamento e permitir a preensão do objeto com a mão. Em outras palavras, sua via ventral é ativada e permite que você reconheça os seus óculos e, ao mesmo tempo, a sua via dorsal trabalha para orientar o movimento do seu corpo e, especialmente, do braço, das mãos e dos dedos, que se aproximam dos óculos já na posição adequada para retirá-los do sofá.

A via dorsal, portanto, é a via do "onde está?". Novamente, disso não se pode depreender que ela não realize também operações perceptuais que envolvem o reconhecimento da forma dos objetos. A necessidade de que o faça vem da importância de avaliar a forma do objeto que será tomado com a mão (Figura 17.14). Para pegar os óculos – antes mesmo de fazê-lo –, você posiciona a mão de uma certa maneira. Se se tratasse de um anel, você o faria de outra maneira, provavelmente posicionando o indicador e o polegar, e não os demais dedos.

Para responder à pergunta "onde está?" e desse modo orientar o comportamento, é preciso coordenar diversas informações sensoriais e motoras. Essa função é feita pelas áreas parietais posteriores do córtex cerebral (Figura 17.5). Nas áreas parietais anteriores, já sabemos, estão as regiões somestésicas, separadas pelo sulco central das áreas motoras do lobo frontal[A]. Mais para trás, no lobo occipital, ficam as diversas áreas visuais que também já mencionamos. O córtex parietal posterior é um centro de convergência de fibras provenientes desses três conjuntos de regiões (motoras, somestésicas e visuais) e a sua função reflete essa característica anatômica.

A observação de pacientes com lesões do córtex parietal posterior, principalmente do lado direito, tem sido importante para definir melhor a sua função. Esses pacientes apresentam uma condição clínica conhecida como *síndrome de indiferença**. Geralmente ignoram tudo o que se passa à sua esquerda (Quadro 17.2): o lado esquerdo do seu corpo, o lado esquerdo dos objetos, o lado esquerdo do campo visual. Se tomarmos a sua mão esquerda e lhes

---

* Comumente conhecida pelo termo inglês neglect syndrome.

▶ **Figura 17.14.** A localização das regiões participantes da via dorsal pode ser obtida, por exemplo, solicitando-se a um indivíduo que imagine os movimentos necessários para utilizar um determinado objeto (uma ferramenta, por exemplo). Quando ele visualiza mentalmente o movimento que faria com a mão direita, a imagem captada pelo aparelho de ressonância magnética indica ativação do córtex parietal posterior esquerdo (em cores), nas imediações do sulco pós-central[A]. A forte lateralização para o hemisfério esquerdo (E) é típica para imaginação do uso de ferramentas. Imagem de Jorge Moll Neto, do Instituto D'Or de Pesquisa e Ensino, Rio de Janeiro.

mostrarmos, dirão que não é sua, é de alguma outra pessoa. Se pedirmos que vistam o paletó, colocarão o braço direito na manga correspondente, mas não o farão para o braço esquerdo, que permanecerá desvestido. Se pedirmos que desenhem uma flor, representarão as pétalas todas do lado direito; um relógio será desenhado com todos os números do lado direito... Se pedirmos que imaginem a praça principal de sua cidade como se estivessem olhando-a de frente, de costas para a igreja, descreverão as casas, lojas e ruas do lado direito, mas não saberão o que há no lado esquerdo. Se pedirmos, entretanto, que imaginem a mesma praça agora como se estivessem de costas para ela, descreverão o lado antes ignorado (agora à direita, na sua nova posição imaginária) e nada dirão sobre o lado antes descrito (agora à esquerda).

Esses sintomas estranhos têm algo em comum. É como se os pacientes não conseguissem posicionar-se em relação ao eixo de simetria bilateral das coisas (inclusive do seu próprio corpo) e não pudessem perceber o espaço que se localiza à esquerda desse eixo. A indiferença à esquerda reflete o fato de que o hemisfério direito é mais importante (na maioria das pessoas) para essa função de percepção espacial. Os testes neuropsicológicos aplicados a esses pacientes indicam que eles não têm qualquer déficit pro-

Saiba Mais

Quadro 17.2
O Caso do Pintor Indiferente

O pintor alemão Anton Raederscheidt (1892-1970) sofreu um acidente vascular encefálico que danificou seu lobo parietal direito, causando-lhe uma síndrome de indiferença que ele mesmo registrou por meio de sua arte. Dois meses depois do acidente, Raederscheidt pintou o autorretrato mostrado em A na figura. O lado esquerdo de sua autoimagem ficou em branco, bem como todo o lado esquerdo da tela. Três meses e meio depois do acidente, um novo autorretrato já atestava alguma recuperação, como se vê na figura em B. Maior recuperação funcional podia ser vista 6 meses depois do acidente (C) e recuperação quase completa 9 meses depois (D).

O caso Raederscheidt é interessante não só porque retrata bem o que é a síndrome de indiferença, mas também porque ressalta que os efeitos de um acidente vascular podem regredir parcialmente. Quando ocorre isquemia (diminuição do fluxo sanguíneo local), uma região pode ser lesada irreversivelmente, mas regiões adjacentes podem sofrer apenas edema (acúmulo de líquido resultante de inflamação), e este pode ser gradativamente absorvido, possibilitando a regressão dos sintomas do paciente, pelo menos parcialmente.

▶ **Figura.** Em seus autorretratos, o artista documentou a evolução da sua própria síndrome de indiferença 2 meses após o acidente neurológico (**A**), 3 meses e meio depois (**B**), 6 meses (**C**) e 9 meses depois (**D**). Reproduzido de Jung R. *Psychopatologie Musischer bestaltungen*. Alemanha: Schaltauer, 1974, p. 29-88.

---

priamente visual, porque podem responder corretamente que horas são olhando para o relógio. Também não têm um déficit de memória, pois conseguem lembrar-se dos dois lados da praça, dependendo da posição imaginária em que estejam. Na verdade, apresentam um distúrbio de percepção espacial característico da via dorsal, especialmente do córtex parietal posterior.

A sua indiferença atinge tanto o espaço peripessoal, isto é, aquele que está ao alcance dos membros, como o espaço extrapessoal, aquele que pode ser alcançado apenas pelos movimentos oculares. Só lhes é possível, desse modo, relacionar-se com metade do mundo, aquela representada no seu hemisfério são. Quando a lesão que apresentam é mais restrita, os sintomas podem ser mais específicos, o que permite localizar melhor as "subfunções" que compõem a percepção espacial. Pode haver apenas indiferença peripessoal, e assim os déficits serão mais nítidos para os movimentos de orientação visuomotora dos membros (como pegar os óculos entre as almofadas); ou pode haver apenas indiferença extrapessoal, com incapacidade de posicionar os olhos na direção dos objetos (à procura dos óculos, longe do alcance das mãos).

Os neurônios da via dorsal têm campos receptores maiores em comparação com os de V1 e V2. Sua característica principal é a sensibilidade que apresentam a estímulos em movimento, em particular à direção e à velocidade do seu deslocamento pelo campo receptor. Essa característica é típica de V5 (ou MT), reconhecida pelos neurofisiologistas como a área visual de percepção de movimentos. Nas áreas parietais posteriores, a resposta dos neurônios é também influenciada pela atenção e quase sempre precede o movimento sacádico em direção ao estímulo.

A conclusão que se pode tirar dos estudos até agora realizados envolvendo a via dorsal de percepção é que as regiões que a compõem têm em comum o fato de participar de funções que relacionam a percepção dos objetos, simplesmente, com as interações que estabelecemos com eles. Uma ferramenta, por exemplo, é tipicamente um objeto associado a uma ação. Não nos interessa apenas saber o nome de um martelo, mas saber também como usá-lo. E isso envolve o reconhecimento associado a uma ação, responsabilidade precípua da via dorsal. Um martelo geralmente não é apenas contemplado com os olhos; ele é alcançado com a mão, que o agarra de um modo particular e realiza com ele movimentos de um certo tipo. Por essa razão encontra-se grande ativação do córtex parietal posterior – região componente da via dorsal – quando o indivíduo observa, imagina ou utiliza ferramentas.

As regiões da via dorsal apresentam também grande número de neurônios-espelho[G], o que indica que participam do aprendizado motor que somos capazes de obter por meio da observação visual e da imitação de atos motores realizados por outras pessoas.

PERCEPÇÃO AUDITIVA E TÁTIL DE ALTA COMPLEXIDADE

Como a maioria dos estudos sobre a percepção tem envolvido prioritariamente a visão, menos se sabe sobre as outras modalidades sensoriais. É o caso da audição. A percepção auditiva, entretanto, alcança grande sofisticação em muitos animais, especialmente nos seres humanos. Basta pensar na nossa capacidade de perceber (e produzir!) música, bem como na habilidade que temos em identificar e compreender os sons da fala de nossos conterrâneos.

▶ Quando os Objetos Percebidos São Sonoros

O sistema auditivo também apresenta duas vias paralelas para a percepção dos sons, de modo semelhante à organização do sistema visual (Figura 17.15). A *via auditiva ventral* envolve uma sequência altamente interconectada de áreas corticais, que dirige o fluxo de informações de A1 (a área auditiva primária) para as áreas componentes do *cinturão auditivo lateral*, seguindo-se aquelas que compõem o *paracinturão auditivo* e, finalmente, uma série de outras regiões do córtex temporal até as áreas pré-frontais ventrais (encontre maiores detalhes sobre essas estruturas no Capítulo 8). Acredita-se que essa via se dedica sequencialmente à análise e, depois, à síntese das características do som: a identificação dos tons simples, dos timbres e bandas de frequência, das estruturas sonoras que compõem palavras e frases ouvidas, melodias, sons estruturados da natureza (o canto de uma ave, por exemplo) e ruídos complexos produzidos pelo homem (uma buzina de automóvel, o som de uma fábrica em atividade...). É essa via que permite a identificação desses sons complexos. Imagine a especialização da via ventral auditiva em músicos, capazes de identificar (e reproduzir) extensas sequências de sons complexos, muitas vezes em conjunto com outros músicos em uma orquestra. Da mesma forma, pense na complexidade que é compreender o que fala seu professor em sala de aula em meio a tantos outros sons distratores que seus colegas fazem.

A *via auditiva dorsal* tem uma organização diferente, dirigindo o fluxo de informações auditivas para regiões do córtex parietal posterior e áreas pré-frontais dorsais, também com vários estágios sinápticos. Neste caso, a função desse fluxo de informações é identificar a localização espacial dos sons. O maestro de uma orquestra tem essa capacidade muito desenvolvida pelo treinamento de vida inteira que recebe: é capaz de identificar se o terceiro violino desafinou no 25º compasso da partitura!

Como no sistema visual, o processamento nas duas vias é simultâneo, porque elas se comunicam extensamente. Além disso, ambas "terminam" no córtex pré-frontal, onde se dá o controle executivo dos comportamentos. O maestro, ouvindo seus músicos tocar, indica com a batuta o momento em que entrarão os violinos em substituição aos violoncelos ou o momento em que o pianista deve começar o seu solo. Na vida cotidiana isso ocorre permanentemente: você organiza o seu comportamento em função do que seus sistemas sensoriais analisam a cada momento. Apareceu uma dúvida sobre o que o professor acabou de apontar na tela do projetor: você levanta o braço para fazer uma pergunta, o professor a vê e autoriza a pergunta, que você faz e ele responde. Esses comportamentos são organizados, liberados no momento certo e controlados pelo córtex pré-frontal como resultado do processamento anterior realizado pelas vias ventral e dorsal dos sistemas visual e auditivo.

Outro exemplo: pense no movimento instintivo que você realiza com os pés ou as mãos quando ouve um bom samba sincopado. O ritmo é um dos mais importantes componentes da música, e a análise temporal necessária para compreendê-lo está fortemente associada aos mecanismos neurais que o produzem. Em outras palavras: quando você bate os pés sem querer, acompanhando uma melodia ritmada, você está reproduzindo inconscientemente os movimentos que o percussionista realiza para produzir aquele ritmo. Interessantes estudos por meio de neuroimagem funcional têm comprovado essa associação audiomotora possibilitada pela via auditiva dorsal (Figura 17.16A). Quando um indivíduo sem preparo musical é treinado a tocar uma melodia simples em um violão e depois ouve a música que acabou de aprender a tocar, aumenta a atividade não apenas de suas áreas auditivas, mas também das motoras. O mesmo não ocorre quando ele ouve uma melodia que não aprendeu a tocar. Já um violonista, ao ouvir uma melodia que sabe tocar, ativa fortemente o córtex auditivo e um pouco menos o córtex

AS PORTAS DA PERCEPÇÃO

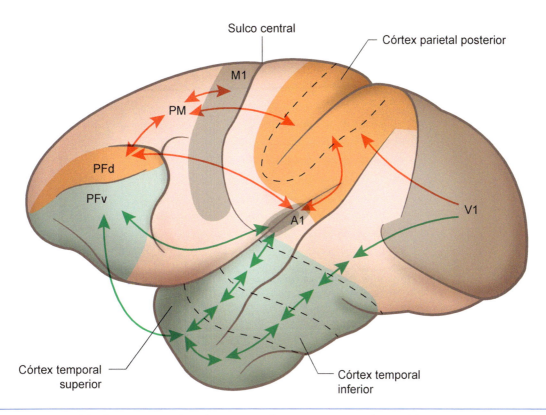

▶ **Figura 17.15.** As vias paralelas dos sistemas visual e auditivo são semelhantes. As vias ventrais (em verde), em ambos os casos, percorrem o lobo temporal com estágios sinápticos sequenciais a partir das áreas primárias (V1 e A1) e chegam ao córtex pré-frontal ventral (PFv). As vias dorsais (em vermelho) percorrem o lobo parietal também em sucessivas etapas até alcançar o córtex pré-frontal dorsal (PFd). São as regiões pré-frontais que programam e liberam, no momento certo, os comportamentos necessários à percepção de cada objeto (visual ou auditivo). O cérebro representado é o de um macaco, mas as vias são semelhantes no homem. Modificado de Rauschecker JP. *European Journal of Neuroscience*. 2015;41:579-585.

motor (Figura 17.16B). Quando, porém, toca a mesma música sem ouvir o que toca (com os ouvidos tampados), ativa o seu córtex motor, mas não as regiões auditivas. O experimento ressalta a estreita interação entre as áreas de processamento auditivo complexo e aquelas responsáveis pelo planejamento motor.

Um aspecto importante da percepção é que ela não reflete exatamente a realidade física, ao contrário do que poderíamos supor. Podemo-nos convencer de que essa assertiva é verdadeira se imaginarmos uma cena corriqueira vista e ouvida ao mesmo tempo por um de nós, um cão, um morcego e um beija-flor. Nós somos tricromatas*, e assim vemos a cena com uma riqueza de cores muito maior que os cães, que são dicromatas, ou alguns morcegos, que são monocromatas. Por outro lado, os beija-flores são tetracromatas, capazes de perceber também o ultravioleta, invisível para nós, cães e morcegos. Além disso, cães e morcegos têm sensibilidade para perceber ultrassons**, o que torna seu mundo auditivo muito mais rico que o nosso e o dos beija-flores. O mundo físico é o mesmo, mas cada um o percebe de modo diferente...

▶ Quando os Objetos São Percebidos pelo Tato

No caso do sistema somestésico, há evidências ainda controversas de duas vias paralelas semelhantes aos sistemas visual e auditivo. A organização histológica do córtex somestésico primário é semelhante, organizado em módulos complexos e com uma topografia bem precisa (a somatotopia; recorde o Capítulo 7). Além disso, quando se realiza uma aquisição de neuroimagem funcional durante a estimulação de uma região do corpo, aparecem ativadas duas regiões corticais: S1 e S2 (Figura 7.10). O que ainda não está bem estabelecido é se essas duas áreas cerebrais representam vias paralelas de fato, talvez porque a posição anatômica dessas regiões corticais não seja tão distinta como é o caso dos sistemas visuais e auditivos (Figura 17.15).

De qualquer modo, o processamento somestésico obedece também a uma sequência analítico-sintética (o que é?

---

* *Os tricromatas possuem três diferentes pigmentos visuais na retina, enquanto os dicromatas possuem apenas dois e os tetracromatas, quatro.*

** *Sons com frequências superiores a 20 KHz, inaudíveis para os seres humanos.*

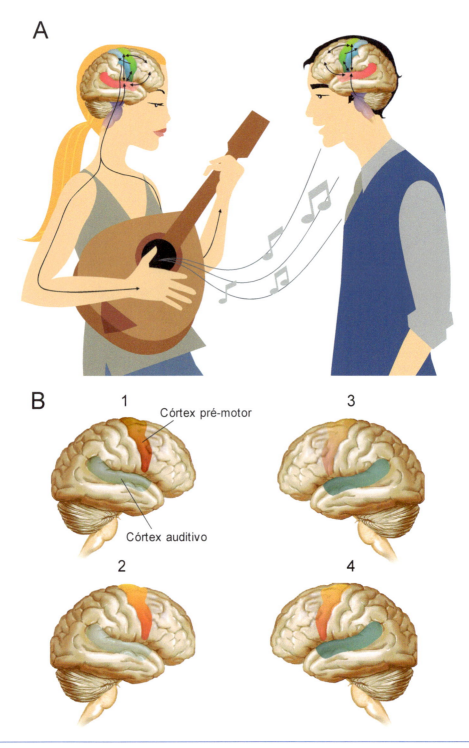

▶ **Figura 17.16.** Quando uma artista toca e um ouvinte escuta (**A**), seus cérebros reagem ativando em proporções diferentes a via ventral e a via dorsal. A artista percebe o som que ela mesma produz, enquanto o ouvinte só escuta a música produzida por ela, embora possa também tamborilar com os dedos, bater os pés ou mover o corpo de acordo com o ritmo. No caso da artista, as regiões auditivas e as regiões motoras são ativadas quando ela interpreta e ouve o que interpreta (**B1**); as regiões auditivas são ativadas um pouco menos (**B2**) quando ela interpreta com os ouvidos tampados (i. e., não ouve o som que produz, mas sabe o que está tocando...). Já no ouvinte, o córtex auditivo predomina quando ele apenas escuta (**B3**), mas o córtex pré-frontal cresce em atividade quando ele acompanha o ritmo com o corpo (**B4**).

AS PORTAS DA PERCEPÇÃO

onde está?) realizada pelas diversas subáreas que compõem o córtex somestésico. Cada uma delas é especializada em um aspecto do objeto percebido: toque forte (área 3a), toque leve de pequenos objetos (área 3b), deslocamento de objetos sobre a pele (área 1) e, a seguir, já nas regiões parietais posteriores, a identificação dos objetos mais complexos (área 2), de sua orientação espacial (área S2?), da resposta motora necessária e da coordenação bimanual para realizar movimentos de preensão, afastamento e outros. Recorde a função dessas áreas no Capítulo 7 (Tabela 7.2).

A percepção somestésica alcança alta complexidade nos deficientes visuais, que se tornam capazes de discernir detalhes muito delicados dos objetos. A leitura Braille é um exemplo, e a percepção que conseguem ter do espaço peripessoal com o uso da bengala que portam ao caminhar é muito superior ao que conseguem os videntes. Há evidências de que isso se deve à neuroplasticidade (Capítulo 5), que possibilita a utilização das áreas visuais, desprovidas de aferências visuais, por aferências somestésicas que se estendem mais além dos seus limites anatômicos típicos.

ATENÇÃO:
PERCEPÇÃO SELETIVA

Intuitivamente, todo mundo sabe o que é atenção. Prestar atenção é focalizar a consciência, concentrando os processos mentais em uma única tarefa principal e colocando as demais em segundo plano. É natural intuir que essa ação focalizadora só se torna possível porque conseguimos sensibilizar seletivamente um conjunto de neurônios de certas regiões cerebrais que executam a tarefa principal, inibindo as demais. Isso significa que a atenção tem dois aspectos principais: (1) a criação de um estado geral de sensibilização, conhecido como *alerta*, e (2) a focalização desse estado de sensibilização sobre certos processos mentais e neurobiológicos – a atenção propriamente dita. Podemos focalizar a atenção em estímulos sensoriais: um ruído vem da porta da sala, alguém está entrando... Podemos também prestar atenção em alguma operação mental, como um cálculo matemático, uma lembrança, uma emoção ou um pensamento de qualquer natureza. A atenção mental pode ser chamada *cognição seletiva*, enquanto a atenção sensorial é chamada *percepção seletiva*. A cognição seletiva é tratada no Capítulo 20; a percepção seletiva será objeto dos comentários que se seguem. O conjunto faz parte do que se chama esforço cognitivo em Neuropsicologia (ver um bom exemplo no Quadro 17.3).

▶ Como se Mede a Atenção?

O americano Michael Posner desenvolveu um método simples e eficiente para medir a atenção visual tanto em humanos como em macacos (Figura 17.17). No primeiro caso, a pessoa se senta defronte a uma tela fixando o olhar em um ponto central. Aparece então na tela, sob o comando do pesquisador, uma pista neutra (um ponto branco, por exemplo [Figura 17.17A]) ou uma pista direcionadora da atenção (que pode ser uma seta apontando para a periferia do campo visual à direita [Figura 17.17B]). O sujeito vê a seta sem desviar o olhar e ela lhe indica maior probabilidade de aparecer um estímulo-alvo na direção apontada. Quando o estímulo-alvo finalmente aparece, o indivíduo indica que o percebeu apertando um botão com um dedo da mão ou simplesmente realizando um movimento ocular sacádico em direção a ele.

O pesquisador pode, então, medir o *tempo de reação* do indivíduo, computando o tempo decorrido entre o aparecimento do estímulo-alvo e a resposta motora. Menores tempos de reação são interpretados como decorrentes de maior grau de atenção do indivíduo para o local ou a natureza do estímulo-alvo, o que facilitaria a sua detecção. Se o estímulo-alvo aparecer no local oposto ao indicado pela seta, por exemplo, o tempo de reação será maior, e a interpretação será a de que o indivíduo não focalizou a atenção ali, "enganado" pela direção da seta. Essa técnica de medida baseada no tempo de reação, por sua simplicidade, passou a ser frequentemente utilizada por neuropsicólogos e neurofisiologistas para o estudo experimental ou clínico em humanos e para o estudo experimental com animais. O método ficou conhecido como *cronometria mental*.

O profissional que utiliza essa técnica pode variar alguns aspectos dela: (1) as relações de tempo e espaço entre a pista direcionadora e o estímulo-alvo; (2) a probabilidade de aparecimento do estímulo-alvo em diferentes locais do campo; e (3) o método de registro da resposta do sujeito.

Ao variar o primeiro aspecto, o pesquisador estará manipulando a atenção. No exemplo descrito, o indivíduo não se move nem move os olhos: permanece fixando o olhar no centro da tela, embora preste atenção ao local indicado pela pista direcionadora. Está em teste em que medida o sujeito consegue modular (prestando atenção) a sua capacidade de localizar estímulos no espaço. Seu tempo de reação indicará a rapidez da localização espacial de estímulos visuais quando a atenção é focalizada em local de maior probabilidade de ocorrência de um estímulo. Como mencionei antes, porém, o pesquisador pode "enganar" o indivíduo fazendo aparecer o estímulo-alvo no local menos provável, isto é, no lado oposto ao indicado pela pista direcionadora. O tempo de reação, neste caso, medirá também a rapidez com que o sujeito desatrela a atenção para perceber o estímulo-alvo em um local improvável.

Podem-se avaliar outras capacidades perceptuais: a discriminação de formas, por exemplo. Basta que se peça ao sujeito que só aperte o botão para círculos e que se utilizem, depois da pista direcionadora, estímulos de diversas formas

625

Neurociência das Funções Mentais

Neurociência em Movimento

Quadro 17.3
Esforço Cognitivo no Futebol: Dentro e Fora das Quatro Linhas

▶ **Israel Teoldo***

Quem não quer ser jogador de futebol? No Brasil, a resposta a essa pergunta tem uma ampla convergência de respostas em torno do sim, especialmente se falarmos com crianças pequenas. E comigo não foi diferente! Apaixonado por esportes, em especial o futebol, sonhei desde a infância em ser como Pelé, Zico, Romário... Assim, até a adolescência o que mais fiz foi jogar, jogar e jogar bola... e, no fim, não deu certo!

Não consegui ser jogador de futebol profissional, apesar de mais de 10 mil horas de prática. A frustração, no entanto, levou-me a outros caminhos. Veio a ideia de estudar e continuar a fazer o que mais amava, que era jogar futebol, não mais dentro das quatro linhas, mas fora delas!

Depois de formado em Educação Física, decidi continuar minha formação em duas das universidades prestigiadas do mundo na área do futebol: a Universidade do Porto e a Brunel University London. Durante o doutorado e o pós-doutorado aprofundei meu conhecimento sobre como as ciências do esporte podem ajudar na formação de jogadores mais inteligentes e criativos para o futebol moderno (Figura 1).

Em 2010, já como professor da Universidade Federal de Viçosa, idealizei o Núcleo de Pesquisa e Estudos em Futebol no Departamento de Educação Física (NUPEF), que passou a produzir conhecimento original sobre o futebol brasileiro, e foi uma mola propulsora a várias atividades de formação profissional no futebol. É importante destacar que o NUPEF foi o primeiro núcleo de pesquisa em futebol do Brasil, e que 10 anos depois o Governo Federal estimulou a criação de núcleos de futebol em todos os estados do país.

_____
* Professor associado da Universidade Federal de Viçosa, Minas Gerais. Correio eletrônico: israel.teoldo@ufv.br.

A premissa de nossas investigações surge da compreensão de que nosso cérebro é um rápido e eficiente processador de informações, podendo realizar proezas que computadores de última geração não seriam capazes. Há, contudo, um custo para isso. Nosso cérebro requer um gasto considerável de energia para gerenciar as tomadas de decisões. Quanto mais difíceis e rápidas são elas, mais energia é utilizada. É o que se chama "esforço cognitivo".

O esforço cognitivo é observado em situações simples, como pentear o cabelo, e situações de grande complexidade, como é o caso dos esportes coletivos. No futebol, os jogadores têm que tomar as suas decisões em um ambiente muito imprevisível e sob pressão de tempo e espaço, o que eleva substancialmente o nível de estresse e causa maior desgaste cognitivo. Somam-se ainda a estes fatores as exigências táticas, técnicas, físicas e psicológicas inerentes ao jogo. Qual seria a relação entre o esforço cognitivo e o desempenho dos jogadores? Uma tese de

▶ **Figura 1.** Israel Teoldo, da prática do futebol à neurociência do esporte.

doutorado que orientei no NUPEF buscou esclarecer em primeira mão esse tema.

Os principais resultados mostraram que medidas fisiológicas (como o diâmetro pupilar) e comportamentais (como o percentual de acertos em uma tarefa específica de futebol) são mais representativas para a avaliação do esforço cognitivo do que medidas subjetivas. Além disso, mostraram-se mais capazes de caracterizar a eficiência do comportamento tático em jovens jogadores de futebol, sendo, portanto, indicadores mais efetivos do melhor desempenho deste grupo.

O estudo também observou que a fadiga mental afeta negativamente o desempenho dos jogadores de futebol e que os jogadores com menor tempo de resposta nas tomadas de decisão apresentam formas de processamento de informações mais eficientes e rápidas, além de melhor utilização dos processos perceptivo-cognitivos. Com base nesses resultados, exploramos de forma mais profunda as associações entre o esforço cognitivo e o desempenho tático de jogadores de futebol. Os resultados demonstraram que os jogadores que demandam um maior esforço cognitivo apresentam menor eficiência do comportamento tático (Figura 2). Isso sugere que o esforço cognitivo é uma medida que impacta diretamente o desempenho tático, indicando que o menor esforço cognitivo pode favorecer a realização das ações táticas no jogo. Esse fato parece também estar ligado à maior capacidade de controle cognitivo por parte de alguns jogadores, que sabem quando realizar maior investimento cognitivo e quando optar por uma "economia" do mesmo.

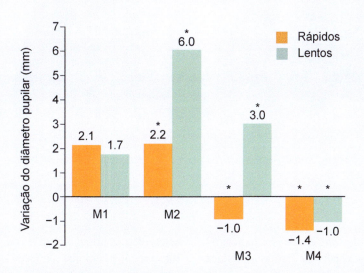

▶ **Figura 2.** Resultados de uma pesquisa com dois grupos de jogadores de futebol: rápidos e lentos nas tomadas de decisão. O experimento é feito por meio da exibição de vídeos de futebol, registrando-se o diâmetro pupilar continuamente. Quando os jogadores apenas assistem ao vídeo, seus diâmetros pupilares são semelhantes. Quando preparam e emitem uma resposta verbal ao final da exibição, os jogadores lentos têm pupilas mais dilatadas que os rápidos. No intervalo entre um vídeo e o seguinte, as pupilas de ambos os grupos se contraem, mas o grupo rápido consegue supercompensar o desgaste causado pela demanda cognitiva, enquanto o outro (lento) não consegue. Os asteriscos indicam que em três das quatro fases (M2, M3 e M4) existem diferenças estatisticamente significativas.

▶ **Figura 17.17.** Em um experimento de cronometria mental, a pessoa primeiro presta atenção no ponto de fixação do olhar (**A**), depois, no local da tela indicado pela pista direcionadora (seta em **B**), sem desviar o olhar. O foco atencional está representado como um círculo azul. O sujeito responde no teclado logo que o estímulo-alvo (em amarelo) aparece no lado "certo", como em **C**, ou no lado "errado", como em **D**. O computador mede automaticamente o tempo de reação. Modificado de Bear MF et al. *Neuroscience*. 3ª ed. Nova York: Lippincott Williams & Wilkins, 2007.

geométricas, além dos círculos que ele deverá indicar. O tempo de reação medirá a percepção de formas modulada pela atenção. Variando esses parâmetros da estimulação visual, é possível estudar a influência do foco atencional sobre a percepção de cada submodalidade sensorial.

O método de Posner foi projetado para testar a percepção seletiva visual, mas outras técnicas simples tornam possível também testar a percepção seletiva auditiva. Nesse caso, o indivíduo porta fones de ouvido em cada orelha e o experimentador aplica sons diferentes em cada lado, pedindo-lhe que preste atenção inicialmente em uma orelha, depois na outra. Os tipos de sons aplicados aos fones, é claro, podem ser variados: tons simples, sons verbais, padrões musicais, ruídos sem sentido, e assim por diante. Esse teste é chamado audição dicótica, isto é, audição simultânea pelos dois ouvidos. A audição musical estereofônica utilizando fones de ouvido é um tipo de audição dicótica em que um canal veicula o som de alguns instrumentos e o outro canal veicula outros. Assim, fica mais fácil prestar atenção só aos baixos de um conjunto, ou só à voz do cantor, porque esses estímulos estão sendo conduzidos a ouvidos diferentes.

Pode-se variar também o tipo de registro da resposta do indivíduo (Figura 17.18). No exemplo descrito antes, o sujeito executa um certo comportamento e o profissional mede o tempo decorrido até que esse comportamento ocorra. Em vez disso, todavia, podem-se registrar potenciais elétricos extraídos do eletroencefalograma (EEG) (Capítulo 16) ou, então, campos magnéticos cerebrais extraídos do magnetoencefalograma (MEG). Quando um potencial do EEG aparece sempre no mesmo momento após um determinado evento e pode ser modificado variando o evento, conclui-se

AS PORTAS DA PERCEPÇÃO

que ele foi provocado ou de alguma forma influenciado por este. Potenciais desse tipo são chamados *potenciais relacionados a eventos*. O mesmo se aplica ao MEG, e os campos magnéticos correspondentes são conhecidos como campos relacionados a eventos.

Pode-se medir o tempo entre o aparecimento do estímulo e a ocorrência do sinal cerebral (potencial ou campo), obtendo-se um valor chamado tempo de latência ou simplesmente latência. Latências curtas indicam que poucas sinapses ocorreram entre a entrada sensorial (o aparecimento do estímulo-alvo na tela) e o processamento cerebral. Isso seria sugestivo de que a modulação atencional incide sobre os estágios analíticos da percepção. Latências longas, é claro, indicam o contrário, ou seja, que a modulação atencional incide sobre estágios tardios. Além disso, a amplitude do sinal pode também ser medida, indicando o maior ou o menor envolvimento de uma determinada região cerebral no processo seletivo da atenção. A grande vantagem dos registros eletro e magnetofisiológicos é a sua resolução[G] temporal. Sua resolução espacial, entretanto, não é muito boa, porque os eletródios de registro aplicados sobre a pele da cabeça do indivíduo captam sinais provenientes de amplas áreas cerebrais, sem grande capacidade de localização.

Também as imagens funcionais do cérebro podem ser registradas durante a tarefa perceptual, como a tomografia por emissão de pósitrons (conhecida pela sigla inglesa PET), a ressonância magnética funcional (RMf) e a espectroscopia funcional de infravermelho próximo (fNIRS). Nesse caso, entretanto, a resolução temporal é mais baixa que no caso do EEG, porque é preciso mais tempo para colher as imagens, uma desvantagem amplamente compensada pela precisão na localização anatômica das regiões cerebrais com maior atividade.

Quando se empregam animais para o estudo da percepção seletiva, os mesmos métodos podem ser utilizados, porque os animais (principalmente os primatas) são capazes de aprender a realizar as tarefas comportamentais da cronometria mental tão bem quanto os seres humanos. No caso dos animais, além disso, podem-se empregar microeletródios intracerebrais e, assim, registrar os potenciais de ação e potenciais sinápticos de neurônios isolados em diferentes regiões.

▶ Em Que Consiste a Atenção?

Armados com os métodos que descrevemos para estudar a percepção seletiva, os neuropsicólogos e neurofisiologistas têm-se proposto a compreender três questões fundamentais: (1) se a atenção influencia a percepção, tornando-a seletiva; (2) de que modo isso ocorre; e (3) quais os mecanismos neurais envolvidos nessas operações.

▶ Figura 17.18. O teste de cronometria mental pode ser feito utilizando registros de potenciais relacionados a eventos (N1 e P1). O sujeito fixa o ponto central da tela e o experimentador projeta o estímulo-alvo à esquerda ou à direita, com ou sem uma pista direcionadora projetada previamente. Em **A**, o estímulo-alvo é projetado no local indicado pela pista. Em **B**, no local oposto. Os potenciais são sempre maiores quando a pista provoca aumento da atenção do sujeito. Os mapas à esquerda indicam a região cortical em que é maior a diferença do potencial P1 entre a condição "com pista" e a condição "sem pista". Modificado de Mangun GR, Hillyard SA. *Journal of Experimental Psychology and Human Perception and Performance*. 1991;17:1057-1074; e de Meyer DE, Kornblum S (orgs.) *Attention and Performance XIV*. Cambridge: MIT Press, 1993. p. 219-243.

Logo de saída foi possível perceber que há diferentes tipos de atenção. Pode-se considerar uma *atenção exógena*, originada do próprio ambiente. Já reparou como os artistas se vestem (ou se desvestem...) de modo exuberante durante um show, diferente de todo o entorno? Pela saliência[G] em relação ao que está em sua volta, nossa tendência é focalizar a atenção neles. Pode-se também considerar uma *atenção endógena*, isto é, gerada por nossa própria escolha. Apesar do artista exuberante no centro do palco, você escolhe focar a atenção no baterista porque aprecia mais esse instrumento ou por qualquer outra razão.

Outras formas de atenção são a *atenção explícita* ou aberta e a *atenção implícita* ou oculta. Na primeira, o foco da atenção coincide com o ponto de fixação visual. Os movimentos do foco atencional, neste caso, são atrelados aos movimentos oculares. Prestamos mais atenção, geralmente, aos objetos que fixamos com o olhar. A seleção dos objetos a serem percebidos depende de seu posicionamento no centro da fóvea. Você está neste momento prestando atenção às palavras que está lendo, isto é, àquelas que se posicionam no seu eixo visual. Essa forma de atenção pode ser acompanhada por rastreamento ocular, dispositivo que gera um mapa das várias direções do olhar de um indivíduo em uma tarefa qualquer (Quadro 17.3). Nem sempre é assim, no entanto. Muitas vezes o foco da atenção não coincide com o olhar: é a *atenção implícita*. Quer dizer: você pode estar com o olhar focalizado no livro, mas na verdade está prestando atenção ao que se passa na televisão ligada, no canto do quarto. Os mecanismos neurais que permitem a seleção dos objetos a serem percebidos, neste caso, operam nas regiões vizinhas à representação do eixo visual, ou mesmo na periferia do campo. Os objetos a serem percebidos aí não são selecionados apenas pelo local onde tendem a aparecer, mas também por outros parâmetros. Podemos procurar uma pessoa com boné vermelho numa multidão, e, nesse caso, os mecanismos perceptuais selecionarão objetos de cor vermelha e forma de boné para a busca perceptual, independentemente do local exato onde estejam.

A atenção explícita tende a ser automática: sem nos dar conta, vamos movimentando o foco atencional pelo ambiente à medida que movimentamos os olhos. O controle voluntário é o mesmo do olhar; o foco atencional segue junto com ele, mas quando o olhar está fixo em um ponto, podemos também movimentar o foco atencional livremente pelas regiões vizinhas do campo visual. A isso se chama desatrelamento atencional. Dificilmente o fazemos, entretanto, a não ser voluntariamente. Quer dizer, a atenção implícita tende a ser uma operação mental voluntária.

O método de Posner permitiu estudar ambas as formas de atenção. No caso da atenção explícita, pôde-se variar o tempo entre o aparecimento da pista direcionadora (a seta da Figura 17.17) e o aparecimento do estímulo-alvo. Verificou-se que, quando esse tempo aumenta, o tempo de reação também aumenta. É como se o indivíduo fosse diminuindo a sua atenção àquele local, um fenômeno chamado *inibição de retorno*. Isso significa que existe um mecanismo de interrupção da atenção que entra em ação quando a pista direcionadora deixa de ser preditora da ocorrência do estímulo-alvo. Na atenção implícita ocorre algo parecido quando a pista direcionadora aponta para um lado, mas o estímulo-alvo é projetado na posição oposta. O tempo de reação aumenta, indicando menor atenção para aquele lado. Se isso se repetir várias vezes, ocorrerá um fenômeno análogo à inibição de retorno chamado *extinção*. Perceba que diminuir ou aumentar o seu tempo de reação tem um valor crítico para a sobrevivência: é por isso que a possibilidade de um acidente de trânsito aumenta com elementos que interferem sobre a atenção: telefone celular, consumo de bebida alcoólica, música em alta intensidade dentro do carro (mesmo com fones de ouvido), estresse, sonolência etc. Nessas condições, o tempo de reação pode se tornar insuficiente para frear ou desviar o volante em uma situação inesperada.

Com base nesses resultados, o próprio Posner propôs um modelo descritivo dos processos que ocorrem durante a seleção perceptual promovida pela atenção implícita (Figura 17.19). Na condição inicial, o indivíduo está alerta e tem a sua atenção fixada em um determinado ponto do espaço, ou em um determinado objeto da cena perceptual que muitas vezes coincide com o ponto de fixação do olhar. Esse objeto atencional pode ser visual, auditivo ou de outro sentido. A seguir, movido pela vontade ou por um estímulo direcionador, o indivíduo desatrela o foco atencional do estímulo inicial e move-o para um outro "ponto" da cena (onde está um outro estímulo). Ocorre então uma nova fixação da atenção, seguida ou não dos movimentos oculares correspondentes. Calcula-se que o foco atencional pode se deslocar 4 vezes mais rápido que os movimentos sacádicos do olhar.

O modelo de Posner não é uma explicação, mas uma descrição dos fenômenos atencionais. Então, afinal, em que consiste a atenção? Quais os mecanismos neurais desse fenômeno? Seria um filtro destinado a proteger a percepção de um excesso de informações sensoriais? Ou um mecanismo seletivo destinado a separar os estímulos relevantes dos irrelevantes, criando as melhores condições para perceber os relevantes? Os dados indicam que a última hipótese está mais próxima da realidade. Vejamos.

▶ Os Circuitos da Atenção

Os experimentos de registro de potenciais e campos magnéticos do EEG e MEG relacionados a eventos indicaram que a focalização atencional provoca o aumento da amplitude desses sinais (Figura 17.20). Em outras palavras: se a pista direcionadora aponta para a esquerda e o estímulo-alvo efetivamente aparece à esquerda, o potencial

▶ **Figura 17.19.** O modelo descritivo de Posner sobre as etapas da atenção. O indivíduo alerta, inicialmente, tem sua atenção atrelada em algo. Subitamente, outra coisa o atrai, isto é, ocorre desatrelamento do alvo inicial, deslocamento do foco atencional e reatrelamento da atenção no novo alvo.

registrado tem maior amplitude que quando o estímulo-alvo aparece no lado não previsto. Conclui-se que a atenção deve consistir em um mecanismo de sensibilização ou facilitação das respostas perceptuais do córtex cerebral. Quais regiões corticais, entretanto, seriam suscetíveis de ter sua atividade ampliada pela atenção? A seleção perceptual dos objetos relevantes seria precoce (nas áreas sensoriais primárias) ou tardia (nas áreas associativas)?

Para responder a essa questão, o registro de sinais relacionados a eventos – de baixa resolução espacial – não é um método tão adequado. Foi preciso utilizar as técnicas de estudo eletrofisiológico em macacos – que têm boa re-solução tanto espacial quanto temporal. As primeiras áreas escolhidas foram V4 e o córtex ínfero-temporal, porque seus grandes campos receptores facilitam a coutilização de pistas direcionadoras e estímulos-alvo. Experimentos desse tipo são trabalhosos: implicam primeiramente ensinar o macaco a fixar o olhar em um ponto central da tela plana que fica defronte a seus olhos (Figura 17.21), prestando atenção a uma pequena região próxima. Depois que o animal está convenientemente treinado, mapeia-se o campo receptor de um neurônio cortical e tenta-se descobrir os estímulos capazes de provocar uma resposta do neurônio. O que se viu é que os estímulos – mesmo os menos eficazes – têm sua resposta aumentada se são projetados no foco atencional dentro do campo receptor. Os resultados desses experimentos apoiaram a ideia de que o foco atencional de algum modo facilita a resposta dos neurônios corticais e, além disso, indicaram que esse efeito existe em todas as áreas corticais estudadas no sistema visual, inclusive V1. É, entretanto, mais forte nas áreas associativas como V4 e IT. Conclui-se que a seleção perceptual resulta de um mecanismo facilitador das respostas neuronais e que tal mecanismo ocorre tanto nas áreas sensoriais como nas associativas.

De fato, todas as áreas corticais recebem projeções recíprocas dos seus alvos, i.e., das áreas corticais seguintes dos circuitos sensoriais. Isso ocorre especialmente para aquelas situadas no lobo temporal e no córtex parietal posterior. Atribui-se a esses circuitos recíprocos a função de facilitar* o processamento sináptico para cada parâmetro sobre o qual incide o foco atencional, seja ele um local do espaço ou uma característica específica do objeto de interesse. Esses circuitos recíprocos de modulação da transmissão sináptica sensorial, organizados na "contramão" do fluxo de informações ascendentes dos sentidos e da percepção, são conhecidos pela expressão em inglês *top-down*[G], de difícil tradução para o português**.

Além disso, verificou-se que o *núcleo pulvinar*[A], situado no tálamo, é uma estrutura-chave na modulação atencional da percepção: também possui conexões do tipo *top-down* com praticamente todas as áreas sensoriais, e a sua lesão ou tratamento farmacológico com agonistas e antagonistas GABAérgicos provoca alterações da resposta atencional de seres humanos (no caso de lesões) e macacos (no caso dos experimentos farmacológicos). Nos experimentos com macacos, os neurônios do núcleo pulvinar

---

* Facilitar *aqui tem um sentido sináptico, ou seja, de aproximar do limiar de disparo o potencial de membrana dos neurônios pós-sinápticos.*

** *Em português, a tradução literal seria* de cima para baixo *ou* descendente. *Outra possibilidade seria empregar a expressão* na contramão. *Nenhum desses termos, no entanto, é inteiramente adequado para descrever os circuitos de focalização atencional. O mais comum é o uso da expressão em inglês.*

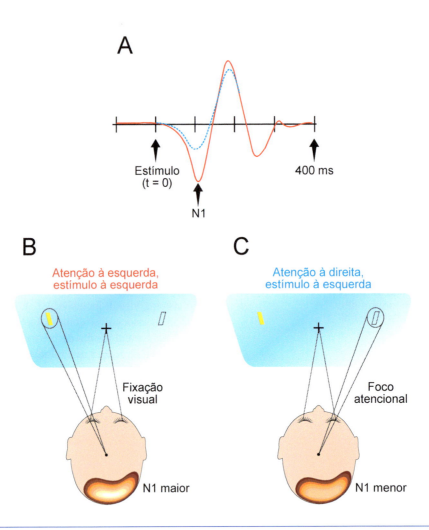

▸ **Figura 17.20.** Quando a amplitude do potencial relacionado a evento (N1) é medida (**A**), verifica-se que ela é maior (traçado vermelho) para estímulos projetados no local previsto (**B**) que para aqueles projetados no local não previsto (**C**). Em **B** e **C**, o círculo representa o foco atencional. O retângulo vazio simboliza o loca previsto para incidência do estímulo, e o retângulo amarelo representa o estímulo no local onde é de fato projetado.

sincronizam seus disparos quando o foco atencional do animal converge para o campo receptor dos neurônios sensoriais. A sincronia implica um efeito facilitador instantâneo sobre a informação sensorial. Como resultado, a percepção torna-se mais forte e eficaz.

Outra estrutura que tem um papel importante na modulação atencional é o chamado *campo ocular frontal*, uma área do córtex frontal envolvida com o planejamento de movimentos oculares. Há evidências de que essa região programa movimentos sacádicos oculares utilizados para a movimentação do foco atencional relacionado com a fixação do olhar, pois a estimulação elétrica dessa região provoca movimentos sacádicos dos olhos. Quando a estimulação é subliminar, os movimentos sacádicos não ocorrem, mas produz-se a facilitação sináptica anteriormente mencionada. Faz sentido, não só pela relação estreita entre os movimentos oculares e a atenção explícita, mas também porque os neurônios do campo ocular frontal projetam axônios para praticamente todas as áreas visuais do córtex cerebral. O colículo superior do mesencéfalo, estrutura ligada também à coordenação dos movimentos oculares para fins de localização espacial dos objetos visuais, participa dos mecanismos atencionais do mesmo modo *top-down* nos circuitos subcorticais correspondentes. E o colículo inferior, analogamente, participa da orientação atencional auditiva. Nos cães, por exemplo, a atenção se expressa externamente pelo movimento das orelhas que acompanham o foco atencional auditivo.

O modelo que emergiu desses estudos (Figura 17.22) consiste na operação de vias moduladoras formadas pelos axônios *top-down* dos circuitos recíprocos que existem a cada estágio dos sistemas sensoriais e de regiões especificamente envolvidas com os mecanismos atencionais, como o núcleo pulvinar e o campo ocular frontal. As vias recíprocas atuam mais fortemente nas regiões associativas, ligadas à percepção mais elaborada dos objetos sensoriais. Seu modo

AS PORTAS DA PERCEPÇÃO

▶ **Figura 17.21.** Neurônios atencionais na área V4 do macaco. O animal fixa o ponto central (cruzinha), mas presta atenção em outra região (círculo) do campo receptor (delineado por um retângulo). Ao mesmo tempo, o pesquisador registra a frequência de PAs de um neurônio a cada projeção dos estímulos (pontinhos vermelhos nos histogramas à direita), tanto o preferencial (barra vertical laranja) como o ineficaz (barra horizontal em amarelo). O neurônio responde fortemente quando o estímulo eficaz é projetado no foco atencional (**A**), mas responde também (embora menos) quando o estímulo ineficaz é projetado no foco atencional (**B**). Baseado em Moran J, Desimone R. *Science*. 1985;229:782-784.

de ação consistiria na facilitação sináptica das respostas dos neurônios dessas regiões corticais a alguns parâmetros dos estímulos sensoriais, geralmente definidos pela vontade do indivíduo: local de ocorrência no mundo exterior, forma, cor, padrão de frequência (para "objetos" auditivos), e assim por diante. Há evidências, também, de que microcircuitos laterais que incluem interneurônios inibitórios participam do processo, inibindo o território sináptico ao redor e, assim, enfatizando ainda mais os circuitos que interessam para a percepção seletiva desejada.

Suponha que você quer encontrar nesta página uma palavra em **negrito**. Essa é uma decisão cognitiva que faz parte dos mecanismos de atenção endógena: você decidiu buscar uma palavra em negrito e vai orientar o seu comportamento para isso. Ocorre que a palavra em negrito é visualmente saliente em meio a todas as demais palavras do texto. Essa saliência faz parte da atenção exógena, porque depende apenas dos estímulos externos. Possivelmente partirão de seu córtex pré-frontal, especialmente do campo ocular frontal, comandos descendentes que atrelarão seus movimentos oculares ao foco atencional. Ao mesmo tempo, esses comandos acionarão os axônios *top-down*

que estabelecem conexões recíprocas com os neurônios visuais (em vermelho, na Figura 17.22A) encarregados de identificar a espessura dos traços que compõem as letras. Seus olhos percorrem a página, enquanto os axônios "atencionais" aumentam a excitabilidade dos neurônios visuais especializados na análise de contraste e forma. Quando seu olhar alcança uma palavra em negrito, esses neurônios imediatamente respondem com maior frequência, seja porque seu disparo espontâneo foi previamente aumentado (e, assim, sensibilizado) pela atenção (Figura 17.22B), ou porque as vias *top-down* provocaram um sincronismo de disparo que aumenta a somação temporal[G] nas sinapses das cadeias ascendentes de neurônios visuais (Figura 17.22C). Seu cérebro habilitou um filtro para "espessura de linhas pretas", e o resultado é que você foi capaz de identificar com rapidez e eficiência a entrada na sua fóvea da palavra em negrito.

Lembra daquele jogo dos seus tempos de criança chamado "Procurando Wally"? O personagem que você devia buscar é muito mais difícil de encontrar do que a palavra em negrito do exemplo dado. O "mapa de saliências" (atenção exógena) da figura onde está Wally é extrema-

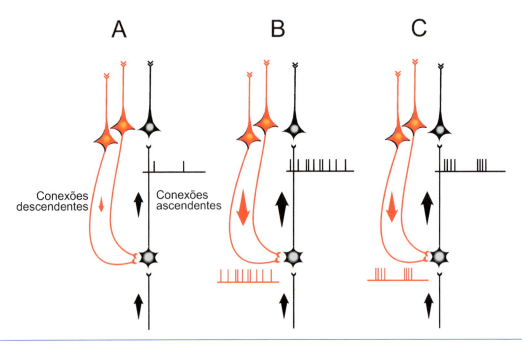

▶ **Figura 17.22.** As hipóteses sobre os mecanismos neurais subjacentes à atenção envolvem a percepção seletiva de alguns parâmetros do processamento sensorial. Em um momento inicial antes da focalização da atenção, as vias ascendentes levam a informação sensorial de uma região a outra de nível hierárquico superior (**A**). Quando ocorre a focalização atencional, as conexões descendentes encarregam-se de aumentar a excitabilidade dos neurônios ascendentes que processam o parâmetro escolhido, seja aumentando a frequência espontânea de potenciais de ação (**B**), ou promovendo um maior sincronismo sináptico (**C**), que salienta o processamento desse parâmetro, e não de outros aspectos do mundo percebido.

mente ruidoso, isto é, contém muitos e muitos distratores parecidos com a figura que a sua atenção endógena quer perceber, justamente para dificultar a sua tarefa e tornar a brincadeira mais instigante. Torna-se então muito difícil encontrar o alvo com base apenas nas informações visuais, por mais que os circuitos do núcleo pulvinar e do campo ocular frontal escrutinem em todas as direções a figura onde Wally deve estar...

Processos semelhantes ocorrem nas demais modalidades sensoriais: você é capaz de identificar, numa festa, a voz de seu namorado, porque a guardou na memória e selecionou as suas características físicas para diferenciá-la das demais vozes que constituem o ambiente ruidoso da festa. Você é capaz de identificar no escuro do fundo do armário aquela camisa preferida para vestir, prestando atenção, pelo tato, nas características que conhece dela. E assim por diante.

A metáfora mais utilizada para descrever a atenção é a de um refletor ou lanterna que dirigimos aos pontos relevantes de um ambiente sob penumbra quando queremos encontrar alguma coisa. Abandonamos as regiões adjacentes para nos concentrar naquelas que são relevantes para nossos propósitos.

A atenção, portanto, é um atributo extremamente importante para garantir a percepção em todas as modalidades sensoriais. Começa com um alerta geral, que faz que todo o seu cérebro fique mais ativado para perceber alguma coisa. O alerta é maior na vigília, é claro, muito pouco ativo durante os períodos de sonolência ou sob o efeito de substâncias como álcool, anestésicos e outras. E ausente durante o sono. Sob a condição de alerta, adiciona-se uma facilitação sináptica exclusiva do sistema sensorial envolvido: a visão, a audição, a somestesia, a olfação ou a gustação. Essa facilitação é provida pelos circuitos *top-down* que participam de todos esses sistemas sensoriais, e o resultado é uma supersensibilidade dos circuitos ascendentes (*bottom-up*) para os estímulos que a sua cognição quer perceber. Ou, então, para qualquer estímulo que tenha saliência suficiente em meio ao ambiente complexo em que você quase sempre está. Quando a atenção endógena se encontra com a atenção exógena, ocorre sincronia das áreas cerebrais envolvidas e você identifica o seu alvo perceptual.

Glossário

Citoarquitetonia: conjunto de características morfológicas dos neurônios de cada região do SNC que permite atribuir-lhe uma unidade morfológica e, assim, denomina-la núcleo subcortical ou área cortical. O mesmo que citoarquitetura.

Cognição: ações mentais destinadas a conhecer o mundo ou o próprio indivíduo. Equivale a pensamento. Maiores detalhes no Capítulo 20.

Computadores adaptativos: máquinas baseadas no conceito de redes neurais capazes de modificar o seu desempenho em função das informações que vão armazenando.

Microeletródio: finíssimo cone de metal ou de vidro contendo uma solução condutora capaz de captar os diminutos potenciais produzidos pelas células nervosas, conduzindo-os a um sistema de amplificação.

Neurônios-espelho: células de certas regiões do córtex cerebral que não apenas disparam quando o indivíduo realiza movimentos, mas também quando observa movimentos realizados por outros. Ver o Capítulo 12 para maiores detalhes.

Potenciais evocados: potenciais lentos colhidos no eletroencefalograma, geralmente provocados por estimulação sensorial.

Pragmático: qualificativo de algo prático, utilitário.

Registro Optogenético: utilização de sensores ópticos moleculares que indicam o fluxo de cálcio e outros indicadores de atividade neuronal em animais vivos.

Resolução: grau de detalhe que uma medida permite apreciar, seja na dimensão tempo ou nas dimensões espaciais.

Saliência: termo que descreve o predomínio perceptual ou cognitivo de um determinado estímulo em meio a vários outros.

Semântico: qualificativo de algo que tem um significado.

Somação temporal: fenômeno sináptico que aumenta a amplitude de um potencial pós-sináptico quando dois impulsos chegam quase ao mesmo tempo na mesma sinapse.

Top-Down: expressão em inglês que descreve os circuitos recíprocos ao fluxo ascendente de informação. Estes são conhecidos como *bottom-up*.

V1 e V2: áreas visuais primária e secundária, respectivamente, situadas no lobo occipital e equivalentes às áreas 17 e 18, segundo a nomenclatura de Brodmann.

Glossário

▶ Leitura Básica

Silveira LCL. Os Sentidos e a Percepção. In: Lent R (coord.) *Neurociência da Mente e do Comportamento*. Rio de Janeiro: Guanabara-Koogan, 2008. p. 133-181. Texto abrangente que aborda desde as primeiras etapas do processamento sensorial até as bases psicofísicas da percepção.

Albright TD. Processamento visual de nível superior: influências cognitivas. (Kandel ER et colsal., (org.) *Princípios de Neurociências*. 5ª ed. trad. Porto Alegre: McGraw-Hill-Artmed, 2014. p. 539-553. Texto avançado focado na percepção visual.

Bear MF, Connors BW, Paradiso MA. Cérebro em Repouso, Atenção e Consciência. In: Bear MF et al. *Neurociências – Desvendando o Sistema Nervoso*. 4ª ed. trad. Porto Alegre: Artmed, 2017. p. 719-749. Texto abrangente abordando a atividade cerebral de repouso e a atenção.

▶ Leitura Complementar

Clássicos

Gross CG, Rocha-Miranda CE, Bender DB. Visual properties of neurons in inferotemporal cortex of the macaque. *Journal of Neurophysiology*. 1972;35:96-111.

Marr D. *Vision:* A Computational Investigation into the Human Representation and Processing of Visual Information. Nova York: Freeman,, 1982.

Mishkin M, Ungerleider L, Macko KA. Object vision and spatial vision: Two cortical pathways. *Trends in Neuroscience*. 1983;6:415-417.

Zeki S. Colour coding in the cerebral cortex: The responses of wavelength-selective and colour-coded cells in monkey visual cortex to changes in wavelength composition. *Neuroscience*. 1983;9:767-781.

Biederman I. Recognition-by-components: A theory of human image understanding. *Psychological Reviews*. 1987;94:115-147.

Livingstone M e Hubel D. Segregation of form, color, movement, and depth: Anatomy, physiology, and perception. *Science*. 1988;240:740-749.

Recentes

Rauschecker JP. Auditory and visual cortex of primates: a comparison of two sensory systems. *European Journal of Neuroscience*. 2015;41:579-585.

Veale R, Hafed ZM, Yoshida M. How is visual salience computed in the brain? Insights from behaviour, neurobiology and modelling. *Philosophical Transactions of the Royal Society London B Biological Sciences*. 2017;372(1714), pii:20160113.

Klingner CM, Brodoel S, Huonker R, Witte OW. The processing of somatosensory information shifts from an early parallel into a serial processing mode: A combines fMRI/MEG study. *Frontiers in Systems Neuroscience*. 2016;10:103.

Posner MI, Niell CM. Illuminating the neural circuits underlying orienting of attention. *Vision*. 2019;3:4.

Gold BP, Pearce MT, Mas-Herrero E, Dagher A, Zatorre RJ. Predicatbility and uncertainty in the pleasure of music: A reward for learning? *Journal of Neuroscience*. 2019;39:9397-9409.

Zeki S, Javier A, Mylonas D. The biological basis of the experience and categorization of colour. *European Journal of Neuroscience*. 2020;51:670-680.

Albouy P, Benjamin L, Morillon B, Zatorre RJ. Distinct sensitivity to spectrotemporal modulation supports brain asymmetry for speech and melody. *Science*. 2020;367:1043-1047.

Battich L, Fairhurst M, Deroy O. Coordinating attention requires coordinated senses. *Psychonomic Bulletin and Review*. 2020;27:1126-1138.

Todorovic D. What are visual illusions? *Perception*. 2020;49:1128-1199.

Pasternak T, Tadin D. Linking neuronal direction selectivity to perceptual decisions about visual motion. *Annual Review of Vision Science*. 2020;6:335-362.

Burt AL, Crewther DP. The 4D space-time dimensions of facial perception. *Frontiers in Psychology*. 2020;11:1842.

Früholz S, Schweinberger SR. Nonverbal auditory communication – Evidence for integrated neural systems for voice signal production and perception. *Progress in Neurobiology*. 2020. Doi:10.1016/j.pneurobio.2020.101948.

Lay M, Dong X. Neural mechanisms of itch. *Annual Review of Neuroscience*. 2020;43:187-205.

Romo R, Rossi-Pool R. Turning touch into perception. *Neuron*. 2020;105:16-33.

18

Pessoas com História
As Bases Neurais da Memória e da Aprendizagem

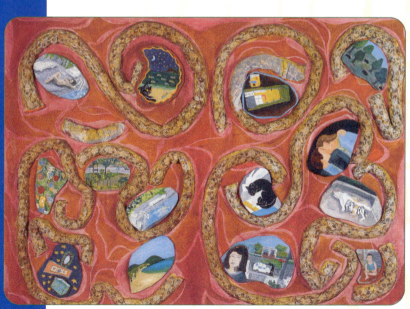

Memórias, de Leda Catunda (1988), acrílica e óleo sobre tela

Saber o Principal

Resumo

A memória é a capacidade que têm o homem e os animais de armazenar informações que possam ser recuperadas e utilizadas posteriormente. Difere da aprendizagem, pois esta é apenas o processo de aquisição das informações que vão ser armazenadas. Considera-se que todos os sistemas neurais são dotados de memória.

São vários os processos que concretizam a memória, e todos eles trabalham com uma unidade morfofuncional básica chamada *engrama*. Tudo começa com a aquisição (aprendizagem), seguindo-se a retenção durante tempos variáveis. A retenção por tempos curtos pode ser transformada em retenção de longa duração pelo processo da consolidação da memória. Em ambos os casos, entretanto, pode haver evocação (lembrança) ou esquecimento das informações memorizadas.

São vários também os tipos e subtipos de memória. Levando em conta o tempo de retenção, pode-se considerar a memória ultrarrápida, de curta duração e longa duração. Já quanto à sua natureza, podemos considerar as memórias implícita, explícita e operacional. A primeira é a memória dos hábitos, procedimentos e regras, de representação perceptual, a aprendizagem associativa e a não associativa, ou seja, todas formas de memória que não precisam ser descritas com palavras para serem evocadas. Em contraposição, a memória explícita costuma ser descrita com palavras ou outros símbolos e consiste em um subtipo chamado episódico (a memória dos fatos que ocorrem ao longo do tempo) e outro chamado semântico (a memória dos conceitos atemporais). Finalmente, a memória operacional é a que nos serve para a utilização rápida no raciocínio e no planejamento do comportamento.

Os mecanismos neurais da memória não são completamente conhecidos. Considera-se que as informações transitórias e duradouras são armazenadas em diversas áreas corticais, de acordo com a sua função: memórias motoras no córtex motor, memórias visuais no córtex visual, e assim por diante. Dessas regiões elas podem ser mobilizadas como memória operacional pelas áreas pré-frontais, em ligação com áreas do córtex parietal e occipitotemporal. Além disso, as memórias explícitas podem ser consolidadas em todo o sistema nervoso pelo hipocampo e áreas corticais adjacentes do lobo temporal medial, em conexão com núcleos do tálamo e do hipotálamo. Finalmente, o processo de consolidação é fortemente influenciado por sistemas moduladores, sobretudo aqueles envolvidos com o processamento emocional, como o complexo amigdaloide do lobo temporal.

Vários mecanismos celulares e moleculares foram propostos como bases biológicas da memória: são os mecanismos da plasticidade sináptica e outros fenômenos de modificação dinâmica da função e da forma do sistema nervoso em resposta às alterações do ambiente.

PESSOAS COM HISTÓRIA

Todo mundo tem uma história. Cada um, ao longo da vida, vai acumulando fatos, emoções, percepções, conceitos, hábitos, rotinas motoras e muitas outras informações em sua história. Uma parte desse conjunto fica registrada na memória, à disposição para a lembrança instantânea. Na verdade, o número de informações que recebemos diariamente é imenso, muito maior do que o que realmente incorporamos à nossa história de vida. A cada minuto selecionamos uma pequena parte do que vivenciamos para armazenar na memória. Às vezes, sabemos precisamente o que estamos selecionando, como acontece quando estudamos para aprender alguma coisa, mas outras vezes a seleção é misteriosa e leva-nos a lembrar algum detalhe de um fato ou de uma pessoa sem ter a menor ideia de sua importância ou relevância e de por que lembramos justamente aquele aspecto. O mesmo se passa com o esquecimento: podemos estudar arduamente a matéria de uma prova e na semana seguinte perceber que já não nos lembramos das coisas mais fundamentais que estudamos… Outras vezes, nem mesmo nos preocupamos em "estudar", mas guardamos perfeitamente o conteúdo de uma aula bem dada ou um texto bem escrito.

De que modo o sistema nervoso consegue essa proeza?

Não é simples responder a essa pergunta, porque só recentemente os neurocientistas vêm conseguindo esclarecer as bases neurais da memória, após uma longa controvérsia histórica. Existiria um "centro da memória", ou seja, uma região no sistema nervoso encarregada de operar os mecanismos de aquisição, seleção, armazenamento e evocação de novas informações? Ou os mecanismos seriam múltiplos, localizados em diferentes partes do sistema nervoso central? E, se fossem múltiplos, haveria um certo número de áreas cerebrais especializadas ou todas elas seriam dotadas de capacidade de memória, já que todos os circuitos neuronais são dotados de plasticidade? As evidências experimentais e as observações clínicas têm levado a considerar a memória um sistema múltiplo. Algumas regiões específicas de particular relevância nos processos mnemônicos[G] foram identificadas, e há indicações de que muitas outras participam também desses processos.

AS PRIMEIRAS TENTATIVAS DE EXPLICAÇÃO

No início do século XX, pouco se sabia sobre a neurobiologia da memória. Alguns modelos teóricos foram então concebidos para explicar a operação dos seus mecanismos, principalmente por uma escola de pensamento que se originou na década de 1920 com os experimentos do psicólogo experimental norte-americano Karl Lashley (1890-1958).

[G] *Termo constante do Glossário ao final do capítulo.*

Lashley elaborou um experimento para "medir" a memória de ratos normais e compará-la com a de animais submetidos a lesões cerebrais. Seu objetivo era encontrar o sítio neural do *engrama*[G], proposto como sendo a "unidade" teórica da memória, o "rastro" biológico que armazenaria as informações. A própria palavra engrama remete a "gravar", isto é, à ideia de que toda ocorrência relevante ficaria gravada no cérebro. Se houvesse uma determinada região cerebral encarregada de gravar os engramas, ela poderia ser atingida por uma lesão cirúrgica experimental e o animal seria incapaz de lembrar-se de qualquer coisa (amnésia), o que não ocorreria quando a lesão fosse posicionada em outros locais do sistema nervoso. Os ratos – normais e lesados – eram então colocados um a um em um labirinto (Figura 18.1A) e Lashley contava o número de erros que eles cometiam para encontrar a saída em sucessivos testes. É claro que os animais normais melhoravam a cada teste, pois aprendiam o caminho da saída, cometendo cada vez menos erros.

Os animais com lesões no córtex cerebral (Figura 18.1B), entretanto, apresentavam um desempenho pior, errando muito para encontrar a saída do labirinto. Só que não importava onde a lesão era feita, mas, sim, a quantidade de tecido removido. Quanto maior a lesão, pior o desempenho do animal (Figura 18.1C), mas não havia diferenças quanto ao posicionamento das lesões. Com base nesses resultados, Lashley concluiu que a memória tinha localização distribuída no sistema nervoso. Foi além e exagerou: propôs que também as demais funções neurais careciam de localização precisa, sendo representadas igualmente em todas as regiões. Como se verificou depois, ele interpretou erradamente seus experimentos: os animais lesados levavam mais tempo para chegar ao final do labirinto porque tinham déficits visuais, somestésicos, motores e outros que prejudicavam o seu desempenho. Naturalmente, os déficits se associavam quando as lesões eram maiores, e o desempenho do animal era pior ainda. As concepções antilocalizacionistas de Lashley foram derrotadas pelos experimentos que utilizaram testes mais precisos de aferição das funções e definitivamente superadas quando mais tarde foi possível registrar a atividade elétrica dos neurônios em diferentes regiões do sistema nervoso. Não foi assim, no entanto, no caso específico da memória, e a ideia de uma representação distribuída dessa função permaneceu latente e demonstrou-se mais tarde verdadeira.

Um aluno de Lashley, o canadense Donald Hebb (1904-1985), levou à frente a concepção distribuída da memória. Imaginou que, quando um evento fosse percebido por uma pessoa, certos circuitos do neocórtex seriam ativados. Esses circuitos, então, "representariam" o evento, e a sua evocação (lembrança) consistiria na reativação deles. Com a repetição, a ativação de apenas alguns componentes do circuito já seria suficiente para evocar o evento. Este poderia ser registrado no sistema nervoso pela visão, e assim envolveria as regiões visuais. Se a entrada ocorresse pela audição, envolveria as

▶ **Figura 18.1.** A memória, do comportamento aos neurônios. **A.** O rato acaba chegando ao ponto de término do labirinto, entrando cada vez menos nos "becos sem saída". **B.** Cada área colorida representa uma lesão bilateral no cérebro de um animal. **C.** O número de erros aumenta proporcionalmente à extensão de córtex cerebral lesado. **D.** Microfotografia de uma fatia de hipocampo de camundongo, mostrando dois neurônios marcados com rastreadores. Ambos contêm o rastreador branco, mas o da direita apresentou uma fluorescência vermelha atenuada para rosa pelo rastreador branco misturado, porque foi ativado por uma memória específica. Este foi considerado um neurônio de engrama. **A-C** modificado de Lashley K. *Brain Mechanisms and Intelligence.* Chicago: University of Chicago Press, 1929. **D** modificado de Josselyn SA, Tonegawa S. *Science.* 2020;367:39.

regiões auditivas. Se fosse uma habilidade motora aprendida, envolveria as regiões motoras. E assim por diante. A memória, então, seria uma propriedade distribuída, inerente a todos os circuitos neurais. Na década de 1940, quando Hebb criou o seu modelo, as sinapses eram ainda uma hipótese, mas ele imaginou que as conexões mais ativas seriam fortalecidas e estabilizadas, enquanto o contrário ocorreria com as conexões que permanecessem inativas. Essas novas ideias estabeleceram as bases conceituais da plasticidade sináptica, comprovadas nos mais recentes experimentos celulares e moleculares (Capítulo 5).

Outro psicólogo, o britânico David Marr (1945-1980), já no final da década de 1970, elaborou um modelo computacional a partir dos conceitos de Hebb. Surgiu, então, a ideia de *redes neuronais*, isto é, circuitos de neurônios (ou *chips* de computadores...) capazes de aprender armazenando informações a cada passo para serem utilizadas em etapas subsequentes de sua operação. As redes neuronais são atualmente utilizadas para a construção de computadores adaptativos, uma geração de máquinas com capacidade de aprendizagem.

O modelo de Hebb/Marr foi criticado porque a quantidade de eventos que somos capazes de memorizar exigiria um número enorme de circuitos, talvez acima da nossa real capacidade biológica. Além disso, a evocação por ativação parcial poderia resultar em erros, já que eventos diferentes poderiam ser evocados pelo mesmo conjunto parcial de componentes. Em resposta a essas críticas, Marr sugeriu a existência de um processador separado que armazenaria as memórias temporariamente para depois transferi-las ao

PESSOAS COM HISTÓRIA

córtex. Esse processador funcionaria como a memória RAM dos computadores e tornou-se uma explicação aceitável com a descoberta de que havia realmente regiões cerebrais – no lobo frontal[A] e no lobo temporal[A] – envolvidas com o armazenamento temporário das informações novas (veja adiante).

Estudos mais recentes com ferramentas optogenéticas[G] de modulação da atividade de neurônios selecionados em animais treinados para adquirir memórias de medo ou memórias espaciais, por exemplo, permitiram chegar mais perto da real natureza do engrama, identificando os neurônios ativos. Constatou-se, a favor do conceito de redes neuronais, que, para uma dada memória, um mesmo conjunto específico de neurônios era ativado a cada lembrança e que esta desaparecia quando esses neurônios eram seletivamente destruídos. A ideia teórica de engrama, desse modo, tornou-se real e objeto de intensivos estudos em modelos animais (Figura 18.1D). É claro que a ativação ou desativação dos neurônios do engrama é feita por meio das sinapses que os conectam, utilizando os mecanismos de plasticidade sináptica descritos no Capítulo 5.

A MEMÓRIA POSSÍVEL

Por ser uma característica bem desenvolvida na espécie humana, e de natureza bastante introspectiva, não é difícil para qualquer um de nós imaginar os eventos mentais utilizados na memória. Foi o que fizeram os psicólogos, propondo uma sequência de processos que descrevem mais detalhadamente o que ocorre quando memorizamos um evento qualquer.

▶ Sequência de Processos ou Processos sem Sequência?

O primeiro dos processos mnemônicos é a *aquisição*, que consiste na entrada de um evento qualquer no sistema nervoso (Figura 18.2). Por "evento" entendemos qualquer coisa memorizável: um objeto, um som, um acontecimento, um pensamento, uma emoção, uma sequência de movimentos. Você pode se lembrar do seu primeiro tênis, dos acordes iniciais do hino nacional, dos movimentos necessários para amarrar o cordão dos sapatos, do que ocorreu no dia em que fez vestibular, de como se multiplica 24 por 13, do que sentiu durante o seu primeiro beijo. Para o estudo da memória, todos são eventos: podem-se originar do mundo externo, conduzidos ao sistema nervoso por intermédio dos sentidos, ou do mundo interior da pessoa, surgidos "misteriosamente" de nossos próprios pensamentos e emoções. Durante a aquisição ocorre uma *seleção*: como os eventos são

geralmente múltiplos e complexos, os sistemas de memória só permitem a aquisição de alguns aspectos mais relevantes para a cognição, mais marcantes para a emoção, mais focalizados pela nossa atenção, mais fortes sensorialmente ou simplesmente priorizados por critérios desconhecidos.

Após a aquisição dos aspectos selecionados de um evento, estes são armazenados por algum tempo: às vezes por muitos anos, às vezes por não mais que alguns segundos. Esse é o processo de *retenção* da memória, durante o qual os aspectos selecionados de cada evento ficam de algum modo disponíveis para serem lembrados (Figura 18.2). Com o passar do tempo, alguns desses aspectos, ou mesmo todos eles, podem desaparecer da memória: é o *esquecimento*. Isso significa que a retenção nem sempre é permanente – aliás, na maioria das vezes, é temporária. Quando você vai ao cinema, logo ao sair é capaz de lembrar de muitas cenas e diálogos do filme (não todos...), no entanto, já no dia seguinte, só se lembra de alguns e, após 1 ano, talvez nem mesmo se lembre do tema do filme! O tempo de retenção, portanto, é limitado pelo esquecimento e ambos são definidos, entre outros aspectos, pelo tipo de utilização que faremos de cada evento memorizado. Assim, não é importante guardar a fisionomia da moça da bilheteria do cinema, e talvez tampouco dos personagens secundários do filme, mas geralmente guardamos o rosto da atriz principal, seja porque teve atuação excelente, seja porque o seu papel foi importante no contexto do filme.

Os psicólogos têm estudado a capacidade de retenção das pessoas e sabem que ela pode variar de indivíduo para indivíduo, bem como em diferentes situações e momentos de cada um. De qualquer modo, está estabelecido que, para algumas formas de memória (como a memória operacional – veja adiante), a capacidade de retenção é finita e parece não ultrapassar um pequeno número de itens de cada vez. Para outras formas, a capacidade de retenção é praticamente infinita. Testes com voluntários normais mostraram que, se lhes apresentamos sequências de letras para memorizar, o limite médio de retenção gira em torno de sete letras. Quando lhes apresentamos sequências de palavras, igualmente só são capazes de memorizar cerca de sete palavras. E quando são expostos a sequências de frases, o mesmo número 7 representa o limite médio para a retenção das frases. Isso reforça o conceito de evento que delineamos: nos testes de retenção, os eventos inicialmente foram letras, depois palavras compostas por muitas letras e, depois, frases compostas de muitas palavras.

Os psicólogos também têm estudado os determinantes do esquecimento. Por que retemos algumas coisas e esquecemos outras? Quais os fatores que determinam um caminho ou o outro? Descobriu-se que a retenção é fortemente influenciada pela presença de elementos distratores[G] e que o número de distratores determinará maior ou menor retenção. Tente memorizar um número de telefone

---

[A] *Estrutura encontrada no* Miniatlas de Neuroanatomia *(p. 359).*

641

▶ **Figura 18.2.** A operação dos sistemas de memória pode ser esquematicamente representada por uma sequência de etapas a partir da entrada de um evento novo, proveniente do ambiente externo ou mesmo da própria mente do indivíduo.

com alguém a seu lado lendo alto uma outra sequência de números... Além da interferência de distratores, também a ordem de apresentação de uma sequência de itens a serem memorizados influi sobre a retenção. Tendemos a reter mais facilmente os primeiros e os últimos de uma série e esquecemos aqueles situados no meio. Faça você mesma um teste utilizando uma sequência aleatória de números.

O esquecimento é uma propriedade normal da memória. Provavelmente desempenha papel muito importante como mecanismo de prevenção de sobrecarga nos sistemas cerebrais dedicados à memorização, tendo ainda a virtude de permitir a filtragem dos aspectos mais relevantes ou importantes de cada evento. O esquecimento também pode ser temporário, isto é, não conseguimos lembrar de algum detalhe, mas "forçamos a memória" e o detalhe acaba surgindo na lembrança. Há casos, no entanto, em que o esquecimento é patológico, para mais ou para menos. Chama-se *amnésia* quando o indivíduo apresenta esquecimento "demais", e *hipermnésia* quando ocorre o oposto – uma exacerbada capacidade de retenção que impede a separação entre aspectos relevantes e irrelevantes dos eventos.

Depreende-se do que acabamos de dizer que, entre os vários aspectos de um evento, alguns serão esquecidos imediatamente, outros serão memorizados durante um certo período e apenas uns poucos permanecerão na memória prolongadamente. Neste último caso, diz-se que houve *consolidação* (Figura 18.2), quando o evento é memorizado durante um tempo prolongado, às vezes permanentemente. Mesmo após a consolidação, algumas memórias podem ser apagadas ou alteradas seletivamente, requerendo um fenômeno conhecido como *reconsolidação* para fixar-se ou, então, desaparecer de vez. Por isso lembramos de algumas coisas durante muito tempo, embora possamos, em algum momento, esquecê-las, mas lembramo-nos de outras durante toda a vida, como o nosso próprio nome e a data do nosso aniversário.

Finalmente, o último dos processos mnemônicos é a *evocação* ou lembrança, pela qual temos acesso à informação armazenada para utilizá-la mentalmente na cognição e na emoção, por exemplo, ou para exteriorizá-la por meio do comportamento (Figura 18.2).

▶ Tipos e Subtipos de Memória

O trabalho dos psicólogos permitiu também classificar a memória em tipos distintos (Tabela 18.1), de acordo com as suas características. Essa classificação se mostrou importante, pois se verificou que os tipos de memória são operados por mecanismos e regiões cerebrais diferentes. No entanto, não esgota as possibilidades de conceber outros subtipos de memória, relevantes para a vida individual e social dos animais e dos homens. Veja, sobre isso, o Quadro 18.1.

PESSOAS COM HISTÓRIA

A memória pode ser classificada, quanto ao tempo de retenção, em: (1) *memória ultrarrápida* ou *imediata,* cuja retenção não dura mais que alguns segundos; (2) *memória de curta duração*, que dura minutos ou horas e serve para proporcionar a continuidade da nossa compreensão do presente; e (3) *memória de longa duração*, que estabelece engramas duradouros (dias, semanas e até mesmo anos).

Imagine a seguinte cena cotidiana. Você se dirige à sala de aula para realizar uma prova difícil. No caminho, alguém a intercepta e pergunta quais assuntos cairão na prova. Você começa a responder, e a cada frase precisa reter por alguns segundos a primeira palavra para emitir a segunda com coerência; a seguir, precisa reter a segunda para emitir a terceira, e assim por diante. Você utilizou a sua memória ultrarrápida: se alguém lhe perguntar logo depois quais foram exatamente as palavras que pronunciou ao responder sobre os temas da prova, não se lembrará. Ao chegar à sala de aula, um colega lhe pergunta se foi homem ou mulher a pessoa que a interceptou no caminho. Você responderá corretamente utilizando a sua memória de curta duração e se concentrará na prova. Alguns dias depois, tudo que restará em sua memória daquele dia na universidade provavelmente será a prova ou, talvez, apenas as questões mais difíceis, que foram armazenadas na sua memória de longa duração...

A memória pode também ser classificada, quanto à sua natureza (Tabela 18.1), em: (1) *memória explícita* ou declarativa; (2) *memória implícita* ou não declarativa; e (3) *memória operacional* ou de trabalho.

A memória explícita reúne tudo que só podemos evocar por meio de palavras (daí o termo "declarativa") ou outros símbolos (um desenho, por exemplo). É formada facilmente, mas pode-se perder também facilmente. Pode ser *episódica*, quando envolve eventos datados, isto é, relacionados com o tempo; ou *semântica**, quando envolve conceitos atemporais. Ao lembrar que foi ao teatro no domingo passado assistir a *Romeu e Julieta*, você empregou a sua memória episódica, mas saber que o teatro é uma forma de arte cênica e que *Romeu e Julieta* é uma peça do escritor inglês William Shakespeare é um exemplo de memória semântica. A memória episódica é geralmente específica de cada indivíduo, característica de sua trajetória de vida. A memória semântica, por outro lado, é compartilhada por muitas pessoas, fazendo parte da cultura. De fato, a cultura que a civilização humana criou tornou-se tão complexa e abundante, que foi necessário desenvolver instrumentos artificiais para complementar as possibilidades finitas de armazenamento que nosso cérebro propicia: são os livros, filmes, museus, dispositivos digitais e outros tantos.

A memória implícita, por sua vez, é diferente da explícita porque não precisa ser descrita com palavras. Além disso, requer mais tempo e treinamento para se formar, mas pode persistir mais duradouramente. Divide-se em quatro subtipos. O primeiro é a chamada *memória de representação perceptual*, que corresponde à imagem de um evento, preliminar à compreensão do que ele significa. Um objeto, por exemplo, pode ser retido nesse tipo de memória implícita antes que saibamos o que é, para que serve etc. Outro subtipo de memória implícita é a *memória de procedimentos*: trata-se, aqui, dos hábitos e habilidades e das regras em geral. Sabemos os movimentos necessários para dirigir um carro, sem que seja preciso descrevê-los verbalmente. Sabemos também que, numa frase em português, o sujeito geralmente vem antes do verbo e elaboramos as frases de acordo com essa regra previamente memorizada sem nos dar conta disso.

---

* Também chamada conhecimento conceitual.

Tabela 18.1. Tipos e Características da Memória

	Tipos e Subtipos	**Características**
Quanto ao tempo de retenção	1. Ultrarrápida ou imediata	Dura de frações de segundos a alguns segundos; memória sensorial
	2. Curta duração	Dura minutos ou horas, garante o sentido de continuidade do presente
	3. Longa duração	Dura horas, dias ou anos, garante o registro do passado autobiográfico e dos conhecimentos do indivíduo
Quanto à natureza	1. Explícita ou declarativa	Pode ser descrita por meio de palavras e outros símbolos
	▸ Episódica	Tem uma referência temporal: memória de fatos sequenciados
	▸ Semântica	Envolve conceitos atemporais: memória cultural
	2. Implícita ou não declarativa	Não precisa ser descrita por meio de palavras
	▸ De representação perceptual	Representa imagens sem significado conhecido: memória pré-consciente
	▸ De procedimentos	Hábitos, habilidades e regras
	▸ Associativa	Associa dois ou mais estímulos (condicionamento clássico), ou um estímulo a uma certa resposta (condicionamento operante)
	▸ Não associativa	Atenua uma resposta (habituação) ou aumenta-a (sensibilização) por meio da repetição de um mesmo estímulo
	3. Operacional ou memória de trabalho	Permite o raciocínio e o planejamento do comportamento

NEUROCIÊNCIA DAS FUNÇÕES MENTAIS

Neurociência em Movimento

Quadro 18.1
O Cérebro e a Memória Social

▶ **Grace Schenatto Pereira Moraes***

Você entra na loja para comprar um presente. Sentada, experimentando um par de sapatos, está uma mulher. Ao olhar para ela, você tem a sensação que a conhece de algum lugar. Tenta, em vão, lembrar-se de onde seria. Então decide perguntar: "bom dia, desculpe importuná-la, tenho a impressão de que a conheço". A mulher educadamente responde: "Nossa, há quanto tempo! Sim, claro que nos conhecemos, fomos colegas de escola". Essa situação do cotidiano ilustra a pergunta central das pesquisas desenvolvidas em meu laboratório: como o cérebro codifica, armazena e evoca memórias sociais (MS)?

Para responder a essa pergunta, usamos modelos animais, mais especificamente camundongos. Assim como nós, os camundongos são seres sociáveis e têm na MS a base biológica para o estabelecimento de hierarquia, reconhecimento de parceiros, disputa por território e formação de grupos. Trata-se, então, de uma memória essencial para a sobrevivência do indivíduo e a preservação da espécie.

Uma das formas de estudar a MS em laboratório é por meio da tarefa de reconhecimento social (Figura 1). Em um primeiro encontro, um camundongo adulto interage com um juvenil. Chamamos isso de sessão de treino. Para verificar se o animal adulto lembra do juvenil, promovemos um segundo encontro, chamado teste. Se o adulto interagir por um tempo menor no teste em comparação com o treino, inferimos que há MS, porque os camundongos interagem menos com estímulos familiares. Associado ao teste comportamental, realizamos manipulações farmacológicas, mensuramos a atividade dos neurônios e quantificamos marcadores moleculares

de plasticidade sináptica em áreas do cérebro importantes para a memória, como o hipocampo (HIP).

Minha motivação para estudar as bases neurobiológicas da MS começou durante o meu pós-doutorado, após a leitura de um artigo científico que mostrava que camundongos mantidos em isolamento social (IS), ou seja, que permaneciam sozinhos em suas caixas, só conseguiam lembrar-se de outros camundongos por algumas poucas horas. Fiquei fascinada com o fato de algo tão simples ser capaz de alterar essa propriedade tão relevante que é a memória. Quando fui contratada como professora no Departamento de Fisiologia e Biofísica da UFMG, juntei-me ao Núcleo de Neurociências (NNC) e desde então minha equipe vem produzindo conhecimento no campo da memória. Descobrimos que o IS prejudica a MS por comprometer a comunicação entre o bulbo olfatório (BO) e o HIP. De fato, o BO é alvo dos efeitos deletérios do IS, provavelmente porque os camundongos interagem socialmente via o olfato. Também mostramos que o enriquecimento do ambiente ameniza os efeitos do IS por mecanismos dependentes da neurogênese, que é a capacidade que o cérebro adulto tem de produzir novos neurônios. Além disso, descrevemos algumas propriedades da MS e evidenciamos que ela pode ser prolongada e fortalecida pelo ambiente enriquecido porque este aumenta a neurogênese e acelera o amadurecimento dos novos neurônios no HIP.

Você deve estar se perguntando qual a relação entre o que a gente descobriu e o exemplo colocado no início deste texto. Obviamente, as relações sociais em seres humanos são mais complexas. Tanto a formação quanto a evocação da MS relativa a uma pessoa estão associadas aos contextos espacial, temporal e emocional onde a conhecemos, portanto o uso de animais que estabelecem

_____
Professora-associada da Universidade Federal de Minas Gerais (UFMG). Correio eletrônico: graceschenatto@gmail.com.

redes sociais simples, mas que compartilham conosco do mesmo arsenal fisiológico e molecular, permite inferências sobre as nossas memórias.

Então, com base em nossos resultados, recomendamos enriquecer seu dia a dia com atividades variadas e cultivar relações sociais saudáveis para manter a eficiência de sua MS. Quem sabe, assim, você evita aquele desconforto de não se lembrar daquele colega antigo da escola quando o encontrar numa loja de sapatos?

▶ **Figura 1.** Tarefa de reconhecimento social em camundongos. Durante o treino, um camundongo adulto interage com um camundongo jovem, que está contido numa espécie de gaiola. Cada vez que o animal adulto cheira o juvenil contamos como tempo de exploração. No teste, realizado 24 horas após o treino, repetimos o encontro e a medida do tempo de exploração. O (*) indica diferença estatística entre o treino e teste, o que nos permite inferir que o animal apresentou memória social de longa duração.

▶ **Figura 2.** Fora do laboratório, formar novas memórias com a minha família está entre as minhas atividades favoritas.

Finalmente, dois subtipos muito importantes de memória implícita são conhecidos como *associativa* e *não associativa*. Ambas se relacionam fortemente com algum tipo de resposta ou comportamento. Empregamos a memória associativa, por exemplo, quando começamos a salivar bem antes que a comida chegue à nossa boca por termos, em algum momento da vida, associado o seu cheiro ou aspecto à alimentação. Por outro lado, empregamos a memória não associativa quando, sem sentir, aprendemos que um estímulo repetitivo que não traz consequências é provavelmente inócuo, o que nos faz "relaxar" e ignorá-lo.

O terceiro tipo é a *memória operacional* ou *memória de trabalho*, por meio da qual armazenamos temporariamente informações que serão úteis apenas para o raciocínio imediato e a resolução de problemas, ou para a elaboração de comportamentos, podendo ser descartadas (esquecidas) logo a seguir. Guardamos em nossa memória operacional, por exemplo, o local onde estacionamos o automóvel quando vamos fazer compras, uma informação que nos servirá apenas até o momento de voltar ao carro para ir embora. Depois disso, essa informação será provavelmente esquecida em definitivo.

APRENDIZAGEM: AQUISIÇÃO DE DADOS PARA PENSAR E AGIR

Esse repertório de capacidades mnemônicas de tipos diferentes começa com a aquisição de informações, isto é, com a entrada dos dados selecionados para o sistema de armazenamento da memória. Informações não são necessariamente fatos, podem ser comportamentos, pensamentos, emoções, tudo o que representa dados que podem ser processados pelo sistema nervoso. O processo de aquisição das novas informações que vão ser retidas na memória é chamado *aprendizagem**. Por intermédio dele nos tornamos capazes de orientar o comportamento e o pensamento. Memória, diferentemente, abrange também o processo de arquivamento seletivo dessas informações, pelo qual podemos evocá-las sempre que desejarmos, consciente ou inconscientemente. De certo modo, a aprendizagem pode ser vista como um conjunto de operações que viabilizam os processos neurobiológicos e neuropsicológicos da memória. Como os conceitos de aprendizagem e de memória, embora diferentes, são muito próximos, é comum utilizar um termo como sinônimo do outro. Os seres humanos, como se sabe, tiraram proveito dessa enorme capacidade de aprender que a evolução lhes proporcionou e construíram todo um sistema estruturado capaz de impulsionar a aprendizagem – a educação escolar.

---

* *Esta é uma acepção fisiológica do termo que, no entanto, tem outro significado entre psicólogos e educadores, representando todo um processo educacional de aquisição e compreensão de informações.*

Todos os animais, entretanto, são capazes de aprender, o que significa que todos têm algum tipo de memória. E a capacidade de aprendizagem dos animais pode ser reduzida a dois tipos principais, *associativa* e *não associativa*, que se confundem com os subtipos de memória implícita de igual denominação.

Se você estiver sozinha em casa, à noite, o ruído repentino de um inseto batendo asas contra a vidraça pode lhe causar um pequeno susto. Você fica imóvel, alerta, esperando que alguma coisa aconteça. Pensa: pode ser um inseto, mas pode ser também algo pior... Após alguns minutos o ruído se repete e, depois, outra vez e outra mais. Como nada acontece, você vai relaxando, seu susto vai passando e a hipótese de que seja realmente um inseto lhe dá tranquilidade suficiente para ir olhar o vidro da janela e achar efetivamente a fonte do ruído. Você aprendeu com a repetição inócua do ruído que não se tratava de algo ruim. Esse subtipo de aprendizagem não associativa chama-se *habituação*.

A história porém, pode transcorrer de modo diferente... Em vez de um ruído na janela, de repente um morcego arremete para dentro da sala e você quase morre de susto. Seu coração dispara, você não sabe o que fazer e, após alguns minutos aterrorizantes, o morcego consegue encontrar o vão da janela por onde entrou, e desaparece. Nas noites subsequentes, você se assusta do mesmo modo com qualquer ruído que venha da janela e passam-se muitas noites até que você "esqueça" o episódio inicial. Aprendeu a esperar algo assustador e colocou-se em estado de alerta para qualquer eventualidade. Trata-se de outro subtipo de aprendizagem não associativa, de certo modo oposto à habituação, que se chama *sensibilização*.

Tanto a habituação como a sensibilização são consideradas, por muitos pesquisadores, formas não associativas de aprendizagem, porque mediante um único estímulo (o ruído repetitivo, no primeiro exemplo, e a entrada do morcego, no segundo) você se torna capaz de fazer uma previsão do futuro e, assim, preparar as suas ações de modo apropriado: relaxar, porque o estímulo deve ser inócuo, ou manter-se alerta, porque o estímulo pode ser nocivo. Depreende-se disso que esses são mecanismos muito úteis à sobrevivência dos animais. Talvez por essa razão originaram-se tão precocemente durante a evolução e mantiveram-se conservados até a espécie humana. A forma não associativa de aprendizagem depende de repetição, que é, na verdade, uma estratégia que empregamos para memorizar algo. O Capítulo 5 traz detalhes dos mecanismos celulares dessas formas não associativas de memória.

Podemos aprender também associando eventos. No episódio imaginário do morcego, você pode ter percebido um assovio repetido antes que o morcego entrasse em sua sala, e agora, sempre que o assovio se repete lá fora, você corre a fechar a janela. Ocorreu uma associação entre o assovio e o morcego que lhe provocou susto: você aprendeu a identificar o som emitido por esses animais e passou a orientar o seu

Pessoas com História

comportamento correspondentemente. Trata-se de uma forma de aprendizagem associativa entre dois estímulos (o assovio e o morcego) chamada *condicionamento clássico*. Como o morcego lhe provoca sempre um susto, neste caso é considerado um estímulo incondicionado. O assovio, entretanto, normalmente não lhe provocaria qualquer reação, mas, como foi associado à presença assustadora do morcego, passa a ser chamado estímulo condicionado. É fácil perceber que esse tipo de condicionamento é crucial para compreender o que acontece nos casos de estresse pós-traumático[G] e transtornos de ansiedade em geral.

Esse tipo de aprendizagem associativa foi descoberto e estudado pelo fisiologista russo Ivan Pavlov (1849-1936) durante a primeira metade do século XX, e é por essa razão que recebe o adjetivo "clássico". Em uma série de experimentos bem conhecidos, Pavlov primeiro estimulava a secreção salivar em cães por meio da oferta direta de alimento ao animal (o estímulo incondicionado) e depois fazia preceder a oferta de alimento pelo piscar de uma luz (o estímulo condicionado). Observou que se estabelecia uma associação entre os dois estímulos e, após algum tempo, o animal salivava ao simples piscar da luz (Figura 18.3A).

▶ **Figura 18.3. A**. O fisiologista russo Ivan Pavlov (1849-1936) criou o conceito original de condicionamento clássico, observando que um cão que salivava somente ao abocanhar o alimento (acima) passava a salivar também quando um estímulo inócuo (uma luz, por exemplo) era associado ao alimento (no meio) e até mesmo quando a luz lhe era apresentada sem o alimento (abaixo). **B**. O americano Edward Thorndike (1874-1949) empregou outro conceito importante: o de condicionamento operante, observando que gatos motivados pela visão do alimento (acima e no meio) eram capazes de associar comportamentos e, assim, aprender a abrir as portas da gaiola (abaixo).

Um pouco antes de Pavlov, outro tipo de aprendizagem associativa havia sido descrito, denominado posteriormente *condicionamento operante* ou instrumental, que se caracterizava pela associação entre um estímulo e uma determinada resposta comportamental ativa. Tipicamente, aprendemos que uma determinada ação que realizamos pode estar associada a uma experiência positiva (um reforço ou recompensa) ou, então, a uma experiência negativa (uma punição). O resultado é que realizamos mais vezes a ação reforçada e menos vezes a ação punida. Neste último caso, podemos também realizar uma ação que evite a punição. O condicionamento operante foi estudado pelos psicólogos experimentais utilizando gaiolas especiais com instrumentos para os animais manipularem (Figura 18.3B): alavancas, botões, cordas. Os animais aprendiam a manipular os instrumentos do modo desejado pelos pesquisadores, associando o seu comportamento a um estímulo qualquer (luminoso, sonoro) sob motivação positiva ou negativa (um pouco de alimento, um choque elétrico). O condicionamento operante caracteriza o início do processo de dependência de substâncias de abuso, em que o indivíduo relaciona um comportamento (fumar, beber) com sensações prazerosas, o que o leva a repetir sem parar o mesmo comportamento para vivenciar o mesmo prazer.

O estudo experimental dos tipos de aprendizagem, além de ter contribuído com o conhecimento dos processos psicológicos pelos quais se dá a aquisição da informação para os sistemas mnemônicos, tem sido especialmente útil para o estudo das bases neurobiológicas da memória. Isso porque possibilitou a elaboração de diversos experimentos engenhosos com animais associados a lesões de regiões neurais específicas seguidas da observação dos seus impactos no comportamento, do registro da atividade elétrica neuronal e até mesmo do emprego de técnicas bioquímicas e moleculares. Um exemplo muito frutífero desse esforço foi o estudo das bases moleculares da aprendizagem em invertebrados, um tema descrito amplamente no Capítulo 5. Além disso, essas mesmas técnicas de condicionamento operante associadas ao registro da atividade neuronal são empregadas em diversos experimentos com animais quando deseja conhecer os mecanismos neurobiológicos da percepção, da atenção, da emoção e várias outras funções neurais. Dessa forma se conseguiu estabelecer, por exemplo, que o hipocampo está relacionado com certas formas de condicionamento clássico, enquanto outras têm como sede anatômica o complexo amigdaloide e outras regiões (Quadro 18.1).

OS TRANSTORNOS DA MEMÓRIA

Nos seres humanos, boa parte dos dados de que dispomos sobre a memória proveio do estudo de casos clínicos pelos neurologistas, embora recentemente se tenha tornado possível realizar experimentos associados à obtenção de imagens funcionais do cérebro durante a realização de operações mentais e comportamentos específicos.

Como a memória explícita é tipicamente (embora talvez não unicamente) humana, os casos de pacientes com distúrbios da memória tornam-se muito importantes para a elucidação dos mecanismos neurobiológicos subjacentes. Os neurologistas acumularam descrições detalhadas de casos clínicos relativamente comuns, como os de pacientes com a doença de Alzheimer e os de alcoólatras com a síndrome de Korsakoff, ambos portadores de amnésias graves. Há também relatos pormenorizados de casos raros com lesões cerebrais localizadas ou de indivíduos com cérebros aparentemente normais que, no entanto, apresentam amnésias ou hipermnésias. Geralmente se tenta correlacionar os sintomas com as regiões cerebrais lesadas para tirar conclusões sobre os mecanismos da memória humana. A localização das lesões pode ser feita pelo estudo da anatomia patológica após a morte, mas, atualmente, pode também ser feita em vida com grande precisão, utilizando-se os métodos de imagem cerebral morfológica e funcional.

▶ Memória de Menos

Teve grande repercussão na literatura médica e psicológica o caso do paciente canadense Henry Molaison, falecido aos 82 anos no final de 2008, que ficou conhecido em vida pelas iniciais HM. HM era portador de epilepsia grave desde a adolescência. O número e a intensidade das crises que sofria diariamente levaram os neurologistas a recomendar uma cirurgia radical, pela qual se faria a remoção dos focos epilépticos situados no setor medial do lobo temporal, bilateralmente (Figura 18.4A e B). A cirurgia foi realizada em 1953, quando HM tinha 27 anos. Logo após a operação, constatou-se melhora do quadro epiléptico, mas infelizmente também um grave distúrbio da memória.

Examinado por uma equipe de neurologistas e psicólogos durante vários anos após a cirurgia, HM não se lembrava da operação, sempre relatava ter 27 anos, não reconhecia os profissionais da saúde que o atendiam e era incapaz de lembrar-se de qualquer fato que tivesse acontecido a partir de 1953. Lembrava-se perfeitamente, entretanto, dos fatos mais antigos de sua vida, exceto aqueles ocorridos em um período de 2 ou 3 anos imediatamente precedente à cirurgia. O quadro era de uma *amnésia anterógrada* total, isto é, completa perda de memória para os fatos ocorridos após a lesão de seu sistema nervoso associada a uma *amnésia retrógrada* parcial restrita ao período imediatamente anterior à cirurgia, e tanto mais forte quanto mais próxima do momento da lesão cirúrgica. Os psicólogos o examinaram detalhadamente, constatando que sua inteligência era normal e que ele era capaz de compreender tudo o que lhe diziam, responder

PESSOAS COM HISTÓRIA

▶ **Figura 18.4.** O paciente HM (à direita) em foto tirada cerca de 20 anos após ser submetido à remoção cirúrgica bilateral das porções mediais do lobo temporal, que incluiriam o hipocampo^ e regiões adjacentes (áreas em vermelho, em **A**). Ressonância magnética realizada depois, entretanto, mostrou que a região posterior do hipocampo (setas vermelhas no nível 2, em **B**) foi preservada. Os números indicam os planos de corte mostrados na parte superior de **A**. Imagens de RM modificadas de Corkin S et al. *Journal of Neuroscience*. 1997;17:3964-3979.

normalmente a perguntas, raciocinar sobre dados que lhe eram apresentados, realizar cálculos aritméticos, bem como aprender novas habilidades motoras. Seu quadro de amnésia permaneceu inalterado permanentemente.

Os neurocirurgiões relataram haver removido todo o setor medial do lobo temporal em ambos os lados (Figura 18.4A), e de fato um exame de ressonância magnética (RM) morfológica realizado em 1997 demonstrou ausência dessa região cerebral, com exceção de uma porção mais posterior (Figura 18.4B), que, no entanto, poderia estar funcionalmente alterada.

O caso HM permitiu concluir que as regiões mediais do lobo temporal participam de modo fundamental do processo de consolidação e reconsolidação da memória explícita (Figura 18.5). Como justificar essa importante conclusão? Primeiro, a neuroimagem confirmou que as estruturas do lobo temporal medial é que haviam sido atingidas, sendo elas, portanto, as responsáveis pelas funções perdidas. Segundo, nem a aquisição nem a retenção temporária da memória sofreram alterações com a lesão, já que HM se mostrou capaz de aprender tarefas típicas da memória de procedimentos, como novas habilidades motoras, e reter informações de curta duração em sua memória operacional para utilizá-las em testes que envolviam raciocínio, cálculos e outras operações mentais. As funções atingidas pela lesão, portanto, envolviam especificamente a memória explícita. Em terceiro lugar, os engramas já consolidados haviam sido preservados, o que permitia que HM se lembrasse normalmente de fatos ocorridos antes da cirurgia, exceto aqueles ocorridos próximo a ela. Estes últimos, provavelmente, estavam ainda em processo de reconsolidação, dependo, assim, da integridade do hipocampo. A lesão não havia atingido a retenção duradoura das memórias antigas nem os seus processos de evocação. Finalmente, os déficits apresentados por HM se restringiam à consolidação da memória explícita, provocando amnésia anterógrada (incapacidade de reter novas memórias) e amnésia retrógrada pré-lesional (incapacidade de consolidar as memórias de curta duração que haviam sido adquiridas pouco tempo antes da cirurgia).

O caso HM estimulou bastante a observação neurológica de outros pacientes com déficits da memória, o que permitiu especificar melhor quais subtipos da memória explícita são representados no lobo temporal medial (memória episódica ou memória semântica?) e quais estruturas do lobo temporal estão envolvidas mais especificamente (hipocampo? amígdala?). Voltaremos a esse assunto mais adiante.

649

▶ **Figura 18.5.** O estudo dos sintomas apresentados por HM permitiu concluir que o hipocampo está envolvido especificamente com os processos de consolidação e reconsolidação da memória explícita.

Muitos outros casos de amnésia foram estudados pelos neurologistas, relacionados com lesões neurais localizadas ou generalizadas. Ocorre amnésia retrógrada isolada, por exemplo, em certos casos de lesões dos lobos temporais lateral e ventral. Nesses casos, o indivíduo pode perder a capacidade de dar nome às coisas (anomia) – sabe para que servem, como são, mas não encontra na memória o nome de cada uma. Ocorre déficit na memória operacional em casos de lesão do giro supramarginal[A] (situado na fronteira do lobo occipital[A] com o lobo parietal[A]) e do córtex pré-frontal[A] dorsolateral. Amnésia completa (retrógrada e anterógrada) é característica dos casos avançados da doença de Alzheimer, um processo neurodegenerativo que atinge extensas áreas cerebrais, do hipocampo[A] e adjacências do neocórtex frontal. Traumatismos ou uma diminuição momentânea da irrigação sanguínea cerebral podem causar amnésias globais transitórias: a pessoa recupera a memória, mas fica com um "buraco" correspondente ao período da crise. Faremos menção a alguns desses casos em relação aos diferentes tipos e processos da memória.

▶ Memória Demais

O neurologista russo Aleksandr Luria (1903-1978) acompanhou, desde os anos 1920, as venturas e desventuras de um jovem repórter de jornal que tinha uma fantástica característica: hipermnésia e incapacidade de esquecer! O caso real de Solomon Sherashevski antecipou o personagem *Funes, el Memorioso*, do escritor argentino Jorge Luis Borges (1899-1986). Sherashevski era capaz de memorizar listas de 70 a 100 itens (palavras e números, especialmente), repetindo-os em qualquer ordem. Como Funes, "não só recordava cada folha de cada árvore de cada monte, como também cada uma das vezes que a tinha percebido ou imaginado". Sua extraordinária memória explícita fez que deixasse a profissão para ganhar dinheiro exibindo-se em apresentações populares. O que seria uma vantagem tornou-se, contudo, uma desvantagem. As sucessivas séries de itens que tinha de memorizar não podiam ser esquecidas, e a cada vez se tornava mais difícil diferenciá-las umas das outras! Sua capacidade de pensar era limitada, porque não conseguia ignorar detalhes para generalizar alguma coisa.

Luria investigou o mecanismo utilizado por seu paciente e concluiu que ele apresentava uma anomalia perceptual chamada sinestesia, valendo-se dela para a sua extraordinária memória. Cada palavra (ou número, ou um evento qualquer) era associada a uma imagem visual, a uma sensação corporal, a um cheiro e a um gosto. Uma vez declarou, lembrando-se de uma pessoa: "– Tem a voz amarela e crocante". O número de associações sensoriais que estabelecia com objetos e fatos facilitava a memorização, mas dificultava muito sua compreensão. A cada palavra de cada frase que ouvia imediatamente associava imagens, sons e outras sensações. Ao final, perdia-se na compreensão do sentido.

PESSOAS COM HISTÓRIA

Os casos de hipermnésia são relativamente raros, e ainda não foi possível compreender sua determinação neurobiológica. Alguns indivíduos autistas apresentam hipermnésia: são conhecidos como *savants** pelos educadores e neuropsicólogos.

▶ Memória Provocada

Menos misteriosos e mais esclarecedores sobre a localização cerebral da memória humana foram os trabalhos do neurocirurgião canadense Wilder Penfield (1891-1976). Penfield (Capítulo 12) estimulava eletricamente o córtex cerebral de pacientes acordados, mas mantidos sob anestesia local, com o objetivo de determinar com precisão as regiões patológicas a serem removidas. Em um desses casos, ao estimular o giro temporal superior[A] de uma mulher, ouviu dela o seguinte relato: "– Acho que ouvi uma mãe chamando seu filhinho em algum lugar. Parece alguma coisa que aconteceu anos atrás... Alguém do lugar onde eu moro..." Em outro momento, Penfield estimulou o córtex ínfero-temporal[A] e obteve da paciente o seguinte relato: "– Tive uma lembrança – uma cena em um pátio onde eles estavam conversando – e eu vi, vi perfeitamente em minha memória".

Os resultados obtidos com a estimulação elétrica de diversas regiões corticais fortaleceram a ideia de que existem múltiplos sistemas mnemônicos, ou seja, de que os engramas da memória explícita ficam contidos nas próprias regiões funcionais específicas, de acordo com as propostas de Hebb. Desse modo, a estimulação das regiões temporais próximas ao córtex auditivo provoca a evocação de memórias auditivas, enquanto a estimulação do córtex ínfero-temporal, sabidamente ligado à percepção visual, evoca lembranças visuais.

Atualmente, a localização das áreas do sistema nervoso envolvidas com os vários processos e tipos de memória pode ser feita com muita precisão utilizando-se as técnicas de imagem funcional, como a ressonância magnética. Veremos adiante alguns exemplos desses resultados mais recentes.

A CONSTRUÇÃO DA AUTOBIOGRAFIA

Pode-se dizer que a sua memória alimenta a sua autobiografia, o repositório das suas vivências e sentimentos. Uma autobiografia, como se sabe, é diferente de uma biografia, isto é, representa a vida vista pelo próprio indivíduo que a vive, e não por terceiros. Quando alguém escreve a sua autobiografia, seleciona os aspectos e fatos que mais lhe parecem importantes. Do mesmo modo, a memória não reúne todas as experiências que vivenciamos, mas apenas

_____
* Sábios, *em francês.*

aquelas que selecionamos – consciente ou inconscientemente – para serem armazenadas e, depois, lembradas. Já vimos que essa complexa tarefa é realizada por diferentes processos neuropsicológicos, utilizando múltiplas regiões do sistema nervoso. Agora veremos como isso ocorre.

▶ Memória Ultrarrápida: o *Flash* Inicial

Já mencionamos que o primeiro processo que se pode detectar no funcionamento dos sistemas mnemônicos surge quando um evento qualquer – externo ou interno – ativa alguma região neural. Os eventos externos são mais acessíveis e controláveis pelos métodos objetivos da neurociência. Os eventos internos, no entanto, só podem ser analisados por introspecção, isto é, observando e relatando os nossos próprios pensamentos e sentimentos. Atualmente, podem-se empregar técnicas de imagem funcional e registro eletrofisiológico não invasivo[G], mas, no final, é sempre necessário referi-las ao relato subjetivo do indivíduo.

Como os eventos externos incidem sobre o sistema nervoso por intermédio dos sentidos, pode-se supor que os primeiros processos mnemônicos devem ocorrer nos sistemas sensoriais. É a chamada *memória sensorial*. A característica dessa forma de memória ultrarrápida é ser pré-consciente, isto é, não alcançar a consciência. Os neuropsicólogos perceberam a sua existência quando passaram a utilizar técnicas de "relato parcial" para detectar as informações que porventura fossem armazenadas por um indivíduo, ainda que por pouco tempo, e que não pudessem ser evocadas facilmente. Nesse tipo de teste, pede-se ao indivíduo que se lembre apenas de grupos de itens que lhe são apresentados. O resultado indica a existência de uma memória maior do que quando se pede a ele que se lembre de todos os itens simultaneamente.

Suponhamos que um quadro de letras como o da Figura 18.6A seja projetado como um *flash* durante poucos segundos sobre uma tela visualizada por um observador. Pergunta-se a seguir quais letras ele pôde memorizar, e ele não consegue ultrapassar o limite de retenção de cerca de sete itens, já mencionado anteriormente; entretanto, se lhe pedirmos que relate as quatro letras projetadas em uma das fileiras (qualquer uma), depois as quatro de outra e finalmente as da última, veremos que o observador pôde retê-las todas (12), embora não tivesse consciência disso. O experimento mostra que, embora o limite de retenção para a memória de curta duração seja realmente pequeno, ele é duas ou três vezes maior para a memória ultrarrápida sensorial. Essa memória foi chamada de *arquivo icônico* (de *ícone* = símbolo, imagem), quando se trata de eventos visuais, e de *arquivo ecoico* (de *eco* = som repetitivo) para eventos auditivos.

Fala-se em *decaimento* da memória ultrarrápida para descrever o seu desaparecimento. Não é adequado dizer

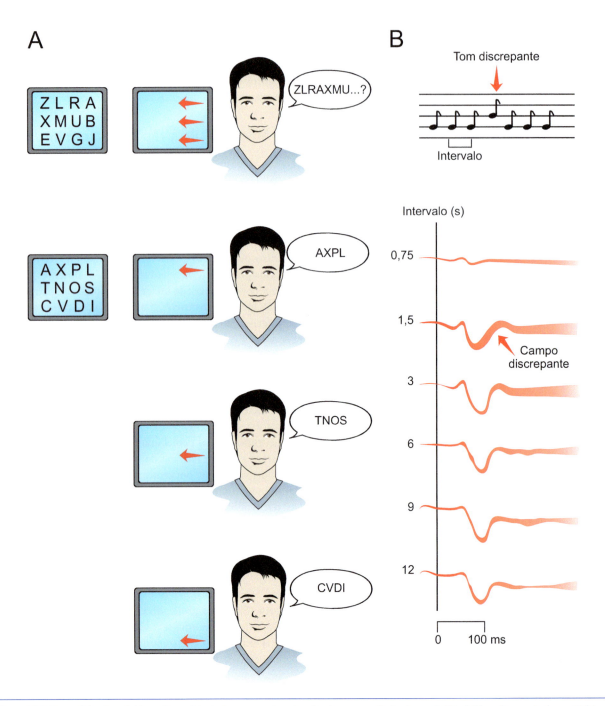

▶ **Figura 18.6.** A memória ultrarrápida pode ser detectada por experimentos simples como o ilustrado em **A**. O indivíduo vê um painel com 12 letras projetadas durante poucos segundos e é solicitado a evocá-las em ordem. Não se lembra mais do que sete. Depois vê um painel semelhante, mas é solicitado a evocar uma linha de cada vez. Neste caso, mostra que armazenou as 12 letras, sem se dar conta disso. No experimento em **B** o indivíduo ouve um tom repetido, sob registro do seu magnetoencefalograma. A um tom discrepante de ocorrência aleatória e quase imperceptível, após apenas 50 milissegundos já aparece um campo magnético correspondente, considerado a expressão neural desse tipo de memória. **B** modificado de Sams M et al. *Journal of Cognitive Neuroscience.* 1993;5:363-370.

esquecimento, neste caso, uma vez que se trata de uma memória pré-consciente. Os testes de relato parcial indicaram que os tempos de decaimento para os arquivos icônicos são de meio segundo, no máximo. Indicaram também que os arquivos ecoicos são mais duradouros, podendo atingir cerca de 20 segundos. A diferença faz sentido porque precisamos de mais tempo para processar os sons verbais e assim, compreender o que nos falam.

Um correlato fisiológico da memória ultrarrápida pode ser detectado quando se registram potenciais ou campos magnéticos relacionados a eventos[G] (veja o Capítulo 17 para entender essa técnica). Neste caso, podem ser detectados os chamados potenciais ou campos "de discrepância" (Figura 18.6B), interpretados como a manifestação fisiológica do arquivo ecoico de um tom discrepante que aparece entre tons iguais repetidos. O registro é obtido em localização compatível com o córtex auditivo, indicando que esse tipo de memória é armazenado nas áreas sensoriais correspondentes. Quando o intervalo entre o tom discrepante e os tons repetidos excede 10-20 s, o sinal desaparece, o que está de acordo com o tempo de decaimento avaliado pelos testes de relato parcial.

▸ Memória Operacional: o Arquivo Dinâmico de Informações

Após a entrada das informações iniciais e a sua passagem pela memória ultrarrápida, ocorre a primeira seleção do que poderá ser armazenado durante um tempo um pouco maior, suficiente para orientar o pensamento e o comportamento. Inicialmente, acreditava-se que as informações selecionadas pela memória ultrarrápida necessariamente passariam às diferentes categorias da memória de curta duração e somente então sofreriam consolidação para se transformarem na memória de longa duração (Figura 18.7). Ao longo desse "percurso" ocorreriam momentos de seleção e esquecimento (uma espécie de filtragem gradativa), o que resultaria na memorização duradoura de apenas uma fração dos eventos que haviam inicialmente chegado aos sistemas mnemônicos. Verificou-se, entretanto, que essa concepção linear não é verdadeira, já que existem casos de pacientes com déficits na memória de curta duração sem qualquer problema na memória de longa duração. Os caminhos para os diferentes tipos de memória, então, são paralelos, e não sequenciais.

Independentemente de quais serão os seus caminhos (Figura 18.7), o fato é que apenas parte das informações será processada pela memória operacional a cada minuto. Esta, como já sabemos, destina-se a fornecer ao indivíduo a capacidade de reter essas informações durante um tempo mínimo necessário para a realização das operações do dia a dia: compreensão dos fatos, raciocínio, resolução de problemas, ação comportamental e muitas outras (Figura 18.7). A memória operacional, assim, é como a memória RAM[G] dos computadores: uma reserva dinâmica de informações disponíveis *on-line*. Tendo em vista essa função, a memória operacional lida com dados provenientes da memória perceptual ultrarrápida, mas não unicamente dela: utiliza também informações armazenadas na memória de longa duração (Figura 18.7). Por exemplo, a cada momento em que você comunica algum pensamento, resgata da memória declarativa as palavras adequadas, que são mantidas na memória operacional apenas pelo tempo necessário para completar cada frase ou raciocínio. Depois, você não lembra mais exatamente quais palavras emitiu, embora elas continuem disponíveis na sua memória de longo prazo para um outro momento.

Com base nas evidências da neurologia clínica e dos experimentos fisiológicos com neuroimagem, considera-se que a memória operacional é constituída por um componente executivo conhecido como *executivo central* e pelo menos dois componentes de apoio: um deles *visuoespacial* (às vezes chamado esboço visuoespacial) e outro *fonológico* (conhecido também como alça fonológica). É muito provável que outros componentes existam, já que a entrada de informações no sistema nervoso não se resume aos sistemas visual e auditivo.

O componente visuoespacial foi descoberto por meio de casos de pacientes com lesões no lóbulo parietal inferior

▸ **Figura 18.7.** As múltiplas relações entre a memória operacional, os demais tipos de memória, o pensamento e o comportamento. Observar que as informações não se transferem necessariamente em sequência, mas em paralelo entre os diferentes tipos de memória.

653

e nas regiões da via dorsal do córtex visual, especialmente quando situadas no hemisfério direito* (em laranja e amarelo na Figura 18.8). Esses indivíduos tipicamente apresentam déficits na retenção de curta duração de sequências de objetos apontados com a mão pelo pesquisador. Os objetos são tridimensionais e ficam dispostos em uma certa configuração sobre uma mesa. O paciente deve reter a ordem de indicação dos objetos em função da sua posição entre os outros na mesa, uma tarefa visuoespacial por excelência.

O componente fonológico também foi sugerido com base no estudo clínico de pacientes, desta vez os portadores de lesões no hemisfério esquerdo, especificamente no giro supramarginal[A] (área 40, em azul na Figura 18.8). Neste caso, os pacientes se mostram incapazes de reter sequências de palavras faladas e repeti-las ao final. É interessante observar que esses indivíduos, apesar dos déficits na memória operacional, não apresentam qualquer deficiência na memória explícita de longa duração, o que indica: (1) que esses dois sistemas mnemônicos (a memória operacional e a memória explícita de longa duração) são dissociados, ou seja, operados por regiões cerebrais diferentes, e (2) que a memória operacional não é essencial para o armazenamento de longa duração. De certa forma, esses indivíduos representam a contraprova do paciente HM, cujo déficit, como vimos, é na memória explícita de longa duração, e não na memória operacional.

Finalmente, o componente executivo da memória operacional é concebido como o coordenador da alça fonológica e do esboço visuoespacial. É ele que controla quais informações devem entrar para os componentes de apoio: seria quase um filtro atencional. Não há certeza sobre sua localização cerebral precisa, mas tudo indica que envolve as diferentes regiões do córtex pré-frontal (em verde, na Figura 18.8).

Aliás, o que é exatamente o córtex pré-frontal? Esse nome pouco apropriado consagrou-se, à falta de outro melhor para diferenciar as regiões do lobo frontal envolvidas com as funções cognitivas superiores, situadas no polo rostral do lobo frontal, daquelas envolvidas com a motricidade (que ocupam o giro pré-central[A] e o córtex imediatamente rostral a ele [Capítulo 12]). Como se pode observar na figura, o córtex pré-frontal é uma vasta região do neocórtex composta por inúmeras áreas citoarquitetônicas[G] (veja a Figura 20.16 para maiores detalhes). Além disso, tem conexões recíprocas com muitas outras regiões: (1) áreas sensoriais e associativas (visuais, auditivas e somestésicas) dos lobos parietal e occipital; (2) áreas límbicas[G] mediais (córtex cingulado[A]); (3) outros sistemas mnemônicos (lobo temporal medial); e (4) o diencéfalo[A] medial. Sua complexidade estrutural e funcional está longe de ser completamente

---

* *O fenômeno da lateralidade (especialização funcional dos hemisférios cerebrais) é examinado no Capítulo 19.*

▶ **Figura 18.8.** Lesões no córtex cerebral provocam diferentes déficits da memória operacional, evidenciando os seus componentes: visuoespacial (no hemisfério direito, em laranja e amarelo), fonológico (no hemisfério esquerdo em azul) e executivo (em verde nos dois hemisférios).

conhecida e somente agora vem sendo desvendada em função dos métodos não invasivos de estudo funcional do sistema nervoso humano e dos métodos neuroanatômicos empregados em macacos.

Os neuropsicólogos estudam a função mnemônica das regiões pré-frontais utilizando testes como o chamado teste de Wisconsin (Figura 18.9), especificamente projetado para avaliar a memória operacional e que consiste em solicitar ao indivíduo que agrupe cartas que contêm símbolos de forma, cor e número diferentes, utilizando um critério desconhecido para ele (forma, cor ou número). À medida que tenta, o indivíduo é informado pelo pesquisador se errou ou se acertou, e a partir de seus erros e acertos descobre o critério e realiza o agrupamento solicitado. O teste exige que o indivíduo utilize a memória operacional (lembrando seus erros e acertos em cada tentativa) para orientar o comportamento subsequente (as novas tentativas de agrupar as cartas). O envolvimento do córtex pré-frontal com essa função é evidenciado pelo fraco desempenho dos pacientes com lesões pré-frontais no teste de Wisconsin.

Em macacos, a participação do córtex pré-frontal na memória operacional foi estudada utilizando-se um teste visuoespacial que recebe o nome complicado de teste de comparação de amostras com retardo (Figura 18.10). O animal terá ao alcance da mão, fora de sua gaiola, dois orifícios onde se pode colocar um amendoim (Figura 18.10A). Inicialmente, o experimentador cobre o orifício que contém o amendoim com um cartão colorido (vermelho, no exemplo) para que o animal remova o cartão se quiser retirar o amendoim (Figura 18.10B). A seguir, a visão dos orifícios é impedida durante um certo tempo por meio de uma janela de guilhotina que se fecha (Figura 18.10C). Quando a janela se abre novamente, o macaco encontra os dois orifícios cobertos: um com o cartão vermelho, e o outro com um cartão verde. No caso ilustrado, para ganhar a recompensa (o amendoim), ele deve escolher o cartão de cor diferente da escolha anterior (Figura 18.10D). Como o Wisconsin, este é também um teste de memória operacional, com a vantagem de que o experimentador pode variar o tempo de retardo para avaliar o tempo de retenção da informação visuoespacial. Podem ser submetidos a esse teste tanto animais normais como animais submetidos ao resfriamento de regiões corticais restritas, o que equivale a "lesões" reversíveis (Figura 18.11A). Neste caso, tanto os

▶ **Figura 18.9.** No teste de Wisconsin, o sujeito é solicitado a agrupar as cartas como achar melhor, sem conhecer o critério de agrupamento (cor, forma ou número). O psicólogo o informa a cada tentativa se acertou ou errou e mede o número de tentativas ou o tempo que ele leva para descobrir o critério e terminar a tarefa.

655

normais como aqueles com resfriamento parietal acertam em 90% das vezes, mesmo após 30 segundos de retardo, mas os animais com resfriamento pré-frontal acertam apenas em cerca de 60% das vezes (Figura 18.11B), um desempenho próximo do nível aleatório (50%).

Com base nesses resultados iniciais, os neurofisiologistas concluíram que o córtex pré-frontal está mesmo envolvido com a memória operacional e passaram a estudar a atividade de neurônios dessa região durante os testes com retardo em macacos (Figura 18.10A-D). Detectaram a presença de células cuja atividade cresce durante os períodos de visualização do cartão inicial e do cartão final (Figura 18.10E1) e também outras cuja atividade cresce durante o retardo (Figura 18.10E2). Não se pode garantir exatamente o que estes últimos neurônios estão fazendo, mas a persistência de sua ativação durante o retardo sugere que podem estar mantendo "viva" a memória do cartão inicial para que possa ser utilizada na escolha posterior, quando a janela da gaiola de novo se abrir. Nos seres humanos, testes semelhantes podem ser aplicados associados a registros de neuroimagem funcional durante o período de retardo: esses experimentos confirmaram o envolvimento do córtex pré-frontal e, além disso, mostraram que essa ampla região cortical apresenta subdivisões funcionais para a memória

▶ **Figura 18.10.** Neste teste de comparação de amostras com retardo (**A-D**), o macaco deve apontar o cartão verde (em D), que não cobria o amendoim na exposição anterior (**B**). Alguns neurônios do córtex pré-frontal (**E1**), registrados durante o experimento, disparam mais nos períodos de visualização da pista, enquanto outros (**E2**) são mais ativos durante o período de retardo, sugerindo que possam estar mantendo "viva" a informação de posição dos cartões coloridos, em relação ao amendoim. Modificado de Fuster JM. *Journal of Neurophysiology*. 1973;36:61-78.

Pessoas com História

operacional de tipo espacial e a que retém informações de detalhes dos objetos. Trata-se de uma extensão, na memória operacional, dos dois canais perceptuais da visão: o canal de movimento e espaço e o canal de forma e cor (consulte os Capítulos 9 e 17 para mais detalhes).

Pode-se concluir de dados como esses que o córtex pré-frontal sedia o componente executivo da memória operacional, cuja função é coordenar as informações visuoespaciais armazenadas no córtex parieto-occipital[A] direito, as informações fonológicas arquivadas no córtex temporal esquerdo e outras que provêm de distintas regiões cerebrais para serem utilizadas como memória de curto prazo.

▶ Memória Espacial: um GPS[G] no Cérebro

A descoberta de conexões do córtex pré-frontal com o lobo temporal medial causou uma certa surpresa, uma vez que o caso HM e outros casos clínicos de lesões temporais indicavam que essa última região cortical estaria envolvida com a memória explícita de longa duração, e não com a memória operacional. Não é bem assim: verificou-se que o lobo temporal medial participa também dos mecanismos de um tipo de memória operacional chamada *memória espacial*, que permite a formação de um mapa cognitivo de relação dos eventos de cada momento com o espaço externo no qual o indivíduo se encontra e outros eventos ocorridos no mesmo contexto.

Esse tipo de memória operacional surgiu de experimentos com ratos normais e outros submetidos a lesões do hipocampo (uma das regiões que, nos primatas, ocupam o lobo temporal medial). Em um primeiro grupo de experimentos, os ratos eram colocados em um labirinto radial com oito braços (Figura 18.12A) e tinham que percorrer cada braço até o final para obter um pedaço de alimento. Com o treinamento, que envolvia sempre a memória dos braços já percorridos, os animais conseguiam alcançar todos os pedaços de alimento em pouco tempo e com poucos erros, evitando entrar nos braços anteriormente percorridos. Os animais com lesões no hipocampo tinham mau desempenho nesse teste, o que indicou aos pesquisadores que essa região participa dos mecanismos da memória operacional.

Experimentos com outro tipo de labirinto – o labirinto aquático de Morris (Figura 18.12B) – mostraram que o tipo de memória operacional veiculada pelo hipocampo tinha um caráter espacial. Os ratos eram colocados em um recipiente cheio de água com um corante que a tornava turva. Desse modo, não podiam ver que em algum lugar havia uma plataforma oculta. Instintivamente nadavam para manter-se na superfície, até que acidentalmente esbarravam com a plataforma, subiam nela e lá se mantinham de pé sem precisar nadar. Nas sessões subsequentes aprendiam a posição da plataforma oculta, e cada vez gastavam menos tempo para atingi-la. Como não conseguiam ver sob a água

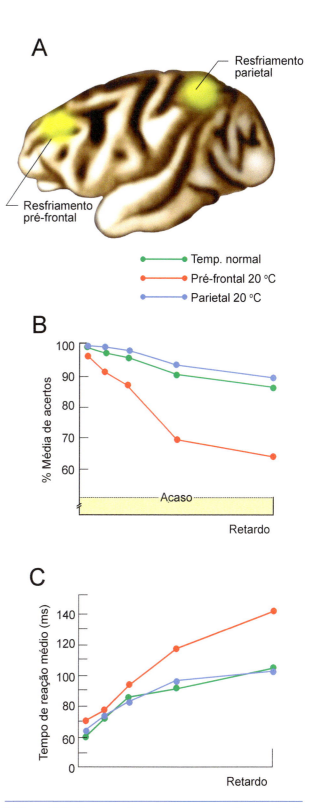

▶ **Figura 18.11.** Neste experimento, comparou-se o desempenho de macacos normais com o de animais submetidos ao resfriamento bilateral (uma "lesão" reversível) do córtex pré-frontal ou do córtex parietal (**A**). Os macacos com resfriamento pré-frontal cometiam mais erros no teste de comparação de amostras com retardo (**B**), e apresentavam maior tempo de reação para escolher o cartão certo (**C**). Modificado de Fuster JM. *The Prefrontal Cortex*. Nova York: Raven Press, 1980. p. 78.

657

▶ **Figura 18.12.** No labirinto radial de oito braços (**A**), o rato deve encontrar os braços que contêm alimento. A memória operacional comumente é avaliada pela curva decrescente do número de erros a cada sessão, o que indica que o animal vai aprendendo a evitar os braços que não contêm alimento, entre o início da sessão e o seu final. No labirinto aquático de Morris (**B**), o rato aprende a localizar a posição da plataforma submersa em relação ao ambiente, isto é, aos objetos situados em torno. Neste caso, o experimentador geralmente mede o tempo gasto entre o ponto inicial e a plataforma. Novamente, a curva decrescente atesta a aprendizagem baseada na memória operacional espacial.

turva, a aprendizagem da posição da plataforma consistia em relacioná-la com pistas do ambiente externo, o que se pôde comprovar simplesmente mudando de lugar o labirinto. Os animais com lesões do hipocampo, entretanto, saíam-se muito mal nesse teste.

Uma verdadeira revolução ocorreu com experimentos feitos por neurofisiologistas que registraram a atividade elétrica de neurônios do hipocampo e regiões vizinhas durante a movimentação livre de ratos normais colocados em caixas com ou sem compartimentos (Figura 18.13A) para identificar alguma relação com a sua posição espacial. Os dados foram tão impactantes como explicação mecanística para a memória espacial, que valeram a John O'Keefe, May--Britt Moser e Edvard Moser o prêmio Nobel de Medicina ou Fisiologia em 2014. Esses e outros pesquisadores verificaram que, após a exploração de um dos compartimentos,

PESSOAS COM HISTÓRIA

alguns neurônios hipocampais aumentavam sua atividade quando o animal passava por um determinado setor daquele compartimento. Ao se abrir uma porta para um segundo compartimento (Figura 18.13B), o animal passava a explorá-lo, mas o neurônio 1 não deixava de disparar quando ele voltava ao setor anterior (Figura 18.13C, acima). Além disso, outros neurônios do mesmo animal (Figura 18.13C) passavam a disparar para outros setores do segundo compartimento (Figura 18.13C, abaixo). Quando a caixa era mudada ligeiramente de lugar, os setores que provocavam o disparo deslocavam-se correspondentemente, mantendo, no entanto, a relação com o ambiente externo, o que sugeria que a sua função era indicar a posição relativa do animal, e não um setor fixo da caixa. Neurônios desse tipo foram chamados *células de local** (Figura 18.13D), e foram também identificadas em macacos e em seres humanos, principalmente na subárea CA1* do hipocampo. Recentemente se verificou que a codificação de posição espacial realizada por esses neurônios, em ambientes familiares, pode-se tornar duradoura pelo menos durante algumas semanas, o que põe em questão se de fato a memória espacial hipocampal é parte do sistema de memória operacional ou um tipo de memória implícita mais permanente.

Outros neurônios de codificação espacial mais complexa foram descritos nas regiões vizinhas ao hipocampo, como o subículo e os córtices entorrinal, perirrinal e para-hipocampal (confira as regiões na Figura 18.15D). Um desses novos tipos descobertos foi o dos *neurônios de direção da cabeça*, que, como o nome indica, codificam o ângulo que

---
* Place cells *em inglês*.

* Cornu Ammonis 1 *em latim*.

▸ **Figura 18.13. A** e **B**. Neste experimento, um rato tem um eletródio permanentemente implantado no cérebro, e o pesquisador registra a atividade dos neurônios do hipocampo enquanto o animal se movimenta entre os dois compartimentos de teste, cujo acesso é controlado por uma porta. **C**. A frequência de PAs que cada neurônio dispara é codificada por cores (amarelo para as menores frequências, vermelho para as maiores) e relacionada à posição na caixa de teste. O neurônio **1** dispara quando o rato passa por um canto do primeiro compartimento, e a resposta mantém-se mesmo quando a porta se abre e o rato pode passar ao outro compartimento. O neurônio **2**, por outro lado, dispara apenas quando o animal passa ao segundo compartimento. **D**. Acima, a linha cinza tortuosa mostra o trajeto percorrido pelo animal durante todo o experimento, e os pontos pretos denotam as posições que provocaram o disparo de um desses neurônios. Abaixo, o mapa de cores apresenta a frequência de disparo do neurônio, maior para as cores quentes (vermelho, amarelo), menor para as cores frias (verde, azul). **A-C** modificado de Wilson MA, McNaughton BL. *Science*. 1993;261:1055-1058. **D** modificado de Moser EI et al. *Nature Neuroscience*. 2017;20:1448-1464.

659

Neurociência das Funções Mentais

a cabeça do animal forma a cada momento com relação ao restante do corpo – uma indicação do direcionamento futuro do movimento do animal no ambiente. Também *neurônios de borda* foram identificados, capazes de responder à presença de bordas (paredes) à sua esquerda, bordas à sua frente ou à direita, e assim por diante. O tipo mais intrigante foi o dos *neurônios de gratícula*, cuja atividade aumenta em locais dispostos geometricamente, formando um verdadeiro mapa de coordenadas no ambiente externo ao animal (Figura 18.14). Neste caso, os neurônios foram registrados no córtex entorrinal: cada neurônio apresentava campos múltiplos, isto é, compostos por distintos setores do espaço em torno do animal, todos capazes de ativar a mesma célula quando o animal passava por eles na arena. Os sítios de ativação eram organizados com regularidade geométrica, como se fossem um mapa de coordenadas. Podiam ter tamanhos maiores ou menores, dependendo do neurônio. Seria um verdadeiro GPS no cérebro!

Com base nessas descobertas, os pesquisadores propuseram a existência de três padrões de referência espacial no cérebro. Um primeiro seria *egocêntrico*, definido em relação ao corpo e processado pelas regiões parietais do córtex cerebral. A base funcional desse sistema seriam as áreas somatotópicas de representação corporal. Um segundo sistema seria *alocêntrico*[G], definido em relação ao ambiente externo próximo (pericorporal) ou mais distante (extracorporal) e processado pelo hipocampo e o córtex entorrinal.

As células de lugar e de gratícula seriam exemplos desse sistema. E, finalmente, um terceiro sistema chamado *inercial*, relativo à distância de pontos de referência situados no ambiente externo, seria processado pelo subículo e o córtex entorrinal com base em neurônios de direção da cabeça e neurônios de borda. Em conjunto, esses sistemas permitiriam que nosso posicionamento perante o ambiente fizesse sentido perante as demandas do comportamento. Se você está vendo televisão e decidiu beber um copo d'água, é necessário lembrar de voltar à sala depois de ter ido à cozinha, portanto é necessário guardar na memória operacional a relação entre o nosso corpo que se move sempre e o ambiente que pode se mover também para que os nossos comportamentos preencham os objetivos que definimos a cada momento. Interessante notar que um dos sintomas da doença de Alzheimer, quando ela passa a atingir o lobo temporal medial, é justamente uma notável desorientação espacial do paciente.

▶ Memória Explícita: o Arquivo Duradouro

Em paralelo à memória ultrarrápida e às várias formas da memória de curta duração, outra seleção de informações – mais duradoura – tem lugar no sistema nervoso central durante a construção da nossa autobiografia. Trata-se da memória de longa duração, especialmente a memória explícita. O "objetivo" é prover a nossa mente com um enorme arquivo de dados que possam ser evocados a qualquer

▶ **Figura 18.14.** O GPS do cérebro. **A** mostra os campos de gratícula observados em neurônios registrados no córtex entorrinal em **B**. Quando o registro se desloca de dorsal para ventral, a gratícula vai mudando de escala, evoluindo de pequenas escalas (à esquerda no gráfico em **A**), para escalas maiores (à direita em **A**). O gráfico abaixo quantifica o tamanho das gratículas em função da profundidade em que se encontram os neurônios correspondentes no córtex. Em **B**, o córtex entorrinal está delimitado em rosa. Os quadrados representam a arena onde os animais se movem livremente, sendo os locais de maior atividade representados em cores quentes em **A**, e pelos trajetos em vermelho de **B**. Modificado de Moser EI et al. *Nature Neuroscience.* 2017;20:1448-1464.

Pessoas com História

momento, sempre que necessário. Esse tipo de memória é inato, muito desenvolvido no cérebro humano e potencializado pela cultura e pela educação construídas pela nossa civilização. Atualmente, o volume de dados disponíveis à nossa percepção é tão grande, que não o conseguimos guardar integralmente na memória. Por meio da cultura e das novas tecnologias, desenvolvemos ferramentas (arquivos, computadores, "nuvens") capazes de nos ajudar nessa tarefa que extrapolou em muito a capacidade de nosso cérebro.

Como já vimos, o famoso caso do paciente HM abriu caminho para a identificação das regiões neurais envolvidas nos mecanismos da memória explícita, mas deixou várias questões em aberto. Que regiões do lobo temporal medial participam desse processo, e o que faz cada uma delas? Se é a *consolidação* da informação que se realiza sob comando do lobo temporal medial, quem controla os outros processos (retenção, evocação)?

A cirurgia realizada em HM removeu vários componentes importantes do lobo temporal medial, todos envolvidos nos mecanismos da memória (Figura 18.15): (1) o *hipocampo*, situado mais medialmente e constituído por diferentes regiões citoarquitetônicas; (2) o *subículo*, vizinho ao hipocampo; (3) o *córtex entorrinal*, assim denominado por se encontrar "para dentro" do sulco rinal (medialmente a ele); (4) o *córtex perirrinal*; e (5) o *córtex para-hipocampal*. Além disso, a cirurgia retirou também uma estrutura mais rostral chamada *amígdala*[A,*]. O papel de cada uma dessas regiões do lobo temporal tem sido gradativamente esclarecido, principalmente pela análise comparativa de diferentes casos de amnésia, mas também pela realização de experimentos em macacos.

A participação específica do hipocampo foi elucidada recentemente por meio do caso muito raro de um paciente (conhecido pelas iniciais RB) que teve uma isquemia[G] cerebral bilateral durante uma cirurgia. Examinado, revelou sintomas idênticos aos de HM: amnésia anterógrada para memória explícita e amnésia retrógrada limitada ao período de 1 a 2 anos antes do acidente. RB faleceu alguns anos depois, e seu encéfalo foi doado para investigação anatomopatológica. As lesões que puderam ser evidenciadas

---

* *Da palavra que significa* amêndoa *em grego. Não confundir com a* amígdala palatina, *um órgão linfoide situado na faringe*

▶ **Figura 18.15. A**. O hipocampo é uma estrutura alongada que se situa no lobo temporal medial (representada em roxo). Na frente dele está a amígdala (representada em vermelho), cuja posição é mostrada no corte **B**. Na figura em **A**, amígdala e hipocampo estão mostrados projetados na superfície lateral do encéfalo, mas, na verdade, posicionam-se na face medial. Um corte menos inclinado (**C**) permite — com maior ampliação (**D**) — visualizar as regiões vizinhas e funcionalmente relacionadas ao hipocampo. O retângulo em **C** representa a área ampliada em **D**.

661

eram histológicas e não macroscópicas, restringindo-se ao hipocampo. Isso permitiu concluir que as regiões adjacentes não estão envolvidas no processo de consolidação e que o hipocampo é mesmo a estrutura principal nessa função.

A participação do hipocampo foi também investigada utilizando-se macacos submetidos a lesões cirúrgicas restritas no lobo temporal medial. Esses estudos, entretanto, revelaram diferenças em relação aos seres humanos. Na impossibilidade de avaliar pela expressão verbal a memória explícita, os macacos eram submetidos ao teste de comparação de amostras com retardo. Para retardos curtos (segundos), o desempenho dos animais lesados não diferia daquele dos animais normais, o que mostrava que a memória operacional não havia sido atingida, como seria o caso se a lesão fosse pré-frontal. Por outro lado, para retardos longos (muitos minutos), o desempenho dos animais lesados foi claramente pior que o dos animais normais. Maiores efeitos, entretanto, foram obtidos quando a lesão atingia o córtex perirrinal e o córtex para-hipocampal. A amígdala foi claramente excluída desse tipo de memória. Seu papel funcional será examinado adiante.

A dúvida levantada pelos experimentos em macacos quanto à diferenciação entre a participação do hipocampo e a participação das regiões corticais adjacentes na memória humana é esclarecida quando se analisam outros pacientes. Em certos casos ocorre amnésia retrógrada isolada, como é típico da doença de Alzheimer (veja maiores detalhes sobre essa doença no Capítulo 2) e de uma infecção com o vírus do herpes que atinge o sistema nervoso central. Os pacientes apresentam amnésia retrógrada para alguns aspectos da memória episódica, mas permanecem capazes de armazenar e consolidar novas memórias explícitas. Muitas vezes, nesses doentes, as lesões são generalizadas, mas há exemplos de lesões mais restritas. Nesses casos, as regiões perirrinal e para-hipocampal estão sempre atingidas.

É possível concluir, então, que o hipocampo não é o sítio onde estão armazenados os engramas da memória explícita, mas, sim, a estrutura coordenadora do processo de consolidação desses engramas, que provavelmente ocorre em outros setores do córtex. Essa hipótese é apoiada pelas abundantes conexões que o hipocampo possui com as demais regiões do lobo temporal medial e, por meio destas com diversas regiões corticais, especialmente o córtex pré-frontal, o córtex parietal e as regiões anteriores e laterais do lobo temporal (Figura 18.16A e B).

A análise das conexões do hipocampo, entretanto, revela que ele possui conexões importantes também com o diencéfalo[A] – os corpos mamilares[A] do hipotálamo[A] e, indiretamente, com os núcleos anteriores do tálamo[A] (Figura 18.16B). A participação funcional dessas regiões na consolidação da memória explícita é revelada por casos de pacientes com lesões diencefálicas que apresentam sintomas amnésicos. As amnésias diencefálicas – predominantemente retrógradas – são frequentes nos alcoólatras graves que apresentam a conhecida síndrome de Korsakoff e lesões disseminadas no diencéfalo que atingem principalmente o tálamo e os corpos mamilares.

A consolidação da memória explícita envolve o fortalecimento das associações entre as novas memórias que chegam (provenientes dos sistemas mnemônicos de curta duração) e a informação previamente existente, um processo que pode durar alguns anos no homem. Desse processo surgem os engramas (Quadro 18.2). Se, no entanto, o hipocampo e os núcleos diencefálicos apenas coordenam a consolidação da memória explícita, onde os engramas são armazenados?

Como resultado da intensa atividade de pesquisa sobre os fenômenos da memória, a busca dos engramas já atingiu alguns resultados promissores quanto aos seus mecanismos celulares, como vimos anteriormente. Do ponto de vista sistêmico, a hipótese mais provável é a de que cada região cerebral de processamento complexo armazena informações transferidas do/pelo hipocampo, inclusive ele próprio. Assim, é provável que os arquivos icônicos duradouros sejam armazenados nas diferentes áreas do córtex ínfero-temporal que realizam a percepção de objetos (Capítulo 17); que os arquivos léxicos e fonéticos sejam armazenados na área de Wernicke e suas vizinhas – o amplo conjunto de áreas corticais situadas na confluência dos lobos temporal, parietal e occipital (Capítulo 19), e assim por diante. Cada tipo de memória – visual, auditiva, motora, emocional e tantas mais, envolveria a criação de engramas próprios nas regiões cerebrais envolvidas com cada função. O mesmo se pode supor para a memória implícita de longa duração, cujos arquivos duradouros devem estar situados nas regiões motoras do córtex, núcleos da base e cerebelo[A] (ver adiante).

Um indício importante de que essa hipótese deve ser verdadeira provém de experimentos de registro eletrofisiológico no córtex ínfero-temporal de macacos. As células gnósticas dessa região cortical, que respondem a faces e outros objetos complexos (Figura 17.10), aumentam gradativamente sua atividade elétrica quando são estimuladas repetidamente com o mesmo estímulo (a mesma face, por exemplo). Essa característica foi interpretada como um correlato do processo de memorização do estímulo, que possivelmente leva ao estabelecimento definitivo do engrama correspondente no córtex ínfero-temporal.

Mesmo considerando que os engramas são distribuídos em todas as regiões cerebrais, há que levar em conta duas ponderações importantes: (1) cada memória armazenada tem diversas características e raramente uma só; (2) é necessário postular um mecanismo de passagem de cada memória entre o hipocampo e as áreas cerebrais de armazenamento duradouro. Por exemplo, quando você se lembra de uma pessoa, a informação se desdobra na imagem visual da face dela, de sua voz, talvez de seu cheiro, de algum local onde

PESSOAS COM HISTÓRIA

primeiro você a encontrou, de outras pessoas em torno... Tudo fica armazenado em conjunto, mas em áreas funcionais diferentes, o que pressupõe a operação sincronizada de uma rede de áreas cerebrais para reunir todas essas informações. A busca pelas redes da memória confirmou essa hipótese e mais: identificou uma rede ativada sempre que alguma novidade entra no seu cérebro e gradativamente se torna familiar. Estudos com neuroimagem funcional revelaram quatro regiões do córtex parietal de atividade sincrônica envolvidas nesse processo (Figura 18.17A): o giro angular e o sulco intraparietal, laterais; o pré-cúneo e o córtex cingulado intermédio, mediais. A rede é gradativamente mais ativada pela repetição da apresentação de um mesmo estímulo, que o torna familiar (Figura 18.17B). E é desativada quando aumenta o grau de novidade de um estímulo ainda pouco familiar.

Neurociência do Cotidiano

Quadro 18.2
Os Neurônios da Memória Saem do Esquecimento*

Quando o biólogo alemão Richard Semon, em 1904, criou o conceito de "engrama", ninguém acreditou nele. De acordo com a sua teoria da memória, muitas das informações que absorvemos a todo momento ficariam "gravadas" na "substância sensível" do nosso cérebro, prontas a ser recuperadas quando necessário.

Hipóteses criativas e imaginosas como essa são comuns na ciência, ao contrário do que se acredita normalmente. São, na verdade, o alimento da ciência, por mais especulativas e malucas que pareçam. O que diferencia as loucas ideias científicas das demais é que podem ser testadas por metodologias rigorosas e, em consequência, descartadas ou comprovadas com o tempo.

O engrama de Semon caiu no esquecimento e foi mesmo refutado por pesquisadores do século XX. Cem anos depois, as evidências se acumulam de que Semon estava certo. É o que procuram demonstrar dois neurocientistas norte-americanos em extensa revisão publicada na revista *Science* em 2020.

O engrama não só existe como unidade básica da memória, como está tendo a sua composição material revelada por estudos experimentais em camundongos por meio de técnicas celulares de grande precisão. É possível identificar populações de neurônios ativados por informações do ambiente, bem como detectar a transferência dessa ativação para outras regiões, onde as informações são arquivadas. Identificando os neurônios da memória, é possível, por meios moleculares, destruí-los seletivamente e constatar que o animal não consegue mais lembrar a informação original. Mais: pode-se criar a lembrança de um fato inexistente, estimulando molecularmente os neurônios da memória. Esses neurônios podem ser visualizados em plena ação porque, ao serem ativados, expressam moléculas fluorescentes que permitem identificá-los.

Ainda não conseguimos extrapolar os estudos em camundongos para o que acontece no cérebro humano, mas podemos intuir a sequência de fenômenos: você presencia um acidente na rua e a cena fica impressa na sua memória. Como? A força da cena ativa neurônios de diversas regiões cerebrais: circuitos visuais, porque você viu tudo; circuitos emocionais, porque você ficou abalada pela cena; circuitos cognitivos, porque você usou o celular para chamar uma ambulância.

Todos esses neurônios envolvidos no processamento da cena que você presenciou tornam-se fortemente conectados: são os engramas – visuais, emocionais, cognitivos e até outros inesperados, como os que fizeram seu coração bater mais forte e a sua pele suar. Esses circuitos podem ficar gravados no seu cérebro, como acontece com os camundongos dos experimentos, mesmo que sua vida siga adiante e as lembranças do fato fiquem mais raras. Um dia, no entanto, muito tempo depois, um estímulo inesperado pode fazer surgir no seu pensamento a cena completa, revivendo com detalhes o que aconteceu. Também, os engramas podem se tornar indisponíveis pela ação das pequenas proteínas que causam a doença de Alzheimer. Em outros casos, ficam latentes, silenciosos, mas prontos para emergir em alguma eventualidade.

A teoria dos engramas da memória, inicialmente fantasiosa, demonstra-se agora real e identificável: podemos conhecer os seus neurônios componentes, os circuitos que formam, e as áreas cerebrais em que se localizam.

Referência

Josselyn SA, Tonegawa S. Memory engrams: Recalling the past and imagining the future. *Science*. 2020;367:art. eaaw4325.

_____

* *Texto baseado em artigo publicado originalmente em* O Globo Online *em 23/1/2020.*

Neurociência das Funções Mentais

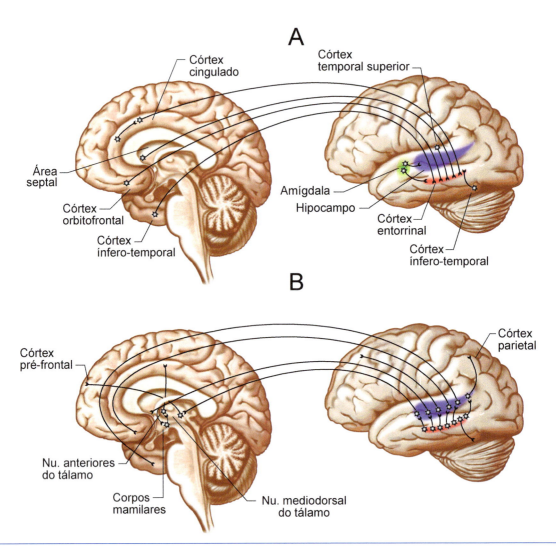

▶ **Figura 18.16.** O hipocampo se comunica com grande número de regiões do SNC. A maioria dos aferentes chega, na verdade, ao córtex entorrinal (**A**), sendo este o elo de transmissão para o hipocampo (**B**). As fibras hipocampais eferentes (**B**) projetam para diversas regiões corticais, e também para estruturas subcorticais como o hipotálamo[A] (corpos mamilares) e o tálamo[A] (núcleo mediodorsal). Essas extensas conexões do hipocampo com o córtex são compatíveis com a ideia de que é ele (o hipocampo) que transfere as memórias para consolidação no neocórtex.

LEMBRAR SEM SABER

Como já vimos, nem toda memória é consciente. Memorizamos muito mais coisas do que nos damos conta a cada momento. Essa memória "latente", pré-consciente, é uma memória implícita.

▶ Memória de Representação Perceptual

Talvez você não se lembre da primeira vez que viu uma fotografia de Albert Einstein (Figura 18.18A), mas provavelmente isso ocorreu na sua infância, e ele não passava então de um velho de cabelos brancos compridos: um rosto simpático, nada mais. Você viu a mesma foto outras vezes e aprendeu quem foi e o que fez esse famoso cientista: essa informação passou a fazer parte de sua memória explícita semântica. Depois disso, com a repetição você se tornou capaz de identificá-lo rapidamente, até mesmo por meio de caricaturas muito simples que apresentam nada mais que traços fisionômicos. Se alguém lhe perguntar como você conseguiu reconhecer Einstein a partir dos traços da caricatura mais simplificada (Figura 18.18C), você não saberá responder facilmente. Terá que pensar, olhar a foto e a caricatura lado a lado e, talvez, continue sem uma explicação plausível.

A memória que você utilizou para o reconhecimento da caricatura foi um tipo de memória implícita chamada memória de representação perceptual. Essa memória foi descoberta e estudada por meio de testes de identificação de objetos, sons e palavras a partir de partes deles apresentadas aos sujeitos dos experimentos. Trata-se de uma identificação com base na forma e na estrutura do objeto, sem que seja

PESSOAS COM HISTÓRIA

▶ **Figura 18.17.** As áreas que compõem a rede parietal da memória estão mostradas em **A**. Nesta representação, os sulcos são representados "abertos" para melhor visualização das regiões ativas, situadas no interior deles (em amarelo). O gráfico em **B** mostra que a atividade neural diminui para estímulos novos, tanto mais quanto maior o grau de "novidade" deles (barras à esquerda). Ao contrário, quando aumenta a familiaridade pelos estímulos apresentados, a atividade da rede aumenta (barras à direita). Como o fenômeno ocorre para diversos tipos de estímulo, a conclusão é que a rede parietal participa do mecanismo de consolidação da memória, ou seja, da fixação gradual dos engramas específicos das demais regiões corticais. Modificado de Gilmore AW et al. *Trends in Cognitive Sciences*. 2015;19:534-543.

necessário saber seu nome ou sua função. Podem-se usar objetos impossíveis, palavras inexistentes e sons verbais sem nexo, o que prova a natureza pré-consciente, ou pré-semântica, desse tipo de memória.

A existência da memória de representação perceptual foi comprovada pelo estudo de pacientes com lesões no córtex visual ou no córtex auditivo e que permanecem capazes de reconhecer certos objetos ou sons sem, no entanto, saber o que são e para que servem. Por meio desses pacientes, além disso, concluiu-se que os engramas dessa memória são armazenados nas áreas corticais sensoriais.

Duas características são típicas da memória de representação perceptual: a *repetição*, para consolidá-la (algo que muitas vezes não é necessário na memória explícita, que pode ser retida após uma única exposição), e o fenômeno da *pré-ativação**, necessário para a evocação. A repetição é de entendimento intuitivo, porque representa uma estratégia que usamos frequentemente para consolidar algo em nossa memória explícita. Pois bem: a mesma estratégia é comumente utilizada, sem que nos apercebamos disso, na

_____
* *Em inglês,* priming.

▶ **Figura 18.18.** O físico Albert Einstein (**A**) foi caricaturado por centenas de artistas em todo o mundo, como David Levine (**B**) e Steven Harris (**C**). Seu rosto se tornou tão bem fixado em nossa memória, que o reconhecemos até nas caricaturas mais simplificadas. Mesmo pacientes com lesões podem declarar que conhecem a sua face, embora sem saber de quem se trata. Foto e caricaturas extraídas de *Albert Through the Looking Glass* (1998). Hebrew University of Jerusalem, Israel.

memória implícita de representação perceptual. A pré-ativação é outra coisa: corresponde à utilização de partes do objeto original, possivelmente provocando a ativação apenas parcial dos circuitos neurais envolvidos. Trata-se de um fenômeno que lembra a teoria de Hebb, mencionada anteriormente, sobre o papel do fortalecimento das conexões neurais na memória. Com as suas conexões fisiologicamente fortalecidas pela repetição, o circuito neural correspondente ao objeto original poderia ser ativado por apenas alguns de seus elementos, permitindo a evocação do objeto inteiro a partir de uma parte.

▶ Hábitos, Habilidades e Regras

O outro tipo de memória implícita que depende de repetição é a memória de procedimentos. Trata-se aqui dos hábitos, habilidades e regras, algo que muitas vezes memorizamos sem sentir e utilizamos sem tomar consciência. Aprendemos a andar de bicicleta e a amarrar os sapatos treinando muitas vezes. Depois, simplesmente realizamos esses comportamentos sem raciocinar sobre quais movimentos devemos fazer a cada momento. Da mesma forma, treinamos bastante para aprender as regras de gramática, mas depois as utilizamos no dia a dia ao falar e escrever automaticamente e sem pensar nelas. Depois de consolidada, a memória de procedimentos é muito sólida: ninguém esquece como andar de bicicleta ou como conjugar o verbo dormir.

Talvez você esteja pensando: se me perguntarem como se anda de bicicleta, eu serei capaz de explicar verbalmente todos os movimentos necessários. Se me perguntarem quais as regras de conjugação verbal, eu também poderia explicar perfeitamente. Não seria isso uma evidência de que a memória dita implícita não é tão implícita assim? Esse foi um dilema crucial que os neuropsicólogos tiveram quando começaram a estudar esse tipo de memória. Para resolvê-lo, foi preciso elaborar testes que eliminassem o conhecimento explícito da aprendizagem de procedimentos, isolando a sua natureza implícita. Por exemplo: um indivíduo pode ser solicitado a realizar movimentos com os dedos da mão obedecendo a uma sequência que lhe parece aleatória, mas que de fato possui uma regularidade que ele não percebe (Figura 18.19A). O pesquisador então mede o tempo de reação do sujeito, isto é, o tempo que ele leva para mover cada dedo em resposta ao estímulo luminoso de comando. O que se verifica é que o desempenho melhora com o tempo (Figura 18.19B), ou seja, o tempo de reação vai diminuindo: ele vai aprendendo gradativamente a regularidade da sequência de movimentos. Indagado se sabe por que o seu desempenho melhorou, provavelmente declarará que não sabe. Ou seja, aprendeu, mas não tomou consciência de como o fez.

O experimento indica que a memória dos hábitos, habilidades e regras é primariamente inconsciente, embora possamos reconstruir das ações memorizadas – *a posteriori* – uma lógica coerente que nos faça adquirir uma memória explícita delas. Outra indicação de que isso é verdade vem dos pacientes com amnésia. Aqueles – como HM – que têm perda completa da memória explícita mantêm, no entanto, inteira capacidade de aprender procedimentos. E há outros casos de pessoas com déficits específicos da memória implícita sem qualquer alteração da memória explícita.

A localização das regiões neurais envolvidas na memória implícita de procedimentos foi estudada em animais,

PESSOAS COM HISTÓRIA

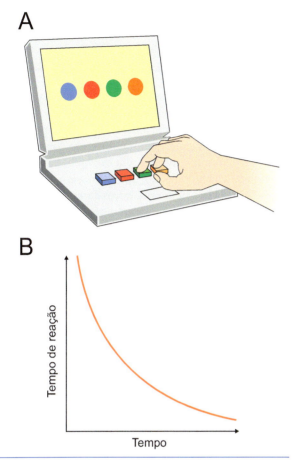

▶ **Figura 18.19.** Um programa de computador acende os círculos em ordem aparentemente aleatória e o sujeito deve apertar o botão correspondente a cada vez (**A**). Como a ordem dos estímulos não é realmente aleatória, o indivíduo aprende o padrão inconscientemente, o que é atestado pela curva decrescente do tempo que leva para apertar cada botão na ordem certa, depois de cada estímulo (**B**). Modificado de Gazzaniga MS et al. *Cognitive Neuroscience*. Nova York: W. W. Norton & Co.,1998. p. 270.

utilizando-se os labirintos já mencionados anteriormente, e em seres humanos por meio de técnicas de imagem funcional. No primeiro caso utilizou-se o labirinto de braços radiais, mas, em vez de o animal percorrer os braços sequencialmente, utilizando a lembrança dos braços já percorridos, o pesquisador acendia uma pequena lâmpada em cada braço que continha alimento e o animal criava o hábito, por associação, de percorrer apenas os braços com a lâmpada acesa. Verificou-se então que os animais que recebiam lesões do corpo estriado[A] falhavam nessa tarefa (mas não na tarefa sem lâmpada), tornando-se incapazes de adquirir esse hábito. Selou-se, assim, a participação desse núcleo da base na memória implícita de natureza motora.

No caso dos seres humanos, os pesquisadores utilizaram um estratagema para "enganar" o sujeito em um teste engenhoso. Solicitaram que executasse duas tarefas ao mesmo tempo: uma tarefa manual, como a descrita, e outra, a contagem mental do número de tons que eram sonorizados durante o teste. O ato de contar os tons distraía o indivíduo da primeira tarefa, e ele aprendia a sequência de movimentos sem perceber. Simultaneamente, o indivíduo era submetido a uma neuroimagem capaz de detectar as regiões encefálicas ativas durante a tarefa dupla. Constatou-se, com esse experimento, que as regiões motoras é que eram ativadas: o córtex motor e pré-motor, o corpo estriado e também o cerebelo. Os indivíduos portadores das doenças de Huntington e de Parkinson, que atingem os núcleos da base, apresentam sintomas coerentes com essa conclusão: desempenham-se bem em testes de memória declarativa, mas falham em testes de memória de procedimentos.

A conclusão é que esse tipo de memória fica armazenado nas próprias regiões motoras que coordenam os atos correspondentes.

É interessante notar, como indicam especialmente os experimentos realizados em animais, que, de certo modo, a memória de procedimentos é semelhante ao condicionamento operante, no qual se associa um estímulo a uma resposta. Trata-se, então, de um exemplo de reconciliação conceitual entre os antigos psicólogos comportamentalistas*, que encaravam o sistema nervoso como uma caixa preta de mecanismos insondáveis, e os neuropsicólogos contemporâneos, que buscam correlatos neurais para os fenômenos psicológicos.

MODULAÇÃO DA MEMÓRIA

Todas as funções do sistema nervoso podem ser moduladas. Isso significa que o seu funcionamento pode ser ativado ou desativado, acelerado ou desacelerado, fortalecido ou enfraquecido segundo as necessidades de cada momento. O Capítulo 16 apresenta uma extensa discussão dos sistemas moduladores que regulam o funcionamento global do sistema nervoso.

Também a memória pode ser modulada, isto é, pode ser "fortalecida" ou "enfraquecida" por situações que dão contorno aos eventos. Guardamos com mais facilidade os fatos de nossa vida que têm um forte componente emocional, positivo ou negativo: a morte de uma pessoa querida, o nascimento de um filho, um evento trágico presenciado na rua, o primeiro encontro com uma pessoa amada, e assim por diante. A emoção representa um importante componente modulador da memória, mas não é o único. Também o estado de alerta e a atenção atuam sobre ela. Lembramos mais facilmente os acontecimentos de cada dia que ocorrem depois que passamos aquela fase sonolenta da manhã, e mais ainda se concentramos a atenção em alguma coisa importante.

---

* *Ou* behavioristas, *a partir da palavra que significa* comportamento *em inglês*.

Os primeiros indícios experimentais da existência de sistemas moduladores da memória surgiram da constatação de que a aprendizagem dos animais pode ser modificada após o treino de uma tarefa. Alterar a aprendizagem após o treino significa modular o processo de consolidação, isto é, torná-lo mais forte ou mais fraco. Essa modulação artificial pode ser exercida por intervenções como a estimulação elétrica de certas regiões neurais e a administração local de drogas. Se isso ocorre, o pesquisador conclui que as ativações neural e neuroquímica daquelas regiões são os elementos moduladores naturais. Além disso, os experimentos constataram que até mesmo hormônios, cuja ação nem sempre é exercida diretamente sobre o sistema nervoso central, podem modular a memória, particularmente os hormônios do estresse, quer dizer, aqueles que têm participação nos fenômenos emocionais. Iniciou-se então uma ativa linha de investigação sobre a modulação da memória, que incluiu a busca das regiões neurais envolvidas.

Os sistemas moduladores consistem em conjuntos diversos de fibras que terminam de modo difuso em vastas áreas do SNC. Essas fibras se originam de núcleos localizados no tronco encefálico, no diencéfalo e no prosencéfalo basal[A] e apresentam a característica marcante de atuar por meio de certos neurotransmissores bem conhecidos, especialmente as aminas e a acetilcolina. Você pode encontrar mais detalhes sobre esses sistemas no Capítulo 16.

Entre todos esses sistemas moduladores, entretanto, um deles desempenha um papel de maior relevo pelo fato de associar as emoções (e suas repercussões em todo o organismo) com a memória. Trata-se da amígdala, à qual já nos referimos anteriormente. A amígdala é, na verdade, um complexo de núcleos (*complexo amigdaloide*[A]) situado em posição rostral ao hipocampo, no lobo temporal medial (Figura 18.16), que tem grande participação na fisiologia das emoções (Capítulo 20). Um dos componentes desse complexo é hoje reconhecido como o modulador emocional da memória, o grupo basolateral. Esse grupo de núcleos emite projeções especialmente para o hipocampo e o córtex entorrinal, duas das regiões corticais que participam justamente do processo de consolidação da memória explícita.

Vários neurocientistas realizaram experimentos para desvendar o papel da amígdala, entre eles o neurofarmacologista Ivan Izquierdo (1937-2021) e seus colaboradores da Pontifícia Universidade Católica do Rio Grande do Sul. A maior parte dos experimentos foi feita com ratos, utilizando a capacidade desses animais de aprender a posicionar-se na gaiola de uma certa maneira capaz de evitar a ocorrência de um pequeno choque elétrico aplicado nas patas pelas grades do piso da gaiola; um choque que não lhes causa dano físico, mas provoca um grande estresse. Na primeira vez que o experimento ocorre, os animais recebem um estímulo condicionado (uma lâmpada que se acende, por exemplo) e logo depois o estímulo incondicionado, que, neste caso, é o choque. O choque provoca efeitos orgânicos desagradáveis, como taquicardia, taquipneia[G] e vários outros. Com a repetição do teste, ao movimentar-se aleatoriamente por efeito do susto, os animais "descobrem" que há uma posição na gaiola onde não há choque. E não só isso: aprendem a associar o estímulo inócuo (a lâmpada) ao choque (condicionamento clássico) e, também, a se colocar na posição livre de choque logo que a lâmpada se acende. Pode-se verificar se retiveram o que aprenderam retestando-os no dia seguinte. Em um experimento como esse, os pesquisadores podem realizar várias manobras logo depois do treino e verificar que efeito elas tiveram sobre a retenção aferida no reteste.

Várias delas influenciaram a retenção, positiva ou negativamente. A estimulação elétrica da amígdala, por exemplo, prejudica a retenção: no reteste, o animal não consegue colocar-se na posição segura. A infusão na amígdala de neurotransmissores, hormônios, bem como drogas agonistas e antagonistas de seus receptores, provoca diferentes interferências sobre a retenção pós-treino. E, finalmente, a manipulação de hormônios do estresse, como a adrenalina e os glicocorticoides, influencia também a retenção da aprendizagem aversiva, um efeito que não ocorre em animais com lesão bilateral da amígdala. Recentemente, um experimento com seres humanos fez uso de um anestésico inalado que atua especificamente sobre a amígdala: o resultado foi a abolição da memória vinculada a influências emocionais.

As conclusões que se podem tirar desses experimentos são de que a amígdala recebe informações de natureza emocional (como a experiência de levar um choque nas patas) e as conecta com informações mnemônicas em processo de consolidação (como a melhor posição para não receber o choque), fortalecendo ou enfraquecendo a retenção (Figura 18.20).

Pessoas com História

▶ **Figura 18.20.** O papel modulador da amígdala sobre a memória dá-se "intermediando" a ação de hormônios e dos estímulos emocionais sobre a consolidação dos arquivos de memória. A foto de baixo mostra a posição da amígdala no lobo temporal medial.

OS MODELOS NEUROBIOLÓGICOS DA MEMÓRIA

▶ Hipóteses, Teorias e Incertezas

Nas últimas décadas, várias hipóteses ou mesmo teorias da memória têm sido propostas, embora sejam muitas também as incertezas sobre sua veracidade.

A primeira dessas teorias é conhecida como *teoria declarativa*. De acordo com essa proposta, as informações autobiográficas da memória episódica e as informações conceituais da memória semântica passariam por um período de fragilidade temporária, possivelmente no hipocampo e nas demais regiões do córtex temporal medial, e, com a repetição e o reforço, tornar-se-iam mais duradouras. A teoria declarativa sobrepõe-se um pouco a uma segunda proposta chamada *teoria da consolidação*, já mencionada anteriormente. Neste caso, caberia ao hipocampo transferir os engramas temporários para as diferentes regiões do neocórtex, onde estes se tornariam consolidados, isto é, duradouros. De algum modo, o hipocampo estabilizaria os arquivos corticais da memória, o que os tornaria independentes dele, e possibilitaria a sua recuperação a qualquer tempo. A *teoria do mapa cognitivo* refere-se especialmente à memória espacial, postulando que o hipocampo e regiões corticais adjacentes alojariam uma representação alocêntrica[G] do ambiente, permitindo que o indivíduo se mova orientadamente neste. Essa representação extracorporal se associaria a uma representação pericorporal e mesmo corporal, envolvendo também regiões visuais e somestésicas do cérebro, para permitir a criação de uma síntese cognitiva do mundo em torno de nós. Outra ideia bastante aceita é a *teoria dos engramas múltiplos*, pela qual a mesma cena ou evento seriam representados no hipocampo e em diversas áreas corticais. Faz sentido, pois quase sempre os eventos que vivenciamos têm múltiplos aspectos característicos: sensoriais, corporais, cognitivos, emocionais e outros. A multiplicidade funcional envolve diversas áreas do cérebro com seus próprios engramas e seria o conjunto deles que "gravaria" cada memória particular.

No hipocampo, o engrama seria temporário, extinguindo-se pela entrada de outras informações semelhantes. No neocórtex, ele seria inicialmente redundante com aquele representado no hipocampo, mas modificado e reforçado gradativamente à medida que outros engramas temporários fossem enviados pelo hipocampo. A teoria dos engramas múltiplos exigiria um centro coordenador ou polo de convergência que permitisse a reconstrução de todos os aspectos da mesma cena, arquivados em diferentes locais. Uma variante dessa hipótese é a *teoria relacional*, pela qual o hipocampo apenas facilitaria a comunicação entre as áreas do neocórtex contendo informações distintas da mesma cena ou evento.

De qualquer modo, todas essas teorias dependem de evidências colhidas de lesões localizadas nas diferentes regiões cerebrais, em animais e em seres humanos, além de experimentos de registro eletrofisiológico em animais, e por meio de neuroimagem funcional em humanos. Em conjunto, já é possível esboçar os prováveis circuitos da memória.

▶ Os Circuitos da Memória

Como a memória é uma função distribuída por amplas regiões neurais (talvez mesmo por todo o sistema nervoso central), é difícil atribuir a qualquer circuito simples o caráter de ser o circuito da memória. De um modo geral, entretanto, pode-se dividir a memória em etapas aproximativas e, assim, identificar os circuitos envolvidos em cada uma delas. Como mostra a Figura 18.7, a entrada de informações para a memória pode vir do meio ambiente externo ou da própria vida interior do indivíduo, isto é, de seus pensamentos e emoções. No primeiro caso, portanto, as informações que serão arquivadas entram pelos sistemas sensoriais e atingem o córtex cerebral, onde são devidamente processadas para se transformarem em percepções. No segundo caso, as informações relevantes são de caráter subjetivo, de localização cerebral mal definida, mas certamente relacionadas com as diversas áreas corticais de função neuropsicológica complexa.

Em um primeiro momento, essas informações são selecionadas e, segundo a sua relevância para o indivíduo, sua carga emocional e outros fatores, passam a um conjunto de regiões relacionadas com o hipocampo e as estruturas associadas (em azul, na Figura 18.21). O hipocampo, como já foi visto, é a região encarregada de consolidar os engramas da memória explícita, seja transferindo-os para as regiões corticais adequadas (em amarelo, na Figura 18.21), ou arquivando no seu território "cópias" temporárias dos engramas corticais. Esse processo se realiza em interação com outras regiões da formação hipocampal, especialmente o córtex entorrinal, fortemente interligado com os campos de Ammon e o giro denteado do hipocampo. No caso da memória implícita de tipo espacial, o hipocampo e regiões adjacentes guardam um mapa alocêntrico capaz de representar as características dos objetos que compõem o cenário externo e

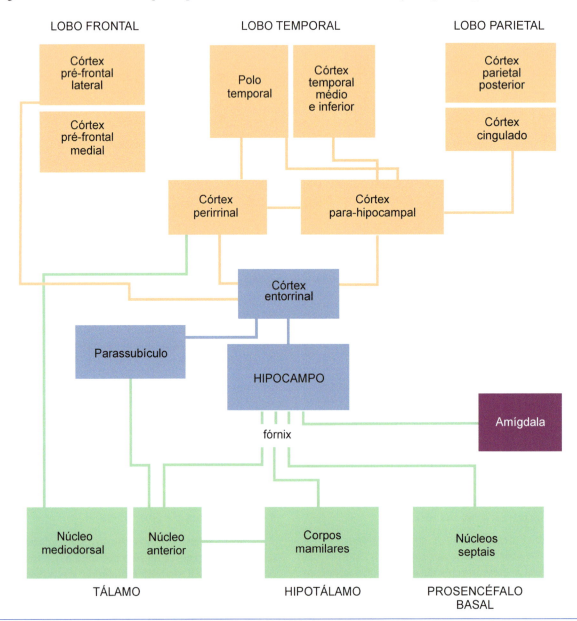

▶ **Figura 18.21.** Entre os circuitos da memória, o hipocampo apresenta posição central, já que é o encarregado de "distribuir" os engramas para as demais regiões que o vão arquivar de modo mais duradouro. As conexões do hipocampo com as regiões corticais estão representadas por linhas amarelas, e as conexões subcorticais por linhas verdes. A amígdala, modulador emocional da memória, está representada à parte. No esquema, para simplificar, só as regiões e circuitos principais estão indicados.

suas relações de posição. Evidência disso é a existência das células de memória espacial, documentadas no hipocampo de vários mamíferos e mencionadas anteriormente.

Considera-se que o giro para-hipocampal, elo terminal na sequência de processamento da via visual ventral de reconhecimento de formas e cores, é a estrutura que guarda os engramas temporários referentes às características físicas dos objetos, enquanto as áreas entorrinal e perirrinal arquivam as relações de posição entre os diversos objetos. Em conjunto, essas operações seriam reunidas temporariamente no hipocampo para reforçar os engramas espaciais permanentes, arquivados no neocórtex. Ao se mudar para um novo endereço, você leva um certo tempo reconhecendo o ambiente: seu novo apartamento, o edifício, a rua onde este fica, o caminho do ponto de ônibus, o comércio, as esquinas e praças das redondezas. Se você residir ali durante muitos anos, os engramas são reforçados diariamente e esse mapa espacial deixa de ser temporário para se tornar permanente. Os pacientes com lesões bilaterais do hipocampo, como HM, que perdeu a capacidade de consolidar novas memórias explícitas, mas permaneceu capaz de lembrar-se das memórias já consolidadas, representam uma forte indicação de que os engramas permanentes estão guardados fora do hipocampo, possivelmente no neocórtex.

Como fazemos para trazê-los à nossa consciência instantaneamente sempre que precisamos? Essa é a etapa seguinte da cadeia de operações da memória. Trata-se de uma tarefa complexa, já que uma mesma cena ou evento tem sempre diferentes componentes. Você se lembra de quando pela primeira vez caminhou dentro da sua universidade? Talvez essa lembrança tenha componentes espaciais, como a "geografia" do *campus* universitário com seus vários prédios, visuais, como a cor da parede de sua primeira sala de aula, auditivos, como o zunzum dos alunos e a voz do professor, e, quem sabe, olfativos (um cheiro particular de café?). Tudo isso surge de repente em sua memória. Como é possível? Os neurocientistas têm colhido evidências de que a memória dispõe de um *polo de convergência*, como um *hub** das redes de computadores, capaz de reunir todas as diferentes características de uma cena ou evento e apresentá-las à consciência. Tal *hub* se situa justamente no chamado polo temporal[A], a região mais rostral do lobo temporal (Figura 18.22). A principal indicação desse fato é o sintoma dos pacientes que apresentam lesões nessa região: passam a apresentar uma condição chamada demência semântica, ou seja, tornam-se incapazes de encontrar as palavras que sintetizam as lembranças de situações complexas. Confrontados com um telefone, por exemplo, não sabem dizer o que é, nem mesmo se o ouvirem tocar ou verem alguém usá-lo. À frente de uma maçã são incapazes de identificá-la pelo nome, mesmo se a comerem ou a manipularem.

---

* *Termo em inglês que denomina o computador que centraliza todas as conexões com outros computadores interligados em rede.*

▶ **Figura 18.22.** Esquema representando o córtex temporal anterior como polo de convergência (hub), das informações relativas a uma cena ou evento de memória, que seriam aí reunidas para a sua apresentação à consciência (evocação). Modificado de Patterson K et al. *Nature Reviews. Neuroscience.* 2007;8:976-988.

Entre as diferentes regiões do neocórtex, destaca-se, por sua participação na memória, uma grande extensão dos giros temporais médio e inferior, sedes dos chamados *léxicons* linguísticos, ou seja, os "dicionários" que reúnem os termos de nossa língua que descrevem os diferentes objetos e conceitos com os quais lidamos diariamente (maiores detalhes no Capítulo 19). A região posterior do córtex parietal, por sua vez, armazena dados relativos ao espaço imediatamente em torno de nosso próprio corpo (o mapa egocêntrico por meio do qual distinguimos o que está à direita e o que está à esquerda, entre outras relações de posição). E o córtex pré-frontal medial guarda relações de distância entre locais (mais perto, mais longe...).

Muito menos se sabe sobre o papel das regiões subcorticais na memória (em verde, na Figura 18.21), a não ser poucas indicações extraídas da observação de pacientes com lesões localizadas. Os núcleos diencefálicos parecem participar de algum modo ainda mal conhecido do processo de consolidação da memória explícita, cooperativamente com o hipocampo. Muito coerente: afinal, são fortemente conectados com ele pelas fibras do fórnix[A]. Outras regiões, como núcleos septais do prosencéfalo basal, destacam-se pela forte projeção colinérgica ao hipocampo, tipicamente prejudicada nos pacientes com doença de Alzheimer. Sua função parece ser coadjuvante, e não imprescindível para a formação da memória, mas não se conhecem detalhes. A função mnemônica dos corpos mamilares do hipotálamo ainda é pouco conhecida.

Finalmente, outras regiões (não representadas na Figura 18.21) sabidamente participam de diferentes aspectos da memória implícita: o cerebelo parece relevante para os comportamentos associativos de condicionamento clássico, e o corpo estriado participa da aprendizagem motora de hábitos comportamentais.

MECANISMOS DA MEMÓRIA: O ENGRAMA NO CENTRO

Todos os fenômenos básicos da memória foram demonstrados em diferentes animais, até mesmo os mais antigos na escala filogenética, como os invertebrados. Todos os animais são capazes de aprender e demonstram isso por intermédio de mudanças de comportamento em resposta a influências ambientais. Essa característica filogeneticamente conservada da aprendizagem sugere que se poderia considerar a memória uma propriedade intrínseca do sistema nervoso, presente nele já a partir do seu surgimento na natureza, nos primeiros organismos multicelulares. A consequência lógica dessa concepção é supor que devem existir mecanismos celulares, e talvez mesmo moleculares, subjacentes ao armazenamento de informação por todos os circuitos neurais. Resulta o conceito prevalente atualmente de que o armazenamento de informação e a capacidade de recuperação dela (isto é, a memória) são propriedades essenciais dos sistemas neurais: todo neurônio, quando estabelece comunicação com outro, torna-se capaz de "memorizar" informação.

Essa hipótese se fortaleceu quando foram descobertos os mecanismos da neuroplasticidade, por definição a propriedade do sistema nervoso de alterar a sua configuração morfológica ou fisiológica sob a influência dinâmica do ambiente (Capítulo 5). Uma associação lógica imediata pôde então ser feita entre aqueles fenômenos celulares e os fenômenos neuropsicológicos da memória. Assim, a memória de curta duração, que é perdida logo após a sua utilização em alguma forma de pensamento ou comportamento, seria possivelmente uma consequência da permanência dos sinais elétricos produzidos e veiculados pelos neurônios e pelas sinapses. Por outro lado, a memória de longa duração, que em alguns casos dura até o fim da vida (muitos anos!), seria possibilitada por alterações estáveis de natureza morfológica. E a consolidação de algum modo envolveria a tradução da informação eletroquímica instável em um código estrutural mais estável.

Vários fenômenos da plasticidade sináptica se qualificam como possíveis mecanismos celulares e moleculares da memória, particularmente a potenciação e a depressão de longa duração (Capítulo 5), já demonstradas no hipocampo, no córtex cerebral, no cerebelo e em outras regiões neurais reconhecidamente participantes de fenômenos mnemônicos. Esses mecanismos são chamados "de longa duração" na escala de tempo eletrofisiológica, mas, na verdade, poderiam ser os correlatos da memória de curta duração, que são instáveis e passageiros. Às vezes esses fenômenos sinápticos podem prolongar-se na escala de dias, e até já se demonstrou que podem induzir alterações na ultraestrutura das sinapses. Nesse caso, essas alterações estruturais seriam os correlatos do fenômeno da consolidação da memória nos engramas estáveis e duradouros da memória de longa duração.

No centro da ideia de universalidade da memória em todos os circuitos neurais da natureza está o conceito de engrama, já tantas vezes mencionado aqui. A pesquisa contemporânea avançou bastante na identificação da microestrutura e funcionalidade do engrama. Em grande número de regiões cerebrais foram identificados neurônios excitatórios e inibitórios capazes de estabilizar, fortalecer e mesmo enfraquecer a transmissão sináptica de que são capazes. Nesses neurônios, a morfologia das sinapses se modifica com a passagem repetitiva de informação, muito claramente nas espinhas dendríticas, mas também em outras regiões sinápticas. Atualmente é possível manipular experimentalmente em animais a codificação e a recuperação da memória criando engramas falsos: memórias de eventos sensoriais, por exemplo, sem que qualquer estimulação sensorial tenha ocorrido. E, além disso, é possível identificar engramas "silenciosos" em camundongos amnésicos e reativá-los. Não é preciso salientar como é importante desenvolver o conhecimento dessa possibilidade para finalidades terapêuticas ou mesmo educacionais.

O engrama, portanto, está no centro dos mecanismos da memória.

Glossário

Alocêntrico: referente ao espaço extracorporal, independentemente da posição do indivíduo. Opõe-se a egocêntrico, referente à posição do indivíduo em relação ao ambiente externo.

Áreas citoarquitetônicas: áreas do córtex cerebral delimitadas por suas características morfológicas.

Áreas límbicas: que participam do sistema límbico, o conjunto de regiões do SNC envolvidas com as funções emocionais e motivacionais. Maiores detalhes no Capítulo 20.

Campos magnéticos relacionados a eventos: sinais registrados no magnetoencefalograma (MEG) que possivelmente refletem a atividade neural resultante de processos (eventos) mentais.

Distrator: elemento que distrai a atenção de um indivíduo durante a execução de uma tarefa de memorização.

Engrama: unidade física da memória, de natureza ainda desconhecida, como se fosse o arquivo cerebral correspondente a um fato, pessoa, objeto, história ou qualquer outro item memorizado.

Estresse Pós-traumático: transtorno psicológico causado pela exposição a um evento de alto impacto emocional negativo (agressão, guerra, acidente), provocando ansiedade, depressão e sintomas físicos.

GPS: abreviatura da expressão em inglês *Global Positioning System*, sistema de posicionamento em terra fornecido por satélites capaz de localizar qualquer ponto na superfície da Terra com grande precisão.

Isquemia: diminuição ou interrupção completa, temporária ou permanente, da nutrição sanguínea de um órgão.

Métodos não invasivos: que não provocam riscos à saúde por não necessitarem de procedimento cirúrgico.

Mnemônico: relativo à memória.

Optogenética: técnica experimental que emprega feixes de luz para ativar neurônios modificados geneticamente, capazes de expressar canais iônicos sensíveis à luz. Quando ativados, os canais emitem uma fluorescência colorida, podendo ser identificados entre os demais ao redor.

Potenciais relacionados a eventos: sinais registrados no eletroencefalograma (EEG) que possivelmente refletem a atividade neural resultante de processos (eventos) mentais.

RAM: da expressão em inglês *random access memory*. É a memória de leitura e gravação de um computador, cujas informações são utilizadas para a operação dos programas.

Taquipneia: frequência respiratória acelerada.

Leia Mais

▶ Leitura Básica

Izquierdo I. *A Arte de Esquecer.* 2007. Rio de Janeiro: Editora Vieira & Lent. Texto de divulgação científica abordando as bases neurais do esquecimento.

Cammarotta M, Bevilaqua LRM, Izquierdo I. Aprendizado e Memória. In: Lent R. (coord.) *Neurociência da Mente e do Comportamento* Rio de Janeiro: Guanabara-Koogan, 2008. p. 241-252. Texto conciso sobre a memória em vários animais.

Schacter DL, Wagner AD. Aprendizado e memória. (In: Kandel ER et colsal., (org.), *Princípios de Neurociências.* 5ª ed. trad. Porto Alegre: McGraw-Hill-Artmed, 2014. p. 1256-1272. Texto avançado que focaliza os fenômenos básicos da memória.

Kandel ER, Siegelbaum SA. Os mecanismos celulares da formação da memória implícita e as bases biológicas da individualidade. Kandel ER et al. (orgs.) Princípios de Neurociências. 5ª ed. trad. Porto Alegre: McGraw-Hill-Artmed, 2014. p. 1274-1295. Texto avançado que trata mais especificamente da memória implícita e seus mecanismos.

Kandel ER, Siegelbaum SA. Os mecanismos celulares da formação da memória implícita e as bases biológicas da individualidade. Kandel ER et al. (orgs.) *Princípios de Neurociências.* 5ª ed. trad. Porto Alegre: McGraw-Hill-Artmed, 2014. p. 1274-1295. Texto avançado que trata mais especificamente da memória implícita e seus mecanismos.

Siegelbaum AS, Kandel ER. Córtex pré-frontal, hipocampo e a biologia do armazenamento da memória explícita. Kandel ER et al. (orgs.)*Princípios de Neurociências.* 5ª ed. trad. Porto Alegre: McGraw-Hill-Artmed, 2014. p. 1297-1326. Texto avançado que trata mais especificamente da memória explícita e seus mecanismos.

Bear MF, Connors BW, Paradiso MA. Sistemas de Memória. In: Bear MF. *Neurociências – Desvendando o Sistema Nervoso.* 4ª ed. trad. Porto Alegre: Artmed, 2017. p. 823-863. Texto bastante completo abordando os principais aspectos sistêmicos da memória.

Lent R. *O Cérebro Aprendiz.* Rio de Janeiro: Editora Atheneu, 2018. Texto de divulgação científica abordando os diversos níveis de abordagem da neuroplasticidade, particularmente no que se aplica à educação.

NEUROCIÊNCIA DAS FUNÇÕES MENTAIS

▶ Leitura Complementar

Clássicos

Hebb DO. *Organization of Behavior*. Nova Jersey: John Wiley, 1949.

Scoville WB, Milner B. Loss of recent memory after bilateral hippocampal lesions. Journal of Neurology. *Neurosurgery and Psychiatry* .1957;20:11-21.

Luria AR. The *Mind of a Mnemonist*. Nova York: Basic Books, 1968.

Fuster JM. Unit activity in pré-frontal cortex during delayed-response performance: neuronal correlates of transient memory. *Journal of Neurophysiology*. 1973;36:61-78.

O'Keefe J. Place units in the hippocampus of of the freely moving rat. *Experimental Neurology*. 1976;51:78-109.

Warrington EK e Weiszkrantz L. Amnesia: a disconnection syndrome? *Neuropsychologia*. 1982;20:233-248.

Baddeley A. Working memory: the interface between memory and cognition. In: Schacter DL, Tulving E (orgs.) *Memory Systems*. Cambridge: MIT Press, 1994. p. 351-368.

Miller G. The magical number seven, plus or minus two: Some limits in our capacity for processing information. *Psychological Reviews*. 1994;101:343-352.

▶ Recentes

Kogan JH, Frankland PW, Silva AJ. Long-term memory underlying hippocampus-dependent social recognition in mice. *Hippocampus*. 2000;56:47-56.

Moser EI, Moser MB, McNaughton BL. Spatial representation in the hippocampal formation: a history. *Nature Neuroscience*. 2017;20:1448-1464.

Sugar J, Moser MB. Episodic memory: Neuronal codes for what, where, and when. *Hippocampus*. 2019;29:1190-1205.

Schönfeld LM, Wojtecki L. Beyond emotions: Oscillations of the amygdala and their implications for electrical neuromodulation. *Frontiers in Neuroscience*. 2019;13:366.

Meis S, Endres T, Lessmann V. Neurotrophin signalling in amygdala-dependent cued fear learning. *Cell and Tissue Research*. 2020; 382:161-172.

Taujanskaité U, Cahill EN, Milton AL. Targeting drug memory reconsolidation: a neural analysis. *Current Opinion in Pharmacology*. 2020;56:7-12.

Stubbendorff C, Stevenson CW. Dopamine regulation of contextual fear and associated neural circuit function. *European Journal of Neuroscience*. 2020. Doi: 10.1111/ejn.14772.

Rutishauser U, Reddi L, Mormann F, Sarnthein J. The architecture of human memory: Insights from human single-neuron recordings. *Journal of Neuroscience*. 2020. Doi: 10.1523/JNEUROSCI.1648-20.2020.

Lee H, GoodSmith D, Knierim JJ. Parallel processing streams in the hippocampus. *Current Opinion in Neurobiology*. 2020; 64:127-134.

Mankin EA, Fried I. Modulation of human memory by deep brain stimulation of the entorhinal-hippocampal circuitry. *Neuron*. 2020;106:218-235.

José RG, Samuel AS, Isabel MM. Neuropsychology of executive functions in patients with focal lesions in the prefrontal cortex: a systematic review. *Brain and Cognition*. 2020;146:105633.

Banquet JP, Gaussier P, Cuperlier N, Hok V, Save E, Poucet B, et al. Time as the fourth dimension in the hippocampus. *Progress in Neurobiology*. 2020;12:101920.

Humphreys MS, Tehan G, Baumann O, Loft S. Explaining short-term memory phenomena with an integrated episodic/semantic framework of long-term memory. *Cognitive Psychology* .2020;123:101346.

Wang Q. The cultural foundation of human memory. *Annual Review of Psychology*. 2020. Doi:10.1146/qnnurev-psych-070920-023638.

Saxe A, Nelli S, Summerfield C. If deep learning is the answer, what is the question? *Nature Reviews. Neuroscience*. 2020. Doi:10.1038/s41583-020-00395-8.

Sun C, Yang W, Martin J, Tonegawa S. Hippocampal neurons represent events as transferable units of experience. *Nature Neuroscience*. 2020;23:651-663.

Josselyn SA, Tonegawa S. Memory engrams: Recalling the past and imagining the future. *Science*. 2020;367:eaaw4325.

Kida S. Function and mechanisms of memory destabilization and reconsolidation after retrieval. *Proceedings of the Japanese Academy, Series B, Physical and Biological Sciences*. 2020;96:95-106.

Lunardi P, Mansk LMZ, Jaimes LF, Pereira GS. On the novel mechanisms for social memory and the emerging role of neurogenesis. *Brain Research Bulletin*. 2021;171:56-66.

19

A Linguagem e os Hemisférios Especialistas

A Neurobiologia da Linguagem e das Funções Lateralizadas

Mr. Hyde, de Caulos (sem data), óleo sobre tela

Saber o Principal

Resumo

Todos os animais se comunicam, mas só o homem fala e escreve. A linguagem humana tem uma base neurobiológica que pode ser estudada com técnicas de imagem funcional, métodos eletrofisiológicos e observações de pacientes neurológicos e indivíduos normais. A escrita e a leitura são criações da cultura, mas têm também uma base neurobiológica que começa a ser desvendada.

A fala – para ser emitida ou compreendida – depende da consulta a sofisticados dicionários mentais, os léxicons, em busca do som dos fonemas, das sílabas e das palavras, da organização gramatical que lhes confere sentido e do seu conteúdo final. Além disso, um conjunto de modulações de voz, mímica facial e gestos corporais dá colorido afetivo à fala humana.

Os pacientes com distúrbios da fala e da compreensão foram a principal fonte de dados para a proposição de modelos explicativos dos mecanismos cerebrais da linguagem falada. Alguns não conseguem falar, outros não conseguem compreender, e outros ainda apresentam diversos distúrbios que lhes provocam erros de expressão e compreensão. Suas lesões, bem analisadas, mostram uma rede de áreas conectadas que compõem o sistema linguístico humano: áreas conceitualizadoras, que realizam o planejamento do conteúdo da fala e a compreensão do que é ouvido; áreas formuladoras, que se encarregam do planejamento e da compreensão da forma das palavras e das frases; e áreas articuladoras, que efetivamente comandam os movimentos necessários à fala. Além delas, inúmeras regiões corticais estão envolvidas: as áreas auditivas que primeiro percebem os sons verbais, as áreas visuais que percebem os signos da escrita; as regiões de processamento emocional, de onde se originam as nuanças afetivas da fala, e assim por diante.

O cérebro tem dois hemisférios, mas eles não são iguais. Ao contrário, cada um deles tem especialidades que o outro não tem: funções lateralizadas. A linguagem é a mais lateralizada das funções, já que a maior parte de seus mecanismos é operada pelo hemisfério esquerdo na maioria dos seres humanos. Há, contudo, inúmeras outras funções lateralizadas, cada uma revelando as especialidades de cada hemisfério cerebral. Assim, o cálculo matemático, a identificação precisa de pessoas e objetos, a avaliação métrica do espaço extrapessoal, além da linguagem e de outras funções, são especialidades do hemisfério esquerdo. A percepção musical, a identificação genérica de pessoas e objetos, a identificação de relações espaciais entre os objetos e outras funções são características do hemisfério direito.

Os dois hemisférios cerebrais diferentes são mantidos em comunicação direta pelas comissuras cerebrais, as pontes de fibras nervosas encarregadas de unificar a mente e as funções cerebrais. São elas: o corpo caloso, as comissuras hipocampais, a comissura anterior e outras situadas no diencéfalo e nos segmentos mais baixos do sistema nervoso central. É por meio desse sistema de comissuras que as funções lateralizadas do hemisfério esquerdo, entre elas a fala, são coordenadas com as funções do hemisfério direito, como a prosódia que confere tonalidade afetiva à fala. O indivíduo torna-se unificado pela ação integradora dessas comissuras.

A LINGUAGEM E OS HEMISFÉRIOS ESPECIALISTAS

Ano 1863, Paris. Em uma sessão científica da Societé Anatomique, o neurologista Pierre-Paul Broca (1824-1880) espantou a todos os presentes com a sua declaração bombástica: *Nous parlons avec l'hemisphère gauche!* Broca apresentava os casos de pacientes que haviam perdido a capacidade de falar sem qualquer paralisia dos músculos da face. Alguns deles já haviam morrido, e tinha sido possível estudar os seus cérebros necropsiados. Todos apresentavam lesões na mesma região cerebral: a porção posterior e lateral do lobo frontal[A] do hemisfério esquerdo. A descoberta de Broca foi um tiro duplo de grande pontaria: ele acertou ao mesmo tempo a localização cerebral da fala e a sua natureza assimétrica, isto é, especialidade de apenas um dos hemisférios cerebrais.

Falar é humano, mas a comunicação entre indivíduos não é uma vantagem só nossa na natureza. Muitos animais se comunicam, e de diversas formas. Foi nos seres humanos, entretanto, que a capacidade de comunicação vocal se desenvolveu de modo inigualável. Também as assimetrias são comuns no mundo animal: o coração pende para o lado esquerdo, o fígado fica do lado direito, as mãos não são exatamente iguais, e assim por diante. O sistema nervoso não foge a essa regra: é assimétrico morfológica e funcionalmente, como são assimétricos também muitos comportamentos que ele controla. As assimetrias neurais humanas, entretanto, atingiram grande complexidade, passando a possibilitar a especialização de um lado do cérebro em algumas funções e do lado oposto em outras.

A linguagem, que a maioria dos seres humanos aprende naturalmente já a partir dos primeiros meses de vida pós--natal, é a mais assimétrica das funções. Foi o que Broca revelou ao mundo: um dos hemisférios cerebrais (geralmente o esquerdo) assume essa especialidade funcional. O outro colabora, mas o primeiro é quem dá as cartas.

A COMUNICAÇÃO ENTRE OS ANIMAIS

A comunicação entre os animais tem vários objetivos. O mais importante deles – mas não o único – é a reprodução. Machos e fêmeas da mesma espécie devem ser capazes de reconhecer-se e sinalizar mutuamente sua disposição para o ato reprodutor (nem sempre é o melhor momento...). Para isso, desenvolvem sistemas de sinais que podem ser muito simples (como uma substância volátil que impressiona o olfato do parceiro ou da parceira) ou bastante complexos (como uma dança com diferentes movimentos em sequência). Outros sinais são destinados a emitir avisos sobre presas e predadores, sobre a iminência de uma agressão, os limites de um território privativo e muitos outros eventos

importantes. Têm essas finalidades os sons dos grilos, a luz dos vagalumes, os feromônios[G] dos insetos e pequenos mamíferos, o canto dos pássaros, os gritos dos macacos e assim por diante. Com a evolução, a comunicação animal foi se desconectando das necessidades reprodutivas (necessárias à sobrevivência da espécie) e assumindo outras funções ligadas à sobrevivência do indivíduo.

Em alguns casos, essa sinalização tornou-se bastante complexa e sofisticada. Um bom exemplo é a conhecida dança em forma de "8" das abelhas, que indica a posição de objetos distantes. Ao longo de uma trajetória em "8" a abelha realiza movimentos que indicam a direção e a distância de uma fonte de alimento, um possível local para construir nova colmeia ou a posição de um curso d'água. Bastante complexos são também os sons de alarme emitidos por alguns macacos, destinados a sinalizar a presença de predadores terrestres distantes (leopardos) ou próximos (cobras), bem como predadores aéreos (gaviões, águias). Um som diferente para cada predador dispara os comportamentos adequados para cada caso. O grito específico para águias e falcões, por exemplo, faz que os outros macacos olhem para cima e escondam-se entre os ramos de árvores e arbustos. O grito de alarme para leopardos e outros predadores solitários provoca o rápido escape para o alto das árvores. E no caso de um aviso para cobras, os animais do grupo olham para baixo e vasculham a vegetação rasteira.

Na maioria das vezes, os sistemas de comunicação dos animais são inatos. Em alguns casos, como o das abelhas mencionado anteriormente, não há possibilidade de adaptação ou mudança por aprendizagem, segundo as influências do ambiente. Várias espécies de aves apresentam gritos ou cantos inatos, usados para indicar aos filhotes e aos adultos que é hora de alimentar-se, abrigar-se, esconder-se ou fugir. Muitas vezes, no entanto, a comunicação inata dos animais pode ser aperfeiçoada nas crias durante um período crítico do desenvolvimento, por exposição aos sinais emitidos pelos adultos. É isso que acontece com os pássaros canoros, que de início apresentam cantos relativamente simples, mas durante a infância aprendem formas mais complexas ouvindo os adultos de sua espécie. A aprendizagem do canto, nessas aves, assemelha-se à aprendizagem dos sons da fala pelos bebês humanos: o chamado "subcanto" delas seria equivalente ao "balbucio" destes.

Este tipo de aprendizagem da comunicação sonora é um traço bastante raro no reino animal, só ocorrendo em humanos, cetáceos (golfinhos e baleias), talvez alguns morcegos e três ordens de aves (pássaros canoros, papagaios e periquitos e beija-flores). A aprendizagem vocal nos pássaros canoros resulta em variações individuais na produção das vocalizações, que podem então ser utilizadas para o reconhecimento de indivíduos nos contextos de defesa

---

[A] *Estrutura encontrada no* Miniatlas de Neuroanatomia *(p. 359).*

[G] *Termo constante do glossário ao final do capítulo.*

territorial e acasalamento. Por sua vez, variações individuais nos padrões do canto levam a diferenças regionais, também conhecidas como dialetos, outra propriedade também característica da fala em humanos.

O aperfeiçoamento dos sinais de comunicação pela aprendizagem levou alguns pesquisadores a se perguntarem se os animais (especialmente os macacos mais evoluídos, como os chimpanzés e gorilas) seriam capazes de aprender a linguagem humana. As primeiras experiências foram tentativas de ensinar chimpanzés a falar. Não foram bem-sucedidas porque esses animais carecem de um aparelho fonador compatível com a emissão de sons vocais complexos como os humanos, e talvez também não disponham dos circuitos neurais com a sofisticação suficiente para propiciar a linguagem falada. A seguir tentou-se utilizar uma linguagem de sinais gestuais emitidos com as mãos, bem como símbolos pictóricos com cartões coloridos de diferentes formas. Neste caso, constatou-se que esses primatas podem aprender a utilizar alguns sinais simbólicos como seus parentes humanos, mas nunca ultrapassam o nível de uma criança de poucos anos de idade.

Concluiu-se dessas tentativas o que já se suspeitava anteriormente: que a linguagem humana é única na natureza em sua capacidade de simbolizar pensamentos – simples ou complexos, concretos ou abstratos. A pergunta que se coloca, também, é: até que ponto essa capacidade seria determinada pela natureza por meio dos genes, e até que ponto seria modificada pelo ambiente social e – no caso dos seres humanos – a cultura? Essa questão recebeu recente impulso com a descoberta de um gene (conhecido pela sigla *foxP2**) existente em animais e em seres humanos, cuja inativação interfere na aprendizagem do canto em pássaros canoros e cuja mutação interfere na linguagem em humanos. Outros genes que participam da produção da fala já foram descobertos, ativados pelo *foxP2*. Revelaram-se mutados em pessoas com dispraxia verbal (fala incompreensível). Além disso, essas pessoas apresentam alterações de volume do córtex motor, cerebelo e corpo estriado, atingindo especificamente o controle motor da fala. Essas descobertas abrem uma perspectiva importante de se estudar a determinação biológica da comunicação linguística, desde o DNA até o comportamento.

A COMUNICAÇÃO ENTRE AS PESSOAS

As pessoas se comunicam de inúmeras maneiras, utilizando praticamente todos os sistemas sensoriais para perceber e interpretar os sinais que o sistema motor do in-

terlocutor produz. A comunicação humana, como também a dos animais, tem sempre dois lados: um que emite, outro que recebe e, portanto, um que expressa alguma coisa e outro que a compreende. Dá-se o nome *linguagem*, numa acepção genérica do termo, aos sistemas de comunicação com regras definidas que devem ser empregadas por um emissor para que a mensagem possa ser compreendida pelo receptor. Uma acepção mais específica do termo refere-se a cada uma das modalidades linguísticas: linguagem oral, linguagem gestual etc.

As modalidades da linguagem envolvem sistemas pareados de expressão e compreensão. Assim, quando a expressão é oral (modalidade que chamamos *fala*), a compreensão ocorre principalmente pelo sistema auditivo; quando a expressão é gestual (Libras**), a compreensão é realizada pelo sistema visual. Da mesma forma, quando a expressão é escrita, é o sistema visual que possibilita a leitura. E quando a escrita é Braille, é o sistema somestésico que assume a tarefa. Isso sem falar nas variadas formas acessórias de comunicação que contornam a linguagem cognitiva e lhe dão coloridos emocionais: gestos, olhares, movimentos, entonações da fala, toques corporais e muitos outros sinais. Todos eles são captados pelos sistemas sensoriais apropriados.

Ao longo de sua existência no planeta, os seres humanos criaram e conservaram vivos cerca de 10 mil idiomas e dialetos. Todos eles consistem em símbolos associados segundo regras lentamente definidas e modificadas durante o percurso histórico de cada cultura. Todas as línguas têm uma modalidade falada, mas só algumas delas têm uma versão escrita. Isso porque a fala possui uma forte base neurobiológica inata que permite a aprendizagem logo aos primeiros meses de vida pela escuta dos adultos falando e pela prática da emissão de sons, enquanto a escrita é uma construção cultural cuja aprendizagem depende de um ensino formal bem mais prolongado e trabalhoso. Não há grupo humano no mundo que não fale algum idioma, mas infelizmente há ainda muitos seres humanos que não dominam a arte de ler e escrever, algo inventado já há cerca de 4-5 mil anos...

As unidades mais simples da linguagem falada são os *fonemas*, sons distintos cuja associação a outros cria sílabas e palavras. O som da letra *p*, por exemplo, pode ser associado ao som da letra *a* para formar a sílaba *pa*, que é também uma palavra da língua portuguesa: *pá*. Se o fonema *a*, no entanto, for precedido pelo fonema *c*, surge a sílaba *ca*, que é também uma outra palavra da língua portuguesa: *cá*. As palavras, por outro lado, são associadas em frases de acordo com regras gramaticais específicas, cujo conjunto é conhecido como *sintaxe*. A análise sintática que aprendemos a fazer formal-

---

* *Da expressão em inglês* forkhead box P2.

** *Abreviatura de* Linguagem Brasileira de Sinais, *a modalidade que empregamos no Brasil para permitir a comunicação entre surdos.*

mente na escola é assimilada muito antes, intuitivamente, e passa a ser uma rotina dos sistemas linguísticos operados pelo cérebro. Quando dizemos "Ivo viu o vovô" não temos dúvida sobre quem viu quem, mesmo sem saber que um é o sujeito e outro, o objeto direto; no entanto o significado muda completamente se usarmos as mesmas palavras em outra ordem: "Vovô viu o Ivo". Nesse caso, sujeito e objeto direto não são mais os mesmos, mas até as crianças pré-escolares sabem que o sentido mudou. A ordenação das palavras nas frases é uma das regras sintáticas que empregamos para veicular o conteúdo das nossas ideias.

Para compreender esses diferentes significados – ou expressá-los, se estivermos falando e não ouvindo – empregamos outro tipo de elaboração mental que confere (ou identifica) o significado dos símbolos linguísticos. Trata-se da análise *semântica*. Neste caso, utilizamos o nosso "dicionário" interno para saber que vovô é o pai de nosso pai, que ele tem olhos capazes de ver e que com eles viu um outro personagem cujo nome é Ivo. A semântica, portanto, é a relação das palavras e frases de uma língua com os seus significados.

▶ Como se Estuda a Linguagem

Há várias maneiras de estudar a linguagem humana, que correspondem a diferentes níveis de abordagem. No entanto, consideraremos apenas duas dessas abordagens, que estão mais próximas dos objetivos deste livro: a cognitiva ou psicolinguística e a neurobiológica ou neurolinguística.

O método de trabalho dos psicolinguistas consiste geralmente em estudar o desempenho linguístico de indivíduos típicos, de modo a analisar a lógica interna da linguagem e os mecanismos psicológicos subjacentes. Os principais objetivos são compreender a estrutura de cada idioma, o que todos têm em comum, as estratégias cognitivas empregadas para a expressão e a compreensão, de que modo a linguagem se desenvolve em uma criança que cresce, e assim por diante. Para isso, por exemplo, podem-se estudar as estruturas de diferentes línguas e compará-las para analisar suas semelhanças e diferenças. É o que fazem os pesquisadores de orientação mais antropológica ao estudar o idioma de índios da Amazônia ou aborígines da Oceania. E podem até utilizar métodos estatísticos sofisticados para analisar a estrutura e o conteúdo de trechos falados ou escritos de pessoas em diversas condições típicas ou psicopatológicas.

Os pesquisadores de orientação mais experimental, por outro lado, geralmente empregam testes com indivíduos de diferentes idades, culturas e idiomas, de modo a identificar os processos psicológicos envolvidos com a emissão ou a recepção das várias formas de linguagem. Um exemplo é o estudo da leitura utilizando medidas de tempo e direção de movimentos oculares relacionadas com o conteúdo e a forma das palavras que o indivíduo lê (veja adiante). O trabalho de um psicolinguista emi-

nente, o americano Noam Chomsky, levou à proposição bastante aceita atualmente de que, embora existam muitas línguas, a linguagem humana é universal, isto é, existem características universais comuns a todos os idiomas, que seriam derivadas da capacidade biológica inata do cérebro humano. A teoria de Chomsky tem inspirado pesquisas importantes no mundo todo e será comentada outras vezes, mais adiante.

Os neurolinguistas, de sua parte, geralmente empregam ferramentas da neurologia clínica e da neurofisiologia, como as técnicas modernas de obtenção de imagens funcionais do sistema nervoso (Figura 19.1) e as técnicas de estimulação e registro elétrico ou magnético do tecido cerebral. Nesse caso são utilizados tanto indivíduos normais como os portadores de doenças neurológicas envolvendo a fala e funções correlatas. Recentemente tem-se avançado muito nessa área, com a identificação das regiões e sub-regiões cerebrais envolvidas com a linguagem. As descobertas dos neurolinguistas são muito relevantes para os tratamentos de distúrbios da fala que os neurologistas e fonoaudiólogos aplicam nos seus pacientes.

As duas abordagens, apesar de empregarem técnicas diferentes, são complementares. Na verdade, ambas são cada vez mais utilizadas por equipes multidisciplinares, o que tem levado a avanços que há poucos anos não podiam ser imaginados.

A LINGUAGEM FALADA

A linguagem falada é o principal modo de comunicação dos seres humanos, prevalente em todas as culturas e sociedades até hoje conhecidas. Não há grupo humano que não fale, como dissemos antes. O que caracteriza a fala e a diferencia de outras modalidades de comunicação linguística é a emissão e a compreensão de sons vocais em rápida sequência, utilizando no primeiro caso o aparelho fonador e, no segundo, o sistema auditivo. O aparelho fonador situa-se principalmente na laringe e consiste em duas cordas (ou pregas) vocais formando um "V" que controla a passagem de ar pela traqueia. As cordas vocais são capazes de vibrar quando expelimos ar dos pulmões em direção à boca. A tensão variável das cordas vocais, produzida por fibras musculares próprias e da laringe, é que determina o tom de nossa voz, e a vibração resultante passa pela faringe, pela boca e pelo nariz, sendo no caminho modulada pela língua, os lábios e o palato mole. Essa modulação gera um "p" ou um "f", um "a" ou um "o" e outros tantos sons de cada idioma, chamados fonemas.

Os fonemas são associados e transformam-se em símbolos de objetos e conceitos – as palavras – e estas são também associadas em frases que tornam mais elaborados e complexos os significados. Enquanto na escrita as palavras

Neurociência das Funções Mentais

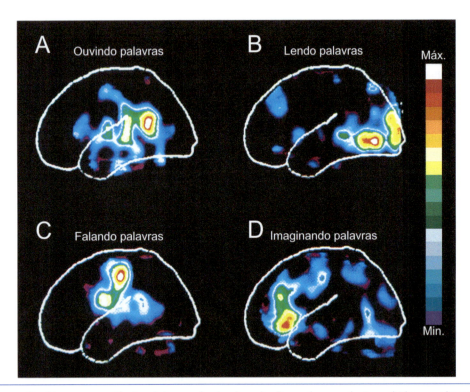

▶ **Figura 19.1.** Os neurolinguistas empregam técnicas de imagem funcional para localizar as áreas cerebrais envolvidas com a linguagem. Neste exemplo, trata-se de imagens tomográficas obtidas através de um isótopo emissor de pósitrons (PET), que indica o aumento da atividade neural quando um indivíduo executa as tarefas descritas acima de cada esquema do cérebro (**A** a **D**). A escala à direita indica os níveis de atividade codificados pelas cores: Máx. = atividade neural máxima; Min. = atividade neural mínima. Modificado de Hobson JA. *Consciousness*. Nova York: W. H. Freeman, 1999 p. 65.

são separadas por espaços, na fala elas são separadas por inflexões e entonações características da voz – frequentemente não há pausas entre as palavras. São essas nuanças de tons de voz, acompanhadas de gestos e expressões faciais, que dão a coloração emocional da fala. A essa característica da linguagem dá-se o nome *prosódia*.

Você fala para expressar um pensamento, frequentemente com uma certa carga de emoção. Logo, a primeira tarefa linguística do seu cérebro confunde-se com os mecanismos do pensamento, quando você busca os significados que quer expressar. Se o seu objetivo é simples, por exemplo nomear um animal que você esteja vendo (Figura 19.2), a busca de significado sobrepõe-se à própria percepção do objeto. Se o seu objetivo é mais complexo, como a descrição de um acidente trágico presenciado recentemente, primeiro você consulta a memória para organizar os fatos e sentimentos em sua mente. Em ambos os casos, os mecanismos cerebrais necessários à fala atravessam uma fase conceitual de planejamento e logo a seguir, uma fase de formulação. É necessário então buscar as palavras adequadas (substantivo? verbo? adjetivo?) e encontrar os fonemas para pronunciá-las. Se se tratar de uma frase, é preciso ordenar as palavras de acordo com as regras sintáticas da língua e só depois é possível articulá-las (qual a pronúncia?). Nessa sequência, o processo sempre passa por uma busca mental dos diversos elementos da fala. Como? Onde?

▶ A Busca dos Significados: um Dicionário Mental

Os psicolinguistas consideram que existem dicionários internos – chamados *léxicons mentais* – onde estão arquivados os vários elementos da linguagem. Trata-se de um sistema mnemônico como os que são discutidos no Capítulo 18. Para falar, o indivíduo consulta os *léxicons*[G] em busca de informações semânticas, sintáticas e fonológicas necessárias à expressão verbal de seus pensamentos (Figura 19.7). Alguns propõem um só léxicon que reuniria todas essas informações, mas há evidências de que existem diferentes léxicons, de acordo com o tipo de informação que armazenam: as informações semânticas seriam arquivadas em um conjunto de regiões cerebrais, as sintáticas, em outro diferente, e as fonológicas, em um terceiro conjunto.

Estima-se que o léxicon semântico de um adulto educado possa constar de cerca de 50 mil palavras e expressões idiomáticas. Os mecanismos de consulta a esse dicionário mental são extraordinariamente eficientes, pois permitem o reconhecimento e a produção de até cerca de três palavras por segundo, ou seja, quase 200 palavras por minuto! De que modo o léxicon estaria organizado no cérebro? Certamente não seria em ordem alfabética. Primeiro, porque essa ordem é arbitrária, de natureza cultural. Segundo, porque seria mais difícil encontrar e emitir palavras iniciadas por letras

680

A Linguagem e os Hemisférios Especialistas

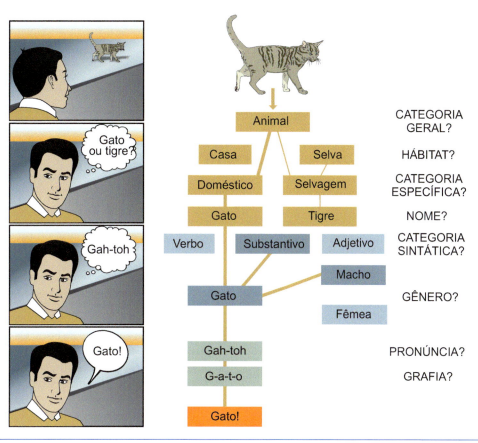

Figura 19.2. Muitos processos mentais antecedem o ato de falar. No exemplo, o indivíduo visualiza um "objeto" à distância (o gato) e, para chegar a pronunciar o seu nome, precisa identificar a que categoria perceptual ele pertence, bem como encontrar as categorias linguísticas apropriadas, antes de emitir os sons correspondentes.

do meio para o final do alfabeto (J, L, M etc.), o que não é verdadeiro. Em terceiro lugar, porque é mais fácil compreender e emitir as palavras que usamos frequentemente. Aquelas que não usamos podem ser esquecidas (excluídas do dicionário...), o que significa que o conteúdo do léxicon é flexível e dinâmico – depende do uso. De que modo, então, estaria o léxicon mental organizado no cérebro?

Uma hipótese bem aceita propõe que o léxicon esteja organizado segundo *redes semânticas* (Figura 19.3), isto é, de acordo com categorias de significado semelhante. Quando nos escapa uma palavra (por exemplo, *caminhão*), ao buscá-la na memória lembramos mais facilmente de *carro*, semanticamente próxima, do que de *cereja*, que nada tem a ver com ela. Além disso, alguns pacientes portadores de lesões cerebrais localizadas que apresentam distúrbios da linguagem cometem erros de compreensão e de expressão frequentemente relacionados com o significado das palavras ou conceitos que querem emitir ou compreender (parafasias semânticas). Por exemplo: ao ver um *cavalo* dizem *boi* (ambos são animais de porte e aspecto semelhante); outras vezes dizem *bicho* (categoria genérica a que pertencem os cavalos).

As redes semânticas reuniriam categorias específicas: animais, instrumentos, pessoas, cores, plantas etc. Se isso é verdade, seria possível identificar regiões cerebrais específicas para cada categoria? Sim. Essa foi a conclusão de um estudo abrangente reunindo pacientes com distúrbios linguísticos (Figura 19.4A). Os erros semânticos referentes a pessoas foram típicos de pacientes com lesões rostrais do lobo temporal[A] esquerdo; os erros relativos a animais eram mais comuns em doentes com lesões intermediárias no córtex ínfero-temporal[A]; e os lapsos sobre instrumentos e objetos em geral ocorriam quando se tratava de lesões caudais do lobo temporal. Estudo semelhante foi feito com indivíduos típicos cujas imagens tomográficas funcionais eram obtidas enquanto eles nomeavam animais, instrumentos e pessoas: nas imagens correspondentes, as mesmas regiões mencionadas mostravam-se ativas (Figura 19.4B). Essa organização topográfica dos léxicons faz sentido se considerarmos o desenvolvimento da linguagem. As crianças vão aprendendo o significado das palavras associando-as: primeiro um objeto com rodas que se desloca de modo tão cativante (um carrinho); depois aparecem carrinhos diferentes, e um deles pode ser chamado caminhão, o outro

681

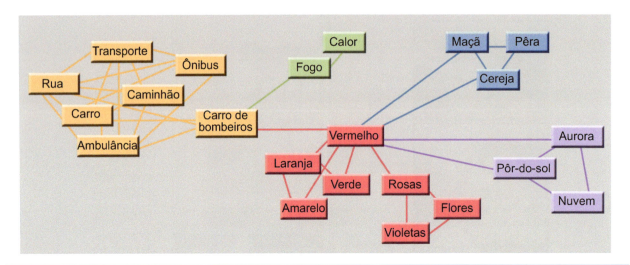

▶ **Figura 19.3.** As redes semânticas (em cores diferentes) reúnem palavras que significam objetos ou conceitos semelhantes. Modificado de Gazzaniga MS et al. *Cognitive Neuroscience.* Nova York: W. W. Norton & Co., 1998. p. 290.

trem, e assim por diante. Os circuitos neurais ativados nesse processo de aprendizagem são próximos e interrelacionados, e aos poucos vão compondo o dicionário mental que caracteriza os léxicons.

▶ A Busca dos Fonemas

As redes semânticas organizam o arquivo de palavras (e seus significados) contidas no léxicon correspondente. São utilizadas nas primeiras fases de planejamento da fala ou durante a compreensão de algo que ouvimos, mas, para falar (também para compreender), você precisa encontrar os fonemas necessários à construção das palavras. Deve existir, então, um léxicon fonológico. Onde?

O fonema é a unidade elementar da fala. Não tem necessariamente um significado, portanto os seus mecanismos de expressão e reconhecimento podem ser diferentes das palavras. Estas têm valor semântico: são símbolos de conceitos concretos ou abstratos. O fonema, todavia, é apenas uma unidade de código sonoro cujo sentido, na maioria das vezes, depende de sua combinação com outros.

Os fonemas emitidos por uma pessoa podem ser analisados quanto às frequências sonoras que os compõem, gerando curvas de onda[G] e espectrogramas[G] típicos de cada voz e de cada idioma (Figura 19.5). São produzidos por movimentos muito precisos das estruturas anatômicas que compõem o aparelho fonador, cujos músculos estão sob comando da área cortical M1. Se você fechar os lábios e depois deixar passar um som vocalizado através deles, originado bem do fundo da laringe[G], terá emitido o fonema correspondente à consoante *b*. Se não vocalizar, mas apenas fizer o ar passar pelos lábios anteriormente fechados, terá emitido o fonema correspondente à consoante *p*. Ambos são chamados fonemas bilabiais, cuja articulação envolve as estruturas mais anteriores da boca. Os fonemas correspondentes às vogais, como sugere o próprio nome, são vocalizados, ou seja, produzidos por uma emissão sonora que passa pela boca posicionada de uma certa maneira. O fonema *a* é vocalizado com a boca aberta, o *e*, com a boca semiaberta, e o *u*, com a boca quase fechada.

O estudo dos fonemas de várias línguas levou à elaboração de alfabetos fonéticos que são utilizados em alguns dicionários bilíngues para facilitar a identificação da pronúncia das palavras. Essa uniformidade sonora de vários fonemas mediante diferentes línguas é considerada uma evidência dos universais linguísticos – neste caso, universais fonêmicos – propostos por Chomsky. Apenas uma parte dos fonemas de cada língua é universal. Outra parte é específica de grupos de idiomas, ou mesmo de um único idioma. Considera-se que os universais fonêmicos constituem o acervo inato de movimentos do aparelho fonador, comandados e compreendidos de modo único na natureza pelo sistema nervoso humano.

A localização do léxicon fonológico tem sido tentada usando-se métodos de imagem funcional. Um experimento simples para isso consiste em pedir a um voluntário cujo cérebro esteja sendo "fotografado" por um aparelho de ressonância magnética funcional (RMf) ou por um tomógrafo emissor de pósitrons (PET[G]) para ouvir e compreender palavras com e sem sentido emitidas por um fone de ouvido. A partir da imagem resultante (Figura 19.6A), o computador pode subtrair a imagem que resulta das palavras sem sentido (pseudopalavras), o que nos deixa com a imagem da região ativada apenas pela compreensão do sentido (Figura 19.6B). Experimentos desse tipo revelaram várias áreas ativas em torno do sulco lateral[A] de Sylvius (regiões perissilvianas) no hemisfério esquerdo, envolvendo o córtex parietal inferior, os giros angular e supramarginal[A] da região que fica entre

A Linguagem e os Hemisférios Especialistas

▶ **Figura 19.4.** Os encéfalos representados em **A** ilustram a posição de lesões corticais (em roxo) de pacientes que não conseguem nomear pessoas, animais e instrumentos, respectivamente. Os encéfalos representados em **B** ilustram as regiões corticais mais ativas (em vermelho) na tomografia por emissão de pósitrons em indivíduos durante a nomeação verbal dessas mesmas categorias. Modificado de Damasio H et al. *Nature*. 1996; 380:499-505.

o lobo parietal[A] e o lobo occipital[A], o córtex frontal lateral inferior, o córtex temporal superior[A] e, também, a região de representação da face em M1 (veja também a Figura 19.1). O interessante é que o processamento fonológico se mostrou lateralizado à esquerda em homens, mas bilateral nas mulheres. Ao que parece, a diferença não se deve a causas genéticas, mas a diferentes estratégias de busca do léxico fonológico empregadas pelas mulheres em comparação com os homens.

▶ A Construção das Frases

Construímos frases porque conhecemos as regras de nosso idioma, ainda que de modo intuitivo ou automático, quer dizer, sem a formalização que a escola nos deu (e que geralmente esquecemos...). Imperceptivelmente, no entanto, as regras ficam armazenadas em nossa memória de procedimentos (Capítulo 18) e não precisamos pensar nelas para que as frases sejam emitidas corretamente (ou pelo menos

▶ **Figura 19.5.** Espectrograma da voz de um homem adulto durante a emissão da famosa frase do poeta português Fernando Pessoa. O gráfico é tridimensional: além da abscissa (representando o tempo) e da ordenada (representando a frequência), a intensidade de cinza representa a intensidade da voz. Observar que o fonema mais forte é "pá", e que a separação dos fonemas não acompanha necessariamente a separação das palavras. Registro de Leonardo Fuks, da Escola de Música, Universidade Federal do Rio de Janeiro.

▶ **Figura 19.6.** Neste experimento de localização das áreas corticais que processam a linguagem, o indivíduo ouve palavras diversas (**A**), enquanto o pesquisador registra imagens de RMf de seu cérebro. Neste caso, as imagens representam cortes coronais. Revelam-se ativas diversas áreas em torno do sulco lateral em ambos os hemisférios. Quando o pesquisador subtrai mediante técnicas de computação a imagem resultante da estimulação com palavras sem sentido (pseudopalavras) (**B**), ressalta o envolvimento lateralizado do hemisfério esquerdo (E) na compreensão do sentido das palavras. Imagens de Jorge Moll Neto, do Instituto D'Or de Pesquisa e Ensino, Rio de Janeiro.

inteligivelmente). As regras sintáticas reunidas na memória de procedimentos confundem-se com o léxicon sintático, cuja existência é suposta, mas ainda não definitivamente demonstrada.

Os psicolinguistas consideram que a construção das frases começa com a fase de conceitualização (Figura 19.7), que ocorre quando planejamos o conteúdo da mensagem, uma ação mental conhecida como macroplanejamento da fala. As regiões cerebrais envolvidas com o macroplanejamento ainda estão sendo reveladas pelo trabalho dos neurocientistas e são chamadas *conceitualizadoras*, porque realizam a busca ao léxicon semântico para encontrar os conceitos apropriados que desejamos veicular. Segue-se uma segunda etapa, de elaboração da forma da mensagem – a formulação –, que corresponde à busca de fonemas, palavras e regras sintáticas, num processo chamado de microplanejamento, ou seja, a associação dos fonemas em palavras e destas em frases apropriadas ao conteúdo que desejamos expressar. As

A Linguagem e os Hemisférios Especialistas

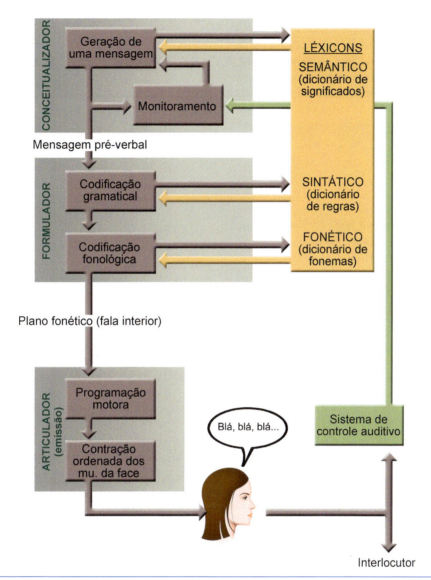

▶ **Figura 19.7.** Os psicolinguistas consideram que a mente humana possui um sistema conceitualizador, outro que é formulador e um terceiro, articulador. Cada um deles seria responsável por uma ou mais etapas de elaboração da fala, incluindo a consulta aos léxicons correspondentes. A tarefa dos neurolinguistas é encontrar os correlatos neuroanatômicos e fisiológicos para esses sistemas. Modificado de Levelt WJM. The Architecture of Normal Spoken Language. In: Blanken G. et al. (org.). *Linguistic Disorders and Pathologies*. Berlin: Walter de Gruyter, 1993.

regiões cerebrais envolvidas nessa etapa são consideradas *formuladoras* e parecem envolver a região frontal lateral inferior conhecida como área de Broca, situada no hemisfério esquerdo da maioria das pessoas (mais detalhes adiante).

▶ **A Emissão da Fala**

A última etapa para a emissão da fala é chamada *articulação*. Essa etapa inclui o planejamento da sequência de movimentos necessários à emissão da voz e, finalmente, o envio de comandos a partir de M1 para os núcleos motores do tronco encefálico, que por sua vez comandam a musculatura facial, a língua, as cordas vocais na laringe, a faringe e também os músculos respiratórios. A articulação é uma tarefa essencialmente motora que envolve as regiões pré-motoras do córtex frontal esquerdo e os setores de representação da face no giro pré-central[A] (Figura 19.1C), neste caso em ambos os hemisférios. Os neurolinguistas podem identificar essas regiões em imagens funcionais adquiridas durante a fala de indivíduos normais, subtraídas de imagens adquiridas quando os mesmos indivíduos apenas imaginam as frases, sem vocalizá-las. Essas regiões são, em conjunto, conhecidas como articuladoras.

▶ A Compreensão da Fala

Quase sempre que alguém fala, um outro alguém ouve (nem que seja o próprio indivíduo que fala). Como a via de entrada dos sinais linguísticos falados é o sistema auditivo, no início tudo se passa em comum com o processamento auditivo dos demais sons do ambiente, descrito no Capítulo 8. É claro que, no caso dos indivíduos mudos e dos surdos, esses processos são diferentes, envolvendo outros canais funcionais.

Em certo momento do processamento auditivo da fala, o cérebro "descobre" que os sons que ouve são linguísticos e "encaminha" a sua representação neural (na forma de potenciais de ação, potenciais sinápticos etc.) para as regiões responsáveis pela compreensão da fala. Nesse caso, para compreender o que se ouviu será preciso proceder passo a passo, quase no sentido inverso ao da emissão da fala: identificação fonológica → identificação léxica → compreensão sintática → compreensão semântica.

A consulta ao léxicon fonológico permite reconhecer os sons característicos de cada idioma, identificando os fonemas que compõem as palavras. Como o léxicon é na verdade um sistema de arquivamento de memórias, é provável que ele contenha arquivos ecoicos de fonemas, palavras e até mesmo de expressões idiomáticas ou modos de pronunciar sequências de palavras. Por exemplo, vendo escrita a frase *ceach quissabi*, será difícil identificar nela, pela leitura, o equivalente sonoro de *você acha que sabe*. O léxicon fonológico, portanto, deve guardar os fonemas tais como pronunciados nas expressões de cada língua ou dialeto regional, e esses arquivos são diferentes daqueles que representam as versões escritas das palavras. Alguns psicolinguistas consideram que a identificação das palavras ocorre passo a passo. Ao ouvir a sílaba *ca*, por exemplo, selecionamos várias possibilidades: carro, caminho, casamento e muitas outras, mas logo em seguida ouvimos a sílaba *sa*: pode ser casa, mas também pode ser casamata, casarão, casamento... Seguem-se as sílabas *men* e depois *to*, e as possibilidades já vão ficando menos numerosas. Ocorre então a identificação léxica: *casamento*, mas ainda é preciso consultar os léxicons sintático e semântico, porque a palavra *casamento* pode significar a união entre duas pessoas ("casamento de João com Maria"), mas também uma coincidência de ideias ("casamento de opiniões") ou um processo físico ("casamento de impedâncias"). A decisão levará em conta a construção sintática ("casamento de... com...", que é diferente de "casamento de...") mas, mesmo assim, resta saber se o significado presumido é coerente com o contexto.

O léxicon semântico, portanto, considera o contexto da frase. A palavra *casamento* seguida de "opiniões" significa algo bastante diferente da mesma palavra seguida de "impedâncias", mas, às vezes, as palavras vizinhas não permitem uma conclusão. A frase "esta rua tem muitos bancos" pode significar que há muitos lugares para sentar-se ou muitos lugares para depositar dinheiro. A decisão final depende do contexto mais amplo, isto é, das frases anteriores e posteriores relacionadas com ela e do tema geral em que a frase está inserida. Os psicolinguistas sabem que a interpretação preferida é a mais simples ou a mais provável. Por exemplo: o que você concluiria da frase "o bandido atacou o policial com uma arma"? Quem portava a arma: o bandido ou o policial?

Quais são as regiões neurais envolvidas nesses diferentes processos de compreensão da linguagem falada? Os neurolinguistas já têm uma ideia da localização das regiões, mas estão ainda longe de entender os mecanismos neurobiológicos de operação do sistema. Um experimento muito ilustrativo a esse respeito foi realizado por uma equipe de pesquisadores franceses utilizando imagens funcionais obtidas com PET. Foram selecionados voluntários de nacionalidade francesa, divididos em grupos que ouviam diferentes trechos falados, enquanto tinham a sua atividade cerebral registrada por meio do tomógrafo (Figura 19.8). Um grupo ouviu uma história falada em tamil, uma língua hindu desconhecida para eles. Apenas as regiões auditivas em ambos os hemisférios, em torno de A1 no giro temporal superior, mostraram-se ativas (Figura 19.8A, em amarelo). Como a história em tamil não era reconhecida nem fonológica, nem sintática, nem semanticamente, pode-se supor que o cérebro a tenha tratado como um estímulo auditivo linguístico de uma língua irreconhecível.

Seria possível sugerir, com base nisso, que o léxicon fonológico estivesse situado nessas amplas regiões do córtex temporal esquerdo, acionado apenas para distinguir os sons ouvidos como sons linguísticos. Outro grupo ouviu uma lista aleatória de palavras em francês. Nesse caso, foi ativada uma área frontal no hemisfério esquerdo (Figura 19.8B, em laranja), além do giro temporal superior. Um terceiro grupo escutou frases com pseudopalavras, do tipo "a cranilha voneja barlos", que parecem pertencer ao nosso idioma, mas na verdade não existem. A área frontal não foi ativada (Figura 19.8C), mas, sim, uma região situada no polo anterior do giro temporal superior, bilateralmente (em roxo, na figura): será que nela se situaria o léxicon semântico, em ação de busca do impossível sentido das pseudopalavras? A mesma região apareceu ativa também quando o estímulo era formado por frases com palavras reais, mas significado irreal (Figura 19.8D), do tipo: "essa mosca come sapatos". Finalmente, uma história em francês com todo sentido era apresentada aos indivíduos, provocando ativação de outras regiões do hemisfério esquerdo, além das que tinham sido ativadas bilateralmente pelos outros estímulos: a área frontal e os giros temporais médio e superior, incluindo a chamada área de Wernicke (Figura 19.8E).

Os autores concluíram que as operações de compreensão integral do significado de uma pequena história são realizadas mediante algum tipo de interação entre essas diferentes regiões.

▶ **Figura 19.8.** Neste experimento, o sujeito ouvia diferentes sons verbais enquanto tinha a sua atividade neural registrada pelo tomógrafo de emissão de pósitrons. A cada tipo de estímulo linguístico (**A** a **E**), diferentes áreas eram ativadas, indicando a localização dos léxicons. Modificado de Mazoyer BM et al. *Journal of Cognitive Neuroscience*. 1993;5:467-479.

Nesse experimento, a grande extensão das regiões ativadas deve-se ao fato de o estímulo final ser muito complexo: uma história. É provável que as diferentes categorias semânticas presentes na história sejam processadas por regiões ligeiramente distintas, como mencionamos anteriormente, já que o léxicon semântico consultado para a linguagem falada é o mesmo para a linguagem ouvida.

▶ **Prosódia: os Tons e os Gestos da Emoção**

Até o momento analisamos apenas os aspectos racionais, cognitivos, da linguagem falada, mas todos sabemos de nossa experiência cotidiana que a fala humana difere da fala de um robô porque tem nuanças e entonações de voz que conferem a ela um conteúdo emocional capaz inclusive de modificar o sentido racional das frases. E mais, não apenas a modulação da voz humana serve a esses propósitos emocionais. Também a mímica facial e os gestos que fazemos com as mãos e com o corpo participam desse "código" complementar da fala. Uma frase banal (por exemplo, "não faça isso") pode ser dita com suavidade ou com agressividade; pode até mesmo ser dita com uma inflexão tal que contrarie o sentido racional da frase e na verdade signifique "faça isso"...

As inflexões de voz, a mímica facial e os gestos das mãos e do corpo são aspectos emocionais da fala conhecidos como *prosódia*. Além desses aspectos emocionais, a prosódia permite também que o emissor e o receptor diferenciem uma afirmação de uma interrogação e de uma exclamação. A entonação da frase "você vai à praia" difere de "você vai à praia?" apenas pela modulação da última palavra para frequências mais altas de vocalização. A mesma frase, com um ponto de exclamação ao final, terá também uma modulação característica quando for emitida.

A localização cerebral da prosódia não está ainda bem determinada, mas sabe-se que as áreas ativas pertencem, na maioria das pessoas, ao hemisfério direito, situando-se nas mesmas regiões que no lado esquerdo processam os aspectos cognitivos da linguagem. As evidências provêm de pacientes com lesões do hemisfério direito que apresentam o sintoma conhecido como *aprosódia* (= ausência de prosódia). Esses pacientes, quando a lesão é rostral, não conseguem modular a fala convenientemente, e ela emerge monótona, sem modulações. Quando a lesão atinge regiões mais posteriores do hemisfério direito, os pacientes tornam-se incapazes de compreender as modulações prosódicas de alguém que lhes fala. Trabalhos com imagens funcionais confirmaram essa representação lateralizada da prosódia (Figura 19.9), e as áreas correspondentes e respectivas funções estão sendo investigadas.

Neurociência das Funções Mentais

▶ **Figura 19.9.** Estudos com neuroimagem funcional têm confirmado que a prosódia da linguagem humana é processada no hemisfério direito. Neste exemplo, um indivíduo normal é solicitado a identificar a entonação emocional de uma expressão emitida por um ator (acima), ou a identificar a vogal emitida na mesma expressão (abaixo). As imagens à direita representam cortes transversos nos planos assinalados pelas linhas brancas à esquerda. As setas amarelas indicam a correspondência entre os focos de atividade na apresentação tridimensional e nos cortes. Percebe-se o envolvimento preferencial do hemisfério direito no primeiro caso, e do hemisfério esquerdo no segundo. Modificado de Wildgruber D et al. *NeuroImage*. 2005;24:1233-1241.

OS TRANSTORNOS DA FALA E DA COMPREENSÃO

Desde o passado remoto os médicos têm observado a ocorrência de transtornos da fala e da compreensão verbal em indivíduos que sofrem lesões do sistema nervoso. Como já vimos, um grande avanço foi propiciado por Pierre-Paul Broca no século XIX, ao descobrir, em vários pacientes, que a lesão causadora desses distúrbios está situada no hemisfério esquerdo, ocupando uma região da face lateral do lobo frontal (Figura 1.12). Broca denominou *afemia* o distúrbio que descobriu, mas o termo que ficou consagrado na literatura médica foi *afasia*, criado por Sigmund Freud (1856-1939).

Recebem o nome de afasia alguns dos transtornos da linguagem falada. Estes são bastante comuns, causados por quase a metade dos acidentes vasculares cerebrais, pelo menos na fase aguda. Os neurologistas, entretanto, distinguem as afasias propriamente ditas de outros distúrbios que interferem na linguagem. Entendem como afasias os transtornos da linguagem devidos a lesões nas regiões realmente envolvidas com o processamento linguístico. Outras alterações da linguagem, entretanto, podem derivar de lesões que atingem o sistema motor, o sistema atencional etc., coadjuvantes, mas não determinantes da linguagem. Neste caso, não são consideradas afasias. Por exemplo: um doente com paralisia do nervo facial[A] pode apresentar distúrbios da fala porque não consegue mover adequadamente os músculos da face. Ao contrário, os portadores de afasias podem perder a capacidade de falar sem apresentar qualquer deficiência no funcionamento da musculatura facial.

As afasias primárias podem então ser classificadas de acordo com a natureza dos sintomas apresentados pelos pacientes e correspondem também à região cerebral atingida. Quando a lesão incide sobre a região lateral inferior do lobo frontal esquerdo, o paciente apresenta uma *afasia de expressão* (ou afasia de Broca). Sem déficits motores propriamente ditos, torna-se incapaz de falar ou apresenta uma fala não fluente, restrita a poucas sílabas ou palavras curtas sem verbos (fala telegráfica). O paciente esforça-se muito para encontrar as palavras, sem sucesso. A Figura 19.10A ilustra um exemplo relatado pelo neurologista americano Henry Goodglass, obtido de um afásico que tenta contar ao médico por que se encontra no hospital:

Ah... segunda-feira... ah... Papai e Paulo [o nome do paciente]... e Papai... hospital. Dois... ah médicos..., e ah... meia hora... e sim... ah... hospital. E, ah... quarta-feira... nove horas. E, ah... quinta-feira às dez horas... médicos. Dois médicos... e ah... dentes. É... ótimo.

Quando a lesão atinge uma região cortical posterior em torno da ponta do sulco lateral de Sylvius do lado esquerdo, o quadro é inteiramente diferente, e o paciente apresenta uma *afasia de compreensão* (ou afasia de Wernicke*).

---

* *Carl Wernicke (1848-1904), neurologista alemão que primeiro descreveu a afasia de compreensão e elaborou o primeiro modelo científico do processamento neurolinguístico.*

688

A Linguagem e os Hemisférios Especialistas

▶ **Figura 19.10.** Os pacientes com lesão da área de Broca (**A**) apresentam transtornos de expressão da fala, enquanto aqueles com lesão da área de Wernicke (**B**) exibem distúrbios de compreensão.

Quando um interlocutor lhe fala, o indivíduo não parece compreender bem o que lhe é dito. Não só emite respostas verbais sem sentido, como também falha em indicar com gestos que possa ter compreendido o que lhe foi dito. Sua fala espontânea é fluente, mas usa palavras e frases desconexas porque não compreende o que ele próprio está dizendo. Como a prosódia é compreendida, o paciente entra na conversa nos momentos certos porque percebe que o interlocutor pausou; além disso, sabe que o interlocutor lhe perguntou algo pela modulação característica da voz que pergunta. A Figura 19.10B ilustra um exemplo relatado por um outro neurologista, que perguntou a uma afásica desse tipo qual o seu trabalho:

Queria lhe dizer que isso aconteceu quando aconteceu quando ele alugou. Seu... seu boné cai aqui e fica... ele alu alguma coisa. Aconteceu. Em tese os mais gelatinosos estavam com ele para alu... é amigo... parece é. E acabou de acontecer, por isso não sei, ele não trouxe nada. E não pagou.

As áreas atingidas pelas lesões estudadas por Broca e Wernicke receberam nomes que os homenageiam (área de Broca, área de Wernicke), mas a sua delimitação anatômica permaneceu vaga em razão da variabilidade das lesões, que dependem quase sempre dos territórios de irrigação sanguínea atingidos em cada caso. Além disso, não é precisa a correlação dessas áreas definidas por lesões e sintomas com os critérios citoarquitetônicos[G] dos anatomistas. Recentemente, entretanto, a área de Broca tem sido considerada restrita ao terço posterior do giro frontal inferior esquerdo, e a área de Wernicke, ao terço posterior do giro temporal superior esquerdo, incluindo a parte oculta no assoalho do sulco lateral de Sylvius (conhecida como plano temporal – veja adiante).

O estudo cuidadoso das afasias, realizado ainda no século XIX por Wernicke, levou-o a elaborar um modelo singelo de processamento neural da linguagem e a prever a existência de outros tipos de afasias, ainda desconhecidas na ocasião e relatadas posteriormente. Wernicke raciocinou que, se a expressão da fala é função da área de Broca e se a compreensão é função da área que levou seu nome, então ambas devem estar conectadas para que os indivíduos possam compreender o que eles mesmos falam e responder ao que os outros lhes falam. De fato, existem conexões entre essas duas áreas linguísticas por meio de um feixe de fibras imerso na substância branca cortical[A], chamado feixe arqueado (Figura 19.11). Wernicke previu que a lesão desse feixe deveria provocar uma *afasia de condução*, na qual os pacientes seriam capazes de falar espontaneamente, embora cometessem erros de repetição e de resposta a comandos verbais. Os afásicos previstos por Wernicke foram observados alguns anos depois. O diálogo representado na Figura 19.11 foi descrito por um neurologista sobre seu cliente durante um teste de repetição. Obviamente, o doente compreendeu o que o neurologista disse, mas, como não foi capaz de repetir, emitiu uma frase diferente de sentido equivalente.

Neurologista: O tanque de gasolina do carro vazou e sujou toda a estrada.

Paciente: A rua ficou toda suja com o vazamento do tanque do carro.

Neurociência das Funções Mentais

▶ **Figura 19.11.** Os pacientes com lesão do feixe arqueado apresentam deficiências na repetição de frases ouvidas.

O modelo neurolinguístico de Wernicke (Figura 19.12) considerava que a área de Broca conteria os programas motores da fala, ou seja, as memórias dos movimentos necessários para expressar os fonemas, compô-los em palavras, e estas, em frases. A área de Wernicke, por outro lado, conteria as memórias dos sons que compõem as palavras, possibilitando a compreensão. Bastaria que esta área fosse conectada com a primeira para que o indivíduo pudesse associar a compreensão das palavras ouvidas com a sua própria fala. Esse modelo simples fez bastante sentido durante muitas décadas. Afinal, a área de Broca é adjacente à área pré-motora (Capítulo 12), em região bastante próxima da representação somatotópica da face em M1. Desse modo, faz todo sentido supor que ela seja responsável pela programação dos movimentos da fala. Igualmente, a área de Wernicke fica no giro temporal superior, vizinha às áreas auditivas A1 e A2 (Capítulo 8), portanto em situação muito favorável para receber as informações auditivas da linguagem.

▶ Neuroanatomia da Linguagem Falada

Recentemente, o modelo de Wernicke tem sido atualizado levando-se em conta as observações dos psicolinguistas, as evidências coletadas de pacientes portadores de lesões restritas e as imagens funcionais de ressonância magnética obtidas de indivíduos executando tarefas linguísticas. É possível, desse modo, estabelecer um modelo neuroanatômico conexionista da linguagem falada, que propõe a existência de duas vias paralelas de processamento – uma ventral, bilateral, e outra dorsal, lateralizada no hemisfério esquerdo (modelo dual).

Para isso, dois aspectos iniciais devem ser considerados. Primeiro, as lesões mais comuns que causam afasias derivam de acidentes vasculares encefálicos, ou seja, uma súbita interrupção do fluxo sanguíneo de extensos territórios cerebrais que raramente se circunscrevem a uma única região funcional. Os sintomas, então, representam uma mistura de alterações derivadas de áreas cerebrais diversas. Em segundo lugar, não é trivial concluir sobre a função de uma área a partir dos sintomas provenientes de lesões. Pense como seria difícil interpretar o súbito desaparecimento da imagem de uma televisão. Se você a abrisse e encontrasse um *chip* queimado, poderia concluir que ele sozinho é o responsável pelo mecanismo de formação da imagem?

Os neurologistas tiveram que analisar cuidadosamente pacientes com lesões restritas e sintomas mais específicos e associar suas conclusões às observações dos psicolinguistas. Mais recentemente, incorporou-se a essas evidências um turbilhão de dados provenientes de experimentos feitos com neuroimagem funcional. Foi-se consolidando o modelo dual de processamento da linguagem.

A ideia inicial de que a área de Wernicke conteria as memórias dos sons para a compreensão do significado das palavras e das frases teve que ser corrigida quando se observou que os pacientes com lesões bem restritas à porção posterior do giro temporal superior (a área de Wernicke *strictu sensu*) apresentavam, na verdade, uma surdez linguística, e não uma verdadeira afasia de compreensão. Eram incapazes de identificar os sons verbais como palavras, por isso não conseguiam repeti-las. Quando, entretanto, testados se as compreendiam, por exemplo apontando para figuras correspondentes, mostravam-se capazes de fazê-lo.

690

A Linguagem e os Hemisférios Especialistas

▶ **Figura 19.12.** Pelo modelo neurolinguístico de Wernicke, o indivíduo responderia a um interlocutor (desenho de cima) ativando em sequência as áreas auditivas (A1 e A2), a área da compreensão de Wernicke (W), a área de expressão de Broca (B), e finalmente a área motora primária (M1), responsável pelo comando da articulação. O indivíduo que lê em voz alta (desenho de baixo) empregaria o mesmo circuito, mas a sua área de Wernicke seria ativada pelo córtex visual primário (V1) e por áreas visuais subsequentes.

A área de Wernicke, então, faria a identificação das palavras como símbolos linguísticos, e não como sons quaisquer; mas não se daria ali a compreensão do seu significado. Ela seria apenas uma das sedes do léxico fonológico proposto pelos psicolinguistas (Figura 19.13).

A afasia de compreensão propriamente dita, por outro lado, é típica das lesões mais posteriores, que atingem os giros angular e supramarginal (chamada às vezes afasia transcortical sensorial). Pacientes com lesões nesses locais repetem palavras corretamente, mas não entendem o que repetiram. Estaria talvez, nessas duas regiões, o *locus* de compreensão do sentido do que foi falado, ou, esticando mais o raciocínio, o centro conceitualizador postulado pelos psicolinguistas (Figura 19.13), capaz de produzir a expressão da fala com conteúdo cognitivo adequado. Outro tipo de afasia de compreensão aparece com lesões dos giros temporais médio e inferior, como já vimos: é a chamada afasia anômica fluente. Os pacientes falam fluentemente, a não ser pela incapacidade de identificar os nomes de pessoas (quando a lesão se situa no polo anterior do lobo temporal), de animais e objetos (quando se localiza mais posteriormente). Aí estariam os léxicons semânticos específicos para essas categorias (Figura 19.13). Concluiu-se que a área de Wernicke não é homogênea, mas, sim, composta de sub-regiões funcionais distintas.

A concepção original sobre a área de Broca também teve que ser revista. Os portadores de afasias de expressão mais severas apresentam alguma disartria (dificuldade de articular a fala – um distúrbio claramente motor), afasia anômica não fluente (o paciente fala com dificuldade, falhando muito, principalmente nos verbos) e agramatismo (dificuldade de construir frases gramaticalmente corretas). Surgiram, no entanto, casos de lesões mais restritas em que esses sintomas apareciam dissociados. Anomia com disartria surge quando as lesões envolvem a área de Broca e as regiões motoras e pré-motoras posteriores a ela. Anomia com agramatismo ou agramatismo isolado aparecem com lesões envolvendo a área de Broca e as regiões anteriores adjacentes (Figura 19.13). Assim, o córtex frontal anterior à área de Broca é um bom candidato a sediar o léxico sintático que os psicolinguistas postulam. E o córtex frontal posterior à área de Broca seria a sede da expressão motora verbal. Note-se que a afasia anômica desses pacientes atinge principalmente a sua capacidade de descrever ações por meio de verbos. Trata-se aqui de um sintoma coerente com as funções executivas do córtex frontal (Capítulo 20). Concluiu-se que a área de Broca também não é homogênea, mas, sim, composta por subáreas funcionais distintas.

Esse conjunto de observações mais cuidadosas dos neurologistas sobre os sintomas de pacientes com lesões corticais restritas pôde então ser associado a dados experimentais obtidos por meio de neuroimagem funcional, o que deu origem ao *modelo dual*, proposto pelo neurocientista norte-americano David Poeppel em 2007. A ideia do modelo dual é considerar a linguagem o resultado de uma ativação em paralelo de duas vias corticais (Figura 19.14): uma via ventral bilateral, encarregada da compreensão linguística; e uma via dorsal lateralizada à esquerda, encarregada da produção da fala.

A via ventral começa pelas regiões auditivas situadas no giro temporal superior em ambos os hemisférios (em verde, na Figura 19.14), onde se realiza a análise tonal e temporal dos sinais linguísticos sonoros. Por meio delas podemos dizer: estou ouvindo alguém falar, não é um ruído simples do ambiente. Identificada sua natureza linguística, a informação é distribuída para o córtex do sulco temporal superior (em amarelo, na Figura 19.14), onde se dá o reconhecimento fonológico: o sujeito reconhece os sons daquele idioma e a sequência de fonemas que constituem palavras e frases. A

691

NEUROCIÊNCIA DAS FUNÇÕES MENTAIS

▶ **Figura 19.13.** O modelo mais elaborado que aperfeiçoou o de Wernicke envolve a interação de diversas áreas corticais, mais restritas e numerosas que as definidas por Broca e Wernicke. Surgiu da análise dos sintomas de pacientes com lesões pequenas, e permite a identificação tentativa dos sistemas postulados pelos psicolinguistas. Ang + SM = giro angular + giro supramarginal; BP = Broca posterior; IT = córtex ínfero-temporal; M1 = área motora primária; PF = córtex pré-frontal; PT = polo temporal; TP = córtex temporal posterior; AVFP = *área visual da forma das palavras*; W = área de Wernicke.

seguir a informação é enviada a uma vasta região do lobo temporal (giros temporais médio e inferior) em ambos os hemisférios (em violeta, na Figura 19.14), onde se situam os léxicons que permitem a compreensão do conteúdo ouvido.

Em paralelo, e simultaneamente, a informação fonológica é encaminhada ao *planum temporale** (em azul, na Figura 19.14), que, aliás, tem um maior volume à esquerda do que à direita (veja adiante). Do *planum temporale* a informação fonológica passa às regiões do lobo frontal encarregadas da programação e articulação dos movimentos torácicos, laríngeos, orais e faciais que permitem a emissão de vocalizações linguísticas (em azul também). Essas são as áreas de interface que permitem a transformação dos códigos sonoros percebidos ou planejados em uma programação motora que os transformará em fala. O conjunto conectado, assim, constitui a via dorsal, lateralizada à esquerda, compatível com a descrição dos trabalhos originais de Broca e Wernicke. Entre os feixes de fibras que materializam essas conexões, além do tradicional feixe arqueado descoberto no século XIX, recentemente se descobriu um segundo grande feixe que conecta a área de Broca com as regiões pré-motoras e motora suplementar, denominado *feixe frontal oblíquo*, mais conhecido pela denominação em inglês – *aslant*[A].

_____
* *Região posterior do assoalho da fissura de Sylvius que faz parte da área de Wernicke.*

692

A Linguagem e os Hemisférios Especialistas

▶ **Figura 19.14.** O modelo dual inclui duas vias paralelas: a ventral, bilateral, e a dorsal, lateralizada à esquerda. O diagrama de baixo deve ser comparado às fases que os neuropsicólogos atribuem à gênese da fala (Figura 19.7), e ao diagrama de cima, que representa uma atualização do modelo de Wernicke (Figura 19.12) e seu desdobramento em áreas cerebrais (Figura 19.13). As cores dos retângulos abaixo correspondem às áreas cerebrais acima. A sequência descrita no texto começa no quadro verde, que corresponde ao giro temporal superior. Modificado de Hickok G, Poeppel D. *Nature Reviews. Neuroscience.* 2007;8:393-402.

Ambas as vias são alimentadas por extensas áreas corticais frontais e parietais que permitem a conceitualização da fala, isto é, a transformação dos pensamentos e emoções em um código sonoro articulado pelo sistema motor que controla a musculatura periférica correspondente. Embora a produção da fala seja considerada pelo modelo dual uma função lateralizada à esquerda, não deixa de receber informações prosódicas do hemisfério direito, pois, para emitir uma fala que contém os elementos afetivos da prosódia, as áreas linguísticas do hemisfério esquerdo precisam buscá-los nas áreas correspondentes do hemisfério direito, e isso se dá pelas comissuras[G] cerebrais, especialmente o corpo caloso (Quadro 19.1). O modelo deve adicionar, assim, um circuito inter-hemisférico (Figura 19.13).

693

Neurociência do Cotidiano

Quadro 19.1
O Corpo Caloso de Albert Einstein*

Parece incrível, mas a história do cérebro de Albert Einstein tem episódios romanescos e uma relevante contribuição à ciência. Não, não faço referência à teoria da relatividade! Refiro-me ao cérebro mesmo, removido depois de sua morte aos 76 anos, em 1955, vítima da ruptura de um aneurisma de aorta abdominal.

O patologista Thomas Harvey, que fez a autópsia, mas não deu um laudo, removeu e preservou o cérebro, fez fotos meticulosas de vários ângulos, dissecou-o em 240 pedaços enrolados em gaze e imersos em um líquido preservativo, e ainda fez cortes finos corados para observação ao microscópio. Guardou tudo cuidadosamente consigo e, após sua morte, a família cedeu o material a um museu.

O material foi utilizado em diversos trabalhos científicos, na esperança de que alguma característica especial do cérebro de Einstein pudesse iluminar nosso conhecimento sobre a base neurobiológica das grandes inteligências. A abordagem é muito criticada, porque se trata de considerar um único caso como esclarecedor sobre as mais desenvolvidas funções cognitivas de que o ser humano é capaz. Crítica correta: mas, por outro lado, não são poucos os casos isolados que marcaram fortes avanços da neurociência. Louis Leborgne e Phineas Gage foram pacientes famosos que sofreram lesões do lobo frontal do cérebro no século XIX. O primeiro perdeu a fala, e o segundo sofreu uma mudança radical de personalidade. Foram cruciais para o conceito de localização das funções superiores no cérebro humano. No século XX, o caso mais famoso foi o de Henry Molaison, o famoso paciente HM, cuja cirurgia controlou sua epilepsia, mas causou-lhe uma amnésia que ao final firmou a localização da memória declarativa no hipocampo.

Os estudos do cérebro de Einstein nada revelaram de especial na escala microscópica, a não ser um maior número de células gliais – subtipo celular que compartilha com os neurônios as funções neurais. Mais células gliais, entretanto, são comuns em idosos e podem significar apenas uma reação de tipo inflamatório pela ocorrência de processos degenerativos.

Na escala macroscópica, alguns achados interessantes: córtex pré-frontal maior que o normal e regiões expandidas de representação das mãos no córtex somático e motor. O córtex pré-frontal faz sentido, tendo em vista a enorme capacidade cognitiva de Einstein, e o córtex somatomotor – quem sabe? – reflete a prática do violino, que Einstein cultivava desde a infância.

O mais surpreendente, entretanto, foi o trabalho mais recente feito por um time de pesquisadores chineses que comparou as dimensões do corpo caloso de Einstein com neuroimagens de 15 homens destros entre 70-80 anos (em torno da idade da morte do físico) e com imagens de 52 homens de 24-30 anos (idade em que Einstein criou a teoria da relatividade). O corpo caloso é um calibroso feixe com milhões de fibras nervosas que cruzam o plano mediano para conectar ponto a ponto os dois hemisférios cerebrais. Neste caso, portanto, trata-se de analisar um poderoso circuito neural!

Einstein superou de goleada os corpos calosos dos sujeitos usados como comparação. O seu revelou-se bem maior que a média em praticamente todos os setores. Isso indica que o cérebro de Einstein apresentava maior conectividade do que a maioria de nós.

É um caso singular, como antes comentei, mas, quem sabe, estimule outros estudos mais reveladores com indivíduos de alto desempenho comparados com outros como este escriba que vos fala, que lutam fortemente para tirar o máximo de suas conexões neurais!

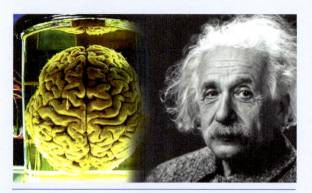

▶ **Figura.** Muitos estudos têm sido realizados no cérebro de Albert Einstein, removido após sua morte, na tentativa de revelar algo especial que explique a sua criatividade e inteligência.

Referência
Men W. et al. The corpus callosum of Albert Einstein's brain: another clue to his high intelligence? Brain. 2014;137:1-8.

Texto baseado em artigo originalmente publicado em O Globo Online em 10/10/2019.

A LINGUAGEM E OS HEMISFÉRIOS ESPECIALISTAS

Suponha agora que você recebe em sua casa uma pessoa e, após os cumprimentos, ela comenta: "Está tão quente..." Você não absorve apenas o conteúdo formal da frase, mas infere um desejo do visitante de que ligue o ar-condicionado ou abra as janelas. Foi preciso que você entendesse o tom de voz do seu visitante (prosódia) e fizesse uma hipótese acerca do que ele desejava (processo chamado Teoria da Mente, veja no Capítulo 20). A simples compreensão linguística produzida pela atividade das regiões frontotemporais esquerdas teve que associar-se a uma "consulta" às áreas homólogas do hemisfério direito e, ao mesmo tempo, às regiões frontais em ambos os lados para compreender o significado da simples (nem tanto...) frase do seu amigo.

A ESCRITA E A LEITURA

A linguagem escrita é uma modalidade de comunicação criada e mantida por algumas sociedades humanas (não todas). Sua base neurobiológica tem componentes inatos menos fortes (ou inexistentes?) do que a linguagem falada. Uma criança começa a falar e a compreender a fala alguns meses após o nascimento pela exposição à fala dos adultos e pela prática do seu próprio balbucio; mas, para aprender a escrever e a ler, é preciso um esforço social que geralmente inclui a escolarização formal e só consegue ser iniciado alguns anos após o nascimento. A linguagem escrita difere fundamentalmente da falada porque apresenta uma dinâmica temporal distinta da segunda. Lemos e relemos o mesmo trecho quantas vezes forem necessárias, mas isso geralmente não é possível na linguagem falada presencial.

A escrita resulta da aprendizagem de padrões motores realizados com uma das mãos de modo a inscrever, em uma base qualquer, certos símbolos (letras) que codificam os fonemas e são chamados *grafemas*. Os movimentos necessários dependem do idioma e do meio de inscrição. Quem escreve em português o faz da esquerda para a direita, mas quem escreve em hebraico se movimenta no sentido oposto. Além disso, quando escrevemos utilizando um teclado de computador, nossos movimentos são completamente diferentes de quando escrevemos utilizando uma caneta. Em todos os casos, os grafemas são associados em palavras escritas, e estas, em frases.

A leitura, por outro lado, resulta de uma varredura ordenada feita com os olhos sobre o material escrito. Os movimentos oculares da leitura são uma rica fonte de informação sobre detalhes fisiológicos e podem ser registrados e analisados. Dessa forma se verificou que o indivíduo realiza uma sequência de fixações e sacadas durante a leitura, sendo a percepção interrompida durante as sacadas e reiniciada a cada fixação. Palavras longas e palavras raras são fixadas durante mais tempo. Palavras imprevistas, também. Por outro lado, algumas palavras previsíveis ou muito curtas

podem ser puladas (não fixadas), um procedimento que às vezes resulta em erros de leitura. As palavras fixadas são geralmente as de conteúdo mais relevante, como os substantivos e os verbos. Essas observações indicaram que os movimentos oculares da leitura estão sob estrito controle cognitivo. Isso significa que o córtex cerebral deve estar envolvido, e de fato está, já que as imagens funcionais registradas durante a leitura incluem o campo ocular frontal (Capítulo 12).

Verificou-se que cada fixação dura em torno de 250 ms. Esse tempo extremamente curto indica que as computações mentais necessárias para compreender as palavras escritas são muito rápidas. Desse modo, a percepção visual da palavra escrita, sua identificação ortográfica e fonológica, bem como a compreensão sintática e semântica, todas ocorrem dentro desse período exíguo. É possível acelerar a leitura sem perda de compreensão e memorização, como propõem alguns pesquisadores, eliminando o tempo das sacadas: isso ocorre quando a pessoa fixa um ponto e o texto se move passando por esse ponto de modo controlado. Na prática, é um método difícil de implementar, mas também é possível treinar uma pessoa a acelerar a leitura envolvendo mais fortemente seus mecanismos de atenção, o que diminui os tempos de fixação. Mais complicado é acelerar os movimentos sacádicos, já por si mesmos extremamente velozes.

▶ Neurobiologia da Leitura

A leitura é favorável à utilização combinada de técnicas experimentais de análise, porque o modo de entrada das informações (geralmente visual*) pode ser mais bem controlado do que no caso da linguagem falada. Os estudos de neuroimagem funcional, empregados isoladamente, têm sido bastante esclarecedores, mas não apresentam ainda suficiente resolução[G] temporal, isto é, são incapazes de distinguir os padrões de ativação que se sucedem rapidamente uns após os outros, de uma a outra região. É que, para ganhar nitidez, as imagens precisam ser adquiridas durante tempos prolongados e repetidas várias vezes para serem promediadas[G]. Passa-se exatamente o oposto com os estudos utilizando registro eletrofisiológico: a resolução espacial é que é insuficiente, dificultando a identificação das áreas cerebrais envolvidas.

De qualquer modo, os dados obtidos, em conjunto, já permitem formar uma ideia do funcionamento das redes neurais ativas durante a leitura. Em primeiro lugar, como é óbvio, detectou-se a participação do córtex visual (V1 e V2) bilateralmente, de regiões visuais de ordem superior nas faces medial e lateral de ambos os hemisférios e, finalmente,

---

Não esquecer que os deficientes visuais podem ler utilizando a via somestésica como entrada (leitura Braille).

do córtex temporal inferior esquerdo, onde se identifica uma região especializada na identificação visual de palavras escritas. Esse conjunto faz parte da via ventral da linguagem, descrita anteriormente. Sua ativação permite a identificação ortográfica das letras e palavras. Ressalta nessa via ventral da leitura a área visual da forma das palavras (AVFP*). Trata-se de uma região cortical especializada pela alfabetização, que ilustra nitidamente o poder da neuroplasticidade na transformação da função e da conectividade cerebral em decorrência das influências ambientais (culturais, neste caso). Mais impressionante ainda, a esse respeito, é a constatação de que essa mesma área se torna capaz de reconhecer palavras em Braille pela via tátil.

Depois do reconhecimento visual (ou tátil) das palavras, a via ventral comunica-se com os vários léxicons do lobo temporal, permitindo a decodificação semântica das palavras lidas. Segue-se a mobilização da via dorsal da linguagem, com predominância de ativação do hemisfério esquerdo, envolvendo as regiões perissilvianas parietais e temporais (incluindo a área de Wernicke e os giros angular e supramarginal, já mencionados) e do córtex pré-frontal[A] inferior esquerdo, que inclui a área de Broca.

A desvantagem "temporal" das técnicas de imagem pode ser minimizada pela utilização de métodos de registro de potenciais e campos magnéticos relacionados a eventos (veja, a esse respeito, o Capítulo 13). Um exemplo conhecido é o da onda N400 (Figura 19.15). Trata-se de uma onda negativa captada no eletroencefalograma de indivíduos normais que ocorre sempre cerca de 400 ms após um evento linguístico. Esse evento é simples: o indivíduo lê uma frase escrita projetada brevemente em uma tela à sua frente, depois uma frase semelhante na qual há uma palavra anômala que não faz

---

Muito conhecida também por sua abreviatura em inglês: VWFA, visual word form area.

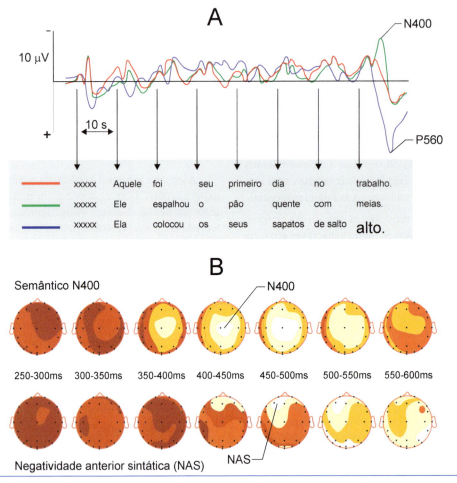

▶ **Figura 19.15. A.** Registro do EEG promediado de um indivíduo que lê as três frases mostradas no quadro cinza. No primeiro traçado (vermelho) a frase faz sentido, mas não aparece qualquer potencial diferente do estímulo-controle (xxxxxx). No segundo traçado (verde), a frase não tem sentido, e aparece o potencial N400 quando o indivíduo acaba de lê-la. No terceiro traçado (roxo), a frase faz sentido, mas apresenta uma palavra graficamente diferente ("alto"): aparece o potencial P560, mas não o N400. Conclui-se que N400 é um potencial relacionado com a análise semântica. **B.** Representação topográfica esquemática do potencial N400, difusamente situado no centro do crânio (série de cima), e de um potencial negativo associado à análise sintática situado rostralmente (série de baixo). **A** modificado de Kutas M, Hillyard SA. *Science*. 1980;207:203-205. **B** modificado de Munte TF et al. *Journal of Cognitive Neuroscience*. 1993;5:335-344.

A Linguagem e os Hemisférios Especialistas

sentido e, finalmente, uma terceira frase com uma palavra grafada com letras maiores. Simultaneamente, registra-se o seu eletroencefalograma a cada episódio de leitura e analisam-se as ondas resultantes (Figura 19.15A). Quando ocorre a palavra sem sentido, e somente neste caso (traçado verde), aparece a onda N400 sobressaindo-se do EEG. Quando a frase apresenta a palavra com letras grandes (traçado violeta), aparece outra onda, positiva, após 560 ms de leitura (P560), mas não a N400. Conclui-se que a onda N400 é uma expressão do processamento semântico durante a leitura, e não da surpresa pelo aparecimento de algo diferente, como é o caso da onda P560. Experimentos semelhantes foram feitos para identificar potenciais relacionados com eventos sintáticos (Figura 19.15B). O registro desses potenciais, entretanto, embora apresente vantagem em termos temporais, tem resolução espacial muito baixa, e não se consegue localizá-los com precisão no cérebro.

Informações mais consistentes surgem quando se associam métodos de imagem funcional com as técnicas eletrofisiológicas. Trabalho desse tipo tem sido realizado pelo neurofisiologista americano Michael Posner. Os voluntários da pesquisa foram submetidos simultaneamente a registros tomográfico (PET) e eletrofisiológico do seu cérebro enquanto realizavam funções linguísticas simples. A Figura 19.16 apresenta uma amostra dos dados obtidos por Posner e seus colaboradores com indivíduos solicitados a ler uma palavra e descrever sua função por meio de um verbo. Repare que uma região ainda não mencionada, o córtex cingulado[A] anterior, é a primeira a ser ativada, seguindo-se a área de Broca e, depois, a área de Wernicke. O experimento, assim, permite atribuir uma sequência temporal ao processamento linguístico realizado nas diversas áreas cerebrais, o que levou Posner a propor um modelo de processamento para a leitura (Figura 19.17).

▶ **Figura 19.16.** A combinação de técnicas de imagem funcional (**A**) com o registro de potenciais relacionados com eventos (**B**) permitiu revelar a sequência de ativação das diversas áreas envolvidas na leitura. Em **A**, a tomografia por emissão de pósitrons mostra as regiões ativadas (em três planos horizontais) quando um indivíduo lê uma palavra (p. ex., sabão) e fala a sua utilidade (p. ex., lavar). Em **B**, o registro dos potenciais é representado topograficamente sobre o crânio, e sua amplitude é codificada por cores como na Figura 19.1. Conclui-se que o córtex cingulado é ativado primeiro (a 200 ms), logo depois é ativada a área de Broca (a 250 ms) e, finalmente, a área de Wernicke (650 ms). Modificado de Posner MI, Abdullaev YG. *La Recherche*. 1996;289:66-69.

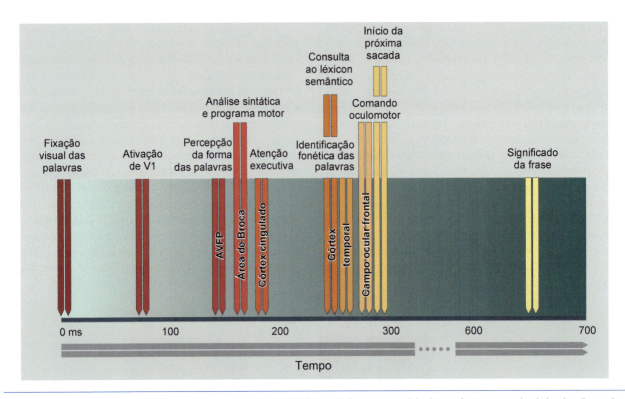

▶ **Figura 19.17.** Associando imagens funcionais com potenciais do EEG foi possível criar um modelo da sequência temporal e da localização cerebral das etapas de processamento da leitura. Modificado de Posner MI, Abdullaev YG. *La Recherche*. 1996;289:66-69.

De acordo com Posner, menos de 100 ms após a fixação ocular da palavra escrita ocorre a ativação de V1. Entre 100 e 200 ms, ocorrem a identificação da forma dos grafemas e das palavras no córtex associativo visual (AVFP) e a focalização da atenção para as computações subsequentes (córtex cingulado anterior). O envolvimento do setor mais anterior da área de Broca pode revelar a realização de uma análise sintática do que foi lido (substantivo ou verbo?) e, subsequentemente, o início da elaboração do programa motor para a vocalização da palavra lida (no setor posterior da área de Broca). A vocalização pode ocorrer efetivamente ou, então, resumir-se à mentalização dos movimentos, sem a necessidade de emitir a fala. É o que ocorre quando lemos silenciosamente, sem falar. Entre 200 e 300 ms após a fixação, ocorreria a interpretação semântica e fonológica da palavra (no lobo temporal), e logo a seguir os olhos se movem em nova sacada para a palavra seguinte. A interpretação do sentido das frases ocorreria bem mais tarde, envolvendo uma rede de áreas corticais mais extensa e numerosa.

O estudo da neurobiologia da leitura é um desafio, pois se trata de uma capacidade humana resultante da cultura e da vida social, um exemplo do modo com que a cultura utiliza os circuitos cerebrais que a evolução "pôs à sua disposição". A escrita foi inventada há cerca de 5.400 anos pelos babilônios e até hoje só uma fração da humanidade é capaz de ler; portanto é impossível que alguma área cerebral tenha se desenvolvido especificamente para a leitura. Mais razoável é supor que a leitura faz uso de uma circuitaria cerebral disponível, talvez voltada para funções discriminativas visuais de alta complexidade já existentes entre os primatas não humanos. Estudos bem recentes que associam neuroimagem ao registro de potenciais cerebrais identificaram a região de reconhecimento de palavras escritas (AVFP) próxima à região de reconhecimento de faces no lobo temporal, que entra em atividade quando o indivíduo é exposto a palavras, mas não tanto quando as palavras são fictícias (compostas por uma sequência de consoantes, por exemplo). A AVFP, junto com outras amplas áreas temporais, comporia um léxicon semântico para palavras escritas, verdadeiro dicionário cerebral capaz de decodificar o significado das palavras da nossa língua (Figura 19.13).

▶ **Os Transtornos da Escrita e da Leitura**

Os transtornos da linguagem escrita são as *agrafias* e *alexias* (disgrafias e dislexias*, quando não muito severas). Os pacientes com agrafia não conseguem escrever (mas conseguem ler), e aqueles com alexia não conseguem ler (mas conseguem escrever, mesmo sem poder conferir bem o que escreveram...). Em muitos casos esses sintomas vêm associados, às vezes, também a afasias.

―――――――――――

A palavra dislexia *é reservada por alguns neurologistas para os transtornos de aprendizagem da leitura em crianças.*

A Linguagem e os Hemisférios Especialistas

Os pacientes com distúrbios menos graves (disléxicos) perdem (ou deixam de adquirir durante o desenvolvimento) a capacidade de associar grafemas com fonemas, realizando uma leitura com erros de pronúncia (Quadro 19.2). Por exemplo, podem ler a palavra "menos" como "menus". Outros cometem erros semânticos: ao ler "reflexo", por exemplo, dizem "espelho".

Como as áreas cerebrais lesadas nesses pacientes são muito semelhantes àquelas identificadas nos afásicos, apenas em alguns casos foi possível correlacioná-las especificamente com o processamento da linguagem escrita, como é o caso da AVFP no sulco occipitotemporal esquerdo, ilustrado na Figura 19.18.

▶ Aprender a Ler e a Escrever: um Desafio para a Neuroplasticidade

Como a leitura e a escrita são construções sociais, devem ser ativamente aprendidas durante a infância, com a ajuda de adultos que dominem essa função. Esse processo de aprendizagem chama-se alfabetização e ocorre de modo semelhante em todos os idiomas que possuem uma versão escrita. Na maioria dos países, a alfabetização é administrada por um sistema social elaborado chamado educação, que ocorre quase sempre em ambientes especialmente construídos para essa finalidade: as escolas. Infelizmente, como sabemos, a desigualdade social que ainda existe em várias

▶ **Figura 19.18.** Um caso clínico mostrou decisivamente o envolvimento do sulco occipitotemporal esquerdo (AVFP) na compreensão das palavras escritas. O paciente apresentava um foco epiléptico intratável na região de reconhecimento de palavras, indicada pela ressonância funcional (área em azul-escuro nas imagens de cima). Regiões adjacentes revelaram sediar os léxicons para ferramentas, faces e casas. Avaliados os custos e benefícios, o paciente consentiu em ser submetido à retirada cirúrgica do foco. Após a cirurgia (imagens de baixo), observou-se o desaparecimento do foco epiléptico, mas o paciente passou a apresentar alexia, sem alterações nas demais funções. E = hemisfério esquerdo; D = hemisfério direito. Modificado de Gaillard P et al. *Neuron.* 2006;50:191-204.

NEUROCIÊNCIA DAS FUNÇÕES MENTAIS

Neurociência em Movimento

Quadro 19.2
Ciência e Resiliência: Probabilidades, o Sobrenatural de Almeida
e a Neurociência da Leitura no Brasil

▶ **Augusto Buchweitz***

Um aprendizado determinante para minha carreira foi sobre a teoria das probabilidades, algo que não soa natural e precisa ser ensinado. Não à toa, Nelson Rodrigues criou os personagens Sobrenatural de Almeida e Gravatinha: o primeiro, fantasma responsável pelas derrotas do time do seu coração, e o segundo, responsável pelas vitórias. Na neurociência da leitura, especialmente em relação ao processo de alfabetização, acumulam-se evidências científicas que favorecem a aprendizagem da leitura pelas crianças, mas o predomínio dos relatos anedóticos pode levar a muita frustração se não entendermos que experiências são intuitivamente mais fortes que estatísticas, mesmo que estas últimas revelem a eficácia de uma abordagem educacional. Por conta disso, a prática da educação pouco observa o que a ciência da leitura tem para dizer. Por quê? Há a dificuldade de traduzir probabilidades científicas em experiências exitosas; e há, ainda, entre outras razões, a prevalência do qualitativo em detrimento de um ensino com base em probabilidades. Sem os fundamentos da probabilidade, cresce a força da anedota do Sobrenatural de Almeida e do Gravatinha.

Meu pai, professor de Física da UFRGS, foi quem influenciou uma guinada empírica na minha graduação. Na pós-graduação, houve um ponto de inflexão: o doutorado-sanduíche em um laboratório de neuroimagem funcional e linguagem. Anatomia cerebral? Correlatos neurais? Essa oportunidade se estendeu por três anos como pós-doutor, realizando pesquisas sobre transtornos do neurodesenvolvimento. A experiência foi determinante na minha volta ao Brasil, apto para liderar o projeto ACERTA (Avaliação de Crianças Em Risco de Transtornos de Aprendizagem) no Instituto do Cérebro do Rio Grande do Sul (Figura 1).

O ACERTA surgiu em 2013 como um projeto multicêntrico e longitudinal; depois se consolidou com um Ambulatório de Aprendizagem, por meio do qual avaliamos centenas de crianças com dificuldade de leitura e reunimos um banco de dados de neuroimagens com mais de uma centena de crianças disléxicas e outra centena de controles. Também pudemos realizar um estudo sobre o impacto da violência na aprendizagem, apoiado pelo Banco Interamericano de Desenvolvimento. A combinação de exames de neuroimagem, autorrelato de exposição à violência e medição de cortisol no cabelo (hormônio que todos nós produzimos sob estresse) mostrou associação entre violência e funcionamento das regiões do cérebro envolvidas com processos de percepção social e de atenção, neste caso em conjunto com uma deterioração na capacidade de prestar atenção (Figura 2); o estudo foi replicado em Honduras, com resultados semelhantes.

Consolidamos um trabalho de referência para a neurociência da aprendizagem na América Latina: replicamos, em língua portuguesa, a evidência de alteração na região occipitotemporal ventral (área de reconhecimento da forma visual das palavras) em crianças com dislexia do desenvolvimento; essa região é chave na adaptação do cérebro para a leitura. Atualmente, integramos uma rede mundial de cientistas (haskinsglobal.org) com projetos multinacionais colaborativos. Essa rede está na origem do lançamento do GraphoGame Brasil, um aplicativo finlandês utilizado em dezenas de países e que auxilia o processo de alfabetização. O app faz parte de um esforço de resposta aos efeitos da pandemia de COVID-19 no ensino fundamental. Neste momento, início de 2021, são mais de 450 mil crianças usando o app. Entender as probabilidades também ajuda na persistência: para cada projeto levado em frente, há sempre uma série de rejeições. Ciência e probabilidade ajudam a não esmorecer com o Sobrenatural de Almeida. Ciência rima com resiliência.

Professor e pesquisador do Instituto do Cérebro do Rio Grande do Sul e professor da Escola de Ciências da Saúde e da Vida, Pontifícia Universidade Católica do Rio Grande do Sul. Correio eletrônico: abuchweitz@pucrs.br

A Linguagem e os Hemisférios Especialistas

Figura 1. Augusto Buchweitz com sua esposa e filho em 2020 no Instituto do Cérebro.

Figura 2. Acima: a área em amarelo no cérebro (córtex occipitotemporal ventral) participa ativamente da leitura, mas sua conectividade com outras regiões é bem menor em crianças com dislexia do desenvolvimento do que em crianças que leem adequadamente para a idade (típicos). Abaixo: quando há exposição crescente à violência (seta rosa), as redes atencionais associadas à percepção de pistas sociais (como um sorriso ou um virar de olhos) diminuem de atividade (seta roxa). Além disso, quando é preciso sustentar a atenção em uma tarefa de controle inibitório, cai a atividade das áreas do córtex cingulado e pré-frontal medial (em azul claro). O gráfico confirma a queda de ativação cortical (na ordenada) relacionada com a maior demora em responder a estímulos.

partes do mundo faz que muitos cidadãos sejam analfabetos ou pobremente alfabetizados mesmo depois de adultos.

Essa situação lamentável levou os neurocientistas a comparar a estrutura e a função do cérebro nessas condições: pessoas escolarizadas, pessoas alfabetizadas depois de adultas e analfabetos (Figura 19.19). Como será que as redes da leitura funcionam nessas três condições distintas? Foi possível usar técnicas de neuroimagem e de eletrofisiologia acompanhadas de testes de proficiência leitora, o que levou a uma compreensão bem estabelecida sobre aprendizagem cerebral da leitura e da escrita. Pessoas alfabetizadas apresentam as duas vias da linguagem bastante ativas, com destaque para a AVFP (Figura 19.19A): a região é um pouco menos ativa nos alfabetizados tardios do que nos escolarizados. Surpreendente foi constatar que essa região de processamento de símbolos gráficos que representam sons da fala não é silenciosa nos analfabetos, como se poderia supor. Ela é ativada por outros estímulos, especialmente faces (Figura 19.19B).

Como se pode compreender consultando o Capítulo 17, uma extensa porção do lobo temporal englobando os giros temporais médio e inferior é dedicada à percepção de diferentes estímulos visuais: objetos, cenários, ferramentas, construções e, muito especialmente, faces. Você pode imaginar que todos esses estímulos vão sendo apresentados desde o nascimento ao bebê que interage com o seu ambiente. As faces, em particular da mãe, do pai e dos irmãos, têm enorme importância para a gradual compreensão que o bebê adquire do mundo: ele consegue desde muito cedo imitar um sorriso ou outra expressão facial da mãe, e com essa habilidade começa a expressar suas emoções. Também vai conseguindo identificar os seus brinquedos, a mamadeira, as grades do berço e tantos outros elementos fundamentais para sua inserção no ambiente. O córtex temporal apresenta atividade aumentada nas crianças pequenas quando expostas a estímulos desse tipo.

A partir dos 6 anos de idade, durante o processo de alfabetização, uma parte do giro temporal inferior esquerdo da criança vai perdendo sua sensibilidade a faces e adquire a capacidade de perceber letras, depois sílabas, palavras e textos. É a AVFP que vai se tornando funcional. Mas repare: isso acontece apenas no hemisfério esquerdo na maioria dos casos, com a área homóloga do hemisfério direito especializando-se para a percepção de faces (Figura 19.19B e C). Também as conexões dessa área que formam a via ventral e a via dorsal da linguagem se tornam fortalecidas com a aprendizagem. A criança se torna capaz de diferenciar o que são grafemas e como se relacionam com fonemas. Essa correlação que está na base da alfabetização ativa também as regiões-alvo da AVFP, especialmente o *planum temporale*, que representa a interface entre a via ventral (ler e compreender) e a via dorsal (escrever e falar). Na sequência, aumentam a percepção do significado do que é lido ou ouvido (via ventral) e a capacidade de gerar os movimentos correspondentes à expressão da fala e da escrita (via dorsal).

Esses fenômenos de transformação do processamento cerebral representam um exemplo sofisticado da neuroplasticidade, capacidade do cérebro de modificar o seu funcionamento em função das demandas e influências do ambiente. Alguns autores propõem o termo *reciclagem neural* para expressar a transformação funcional que ocorre nas diversas áreas cerebrais quando inicialmente expressam uma função e depois "adotam" uma nova função em resposta ao treinamento que o ambiente proporciona.

ESPECIALIZAÇÃO HEMISFÉRICA

Quando Pierre-Paul Broca apresentou à Societé Anatomique os seus pacientes afásicos, contribuiu ao mesmo tempo para fortalecer o conceito de localização de funções no sistema nervoso (Capítulo 1) e lançar a ideia de dominância hemisférica, precursora da concepção moderna de especialização funcional dos hemisférios cerebrais. Durante muitas décadas, os neurologistas pensaram que o hemisfério esquerdo, sede do "centro da fala" (como pensava Broca), era dominante sobre o hemisfério direito. Este, portanto, exerceria apenas funções coadjuvantes e secundárias.

Um século depois, as evidências mostraram que não era bem assim, e o conceito de dominância hemisférica tornou-se ultrapassado. Percebeu-se que não há um hemisfério dominante e outro dominado, mas, sim, dois hemisférios especializados. Um dos hemisférios se encarrega de um grupo de funções, o segundo encarrega-se de outro. Às vezes, são as estratégias funcionais (ou seja, os modos de executar a mesma função) que diferenciam um hemisfério do outro. Ambos, no entanto, trabalham em conjunto, utilizando-se dos milhões de fibras nervosas que constituem as comissuras cerebrais e que se encarregam de pô-los em constante interação.

O novo conceito – *especialização hemisférica* –, de certo modo, confunde-se com dois outros relacionados: o de lateralidade e o de assimetria. *Lateralidade* hemisférica é um conceito essencialmente funcional: significa que, enquanto algumas funções são representadas igualmente em ambos os hemisférios (como a visão, por exemplo), outras são representadas predominantemente de um lado (como a fala). *Assimetria* é um conceito mais geral, que engloba a lateralidade e apresenta-se sob várias modalidades: assimetrias morfológicas, funcionais e comportamentais. Significa que os hemisférios não são simétricos, quando os vemos sob esses diferentes ângulos: sua forma à direita é diferente da esquerda, a representação funcional idem, e assim também os comportamentos que os hemisférios controlam. O *planum temporale*, por exemplo, tem área maior à esquerda

A Linguagem e os Hemisférios Especialistas

▶ **Figura 19.19.** A alfabetização modifica a atividade do córtex cerebral. As imagens de ressonância funcional mostram as áreas corticais ativadas pela exposição a letras e sentenças escritas. O gráfico em **A** mostra que a visão de frases curtas ativa mais fortemente a AVFP nos indivíduos alfabetizados do que nos analfabetos ou alfabetizados tardios (ordenada), resultado que se correlaciona com a velocidade de leitura (abscissa). Os gráficos em **B** demonstram a especialização lateral da leitura no córtex esquerdo. **B** mostra a ativação da AVFP para letras (maior nos alfabetizados) e para faces (maior nos analfabetos). Os gráficos em **C** mostram que o córtex direito é silencioso para letras em todos, e muito ativo para faces (mais ainda nos alfabetizados). Modificado de Dehaene S et al. *Nature Reviews. Neuroscience.* 2015;16:234-244.

do que à direita (assimetria morfológica). O reconhecimento de palavras escritas está representado no córtex ínfero-temporal esquerdo, e não no direito (assimetria funcional). E a maioria dos seres humanos tem mais habilidade para usar uma das mãos do que a outra (assimetria comportamental).

A descoberta da especialização hemisférica, ao ser levada a público pelos meios de comunicação, incorporou uma visão exageradamente simplista da questão: um dos hemisférios seria "verbal", o outro "espacial"; um deles usaria a razão, o outro a emoção, e assim por diante. Essas dicotomias exageradas levaram inclusive a recomendações não científicas do tipo: "pense com o hemisfério direito", "aja com o hemisfério esquerdo" e outras tantas...

Várias vantagens da especialização funcional dos hemisférios, no entanto, são motivo de debate entre os neurocientistas. A não duplicação de novas funções cerebrais ocorrida na evolução humana a partir dos primatas ancestrais poderia ter promovido um ganho de eficácia na utilização do tecido cerebral, reduzindo o tempo de processamento pela necessidade de transferência inter-hemisférica de muita informação. Além disso, os dois hemisférios cerebrais humanos representariam uma gigantesca reserva neural para a distribuição e redistribuição plástica de funções em resposta a demandas do ambiente, sejam elas adaptativas (como a alocação de áreas corticais específicas à esquerda para a leitura, a escrita e a matemática) ou compensatórias (como a transferência de funções para o hemisfério oposto após a ocorrência de lesões no outro lado). Finalmente, a lateralização não é completa, o que deixa espaço para a ocorrência de plasticidade sobre uma base funcional mínima preexistente no hemisfério oposto.

▶ Pessoas com o Cérebro Dividido

Depois de Broca, uma grande explosão de conhecimento sobre a especialização dos hemisférios surgiu a partir da década de 1960, com as pesquisas que levaram o psicólogo americano Roger Sperry (1913-1994) a merecer o prêmio Nobel de Medicina ou Fisiologia em 1981 por seus estudos sobre a especialização hemisférica e as comissuras telencefálicas.

Comissuras são feixes de fibras que cruzam a linha média nos dois sentidos de modo ortogonal ao plano sagital, conectando os dois lados do encéfalo. Diferem das decussações, cujas fibras cruzam também, mas de modo oblíquo em relação ao plano mediano. Há comissuras em todas as principais subdivisões do SNC: aqui nos referiremos apenas às que residem no telencéfalo. As comissuras telencefálicas são três (Figura 19.20): o corpo caloso[A], a comissura anterior[A] e a comissura do hipocampo[A]. O corpo caloso é a maior delas, possuindo cerca de 200 milhões de fibras que interconectam a maior parte do córtex cerebral de ambos os hemisférios. A comissura anterior põe em contato as regiões inferiores e ventrais do lobo temporal, e a comissura do hipocampo conecta as regiões temporais mediais.

Até os anos 1960 ninguém sabia ao certo qual a função das comissuras, porque os experimentos então realizados em animais não eram muito esclarecedores, a não ser para revelar o óbvio: que as comissuras transmitiam informações entre os hemisférios cerebrais. Acresce que alguns indivíduos haviam sido submetidos à transecção cirúrgica do corpo caloso por indicação terapêutica, sem que os neurologistas pudessem detectar qualquer alteração funcional ou sintoma proveniente dessa cirurgia tão radical. Era espantoso que um feixe contendo 200 milhões de fibras não fizesse falta!

As cirurgias de transecção das comissuras cerebrais podem ser recomendadas para pacientes com epilepsias[G] muito graves, incontroláveis com medicação anticonvulsivante. Esses pacientes frequentemente têm dezenas de crises convulsivas por dia, o que, além de lhes inviabilizar a vida social, vai aos poucos causando a morte de contingentes crescentes de células nervosas. Verificou-se empiricamente que a interrupção do corpo caloso impede que o foco epiléptico – local de origem da crise – espraie-se para o hemisfério oposto e, com isso, que a crise se generalize. Com a cirurgia, o número de crises diminui e a epilepsia pode ser mitigada com medicamentos.

Sperry imaginou e realizou um experimento engenhoso utilizando indivíduos com o cérebro dividido, isto é, os pacientes cujas comissuras haviam sido interrompidas cirurgicamente. Depois de recuperado da operação, o paciente se sentava em frente a uma tela translúcida (Figura 19.21A) sobre a qual o pesquisador podia projetar imagens variadas. Por baixo da tela, o paciente tem acesso manual a diferentes objetos que correspondem de algum modo às imagens projetadas. O experimento começa com o indivíduo fixando um ponto bem no centro da tela. Em seguida, o pesquisador projeta, à esquerda do ponto de fixação (hemicampo visual esquerdo), uma letra (R, por exemplo), e à direita, outra (L, por exemplo). A imagem das letras permanece durante apenas 150 ms, um tempo tão breve que impede que ele involuntariamente retire os olhos do ponto central de fixação. Com isso, a letra R projetada no hemicampo visual esquerdo será representada exclusivamente no hemisfério direito, e a letra L projetada no hemicampo direito será representada exclusivamente no hemisfério esquerdo (consulte o Capítulo 9, se precisar rever a organização das vias visuais). O pesquisador, então, perguntava ao indivíduo o que ele havia visto na tela (Figura 19.20B). Ele dizia: L. Mas quando solicitado a encontrar com a mão esquerda o objeto correspondente (letras de plástico atrás da tela), pegava a letra R e não a L. Parece impossível, mas a explicação é simples: só o hemisfério esquerdo "viu" L, e esse é o hemisfério da linguagem, portanto o paciente só consegue falar o que o hemisfério da linguagem viu. Como, no entanto, o hemisfério direito viu R e é ele que comanda a mão esquerda, a resposta nesse caso será diferente.

704

A Linguagem e os Hemisférios Especialistas

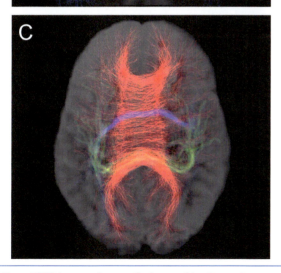

▶ **Figura 19.20.** *Imagens de ressonância magnética das comissuras cerebrais vistas pelo plano sagital do hemisfério direito (**A**), a partir da frente do cérebro por transparência (**B**), e de cima também por transparência (**C**). O corpo caloso (CC) está representado em vermelho, a comissura do hipocampo (CH) em verde/amarelo, e a comissura anterior (CA) em azul. Na verdade, nenhuma dessas comissuras tem um limite lateral preciso como parece, pois suas fibras se continuam na substância branca cortical. Muitas fibras que trafegam na comissura do hipocampo na verdade não cruzam, mas formam o fórnix[A] em cada lado. A comissura anterior tem ramos que não aparecem na imagem. Imagens cedidas por Diego Szczupak.*

Esse déficit que o paciente comissurotomizado apresenta faz parte da síndrome de *desconexão inter-hemisférica*, um termo que expressa a incapacidade dos hemisférios de trocar informações. Sperry e seus colaboradores tiraram partido dessa síndrome, desenvolvendo um modo eficiente de lateralizar estímulos, isto é, de fazê-los incidir exclusivamente sobre um dos hemisférios. Tornou-se possível então apresentar a cada hemisfério separadamente cálculos matemáticos, figuras tridimensionais para montar mentalmente, imagens com conteúdo emocional e toda sorte de estímulos. Além do sistema visual, estímulos auditivos lateralizados podem ser apresentados de forma simultânea por meio de fones de ouvido, e estímulos somestésicos, apresentados às mãos*. A resposta do hemisfério esquerdo é aferida por meio da fala ou da mão direita, e a do hemisfério direito por meio de ações da mão esquerda.

---

* *O sistema visual é o mais favorável, porque é o único que lateraliza completamente os estímulos projetados nos hemicampos visuais em cada um dos hemisférios. Nos demais, as projeções ipsilaterais impedem a lateralização completa*

▶ **Figura 19.21.** *No experimento que revelou a síndrome de desconexão inter-hemisférica, a paciente com o corpo caloso seccionado olha fixamente para uma tela (**A**) onde o pesquisador projeta estímulos muito breves (milissegundos). Depois (**B**), é solicitada a dizer oralmente o que viu e apontar o mesmo com a mão esquerda. Por que as respostas são diferentes?*

Foi possível, assim, revelar as especialidades de cada hemisfério. E não só isso: foi possível revelar que as comissuras são responsáveis por unificar os campos sensoriais, especialmente os dois hemicampos visuais, e é delas também a responsabilidade de sincronizar o processamento funcional de ambos os hemisférios. Ao falar alguma coisa, por exemplo, simultaneamente veiculamos informação cognitiva e afetiva, e isso resulta da atividade coordenada de ambos os hemisférios por meio das comissuras: a fala associada à prosódia. Finalmente, o trabalho de Sperry provocou uma intensa discussão de interesse filosófico. Se temos dois hemisférios e eles são diferentes, será que isso significa que temos dois cérebros? E, se temos dois cérebros, isso significa que temos duas mentes?

Um trabalho intrigante a esse respeito foi realizado recentemente por um grupo de pesquisadores norte-americanos, do qual participou Michael Gazzaniga, um neuropsicólogo da equipe original de Sperry. O estudo foi feito com o paciente comissurotomizado JW, que já conhecia o grupo há bastante tempo. A pergunta que os pesquisadores fizeram foi a seguinte: se um dos hemisférios é melhor para reconhecer faces de pessoas, qual deles será melhor para reconhecer a nossa própria face, ou seja, qual deles seria o responsável pelo autorreconhecimento, ou reconhecimento da identidade pessoal? Para o estudo, fotos digitais de JW e de Michael Gazzaniga foram manipuladas por computação gráfica, de modo a adquirir 10% de características do outro, depois 20%, 30% e assim por diante, até a imagem de um se transformar na imagem do outro (Figura 19.22A). As fotos eram então apresentadas a JW seguindo a técnica de Sperry, e ele tinha que responder quem era: ele mesmo ou Michael Gazzaniga? Os resultados indicaram que o hemisfério esquerdo era melhor para reconhecer a si próprio e o hemisfério direito era melhor para reconhecer outras pessoas (Figura 19.22B). Podemos concluir que a nossa identidade pessoal é guardada no hemisfério esquerdo?

O estudo da especialização hemisférica não se restringiu aos indivíduos com o cérebro dividido. Afinal, não se pode esquecer de que eles são doentes epilépticos graves e que talvez as funções que eles revelam nos experimentos de Sperry e Gazzaniga não sejam inteiramente normais. Outros estudos foram feitos com indivíduos normais, sempre utilizando estímulos lateralizados. A forma de revelar a especialização hemisférica, neste caso, tem de ser diferente, porque os indivíduos normais dispõem de comissuras que distribuem a informação para o hemisfério oposto. Para contornar essa dificuldade, utiliza-se a cronometria mental[G]. Quando um hemisfério processa uma informação que recebe diretamente, e ele mesmo comanda a resposta (neste caso geralmente manual), o tempo de reação do indivíduo tende a ser mais curto do que quando ele a recebe do hemisfério oposto. A diferença é atribuída ao tempo de passagem pelas comissuras. Nos últimos anos, as técnicas de imagem morfológicas e funcionais, bem como os métodos de registro eletro e magnetofisiológico, foram empregados em indivíduos normais para identificar a existência de assimetrias hemisféricas associadas aos estudos morfológicos tradicionais realizados em cérebros de indivíduos falecidos. Os resultados, de um modo geral, confirmaram e ampliaram os resultados originalmente obtidos por Sperry e seus colaboradores.

▶ Os Hemisférios Não São Iguais

Os experimentos utilizando pessoas com o cérebro dividido, complementados com os que empregam indivíduos normais, revelaram que as especialidades dos hemisférios podem ser bem diferentes (Figura 19.23). Revelaram, também, que raramente a especialização hemisférica significa exclusividade funcional. O hemisfério esquerdo controla a fala em mais de 95% dos seres humanos, mas isso não quer dizer que o direito não participe: ao contrário, é a prosódia do hemisfério direito que confere à fala nuanças afetivas essenciais para a comunicação interpessoal. O hemisfério esquerdo é melhor na realização mental de cálculos matemáticos, no comando da escrita e na compreensão dela pela leitura. O hemisfério direito, por outro lado, é melhor na percepção de sons musicais e no reconhecimento de faces. O hemisfério esquerdo participa também do reconhecimento de faces, mas sua especialidade é descobrir precisamente quem é o dono de cada face (sobretudo se for o próprio indivíduo).

Da mesma forma, o hemisfério direito é especialmente capaz de identificar categorias gerais de objetos e seres vivos (livros, cães), mas é o esquerdo que detecta as categorias específicas (um exemplar de *Cem Bilhões de Neurônios?*, um pastor alemão). O hemisfério direito é melhor na detecção de relações espaciais, particularmente as relações métricas, quantificáveis, aquelas que são úteis para o nosso deslocamento no mundo (estou a que distância do carro da frente?). O hemisfério esquerdo não deixa de participar dessa função, mas é melhor no reconhecimento de relações espaciais categoriais, qualitativas (acima de, abaixo de, dentro, fora...). Finalmente, não vamos esquecer as habilidades motoras: o hemisfério esquerdo produz movimentos mais precisos da mão e da perna direitas (na maioria das pessoas) do que o hemisfério direito é capaz de fazer com a mão e a perna esquerdas.

Talvez a principal generalização que se possa fazer dos estudos que revelaram as especialidades funcionais dos hemisférios seja a de que o hemisfério direito percebe e comanda funções globais, categoriais, enquanto o esquerdo se encarrega das funções mais específicas. De certo modo, essas diferentes especialidades baseiam-se em diferentes estratégias de operação que, no final das contas, podem ser devidas à segregação lateral de neurônios e circuitos com distintos modos de funcionamento.

A LINGUAGEM E OS HEMISFÉRIOS ESPECIALISTAS

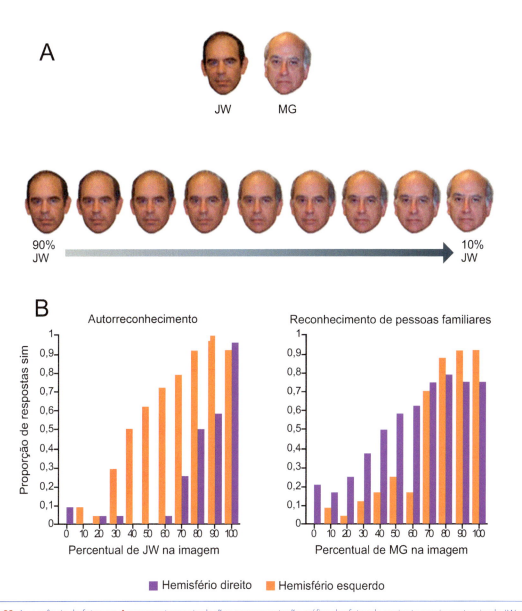

▶ **Figura 19.22.** A sequência de fotos em **A** representa manipulações por computação gráfica das fotos do paciente comissurotomizado JW e do pesquisador Michael Gazzaniga (MG), de modo a adicionar características de MG à foto de JW, de 10% em 10%, da esquerda para a direita. Os gráficos em **B** mostram que JW identifica a si próprio usando o hemisfério esquerdo, mesmo quando a sua foto só tem 30% de suas características (gráfico à esquerda), enquanto o oposto ocorre quando JW emprega o hemisfério direito (gráfico à direita). Modificado de Turk DJ et al. *Nature Neuroscience*. 2002;5:841-842.

Observe a Figura 19.24. Ela representa um quadro famoso do pintor espanhol Salvador Dalí. À primeira vista você identifica pessoas no centro da tela, observadas por uma mulher no primeiro plano à esquerda. As pessoas estão de pé em uma construção incompleta, e a mulher de torso nu se apoia em uma mesa com dois objetos. Essa descrição provavelmente lhe basta para uma percepção do quadro, mas, se você observar novamente com cuidado, o grupo de pessoas bem no centro subitamente se transforma em um rosto humano, o busto de Voltaire! É preciso um outro olhar para perceber isso.

Na observação do quadro de Dalí você utilizou duas estratégias de percepção: a primeira foi mais específica (ou analítica), a segunda, mais global (ou holística). Possivelmente o hemisfério esquerdo participou mais da primeira estratégia, enquanto o direito predominou na segunda. Evidência desses diferentes modos de operação dos hemisférios foi obtida por psicólogos empregando estímulos linguísticos ou pictóricos apresentados a pacientes com grandes lesões do hemisfério direito e a outros com lesões do hemisfério esquerdo. Os pacientes eram solicitados a observar um desenho e depois a copiá-lo numa folha de papel. Os que tinham apenas o hemisfério esquerdo funcionante representavam apenas os detalhes do desenho, ou seja, os componentes miúdos de uma figura maior. O contrário ocorria com os pacientes que tinham apenas o

Neurociência das Funções Mentais

▶ **Figura 19.23.** Os hemisférios são especializados, o que significa que participam das mesmas funções de modo diferente. O conceito de especialização superou o conceito antigo de dominância, pelo qual um dos hemisférios faria tudo, sendo o outro apenas uma "reserva técnica" coadjuvante.

hemisfério direito funcionante: detectavam a configuração global, mas não os detalhes. Desse e de outros experimentos semelhantes surgiu a hipótese de que talvez predominem no hemisfério esquerdo neurônios detectores de frequências espaciais[G] mais altas, capazes de detectar estímulos finos e pequenos. No hemisfério direito predominariam detectores de frequências espaciais mais baixas, melhores para perceber os estímulos maiores.

Além das assimetrias perceptuais e linguísticas, as assimetrias comportamentais também refletem a especialização dos hemisférios cerebrais. De todas, a mais conhecida é a preferência manual.

A maioria dos seres humanos (95% ou mais) é destra, ou seja, prefere utilizar a mão direita para as tarefas motoras de maior precisão. A minoria é de canhotos e uma proporção ainda menor é constituída de ambidestros (Quadro 19.3). Além da preferência manual, há uma preferência para uso dos pés, outra para uso dos olhos, e elas não estão necessariamente relacionadas. Da mesma forma, não parecem estar relacionadas a preferência manual e a lateralidade linguística. É verdade que a maioria dos destros tem a linguagem representada no hemisfério esquerdo, mas a maioria dos canhotos também... Apenas uma proporção pequena dos canhotos tem a representação linguística situada no hemisfério direito, e uma proporção menor ainda tem linguagem bilateral.

Muitos mamíferos (ratos, gatos, macacos) apresentam também preferência de uso de uma das patas em detrimento da outra. No entanto, na população como um todo, a distribuição dessa assimetria é aleatória: metade dos indivíduos usa mais a pata esquerda, enquanto a outra metade prefere a pata direita.

A preferência manual humana reflete a diferença de estratégias funcionais dos hemisférios. Quando fazemos a ponta em um lápis, por exemplo, usamos uma das mãos para segurá-lo (movimento de pequena precisão) e a outra para cortar a madeira com o canivete (movimento de maior precisão). A mão que segura o lápis é comandada pelo hemisfério direito (mesmo na maioria dos canhotos), e a mão que faz a ponta é comandada pelo hemisfério esquerdo. A diferença de estratégias para o comando manual é também evidenciada num fenômeno estranho que se observa em

A Linguagem e os Hemisférios Especialistas

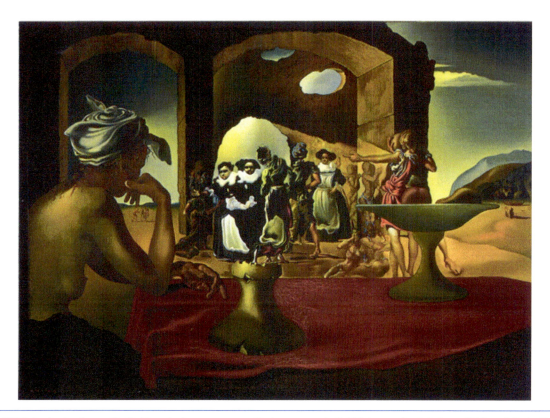

▶ **Figura 19.24.** A primeira observação do *Mercado de escravos com o busto evanescente de Voltaire*, quadro pintado em 1940 por Salvador Dalí (1904-1989), revela a estratégia perceptual do hemisfério esquerdo. Um segundo olhar mais cuidadoso revela a estratégia do hemisfério direito. Óleo sobre tela, Museu Salvador Dali, St. Petersburg, EUA.

alguns indivíduos com o cérebro dividido: o conflito intermanual. Na ausência de comunicação entre os hemisférios, as mãos "não se entendem": iniciam movimentos opostos, à revelia do indivíduo. Uma das mãos pega uma caneta para escrever, mas a outra a intercepta, retira a caneta e a coloca de volta sobre a mesa!

Uma dificuldade para o estudo da determinação neurobiológica das assimetrias comportamentais é que elas são suscetíveis a influências ambientais. Os jogadores de futebol, por exemplo, podem ser treinados a utilizar os dois pés para chutar, embora originalmente prefiram utilizar um deles. As crianças canhotas de antigamente muitas vezes se tornavam destras, forçadas pelos pais, que acreditavam ser a mão direita necessariamente mais hábil e precisa que a esquerda.

A constatação da existência de assimetrias funcionais e comportamentais tem levado os pesquisadores a buscar também assimetrias morfológicas nas regiões de função lateralizada. Uma primeira grande assimetria que se pode observar é uma diferença geral de forma entre o hemisfério esquerdo e o direito na maioria das pessoas. Olhando de cima, o hemisfério direito se projeta mais à frente que o esquerdo, e este, por sua vez, parece mais alongado caudalmente. É como se tivesse havido uma torção anti-horária em torno de um ponto central na linha média. Essa assimetria ficou conhecida como *torque de Yakovlev*, em homenagem ao neuroanatomista russo-americano Paul Yakovlev (1894-1983). Alguns trabalhos têm relacionado a magnitude do torque de Yakovlev com assimetrias morfológicas e funcionais, incluindo a preferência manual e até a gagueira.

As evidências, entretanto, são controvertidas. Tanto para a correlação das assimetrias morfológicas detectadas com as especializações funcionais como para a própria existência das primeiras. Entre as assimetrias mais aceitas, está o caso das regiões de representação das funções linguísticas, que parecem ter realmente uma forma assimétrica. De início, analisou-se a morfologia macroscópica dos hemisférios, encontrando-se uma diferença na conformação do sulco lateral de Sylvius. No hemisfério esquerdo de indivíduos destros, esse sulco é mais reto, enquanto no direito apresenta uma curvatura para cima. A seguir fez-se uma comparação entre o *planum temporale* do lado esquerdo e o do lado direito em 100 cérebros de indivíduos destros. A maioria (65%) apresentou o *planum* esquerdo maior que o direito, 11% tinham o direito maior que o esquerdo e 24% apresentavam os dois lados iguais. Análise morfométrica de uma das áreas citoarquitetônicas (temporal posterior, ou Tpt) situadas dentro da área de

Neurociência das Funções Mentais

Neurociência do Cotidiano

Quadro 19.3
Alegrias e Dores de Ser Canhoto*

Atualmente nada há de especial em ser canhoto, mas houve época em que esses membros da nossa espécie eram considerados... estranhos. Na língua portuguesa, sinistro tem duplo significado: aquele que prefere utilizar a mão esquerda (canhoto) e pessoa estranha, malévola. Mais modernamente, os sinistros foram reabilitados: a palavra ganhou uma conotação superlativamente positiva! Sinistro!! Canhotos famosos talvez tenham contribuído para desmentir essa crença sem sentido: Leonardo da Vinci, Marie Curie, Pelé, Paul McCartney...

Os seres humanos são a única espécie com preferência manual majoritária para um lado: 90% entre nós são destros. Qual a razão, não se sabe, mas a questão é foco de intensa curiosidade dos neurocientistas, porque remete à especialização entre os hemisférios cerebrais, reconhecida como um caminho da evolução que resultou em racionalização do espaço e das funções neurais.

Trabalho publicado por um grupo de pesquisadores da Universidade de Oxford, na Inglaterra, debruçou-se sobre a genética da preferência manual, a lateralidade da atividade cerebral e, mais ainda, sua relação com a incidência de doenças.

O grupo fez um estudo genômico com mais de 350 mil participantes, entre eles 38 mil canhotos. Os pesquisadores mapearam os genes relacionados exclusivamente com os canhotos e os relacionaram com registros médicos, questionários sobre estilo de vida e métricas cognitivas. Identificaram 4 genes ligados à preferência manual esquerda: 3 deles expressam moléculas ligadas ao desenvolvimento dos circuitos neurais.

Imagens do cérebro de quase 10 mil desses participantes indicaram diferenças na estrutura cerebral da substância branca do cérebro dos canhotos, ou seja, dos feixes de fibras nervosas encarregadas da conectividade entre a rede neural da linguagem, a chamada rede neural padrão (ativa durante o pensamento não direcionado), e uma outra encarregada de identificar estímulos relevantes para o foco atencional. Tudo bem, é possível então identificar maior conectividade funcional entre os hemisférios cerebrais dos canhotos no que se refere à linguagem e menor conectividade nas outras duas redes citadas, mas o que isso tem a ver com o desempenho do cérebro e da mente dos amigos canhotos?

A questão é que um desses genes em particular, que atende pelo críptico nome de rs199512, participa dos processos de formação de circuitos anômalos durante o desenvolvimento cerebral dos pacientes com esquizofrenia. De fato, sabe-se, por estudos envolvendo grande número de participantes, que a não destralidade é muito mais comum em esquizofrênicos. O mesmo gene que define a preferência manual à esquerda participa das anomalias do desenvolvimento de circuitos neurais nesses pacientes.

A boa notícia é que esses genes dos canhotos têm correlação fortemente negativa com a doença de Parkinson e correlação tendencialmente negativa com a anorexia nervosa e o transtorno bipolar.

Canhotos, não desesperem. Este é apenas um estudo de correlação: revela maior probabilidade de esquizofrenia e menor probabilidade de Parkinson entre vocês. O que significa dizer que nós, destros, podemos ter menor chance de desenvolver esquizofrenia, mas temos maior possibilidade de apresentar a doença de Parkinson.

Relevante no estudo é a relação entre genes, proteínas do neurodesenvolvimento e doenças psiquiátricas. Pesquisas futuras poderão abordar essa relação para estabelecer por quais mecanismos essas doenças são determinadas durante o desenvolvimento cerebral.

▶ **Figura.** *Mãos Desenhando*, gravura de Maurits Escher (1898-1972), um canhoto como Michelangelo, Albert Einstein, Maradona... Provável portador do gene rs199512. Reprodução.

Referência
Wilberg A. et al. Handedness, language areas and neuropsychiatric diseases: insights from brain imaging and genetics. Brain. 2019;142:2938-2947.

* Texto baseado em artigo originalmente publicado em O Globo Online em 19/9/2019

A LINGUAGEM E OS HEMISFÉRIOS ESPECIALISTAS

Wernicke mostrou também maiores dimensões à esquerda do que à direita. O mesmo foi feito na área 44, que faz parte da área de Broca, com iguais resultados. Assim, ao que parece, a especialização linguística dos hemisférios é acompanhada pela assimetria morfológica das áreas correspondentes. Não se sabe, entretanto, se essas assimetrias são causadas por maior número de neurônios, de sinapses, de circuitos neurais ou de outros elementos do tecido. Nem se são de origem genética ou adquiridas pela interação com o ambiente.

Glossário

Citoarquitetonia: conjunto de características morfológicas de cada região do sistema nervoso central resultantes da combinação de critérios citológicos e histológicos.

Comissura: feixe de fibras nervosas que conecta de modo antiparalelo duas regiões aproximadamente homotópicas do encéfalo. Difere de decussação, que é um local de cruzamento oblíquo de fibras ascendentes ou descendentes.

Cronometria mental: técnica de estudo de funções mentais baseada na medida do tempo de reação que o sujeito exibe depois de ser exposto a um problema que o experimentador lhe propõe. Maiores detalhes no Capítulo 17.

Curva de onda: representação gráfica da frequência de um som (na ordenada) contra o tempo (na abscissa). Utilizada geralmente para sons simples.

Epilepsia: doença de causas variadas que provoca hiperexcitabilidade de uma certa região do cérebro e, com isso, sintomas de exacerbação funcional da região. No caso de atingir o córtex motor, ocorrem convulsões.

Espectrograma: representação gráfica das frequências de um som complexo (na ordenada) contra o tempo (na abscissa). Utilizado geralmente para sons verbais: fonemas, palavras ou frases faladas.

Feromônios: substâncias voláteis que certos animais emitem para demarcar o território, atrair o sexo oposto e/ou aca-

salar. Geralmente são percebidas por outros indivíduos inconscientemente. Maiores detalhes no Capítulo 10.

Frequência espacial: grandeza que descreve o número de elementos de um estímulo visual distribuídos em uma unidade de espaço. Uma grade desenhada, por exemplo, tem uma frequência de x linhas paralelas por metro.

Gene imediato: tipo de gene cuja expressão é rápida e transitória, associada a uma determinada ativação funcional.

Laringe: região de transição entre a traqueia e a faringe, onde ficam as cordas vocais.

Léxicon: conjunto de palavras reunidas em alguma ordem; dicionário.

PET: sigla em inglês para tomografia de emissão de pósitrons, um método de obtenção de imagens que representam o fluxo sanguíneo cerebral das regiões mais ativas.

Promediação: técnica de cálculo da média de ativação cerebral em cada ponto realizada por sucessivas repetições da mesma imagem. Serve para diminuir a atividade espontânea aleatória do tecido nervoso.

Resolução: capacidade de distinção de detalhes, seja nas dimensões espaciais (resolução espacial), seja na dimensão temporal (resolução temporal).

Leia Mais

▶ Leitura Básica

Dehaene S. *Os neurônios da leitura*. Porto Alegre: Penso, 2012. 374 pp.

Kuhl PK, Damasio AR. A linguagem. (In: Kandel ER et colsal., (orgs.) *Princípios de Neurociências*. 5ª ed. trad. Porto Alegre: McGraw-Hill-Artmed, 2014. p. 1179-1195.

Bear MF, Connors BW, Paradiso MA. Linguagem. Capítulo 20 de *Neurociências – Desvendando o Sistema Nervoso*. 4ª ed. trad. Porto Alegre: Artmed, 2017. p. 685-717. Texto resumido dedicado apenas à linguagem.

▌Leitura Complementar

Clássicos

Broca P. Remarques sur le siège de la faculté du langage articulé, suivies d'une observation d'aphémie (perte de la parole). *Bulletin de la Societé Anatomique de Paris*. 1861;6:330-357.

Geshwind N. The organization of language and the brain. *Science*. 1965;170:940-944.

Sperry RW, Gazzaniga MS, Bogen JE. Interhemispheric relationships: the neocortical commissures; syndromes of hemisphere disconnection. In: Vinken PJ, Bruyn GW. (orgs.) *Handbook of Clinical Neurology*. Amsterdam, Holanda: North-Holland, 1969. vol. 4, p. 273-290.

Kutas M, Hillyard SA. Reading senseless sentences: Brain potenctials reflect semantic incongruity. *Science*. 1980;207:203-205.

Gazzaniga MS. Principles of human brain organization derived from split-brain studies. *Neuron*. 1995;14:217-228.

Caramazza A. The brain's dictionary. *Nature*. 1996;380: 485-486.

Posner MI e Abdullaev YG. Dévoiler la dynamique de la lecture. *La Recherche*. 1996;289:66-69.

Recentes

Dehaene S, Cohen L, Morais J, Kolinsky R. Illiterate to literate: behavioural and cerebral changes induced by reading acquisition. *Nature Reviews. Neuroscience*. 2015;16:234-244.

Hagoort P. The neurobiology of language beyond single-word processing. *Science*. 2019;366:55-58.

Buchweitz A, Costa AC, Toazza R, de Moraes AB, Cara VM, Esper NB, et al. Decoupling of the occipitotemporal cortex and the brain's default-mode network in dyslexia and a role for the cingulate cortex in Good readers: A brain imaging study of Brazilian children. *Developmental Neuropsychology*. 2019;44:146-157.

Dick AS, Garic D, Graziano P, Tremblay P. The frontal aslant tract (FAT) and its role in speech, language and executive function. *Cortex*. 2019;111:148-163.

Crinnion AM, Malmskog B, Toscano JC. A graph-theoretic approach to identifying acoustic cues for speech sound categorization. *Psychonomic Bulletin Review* 2020; 27:1104-1125.

Sanfilippo J, Ness M, Petscher Y, Rappaport I, Zucherman B, Gaab N. Reintroducing dyslexia: Early identification and implications for pediatric practice. *Pediatrics*. 2020;146:e20193046.

Mutaf-Yildiz B, Sasanguie D, De Smedt B, Reynvoet B. Probing the relationship between home numeracy and children's mathematical skills: A systematic review. *Frontiers in Psychology*. 2020;11:2074.

Budisavljevic S, Castiello U, Begliomini C. Handedness and white matter networks. *Neuroscientist*. 2020. Doi:10.1177/1073858420937657.

Güntürkün O, Strökens F, Ocklenburg S. Brain lateralization: A comparative perspective. *Physiological Reviews*. 2020;100:1019-1063.

Esteves M, Ganz E, Sousa N, Leite-Almeida H. Asymmetrical brain plasticity: Physiology and pathology. *Neuroscience*. 2020;3:S0306-4522.

Vallortigara G, Rogers LJ. A function for the bicameral mind. *Cortex*. 2020;124: 274-285.

Labache L, Mazoyer B, Joliot M, Crivello F, Hesling I, Tzourio-Mazoyer N. Typical and atypical language brain organization base don intrinsic connectivity and multitask functional asymmetries. *Elife*. 2020;16:e58722.

Sammler D, Elmer S. Advances in the neurocognition of music and language. *Brain Sciences*. 2020:10:509.

20

Mentes Emocionais, Mentes Racionais
As Bases Neurais da Emoção e da Razão

Menino enfermo, de Lasar Segall (1923), óleo sobre tela

Saber o Principal

Resumo

Emoção e razão são as funções mais complexas de que o cérebro humano é capaz. Nossa vida do dia a dia ativa operações mentais que envolvem sempre uma e outra, às vezes mais uma do que a outra, mas sempre ambas interligadas. Apesar disso, os mecanismos neurais que lhes correspondem são diferentes.

As emoções são muitas e difíceis de classificar. Envolvem sempre três aspectos: (1) um sentimento, que pode ser positivo ou negativo; (2) comportamento, ou seja, reações motoras características de cada emoção; e (3) ajustes fisiológicos correspondentes. As regiões neurais envolvidas são geralmente reunidas em um conjunto denominado sistema límbico, que agrupa regiões corticais e subcorticais situadas sobretudo, mas não exclusivamente, nos setores mais mediais do encéfalo.

As emoções negativas são mais conhecidas do que as positivas. A primeira delas é o medo, uma experiência subjetiva que surge quando algo nos ameaça e que provoca em nós comportamentos de fuga ou luta, além de ativar o sistema nervoso autônomo, de modo a garantir o dispêndio súbito de energia que se segue. Quando o medo se prolonga e se torna crônico, o indivíduo entra em ansiedade e estresse. Outra emoção importante é a raiva, que surge frequentemente como mecanismo de defesa, outras vezes apenas como um meio de garantir a sobrevivência do indivíduo e da espécie. Assim, as presas podem agredir o predador para se defender, mas este agride as presas para alimentar-se. Ambos podem agredir seus semelhantes como meio de estabelecer hierarquias sociais, defender o seu território e disputar as fêmeas para a reprodução. Algo parecido ocorre com os seres humanos, no entanto modulado pela razão e as construções sociais. Uma região do lobo temporal desempenha o papel de botão de disparo das emoções: a amígdala. Sua função é receber as informações sensoriais e subjetivas provenientes do córtex e do tálamo, filtrá-las para avaliar sua natureza emocional e comandar as regiões responsáveis pelos comportamentos e ajustes fisiológicos adequados (no hipotálamo e no tronco encefálico). As emoções positivas são menos conhecidas: podemos defini-las subjetivamente, e apenas em anos recentes a Neurociência tem começado a atribuir-lhes uma base neural. Trata-se do sentimento de prazer e bem-estar, derivado geralmente de alguma percepção sensorial (auditiva, tátil e outras) e que provoca – tanto quanto as emoções negativas – comportamentos específicos e manifestações fisiológicas correspondentes.

A razão (ou cognição) envolve também muitas operações mentais difíceis de definir e classificar. Raciocínio, resolução de problemas, cálculo mental, formulação de objetivos e planos de vida, ajuste social do comportamento e muitas outras. Tudo indica que o córtex pré-frontal é a principal região envolvida. Uma parte dele recebe as informações correntes, armazenando-as transitoriamente como engramas operacionais (córtex pré-frontal ventrolateral). Outra parte (pré-frontal dorsolateral) manipula as informações desse tipo de memória. Outra ainda (o córtex pré-frontal ventromedial) toma essas informações e as compara com aquelas disponíveis na memória de longa duração, como os objetivos de vida (de curto, médio ou longo prazos): o resultado é o planejamento das ações necessárias para concretizá-los. Uma região ventral chamada córtex orbitofrontal encarrega-se do ajuste social das ações e das emoções correspondentes. E, finalmente, uma quinta parte (o córtex cingulado anterior) influi sobre as duas primeiras, de modo a focalizar a atenção cognitiva, permitindo a seleção das informações relevantes a cada passo.

Você sabe definir "emoção"? E "razão"? Ao tentar, provavelmente cairá em um raciocínio circular como encontramos nos dicionários: "emoção é um abalo afetivo", ou "razão é raciocínio, julgamento". O mesmo acontece com "inteligência": é a capacidade que cada pessoa tem de juntar razão e emoção para lidar com tudo na vida... Utilizamos conceitos desse tipo a todo momento: sabemos perfeitamente o que são, mas não sabemos defini-los bem.

Não se incomode: os neurocientistas têm igual dificuldade em definir esses aspectos tão importantes da mente humana. Por isso adotam definições operacionais como a seguinte: razão* e emoção são operações mentais acompanhadas de uma experiência interior característica capazes de orientar o comportamento e realizar os ajustes fisiológicos necessários. Inteligência é a habilidade de realizar com eficiência essas operações mentais. Duas observações: primeiro, permanece sem definição a tal "experiência interior". Segundo, enquanto o exercício da emoção quase se confunde com as suas manifestações fisiológicas, o exercício da razão não tem necessariamente uma repercussão orgânica observável ("livre pensar é só pensar", disse Millôr Fernandes).

Mesmo sem definição precisa, você sabe, a partir do seu próprio dia a dia, em que consistem essas categorias mentais. Às vezes precisa se preparar para uma prova muito importante e para isso planeja cuidadosamente os seus atos. Compra um livro novo, desmarca compromissos, organiza suas notas de aula, lê, escreve, estuda em grupo. Memoriza, raciocina, ensaia. Quer dizer: faz pleno uso da razão, seguindo a sua inteligência. Na véspera da prova tenta dormir cedo, só que a ansiedade bate e o sono demora a chegar. No dia D, na hora H, o coração dispara, a boca fica seca e você sua frio. A custo se controla, mas no fim dá tudo certo: você se concentra, seu raciocínio flui, você responde à maioria das questões e avança no curso. Bem, nem sempre a história tem esse final feliz, mas todas as variantes possíveis apresentam momentos em que predomina a razão, e outros em que predomina a emoção.

Na verdade, razão e emoção são aspectos genéricos de um mesmo contínuo e expressam as mais sofisticadas propriedades do cérebro humano. Como parte desse contínuo podemos destacar, no extremo racional, operações como o pensamento lógico, o cálculo mental e a resolução de problemas; na ponta emocional, o medo, a agressividade e o prazer. No meio, uma infinidade de possibilidades: o comportamento socialmente determinado (ajuste social), a apreciação e a criação artística, a tomada de decisões, o planejamento de ações futuras, e assim por diante.

Esse contínuo infinito é o que chamamos mente. Ao longo da História, os filósofos e os cientistas debateram se

existe e qual seria o "órgão da mente". Os antigos apostavam no coração, um órgão "quente", consistente e pulsátil, que fica bem no meio do corpo. Seguindo essa concepção é que os antigos egípcios, ao preparar os cadáveres para mumificá-los, mantinham cuidadosamente o coração no tórax, mas eliminavam o cérebro aspirando-o pelo nariz. Aos poucos, no entanto, o cérebro foi se firmando, apesar de "frio", gelatinoso e imóvel. Hoje não há dúvida de que existe uma forte relação entre a mente e o cérebro, embora se debata ainda intensamente se um "produz" o outro ou é produzido por ele, ou, então, se ambos têm existência relacionada, porém independente.

MENTES EMOCIONAIS

A emoção, como propõe a nossa definição operacional, é uma experiência subjetiva acompanhada de manifestações fisiológicas e comportamentais detectáveis. A existência dessa expressão exterior, mensurável, da experiência emocional permite que ela seja analisada mais facilmente com os métodos da Neurociência. Nos seres humanos, a descrição do componente subjetivo de uma emoção é de difícil controle, já que apenas o próprio indivíduo tem acesso a ele e os demais não podem realizar uma verificação confiável de veracidade ou exatidão. É possível, no entanto, analisar uma emoção acompanhando suas manifestações orgânicas e comportamentais e, além disso, realizar o registro da atividade cerebral por meio de imagem ou de traçados eletro ou magnetofisiológicos. Em animais experimentais, evidentemente, não há possibilidade de contar com "descrições subjetivas", mas pode-se estabelecer um paralelo entre as manifestações fisiológicas e comportamentais que eles apresentam em certas situações e as vivências interiores relatadas por homens e mulheres em circunstâncias semelhantes.

A observação dos animais para o estudo científico das emoções foi inaugurada por Charles Darwin (1809-1882) com um livro especialmente dedicado a esse tema: *A expressão das emoções no homem e nos animais*. Darwin observou semelhanças entre indivíduos de diferentes espécies na expressão comportamental de emoções como a raiva. Analisou as expressões faciais e os movimentos corporais e concluiu que esses comportamentos têm uma determinação inata, sofrendo evolução do mesmo modo que as demais características biológicas das espécies. Se a expressão das emoções (pelo menos algumas...) é inata e conserva-se ao longo da evolução, é porque tem utilidade para a vida dos animais, isto é, tem valor adaptativo para garantir a sobrevivência dos indivíduos e da sua espécie.

De fato, podem-se admitir três grandes "utilidades" para as emoções: (1) a sobrevivência do indivíduo; (2) a sobrevivência da espécie; e (3) a comunicação social. A sobrevivência do indivíduo é um caso de vida ou morte: um

---

* *A razão é muitas vezes chamada também* cognição.

animal predador só sobrevive se exercer com competência os comportamentos de agressão para dominar e matar a presa. Esta, por sua vez, depende de comportamentos defensivos de ameaça ou disfarce para paralisar e afugentar o inimigo, ou de reações de medo que possibilitem a fuga. Esse delicado equilíbrio comportamental entre presas e predadores permite que uma proporção razoável de indivíduos de ambos os grupos sobreviva até a idade reprodutiva, portanto está ligado também à sobrevivência da espécie. Aqueles que chegam à vida adulta, sobrevivendo como indivíduos, precisam também garantir a sobrevivência da espécie mediante a reprodução, e para isso exibem os comportamentos emocionais apropriados. Na maioria dos animais, os machos disputam as fêmeas, criando uma hierarquia de dominância e submissão entre indivíduos da mesma espécie e delimitando territórios restritos para as fêmeas e os filhotes, em ambos os casos com exibições explícitas de agressividade. Esses comportamentos – e outros de corte e apresentação sexual – representam uma espécie de linguagem, ou seja, um meio de comunicação social que orienta o comportamento de todos os indivíduos. A expressão emocional como forma de comunicação social adquiriu grande importância nos seres humanos, cujo repertório comportamental ultrapassou em muito o estreito vínculo com as atividades de sobrevivência.

Esse forte vínculo biológico entre emoções e sobrevivência é muito nítido entre os animais, particularmente na emoção que chamamos *raiva*, que produz comportamentos de agressão, e na emoção que chamamos *medo*, causadora de comportamentos de ameaça ou fuga. Essas duas emoções básicas, como sabemos, existem também no homem.

▶ Quais Emoções?

As emoções humanas não se restringem à raiva e ao medo (Quadro 20.1). Quais seriam então as demais emoções? Podemos identificar pares de emoções opostas, como alegria e tristeza, amor e ódio, mas também experiências únicas para as quais não há opostos claros: encantamento, agonia, desprezo, desespero, pânico, inveja e tantas outras. Essa diversidade dificulta classificá-las: elas pouco têm em comum. Pode-se dizer que algumas têm valor positivo, e por isso os comportamentos que suscitam tendem a ser repetidos. Outras têm valor negativo, e os comportamentos que provocam visam a eliminá-las. Positivas ou negativas, as diferentes emoções podem provocar comportamentos motivados (Capítulo 15), o que leva alguns autores a considerarem que o único elemento comum entre elas é o *reforço*, isto é, um estímulo positivo (prazeroso) ou negativo (desagradável) que resulta na motivação por prolongar ou interromper a experiência emocional.

Quando o reforço é positivo, chama-se recompensa ou estímulo apetitivo, e quando é negativo denomina-se punição ou estímulo aversivo. Como veremos adiante (também em outros capítulos), muitos comportamentos de animais utilizados pelos psicólogos experimentais se baseiam no condicionamento para estímulos apetitivos ou aversivos. O animal aprende a realizar repetidamente uma determinada tarefa em troca de uma recompensa (um pedaço de alimento, por exemplo) ou aprende a esquivar-se ativamente de algo que lhe causa desprazer (um choque elétrico, por exemplo). Em ambos os casos ele pode associar os estímulos causadores diretos dessas emoções (incondicionados) a outros que normalmente não as provocam (estímulos condicionados).

Desse modo, de acordo com o reforço, podemos considerar dois grupos de emoções: as *positivas* (que provocam prazer) e as *negativas* (que provocam desprazer). O medo, a ansiedade e o estresse são emoções negativas, talvez graus diferentes de uma mesma experiência emocional. A raiva, que pode provocar agressão, é também uma emoção negativa, bem como a tristeza, que pode causar depressão. Entre as emoções positivas estão o amor e a amizade, duas experiências essencialmente humanas para as quais não há correlato seguro entre os animais. Há muitas outras emoções positivas, é claro, como o prazer de uma comida saborosa e o alívio da sede, que têm paralelos animais conhecidos; e o prazer de ouvir música e fazer um esporte, que parecem exclusivamente humanos. Veremos que as emoções negativas são mais estudadas que as positivas do ponto de vista neurobiológico, talvez porque sejam mais ricas em manifestações fisiológicas e mais decisivas para a sobrevivência dos animais, ou porque apresentam correlatos comportamentais mais claros entre animais e seres humanos.

Além da sua valência (*i. e.,* se são positivas ou negativas e quanto), podem-se classificar as emoções humanas em três grupos: as primárias ou básicas, as secundárias e as emoções de fundo (Figura 20.1). As *emoções primárias* são inatas e existem em todas as pessoas, independentemente de fatores sociais ou culturais. São as emoções que Darwin relatou em seu livro, atribuindo-lhes valor adaptativo, portanto evolutivo: alegria, tristeza, medo, nojo, raiva, surpresa. As *emoções secundárias* são influenciadas pelo contexto social e cultural: são, portanto, aprendidas, e não inatas: culpa, vergonha, orgulho e outras. Talvez você sinta vergonha de se despir em público, mas uma indígena na floresta amazônica não terá esse mesmo sentimento. Muitas vezes essas emoções são chamadas emoções morais. Por meio delas os seres humanos obedecem (ou não) às regras de comportamento que a sociedade lhes recomenda em cada local do planeta e a cada época histórica. Não devemos roubar, e indignamo-nos quando presenciamos um roubo. É recomendável ajudar alguém que esteja passando necessidade: sentimos satisfação em fazer isso. Mas, é claro, como você deve estar pensando: essas emoções não são absolutas, variando amplamente segundo a cultura das pessoas, sua origem social, suas condições de vida, o local onde vivem e muitos outros condicionantes. Finalmente, as *emoções de fundo* são uma

Mentes Emocionais, Mentes Racionais

Neurociência do Cotidiano

Quadro 20.1
O Cérebro Interfere na Emoção de Comprar*

Provavelmente, se você for a uma entrevista de emprego em um dia ensolarado, sua avaliação no RH será mais positiva do que num dia cinzento e chuvoso. Não é inevitável, é claro, mas acontece com a maioria das pessoas. Esse fenômeno é chamado pelos psicólogos de *transferência de valência emocional*. O sentimento positivo do dia ensolarado se transfere inconscientemente para o seu desempenho na entrevista.

Algo semelhante ocorre com a decisão de comprar ou não um determinado produto, influenciada pelo estado de espírito. É por isso que as vendas de camisetas dos clubes aumentam muito após uma sequência de vitórias do que na proximidade do rebaixamento.

Um grupo de neurocientistas chineses da Academia de Neuroeconomia e Neuroadministração da Universidade Ningbo decidiu estudar a transferência de valência emocional com ferramentas de registro cerebral. Os resultados são consistentes e poderão impactar o trabalho dos publicitários.

O experimento do grupo chinês consistiu no seguinte: primeiro, 21 voluntários participavam de uma competição *fake* de avaliação subjetiva de tempo. Assim: aparecia em um monitor um quadrado branco e o participante tinha que apertar uma tecla para apagar o quadrado o mais perto possível de 2 segundos, por exemplo. Aparecia para ele, então, no monitor, uma mensagem de espera, informando que um competidor estava fazendo o mesmo teste. Só que era um dos pesquisadores, que manipulava o "resultado" da competição ora dando a vitória ao participante, ora atribuindo-lhe uma derrota. Ou seja, aparecia uma tela do tipo: "Parabéns! Você apagou o quadrado em 1,92 segundo, enquanto seu concorrente o fez em 1,81 segundo!". Ou então: "Opa! Você agora ficou longe, e apagou o quadrado em 1,74 milissegundo e perdeu para o seu concorrente, que chegou a 1,98 milissegundo!".

Depois do teste de avaliação de tempo, aparecia na tela uma logomarca fictícia de fones de ouvido, desconhecida do participante. Ele tinha então que atribuir uma nota de 1 a 5 ao produto para avaliar a sua apreciação de provável comprador.

Todo o experimento era feito com eletrodos na cabeça para registrar o eletroencefalograma do participante, em particular as ondas cerebrais relacionadas com as diferentes etapas, desde o aparecimento do quadrado até o apagamento da logomarca dos fones de ouvido. Isso era feito 80 vezes por participante, com 40 vitórias e 40 derrotas frente a seu "competidor".

Resultado da séria brincadeira: na avaliação subjetiva, as marcas recebiam notas maiores quando os participantes ganhavam no teste e notas menores quando eram derrotados. E mais: as ondas relacionadas com as fases do experimento apresentavam consistentes mudanças de voltagem nas regiões cerebrais ligadas ao processamento das emoções e da atenção.

A conclusão é que a publicidade de marcas é fortemente influenciada pelo teor emocional que antecede a exposição delas. Isso pode significar, por exemplo, que quando você recebe um anúncio no seu celular durante a leitura de uma notícia, se a notícia for boa, você ficará mais favorável a adquirir o produto anunciado do que se a notícia for ruim. Inconscientemente. Você não se dá conta! E nem os anunciantes estão atentos a isso!

Também o seu estado de espírito durante o dia poderá influir na avaliação do que você irá adquirir no momento das compras; portanto, se estiver de bem com a vida, prepare-se: gastará mais no supermercado!

▶ **Figura.** O processamento cerebral das emoções influencia as decisões dos compradores.

Referência
Yu W. et al. Things become appealing when I win: Evidence of the influence of competition outcomes on brand preferences. *Frontiers in Neuroscience*. 2018;12:art. 779.

---

*Texto baseado em artigo publicado originalmente em O Globo Online em 3/10/2019.

▸ **Figura 20.1.** Uma classificação simples e prática das emoções, segundo seu caráter inato (à esquerda), social (à direita) ou de fundo (atrás).

categoria definida pelo neurologista português António Damasio e referem-se a estados gerais de bem-estar ou mal-estar, de ansiedade ou apreensão, de calma ou tensão. Você as sente de modo contínuo durante um certo período e elas influenciam as emoções primárias e secundárias que aparecem simultaneamente. Acredita-se que esses estados são relacionados com o conjunto das informações que nosso corpo veicula ao cérebro constantemente e que ativam o sistema somestésico interoceptivo ou protopático, descrito no Capítulo 7.

Essas categorias de emoções não existem de forma independente. É frequente estarem presentes ao mesmo tempo na vivência emocional de uma pessoa.

▸ A Expressão das Emoções

Quando você troca um olhar com alguém que lhe atrai, seu coração bate mais rápido, sua respiração acelera e talvez você core. São manifestações fisiológicas de uma emoção positiva. Se você fixar o olhar em alguém que a ameaça, a frequência cardíaca e a respiratória igualmente se aceleram, mas você não cora. Ao contrário, empalidece e sua frio. São os correlatos fisiológicos de uma emoção negativa. Cada emoção tem um padrão característico (mas não exclusivo) de manifestações fisiológicas, e em cada pessoa esse padrão adquire uma nuança própria e individualizada.

O que chamamos manifestações ou correlatos fisiológicos das emoções são respostas autonômicas (comandadas pelo sistema nervoso autônomo [SNA]). As respostas autonômicas de caráter emocional variam com o tipo de emoção, como vimos, e também com o indivíduo. Podem ser fracas ou inexistentes para alguns, fortes e nítidas para outros. Também podem envolver diferencialmente os sistemas cardiovascular, respiratório, digestório, urinário, endócrino e imunitário: praticamente todo o organismo.

As emoções também provocam manifestações comportamentais, ou seja, respostas motoras. Essas podem ser estereotipadas, isto é, de natureza reflexa, involuntária; ou podem ser bastante complexas, envolvendo ações voluntárias. Basta pensar como as pessoas reagem sob o impacto de uma forte emoção (primária ou secundária): podem gritar, sorrir, gesticular, chorar, correr, enfim, realizar muitos e diferentes comportamentos. Também as emoções de fundo apresentam manifestações distintas: por exemplo, a postura de um indivíduo cheio de energia e bem-estar é diferente da atitude de um deprimido. Entre as manifestações comportamentais, a expressão facial talvez seja a mais nítida e importante como sinalizadora das emoções. A troca de olhares mencionada anteriormente pode ter provocado em você uma certa expressão facial que talvez seja compreendida pelo seu interlocutor. As ações que se seguirão dependem dessa comunicação gestual, sem que seja necessária qualquer palavra.

Na verdade, desde Darwin os neurocientistas têm-se dedicado a estudar as expressões faciais como indicadores das emoções. Um pioneiro nesse tipo de estudo foi o fisiologista francês do século XIX Guillaume Duchenne de Boulogne (1806-1875), um dos primeiros a empregar a estimulação elétrica para estudos fisiológicos e a documentar fotograficamente os resultados (Figura 20.2).

As respostas autonômicas e comportamentais que ocorrem logo no início de uma emoção, diretamente correlacionadas com um estímulo disparador, são as *respostas emocionais imediatas*, mas as emoções podem durar mais e até se tornarem crônicas, seja porque os estímulos disparadores permanecem ou porque o indivíduo apresenta um transtorno afetivo. Nesse caso ocorrem *respostas prolongadas*, geralmente mantidas com o envolvimento de hormônios e do sistema imunitário. É o que acontece na ansiedade ou no estresse, situações de tensão ou medo crônicos que, quando intensas e muito prolongadas, podem causar sérios danos físicos (úlcera gástrica, por exemplo) e até a morte do indivíduo por infarto do miocárdio ou acidente vascular encefálico. Algo semelhante ocorre também na depressão endógena, uma tristeza crônica sem causa externa aparente que pode levar até ao suicídio.

Os psicofisiologistas têm utilizado os indicadores comportamentais e fisiológicos das emoções para estudar a sua base neural (Figura 20.3). Frequentemente utilizam animais normais e outros submetidos a lesões restritas do sistema nervoso, treinados a realizar tarefas sob influência emocional, e simultaneamente registram seu comportamento ou as reações autonômicas que apresentam. Também é possível realizar experimentos com seres humanos, normais ou doentes, e registrar indicadores corporais e cerebrais de suas emoções. Podemos considerar o exemplo dos experimentos realizados pela equipe de Eliane Volchan, na Universidade Federal do Rio de Janeiro. O grupo do Rio utiliza diversos indicadores: uma medida da atividade autonômica dos indivíduos (a sudorese na palma da mão, avaliada pela condutância[G] elétrica cutânea, que aumenta quando a pessoa sua); a atividade cerebral, documentada por imagens de ressonância magnética funcional; o tempo de reação para acionar um botão que indique a presença de uma imagem na tela em frente (influenciado por uma imagem previamente projetada, com forte conteúdo emocional); e outras técnicas engenhosas.

O registro da chamada "resposta galvânica[G] da pele" mede a elevação da condutância elétrica cutânea que ocorre quando aumenta a sudorese, uma das reações autonômicas das emoções. O registrador da resposta galvânica da pele é o conhecido "detector de mentiras", proposto por alguns como meio de aferir se um indivíduo acusado de um crime, confrontado com a acusação, está mentindo ou não ao afirmar sua inocência. O método é aceitável para fins experimentais, porque nesse caso se utilizam respostas médias obtidas em grupos de indivíduos, tanto animais como seres humanos. A sua utilização em casos individuais, entretanto, e ainda mais com consequências jurídicas, é bastante discutível, tendo em vista as variações encontradas entre os indivíduos. Uma pessoa "culpada" pode ser controlada o bastante para manter inalterada a produção de suor durante a sessão. Por outro lado, um indivíduo "inocente" pode apresentar um alto grau de sudorese pelo simples fato de estar exposto a essa situação de tensão e ameaça, sem que isso signifique que tenha cometido o ilícito de que é acusado.

[G] *Termo constante do glossário ao final do capítulo.*

▶ **Figura 20.2.** Guillaume Duchenne de Boulogne foi o primeiro a utilizar a estimulação elétrica transcutânea de músculos da face e documentou fotograficamente a expressão facial resultante para cada combinação muscular. Em suas fotografias históricas, ele sempre aparecia ao lado de seu sujeito experimental principal, um sapateiro de Paris.

NEUROCIÊNCIA DAS FUNÇÕES MENTAIS

Reações hedônicas (doce)

Reações aversivas (amargo)

▶ **Figura 20.3.** A expressão comportamental das emoções pode ser semelhante em diversas espécies, inclusive na humana. A série de fotos de cima representa reações hedônicas[G] de um rato, um chimpanzé e um bebê humano ao provarem uma substância doce. Já as fotos de baixo exemplificam reações aversivas provocadas por uma substância amarga. Modificado de Peciña S et al. *Neuroscientist*. 2006;12:500-511

▶ Teorias das Emoções

Uma das primeiras teorias para explicar as emoções foi elaborada, independentemente, pelo psicólogo americano William James (1842-1910) e pelo fisiologista dinamarquês Carl Lange (1834-1900) ainda no século XIX. Ambos propuseram que as emoções não existem sem manifestações fisiológicas e comportamentais e que, na verdade, a experiência emocional subjetiva seria causada por essas últimas (Figura 20.4). De acordo com essa teoria, seria a percepção das manifestações fisiológicas (ou seja, uma informação retroativa*) que provocaria o estado interior correspondente. A teoria de James-Lange soa absurda: ficamos tristes porque choramos, e não o contrário??... Há indicações, contudo, de que a informação retroativa, se não causa, pelo menos influi sobre a experiência emocional subjetiva, potencializando-a.

Um grupo de psicólogos americanos solicitou a voluntários que realizassem determinados movimentos faciais enquanto registravam seus indicadores fisiológicos. Por exemplo, pediam aos voluntários: "Levantem as sobrancelhas. Mantendo-as levantadas, aproximem-nas uma da outra. Agora levantem as pálpebras superiores e contraiam as inferiores. Agora estiquem os lábios horizontalmente..." Os movimentos faciais produziam expressões semelhantes

às de medo, sem que os voluntários soubessem que essa era a intenção dos pesquisadores. Você pode testar esse efeito em si mesma. O mais interessante é que os indicadores fisiológicos apresentavam alterações, e o padrão de alterações era diferente de acordo com a expressão emocional provocada. Os atores muitas vezes aprendem a realizar movimentos faciais e corporais para provocar emoções em si próprios durante o seu trabalho, e com isso parecer mais autênticos na representação dos personagens.

Uma segunda teoria (Figura 20.4) fez a crítica das ideias de James e Lange, argumentando que as mesmas manifestações fisiológicas podiam estar presentes em emoções muito diferentes, e propôs mais objetivamente o sistema nervoso central como causador, em paralelo, tanto da experiência subjetiva emocional como de suas manifestações fisiológicas e comportamentais. Foi lançada no final da década de 1920 pelo fisiologista americano Walter Cannon (1871-1945) e seu aluno Philip Bard (1898-1977). Esses pesquisadores realizaram transecções do sistema nervoso central de gatos adultos, de modo a desconectar o hipotálamo[A] posterior do córtex cerebral e do restante do diencéfalo[A]. Os animais lesados transformaram-se radicalmente: eram pacíficos e domesticados e passaram a exibir verdadeiros ataques de

---

* *Equivalente ao termo inglês muito comum:* feedback.

[A] *Estrutura encontrada no* Miniatlas de Neuroanatomia *(p. 359).*

raiva a partir de estímulos anteriormente inócuos. À simples vista do seu tratador, por exemplo, com quem antes se relacionavam "amistosamente", como fazem os gatos típicos, agora arqueavam o dorso, eriçavam os pelos, emitiam rosnados ameaçadores e atacavam com as patas. Esse comportamento emocional anômalo ficou conhecido como *pseudorraiva* e podia ser eliminado por uma transecção um pouco mais atrás, mantendo a desconexão córtico-hipotalâmica, mas desconectando este último dos níveis inferiores do sistema nervoso.

A teoria Cannon-Bard postulou que as reações emocionais seriam produzidas pelo hipotálamo posterior por meio de suas conexões descendentes, sendo este normalmente inibido pelo córtex e pelo tálamo[A], o que havia deixado de ocorrer nos animais lesados. A proposta é só parcialmente verdadeira, como se verá adiante, pois, embora o córtex cerebral exerça influências inibitórias sobre o hipotálamo, esse não é o caso do tálamo.

▶ Neurônios Emocionais: O Sistema Límbico

A teoria Cannon-Bard foi a primeira tentativa concreta de elucidar as bases neurais das emoções. As experiências que a justificaram atraíram grande atenção dos neurocientistas para a possibilidade de revelar as regiões neurais e os mecanismos envolvidos. Foi quando o anatomista americano James Papez (1883-1958) mudou o eixo de raciocínio da ideia de "centros" isolados de coordenação emocional para o conceito de "sistema" ou circuito – isto é, um conjunto de regiões associadas – envolvido com os vários aspectos das emoções (o sentimento, as reações comportamentais, os ajustes fisiológicos). Revendo a literatura anatômica da época, Papez percebeu que essas regiões eram conectadas reciprocamente de modo "circular", o que revelava uma rede neural que ficou depois conhecida como *circuito de Papez*. Mais tarde aproveitou-se um termo antigo criado pelo neurologista francês Paul Broca, e o circuito de Papez passou a ser conhecido como *sistema límbico*, definido como um conjunto de regiões localizadas, a maioria delas, na face medial dos hemisférios e no diencéfalo (Figura 20.5A e B).

O circuito de Papez original (Figura 20.5C) incluía: (1) o córtex cingulado[A]; (2) o hipocampo[A]; (3) o hipotálamo[A]; e (4) os núcleos anteriores do tálamo. Outras regiões foram adicionadas posteriormente, em função dos resultados do trabalho dos neurobiólogos. O córtex cingulado sabidamente recebe projeções de diversas outras regiões corticais associativas, e com elas forneceria a base para a experiência subjetiva das emoções (Figura 20.6). Ao circuito adicionou-se a amígdala*, mas verificou-se que o hipocampo propriamente dito não participa de modo determinante dos mecanismos neurais da emoção, a não ser como responsável pela consolidação da memória explícita (inclusive as que têm conteúdo emocional [Capítulo 18]).

---

* *Não confundir com* amígdala palatina, *estrutura do sistema imunitário presente na garganta.*

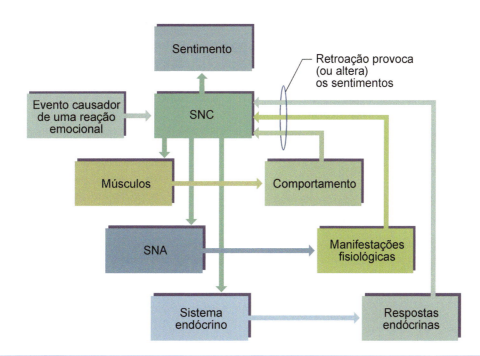

▶ **Figura 20.4.** O fluxograma enfatiza o possível efeito das informações retroativas. Para a teoria James-Lange são elas que provocam o sentimento que acompanha as emoções, mas, para a teoria Cannon-Bard, sentimentos e manifestações corporais são ambos produzidos, em paralelo, pelo SNC. Neste caso, as informações retroativas serviriam para modular (acentuando ou inibindo) a vivência emocional.

Figura 20.5. A mostra o "lobo límbico" originalmente proposto por Broca (em ciano). B apresenta as regiões participantes do sistema límbico, tal como proposto por Papez e seus sucessores. C mostra os componentes originais do circuito de Papez (interligados por setas grossas) e aqueles acrescentados por outros pesquisadores (interligados por setas finas). As cores das caixas em C identificam as regiões em B. C modificado de Iversen S et al. In: Kandel ER et al. (org.) *Principles of Neural Science*. 4ª ed. Nova York: McGraw-Hill, 2000. Cap. 50.

A amígdala, por outro lado, revelou-se uma estrutura de enorme relevância, uma espécie de "botão de disparo" e modulador de toda experiência emocional. O hipotálamo foi reconhecido desde o início como a região de controle das manifestações fisiológicas que acompanham as emoções, realizando essa tarefa por intermédio dos sistemas nervoso autônomo, endócrino e imunitário (Capítulo 14). Algumas manifestações comportamentais foram também atribuídas ao hipotálamo. Finalmente, o grupo de núcleos anteriores do tálamo, até o momento, tem sido objeto de poucos estudos e não se confirmou solidamente como participante ativo da fisiologia das emoções.

MORRER DE MEDO, VIVER COM MEDO

▶ O Indivíduo com Medo

Uma pessoa com medo geralmente tem as suas razões. Isso significa que existem estímulos que produzem medo. Entre estes, alguns produzem medo por si mesmos, independentemente do contexto (o chamado *medo incondicionado*). Sons muito fortes e súbitos são um exemplo típico: produzem medo em todos os animais. O medo da altura é também generalizado entre seres humanos e muitos animais. A escuridão, por outro lado, para os seres humanos é uma situação que produz medo incondicionado, mas esse não é o caso para a maioria dos animais. Entre estes, por sua vez, as presas respondem com reações de medo incondicionado à simples visão dos seus predadores. Até mesmo estímulos visuais grandes, não identificados, que surgem de repente na parte superior do campo visual, têm esse efeito incondicionado.

Outros estímulos causadores de medo, talvez a maioria, são condicionados. Normalmente inócuos, em algum momento foram associados a situações ameaçadoras e tornaram-se "avisos" de que elas podem estar prestes a acontecer novamente (*medo condicionado* ou aprendido). Exemplos? O rosto de uma pessoa que alguma vez nos causou uma experiência ameaçadora, o ruído de uma freada associado a uma colisão iminente, o cheiro de um cachorro que alguma vez nos tenha mordido, e assim por diante. Os seres humanos têm também medos "implícitos", isto é, aqueles cuja causa não podem descrever com precisão, porque não foram capazes de percebê-la conscientemente quando expostos a ela em associação com alguma situação ameaçadora ou apenas desagradável.

O medo que sentimos pode ser rápido e passageiro – um susto ou *sobressalto* – ou mais lento e duradouro. Nos dois casos, tudo depende da natureza do estímulo que o provoca. Às vezes estamos distraídos, e um ruído súbito e intenso provoca-nos um susto, que desaparece quando

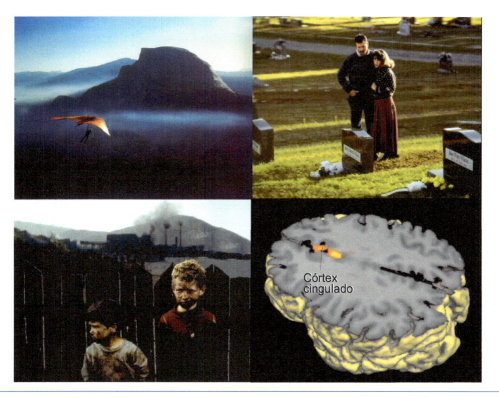

▶ **Figura 20.6.** A participação do córtex cingulado no processamento das emoções pode ser revelada apresentando a um indivíduo uma fotografia como as apresentadas à esquerda, com forte conteúdo emocional (um voo em asa-delta, um enterro, uma cena de guerra), e registrando simultaneamente as variações locais do fluxo sanguíneo cerebral utilizando a ressonância magnética. O computador revela em corte transversal um foco de atividade (em laranja) nas regiões mediais de ambos os hemisférios cerebrais. Neuroimagem (à direita, embaixo) de Jorge Moll Neto, Instituto D'Or de Pesquisa e Ensino, Rio de Janeiro. Imagens (à esquerda e acima) para pesquisa de reações emocionais, padronizadas no International Affective Picture System (IAPS), mantido pela Universidade da Flórida, EUA.

percebemos que o estímulo é inócuo e já cessou. Outras vezes o estímulo é realmente ameaçador e permanece nas redondezas, prolongando o medo. Há situações, no entanto, em que o estímulo é virtual: não está necessariamente presente, embora possa acontecer a qualquer momento. Nesse caso, o medo prolonga-se mais ainda. Quando isso ocorre continuamente durante muito tempo, o sentimento se transforma em um estado de tensão ou estresse, uma emoção chamada *ansiedade* (Quadro 20.2). Alguns indivíduos apresentam um estado patológico de ansiedade que lhes causa uma sensação de desastre e morte iminente, sem que haja qualquer causa externa identificável: é a síndrome do pânico. Podemos concluir que o sentimento normal de medo é uma emoção de intensidade e duração variáveis entre o sobressalto e a ansiedade.

A existência de estímulos causadores de medo, ainda que virtuais, indica que as regiões neurais envolvidas devem conectar-se de algum modo com os sistemas sensoriais. Em outras palavras: as reações de medo têm um lado aferente. Veremos adiante que isso é verdade, e não só para as emoções negativas, mas também para as positivas.

As reações de medo envolvem também atos comportamentais e manifestações fisiológicas como a maioria das emoções, indicando a existência de vias eferentes motoras e viscerais. A pessoa com medo geralmente se sente ameaçada: para afastar a ameaça realiza um repertório estereotipado de comportamentos e ajustes fisiológicos que visam a prepará-la para um esforço físico intenso que poderá resultar em luta ou fuga. São as reações imediatas. O indivíduo torna-se extremamente alerta e assume uma postura defensiva, em geral com a musculatura do tronco tensa, pronta para movimentos bruscos, e os braços semifletidos na frente do corpo. Às vezes grita ou chora. O gato faz diferente: arqueia a coluna vertebral, eriça os pelos, rosna e pode atacar com uma das patas ou, então, fugir. O cão agacha-se e late, para depois contra-atacar ou fugir também. A reação agressiva resultante do medo, como veremos adiante, desempenha uma função de comunicação: é barulhenta e gestual para sinalizar ao "estímulo" (muitas vezes um animal ou indivíduo ameaçador) a disposição para o enfrentamento (que pode confirmar-se ou não).

Tamanho esforço físico exige ajustes fisiológicos imediatos e preventivos. A frequência cardíaca se acelera e ocorre vasoconstrição cutânea, aumentando e direcionando o fluxo sanguíneo para os músculos e o sistema nervoso. A respiração também se acelera e as vias aéreas dilatam-se, resultando em aumento da oxigenação do sangue e dos tecidos. Cessa o peristaltismo digestivo, que não é necessário nesse momento, e podem ocorrer sudorese e piloereção, possibilitando o aumento das trocas de calor com o ambiente externo. Ocorre também aumento dos linfócitos circulantes por estimulação do sistema imunitário, bem como aumento da produção e do acúmulo de glicose por ativação hormonal. Todo esse conjunto é acionado pela divisão simpática do sistema nervoso autônomo (Capítulo 14).

As ações comportamentais veiculadas pelo sistema motor somático e os ajustes fisiológicos mediados pelo sistema nervoso autônomo, então, representam o lado eferente dos circuitos neurais envolvidos com as reações emocionais. Conclui-se que o "coração" desses circuitos deve envolver regiões e vias que possam receber os estímulos externos e internos que provocam o medo (como o mesencéfalo e a amígdala: você verá adiante) e outras que possam programar as ações das vias eferentes.

▶ Neurobiologia do Medo

Vários componentes do circuito de Papez são bons candidatos a compor os correlatos neurais do medo. De fato, os experimentos realizados em animais e as observações em seres humanos confirmaram a participação de grande parte do circuito de Papez original, e ainda detectaram o envolvimento de outras regiões que não tinham sido associadas a ele.

Já comentamos antes que uma estrutura funciona como botão de disparo das reações emocionais: a amígdala (Figura 20.7A). Essa estrutura do lobo temporal[A] é chamada pelos neuroanatomistas de *complexo amigdaloide*[A] porque reúne vários núcleos componentes que podem ser associados em três grupos principais (Figura 20.7B): (1) o grupo basolateral; (2) o grupo central; e (3) o grupo corticomedial, assim denominado porque apresenta uma estrutura laminada semelhante à do córtex cerebral. O trabalho dos neuroanatomistas revelou também que as conexões do complexo amigdaloide (Figura 20.7B) o colocam em posição ideal para essa função proposta de botão de disparo das reações de medo. Assim, verificou-se que o grupo basolateral – especialmente desenvolvido em humanos – recebe extensas projeções dos sistemas sensoriais: áreas associativas visuais e auditivas dos lobos occipital[A] e temporal e áreas associativas multissensoriais do lobo parietal[A]. Também recebe projeções do tálamo auditivo e visual e, talvez, também do tecto mesencefálico[A]. Desse modo, por suas conexões aferentes, a amígdala basolateral está capacitada a receber os estímulos causadores do medo.

Além disso, internamente os núcleos do grupo basolateral emitem projeções ao grupo central, que é o elo de saída do complexo. Os axônios que emergem do grupo central estabelecem conexões com o hipotálamo e os núcleos bulbares reconhecidamente envolvidos com as manifestações fisiológicas do medo e, além disso, com uma região do mesencéfalo chamada grísea periaquedutal[G] ou substância cinzenta periaquedutal, principal organizadora das reações comportamentais correspondentes. O grupo corticomedial recebe projeções do bulbo e do córtex olfatório (não representadas na Figura 20.7B) e parece estar envolvido com os comportamentos sexuais (Capítulo 15).

Já são numerosas as evidências experimentais e clínicas obtidas pelos neurocientistas que confirmam a hipótese de que a amígdala seria o botão disparador acionado pelos estímulos causadores de medo. Em animais, registraram-se a atividade elétrica e a atividade metabólica dos neurônios da amígdala basolateral e constatou-se que ambas aumentam quando se aplicam estímulos ameaçadores. Lesões experimentais estrategicamente localizadas permitiram verificar que os estímulos mais simples (sons intensos e súbitos, sombras grandes e indistintas movendo-se no campo visual superior) chegam à amígdala diretamente pelas vias sensoriais, com a participação do tálamo e, possivelmente também, do tecto mesencefálico.

Ao contrário, os estímulos mais complexos (geralmente condicionados) devem ser primeiro analisados pelo córtex cerebral para depois serem veiculados à amígdala – os auditivos, pelo córtex do giro temporal superior[A] e adjacências, e os visuais, pelo córtex ínfero-temporal[A] e pelas regiões associativas do lobo temporal medial. Estímulos ainda mais complexos, como certas situações sociais que nos provocam medo ou ansiedade, são veiculados à amígdala por intermédio dos córtices pré-frontal[A] e cingulado (veja adiante). Essas diversas vias aferentes que conduzem as informações causadoras de medo à amígdala estabelecem uma gradação evolutiva dos estímulos mais simples de medo incondicionado que constituem o repertório estereotipado de um grande número de vertebrados até os mais complexos, que produzem medo condicionado, com reações variáveis e adaptativas muito comuns nos seres humanos.

Recentemente, a utilização de técnicas de imagem funcional tornou possível comprovar o envolvimento da amígdala no reconhecimento de expressões faciais de medo em seres humanos (Figura 20.8).

Em animais, entretanto, tem sido possível identificar a participação específica de cada um dos componentes do complexo amigdaloide e de seus alvos de projeção no processamento das reações de medo. Experimentos com ratos foram realizados pela equipe do neurobiólogo americano Joseph LeDoux, com base no pareamento de determinado som com um pequeno choque elétrico aplicado no animal por meio do assoalho metálico da gaiola, um reflexo condicionado clássico (Figura 20.9). Inicialmente, quando o estímulo sonoro é ligado, o animal mostra que o percebeu, mas não exibe reações emocionais. Quando o som é aplicado logo antes do choque, o animal exibe um pequeno

MENTES EMOCIONAIS, MENTES RACIONAIS

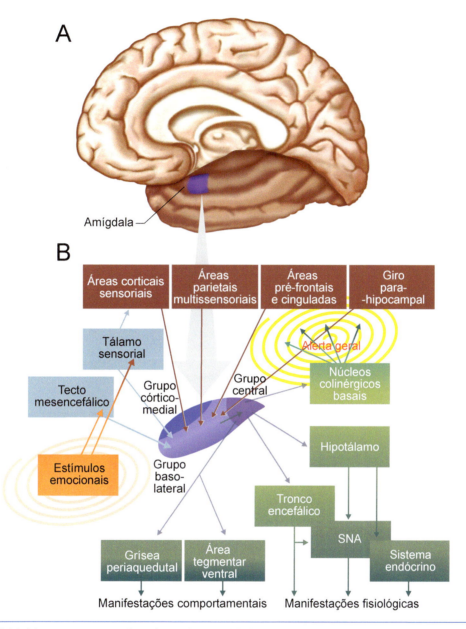

▶ **Figura 20.7.** A amígdala (**A**), mais propriamente chamada complexo amigdaloide, por ser composta de diferentes grupos de núcleos (**B**), é o "botão de disparo" das reações emocionais. Para exercer essa função, recebe aferências sensoriais através do tálamo, e aferências mais complexas através do córtex. Na outra ponta, envia projeções a diversas regiões que participam da execução dos comportamentos e ajustes fisiológicos característicos das emoções.

sobressalto seguido de imobilidade e as manifestações fisiológicas anteriormente descritas, muitas delas registradas com instrumentos de medida para avaliar a intensidade da resposta. Após vários pareamentos do som com o choque, o som é emitido sozinho: o animal então exibe uma reação de congelamento comportamental (absoluta imobilidade por alguns segundos), com as alterações vegetativas produzidas pelo choque. Trata-se de uma típica reação de medo condicionado, com o animal imóvel, taquicárdico e taquipneico, na expectativa do choque elétrico iminente.

LeDoux e seus colaboradores, bem como pesquisadores de outros laboratórios, utilizaram não apenas ratos normais, mas também animais que previamente haviam sido submetidos a operações cirúrgicas ou lesões químicas para remover seletivamente, uma de cada vez, as regiões-alvo da amígdala, associadas ao processamento das reações emocionais. Desse modo, junto com experimentos complementares de estimulação elétrica, conseguiram revelar a participação específica de cada uma dessas regiões (Tabela 20.1).

725

▶ **Figura 20.8.** Neste experimento, fotografias de faces representando graus crescentes de emoção (**A**) foram apresentadas a um indivíduo durante a medida (**B**) e o registro da imagem (**C**) do seu fluxo sanguíneo cerebral por ressonância magnética funcional. Observou-se que a amígdala esquerda se apresenta mais ativa (**C**) e que sua atividade, medida pelo fluxo sanguíneo local, é proporcional ao grau de emoção veiculado pelo estímulo (**B**). E = esquerda; D = direita. Dados cedidos por John S. Morris, Wellcome Department of Cognitive Neurology, Londres, Inglaterra.

Tabela 20.1. Experimentos com Animais e as Reações de Medo

Região	Efeito da Lesão ou Desconexão com a Amígdala	Efeito da Estimulação
Amígdala	Abolição completa das reações de medo	Reações comportamentais e autonômicas
Hipotálamo lateral e medial	Abolição da resposta pressora	Taquicardia, palidez, midríase[G], aumento da pressão sanguínea
Grísea periaquedutal	Abolição da reação de congelamento a estímulos nociceptivos	Congelamento
Tecto mesencefálico	Abolição da reação de congelamento a estímulos visuais e auditivos	Congelamento
Tegmento mesencefálico[A]	Abolição do alerta comportamental	Alerta comportamental e dessincronização do EEG
Formação reticular pontina	Abolição da reação de sobressalto ao choque	Aumento do sobressalto ao choque
Núcleo parabraquial do tronco encefálico	Abolição da elevação da frequência respiratória	Aumento da frequência respiratória
Núcleos motores do trigêmeo e do facial	Abolição das expressões faciais de medo	Movimentos faciais

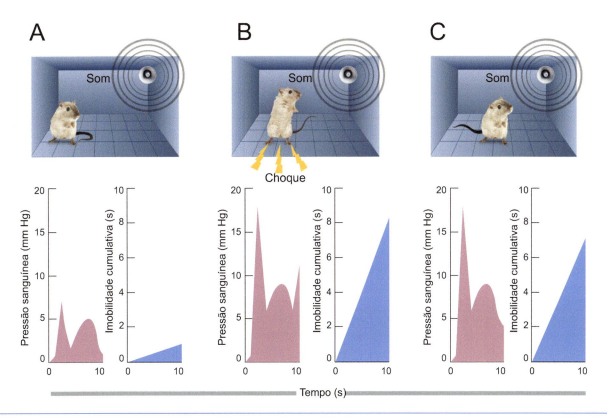

▸ **Figura 20.9.** Neste experimento, um rato primeiro ouve um som inócuo (**A**), depois o som vem associado a um pequeno choque nas patas (**B**) e, finalmente, o som é apresentado sozinho outra vez (**C**). Em todas as condições, o animal tem a sua pressão sanguínea e mobilidade medidas automaticamente (gráficos). Observa-se que o choque provoca um sobressalto com elevação da pressão sanguínea e, depois, longa imobilidade (gráficos em **B**), manifestações que a seguir ocorrem também para a simples exposição ao som (gráficos em **C**). Modificado de LeDoux JE. *Scientific American*. 1994;270:50-57.

A partir do trabalho desses pesquisadores, pôde-se identificar o circuito neural do medo, criando um modelo hipotético que tem recebido cada vez mais confirmações experimentais e clínicas (Figura 20.7). Os estímulos causadores de medo chegariam ao "botão de disparo" (a amígdala basolateral) por vários caminhos: pelo tecto mesencefálico e pelo tálamo sensorial, pelo córtex associativo uni ou multissensorial ou por regiões pré-frontais e cinguladas. Uma via mais rápida viria diretamente do tálamo e do tecto, para estímulos grandes e súbitos que demandam reação comportamental imediata. Uma via mais lenta seria veiculada pelo córtex, para estímulos mais sutis que requerem discriminação perceptual mais fina e reações comportamentais mais elaboradas. Filtrados na amígdala basolateral quanto à sua carga emocional, os estímulos eficazes ativariam a amígdala central, encarregada de distribuir comandos para o hipotálamo, a grísea periaquedutal e o tronco encefálico, respectivamente, responsáveis por: (1) ativar os circuitos de comando do sistema nervoso autônomo, endócrino e também imunitário; (2) ativar os núcleos e as vias descendentes do sistema motor no tronco encefálico; e (3) ativar os sistemas ascendentes difusos do tronco encefálico. Resultariam desse processo os ajustes fisiológicos característicos do medo e as reações comportamentais correspondentes, além de uma reação de alarme geral resultante da ativação difusa do córtex cerebral. O sentimento de medo, ou seja, a experiência subjetiva característica que temos nessas circunstâncias, seria o resultado da troca de informações entre o complexo amigdaloide e as regiões corticais por meio do córtex cingulado, mediante numerosas conexões recíprocas.

A participação do complexo amigdaloide nas reações de medo envolve, além do disparo das manifestações fisiológicas e reações comportamentais correspondentes, um componente importante de memória. O medo condicionado é uma forma de memória implícita[G] que depende inteiramente da amígdala, dotada dos circuitos adequados, como vimos, e, além disso, de sinapses capazes de plasticidade, especialmente a potenciação de longa duração. É interessante notar, também, que a amígdala modula a memória explícita[G] segundo a influência de estímulos emocionais relevantes. Por exemplo: lembramos melhor de fatos que tenhamos vivido ou presenciado, quando eles tiveram um peso emocional, e isso é particularmente verdadeiro para emoções negativas. A modulação emocional da memória explícita é possibilitada pelas conexões que existem entre o complexo amigdaloide e o córtex que fica em torno do hipocampo.

As conexões que a amígdala recebe do córtex pré-frontal veiculam a participação funcional deste no processamento neural das emoções expressas na face e nos gestos corporais de pessoas com quem interagimos diariamente. Interpretar as emoções dos outros é parte essencial da vida social, empregada no planejamento de nosso comportamento e de nossas ações. A tomada de decisões que temos que realizar a todo momento depende desse tipo de avaliação emocional. Esse é um exemplo importante de interação entre emoção e razão, que será mencionada mais adiante.

Utilizando a razão (isto é, o córtex pré-frontal) podemos interferir sobre nossas próprias emoções, controlando-as em certa medida e modulando o comportamento em função das necessidades. Se você receber uma notícia (boa ou má) em um ambiente formal, tenderá a reagir mais contidamente do que se a receber em casa, entre amigos. Isso pode ser aferido por neuroimagem funcional: ocorre maior ativação do córtex pré-frontal nas situações em que o indivíduo tenta minimizar o impacto emocional de algo negativo, resultando em diminuição da ativação da amígdala! Com base nesses dados, acredita-se que o córtex pré-frontal seja um modulador (geralmente inibidor) da amígdala, controlando a sua influência sobre as estruturas que disparam as manifestações fisiológicas e os comportamentos emocionais.

Pacientes com lesões no córtex pré-frontal ventromedial e no córtex orbitofrontal[A] apresentam um certo "aplanamento emocional" (incapacidade de sentir as emoções e de utilizá-las para orientar suas decisões). Também se observam alterações morfofuncionais nessas regiões do lobo frontal de pacientes com transtorno de personalidade antissocial*, quando analisados por neuroimagem de ressonância magnética. Com base nisso, é possível supor que essas regiões do córtex determinam a nossa personalidade afetiva, ou seja, o modo como em geral lidamos com as emoções – alguns mais calmamente, outros mais impulsivamente, outros de modo completamente desmedido. É interessante também o fato de que a atuação do córtex pré-frontal é lateralizada: o hemisfério direito processa de forma mais eficiente as emoções negativas, e o hemisfério esquerdo, as emoções positivas. É o que se pode concluir da ressonância magnética funcional de indivíduos que assistem a clipes que induzem medo, nojo e outras emoções negativas, ou, então, clipes que induzem emoções positivas: no primeiro caso, o córtex pré-frontal direito aparece mais ativo, e no segundo caso, o oposto.

Esse importante controle das emoções é uma conquista civilizatória da humanidade, que pode aprender a exercê-lo segundo normas socialmente pactuadas. Nem sempre isso é possível em vários momentos e locais, mas pode e deve ser ensinado no sistema escolar: faz parte das habilidades ou competências socioemocionais, atualmente consideradas mais importantes para a formação dos alunos do que a massa de informações tradicionalmente repassada nas escolas, que pode facilmente ser obtida por meio dos livros e dos diversos dispositivos que dão acesso aos canais virtuais disponíveis.

▶ Ansiedade e Estresse

O medo que discutimos até agora é provocado por estímulos repentinos que surgem diante do indivíduo ou do animal, mantêm-se durante um certo tempo e depois desaparecem. Em algumas circunstâncias, entretanto, o medo torna-se crônico, seja porque o estímulo incondicionado se mantém por perto, porque surgem estímulos condicionados que prolongam os efeitos iniciais ou porque o indivíduo desenvolve uma expectativa de perigo ou ameaça futura. O medo crônico pode resultar em estresse e ansiedade (Quadro 20.2).

Geralmente se usa o termo estresse quando se pode identificar uma causa geradora de medo crônico. Os policiais, por exemplo, vivem sob estresse porque suas atividades profissionais os submetem a constante perigo de morte. O mesmo ocorre com moradores de comunidades sob violência cotidiana. O termo ansiedade é geralmente reservado a um estado de tensão ou apreensão cujas causas não são necessariamente produtoras de medo, mas, sim, da expectativa de alguma coisa (nem sempre ruim) que acontecerá no futuro próximo. É o que sentimos quando esperamos uma pessoa querida que chegará brevemente de viagem após uma ausência prolongada, ou quando nosso time se prepara para jogar a partida decisiva do campeonato. Como essas diferenças são sutis, os termos ansiedade e estresse são muitas vezes empregados como sinônimos.

As manifestações de ansiedade e estresse são consideradas reações normais até o ponto – mal definido – em que começam a provocar sofrimento no indivíduo. Daí em diante ocorrem ansiedade patológica generalizada e outros distúrbios emocionais, como a síndrome de pânico e as fobias. Na ansiedade generalizada, o indivíduo vive muitos meses sob tensão constante sem causa aparente, o que lhe provoca distúrbios orgânicos de vários tipos. Na síndrome de pânico ocorrem crises episódicas de ansiedade extrema, que duram cerca de 1 hora, provocando intenso medo de alguma coisa que o indivíduo não consegue definir e uma sensação de desastre e morte iminentes. As fobias, diferentemente, têm uma causa determinada, embora para a maioria das pessoas elas sejam inócuas: medo extremo de certos objetos, animais ou situações comuns como insetos e animais domésticos, raios e relâmpagos, doenças corriqueiras e até mesmo aglomerações em lugares públicos e ambientes fechados. Em todos esses casos, o sentimento é acompanhado das manifestações comportamentais e fisiológicas características do medo em grande intensidade.

Na ansiedade e no estresse, os ajustes fisiológicos extrapolam o âmbito do sistema nervoso autônomo e atingem

---

* *Tradicionalmente conhecidos como* psicopatas *e* sociopatas.

o sistema endócrino e imunitário (Figura 20.10), por isso tornam-se mais duradouros. A ativação da divisão simpática, por exemplo, que causa taquicardia, taquipneia[G], sudorese, piloereção e outras manifestações, causa também a estimulação da medula[G] da glândula adrenal, cujas células secretam adrenalina e noradrenalina. Ambas são hormônios simpaticomiméticos (isto é, que mimetizam as ações da divisão simpática do SNA [Capítulo 14]). A liberação desses hormônios na corrente sanguínea irá acentuar e prolongar as manifestações fisiológicas citadas.

Além disso, sob ativação contínua da amígdala e por retroação da concentração sanguínea aumentada de adrenalina e noradrenalina, o hipotálamo passa a secretar hormônios liberadores do hormônio adrenocorticotrófico (ACTH), acionando uma cadeia endócrina característica. Assim, o ACTH ativará a córtex adrenal, provocando a secreção sistêmica de hormônios glicocorticoides[G], que têm efeitos sobre o metabolismo da maioria das células do organismo. Estas realizam a transformação de diferentes moléculas orgânicas em açúcares, especialmente a glicose e o glicogênio, armazenados no fígado para prover o organismo de uma fonte rapidamente mobilizável de energia.

Ocorre, entretanto, que os glicocorticoides têm também ação anti-imunitária e anti-inflamatória, podendo provocar queda da resistência às infecções. Esse efeito pode explicar a ocorrência de úlceras gastroduodenais nos pacientes estressados crônicos, já que essas úlceras são causadas ou agravadas por bactérias *Helicobacter*, que deixam de ser então eficazmente combatidas pelo sistema imunitário. A cronificação dos efeitos fisiológicos, causada pela ansiedade, pode também aumentar a suscetibilidade do indivíduo a doenças respiratórias e cardiovasculares, sendo especialmente determinante da ocorrência de infarto do miocárdio.

Os modelos experimentais de ansiedade são validados pela suscetibilidade do animal experimental ao emprego de fármacos ansiolíticos, como os benzodiazepínicos e outros, e, quando associados a lesões e estimulação elétrica seletivas, podem revelar os fundamentos neurobiológicos desse processo emocional (Quadro 20.2). Assim se determinou o envolvimento das vias serotoninérgicas e noradrenérgicas originadas no tronco encefálico, atribuindo-lhes a função de paralisar o comportamento do animal nas situações de medo (congelamento). O sistema anatômico que conecta os núcleos da rafe mediana (serotoninérgicos) e o *locus ceruleus* (noradrenérgico) com a área septal[A] e o hipocampo passou a ser chamado *sistema de inibição comportamental*. Postulou-se, assim, que a ansiedade poderia ser causada pela hiperativação dessas vias e pela consequente hiperatividade das sinapses serotoninérgicas e noradrenérgicas sobre componentes do circuito de Papez. Os benzodiazepínicos e outros agentes ansiolíticos atuariam justamente inibindo a taxa de renovação desses neurotransmissores, além de outras ações coadjuvantes.

DA RAIVA À AGRESSÃO

As reações de medo que ocorrem logo após o aparecimento de um estímulo ameaçador podem ser seguidas de fuga ou ataque. O ataque resultante de medo é um comportamento agressivo de natureza defensiva, característico das presas. Por essa razão é sempre barulhento e gestual. O animal precisa afugentar o seu oponente, e para isso vocaliza, emite expressões faciais aterrorizantes, move-se ativamente – um conjunto de comportamentos estereotipados de defesa.

O ataque defensivo difere bastante do ataque ofensivo, característico dos predadores. Neste caso não há vocalizações, mas, sim, a aproximação silenciosa para preparar o bote. Não há espalhafato de gestos e expressões, mas, sim, o ataque frio e mortal, geralmente direcionado ao pescoço da presa.

A agressividade, que nos animais tem um claro valor de sobrevivência biológica, perdeu grande parte dessa característica nos seres humanos, porque a organização social tende a prover a sobrevivência de todos e os mecanismos

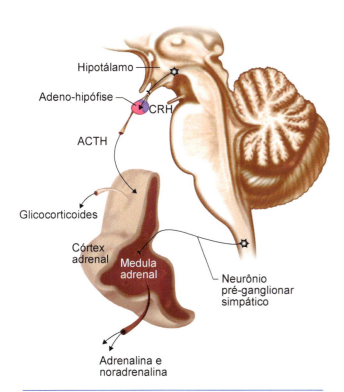

▶ **Figura 20.10.** Nas situações de ansiedade crônica, além da ativação simpática da medula adrenal, que secreta catecolaminas, ocorre também a ativação do córtex adrenal, iniciada pelo hipotálamo via adeno-hipófise. Esta secreta o hormônio adrenocorticotrófico (ACTH) em resposta ao hormônio liberador correspondente (CRH) proveniente do hipotálamo. A córtex adrenal, por sua vez, secreta glicocorticoides na circulação sistêmica, e estes podem provocar efeitos imunodepressores.

Neurociência em Movimento

Quadro 20.2
Do Divã ao Laboratório: o Que os Ratos Cariocas Revelam sobre os Transtornos de Ansiedade

J. Landeira-Fernandez*

Uma entre quatro pessoas sofreu, sofre ou sofrerá de algum transtorno de ansiedade. Freud chegou mesmo a afirmar, em 1901, que todos nós somos, até certo ponto, neuróticos[#]. A alta prevalência dessa desordem mental se deve à evolução. Graças a seu alto valor adaptativo, circuitos neurais capazes de orquestrar um conjunto de reações de defesa a situações de perigo foram sendo adquiridos ao longo de nossa história evolutiva. Nosso cérebro provavelmente possui mais circuitos responsáveis pelo gerenciamento de ameaças externas do que para qualquer outra função mental. Compartilhamos inúmeros deles com outras espécies animais e, por essa razão, podemos empregar o comportamento de defesa desses animais para investigar quais circuitos podem estar alterados nos transtornos de ansiedade, bem como avaliar intervenções clínicas que possam aliviar essa condição.

Desde o período de graduação em Psicologia na PUC-Rio, com meu colega A. Pedro de Mello Cruz e sob a orientação do professor Octávio Leite, interessei-me pelo estudo do comportamento de defesa de ratos em situações de perigo. Em 1997, após o mestrado na USP e o doutorado na Universidade da Califórnia em Los Angeles, comecei a trabalhar no mesmo local onde fiz minha graduação. Com a colaboração de meus alunos, dei início a um programa de pesquisa que desenvolve duas linhagens de ratos criados seletivamente com níveis altos e baixos de ansiedade. Essas linhagens foram denominadas Cariocas com Alto Congelamento (CAC) e Cariocas com Baixo Congelamento (CBC)[##] e encontram-se atualmente na 37ª geração.

Nossas pesquisas indicam que os animais CACs têm uma atividade exacerbada em determinados circuitos que empregam sinapses excitatórias para acionar reações de defesa. Esses animais também mostram redução na atividade de outros circuitos que utilizam sinapses inibitórias, responsáveis por refrear essas reações (Figura 2). O conjunto dessas alterações produz um aumento excessivo da atividade hormonal mediada pelo eixo hipotálamo-hipófise-adrenal e pelo sistema nervoso simpático, que, por sua vez, geram disfunções metabólicas.

Os animais CBCs, por outro lado, têm um perfil oposto. A atividade de circuitos neurais que ativam respostas de defesa é reduzida e outros circuitos que inibem essas reações mostram forte ativação, resultando em diminuição da atividade do eixo hipotálamo-hipófise-adrenal.

Fármacos que reduzem a atividade da serotonina, como a ketanserina, vêm sendo testados para um possível tratamento farmacológico da ansiedade. Mostramos que, de fato, essa substância reduz a ansiedade dos animais CACs, porém produz um efeito contrário nos animais CBCs. Isso indica que uma mesma substância psicotrópica pode produzir efeitos antagônicos em pessoas com traços opostos de ansiedade.

Finalmente, outra alternativa terapêutica para esse transtorno é a extinção, produzida pela exposição do paciente a situações ansiogênicas. Essa técnica, utilizada na

---

* Professor titular do Departamento de Psicologia da Pontifícia Universidade Católica do Rio de Janeiro. Correio eletrônico: landeira@puc-rio.br

[#] O termo neurose corresponde, em grande parte, à classificação atual dos transtornos de ansiedade.

[##] Quando expostos a uma situação de perigo, os ratos apresentam uma resposta de congelamento, ou seja, tendem a ficar imóveis, por isso essa resposta é um indicador de ansiedade do animal.

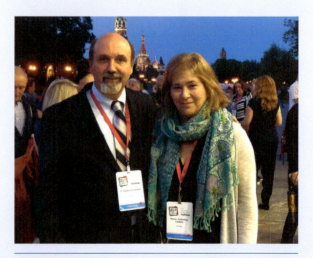

Figura 1. J. Landeira-Fernandez e sua esposa Rosane Zylberberg Landeira.

clínica psicológica, foi testada em nossas linhagens com grande sucesso. A diferença nas reações de ansiedade entre os animais CACs e CBCs desapareceu após serem continuamente expostos ao local onde haviam recebido um estímulo aversivo. Se recebessem, entretanto, um novo estímulo aversivo, os níveis exageradamente altos de ansiedade entre os animais CACs retornavam. Esses resultados sugerem que as intervenções psicoterapêuticas não restauram o mau funcionamento de circuitos neurais responsáveis pelo transtorno de ansiedade. Provavelmente, alguma aprendizagem presente na psicoterapia e mediada por circuitos corticais inibe a expressão da ansiedade, e, assim, os mecanismos responsáveis pela origem desse transtorno permanecem de forma latente.

▶ **Figura 2.** Interação entre diferentes regiões cerebrais, formando circuitos neurais com funcionamento comprometido nas linhagens Carioca com Alto Congelamento (acima) e Carioca com Baixo Congelamento (abaixo). Os círculos vermelhos representam estruturas neurais com atividade exacerbada; os círculos amarelos, estruturas com atividade reduzida. As linhas contínuas indicam circuitos neurais envolvendo sinapses excitatórias; as pontilhadas, circuitos com sinapses inibitórias. BLA: núcleo basolateral do complexo amigdaloide; DG: giro denteado; CGA: giro do cíngulo anterior; PL: córtex pré-límbico; LC: *locus coeruleus*; LS: núcleo septal lateral; MS: núcleo septal medial; PR: córtex perirrinal; PVN: núcleo paraventricular do hipotálamo. (Figura adaptada de Landeira-Fernandez J, 2019.)

cognitivos da razão adquiriram a capacidade de controlá-la. Sabemos todos, no entanto, quão relativa é essa afirmação e quão longe a civilização humana se encontra dessa situação ideal de agressividade reduzida a níveis que não ponham em risco a saúde e a vida.

De qualquer modo, a semelhança entre a agressividade dos animais e a dos homens indica a existência de mecanismos neurais comuns preservados ao longo da evolução.

▸ O Indivíduo com Raiva

Chama-se raiva a emoção que determina o comportamento de agressão ou ataque, seja de tipo defensivo ou ofensivo. Relaciona-se com o medo porque pode seguir-se a ele, e do mesmo modo tem um componente subjetivo (o sentimento de raiva), manifestações comportamentais e os ajustes fisiológicos correspondentes. Sabemos, no entanto, que essas duas emoções são diferentes em todos esses aspectos. Não é necessário comparar a experiência subjetiva que temos quando sentimos medo com a que temos quando sentimos raiva. Na esfera comportamental, as diferenças também são nítidas: o indivíduo com raiva mais frequentemente grita, enquanto quem está com medo mais frequentemente chora (ou grita de um modo diferente). Os gestos e movimentos do indivíduo com raiva são geralmente ofensivos, de aproximação e ataque ao oponente, enquanto a pessoa com medo atua para afastar-se ou afastar o oponente, fugindo ou defendendo-se com os braços e o corpo. Também a expressão facial é diferente em um caso e outro (Figura 20.11).

As manifestações fisiológicas não são tão diferentes. Ocorre aumento das frequências cardíaca e respiratória em ambos os casos, portanto também da pressão arterial e da oxigenação do sangue. Tanto no medo como na raiva ocorrem piloereção (arrepio, nos seres humanos) e sudorese, mas podem ocorrer micção e defecação durante o medo, raramente durante a raiva.

▸ Neurobiologia da Agressão

Após a observação da pseudorraiva em gatos com o hipotálamo posterior desconectado, por Philip Bard na década de 1920, aumentou o interesse dos neurocientistas pelos mecanismos neurais da raiva e da agressão, o que permitiu a conclusão de que o hipotálamo é uma estrutura-chave também na expressão comportamental e fisiológica dessa emoção (Figura 20.12). A conclusão foi reforçada por experimentos de estimulação elétrica do hipotálamo em animais despertos com eletródios implantados. No momento em que a estimulação era ligada, o animal exibia as reações da pseudorraiva, que, no entanto, cessavam com a interrupção da estimulação. Refinando o experimento, foi possível até diferenciar o ataque ofensivo (produzido por estimulação do hipotálamo posterior lateral) do ataque defensivo (produzido por estimulação do hipotálamo posterior medial).

Na década de 1930, um evento fortuito deslocou o interesse do hipotálamo para a amígdala. O psicólogo experimental americano Heinrich Kluver (1897-1979) e o neurocirurgião Paul Bucy (1904-1992), interessados nas

▸ **Figura 20.11.** As expressões faciais humanas são descritores perfeitos das emoções, permitindo-nos diferenciá-las. Com toda certeza, você seria capaz de nomear as emoções que o pintor francês Louis-Léopold Boilly (1761-1845) retratou e identificar aquelas que representam a raiva. Óleo sobre madeira (sem data), Museu de Belas Artes de Tourcoing, França.

▶ **Figura 20.12.** Quando o hipotálamo como um todo é desconectado dos hemisférios cerebrais (transecção 1), o animal apresenta manifestações de raiva sem causa aparente (pseudorraiva). O mesmo ocorre quando apenas o hipotálamo posterior é desconectado (transecção 2), mas deixa de ocorrer quando o hipotálamo permanece conectado (transecção 3). Conclui-se que o hipotálamo posterior é crucial para as manifestações comportamentais de raiva, normalmente bloqueadas pelos hemisférios cerebrais. Modificado de Bear M et al. *Neuroscience: Exploring the Brain*. Nova York: Williams & Wilkins, 1996.

funções do lobo temporal, realizaram uma extensa ablação bilateral dessa região em um macaco selvagem extremamente agressivo. A síndrome que os dois descreveram no macaco não fazia muito sentido na época: o animal tornou-se incapaz de reconhecer objetos, embora nada indicasse que estivesse cego; passou a exibir comportamento sexual anômalo, masturbando-se e montando fêmeas e machos indistintamente; passou a apresentar um comportamento compulsivo de examinar objetos tomando-os com as mãos e levando-os à boca; e tornou-se pacífico e amigável, ao contrário do que era antes. A riqueza de sintomas da síndrome de Kluver-Bucy foi depois confirmada em outros macacos e atribuída à grande extensão da lesão. Foi preciso realizar lesões mais restritas para isolar os sintomas. Hoje se sabe que os déficits de percepção visual de objetos são causados pela remoção do córtex ínfero-temporal e que a diminuição da agressividade é provocada pela remoção isolada da amígdala. Posteriormente, a síndrome foi também identificada em pacientes humanos com lesões no lobo temporal.

Um experimento mais direto envolvendo a amígdala foi realizado pelo inglês John Downer na década de 1960. Macacos como os de Kluver e Bucy tiveram uma das amígdalas removida (apenas de um lado) e, além disso, foram submetidos à transecção do quiasma óptico[A] e das comissuras cerebrais[A] para separar completamente um hemisfério do outro. Nessas condições, os animais eram normalmente agressivos quando portavam um tapa-olho no lado lesado, mas tornavam-se inteiramente dóceis e pacíficos se o tapa-olho era colocado no lado não operado! Os estímulos que normalmente provocam comportamento agressivo

nos macacos, como a presença de seres humanos, só eram eficazes quando visualizados por um dos olhos, aquele que mantinha conexões por meio do tálamo e do córtex com a amígdala normal.

Como nas reações de medo, portanto, o complexo amigdaloide também é o "botão de disparo" da raiva, e a sua conexão com o hipotálamo é a via de saída para as reações correspondentes. Tanto a amígdala central quanto o hipotálamo, já sabemos, estão conectados com a grísea periaquedutal. Como vimos, as evidências indicam que a grísea é a coordenadora do comportamento de ataque defensivo característico do medo. Os estudos experimentais sobre raiva identificaram uma diferença entre a via de saída do medo e a da raiva. É o hipotálamo posterior medial que se conecta com a grísea periaquedutal, enquanto o hipotálamo posterior lateral se conecta com a *área tegmentar ventral*, sendo esta a responsável pelo comportamento de ataque ofensivo típico da raiva (Figura 20.13). Obviamente, não se deve entender essa diferença como algo absoluto, porque o hipotálamo medial reconhecidamente participa também dos comportamentos de medo – em especial no caso da ansiedade.

Ocorre que, nas regiões mais mediais do hipotálamo, situam-se alguns núcleos que participam do controle neuroendócrino, como descrito no Capítulo 15. Esse dado é

▶ **Figura 20.13.** Um gato normalmente pacífico na convivência com ratos pode ser levado a um comportamento de ataque defensivo pela estimulação elétrica do hipotálamo posterior medial (**A**) ou a um ataque ofensivo quando estimulado no hipotálamo posterior lateral (**B**). Extraído de Glass DC. (org.) *Neurophysiology and emotion*. Nova York: Rockefeller University Press, 1967.

coerente com a observação de inúmeros laboratórios de que a agressividade está submetida a um forte controle hormonal (isso é verdade também para a ansiedade, como vimos). É observação corrente que os animais machos são geralmente mais agressivos que as fêmeas, e isso se correlaciona com os níveis circulantes de androgênios, como a testosterona. Os níveis desse hormônio aumentam na puberdade, e é também nesse período que a agressividade se acentua na maioria das espécies. A castração de machos tem o efeito oposto, reduzindo a agressividade, que por sua vez pode ser restaurada pela administração de testosterona. É sugestiva também a observação de que existem receptores para androgênios no hipotálamo de animais machos.

Nos seres humanos, a situação se complica, porque é difícil distinguir as influências biológicas, hormonais, das influências sociais. Os meninos são mais agressivos do que as meninas porque têm mais androgênios ou porque os pais e a sociedade em geral os estimulam nessa direção? Provavelmente ambos os fatores têm o seu papel. No que tange aos androgênios, além das evidências correlativas (correlação positiva entre níveis de androgênio e agressividade), evidências mais diretas provêm do uso dos famosos esteroides anabolizantes (entre os quais se incluem androgênios) por atletas do sexo masculino e feminino, ambos respondendo com aumento da massa muscular e maior agressividade, entre outros efeitos.

▶ A Agressividade, entre a Biologia e a Sociedade

A agressão entre indivíduos é um comportamento social complexo que evoluiu entre os animais no contexto da defesa e da obtenção de recursos para a sobrevivência e a reprodução. Até os invertebrados, como as moscas-das-frutas, tão estudadas pelos geneticistas, exibem comportamentos de luta que servem para estabelecer uma hierarquia social entre os machos. Nos vertebrados, nem se fala: a simples entrada de um intruso na gaiola de um casal de camundongos dispara em segundos um ataque arrasador do macho residente.

Existe uma determinação genética para esse tipo de comportamento agressivo, chamado "reativo-explosivo": é o que concluiu o grupo liderado pela pesquisadora Emilie Rissman, da Escola de Medicina da Universidade da Virgínia, nos EUA. Rissman e seu grupo analisaram a agressividade dos camundongos machos, em contraste com a das fêmeas, usando animais geneticamente manipulados. Puderam concluir que a agressividade dos machos depende de pelo menos um gene situado no cromossomo Y (chamado *Sry*) e a das fêmeas, de um outro gene (*Sts*), localizado no cromossomo X.

Até aí morreu o Neves, como diriam os antigos. E o cérebro com isso? Importa saber se os genes ativam mecanismos no cérebro capazes de determinar comportamentos agressivos. A resposta é afirmativa. Diferentes mecanismos moleculares estão envolvidos e geralmente atuam na transmissão de informação entre neurônios, que emprega moléculas neurotransmissoras, em particular a serotonina.

A serotonina é sintetizada por neurônios do tronco encefálico (núcleos da rafe [Capítulo 16]), cujas fibras ascendem às regiões superiores, inclusive o córtex cerebral, formando circuitos cuja função, entre outras, é "controlar o gatilho" dos comportamentos. No córtex, a serotonina é reconhecida por receptores pós-sinápticos específicos. Quando ocorre transmissão sináptica serotonérgica, o córtex bloqueia os comportamentos agressivos que seriam disparados pelas regiões mais baixas. A razão contém a emoção. Aprendemos a refrear nossos impulsos agressivos em nome da boa educação, do diálogo e da compreensão entre os seres humanos.

Só que nem sempre é assim. Em camundongos, por exemplo, os mais agressivos apresentam baixas concentrações de serotonina no cérebro. Faz sentido: com pouca serotonina, o córtex não consegue refrear o comportamento de ataque. Além disso, sempre que são tratados com fármacos que interferem na síntese, no transporte ou na eliminação da serotonina, ocorrem alterações no comportamento agressivo: ficam mais plácidos ou mais agressivos, dependendo do tratamento que receberam.

O envolvimento da serotonina com a agressividade dos camundongos tem uma contrapartida humana. Pessoas violentas apresentam baixos teores de serotonina no cérebro, nas mesmas regiões associadas à agressividade dos animais. Além disso, há muito os psiquiatras tratam os psicopatas e as pessoas muito agressivas com medicamentos agonistas[G] da serotonina e outros que aumentam a sua presença nas sinapses.

Há, portanto, algo de biológico e cerebral na determinação do comportamento agressivo dos animais e dos seres humanos, mas falta definir um elo fundamental para incorporar à análise das causas da violência humana: o papel modulador do ambiente. Será possível mostrar que as condições do meio influenciam a agressividade das pessoas mediante a modulação dos mecanismos cerebrais?

Algumas equipes de neurocientistas se debruçaram sobre esse aspecto, mas os resultados ainda são contraditórios. Uma primeira tentativa foi relatada em 2002 por um grupo de pesquisadores de diversos países liderado por Avshalom Caspi, do Instituto de Psiquiatria do King's College, em Londres. O grupo analisou a presença de genes que produzem certas enzimas desativadoras de neurotransmissores cerebrais em um grande número de indivíduos que sofreram maus-tratos quando crianças em comparação com outros com experiências menos sofridas. Além disso, correlacionaram os dados com o perfil de personalidade e a história de vida de cada um, identificando aqueles que haviam cometido transgressões com violência.

734

MENTES EMOCIONAIS, MENTES RACIONAIS

Os pesquisadores verificaram que os indivíduos transgressores eram justamente os que haviam sofrido maus-tratos quando crianças e, além disso, tinham uma configuração genética que produzia baixas taxas das enzimas cerebrais. O resultado não foi ainda confirmado por outros pesquisadores, mas é sugestivo de que o caminho pode ser esse. Mais recentemente, outro grupo verificou que a exposição a filmes violentos na TV influi negativamente sobre a ativação do lobo frontal[A], região cerebral que atua no controle de comportamentos agressivos.

Pode-se concluir que um ambiente social violento e transgressor influencia fortemente aqueles indivíduos cujo perfil genético os torna suscetíveis a desenvolver comportamentos agressivos inapropriados, resultando em alterações cerebrais nas regiões que normalmente regulam esses comportamentos. Você poderia pensar: e daí? O que importa é reformular a sociedade, pois é essa a ação mais eficaz para beneficiar a maioria, evitando a expressão dos comportamentos agressivos. Certo. Há, todavia, muito mais água embaixo da ponte. Os juristas, por exemplo, buscam diferenciar os comportamentos agressivos evitáveis daqueles inevitáveis. A atribuição de culpa criminal depende da diferenciação precisa entre a agressividade "normal" e a agressividade patológica.

A realidade não é simples, e o conhecimento científico de seus meandros é que permite lidar com cada caso da maneira mais justa: condenação ou tratamento? Prisão ou hospitalização? Nesse campo da agressividade e da violência, qualquer deslize pode causar uma violência ainda maior.

EMOÇÕES POSITIVAS, PRAZER

Até o momento comentamos apenas as emoções negativas, ou seja, aquelas que nos causam desagrado ou mesmo sofrimento. E o que podemos dizer das emoções positivas, aquelas que nos causam prazer?

O estudo dos sentimentos positivos começou na década de 1950 com os experimentos intrigantes dos psicólogos canadenses James Olds e Peter Milner, referidos no Capítulo 15. Eles implantaram eletródios na área septal* de ratos (Figura 20.14) e mantiveram-nos em gaiolas dotadas de botões ou alavancas capazes de acionar um estímulo elétrico por meio dos eletródios. O experimento ficou conhecido como autoestimulação, porque o próprio animal ligava o estímulo à sua vontade.

Olds e Milner observaram que o animal não só aprendia a acionar a alavanca, mas parecia gostar disso, porque passava a repetir o procedimento inúmeras vezes, parecendo

---

* A área septal fica mais à frente do hipotálamo medial, e participa de numerosas funções, algumas delas semelhantes às do hipotálamo.

ter-se tornado "viciado" na estimulação elétrica. Seria esse o "centro do prazer"? Essa efetivamente foi a interpretação dos autores, embora se possa questionar se havia realmente uma emoção em jogo ou se se tratava, na verdade, de uma compulsão provocada pela estimulação elétrica.

Outros experimentos foram realizados e indicaram a existência de um conjunto de regiões ao longo do feixe prosencefálico medial (Figura 20.14), além da área septal, capazes de provocar a autoestimulação "compulsiva" dos animais (veja maiores detalhes sobre essas "vias do prazer" no Capítulo 15): hipotálamo lateral, área tegmentar ventral e os núcleos pontinos dorsais. Pacientes com narcolepsia[G] e epilepsia receberam eletródios implantados em diversas áreas encefálicas sob regime de autoestimulação para tentar controlar as suas crises. Relataram diferentes sentimentos: "prazer moderado" após a estimulação do hipocampo, da amígdala e do núcleo caudado[A]; "prazer intenso, quase um orgasmo" para a estimulação da área septal; e um "prazer de embriaguez" para a estimulação do tegmento mesencefálico[A].

Na verdade, atualmente é possível diferenciar entre a vivência emocional positiva (sentimento de prazer) e o comportamento consumatório induzido pelo prazer. Exemplos bastante eloquentes dessa diferença conceitual são os comportamentos compulsivos, incluindo a adicção por drogas. O comportamento compulsivo de comer, que se origina da emoção positiva provocada pelo paladar agradável do alimento, pode provocar obesidade e, com ela, diversas doenças capazes inclusive de causar a morte do indivíduo. O mesmo pode-se dizer da dependência de drogas como o álcool, a nicotina, a cocaína e outras: origina-se da sensação agradável obtida durante as fases iniciais do consumo, mas torna-se uma compulsão causadora de doença, mal-estar e degradação social. A partir deste momento, o adicto se torna prisioneiro e não consegue mais facilmente refrear o consumo. Os comportamentos consumatórios, assim, são diferentes da emoção que os provoca, que pode ser positiva em certos momentos e negativa em outros.

Como a sensação de prazer provém geralmente de alguma fonte de estimulação sensorial, considera-se que as regiões neurais que a produzem de algum modo "dão colorido" aos sentidos. A maioria das pessoas sente prazer em consumir alimentos doces, mas nem todas. Outras preferem alimentos apimentados ou amargos. A mesma variabilidade existe na audição, na visão e nos demais sentidos. Como as fontes de prazer são assim tão variadas, a diferença entre os indivíduos está na "cor" que as regiões neurais de prazer aplicam a cada uma delas. A pergunta que os neurocientistas devem responder, então, é de que modo o cérebro transforma um simples estímulo sensorial em um estímulo prazeroso.

O estudo da neurobiologia das emoções positivas pode ser realizado em animais analisando-se suas reações simul-

735

▶ **Figura 20.14.** Diversas vias interconectam as regiões do sistema límbico que participam da fisiologia das emoções. Nos experimentos de autoestimulação, os pontos causadores de comportamento repetitivo estão sempre situados em torno do feixe prosencefálico medial. Modificado de Nieuwenhuys R et al. *The Human Central Nervous System*. 3ª ed. Berlim: Springer-Verlag, 1988..

taneamente à injeção intracerebral de diferentes substâncias em pontos conhecidos do SNC. Esse tipo de experimento indica que os peptídeos opioides e o neurotransmissor dopamina são particularmente importantes nesse processo. Os primeiros, quando injetados no núcleo acumbente e no globo pálido[A] ventral, dois núcleos da base não relacionados com o controle motor diretamente (Tabela 12.3, no Capítulo 12), aumentam as reações hedônicas ilustradas na Figura 20.3: os animais "lambem os beiços" e as patas intensamente ao receberem gotas de sacarose na boca. Ao contrário, injeções semelhantes bloqueiam as reações de desprazer provocadas por gotas de quinino. Além disso, medidas de atividade neuronal nesses dois núcleos indicam aumento da frequência de disparo de potenciais de ação e aumento do metabolismo celular. Coerentemente, as duas regiões apresentam grande densidade de receptores opioides do tipo μ.

Em seres humanos, constatou-se fenômeno semelhante: aumento da atividade registrada por meio de neuroimagem funcional no núcleo acumbente durante o consumo de sucos de frutas e alimentos saborosos (Figura 10.4). Nesses indivíduos, constatou-se também o envolvimento de regiões corticais, como o córtex insular[A], o cingulado anterior e o orbitofrontal, possivelmente envolvidas com os aspectos racionais (cognitivos) ligados às emoções. Essas mesmas regiões, quando estimuladas eletricamente em pacientes portadores da doença de Parkinson (com objetivos terapêuticos), provocaram riso e euforia. Há, portanto, um sistema ou circuito encarregado de produzir tanto a vivência emocional de prazer como as reações comportamentais correspondentes.

Quanto à dopamina, verificou-se que é o neurotransmissor da via que liga a área tegmentar ventral do mesencéfalo aos núcleos da base. Essa via ficou conhecida como via mesolímbica, materializada pelo feixe prosencefálico medial, mencionado anteriormente. Sua atuação nas emoções positivas parece estar mais relacionada com os comportamentos consumatórios do que propriamente com as vivências emocionais de prazer (no entanto veja, na Figura 10.4, um exemplo do que parece uma interpretação oposta). É por essa razão que estão envolvidos fortemente nos processos de consumo compulsivo de alimentos e drogas, bem como comportamentos motivados dependentes de reforço (Capítulo 15).

MENTES RACIONAIS

Você conhece o problema da torre de Hanói? Trata-se de três hastes verticais nas quais se encaixam três ou mais aros coloridos de diâmetros diferentes (Figura 20.15). Na situação de partida, os aros estão dispostos na haste da esquerda (Figura 20.15A), com o maior embaixo, o médio sobre ele e o menor sobre o médio. O problema consiste em mover os aros de uma haste a outra – um a um – até chegar à mesma arrumação na haste da direita (Figura 20.15B). O único requisito é sempre manter os maiores embaixo dos menores. Se você tentar resolver o problema, não terá dificuldade: precisará de cerca de 10 movimentos até a solução final, mas, se depois que fizer, alguém lhe perguntar como conseguiu, que estratégia utilizou, você não saberá responder, a não ser que refaça todas as etapas, uma a uma, para tentar descobrir o seu próprio raciocínio!

A resolução do problema da torre de Hanói requer o uso da razão, isto é, exige o estabelecimento de um objetivo final, o planejamento e a execução de uma sequência de etapas lógicas (neste caso, movimentos) para atingi-lo. O indivíduo utiliza a sua memória operacional para descobrir a sequência correta de movimentos, mas a lógica global que emprega permanece oculta, inconsciente. Quer dizer: nem sempre o uso da razão é consciente, o que nos leva à necessidade de definir o termo *consciência*.

Outro termo difícil de definir! Consciência se confunde com autoconsciência (consciência de si próprio) e não é exatamente o mesmo que razão, já que esta pode ser inconsciente. Isso significa que a consciência é a percepção da lógica de nossas operações mentais. O conceito é semelhante a *metacognição*, termo que se refere à capacidade que começamos a adquirir durante a infância (ajudados pela escolarização) de compreender (e preferir usar) as nossas próprias estratégias de aprender. Vendo a consciência desse modo, observamos que apenas uma parcela de todas as operações mentais que somos capazes de realizar preenche essas características. Na maior parte do tempo, então, fazemos uso da razão inconsciente. Usamos a razão consciente apenas em algumas das inúmeras operações mentais que fazemos a cada momento.

Definida como percepção da lógica das nossas próprias operações mentais, ainda assim a consciência é um conceito sujeito a diferentes interpretações, porque o termo é também usado com uma acepção quantitativa para indicar "nível de alerta" (Capítulo 16). Nesse caso dizemos que uma pessoa está muito consciente quando está acordada e atenta; referimos que está menos consciente quando se encontra sonolenta e desatenta; dizemos ainda que a consciência é interrompida pelo sono e que um indivíduo fica inconsciente quando desmaia ou entra em coma. Na verdade, é importante para os médicos, e também para as famílias, compreender o que se passa com os pacientes nos estados patológicos chamados "inconscientes". Isso porque há suspeitas bem fundadas de que em muitos casos eles possam ter um certo nível de consciência preservado. Assim, considera-se que, na verdade, esses pacientes não conseguem se comunicar bem porque ficam prostrados com o sistema motor quase completamente paralisado, mas, na verdade, preservam um certo grau de consciência que aparece de formas sutis, expresso por movimentos das pálpebras ou da face. O *estado de coma* é considerado o mais profundo nível de inconsciência, acima do qual haveria o *estado vegetativo* e, mais acima ainda, o chamado *estado de consciência mínima*. A definição correta desses estados por meio de técnicas de registro cerebral por EEG e neuroimagem funcional torna-se muito importante para determinar o prognóstico do indivíduo e suas condições de recuperação.

Embora esteja no topo das operações mentais que os seres humanos são capazes de realizar, a razão é fortemente relacionada com a emoção. De um modo ou outro, nossos atos e pensamentos são sempre guiados ou influenciados pelas emoções. Há mesmo quem tenha proposto, como o neurologista português António Damasio, que o uso da razão implica a busca de informações na memória, e estas são associadas a "marcadores somáticos" que representariam o padrão mental de comportamentos e manifestações fisiológicas que elas teriam provocado quando foram armazenadas. Segundo Damasio, os marcadores somáticos são particularmente importantes quando há emoções negativas associadas a uma determinada informação, e a sua existência é fundamental para o processo de tomada de decisões que caracteriza o uso da razão. O indivíduo teria à sua disposição (na memória) uma hierarquia de marcadores somáticos e escolheria para cada etapa racional a informação associada ao marcador menos negativo.

O termo *razão* é frequentemente substituído pelos neurocientistas por *cognição*, palavra de origem latina que se relaciona com o ato de "conhecer" (*cognoscere*). A função cerebral que possibilita a cognição é o *controle cognitivo*, isto é, a capacidade que as pessoas têm de elevar seus pensamen-

▸ **Figura 20.15.** O problema da torre de Hanói consiste em transferir as argolas da haste da esquerda para a da direita passando pela haste do meio (**A**) e terminando na mesma arrumação das argolas, com a maior em baixo e a menor em cima (**B**). Não é uma tarefa difícil, mas depois de terminar não sabemos explicar como conseguimos...

tos e ações a um nível acima das meras reações ao ambiente, tornando-os abstratos e proativos. O controle cognitivo possibilita os comportamentos inteligentes – aqueles que de certa forma antecipam o futuro, coordenando e dirigindo a ele os pensamentos e as ações. Você programa seus estudos porque antecipa que assim poderá adquirir uma certa competência profissional e que esta lhe dará grande satisfação interior, além de lhe proporcionar condições financeiras mais favoráveis ao seu sustento no futuro.

Ocorre que o controle cognitivo é uma operação de altíssima complexidade. Envolve receber, processar e interpretar uma infinidade de informações que entram pelos canais sensoriais simultaneamente e em vertiginosa sucessão temporal. Se dispuséssemos apenas de um processamento automático dessas informações, não estaríamos equipados adequadamente para responder a esse mundo tão dinâmico e complexo em que vivemos. A cada momento, a multiplicidade de informações sensoriais abre diversas opções de resposta: e muitas vezes ocorre ambiguidade na interpretação. Que fazer, então? Como tomar uma decisão? Como prever as diversas possibilidades de desfecho futuro das decisões que tomarmos?

Os comportamentos automáticos dependem de uma alça curta entre as informações ascendentes que chegam ao córtex cerebral e as respostas comportamentais reflexas processadas pelo sistema motor. Por outro lado, os comportamentos inteligentes (também chamados controlados) acrescentam informações descendentes* provenientes das regiões corticais de função complexa às que recebem a entrada sensorial, conseguindo, assim, modular a percepção e realizar a interpretação mais adequada para a introspecção e o comportamento. Essas informações descendentes é que nos permitem modular o comportamento segundo a nossa vontade, os nossos pensamentos e as nossas emoções.

Dada a complexidade que caracteriza o controle cognitivo, é fácil admitir que ele exige uma eficiente coordenação entre áreas e processos cerebrais dependentes de circuitos que interligam muitas partes do cérebro. Para que essa complexa coordenação ocorra, é necessário dispor de um integrador principal, isto é, uma região cerebral que desempenhe o papel de polo de disparo das informações *top-down*. Essa região é o *córtex pré-frontal*, considerado o responsável pelo nosso comportamento inteligente. De fato, como veremos, o córtex pré-frontal comunica-se com diversos sistemas sensoriais (que processam dinamicamente a informação que vem do ambiente), e com sistemas motores (que planejam e comandam os atos voluntários e involuntários que compõem o nosso comportamento). Além disso, o córtex pré-frontal precisa ser capaz de selecionar

informações, o que ocorre por meio da atenção; gerenciar no tempo esse fluxo constante de informações, o que caracteriza a memória operacional; e realizar essas operações de modo flexível (o que implica grande plasticidade).

São vários os transtornos neuropsiquiátricos que impactam a cognição. Talvez o mais prevalente deles seja a esquizofrenia, que tem um componente genético, pode ser disparado por circunstâncias ambientais e é o alvo de intensas pesquisas em todo o mundo para desvendar seus determinantes neurais. O Quadro 20.3 traz um exemplo qualificado desse esforço científico.

▶ Filósofos × Neurocientistas: uma Disputa sem Razão

Os mistérios da razão humana têm atraído a curiosidade dos filósofos desde a Antiguidade, e mais recentemente também dos neurocientistas. Na verdade, razão, emoção, percepção, memória e todas as demais funções que analisamos neste livro podem ser reunidas no conceito de *mente* ou espírito. E quando os homens descobriram que o cérebro é a parte do organismo que mais se relaciona com a mente, criou-se um problema ainda sem solução estabelecida, que é a determinação dos termos da relação mente-cérebro. Em outras palavras: de que modo a mente se relaciona com o cérebro? Essa é a expressão objetiva de uma questão filosófica mais ampla: a relação entre o espírito e a matéria.

Duas grandes correntes filosóficas destacaram-se na história das ideias quanto ao modo de encarar essa questão: o *dualismo* e o *monismo*. Para o dualismo existem duas entidades distintas: a mente e o cérebro (o espírito e a matéria). Para o monismo só existe uma delas, sendo a outra uma simples propriedade da primeira. Entre os monistas, destacam-se, de um lado, os materialistas, que acreditam no primado do cérebro, considerando a mente um mero resultado da atividade cerebral; no outro extremo, os espiritualistas ou idealistas, que acreditam no primado do espírito, encarando a matéria como inexistente ou, no máximo, uma mera criação do espírito. Entre os dualistas há também os que acreditam que cérebro e mente são duas entidades independentes e não relacionadas e os que preferem considerar que cérebro e mente se relacionam de algum modo. Neste caso, alguns propõem que o cérebro influi sobre a mente e outros que – ao contrário – é a mente que influi sobre o cérebro.

Esta descrição simplificada, obviamente, não faz justiça ao pensamento elaborado de tantos filósofos que abordaram essa questão fundamental. Além disso, deixa de incluir um grande número de pensadores cujas concepções representam nuanças das ideias básicas aqui resumidas. O objetivo é apenas situar a questão e as abordagens principais dela para compreender como os neurocientistas podem contribuir.

---

* No jargão técnico da língua inglesa, as informações ascendentes são conhecidas como bottom-up, e as descendentes como top-down.

738

MENTES EMOCIONAIS, MENTES RACIONAIS

Muitos neurocientistas na verdade desprezam o problema da relação cérebro-mente e trabalham sem considerar a sua existência. Outros tomam partido e filiam-se a alguma das correntes principais ou criam uma nova interpretação do problema. Um defensor do dualismo foi o fisiologista australiano John Eccles (1903-1997), prêmio Nobel de Medicina ou Fisiologia em 1963 por suas descobertas sobre a fisiologia das sinapses e dos reflexos medulares. Eccles propunha que a mente seria inicialmente um produto do cérebro, no entanto capaz de adquirir independência dele – seria uma propriedade emergente do cérebro. Outro prêmio Nobel de Medicina ou Fisiologia (1981), o americano Roger Sperry (1913-1994), também defendeu ideias dualistas. Sperry reconhecia que a mente é uma entidade distinta do cérebro, produzida por ele e emergente como queria Eccles, mas, além disso, capaz de influir sobre o cérebro, modificando-o.

Talvez a maioria dos neurocientistas seja mesmo materialista: grande número deles defende o reducionismo, isto é, a concepção pela qual tudo na natureza pode ser reduzido a suas bases celulares, químicas e físicas, suficientes para oferecer as explicações plausíveis para sua existência e funcionamento. Esse é o caso do psicólogo americano Charles Gross, descobridor das células gnósticas no córtex ínfero-temporal do macaco e defensor da ideia de que neurônios isolados podem reunir em si grande parte ou mesmo a totalidade dos mecanismos que levam à percepção. O reducionismo já não é tão amplamente aceito pelos neurocientistas como explicação, mas permanece como um método muito fértil para o estudo das propriedades neurais. Tomado como método de estudo, o reducionismo propõe o isolamento de partes componentes dos fenômenos naturais (tecidos, células, moléculas) para melhor estudá-las e, depois, tentar unificá-las conceitualmente.

Em anos recentes tem-se proposto uma possível superação do reducionismo metodológico, com o aparecimento de técnicas de registro simultâneo de grandes populações de neurônios e do sincronismo ou dessincronismo de sua atividade. O registro simultâneo de dezenas de neurônios ativos em determinadas situações (como no movimento do braço para levar à boca um alimento) tem permitido a criação de neurorrobôs, dispositivos mecânicos comandados por computadores que, por sua vez, são alimentados pelo "pensamento". A atividade da população neuronal associada à execução daquela tarefa comportamental é transferida ao neurorrobô pelo computador e este executa a tarefa que seria realizada pelo corpo do indivíduo. Não é preciso salientar que essas novas tecnologias criarão nos próximos anos possibilidades de grande repercussão para a saúde humana e terão grande impacto para a filosofia, a ética e a compreensão científica.

As ideias do filósofo contemporâneo Daniel Dennett têm influenciado bastante os neurocientistas, em particular aqueles que trabalham com inteligência artificial.

Dennett adota uma posição chamada funcionalista, um tipo de materialismo que defende que qualquer dispositivo material (seja físico ou biológico) capaz de executar uma função opera da mesma forma. Para ele, sendo a mente uma função do cérebro, seria possível construir uma máquina capaz de realizar funções "mentais" de modo semelhante ao cérebro. Além disso, a invenção de modelos ou máquinas seria importante para desvendar os mecanismos cerebrais que realizem as mesmas funções. É exatamente disso que se trata com relação aos experimentos de neuroengenharia ou neurorrobótica, como aquele ilustrado na Figura 1.11.

Apesar de sua relevância, a controvérsia entre filósofos e neurocientistas está longe de ser resolvida. Tudo indica que as posições negativistas parecem perder terreno: a mente pode, sim, ser um objeto de estudo, e os mecanismos cerebrais que a acompanham podem ser desvendados pelos neurocientistas. O que não quer dizer, necessariamente, que toda a explicação para os fenômenos mentais esteja resumida na operação dos neurônios do cérebro. A virtude pode estar no meio-termo, como mencionamos de saída no Capítulo 1. E os mecanismos cerebrais da razão podem ser detectados e estudados sob vários níveis heurísticos (níveis de abordagem): molecular, celular, conectivo (circuitos e redes), psicológico e até mesmo social.

▶ O Córtex da Razão

Um marco histórico na elucidação dos mecanismos neurais envolvidos com a razão foi o famoso caso do operário Phineas Gage, que aconteceu em setembro de 1848 no estado de Vermont, EUA. Gage era tido como operário-padrão. Trabalhava na construção de ferrovias e era encarregado de preparar as cargas de dinamite incrustadas na pedra para quebrá-las e, assim, aplanar o terreno e colocar os trilhos. Furava a pedra, colocava a pólvora e o rastilho, cobria com areia e socava cuidadosamente com uma barra de ferro. Um dia distraiu-se e deixou de colocar a areia. Quando socou diretamente a pólvora com a barra de ferro, produziu a explosão antes da hora e a barra foi projetada contra sua cabeça, entrando no crânio[A] pela reborda ocular e emergindo dorsalmente pelo osso frontal. Gage sobreviveu milagrosamente ao acidente e foi daí em diante acompanhado pelo médico John Harlow (1819-1907), que o atendeu e relatou a história para a posteridade.

Seus colegas de trabalho não reconheceram mais o operário-padrão Phineas Gage. Tornou-se impaciente, rude e irreverente, dado a rompantes de raiva. Perdeu a capacidade de planejar suas ações e concatenar as ideias. Demitido, tornou-se um andarilho e foi parar na Califórnia, onde morreu vários anos depois. Harlow conseguiu a exumação do corpo, recolheu o crânio e levou-o ao Museu da Universidade Harvard, onde se encontra até hoje (Figura 20.16A). Há alguns anos, uma equipe de neurologistas reconstruiu em computador como seria o cérebro de Gage e qual teria sido

Neurociência em Movimento

Quadro 20.3
Videogames para Mudar o Cérebro
▶ Rogerio Panizzutti*

Procurei a Medicina e me aprofundei nos estudos sobre o cérebro em busca da fronteira entre as humanidades e as ciências exatas. Desde o meu ingresso na Faculdade de Medicina da UFRJ venho trabalhando em neurociência com vistas à sua aplicação para a promoção da saúde mental e do bem-estar das pessoas. Meu foco vem sendo o estudo da cognição e como ela é afetada e pode ser remediada nos transtornos neuropsiquiátricos. Desde o meu doutorado foquei na D-serina, um aminoácido neuromodulador envolvido em diversas funções cerebrais importantes como o aprendizado, a memória e o raciocínio. A enzima que sintetiza D-serina é a serina-racemase, descoberta por meu orientador de doutorado, professor Herman Wolosker. Descobrimos, nessa época, que essa enzima seria um ótimo alvo terapêutico para a esquizofrenia, a doença de Alzheimer e o envelhecimento por disponibilizar a D-serina para as sinapses glutamatérgicas. Uma vantagem deste aminoácido é que pode ser ingerido por via oral, o que mostrou melhora dos sintomas negativos (embotamento afetivo, isolamento social, apatia) e dos déficits cognitivos na esquizofrenia. Porém, como os sítios coagonistas dos receptores glutamatérgicos têm alta afinidade pelos seus ligantes D-serina e glicina, pode ser que estes sítios se tornem saturados, ficando insensíveis à administração de D-serina.

Tendo em vista esta possibilidade, perguntei-me quais regiões do cérebro são afetadas pela administração de D-serina. Para responder a essa pergunta procurei o Dr. Markus Rudin, do Novartis Biomedical Institute na Basiléia, Suíça. Utilizando ressonância nuclear magnética em ratos, observamos que a administração exógena de D-serina ativa o hipocampo, uma região associada ao aprendizado e à memória. Depois observamos que houve melhora da memória e do aprendizado de roedores. O passo seguinte foi avaliar se a D-serina teria efeito sobre a cognição de idosos saudáveis. De fato, observamos que ela melhorou o raciocínio e a resolução de problemas destas pessoas.

Para expandir as possibilidades de aprimorar a cognição das pessoas, interessei-me pelo estudo da plasticidade cerebral dependente da experiência, momento em que me deparei com o trabalho do professor Michael Merzenich, da Universidade da Califórnia, pioneiro na descoberta de que o cérebro pode se transformar durante toda a vida. Quando o procurei, ele me contou que estava utilizando *videogames* para a melhora da cognição na esquizofrenia. Realizando experimentos em ratos, descobrimos que a desorganização das representações corticais induzida pela exposição crônica a ruídos era acompanhada de alterações neuroquímicas parecidas com um cérebro "imaturo". De forma interessante, o retorno destes animais a um ambiente acusticamente normal foi acompanhado por uma reorganização do córtex cerebral e mudanças neuroquímicas compatíveis com a plasticidade cerebral dependente de experiência.

Em paralelo, o professor Merzenich me apresentou à professora Sophia Vinogradov, que vinha realizando estudos clínicos com treino cognitivo baseado em exercícios digitais em pessoas com esquizofrenia. Descobrimos neste período que as características genéticas individuais afetam a resposta ao treino cognitivo digital e que os ganhos cognitivos induzidos pelo treino são associados a um aumento nos níveis de D-serina nos voluntários com esquizofrenia. Após retornar ao Brasil, em colaboração com o professor Etienne de Villers-Sidani, da Universidade McGill, no Canadá, descobrimos que o treino cognitivo pode aumentar os níveis de D-serina

▶ **Figura 1.** Rogerio Panizzutti e família em 2020.

---

* Professor associado do Instituto de Ciências Biomédicas e do Instituto de Psiquiatria da UFRJ: rpanizzutti@gmail.com.

extracelular no hipocampo. Para fazer a tradução e adaptação da plataforma de exercícios digitais para a língua portuguesa, fundei uma empresa *startup* de tecnologia.

Nossos estudos e de outros grupos indicam que melhorar a cognição por meio de treino cognitivo digital pode mitigar alguns aspectos do declínio cognitivo relacionado com a idade e ter um papel na prevenção ou retardamento do início da demência. Criticamente, a capacidade de um determinado indivíduo de melhorar seu desempenho cognitivo após o treino está fundamentalmente relacionada com o engajamento aos exercícios. Para abordar esta questão fui à Irlanda colaborar com o professor Brian Lawlor. Focamos nossos esforços em técnicas de mudança de comportamento que poderiam ser aplicadas para aumentar a adesão e o engajamento ao treino cognitivo digital. No momento, estamos desenvolvendo, aplicando e testando abordagens personalizadas para implementar o treino cognitivo digital na vida diária de pessoas com declínio cognitivo, visando a ganhos em independência e qualidade de vida.

▶ **Figura 2.** Neste experimento, utilizando a técnica de microdiálise, observamos um aumento do neuromodulador D-serina no meio extracelular do hipocampo enquanto o animal realiza o treino cognitivo e, também, na fase de consolidação do aprendizado do treino.

o trajeto da barra de ferro e a lesão correspondente (Figura 20.16B). As áreas atingidas foram as regiões ventromediais do córtex pré-frontal de ambos os hemisférios.

Outros casos de consequências semelhantes foram sendo descritos após o relato de Harlow sobre Gage, e sempre aparecia o setor ventromedial do córtex pré-frontal como a principal região atingida, responsabilizada pela mudança de personalidade e o desajuste social dos pacientes. No século XX, essa região do lobo frontal tornou-se "culpada" (abusivamente, é bom que se diga) de muitos desajustes sociais: agressividade, criminalidade, prostituição e assim por diante. A tal ponto que se propôs extirpá-la cirurgicamente para resolver o problema... Foi o tempo da psicocirurgia, que aliás valeu um prêmio Nobel em 1949 ao seu principal propositor, o neurocirurgião português Egas Moniz (1874-1955).

O córtex pré-frontal situa-se no lobo frontal, anteriormente às regiões motoras. Ocupa cerca de 25% do córtex humano, o que, em termos relativos, representa a maior proporção entre todos os animais. Embora seja constituído por uma dezena de áreas citoarquitetônicas (Figura 20.17B), até o momento se podem reconhecer cinco grandes regiões funcionais (Figura 20.17A): (1 e 2) as regiões ventromedial e orbitofrontal, envolvidas com o planejamento de ações e do raciocínio, com o ajuste social do comportamento e com aspectos do processamento emocional; (3) a região ventrolateral, encarregada da memória operacional (Capítulo 18); (4) a região dorsolateral, envolvida com a manipulação cognitiva dos dados da memória operacional; e (5) a região cingulada anterior, envolvida com as emoções e a atenção.

O córtex pré-frontal estabelece conexões recíprocas com praticamente todo o encéfalo: quase todas as áreas corticais, vários núcleos talâmicos e núcleos da base, o cerebelo[A], a amígdala, o hipocampo e o tronco encefálico. Podemos imaginar que uma região que possui essa rede de conexões tão variadas tem grandes possibilidades de exercer o controle e a coordenação geral das funções mentais e do comportamento.

A determinação da função de cada uma das regiões pré-frontais tem sido realizada de diversas maneiras. Uma delas, a mais clássica, é o estudo de pacientes que sofreram lesões nesses setores do córtex. Esse tipo de estudo é limitado pela variabilidade na extensão e na localização das lesões, bem como pela dificuldade em identificar os sintomas correspondentes, nem sempre claros e objetivos. Um segundo meio de estudo funcional do córtex pré-frontal emprega as técnicas de neuroimagem: neste caso, é possível propor tarefas cognitivas bem controladas a indivíduos sãos e analisar quais setores do córtex são ativados durante a execução das mesmas.

Uma área cortical ativada durante uma função não significa, no entanto, que seja indispensável à execução dessa função. Para resolver esse dilema, os neurocientistas empregam experimentos com animais (geralmente macacos), nos quais podem realizar lesões restritas bem controladas e analisar o desempenho dos animais nas funções correspondentes. Essa variante técnica ajuda, mas não resolve, pois, como sabemos, a capacidade cognitiva dos primatas não humanos é mais limitada que a dos seres humanos. Finalmente, é válido complementar esses estudos mediante o registro eletrofisiológico de neurônios isolados ou de populações neuronais – em macacos e seres humanos – ativas durante as operações funcionais correspondentes.

▸ **Figura 20.16.** O crânio de Phineas Gage (**A**) foi recuperado e guardado no Museu da Universidade Harvard. Só recentemente foi possível reconstruir em computador a anatomia da lesão que causou a sua mudança de personalidade (**B**). A principal área envolvida foi a região pré-frontal ventromedial, em ambos os hemisférios. **B** extraído de Damasio H et al. *Science*. 1994;264:1102-1105.

MENTES EMOCIONAIS, MENTES RACIONAIS

▶ **Figura 20.17. A** indica as grandes subdivisões funcionais do córtex pré-frontal, e **B** reproduz, para comparação, o desenho original do anatomista alemão Korbinian Brodmann (1868-1918), cujo sistema de numeração de áreas corticais segundo suas características histológicas é ainda plenamente aceito.

Depois de Phineas Gage, muitos neurologistas relataram e estudaram casos de pacientes com lesões pré-frontais. Destacaram-se o francês François Lhermitte (1877-1959) e, contemporaneamente, o inglês Tim Shallice. Lhermitte verificou que os pacientes pré-frontais são dependentes do presente: orientam seu comportamento em função do dia a dia, sem os planos de médio e longo prazos que as pessoas normais sempre têm. É o que ficou conhecido como "comportamento utilitário". Além disso, apresentam forte tendência à imitação e realizam comportamentos desajustados de sua própria vontade e das convenções sociais. E algumas vezes têm distúrbios emocionais associados (são apáticos, indiferentes e incapazes de perceber os sentimentos dos outros). O imediatismo do comportamento desses pacientes foi estudado mais sistematicamente por Shallice. Ele dava tarefas para os pacientes realizarem, constituídas por atos simples, mas que tinham que ser executados em sequência e com uma certa disciplina. Por exemplo: ir a um supermercado antes da hora da consulta, comprar três determinados produtos e verificar o preço de três outros, depois passar no banco e verificar o valor do dólar e, finalmente, relatar tudo ao médico durante a consulta. Os pacientes pré-frontais – cuja inteligência era perfeitamente normal – atrapalhavam-se completamente nessa sequência e não conseguiam cumprir todas as tarefas. É o que se chama "síndrome desexecutiva".

Bastante variados, os sintomas observados pelos neurologistas refletem a irregularidade das lesões clínicas. Os estudos de neuroimagem, por outro lado, permitiram realizar algumas distinções importantes, a mais clara delas entre o córtex pré-frontal lateral (dorsal e ventral) e o córtex orbitofrontal. O primeiro é ativado consistentemente durante tarefas cognitivas, sendo o ventrolateral predominante nas tarefas que envolvem o armazenamento da memória operacional e o dorsolateral nas tarefas que de algum modo requisitam a manipulação das informações. Para lembrar o número da placa de um carro, você empregaria o córtex pré-frontal ventrolateral, mas, se alguém lhe pedisse para dizê-lo em ordem inversa, você empregaria o pré-frontal dorsolateral. O córtex orbitofrontal, por outro lado, é ativado durante tarefas que envolvem alguma recompensa ou punição, mesmo que abstratos (ganhar ou perder dinheiro, ter sucesso ou não em um projeto, ser aceito ou rejeitado socialmente).

As evidências obtidas em seres humanos são coerentes com aquelas obtidas em macacos com lesões pré-frontais. Nesse caso, utilizam-se tarefas de comparação de amostras com retardo (Capítulo 18), pelas quais os animais devem localizar onde está um objeto (à esquerda ou à direita) algum tempo depois de vê-lo colocado ali pelo experimentador. Lesões bem localizadas nos setores dorsolaterais do córtex

743

pré-frontal desses animais prejudicam o reconhecimento da posição do objeto, e lesões dos setores ventrolaterais prejudicam o reconhecimento do próprio objeto, mesmo alguns segundos após serem apresentados a ele. Em outros experimentos foram feitas lesões ventrais, em posições semelhantes à do córtex orbitofrontal humano. Quando isso era feito em animais dominantes, estes não conseguiam mais produzir os comportamentos adequados à sua posição na hierarquia social do grupo (agressividade, insubmissão) e eram rapidamente rejeitados pelos seus pares, perdendo a posição dominante que anteriormente tinham.

Finalmente, os experimentos neurofisiológicos com neurônios pré-frontais produziram também resultados consistentes. Os neurônios pré-frontais revelaram-se multimodais, ativados tanto por estímulos visuais como auditivos, táteis, gustatórios e de outras modalidades. A sua atividade (*i.e.*, frequência de impulsos) aumentava nos períodos de retardo em que o animal parecia estar "computando" as informações necessárias para a realização da tarefa de retardo. Além disso, descobriu-se que essa atividade é regulada por receptores dopaminérgicos, o que levou à sugestão de que existiria um mecanismo de controle realizado por vias mesolímbicas do sistema de recompensa.

O que significa essa capacidade de planejar o comportamento e adequá-lo às circunstâncias pessoais e sociais? Não nos damos conta de que a utilizamos constantemente, mas ela está sempre presente. Você deseja submeter-se a um concurso para conseguir um emprego. Estabelece isso como um objetivo a alcançar. Quais são os passos que você segue naturalmente? Em primeiro lugar, informa-se sobre o concurso e descobre que haverá muitos candidatos. Decide então que terá que estudar todas as manhãs. Para isso, vai à livraria e compra alguns livros. Manda consertar o seu computador para poder acessar a internet e fazer consultas. Vai também à biblioteca. Entre outras decisões, você resolve não mais sair à noite com seus amigos para poder acordar cedo no dia seguinte e enfrentar os livros. Quando o concurso se aproxima, você radicaliza: passa a estudar o dia inteiro e deixa de ir às festas de fim de semana. É claro que esses passos podem ser completamente diferentes de uma pessoa para outra. Além disso, você os vai modificando ao longo do tempo para corrigi-los ou adaptá-los às circunstâncias (descobre que ficar sem o chope dos sábados é demais... ninguém é de ferro!).

Tudo indica que a região dorsolateral do córtex pré--frontal é a responsável por esse aspecto da razão: o planejamento e a ordenação temporal dos atos, sua adaptação e ajuste às circunstâncias e a seleção, entre muitas ações possíveis, daquelas mais adequadas a cada momento e aos objetivos finais.

Outros aspectos são necessários para o processamento cognitivo: (1) um sistema perceptual que informe sobre os mundos externo e interno; (2) um sistema mnemônico que forneça dados sobre o passado e permita vinculá-los ao presente; e (3) um sistema atencional de supervisão. O primeiro é analisado especialmente no Capítulo 17, e o segundo, no Capítulo 18. Quanto ao terceiro, abordamos apenas um de seus aspectos, o sistema atencional de percepção seletiva (Capítulo 17), mas falta comentar um segundo aspecto, essencial para o funcionamento da razão: a cognição seletiva, isto é, a supervisão atencional sobre os processos mentais.

O envolvimento do córtex cingulado nos processos de cognição seletiva foi detectado em testes de linguagem aplicados a indivíduos normais submetidos simultaneamente ao registro eletrofisiológico de potenciais do EEG e a técnicas de imagem funcional. Solicitava-se ao indivíduo que lesse algumas palavras em voz alta (Capítulo 19, especialmente as Figuras 19.16 e 19.17) ou que falasse um sinônimo para cada uma delas. Uma das primeiras regiões ativadas, especialmente no caso dos sinônimos, era sempre o córtex cingulado anterior, e isso ocorria porque o indivíduo tinha que prestar bastante atenção nas palavras para que a sua razão pudesse compreendê-la e fosse buscar na memória o sinônimo correspondente.

Tudo indica, portanto, que as atividades da razão que envolvem raciocínio lógico para a resolução de problemas e a tomada de decisões, a fixação de objetivos e o planejamento das ações correspondentes começam com a focalização da atenção nas informações que chegam (Figura 20.18), vindas do meio externo ou da própria mente. O córtex cingulado anterior é o responsável por essa etapa, que consiste na modulação das informações processadas pelo córtex pré--frontal dorsolateral. É este que recebe as informações que entram pelos sistemas sensoriais e chegam a ele por meio das abundantes conexões aferentes provenientes das áreas corticais sensoriais. Compete ao córtex pré-frontal lateral (dorsal e ventral) comparar as informações novas (sensoriais) com aquelas armazenadas na memória. Essa é uma tarefa típica da memória operacional, essencial ao curso do raciocínio. Finalmente, entra em cena o córtex pré-frontal ventromedial, encarregado de adequar os dados do presente que vêm sendo processados pelo córtex pré-frontal lateral aos objetivos de longo, médio e curto prazos estabelecidos pelo indivíduo e às demais circunstâncias pessoais e sociais envolventes. Essa região cortical, então, seria a responsável pelo planejamento dos comportamentos necessários para a concretização dos objetivos.

▶ Sobre Inteligência e Redes Neurais

Os dados obtidos por meio de neuroimagem funcional têm apontado recentemente para aspectos conceituais novos que anteriormente não eram enfatizados: (1) razão e emoção não constituem funções mentais independentes, mas, sim, altamente integradas e inter-relacionadas – são parte do que chamamos "inteligência" de cada indivíduo; (2) a extensa integração entre essas funções superiores extrapola elas pró-

▶ **Figura 20.18.** Esquema explicativo simplificado das funções do córtex pré-frontal. O uso da razão começaria medialmente pela atividade do córtex cingulado anterior (em azul), encarregado de focalizar a atenção perceptual e cognitiva, modulando a atividade das áreas funcionais correspondentes. As áreas dorsolaterais (em amarelo) e ventrolaterais (em violeta) do córtex pré-frontal seriam encarregadas de comparar as informações novas com as antigas. E o córtex pré-frontal ventromedial (não representado) faria o ajuste de tudo com os objetivos do indivíduo e as circunstâncias sociais. Modificado de Posner MI, Raichle ME. *Images of Mind*. Nova York: W. H. Freeman & Co., 1994.

prias, e na verdade revela uma integração ainda mais extensa com os demais aspectos da atividade mental das pessoas: a linguagem, a atenção, a memória e o comportamento; e (3) essa concepção que enfatiza a integração funcional conflui com o conceito de "redes neurais", que várias vezes mencionamos neste livro e vamos elaborar adiante.

Foi o psicólogo e pedagogo francês Alfred Binet (1857-1911) que inventou o quociente de inteligência (QI), no início do século XX, para avaliar quantitativamente a inteligência de crianças e melhor atendê-las na escola. O teste psicométrico inventado por Binet passou a ser extensamente utilizado em muitos países também para adultos, nem sempre com as melhores intenções de inclusão social, muito ao contrário. Isso alimentou uma polêmica infindável sobre a possibilidade de medir a inteligência humana, aquecida não apenas pelo seu conteúdo classificatório discutível, mas, acima de tudo, pela dificuldade que temos até hoje para definir o que seja de fato inteligência. Muitas definições foram propostas, bem como vários subtipos de inteligência, e muitos testes criados para medi-las. Os céticos chegaram a dizer que a inteligência só pode ser definida pelo teste que a avalia.

A inteligência em geral passou a ser chamada "g", enquanto alguns autores a dividiam em 2 domínios, outros em 7 e outros chegaram a 140! O psicólogo americano Raymond Cattell (1905-1998) considerou dois tipos que chamou de *inteligência fluida* e *inteligência cristalizada*, e seu colega Howard Gardner, mais recentemente, considerou-a múltipla e dividiu-a em 7 tipos principais: *musical-rítmica, visuoespacial, verbal-linguística, lógico-matemática, corporal-cinestésica, interpessoal* e *intrapessoal*. A proposição

desses subtipos tornou possível utilizar a neuroimagem funcional por ressonância magnética para identificar a base neural dessas evanescentes funções.

O conceito duplo de inteligência fluida (gf) e inteligência cristalizada (gc) é particularmente interessante por sua simplicidade e foi recentemente motivo de estudo por um grupo de pesquisadores norte-americanos. A inteligência fluida é aquela que nos permite um raciocínio rápido para a resolução de problemas da vida cotidiana ou profissional. É considerada típica dos jovens, declinando com a idade. Já a inteligência cristalizada é o contrário. Típica dos mais velhos, utiliza o acervo de informações acumulado ao longo do tempo, fazendo as relações relevantes para a solução de problemas. Os pesquisadores conseguiram estabelecer uma associação entre essas duas formas de inteligência e o cérebro: áreas do córtex cerebral e redes neurais em interação dinâmica. Examinaram mais de 700 pessoas, correlacionando imagens de ressonância com testes psicométricos de gf e gc. Verificaram que as pessoas com melhor desempenho na gf apresentavam uma expansão cortical em regiões relacionadas com a atenção, o processamento visuoespacial e, especialmente, a memória operacional. Já os indivíduos com alto desempenho na gc apresentavam um córtex cerebral mais fino, porém extenso nas regiões linguísticas. Especularam que, para a inteligência fluida, a expansão da superfície do córtex permitiria um processamento em rede, envolvendo rapidez de comunicação "horizontal" entre diversas áreas cerebrais. Já para a inteligência cristalizada, o córtex menos espesso refletiria a eliminação de sinapses irrelevantes e a otimização do processamento "vertical" nos módulos e colunas de cada região envolvida. Se você é jovem, sua inteligência fluida lhe permite aprender com

745

agilidade, conectar fatos e conceitos e, depois, armazená-los na memória de longa duração. Se você é mais velha, seu cérebro ficou "pesado" com muita memória acumulada. Diminuiu a sua gf, mas você ganhou gc. O ganho de uma compensou a perda da outra.

Os subtipos de Gardner foram bastante adotados por psicólogos e neurocientistas e submetidos também a intenso trabalho de pesquisa com técnicas de neuroimagem funcional. Talvez sua maior conquista tenha sido explicitar a interação das regiões funcionais do córtex cerebral na forma de redes neurais. A inteligência, desse ponto de vista, refletiria, por exemplo, a integração entre o córtex pré-frontal e as regiões parietais na forma de controle *top-down* do raciocínio e do comportamento. A inteligência de cada indivíduo seria representada pela dinâmica de funcionamento das suas redes neurais.

Conceituar redes neurais passa então a ser importante para compreender-se a complexidade funcional que o termo "inteligência" encerra. As redes cerebrais são definidas como conjuntos de áreas do sistema nervoso central com atividade sincrônica durante uma dada função. Atividade sincrônica não significa atividade igual. Daí que uma boa metáfora é a da orquestra. Em um concerto, os violinos não tocam a mesma coisa que os trompetes, mas sua atuação em conjunto faz pleno sentido musical. Semelhantemente, o concerto das áreas cerebrais representa sua ação cooperativa, mas não necessariamente idêntica, essencial para a execução coordenada das funções. Pode estar presente, mesmo de modo indiferenciado, desde o nascimento (como é o caso da linguagem oral ou do reconhecimento perceptual de faces), ou ser reciclado a partir do recrutamento seletivo pela educação e a cultura (como é o caso da leitura e da escrita). Neste caso, a evolução levaria essas regiões cerebrais a uma função determinada biologicamente, como o reconhecimento de faces da mesma espécie, e a cultura a desviaria para outra função determinada pela aprendizagem estruturada que a sociedade construiu na forma de educação. É o que acontece com a leitura e a matemática, funções que "invadem" regiões corticais biologicamente determinadas, por exemplo, ao reconhecimento de faces.

Como explicar, no entanto, que as regiões em rede consigam esse funcionamento sincrônico tão organizado, estando situadas em pontos às vezes bastante distantes no mesmo hemisfério ou no hemisfério oposto? A interpretação mais aceita é que as regiões ativadas em sincronia devem ser conectadas anatomicamente por feixes da substância branca, direta ou indiretamente. É concebível supor, portanto, que esses feixes alojam circuitos de longa distância formados durante o desenvolvimento e sujeitos à plasticidade derivada do ambiente. Em consonância com esse ponto de vista, acredita-se que os cérebros dos mamíferos devem ter desenvolvido um complexo mapa de conectividade altamente eficiente (o chamado *conectoma*), que os

capacita a desempenhar um vasto repertório funcional. E não só isso: o conceito de conectoma se aplica também ao nível da conectividade local, ou seja, aos microcircuitos que formam as colunas do córtex cerebral, os núcleos das regiões subcorticais, enfim, todos os módulos e microrregiões do sistema nervoso central.

Os estudos sobre o conectoma, em qualquer dos níveis mencionados, utiliza comumente os chamados *grafos* para descrever a rede de conexões em estudo. Os grafos envolvem alguns conceitos básicos que é preciso compreender previamente: o de *nós* (unidades interconectadas) e o de *conectores ou arestas** (as conexões propriamente ditas). Ambos são representados por pontos e linhas, respectivamente, formando conjuntos interligados (Figura 20.19A). Um nó é considerado de baixo grau quando tem poucas arestas, ou de alto grau no caso contrário. Nós de alto grau são geralmente chamados *polos***, e uma sequência de nós interconectados é chamada *caminho****. Os nós podem estar organizados em *módulos*, e estes podem constituir conjuntos tipo *clube-rico* (composto por nós de alto grau) ou tipo *pequeno-mundo***** (composto por nós próximos). Essa simpática terminologia é aplicada também às redes neurais ou aos microcircuitos neuronais, que podem então ser representados por meio de grafos, até com uma apresentação próxima da anatomia real do cérebro (Figura 20.19B e C).

No cérebro humano, as diversas áreas cerebrais conectadas em rede podem ser identificadas pela sincronia de sua atividade neural, detectada pelas técnicas de registro, como descrevemos anteriormente. Incrivelmente, existem redes funcionais ativas sincronicamente mesmo na ausência de tarefas específicas identificadas, como é o caso da famosa *rede de modo padrão* (*default mode network* [DMN]), descoberta pelo neurocientista norte-americano Marcus Raichle (Figura 20.20). A ressonância magnética funcional identifica essa rede mesmo quando o sujeito não tem em mente alguma tarefa específica, permanecendo de olhos fechados ou fixando algum ponto no espaço. A DMN é muito consistente entre diferentes sujeitos, por isso se acredita que seja devotada a pensamentos divagantes, algo que todos nós praticamos em muitos momentos. A hipótese é instigante, mas questionada pela observação de que a rede se mantém durante anestesia geral e no início dos períodos de sono. Além da DMN, várias outras redes de repouso foram identificadas, envolvidas com funções como atenção, controle cognitivo, processamento sensorial e motor e saliência (Figura 20.20). Entre parênteses: saliência aqui não é o que você está pensando. Em geral, significa a proeminência de

---

* Nodes *e* edges, *respectivamente, em inglês.*
** Hubs *em inglês.*
*** Pathway, *em inglês.*
**** *É assim mesmo a terminologia criada pelos estudiosos de grafos:* rich-club *e* small-world *(em inglês).*

▶ **Figura 20.19. A**. Parâmetros adotados na teoria dos grafos. **B**. Representação da conectividade cerebral (o conectoma humano, embora incompleto) por meio de um grafo com 1.750 nós (= áreas cerebrais) e suas arestas (conexões entre as áreas). **C**. Representação da conectividade estrutural das redes funcionais, com maior realismo anatômico do que a representação em grafos. Cada rede está representada por uma cor diferente. **B** reproduzido de van den Heuvel MP, Sporns O. *Journal of Neuroscience*. 2011;31:15775-15786.. **C** modificado de Böttger J et al. IEEE *Transactions on Visualization and Computer Graphics*. 2014;20:471-480.

algo. Em Psicologia, refere-se à propriedade de um estímulo sobressair-se à percepção, o que é altamente relevante nos mecanismos de atenção. Saliência de incentivo é um termo usado para descrever um mecanismo cognitivo que confere uma atração especial – é, portanto, um elemento motivador da percepção e do comportamento.

Diferentemente das redes de repouso, que parecem manter uma "conversa" entre áreas cerebrais que compartilham uma mesma função, outras redes funcionam articuladamente *durante* a execução de cada uma das inúmeras tarefas de que somos capazes. É o que acontece com a prática de um esporte, o uso de um instrumento musical, a leitura de um livro, um passeio pelo centro da cidade, a compra de alimentos no supermercado e tantas outras. Impossível listá-las todas, embora algumas sejam funcionalmente essenciais e por isso recebem nomes específicos. Em cada uma delas, são muitas as áreas cerebrais ativas, articuladas para integrar todos os aspectos funcionais necessários à realização dessas tarefas. Todas elas, entretanto, têm aspectos comuns: geralmente há aquisição de informações provenientes do ambiente (pelos nossos canais sensoriais e perceptuais) e comumente há algum tipo de expressão motora (o comportamento). Geralmente apenas, porque às vezes ativamos intensamente nosso cérebro em um ambiente com pouca estimulação, como acontece quando nos preparamos para dormir, na escuridão do quarto, mas pensamos nos acontecimentos do dia, imaginamos o que teremos a fazer no dia seguinte e tantas outras coisas. Também pode acontecer o contrário: ativamos fortemente nossos canais

▶ **Figura 20.20. A**. As redes de repouso no cérebro humano podem estar ligadas a áreas funcionais específicas. Só são ativas quando o indivíduo não realiza alguma tarefa, e são desativadas quando alguma tarefa é solicitada. As regiões em amarelo são aquelas que mantêm uma atividade sincrônica. Os pontos azuis indicam a área cerebral predominante em cada caso. A rede de modo padrão (DMN) está indicada acima, à esquerda. **B** mostra uma representação da DMN em forma de grafo. **A**, modificado de Raichle M. *Annual Review of Neuroscience*. 2015;38:433-447. **B**, modificado de Tao Y et al. *Frontiers in Neuroanatomy*. 2015;9:152.

perceptuais ao assistir a um filme na TV, ao mesmo tempo em que relaxamos, devidamente escarrapachados no sofá, sem necessariamente exercer grande atividade motora. De qualquer modo, o conjunto das áreas cerebrais envolvidas é sempre múltiplo, confirmando que o cérebro atua em rede, articuladamente.

Ocorre que as pessoas exercem um tipo de atividade mais frequentemente do que outras em função de sua idade, suas preferências, suas profissões. Uma criança move-se mais que um idoso. Um guitarrista usa mais intensa e agilmente as mãos do que as pernas, enquanto um jogador de futebol (se não for o goleiro...) faz o contrário. Uma pessoa prefere caminhar na cidade ou no campo para conhecer lugares novos, enquanto outra satisfaz-se dentro de casa com um bom livro ou assistindo a filmes. Essas diferenças individuais, construídas ao longo da vida, vão tornando também ligeiramente diferentes as redes ativas de cada pessoa: maior atividade nas regiões motoras em umas, nas regiões da linguagem em outras, nas áreas visuais ou auditivas em um terceiro grupo, e assim por diante.

Como o cérebro é finito, a construção dessas diferenças de comportamento e personalidade exige um "gerenciamento" da neuroplasticidade: se as regiões motoras são mais ativadas durante a vida, geralmente ocupam mais espaço no cérebro do que outras; se maiores níveis de atividade são dedicados às regiões da leitura, sua ocupação se dá em detrimento de outras regiões cerebrais. Por esse motivo é apenas uma forma de expressão dizermos "fulano é inteligente". Na verdade, todos somos "inteligentes em alguma coisa", ou seja, aprendemos a desenvolver mais fortemente um aspecto em detrimento de outros. É claro, no entanto, que as variações são muitas e se estendem desde as pessoas com alto desempenho em sua área mais eficaz de atuação até as que sofrem transtornos neuropsiquiátricos e apresentam deficiências observáveis em algumas ou muitas funcionalidades.

Glossário

Agonista: substância com efeito semelhante a um determinado neurotransmissor. O oposto de *antagonista*.

Condutância elétrica: grandeza que mede a capacidade de um material para conduzir correntes elétricas. É o inverso da resistência.

Galvânica: referente às correntes elétricas contínuas que podem ser conduzidas pela pele úmida.

Glicocorticoides: hormônios secretados pelo córtex da glândula adrenal junto com os mineralocorticoides. Os principais são o cortisol, a corticosterona e a hidrocortisona.

Medula adrenal: região interna da glândula revestida da região externa que se chama córtex adrenal.

Memória explícita: forma de memória que pode ser descrita por meio de palavras. Também chamada memória declarativa.

Memória implícita: não precisa ser descrita por meio de palavras. É a memória de hábitos, habilidades motoras e regras.

Midríase: abertura da pupila. O fenômeno oposto é a miose.

Narcolepsia: doença assemelhada à epilepsia caracterizada por crises de sono incontrolável em que o doente adormece sem poder evitar.

Periaquedutal: refere-se a uma estrutura situada em torno do aqueduto cerebral[A] ou de Sylvius, o canal que conecta o terceiro com o quarto ventrículo[A].

Reações hedônicas: demonstrações de prazer. Deriva da corrente de pensamento conhecida como *hedonismo*, que busca o prazer acima de qualquer outra emoção.

Taquipneia: aceleração da respiração.

Leia Mais

▶ Leitura Básica

Damasio AR. *O Erro de Descartes* (trad.). Forum da Ciência Europa-América, Lisboa, Portugal, 1995. Livro de divulgação científica sobre a neurobiologia da consciência. O autor é um neurologista destacado.

Oliveira L, Pereira MG, Volchan E. Processamento Emocional no Cérebro. In: Lent R (coord.) *Neurociência da Mente e do Comportamento.* Rio de Janeiro: Guanabara-Koogan, 2008. p. 253-270. Texto conciso sobre a natureza e as bases neurais das emoções.

Oliveira-Souza R, Moll J, Ignácio FA, Tovar-Moll F. Cognição e Funções Executivas. In: Lent R (coord.) *Neurociência da Mente e do Comportamento.* Rio de Janeiro: Guanabara-Koogan, 2008. p. 287-303. Texto que aborda o conceito, a avaliação e os transtornos da cognição.

Sporns O. *Discovering the human connectome.* Cambridge: MIT Press, 2012. 232pp.

Le Doux JE, Damasio AR. Emoções e sentimentos. In: (Kandel ER et colsal., orgs.), *Princípios de Neurociências.* 5ª. ed. trad. Porto Alegre: McGraw-Hill-Artmed, 2014. p. 938-950. Texto avançado sobre os correlatos neurais das emoções.

Bear MF, Connors BW, Paradiso MA. Os mecanismos da emoção no encéfalo. In: Bear MF. *Neurociências – Desvendando o Sistema Nervoso.* 4ª. ed. trad. Porto Alegre: Artmed, 2017. p. 615-643. Descrição resumida e clara do sistema límbico e suas funções.

Mitchell KJ. *Innate:* How the wiring of our brains shapes who we are. Princeton: Princeton University Press, 2018.

▶ Leitura Complementar
Clássicos

Darwin C. *A expressão das emoções no homem e nos animais* (trad.) (1872). Rio de Janeiro: Companhia das Letras, 2000.

Freud S. *Sobre a psicopatologia da vida cotidiana* (trad.) (1901). Rio de Janeiro: Imago, 1969.

Cannon WB. The James-Lange theory of emotions: a critical examination and an alternative theory. *American Journal of Psychology.* 1927;39:106-124.

Bard P. A diencephalic mechanism for the expression of rage with special reference for the sympathetic nervous system. *American Journal of Physiology,* 1928;84:490-515.

Papez JW. A proposed mechanism of emotion. *Archives of Neurology and Psychiatry,* 1937;38:725-743.

Kluver H, Bucy PC. Preliminary analysis of functions of the temporal lobes in monkeys. *Archives of Neurology and Psychiatry,* 1939;42:979-1000.

Lhermitte F. "Utilization behaviour" and its relation to lesions of the frontal lobes. *Brain.* 1983;106:237-255.

Shallice T, Burgess W. Deficits in strategy application following frontal lobe damage in man. *Brain*. 1991;114:727-741.

Damasio H, Grabowski T, Frank R, Galaburda AM, Damasio AR. The return of Phineas Gage: the skull of a famous patient yields clues about the brain. *Science*. 1994;264:1102-1105.

LeDoux JE. Emotion, memory and the brain. *Scientific American*. 1994;270:50-57.

Recentes

Velliste M, Perel S, Spalding MC, Whitford AS, Schwartz AB. Cortical control of a prosthetic arm for self-feeding. *Nature*. 2008;453:1098-1101.

Ellamil E, Dobson C, Beeman M, Christoff K. Evaluative and generative modes of thought during the creative process. *NeuroImage*. 2012;59:1783-1794.

Sachs ME, Damasio A, Habibi A. The pleasures of sad music: a systematic review. *Frontiers in Human Neuroscience*. 2015;9:404.

Raichle ME. The brain's default mode network. *Annual Review of Neuroscience*. 2015;38:433-447.

Albright TD. Why eyewitnesses fail. *Proceedings of the National Academy of Sciences USA*. 2017;114:7758-7764.

Beaty RE, Thakral PP, Madore KP, Benedek M, Schacter DL. Core network contributions to remembering the past, imagining the future, and thinking creatively. *Journal of Cognitive Neuroscience*. 2018;30: 1939-1951.

Oliveira-Souza, Moll J. Moral conduct and social behavior. *Handbook of Clinical Neurology*, 2019. vol. 163 (3rd series, *The Frontal Lobes*), p. 295-315.

van den Heuvel MP, Sporns O. A cross-disorder connectome landscape of brain dysconnectivity. *Nature Reviews. Neuroscience*. 2019;20:435-446.

Pessoa L. Intelligent architectures for robotics: The merging of cognition and emotion. *Physics of the Life Reviews*. 2019;31:157-170.

Pessoa L, Medina L, Hof PR, Desfilis E. Neural architecture of the vertebrate brain: implications for the interaction between emotion and cognition. *Neuroscience and Biobehavioral Reviews*. 2019;107:296-312.

Brown R, Lau H, LeDoux JE. Understanding the higher-order approach to consciousness. *Trends in Cognitive Sciences*. 2019;23:754-768.

Landeira-Fernandez J. On becoming a Brazilian full professor in psychology. In: Silvia Koller (org.). *Psychology in Brazil*. Suíça: Springer Nature, 2019. p. 257-281.

Chen Q, Beaty RE, Qiu J. Mapping the artistic brain: Common and distinct neural activations associated with musical, drawing, and literary creativity. *Human Brain Mapping*. 2020;1-17.

Xia F, Kheirbek MA. Circuit-based biomarkers for mood and anxiety disorders. *Trends in Neurosciences*. 2020;43:902-915.

Li R, Zhang J, Wu X, Wen X, Han B. Brain-wide resting-state connectivity regulation by the hippocampus and medial prefrontal cortex is associated with fluid intelligence. *Brain Structure and Function*. 2020;225:1587-1600.

Drummond NM, Chen R. Deep brain stimulation and recordings: Insights into the contributions of subthalamic nucleus in cognition. *NeuroImage*. 2020;222:117300.

Bigot M, Alonso M, Houenou J, Sarrazin S, Dargél AA, Lledo PM, Henry C. An emotional-response model of bipolar disorders integrating recent findings on amygdala circuits. *Neuroscience and Biobehavioral Reviews*. 2020;118:358-366.

Posner MI e Barbey AK. General intelligence in the age of neuroimaging. *Trends in Neuroscience and Education*. 2020; no prelo.

Índice Remissivo

ÍNDICE REMISSIVO

> **Obs.:** números em *itálico* indicam figuras; números em **negrito** indicam quadros e tabelas.

A

Absorbância, 328
Ação
  do simpático e do parassimpático, **514**
  máquina molecular em, 383
Acetilcolina, 383, **578**
  síntese da, 123
Acetilcolinesterase, 135
Ácidos nucleicos, 108
Acomodação, 297
  tríade da, 297
Acoplamento
  entre a excitação e a contração, *386*
  neurovascular, 473
Adaptação, 304
Adenililciclase, 132
Adimensional, 288
Adipostático, 564
ADP, 108
Adrenal, 525
Adrenalina, **578**
Afasia, 688
  de condução, 689
  da Broca, 688
  de compreensão, 689
  de expressão, 688
Afemia, 688
Aferente, 31
Ageusia, **346**
Agnosia, 607
Agnosias
  aperceptivas, 618
  associativas, 618
Agonista(s), **117**, 143, 749
Agrafias, 698
Agressão, neurobiologia da, 732
Agressividade, 734
Água, monitoração da, 355
Ajustes corporais, 529
Alexias, 698
Alfabetização modifica a atividade do córtex cerebral, *703*
Alocêntrico, 673
Alosteria(s), 89
Alto comando motor, 413
  organização do, 415
    centros ordenadores e as vias descendentes, 416
    hierarquia de comando, 415
Ametropias, *210*, 328
Amígdala, 519, *725*

papel modulador da, *669*
Amina, 120
Aminérgico, 564, 599
Aminoácidos, 120
Amnésia, 642
  anterógrada, 648
  retrógrada, 648
Amplificador(es)
  coclear, 278
  cocleares, 202
Amplitude, 143, 263
  do potencial relacionado a evento, quando é medida, *632*
Ampola, 205
Amputado, sensores artificiais para, **400**
Anamorfose, 257, 316, 328
Anastomose do SNC, *480*
Anel aromático, 564
Angiogênese por brotamento, 488
Animal(is)
  aprendem a pressionar uma alavanca para receber um pouco de suco, experimento, *615*
  comunicação entre os, 677
Ânion, 108
Anosmia, **346**
Anóxia, 357, 491
Ansiedade, 723, 728
  crônica, situações de, *729*
Antagonista, 143
Antenas dos neurônios, formação das, 60
Anticorpo monoclonal, 108
Aparelho de Golgi, 82
Apetite salino, 542
Apical, 357
Aplísia
  movimentos reflexos defensivos da, *163*
  neurônio sensitivo da, *164*
Apoptose, 61, 564
Apraxias, 439
Aprendizagem, 646
Aracnoide, *465*
Arco reflexo, 378, 398
Área(s)
  auditiva(s), 285
    corticais no homem pode ser visualizada na face lateral do encéfalo, posição das, *271*
    primária, organização da, 286
  citoarquitetônicas, 673
  motora(s)
    corticais, *431*
    primária, 430
    suplementar, 430
  pré-motora, 431
  pré-motora suplementar, 428
  somestésicas corticais, características das, **241**

ÍNDICE REMISSIVO

somestésica secundária, 234

tegmentar ventral, 733

visuais do macaco, estudando as conexões e a função das diversas, *611*

Arquivo icônico, 651

Astigatismo, **210**

Astrócito, 21, 101, *101*

participam do processamento da informação transmitida pelas sinapses, *107*

Ataxia, 456

Atenção

aberta, 630

bases neurais da, 603

circuitos da, 630

como se mede a, 625

em que consiste, 629

etapas da, modelo descritivo de Posner sobre as, *631*

explícita, 630

implícita, 630

oculta, 630

percepção seletiva, 625

Ativação microglial, *176*

Atividade

cerebral, intensidade da, *556*

neural, *687*

neuronal desencadeia um efeito de vasodilatação local, *475*

rítmica de um neurônio oscilatório, *408*

Ato

reflexo, 398

sexual, controle do, 523

ATP, 108, 409

Atrial, 564

Audição, 260

complexa, 284

Autismo, 456

Autobiografia, construção da, 651

Autorreceptores, 130

Autorregeneração, 173

AVC, 456

Axônio(s), 19, *21*, 52

autonômicos pós-ganglionares, *499*

corticoespinhais, divergência e convergência dos, *434*

de comando dos movimentos oculares, *427*

do SNP, quando é cortado, *149*

dos quimiorreceptores, 336

eliminação de, 63, 63

em crescimeto, *60*

noradrenérgicos, *133*

vistas coronal e horizontal do, *96*

B

Bainha da mielina, *21*, 72

Balismo, neurônios subtalâmico-pálidos degeneram-se, *455*

Banda de dominância ocular, 312

Barorrecepção, 357

Barreira(s)

altamente seletiva, 483

hematoencefálica

como se comportam diversas substâncias em relação à, *486*

passagem de substâncias através da, *486*

hematoencefálica, 478

hematoliquórica, 469

seletivas, *484*

Bases neurais

da emoção e da razão, 713

da memória e da aprendizagem, 637

Bastonetes, *325*

Bíceps braquial, 409

Binding, 136

Bolo alimentar, trajeto do, *520*

Bolsa de valores para a escola, **26**

Bomba de Na^+/K^+, 92

Botão gustatório, 347

com as células receptoras que o formam, *218*

Bradicardia, 525

Brilho, medida do, 294

Brotamento colateral, 158

Bugs no cérebro, **50**

Bulbo

de Krause, 200

olfatório, *336*

C

Cabeça

neurônios primários no, 228

receptores na, 228, 242

vias aferentes proprioceptivas do, 242

Caderina, *280*

Camada, formação de, 47

Campo(s)

magnéticos relacionados a eventos, 673

ocular frontal, 428, 632

receptor, 309

diferenças entre os, *240*

típicos, *616*

visual, *300*

projeta-se sobre ambas as retinas, *316*

Canal(is)

abertos, 87

controlados por comportas, 87

de cor, 325

iônicos, 87, 88, 485

semicirculares, 205

Canalopatias, 91

Canhoto, alegrias e dores de ser, **710**

Capacidade cognitivas, 69

ÍNDICE REMISSIVO

Capilar(es)
muito especiais, 481
sistêmico, *485*
Catálise, 108
Catarata, 180, **210**
Catecolaminas, 123
Cátion, 108
Cavidade(s)
internas do SNC, *468*
orofaríngea, 347
Célula(s)
ciliadas olfatórias, *216*
da neuroglia, 34
de Cajal-Retzius, 50
de glia radial, *489*
de Golgi, 448
de Purkinje, 79, 448
de Schwann, 103, 108
do plexo mioentérico de rato, *507*
do sistema nervoso, **146**
ependimárias, 469
espinhosa média do corpo estriado, aferentes da, *453*
ganglionares retinianas, 180
glial(ais), 16
desenvolvimento das, 105
funções dos diferentes tipos, **100**
tipos, 100
glomus, 354
granulares, 448
juvenis viram adultas, diferenciação, 52
m/t, especificidade das, *345*
microgliais, *104*
mitrais, 337
nervosa, 79
NG2, 102
polivalente do sistema nervoso, 99
secretoras de muco, *511*
tufosas, 337
Células-satélites, 103
Células-tronco, 72
Centro do prazer, 735
Cerebelo, 47, 445
circuito básico do, *448*
estrutura e circuitos do, 444
subdividido em três regiões, *446*
Cérebro
área em amarelo no, *701*
bugs no, **50**
da emoção, 14
da razão, 14
de Albert Einstein, *694*
do idoso, 67
portador de Alzheimer, *68*
dos batuqueiros, 442

dos percussionistas de excelência, *443*
em busca da modulação do próprio, **436**
formação do, *48*
humano, redes de repouso no, *748*
imagens do, *437*
maneiras de ver o, 5
ouve emoções, **286**
Cheiros, 333
como o cérebro processa os, 343
Chips
biológicos, 112
neurais, 111
Ciclo
celular, 72
vigília-sono, 567, 576
Ciência, 700
Cientistas também se divertem, 9
Cinturão auditivo, 270, 285
Circuito(s)
da atenção, 630
de inervação recíproca dos músculos dos membros, 404
geradores de padrões rítmicos, 409
neurais, 22
interação entre diferentes regiões cerebrais, formando, *731*
Circulação
arterial do sistema nervoso, 473
cerebral, *482*
linfática, 491
porta-hipofisária, 537
Círculo
arterial da base do encéfalo, 479
de Willis, *480*
Cisternas, *83*, 466
Citoarquitetonia, 72, 635, 711
Citocinas, 564
Citocromo-oxidase, 312, *313*
Citoesqueleto, 72, 81
elementos, *82*
Citosol, 409
Coativação, 137, *139*
Coceira, 253
Cóclea, 201, *268*
Codificação, 192, 195
neural, 193
Código
analógico, 143
de frequências, 194
digital, 143
Cognição, 635, 737
seletiva, 625
Colecistocinina, 548
Colículo
inferior, 270
superior, 304, 417

ÍNDICE REMISSIVO

Coluna
  anterolateral, 231,257
  de dominância ocular, *156*, 312
  dorsal, 230, 257
  intermédia sacra, **503**
  lateral, **533**
  medial, **533**
  periventricular, **533**
Comandos neuroendócrinos, 536
Comissura, 288, 711
  cerebrais, imagens de ressonância magnética das, *705*
Complexo
  amigdaloide, 533, 724
  olivar superior, 270
Comportamento(s)
  afiliativos, 557
  apetitivos, 529
  consumatórios, 529
  motivados, 529
  sexual(is) 553
    consumatório dos machos, regiões neurais envolvidas
      no, *559*
    etapas, **553**
    hormônios, neurotransmissores e neurônios no comando
      do, 557
Computadores adaptativos, 635
Comunicação
  entre as pessoas, 678
  entre os animais, 677
Condicionamento
  clássico, 647
    fisiologista russo Ivan Pavlov criou o conceito original
      de, *647*
  operante, 648
Condutância elétrica, 749
Cone(s)
  da retina de um peixe comparados com os motoneurônios da
    medula espinhal de um pinto, *80*
  de crescimento de neurônios de um caramujo, *56*
Conexão(ões), 72
  recíprocas, 328
Conexons, 113
Conformação alostérica, 219
Consciência
  níveis de, 567
  regulada, 567
Consolidação, 642
Constância perceptual, 605
Contração muscular, 384
  fluxograma descrevendo as principais etapas fisiológicas e
    moleculares da, *385*
  mecanismo da, *387*
Contralateral, 257
Controle
  cognitivo, 737
  motor, lições de, 436

Convergência, poder de, 219, 328
Cópia efrente, 323
Cor(es)
  canais de, 325
  percepção das, 327, *327*
  visão de, 294, 324
Coração, *510*
  inervação colinérgica do, *130*
Corantes vitais, 491
Corno de Amon, 166
Corpo(s)
  aórticos, 354
  caloso, 31
  caloso de Albert Einstein, **694**
  carotídeos, 354
  cavernosos, 525
  de orientação sensório-motora, 424
  equilibra-se contra a gravidade, 422
  estriado, 450
  neuronal, 19
  neurônios primários no, 228
  orienta-se no espaço, 424
  pálido, 450
  receptores, 228, 242
  receptores, 242
  se move, 377
  vias aferentes proprioceptivas do, 242
Corpúsculo
  de Meissner, 199
  de Pacini, 197, 199
  de Ruffini, 199
Corrente de escuro, 211
Córtex
  associativo, 607
  auditivo, 270
  cerebelar, pequena fatia do, *447*
  cerebral, 47
    alfabetização modifica a, *703*
    de um indivíduo vivo, superfície do, *15*
    representação tátil no, 238
  cingulado, 257, 519
  da razão, 739
  em primatas, concepção contemporânea do, *285*
  insular, 519
  insular dorsal, 257
  motor primário, 417
  piriforme, 337
  pré-frontal
    esquema explicativo simplificado das funções do, *745*
    grandes subdivisões funcionais do, *743*
  temporal anterior, *671*
  visual
    de animais como o gato, experimentos dos
      neurofisiologistas no, *319*

ÍNDICE REMISSIVO

imagem de ressonância funcional mostra ativação do, *179*

ligando os pontos e formando uma Gestalt no, **320**

múltiplas áreas do, 306

primário, módulos e paralelismo no, 312

Corticotrofina, 564

Cotransmissão, 137

Covid-19, sequelas da, **346**

Crânio de Phineas Gage, *742*

Crescimento axônico, 55

Cristais neurais, 36, *41*

Cristalino, 297

Cromossomos humamos, *62*

Cronometria mental, 625, 711

experimento de, *628*

Cronotipo

matutino, 586

vespertino, 586

Curva(s)

de onda, 711

de sintonia, 277

das células estereociliadas da cóclea, *278*

mostram o limiar de audibilidade, 265

senoidal, 328

D

Dálton, 108

Das células-tronco aos troncos vasculares, **488**

Decaimento da memória ultrarrápida, 651

Decussação, 288, 456

Default, 564

Degeneração walleriana, 31

Demência

de Alzheimer, 108

senil, 69

Dendritos, 19, 52, 76, 79

de neurônios sadios, 146

Depressão de longa duração, 170

Dermátomo, 228, 231

Desacoplamento internacional, 442

Desaferentação, 180

Desenvolvimento

cerebral, 65

do sistema nervoso, etapas e princípios do, 42

humano, linha do tempo do, *42*

neural, 34

psicológico, 65

Desvio do olhar, 428

Detector do ambiente, 183

Diabetes, 257

Diferença

de intensidade interaural, 282

de tempo interaural, 282

Diferenciação

regional, 53

rostrocaudal, *55*

sexual, 561

Digestão, controle da, 519

Dimorfismo sexual, 334, *561*

Dioptria, 328

Disco óptico, 304

Discriminação tonal, 265

Distal, 180

Distrator, 673

Distúrbio(s)

do acordar, 598

do sono, 598

sono a menos, 598

sono a mais, 598

narcolepsias, 598

prassonias, 598

Diurese, controle da, 523

Divã ao laboratório, **730**

Divergência, 456

DNA complementar, 288

Doença

atoimune, 143

de Alzheimer, 69

fatores de proteção de, *71*

de Huntington, neurônios subtalâmico-pálidos degeneram-se, *455*

Doentes parkinsonianos, neurônios nigro-estirados degeneram, *455*

Dopamina, **578**

Dopaminérgico, 564

Dor(es), 225

aguda, 245

comportas, *253*

do corpo, 244

é controlável?, 251

mecanismos, 247

mecanismos periféricos da, 245

neuropática, 247

pessoas com, 244

pessoas sem, 244

rápida, 245

receptores da, 245

referida, 247

do infarto do miocárdio, *251*

vias ascendentes da, 247

organização das, *250*

visceral, *252*

Drenagem venosa, 487

do encéfalo, 487

Dualismo, 738

Dura-máter, 453

da medula espinhal, 465

ÍNDICE REMISSIVO

E

Eclosão, 599
Ectoderma, 35, 45
    não neural, 44
Edema, 257
EEG, 584, 585
    ritmo alfa do, *585*
Efeito
    BOLD, *474*
    piezoelétrico, 288
    placebo, 251
Efetores, 381, 508
    contráteis, 510
Eixo
    hipotálamo-hipofisário, 536
    visual, 328
Eletrofisiologia, 180
Embriogênese, estágios iniciais da, *36*
Emissões otoacústicas, 203, 278
Emoção(ões), 714
    de comprar, cérebro interfere na, **717**
    de fundo, 716
    expressão comportamental das, *720*
    expressões das, 718
    faces representando graus crescentes de, *726*
    faciais, algoritmos para, **606**
    humanas, 716
    negativas, 716
    participação do córtex cingulado no processamento das, *723*
    positivas, 716, 735
    processamento cerebral das, *717*
    secundárias, 716
    teorias das, 720
    veiculadas por sons, marcas cerebrais do reconhecimento de, *287*
Encéfalo, 11, *683*
    cortes anatômicos de, 360
        base do encéfalo, *371*
        plano coronal, *361-366*
        plano horizontal, *367-368*
        plano parassagital, *370*
        plano sagital, *369*
    estruturas internas do, *16*
    vivo, *15*
Endocanabinoides ligados nos, **136**
Endocitose, 125
Endoderma, 35
Endógeno, mecanismos analgésicos, 252
Endotérmicos, 564, 599
Engrama, 638, 673
    no centro, 672
Enzima, 108
    aromatase, *562*

desfosforilantes, 171
Epêndima, 466
Epífise, 575
    pineal, 575
Epilepsia, 711
Epitélio, 328
Equilíbrio hidrossalino, circuitos neurais da regulação do, *544*
Esclerose múltipla, 257
Escotomas cintilantes, 219
Escrita, 695
Esforço cognitivo no futebol, **616**
Espaço(s)
    comunicantes, 465
    epidural, 466
    subaracnóideo, 466, *467*
    subdural, 466
    subpial, 466
Especiaização hemisférica, 702
Espectro
    audível, 186, 219, 264
    visível, 186, 219
Espectrograma, 711
    da voz de um homem adulto durante a emissão da famosa frase do poeta português Fernando Pessoa, *684*
Espectrograma, 711
Espinhas dendríticas, *85*, 180
Espino-cerebelo, 446
Espionagem visual, 323
Espirais de membrana das células de Schwann, *99*
Esquizofrenia, 456
Estado
    de coma, 737
    de consciência mínima, 737
    motivacionais, 528
    vegetativo, 737
Estereocílios alinhados das células ciliadas externas, *280*
Esteroides, 564
Estimulação
    com um pincel de certas regiões do corpo de indivíduos amputados provoca neles a sensação "fantasma", *160*
    elétrica transcutânea de músculos da face
        Guilherme Duchenne de Boulogne foi o primeiro a utilizar a, *719*
Estímulo(s)
    atinge a pele, quando um, *196*
    somestésicos, localização espacial dos, **224**
    tátil na mão, indivíduo recebe, *238*
    temporadizador, 572
Estrabismo, 180
Estratégia perceptual do hemisfério esquerdo, *709*
Estresse, 728
    pós-traumático, 673
Estrutura(s)
    anatômica do indivíduo adulto, **40**

758

ÍNDICE REMISSIVO

neuroanatômicas, classificação hierárquica das, **11**
Etmoide, 357
Eucarioto, 108
Evocação, 642
Excitabilidade, 108
Excitação sexual
    ativa o cérebro da mesma maneira em homens e mulheres, *554*
    é igual no cérebro de homens e mulheres?, **554**
Exocitose, 124
Experiência de Sidman, 47
Experimento
    com animais, **726**
    de Bernard Katz, *131*
    de Evarts, *435*
    de Passingham, *441*
    do grupo de Aguayo, *151*
    do neurocientista americano Roger Sperry, *57*
    parabióticos, 549
Expressão(ões)
    das emoções no homem e nos animais, 715
    faciais humanas são descritores perfeitos das emoções, *732*
Exteroceptores, 189

F

Facilitação, 140
Fagocitose, 108, 219
Fala, 676
    compreensão da, 288, 686
    emissão da, 686
Fasciculação, *59*
Fascículo, 31
    cuneiforme, *231*
    de fibras do corpo caloso em indivíduo normal, *153*
    grácil, 230
Fator
    de crescimento neural, 61
    de transcrição, 180
    neurotróficos, 61
    trófico, 108
Feixe(s), 31
    corticoespinhais, 418
    espinotalâmicos, 147, *232*
    frontal oblíquo, 692
    medulares, *420*
    piramidal, axônios do, *419*
    prosencefálico medial, *563*
    rubroespinhal, 417
    tectoespinhal, 418
    vestibuloespinhais, 416
Fenda sináptica, 116
Fenômeno(s)
    da alodinia, 246

da hiperalgesia, 246
    do sono, 581
    psicológicos, 5
Feromônios, 333, 711
Fibra(s)
    aferentes gustatórias, preferência das, *352*
    colágenas, 409
    ganglionares, quase todos os órgãos do corpo são funcionalmente influenciados pelas, *502*
    muscular(es)
        cardíacas, 512
        inervadas por um único motoneurônio, *393*
        microestrutura das, *382*
        esqueléticas, organização ultraestrutura das, *383*
        tipos de, 385, **388**
        tipos e subtipos, *387*
    musgosas, 447
    olfatória primárias, 344
    ópticas, diferentes destinos, diferentes funções, 304
    trepadeiras, 447
Fibroblastos, 72, 491
Fight or flight, 498
Filete, 31
Filopódios, 56
Filósofos × neurocientistas, 738
Fisiologia sexual humana, estudo científico da, *555*
Flândula endócrina, 73
Fluxo
    axoplasmático anterógrado, 180
    sanguíneo a serviço da função neuronal, 103
Fome, 545
    neurobiologia da, 547
Fonemas, busca dos, 682
Forames, 11
Força muscular, sistema de regulação da, 402
Forma, discriminação de, 294
Formação
    hipocampal, 66
    reticular, 416, 576
Fosfoinositol, 134
Fotobiomodulação, efeito do tratamento na melhora da nocicepção induzida em modelo de dor muscular, *249*
Fótons, 328
    de uma luz, 324
Fotoperíodo, 599
Fotopsinas, 211
Fotorreceptor, 184, 190, 211
    aparente paradoxo no funcionamento dos, *215*
Fracionador isotrópico, **18**
Frase, construção das, 683
Frequência, 143, 219
    do potencial receptor das células esterociliadas da da cóclea acompanham a frequência do som incidente, variações, *276*

759

ÍNDICE REMISSIVO

espacial, 711
Função(ões)
 neurais, 25
 simpática, 498
Funículo, 456
Fuso muscular, *194, 242, 395*
 funcionamento do, *397*

G

Galvânica, 749
Gânglio(s), 31
 espinhal, *230*
 espiral, 204
 simpáticos e seus alvos, **503**
Gases da respiração, dosagem automática dos, 354
Gato normalmente pacífico na convivência com ratos, *733*
Gene(s)
 dos receptores olfatórios em neurônios do epitélio olfatório, *217*
 imediatos, 180, 711
Giro, 31
Glândula(s)
 adrenal, *511*
 endócrina, 525
 exócrina, 525
 pineal, 536, 575
 salivares, *511*
Glia(s), 22, 79
 embainhante olfatória, 103
 periférica, funções, 100
 radiais, 48, *49, 105*
Glicina, *122*
Glicocorticoides, 749
Glicogênio, 564
Glicogenólise, 525
Glicostático, 564
Gliócito(s), 16, 22, 76, 79, 99, *102*
 Cajal observou e desenhou, *79*
Gliogênese, 46
Gliose, 107
Glomérulo(s) 337
 renal, 525
Glutamato, 122
 monossódico, 351
Gonadotrofinas, 599
GPS, 673
 do cérebro, *660*
Gradiente, 72
 de concentração, 491
Grafemas, 695
Grafos, 746
 parâmetros adotados na teoria dos, *747*
Granulações, 471

Grânulos secretores, 115
Gravidade, corpo equilibra-se contra a, 422
Grísea periaquedutal, 253
Gustação, 332, 333
 órgãos e receptores da, 346
 vias centrais da, 348
Gustantes, 217, 346
Gustatina, 218, 350
Gustducina, 218, 350

H

H medular, 233, 409
 em um corte de medula espinhal humana, *392*
Habilidades, 666
Hábitos, 666
Habituação, 163
Habituação, 646
Hans Spemann e Hilde Mangold, *44*
Hedgehog, 53
Hedônico, 564
Hemisfério(s)
 cerebral(is)
  esquerdo de um macaco, *306*
  quando o hipotálamo como um todo é desconectado dos, *733*
 cérebro-cerebelo, 447
 não são iguais, 706
 são especializados, *708*
Herpes-zóster, 257
Hipercoluna, 313
Hiperemia funcional, 105
Hiperescaneamento, experimento utilizando o fNIRS, *27*
Hiperfagia, 547
Hipermetropia, **210**
Hipermnésia, 642
Hiper-reflexia, 456
Hipocampo, *661*
Hipotálamo, 528, *531, 532*
 capaz de computar tanto a temperatura ambiente externa como a temperatura interna do tecido nervoso, *540*
 comandos químicos emitidos pelo, *537*
 em foco, **550**
 estrutura do, 531
 influência sobre os os órgãos por meio do sistema endócrino, *538*
 medial, ratos submetidos a lesões bilaterais do, *547*
 no comando da homeostasia, 530
 recebe conexões aferentes de muitas regiões neurais, *534*
 regiões termorreguladoras do, *541*
 informações que chegam ao, 532
Hipótese
 da quimioespecificidade, *57*
 de Hubel e Wiesel, *609*

ÍNDICE REMISSIVO

lipostática, 546
sobre os mecanismos neurais subjacentes à atenção, *634*
Histamina, **578**
Histaminérgico, 564
Histoquímicas, 599
Homeostase, 257
Homeostasia, 257, 354, 357, 491, 492
    alimentar, 545
    hipotálamo no comando da, 530
    sináptica, 172
Hormônio(s)
    de liberação, 537
    do crescimento, indícios para informar o cérebro sobre
      deficiência de energia, *551*
    hipofisiotróficos, 537
    hipotalâmicos, 537
    inibidores de liberação, 537
Humor aquoso, 300

I

Identidade de gênero, 559
Idoso, cérebro do, 67
Imagens funcionais com potenciais do EEG, *698*
Implantes cocleares, 271
Impulso nervoso, 4
Imuno-histoquímica, 599
Indivíduo
    acorda, recomeça a vigília, 597
    com raiva, 732
    sonha, 596
Indução neural, 43
Inervação
    autonômica dupla, a maioria dos órgãos recebe, *513*
    recíproca, princípio da, 402
Inervar, 10
Infarto, 257
Inflamação, 257
Informação(ões)
    de entrada que o corpo estriado processa, *453*
    olfatórias, como chegam ao cérebro, 341
    que chegam ao hipotálamo, 532
    retroativas, fluxograma enfatiza o possível efeito das, *721*
    sensorial, para que serve a?, 185
Ingesta alimentar, regulação da, 545
Inibição de retorno, 630
Insônias, 598
Integração
    de sinapses excitatórias e inibitórias, *141*
    sináptica, 120, 137, *140*
Inteligência, 744
    cristalizada, 69
Intensidade, 263
    de um estímulo, determinação do, 187

determinação de, 265
dos sons, 274
interaural, diferença de, 282
luminosa, medida da, 318
Interface, 328
Interneurônio, 180, 389
Intumescência
    cervical, *393*
    lombar, *393*
Íon hidratado, *90*
Irrigação arterial, territórios de, 479
Isquemia, 491, 673

J

Junções
    comunicantes, *114*
    retificadoras, 115

L

Labirinto radial de oito braços, *658*
Lamelipódios, 56
L-aminoácido, 219
Laringe, 711
Latência, 288
Lateralidade hemisférica, 702
Lei
    das energias específicas, 191
    de Dale, 119
    do tudo-ou-nada, 98
Leitura, 595
    neurobiologia da, 695
Lemnisco, 257, 288
    espinhal, 234
Leptina, 550
Lesão(ões)
    auditivas, localização das, 270
    da área de Broca, pacientes com, *689*
    do feixe arqueado, pacientes com, *690*
    no córtex cerebral, *654*
    no lobo temporal esquerdo, *619*
Léxicos mentais, 680
Léxicon, 711
Ligante, 143
Limiar, 143
    de audibilidade, 265
      curvas mostram o, *265*
Linfócito T, 107
Linguagem, 675
    como se estuda a, 679
    do cérebro, 193
    do mundo, 192

ÍNDICE REMISSIVO

falada, 679
   neuroanatomia da, 690
   neurolinguistas empregam técnicas de imagem funcional
      para localizar as áreas cerebrais envolvidas com a, *680*
Linhas sensoriais exclusivas, 192
Lipídio, 108
Lipostático, 565
Líquido, regulação da ingestão de, 542
Liquor, 467
   drenagem do, *472*
   gerado nos plexos coroides dentro dos ventrículos, *471*
   normal, 469
   plexo coroide é a estrutura que sintetiza o, *469*
   produção de, 470
Lobo, 31
   floculonodular, 446
   límbico, *722*
Localização
   espacial, 187, 294
   funcional, *28*
Locomoção, 407
Locus coeruleus, 577
Logaritmo, 288
LTD, *171*
LTP (long-term potentiation), 166
   mecanismo molecular da, *169*
Luminância, 328
Luminosidade ambiente, avaliação da, 294
Luz, 293, 491, 525
   características físicas básicas da, *294*
   como forma de energia, 293
   como forma de percepção, 293

M

Macroglia, funções, **100**
Máculas, 205
Magnetoencefalografia, 40, 72
Magnetoencefalograma, *177*
Manipulação por computação gráfica das fotos, *707*
Mãos desenhando, gravura de Maurits Escher, *710*
Mapa(s)
   de ativação motora do córtex cerebral, *475*
   do corpo em M1, 432
   dos cheiros no bulbo olfatório, *345*
   funionais, *30*
   odotópico, 343
   somatotópico, *235*
      nos diferentes níveis do sistema somestésico, *236*
   tonotópico próprio, 277
   topográficos sensoriais, *608*
Matriz extracelular, 72
Mecanismo
   de transdução audioneural, *205*
   default, 545
Mecanorreceptor(es), 189

da audição e do equilíbrio, 201
Medida do volume, 274
Medo
   incondicionado, 722
   indivíduo com, 722
   reações de, **726**
Medula, *389*
   adrenal, 749
   cervical, *230*
   da glândula adrenal, 500
   espinhal, 11
      cresce menos que a coluna vertebral, *41*
   lombar, *230*
   sacra, *230*
   terceira via de irrigação arterial é própria da, *470*
   torácica, *230*
Meio
   extracelular, *91*
   intracelular, *91*
   transparentes, manutenção e lubrificação dos, 300
Melatonina, 575
Membrana, 86
   basilar
      vibra a cada som que entra no ouvido, *274*
      vibração da, 274
   nuclear, *83*
   plasmática, compartimentos separados pela, *90*
Membro-fantasma, sensações de, 238
Memória, 638
   características, **643**
   circuitos da, 669, *670*
   de curta duração, 643
   de longa duração, 643
   de menos, 648
   de representação perceptual, 664, 665, *666*
   de trabalho, 646
   declarativa, 643
   demais, 650
   distribuída, 162
   do comportamento aos neurônios, *640*
   espacial, 657
   explícita, 643, 749
   hipermnésia, 642
   imediata, 643
   implícita, 643, 749
   mecanismos da, 672
   modelos neurobiológicos da, 669
      circuitos da memória, 669
      hipóteses, teorias e incertezas, 669
   modulação da, 667
   não declarativa, 643
   operacional, 646, 563
      demais tipos de memória, pensamento e comportamento,
         múltiplas relações entre, *653*

762

ÍNDICE REMISSIVO

possível, 641

provocada, 651

rede parietal da, áreas que compõem, *665*

social, cérebro e a, **644**

tipos e subtipos de, 642

tipos, **643**

transtornos de, 648

ultrarrápida, 643, 651

    pode ser detectada por experimentos simples, *652*

Meninges, 257, 463, 464

    as três, 463

    organização e seus espaços no encéfalo, *466*

Mensagem nervosa, veículos químicos da, 119

Mente(s)

    emocionais, 713, 715

    humana

        sistemas conceitualizador, formulador e articulador, *685*

    racionais, 713, 736

Mercado de escravos com o busto evanescente de Voltaire, quadro pintado por Salvador Dali, primeira observação do, *709*

Mesencéfalo, 36

Mesoderma, 35, 45

Metáfase, 108

Metaplasticidade, 172

Métodos não invasivos, 673

Metrônomo, 456, 599

Miastenia grave, 143

Micção, controle da, 523, 524

Microclimas neuroquímicos, 577

Microcomplexo do cerebelo, 447

Microeletródio, 91, 180, 635

Microglia

    funções, **100**

    para o bem e para o mal, **104**

Microgliócito, *21*

Microscópio

    confocal, 108, 180

    eletrônico, 108

    eletrônico de varredura, 72

Microtúbulos, 56, 81, *86*

Midríase, 749

Mielencéfalo, 36

Mielinização, 63, *64*

    final do desenvolvimento?, 63

Migração, *46*

    gliofílica, 48

    não gliofílica, 49

    radial, 48,

    tangencial, 49

Miniatlas de neuroanatomia, 359-371

Mioblastos, 382

Miopia, **210**

Miotopia, 409

Mnemônicas, 456

Modalidades sensoriais, 186

Modelo

    descritivo de Posner sobre as etapas da atenção, *631*

    dual inclui duas vias paralelas, *693*

    mais elaborado que aperfeiçoou o de Wernicke envolve a interação de diversas áreas corticais, *692*

    neurobiológicos da memória, 669

    neurolinguístico de Wernicke, 690, *691*

Modulação, 116, 456

Módulo do córtex visual primário, *313*

Molécula(s)

    de adesão molecular, 58

    que entram pela boca, percepção das, 346

    que vêm do ar, percepção das, 333

    radioativas, injeção no olho de gatos de diferentes idades, *155*

    TRP, 243,

Monismo, 738

Monitores químicos do organismo, *355*

Morfógenos, 53

Morrer de medo, 722

Morte

    anunciada, 61

    neuronal, *63*

Motivação, 257, 528, 529

Motoneurônio(s), 387, 389

    axônios dos, 389

    colunas de, experimento de rastreamento retrógrado das, *388*

    medular, *393*

    que comandam as fibras musculares, 515

Motricidade, sistemas supramedulares de comando e controle da, 413

Movimento(s), 377

    além da força muscular, os neurônios corticais também comandam a direção do, *438*

    canal do, 323

    complexo envolvendo vários dedos em sequência, *440*

    controle *on-line* da execução dos, 448

    controles dos, 444

    de desvio do olhar, 426

    de estabilização do olhar, 426

    de seguimento, 429

    detecção de, 294, 323

    disjuntivos, 429

    involuntários, 379

    liberdade dos, 430

    ocular, 295, **426**

        axônios de comando dos, *427*

        no colículo superior, *429*

    optocinéticos, 427

    peristálticos, 507, 525

    reflexos, 396

    sacádicos, 428, *430*

    simples de um dedo, *440*

763

ÍNDICE REMISSIVO

vestíbulo-oculares, 427
Mucopolissacarídeos, 357
Mucosa, 357
Multipotencialidade, 173
Músculo(s), 377, 381
estriado esquelético, 378
estrutura microscópica do, *381*
extraoculares, os três pares de, *296*
oculares, sua função e inervação, **296**
piloeretores, 525
sob comando neural, 387
Mychael Lourenço, *70*

N

Narcolepsia, 749
Natureza, engenharia da, **203**
Neocórtex, 357
Nervo(s), 31
auditivo, 267
cranianos, 7, 10, **349**
e suas funções, **349**
espinhais, 7, *230*
óptico, 301
parassimpático, *514*
periféricos espinhais, *10*
raquidiano, 73
trigêmeo, *230*
Neuroanatomia, 576
da linguagem falada, 690
Neurobiologia
da fome, 547
da leitura, 695
da linguagem e das funções lateralizadas, 675
do medo, 724
Neurociência
celular, **6**
cognitiva, **6**
comportamental, **6**
do cotidiano
a excitação sexual é igual no cérebro de homens e
mulheres?, **554**
a força do treinamento cerebral, **178**
alegrias e dores de ser canhoto, **710**
algoritmos para emoções faciais, **606**
avanços à flor da pele, **229**
cérebro dos batuqueiros, **442**
homens e mulheres, diferentes olfatos?, **334**
neurônios adivinhos, 78
neurônios humanos seguem metas visuais, **308**
nosso segundo cérebro conversa com bactérias, **509**
o cérebro interfere na emoção de comprar, **717**
o corpo caloso de Albert Einstein, **694**
os neurônios da memória saem do esquecimento, **663**

sensores artificiais para amputados, **400**
seres humanos reinventados, **23**
seu cérebro ouve emoções, **286**
sonhos lúcidos, **588**
um horizonte para a síndrome de Down, **62**
do esporte da prática do futebol à, *626*
educacional, **6**
em movimento
a prosa entre o neurônio motor e as fibras
musculares, **390**
bugs no cérebro, **50**
catadora de sonhos, **590**
ciência e resiliência
probabilidades, o sobrenatural de Almeida e a
neurociência da leitura no Brasil, **700**
como estudar o segundo cérebro?, **506**
das células-tronco aos troncos vasculares, **488**
de olho na pesquisa, trajetória de uma cientista da
retina, **212**
do divã ao laboratório, **730**
dor, palavra curta, significado grande, **248**
em busca da modulação do próprio cérebro, **436**
envelhecimento e demência
desvendando um quebra-cabeças, *70*
esforço cognitivo no futebol, **626**
ligados nos (endo)canabinoides, 136, 5
ligando os pontos e formando uma gestalt no córtex
visual, **320**
microglia, para o bem e para o mal, **104**
neuroproteômica,tão divertida quanto tocar bateria, **8**
novos neurônios no cérebro adulto, **174**
o cérebro e a memória social, **644**
o hipotálamo em foco, **550**
o que o ouvido escuta, o cérebro aprende, **272**
quebrando Dogmas, quantos neurônios tem um
cérebro?, **18**
trekking científico rumo ao misterioso órgão
vomeronasal, **338**
videogames para mudar o cérebro, **740**
molecular, **6**
primeiros conceitos, 3
circuitos neurais e seu funcionamento, 22
grandes funções neurais, 25
maneiras de ver o cérebro, 5
o sistema nervoso central, 11
o sistema nervoso visto ao microscópio, 16
questão de método, como se estudam as sinapses e os
receptores?, **117**
sistêmica, **6**
Neurociências, **6**
Neurocientistas, **6**
Neuroectoderma, 35
idade neural do, determinação da, 43
Neuroeducação, **6**

ÍNDICE REMISSIVO

Neurofibrilas, 81

Neurofilamentos, 81

Neurogênese, 46, *46*
  adulta na zona subventricular, *176*
  como mecanismo neuroplástico, 172

Neuroglia, 4, 22, 79, 99

Neuro-hipófise, 536

Neuroimagem
  funcional, 257
  por ressonância magnética, **474**

Neuromediador(es), 73, 116, 120
  mais comuns, **120**

Neuromodulação, 132

Neuromodulador, 120
  ação silenciosa dos, 132

Neurônio(s), 4, 16, 76
  adivinhos, **78**
  atencionais na área V4 do macaco, *633*
  completo, reconstruir um, *96*
  da memória, **663**
  da visão, operações funcionais dos, 309
  de borda, 660
  de gratícula, 660
  de retina de um macaco, *81*
  diferenciam-se individualmente, 53
  diferentes tipos de, *77*
  do gânglio espinal, de embriões humanos, *198*
  do núcleo olivar superior lateral detectam diferenças de
    intensidade dos sons incidentes em cada orelha, *283*
  em atividade, 92
  em silêncio, 91
  emocionais, 721
  espinhosos médios, 452
  estrelado, *17*
  excesso de, 61
  humano seguem metas visuais, **308**
  juvenis, depois de migrarem começam a se diferenciar, *52*
  migrantes, 47
  motores, 387
    e as fibras musculares, prosa entre, **390**
  no cérebro adulto, **174**
  no hipocampo, atividade dos, experimento, *659*
  piramidal, *17*
  plasticidade, 151
    axônica, 152
    compensa?, 173
    dendrítica, 159
    e educação, 179
    sináptica, 162
    somática, 172
  pré-ganglionares parassimpáticos, *504*
  primários
    campos receptores cutâneos dos, *239*
    do sistema somestésico, *226*

quantos tem um cérebro, **18**
que contém serotonina, 579
que utilizam a dopamina como neurotransmissor, 579
rastreados por fluorescência no córtex visual, *321*
rede das vísceras digestórias, 505
regeneração e restauração funcional, 148
registrados em diferentes profundidades, *660*
resposta à orientação angular, *314*
se transformam, 145
sensitivo da aplísia, *164*
sensoriais do nervo glossofaríngeo, 355
talâmicos apresentam dois modos de operação, *592*
tipo piramidal, *17*

Neurônio-espelho, 636

Neurônios-espelho, 441
  regiões onde foram encontrados, *444*

Neurônios-relés, 599

Neuroplasticidade, 179
  bases biológicas da, 145
  tipos e características da, 147, **148**

Neuroproteômica, **8**

Neuropróteses, 24

Neuroquímica autonômica, 514

Neurotransmissor, 73, 108, *121*
  liberado na enda sináptica, *126*

Neurulação, 45, 73

Nicotina, **117**

Nitridérgico, 491

Nodo de Ranvier, 98, *99*

Noite de sono, 583
  ciclos de sono de ondas lentas e de sono paradoxal
    alternam-se em , *596*
  típica de um adulto jovem, *587*

Noradrenalina, **578**

Nosso segundo cérebro conversa com bactérias, **509**

Nucleação, 47

Núcleo(s), 31
  acessório do nervo oculomotor, **503**
  ambíguo do vago, *503*
  arqueado, 549, *552*
  cuneiforme, 231
  da base, **452,** *452*
    enigma da função dos, 454
    estrutura e circuitos dos, 450
  da rafe, 253, 579
  do trato solitário, 348, 518
  dorsal do vago, *503*
  espinhal do trigêmeo, 233
  fastigial, 445
  geniculado lateral, 304
  geniculado medial, 270
  hipotalâmico e suas funções, **533**
  parabraquial, 253, 348
  parassinápticos, seus gânglios e seus alvos, **503**

ÍNDICE REMISSIVO

pré-tectais, 304

pulvinar, 631

reticular, 592

   forma uma espécie de "casca" que cobre o resto do
tálamo, *593*

rubro, 417

salivatório, **503**

subtalâmico, 451

supraquiasmático, 304, 570

   funciona ciclicamente, *574*

ventral medial, 255

ventral posterior do tálamo, 234

ventral posterior medial do tálamo, 348

vestibulares, 416

O

O mundo real é diferente do mundo percebido?, 185

Objeto(s)

   cérebro que reconhece, 614

   contorno influencia a avaliação de intensidade pelo sistema
visual, *318*

   localização especial no mundo visual, 315

   percebidos pelo tato, 623

   percebidos são sonoros, quando os, 622

   reconhecimento dos, 612

Odorantes, 216

   proteínas ligadoras de, 335

Olfação, 332, 333

   órgão e os receptores da, 325

   vias centrais da, 337

Olfato

   homens e mulhres, diferentes, **334**

   nariz é o órgão do, *335*

Olhar

   desvio do, **426**

   estabilização do, **426**

Olho

   defeitos ópticos dos olhos, *210*

   e uma câmera fotográfica, semelhanças entre, *299*

   humano, 207

      estruturas que compõem o, *298*

      quando os oftalmologistas investigam o interior do, *302*

   posicionamento automático dos, 295

   uma câmera superautomática, 295

      eliminação de reflexos espúrios, 299

      filtragem de raios indesejados, 299

      formação da imagem na retina, 298

      posicionamento automático dos olhos, 295

Oligodendrócitos, *21, 64*, 102

Oligômeros, **70**

Onda(s)

   amplitude de, 293

   comprimento de, 293

do encéfalo, **584**

senoidais, 288

   decompor matematicamente simples a onda complexa
produzida pelo som de um instrumento musical, *266*

sonoras, 261

   interagem, somando-se algebricamente, *264*

transversais, as partículas vibram em direção perpendicular à
sua propagação, *262*

Ontogênese, 73

Optogenética, 673

Orelha, 201

Organismo sob controle, 495, 508

   efetores, 508

   estratégias de controle, 512

   neuroquímica autonômica, 514

Organização tonotópica, 196

   aplica-se a todo o sistema auditivo, da membrana basilar às
áreas corticais, *279*

Órgão(s)

   circunventriculares, 534

      nem todos ficam no hipotálamo, *535*

   otolíticos, 205

   receptores, 188, *191*

   receptores com defeito, **210**

   receptores da audição, *202*

   receptores da audição e o do equilíbrio, *206*

   sinfonia dos, 517

   tendinoso de Golgi, 242, 398

      funcionamento do, *399*

   vomoronasal, 217, 336

      repleto de neurônios sensoriais de vários tipos, imagem
de microscopia de fluorescência, *339*

      trekking científico rumo ao misterioso, **338**

   vestibular, 205

      circuitos posturais têm origem nos, *425*

Osmolaridade, 525, 565

Osmorreceptor, 356

Otólitos, 206

Ouvido, 201

P

Paciente HM

   estudo dos sintomas apresentados por, *650*

   vinte anos após ser submetido à remoção cirúrgica bilateral
das porções mediais do lobo temporal, *649*

Paleocórtex, 357, 599

Pâncreas, *510*

Papila(s)

   do nervo óptico, 304

   gustatórias, 347

Paracinturão auditivo, 270, 285

Paradigma experimental, 328

Paralelismo das vias visuais, *314*

ÍNDICE REMISSIVO

Parassonias, 598
Parede intestinal, *511*
Parênquima, 257, 491, 565
Paresia, 409
Peptídeo(s), 350
   opioides, 253
   orexígenos, *552*
   relacionado com o gene da calcitonina, 139
Percepção, 185
   anatomia da, 607
   áreas corticais envolvidas com a, *607*
   às portas da, 603
   auditiva e tátil de alta complexidade, 622
   bases neurais da, 603
   das cores, 327
   das moléculas que entram pela boca, 346
   das moléculas que vêm do ar, 333
   e suas desordens, 605
   espacial, 620
   o modelo hierárquico não é incompatível com o
      processamento paralelo da, *618*
   seletiva, 625
   setores do córtex que participam das diferentes
      especialidades da, *619*
   som como forma de, 264
   visuoespacial, 456
Percussão provoca um estiramento do músculo agonista, *402*
Periaquedutal, 749
Periósteo, 491
Pessoa
   com história, 637
      aprendizagem, 646
      construção da autobiografia, 651
      lembrar sem saber, 664
      mecanismos da memória, 672
      memória possível, 641
      modelos neurobiológicos da memória, 669
      modulação da memória, 667
      primeiras tentativas de explicação, 639
      transtornos da memória, 648
   com o cérebro dividido, 704
PET, 456, 711
pH, 143
Pia-máter, 465
Pintor indiferente, caso do, **621**
Pirâmide demográfica, 67
Pixel, 456
Placa(s)
   cortical, 47, *48*
   motora de um músculo de camundongo usado como modelo
      para a Doença de Huntington, *391*
   neural, 35
   senis, 69
Planejamento motor, 438

Planum temporale, 702
Plasma e o liquor, comparação entre, **468**
Plasticidade, 151
   axônica, 152
   axônica de adultos, 158
   axônica ontogenética, *157*
   benéfica, 177
   compensa?, 173
   dendrítica em adultos, 161
   dendrítica otogenética, 159
   educação e, 179
   maléfica, 173
   sináptica, 162
   somática, 172
   transpessoal, 180
Plexos intramurais, 525
Poda neuronal, 63
Polo de convergência temporal, *671*
Poluição sonora, **267**
Pontes apicais, 203
Ponto cego, 304
Pós-imagem, 328
Potenciação de longa duração, 166, *167*
Potencial(is)
   de ação, 92, *94, 98*
      comanda a liberação dos neuromediadores, 123
      de diferentes neurônios cuja atividade pudesse estar
         relacionada com o sono, *595*
      propagação do, *97*
   de membrana do terminal axônico com microeletródios, *127*
   de repouso, 92, *93*
   de repouso das células, 211
   evocados, 635
   gerador, 188
   pós-sinápticos, 125
      excitatório, 126
      inibitório, 126, 127
   receptor, 188
   relacionados a eventos, 629, 673
   sinápticos, 125
      interação entre, 139
Pragmático, 635
Prazer, 735
Pré-placa cortical, 47
Presbiacusia, **210**
Presbiopia, **210**
Pressão osmótica, 357
Princípio da inervação recíproca, 402
Processamento paralelo, 609
Processo(s)
   mentais antecedem o ato de falar, *681*
   mnemônicos, 641
   regressivos, 61
   sem sequência, 641

ÍNDICE REMISSIVO

sequência de, 641
Profundidade, percepção de, *322*
Programa de computador, 667
Projeto ACERTA, 700
Promediação, 711
Propriocepção, 219, 225, 241
Proprioceptores, 189
Prosencéfalo, 36
Prosódia, 680, 687
    da linguagem humana, estudos com neuroimagem funcional
        têm confirmado que a, *688*
Protease, 181
Proteína(s), 108
    acídica fibrilar glial, 101
    básica da mielina, 102
    contráteis, estrutura molecular das, *384*
    integrais da membrana, 143
    ligadoras de odorantes, 335
    morfogenéticas ósseas (BMPs), 44
        bloqueio por fatores indutores, *45*
        sinalização por, *45*
Próteses inteligentes, 24
Proximal, 181
Prurido, 253
Pruritoceptores, 254,
Purinas, 120

Q

Quantum, 131, 143
    sináptico, 131
Questão de gosto, 346
Quiasma óptico, 304
Quimioespecificidade, 56
Quimiorreceptor(es), 184, 190
    gustativos, 217
    olfatórios, 336
        podem responder especificamente ao tipo e à
        concentração do odorante, *342*
Quimiotransdução dos cinco sabores básicos, *351*

R

Radiações ópticas, 306
Raios indesejados, filtragem de, 299
Raiva
    à agressão, 729
    indivíduo com, 732
RAM, 673
Rastreadores neuronais, 409
Rastreamento
    ocular, 426
    retrógrado das colunas motoneurônios, *388*

Razão, 714, 737
    de inervação, 392, 456
Reação(ões)
    de endireitamento, 423
    de medo, **726**
    de sustentação, 423
    hedônicas, 749
    inflamatória neurogênica, 246
    magnética de contato com o mundo, 426
    posturais, 423
    reflexas, 379, 407
    rítmicos, 407
    saltatória, 424
    tônicas do pescoço e do tronco, 424
Receptor(es)
    aferentes, 393
    CB1, achados do trabalho em relação à sinalização do, *137*
    com funções de controle, **191**
    como se estudam as, **177**
    da audição e do equilíbrio, 200
    da olfação e da gustação, 214
    da sensibilidade corporal, 197, **198**
    da visão, 207
    de adaptação lenta, *197*
    diversidade de tipos, 189
    especificidade dos, 191
    glutamatérgicos, tipos, 127
    ionotrópicos do SNC, *128*
    metabotrópicos, *129*
    para serotonina, *134*
    princípios gerais de funcionamento dos, 189
    proprioceptivos, 242
    sensoriais, 11, 187, 188
        tipos morfológicos, *199*
    sináptico(s), 125
        encontados no sistema nervoso, classes e tipos, **128**
        se transformam, 145
    TRP (*transient receptor potencial*), 200
Reciclagem neural, 702
Reconhecimento social em camundongos, tarefa de, *645*
Reconsolidação, 642
Reconstrução feita pelo Projeto Cérebro Azul, *142*
Rede(s)
    autonômica central, 517
        diagrama de blocos apresentando os componentes da, *518*
    capilar, 481
    de neurônios das vísceras digestórias, *505*
    neurais, 744
    neuronais, 640
    neurônio-glial de Informação, 103
    que controla o organismo, 497
    semânticas, 681, *682*
    sinápticas, 142
    vascular especial, 473

Índice Remissivo

Refeição, intervalo antes de uma, *548*
Reflexão, 293
    dos estereocílios nos órgãos otolíticos, *208*
Reflexo(s), 377, 379
    barorreceptor, 520, *522*
    classificação dos principais, **401**
    classificações dos, 398
    de atenuação, **203**
    de atenuação, 275
    de extensão cruzada, 404
    de retirada de uma perna, *406*
    e sequências motoras automáticas, coordenação dos, 405
    espúrios, eliminação de, 299
    flexor de retirada, 403
        da perna, *405*
    fotomotor, da pupila, 300
    miotático, 398
    miotático inverso, 402
    miotático do bíceps braquial, *404*
    patelar, 409
        e seu circuito, esquema do, *402*
Regeneração
    axônica central, 150
    funcional, 148
Região(ões)
    associativas
        os campos receptores são grandes e os neurônios
            respondem a estímulos complexos, *617*
    auditiva central, 270
    cerebrais, *556*
Registro
    do EEG promediado, *697*
    optogenético, 635
Regras, 666
Regulação alimentar, servomecanismo da, 545
Relógio
    epitalâmico, 574
    hipotalâmico, 570
Resfriamento bilateral do córtex pré-frontal ou do córtex
    parietal, *657*
Resiliência, 700
Resolução, 219, 328, 635, 711
Respiração, controle da, 522
Resposta(s)
    emocionais imediatas, 719
    evocadas auditivas corticais, *273*
    galvânica da pele, 719
    prolongadas, 719
Ressonância
    magnética, 73, 456
    magnética funcional
        de um indivíduo durante o movimento dos dedos da mão
            direita, *434*
        mostra ativação do córtex insular, *353*

técnicas modernas que permitem identificar com grande
    detalhe as áreas visuais no córtex cerebral humano, *307*
Rest and digest, 498
Restauração
    axônica periférica, uma história de sucesso, 148
    funcional, 148
Retículo endoplasmático liso, 409
Retina, 301
    central e periférica, diferenças entre, **303**
    central existente na fóvea, *303*
    de um gato, registro eletrofisiológico da atividade de células
        da, *310*
    dois tipos principais de fotorreceptores, *214*
    estimulada com luz vermelha ou luz verde, e ao mesmo
        tempo se registra a atividade de uma célula cromática da
        retina ou do geniculado, experimento, *326*
    filme fotográfico do olho, *209*
    formação da imagem na, 298
    neurônios e circuitos da, 309
    periférica, 301
    substâncias endógenas e exógenas no funcionamento e
        desenvolvimento da, **212**
Retinofugal, 328
Retroação, 409
Ritmo(s)
    circadiano, 569
        da atividade locomotora de um animal de laboratório, 573
    da vida, 569, *570*
    das estações, 574
    de reflexos, 407
    do dia a dia, 570
    infradianos, 569
    na medula, circuitos geradores de, *408*
    ultradianos, 569
Rodopsina, 211

S

S1, 239, *240*
Sabedoria, 69
Sabor(es), 345
    azedo, transdução do, 348,
    doce e temperado, transdução dos, 350
    processamento neural dos, 348
Sacarídeos, 350
Saciedade, 545
Salgado, transdução do, 348
Saliência, 635
Salvas, princípio das, 275
Sangue que sai do sistema nervoso, 487
Santiago Ramón y Cajal, *77, 198*
Sarcolema, 381
Sarcômeros, 382
Sato, João Ricardo, *27*

769

ÍNDICE REMISSIVO

Sede, 542
    por perda de líquido, *543*
Segmento medular, 409, 409
Segundo cérebro, como estudar o, **506**
Segundo mensageiro, 132
Seios venosos da base do crânio, *490*
Seletividade funcional, 130
Sensação, 185
Sensibilidade
    à direção dos estímulos, 312
    à orientação dos esstímulos, 312
    ao comprimento de onda, *313*
    de um indivíduo a luzes de diferentes cores é comparável à
        absorção de luz pelos fotorreceptores, *193*
    térmica, 242
Sensibilidade espectral, 328
Sensibilização, 163, 164, 646
    dos receptores moleculares, 246
    entra em cena um interneurônio facilitador, *165*
    mecanismos moleculares da, *166*
Sensores artificiais para amputados, **400**
Sentido(s), 184, 185
    atributos dos, 186
        o que sentimos, 186
        onde, quanto e por quanto tempo sentimos, 187
    do corpo, 223
    e seus receptores, 197
    químicos, 331
        ocultos, 354
Seres humanos reiventados, **23**
Serotonina, **578**
    síntese de, *123*
Servomecanismo, 539
    da regulação alimentar, 545
    de regulação hidrossalina, 542
    máquinas capazes de autocontrole, *539*
    natural, 539
Sexo e a busca do prazer, 552
Sifão, 181
Significados, busca dos, 680
Sinal(is)
    elétricos do sistema nervoso, 87
    elétricos dos axônios, 95
        propagação dos, 95
    emissão de, 76
    químicos, penetração dos, 534
    recepção de, 76
Sinapse(s), 20, 63, 73, 112
    assimétricas, 117
    axoaxônicas, 117
    axodendríticas, 117
    axossomáticas, 117
    como se estudam as, **177**
    diferentes tipos, *118*

dendrodendríticas, 117
elétricas, 113
entre um astrócito liberador de glutamato e um neurônio, *106*
neuromuscular, *119*
perfurada, *170*
químicas, 115
somatossomáticas, 117
tipos morfológicos e funcionais de, 116
ultraestrutura da, *115*
Sinaptogênese, 55
Sincício, 108, 143, 525
Sincronia de fase, 275
Sincronizadores celulares, 113
Síndrome(s)
    da indiferença, artista documentou a evolução da sua
        própria, *621*
    de desconexão inter-hemisférica, experimento que revelou,
        705
    de indiferença ou síndrome de negligência, 241
    de indiferença, 621
    do membro-fantasma, 159
Sinfonia
    dos órgãos, 517
        controle da circulação sanguínea, 520
        controle da digestão, 519
        controle da diurese e da micção, 523
        controle da respiração, 522
        controle do ato sexual, 523
        rede autonômica central, 517
Síntese
    da acetilcolina, *123*
    da serotonina, *123*
Sistema(s)
    arterial que irriga o SNC, organização do, 478
    auditivo, 260
        estrutura e função, 259, 9
        níveis do SNC apresentam componentes do, *269*
    de drenagem venosa do SNC, *487*
    de inibição comportamental, 729
    de irrigação arterial do encéfalo, *479*
    de memória, operação dos, *642*
    de regulação da força muscular, 403
    de vias descendentes, características de dois, **420**
    digestório, controle pelo SNA, *521*
    embrionário, explosiva multiplicação no, 46
    exteroceptivo, organização do, *232*
    interoceptivo, 255, 256
        recebe fibras Aδ e C de todos os órgãos, *256*
        organização do, *244*
    lateral, vias descendentes do, *422*
    límbico, 456, 721
        vias interconectam as regiões do, *736*
    linfático do cérebro, 472
    mesolímbico, 553, 563

ÍNDICE REMISSIVO

moduladores, 576, **578**
    colinérgicos, *581*
    difuso, posição relativa dos núcleos que participam dos, *577*
    neuroquímica dos, *576*
    noradrenérgicos, *579*
    serotoninérgicos, *580*
motor, 219
    alto comando do, 414
    diagrama de blocos descritivo do, *380*
    movimentos e a organização básica do, 379
    ordenadores do, *417*
    somático, estratégia antagonista do, *515*
nervoso
    ao microscópio, 16
    célula polivalente, 99
    de animal quadrúpede, planos de referência para o, *12*
    defesa e ataque no, 106
    diferenciação sexual do, 558
    embrionário, 40
    envelhecimento, 67
    estrutura do, do ovo ao indivíduo adulto, 35
    etapas e princípios do desenvolvimento do, 42
        diferenciação, 52
        diferenciação regional, 53
        explosiva multiplicação celular no sistema nervoso
            embrionário, 46
        indução neural, 43
        mielinização, 63
        novos circuitos se formam, 55
        processos regressivos, 61
    geometria do, **12**
    macro e microambiente do, 461
    morfogênese do, 34
    morte do, 34, 67
    mudanças morfológicas e funcionais do, 35
    sangue que sai do, 487
    três estágios bem precoces do dosenvolvimento do, *54*
    unidades do, 73
    visto a olho nu, 5
nervoso autônomo, 496, *497*, *499*
    estratégia antagonista do, *515*
    subdivisão entérica, 503
    subdivisão gastroentérica, 500
    subdivisão parassimpática, organização, 501
    subdivisão simpática, organização, 500
nervoso central, 4, *7*, 11
    cavidades do, *468*
    morfogênese do, *39*
nervoso entérico, 50, 500
nervoso periférico, 4
olfatório, 332
    componentes e regiões de processamento, *340*
    estruturas componentes do, *337*
sensoriais, 185

operação dos, 188
plano geral dos, 187
    componentes estruturais, 187
plano geral dos, 187
simples de regulação do comprimento muscular, 398
somestésico, **224**
    estrutura e função do, 223
    plano geral do, 225
supramedulares de comando e controle da motricidade, 413
temporizador(es), 570
    circanual, *575*
    circadiano dos mamíferos, *572*
    que sincronizam os ritmos internos de cada indivíduo
        com os ciclos naturais, *572*
transportadores dependentes de energia, 484
visual, 154
    estrutura do, 301
        fibras ópticas, diferentes destinos, diferentes funções, 304
        múltiplas áreas do córtex visual, 306
        retina e nervo óptico, 301
    estrutura e função do, 291
Sistemas-espelho, 442
Sobreviver, motivação para, 527
Som(ns)
    como forma de energia, 261
    completo, quando um entra no ouvido, *281*
    do mundo, 259
    fortes, 274
    fracos, 274
    intensidade dos, 274
    no espaço, localização dos, 282
        no eixo horizontal, 282
        no eixo vertical, 284
    ondulante, 280
    produzido pela vibração de objetos sólidos que põem em
        movimento as partículas do ar circundante, *262*
    que é o, 261
    que incide de lado atinge primeiro uma das orelhas e forma
        uma "sombra" atrás da cabeça, *283*
Soma algébrica dos potenciais elétricos, *584*
Somação
    espacial, 140
    temporal, 140, 635
Somatotopia, *432*
    conceito de, 234
Somatotrofina, 565
Somestesia, 181, 225
    química, 333, 353
Sonho(s), 587
    catadora de, **590**
    do relato de um a um grafo de palavras, *591*
    lúcidos, **588**
Sonic hedgehog, 53
Sonilóquio, 599

771

ÍNDICE REMISSIVO

Sono, 581
  a mais, 598
  a menos, 598
  de ondas lentas e o sono paradoxal, circuitos envolvidos com
    o, *594*
  de ondas lentas, 582
  distúrbios do, 598
  estados de, dois, 582
  fenômenos do, 581
  noite de, 583
  para que serve, 597
  paradoxal, 582
    regulação do, 596
  quem regula o, 589
  registro diário de períodos de, *571*
  REM, 582
Sopa inflamatória, 200
SPECT, 456
Submodalidades
  auditivas, 264
  auditivas e seus correlatos físicos, 266
  sensoriais, 187
  visuais, 293
Subplaca, *48*
Subsistema
  exteroceptivo, **227**
  interoceptivo, **227**
  proprioceptivo, **227**
  somestésico
    diferenças entre os, **227**
    plano geral dos três, *227*
Substância(s)
  cinzenta, 253
    da medula, *233, 389*
  de Nissl, 82, *83*
  endógenas e exógenas no funcionamento e desenvolvimento
    da retina **212**
  negra, 451
Sulco, 31
  occipitotemporal esquerdo, caso clínico mostrou
    decisivamente o envolvimento do, *699*
Surdez, 270

T

Tálamo
  núcleo ventral posterior do, 234
  núcleo ventral posterior medial do, 348
Taquicardia, 525
Taquipneia, 673, 749
Tato, 186
  fino, 233
  grandes vias ascendentes do, 233
  grosseiro, 233

Tecido, 73
  adiposo marrom, 565
  cltura de, 72
Técnica
  de imagem funcional, combinação de, *697*
  de Nissl, 84
  microdialíse, *741*
Tecto mesenfálico, 456
Tegmento, 599
Teleceptores, 189
Telencéfalo, 36
Telômeros, encurtamento dos, *68*
Telômeros, 67
Temperatura corporal, regulação da, 538
Tempo
  de reação do indivíduo, 625
  interaural, diferença de, 282
Teoria
  Cannon-Bard, 721
  da comporta da dor, 253
  da consolidação, 669
  da mente, **78**
  da percepção, 612
    duas importantes, *613*
  da quimioafinidade, 56
  das emoções, 720
  declarativa, 669
  do mapa cognitivo, 669
  dos engramas múltiplos, 669
  dos grafos, parâmetros adotados na, *747*
  lipostática, *546*
  relacional, 669
  tricromática de Young, 324
Termoceptores, 190
  tipos, *191*
Termossensibilidade, 225
  receptores e vias aferentes da, 243
Território de irrigação das três principais artérias cerebrais
  cobrem todo o cérebro, *483*
Teste
  de busca, 609
    de Treisman, *610*
  de comparação de amostras com retardo, *657*
  de cornometria mental, *629*
  de Wisconsin, *655*
  que revelam sentimentos de amor materno, padrão de
    ativação do cérebro humano durante, *560*
Timbre, 219, 264
  análise espectral, 280
  análise temporal 280
  identificação do, 179, 265
Timidina, 73
Tireotrofina, 565
Tom(ns), 219

772

ÍNDICE REMISSIVO

identificação dos, 275

puros, *263*

senoidais, *263*

Tomografia computadorizada, 73

Tonotopia, 276

do sistema auditivo começa como uma especialização da membrana basilar, *277*

Tônus muscular, 422

controle do, *423*

Top-Down, 635

Topografia sináptica, 141

Toro, 219

Torque de Yakovlev, 709

Torre de Hanoi, problema da, *737*

Touca de registro cerebral por fNIRS, *27*

Transdução, 192, 195

audioneural, mecanismo de, *205*

entre a linguagem do mundo e a linguagem do cérebro, 192

na membrana do quimiorreceptor a partir da captação do odorante, *341*

Transferência de substâncias do sangue para o liquor, 470

Transmissão

sináptica, 113, 118

fim da, 135

natureza quântica da, 130

nos gânglios autonômicos, *516*

primeiras etadas da, *124*

Transição da vigília para o sono de ondas lentas, *583*

Transplante de mesoderma do embrião de um anfíbio para uma que normalmente seria ocupada pelo ectoderma em outro embrião, *44*

Transportadores ativos, 92

Transtorno(s)

da compreensão, 688

da escrita e da leitura, 698

da fala, 688

de memória, 648

memória de menos, 648

memória demais, 651

memória provocada, 651

memória ultrarrápida, 651

Trato(s), 31

ópticos, 304

Treinamento cerebral

força do, **178**

um exemplo, *178*

Tríade da acomodação, 297, 430

Trigêmeo, 257

núcleo principal do, 231-232

Triglicerídeos, 565

Tronco encefálico, vias descendentes do sistema medial originam-se de diferentes regiões, *421*

Tubo neural, 36

formação do, *37*, 42

parede do, *49*

U

Ultraestrutura, 73, 143

Um artista toca e um ouvinte escuta, *624*

Umami, 218

Unidade(s)

de código da linguagem do cérebro, 98

de comando, 433

do sistema nervoso, 75

motora, 392, *393*

força que são capazes de produzir após a estimulação do seu motoneurônio, *394*

tipos e sua correlação com as fibras musculares, **394**

neurovasculares, *476*, *478*

sinalizadora so sistema nervoso, 79

V

V1, 632

V2, 632

Veículos químicos da mensagem nervosa, 119

Ventrículos, 11, 466

Vesícula(s)

encefálicas primitivas, 36

primitivas do embrião, **40**

telencefálicas, *39*

Vestíbulo-cerebelo, 446

Vetor, 456

Via(s)

aferentes, 188

analgésicas endógenas, *254*

ativadoras ascendentes, 589, 592

auditiva

dorsal, 622

ventral, 622

centrais da gustação, 348

da audição, intrincadas, 267

de irrigação arterial do SNC, **481**

descendentes de comando, 418

descendentes do sistema medial originam-se de diferentes regiões do tronco encefálico, *421*

do tato, 234

dopaminérgicas de reforço positivo, 563

final comum, 393

gustatórias, *350*

paralela(s), 196, 607, 610

da retina ao tálamo, 311

dos sistemas visual e auditivo, *623*

no homem, neuroimagem por emissão de pósitrons pode detectar as, *612*

sequenciais, 607

visuais, *305*

Vibração

da membrana basilar, 274

de ar que somos capazes de perceber, 261

percebidas, 261